旱地土壤施肥理论与实践

吕殿青 等 编著

中国农业出版社

北 京

编 著 者

吕殿青　同延安　刘存寿　何绪生　梁连友

孙本华　田霄鸿　周建斌　张树兰　张金水

杨　玥　杨莉莉

序
PREFACE

　　旱地农业是干旱半干旱地区的主要农业形式。我国是世界上干旱半干旱地区面积较大的国家，旱地农业生产对我国农业和国民经济发展具有重要影响。旱地农业生产最主要的问题是水和肥，旱地土壤及植物营养的高效管理和调控是促进旱地农业发展的重要途径。

　　《旱地土壤施肥理论与实践》是作者科研团队长期坚持大田试验、盆栽试验及实验室分析，在取得大量研究成果的基础上撰写的一部特色鲜明的专著。

　　该书内容丰富，涵盖面广，对旱地土壤有机质含量与土壤肥力、作物产量的关系，土壤性状与肥效的关系，土壤养分及施肥营养元素的固定、释放、转化规律，水肥耦合效应，旱地施肥技术，测土配方与高产施肥相结合的施肥体系，不同类型肥料的研制、施用、肥效以及农业生产因素中"交互作用"理论与技术等作了详细的论述。所涉及的作物不仅包括大田主要作物，也包括果树、蔬菜，并专题论述了不同植物营养元素吸收机制、缺素症状及对应的施肥技术体系。

　　该书论述的多项研究成果具有突出的创新性，其中，研发水溶性有机-无机全营养复合肥、旱农地区肥料一次深施的理论与技术、基于氨态氮挥发与磷固定的互促理论的尿素和过磷酸钙配合施用技术、旱地施用凝胶保水缓释尿素肥等项目取得了开创性研究成果，受到了高度评价，得到了广泛推广运用。

　　该书理论与实践紧密结合，具有很强的科学性和广泛的实用性，对旱地农业生产的发展具有重要的理论指导意义和实用价值。希望该书的出版能为推动旱地农业研究、促进旱地农业发展作出更大的贡献。

西北农林科技大学教授　张一平

2022 年 8 月 20 日

　　中国旱地农业范围很广，分布在 14 个省份，土地面积约占全国总土地面积的 56%，耕地面积约占全国耕地面积的 48%，其中，没有灌溉条件的旱农区约占这一地区耕地面积的 65%。北方旱农地区既是我国粮、油、棉、豆的重要产地，也是林果业和畜牧业的重要基地，且名、特、优农产品资源丰富，是出口创汇的优势地区，对我国农业和整个国民经济发展具有举足轻重的作用。

　　发展旱地农业，主要问题是水和肥。有专家指出，"水是关键，出路在肥"。农谚说："有收无收在于水，收多收少在于肥。"实践证明，充分挖掘水肥资源，合理进行水肥利用，对旱地农业的大幅度增产具有重要作用。自中华人民共和国成立以来，党和政府对旱地农业的建设和发展，特别对水利建设和肥料生产以及对水肥的科学研究非常重视。我们有幸参加了多个国家级和省、部级关于肥水攻关项目的研究，其中包括复混（合）肥肥效机理与施肥技术、测土配方与推荐施肥技术、肥水耦合效应与调控技术、高产平衡施肥的土壤和作物营养综合诊断技术、土壤物理因素与施肥效应的关系等，积累了大量研究资料。我们还与联合国粮农组织合作，进行陕北低产土壤施肥技术研究；与瑞典农林科技大学进行长期合作，分别进行了生物技术改良陕北黄绵土研究，外加 N、C 对土壤有机质矿化作用的研究，在陕北、关中、陕南地区分别进行氮肥肥效与硝态氮淋失研究等。我在攻读中国科学院西北生物土壤研究所虞宏正院士研究生时，对离子活度进行过测定研究；到苏联全苏列宁农业科学院和美国国际肥料开发中心（IFDC）进修学习，分别进行了利用同位素 ^{32}P 研究磷在石灰性土壤中被固定作用的机制和石灰性土壤体系中 $NH_4^+ - N$ 挥发与 P 固定之间的相互关系研究，都取得了丰富的资料。我们还长期与陕西省农业农村厅土壤肥料工作站合作，在全省 7 个农业生态区的每个县都有计划地布置了测土配方与推荐施肥的田间试验，经过多年工作，先后共搜集到 2 400 多份田间肥料试验研究结果，经一年多的专人统计分析，对每一个试验建立了施肥模型，为推荐施肥分区提供了充实依据。我们在旱农地区进行了长期植物营养和科学施肥的研究工作，在施肥理论和施肥技术方面都有一些新的研究进展，对提高旱农地区施肥效果、促进作物增产已起到一定作用。同时，我们也深深感到在旱农地区的农业生产潜力尚未被充分发挥，还有很大可供挖掘的空间。因此，我们认为有条件、有必要把研究工作进行一次全面系统的总结，整理成书供大家参考，以便推动旱地农业生产的发展，对社会有一些贡献。据此设想，我组织几位专家教授分别结合自己的研究工作，经过多年努力、反复修改，终于完成本书。

本书内容较为丰富，故分上、下两册出版。上、下两册共 28 章，其中上册 13 章，下册 15 章。上册以论述旱地农业科学施肥的理论为主，以施肥技术为辅；下册以论述旱地农业科学施肥的技术为主，以施肥理论为辅。总的来说，本书有以下几个特点。

一、内容全面

上册主要内容：1. 土壤有机质含量是土壤肥力和生产力的基础，故本书对此首先作了研究和讨论。对北方旱地土壤有机质含量和土壤有机碳储量、有机肥料的特殊营养物质和特殊功能性物质、土壤有机质与作物产量之间的关系、影响土壤有机质含量的因素以及如何提高土壤有机质含量的措施等都作了详细的论述，为发展旱地农业、建立良好的物质基础提供了理论依据。2. 系统叙述了土壤大量元素 N、P、K，中量元素 Ca、Mg、S，微量元素 Zn、Cu、Fe、Mn、Mo、Cl 等与相对应的营养元素肥料施用效果之间的关系，对不同营养元素肥料施入土壤后，所发生的一系列化学反应与循环过程、作物对不同营养元素的吸收特点、肥料的施肥技术和施肥效果等都进行了研究和讨论，为科学施肥提供了宝贵依据。3. 对土壤物理因素（水分、质地、容重）与施肥效果的关系，结合试验结果进行了详细论述。对水分、质地、容重等土壤物理性质、化学性质变化的影响，对营养元素的转化、转移和作物吸收的影响，对促进作物生长发育和增加产量的影响等方面都进行了系统论述。4. 专门论述了作物在大、中、微量营养元素缺素时所出现的各种不良症状。同时，论述了不同作物对这些养分的吸收条件和机理，吸收养分后增强作物各种抗性、促进作物健壮生长、增加作物产量和改善品质的实际表现，从理论上回答了为什么要科学施肥。5. 详细叙述了施肥与环境的关系。介绍了我国现在农业生产上过量施肥和不平衡施肥导致大气中 CO_2、N_2O、CH_4 增多的状况；土壤出现不同程度的重金属污染、土壤酸化和 $NO_3^- - N$ 淋失污染等现象，造成作物产量和品质的下降。为此，介绍了科学施肥技术体系的应用，从理论上回答了如何科学施肥的问题。6. 专门编写了农业生产因素中的交互作用。对交互作用概念、交互作用产生机理、交互作用类型及其划分的原则和指标、交互作用的可变性和可控性、交互作用在农业增产中的功能等都进行了理论和技术上的论述，证明交互作用是促进农业高产再高产的重要理论依据。7. 通过不同多因素回归设计进行多点田间试验，对试验结果用 SAS 进行了统计分析。结果表明，投入的限制因素个数越多，作物产量越高，协同性交互作用和连乘性交互作用也就越多。证明作物高产再高产的理论是客观存在的，同时，也进一步证明"最大因子律"是农业高产再高产的理论基础。

下册主要内容：1. 复混（合）肥料的肥效与施用技术研究。在陕西不同土壤、不同作物上对多种不同固体复混（合）肥料、多种水溶性复混肥料、多种有机-无机复混（合）肥料的肥效与施肥技术进行了多年田间试验，明确了不同复混（合）肥料的肥效机理和增产效果，为不同土壤、不同作物选用高效复混（合）肥料的品种和复混（合）肥料的制作工艺提供了依据。2. 经过多年试验研究，研制出一种新型碳基复混（合）肥料，可做有机营养和无机营养的配位体，具有防治病虫害等功能，适合于不同土壤、不同作物上施用，既能改良土壤、提高化肥肥效，又能提高作物产量和改善产品品质的作用。3. 在查阅国内外有关缓/控释肥的研究文献389篇基础上，系统论述了缓/控释肥料的种类、材料选择、组分匹配、制造工艺、养分缓释/控释机理、包膜材料与功能、施用技术和效果、适用的土壤和作物等，对制造和施用缓/控释肥料有很大参考价值。4. 系统阐述了测土配方施肥和作物营养诊断施肥的具体方法与施用效果，提高了平衡施肥水平，促进增产。5. 系统论述了作物高产再高产的理论基础。并通过大量不同多因素试验对该理论进行了证实。如将六因素（N、P、K、有机肥、播种密度和播种时间）在渭北进行多点田间试验，曾获得春玉米产量 $11\,625\ \text{kg/hm}^2$ 的效果，比当时当地一般单产增加116.3%。6. 在陕西省各县大量测土配方施肥的田间试验基础上，建立了县级、省级推荐施肥分区，明确了主区、亚区、实施区的不同目标产量下的施肥量。7. 对不同主要农作物、不同主要蔬菜作物、不同果树的营养特点进行测定和研究，并对它们分别进行了测土配方和田间肥效试验，然后分别提出了高产优质施肥方案。

二、有所创新

1. 我提出了旱农地区肥料一次深施的理论与技术。旱农地区秋雨春旱，小麦春季施肥因土壤干旱而非常困难，且经常因春季施肥烧苗而减产。秋季地墒较好，结合小麦秋播把全部肥料趁墒一次深施土内，不但不会发生 $NO_3^- - N$ 淋失和 $NH_4^+ - N$ 挥发，而且能增加产量、改善品质。"秋雨—冬储—春用"与"秋肥—冬储—春用"相结合的理论，是旱区科学施肥的一项重要创新。

2. 我对石灰性土壤中施用 $(NH_4)_2HPO_4$ 以后所发生的一系列化学反应进行了研究。经试验证实，提出的"在石灰性土壤中 $NH_4^+ - N$ 挥发与 P 固定之间的互促理论"是客观存在的。为了消除这一现象，经研究又提出了尿素加过磷酸钙配合施用的技术，效果良好。

3. 我所做的试验证明，根据最大因子律，在高产作物品种的引领下，施用多种限制营养元素，充分发挥营养元素间的交互作用，在不同肥力土壤上，可以把肥效递减曲线转变为肥效递增直线或递增曲线，说明肥效报酬递减律是可以克服的。

4. 刘存寿教授经过多年研究，研制成一种新颖的碳基有机-无机复混（合）肥料。被专家组（含4位院士）评为国际领先水平，并获得21亿元资金继续研究开发此肥料。

5. 何绪生教授试制成一种亲水凝胶基质缓/控释肥和一种超强吸水性包膜，很适合旱农地区施用。

6. 张树兰教授研究提出了土壤硝化作用动力学模型，在硝化作用过程中 $NO_3^- - N$ 的积累量随时间的变化呈S形曲线。经测验，不同土壤均适用。

7. 土肥专家张金水对肥料中的 NH_4^+ 在不同土壤中的固定、释放机理及其与土壤物理、化学性质的关系进行了系统深入的研究。土壤所固定的 NH_4^+ 可随作物生长发育而不断释放出来，作物吸收越多，释放也就越多。故土壤对 NH_4^+ 固定实际上是对 N 肥起到的保护作用，有利于提高 N 肥利用率。

8. 我通过试验，建立了"旱农地区水肥耦合转换模型"。一般情况下，通过田间水肥试验建立水肥耦合模型是非常困难的。在旱农地区进行的肥效田间试验所建立的肥效函数，其中每一个系数的大小都与试验时土壤中一定深度内的含水量密切相关。经验证，模型预测结果与实际水肥田间试验所取得的产量结果非常接近，这就克服了水肥田间试验的困难。

9. 同延安教授根据多年来对不同果树土壤养分、不同果树不同生育阶段吸收养分的动态变化及对不同果树产量和品质等的测定，提出了不同果树测土配方施肥的原理和方法及果树营养诊断方法，都具有创新特色，对提高果园管理水平和果树产量与品质有很大作用。

10. 田霄鸿教授结合自己的研究工作，查阅了 200 余篇微量元素相关国内外文献，进行了系统归纳、分析。对北方旱农地区土壤微量元素含量、微量元素的农化行为、农田生态系统中微量元素循环与平衡、微量元素肥料在农业上的应用等方面进行了系统的论述。资料新颖，在理论性和实用性方面都具有很大参考价值。

11. 周建斌教授结合自己多年的研究工作，系统论述了不同蔬菜作物的营养特点和菜田土壤的营养特点，对蔬菜不同测土配方施肥模型及应用、不同蔬菜施肥技术等方面都进行了详细深入的研究。其中，蔬菜水肥一体化滴灌技术更具有创新特色。

三、实用性强

全书内容都是通过试验研究和生产实践得来的，无论在理论上还是技术上都有很强的实用性，具体如下：

1. 一次施肥的理论与技术已在全国半干旱雨养农业地区全面推广应用。

2. NH_4^+-N 挥发与磷素固定的互促理论和尿素加普钙复混肥已被美国国际肥料开发中心推广应用至非洲和印度，国内也已普遍应用。

3. 新型碳基有机-无机复混（合）肥不仅在农业上开始施用，而且还作为国内特大项目被投资 21 亿元进行开发研究。

4. 不同果树测土配方施肥和果树养分诊断施肥技术已在不同果树上应用。

5. 不同固体复混（合）肥和水溶性复混（合）肥都已普遍应用。

6. 各种大量元素、中量元素和微量元素肥料的研究结果和各种配方肥在农作物、蔬菜作物和果树上已普遍应用。

7. 在高产品种的引领下，应用综合配套技术体系，充分发挥"交互作用"，达到作物高产再高产目标，已在国内开始应用。

总之，本书所提出的研究结果中，实用性技术已被广泛应用。但技术体系比较复杂，难度较大，还需经过一段适应过程方能被全部应用。

本书第一章由梁连友编写；第二章、第十章、第十一章、第二十二章、第二十八章由同延安、杨玥、杨莉莉等编写；第六章由孙本华编写；第七章由田霄鸿编写；第十六章由刘存寿编写；第十八章由何绪生编写；第二十七章由周建斌编写；第三章（其中第二节由张树兰编写，第四节由张金水编写）、第四章、第五章、第八章、第九章、第十二章、第十三章、第十四章、第十五章、第十七章、第十九章、第二十章、第二十一章、第二十三章、第二十四章、第二十五章、第二十六章由吕殿青编写。

本书的出版，我首先要深切感谢党和人民对我的长期培养和教育。深切感谢中国科学院院士、西北农林科技大学虞宏正教授对我的长期教育和指导。在本书编写过程中，同延安教授作出了突出贡献。他除亲自参加编写以外，还约请有关专家教授参与编写，使本书内容更加充实和全面。同时，他也发动他的博士和硕士研究生帮助打印和查找资料，并提供出版资助。张树兰、杨学云、张金水经常关心本书编写，并提供了各自所搜集的相关资料；谭文兰、徐福利、李英、李旭辉、谷杰、梁东丽、何绪生、刘军等与我共同做了大量试验研究工作，取得了大量研究资料，为本书编写打好了坚实基础；武春林总工及高鹏程、马凌云、孔凡林等同志，经常帮助查阅资料，协助统计分析。特别需要提出的是，田霄鸿教授和周建斌教授在繁忙的教学之余，不辞辛苦，加班加点，撰写出了非常精彩的篇章，为本书增添了光彩。我的爱人郭兆元在生活和工作中对我始终不渝地支持和帮助。中国农业出版社副编审廖宁和其他审稿专家对稿件进行了认真编辑修改。在此，对帮助过我的同仁同事一并表示由衷感谢！

本书数据翔实、内容丰富，有理论、有实践，可供农业院校师生和农业科研工作者参阅。由于水平有限，书中不妥之处在所难免，热诚盼望读者批评指正。

西北农林科技大学　吕殿青

2022 年 8 月 10 日

目录

CONTENTS

序
前言

第一章

旱地农业区的自然条件与农业概况

旱地农业又称旱作农业，简称旱农，是指在降水量偏少、无灌溉条件或灌溉条件极为有限的地区从事的农业，是在基本无灌溉条件的土地上，主要利用自然降水，通过建立合理的旱地农业产业结构，采取一系列旱作农业技术措施，不断提高地力和自然降水的有效利用率，实现高产、稳产，农、林、牧综合发展。我国是一个干旱、半干旱地区占国土面积比例很高的国家，随着人口压力的不断加大，人们对农产品的需求量日益增加，加之耕地减少、农业水资源日趋紧张，使得旱地农业开发成为我国农业发展的重要研究内容。北方旱地农业是我国农业的重要组成部分。旱地农业区特点是土地面积大，人均耕地多，区内自然资源丰富，农业生产潜力较大，它既是我国粮、棉、油、豆的重要产地，也是发展林果业和畜牧业的重要基地，并且名、特、优农产品资源丰富，是出口创汇优势地区。但该区又是我国农业用水的严重亏缺区，水分不足是旱地农业发展的主要限制因素，加之该区农业结构单一，耕作粗放，土壤瘠薄，生态脆弱，因而产量低而不稳，是我国粮食增产潜力较大的重要地区之一。同时，该区域又是国家重点扶持区域，对我国农业乃至整个国民经济发展具有举足轻重的作用。因此，建立高效、持续的北方旱地农业系统，对维护国家食物安全、生态安全和资源安全具有重要的战略意义。

第一节　我国旱地农业区概况

一、旱地农业区分区

我国旱地农业区主要分为干旱区、半干旱偏旱区、半干旱区、半湿润偏旱区、半湿润区 5 个一级区（表 1-1~表 1-3）。我国旱地农业的分布大致是昆仑山—秦岭—淮河一线以北的干旱、半干旱和半湿润易旱地区，地理坐标为北纬 $33°20'\sim53°30'$、东经 $73°50'\sim135°05'$。包括北京、天津、河北、山西、内蒙古、辽宁、吉林、黑龙江、山东、江苏、安徽、河南、陕西、甘肃、宁夏、青海、新疆 17 个省份的 966 个县（市），土地总面积为 534.4 万 km^2，占国土总面积的 55.7%；耕地面积为 4 555 万 hm^2，约占全国耕地总面积的 48%。其中，没有灌溉条件的旱地约占这一地区耕地面积的 65%。

表 1-1　旱地农业区概况

类型区	年均降水量（mm）	农田水分盈亏量（mm）	耕地中旱地占比（%）	耕地丰度	草地丰度	林地丰度	区域模式
干旱区	<200	<-220	22	0.89	2.132	0.502	草地牧业（为主）+节水灌溉农业
半干旱偏旱区	200~<250	-130<~-100	87.8	0.74	2.672	0.654	草地牧业（为主）+牧用型林业+边际型种植业

（续）

类型区	年均降水量（mm）	农田水分盈亏量（mm）	耕地中旱地占比（%）	耕地丰度	草地丰度	林地丰度	区域模式
半干旱区	250～<400	－60<～20	68.1	0.898	1.298	0.758	农牧过渡型牧业＋微集水型种植业＋保护型林业
半湿润偏旱区	400～<500	20<～110	55.7	0.894	0.79	1.884	集水型种植业（为主）＋农区微牧业＋经济型林业
半湿润区	500～<600	>110	55.5	0.856	0.716	1.976	节水型种植业（为主）＋农区型牧业＋经济型林业

表 1-2　我国旱地农业区空间分布

旱地农业分区	区域
干旱区	内蒙古西北部，宁夏北部，甘肃黄土高原西部、河西走廊，青海的柴达木盆地以及新疆除伊犁盆地外的全部区域，面积 284 万 km²，占全国土地总面积的 29.6%
半干旱偏旱区	东起呼伦贝尔高原，向西南延伸，经鄂尔多斯高原、陇西黄土丘陵沟壑、祁连山北麓，到柴达木盆地，属内蒙古、甘肃、青海的一部分，面积 26 万 km²，占全国土地总面积的 2.7%
半干旱区	自东向西为大兴安岭西麓、东北西部丘陵、平原，冀北、晋北高原山地，包括河北平原中部、晋陕黄土高原北部、内蒙古河套地区、鄂尔多斯高原东部、陇西黄土丘陵区、祁连山地、青海湖环湖地带、湟水谷上游、海南高原山地、甘肃中部一部分和新疆伊犁盆地，面积 119 万 km²，占全国土地总面积的 12.4%
半湿润偏旱区	包括大兴安岭、松嫩平原东部、吉林中部平原、辽西南的中北部、燕山北部山地、华北滨海低平原、豫北、豫西、太行山区、太岳山地、关中平原、临汾盆地、陇中黄土高原南部等，面积 67 万 km²，占全国土地总面积的 7%
半湿润区	东起东北边陲的小兴安岭南麓低山丘陵、三江平原和张广才岭、老爷岭低山丘陵台地，向西南延伸，经松辽平原狭长带，到辽南丘陵，过华北南部黄河以南、伏牛山以北，南四湖（南阳湖、独山湖、昭阳湖、微山湖）北部至山东半岛北半部的一条状地带，向西到渭北高原，秦岭北麓，陇东、陇西黄土高原，陇南山地的黄土区，面积 38.4 万 km²，占全国土地总面积的 4%

表 1-3　我国旱地农业区分区指标

分区	平均年降水量（mm）	干燥度
干旱区	<250	>3.5
半干旱偏旱区	250～349	3.0～3.49
半干旱区	350～499	1.6～2.99
半湿润偏旱区	500～599	1.3～1.59
半湿润区	600～800	1.0～1.29

1. 干旱区　干燥度>3.5，年平均降水量<250 mm。蒸发强烈，没有灌溉就没有种植业，只在有地下水或地表水等灌溉条件的地方形成绿洲，农业生产中的水分问题才有了解决保证。该区存在的问题与农业发展的重点在于如何合理利用和保护水土资源，农、林、牧业综合发展。

2. 半干旱偏旱区　干燥度 3.0～3.49，年平均降水量 250～349 mm。该区土地面积 26 万 km²，而耕地面积仅 184.1 万 hm²，牧地达 1 032.3 万 hm²。该区农业以牧为主，是旱农分布的下限。自然降水少，水资源贫乏，农业产量低而不稳。

3. 半干旱区　干燥度 1.6～2.99，年平均降水量 350～499 mm。该区土地面积 119 万 km²。其中，耕地面积 1 661.1 万 hm²，林地 1 090.7 万 hm²，草地 4 705.1 万 hm²。该区农业为半农半牧，是我国重要的旱农区。该区干旱且水土流失严重，生态环境恶劣，农业经营粗放，但发展旱农的潜力较大。

4. 半湿润偏旱区　干燥度 1.3～1.59，年平均降水量 500～599 mm。该区土地面积 67 万 km²。其中，耕地面积 1 577.8 万 hm²，林地 1 627.7 万 hm²，草地 297.1 万 hm²。该区由于降水量在北方旱农地区中相对较多，且光热资源较丰富，旱作农田占较大比重，是北方旱农地区中较易开发的区域。该区农业以种植业为主，适于粮食、经济作物的发展，是我国重要的粮、棉、油、大豆、瓜果等的生产基地。

5. 半湿润区　干燥度 1.0～1.29，年降水量 600～800 mm。该区自然降水较多，灌溉水资源又较丰富，多属于灌溉农业区，旱地农业所占比重相对较少。

半干旱偏旱区、半干旱区及半湿润偏旱区是主要旱农类型区，故本书将着重讨论上述 3 个类型区旱作农田的土壤水分和水分生产潜力问题。

二、旱地农业区的特点

（一）降水季节分布不均

降水不均主要在于旱地年际和年内降水不均，尽管区内约 50% 的地区平均降水量在 500 mm 以上，但因分布不平衡，差异极大，多雨径流是少雨的 3～4 倍，北部甚至高达 25～45 倍。蒸发量一般为降水量的 3 倍以上，加上土壤保蓄水分少，干旱十分严重，全区发生旱灾年份在 37% 以上，关中东部、晋西南平原及长城沿线达 40% 以上。从汉代至中华人民共和国成立，甘肃、宁夏、青海境内黄土高原区发生一级旱灾 93 次、二级 124 次、三级和四级分别为 55 次和 43 次，旱灾的多发性给当地工农业生产带来极大危害。西安市年降水变化在 200～600 mm，春季降水量占全年降水的 12%～25%（平均 19%），秋季占 20%～35%（平均 26%），夏季占 40%～60%（平均 52%），冬季只占约 3%。从而形成冬干、春旱、夏多、秋少的季节分布特点，对冬小麦等作物越冬和春播作物播种、出苗和生长发育不利，造成作物产量低而不稳。黄土高原地区降水年变率为 15%～25%，多雨年为历年平均降水量的 140%～170%，是少雨期降水量的 2～6 倍。受土壤入渗及持水性影响，短时内的强降水难以被土壤接纳，形成地表径流，造成洪水和严重的土壤流失。

（二）水土流失严重

北方干旱区域自然气候的分布及区域地貌类型的特征使青海、甘肃、宁夏、内蒙古、陕西、山西成为水力侵蚀和风力侵蚀均较严重的区域。根据第二次全国土壤侵蚀遥感调查，1999 年这 6 个省份土壤侵蚀总面积 144.68 万 km²，占 6 个省份土地总面积的 54.01%。其中，水力侵蚀面积 55.46 万 km²，占土壤侵蚀总面积的 38.33%；风力侵蚀面积 89.22 万 km²，占土壤侵蚀总面积的 61.67%。历史上形成的土地不合理利用，破坏了生态环境，导致旱地农业区水土流失日益严重。土地缺少林草保护，导致严重的土壤侵蚀和贫瘠，加之不合理耕作，破坏了农业资源和生态平衡。现阶段黄土高原区水土流失面积达 43 万 hm²，占全区总面积的 69%。其中严重流失面积 27.6 万 km²，占总面积 44%。每年约有 50% 的面积侵蚀量超过 5 000 t/km²，部分地区高达 30 700 t/km²。

（三）人口密度大，土地贫瘠

旱地农业区人口密度远高于土地承载力。同时，由于居民文化素质较低，生存空间紧张，对生产的投入亦很少，加之历史性的广种薄收与严重的水土流失，其地力水平处于相当贫瘠状态。尤其在我国北方旱区，土壤普遍缺氮。如黄土区土壤含氮 0.010%～0.120%，平均为 0.065%；表层土壤矿化的硝态氮为 30.4～92 kg/hm²，平均 53.2 kg/hm²；土壤-植物系统每年输入氮 105.1 kg/hm²，输出氮 111.1 kg/hm²，亏缺 6 kg/hm²。据研究，由于受土壤、气候、作物等综合因子的影响，北方旱区耕层土壤中（0～20 cm 或 0～40 cm）硝态氮及碱解氮含量的多少对当季作物产量有着明显的影响，它们之间呈显著或极显著的正相关关系（王维敏，1994）。

山区和丘陵旱地的山崩、滑坡、泥石流频发制约着农林牧业生产的发展和人民生活水平的提高，且影响土地资源的进一步开发，加速黄河中下游的泥沙淤积。人为的破坏加剧水土侵蚀的速率，20世纪80年代以来，晋西、陕北的农民开矿弃渣、修路弃石与扩建住宅弃土石5.51亿t。

（四）农业资源利用不合理，生产水平低，生态环境差

从土地利用情况看，天然植被、人工改良草地和雨养农业并存。旱地农业生产活动一般是农牧结合，畜牧业占有重要地位。干旱地区旱地的收获来源主要靠天然草场，半湿润地区则是发展种植业的主要基地。但从1949年以来，在草原地区没有注意合理规划，片面强调粮食生产，以开垦草地、扩大耕地面积的方式提高粮食产量，加剧生态的不平衡。如河北北部的张北县是半农半牧区，1960年全县牧业用地占总面积的40.7%，到1980年仅占18.1%；山西右玉县当前总土地面积中农地占32.2%，牧区仅占14.1%，林地为50%。以上的旱区农牧业比例失调，造成草场减少，加重了草场负载，加剧了草场退化，导致土地沙漠化和盐碱化。目前的畜牧业仍旧是靠天养畜，人工草场少，草场利用不均，超载放牧，引起草场退化，缺乏应有的草场建设，抗御自然灾害能力差，畜群结构不合理，强调存栏数、不求生产率和商品率的低效生产等。林业重乔轻草、灌，树种选择不当、品种单一，经济效益很差；重造轻管，缺乏抚育更新，成活率、保存率和成林率普遍不高。

长期以来，我国旱区农业经营管理相当粗放。在种植业方面，休闲轮作面积缩小，机畜力不足，耕作不及时，达不到作业要求。施肥面积和施肥量都少，对土地只取不予或少予，使耕地越来越瘠薄，广种薄收，形成了粗放的掠夺式耕作。旱地农业区在自然条件和人为作用下，造成土地瘠薄，土地资源再生能力大幅度破坏。如黄土高原区有85%的中低产田广种薄收，在年流失的16亿t泥沙中，含氮、磷、钾养分就有4 200万t。严重的养分流失，使农作物生长发育所需的营养元素短缺严重。黄河中上游每年流失氮、磷、钾的数量相当我国1994年化肥生产的总产量，是美国20世纪70年代化肥使用量的2倍多，造成了土地生态系统恶性循环。

旱区农业较为明显的灾害为沙漠和草场退化，农牧交错区沙质荒漠化面积占全国沙漠化总面积的63.8%。科尔沁草原南部，张家口以北坝上高原，内蒙古察哈尔草原、固阳北部旱作农垦草场退化面积不断增加。单位牧畜（羊）占有草场面积由20世纪70年代的1.67~2 hm²，下降到1982年的1.5 hm²，草场砾质化迅速发展。农牧交错带中西段轻度、中度、严重沙漠化土地的发展速率每年分别为4.1%、9.2%、12.64%。神木、横山和榆林随着人口的增长、开荒面积的扩大，1950—1990年，固定沙丘从8 620 km²下降为3 200 km²，沙质土地面积则由2 860 km²上升为8 500 km²。在内蒙古的鄂尔多斯市，因人口膨胀，牧畜数量激增，加上盲目开荒，严重地破坏了地表植被。1949—1994年土地沙化面积以0.68%的速度增加，1994年总沙化面积达到17 327 km²，占土地面积的92%。土地沙化造成地力下降，旱地有机质下降了20%~30%。陕晋蒙三角区在"八五"期间由于煤田开发和忽视治理，造成沙化面积685.1 km²。土地沙化使农林牧业生产所需要的最基本立地条件丧失，渔业生产受限因素更进一步增加。

黄土高原地区土地沙化面积11.8万km²，占黄土高产地区总面积19%，其中严重沙化面积3.57万km²，占沙漠化面积的30%。黄土高原区重度退化的草场28 700 km²，占草场总面积的15%；中度退化的草场103 000 km²，占草场总面积的54%；轻度退化草场42 000 km²，占草场总面积22%。全区草场退化，牧草产量下降，良等牧草产量减少，质量降低，杂草和有毒有害植物数量上升。在宁夏南部山区、晋北、陕北的严重退化草场上，禾本科牧草减少89%、豆科牧草减少81%、杂类草增加76%；草场建设与牧畜头数的增长之间缺乏协调，加大了已退化草场的压力。黄土高原地天然草场占草场资源94%，产草量占87%，猪、牛、羊出栏率为36%，均低于全国平均水平。

（五）旱地农业类型多，生产结构差异大

我国旱农地区因自然环境条件的差异，社会经济条件复杂，农业结构的不同和发展不平衡，可划分为许多类型。风沙旱滩类型：大致包括东北三省西部、河北坝上、山西北部、陕西长城沿线及内蒙古中西部地区。该区域地高气寒、温热条件较差，年仅一熟，雨量稀少，人均耕地多，耕作粗放，应以草业为主，适当发展林业，保护土地，培肥地力，提高单产。梁峁沟壑及浅山类型：大致包括晋

北、晋东南及晋西山地，陕北黄土丘陵沟壑区、陇中梁状丘陵区及青海浅山地区。该区域为北方水土流失最严重地区，年降水量400～550 mm，光热条件好，一年一熟。应做好土地利用和农村产业结构调整，加强农田基本建设，种树种草，推行保水、保土、保肥旱农耕作技术，促进商品经济发展。高原沟壑类型：分布在陇东黄土高原、渭北高原、渭北台塬及秦岭北坡、太行山麓等处的塬地或阶地。雨、热及土壤条件优于以上两类地区，多属温带半湿润气候。应合理利用土地，调整农村产业及种植业结构，推广间作套种、抗旱保墒技术，农牧果林综合发展。内陆冬雨类型：即西北内陆流域除大部分绿洲灌溉农业之外的少部分地区，年降水量250～400 mm，适宜多种农作物及果树生长，应综合经营，加强管理，建立比较稳定的旱地农业区。

（六）资源丰富，开发潜力大

我国广大旱区年太阳辐射量在502（东部）～628 kJ/cm²（西部），既高于国外年均温度相似地区，也高于我国南方。东北、华北大部分地区年光合有效辐射为251 kJ/cm²左右，而西北地区高达293 kJ/cm²，日照时数在2 800～3 000 h，具有光能辐射量大、日照时数多、光合有效辐射量充足的特点，对作物生长发育及产品品质的形成具有良好作用。但目前旱区光能实际利用率较低，一般为0.1%～0.2%，间套复种田为2.5%左右，与6%的光能利用理论上限相差甚远。我国作物光合生产潜力估算的经济产量在33.75～90 t/hm²；西部和西北部在52.5 t/hm²以上，东部在其以下；黄淮海平原在48.5～52.5 t/hm²；西藏最高，四川盆地最低。由于旱区热量资源相对较差，大部分地区年均温度低于10℃，无霜期少于170 d，≥0℃积温在3 000～4 000℃，再加上干旱少雨，降水年变率大、分布不均，其气候生产潜力在华北、黄淮平原为15.75 t/hm²左右，西北地区为11.25～14.25 t/hm²，东北地区为9.5 t/hm²。气候土壤生产潜力在华北、黄淮区为12.75～132 t/hm²，西北地区为8.78～11.25 t/hm²，东北地区为75 t/hm²。各地区现实生产力占当地气候-土壤生产潜力的比例分别为28%～37%、26%～31%和41%～57%，说明旱区自然资源比较丰富，开发利用程度较低。通过塑料覆盖的"白色革命"，使低温影响的技术问题已有突破，干旱、土瘠、粗放经营的治理是提高该区生产潜力的核心。

三、旱地农业的发展现状

按照J. R. Harlan提出的农业起源中心和非中心论，我国的北部、中东和中美洲是世界最干旱的三大农业发源地，并对东南亚和东印度群岛、非洲和南美洲等非中心区起着传播和带动作用。这3个农业起源中心都在大陆的35°纬线上，并以温带气候为主，与半干旱稀树草原的丘陵地带或流域密切相关。黄河流域是我国传统旱作农业奠基与精耕细作农业的形成地，在几千年的旱地农业发展过程中，积累了丰富的旱地农业经验和技术成果。

我国旱地农业形成及发展的特点主要有：旱地农业形成时期是我国传统农业与精细农业奠基时期，以耐旱作物种植为基础，实行农牧结合，以农业内部物质能量低层次有效循环利用为特征；以手工劳动为主体，综合多种经营的小农经济；以经验为主导，强调天时、地利、人和以及物相的综合协调；以流域灌溉为手段，提倡发展豆谷、薯类合理种植。

（一）新中国成立以前旱地农业发展的阶段性

人类社会需求是人类认识、实践、适应和改造自然环境，提高生存质量的原始驱动力。人类发展过程中，农业文化的发展经历了原始农耕文化、传统农业文化、高度发展农业文化与农工文化交融等阶段；农业科学的发展也经历了原始农业科学、经验农业科学、实验农业科学和现代农业科学阶段；耕作制度的发展，经历了撂荒耕作制、休闲耕作制、轮作复种制和集约耕作制。这些发展阶段主要论述了农业生产在文化、科技和耕作制度等方面的反映与融合，使我们了解旱地农业在形成发展、借鉴发展、提高发展和持续发展等各个时期的客观走势。

（二）新中国成立以来旱地农业发展的阶段性

我国西北地区光热资源丰富，耕地充足，有着较大的生产潜力和农业持续发展优势。西北地区的旱地农业曾经有过辉煌的过去，今天的旱农技术源远流长，与过去一脉相承。新中国成立以来可以粗略地分为 4 个阶段，见表 1 - 4。

表 1 - 4　北方旱地农业发展阶段划分

项　　目	传统旱作农业	梯田旱作农业	化肥旱作农业	集雨旱作农业
主要限制因子	技术落后	干旱	养分	水分
技术关键 作用途径	水保耕作、施少量有机肥 选用抗逆品种	坡改梯、深耕改土、增施有机肥和少量化肥 自然降雨就地拦截入渗	增施化肥、选用新品种、优化栽培 以肥促根、扩大作物营养空间	集雨补灌、覆盖栽培、采用抗旱节水品种 调控作物的水分供给状况
粮食单产（kg/hm²）	<1 500	1 500～2 250	2 250～3 000	>3 000
环境效应	程度不同的水土流失	初步控制水土流失	初步控制植被破坏	生态初步良性循环

　　由于降水少且分布不均，降水季节与作物生长季节不完全同步，农业生产有着较大的风险性和不稳定性；植物生长差，植被覆盖率低，加之雨季多暴雨，导致严重的风蚀和水蚀，以致土地退化、土壤瘠薄、生态环境脆弱，有限的水分更难充分发挥作用。

　　综上所述，我国北方旱农地区在我国农业发展中具有重要地位。该区域一方面是我国粮食、经济作物、畜产品重要的生产基地，在全国农业布局有举足轻重的地位；另一方面北方旱地农作物生长限制因素较多，加之该区农业结构单一，耕作粗放，土壤瘠薄，生态脆弱，因而产量低而不稳，是我国粮食增产潜力较大的重要地区之一。因此，全面提高旱地农业的生产水平，对我国农业和整个国民经济的可持续发展具有举足轻重的意义。

　　根据旱地农业的特点，现阶段我国已开展了大规模的旱作区农业研究，在国家和旱区各省份地方政府的领导与支持下，许多省份及一些地方相继建起旱地农业研究机构，各地农业科研机构、大专院校与农业行政部门相结合，在承担国家有关农业科研攻关任务的同时，结合当地实际进行综合探讨，并在以下方面取得了重要进展：

　　1. 开展以保水为中心的农田建设研究　近 10 多年来，旱区大规模开展小流域治理、农田基本建设，如修建各种梯田、沟坝地，开展等高耕作、垄作、坑田、丰产沟的种植研究。同时进行阳土回填、水平深翻、地膜覆盖、抗旱早播等实用技术的研究。进行了覆盖对比试验研究，经研究认为，覆盖与机械化结合是旱地农业发展的一个方向，坡地建立少-免-耕的轮耕制取得了较好的成效，使粮食产量由原来750～1 500 kg/hm² 提高到 6 000～9 000 kg/hm²。

　　进行旱地农田水量动态变化研究，基本搞清了旱地农田水量的动态变化规律，有助于旱地蓄水保墒、制定耕作计划。研究认为，北方旱区土壤水分的季节性变化可大体分为土壤水分相对稳定期（或冻结期）、失水期及恢复期等几个主要时期。从我国旱农地区各地大量的观测研究看出，以上各时期出现的早晚、持续的时间，各时期内占优势的土壤湿度范围、土壤水分循环的深度及水量，因地理位置、土壤性质等因素的差异而有所不同。土壤恢复期和失水期随各地雨季和暖季来临的时间，自南而北，逐渐提早，冻结期或水分稳定期也相应缩短。

　　2. 开展以蓄水为中心的提高水资源生产力的综合技术体系研究　目前，由于水土流失、不合理的耕作制度和对农田投入的不足及其他原因所限，旱作农业区的有限降水并未得到充分利用，致使当前农田实际生产力显著低于当地降水生产潜势。因此，通过多种技术途径提高自然降水利用率是挖掘这一地区增产潜力的中心环节，主要增加降水就地入渗、减少流失，使土壤中的水分得到最大限度的保存、利用和提高单位水量的生产效能。研究了不同作物、品种和环境条件下水分利用效率（WUE）的差异及其生理基础和调控机理，作物缺水的定量诊断，作物水肥环境综合生产函数；作物根系生长的类型及其在土壤中的分布、生理活性和发育动态，作物根系吸水模型，根-冠关系对 WUE 的影响和在不同产量水平下水分利用最优化的根-冠模式；主要作物的水分生产函数和作物水分平衡方程以及需水特性和对缺水的反应；土壤-植物-大气连续体水分运转的动力学模式，作物蒸腾作用与 WUE 的化学调控及其作用机理等项目；提出节水型的畦灌技术、覆膜条件下的沟灌技术、膜上灌技术、低压管道和喷灌技术和利用咸水灌溉等技术。

3. 土壤培肥和改良的农田物质循环技术体系研究　通过多年的实践认为，应重视在有机肥施用的同时，增加化肥投入，充分发挥化肥在增产中的关键作用。土壤有效水分含量的高低是影响旱作农田施用化肥效果的主要制约因素，以 10% 的土壤含水量作为施肥效应的临界值。在临界值以上，随水分递增，肥效越来越显著；在临界值以下，磷仍有增产作用，氮则呈负效应。配方施肥是提高肥效的重要措施。

4. 开展作物抗旱机制及抗旱品种栽培体系的研究　在过去的几十年中大规模开展作物抗旱机制、抗旱指标、抗旱性鉴定和抗旱育种研究。其中包括形态指标（外部形态特征，叶面积大小的变化，叶着生角度，根系发育延伸深度、宽度及根系分枝，气孔特性）、生理特征（光合作用、抗脱水性）、生化特征（脯氨酸的积累、蛋白质和核糖核酸的活性）、田间鉴定指标的研究，并建立了数据库。特别是把抗旱生理引进育种工作中，同时把植物生理学原理和方法应用于抗旱育种中。

各种作物对水分的需求和反应不同，适应干旱方式的途径各异。从作物整体水平上研究抗旱机理是近年的热点，在提高旱地生产力中具有重要价值。主要研究不同作物、不同生长发育期对干旱的反应与耐旱性的类型；逆境蛋白的形成及其对细胞内微域水分状况的影响；气孔调节和激素调节的机理及其相互关系；干旱信息物质的产生与分离及其传输，水分限制下光合机构的高效运转与调控；苗系、根系生理协调机理及根系在作物生长发育中的作用等。

5. 开展综合治理与旱地农业提高产量的综合配套技术研究　从根本上看，通过区域的综合治理与旱地农业增产相结合联合攻关，才使上述研究取得明显进展。我国近几年开展大规模的科研、生产和治理综合攻关项目，如在黄土高原区多区域、多方位的小流域治理，风沙化土地建立联合站，与生产单位一起研究方案。同时，国家组织中央和地方的农、林、牧、水、土等 10 多个行业的高层次专家、教授和科技人员，与当地政府结合，开展多学科、多专业联合攻关和综合治理的配套科学试验。因此，这些昔日荒凉的贫穷地区发生了巨大的变化，各业得到迅速发展，水土流失得到控制，土地生产力成倍提高，群众的生活大为改善。随着试验区经验的推广应用，越来越多的县由越广种、越薄收，越薄收、越广种的恶性循环中摆脱出来，逐步走上退耕还林，农、林、牧业综合发展的轨道。

第二节　北方旱地农业地区的农业资源

我国北方旱农地区的农业资源优势，首先是土地资源丰富。与沿海灌溉农区相比，人均耕地面积较多，且有大面积的天然草场、草山、草坡有待利用。加以气候温和、雨热同季，农业生产潜力很大。本区煤炭、石油、天然气蕴藏量也十分丰富，是我国重要的能源基地。在燃料供应充足的地区，有大量的作物秸秆可供利用，适于草食类家畜的发展，也为秸秆还田、秸秆覆盖的广泛推广提供了充足的原料。

一、耕地资源

土地是农业赖以生存的基础。不论种植业、养殖业还是林果业，其生产力的高低在很大程度上取决于对土地资源科学利用的程度。

我国北方旱农地区地域辽阔，人口密度较灌溉农区要低。以黄土高原地区为例，汾渭河谷灌溉农区的人口密度达 376.6 人/km²，陕、甘、晋的旱塬区人口密度为 114 人/km²，长城沿线风沙区人口密度仅为 38.3 人/km²；人均拥有耕地一般为 0.2~0.47 hm²，多者高达 0.67 hm² 以上，远高于全国人均耕地 0.089 hm² 的平均水平。我国北方不同类型旱农地区的土地资源状况见表 1-5。

表1-5　我国北方不同类型旱农地区的土地资源状况

单位：万 hm²

旱农类型区	耕地	林地	草地
半干旱偏旱区	184.1	88.3	1 032.3
半干旱区	1 661.1	1 090.7	4 705.1
半湿润偏旱区	1 577.8	1 627.7	297.1
合计	3 423.0	2 806.7	6 034.5

从表1-5可以看出，这3个主要类型旱农地区的土地资源无论是农耕地、林地还是草地资源都是十分丰富的，在全国土地资源中占有很大的比重。特别是对于我国这样一个人口众多、人均耕地少的国家，充分利用好这一区域的土地资源就显得尤为重要。

本区地形、地貌比较复杂，地势起伏，有山地、丘陵、高原、川地、盆地等多种类型。海拔高度，低者在100 m以下，高者超过3 000 m。土壤类型多样，有灰褐土、荒漠土、草甸土、白浆土、黑土、沼泽土、黑垆土、黄绵土、褐土、黑钙土、沙壤土、淤土、潮土、盐碱土等。黄土高原在我国北方旱农地区占很大面积，它由黄土母质发育而成，土层深厚，质地疏松，利于保水、保肥和耕作，适于农作物的根系发育及多种农林作物的种植。但是不少地区水土流失严重，土地被冲刷切割侵蚀，是我国水土保持的重点区域。长城沿线土地风蚀沙化严重，一些丘陵山区土层较浅，保水、保肥能力较差，地力瘠薄，加之耕作粗放，导致产量低而不稳。从目前土地利用情况看，本区尚有大面积的荒山、荒坡、草场有待改良和利用。而这些土地资源的充分开发和利用，将对旱区农业发展产生积极的影响。

我国北方旱农地区辽阔的土地资源不但有利于种植业的结构调整，也有助于农、林、牧业结构的调整，使农、林、牧业得以综合发展。届时，我国北方旱农地区不仅成为我国重要的粮食生产基地，也将成为多种经济作物、瓜果、林木和畜产品的生产基地，为中低产地区的综合治理，为广大旱区经济发展、脱贫致富作出重大贡献。

二、气候条件

农业生产的光、热、水、二氧化碳等气候要素为农产品形成所必需，因此，气候是农业的基本资源。我国北方旱农地区光、热资源丰富，且雨热基本同季，因而农业增产潜力很大。

（一）光资源

我国北方旱农地区受大陆性季风气候影响，作物生育期间晴天多、阴雨天少，光照充足，加之大部分旱农地区地势较高，地面接收的太阳辐射强度大。与同纬度各地相比，是光资源较充分的区域。在我国北方旱农区域内，光资源大体上是从东南向西北递增的趋势。具体见表1-6。

表1-6　我国北方旱农地区的太阳辐射

单位：MJ/m²

站名	太阳辐射总量		光合有效辐射量	
	≥0 ℃期间	≥10 ℃期间	≥0 ℃期间	≥10 ℃期间
北京	4 580	3 640	2 090	1 690
石家庄	4 620	3 600	2 130	1 710
太原	4 450	3 430	2 020	1 520
呼和浩特	4 470	2 900	2 000	1 460
沈阳	3 880	2 950	1 770	1 370
西安	4 230	3 260	1960	1 530

（续）

站名	太阳辐射总量		光合有效辐射量	
	≥0 ℃期间	≥10 ℃期间	≥0 ℃期间	≥10 ℃期间
兰州	4 890	3 760	2 190	1 610
西宁	4 680	2 730	2 100	1 290
银川	4 910	3 910	2 230	1 670
乌鲁木齐	4 310	3 690	1 950	1 510

资料来源：《中国自然资源手册》，科学出版社，1990 年。

光照时间长，辐射强度大，光质较好，这一特点奠定了北方旱地农业高产优质农产品的基础。北方干旱地区受大陆性季风气候影响，在农作物生育期间晴天多、阴雨天少，光照充足，而且大部分干旱地区地势较高，地面接收的太阳辐射强度大。与同纬度各地相比，有两大明显的优势，一是实际日照时间长，日照百分率高；二是太阳辐射强度大，特别是对农作物的生理辐射和光合有效辐射强度大。这种优越的光量和光质条件，促进了北方旱区农作物光合作用的进行，光合产物积累快，也有利于光合产物向蛋白质、脂类等物质的转化，为提高农产品品质奠定了很好的基础。因此，北方干旱地区出现了许多优质农产品，如华北平原的冬小麦，吉林、甘肃、山西、内蒙古的马铃薯，宁夏的水稻，东北的大豆，内蒙古的甜菜，新疆的长绒棉、葡萄、西瓜、甜瓜，山西、陕西的谷、糜、大枣、苹果，河北的鸭梨等。这种旱区的农业生产优势，也是实现该地区"两高一优"农业的潜力和重要条件。

（二）热量资源

热量因子对农作物有效利用水分的影响也很明显，相同的降水量，凉温地区农作物水分利用效率要高于暖温地区。因此，在降水量有限的旱农地区热量对农作物的种类和品种的结构、产量的质量和数量、种植制度、经营方式、草地类型、林木分布等都有明显的影响。在中国北方地区中暖温、中温、凉温和寒温地带的分布十分明显，并在很大程度上影响着旱农类型的分布。在研究中采取≥0 ℃积温作为衡量热量的指标（表1-7）。

表1-7 热量分级指标

分级	≥0 ℃积温（℃）	农业意义
寒温	<1 500	高寒无农业区，只能种植耐寒性强的牧草
凉温	1 500～2 499	高寒农业区，一年一熟，可种植喜凉作物，如春小麦、马铃薯等，亦可发展林、牧业
中温	2 500～3 999	一年一熟，能种植喜温的玉米、大豆、高粱等
暖温	4 000～4 800	冬小麦可与夏玉米或夏大豆等，一年两熟

热量资源的分布与纬度和海拔高度密切相关。我国旱农地区，其地势大体为东低、西高，因而热量资源总的趋势是由南向北和由东向西递减，绝大多数区域可种植喜温作物，但发展越冬性作物在一些地区受到限制。个别地区由于地形的影响有所变化。

在气候分区中，我国旱农地区分属暖温带和中温带。在暖温带，≥10 ℃的日数为171～218 d，其≥10 ℃的积温为3 400～4 800 ℃。按这样的热量条件，大田作物可以两年三熟，甚至一年两熟。这一区域大体包括河南、山东、河北、北京、天津等省份及山西省中南部、陕西省关中和辽宁省南部地区。区内一些海拔800～1 000 m的地区，≥10 ℃积温也在3 000 ℃以上，对大田作物来说是一季有余、两季不足。除上述地区外，其余大部分旱农地区属于中温带，≥10 ℃天数100～170 d，≥10 ℃积温为1 600～3 400 ℃。这一区域大田作物基本上可以满足一年一熟农作制的需要。个别高寒地区一些生育期较短的作物和品种也可以成熟。我国旱农地区的热量资源见表1-8。

表 1-8　我国旱农地区的热量资源

站名	≥0 ℃积温			≥10 ℃积温		
	初日	终日	积温	初日	终日	积温
北京	3 月 3 日	11 月 26 日	4 531.2	7 月 4 日	10 月 23 日	4 118.1
石家庄	2 月 23 日	5 月 12 日	4 900.4	4 月 4 日	10 月 27 日	4 415.0
太原	6 月 3 日	11 月 20 日	3 938.9	4 月 18 日	12 月 10 日	3 417.1
呼和浩特	3 月 24 日	4 月 11 日	3 275.2	1 月 5 日	9 月 29 日	2 804.1
沈阳	3 月 19 日	12 月 11 日	3 843.6	4 月 23 日	9 月 10 日	3 400.4
西安	9 月 2 日	12 月 15 日	4 952.4	3 月 4 日	10 月 28 日	4 351.4
兰州	3 月 2 日	11 月 21 日	3 816.3	4 月 19 日	12 月 10 日	3 242.0
西宁	3 月 16 日	8 月 11 日	2 745.9	5 月 14 日	9 月 24 日	2 037.3
银川	10 月 3 日	11 月 17 日	3 794.0	4 月 20 日	8 月 10 日	3 298.1
乌鲁木齐	5 月 31 日	3 月 11 日	3 540.2	2 月 5 日	3 月 10 日	3 063.3

资料来源：《中国地面气候资料（1951—1980）》，气象出版社，1984。

　　我国旱农地区的年平均气温与世界同纬度农区相比并不算高，但四季分明，特别是冬寒、夏暖十分明显。所以一些喜温作物大部分可在旱农地区种植。雨热同步为干旱区农业生产创造了有利条件，特别是夏秋两季较多的雨水既有利于华北、东北地区秋作物正常生长，也为西北黄土高原冬小麦播种提供了有利的水热资源。因此，改善农业生产条件，强化物质和技术的投入，充分发挥区域水热资源同步组合的优势，就可以进一步挖掘旱地农业地区的农业生产潜力。我国旱农地区热量条件的另一特点是气温日较差大，并有从东南沿海向西北内陆逐渐加大的趋势。在温暖季节，较大的气温日较差有利于农作物光合物质的积累。但在初春或晚秋季节，日较差较大容易发生霜冻危害，成为农业气候资源利用的一个限制因素。

　　影响我国旱农地区光资源利用的主要因素是生长季和水分。在热量和水分条件得以满足的条件下，作物可以取得较同纬度沿海地区高得多的产量。

（三）降水资源

　　我国是水资源比较缺乏的国家，且地下水、地表水资源俱缺，而旱农地区更为突出，亩[①]均水量仅及全国亩均水量的 1/5。同时旱农地区又是我国降水资源缺乏的地区，雨量不足严重地限制着当地农业生产的发展。

　　我国旱农地区降水量分布大体是自东南沿海向西北内陆递减。水分分布规律是形成不同旱农生产的基本因素。黄淮以北的半湿润地区年降水量 600～700 mm，折合水量为 6 000～7 005 m³/hm²；半湿润偏旱区年降水量 500～600 mm，折合水量为 4 995～6 000 m³/hm²；半干旱区年降水量 350～500 mm，折合水量为 3 495～4 995 m³/hm²；半干旱偏旱区降水量 250～350 mm，折合水量为 2 505～3 495 m³/hm²；而干旱区的年降水量在 250 mm 以下，折合水量不足 2 505 m³/hm²。上述各旱农类型区的年降水量系指多年平均状况而言。其季节变化和年际变化都较大，个别年份、个别季节与多年平均状况相比，出入更大。

　　我国旱农地区降水的季节变化十分明显，各个季节的年度雨量分配大体相似。一般春季（3—5 月）降水量占年降水总量的 10%～20%，夏季（6—8 月）降水量占年降水量的 40%以上，秋季（9—11 月）降水量占年降水量的 20%～30%，冬季（12 月至翌年 2 月）降水量占年降水量的 10%以下。农作物主要生育季节（4—9 月）的降水量约占全年降水总量的 80%，具有雨热同季的特点，适于作物生长发育，是发展旱地农业的有利因素。但是旱农地区以 7 月降水最为集中，而且往往集中

———————
　　①亩为非法定计量单位，1 亩＝1/15 hm²。——编者注

于少数几次降水过程，在丘陵坡地容易产生大量径流，使得有限的降水得不到充分的利用，而且造成水土大量流失，破坏农田。同时，在某些季节往往出现长期干旱无雨的现象，危及农业的稳产、高产。

受大陆性季风气候的影响，我国旱农地区降水量的年际变化很大。多雨年和少雨年降水量悬殊。我国旱农地区最大与最小年降水量见表1-9、降水变率见表1-10。

表1-9　我国旱农地区最大与最小年降水量

单位：mm

站名	多年平均年降水量	最大年降水量	最小年降水量
北京	649.6	1 406.0	242.0（1869年）
保定	516.1	1 316.8	202.4（1975年）
太原	445.6	738.7	216.1（1972年）
呼和浩特	410.0	929.2	155.1（1965年）
沈阳	702.0	1 064.5	341.1（1913年）
长春	617.1	970.5	411.5（1919年）
郑州	626.2	1 051.5	291.0（1936年）
西安	576.8	840.6	285.2（1932年）
兰州	331.0	546.7	210.8（1941年）
西宁	370.4	541.2	196.4（1966年）
银川	208.4	427.3	111.8（1969年）

资料来源：《中国水资源评价》，水利电力出版社，1987。

表1-10　我国旱农地区降水变率

单位：%

站名	全年	4—9月
北京	27	28
哈尔滨	16	16
沈阳	18	20
呼和浩特	26	27
济南	25	29
兰州	23	27
西安	16	20
西宁	17	19
乌鲁木齐	20	27

由表1-9可见，我国旱农地区多数年份以旱为主，少数年份也受雨涝的威胁。个别年份干旱程度甚至远较平均状况更为严重。

综上所述，我国旱农地区农业气候资源中光资源是充足的，具有较大的生产潜力；热量资源在多数地区也不是资源利用的主要障碍；主要的障碍是降水不足，使光、热资源得不到充分利用。因此，这一地区水分生产潜力的研究就成为最为突出的问题。

三、作物资源

植物资源一直是农业活动的基础，今天的农作物新品种培育，仍然依赖于植物资源。人类食物的93%来源于植物制品。因此，保护和利用好现有的植物资源，特别是作物资源是一项十分紧迫的任务。

世界上近1/3的可耕地处于干旱或半干旱地区，这些地区经常受到周期性或难以预料的干旱而减产，甚至绝收。目前解决这一问题的途径，除了继续开发水源、节水灌溉、培肥地力等外，进一步改善作物本身的抗旱能力，以及选择节水、节肥、高产的抗旱耐瘠薄品种，已经成为十分重要的任务。要选育出优良的作物品种，就要广泛收集各种抗旱的作物遗传资源及相关的野生植物资源。我国旱农地区广阔，覆盖了多种地形、气候和植被类型，蕴藏着丰富的植物资源，包含许多优良的抗旱资源。

我国旱农地区具有多种气候类型和地理条件。有暖温带、温带、寒温带、高原亚温带和高原寒带等气候类型，年降水量50～800 mm。此外，旱地农业区有丰富的耐旱、耐寒生物资源，具有很大的开发潜力。植物资源和农作物资源非常丰富，其中粮食作物有近30种、经济作物有20余种、绿肥及饲料作物有8种。

长城以南，秦岭、淮河以北的旱农地区，属暖温带气候。≥10 ℃积温3 200～4 500 ℃，最低月平均气温−10～0 ℃，年极端最低气温平均−22～−10 ℃，年降水量400～1 300 mm。冬季较寒冷，夏季气温较高。主要栽培作物有冬小麦、玉米、粟、高粱、甘薯、花生、芝麻、棉花、烟草、大豆、白菜、大葱、茄子、甜瓜、西瓜、扁豆及苜蓿、三叶草等。

长城以北，东北西部、内蒙古、新疆等广大地区，除南疆沙漠属暖温带外，其余地区属温带、寒温带气候。前者≥10 ℃积温4 800 ℃，后者≥10 ℃积温1 600～3 200 ℃，最冷月平均气温−30～−10 ℃；年降水量，东北400～800 mm、西北50～150 mm。寒冬漫长，降水和气温资源地区内差异极大。主要栽培作物有春小麦、大豆、高粱、粟、稷、亚麻、马铃薯、甜菜、玉米、棉花、菜豆、洋葱、甜椒、向日葵、芜菁、苜蓿、雀麦、披碱草等。

青藏高原地区，海拔高，地域广，包含高原温带、高原亚温带和高原寒温带等气候类型。光照资源丰富。≥0 ℃积温在3 000 ℃以上，最热月平均气温低于18 ℃，年降水量东部400～800 mm，西部特别是西北部年降水量多在50～150 mm。热量、水分地区间差异很大，平均气温较低。主要栽培作物有青稞、春小麦、豌豆、马铃薯、芜菁、油菜、甘蓝、萝卜等。

近年来，由于设施农业的快速发展，大棚蔬菜种植的种类、面积和供应量都大大增加，既丰富了人们的生活，也给农户带来巨大的效益。果品主要有苹果、梨、核桃、葡萄、枸杞、枣、瓜类等。其中苹果、梨、核桃、葡萄、瓜类从西向东均有分布；柿子、枣、桃等分布于旱农地区的东南部，枸杞分布于干旱半干旱地区。

野生植物资源丰富，且许多具有较高的经济价值。在野生植物资源中，药用植物有雪莲、贝母、甘草、麻黄、党参、天麻、灵芝、黄连、人参等；纤维植物有芦苇、罗布麻、马兰、小叶樟、大叶樟等；芳香植物有野玫瑰、百里香、野薄荷、铃兰、藿香等。新疆野生植物资源中有经济价值的植物有300～400种。甘肃仅野生药用植物就达900余种，还有纤维与造纸原料植物100余种，淀粉和酿造原料植物20余种。

第三节　发展旱地农业的主要对策

传统农业是以"顺天时，量地力"为核心，对自然的依赖和适应成分很重。但每年气候变化很大，中长期天气预报又难以做到准确，农民在生产实践中往往是天时难顺，无所适从，旱地农业生产力与气候变化相匹配的被动特征成为一条规律。旱地农业生产走被动适应的路线，将永远受气候被动规律的支配。为此，必须重新认识旱地农业，树立全新的旱地农业观念。

一、树立旱地农业持续发展的理念

在旱地农业生态系统中，许多调控措施带有战略性、全局性，投资大，工程量也大。如农田基本建设、治理水土流失、栽树种草、建设水库等一系列改善农业生产基本条件的措施，都不是一朝一夕、一代人所能完成的。既要有长期性、战略性，又要有组织、有投资；既要搞好自然系统、社会系统和经济系统的建设，又要注重3个系统的协调发展。

二、建立旱地农业节水体系

实现北方旱地农业由被动产出逐步转变为主动调控，应以提高水资源利用率和水分利用效率为重心，形成工程、农艺、技术、生物节水技术体系。

（一）传统旱作技术与现代科学技术结合

对传统的旱地农业生产技术及经验要赋予新的科学内涵，使之由局部的典型经验上升为科学的、应用区域范围广的技术。主要包括耐旱新品种选用与旱农耕作栽培技术体系的配套，传统耕作技术与覆盖农业技术配套和开发，蓄水保水传统耕作技术与集流、节水工程技术的配套，传统施肥技术与测土配方施肥技术相配套。进一步探讨传统旱作农业与现代化旱作农业在技术机制、调控手段、适用范围等方面最佳的结合点。

（二）天然降水资源的开发和利用技术

全面评估以下4个方面的可行性和条件：一是旱地农业区域地貌单元在中观和微观尺度条件下的集水工程规划设计，包括小流域、荒山、荒坡、道路、家庭的集水工程设计与投入产出可行性；二是不同坡度、不同下垫面（含不同地面覆盖物）、不同可控集水面积与集水效率的关系；三是集水窖的合理配置、容量及构建技术；四是集水窖配套工程（沉淀池、进水系统及输水系统）技术措施。建立符合当地实际的旱农集水工程技术体系，实现全方位的时空综合集水。

（三）有限水量补灌高效用水工程技术

包括经济灌水制度和非充分灌水制度的确定。在集水条件差的地区，应首先考虑发展设施农业、经济作物和果树的补灌技术；在集水条件好的地区，可扩大到大田农作物，根据作物需水关键期与根层土壤水分消耗动态变化，进行高效补充灌溉，重点考虑在水分亏缺条件下，最佳灌溉量及灌溉期的选择。

（四）以农田蓄水为核心的蓄水保水技术体系

农田覆盖是在土壤表面设置一层物理阻隔，阻止土壤水分同近地面大气层的水分交换，既增加降水入渗，又可以减少土壤蒸发，抑制杂草，改善土壤物理和化学性状，起到蓄水保水的效果，还可以达到培肥土壤、增强农田生态系统功能的目的，是一项改善农田土壤水资源结构的基本措施。农田覆盖的效果如何，主要决定于覆盖材料和覆盖技术，目前大面积应用的覆盖材料主要是地膜和秸秆。一般情况下，覆盖并不改变作物总耗水量，只是覆盖降低了土壤表面的蒸发损失，有的覆盖材料还可以增强降水入渗（如秸秆覆盖），这样就可以将土壤蒸发损失的水分转化为作物蒸腾，提高对农作物水分的保证率和作物的水分利用率。

三、培肥地力，改进施肥技术

"有收无收在于水，收多收少在于肥"，肥是发挥水的最大增产作用的关键。在现有降水条件下，制约旱农地区作物产量的主要因素是土壤肥力不足，因此培肥地力是提高旱地作物生产的关键。施肥技术水平的高低，对旱地水分和肥料利用率有着重要的影响。旱地作物由于水分因素的制约，有时施肥量过大不仅使施肥效益下降，而且会导致产量下降。一般以土壤含水量10%作为施肥效应的临界值，在临界值以上随着水分增加，肥效也显著增加；在临界值以下，磷肥有增产作用，氮肥则显负效应。

四、选用耐旱作物和耐旱品种

谷子、糜子、高粱、豆类、薯类等是半干旱和半湿润偏旱地区主栽的耐旱作物。要引进一批耐旱作物种质资源，为耐旱育种提供条件，在生态区域多样、海拔悬殊、气候类型复杂的条件下，形成早、中、晚熟的品种体系。特别是早熟品种，对气候的适应性更加灵活，可有效地利用雨热条件。

五、推广保护性耕作栽培技术

我国旱地农业耕作栽培技术有悠久的历史，广大劳动人民在与干旱进行斗争的生产实践中，创造积累了极其丰富的经验。在丘陵和坡耕地等旱区采取等高耕作、垄作、坑田、丰产沟种植，都有聚水保肥、提高水分利用率的功效。将这些传统的技术与现代农业技术相结合可产生更好的效果。如山西晋中半干旱地区实行蓄水覆盖丰产沟耕作法，把降水利用率由38.5%提高到82.5%。陕西渭北旱塬采用免耕留茬沟种玉米，与垄种相比，40 cm土层土壤水分含量提高了0.6%~2.2%，玉米增产31.1%。山西旱地玉米免耕覆盖耕作比传统耕作增产30.9%。在旱区适当压缩小麦播种面积，扩大豆类、牧草和马铃薯种植面积，调整种植结构和布局，可收到良好的效果。

六、建立旱地农业技术决策支持系统

以旱地农田天然水、作物水、土壤水分动态及集流补灌系统为主线，进行不同旱地农业区水资源结构及合理利用途径的系统分析，并对不同旱地农业技术的功能、效益、投资能力及协调性进行分析，提出不同类型旱地农业区开发在数量、时空上的优化配置方案，形成适宜不同类型旱地农业区的现代化技术决策支持系统，对旱地农业生产的宏观决策和微观管理进行科学指导。

主要参考文献

曹广才，韩靖国，刘学义，等，1997. 北方旱区多作高效种植 [M]. 北京：气象出版社.

陈玉民，郭国双，1993. 中国主要农作物需水量等值线图研究 [M]. 北京：中国农业科技出版社.

陈万金，信乃诠，1994. 中国北方旱地农业综合发展及对策 [M]. 北京：中国农业出版社.

常书平，张璐，杨爱民，2010. 近10年来北方干旱区水土流失演变趋势分析 [J]. 水利水电技术，41 (12)：62-65.

冯起，徐中民，程国栋，1999. 中国旱地的特点和旱地农业研究进展 [J]. 世界科技研究与发展 (2)：58-63.

高德诚，1985. 我国北方旱区农业开发对策 [J]. 干旱地区农业研究 (3)：56-59.

顾焕章，1993. 技术进步与农业发展 [M]. 南京：江苏科学技术出版社.

纪宝成，徐从才，1993. 商品流通：体制与运行 [M]. 北京：中国人民大学出版社.

蒋定生，1997. 黄土高原水土流失与治理模式 [M]. 北京：中国水利水电出版社.

李佩成，1993. 论发展节水型农业 [J]. 干旱地区农业研究 (2)：57-63.

李凤民，赵松岭，段舜山，等，1995. 黄土高原半干旱地区春小麦农田有限灌溉对策初探 [J]. 应用生态学报，6 (3)：259-264.

李福，李城德，岳云，2010. 我国北方旱地农业生产潜力及发展对策 [J]. 甘肃农业科技 (7)：50-53.

娄成后，1989. 我国北方旱区农业现代化 [M]. 北京：气象出版社.

钮搏，1990. 北方旱农地区农业生态类型及综合开发途径 [J]. 干旱地区农业研究 (1)：1-4.

马世均，1991. 旱农学 [M]. 北京：农业出版社.

马天恩，高世铭，1997. 集水高效农业 [M]. 兰州：甘肃科学技术出版社.

梅旭荣，陶毓汾，1993. 旱地农业水分调控技术 [M]. 北京：气象出版社.

彭珂珊，1995a. 西北地区生态环境恶化致灾与改良对策 [J]. 自然灾害学报，2 (4)：44-53.

彭珂珊，1995b. 黄土高原地区农业综合发展中的生态灾害类型与减免对策 [J]. 大自然探索，14 (4)：13-14.

陕西省科学技术委员会，1991. 黄土高原综合治理开发的理论与实践 [M]. 西安：陕西科学技术出版社.

山仑，1990. 旱地农业研究的生理生态方向 [J]. 山西农业科学 (4)：34-38.

陶毓汾，王立祥，1991. 中国北方旱农地区水分生产潜力及开发 [M]. 北京：气象出版社.

佟大香，1995. 世界作物种植资源及其收存研究概况 [J]. 作物品种资源（1）：40-41.

西北农业大学农业水土工程研究所，1999. 西北地区农业节水与水资源持续利用 [M]. 北京：中国农业出版社.

信乃诠，王立祥，1998. 中国北方旱区农业 [M]. 南京：江苏科技出版社.

赵松岭，1996. 集水农业引论 [M]. 西安：陕西科学技术出版社.

赵松岭，王静，李凤民，1995. 黄土高原半干旱地区水土保持型农业的局限性 [J]. 西北植物学报，15（8）：13-81.

朱震达，陈广庭，1992. 中国土地沙质荒漠化 [M]. 北京：科学出版社.

中国农业科学院，1993. 中国北方不同类型旱地农业综合增产技术 [M]. 北京：中国农业科学技术出版社.

第二章

旱地土壤有机质状况与有机肥施用

土壤有机质的研究可以追溯到 18 世纪 80 年代（Kononova，1961），至今已有 200 多年的历史。人们持续的研究热情源于对土壤有机质生态功能不断深入的认识。土壤有机质虽然仅占土壤总量的极小比例，但对土壤质量及功能的调节起着关键作用。一方面，土壤有机质为植物生长提供养分，影响养分循环，改善土壤结构稳定性，影响土壤保水保肥能力、阳离子交换能力、pH 等土壤理化性状和生物学特性，决定着农作物产量。它是土壤微生物生命活动的能源，对土壤理化及生物学特性有深远的影响（杨景成等，2003）。另一方面，土壤有机质代表了表层陆地生态系统最大的碳库（Stangenberge，1982），其微小变化将引起大气 CO_2 浓度的较大波动。特别是土壤中有机质转化过程中对碳的释放或是固存，已在全球环境变化研究中引起了研究者的极大关注。由此可见，土壤有机质的作用和重要性不只局限于对土壤肥力的影响方面，而且与生态环境、大气圈、生物圈的可持续发展联系了起来。

随着联合国政府间气候变化专门委员会（IPCC）第四次评估报告正式提交，全球变暖的急剧发生与不断增加的温室气体之间的关系已经被人们所接受。切实减少温室气体的排放，增加碳汇成为缓解气体变化的首要任务。全球和区域碳循环已成为全球变化研究和宏观生态学的核心研究内容之一（方静云等，2007）。陆地生态系统的碳收支及其循环过程机制研究一直是全球气候变化成因分析、变化趋势预测、减缓和适应对策分析领域的科学研究热点（于贵瑞等，2011）。土壤碳库是陆地生态系统中最大的碳库，土壤碳库动态及其驱动机制研究是陆地生态系统碳循环及全球变化研究的重点和热点之一（许文强等，2011）。在自然因素和农业管理措施（如耕作、施肥和灌溉等）的作用下，农田土壤碳库在不断地变化（金琳等，2008）。干旱区土壤碳循环研究是陆地生态系统碳循环研究的重要组成部分，是土壤碳循环研究的重要主题之一（许文强等，2011）。因此，开展干旱区土壤有机质和土壤碳动态研究，不但有助于推进干旱区土壤碳的良性循环，为全球"碳失汇"研究提供新的思路，而且对改善旱农地区的生态环境、提高旱区农业可持续发展水平具有重要意义。

第一节　旱地土壤有机质含量和土壤碳库储量现状

一、旱地耕层土壤有机质含量与分布

我国的旱农地区主要分布在广大的北方地区。由于在不同自然条件和人为活动的影响下，不同土壤类型有机质含量有很大的变幅，测定结果见表 2-1。

表 2-1　主要旱农地区耕层土壤有机质含量与分布

土壤类型	有机质含量（g/kg）	主要分布地区
黑钙土	29.0 20.5	黑龙江、吉林、青海、甘肃等温带半湿润地区

（续）

土壤类型	有机质含量（g/kg）	主要分布地区
栗钙土	14.8 31.8	内蒙古、青海、新疆、河北等干旱、半干旱地区
灰钙土	16.9 16.6 9.6	甘肃、宁夏、新疆、内蒙古、陕西等暖温带干旱地区
黑垆土	15.6 9.2	陕北、陇东、宁南、陇中等半湿润偏旱地区
棕壤	11.6 17.3	山东半岛、辽东半岛暖温带湿润低山丘陵，山前平原、河谷高阶地区
塿土	11.72	陕西关中平原长期耕作施土粪，温带半湿润偏旱地区
棕钙土	9.4 10.7 10.0	内蒙古、新疆、青海等有与荒漠接壤的干旱地区
灰漠土	8.87	新疆、内蒙古、甘肃、宁夏等干旱地区
灰棕漠土	7.0 12.0 10.4	内蒙古、宁夏、甘肃、新疆、青海等干旱地区
棕漠土	4.0 3.0	新疆、甘肃等干旱地区
黄绵土	6.82 7.76 9.24	陕西、甘肃、山西、宁夏等省份的黄土高原地区
风沙土	0.82 6.52 9.70 7.20	内蒙古、新疆、甘肃、青海、宁夏、吉林、黑龙江、辽宁、陕西、山西、河北等省份的沙漠边缘地区
潮土	11.2 13.1	沿江河冲积滩地或冲积平原
灌淤土	12.1 10.0	宁夏、新疆、青海、甘肃、内蒙古、河北等省份由灌溉淤积所形成的土壤

资料来源：《中国土壤》，中国农业出版社，1998。

由表 2-1 看出，中国北方旱地耕层土壤有机质含量普遍偏低。土壤有机质含量较高的是黑钙土、栗钙土；土壤有机质含量较低的是灰钙土、黑垆土、棕壤、塿土、棕钙土、灰棕漠土、潮土、灌淤土；土壤有机质含量最低的是灰漠土、黄绵土、风沙土、棕漠土。故旱地土壤的基础肥力都是比较低的。不同土壤的分布都有其特定的地区和条件，都与五大成土因素和耕作利用方式有密切关系。

二、旱地土壤碳库储量状况

旱地占我国农田总面积的 70% 以上，主要分布在我国的北方。其有机碳含量总体较低，但其有巨大的固碳潜力（李加加，2013）。因此，准确了解旱地土壤的碳储量和碳密度是农业固碳措施制定的基础，也是提高土壤肥力和维护粮食安全的有力保证（许信旺，2008）。

不同地区土壤有机碳（SOC）的含量是不同的。方华军等（2003）研究表明，东北黑土 $0 \sim 1\,m$ 深度的有机碳平均密度为 $12.54\,kg/m^2$，SOC 储量为 $646.2\,Tg$（$1Tg = 10^{12}\,g$）。东北黑土表层（$0 \sim 30\,cm$）有机碳密度为 $6.61\,kg/m^2$，SOC 储量为 $340.4Tg$，约为 $0 \sim 1\,m$ 深度土层碳储量的 52.7%，见表 2-2。

表 2-2　东北三省土壤有机碳密度和有机碳储量分布

省份	土壤有机碳密度（kg/cm²）			土壤有机碳储量（Tg）		
	剖面	0～1 m	0～30 cm	剖面	0～1 m	0～30 cm
黑龙江	14.02	13.57	7.19	574.96	556.5	294.9
吉林	8.67	8.55	4.34	90.02	88.77	45.06
辽宁	8.27	7.71	2.90	1.12	1.13	0.40
平均	12.93	12.54	6.61	666.1	646.2	340.4

范如芹等（2012）研究了在吉林省耕作试验开始 8 年后，不同处理等质量 SOC 储量的变化趋势。其中，玉米-大豆轮作处理下，免耕和秋翻处理较 2001 年略有降低，而垄作处理则较 2001 年有所增加（4.9%）；玉米连作处理下，免耕和秋翻均有所增加，但尚未达到显著性水平，见表 2-3。

表 2-3　不同耕作和轮作处理下等质量土壤有机碳含量变化（2001 年与 2009 年）

单位：Mg/hm²

轮作方式	免耕		秋翻		垄作	
	2001 年	2009 年	2001 年	2009 年	2001 年	2009 年
玉米-大豆轮作	63.90a	62.26a	65.55a	64.80a	61.63a	64.68a
玉米连作	65.42a	67.32a	68.71a	69.22a	—	—

注：同列相同字母表示差异不显著。

中东部平原及周边地区的河北、河南、湖北、湖南、广东、海南 6 省，由较高纬度带至较低纬度带，跨越温带、亚热带和热带地区的截然不同的自然景观，调查面积约 33.4 万 km^2，表层土壤（$0 \sim 20\,cm$）碳储量为 $906.84\,Mt$，有机碳平均密度为 $2\,716.93\,t/\,km^2$（奚小环等，2013），见表 2-4。

表 2-4　中国中东部平原及周边地区表层土壤（0～20 cm）有机碳分布情况

中国中部平原及周边	调查面积（km²）	储量（Mt）	平均密度（t/km²）
河北平原	80 116	176.85	2 207.39
河南平原	94 084	227.78	2 421.02
湖北江汉平原	44 928	154.65	3 442.15
湖南洞庭湖平原	39 028	153.88	3 942.92
广东珠江三角洲平原	41 698	94.07	2 255.90
海南	33 920	99.61	2 936.72

为了便于比较，把调查范围扩大到南方，研究各地区土地利用类型土壤碳密度特征。农用地碳密度由高至低依次为湖北、河南、河北，建设用地与未利用地基本一致，具有区域分布的显著特点。比

较各省不同土地利用类型碳密度特征，河北、河南建设用地较高于农用地，湖北两者较为接近，可能反映区域经济社会发展方式的影响，如北方城市燃煤量较大等。未利用地应视不同类型具体分析，如河北、湖北等未利用地主要为沿海及湖滩等（奚小环等，2013），见表2-5。

表2-5　中东部平原及周边地区不同土地利用类型表层土壤（0~20 cm）有机碳储量

土地利用类型	河北			河南			湖北		
	调查面积（km²）	碳储量（Mt）	碳密度（t/km²）	调查面积（km²）	碳储量（Mt）	碳密度（t/km²）	调查面积（km²）	碳储量（Mt）	碳密度（t/km²）
农用地	66 372	146.02	2 200.00	86 980	209.6	2 410.2	37 596	129.73	3 450.54
建设用地	9 768	22.58	2 311.29	2 288	7.00	3 058.5	2 820	9.68	3 433.1
未利用地	3 976	8.25	2 075.57	4 816	11.14	2 313.4	4 512	15.24	3 442.2

董燕婕（2013）通过采集杨凌示范区杜寨村的西南和西北两个方向的不同地点的土壤，来说明陕西杨凌不同垆土剖面0~200 cm土壤有机碳的分布情况，见图2-1。

从图2-1可以看出，不同垆土剖面有机碳含量的分布特性为：0~20 cm土层（耕作层）含量最高，但不同剖面耕作层有机碳的含量相差较大（5.25~13.01 g/kg）；随着土层深度的增加，土壤有机碳含量逐渐降低，至180~200 cm土层，土壤有机碳含量为2.15~3.70 g/kg。

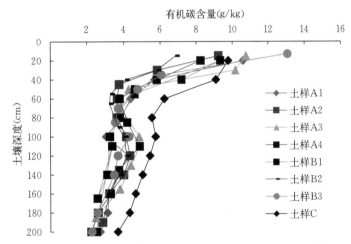

图2-1　陕西杨凌不同垆土剖面0~200 cm土壤有机碳的分布情况

从渭北苹果园土壤有机质含量的平均测定结果（表2-6）（石宗琳等，2013）中可以看出，3个园龄段苹果园0~40 cm土层有机质平均含量为11.46~16.57 g/kg，40~100 cm土层有机质含量为10.12~10.81 g/kg，只有表层0~10 cm土壤有机质平均含量大于15.0 g/kg，其余土层均低于15.0 g/kg。

表2-6　渭北苹果园土壤剖面有机质含量状况

园龄	土层剖面有机质（g/kg）					
	0~10 cm	10~20 cm	20~40 cm	40~60 cm	60~80 cm	80~100 cm
<10 年	16.12	14.45	10.83	10.63	10.17	9.87
10~15 年	16.41	13.94	11.18	9.96	11.02	9.55
>15 年	17.19	15.56	12.38	11.11	11.23	10.55

从渭北苹果园土壤有机碳含量的平均测定结果（表2-7）（石宗琳等，2013）中可以看出，果园土壤有机碳含量为5.72~9.79 g/kg，平均含量为7.17 g/kg，其中最大值是最小值的1.71倍。3个园龄苹果园土壤在0~100 cm土层有机碳的平均含量变化为6.97~7.54 g/kg，尽管在不同园龄之间其值未达到显著水平，但仍显示出随园龄增加而递增的趋势。

表 2-7 不同园龄苹果园土壤有机碳含量和有机碳密度

土层	有机碳含量（g/kg）			有机碳密度（kg/m²）		
	<10 年	10～15 年	>15 年	<10 年	10～15 年	>15 年
0～10 cm	9.35	9.52	9.79	1.05	1.19	1.12
10～20 cm	8.38	8.09	9.02	0.95	1.04	1.02
20～40 cm	6.28	6.49	7.18	1.71	1.75	1.95
40～60 cm	6.17	5.78	6.44	1.82	1.43	1.91
60～80 cm	5.90	6.39	6.51	1.74	1.59	1.93
80～100 cm	5.72	5.77	6.12	1.69	1.43	1.81

从陕北黄土高原不同植被覆盖 0～60 cm 土层有机质含量变化（表 2-8）（薛晓辉等，2005）中可以看出，在 0～60 cm 土壤剖面中，随采样深度增加，土壤有机质含量依次递减。这是由有机质来源的差异引起的，土壤有机质主要来自植物枯落物与腐朽根系、动物残骸、土壤微生物及人为施用的有机肥料。很明显，0～20 cm 的土层比 20～40 cm、40～60 cm 的土层更易获得有机质碳源。

表 2-8 不同植被覆盖土壤 0～60 cm 土层有机质含量的变化

单位：g/kg

深度	坡地梯田	裸地	苜蓿	沙柳	沙棘	油松
0～20 cm	4.63	14.11	5.04	1.08	5.44	26.52
20～40 cm	2.12	7.59	2.46	0.81	3.38	10.83
40～60 cm	1.73	5.96	2.04	0.70	2.66	8.26

三、旱地土壤有机质含量的变化

根据两次全国性土壤普查数据，对我国农业土壤中有机质存储量进行统计。20 世纪 60 年代，农业土壤耕层有机质平均含量为 17.82 g/kg。20 世纪 80 年代，我国农田土壤耕层有机质平均含量为 23.90 g/kg。这 20 年间土壤耕层有机质含量呈现明显的增加趋势。1987—1996 年，大部分地区的农田土壤有机质含量稳中有升。其中，华北、华中、华南的大部分旱地土壤有机质呈上升趋势。1987—1992 年上升幅度较大，年平均上升 2.6 g/kg，1992—1996 年上升幅度较小，年平均上升 0.9 g/kg；部分地区旱地土壤有机质下降，如黑龙江、浙江、新疆等地区监测点的旱地土壤有机质下降幅度为 2～4 g/kg（高德明，2003）。2000 年以后，大部分农田土壤有机质仍然保持上升趋势。赵业婷（2013）研究关中地区土壤肥力表明，2009 年该地区土壤有机质含量平均为 15.95 g/kg，比第二次土壤普查增加 5～10 g/kg。胡克林等（2006）以第二次土壤普查为背景，收集和实测了耕层土壤有机质含量，结果表明，北京郊区土壤有机质含量平均为 12.89 g/kg。赵明松等（2013）利用江苏省第二次土壤普查资料和实测耕层土壤有机质含量，进行方差分析和回归分析，结果表明，江苏省土壤有机质含量平均为 16.55 g/kg，徐淮黄泛平原土壤有机质含量平均为 21.80 g/kg，苏中平原南部土壤有机质含量平均为 28.51 g/kg。连纲等（2006）根据实测耕层土壤有机质含量，利用数字地形与遥感影像分析技术，并利用相关因子进行回归预测分析，结果表明，陕西省横山区土壤有机质含量平均为 6.09 g/kg。刘文杰等（2010）利用实测耕层土壤有机质含量，综合运用地统计学和 GIS（地理信息系统）技术，结果表明，黑河中游土壤有机质含量平均为 13.76 g/kg。

1980—2009 年，中国华北、西北、华南和华东地区农田表层（0～30 cm）土壤有机碳库共增加 418～1 109 Tg,但是东北地区降低了 15～89 Tg。总净增加量为 730（329～1 095）Tg，年平均增加速率为 24.3（11.0～36.5）Tg。20 世纪 80 年代和 2000—2009 年中国农田土壤碳含量净增长占过去 30

年间总净增长的 20.3% 和 45.3%（张旭博等，2014），见图 2-2。

在土壤总有机碳的含量变化中，长期不施肥（CK）或只施氮肥（N），东北黑土和南方红壤总有机碳基本持平，说明黑土和红壤的自然地力基本能维持作物生长对土壤有机碳的消耗；而新疆灰漠土长期不施肥土壤总有机碳含量显著下降，与土壤有机碳含量的起始值相比，16 年下降幅度为 11.7%，单施氮肥（N）较对照（CK）下降 5.9%，其主要原因是西北地处干旱半干旱地区，土壤有机碳矿化强烈，土壤有机碳不断被耗竭所致。N 和 NP 处理 16 年后，黑土、灰漠土和红壤的总有机碳含量基本维

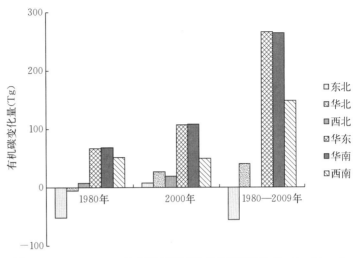

图 2-2　1980—2009 年中国不同区域有机碳储量估算（0～30 cm）

持在起始水平。NPK 处理 16 年后，黑土有机碳含量基本保持不变，灰漠土有机碳含量显著下降，而红壤的有机碳含量则显著增加。在有机无机肥配施（NPKM）下，3 种土壤的总有机碳含量均呈显著增加趋势。其中，NPKM 处理的黑土、灰漠土和红壤总有机碳含量年平均增加分别为 0.39 g/kg、0.34 g/kg 和 0.37 g/kg，16 年后土壤有机碳比初始值上升比例分别为 42.8%、64.4% 和 80.6%；1.5 NPKM 处理的有机碳含量年平均增加分别为 0.52 g/kg、0.54 g/kg 和 0.45 g/kg，说明增量的有机无机肥配施处理仍能明显提高土壤有机碳水平。秸秆还田（NPKS）16 年后，黑土和灰漠土的总有机碳含量基本保持不变，红壤有机碳含量显著上升，上升了 21.6%。以上结果表明，长期不施肥或仅施氮肥（N）和氮磷配施（NP），东北黑土和南方红壤土壤有机碳仅能维持平衡，而秸秆还田和有机无机肥配施不仅能遏制西北地区土壤有机碳含量下降趋势，而且能有效提高 3 种土壤有机碳水平（张璐等，2009），见图 2-3。

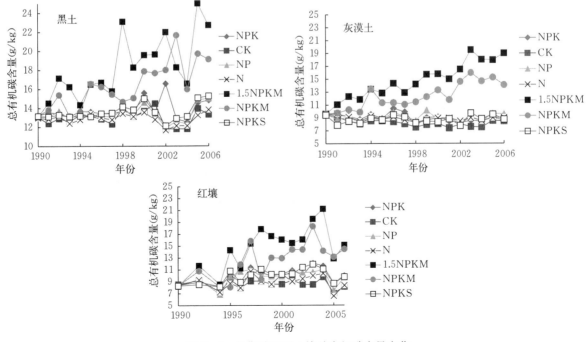

图 2-3　长期施肥下土壤总有机碳含量变化

统计 1985 年、2002 年和 2010 年黄棕壤有机碳数据，结果表明，施肥能显著提高土壤有机碳含量（表 2 - 9）。

表 2 - 9　长期施肥对黄棕壤土壤有机碳的影响

单位：g/kg

处理	1985 年	2002 年	2010 年
CK	15.8	16.4	16.5
NPK	17.5	21.3	20.2

长期施肥下黄潮土土壤总有机质含量变化如图 2 - 4 所示。无肥处理，作物根茬残留物是土壤的主要碳源。由于系统生物产量低，根茬残留量少，土壤有机质从试验前的 10.79 g/kg 降至 19 年后的 9.25 g/kg，下降了 1.54 g/kg。很显然，在本地区气候条件下，小麦、玉米轮作的黄潮土，不施用任何肥料，单靠每年有限的作物根茬残留碳循环，难以弥补有机质的矿化损失，不能维持试验前土壤有机质的水平。单施氮肥可略微提高土壤有机质的含量，这可能是氮肥的施用增加了土壤的作物残茬量之故。氮肥与磷、钾肥配合，作物根茬残留量相应增多，土壤有机质含量均比 N 处理有所提高。在化肥的基础上配施有机肥（厩肥）（M），土壤有机质增长明显。MN、MNP 和 MNPK 处理，1999 年土壤有机质绝对值分别比各自对应的化肥处理增加 6.87 g/kg、6.99 g/kg 和 6.79 g/kg，相对值则分别提高 61.4%、62.0% 和 57.5%（张爱君等，2002）。连续 19 年施用化肥对土壤有机碳变化有一定的影响（图 2 - 5）。

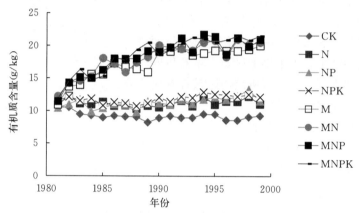

图 2 - 4　长期施肥下黄潮土土壤总有机质含量变化

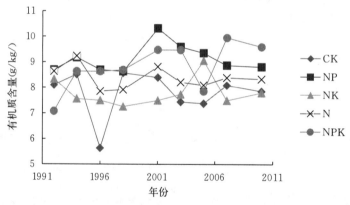

图 2 - 5　长期施肥下塿土土壤总有机质含量变化

长期不施肥（CK）和长期仅施用氮肥处理（N）土壤有机碳呈微弱的下降趋势，而其他施用化肥的处理土壤有机碳含量均呈现增加趋势。各处理土壤有机碳的年变化率大小关系为 NPK（0.077 g/kg）＞NP（0.013 g/kg）＞PK（0.005 g/kg）＞NK（0.002 g/kg）＞N（-0.019 g/kg）＞CK（-0.008 g/kg）（李平儒，2010）。

第二节　土壤有机质的作用

一、土壤有机碳对环境保护的作用

全球农田土壤碳储量约为 170 Pg，占全球土壤有机碳储量的 10.97%。历史上由于人类对农田的过度开垦和耕种，造成土壤有机质含量大幅度下降，降低了农田的作物产量潜力；同时导致大量的碳

以 CO_2 形式由陆地生态系统排放到大气圈，加剧了全球温室效应（杨景成等，2013）。每年因土壤有机质分解释放到大气的总碳量为 68 Pg，全球每年因焚烧燃料释放到大气的碳远低得多，仅为 6 Pg，是土壤有机质分解释放碳的 8%～9%（黄昌勇，2000）。故土壤有机碳含量对大气中 CO_2 浓度有重要影响。

在农田土壤中，通过施肥、动植物残留等形式，使得外来有机物质不断进入土壤，从而使土壤有机质保持平衡，并为作物生长提供必要的物质和能量条件。同时，土壤中的大量植物根系和微生物以及土壤动物在生长生活过程中不断利用和分解有机质，排出 CO_2（刘合明，2009）。大气 CO_2 浓度的增加会刺激植物的光合作用，进而提高净初级生产力，并且更多的光合产物分配到植物根系，促进根系的生长和根分泌物的增加，使得根际沉积和根际呼吸作用也显著提高，因此，应促进碳素向地下部分的输入（苏永中等，2002），从而增加碳素向土壤的输入。同时，微生物的活性和土壤呼吸也受到促进（陈春梅等，2008）。因此，大气中 CO_2 浓度基本保持不变。生态系统对大气 CO_2 浓度变化的反应是长期的，可能几十年到几个世纪，用目前短期的研究结果来预测长期影响显然有点证据不足，并且因土壤碳库变化的难以测定性，需要长期（>10 年）定位分析土壤有机质对温室效应的影响。土壤碳库变化缓慢，故有必要探索准确、灵敏反映土壤碳库变化的技术，且通过对土壤碳库变化的研究来探索增加土壤碳固定的途径，从而减缓大气中 CO_2 浓度的升高。

二、土壤有机质对土壤肥力的作用

土壤有机质是土壤肥力和基础地力的最重要的物质基础，对耕地生产力及其稳定性具有决定性影响，在全球生态系统价值评价中被认为是仅次于淡水的重要自然资源（潘根兴等，2005）。我国耕地肥力检测网的长期观测资料表明，粮食作物的单产年际变率也受土壤有机质水平制约。平均说来，提高土壤有机质 0.1% 可以提高 10%～20% 的稳定性（潘根兴等，2005）。

土壤有机质对土壤肥力有重要作用，主要是因为一些可溶性的有机化合物的含氮和含磷的片段可以被高等植物直接吸收利用。土壤有机质含有大量的植物生长所必需的大量元素和微量元素。除化肥之外，土壤有机质是大量元素最大的库，提供了超过 95% 的氮和硫及 20%～70% 的磷。其中慢性组分的分解是矿化氮和其他养分的重要来源，并为土壤微生物提供充足的养料。而且化肥不可能单独承担保持土壤肥力的持续供应，必须结合有机肥的施用（宋春雨等，2008）。另外，土壤有机质，特别是腐殖质，能够调节土壤酸碱度，利于土壤微生物活动，促进土壤有机质的转化（程少敏等，2006）。研究表明，腐殖质也能提高化肥的稳定性，减少化肥损失，提高化肥利用率。祖元刚（2011）通过对我国东北表层土壤理化性状的分析，得出土壤有机质与土壤理化性质的各个指标之间的关系，见表 2-10。

表 2-10　土壤有机质 (y) 与土壤理化性质 (x) 之间的关系

土壤理化性质	相关性	拟合方程
pH	幂指数负相关关系	$y=3\,473.9x-3.003$
全氮（g/kg）	显著线性正相关关系	$y=13.808x-2.834\,1$
碱解氮（mg/kg）	显著线性正相关关系	$y=0.202\,3x-7.074\,8$
全磷（g/kg）	线性正相关关系	$y=17.037x+1.764\,2$
有效磷（mg/kg）	线性正相关关系	$y=1.055\,9x+4.570\,4$
速效钾（mg/kg）	线性正相关关系	$y=0.109\,1x-1.229$
钾离子交换量（cmol/kg）	线性正相关关系	$y=38.512x+1.983\,3$
Fe_2O_3 含量（g/kg）	线性正相关关系	$y=0.405\,8x-2.204\,9$
P_2O_5 含量（g/kg）	线性正相关关系	$y=14.568x-2.334\,1$
容重（g/cm³）	线性负相关关系	$y=-87.135x+133.19$
总孔隙度（%）	线性正相关关系	$y=2.108\,8x-84.224$

注：土壤有机质单位为 g/kg。

　　张洪（2007）研究熔岩区土壤有机质对土壤肥力的影响（图2-6），结果表明，土壤全氮、碱解氮、全磷、有效磷、速效钾、阳离子交换量都与土壤有机质呈正相关关系，只有全钾、容重与有机质呈负相关关系。有机质对速效养分的影响大于对全量养分的影响。

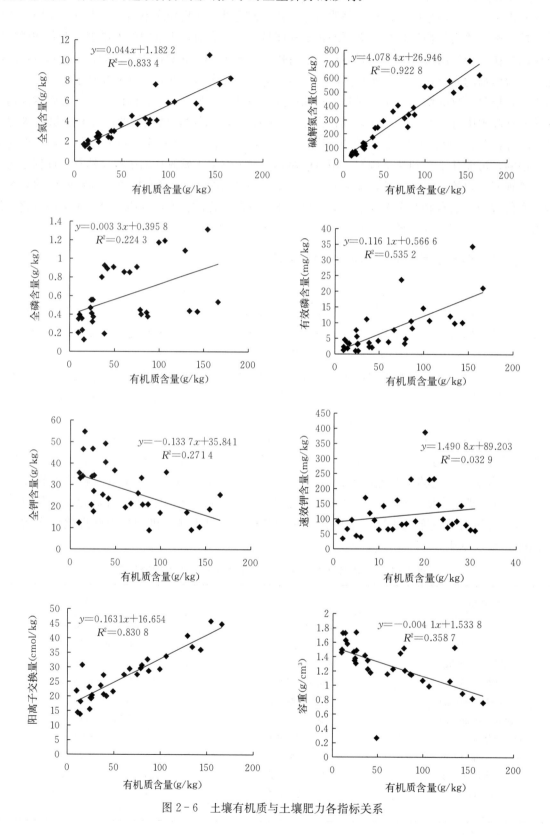

图2-6　土壤有机质与土壤肥力各指标关系

赵锐锋等（2013）通过对黑河中游湿地土壤有机质的研究发现，土壤有机质含量与土壤含水量、磷素呈显著正相关关系，与土壤质量、pH 呈显著负相关关系。杨舟非等（2015）研究表明，除全钾外，其余土壤养分与有机质之间呈线性正相关关系（表 2-11）。

表 2-11　土壤有机质（x）与土壤养分（y）之间的相关性

有效养分	拟合方程	R^2
全氮（g/kg）	$y = 0.051\,5x + 0.142\,6$	0.178 7
全磷（g/kg）	$y = 0.008x + 0.054\,4$	0.051 1
全钾（g/kg）	$y = -0.009\,2x + 1.567\,4$	0.000 4
pH	$y = 0.040\,4x + 5.911\,8$	0.003 7
有效硼（mg/kg）	$y = 0.206\,9x + 0.745\,3$	0.068 9
有效硫（mg/kg）	$y = 4.105\,6x + 21.993$	0.022 2
交换性钙（me/100 g）	$y = 133.7x + 1\,304.3$	0.015 6
交换性镁（me/100 g）	$y = 19.611x + 135.56$	0.030 8

注：土壤有机质单位为 g/kg。

前人的研究表明，土壤有机质对土壤肥力有重要的影响，随着土壤有机质含量的增多，土壤全氮、全磷、碱解氮、有效磷、速效钾、阳离子交换量、Fe_2O_3 含量增多，土壤总孔隙度增大，土壤容重、全钾含量降低。土壤有机碳含量与土壤 pH 的关系因土壤酸碱度的不同而有差异，一般有所降低。

三、土壤有机质与作物产量之间的关系

土壤有机质是土壤肥力的重要指标。土壤中有机质含量一般只占 1%～10%，但它在培肥土壤和作物生产中具有非常重要的意义。作物高产的主要条件是氮、磷、钾肥投入的增加和高产品种的选用，此外良好的土壤理化性状和生物条件也起到了非常大的作用。目前，人们对于吨粮田生产的栽培制度、品种、施肥和灌溉等进行了非常深入的研究，但对于吨粮田重要指标之一的土壤有机质在作物高产中的作用仍需进一步明确（孟凡乔等，2000）。桓台县 1982—1998 年土壤有机质与粮食产量变化情况见表 2-12。

表 2-12　桓台县 1982—1998 年土壤有机质与粮食产量变化情况

年份	有机质含量（g/kg）	产量（kg/hm²）
1982	12.96	3 778
1987	11.97	5 041
1989	12.76	6 344
1990	14.10	7 700
1991	14.43	7 889
1992	14.67	7 954
1993	14.59	7 891
1994	14.56	8 145
1995	14.82	8 319
1996	14.89	8 172
1997	14.95	8 201
1998	14.92	8 289

对研究数据进行多元回归分析，得到粮食产量与土壤有机质、速效养分的关系式为：

$$Y=-8\,909.65+1\,434.33SOM+13.64SAN-68.49SAP-48.56SAK \quad (R^2=0.943\,3^{***},$$

$$F=0.000\,1；t_{SOM}=3.59^{**}, \ t_{SAN}=0.53, \ t_{SAP}=-0.39, \ t_{SAK}=-4.42^{**})$$

式中，Y 为粮食产量，kg/hm^2；SOM 为土壤有机质含量，g/kg；SAN 为土壤碱解氮含量，mg/kg；SAP 为土壤有效磷含量，mg/kg；SAK 为土壤速效钾含量，mg/kg；t 为自变量的偏相关系数。

从关系式可以看出，在高产条件下，作物产量与土壤有机质呈显著正相关关系，与土壤有效钾呈显著负相关关系，与土壤碱解氮和有效磷关系不密切。作物产量与土壤有机质之间的显著关系表明，即使在外部化肥投入水平较高、灌溉水平较高、土壤理化性状较好的农田，土壤有机质仍然是影响土地生产力的重要条件之一。

洛川县苹果园有机质与产量之间的关系如图 2-7 所示。从图 2-7 可以看出，土壤有机质含量与苹果产量之间呈显著线性正相关关系，随着土壤有机质含量的增加，苹果的产量也随之增加（田稼等，2012）。王秋菊等（2012）通过对黑龙江不同土壤肥力研究，得出有机质含量与水稻产量之间的关系（图 2-8），从图 2-8 可以看出，随着有机质含量的升高，水稻的产量也随之升高，并且两者之间呈线性正相关关系。余瑞新等（2015）研究表明，土壤有机质的高低可以影响水稻产量，通过分析土壤有机质含量与水稻产量的相关关系，土壤有机质含量与水稻产量拟合呈线性关系（图 2-9），但显著性不高，这可能因土壤有机质较高产生还原性物质较多有关。

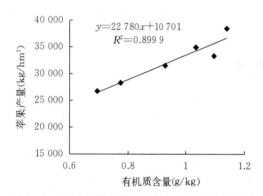

图 2-7 洛川土壤有机质含量与苹果产量的关系

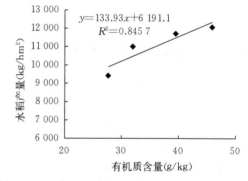

图 2-8 黑龙江土壤有机质含量与水稻产量的关系

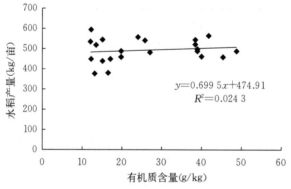

图 2-9 赣东北土壤有机质含量与水稻产量的关系

四、土壤有机质与农田基础地力之间的关系

农田基础地力是一个久远而且具有重大现实意义的农业研究课题，它是土壤工作者或农业生产者对土壤品质提出的一个概念。基础地力好，作物生长好，产量高；基础地力差，作物生长不好，产量

低。然而农田基础地力至今没有明确统一的定义，不同的学者看法不同（贡付飞，2013）。

基础地力对冬小麦的贡献率与土壤有机碳的相关系数 R^2 为 0.320 3** （$n=68$），达到了极显著的相关水平（图 2-10）。这说明土壤有机碳是潮土区冬小麦季基础地力的主要影响因素，是冬小麦季潮土区基础地力的主要评价指标。基础地力对夏玉米的贡献率与土壤有机碳的相关系数 R^2 为 0.093 9** （$n=68$），达到了极显著的相关水平（贡付飞，2013）。

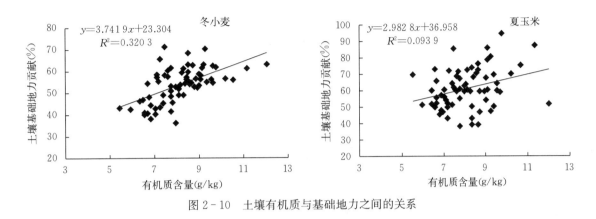

图 2-10　土壤有机质与基础地力之间的关系

第三节　土壤有机质含量的影响因素

一、土地利用方式对土壤有机质含量的影响

土地利用变化指人类对土地利用和管理的改变（陈云峰，2007）。土壤有机质受土地利用方式影响，具体表现在土地利用方式改变了土壤有机质的储量和性质、动态和稳定性。土地利用变化对土壤有机质的影响在人类农业活动初期就已经存在。但是直到 20 世纪 80 年代土地利用及土地利用变化对土壤有机质的影响才成为全球变化尤其是气候变化研究中的前沿问题之一（杨少红，2006）。森林砍伐后林地转变为耕地会使土壤有机碳含量迅速减少，土壤有机质含量一直处于下降状态，尤其是在砍伐后的前 5 年，一般需经过 20～50 年才可使土壤有机质含量增加。刘纪远等（2004）研究表明，1990—2000 年中国土地利用变化导致土壤有机碳库减少 42.45～112.8 Tg，其中森林和草地土壤碳库储量分别减少了 38.9～72.9 Tg 和 38.7～126.6 Tg。一般草地开垦为农田，由于干扰了土壤结构和水、气状况，导致土壤中有机碳的大量损失。许多研究表明，草地开垦为农田后会损失原来土壤中碳素总量的 30%～50%。大量碳的损失发生在开垦后的最初几年，20 年后趋于稳定。

0～10 cm 土层草地土壤有机质含量显著高于农田，全氮含量差异不显著，20～100 cm 土层有机质和全氮农田高于草地；土壤全磷含量农田与草地无明显差异。土壤 C/N 除 0～10 cm 土层外，农田高于草地。在整个土壤剖面上，草地土壤 pH 显著高于农田；除 10～20 cm 和底层土壤外，草地土壤容重也高于农田。草地土壤有机质和全氮随土壤深度的增加而降低，而农田土壤在 0～30 cm 土层随土壤深度的增加而增加，在 30 cm 土层以下与草地有相同趋势（李晓东，2009）。

二、气候对土壤有机质含量的影响

气候因子在土壤有机质的蓄积和输出过程中，起着重要的作用，尤其是温度和水分（周莉等，2005）。陆地土壤碳密度一般随降水的增加而增加，随温度的升高而降低。温度对土壤有机质的影响主要体现在两个方面：一方面，温度条件会影响植被的分布、生产力，改变植物残体向土壤的归还量，从而影响土壤有机碳的输入源；另一方面，温度会影响土壤微生物的数量和活性，进而影响微生物对有机碳的分解和转化（唐建，2012）。土壤的水分条件通过影响土壤的通气性而影响土壤固有有

27

机碳的矿化分解和外源有机碳的降解，进而影响土壤持有的有机碳量。李银坤等（2014）研究表明，土壤含水量与潜在矿化碳库呈二次函数关系，田间持水量为 25%～100%，有机碳矿化速率随土壤含水量的增加而增加，但增加幅度降低，其中有机碳净矿化率在田间持水量 75% 时达到最大。气候条件是一种自然条件，是人们无法控制的。有研究表明，在温度 ≤10 ℃ 的地区，土壤有机碳储量与温度呈极限著负相关关系；在 10～20 ℃ 的地区，土壤有机碳储量与温度和降水之间无明显的相关关系（周涛等，2003）。

三、土壤类型及理化性状对土壤有机质含量的影响

土壤类型以及与之对应的土壤质地和结构、土壤的剖面性状、土壤的矿物组成及土壤环境，如地形、地貌特征会影响农田土壤有机质的状况。土壤类型不同，土壤有机碳损失速率和更新周期的差别很大。研究表明，我国东北地区松嫩平原黑土的有机碳库处于亏缺状态，土壤有机碳含量在近期还有逐渐下降的趋势，并向大气释放 CO_2；红壤水稻土的有机碳库处于盈余状态，土壤有机碳含量还将不断提高，是大气碳汇；辽河平原棕壤和黄淮海平原潮土的有机碳库基本保持平衡，施用有机物料可改善养分循环水平。从农田生态系统角度，有研究者提出中国低产农田的有机碳库增加的潜力为 500 Tg（李忠佩等，2002）。其他土壤特性，如黏土矿物类型、pH、物理结构及其养分状况等均会影响有机碳在土壤中的累积。不同类型的矿物对土壤有机碳的保护作用有差异。土壤微生物的活性要求一定的酸度范围，pH 过高（>8.5）或过低（<5.5）对大部分微生物都不大适宜，会抑制其活动，从而使有机碳分解的速率下降。如在酸性土壤中，微生物种类受到限制而以真菌为主，从而减慢了有机物质的分解。土壤的物理结构则通过调节土壤中空气和水的运动，影响微生物的活动（李忠等，2001a）。

唐建（2012）通过对临沂市河东区耕层有机质的研究表明，土壤的黏粒含量对土壤有机质有着明显的影响，偏沙性的土壤类型和耕层质地类型不利于土壤有机质含量的积累。在不同土壤类型下，土壤有机质含量的分布规律为粗骨土<石质土<棕壤<砂姜黑土<水稻土；在不同耕层质地下土壤分布规律为沙壤<轻壤<中壤<重壤。土壤有机质含量还受到土壤所处的高程和地势状况的影响，在不同地貌类型下土壤分布规律为荒地<沿河阶地<缓平地<微斜平地<倾斜平地。

四、农田耕作措施对土壤有机质含量的影响

人类活动对土壤碳蓄积量和碳密度的影响远远超过自然变化影响的速率和程度，主要包括农业活动、城市和道路建设、砍伐森林以及土地利用、土地覆盖变化等。有关农田耕作方式对土壤有机质影响的报道相对较多。

保护性耕作是实现农业可持续发展的重要手段（谢瑞芝等，2007）。保护性耕作在 20 世纪 30 年代起源于美国。狭义的保护性耕作指土壤免耕和作物残茬覆盖等农田保护措施。西方国家的保护性耕作措施以环境保护和生态修复为出发点保护土壤不受强烈的耕作干扰破坏及防止水土流失，而较少考虑作物产量。Mannering（1987）将保护性耕作明确定义为：在某种种植制度下，能维持最少 30% 土壤覆盖，并减少水土流失，提高耕地产量的一种耕作方式。2002 年，农业部将保护性耕作定义为：在能够保证种子发芽的前提下，通过少耕、免耕、化学除草技术措施的应用，尽可能保持作物残茬覆盖地表，减少土壤水蚀、风蚀，实现农业可持续发展的一项农业耕作技术（蔡典雄等，1993）。目前，保护性耕作主要有免耕、秸秆覆盖、地膜覆盖等。长期保护性耕作可以提高土壤质量和土壤缓冲性，改善土壤团聚结构，改变土壤有机碳的垂直分布和保持力。

作物轮作是一种既能够提高作物产量又能改善农产品质量的农田管理措施。而且产量的提高又可同时提高地上部残留量和地下部根生物量，贡献于土壤有机碳库。通过减少休闲频率，在轮作系统中包含一种或几种覆盖作物都可显著提高土壤有机碳的含量。作物轮作通过影响作物根系或残体归还的数量和质量，影响土壤有机碳的矿化和固定过程以及土壤活跃有机碳的数量，作物根系以及微生物残

体主要影响土壤水溶性有机碳和微生物碳的变化。也有研究发现，在免耕或常规耕作条件下，作物轮作或休闲均不能提高土壤有机碳的含量，因此在不同气候和土壤条件下，轮作对土壤有机碳累积作用的影响不同（张国盛等，2005）。

随着化学工业的不断发展，无机肥料的使用越来越普遍。施用化肥主要是通过影响土壤全氮、有效磷和速效钾的含量，进而影响土壤有机质的含量。尤其是土壤中 C/N 对土壤有机质分解具有重要作用，并且影响土壤有机碳的剖面分布及碳储量。孟磊等（2005）对河南封丘长期定位施肥对土壤有机碳储量和土壤呼吸影响的研究表明，最佳的肥料配比是有机肥和无机肥配合施用，寻求合理可行的有机肥和化肥配合比例是实现农业土壤生产功能和环境功能协调统一的关键。施用有机肥可以迅速提高土壤有机碳含量，且这种影响是持久的，而化肥对土壤有机碳的固定并不产生直接作用，只是通过增加作物秸秆的归还量对土壤有机碳的储存产生影响。

第四节　提高土壤有机质的措施

一、秸秆还田

秸秆还田是农田管理的一项重要措施。秸秆还田是可持续农业发展不可替代的有效途径，既可以使秸秆资源得到充分有效的利用，同时又能够减轻秸秆焚烧对环境带来的污染，减轻对生态的破坏。很多研究表明，在进行秸秆还田以后，土壤有机碳库明显增加，约有 20% 的土壤有机碳被保存。秸秆还田可有效补充和平衡土壤养分，增加土壤有机质的累积，改善土壤理化性状，提高土壤肥力，促进增产增效（牛斐，2013）。

世界上农业发达国家都非常重视土地的用养结合，以秸秆还田为关键技术措施的保护性耕作技术最早是在 20 世纪 30 年代开始发展的，其后在美国、英国、加拿大、法国、澳大利亚等国家相继进行了秸秆还田技术研究与推广（孙汉印，2012）。英国洛桑试验站连续 18 年的试验发现，玉米秸秆还田土壤有机质提高了 2.2%～2.4%，且稻秆直接还田的效果优于堆腐后还田。在 20 世纪 60 年代，国内就已经开始了稻秆直接还田的研究，北方地区的一些国有农场推广玉米秸秆直接还田利用，同时国内开始进行试验研究。路文涛等（2011）通过 3 年的定位试验，研究表明秸秆还田能有效提高土壤有机碳含量。尤其在 0～20 cm 土层，土壤总有机碳较 CK 提高 6.96%～22.97%；土壤活性有机碳含量较 CK 显著提高 29.30%～40.76%。南雄雄等（2011）在关中平原的研究表明，秸秆还田能有效改善土壤有机质的状况，尤其使有机碳质量明显提升；就短期效果而言，秸秆粉碎直接还田对土壤有机碳的调节作用更为明显。王小彬等（2000）研究表明，作物种植体系下土壤有机质的恢复和提高不是 1～2 年甚至 6～7 年可以实现的。土壤有机质的累积是与有机物质的施用量、施用时间及其矿化、腐殖化过程有关，还受当地气候、土壤条件的影响。

二、施用有机肥

施用有机肥可迅速提高土壤有机质含量，而且这种影响是持久的。张付申（1996）研究发现，长期施用有机肥能显著提高土壤活性有机碳含量。施用有机肥不仅可以促进作物根系和地上部的生长，增加进入土壤的有机物质；同时还可影响土壤微生物的数量和活性，进而影响土壤有机物质的生物降解过程。大多数研究表明，施用有机肥或有机无机肥配施会使土壤有机质含量提高。张贵龙等（2012）对华北夏玉米体系研究表明，与不施肥或单施化肥相比，施有机肥显著提高了土壤有机碳含量和活性有机碳含量。土壤活性有机质对施肥措施的响应较为敏感，可以指示土壤碳库的早期变化。

王晓娟等（2012）在渭北旱塬研究发现，0～20 cm 土层，高量有机肥处理土壤有机质含量较低量有机肥处理提高 4.1%～4.6%，高、中量有机肥处理较对照提高 4.6%～11.2%，低量有机肥处理在施肥第 4 年较 CK 提高 4.7%～6.3%。0～30 cm 土层，所有有机肥＞5 mm 水稳性团聚体的增幅最大，其含量随有机肥用量的增加而显著升高；有机肥处理显著提高了土壤>2.5 mm水稳性团聚体含量、团聚体平均质量直径和团聚体稳定率，且随有机肥用量的增加而显著增加；中、高量有机肥处理比单施化肥处理增加效果显著（表2-13）。

表2-13　有机肥不同施用量对土壤有机质的影响

单位：g/kg

土层（cm）	处理	2009年	2010年
0~20	不施肥	14.15	14.03
	单施化肥	14.24	14.25
	低肥	14.69	14.92
	中肥	14.89	15.11
	高肥	15.28	15.60
20~40	不施肥	12.02	12.05
	单施化肥	12.25	12.23
	低肥	12.32	12.31
	中肥	12.39	12.40
	高肥	12.41	12.43

三、免耕

与常规耕作相比，免耕促进表层土壤的生物活性，提高土壤有机质含量和团聚体内部有机质含量，增加土壤团聚体稳定性（孙海国等，1997）。许多研究表明，免耕能够增加各级水稳性团聚体数量，降低土壤容重，有利于土壤水分与土壤空气的相互消长平衡，提高土壤对环境水、热变化的缓冲能力，为植物生长和微生物活动提供良好的土壤环境。

耕作方式不同对旱地冬小麦土壤有机质变化有一定影响，在免耕覆盖措施下，土壤表层有机质含量随小麦生育期的推进略有增大趋势，常规耕作措施下变化相对较小。耕作措施显著影响土壤有机质及其组分在剖面上的分布，具体表现为：在0~5 cm和5~10 cm免耕覆盖处理土壤有机质含量比常规耕作分别高82.1%和52.9%，同时免耕覆盖可以显著提高0~10 cm土壤微生物量碳、颗粒有机碳和可溶性有机碳含量。而在10~50 cm常规耕作措施下土壤有机质和颗粒有机碳含量略微比免耕高，在20~50 cm和30~50 cm拔节期后期微生物量碳和可溶性有机碳分别大于免耕覆盖处理。研究发现，免耕覆盖显著降低颗粒有机碳及表层为生物量碳和可溶性有机碳的季节变动性。因此，在研究耕作措施对土壤有机碳及其组分的影响过程中应该考虑季节变动和土壤剖面分布的影响。

四、绿肥轮作

现在世界上一些农业发达的国家，尽管无机肥料的使用量不断增大，但还是非常重视有机肥料的投入和使用，尤其绿肥作物的种植和利用。绿肥轮作已成为一项重要的农艺措施在这些国家广泛推广（王晓军，2011）。而我国种植利用绿肥作物的历史更为久远，早在3000多年前就有记载。中国是世界上绿肥种植年限最长、面积最大、范围最广的国家。种植绿肥作物翻压后对土壤有机质含量有明显的影响。全国绿肥试验网的联合定位试验结果表明，平均亩压入绿肥鲜草1 500~2 000 kg，连续5年，土壤有机质增加0.1%~0.2%（徐志平，2001）。孙聪妹等（1998）定位研究培肥物质对土壤有机质含量的影响，结果表明，绿肥-玉米轮作区第一年种植玉米后，土壤有机质增加0.22%，第二年种植木樨，土壤有机质增加 0.03%；而对照（施用化肥区）第一年接近于零，第二年为负值。史吉平等（2002）长期在不同类型土壤（潮土、旱地红壤和红壤性水稻土）中施用绿肥等有机肥，研究发现，土壤中不同形态的腐殖质含量均有不同程度的增加。

第五节　城乡有机废物有效化、无害化处理与应用

一、城乡有机废物利用的意义

几百万年来，土壤已形成了各种使有机废物循环的复杂生态系统。近几千年，几乎所有营养丰富的有机废物都返还到土壤中，植物从土壤、水及空气中得到所需要的营养物质进行光合作用，生成有机物质并供给动物和人类食用，动物排泄物及动、植物遗体重新返回到土壤之中，并在微生物的作用下，分解成为各种有机和无机成分，使土壤中的营养成分得到有效补充。这种循环模式在生物进化史中持续了很长时间。随着人类文明的进步，特别是近几个世纪以来，随着工业化和城市化的发展，这种自然系统中的有机质循环模式发生了很大变化，许多有机废物不是回归土壤，而是随意乱放、长期堆积，并散发恶臭、传播病原物、污染水体等。因此，必须尽可能地将其科学合理地制成有机肥料加以利用。此外，由于有机废物还土减少，而农作物从土壤中带走的营养物质逐年增加，加之土壤的侵蚀作用，逐渐使农田土壤中的营养物质含量不断下降，土壤肥力降低。故城乡有机废物有效化、无害化处理，加大有机肥投入，显得尤为重要。利用生物技术对城乡有机废物进行有效化、无害化处理将是一项十分重要的课题。对微生物作用的机制进行深入研究，不仅有助于提高有机废物的高效转化，增强处理效果，产生高质有机肥，而且能促进微生物学的进一步发展。

二、主要有机废物的组成与种类

城乡有机废物主要包括秸秆类、粪尿类、饼肥及菇渣类、泥炭类、市政有机废物等几个大类，其中含有丰富的有机及无机物质（表 2-14）。

表 2-14　畜禽粪便及农作物副产品的营养含量

单位：%

种类	有机质	N	P₂O₅	K₂O
鸡粪	25.5	1.63	1.54	0.85
猪粪	15	0.5～0.6	0.45～0.6	0.35～0.5
牛粪	15	0.32	0.25	0.15
马粪	20	0.55	0.30	0.24
羊粪	28	0.65	0.5	0.25
稻草		0.63	0.11	0.85
玉米秸秆		0.48～0.5	0.38～0.4	1.67
豆秸秆		1.3	0.3	0.5
油菜秸秆		0.56	0.25	1.13
豆饼		7	1.3	2.1
菜籽饼		4.6	2.5	1.4
棉籽饼		3.4	1.6	1.0
花生饼		6.3	1.2	1.3

（一）秸秆类

随着复种指数的提高、优质良种的出现、施肥量的增加、栽培技术和栽培条件的改善等，农作物的产量随之提高，秸秆的数量也相应增多，它是重要的有机肥源之一。

　　从图 2-11 可以看出，陕西省秸秆资源总量从 1949—1999 年呈折线式持续增长之势，从 1949 年的 326.04 万 t，增长至 1998 年的 1 380.29 万 t，年增长率达到 1.87%。其中，小麦秸秆从 1949 年 146.96 万 t 增长到 1997 年的 618.97 万 t，1998 年、1999 年期间略有下降（图 2-12）；玉米秸秆从 1949 年的 63.24 万 t 上升到 1998 年的 577.32 万 t（图 2-13）；水稻秸秆从 1949 年的 27.81 万 t 上升到 1998 年的 91.17 万 t，其秸秆量从 1984 年开始一直在 82 万～92 万 t 徘徊，1994 年、1995 年略偏低（图 2-14）；油料作物 1980 年以前秸秆总量维持在 10 万 t 左右，1980 年以后迅速上升，最高达到 1993 年的 61.215 万 t，之后有所下降，下降至 1999 年的 47.88 万 t；高粱秸秆资源总量多年一直维持在 15 万 t 左右，后来呈下降趋势（图 2-15）；除小麦以外的夏粮作物，1980 年以前夏粮秸秆变化浮动比较大，20 世纪 80 年代维持在 45 万 t 左右，进入 90 年代后受市场因素的影响又呈波浪式增长（图 2-16）；大豆受市场供求关系和气候因素的影响变化幅度比较大，1981 年大豆秸秆最低 17 万 t，1999 年达 66 万 t（图 2-17）。

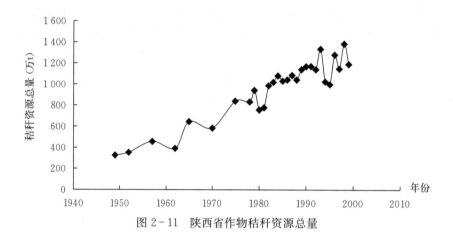

图 2-11　陕西省作物秸秆资源总量

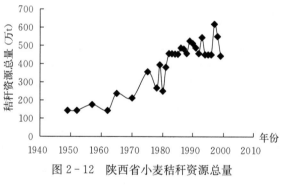

图 2-12　陕西省小麦秸秆资源总量

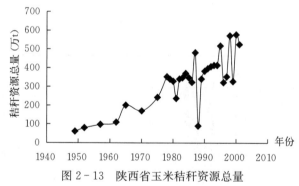

图 2-13　陕西省玉米秸秆资源总量

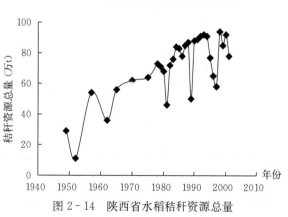

图 2-14　陕西省水稻秸秆资源总量

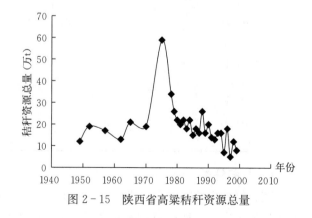

图 2-15　陕西省高粱秸秆资源总量

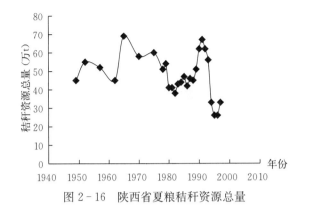

图2-16　陕西省夏粮秸秆资源总量

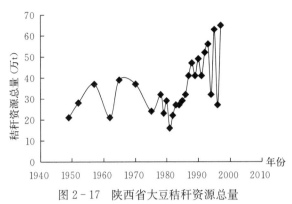

图2-17　陕西省大豆秸秆资源总量

秸秆中的有机成分主要是纤维素、木质素、蛋白质、淀粉等，还含有一定的氨基酸，其中以纤维素和半纤维素为主，木质素和蛋白质等次之。见表2-15。

表 2-15　几种作物秸秆的有机成分

单位：%

种类	灰分	纤维素	脂肪	蛋白质	木质素
水稻秸秆	17.8	35.0	3.82	3.28	7.95
冬小麦秸秆	4.3	34.3	0.67	3.00	21.2
燕麦秸秆	4.8	35.4	2.02	4.70	20.4
玉米秸秆	6.2	30.6	0.77	3.50	14.8
玉米芯	1.8	37.7	1.37	2.11	14.7
豆科干草	6.1	28.5	2.00	9.31	28.3

（二）粪尿类

粪尿类和厩肥一直是我国普遍施用的重要有机肥之一，其数量很大。据统计，1980年，猪粪、羊粪、牛粪和禽粪提供的氮、磷、钾分别相当于1979年全国氮、磷、钾化肥销售量的1.94倍、3.05倍和136.6倍。1995年，我国产生的猪粪、羊粪、牛粪、禽粪折合成养分，氮肥为715万t，磷肥为547万t，钾肥为424万t。这类肥源的数量将随人口的增加和畜牧业的发展而增加。

粪尿类包括人粪尿和家畜粪尿等，随着人口剧增和养殖业的快速发展，粪尿资源逐年增多。按照金继运（2002）估算，每年我国来自农业的有机物质为40亿t，可提供的氮、磷、钾总养分为4 798.9万t。其中，秸秆占12.2%，提供的总养分为585.5万t，粪尿类占78.7%，提供的总养分为3 776.7万t。根据陕西省对有机肥资源调查后得出，粪尿类有机肥资源目前年总量约6 959.62万t，其中人粪尿1 950.10万t、家畜禽粪尿5 009.52万t。按照粪尿类养分含量氮（N）0.6%、磷（P）0.17%、钾（K）0.41%推算（参见《中国有机肥料养分数据集》），可提供氮、磷、钾养分分别为41.76万t、1.12万t、28.53万t。粪尿类在陕西省有机肥资源总量中占50%以上，因此，重视它的积攒、保存、处理与合理使用显得非常重要。

1. 人粪尿　人粪尿分布和施用非常广泛，人粪尿资源数量随人口资源数量增加而同步增长。据人口资料统计，陕西省人粪尿有机肥资源在过去50多年间的动态变化呈逐渐上升趋势（图2-18）。经数学统计，人粪尿有机肥资源量随年度增加而变化的基本规律呈直线相关关系，相关系数

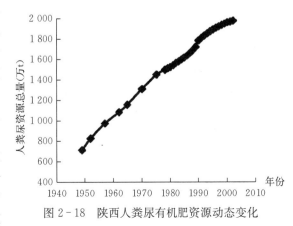

图2-18　陕西人粪尿有机肥资源动态变化

达到极显著水平，年增速率达到23.503万t。其基本方程式如下：

$$Y = 23.503X + 790.99 \quad (R^2 = 0.993\ 2^{**})$$

式中：Y 为人粪尿量（万t）；X 为累计年度（年）。

人粪尿是一种以氮为主的速效性有机肥料，目前陕西省人粪尿总量是50年前的3倍多。人粪尿可以提供有机质、氮素、磷素、钾素，除此之外，还有植物生长所必需的其他微量元素，是一种非常宝贵的有机肥资源（表2-16）。

表2-16 人粪尿养分含量（鲜样基）

单位：%

品种	有机质	氮素	磷素	钾素
人粪	14.4	1.13	0.26	0.30
人尿	1.2	0.53	0.04	0.14
人粪尿	4.8	0.64	0.11	0.19

资料来源：《中国有机肥料资源》，中国农业出版社，1999。

2. 畜禽粪类 畜禽粪类有机肥数量充分地反映着饲养业发展的历史变迁过程。以陕西省为例，图2-19是陕西省1949—2000年畜禽粪尿资源量动态的变化情况。

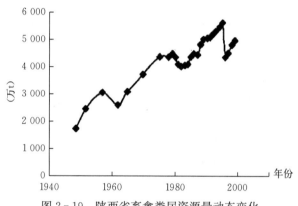

图2-19 陕西省畜禽粪尿资源量动态变化

从图2-19可以明显看出，畜禽粪尿资源量是在波动中逐渐递增的。20世纪50年代一直在低水平上徘徊，60年代初出现一段低谷，从60年代中期到80年代为快速递增阶段；80年代初稍有波动，以后又出现第二次增长阶段。畜禽粪尿资源量波动递增的历史与自然环境和社会经济发展有一定的关系。

据历史资料，1949—1957年陕西省大牲畜饲养数量发展迅速，畜禽粪便的总量逐年增长；1957—1979年受"大跃进"的影响，大牲畜饲养量下降了五六十万头，畜禽类粪便总量有明显下降；1965—1979年以养猪为主的养殖业高速发展，畜禽粪便逐年增长；1980—1985年受到粮饲价格的影响，全省养殖生猪下降100万头、羊下降300万头，畜禽养殖总量再次出现下降趋势，畜禽粪便总量有微弱的回落；1986—1995年开始快速增长，从4 387.52万t增长到5 639.29万t，年增长率为2.85%；1995—1996年又因饲料价格影响，畜禽粪便总量迅速下降，降为4 396.16万t，1997年又开始逐年增长，年增长率为3.49%，现在已经步入了受市场经济支配的较为平稳的发展道路。

从整体上讲，陕西省畜禽粪类有机肥量20世纪50年代至21世纪初呈现指数式快速增长关系。同期陕西省各畜禽粪类的基本资料见图2-20～图2-23。

家畜饲养业的发展促进了有机肥建设，也使得生态系统的物质循环呈现出良性发展的趋势，大大延长了有机物质资源循环的产业链，对于促进地方经济健康持续发展，改善人们生活水平有着重要的作用。

3. 不同畜粪的特点

（1）猪粪。由于猪的饲料相对较细，粪中纤维素较少，含蜡质较多，质地较细，C/N较低。但含水量较多，纤维分解菌少，分解较慢，产生的热量较少。阳离子交换量高，吸附能力较强。

（2）牛粪。牛是反刍动物，饲料可反复消化，粪质细密，含水量大。C/N约21:1，分解比猪粪慢，腐熟过程中产生的热量少，属冷性肥料。

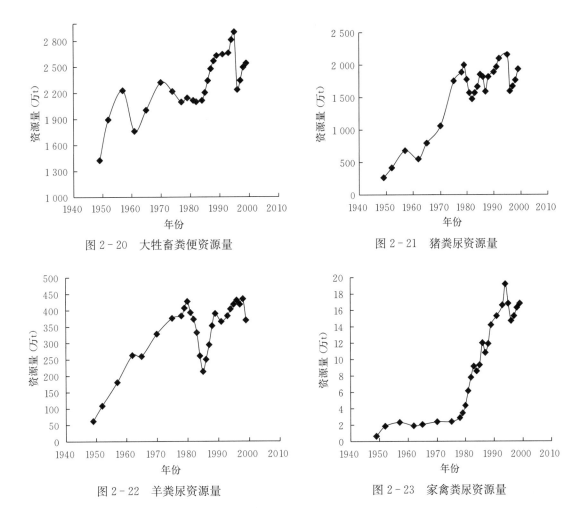

图 2-20 大牲畜粪便资源量

图 2-21 猪粪尿资源量

图 2-22 羊粪尿资源量

图 2-23 家禽粪尿资源量

（3）马粪和羊粪。马粪疏松多孔，纤维素含量高，并含有较多高温纤维分解细菌，C/N 约为 13∶1，含水分较少，腐熟过程中能产生较多热量，故有热性肥料之称。羊粪的性质和马粪相似，粪干燥而致密，C/N 约 12∶1，也属热性肥料。

（4）兔粪。兔粪含有丰富的有机质和各种养分，可作饲料和肥料。有报道指出，兔粪含有机质 20.47%、全磷 0.68%、全钾 0.58%、全氮 3.32%，其中蛋白态氮 3.14%、碱解氮 2 387 mg/kg、铵态氮 1 827 mg/kg。

兔粪中氮多钾少，尿中氮少钾多，易腐熟，在腐解过程中能产生较多热量，属热性肥料。还含有蔗糖、阿拉伯糖、果糖、葡糖糖及氨基酸、核糖核酸和脱氧核糖核酸等，为作物提供有机养料。兔粪多用于茶、桑、瓜、果树及蔬菜等作物。

（5）禽粪。禽粪通常是鸡、鸭、鹅的排泄物，其数量取决于饲养量及其排泄量，含有丰富的养分和较多的有机质。按干重计，禽类含有 3%～6% 的钙、1%～3% 的镁和微量元素。绝大部分养分为有机态，肥效稳长。

（三）饼肥、菇渣类

1. 饼肥 饼肥是含油较多的种子提取油分后的残渣，俗称油饼，又称油枯。油饼含有丰富的营养成分，做肥料用时称为饼肥。这类资源应提倡过腹还田和综合利用。

我国的饼肥主要有大豆饼、菜籽饼、花生饼、茶子饼、柏子饼等，饼中含有机质为 5%～85%、氮（N）为 1.1%～7.0%、磷（P_2O_5）为 0.4%～3.0%、钾（K_2O）为 0.9%～2.1%，还含有蛋白质及氨基酸等（表 2-17）。油菜籽饼和大豆饼中，还含有粗纤维 6%～10.7%、钙 0.8%～11% 及 0.27%～0.70% 的胆碱。此外，还有一定数量的烟酸及其他维生素类物质等。

表 2 - 17　主要饼肥氮、磷、钾的平均含量

单位:%

油饼种类	氮（N）	磷（P₂O₅）	钾（K₂O）
大豆饼	7.00	1.32	2.13
芝麻饼	5.80	3.00	1.30
花生饼	6.32	1.17	1.34
棉籽饼	3.14	1.63	0.97
菜籽饼	4.50	2.48	1.40
蓖麻籽饼	5.00	2.00	1.90
柏籽饼	5.16	1.89	1.19
茶籽饼	1.11	0.37	1.23
桐籽饼	3.60	1.30	1.30
椰饼	3.74	1.30	1.96
大麻籽饼	5.05	2.40	1.35
杏仁饼	4.56	1.35	0.85
苍耳子饼	4.47	2.50	1.47
苏子饼	5.84	2.04	1.17
花椒籽饼	2.06	0.71	2.50
椿树籽饼	2.70	1.21	1.78
胡麻饼	5.79	2.81	1.27

　　饼肥中的氮以蛋白质形态存在，磷以植酸及其衍生物和卵磷脂等形态存在，均属迟效性养分，钾则多为水溶性的，用热水可从中提取出 90% 以上。油饼含氮较多，易于矿质化。由于含有一定量的油脂，影响油饼的分解速度。不同油饼在嫌气条件下的分解速度不同，如芝麻饼分解较快，茶子饼分解较慢。

　　土壤质地影响到饼肥的分解及氮素的保存。沙土有利于分解，但保氮较差；黏土前期分解较慢，但有利于氮素的保存。

　　有些油饼中含有毒素，如茶籽饼中含皂素、菜籽饼中含皂素和硫苷、棉籽饼中含棉酚、蓖麻籽饼中含蓖麻素、桐籽饼中含桐酸和皂素等，不能直接做饲料，将上述油饼通过化学处理或选育籽实中不含毒素的品种，如含硫苷低的油菜品种，便可饲用以提高饼肥的利用价值。

　　2. 菇渣　菇渣指收获完食用菌后的残留培养基，主要由栽培基质和残留的菌丝体组成。菇渣养分丰富，pH 为 5～5.5、最大持水量为 372%、全氮为 1.62%、全磷为 0.454%、速效氮为 212 mg/kg、有机质为 60%～70%，并含有丰富的微量元素。菇渣除可作为肥料使用以外，还可作为饲料、吸附剂和园林花卉及蔬菜的栽培基质。

　　（四）城市有机废物类

　　1. 生活垃圾　生活垃圾指在居民日常生活中或为日常生活提供服务的活动中产生的固体废物，主要产自居民家庭、商业、餐饮业、旅游业、旅馆业、服务业和文教行业等。解决垃圾出路，已成为非常迫切的任务。

　　成分与性质：城市垃圾的来源广泛，成分复杂，其主要成分包括厨余物、废纸、废塑料、废织物、废金属、废玻璃、陶土碎片、砖瓦渣土、粪便、庭院废物、废旧电器及废旧家具等。其组成性质与经济发展、生活水平、消费方式、地理环境和季节等关系密切。

20 世纪 90 年代初以前，我国居民生活垃圾中煤灰渣所占比例很大，因此，无机成分灰土所占比例较高。随着城市煤气化的实现和区域供热的实施，城市垃圾中灰土等无机成分到 20 世纪末所占比例已从先前的 50% 以上下降到 5% 左右。而纸类、食品、金属、塑料、玻璃和织物等相对经济价值较高，可直接回收的成分明显上升。垃圾成分的这种变化趋势将有利于生活垃圾的资源化。北京市城市垃圾成分构成见表 2-18。

表 2-18　北京市历年城市垃圾成分构成

单位:%

年份	食品	灰土	纸类	塑料	玻璃	金属	织物	草木	砖瓦
1990	24.89	52.22	4.56	5.08	3.10	0.09	1.82	4.13	4.11
1995	35.96	10.92	16.18	10.35	10.20	2.96	3.56	8.37	1.50
1998	36.12	5.64	17.89	11.35	10.70	3.34	4.11	9.12	1.73

由于我国城市垃圾产生量和构成的变化，其理化性状也发生了很大变化。一是容重迅速下降，由 10 年前的 0.6~0.8 t/m³ 下降到 0.3~0.4 t/m³；二是热值上升，1991—1996 年北京城市垃圾热值增长了 2 839 kJ/kg。据调查，国内主要城市的垃圾分类和理化属性的变化基本与北京相同。

城市垃圾的化学成分很复杂，除含有植物营养物质外，还含有一些有毒元素。从北京市环卫所 1983—1985 年调查的平均值来看，垃圾中含碳为 12%~38%、氮为 0.6%~2.0%、磷为 0.14%~0.2%、钾为 0.6%~2.0%、铁为 2.57%、硅为 19.9 mg/kg、锰为 350 mg/kg、铬为 52.47 mg/kg、铝为 14.51 mg/kg、砷为 10.21 mg/kg、汞为 0.062 mg/kg、镉为 0.004 4 mg/kg。

生活垃圾的处置方式。城市生活垃圾主要有 3 种处置方式，分别是卫生填埋、焚烧和堆肥。各地社会经济条件和垃圾构成上的巨大差异，是导致选择不同处置方式的原因。

卫生填埋用来直接处置未分选垃圾，也处置经焚烧后垃圾余灰和垃圾堆置过程中分选出来的杂物。垃圾填埋场选址，除需考虑地质、地貌、垃圾收运方便外，还要估计对大气环境、水环境，对附近居民健康和卫生方面的影响，并采取相应的技术措施，尽量减少这些不利影响，例如，分层填埋、底层防渗、发酵和沼气回收等。对填埋场地今后的重复利用也要作出规划。

焚烧是利用垃圾中的热值来取暖或发电，用作焚烧处理的垃圾热值需要高于 4 187 kJ/kg，可燃物含量要达到 60%。这种标准在发展中国家通常达不到（垃圾中纸张、塑料等可燃物少）。另外，建厂投资大，供料、废热利用、除尘环保等一系列设备的技术要求高，也是限制因素。在发达国家，特别是在国土面积狭小、能源紧缺的日本，焚烧垃圾已占垃圾生产总量的 2/3 以上，应用普遍。

垃圾经堆置腐熟后农用，是处理费用较低、处理和利用相结合的途径，在发展中国家广泛采用。我国城郊农民有利用城市垃圾的历史传统，并积累了经验。再则，我国城市生活垃圾组成中厨余物含量高，杂物含量较低，也适合做堆肥处理。垃圾堆肥在提高土壤肥力上的作用很明显。据研究报道，施垃圾堆肥 75 t/hm²，使土壤有机质提高 0.07%~0.27%、全氮提高 0.003%、容重下降 0.02~0.16 g/cm³、土壤孔隙度增加 0.3%~5.3%，土壤保水、保肥力也有相应提高；施用垃圾堆肥对农产品品质有多方面的有利影响，例如，番茄和马铃薯薯块的单个重量增加，番茄提早上市，大白菜单株重、净产率、包心率也有所提高；施垃圾堆肥可降低青菜和萝卜的硝酸盐含量，由单施尿素的 274 mg/kg 降至 45~119 mg/kg，在 9 种蔬菜试验中还发现产品中矿物质和维生素含量有所提高。另有报道，施 150 t/hm² 垃圾肥的小麦籽粒蛋白质和面筋含量，均有增加趋势。

此外，垃圾堆肥农用效果土壤条件是影响肥效的主要因素。在中、低肥力土壤上，垃圾堆肥有较高的增产效果，特别在配施适量氮肥后，增产幅度可达 66%~79%；而高肥力土壤上增产效果要低得多，一般都小于 9%。用无锡市高温堆肥二次发酵工艺的垃圾堆肥进行试验发现，该肥施用于多种蔬菜和大田作物上均得到了良好的增产效果和经济效果。蔬菜的适宜用量为 45 t/hm²，增产率为 11%~27%。

垃圾堆肥施用于土壤，也会带来环境问题。主要是如使用前不分选，易使土壤"渣化"，造成漏水漏肥；其中的病原物和重金属如不处理，会污染土壤和水体，进入食物链，对人和动物的健康产生危害。因此，施用有机废弃物前，要进行分选，然后经过厌氧发酵或好氧堆肥等处理后，按国家规定的标准有控制地施用。按我国城镇垃圾堆肥农用控制标准（表 2 - 19），表 2 - 19 中 1～9 项全部合格者方能施用于农田。对于表 2 - 19 中 1～9 项都接近标准值的垃圾，施用时其用量应减 50%。

表 2 - 19　《城镇垃圾农用控制标准》（GB 8172—87）

编号	项目	标准极限	编号	项目	标准极限
1	杂物（%）	≤3	8	总铬（mg/kg）	≤300
2	粒度（mm）	≤12	9	总（mg/kg）	≥10
3	蛔虫卵死亡率（%）	95～100	10	总氮（N）（%）	≥0.5
4	大肠菌值	$10-2～10-1$	11	总磷（P_2O_5）（%）	≥0.3
5	总镉（mg/kg）	≤3	12	总钾（K_2O）（%）	≥1.0
6	总汞（mg/kg）	≤5	13	pH	6.5～8.5
7	总铅（mg/kg）	≤100	14	水分（%）	23～35

注：①表中除 2、3、4 项外，其余各项均以干基计算。②杂物指塑料、玻璃、金属、橡胶等。

2. 污水污泥　污水污泥是指污水处理厂在净化过程中产生的沉淀物。它不同于江、河、湖、海、塘、沟、渠的底泥（常称之为淤泥），也不同于上水（饮用水）处理后的污泥。根据处理程度又分为一级、二级和三级处理。一级处理是指污水通过格栅截留粗大杂物，再经曝气沉沙池除去沙砾，流入初沉池沉降分离污水中悬浮物，从而使水质得到部分净化的工艺。强化一级处理则是在普通一级处理的基础上结合添加化学絮凝剂来使污水得到更好的净化。二级处理是指通过一级处理后的出水进入接种有活性污泥（指含大量好气微生物的絮状菌体胶团）的生物反应池（如曝气池、氧化沟等），在不断供气条件下，经 6～8 h 生化处理再流入二次沉淀池，泥水静止分离后，污水得到净化的处理工艺。三级处理则是在二级处理工艺上附加脱磷脱氮生化处理的工艺。目前，我国污水处理厂污水处理工艺以二级为主。从二级沉淀池中排出的污泥称为二沉污泥，但多数污水厂排出的污泥都是一沉污泥和二沉污泥的混合物。对于采用活性污泥法处理工艺的污水处理厂，污泥（含水 97% 左右）的产生量通常占污水量的 0.3%～0.7%。污泥经过厌（好）氧消化处理后，称之为厌（好）氧消化污泥。这些消化的或未消化的污泥通常需要进一步采用压滤或离心脱水形成含水 75%～80% 的脱水污泥，以利于后续处理和处置。

我国绝大多数城市污泥中有机质含量在 20%～60%、全氮（N）在 2%～7%、全磷（P）在 0.7%～1.4%，比一般的农家肥养分丰富，与鸡粪相似。但污泥中钾含量通常较低，多数在 0.2%～0.5%。此外，污泥中的重金属种类较多，含量也较高，是污泥农用最大的障碍因素。污泥中还存在各种病原物，蛔虫卵可达每 500 g 液体污泥 1～7 个。近年来，一些研究者还从污泥中检出一些微量的难降解的持久性有机污染物，如多环芳烃、多氯联苯等。此外，由于二级污水处理厂排出的污泥主要由微生物菌体胶团组成，颗粒细小、蛋白质含量高、亲水性强，因此，脱水污泥（含水 75%～80%）可塑性强，进一步采用机械脱水十分困难。而污泥干化后却又变得十分硬结，故脱水污泥农用前需要改变其不良的物理性质，如采用堆肥化方法。

处理厂由于采用的污水处理工艺、污水来源与性质的不同，产生的污泥组成与性质差异极大。通常，工业污水所占比例越大，污染物含量就越高；而生活污水所占比例越大，有机质和植物养分含量就越高。污水二级处理后产生的污泥其有机质和养分含量比一级处理要高。江苏省 5 地污水处理厂年脱水污泥的成分与性质见表 2 - 20。

表 2 - 20　江苏城市污水处理厂年脱水污泥的成分与性质（2010 年）

项目	苏州新区	无锡芦村	常州城北	徐州奎河	南京江心洲
处理程度	二级	二级	二级	二级	一级
pH	7.35	8.1	7.92	7.99	8.07
EC（ms/cm）	2.01	2.55	1.14	8.78	1.88
有机质（%）	40.4	40.7	53.4	48.9	14.1
全氮（N）（%）	3.86	2.91	5.16	5.31	0.85
全磷（P）（%）	0.80	1.16	0.77	1.07	0.29
全钾（K）（%）	0.40	0.35	0.24	0.27	0.79
C/N	6.07	8.11	6.00	5.34	9.62
Ca（%）	1.00	2.96	1.05	2.27	2.39
Al（%）	2.60	2.38	1.42	1.06	3.63
Fe（%）	1.37	1.45	1.07	1.02	2.06
Mg（mg/kg）	13 365	3 468	2 905	6 009	7 269
Mn（mg/kg）	1 641	505	320	160	384
B（mg/kg）	133	86	59	66	87
Cu（mg/kg）	6 552	317	662	2 855	153
Zn（mg/kg）	986	1 333	670	14 790	620
Pb（mg/kg）	849	72	28	44	86
Cd（mg/kg）	4.3	4.2	3.2	33	5.8
Ni（mg/kg）	537	292	64	38	39
Cr（mg/kg）	239	358	637	524	61
Se（mg/kg）	16.3	35.2	1 248	104	13.2
As（mg/kg）	141	115	5.2	15	20

注：表中数据为全年的平均值，干基。

污泥农用的肥料效果与环境问题：污泥农用能明显提高土壤肥力。由于污泥有机质、氮、磷养分高，其中 80% 左右的氮、磷均为有机态，养分供应具有缓速兼备的特点，因此，施用污泥可明显促进作物长势长相，表现为生物量和株高增加、叶片肥厚。对于当季的粮食作物，污泥氮至少可替代 80% 化肥氮，而不会造成作物的减产。而且污泥的残效明显，对后季作物的生长有较好的后效作用。与施用化肥的处理相比，施用污泥还明显使土壤容重下降，土壤孔隙度、土壤有机质、全氮、全磷等明显升高，提高了土壤肥力。但由于污泥中含有有机、无机及生物性污染，因此，污泥不合理应用会造成土壤、植物和水体污染，其中重金属污染是污泥农用过程中监测的重点。研究发现，污泥农用会使重金属在土壤施用层大量聚集，而且污泥本身带有以及污泥在分解过程中产生水溶性有机物，通过其络合作用，会导致少量重金属向下迁移。有研究者发现，污泥停施 15 年后，污泥处理土壤中重金属的有效性依然高于对照区土壤。利用苏州城西污水处理厂污泥所做的一项研究表明，施用污泥的处理，包菜中外包叶重金属锌含量比施化肥的对照处理高 4 倍，包球（可食部分）中高 2 倍。

为防止污泥农用过程中造成重金属污染，许多国家都制定了相应的控制标准。例如，美国 1983 年制定了污泥土地利用条例（40FCR Part 503），1993 年再度修订了该条例，对污泥重金属含量进行了限定，并同时规定了土壤对污泥重金属的最高负荷量和年负荷量。我国在 1985 年曾颁布了农用污泥中污染物控制标准（表 2 - 21），规定有害物质超标的污泥不能作为农肥施用于农地。该标准的其他规定是：①施用符合控制标准的污泥，每年最大施用量不得超过 30 t/hm²（干物质计），污泥中任何一项无机化合物含量接近本标准时，连续在同一块土壤上施用，不得超过 20 年。②为了防止对地下水的污染，在沙质土壤和地下水位较高的农田上不宜施用污泥；在饮用水源保护地带不得施用污泥。③生污泥须经高温堆腐或消化处理后才能用于农田，污泥可在大田、园林和花卉地上施用，在蔬菜地和当年放牧的草地上不宜施用。④在酸性土壤上施用污泥除了必须遵循在酸性土壤上污泥的控制标准外，还应该同时年年施用石灰以中和土壤酸性。⑤对于同时含有多种有害物质而含量都接近标准值的污泥，施用时应酌情减少用量。

表 2-21　农用污泥中污染物最高允许含量（干物质）

单位：mg/kg

项目	酸性土（pH<6.5）	中性或碱性土（pH>6.5）
镉及其化合物（以 Cd 计）	5	20
汞及其化合物（以 Hg 计）	5	15
铅及其化合物（以 Pb 计）	300	1 000
铬及其化合物（以 Cr 计）	600	1 000
砷及其化合物（以 As 计）	75	75
硼及其化合物（以 B 计）	153	150
铜及其化合物（以 Cu 计）	250	500
锌及其化合物（以 Zn 计）	500	1 000
镍及其化合物（以 Ni 计）	103	200
矿物油	3 000	3 000
苯并（a）芘	3	3

为避免污泥中重金属对食物链的污染，粮食作物直接大量施用污泥或污泥堆肥应该特别谨慎，最好将其应用于不进入食物链的园林绿化地。将污泥制成有机无机复合肥，由于大幅度提高了污泥复合肥中养分的含量，使单位面积土壤实际接受的污泥量少（150～450 kg/hm²），可有效避免由于污泥集中大量施用所带来的污染风险。

三、有机废物农业利用的途径与技术

遍及各地的城乡有机废物是一种可再生资源，在农业上具有巨大的开发潜力。对它们进行有效处理和利用，对节约自然资源、防止环境污染、实现生态经济良性循环具有重要意义。

（一）利用途径和方法

1. 秸秆还田　秸秆还田的方式主要有粉碎翻压还田、覆盖还田、堆沤还田、焚烧还田和过腹还田。秸秆粉碎翻压还田是把秸秆通过机械粉碎成长度为 10 cm 左右，耕地时直接翻压在土壤里。秸秆覆盖还田是将秸秆粉碎后直接覆盖在地表或整株倒伏在地表，可以减少土壤水分的蒸发，达到保墒的目的。堆沤还田是通过家畜圈，或加上生物菌剂、水等进行高温腐熟，然后施入土壤，更有利于植物体吸收，高温腐熟时可以杀死部分有害微生物。焚烧还田造成资源浪费、环境污染、破坏生态等问题，国家已经严禁。过腹还田是将秸秆作为饲料，在动物腹中经消化吸收，一部分转化为人们需要的营养物质，一部分转化为粪便，作为有机肥施入土壤，培肥地力，无副作用（朱启红，2007；逢焕成等，1999；陈中玉等，2007；封莉等，2004）。

我国各地区由于气候、作物、土壤和种植制度不同，秸秆还田的方式各异。东北农区主要是玉米秸和稻秸，多采用粉碎翻压还田，也采用玉米秸秆高温堆沤还田和稻秸留高茬 15 cm 机械旋埋；华北和西北农区主要是麦秸和玉米秸，麦秸多采用留高茬还田，玉米秸多采用粉碎翻压还田和整秆翻压还田。一些干旱地区，为了保持土壤水分，普遍采用覆盖还田；西南农区主要是麦秸、稻秸、玉米秸和油菜秸，旱地多采用覆盖还田，水田多采用翻压还田；长江中下游农区主要是稻秸、麦秸、玉米秸和油菜秸，旱地多采用覆盖还田，水田多采用粉碎翻压还田或留高茬还田；华南农区主要是稻秸，水田多以粉碎翻压为主，旱地多采用覆盖还田（曾木祥等，2002）。

2007 年，农业部通过实施土壤有机质提升项目，在四川、广西、江苏、湖南、江西、安徽、重庆 7 个省份 16 个县推广秸秆还田腐熟技术模式 3.87 万 hm²；在河北、山西、山东、辽宁 4 省 8 县推广田间堆腐技术 0.487 万 hm²，增施有机肥 16 万 t。截至 2007 年底，全国机械化秸秆还田 2 182.6 万 hm²。

2. 禽畜粪便利用　提高我国有机肥利用质量主要依靠禽畜粪便的堆肥化技术，实现商品有机肥的规模化生产。据统计，截至 2007 年，我国有年产 100 t 以上粪尿的禽畜养殖场 56 万多个，产生粪便总量 10.36 亿 t，6.93 亿 t 被处理或施用；另外，还有农家肥资源 19.91 亿 t，施用量 14.59 亿 t。全国户用沼气达 2 650 万户，适宜农户普及率 18.3%，比 2000 年增加 2.09 倍，建成养殖沼气工程 2.66 万处。虽然总处理量有限，但是发展迅速，经过若干年的发展，畜禽粪便和各种垃圾的堆肥化利用，必将成为农村有机肥利用中的重要组成部分。

2007 年，我国共有各类有机肥生产企业 2 282 个，总设计产能 3 475.4 万 t，实际年产 1 629.53 万 t，其中有机肥料 698.04 万 t、生物有机肥料 190.03 万 t、有机无机复混肥料 653.45 万 t、其他肥料 88.01 万 t。可以看出，我国有机肥肥料的实际产量仅占产能的 48%，大部分产能没有释放出来，有很大的发展空间。近年来，有机肥产能和产量都在逐年增加，行业前景十分看好。

3. 绿肥　绿肥改土培肥增产的显著效果，应根据各地的气候、土壤、种植制度，选择适宜的绿肥品种。据统计，我国每年用作压青还田的绿肥有 4 807.51 万 t，占资源总量 43.25%；用作饲料的 4 094.88 万 t，占资源总量 36.84%；经济绿肥用量 1 135.07 万 t，占资源总量 10.21%（曾木祥等，1994）。

4. 城市垃圾　我国城市垃圾年排放量约 8 200 万 t，从处理的有机垃圾、粪便中制取有机肥，是我国传统的积肥技术，也是当今各国研究城市垃圾资源化技术及应用的重要方向。目前，我国城镇郊区以城市垃圾作为重要肥源已取得很大发展。石家庄地区 20 世纪 70 年代就开始农田施用垃圾（炉灰和有机垃圾）。天津自 20 世纪 90 年以来，垃圾肥一直作为郊区菜田的主要肥源，1 hm² 菜田每年平均接纳 75 t 垃圾，菜田平均约加厚 1 cm 土层，使菜田土壤有机质大幅度提高。

（二）主要技术经验

1. 作物秸秆的饲料转化技术　秸秆转化为饲料的技术很多，如物理法（粉碎等）、化学法（碱化、氨化）、生物法（青贮、酶发酵）等，运用这些技术可以显著提高秸秆的营养价值和适口性、消化性。目前适宜我国广泛推广的主要是青贮和氨化法。氨化处理技术现多采用简便的堆垛式，即用液氨或尿素、碳酸氢铵的水溶液（用量为液氨占秸秆干重的 3% 左右、尿素占 3%～5%、碳酸氢铵占 8%～10%），保持秸秆含水量 20%～50%，经 7～56 d，可使粗蛋白含量增加 1～1.5 倍，消化率提高 20% 以上。青贮有壕贮、窖贮、塔贮等形式，青绿秸秆经切碎、压紧、密封，30～45 d 后使用，可减少营养损失 20% 以上，尤其能保持蛋白质和纤维素。青贮对纤维素的消化性影响甚微，现人们正试图寻找某些纤维分解菌以提高青贮饲料的消化率。此外，近年来发明的制作膨化饲料的热喷技术和复合化学处理后的秸秆压块饲料新技术，可使各种植物秸秆由低粗饲料变成色、香、味良好的营养价值高的商品饲料。热喷是将原料投入压力罐内，经短时间低、中压蒸汽处理，然后全层喷放改变其化学物理结构而成为优质饲料。沂蒙山区的平邑县试验证实，热喷麦糠饲喂奶牛可完全代替青干草，每头牛年降低饲料成本 256 元，产奶量提高 1.1%。另外，秸秆水解生产酵母饲料是近年来秸秆饲料化的又一新技术。

2. 畜禽粪便的处理利用技术

（1）氧化塘处理的多层次利用。建设简易露天氧化塘并结合一系列生物技术处理大量的禽畜粪便，既经济又高效。辽宁省盘锦市大洼区生态养殖场探索总结出了猪粪尿"三段净化四步利用"技术：一级处理池种水葫芦吸附氮，二级处理池种细绿萍吸附磷、钾，达渔业水质标准后，排入三级处理池养鱼、蚌，再达浇灌水质标准后排入农田。此项技术每年可收获青饲料约 300 t、鲜鱼 50 t、珍珠 50 kg，增产稻谷 64 t，经济效益和环境效益显著。

（2）饲料加工技术。主要以鸡粪为主，处理方法有干燥处理、发酵处理等。干燥处理多采用机械热粪干，如北京峪口鸡场建成的机械化直热式粪干处理车间，通过高温、高压、热化、灭菌、脱臭技术，将鲜鸡粪制成干粉状饲料，产量 1 000 kg/h，年产值 12 万元。目前最为先进的是微波处理工艺，如上海农垦局农机研究所设计的 9WJF-800 型微波处理设备，可产颗粒饲料 800 kg/h，用于饲喂肉牛每千克可代替玉米 0.27～0.33 kg，棉籽饼 0.77～0.88 kg，降低成本 0.40～0.57 元。另外，吉林大学的膨化机、东北大学的热喷技术等也都是值得推广的成功技术。鸡粪的发酵处理，一种是利用某些细菌和酵母菌好氧型发酵，有效利用鸡粪中的尿酸，其蛋白质含量可达 50%，氨基酸成分接近大豆；另一种是采用青贮方法，将鸡粪与适量玉米、麸皮、米糠等混合装缸或入袋厌氧发酵，发酵后的鸡粪具有酒香味、营养丰富，含粗蛋白 20%、粗脂肪 5.7%，远高于玉米等粮食作物。

（3）沼气厌氧发酵及其残余物利用技术。目前在我国农村广泛采用的家用小型沼气池容积 6～10 m³，多与猪圈、厕所连通。进料前植物性原料需进行堆沤处理，粪草比以（2～3）∶1 为宜，保持碳氮比（13～30）∶1、pH6.8～7.4。天天投料 4～8 kg（干），5～7 d 出料一次。这种沼气池单位容积日均产气 0.12～2 m³、年产沼渣 5～7 m³、沼液 25 t。随着沼气厌氧发酵技术的不断改进，在池型上已由最初的水压式发展到较为先进的浮罩式、集气罩式、干湿分离式、太阳能式等，规模上正由户用小型沼气池逐步向集中供气的大中型沼气发酵工程发展，发酵温度有常温（10～26 ℃）、中温（28～38 ℃）和高温（48～55 ℃），气压上有低压式、恒压式等多种形式。在发酵工艺方面，采用干发酵、两步发酵、干湿结合、太阳能加热等新技术，有的还采用碳酸氢铵代替猪粪与秸秆混合发酵，或通过施加添加剂，培育高效发酵微生物，提高产气率。淄博市西单村建有一座总容积 2 200 m³ 的沼气发酵罐，全村 200 头奶牛、2 500 头猪、1 万只鸡每天共产生约 7 500 kg 粪便投入沼气罐，日均产气 296 m³、产沼肥 10 t。沼气发酵残余物是一种高效优质的有机肥和土壤改良剂，沼液一般用作追肥，沼渣适宜做底肥。山东省农业科学院在小麦抽穗扬花期进行沼液追肥，每次 300 kg/hm²，喷 3 次，增产 12.9%。沼气发酵残余物还用来喂猪、养鱼、栽培食用菌、养殖蚯蚓等。喂猪一般选用投料一个月后的上清液，随取随喂，定时定量，以占总料的 30% 为宜。安徽阜南县试验表明，添加沼液喂猪可使育肥期缩短 1 个月，节省饲料 80 kg。喂鱼以滤食性鱼（如鲢鱼）为主，施用时间、数量视水的透明度和季节、温度而定。江苏省沼气研究所实验证实，沼渣养鱼较投放猪粪增产 25.6%，且能改善鱼的品质。南京古泉农村生态工程实验场还用 50% 浓度的沼液进行春菇追肥和喷洒，增产率为 14%；若作基肥拌入基料中，比一般栽培可提早 14 d 出菇。

3. 城镇有机垃圾农用堆肥技术　堆肥分野外堆肥法和高温堆肥法 2 种，其中高温堆肥法是较为有效的技术措施。其工艺过程主要分前处理、发酵、后处理 3 个阶段。前处理包括垃圾的收集、筛分、配料、加温、混合及除去不宜堆肥物，统一粒度、调整温度和 C/N 等工序，要求有机质含量达 400～600 g/kg，C/N 为 30 左右，含水量 40%～60%；发酵过程包括布料、发酵、翻堆、通风、后熟等工序，是一个生物降解的过程；后处理过程包括筛分、去石、造粒、装袋等工序，去掉其中未腐烂杂质，得到精堆肥。世界各国的垃圾堆肥一般含氮 3.6～25.2 g/kg，1985—1989 年，无锡市在国内首先建成了一座日处理 100 t 城市垃圾的堆肥工厂，垃圾经 20 d 发酵处理，成为腐熟度好、无臭味、无污染的优质有机肥料。施用这种肥料，可使小麦增产 20%、油菜增产近 1 倍。

我国有机废物的产生量居世界前列，由于长期以来技术落后、投入不足等诸多因素，对其开发利用还较落后。目前大部分采用的还是一次利用方式，工艺简单，技术落后，利用率低，处理能力和利用规模也十分有限。随着经济的发展和人们认识水平的不断提高，废弃物的农业利用将逐步向规模化、商品化、高效化的深度发展。一方面，对有机废物的处理和利用将逐渐由小型、分散，走向大型、集中，实现工厂化生产，废弃物产品的商品化程度随之加强；另一方面，由于现代高新技术的日益渗透，废弃物产品的质量不断提高，对农业的增产效果更为明显，对废弃物的利用方式趋于多样，开发深度和利用得以提高。废弃物资源化将与城镇环境综合整治和生态农业建设更为密切地结合起来，实现生态、经济和社会效益相统一。

第六节　有机肥的功能

一、有机肥能维护土壤肥力和生产力

从西安半坡村遗址可以看出，我国农业的发展有 5 000 多年的历史。在 1949 年以前，我国还从未施用过化学肥料，古代人民之所以能不断繁衍生息，主要是施用各种有机肥料发展农业生产。早在春秋战国时期就有"百亩之粪"（《孟子·万章下》），"凶年，粪其田畴而不足"（《滕文公上》），《吕氏春秋·任地篇》《荀子·富国篇》也谈到"地可使肥""多粪肥田"，足以证明我国劳动人民利用粪尿等做肥料已有几千年的历史。我国栽培绿肥作物最早始于西晋，贾思勰《齐民要术》也指出："凡美田之法，绿豆为上，小豆、胡麻次之。"由此可以看出我国劳动人民当时对绿肥的价值就已有了深刻的认识。南宋农学家陈敷在《农书·粪田之宜篇》提出"地力常新"论："若能时加新沃之土壤，以粪治之，则益精熟肥美，其力当常新壮矣"，即主张用地与养地相结合，采取施用有机肥料的办法来保持和提高地力。这些早期土壤培肥理论至今仍有科学指导意义。我国传统农业延续 5 000 年，地力不衰，有机肥居功至伟。德国近代农业化学家李比希曾高度评价了我国农民以粪肥土的创造，指出"中国农民对农业具有独特的经营方法，可以使土地长远保持肥力，并不断提高土地生产力，以无与伦比的农业耕作法，满足了人口增长的需要"。

在近代和现代农业发展中，有机肥料的作用与地位更不断得到重视和提高，日益成为农业生产的重要因素之一。据农业农村部估算，中国每年有机肥资源量约为 48.8 亿 t。其中，畜禽类粪便 20.4 亿 t、堆沤肥约 20.2 亿 t、秸秆约 7 亿 t、饼肥约 2 000 万 t、绿肥约 1 亿 t。每年来自农业内部的有机物质为 40 亿 t，含氮磷钾养分 5 316 万 t。粪尿类占资源量的 78.7%，可提供养分 3 463.2 万 t。20 世纪 50 年代之前，我国农业生产所依赖的肥料基本都是有机肥料。有机肥料的工业化生产始于 20 世纪 70 年代中期，90 年代之后进入快速发展时期。我国有机肥料生产企业大致分为三种模式：一是精制有机肥料类，以提供有机质和少量养分为主，是绿色农产品和有机农产品的主要肥料，生产企业占 31%；二是有机无机复混肥料类，既含有一定比例的有机质，又含有较高的养分，生产企业占 58%；三是生物有机肥料类，产品除含有较高的有机质外，还含有改善肥料或土壤中养分释放能力的功能菌，生产企业只占 11%。有机肥料的工厂化生产和推广应用，促进了现代农业发展。

《2013—2017 年中国有机肥料行业产销需求与投资预测分析报告》数据显示，国家对有机肥的生产十分重视，近几年在政策方面给予倾斜来支持其发展。从 2008 年 6 月 1 日开始，根据财政部和国家税务总局的文件要求，生物有机肥产品完全免税。不仅如此，国家还相继启动"无公害食品行动计划""绿色食品""有机食品"认证等相关计划及政策，对农产品进行质量安全控制，一定程度上也带动了有机肥的市场需求。2000—2010 年的 10 年间，中国有机肥料销售年均增速达到 56.72%，销售收入由 2000 年的 3.55 亿元增长至 2010 年的 317.63 亿元，增长了近 100 倍。目前，美国等西方国家有机肥用量已占总量的 50%，我国有机肥产业商品化生产初具规模，农田的大规模施用尚未普及，占比不到 10%。但这恰恰也预示了有机肥在我国有着巨大的发展潜力与市场空间。受国家政策引导以及肥料发展趋势，未来我国有机类肥料潜力巨大，预计有机类肥料施用量将占到肥料消费总量的 30% 左右，未来，中国有机肥生产将呈连年上升趋势。

有机肥料不仅在农业生产中有着十分重要的地位，而且在保护生态环境、保护人民健康方面都有十分重大的意义。由于现代农业水平越来越高，有机食品越来越受到了人们的重视。在这方面，无论是政策支持的力度上，还是在实际的行动中，国家都对此投入大量的支持。可以说，有机肥以后将成为农作物生长中的一个必备的基础肥料。

二、有机肥料能促进作物生长发育

1. 增施有机肥料有利于种子萌发和根系生长　有机肥料颜色深黑，容易吸热、增湿，在分解过程中也会放出热量，有利土壤温度；同时有机肥热容量提高，施入土壤使土壤保湿性提高，故可冬天防冻，夏天防暑，这对种子萌发和根系生长，特别对作物越冬非常有利。有机肥料能改良土壤结构，使土壤疏松，通气良好，保水渗水性强，能促进根系穿透能力，根系多壮，出苗整齐。胡定宇（1986）研究表明，增施有机肥料小麦根系在 0~100 cm 土层内比对照增加 61.3%，4 cm 以后土层较对照增长 2~3 倍。

2. 有机肥料含有多种有机和无机养分

（1）有机肥含有大量元素和中、微量元素，既有缓效养分，又有速效养分，能满足作物各个生长时期的养分需要。有机肥养分边释放，边供作物吸收，供肥稳定，肥效期长，一般都用作基肥。有机肥具有既发小苗，又保定苗，能延长作物根系和叶片的功能时间。

（2）有机肥含有蛋白质、糖、脂肪、胡敏酸、富非酸等多种有机养分，其中有的可被作物直接吸收利用，如可溶性糖、氨基酸、有机氮等，有的经分解后被作物吸收利用。特别当作物生长阶段转换期间，有机养分是作物必需的养分，是作物生长期转换期所特殊需要的养分，是作物生殖生长转换期保证高产优质的关键营养。

（3）有机肥含有大量微生物和酶，施入土壤后在微生物和酶的作用下，加速了有机物的分解、转化，活化土壤养分，使一些被固定的营养元素释放出来供作物吸收利用，因此能改善土壤养分状况，提高土壤供肥能力，促进作物生长发育。

3. 有机肥能刺激作物生长　有机肥中含有各种维生素、腐殖酸和植物激素，能刺激作物根系旺盛生长，增强作物对养分的吸收。李中兴等（1986）试验表明，用黄腐酸拌种和孕穗期喷施，可提高小麦叶片叶绿素含量 5.7%~40.3%，籽粒产量增加 13.3%。

4. 有机肥能增强作物抗性

（1）抗旱抗寒。一方面，施用黄腐酸肥料能促进根系发育，提高根系活力，增强作物吸水能力，增强作物抗旱性；另一方面，施用黄腐酸能抑制叶片保卫细胞中 K^+ 的积累，使气孔关闭，减少水分损失。郑平等（1993）试验证明，黄腐酸拌种可提高小麦根系内过氧化氢酶的活性，出苗 10 d 后，根系中过氧化氢酶活性比对照平均增加 15%。因为过氧化氢酶能参与细胞对水分和养分的吸收和运输，所以它能起到抗旱作用。李绪行等（1992）试验表明，喷施黄腐酸 20 d 后，小麦叶片中产生脯氨酸，而且干旱时增加幅度更大，因此能增强小麦对干旱的适应能力。杨晓玲等（1996）试验发现，用黄腐酸喷施小麦，可提高幼苗内可溶性糖、可溶性蛋白质和游离氨基酸含量，从而能增强细胞的渗透能力，提高细胞的保水能力和根系活力，使植株在干旱和寒冷条件下维持生长。

（2）抗病抗倒伏。有机肥在分解转化过程中，经微生物作用合成许多活性物质，为维生素 B_1、维生素 B_8、维生素 B_{12}、泛酸、叶酸等，既存在刺激作用，又能提高作物自身的抗病能力，同时这些活性物质又具有较强防病抗病作用。

（3）脱盐耐盐。中国北方有许多盐碱地，经过改良大部分已被利用。在改良利用过程中发现，增施有机肥料对脱盐、耐盐有很大作用。有机肥料能改善土壤结构，减小毛管水运动的速度，减少水分无效挥发，有明显抑制返盐效果。有机肥又能使土壤容重降低、孔隙度增大、透水性增强，促进盐分淋洗下移，加速土壤脱盐。有机肥产生的有机酸能活化土壤所吸收的钙，有利于置换被土壤吸附的钠，促进脱盐脱碱。稻草还田能使盐渍土中的 Cl^-、SO_4^{2-}、Na^+ 和 Mg^{2+} 等离子含量降低，水稳性团粒结构增加 3.3%，容重降低 0.06~0.09 g/cm³，孔隙度增加 2%~6%，田间水层渗透速度提高 0.44 mm/h，1 m 土层的脱 Cl^- 率比对照提高 15.7%。

三、有机肥能提高土壤生产力

农业可持续发展，必须靠土壤生产力的不断提高，而要提高土壤生产力必须通过增施有机肥料才能实现。

1. 改善土壤物理性质 陕西娄土是经历几千年耕作的土壤，1987年，作者开始在杨凌头道塬娄土上建立长期定位施肥试验，经过两年种植作物进行匀地试验，使土壤肥力水平达到均匀一致，在此基础上，1990年正式开始长期定位施肥处理试验，2000年杨学云等采样分析测定土壤物理性质的变化，结果见表2-22和表2-23。

表 2-22 不同施肥条件下娄土微团聚体颗粒变化状况

施肥	微团聚体颗粒（%）					
	$<2\ \mu m$	$2\sim<5\ \mu m$	$5\sim<10\ \mu m$	$10\sim<50\ \mu m$	$50\sim<250\ \mu m$	$\geqslant250\ \mu m$
CK	10.56	10.12	17.38	50.06	9.21	2.67
N	10.96	11.84	13.92	51.33	9.23	2.71
NP	9.75	9.62	10.39	53.61	12.32	4.31
NK	10.87	10.76	14.49	53.04	8.71	2.13
PK	10.69	10.25	16.66	50.54	9.54	2.32
NPK	9.81	8.91	9.43	55.87	11.76	4.22
NPKS	7.65	6.08	7.99	58.58	14.56	5.14
NPKM	8.70	8.13	7.49	56.73	13.87	5.08
1.5 NPKM	6.96	7.87	6.21	58.99	14.18	5.79

注：试验前（1990年）基础土壤微团聚体颗粒$<2\ \mu m$、$2\sim<5\ \mu m$、$5\sim<10\ \mu m$、$10\sim<50\ \mu m$、$50\sim<250\ \mu m$、$\geqslant250\ \mu m$微团聚体含量分别为11%、10.1%、15.3%、52.3%、9.3%和2.0%。

表 2-23 不同施肥的土壤耕层容重和田间持水量（2000年）

施肥	容重（g/cm³）	田间持水量（g/kg）	孔隙度（%）
CK	1.31	210	51.36
N	1.23	231	54.09
NK	1.36	226	49.31
NP	1.18	257	56.11
PK	1.34	239	50.09
NPK	1.22	301	54.62
NPKS	1.26	257	22.89
NPKM	1.18	296	56.09
1.5 NPKM	1.19	320	55.69

注：试验前（1990年）土壤容重、田间持水量和孔隙度分别为1.30 g/cm³、212 g/kg和49.6%。

由表2-22看出，娄土$10\sim<50\ \mu m$微团聚体占主导地位，长期NP、NPK、NPK配施秸秆和有机肥后，土壤中$<10\ \mu m$的3个粒级颗粒所占比重明显降低，尤其是$5\sim<10\ \mu m$粒径的颗粒所占比重为6.21%～9.43%；$\geqslant10\ \mu m$的粒径3个粒级颗粒所占比重都明显增加，特别是$50\sim<250\ \mu m$粒径的颗粒增加26%～56%；$\geqslant250\ \mu m$粒径的颗粒增加了1.14%～1.93%。施氮磷钾肥及有机无机肥配合，这种增加的趋势更加明显。因此，合理施用化肥和化肥配合施用有机肥显著改善娄土微团聚体。

由表2-23看出，娄土不同施肥耕作10年后，不施肥（CK）和施用NK、PK的土壤容重与试验前基本相同，其余施肥处理土壤容重都存在不同程度的下降，其中尤以NP、NPK有机肥配合施用的土壤容重降低最为明显，降幅达9%左右。不施肥土壤的田间持水量与试验前基本持平；施肥处理的田间持水量则存在不同程度的增加，其中 NPK、NPK 配合有机肥施用的增加量最为显著，增幅约为 10%；其次为 NP 和 NPKS 增幅为 5% 左右。土壤孔隙度变化与土壤容重相似。总之，施用有机肥料，特别是施用有机无机复混肥料可以明显改善土壤物理性状，有利于作物健壮生长。

2. 增加土壤养分

（1）增加土壤有机质。全国 6 种典型土壤经过 10 年肥料定位试验后，其中有代表性处理的土壤有机质含量变化见表 2-24。

表 2-24　施肥 10 年后典型土壤的总有机质、活性有机质及碳库管理指数变化

土壤	处理	TOM	增减（%）	LOM	增减（%）	CMI
红壤 （祁阳）	①O-soil	17.60	—	2.74	—	100
	②CK	16.20	−7.95	1.66	−39.42	57.1
	③NPK	17.12	−2.73	1.91	−30.29	66.4
	④NPKM	22.51	27.90	4.86	77.37	191.4
	⑤NPKS	18.32	4.12	3.21	17.15	120.2
塿土 （杨凌）	①O-soil	11.90	—	2.31	—	100
	②CK	13.53	13.70	0.97	−58.01	36.4
	③NPK	14.57	22.44	1.93	−16.45	77.6
	④NPKM	20.60	73.12	3.21	38.96	132.6
	⑤NPKS	16.29	36.89	2.79	20.78	117.4
灰漠土 （乌鲁木齐）	①O-soil	15.17	—	3.45	—	100
	②CK	13.53	−10.81	2.05	−40.58	53.6
	③NPK	15.34	1.12	2.67	−22.61	71.7
	④NPKM	22.24	46.61	4.50	30.43	125.2
	⑤NPKS	14.22	−6.26	3.28	−4.93	94.6
轻壤质潮土 （郑州）	①O-soil	11.72	—	1.76	—	100
	②CK	11.38	−2.90	1.12	−36.36	59.9
	③NPK	12.15	3.67	1.62	−7.95	90.1
	④NPKM	15.95	36.09	1.91	8.52	104.6
	⑤NPKS	15.34	30.89	2.16	22.73	121.2
黑土 （公主岭）	①O-soil	22.33	—	4.24	—	100
	②CK	20.26	−9.27	3.78	−10.85	88.9
	③NPK	22.76	1.93	4.09	−3.54	95.4
	④NPKM	25.61	14.69	5.23	23.35	125.8
	⑤NPKS	23.88	6.94	4.66	9.91	110.8
均壤质潮土 （昌平）	①O-soil	13.71	—	1.90	—	100
	②CK	14.48	5.62	0.97	−48.95	49.0
	③NPK	17.24	25.75	1.50	−21.05	77.5
	④NPKM	17.93	30.78	2.53	33.16	138.9
	⑤NPKS	16.72	21.95	2.29	20.53	125.1

资料来源：《中国土壤肥力演变》，中国农业科学技术出版社，2006。

注：O-soil 为原始土壤，M 为有机质，S 为秸秆，TOM 为总有机质含量（g/kg），LOM 为活性有机质含量（g/kg），CMI（碳库管理指数）=CPI×LI×100，CPI（总碳库指数）=样品中土壤总碳（CT）与参考土壤（试验前未耕种土壤）总碳（CT）之比，LI（碳的不稳定性比率）=样本中碳的不稳定性与参考土壤中碳的不稳定性之比。

由表 2-24 看出，定位施肥 10 年后，与原始土壤相比，土壤有机质变化如下：

① CK（只种作物不施任何肥料）的总有机质含量除娄土和均壤质潮土略有增加外，其他土壤都略有降低；活性有机质含量和碳库管理指数 6 种土壤都有明显降低。

② NPK 处理的总有机质含量除红壤略有降低外，其余土壤都有不同程度的增加，增加量并不很大；而活性有机质含量和碳库管理指数不同土壤都有不同程度的降低，说明 NPK 合理施用也只能使土壤有机质含量基本持平或略有增高，但不能增加活性有机质含量和碳库管理指数，即不能使土壤基础肥力得到明显提高。

③ NPKM 处理的总有机质含量所有试验土壤都获得显著增高，增高幅度为 O-soil 的 14.69%～73.12%，平均增加 38.2%，增幅最高的是陕西娄土，最低的是吉林的黑土。活性有机质含量和碳库管理指数 6 种土壤都有显著增高，证明化肥与有机肥配合施用能明显增强土壤的基础肥力，为持续农业的发展建立了良好基础。

④ NPKS 处理，即 NPK 合理配合与秸秆配合施用，总有机质含量除灰漠土略有降低（-6.26%）外，其他 5 种土壤都有不同程度的提高，提高幅度为 4.12%～36.89%。平均 5 种土壤为 20.15%，其中最高的是陕西娄土，最低的是祁阳红壤。秸秆还田对土壤有机质的增加明显低于有机肥料。对土壤活性有机质含量和碳库管理指数的影响都有不同程度的提高，但也明显低于有机肥料的作用。

（2）增加土壤氮磷钾含量。秸秆和有机肥本身含有丰富的氮磷钾等营养元素，同时有机肥也能保护化学肥料在土壤中不受损失。所以增加有机肥并与化肥配合施用，能大幅度提高土壤中的大量营养元素和中微量元素。陕西杨凌娄土肥料定位试验 10 年后的结果见表 2-25。

由表 2-25 看出，不同施肥处理对娄土耕层不同类型的氮磷钾含量提高程度均为 1.5 NPKM>NPKM>NPKS>NPK>CK。施用化肥 NPK 虽对土壤 NPK 各种养分有所增加，但增加幅度很低；施用 NPKS 虽比 NPK 有较大提高，但远远低于 NPKM 和 1.5 NPKM；施用 NPKM 和 1.5 NPKM 分别比 CK 增加土壤全氮 65.85% 和 95.12%，有效氮 71.03% 和 116.06%，全磷 77.90% 和 123.63%，有效磷 66.57 倍和 100.35 倍，速效钾 1.2 倍和 2.1 倍。

表 2-25　不同施肥娄土氮磷钾含量变化（0～20 cm）

施肥处理	全氮 （g/kg）	有效氮 （mg/kg）	全磷 （g/kg）	有效磷 （mg/kg）	水溶性钾 （mg/kg）	速效钾 （mg/kg）
CK	0.82	60.4	656	2.22	0.98	166.7
NPK	1.07	75.4	867	25.00	1.48	200.1
NPKS	1.20	81.5	967	37.50	3.74	—
NPKM	1.36	103.3	1 167	150.00	2.94	366.7
1.5 NPKM	1.60	130.5	1 467	225.00	4.84	516.5

长期大量增施有机肥（1.5 NPKM），6 年后土壤缓效钾较本底提高 8.7%，12 年后提高 23.4%。但 NPKM 或 NPKS 处理，12 年后土壤缓效钾含量与本底土壤相比基本持平，其余由化肥施肥处理的土壤缓效钾含量均有明显下降趋势。此与土壤有效磷含量变化呈相反现象。甘肃平凉地区黑垆土试验也得到类似结果证明，黄土高原地区要提高土壤速效钾含量，仅施化肥 NP 或 NPK 是不够的，必须在化肥施用的基础上，增施有机肥料，才能使土壤 NPK 养分含量平衡增长，满足作物高产需要。

（3）提高土壤酶的活性，促进养分转化和提高。经过 10 余年的肥料定位试验，对土壤主要酶的活性进行了测定。甘肃张掖地区的灌漠土测定结果见表 2-26。过氧化氢酶是表征土壤生物氧化强弱的一个指标。长期施用化肥对灌漠土过氧化氢酶的活性无显著影响；施有机肥可显著提高土壤过氧化氢酶的活性，与 CK 相比，施有机肥使土壤过氧化氢酶的活性增加 5%～6%，施有机肥比施化肥平均增加 5%。

表 2-26　长期施肥的灌漠土（0～15 cm）中酶的含量（2002 年 5 月）

施肥	过氧化氢酶（mL/g）	蔗糖酶（mL/g）	脲酶（μg/g）	碱性磷酸酶（$\times 10^{-2}$ mg/g）
CK	1.91cd	0.98e	25.08c	3.54bc
N	1.87d	0.88e	48.88b	2.90cd
NP	1.92bcd	1.14de	50.59b	2.58d
NPK	1.98abc	1.58cd	50.38b	2.49d
M	2.00ab	1.81bc	55.19b	3.67b
NM	2.01a	2.44a	70.84a	3.94b
NPM	2.03a	1.93bc	71.48a	3.95b
NPKM	2.01a	2.11ab	67.84a	4.74a
LSD$_{0.05}$	0.865	0.486	10.38	0.657

注：每列中不同字母表示差异达 5% 的显著水平。

从表 2-26 看出，蔗糖酶即 β-呋喃果糖苷酶，其活性表征了土壤生物化学活性的强弱，对增加土壤易溶性起着重要作用。单施 N 或 NP 对灌漠土蔗糖酶活性无显著影响，而施 NPK 较 CK 增加该酶 61.2%，有机无机配施增幅最大（84.7%～149.0%）。有机肥与化肥配合（NPM 和 NPKM），蔗糖酶活性最高（2.11～2.44 mL/g），较化肥（NPK）增加 34%～54%。

脲酶是一种专性较强的酶，能促进尿素水解作用。单施氮肥或化肥配施较不施肥的 CK 脲酶活性增加 95%～102%，有机肥与化肥配施脲酶活性增幅最大，为 170%～185%，较施化肥（N、NP、NPK）平均脲酶活性增加 41%～46%。

磷酸酶是一种水解酶，能加速有机磷的脱磷速率，提高磷素的有效性。不同施肥处理，对灌漠土碱性磷酸酶活性大小依次为 NPKM>NPM>NM>CK>N>NP>NPK，施有机肥可明显提高土壤碱性磷酸酶活性。而 NP、NPK 的碱性磷酸酶活性比不施肥（CK）降低 27%～30%。施有机肥较化肥增加碱性磷酸酶 42%，其中施 NM 较单施 N 增加 36%，NPM 较 NP 增加 53%。

以上结果证明，增施有机肥料都能增加以上 4 种酶的活性，从而增加土壤全氮、全磷、碱解氮、有效磷、速效钾的含量，使土壤氮、磷、钾养分达到平衡发展和协调供应。

（4）增加土壤持水量，提高土壤水分利用率。娄土长期定位肥料试验测定结果表明，经过 10 年后，不施肥对照与试验前的土壤持水量（212 g/kg）基本相同。不同施肥的土壤田间持水量则存在不同程度的增加，增幅最大的是 1.5 NPKM、NPK、NPKM，与对照相比，分别增加 55.2%、43.3% 和 41.0%；增幅较小的为 NPKS、NP，比对照分别增加 22.4% 和 22.4%；增幅最小的是 PK、N、NK，分别为 13.8%、10.0% 和 7.6%。有机肥施得越多，田间持水量越高，见表 2-27。

表 2-27　不同施肥土壤耕层田间持水量（2000 年）

施肥	田间持水量（g/kg）	比对照增加（%）
CK	210	—
N	231	10.0
NK	226	7.6
NP	257	22.4
PK	239	13.8
NPK	301	43.3
NPKS	257	22.4
NPKM	296	41.0
1.5 NPKM	320	55.2

注：试验前（1990 年）土壤持水量为 212 g/kg。

甘肃平凉黑垆土长期定位试验结果表明，干旱年、正常年和湿润年，有机无机配合（NPM）的 WUE 均最高，不施肥（CK）均最低。施肥第 16 年的小麦中，不同施肥处理的小麦水分利用率 NPM 和 NPS 最高，比对照分别增加 281.25％和 237.50％；其次为 NP 和 M，比对照分别增加 209.75％和 184.38％；最低是 N，比对照增加 78.13％。施肥后的第 6 年玉米水分利用率趋势与小麦基本相同，同样表现为 NPM 和 NPS 增加幅度最高，NP 和 M 为次，N 为最低，但不同施肥的增加幅度都比小麦要低得多（表 2-28）。以上试验进一步证明，增施有机肥料，特别是进行有机肥料与无机化肥配合施用，能显著提高土壤持水量，增加作物对水分的利用率。

表 2-28　黑垆土长期定位施肥对小麦、玉米水分利用率的影响

施肥	小麦			玉米		
	产量 （t/hm²）	水分利用率 （kg/m³）	比对照增加 （％）	产量 （t/hm²）	水分利用率 （kg/m³）	比对照增加 （％）
CK	1.29	0.32	—	2.29	0.47	—
N	2.36	0.57	78.13	3.02	0.63	34.04
NP	3.87	0.99	209.35	4.75	1.00	112.77
NPS	4.15	1.08	237.50	4.75	1.02	117.02
M	3.54	0.91	184.38	4.39	0.94	100.00
NPM	4.71	1.22	281.25	5.61	1.19	153.19
LSD$_{0.05}$	0.07	0.019		0.148	0.032	

注：小麦产量为施肥后第 16 年的平均产量，玉米产量为施肥后第 6 年的平均产量。

（5）长期施用有机肥能明显提高作物产量。陕西塿土经过 12 年定位施肥，对作物产量有不同的影响，见表 2-29。

表 2-29　不同施肥对作物平均产量的影响（1991—2002 年）

施肥	冬小麦			夏玉米		
	平均产量 （kg/hm²）	增产率 （％）	变异系数 （％）	平均产量 （kg/hm²）	增产率 （％）	变异系数 （％）
CK	1 027.8a	—	41.3	2 235.7a	—	20.4
N	1 094.9a	6.5	63.7	3 045.7ab	36.2	29.3
NK	1 268.1a	23.4	48.6	3 583.4b	60.3	25.8
PK	1 248.8a	21.5	38.4	2 399.9a	7.3	39.7
NP	5 156.7b	104.7	25.8	6 363.8c	184.6	22.8
NPK	5 277.0b	413.4	26.6	6 140.4c	174.7	20.2
NPKS	5 334.9b	419.1	24.6	6 574.7c	194.1	19.0
NPKM	5 395.2b	424.9	31.9	6 668.0c	198.3	20.1
1.5 NPKM	5 679.4b	452.6	22.4	6 848.5c	206.3	24.2

注：同列数字后不同小写字母表示方差分析差异达 5％显著水平。

塿土在长期施肥条件下，小麦、玉米产量在年际有不同程度的波动，其变化趋势可分为两类：一类是 CK、N、NK、PK 施肥方式，产量都较低，但与不施肥处理的对照相比，施肥的小麦增产 6.5％～23.4％，其中 NK＞PK＞N；施肥的玉米增产 7.3％～60.3％，其中 NK＞N＞PK。说明单因素增产作用，对小麦是 N、P 作用明显，对玉米是 N 作用明显。另一类是 NP、NPK、NPKS、NPKM、1.5 NPKM，小麦、玉米产量都较高，但两种作物的增产次序是 1.5 NPKM＞NPKM＞

NPKS>NPK，其中 1.5 NPKM 比 NPK 小麦增产 7.63%，夏玉米增产 11.53%。说明在黄土地区堘土 NPK 平衡施肥基础上增施优质有机肥料是获得谷类作物高额产量最基本的措施，是合理施用有机肥料的最好方法。

　　各地肥料长期定位试验结果表明，有机肥和 NPK 合理配合施用，不仅能大幅度提高作物产量，而且能明显改善产品品质。

主要参考文献

蔡典雄，王小彬，高绪科，1993. 关于持续性保护耕作体系的探讨 [J]. 土壤学进展 (1)：1-8.

陈春梅，谢祖彬，朱建国，2008. 大气 CO_2 浓度升高对土壤碳库的影响 [J]. 中国生态农业学报 (1)：217-222.

陈云峰，2007. 气候变化：人类面临的挑战 [M]. 北京：气象出版社.

陈云峰，2013. 长期施肥对黄棕壤固碳速率及有机碳组分影响 [J]. 生态环境学报 (2)：269-275.

程少敏，2006. 土壤有机质对土壤肥力的影响与调节 [J]. 辽宁农业科学 (1)：13-15.

范如芹，2011. 耕作与轮作方式对黑土有机碳和全氮储量的影响 [J]. 土壤学报 (4)：788-795.

方华军，杨学明，张晓平，2003. 东北黑土有机碳储量及其对大气 CO_2 的贡献 [J]. 水土保持学报 (3)：9-12、20.

方静云，2007. 1981—2000 年中国陆地植被碳汇的估算 [J]. 中国科学 (D 辑：地球科学) (6)：804-812.

高德明，林而达，李玉娥，等，2003. 中国农业土壤固碳潜力与气候变化 [M]. 北京：科学出版社.

贡付飞，2013a. 长期施肥条件下潮土区冬小麦-夏玉米农田基础地力的演变规律分析 [D]. 北京：中国农业科学院研究生院.

贡付飞，2013b. 长期不同施肥措施下潮土冬小麦农田基础地力演变分析 [J]. 农业工程学报 (12)：120-129.

胡克林，2006. 北京郊区土壤有机质含量的时空变异及其影响因素 [J]. 中国农业科学 (4)：764-771.

黄昌勇，2000. 土壤学 [M]. 北京：中国农业出版社.

金琳，2008. 中国农田管理土壤碳汇估算 [J]. 中国农业科学 (3)：734-743.

李平儒，2010. 长期不同施肥对堘土有机碳及活性碳的影响 [D]. 杨凌：西北农林科技大学.

李晓东，2009. 土地利用方式对陇中黄土高原土壤碳素的影响 [D]. 兰州：兰州大学.

李银坤，2014. 土壤水分和氮添加对华北平原高产农田有机碳矿化的影响 [J]. 生态学报 (14)：4037-4046.

李忠，孙波，林心雄，2001a. 我国东部土壤有机碳的密度及转化的控制因素 [J]. 地理科学 (4)：301-307.

李忠，孙波，赵其国，2001b. 我国东部土壤有机碳的密度和储量 [J]. 农业环境保护 (6)：385-389.

李忠佩，2002. 不同轮作措施下瘠薄红壤中碳氮积累特征 [J]. 中国农业科学 (10)：1236-1242.

连纲，2006. 黄土丘陵沟壑区县域土壤有机质空间分布特征及预测 [J]. 地理科学进展 (2)：112-122.

刘纪远，2004. 1990—2000 年中国土壤碳氮蓄积量与土地利用变化 [J]. 地理学报 (4)：483-496.

刘文杰，2010. 黑河中游临泽绿洲农田土壤有机质时空变化特征 [J]. 干旱区地理 (2)：170-176.

路文涛，2011. 秸秆还田对宁南旱作农田土壤活性有机碳及酶活性的影响 [J]. 农业环境科学学报 (3)：522-528.

孟凡乔，吴文良，辛德惠，2000. 高产农田土壤有机质、养分的变化规律与作物产量的关系 [J]. 植物营养与肥料学报 (4)：370-374.

孟磊，2005. 长期定位施肥对土壤有机碳储量和土壤呼吸影响 [J]. 地球科学进展 (6)：687-692.

南雄雄，2011. 关中平原农田作物秸秆还田对土壤有机碳和作物产量的影响 [J]. 华北农学报 (5)：222-229.

牛斐，2013. 不同种植模式及秸秆还田对旱地农田土壤肥力及土壤有机碳的影响 [D]. 杨凌：西北农林科技大学.

潘根兴，赵其国，2005. 我国农田土壤碳库演变研究：全球变化和国家粮食安全 [J]. 地球科学进展 (4)：384-393.

石宗琳，2013. 渭北苹果园土壤有机碳库变异特征 [J]. 土壤学报 (1)：203-207.

史吉平，张夫道，林葆，2002. 长期定位施肥对土壤腐殖质结合形态的影响 [J]. 土壤肥料 (6)：8-12.

宋春雨，2008. 土壤有机质对土壤肥力与作物生产力的影响 [J]. 农业系统科学与综合研究 (3)：357-362.

苏永中，赵哈林，2002. 土壤有机碳储量、影响因素及其环境效应的研究进展 [J]. 中国沙漠 (3)：19-27.

孙聪姝，1998. 长期培肥定位试验耗竭阶段各培肥物质对土壤有机质持续效应的研究 [J]. 东北农业大学学报 (1)：11-20.

孙海国，Francis J. Larney，1997. 保护性耕作和植物残体对土壤养分状况的影响 [J]. 生态农业研究 (1)：49-53.

孙汉印，2012. 关中平原不同秸秆还田模式下土壤有机碳及其组分的研究 [D]. 杨凌：西北农林科技大学.

唐建，2012. 耕层土壤有机碳含量影响因素及碳库估测分析 [D]. 泰安：山东农业大学.

田稼，2012. 黄土高原不同苹果园土壤酶、有机质、微生物及树体产量品质的调查研究 [J]. 中国农业科技导报（5）：115-122.

王秋菊，2012. 黑龙江地区土壤肥力和积温对水稻产量、品质影响研究 [D]. 沈阳：沈阳农业大学.

王小彬，2000. 旱地玉米秸秆还田对土壤肥力的影响 [J]. 中国农业科学（4）：54-61.

王晓娟，2012. 旱地施有机肥对土壤有机质和水稳性团聚体的影响 [J]. 应用生态学报（1）：159-165.

王晓军，2011. 黑龙江绿肥种植对土壤肥力及小麦产量的影响 [D]. 北京：中国农业科学院研究生院.

奚小环，2013. 中国中东部平原及周边地区土壤有机碳分布与变化趋势研究 [J]. 地学前缘（1）：154-165.

谢瑞芝，2007. 中国保护性耕作研究分析：保护性耕作与作物生产 [J]. 中国农业科学（9）：1914-1924.

徐志平，2001. 经济绿肥在可持续农业中的作用与发展对策 [J]. 福建农业（11）：9.

许文强，2011. 土壤碳循环研究进展及干旱区土壤碳循环研究展望 [J]. 干旱区地理（4）：614-620.

许信望，2008. 不同尺度区域农田土壤有机碳分布与变化 [D]. 南京：南京农业大学.

薛晓辉，卢芳，张兴昌，2005. 陕北黄土高原土壤有机质分布研究 [J]. 西北农林科技大学学报（自然科学版）（6）：69-74.

杨景成，2003. 土壤有机质对农田管理措施的动态响应 [J]. 生态学报（4）：787-796.

杨少红，2006. 土地利用变化对土壤有机碳和土壤呼吸的影响 [D]. 福州：福建农林大学.

杨舟非，2015. 湘西州植烟土壤有机质特征及与土壤养分的相关性研究 [J]. 中国农学通报（5）：42-45.

于贵瑞，2011. 区域尺度陆地生态系统碳收支及其循环过程研究进展 [J]. 生态学报（19）：5449-5459.

余瑞新，2015. 赣东北地区水稻土的有机质变化及其与产量和肥料利用率的相互关系 [J]. 江西农业学报（5）：42-45.

张爱君，张明普，2002. 黄潮土长期轮作施肥土壤有机质消长规律的研究 [J]. 安徽农业大学学报（1）：60-63.

张付申，1996. 长期施肥条件下黄绵土有机质氧化稳定性研究 [J]. 土壤肥料（6）：33-35.

张贵龙，2012. 施肥对土壤有机碳含量及碳库管理指数的影响 [J]. 植物营养与肥料学报（2）：359-365.

张国盛，黄高宝，2005. 农田土壤有机碳固定潜力研究面图究进展 [J]. 生态学报（2）：351-357.

张洪，2007. 岩溶区土壤有机质对土壤肥力和抗蚀性的影响 [D]. 重庆：西南大学.

张璐，2009. 长期施肥对中国3种典型农田土壤活性有机碳库变化的影响 [J]. 中国农业科学（5）：1646-1655.

张旭博，2014. 全球气候变化下中国农田土壤碳库未来变化 [J]. 中国农业科学（23）：4648-4657.

赵明松，2013a. 江苏省土壤有机质变异及其主要影响因素 [J]. 生态学报（16）：5058-5066.

赵明松，2013b. 苏中平原南部土壤有机质空间变异特征研究 [J]. 地理科学（1）：83-89.

赵明松，2013c. 徐淮黄泛平原土壤有机质空间变异特征及主控因素分析 [J]. 土壤学报，2013（1）：1-11.

赵业婷，2013. 1983—2009年西安市郊区耕地土壤有机质空间特征与变化 [J]. 农业工程学报（2）：132-140.

周莉，李保国，周广胜，2005. 土壤有机碳的主导影响因子及其研究进展 [J]. 地球科学进展（1）：99-105.

周涛，史培军，王绍强，2003. 气候变化及人类活动对中国土壤有机碳储量的影响 [J]. 地理学报（5）：727-734.

祖元刚，2011. 我国东北土壤有机碳、无机碳含量与土壤理化性质的相关性 [J]. 生态学报（18）：5207-5216.

徐明岗，梁国庆，张夫道，等，2006. 中国土壤肥力演变 [M]. 北京：中国农业科学技术出版社.

R，MANNERING J V，FENSTER C，1987. What is conversation tillage [J]. Soil water conversation（38）：141-143.

SE，TRUMBORE，1997. Potential responses of soil organic carbon to global environmental change [J]. Proceedings of the National Academy of Sciences，94（16）：8284-8291.

第三章

旱地土壤氮素状况与氮肥施用效应

第一节 旱地土壤全氮含量分布与供应状况

土壤氮包括有机态氮和无机态氮两大部分，总称为全氮。其中绝大部分为有机态氮，占全氮的95％以上；无机态氮只占全氮的很小一部分。无机态氮主要为铵态氮（$NH_4^+ - N$）和硝态氮（$NO_3^- - N$）。在短时期内还可能存在亚硝态氮（$NO_2^- - N$）。但是在我国北方旱农地区，在实际应用中主要测定土壤全氮和碱解氮，并以此作为评价土壤氮素肥力的依据。

一、土壤全氮含量与自然区域分布

1. 陕西省不同自然区域土壤全氮含量与分布 耕作土壤全氮含量的区域分布在陕西境内由北到南呈现由低到高的变化趋势，土壤全氮含量分布情况如下。

（1）陕北丘陵沟壑区。在该区北部的风沙土和绵沙土地区，全氮含量绝大部分为<0.05％；在该区南部的广大黄绵土丘陵沟壑区，全氮含量为0.068％～0.075％，部分林区为0.076％～0.1％。

（2）黄土高原残塬沟壑区。子午岭黄陇山梢林区，全氮含量显著增高。一般是西部高于东部，在洛川、宜昌、黄陵、富县、甘泉农业区全氮含量多为0.075％～0.10％和0.05％～0.075％。

（3）渭北旱塬及关中平原。全氮含量一般多为0.075％～0.10％，少数地区，特别在城镇周围全氮含量0.11％～0.125％。

（4）汉中、安康盆地。由于长期增施有机肥，种植绿肥，实行粮、油、豆轮作倒茬，土壤全氮含量明显高于关中，一般为0.075％～0.125％，部分地区全氮含量为0.16％～0.2％和0.126％～0.15％。

（5）秦巴山区。因土壤有机质含量较高，全氮含量也相应增高。但由于耕种历史、海拔高低、林型变化、坡向不同等原因，土壤全氮含量变化复杂。一般秦岭的西部地区高于东部地区，以柞水、镇安、汉阴、紫阳一线为界，即在秦巴山区东部的商洛和安康地区，全氮含量一般为0.11％～0.125％和0.076％～0.1％；在秦巴山区西部的宝鸡和汉中，土壤全氮含量多为0.16％～0.2％和0.11％～0.125％。

2. 陕西省土壤全氮与有机质的关系

（1）耕地土壤（包括旱地、灌溉地、水田土壤）。
$$y=0.3532+11.2616x \quad n=862 \quad r=0.738^{**} \quad F=1031^{**}$$

（2）旱地土壤（雨养农业土壤）。
$$y=0.4874+7.1855x \quad n=429 \quad r=0.634^{**} \quad F=287^{**}$$

式中，y 为土壤全氮含量（％），x 为土壤有机质含量（％），说明土壤全氮含量是随土壤有机质含量的增高而增加，两者呈线性相关关系，相关系数均达到极显著水平。

二、土壤碱解氮含量与自然区域分布

1. 土壤速效氮不同自然区域含量状况　生物气候条件、耕作、施肥以及灌溉等，都会影响土壤速效氮含量的变化。陕西耕作土壤速效氮含量与分布，可以划分为 7 个自然区。

（1）长城沿线风沙滩地——贫氮区。该区风沙土面积大，速效氮含量很低，大部分为 <20 mg/kg，定边县的盐土、灰钙土大部分为 20～30 mg/kg，耕种的固定风沙土、沿河岸的新积土速效氮含量大部分为 30～45 mg/kg。

（2）黄土丘陵沟壑——低氮区。该区北部土壤速效氮含量以 20～30 mg/kg 为主，也有相当面积速效氮含量 <20 mg/kg。南部地区甘泉、富县、黄陵、黄陇等县部分耕地，土壤速效氮含量以 45～60 mg/kg 为主，丘陵沟壑区南部明显高于北部。

（3）子午岭黄陇山——中、高氮区。该区森林覆盖面积大，耕地面积较少，耕地土壤速效氮含量以 45～60 mg/kg 为主，含量为 60～90 mg/kg 也有分布。

（4）渭北旱塬——中、低氮区。该区西部耕地土壤速效氮含量以 45～60 mg/kg 为主，也有相当面积的土壤速效氮含量为 30～45 mg/kg；北部和中部耕地土壤速效氮含量以 30～45 mg/kg 为主，也有相当面积的土壤速效氮含量为 45～60 mg/kg；东部耕地土壤速效氮含量以 30～45 mg/kg 为主，也有相当面积的土壤速效氮含量为 20～30 mg/kg。总之，在渭北旱塬地区，土壤速效氮含量的分布趋势是西部＞北部和中部＞东部。

（5）关中灌区——中氮区。该区包括老灌区和新灌区两大部分，由于灌溉历史和土壤利用方式不同，土壤速效氮含量也有一定的差异。一般东部新灌区土壤速效氮含量以 20～30 mg/kg 和 0～45 mg/kg 为主。在大荔沙苑地区，含量为 <20 mg/kg 也有大面积的分布；西安市耕地土壤速效氮含量以 60～90 mg/kg 为主，含量为 45～60 mg/kg 次之；老灌区土壤速效氮含量以 45～60 mg/kg 为主，含量为 60～90 mg/kg 也有相当面积的分布。西部新灌区，土壤速效氮含量以 45～60 mg/kg 为主，含量为 30～45 mg/kg 也有相当面积的分布。在关中灌区内，土壤速效氮含量总的趋势是西安市郊区＞老灌区＞西部新灌区＞东部新灌区。

（6）陕南平坝——高氮区。该区包括汉中盆地、安康盆地和商洛平坝区。汉中盆地水稻土区，土壤速效氮含量平均为 98 mg/kg，旱地为 80 mg/kg，整个汉中盆地的土壤速效氮含量以 90～120 mg/kg 和 60～90 mg/kg 为主，少部分为 45～60 mg/kg；安康盆地土壤速效氮含量以 60～90 mg/kg 为主，含量为 90～120 mg/kg 和 45～60 mg/kg 也有相当面积的分布；商洛平坝地区以 45～60 mg/kg 为主，含量为 60～90 mg/kg 和 30～45 mg/kg 也有相当面积的分布。在整个陕南平坝地区，土壤速效氮含量是汉中盆地＞安康盆地＞商洛平坝地。

（7）秦巴山区——高氮区。该区大部分都有森林覆盖，在森林茂密地区，耕地一般分布在浅山和中山地区，土壤速效氮含量中山地区以 90～120 mg/kg 为主，浅山地区以 60～90 mg/kg 为主。

2. 土壤碱解氮、全氮与有机质的关系

土壤碱解氮与土壤有机质和全氮有密切关系。根据统计分析结果如下：

（1）碱解氮与土壤有机质含量的关系。陕西省耕地土壤：

$$y = 26.411\,7 + 25.659\,5x \quad n = 572 \quad r = 0.749^{**} \quad F = 730^{**}$$

（2）碱解氮与土壤全氮含量关系。陕西省耕地土壤：

$$y = 31.264\,9 + 418.264\,2x \quad n = 574 \quad r = 0.651^{**} \quad F = 420.20^{**}$$

（3）碱解氮与有机质、全氮的关系。

$$y = -19.726 + 18.219\,1x_1 + 0.648\,0x_2 \quad n = 265 \quad r = 0.689\,3^{**} \quad F = 81.63^{**}$$

式中，y 为碱解氮含量，x 为有机质含量或全氮含量，x_1 为有机质含量，x_2 为全氮含量。从以上回归方程看出，碱解氮含量随有机质含量或全氮含量的增加而增加，呈线性相关关系，且有机质含量和全氮含量对碱解氮的贡献具有加和性特征。相关系数均达极显著水平。

三、土壤碳/氮（C/N）及其区域分布

在生物气候条件和耕作施肥的影响下，土壤 C/N 有明显差异。C/N 大小可反映土壤微生物活动情况和有机质的分解状况。C/N 高的土壤，说明土壤有机质分解较慢，积累较多；C/N 低的土壤，说明土壤有机质分解较快，释放出来的氮素积累较多。陕西省主要地区耕地土壤的 C/N 从北到南变化情况如下。

（1）长城沿线风沙地区。包括灰钙土、栗钙土和风沙土，C/N 为（10～11.5）∶1。

（2）陕北关中黄土区。包括黄绵土、盐土、红黏土、黑垆土、褐土，C/N 为（7.5～8.5）∶1。

（3）沿河两岸和低湿区。包括潮土和沼泽土，C/N 为（8.5～10）∶1。

（4）秦巴低山丘陵区。包括黄褐土、黄棕壤，C/N 为（7.5～8.5）∶1。

（5）秦巴中山区。包括棕壤、暗棕壤、紫色土、棕色石灰土、粗骨土，C/N 为（8.5～11）∶1。

（6）秦巴高山区。包括山地草甸土和亚高山草甸土，C/N＞13∶1。

由地理位置上来看，从秦岭北坡到陕北县域沿线，C/N 是南北高、关中低，这与生物气候条件有密切关系。

四、陕西省耕作土壤的氮素供应能力

衡量土壤供氮能力有多种方法：一是土壤全氮含量；二是 1 mol NaOH 碱解扩散法测定的碱解氮含量；三是土壤矿质氮（$NH_4^+ - N + NO_3^- - N$）加作物生长期中土壤矿化氮含量；四是土壤一定深度的 $NO_3^- - N$ 含量。在我国应用最普遍的是第 2 种方法，因为比较简便。此外，笔者还采用田间试验对照区（无肥区）作物成熟期地上部分吸收的总氮量占土壤全氮含量的百分数来衡量。结果见表3-1。

表3-1　作物成熟期地上部分从土壤中吸收的氮量

地区	土壤类型	作物	作物产量（kg/亩）	作物地上部分	
				吸氮量（kg/亩）	占土壤全氮比例（%）
陕北	坡地黄绵土	谷子	80	1.99	3.39
	川地黄绵土	谷子	208	6.20	6.80
	川地黄绵土	谷子	209	5.23	6.01
	梯田黄绵土	小麦	59	1.76	2.26
	梯田黄绵土	小麦	98	2.93	3.00
	川地黄绵土	玉米	200	5.66	9.92
	川地黄绵土	玉米	186	4.77	8.59
	川地黄绵土	玉米	202	5.19	9.11
	川地黄绵土	玉米	253	6.50	10.08
关中	塿土	小麦	178	5.34	4.81
	塿土	小麦	238	7.13	6.43
	塿土	小麦	266	7.97	7.08
	斑斑土	小麦	510	15.28	10.92
	斑斑土	小麦	300	9.00	7.44
	斑斑土	小麦	465	13.85	9.35
	斑斑土	小麦	250	7.50	6.20
	黄墡土	小麦	119	3.56	3.60
	黄墡土	小麦	137	4.05	3.69
	黄墡土	小麦	168	5.40	4.8

（续）

地区	土壤类型	作物	作物产量（kg/亩）	作物地上部分	
				吸氮量（kg/亩）	占土壤全氮比例（%）
关中	塿土	玉米	235	5.03	6.27
	塿土	玉米	307	7.88	8.08
	塿土	玉米	393	10.09	9.60
	黄墡土	玉米	200	10.14	5.21
	黄墡土	玉米	304	7.82	7.60
	黄墡土	玉米	411	10.57	10.59
陕南	水稻土	水稻	409	9.80	6.32
	水稻土	水稻	463	11.11	7.80
	水稻土	水稻	453	10.87	7.00
	水稻土	水稻	499	11.98	6.80
	水稻土	水稻	543	13.03	6.70
	水稻土	水稻	569	13.66	6.90
	水稻土	水稻	495	11.88	7.00
	水稻土	水稻	481	11.54	6.40
	水稻土	水稻	549	13.18	8.60

　　由表 3-1 看出，陕北坡地黄绵土谷子吸氮量为 1.99 kg/亩，占土壤全氮量的 3.39%；而川地黄绵土谷子吸氮量为 5.23~6.20 kg/亩，占土壤全氮量的 6.01%~6.80%；梯田黄绵土小麦吸氮量为 1.76~2.93 kg/亩，占土壤全氮量的 2.26%~3.00%；而关中小麦吸氮量为 3.56~15.28 kg/亩，占土壤全氮量的 3.60%~10.92%。陕北川地玉米吸氮量为 4.77~6.50 kg/亩，占土壤全氮量的 8.59%~10.08%；关中玉米吸氮量为 5.03~10.57 kg/亩，占土壤全氮量的 5.21%~10.59%。陕南水稻吸氮量为 9.80~13.18 kg/亩，占土壤全氮量的 6.32%~8.60%，水稻地上部分吸氮量均高于其他作物。

　　由此可见，作物成熟期地上部分吸收氮的总量可作为土壤供氮能力的重要指标。但没有考虑到灌溉水和降水给土壤所带入的氮，因此，也有其不足之处。

　　中国科学院西北水土保持研究所白志坚等对陕西主要耕地土壤的氮矿化量（或矿化位势）进行过测定，结果见表 3-2。从 22 个土壤样品测定矿化氮 N_0 为 52~132 mg/kg，N_0 占土壤全氮的 9.6%~20.7%，并指出，N_0 与土壤全氮之间存在如下关系：

$$N_0 = 26.95 + 850.98 N_{全} \quad r = 0.785\,6^{**} \quad n = 22$$

　　因此，矿化氮 N_0 与全氮之间有密切关系。但在土类之间这种关系不一定普遍存在，因土壤有机质的性质不同会给土壤矿化量带来很不相同的结果，矿化氮 N_0 与全氮之间的相关性可能只存在于同一土类的不同亚类或土属之间。

表 3-2　陕西省主要耕作土壤的氮矿化量

土壤类型	地点	编号	有机质（%）	全氮（%）	N_0（mg/kg）	N_0 占全氮比例（%）	0~20 cm 耕层可矿化氮（kg/亩）
黄绵土	米脂山坡地	1	0.37	0.034	55	16.2	8.2
	米脂梯田	6	0.45	0.030	58	19.3	8.65
	米脂川地	7	0.87	0.048	77	16.0	12.65
	延安山坡地	8	0.51	0.041	61	14.3	9.10
	延安梯田	13	0.70	0.045	93	20.7	13.90
	延安川地	14	1.28	0.063	95	13.8	15.85

（续）

土壤类型	地点	编号	有机质（%）	全氮（%）	N_0（mg/kg）	N_0 占全氮比例（%）	0～20 cm 耕层可矿化氮（kg/亩）
黑垆土	洛川交口河镇	15	1.05	0.069	69	10.0	11.70
	洛川石头镇	19	0.90	0.071	80	11.3	13.55
	洛川城关	17	1.34	0.078	92	11.8	15.60
	长武马寨村	25	0.86	0.075	81	11.2	14.20
	长武洪家镇	26	0.94	0.072	78	10.8	13.20
	长武城关	35	1.27	0.088	105	11.9	17.80
塿土	蒲城兴镇	36	0.55	0.052	61	11.7	10.35
	蒲城兴镇南	45	1.49	0.094	100	10.6	17.00
	蒲城兴镇西	46	1.42	0.087	94	10.8	16.00
	武功苏坊镇	62	0.87	0.082	104	12.7	17.70
	武功长宁镇	63	0.93	0.081	93	11.1	15.80
	武功小村镇	64	1.34	0.093	132	14.2	22.45
黄泥巴	安康恒口	56	0.36	0.054	52	9.6	9.70
	安康恒口	55	0.72	0.068	86	12.6	16.10

不同土地利用状况对土壤氮矿化势也有很大的影响（表3-3）。陕北农用地、苜蓿地和沙打旺地土壤无机氮含量都很低，但不同利用类型的土壤氮矿化势却有明显的差异。陕北农用地氮矿化势仅46.00 mg/kg，而苜蓿地氮矿化势为59.00 mg/kg，沙打旺土壤氮矿化势为132.00 mg/kg，每亩潜在的可矿化氮为19.7 kg，比农地高185.5%，说明干旱地区沙打旺地的培肥作用大大高于苜蓿地的作用。根据盆栽试验，土壤氮矿化势与作物生物学产量呈正相关关系，其回归方程为 $y=25.67+0.478\,5x$，$r=0.960\,6^{**}$。氮矿化势越高，土壤供氮能力越强，进一步说明土壤氮矿化势可作为判断土壤供氮能力的指标。这在测土配方施肥中应该重视研究和应用。

表3-3 不同土地利用状况对土壤氮矿化势的影响

项目	农用地	草地	
		苜蓿	沙打旺
有机质（%）	0.27	0.50	0.63
全氮（%）	0.27	0.034	0.046
无机氮（mg/kg）	9.20	10.30	10.70
矿化氮（mg/kg）	46.00	59.00	132.00

第二节 土壤氮素硝化作用与影响因素

一、硝化作用的概念和研究硝化作用的重要意义

1. 硝化作用的概念

硝化作用是在微生物催化作用下使铵转化为硝酸盐的过程。这是好氧化能自养细菌活动占优势的过程。研究最多，最深入的硝化细菌是亚硝化单胞菌属和硝化杆菌属，前者将铵氧化成亚硝酸，后者将亚硝酸氧化成硝酸盐。铵盐氧化反应方程如下：

$$NH_4^+ + O_2 + 2H^+ \xrightarrow{\text{铵加单氧酶}} NH_2OH + H_2O \rightarrow NO_2^- + 5H^+, \quad \Delta G = -276 \text{ kJ}$$

$$NO_2^- - N + 0.5O_2 \rightarrow NO_3^-, \quad \Delta G = -75 \text{ kJ}$$

故硝化作用是分两个阶段进行的。以上所示反应的这两类硝化细菌通常是共存于土壤环境中,所以在一般情况下,土壤中亚硝酸盐不会有很多积累。

部分真菌和某些细菌的异养微生物虽也能氧化铵,但这些微生物并不能从硝化作用中获取能量,因此对它们为什么进行这种反应至今尚不清楚。目前,对自养和异养硝化作用的相对重要性尚未判定。

在硝化作用过程中可能产生 N_2O,在一定条件下,$NO_3^- - N$ 也易被反硝化作用还原为 N_2O 和 N。过多 $NO_3^- - N$ 积累以及所形成的 N_2O 都对环境和人类是有害的。

2. 硝化作用研究的意义

(1) 硝态氮与作物生长的关系。适当的施用氮肥,经过硝化作用形成适量的 $NO_3^- - N$ 含量,供作物吸收利用,能够提高作物产量,改善作物品质。

当土壤中 $NO_3^- - N$ 含量过高的时候,就会有过多的氮被吸收到作物体内,促进作物枝叶茂盛,通风透光不良,体内碳水化合物消耗过多,使茎秆细弱,容易倒伏;体内可溶性氮化合物过多,容易遭受病虫害危害;植物营养生长期延长,碳氮代谢不协调,结实率下降,降低产量。

作物体内 $NO_3^- - N$ 含量增加,如果光照不足时,则 $NO_3^- - N$ 在作物体内还原作用不彻底,还原为亚硝酸就会停止,不能继续还原为 NH_4^+,进而合成为氨基酸和蛋白质,这样作物体内就积累过多的 $NO_2^- - N$,当人、畜食用以后,就会使人、畜体内产生亚硝胺,这是很强的致癌性物质。

有些作物适应性很强,如烟草、甜菜、向日葵、马铃薯和小麦等,体内可有大量的硝酸盐积累,而不影响其生长发育。有的作物在生长过程中就不适宜使用硝态氮肥料,如水稻,当施用硝酸盐的时候就会伤害水稻,甚至能使它枯死,这是因为作物体内 pH 显著升高,导致伤害作物。所以,要根据不同作物合理施用氮肥,才能保证作物正常生长,提高产量,改善品质。

(2) 硝态氮与人类、动物健康的关系。当人类和动物饮用富含 $NO_3^- - N$ 的地下水和地表水将会对健康产生严重危害。其中效应之一就是高铁血红蛋白症或"蓝孩综合征",这种疾病对不满 6 个月的婴儿和小动物的健康有害。因为这些婴儿和小动物胃酸酸度还不是很高,不足以阻止硝酸盐转化为亚硝酸盐的反硝化。亚硝酸盐会与血红蛋白结合,使血红蛋白不能将氧气运送到全身,结果会使婴儿皮肤转变成蓝色,严重时会引起婴儿大脑损伤甚至死亡。一般对 6 个月大或更小的婴儿,饮用水中 $NO_3^- - N$ 的含量不应超过 10 mg/L。另一个效应就是对成人的致癌作用,就是当成人饮用这种富含 $NO_3^- - N$ 的水以后,也会使胃中硝酸盐经过反硝化形成亚硝酸盐与胃内所食入的鱼、肉等分解时产生的铵进行反应生成亚硝酸铵,有很高的致癌性,引发人类发生恶性肿瘤。

(3) 硝态氮与水生生物的关系。由于农田大量施用化肥和城镇工业废水及生活污水的影响,国内外很多地区在不同程度上几乎普遍产生了水域的富营养化。据报道,美国有 57%~64% 的江河湖泊受到非点源污染,其中主要是农业非点源污染。欧洲两个水库中水体 $NO_3^- - N$ 含量与该水库集水域内农田所占面积的百分数和氮肥施用量呈正相关关系。我国近年来许多湖泊、水库富营养化的现象也非常突出,毛达如教授于 1985 年对我国主要湖泊水质进行评价。结果表明,在 20 个湖泊和水库中,富营养化的有 13 个,占 65%;中营养转向富营养化的 4 个,占 20%;贫营养化的 3 个,占 15%。13 个富营养化的湖泊和水库大部分位于我国东部平原地区,特别是长江中下游发达的农业地区,位于城镇区域的湖泊富营养化程度显得更为严重,说明非点源污染物质的输入和城镇工业废水及生活污水,对水质富营养化起着非常突出的作用。1995 年,笔者在陕西省境内对主要河流的水体进行了测定,在黄河合阳段内,$NO_3^- - N$ 含量 2.4 mg/L、$NH_4^+ - N < 0.1$ mg/L,黄河支流渭河武功段内 $NO_3^- - N$ 含量 8.3 mg/L、$NH_4^+ - N < 0.1$ mg/L,渭河支流浐河(西安郊区)$NO_3^- - N$ 含量 10.6 mg/L、$NH_4^+ - N < 0.1$ mg/L。黄河合阳段水体已接近富营养化,渭河武功段和城郊浐河已接近污染水平。

对水域和土壤来说，所含氮、磷总量产生的影响是大不一样的。对湖泊、水库等封闭性水域，当水体含氮总量超过 $0.2\ mg/L$、$PO_4^{3-} - P$ 的浓度超过 $0.015\ mg/L$ 时，则该水域就可能产生藻华现象，并对水生生态造成重大灾难。由于水体富营养化，曾在我国东部海域和内陆太湖、洞庭湖等湖泊发生多次大面积的赤潮现象。就连"一泓清水"的辽宁大伙房水库的水体也发生过富营养化，并多次出现藻华现象，局部水体中的溶解氧急剧降低，蓝藻增多，鱼类死亡，水产品逐年减少。

（4）硝态氮与大气圈的关系。当化肥氮施用量过多时，经过硝化作用而产生 NO_2；在还原条件下，所产生的 $NO_2 - N$ 又能经过反硝化作用产生 N_2O。这些 N_2O 释放到大气中。N_2O 是温室气体，能使全球气候变暖，又能消耗地球平流层中保护地球的臭氧层。如 CO_2、氯氟甲烷（CFC）、CH_4 等一样，不断排放增加，会导致全球温度逐渐提高。因此，增加 N_2O 就会导致地球表面温度的增高。

在大气较上层、太阳辐射可将 N_2O 光解成 NO，这种物质能消耗臭氧保护层。臭氧层实际上是气体的过滤层，即能消除对生物有害的紫外光线的作用。臭氧层的消耗会严重影响生态和人类健康，因为紫外线的增加会抑制某些浮游微生物的生长，也会增加人类皮肤癌的发生。在光能作用下，N_2O 将发生如下一系列的反应：

$$N_2O + 光子 \rightarrow N_2 + O^* \quad (O^* 为单线氧)$$
$$N_2O + O^* \rightarrow 2\ NO$$
$$NO + O_3 \rightarrow NO_2 + O_2$$
$$NO_2 + O^* \rightarrow NO + O_2$$

这样，NO 再生，因此大量的臭氧（O_3）被消耗掉，使臭氧层遭到严重破坏。所以，采取一切措施防止 N_2O 的产生，对保护大气圈、保护人类生命安全具有极其重要的意义。

多年来，许多科学家对土壤中的硝化作用进行了大量的研究。研究的内容已涉及硝化作用的微生物种类、数量、生物化学反应和硝化作用的影响因素、不同土壤的硝化活性、硝化作用的动力学以及硝化抑制剂的作用及其有效施用条件等各个方面。我国对土壤硝化作用的研究，大量工作似乎都集中在南方土壤和南方水稻地区，而在北方特别是北方旱农地区研究较少，在西北黄土高原地区研究得更少。但是笔者已经发现，在黄土高原地区土壤硝化作用十分强烈，所形成 $NO_3^- - N$ 不论在灌溉农业地区，还是在雨养农业地区都有不同程度的淋失，并有不少地区的地下水和地表水已达到富营养化的程度，已对环境产生了污染。形成这种研究工作不平衡的现象，可能是与人们对这一地区氮素循环特点的认识存在偏见有关。一般认为在旱农地区，土壤氮的损失主要由于 NH_3 的挥发造成，而没有充分认识到 $NO_3^- - N$ 淋失严重性。因此，笔者从 20 世纪 80 年代开始，对黄土高原地区土壤硝化作用和土壤硝态氮的问题不断进行研究，做了大量试验研究工作，取得了丰富资料。拟在本章进行初步总结，以供进一步开展本地区土壤氮的研究和平衡施氮参考。

二、不同土壤硝化作用及其特征函数

西北农林科技大学张树兰教授对陕西不同农业生态区主要耕作土壤的硝化作用过程进行了比较系统、深入地研究，取得了良好的结果。

1. 土壤硝化作用动力学模型及其适用性

（1）硝化作用的动力学模型及特征参数。根据土壤硝化作用测定结果，大多数土壤硝化作用曲线，即 $NO_3^- - N$ 累积量随时间的变化呈 S 形。按 Sabey 等（1959）的意见，可把一般硝化作用曲线划分为 3 个阶段：迟缓阶段、最大速率阶段和停滞阶段，见图 3-1。

迟缓阶段由直线 b 的引推线与横坐标轴交点处的时间，用 t_d 表示，这个阶段硝化作用进行很慢，$NO_3^- - N$ 累积很少。从 t_d 开始到 t' 为止，在这段时间内，硝化作用进行很快，称硝化作用最大速率阶段，K_m 是这一阶段的最大速率，等于直线 b 的斜率，也就是 S 形曲线在拐点处切线的斜率。停滞阶段是从 t' 到硝化作用结束，硝化速率逐渐下降直到 $NO_3^- - N$ 量趋于稳定。

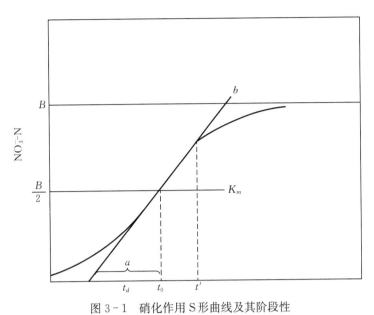

图 3-1　硝化作用 S 形曲线及其阶段性

为了定量表示 NO_3^--N 累积量随时间的变化，采用微分方程来模拟 NO_3^--N 的 S 形累积曲线（式 3-1）。

$$\frac{dN}{dt} = bN(B-N)/B \qquad (3-1)$$

对式 3-1 采用分析步积分，可得式 3-2。

$$N = \frac{B}{1+ce^{-bt}} \qquad (3-2)$$

式中，N 为 NO_3^--N 累积量，B 为 NO_3^--N 累积量的渐近值（图 3-1），可通过最小二乘法求得；b、c 为常数，可通过直线回归求得；t 为试验的培养时间，以 d 表示。

由方程 3-2 可导出硝化作用的特征参数 K_m 和 t_d。K_m 即是方程 3-2 表示的 S 形曲线在拐点处的最大斜率 $\left(N=\frac{B}{2}\right)$，亦即该点处的速率，则有式 3-3。

$$K_m = \frac{dN}{dt} = bN(B-N)/B = b \cdot \frac{B}{2} \cdot \left(B-\frac{B}{2}\right)/B = \frac{1}{4}B \cdot b \qquad (3-3)$$

迟缓期 $t_d = t_0 - a$（图 3-1），t_0 是 S 形曲线在拐点处的横坐标，对方程求二阶微分可得：$t_0 = \frac{1}{b}\ln c$，因为 $a = \frac{B}{2K_m}$（直角三角形）所以可得式 3-4。

$$t_d = \frac{1}{b}\ln c - \frac{B}{2K_m} = \frac{1}{b}(\ln c - 2) \qquad (3-4)$$

（2）硝化作用动力学模型的适用性。应用以上硝化作用动力学模型方程（式 3-2）及特征参数计算（式 3-3、式 3-4）对 6 个土类 10 个土样（即黄绵土 0～20 cm，黑垆土 0～20 cm、20～50 cm、110～150 cm，红油土 0～30 cm，黑油土 0～30 cm、30～90 cm、180～210 cm，水稻土 0～20 cm，黄泥土 0～20 cm）硝化作用的测定结果进行了模拟和计算，结果见表 3-4。10 个土样的硝化作用测定值与方程（式 3-2）之间拟合得很好，其相关系数（r）都达到显著水平。这就说明方程（式 3-2）可用作描述硝化作用过程，能够确定不同时间的硝化量。

表 3-4 土壤硝化作用模型、K_m、t_d 及硝化回收率

土壤名称	土壤层次 (cm)	硝化作用模型	相关系数 (r)	K_m [mg/(kg·d)]	t_d (d)	硝化回收率 (%)
黄绵土	0~20	$N=\dfrac{10.8}{1+16.79e^{-0.58t}}$	-0.963^{**}	15.12	1.46	100
黑垆土	0~20	$N=\dfrac{9.9}{1+17.76e^{-0.67t}}$	-0.976^{**}	16.58	1.31	95
	20~50	$N=\dfrac{9.3}{1+21.11e^{-0.50t}}$	-0.974^{**}	6.98	3.50	85
	50~110	—	—	—	—	5
	110~150	$N=\dfrac{4.5}{1+123.84e^{-0.33t}}$	-0.977^{**}	3.38	9.40	37
红油土	0~30	$N=\dfrac{10.0}{1+37.96e^{-0.52t}}$	-0.996^{**}	13.00	3.10	95
	30~45	—	—	—	—	2
	45~70	—	—	—	—	2
	70~110	—	—	—	—	2
	110~190	—	—	—	—	20
黑油土	0~30	$N=\dfrac{10.8}{1+15.59e^{-0.52t}}$	-0.990^{**}	14.04	1.44	100
	30~90	$N=\dfrac{7.4}{1+35.70e^{-0.26t}}$	-0.987^{**}	4.81	6.60	60
	90~180	—	—	—	—	10
	180~210	$N=\dfrac{7.4}{1+49.16e^{-0.34t}}$	-0.993^{**}	6.29	5.57	68
水稻土	0~20	$N=\dfrac{9.5}{1+25.80e^{-0.36t}}$	-0.991^{**}	8.55	3.45	85
	20~35	—	—	—	—	21
	35~58	—	—	—	—	—
	58~70	—	—	—	—	4
	70~100	—	—	—	—	—
黄泥巴	0~20	$N=\dfrac{4.0}{1+13.24e^{-0.24t}}$	-0.971^{**}	2.70	2.16	33
	20~30	—	—	—	—	—
	30~70	—	—	—	—	—
	70~100	—	—	—	—	—

注:** 表示差异极显著。

　　另外，K_m 和 t_d 在不同土壤间的差异十分明显。就 K_m 而言，耕层土壤是下层土壤的几倍，而 t_d 却相反，下层土壤是耕层土壤的几倍。在 6 种耕层土壤中，K_m 是黄绵土为 15.12 mg/(kg·d)、黑垆土为 16.58 mg/(kg·d)、红油土为 13.0 mg/(kg·d)、黑油土为 14.04 mg/(kg·d)、水稻土为 8.55 mg/(kg·d)、黄泥巴为 2.70 mg/(kg·d)，反映出由北到南 K_m 逐渐减小，尤其在陕北土壤、关中土壤、陕南土壤之间 K_m 的大小出现显著差异。说明不同地带土壤的 K_m 差异是大于同一地带土壤间的 K_m 差异，K_m 的大小能够反映不同的土壤，特别是不同地带土壤的硝化作用特征，亦即显示出土壤环境因素对硝化作用综合影响的结果，是土壤的一个特征值，可作为度量环境对硝化作用影响的一个标尺。t_d 在不同土壤间也各不相同，在不同土壤层次间有明显差异。t_d 的大小取决于土壤起始的硝化菌数量，在耕层土壤间虽然差异不很明显，但同一土壤的不同层次却有很大差异。下层土壤由

于氮营养缺乏、O_2 不足等造成硝化菌数量减小，t_d 明显增大。所以，t_d 也反映出土壤理化性状的不同，也可作为土壤硝化作用的一个特征值。

由此可以证明，以上提出的硝化作用动力学模型以及由此模型导出的 K_m、t_d 计算式，对描述硝化作用过程及硝化作用特征具有很强的适用性。

2. 不同土壤的硝化作用及其与土壤特性的关系

（1）不同耕层土壤的硝化作用。在 6 种耕层土壤中，肥料氮的硝化作用曲线见图 3-2。图中 NH_4^+-N 的起始浓度是土壤施肥后即时浸提测定的结果。由曲线表示的 NH_4^+-N 和 NO_3^--N 量均为施肥处理减去对照不施肥处理的测定量（以下同）。在本章介绍的硝化作用进行过程中，NH_4^+-N 衰退完毕所需要的时间定义为硝化作用持续时间，在此时测得的 NO_3^--N 含量占施入 NH_4^+-N 的百分比定义为硝化回收率。

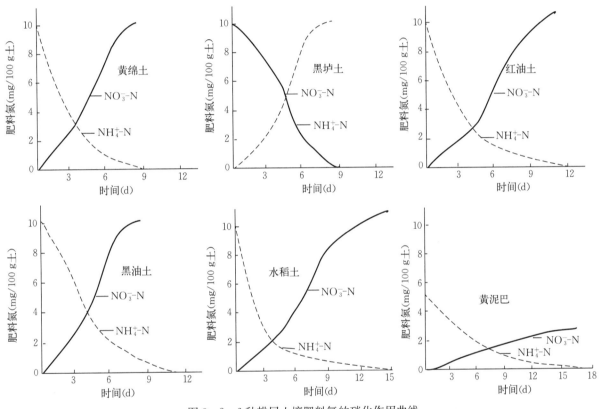

图 3-2　6 种耕层土壤肥料氮的硝化作用曲线

由图 3-2 看出，不同耕层土壤硝化作用持续的时间为 9~16 d，其中黄绵土、黑垆土最短，为 9 d；黑油土和红油土分别为 11 d 和 12 d；最长的是水稻土和黄泥巴，分别为 15 d 和 16 d。6 种土壤的硝化回收率（表 3-4）为 30%~100%，回收率最高的是黄绵土、黑油土，均达 100%，红油土和黑垆土为 95%，水稻土为 85%，黄泥巴最低，为 33%。

在上述 6 种耕层土壤中，从北至南硝化作用持续时间越来越长，而氮肥的硝化回收率呈现出降低的趋势。特别是陕南的黄泥巴不仅持续时间最长，而且肥料氮的回收率也最低。由表 3-4 看出，耕层土壤的 K_m，黄绵土、黑垆土、红油土和黑油土之间变幅在 13~16.58 mg/(kg·d)，说明这些耕层土壤的硝化作用强度较大。而陕南水稻土和黄泥巴两种耕层土壤的 K_m 分别为 8.55 mg/(kg·d) 和 2.70 mg/(kg·d)，很明显这两种耕层土壤的硝化作用比较微弱，特别是黄泥巴表现出极度的微弱。t_d 在黄绵土、黑垆土和黑油土之间比较接近，变幅在 1.31~1.46 d，没有什么差异。说明这些耕层土壤的硝化微生物数量基本相同，微生物活性较高；红油土、水稻土和黄泥巴的 t_d 比较接近，变幅在 2.16~3.45 d，大于前 3 种土壤，说明这 3 种土壤硝化微生物数量较少、活性较低。总的来说，耕层土壤的硝化作用由北到南逐渐变弱。

（2）硝化作用与土壤特性的关系。由试验结果看出，不同土壤、不同层次的硝化作用有明显差异，产生这些差异的原因主要与土壤特性有关，现分析如下。

① 与土壤主要化学性质的关系。供试土壤主要化学性质与土壤硝化量（$NO_3^- - N$ 总量）之间的相关性统计见表 3-5。

表 3-5 供试土壤主要化学性质与土壤硝化量之间的相关性

土壤主要化学性质	相关性 r（耕层）	相关性 r（不同层次）
有机质	0.046	0.354
全氮	0.041	0.246
矿质氮	0.821**	0.712**
全磷	0.897**	0.509
有效磷	−0.627	0.280
缓效钾	0.471	0.067
速效钾	0.356	0.469*
代换量	−0.639	−0.448*
pH（H_2O）	0.667	0.244
pH（KCl）	0.928**	0.046

注：*、**表示在 0.05、0.01 水平上差异显著。

由表 3-5 可以看出，耕层土壤的硝化作用与土壤矿质氮、全磷和交换性酸（pH_{KCl}）呈正相关关系，相关系数达到显著和极显著水平。而其他不同层次土壤的硝化作用与矿质氮、全磷、速效钾含量呈正相关关系，相关系数达显著水平，与阳离子交换量呈负相关关系，相关系数达显著水平。不论是耕层，还是其他不同土层，矿质氮和全磷都与硝化作用密切相关，矿质氮和全磷含量越高，硝化作用越强。

对于土壤交换性酸与硝化作用的关系，报道很少，笔者发现两者呈极显著正相关关系。为验证这一关系，采用 3 种不同交互性酸的土壤进行试验，即中国陕北黄绵土、瑞典耕作草甸土和森林灰化土，结果见图 3-3。

由图 3-3 看出，土壤 pH 为 8.5 的黄绵土完成硝化作用的时间为 9 d，pH 为 6.7 的耕作草甸土为 50 d，pH 为 5.0 的森林灰化土为 80 d。说明在一定 pH 范围内，土壤硝化作用时间是随 pH 的降低而延长。由此看来，土壤硝化作用与土壤代换性酸之间是存在极为密切关系的。

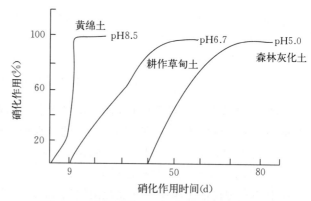

图 3-3 土壤不同 pH 与硝化作用时间的关系

② 与土壤物理性质的关系。硝化细菌是一种好气性微生物，土壤物理特性对硝化作用的影响主要取决于土壤的通透性。由不同土壤的测定结果看出，在陕西任何土壤剖面中的黏化层或黏重土层，其硝化作用均表现出极度的微弱，甚至根本不发生硝化作用。

对供试土壤的机械组成与硝化作用的关系进行了统计，结果见表 3-6。统计结果表明，硝化作用持续时间与物理性黏粒和胶粒含量之间相关不显著，而硝化作用产生的 $NO_3^- - N$ 总量与物理性黏粒和胶粒含量之间相关性都达到显著水平。说明土壤机械组成是影响土壤硝化作用的重要因素之一。

表 3-6 土壤物理性质与 $NO_3^- - N$ 总量和硝化时间的相关性统计

土壤名称	土壤层次（cm）	质地	物理性黏粒（%）	胶粒（%）	硝化时间 t（d）	$NO_3^- - N$ 总量（mg/100 g 土）
黄绵土	0～20	轻壤	23.10	12.27	9	10.0
黑垆土	0～20	中壤	32.50	15.70	9	9.5
	20～50	中壤	37.50	17.40	18	8.5
	50～110	中壤	39.20	19.60	—	0.5
	110～150	中壤	35.50	17.50	20	3.7
红油土	0～30	重壤（中壤）	48.00	22.30	12	9.5
	30～45	轻黏（重壤）	50.80	25.00	—	0.2
	45～70	轻黏（重壤）	53.70	28.10	—	0.2
	70～110	轻黏（重壤）	56.80	33.20	—	0.2
	110～190	重壤（中壤）	48.90	26.80	18	2.0
水稻土	0～20	轻黏	55.32	19.70	15	8.5
	20～35	轻黏	53.25	27.70	17	2.1
	35～58	轻黏	58.63	29.35	—	—
	58～70	中黏	69.05	33.94	—	0.4
	70～100	中黏	68.08	35.50	—	—
黄泥巴	0～20	轻黏	64.2	40.66	16	3.3
	20～30	中黏	65.10	42.96	—	—
	30～70	中黏	66.92	44.90	—	—
	70～100	中黏	67.20	45.90	—	—

（3）与土壤固铵能力的关系。氮肥施入土壤后，除了进行硝化作用外，还参与其他变化过程，如黏土矿物的固定、生物固定和 NH_3 的挥发等。前述的土壤中没有发生硝化作用或硝化作用极其微弱的土壤，在培养结束时 $NH_4^+ - N$ 也趋于零。笔者怀疑 $NH_4^+ - N$ 的大量消失可能与土壤固铵有关。为了验证这一问题，对硝化作用旺盛、微弱或没有发生硝化作用的土壤进行了铵固定试验，结果见表 3-7。

表 3-7 不同土壤在硝化过程中对铵固定情况

单位：mg/100 g 土

土壤	层次（cm）	原土	加入 $NH_4^+ - N$			固定（%）
			培养 4 d	培养 9 d	培养 15 d	
黑垆土	0～20	20.30	19.65	22.46	21.10	8.0
	110～150	18.18	20.05	21.66	24.00	58.1
黑油土	0～30	22.19	22.46	20.52	21.92	0
	90～180	17.37	23.53	25.05	25.93	85.6
水稻土	0～20	20.85	24.06	23.53	22.66	13.1
	58～70	19.25	21.93	23.53	25.03	57.8
黄泥巴	0～20	21.39	28.72	26.74	27.52	61.3
	20～30	21.30	24.87	30.75	31.00	97.0

从表 3-7 看出，耕层土壤施入 $NH_4^+ - N$ 后除黄泥巴外，在培养时间内，固定态铵的变化不大，土壤原有的固定态铵和培养时间结束时固定态铵相差很小。这是因为耕层土壤经过长期施肥，使土壤固铵容量基本达到饱和的缘故。这与孙艳（1989）在垆土上的研究结果相一致。4 种下层土壤在培养期间，$NH_4^+ - N$ 的固定量是随培养时间的延长而增加，固铵量达 58%～97%，最高是黄泥巴，耕层达 60%，下层达 97%。Axley 和 Legg（1960）报道，在具有不同固铵容量的土壤中，加入 $NH_4^+ - N$ 对硝化细菌的有效性随着土壤固铵容量的增加而明显地降低，对高固铵能力的土壤来说，在 50 d 的培养时间内，仅有 10%～15% 加入 $NH_4^+ - N$ 以 $NO_3^- - N$ 的形式被回收。Aomina 和 Higashi 对日本土壤的研究也得出了相似的结果。本试验供试垆土属于高水平的固铵土壤，在各自然层次中，黏化层（90～147 cm）固铵能力最强（孙艳，1989）。黑垆土和水稻土的两个下层土壤固铵能力也不低。所以在培养 15 d 时，固定态铵继续上升，$NO_3^- - N$ 累积很小，甚至没有累积。

由此可知，前面对不同土壤硝化作用测定中，陕南黏重土壤和关中黏化层或黏重土壤，其硝化作用之所以极度微弱，主要是由于土壤对施入 $NH_4^+ - N$ 产生固定作用的结果。当然在这些土壤中硝化微生物的数量极少也是一个直接原因。

（4）影响硝化作用的外界因素。

① 水分对硝化作用的影响。在黄绵土、黑垆土、黑油土和水稻土 4 种耕层土壤中施入等量氮肥后，在田间持水量 40%、60% 和 80% 的条件下进行培养，其硝化作用模型、K_m、t_d 和硝化回收率见表 3-8。

表 3-8　不同水分下土壤硝化作用模型、K_m、t_d 及硝化回收率

土壤名称	田间持水量（%）	硝化作用模型	相关系数（r）	K_m [mg/(kg·d)]	t_d (d)	硝化回收率（%）	硝化作用持续时间（d）
黄绵土	40	$N = \dfrac{9.7}{1+8.49e^{-0.47t}}$	−0.967**	11.40	0.30	87	9
	60	$N = \dfrac{10.8}{1+16.79e^{-0.58t}}$	−0.963**	15.12	1.46	100	9
	80	$N = \dfrac{9.3}{1+10.07e^{-0.52t}}$	−0.954**	14.10	0.51	85	9
黑垆土	40	$N = \dfrac{8.6}{1+12.08e^{-0.56t}}$	−0.983**	7.74	1.36	75	13
	60	$N = \dfrac{9.9}{1+117.76e^{-0.87t}}$	−0.976**	16.58	1.31	95	9
	80	$N = \dfrac{9.3}{1+10.67e^{-0.51t}}$	−0.989**	11.86	0.72	85	9
黑油土	40	$N = \dfrac{6.3}{1+16.15e^{-0.30t}}$	−0.952**	4.72	2.61	56	18
	60	$N = \dfrac{10.8}{1+15.59e^{-0.52t}}$	−0.990**	14.04	1.44	100	11
	80	$N = \dfrac{9.0}{1+13.20e^{-0.45t}}$	−0.981**	10.12	−1.29	86	12
水稻土	40	$N = \dfrac{3.3}{1+8.71e^{-0.26t}}$	−0.971**	2.14	0.63	26	18
	60	$N = \dfrac{9.5}{1+25.60e^{-0.36t}}$	−0.991**	8.55	3.45	85	15
	80	$N = \dfrac{5.8}{1+9.92e^{-0.26t}}$	−0.991**	3.77	1.13	54	18

注：含水量均为占田间持水量的百分数。

从表 3-8 可以看出，不同土壤含水量对土壤硝化作用持续时间和硝化回收率都有很大的影响。试验表明，每种土壤在田间持水量 60% 的硝化作用都比较强烈，而在田间持水量 40% 和 80% 时，硝化作用都不彻底，其硝化回收率都小于田间持水量的 60%，硝化作用持续时间都大于田间持水量的

60%。尤其是 40%的田间持水量对硝化作用有明显的抑制作用，其次是 80%的田间持水量。

Reichman 等（1966）报道，水分张力在 0.2～15 bar，硝化作用与土壤含水量成正比。Flower（1983）也发现，硝化率随土壤水势的下降而增加，直至水分为田间持水量的 60%，硝化速率达最大。李良谟（1987）太湖地区土壤测定结果亦表明同一土壤以水分含量为田间持水量的 65%时，其硝化率大于田间持水量的 30%。Parker 和 Larson（1962）对高量水分研究表明，土壤水分从饱和到田间持水量的 60%时，$NO_3^- - N$ 生成量增加，并达到最大值。因此，前人研究的结果和笔者的实验结果都说明在田间持水量 60%左右时可作为土壤硝化作用的临界水分。

② 温度对硝化作用的影响。对黄绵土、黑垆土、黑油土和水稻土 4 种土壤施等量氮以后，在 20 ℃、30 ℃和 40 ℃下进行培养，测定结果见表 3-9。由表 3-9 看出，20 ℃对硝化细菌的活性有一定抑制。表现出硝化回收率低，K_m 小，t_d 大，特别对水稻土的影响尤为明显。

表 3-9　不同温度下土壤硝化作用模型、K_m、t_d 及硝化回收率

土壤名称	温度（℃）	硝化作用模型	相关系数（r）	K_m [mg/(kg·d)]	t_d（d）	硝化回收率（%）
黄绵土	20	$N=\dfrac{9.3}{1+17.85e^{-0.30t}}$	-0.948^{**}	6.98	2.90	84
	30	$N=\dfrac{10.8}{1+16.79e^{-0.56t}}$	-0.963^{**}	15.12	1.46	100
	40	—		—	—	4
黑垆土	20	$N=\dfrac{9.1}{1+73.85e^{-0.40t}}$	-0.921^{**}	9.10	5.80	85
	30	$N=\dfrac{9.9}{1+117.76e^{-0.67t}}$	-0.976^{**}	16.58	1.31	95
	40	—		—	—	11
黑油土	20	$N=\dfrac{9.6}{1+147.82e^{-0.47t}}$	-0.995^{**}	11.28	6.40	90
	30	$N=\dfrac{10.8}{1+15.59e^{-0.52t}}$	-0.990^{**}	14.04	1.44	100
	40	—		—	—	6
水稻土	20	$N=\dfrac{5.3}{1+26.94e^{-0.28t}}$	-0.997^{**}	3.84	4.46	48
	30	$N=\dfrac{9.5}{1+25.60e^{-0.36t}}$	-0.991^{**}	8.55	3.45	85
	40	—		—	—	2

30 ℃对 4 种土壤的硝化作用最为合适，表现为硝化回收率高，达 85%～100%，K_m 大，t_d 小，说明硝化作用强度明显提高。当然，由于土壤理化特性的不同，4 种土壤不完全相同，水稻土在30 ℃时，NH_4^+ 明显被固定，初始测定值仅占施入氮的 70%，硝化回收率只占施入氮的 85%。

在 40 ℃下，4 种土壤几乎不发生硝化作用，说明该温度对硝化菌有强烈抑制作用。一般来说，土壤高温能降低 O_2 的溶解度，并增加异养微生物对 O_2 的需要，硝化菌在缺 O_2 条件下是难以繁殖的。Keeney 和 Bremner 报道，在 40 ℃下所有供试土壤的硝化活性受到抑制，没有发生 $NO_3^- - N$ 的累积。

根据陕北、关中、陕南 4 种土壤的 3 个温度试验结果来看，硝化作用最适温度以 30 ℃为最佳。Mahendrappa（1966）报道，美国西北部一些土壤最适硝化温度为 20～25 ℃，而美国西南部一些土壤则为 30～40 ℃。Myers（1975）报道在澳大利亚土壤中，硝化作用的最适温度为 35 ℃。所有这些说明，硝化作用的最适温度反映着不同土壤所在的气候带特征。

③ 不同氮肥对硝化作用的影响。硝化微生物进行硝化作用所必需的基质是 $NH_4^+ - N$，$NH_4^+ - N$肥源不同对硝化作用也有影响。将含有不同阴离子的氯化铵、尿素、碳酸氢铵和硫酸铵分别施入土壤

后，在 30 ℃下进行培养研究对硝化作用的影响，结果见表 3-10。

表 3-10　不同氮肥的硝化作用模型、K_m、t_d 及硝化回收率

土壤名称	肥料	硝化作用模型	相关系数（r）	K_m [mg/(kg·d)]	t_d（d）	硝化回收率（%）
黄绵土	尿素	$N=\dfrac{9.0}{1+25.79e^{-0.80t}}$	-0.958^{**}	18.00	2.90	84
	碳酸氢铵	$N=\dfrac{8.8}{1+21.01e^{-0.74t}}$	-0.978^{**}	16.28	1.41	80
	硫酸铵	$N=\dfrac{10.8}{1+16.79e^{-0.58t}}$	-0.963^{**}	15.12	1.46	100
	氯化铵	$N=\dfrac{8.1}{1+25.56e^{-0.76t}}$	-0.977^{**}	15.39	1.63	75
黑垆土	尿素	$N=\dfrac{7.8}{1+87.62e^{-0.89t}}$	-0.990^{**}	17.36	2.78	77
	碳酸氢铵	$N=\dfrac{8.3}{1+39.29e^{-0.88t}}$	-0.998^{**}	14.11	2.46	75
	硫酸铵	$N=\dfrac{9.9}{1+17.78e^{-0.87t}}$	-0.976^{**}	16.58	1.31	95
	氯化铵	$N=\dfrac{7.7}{1+34.34e^{-0.88t}}$	-0.992^{**}	12.13	2.44	70
黑油土	尿素	$N=\dfrac{9.0}{1+23.55e^{-0.48t}}$	-0.988^{**}	9.68	2.70	80
	碳酸氢铵	$N=\dfrac{9.0}{1+61.93e^{-0.64t}}$	-0.996^{**}	14.40	3.32	80
	硫酸铵	$N=\dfrac{10.8}{1+15.59e^{-0.52t}}$	-0.990^{**}	14.04	1.44	100
	氯化铵	$N=\dfrac{8.4}{1+45.97e^{-0.60t}}$	-0.994^{**}	12.58	3.05	74
水稻土	尿素	$N=\dfrac{6.5}{1+12.28e^{-0.33t}}$	-0.980^{**}	5.38	1.54	48
	碳酸氢铵	$N=\dfrac{5.8}{1+15.24e^{-0.34t}}$	-0.985^{**}	4.39	2.19	49
	硫酸铵	$N=\dfrac{9.5}{1+25.60e^{-0.36t}}$	-0.991^{**}	8.55	3.45	85
	氯化铵	$N=\dfrac{5.3}{1+24.61e^{-0.35t}}$	-0.981^{**}	4.61	3.44	44

　　由表 3-10 看出，黄绵土中施入 4 种肥料后，硝化作用持续时间为 8～9 d，除硫酸铵为 9 d 外，其他 3 种肥料均为 8 d。不同肥料的硝化回收率，尿素为 84%、碳酸氢铵为 80%、氯化铵为 75%、硫酸铵为 100%，硫酸铵的回收率最高，氯化铵最低，尿素和碳酸氢铵居中。K_m 的大小为尿素＞碳酸氢铵＞氯化铵≈硫酸铵，t_d 的顺序为尿素＞氯化铵＞硫酸铵≈碳酸氢铵，差异不大。

　　4 种肥料在黑垆土中的硝化作用持续时间均为 9 d，与黄绵土相似。硝化回收率，尿素为 77%、碳酸氢铵为 75%、硫酸铵为 95%、氯化铵为 70%，与黄绵土的顺次相同，以硫酸铵最高，氯化铵最低。硝化作用的 K_m 为尿素＞硫酸铵＞碳酸氢铵＞氯化铵；t_d 变幅为 1.31～2.78 d，依次为尿素＞碳酸氢铵＞氯化铵＞硫酸铵。在黑垆土上尿素的迟缓期较长，可能与脲酶的活性较低有关。

在黑油土中，4 种肥料的硝化作用持续时间为 9～12 d，尿素最长为 12 d，硫酸铵为 11 d，碳酸氢铵和氯化铵均为 9 d。硝化回收率，尿素和碳酸氢铵相等，均为 80%，硫酸铵为 100%，氯化铵最低为 74%。K_m 为碳酸氢铵＞硫酸铵＞氯化铵＞尿素，t_d 为碳酸氢铵＞氯化铵＞尿素＞硫酸铵。

在水稻土中，4 种肥料的硝化作用持续时间为 12～15 d。硝化作用的回收率均较低，尿素为 48%，碳酸氢铵为 49%，氯化铵为 44%，硫酸铵为 85%，都显著低于其他土壤。硝化作用的 K_m 也较小，在 4.39～8.55 mg/(kg·d)，以硫酸铵为最大。

4 种肥料在不同土壤中，硝化回收率顺序为硫酸铵＞尿素≥碳酸氢铵＞氯化铵，以氯化铵最低。K_m 和 t_d 顺序，不同土壤各不相同。尿素硝化速率相对较快。但 K_m 的一般趋势为黄绵土＞黑垆土＞黑油土＞水稻土。t_d 是水稻土＞黑油土＞黑垆土＞黄绵土。

上述 4 种氮肥对硝化作用不同的影响，与其伴随阴离子种类有关。由以上试验可看出，Cl^- 对硝化作用有明显抑制作用，这与前人研究的结果相一致。MoClung 等（1985）研究结果表明，土壤中加入 Na_2SO_4 电导率达到 20 ds/m 时对硝化作用无影响，而在同一土壤中加入 NaCl 使电导率达到 15 dS/m 时，能显著抑制硝化作用。Johnson 等也报道过氯化物比硫酸盐更能抑制硝化作用的研究结果。Mocormick 等发现，沙壤土中加入 NaCl 0.25 mg/g 土，可明显减少 $NO_3^- - N$ 的积累量，当 NaCl 达到 10 mg/g 土时，硝化作用被完全抑制。Simdhu 等报道，当加入 0.5%～1.0% 的 NaCl 时，就可使硝化作用完全被抑制。李映强（1987）、程扶玖和张隽清（1986）也得到相同的结论，程扶玖等还认为 Cl^- 抑制硝化作用的机理是在于抑制亚硝酸细菌的活动。刘康等（1990）曾指出，氯化铵可充当硝化抑制剂。

Cl^- 对硝化作用的抑制作用，在施肥科学上有重要意义。Cl^- 也是作物生长必需的元素之一，对大多数作物有增产作用。由于 Cl^- 对硝化作用的延缓，可使肥效持久，减少氮素损失，提高氮肥的利用率，所以这一研究结果为推广应用氯化铵肥料提供了理论依据。

④ 不同有机质对硝化作用的影响。由于不同有机质 C/N 不同，微生物在分解有机物的过程中，将吸收土壤中的矿态氮，这对施入土壤中肥料氮的硝化作用必然产生一定的影响。本试验在 4 种耕层土壤中加入 3 种不同有机干物质：麦秸、玉米秸及田菁粉，在等量化肥氮的情况下进行培养，硝化作用结果见图 3-4。

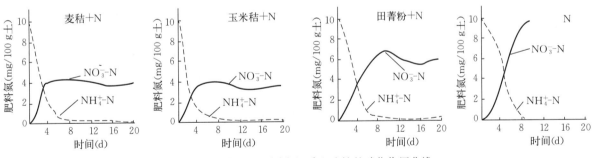

图 3-4　黑垆土施不同有机质＋硫铵的硝化作用曲线

由于加入有机干物质，在硝化过程中引起了矿质氮的生物固定。为了计算生物固定量，列出计算式（式 3-5）：

$$F=(A-B)/A \times 100 \qquad (3-5)$$

式中：F 为矿质氮（肥料氮）的生物固定率；A 为肥料氮施入土壤后立即测定的初始 $NH_4^+ - N$ 含量；B 为培养过程中硝化回收的氮。

在应用式 3-5 中，假定土壤对施入的 $NH_4^+ - N$ 固定主要是发生在开始阶段，在以后培养时间的土壤固定予以忽略。据此对试验资料的计算结果见表 3-11。

表 3 - 11　有机干物质对土壤硝化作用的影响

土壤	处理	土壤中肥料氮初始测定量（mg/100 g 土）	土壤中肥料氮初始固定量（mg/100 g 土）	硝化最高回收率时间（d）	最高硝化回收率（%）	肥料氮最大生物固定时间（d）	肥料氮最大生物固定率（%）
黄绵土	N	10	0	9	100	—	—
	麦秸+N	10	0	4	74	13	62
	玉米秸+N	10	0	4	72	13	66
	田菁粉+N	10	0	20	90	9	25
黑垆土	N	10	0	9	95		
	麦秸+N	10	0	4	40	13	77
	玉米秸+N	10	0	4	38	13	73
	田菁粉+N	10	0	9	66	13	47
黑油土	N	9.8	0.2	11	100	—	—
	麦秸+N	9.8	0.2	4	75	17	64
	玉米秸+N	9.8	0.2	9	65	17	71
	田菁粉+N	9.8	0.2	9	90	17	39
水稻土	N	7.0	3.0	15	85	—	—
	麦秸+N	7.0	3.0	4	25	9	93
	玉米秸+N	7.0	3.0	4	27	9	87
	田菁粉+N	7.0	3.0	4	30	9	71

　　从表 3 - 11 看出，在黄绵土中加纯氮培养，初始土壤没有固定，硝化回收率达 100%。加有机物处理，最高硝化回收率时间，麦秸、玉米秸都为 4 d，田菁粉为 20 d；最高硝化回收率，麦秸、玉米秸、田菁粉分别为 74%、72%和 90%；最大生物固定率分别为 62%、66%和 25%。黑垆土加纯氮处理也未出现土壤对肥料氮的固定，硝化回收率达 95%。加麦秸、玉米秸、田菁粉处理的，最高硝化回收率分别为 40%、38%和 66%；最大生物固定率分别为 77%、73%和 47%。黑油土加纯氮处理的，化肥氮固定量很小，仅 0.2 mg/100 g 土。加入麦秸培养 4 d 时，硝化回收率最高达 75%；加玉米秸和田菁粉处理的，都在第 9 d 才达最高硝化回收率，分别为 65%和 90%。在 17 d 时生物固定率都达最大值，麦秸、玉米秸、田菁粉，分别为 64%、71%和 39%。水稻土加氮处理的，初始土壤固定达 3.0 mg/100 g 土，加不同有机物处理的最高硝化时间均在第 4 天；最高硝化回收率，麦秆为 25%、玉米秸为 27%、田菁粉为 30%；生物固定率较高，三者分别为 93%、87%和 71%。

　　从 3 种有机物对肥料氮硝化作用的影响来看，加麦秸和玉米秸处理的，硝化回收率低，肥料氮的生物固定率高；而加田菁粉处理的则相反，硝化回收率高，肥料氮生物固定率低。显然这与有机物本身的 C/N 有关。麦秸与玉米秸 C/N 一般都大于 60∶1（《实用土壤肥料手册》，1989），作为一种含碳丰富的有机能源物质直接施入土壤后，刺激各类微生物迅速活动，大量增殖，对氮素的需求越高，有机质本身所含氮源很少，必须吸收土壤中加入的肥料氮，这就是所谓的生物固氮。田菁属于绿肥，含氮量高，C/N 一般在（20~25）∶1，容易分解，在分解过程中能释放出较多的氮量，可减少微生物对肥料氮的固定。

　　郝余祥（1982）指出，秸秆的 C/N 大于 60 时，净生物固定持续 4~8 周，而后才开始秸秆的净矿化过程。陈华癸等（1979）报道，燕麦秸（C/N=80∶1）生物固定氮素持续 4 周，4 周时固定最大，而后无机氮逐渐增高。王维敏（1986）进行麦秸、氮肥与土壤混合培养试验的结果表明，30 ℃下不同处理经过 7 周培养，所施化肥氮的总生物固定率为 49.5%~89.3%，仅有 10.7%~55.5%仍以矿质氮形式存在，绝大部分处理在第 2~7 周内仍是固定过程占优势，配施高量氮肥，培养后期固定下降，矿质氮逐渐增高。刘发等（1982）的研究亦表明，不配施化肥，麦秸分解与作物生长同时进行，出现争夺土壤氮素现象。Asmus（1985）的研究表明，施秸秆肥料导致氮素生物固定。

所有试验资料都说明，秸秆直接还田会引起微生物对矿质氮生物固定，其固定率的高低以及固定持续时间的长短与秸秆本身 C/N 及所施用化肥氮的多少有关，配施高量氮肥可缩短固定持续时间，有利于硝化作用和有机质的分解。以上结果为氮肥配合秸秆直接还田、提高肥效进一步提供了理论依据。

第三节　土壤硝态氮淋溶与地下水硝酸盐污染

氮是重要的生命元素之一，氮素作为农业生态系统中最重要的营养元素，是农业生产中不可缺少的营养物质。因此，增加氮肥的施用量是提高农作物产量的重要措施。在农业生态系统中，土壤中氮肥有 3 种去向，即一部分被作物吸收，一部分在土壤中以无机或有机形态残留，一部分氮素损失进入环境。大部分投入的氮肥只有少部分被当季作物吸收，其余均通过氨挥发、硝化-反硝化以及淋洗和径流等途径损失掉，一般情况下被淋洗的氮素主要是硝态氮，硝态氮的淋溶既是氮素损失的重要途径，也是引起地下水硝酸盐污染的主要因素（李立娜，2006）。

一、陕西省不同农业生态区土壤 NO_3^- - N 含量与分布规律

（一）研究方法

为了弄清不同地区土壤 NO_3^- - N 含量及分布规律，笔者分别在陕北黄土丘陵沟壑区、陕北黄土残塬沟壑区、渭北旱塬区、关中平原区和陕南汉中盆地区 5 个农业生态区进行了土壤调查和肥料试验，调查研究了以上不同地区土壤中 NO_3^- - N 含量和分布情况。本次调查是我国首次进行如此大规模的调查研究，并取得了大量的新资料和有关结果。

本项研究还设立了 3 个研究基地，分别设在陕北米脂县黄土丘陵沟壑区黄绵土地区、关中平原杨凌头道塬堘土地区和陕南汉中盆地黄褐土地区。每个试验基地按照当地的轮作周期进行种植，并设氮肥用量，氮、磷配合，氮肥施用时期等处理，同时在某些处理中采用 ^{15}N 标记，研究氮素的移动情况。每一试验基地在播种前和播种后以及作物不同生育期分别在设置的试验小区内每 20 cm 采取土样，测定土壤中 0～4 m 深处不同层次 NO_3^- - N 和 NH_4^+ - N 含量，同时定期记录由气象仪所显示的各种气象因素和土壤湿度计所显示的不同土壤深度的土壤含水量。

在试验研究过程中，还采用路线调查和与农民座谈访问等方法在陕西境内由北向南进行土壤调查和水质调查。选择具有代表性地块，用土钻在每块地上打 3 个洞，深 400 cm，每加 20 cm 深度取土样，把 3 个洞的相同层次土样混合，形成一个混合样。用瑞典流动注射仪（Eviroflow 5012 system）测定土样和水样中的 NO_3^- - N 和 NH_4^+ - N 含量。

（二）不同农业生态区土壤 NO_3^- - N 含量与水平分布规律

由陕西不同农业生态区不同深度土层中 NO_3^- - N 含量测定结果（表 3 - 12）得出以下结论。

（1）不同深度土层中 NO_3^- - N 含量均是由北向南逐渐增加，以陕北黄土丘陵沟壑区 NO_3^- - N 含量为基数，在 0～100 cm 土层中，陕北黄土丘陵沟壑区、渭北旱塬区、关中平原区、陕南汉中盆地区分别增加 288.34%、505.69%、654.15%、902.88%；在 100～200 cm 土层中，分别增加 278.89%、368.60%、471.79%、874.40%；在 200～400 cm 土层中，分别增加 204.04%、281.81%、431.09%、453.26%；0～400 cm 土层中，分别增加 249.81%、338.22%、508.01%、732.94%，增加幅度悬殊，说明在陕西境内，由北向南土壤 NO_3^- - N 含量差异极其明显。

（2）如在 0～400 cm 深土层的 NO_3^- - N 含量为 100%，则在不同农业生态区 0～100 cm 深土层中 NO_3^- - N 含量为 29.46%～36.56%，这是一般浅根作物可以吸收利用的部分，在 100～200 cm 土层中 NO_3^- - N 含量为 25.76%～31.39%，这对浅根作物是不易吸收利用的部分；而对深根作物如小麦、油菜

等则是可以吸收利用的部分，所以对深根作物来说，0～200 cm 土层中 $NO_3^- - N$ 可供其吸收利用，即可吸收利用的部分为 56.84％～70.00％。如在 200～400 cm 土层中 $NO_3^- - N$ 含量为 32.22％～43.16％，这一部分 $NO_3^- - N$ 一般难以被浅根作物和深根作物所吸收利用，也难以随水蒸发上升到 0～200 cm 土层中供作物吸收利用。由此可以认为，200 cm 以下的土壤 $NO_3^- - N$ 是被淋失掉了，随着水分继续向下移动，而带入地下水，并进入江、河等地面水域，污染环境。这部分淋失量占 0～400 cm $NO_3^- - N$ 含量的 30％～40％，数量是十分可观的。因此，$NO_3^- - N$ 对环境污染的危害是不可低估的。通常在干旱区，$NO_3^- - N$ 淋失不太严重，以上那么大的淋失量，不是一朝一夕所造成的，而是在长期农业生产过程中，不合理的肥料施用、土壤管理等所导致的。在旱农地区，必须重视施氮肥的方法和应用农业生产技术，防止 $NO_3^- - N$ 的淋失是一项十分重要的举措。

表 3-12　陕西不同地区农业生态区不同深度土层 $NO_3^- - N$ 含量

土壤 $NO_3^- - N$ 含量	农业生态区				
	A. 陕北黄土丘陵沟壑区	B. 陕北黄土残塬沟壑区	C. 渭北旱塬区	D. 关中平原区	E. 陕南汉中盆地区
a. 0～100 cm (kg/hm²)	16.51	64.12	100.00	124.51	169.86
比 A 增加（％）	—	288.34	505.69	654.15	902.88
b. 100～200 cm (kg/hm²)	15.35	58.16	71.93	87.77	146.57
比 A 增加（％）	—	278.89	368.60	471.79	874.40
c. 200～400 cm (kg/hm²)	24.19	73.79	92.36	128.47	150.43
比 A 增加（％）	—	204.04	281.81	431.09	453.26
d. 0～400 cm (kg/hm²)	56.05	196.07	245.62	340.79	466.86
比 A 增加（％）	—	249.81	338.22	508.01	732.94
a 占 d（％）	29.46	32.70	33.11	36.56	36.38
b 占 d（％）	27.39	29.66	29.29	25.76	31.39
c 占 d（％）	43.16	37.64	37.60	37.70	32.22
a＋b 占 d（％）	56.84	62.37	70.00	62.29	67.78
点数（个）	37	23	24	113	15

（三）不同农业生态区土壤剖面中的 $NO_3^- - N$ 含量与分布特点

发现在陕西旱塬地区土壤 $NO_3^- - N$ 向土壤深层淋失的现象，为此花费近 5 年时间，在陕西省范围内进行了大量的深层次的土壤剖面 $NO_3^- - N$ 含量与分布特点的调查研究。现将所得结果分述如下。

1. 陕北丘陵沟壑区黄绵土土壤剖面中 $NO_3^- - N$、$NH_4^+ - N$ 含量与分布　黄绵土是陕北丘陵沟壑区代表性土壤，分布地区包括陕西、山西、甘肃、宁夏等省份，是西北分布面积最大的农业土壤。年降水量 400～450 mm，是黄土高原水土流失最严重的地区。性状与黄土母质差异不大，质地比较疏松，水、肥渗漏性较强，是生产力很低的土壤。

笔者在绥德县、米脂县、榆林等地区共采取 13 个代表性剖面土样，分层分析 $NO_3^- - N$ 和 $NH_4^+ - N$ 含量，每层取 $NO_3^- - N$、$NH_4^+ - N$ 平均值，进行作图（图 3-5）。从图 3-5 看出，在 0～400 cm 土壤剖面中 $NO_3^- - N$ 和 $NH_4^+ - N$ 含量都很低。$NH_4^+ - N$ 在土壤剖面

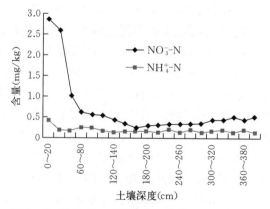

图 3-5　陕北黄土丘陵沟壑区黄绵土土壤剖面中 $NO_3^- - N$、$NH_4^+ - N$ 含量分布

中的分布基本上是水平线分布，未出现波浪形式，这是因为 NH_4^+-N 是带正电荷，容易被土壤胶体所吸附，不能随水移动而移动。但 NO_3^--N 就大不一样，其含量的最高峰是出现在 0～20 cm 土层中，这是耕作层和施肥层，所施肥料基本保存在耕层中。由于土壤质地比较粗，从 40 cm 土层 NO_3^--N 即开始往下层淋移，一直淋移到 80 cm 处平缓。由 80～400 cm 未发现有波浪形出现。这与施氮量较小、降水量很低有关。

2. 陕北黄土高原残塬沟壑区黑垆土土壤剖面中 NO_3^--N、NH_4^+-N 含量与分布　在该农业生态区虽然塬面有很多切割和破碎，但仍残存有比较完整的大块黄土塬，海拔均在 1 200 m 左右。年降水量600～650 mm，黑垆土是这一地区最有代表性的土壤。该土壤主要分布在洛川、永寿、彬县、长武、黄陵、铜川、白水等县。在路线调查中，共采取 4 个土壤剖面土样。虽然剖面较少了一些，但仍具有很大的代表性。根据测试结果，绘制了图 3-6。从图 3-6 看出，NH_4^+-N 含量为 0.26～1.91 mg/kg，含量很低，最高值出现在 0～40 cm 土层中，从此向下则趋于平稳状态。NO_3^--N 含量虽然不是太高，但比黄绵土明显增高。由曲线图还看出，NO_3^--N 从 20 cm 开始，即向下层土壤淋移，到 60～80 cm 出现含量最高峰，达 10.67 mg/kg，由此仍继续向下淋移，但淋移量则逐渐降低，直至 160 cm 处才基本处于稳定。从 260 cm 开始又有少量 NO_3^--N 向下层淋移，出现平稳的波浪形。由此可知，在黑垆土剖面中 NO_3^--N 淋移深度明显大于黄绵土，这与施氮量和降水量比黄绵土地区多有关。

3. 渭北旱塬区堘土剖面中 NO_3^--N、NH_4^+-N 含量与分布　渭北旱塬分布在陕北黄土高原残塬沟壑区与关中平原之间，气候比较干旱，年降水量在 550 mm 左右，不少地区已建有井灌设施，在严重干旱时，也可进行少量补灌。灌区代表性土壤为堘土，土壤剖面中存在深厚的黏化层和钙积层，水分渗透性较弱。一般一年一作，夏收后休闲；也可一年两作，夏收后再种短期作物。经济条件和施肥水平都比陕北地区要高。以上情况都将会影响到土壤剖面中 NO_3^--N 含量和分布。

在该地区，笔者选择合阳县、澄城县、蒲城县 3 个有代表性的县，采取 8 个土壤剖面土样，测定了 NO_3^--N 和 NH_4^+-N 含量，取其平均值绘制成图 3-7。从图 3-7 看出，0～400 cm 土层中 NH_4^+-N 含量在剖面中呈水平分布，无波浪形成。NO_3^--N 在剖面中的分布曲线上明显看出，从 20 cm 开始即有 NO_3^--N 向下淋移，并出现两个积累峰：第 1 峰在 60～80 cm 土层内，此为最高峰，此与存在的黏化层有关；第 2 峰在 140～180 cm 土层内，此峰的出现可能与石灰结核层和井水补灌有关。

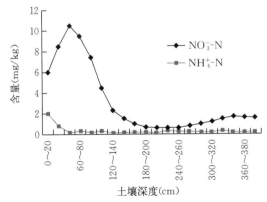

图 3-6　陕北黄土高原残塬沟壑区黑垆土剖面中
NO_3^--N、NH_4^+-N 含量分布

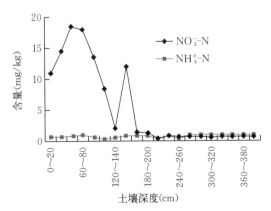

图 3-7　渭北旱塬堘土剖面中 NO_3^--N、
NH_4^+-N 含量分布

4. 关中平原旱作区头道塬堘土剖面中 NO_3^--N、NH_4^+-N 含量与分布　这是分布在关中平原一阶台塬区的堘土。共选择了 6 个有代表性的土壤剖面进行测定，结果见图 3-8。该地区降水量和施肥量比渭北旱塬地区较高一些，土壤性状两地基本相似。从图 3-8 看出，在 0～400 cm 土层中 NH_4^+-N 含量基本呈水平线性分布；NO_3^--N 含量的最高峰出现在 20～60 cm 土层内，从 60 cm 开始，NO_3^--N

含量突然下降，至140 cm土层下降到最低值，然后一直基本趋于平稳水平。由此可以看出，关中平原的一阶台塬区，在一般旱作条件下，$NO_3^- - N$淋失深度至多下达至140 cm土层左右，此与渭北旱塬地区基本相似。

5. 关中平原老灌区土壤剖面中 $NO_3^- - N$、$NH_4^+ - N$ 含量与分布　共采取8个代表性土壤剖面土样，$NO_3^- - N$、$NH_4^+ - N$分析结果见图3-9。该区由于是关中平原老灌区而且是多为渭河冲积阶地，土壤质地较粗，一般为中壤，部分为轻壤，保水性能较差。该区自1936年开始灌溉，是有名的泾惠灌区，也是陕西最老的灌区。地下水位较高。一般400～600 cm。由于长期灌溉，曾引起土壤盐渍化。1949年以后，开沟排水，进行盐渍土改良，使地下水位明显下降。随着生产水平的不断提高，肥料用量也逐渐增加，特别是氮肥增加甚为激烈。加之大水漫灌，造成土壤 $NO_3^- - N$ 大量淋失。$NO_3^- - N$ 在土壤剖面中多呈宽幅波浪式分布曲线，这与一次接一次的大水漫灌有关，最高峰出现在0～20 cm土层中，往下即迅速下降。表面上看，直至360 cm才达稳定，但事实上在360 cm以下该区土壤质地更沙，$NO_3^- - N$ 很难保存在土壤中，因而 $NO_3^- - N$ 淋失的深度可能超过400 cm。由于淋失严重，土壤剖面中 $NO_3^- - N$ 积累量很低，但略高于黄土残塬沟壑区的黑垆土，相当多的施入氮肥都淋失了。

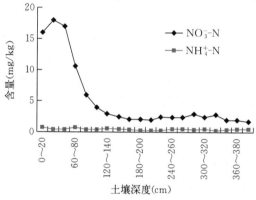
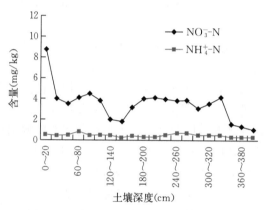

图3-8　关中平原旱作区头道塬塿土剖面中
$NO_3^- - N$、$NH_4^+ - N$含量与分布

图3-9　陕西关中平原老灌区土壤剖面中
$NO_3^- - N$、$NH_4^+ - N$含量与分布

6. 关中平原头道塬新灌区塿土剖面中 $NO_3^- - N$、$NH_4^+ - N$ 含量与分布　关中平原头道塬新灌区主要是指宝鸡峡灌区和冯家山灌区，包括扶风、武功、礼泉、乾县等地，从1972年开始进行大面积灌溉。由于有了灌溉条件，施肥量也随之增高，因而促进了农业生产的发展。经过多年的灌溉，土壤 $NO_3^- - N$ 含量和分布有了显著的变化。通过12个具有代表性土壤剖面的测定，绘制成图3-10。由图3-10看出，0～400 cm土层中，$NH_4^+ - N$ 含量很低。$NO_3^- - N$ 在土壤剖面中的含量分布是由高至低呈锯齿状波浪式分布，先后在0～20 cm、40～60 cm、120～140 cm、180～200 cm、240～260 cm、340～360 cm土层处出现明显的 $NO_3^- - N$ 淋移积累峰，可以看出，这是由于一次又一次的灌水和降水引起的活塞作用使 $NO_3^- - N$ 所形成的波峰，$NO_3^- - N$ 在0～400 cm土壤剖面中存在明显的淋失作用。由此说明，在关中平原的新灌区 $NO_3^- - N$ 的淋失是一个值得注意的问题。

7. 关中平原吨产田土壤剖面中 $NO_3^- - N$、$NH_4^+ - N$ 含量与分布　关中平原吨产田一般都分布在老灌区渭河冲积阶地上，一年两熟，每亩吨产以上。选取6个代表性土壤剖面，分析测定了 $NH_4^+ - N$、$NO_3^- - N$ 含量，绘制成图3-11。从图3-11看出，在0～400 cm土层内，$NH_4^+ - N$ 含量都是很低。由于该区水、肥充足，土壤质地较疏松，$NO_3^- - N$ 在土壤剖面中出现了上下较低、中部较高的起伏波状线，显示出 $NO_3^- - N$ 含量在土壤剖面中淋移积累的鲜明特点。在140 cm土层处，淋失下来的 $NO_3^- - N$ 达到最高峰，为24.76 mg/kg。由此看出，在该地区进行吨产粮的生产过程中，要严格控制水、肥的合理使用，减少 $NO_3^- - N$ 淋失，防止 $NO_3^- - N$ 对环境的污染。

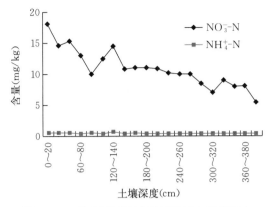

图 3 - 10 关中平原头道塬新灌区土壤剖面中
NO₃⁻ - N、NH₄⁺ - N 含量与分布

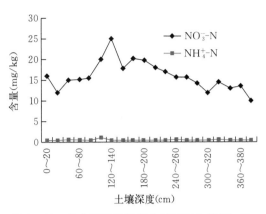

图 3 - 11 关中平原吨产田土壤剖面中 NO₃⁻ - N、
NH₄⁺ - N 含量与分布

8. 关中平原菜园土壤剖面中 NO₃⁻ - N、NH₄⁺ - N 含量与分布 菜园土壤一般分布在渭河冲积平原，土壤质地为轻壤和中壤，水分渗透性强。具有渠、井双灌条件，灌水次数和灌水量以及施肥量比粮作农田高得多，这为水、肥淋失创造了条件。选择 7 个具有代表性土壤剖面进行分析，结果见图 3 - 12。

从图 3 - 12 看出，0～400 cm 土壤剖面中 NH₄⁺ - N 含量与其他地区土壤差不多，为 0.27～0.46 mg/kg；NO₃⁻ - N 含量为 12.5～40.63 mg/kg，明显高于吨产田土壤。由于土质较轻、质地均匀，经多次灌水后，在水分下移作用下，使 NO₃⁻ - N 形成了有规则的波浪式分布曲线，且波浪均随土层的加深而逐渐依次降低，形成坡形。可以看出，菜园土壤剖面中 NO₃⁻ - N 分布曲线出现了明显差异的 6 个波峰，而 0～20 cm、80～100 cm、140～160 cm、180～200 cm、260～280 cm、340～360 cm 土层处的波峰，最高的波峰在 20 cm 土层处，从 20 cm 开始，NO₃⁻ - N 即往土壤下层大量淋失，一直淋失到 400 cm 土层以下。而吨产田土壤从 100 cm 土层处才开始有明显 NO₃⁻ - N 向下淋失，显然这与土壤质地、灌水量和施氮量有关。这就说明，在轻质土壤地区种植蔬菜的时候，必须进行多次少灌、多次少施的管理措施，以便减少水肥损失，防止土壤污染。

9. 关中平原灌溉地区果园土壤剖面中 NO₃⁻ - N、NH₄⁺ - N 含量与分布 关中平原灌溉地区果园一般分布在新灌溉的一级台塬地区，土壤为塿土，剖面中存在着一层深厚的黏土层，灌水量和施肥量都大大超过了其他不同作物的种植地区。笔者选择 6 个具有代表性土壤剖面的分析资料绘制成图 3 - 13。从图 3 - 13 看出，在 0～400 cm 土层剖面中，NH₄⁺ - N 含量与其他地区土壤差不多。从 NO₃⁻ - N 分布曲线来看，在果园土壤剖面中，只出现了 2 个明显的宽带峰，即在 40～140 cm 和 300～360 cm 土层中，似为 2 个平台，其 NO₃⁻ - N 含量均为 50～60 mg/kg，同时也出现了与此相适应的一个宽低谷。形成

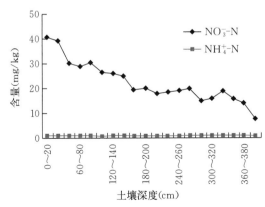

图 3 - 12 关中平原菜园土壤剖面中 NO₃⁻ - N、
NH₄⁺ - N 含量与分布

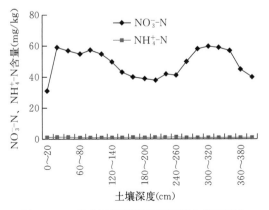

图 3 - 13 关中平原灌溉地区果园土壤剖面中
NO₃⁻ - N、NH₄⁺ - N 含量与分布

以上这种特殊分布模型，既与土壤剖面存在深厚黏土层有关，又与大水漫灌和大量施肥有关。水肥用量要比其他农作物高 $2\sim3$ 倍。另外也可看出，$NO_3^- - N$ 从 20 cm 土层处即开始向下大量淋失，一直淋移至 400 cm 以下。说明在关中平原果园土壤中，$NO_3^- - N$ 的淋失是一个极其严重的问题。

10. 小结　根据以上不同地区土壤剖面中 $NO_3^- - N$ 含量与分布，结果见表 3-13。由结果看出，在 $0\sim400$ cm 土壤剖面中，$NO_3^- - N$ 含量是关中平原旱作区＞渭北旱塬区＞陕北黄土残塬沟壑区＞陕北黄土丘陵沟壑区；在关中平原地区，果园区＞菜园区＞吨产田产区＞新灌区＞老灌区；最低为黄土丘陵沟壑区，约为 30.44 kg/hm²，最高为关中平原果园区，为 2 022.44 kg/hm²。$NO_3^- - N$ 淋失深度关中平原新老灌区均＞400 cm，旱作农业区均为 $60\sim160$ cm。$NO_3^- - N$ 在土壤剖面中的分布模型在干旱地区均为单峰形曲线分布，在关中平原的新老灌溉地区均多呈峰形波浪式分布曲线，充分体现出水分下移运动过程中的形态分布均受水分运动的活塞效应所控制。

表 3-13　不同地区土壤剖面中 $NO_3^- - N$ 含量淋移与分布特点

农业生态区	$0\sim400$ cm 土层中 $NO_3^- - N$ 含量（kg/hm²）	$NO_3^- - N$ 淋失深度（cm）	分布模型	模型名称	土壤剖面数（个）
陕北黄土丘陵沟壑区	30.44	＜60		单峰形	13
陕北黄土残塬沟壑区	147.53	＜100		单峰形	4
渭北旱塬区	227.53	＜140		单峰形	8
关中平原旱作区	241.02	＜160		单峰形	6
关中平原老灌区	157.82	＞400		多峰波浪形	8
关中平原新灌区	473.40	＞400		多峰波浪形	12
关中平原吨产田区	704.77	＞400		多峰波浪形	6
关中平原菜园区	972.95	＞400		多峰波浪形	7
关中平原果园区	2 022.44	＞400		宽峰波浪形	6

（四）不同农业生态区河谷立地土壤 $NO_3^- - N$ 含量与分布规律

在调查过程中，分别在陕北米脂无定河两岸、关中渭河两岸、陕南汉江两岸进行了立地土壤 $NO_3^- - N$ 含量及其分布的研究，现分述如下。

1. 陕北米脂无定河谷地土壤 $NO_3^- - N$ 含量与分布　无定河是黄河主要支流之一，在此沿岸的绥德、米脂、榆林等县自丘陵顶部、丘陵坡地、川台地到河滩地，分别选择代表性地块采取土样，测定土壤 $NO_3^- - N$ 含量，结果见图 3-14。由图 3-14 看出，在 $0\sim400$ cm 土层中 $NO_3^- - N$ 平均含量丘陵顶部为 43 kg/hm²、丘坡地为 65 kg/hm²、川台地为 543 kg/hm²、河滩地为 325 kg/hm²。在 $200\sim400$ cm 土层中也都含有一定数量的 $NO_3^- - N$，占 $0\sim400$ cm 土层总含量的 30%～50%，这都是由土壤上层淋移下来的 $NO_3^- - N$，属于淋失范围，作物难以吸收利用。以上结果表明，在无定河流域立地剖面中 $NO_3^- - N$ 含量在灌溉和施氮量较高的一级和二级阶地都大大高于水土流失严重和施氮量较小的丘陵顶部和丘坡地；一级阶地施氮量虽比二级阶地多，但由于一级阶地土壤质地较粗，淋失较多，土壤中 $NO_3^- - N$ 则明显低于二级阶地。

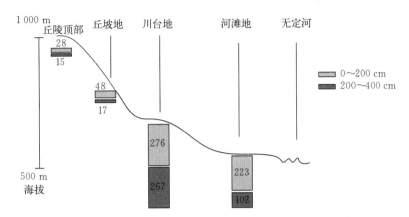

图 3-14　陕北米脂无定河谷地 0~400 cm 土壤剖面中 $NO_3^- - N$ 含量分布（kg/hm²）

2. 关中渭河谷地土壤 $NO_3^- - N$ 含量与分布　渭河两岸地处秦岭以北、关中平原南边，是关中八百里秦川五谷丰盛的核心地区。渭河冲积形成了不同宽窄的河谷阶地。三级阶地俗称为头道塬，二级阶地称为二道塬，三级阶地为三道塬，在这三道阶地上都各有其成土过程，形成了各自的土壤类型。在头道塬的称红油土，二道塬称黑油土，三道塬称瓣瓣黑油土。含有不同深度的黏土层。土层深厚，地下水位由头道塬至三道塬分别为 120 m、40~60 m 和 4~6 m。头道塬在 35 年前均为旱作地区，二道塬和三道塬为关中西部的老灌区，施肥水平一般头道塬少于二道塬和三道塬。作物产量也随着水、肥条件的改善而增加。

从西安到宝鸡沿渭河两岸，头道塬到河滩地分别选择代表性地块进行土壤取样，测定土壤 $NO_3^- - N$ 含量，结果见图 3-15。从结果看出，0~400 cm 土层中，$NO_3^- - N$ 含量，在渭河南岸的头道塬、二道塬和三道塬分别为 324 kg/hm²、382 kg/hm² 和 270 kg/hm²，在渭河北岸的头道塬、二道塬、三道塬分别为 276 kg/hm²、677 kg/hm² 和 144 kg/hm²，两岸相比，在南岸的头道塬和三道塬均高于北岸的头道塬和三道塬，这与南岸的土壤质地较北岸较重、施氮量也较高有关；而南岸的二道塬 $NO_3^- - N$ 含量却明显低于北岸的二道塬，这与南岸的二道塬过去曾长期种植水稻、土壤 $NO_3^- - N$ 反硝化损失较多有关。两岸的三道塬虽然施氮量明显高于两岸的头道塬，但 $NO_3^- - N$ 含量明显低于两岸的头道

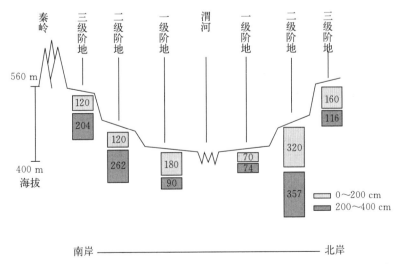

图 3-15　关中渭河谷地 0~400 cm 土壤剖面中 $NO_3^- - N$ 含量分布（kg/hm²）

塬，这与三道塬土壤质地都较粗从而导致土壤 $NO_3^- - N$ 淋失较多有关。在所有剖面中，200～400 cm 土层中 $NO_3^- - N$ 含量占 0～400 cm 土层中 $NO_3^- - N$ 总含量 40%～60%，说明在该地区土壤 $NO_3^- - N$ 含量和淋失量远远超过陕北丘陵沟壑区，淋失十分严重。

3. 陕南汉江盆地立地土壤 $NO_3^- - N$ 含量与分布 汉江盆地分布在秦岭与大巴山之间，汉江通过其中。由于汉江的冲积作用，形成了明显的二级和三级阶地，地带性土壤为黄褐土，土壤质地由高处到低处逐渐变粗。当地年降水量 800～1 000 mm，且有灌溉条件，农地主要分布在汉江北岸，地面辽阔。在汉江北岸到秦岭南麓之间进行土壤调查，选择代表性地块采取土样，测定 $NO_3^- - N$ 含量。结果见图 3-16。

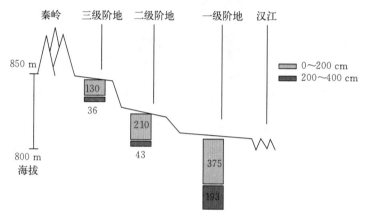

图 3-16 陕南汉江盆地立地土壤剖面中 $NO_3^- - N$ 含量分布（kg/hm²）

从图 3-16 看出，0～400 cm 土层中 $NO_3^- - N$ 含量在三级阶地为 166 kg/hm²、二级阶地水稻土为 253 kg/hm²、一级阶地水稻土和菜地为 568 kg/hm²，含量由低到高逐渐增多；在 200～400 cm 土层中 $NO_3^- - N$ 含量占 0～400 cm 土层中 $NO_3^- - N$ 总含量分别为 21.82%、17% 和 33.92%。由此看出，汉江盆地土壤中 $NO_3^- - N$ 的淋失量明显低于关中和陕北。主要原因是与汉江盆地土壤质地黏重有关。不同阶地土壤中 $NO_3^- - N$ 含量与分布有很大差异，三级阶地是旱作农业，为黏土黄泥，施氮量较少，地面径流较大；二级阶地为新灌区农地，土壤为黏壤质水稻土，施氮量较高；一级阶地是老灌区，为壤质水稻土和菜园土，施氮量很高，由于这些不同条件，使土壤 $NO_3^- - N$ 含量产生显著差异，土壤剖面中 $NO_3^- - N$ 含量顺序是一级阶地＞二级阶地＞三级阶地，明显反映出土壤 $NO_3^- - N$ 含量的地域性差异。

（五）影响土壤 $NO_3^- - N$ 含量和分布的主要因素

经过调查发现，在陕西境内影响土壤 $NO_3^- - N$ 含量和分布的主要因素有以下几种。

1. 施氮量 根据 1984—1994 年施氮量统计，不同农业生态区施氮量有很大的差异（表 3-14）。这 10 年是陕西大量施用化肥氮的时期，但施氮量很不平衡。在农业生产和经济条件较发达地区，施氮量就明显增加，如汉中盆地地区和关中平原地区，氮肥用量明显高于渭北旱塬和陕北地区。

表 3-14 1984—1994 年陕西不同地区农业生态区施氮量

农业生态区	施氮量（kg/hm²）	备注
陕北黄土高原丘陵沟壑区	45	一茬作物
陕北黄土高原沟壑区	108	一茬作物
渭北旱塬区	130	一茬作物
关中东部老灌区	200	二茬作物
关中东部新灌区	210	二茬作物

（续）

农业生态区	施氮量（kg/hm²）	备注
关中西部老灌区	220	二茬作物
关中西部新灌区	250	二茬作物
汉中盆地区	300	二茬作物

资料来源：陕西省农业厅。

经统计，施氮量与不同土壤中 $NO_3^- - N$ 含量具有显著相关性，统计结果如下：

施氮量与 0～100 cm 土层 $NO_3^- - N$ 含量相关系数：$r=0.9641^{**}$，$n=8$（$r_{0.01}=0.834$）

施氮量与 100～200 cm 土层 $NO_3^- - N$ 含量相关系数：$r=0.9711^{**}$，$n=8$（$r_{0.01}=0.834$）

施氮量与 200～400 cm 土层 $NO_3^- - N$ 含量相关系数：$r=0.9734^{**}$，$n=8$（$r_{0.01}=0.834$）

相关系数均达到极显著水平。由此可知，控制施氮量是控制土壤 $NO_3^- - N$ 积累和淋失的主要途径。

另外，马臣等（2018）研究发现，施氮量与土壤剖面硝态氮累积量呈显著正相关关系，残留在土壤中的硝态氮如不及时被作物吸收利用，在降水或灌水的作用下，会向土壤深层淋溶。李生秀等（1995）在渗漏池中的试验表明，氮肥用量为 187.5 kg/hm²，淋失量为 98.2 kg/hm²，相当于施氮量的 36.2%；氮肥用量为 375 kg/hm²，淋失量为 175.8 kg/hm²，相当于施氮量的 38.3%，虽然百分数接近，但损失的绝对量相差惊人。刘春增等（1996）的试验结果表明，随着施氮水平提高，淋溶到剖面以下深层地下水中的硝态氮含量也将增大。

有机肥的大量施用，也会引起地下水硝酸盐的污染（Vasconcelos，1997；Chang，1996；Mediavilla，1995；Fragstein，1995；Kandeler，1994；Sallade，1994）。Adams（1994）指出，每年的禽粪不应超过 11.2 t/hm²，而石灰性土壤上的硝酸盐污染同高牲畜存栏导致的过量施用有机肥有关（Jabro J，1991）。我国陕西等地的"肥水井"部分也与有机肥有关（中国科学院西北水土保持研究所，1973）。无论是氮素化肥还是厩肥，当大量施用于农田时，由于作物不能全部吸收利用，而土壤胶体又不能吸附一价的硝酸根阴离子，在降水和灌溉条件下，土壤中的硝酸盐很容易向下淋洗。

2. 地面接水量　陕西农业包括雨养农业和灌溉农业两大部分，在这两大农业地区，把自然降水量加灌水量称为地面接水量。地面接水量大小能直接影响到土壤 $NO_3^- - N$ 淋失的深度和大小。为了了解两者之间的关系，笔者统计调查了 1984—1994 年的平均降水量和灌水量，结果见表 3-15。

表 3-15　1984—1994 年陕西黄土地区不同农业生态区地面接水量

单位：mm

农业生态区	平均降水量	平均灌水量	平均地面接水量
陕北黄土丘陵沟壑区	398	—	398
陕北黄土残塬沟壑区	650	—	660
渭北旱塬区	560	—	560
关中东部新灌区	450	180	680
关中西部老灌区	675	180	855
关中西部新灌区	675	160	835

将地面接水量与不同土层 $NO_3^- - N$ 淋失量相关性进行了统计，结果如下：

接水量与 200～400 cm 土层中 $NO_3^- - N$ 含量相关系数：$r=0.9529^{**}$　$n=6$（$r_{0.01}=0.917$）

接水量与 100～200 cm 土层中 $NO_3^- - N$ 含量相关系数：$r=0.9245^{**}$　$n=6$（$r_{0.01}=0.917$）

相关系数均达到极显著水平。由此可知，地面接水量越多，土层中 $NO_3^- - N$ 淋失就越多，因此，在灌溉地区，控制灌水量和改进灌溉方法，对控制土壤 $NO_3^- - N$ 淋失具有重要作用。

此外，黄元仿等（1994）的研究指出，灌水量越大，表层土壤硝态氮的淋洗现象越明显，淋洗也越深。中灌（60 mm）和低灌处理的淋洗深度一般不超过冬小麦根系主要集中区（80 mm 以内），高灌处理（90 mm）的表层硝态氮淋洗深度容易超过 80 cm。与传统的大水漫灌相比，喷灌与灌溉施肥相结合，可以明显减少硝酸盐淋溶。吕殿青等（1998）在陕西米脂沙质土壤上进行的相同施氮量不同灌水量试验，在春玉米收获后测定 0～20 cm 土层中残留的硝态氮含量，结果看出有明显差异。0～20 cm 土层中硝态氮存留量与灌水量之间可以用指数曲线方程表达：

$$Y = 0.009e^{0.034982x}$$

式中，Y 为 0～20 cm 中硝态氮残留量，x 为灌水量，说明土层中硝态氮存留量是随灌水量的增多而减少。

彭琳等（1981）的研究表明，旱作土壤中硝态氮每年随水下渗深度为 100～150 cm，一般不超过 200 cm，平均 2～3 mm 的降水使土壤中硝态氮下渗深度向下延伸 1 cm，降水在土壤中下渗深度一般每年为 160～260 cm。夏闲期降水量（X）与土壤中下渗深度（Y）的回归方程为：

$$Y = 3.86X$$

土壤中硝态氮下移距离往往小于土壤水分下渗深度，这可能由于土壤中硝态氮向下的移动，主要是土壤溶液中硝态氮逐渐稀释扩散，呈梯度逐步向下延伸，并不完全与水分同行。

3. 土壤性质　影响硝态氮淋洗的土壤性状主要是土壤物理性状，如质地、孔性、结构性以及水分状况等。大量的研究结果表明，在粗质地土壤上硝态氮的淋溶比细质地土壤严重。在陕北无定河谷地有灌溉条件的沙质土壤上，春玉米地硝态氮可淋至 200 cm 土层以下，甚至在 400 cm 土层仍有不少硝态氮；在关中新灌区的重壤质娄土上小麦地硝态氮可淋至 100 cm 土层以下；对于陕南汉中盆地的黏重水稻土，小麦生长期间硝态氮只淋至 60 cm 土层左右（吕殿青，1998）。土壤质地越粗，$NO_3^- - N$ 淋失就越多（表 3-16）。因此，在相同施氮量的条件下，粉沙土、黏壤土和黏土在 0～40 cm 土层中 $NO_3^- - N$ 的淋失量分别为施氮量的 41.5%、31.2% 和 15.0%。

表 3-16　不同农业生态区作物生长期中 $NO_3^- - N$ 从 0～40 cm 土层中淋失量

地区	土地利用情况	土壤质地	施氮量（kg/hm²）	$NO_3^- - N$ 淋失量（kg/hm²）	占施氮量比例（%）
米脂	灌溉，春玉米	粉沙土	250	102.5	41.5
关中	灌溉，冬小麦	黏壤土	250	77.5	31.2
汉中	灌溉，冬小麦	黏土	250	37.5	15.0

此外，关中平原东部老灌区不同土层的 $NO_3^- - N$ 含量均明显低于关中平原东部新灌区，但这两地区的施氮量和作物产量均基本接近，其主要区别是老灌区多半是渭河冲积土壤，质地为沙壤土-壤土，且地下水位较高，许多地区在 4～6 m；而新灌区为黄土沉积的土层，土壤质地为粉沙黏壤土，地下水位很低，一般在 70～80 m。所以，老灌区土壤的渗漏性明显高于新灌区。在 0～400 cm 土层中 $NO_3^- - N$ 含量老灌区为 134.10 kg/hm²，而新灌区为 353.60 kg/hm²，其中留在 0～200 cm 土层的 $NO_3^- - N$ 分别为 85.4 kg/hm² 和 227.27 kg/hm²，说明老灌区的 $NO_3^- - N$ 淋失量大大高于新灌区。

夏梦洁等（2018）研究发现，单位降水量引起的硝态氮在土壤剖面淋溶的深度在杨凌（娄土）与长武间（黑垆土）存在差异，其中杨凌每 10 mm 降水可使硝态氮平均向下迁移 1.4（2015 年）～1.7 cm（2014 年），而长武可以达到 1.8～3.7 cm（2013 年）。这与两地土壤类型不同有关，长武土壤属黑垆土，黏粒含量较杨凌（娄土）少，因此，氮素向下迁移速度会加快。2013 年，长武夏季休闲期间的降水量属于丰水年，硝态氮淋溶作用明显，而在平水年（2015 年）和欠水（2014 年）年时硝态氮淋溶作用弱。可见，在长武地区夏季休闲期间遇上丰水年时，存在硝态氮向下大量淋溶的风险，平水年和欠水年时不存在这一问题。而杨凌的情况有所不同，夏季休闲期间遭遇平水年（2014年）时硝态氮淋溶作用已经明显，大量硝态氮被淋溶到 100 cm 以下土层。由此可知，当遇上丰水年，淋溶风险更大，而在欠水年（2013 年和 2015 年）硝态氮淋溶作用弱，甚至还出现轻微上移。

4. 地面覆盖、植被

（1）地面覆盖。在渭北旱塬合阳县甘井乡陕西省农业科学院试验地调查发现，长期用麦秸覆盖的地面和长期不覆盖的地面，土壤中 $NO_3^- - N$ 含量和分布有明显差异，见图 3-17。

由于长期用麦秸覆盖地面，可以阻缓自然降水在土壤中的渗透，减少土壤 $NO_3^- - N$ 的淋失，并能减少地面水分蒸发，使土壤储存更多有效水分。由于水分条件的改善，又有利于增施肥料，提高肥料的有效性。由此水肥条件都得到改善，使作物更能充分吸收利用土壤的水分和养分，促进作物根系强壮生长发育，形成根系盘结层，从而可阻止水分蒸发和 $NO_3^- - N$ 淋失。

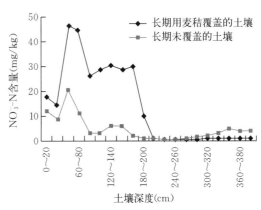

图 3-17　不同土壤管理下土壤剖面中 $NO_3^- - N$ 含量分布

（2）植被。休闲导致高的淋洗潜力，就淋失量来说，休闲＞豆科作物＞非豆科作物（Francis，1994）。Emteryd（1998）试验结果表明，冬天在陕北的黄绵土上种植黑麦草，可大大减少硝态氮的淋失。植被系统及其覆盖状况决定土壤氮的吸收部分，同时也影响地面降水的分配。Owens（1995）指出，连作玉米硝态氮淋失很大，小麦-大豆轮作可减少硝态氮淋失。连续种大麦，87% 的硝态氮分布在根区以下，而轮作仅有 35% 的硝态氮分布在根区以下（Izaurralde，1995）。同样地，Zhou（1997）也研究发现相对于单作玉米，当收获时，间作系统减少 100 cm 土层 47% 的硝态氮，间作系统比单作系统减少淋失量近一半，套种休闲作物也可减少淋失量（Nielson，1990）。这说明在农田系统中，作物轮作系统相比单作系统显著地减少土壤硝态氮淋失。

不同作物类型也会不同程度地影响土壤硝态氮的残留及淋溶。和亮等（1990）在北京大兴、房山、门头沟和通州开展大面积填闲作物田间筛选试验和多点对比试验等工作，在夏季休闲期设置甜玉米、高丹草、红叶苋菜、空心菜和小麦 5 种填闲作物筛选试验。结果显示，甜玉米的生物量和吸氮能力都显著优于其他 4 种作物（$P<0.05$），甜玉米的单株吸氮量及单株吸氮量增长速率明显高于其他 4 种作物（$P<0.01$）。从经济效益和环境效益两方面分析，甜玉米是适合北方设施菜地夏季休闲期种植的填闲作物。种植甜玉米可以提高农民收入，并且可以有效减少土壤中硝态氮的含量，降低淋入周边地下水中的风险。

5. 土地利用方式　对陕西关中黄土区不同土地利用条件下土壤剖面中硝酸盐污染的调查（表 3-17）表明，土壤利用情况不同对土壤剖面中硝酸盐的移动和积累有明显影响。在 0～400 cm 土层内硝酸盐积累量在 8 年以上果园达 3 414 kg/hm²，15 年以上菜园达 1 362 kg/hm²，高产农田土壤达

表 3-17　陕西关中黄土区不同土地利用条件下不同土层中 $NO_3^- - N$ 含量

单位：kg/hm²

土地利用	$NO_3^- - N$ 含量			施氮量
	0～400 cm	0～200 cm	200～400 cm	
8 年以上果园	3 414	1 602	1 812	900
15 年以上菜园	1 362	680	681	750
高产农田	537	323	214	500
一般农田	255	153	102	280

537 kg/hm², 一般农田土壤为 255 kg/hm²。硝酸盐在 200～400 cm 土壤剖面中的累积量，菜园地达 681 kg/hm²，约为一般农田的 6.7 倍，果园地达 1 812 kg/hm²，约为一般农田的 17.7 倍（吕殿青等，1998）。

陈翠霞等（2019）研究发现，新果区（洛川）、老果区（礼泉）土壤 0～200 cm 硝态氮累积量分别达 2 724 kg/hm² 和 5 226 kg/hm²，老果区土壤剖面硝态氮累积量显著高于新果区。马鹏毅等（2019）研究发现，低氮肥投入量的 8 年苹果园硝态氮浓度及累积量与农田相当，而高氮肥投入的盛果期果园（17 年、25 年）0～600 cm 土壤剖面硝态氮浓度和累积量均显著高于农田，苹果收获后 0～600 cm 土壤剖面硝态氮累积量分别高达 6 830 kg/hm²、8 370 kg/hm²，这主要与其氮肥累积投入量过高有关。果园硝态氮累积量与树龄呈显著正相关关系，说明过量的氮肥投入对土壤硝态氮残留量具有较强的累积效应。

党菊香（2004）等对关中地区的温室土壤研究中，耕层硝态氮含量最高可达露地粮田的 5.5 倍。杜慧玲（2005）等研究表明，山西太谷县 9 年蔬菜大棚 0～20 cm 的土壤硝态氮含量是露地粮田的 15.9 倍。同时，不同种植年限日光温室的土壤环境不同，有研究表明，日光温室土壤硝态氮等含量随着种植年限的延长有增加的趋势。杨慧等（2014）研究发现，在日光温室土壤剖面中，从耕层以下某一临界浓度开始，土壤硝态氮含量随种植年限的延长而逐渐增加；在耕层以下，每个种植年限的日光温室土壤硝态氮含量有一峰值；种植年限不同，该峰值的大小不同，且峰值所在的深度不同；随着种植年限的延长，该峰值逐渐增大，所在深度逐渐加深。

6. 耕作 关于耕作方式对硝态氮淋溶的报道较少且观点不一致。耕作因影响土壤状况和水分运动等而影响硝态氮的累积及淋失。Smith 等（1987）认为，耕作次数越少，硝态氮向深层土壤的淋溶量越多，因为未经扰动的土壤孔隙贯通性好，易造成硝态氮的淋溶运动，而且由于蒸发少，不利于土壤深层硝态氮向上移动；Meek 等（1995）则认为耕作增加了硝态氮的淋失，翻耕处理 140～180 cm 土层硝态氮含量显著高于旋耕和免耕处理的（胡立峰，2005）。Goss 等（1993）研究发现，耕作增加硝态氮淋失 21%，而免耕与传统耕作相比，0～120 cm 土层硝态氮累积量减少一半（Dou，1995）。不同农田管理措施，如通过对水分的调控，减少硝态氮淋溶，进而提高氮素利用效率；在免耕基础上，进行秸秆地膜覆盖，能有效调控土壤水分运动和减少硝态氮淋溶累积（胡锦昇，2019）。

前人关于深松对硝态氮淋溶的影响还罕见报道，王红光等（2011）试验结果表明，在小麦开花之前，深松并没有增加 60～200 cm 土层的硝态氮含量，深松和翻耕造成了开花后硝态氮向 80～120 cm 土层淋溶，但深松+条旋耕处理淋溶量显著低于深松+旋耕处理的，与翻耕处理的无显著差异。

二、陕西省土壤 $NO_3^- - N$ 淋失与地下水、地表水 $NO_3^- - N$ 含量

（一）土壤硝态氮在不同季节的淋溶规律

了解土壤本身 $NO_3^- - N$ 含量的季节性变化，是科学施用氮肥的重要依据之一。为此，笔者在陕西杨凌头道塬不施肥与不种作物的塿土上连续 2 年对土壤 $NO_3^- - N$ 季节性变化进行了测定。测定小区设 3 个重复，每次测定时，在每一小区内用土钻打洞 3 个，深度为 0～200 cm，分层取出土壤，以相同层次土壤等量混合，用四分法取等量土样，以供测定 $NO_3^- - N$ 含量。由 3 个小区分层测定的平均值，绘制土壤 $NO_3^- - N$ 含量季节性变化分布图（图 3-18），并计算出不同土层 $NO_3^- - N$ 含量。

根据多年观察和测定，一般作物根系大部分分布在 0～40 cm 土层，小部分分布在 40～100 cm 土层，极小部分分布在 100～200 cm 土层。据此，可用以上不同土层 $NO_3^- - N$ 含量评价土壤 $NO_3^- - N$ 的移动、积累和季节性变化和衡量土壤 $NO_3^- - N$ 供应能力。现分述如下。

1. 干旱年土壤 $NO_3^- - N$ 季节性变化（1995 年）

（1）春。土壤 $NO_3^- - N$ 开始硝化积累和淋失稳定期。测定时间 5 月 29 日，当地春季少雨干旱，气温上升较快，土壤硝化作用逐渐旺盛，因而大量产生 $NO_3^- - N$ 积累。由图 3-18a 和表 3-18 看出，在 0～40 cm 土层中 $NO_3^- - N$ 含量为 215 kg/hm²。而在 40～100 cm 土层中，土壤 $NO_3^- - N$ 含量仅为

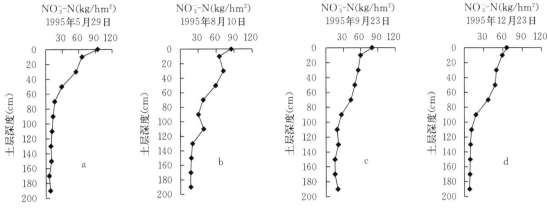

图 3 - 18　1995 年土壤 $NO_3^- - N$ 含量季节性变化

58 kg/hm²，该层中的 $NO_3^- - N$ 主要是由本层土壤硝化作用产生的。从上层淋移下来很少。在 100～200 cm 土层中 $NO_3^- - N$ 含量仅为 44 kg/hm²，只占 0～200 cm 土层中 $NO_3^- - N$ 总含量的 13.88%。100～200 cm 土层中 $NO_3^- - N$ 含量主要由上年冬季遗留下来的，因为 1995 年春季在同层土壤中所测定的 $NO_3^- - N$ 含量与 1994 年冬季在同层土壤中所测定的 $NO_3^- - N$ 含量十分接近。

　　从图 3 - 18a 看出，土壤 $NO_3^- - N$ 含量在 0～200 cm 土层中的分布是由上至下逐渐下降，其中没有明显凸出的 $NO_3^- - N$ 积累层，说明 1995 年春季土层中未产生 $NO_3^- - N$ 的明显淋失。$NO_3^- - N$ 的大量积累主要分布在 0～40 cm 土层内，这就有利于作物在春季生长发育时对氮素需要的供应。

表 3 - 18　1995 年塿土 $NO_3^- - N$ 含量季节性变化

单位：kg/hm²

土壤深度（cm）	测定时间			
	5 月 29 日（春）	8 月 10 日（夏）	9 月 23 日（秋）	12 月 23 日（冬）
0～40	215	222	196	175
40～100	58	127	119	103
0～100	273	349	315	278
100～200	44	111	90	46
0～200	317	460	405	324

　　（2）夏。土壤 $NO_3^- - N$ 大量硝化积累和大量淋失期。测定时间 8 月 10 日是夏季后期降雨开始季节，是土壤硝化作用最为旺盛的时期，也是土壤 $NO_3^- - N$ 积累最多的时期，但与此相反，也是土壤 $NO_3^- - N$ 向下淋失量较多的时期。从图 3 - 18b 看出，在 0～40 cm 土层中 $NO_3^- - N$ 含量为 222 kg/hm²，略高于春季同层土壤 $NO_3^- - N$ 含量。但在 40～100 cm 土层中 $NO_3^- - N$ 含量达 127 kg/hm²，比春季同层 $NO_3^- - N$ 含量高 2.19 倍。其中，大部分是从 0～40 cm 土层中淋移而来。在 0～100 cm 土层中 $NO_3^- - N$ 积累量已达 349 kg/hm²，比春季同层土壤增加 27.84%。在 100～200 cm 土层中 $NO_3^- - N$ 含量为 111 kg/hm²，比春季同层土壤高 152.27%，其中部分是从 0～100 cm 土层中淋移而来。由图 3 - 18b 看出，在 0～200 cm 土层中，$NO_3^- - N$ 主要积累在 0～40 cm 土层，其次是 40～100 cm 土层，再次是 100～200 cm 土层，适合作物根系吸收的需要。但也可以看出，$NO_3^- - N$ 在 0～200 cm 土层中的分布，在 20～40 cm 土层和 100～120 cm 土层有明显凸出的淋移积累层，同时由 20 cm 土层处开始一直到 200 cm 土层处，$NO_3^- - N$ 含量都较春季相同土层中有明显增大，这就完全说明在夏季土层中有较多 $NO_3^- - N$ 的产生和向下淋失迹象。

　　（3）秋。土壤 $NO_3^- - N$ 硝化积累减少和严重淋失期。测定时间是 9 月 23 日，是早秋阶段，雨季后期硝化作用减弱，但仍处在雨季时期。测定结果（图 3 - 18c）表明，0～40 cm 土层中 $NO_3^- - N$ 含量为 196 kg/hm²，少于春季和夏季时的 $NO_3^- - N$ 含量，但仍有较大量存在。在 40～100 cm 土层中 $NO_3^- - N$ 含量为 119 kg/hm²，显著大于春季，略小于夏季同层土壤 $NO_3^- - N$ 含量，说明这主要是由上层淋失而来。在 100～200 cm 土层中 $NO_3^- - N$ 含量为 90 kg/hm²，也是显著高于春季，但略小于夏季，主要也是由上层淋失而来，显然也有较多的 $NO_3^- - N$ 由此层向 200 cm 土层以下淋失掉了。

（4）冬。土壤硝化作用、$NO_3^- - N$ 淋失停止期。测定时间 12 月 23 日正处于低温、干旱的初冬季节。土壤硝化作用已基本停止。由各个土层 $NO_3^- - N$ 测定结果（图 3 - 18d）看出，0～40 cm 土层中 $NO_3^- - N$ 含量为 175 kg/hm²，明显低于春、夏、秋三季。在 40～100 cm 土层中，$NO_3^- - N$ 含量为 103 kg/hm²，也明显低于夏秋两季同层土壤 $NO_3^- - N$ 含量，但显著高于春季，说明在这时，$NO_3^- - N$ 仍有从 0～40 cm 土层向 40～100 cm 土层中淋移积累。而在 100～200 cm 土层中 $NO_3^- - N$ 含量仅为 46 kg/hm²，接近春季和 1994 年冬季同层的 $NO_3^- - N$ 含量水平，说明 $NO_3^- - N$ 淋移已达稳定。总的来看，在初冬季节，土壤 $NO_3^- - N$ 仍由 0～40 cm 土层向 40～100 cm 土层下渗，但 100 cm 土层向 100～200 cm 土层淋移已基本停止。整个土层中 $NO_3^- - N$ 淋移积累凸出层已完全消失，形成 $NO_3^- - N$ 含量由上至下逐渐变少的模型。

2. 丰水年土壤 $NO_3^- - N$ 季节性变化（1996 年）

（1）春。土壤 $NO_3^- - N$ 表层开始硝化积累和淋移稳定期。测定时间 4 月 5 日是早春阶段，气温开始上升，但降雨甚少，土壤硝化作用已开始旺盛发展。从表 3 - 19 可以看出在 0～40 cm 土层中 $NO_3^- - N$ 含量为 115 kg/hm²，与 1995 年冬季相比，已下降 34.29%。而在 40～100 cm 土层中 $NO_3^- - N$ 含量为 64 kg/hm²，略高于 1995 年春季时的同层 $NO_3^- - N$ 含量，但明显低于冬季时间的同层土壤 $NO_3^- - N$ 含量。在 100～200 cm 土层中 $NO_3^- - N$ 仅为 50 kg/hm²，接近于 1995 年春季和冬季时的同层 $NO_3^- - N$ 含量。从整个 0～200 cm 土层中 $NO_3^- - N$ 含量来看，$NO_3^- - N$ 含量明显降低。由图 3 - 19a 看出，土壤 $NO_3^- - N$ 含量从上层至下层逐渐下降，土层中未出现 $NO_3^- - N$ 淋移积累凸出层，说明在春季没有产生 $NO_3^- - N$ 的明显淋失。土层中 $NO_3^- - N$ 含量主要积累在 0～40 cm 土层中，其次是在 40～100 cm、100～200 cm 土层积累较少。这与 1995 年春季 $NO_3^- - N$ 分布情况极为相似，很适应作物生长发育的需要。

表 3 - 19　1996 年塿土不同土层中 $NO_3^- - N$ 含量季节性变化

单位：kg/hm²

土壤深度 (cm)	测定时间						
	4 月 5 日	6 月 6 日	7 月 15 日	8 月 15 日	8 月 26 日	9 月 12 日	11 月 28 日
0～40	115	90	70	55	40	25	25
40～100	64	63	82	75	64	64	43
0～100	179	153	152	130	104	87	68
100～200	50	66	88	115	155	155	110
0～200	229	219	240	245	259	242	178

（2）夏。土壤 $NO_3^- - N$ 上层积累逐渐降低、下层积累逐渐增高和 $NO_3^- - N$ 大量淋失期。1996 年夏季，连续 4 次即初夏（6 月 6 日）、盛夏（7 月 15 日）、暮夏（8 月 15 日）和夏末（8 月 26 日）分别测定了土壤 $NO_3^- - N$ 含量（表 3 - 19）。由表 3 - 19 看出，在整个夏季时期，由初夏到夏末在 0～200 cm 土层中 $NO_3^- - N$ 总含量为 219～259 kg/hm²，土壤硝化作用越来越强，产生的 $NO_3^- - N$ 越来越多，从整个土层来看，土壤 $NO_3^- - N$ 含量是很高的，可以说是 $NO_3^- - N$ 大量积累期。但在 0～40 cm 土层中 $NO_3^- - N$ 含量却随着夏季时间的推进而越来越低，即由 90 kg/hm² 降至 40 kg/hm²。而在 40～100 cm 土层中 $NO_3^- - N$ 含量由夏季开始（除初夏外）到结束也变得越来越小，即从 82 kg/hm² 降至 64 kg/hm²，比在 0～40 cm 土层中的 $NO_3^- - N$ 要高得多，即高出 17%～60%，说明 $NO_3^- - N$ 在 40～

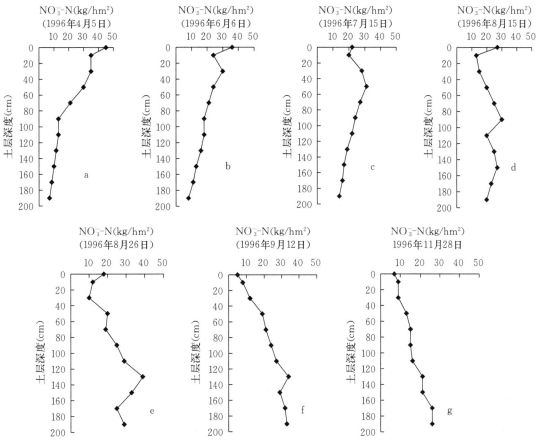

图 3-19 1996 年土壤 $NO_3^- - N$ 含量季节性变化

100 cm 土层中的积累量明显高于 0~40 cm 的积累量，这说明有大量 $NO_3^- - N$ 已从 0~40 cm 淋失到 40~100 cm 土层中。但在 100~200 cm 土层中的 $NO_3^- - N$ 却随着夏季时间的延伸而显著地增加，即由 66 kg/hm² 逐渐增高到 155 kg/hm²，分别占 0~100 cm 土层中 $NO_3^- - N$ 含量的 43%~149%，这就充分说明在夏季由 0~100 cm 土层中淋失到 100~200 cm 土层中的 $NO_3^- - N$ 随着夏季时间的延伸越来越多。在这一层土壤中 $NO_3^- - N$ 积累虽然很大，但对作物的实际供应能力却很小，因为根系在这一层中的分布极少。因此，其大部分将会随着水分的下移而继续向土壤下层淋失，产生大量 $NO_3^- - N$ 向下层淋失的主要原因与降水较多有关。

由图 3-19 看出，$NO_3^- - N$ 在土层中淋移积累的凸出峰，图 3-19b 出现在 20~40 cm、图 3-19c 出现在 40~60 cm 土层、图 3-19d 出现在 80~100 cm 土层和 140~160 cm 土层、图 3-19e 出现在 120~140 cm 土层和 180~200 cm 土层。$NO_3^- - N$ 淋移积累峰是随着夏季时间的推迟而逐渐往下移动，$NO_3^- - N$ 淋失越来越深、越来越多。这就证明夏季后期是杨凌塿土地区土壤 $NO_3^- - N$ 向下淋移的强盛时期。土壤 0~200 cm 土层中 $NO_3^- - N$ 含量变化总的趋势是夏初是由上到下变低，夏末是由上到下变高，基本呈线形分布。

(3) 秋。土壤 $NO_3^- - N$ 停止产生和向下淋移减弱期。进入秋季后（9 月 12 日）测定了土壤 $NO_3^- - N$ 含量，由于气温下降，降雨减少，土壤硝化作用也明显减弱。在 0~40 cm 土层中 $NO_3^- - N$ 含量为 25 kg/hm²，而 40~100 cm 土层中 $NO_3^- - N$ 含量为 64 kg/hm²，这主要是由上层淋移下来。但在 100~200 cm 土层中 $NO_3^- - N$ 含量为 155 kg/hm²，说明有大量 $NO_3^- - N$ 从 0~100 cm 土层中淋移到 100~200 cm 土层。虽然土壤 $NO_3^- - N$ 由上至下淋移十分严重，但在 0~200 cm 土层中 $NO_3^- - N$ 总积累量仍是处于很高的水平，达到 242 kg/hm²，说明早秋时，上层 $NO_3^- - N$ 积累较少，下层积累较多。

由此看来，在这个时期土壤中 $NO_3^- - N$ 的淋失仍然比较强盛，但较夏季后期有所减弱。

由图 3-19f 看出，在整个剖面中，土壤 $NO_3^- - N$ 含量由上至下逐渐增加，在 $120\sim140$ cm 土层还出现了突出淋移积累层，形成与春季和初夏的相反图形，证明 1996 年早秋季节土壤 $NO_3^- - N$ 仍有较多淋失，这与早秋降雨较多有关。

（4）冬。硝化作用基本停止和 $NO_3^- - N$ 淋移活动稳定期。在初冬时，$0\sim40$ cm 土层 $NO_3^- - N$ 含量为 25 kg/hm²，与早秋相同，说明 $NO_3^- - N$ 产生与积累已达到稳定阶段。$40\sim100$ cm 土层 $NO_3^- - N$ 含量为 43 kg/hm²，已达最低量，处于稳定。在 $100\sim200$ cm 土层中 $NO_3^- - N$ 含量为 110 kg/hm²，仍有较多积累。从整个土层来看，$0\sim200$ cm 土层 $NO_3^- - N$ 总含量为 178 kg/hm²，大大低于春、夏、早秋的含量，说明在夏季多雨年份，土壤中的 $NO_3^- - N$ 不仅由表层淋移到 200 cm 土层处，而且由 200 cm 土层处可能再向下淋失。

从 2 年在同一块土地上不种作物的测定结果看出，1995 年春季至冬季，土壤剖面中 $NO_3^- - N$ 含量分布是由上到下逐渐减少的模型；而 1996 年春季至冬季则与其相反，$NO_3^- - N$ 含量分布是由上到下逐渐变大的模型，这是很少见的现象。因此可以认为，土壤 $NO_3^- - N$ 在土壤剖面中的含量分布模型，1995 年为干旱年模型，1996 年为丰水年模型。这在推荐施肥中是值得十分注意的问题。

（二）不同土壤质地土壤硝态氮的淋溶规律

同延安等（1999）分别在陕北米脂（黄绵土）、关中杨凌（塿土）与陕南汉中（水稻土）研究了硝酸盐在不同土壤质地上土壤剖面的分布情况。

图 3-20 为不同时期内硝酸盐在陕北米脂（黄绵土）剖面中的分布。可以明显地看出，不施肥区（图 3-20a），不同时间内硝酸盐在土壤剖面不同层次的累积差异不大，没有出现明显的硝酸盐累积峰值。与此相比，施肥区（图 3-20b）的硝酸盐在土壤剖面中的移动则非常明显。施肥前的 5 月 6 日，硝酸盐在土壤剖面中的最高值仅 20 kg/hm² 左右，5 月 7 日施入尿素后，7 月 10 日与 9 月 23 日，发现硝酸盐的最高峰值达 150 kg/hm 左右，同时该峰值也在不断向下移动。施肥 2 个月后，硝酸盐峰值在 50 cm 土层左右，4 个多月后，该峰值下移至 100 cm 土层左右，到 11 月 5 日，该峰值下降到 130 cm 土层，到翌年的 4 月 10 日，硝酸盐的峰值已不明显，分布在 $130\sim350$ cm 土层。同时，图 3-20 给出了一个不同时间共有的现象，不管是对照区还是施肥区，300 cm 土层以下，硝酸盐含量随深度增加而增加。本试验地的地下水位仅有 450 cm，300 cm 以下的土壤含水量明显增大，而溶解在水中的硝酸盐也随之增加，这些硝酸盐明显来自前茬作物。如果 200 cm 土层以下的氮素难以被根系吸收，

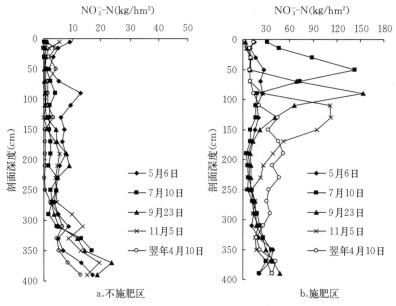

图 3-20　不同时期内硝酸盐在陕北米脂黄绵土剖面中的分布

则 60％以上的氮素不能被作物吸收利用。因此，可以得出这样的结论，在黄绵土地区可以灌溉的川道地，氮素损失的主要途径是硝酸盐淋失。这与吕殿青等（1998）得出的结论相似。

图 3-21 为不同时期内硝酸盐在关中（塿土）剖面中的分布。由图 3-21 看出，不同时期内大部分硝酸盐分布在 100 cm 土层以上，只有很少部分淋移到 100 cm 土层以下。无论是对照区（图 3-21a）还是施肥区（图 3-21b），都没有硝酸盐累积峰值移动的迹象。这与塿土的土体构型有关。在 80～120 cm 土层，黏粒含量高达 35％以上，称为黏化层，阻碍了水分大量下渗，使水分在黏化层以上累积。这也就使得硝酸盐在黏化层以上累积，难以淋移到黏化层以下。水分与硝酸盐在黏化层以上的累积，更加剧了反硝化损失的条件。梁东丽等（2002）在同一地区研究发现，60 cm 与 90 cm 是 N_2O 浓度最高的层次，说明了反硝化作用的存在。因此可以得出，本试验中所发现的这些硝酸盐的损失与氮素的反硝化作用有关。

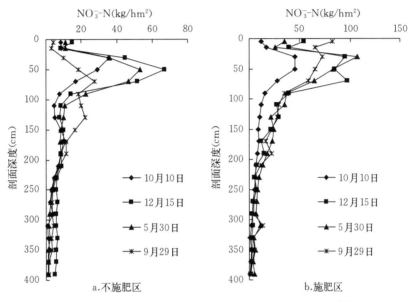

图 3-21　不同时期内硝酸盐在关中杨凌塿土剖面中的分布

图 3-22 表明了铵态氮与硝态氮之和在汉中（水稻土）剖面中的分布。对照区（图 3-22a）剖面

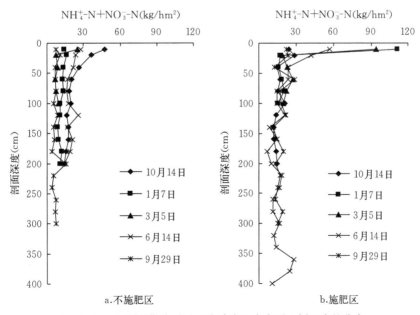

图 3-22　不同时期内硝酸盐在陕南汉中水稻土剖面中的分布

中的氮素基本上均匀分布在 0～200 cm 土层，没有累积峰值。施肥区（图 3-22b）剖面中的氮素主要分布在 0～20 cm 表层，但含量在不断下降，由 1 月 7 日的 111 kg/hm² 下降至 3 月 5 日的 94 kg/hm²，再下降到 6 月 14 日的 57 kg/hm²。在施肥区，也没有发现氮素在土壤剖面中累积峰值的移动迹象。在下层含水量高的水稻土中，水分与硝酸盐是难以向下移动的，加上在水稻生育期土壤一直淹水，即使在小麦生育期，深层土壤含水量很高，水分也难以下渗。

因此，在黄绵土地区可以灌溉的川道地，氮素损失的主要途径是硝酸盐淋失。关中塿土由于在 80～120 cm 土层有一黏化层，阻碍了水分与硝酸盐的向下淋移，使得大部分硝酸盐累积在 100 cm 土层以上，难以看出硝酸盐向下淋移的峰值。陕南黄泥巴由于黏粒含量高，加上深层土壤水饱和，硝酸盐主要累积在土壤表层，难以向下淋移。

（三）陕西地下水 $NO_3^- - N$ 含量

1. 陕北米脂无定河流域地下水 $NO_3^- - N$ 含量　1995 年，在米脂县县城周围的无定河两岸进行了地下水 $NO_3^- - N$ 含量的测定，当地地下水位并不深，一般为 4～8 m。共采取 26 个地下水水样，分析结果表明，$NO_3^- - N$ 含量超过 11.3 mg/L 的有 9 个点，其含量幅度为 13.2～70.0 mg/L，占总样本数的 34.62%。测定地区土壤质地粗松，为农业高产地区，施肥量较高，并有灌溉条件，故 $NO_3^- - N$ 淋失很大，因而引起大面积的地下水污染。在米脂县其他地区，地下水位较深，一般 >20 m，土壤中 $NO_3^- - N$ 尚未大量淋失到地下水，故 $NO_3^- - N$ 含量一般都 <5 mg/L。

2. 陕北、关中井水 $NO_3^- - N$ 含量　1995 年，在陕北无定河流域和关中平原广泛进行了井水调查，包括饮水井和农用井，都是当时打成的新井，取出水样，分析水中 $NO_3^- - N$ 含量，结果见表 3-20。

表 3-20　陕北无定河流域、关中平原井水 $NO_3^- - N$ 含量

地区	井水调查个数（个）	$NO_3^- - N$ 含量					
		>11.3（mg/L）		5～11（mg/L）		<5（mg/L）	
		个数	占比（%）	个数	占比（%）	个数	占比（%）
陕北	93	20	21.50	17	18.28	56	60.22
关中平原	74	22	29.73	19	25.67	33	44.60

由表 3-20 看出，井水中 $NO_3^- - N$ 含量超过 WHO 饮水标准 $NO_3^- - N$ 含量 11.3 mg/L 的井水个数占调查总数比例，陕北为 21.50%、关中平原为 29.73%，$NO_3^- - N$ 含量在 5～11 mg/L 的井水个数占比分别为 18.28% 和 25.67%，<5 mg/L 的井水个数占比分别为 60.22% 和 44.80%。总的看出，陕北、关中区有 22%～30% 的井水被 $NO_3^- - N$ 污染，人畜不能饮用。关中平原井水被污染程度高于陕北无定河流域。由于这些调查的井都是新井，因此能代表当地农田地下水 $NO_3^- - N$ 含量的真实情况。

3. 陕西主要河流 $NO_3^- - N$ 含量　1995 年，在陕西省境内对主要河流及其支流、不同地区的水库、池塘和泉水池等都分别采取水样，测定 $NO_3^- - N$ 含量。总共取得水样 70 份，$NO_3^- - N$ 含量 >11 mg/L 的有 11 份，5～11 mg/L 的有 8 份，<5 mg/L 的有 51 份。其中，$NO_3^- - N$ 含量较高的是农业集约程度较高地区的小溪、池塘，特别是靠近城镇附近的小溪和池塘 $NO_3^- - N$ 含量高。这些地表水中 $NO_3^- - N$，除来源于农田施用氮肥流失的以外，还与附近地表含氮物质随降雨时的地表径流汇集有关。从调查结果中可以清楚地看到，地表水 $NO_3^- - N$ 含量：大河 < 中河 < 小河。$NO_3^- - N$ 含量：黄河水为 2.4 mg/L，黄河支流渭河水为 8.32 mg/L，渭河支流沣河水为 16.57 mg/L，而沣河支流长安小溪水为 30.8 mg/L。说明在农业区的河流越小，$NO_3^- - N$ 含量越高，越接近农田地下水 $NO_3^- - N$ 含量。由此可知，农用氮肥是环境污染的重要途径之一。

4. 关中肥水井 $NO_3^- - N$ 含量　1966—1971 年，陕西省农业勘测设计院对关中地区肥水井 $NO_3^- - N$ 含量进行了全面勘测，结果见表 3-21。超标的井水，人畜已不能饮用，但可用于灌溉，既可抗旱保苗，

又可补充氮肥。

表 3-21　陕西关中部分地区肥水井调查

单位：眼

调查地	调查井数	肥水井数		
		一级	二级	三级
西安	3 263	678	252	190
长安	6 680	466	195	134
兴平	2 612	406	332	377
咸阳	3 570	801	474	441
礼泉	2 799	839	599	307
泾阳	6 632	1 749	611	114
三原	3 358	372	349	274
高陵	6 059	414	151	264
临潼	7 104	1 882	692	232
渭南	3 918	545	352	277
蒲城	6 815	1 182	602	422
大荔	3 729	614	347	267
富平	58	3	3	3
宝鸡	1 520	358	160	99
武功	2 690	395	263	234
扶风	2 954	492	264	203
岐山	1 803	320	185	154
眉县	1 094	199	32	21

注：表内一级、二级、三级系指肥水硝态氮含量的级别，即每升水含 $NO_3^- - N$ 分别为 15～30 mg、30～50 mg 和 50 mg 以上。

据调查，肥水埋藏深度在 30 m 以内的井数占 60%～70%，30～50 m 的占 20%～30%，50 m 以下的占 10%左右。表明有史以来，在关中黄土覆盖地区，地面 $NO_3^- - N$ 已淋移到 30 m 土层以下，最深到 50 m 土层以下。但在这 30 m 或 50 m 以下的土层中，土层质地并非完全一致，而是由黏土、壤土、沙土等不同厚度的土层所形成，在这土质多变的地层中，$NO_3^- - N$ 仍能随水渗透过这种深厚的地层而到达 30～50 m 土层，这确实是一个漫长的历史过程。由此可见，在黄土地区只要是有低凹积水，或有灌溉的地区，$NO_3^- - N$ 的淋失已成为一个客观的事实。

三、土壤 $NO_3^- - N$ 的淋失条件与调控措施研究

以上所研究的不同农业生态区土壤中 $NO_3^- - N$ 含量与分布规律，都可清楚地看出，在陕西境内由北到南土壤中 $NO_3^- - N$ 都有不同程度向土壤深层淋失，并对地下水和江河地表水产生不同程度的污染。为了减轻和防止土壤 $NO_3^- - N$ 淋失，对以下问题进行了研究，现分述如下。

(一) 土壤中 $NO_3^- - N$ 淋失量与不同渗漏池深度的关系

"八五"期间，笔者在陕西"黄土高原国家长期定位施肥和土壤肥力监测基地"对不同深度渗漏池土壤淋出液进行了测定，结果发现在相同降水和灌水条件下，以等量氮施入不同深度渗漏池内，在夏玉米生长期内测定不同渗漏池 $NO_3^- - N$ 与土壤深度之间的关系见指数方程模拟：

$$y = 6 125.6e^{-0.021x}$$

式中，y 为 $NO_3^- - N$ 淋失量（mg/池）；x 为土层深度（cm）。相关系数 $R^2 = 0.9977$。1992 年，玉米生长期中降水＋灌水达 629 mm（称为地面接水量，下同），为丰水型。因此，$NO_3^- - N$ 淋失的速度较大。从图 3-23 看出，土层离地面越近，土层中 $NO_3^- - N$ 向土壤下层淋出量就越大，说明要减少土壤 $NO_3^- - N$ 淋失量，如何控制土壤耕层 $NO_3^- - N$ 的淋失量是极其重要的一个环节。

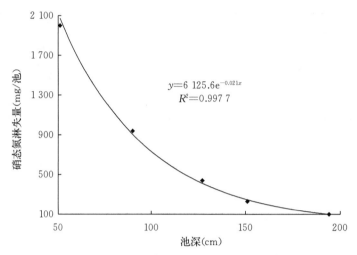

$$y = 6\ 125.6e^{-0.021x}$$
$$R^2 = 0.9977$$

图 3-23　1992 年夏玉米生长期中土壤 $NO_3^- - N$ 与渗漏池深度的关系

（二）0～20 cm 土壤 $NO_3^- - N$ 淋失量与地面接水量的关系

$NO_3^- - N$ 离子带负电荷，不易被土壤胶体所吸附，其在土壤中的移动主要取决于土壤水分状况。经统计，地面接水量与 $NO_3^- - N$ 从 0～20 cm 土层中淋出量之间呈线性相关关系（表 3-22）。其线性方程为：

$$y = -23.9746 + 0.25128x$$

式中，y 为 $NO_3^- - N$ 从 0～20 cm 土层中的淋出量（mg/kg），x 为地面接水量（mm）。相关系数 $r = 0.9675^{**}$（$r_{0.01} = 0.959$，$n = 5$）。

表 3-22　地面接水量与 0～20 cm 土层中 $NO_3^- - N$ 淋出量的关系

年份	作物	地面接水量（mm）	$NO_3^- - N$ 淋出量（mg/kg）
1992	玉米	629	126.3
1993	小麦	242	34.1
1993	玉米	303	60.5
1994	小麦	349	78.39
1994	谷子	174	6.78

（三）不同施肥方法对 $NO_3^- - N$ 淋失的影响

1. 氮肥施用时间　利用不同深度的渗漏池进行氮肥施用时间的试验。结果见表 3-23。由表 3-23 看出，在同一深度的渗漏池内，$NO_3^- - N$ 的淋失量，除个别处理外，均表现出氮肥施用时间 3 次＞2 次＞1 次。从籽粒和茎叶产量来看，氮肥施用时间均为 1 次＞2 次＞3 次。由此试验结果看出，在土壤质地比较黏重的𪣻土上种植夏玉米，氮、磷、钾适当配合的情况下，于播种时把氮肥一次施入土中，$NO_3^- - N$ 的淋失量一次施与分次施相比，不但没有增多，反而有所减少，并能增加对氮、磷、钾等养分的吸收，提高玉米产量。

表 3 - 23　氮肥施用时间与 $NO_3^- - N$ 淋失（1992 年）

池深（cm）	处理	硝态氮淋失量（g/池）	土体中硝态氮遗留（g/池）	籽粒（g/池）	茎叶（g/池）
50	PK	0.065	1.33	63	435
	PK＋N 1 次施	2.057	2.83	653	1 246
	PK＋N 2 次施	2.415	2.78	609	1 202
	PK＋N 3 次施	2.896	2.83	572	1 090
80	PK	0.077	2.04	80	567
	PK＋N 1 次施	0.671	3.99	598	1 275
	PK＋N 2 次施	0.897	3.49	581	1 130
	PK＋N 3 次施	1.06	2.78	444	945
100	PK	0.061	2.46	81	585
	PK＋N 1 次施	0.639	4.32	699	1 325
	PK＋N 2 次施	0.605	3.73	622	1 335
	PK＋N 3 次施	0.636	4.19	568	1 199
120	PK	0.041	2.4	75	544
	PK＋N 1 次施	0.393	4.62	638	1 326
	PK＋N 2 次施	0.659	4.73	519	1 118
	PK＋N 3 次施	0.403	5.12	477	1 033
150	PK	0.064	2.53	93	492
	PK＋N 1 次施	0.177	5.95	602	1 258
	PK＋N 2 次施	0.184	5.42	598	1 226
	PK＋N 3 次施	0.209	4.77	524	1 062
200	PK	0.056	3.74	84	562
	PK＋N 1 次施	0.122	9.93	698	1 359
	PK＋N 2 次施	0.094	9.17	609	1 134
	PK＋N 3 次施	0.101	10.26	561	1 141

2. 氮肥用量　氮肥用量对 $NO_3^- - N$ 淋失影响试验在 100 cm 深渗漏池内进行，结果表明，$NO_3^- - N$ 的淋出量随施氮量的增加而增加（表 3 - 24）。但由于池型深度较大，其淋出量并不很多。作物产量则随施氮量的增加而增加，且在每一层中 $NO_3^- - N$ 含量分布均为亩施 15 kg＞10 kg＞5 kg＞无氮，见图 3 - 24。表明施氮量越高，$NO_3^- - N$ 淋失量就越多，该结果与其他人研究结果相一致。因此，控制施氮量是防止 $NO_3^- - N$ 淋失的重要途径之一。

表 3 - 24　施氮量与 $NO_3^- - N$ 淋失量和作物产量（100 cm 深池型）

处理号	施氮量（kg/亩）	1993 年小麦			1993 年玉米			1994 年小麦		
		$NO_3^- - N$ 的淋出量（mg/池）	籽粒（g/池）	茎叶（g/池）	$NO_3^- - N$ 的淋出量（mg/池）	籽粒（g/池）	茎叶（g/池）	$NO_3^- - N$ 的淋出量（mg/池）	籽粒（g/池）	茎叶（g/池）
1	0	11	68	232	4	113	503	7	74	225
2	5	50	393	1 017	8	206	519	17	172	550
3	10	83	481	1 210	11	243	647	27	182	625
4	15	98	503	1 278	16	267	672	34	185	626

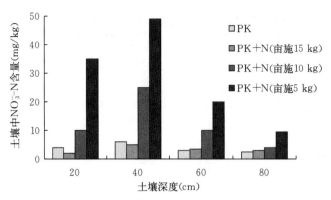

图 3-24　施氮量与土壤中 $NO_3^- - N$ 含量（1993年玉米收后）

3. 氮肥品种　不同氮肥品种试验结果表明，在两种深度的渗漏池内，施氯化铵的 $NO_3^- - N$ 淋出量均低于碳酸氢铵和尿素，而产量则高于后两者（表 3-25）。

表 3-25　氮肥品种对 $NO_3^- - N$ 淋出量和小麦产量的影响（1994年）

池型	处理	淋出量（$NO_3^- - N$）（mg/池）	产量（g/池）	茎叶（g/池）
50 cm	无氮	46	47	175
	尿素	80	126	513
	碳酸氢铵	66	133	538
	氯化铵	51	136	550
80 cm	无氮	14	78	250
	尿素	40	158	525
	碳酸氢铵	38	171	575
	氯化铵	30	195	588

施适量氯化铵能促进小麦生长，增加对氮的吸收。在 50 cm 渗漏池内，从 0~20 cm 土层中 $NO_3^- - N$ 淋出量为尿素＞碳酸氢铵＞氯化铵，在 80 cm 池内为尿素＞碳酸氢铵＞氯化铵，说明施氯化铵时 $NO_3^- - N$ 淋失量较少，Cl^- 有抑制硝化的作用。

4. 不同化肥配合施用　不同氮肥及其与磷、钾配合施用，对土壤中 $NO_3^- - N$ 和 $NH_4^+ - N$ 的变化都有明显的影响。试验结果分述如下。

（1）不施肥土壤中 $NO_3^- - N$ 与 $NH_4^+ - N$ 的变化。由图 3-25 看出，在不施肥的土壤中，$NO_3^- - N$ 和 $NH_4^+ - N$ 含量都很低，在 0~200 cm 土层内 $NO_3^- - N$ 含量比 200~400 cm 土层稍高一点，而 $NH_4^+ - N$ 含量稍低一点，说明在 200~400 cm 土层内硝化作用比上层土壤稍弱一些。

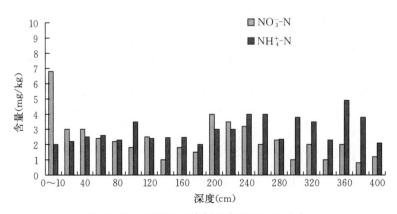

图 3-25　不施肥土壤剖面中 $NO_3^- - N$ 分布

（2）施单质氮肥对土壤剖面中 $NO_3^- - N$ 和 $NH_4^+ - N$ 含量的影响。由图 3-26 看出，单施氮肥时，土壤剖面中 $NO_3^- - N$ 积累量较高，4 个氮肥品种中，土层上部和土层下部均出现两个明显的峰值，两峰之间均出现一个低谷，说明单施氮肥有明显的 $NO_3 - N$ 淋失。$NH_4^+ - N$ 含量在整个土壤剖面中都很低，其中含量较高的是尿素和氯化铵，其次是碳酸氢铵，最低的是硝酸铵。

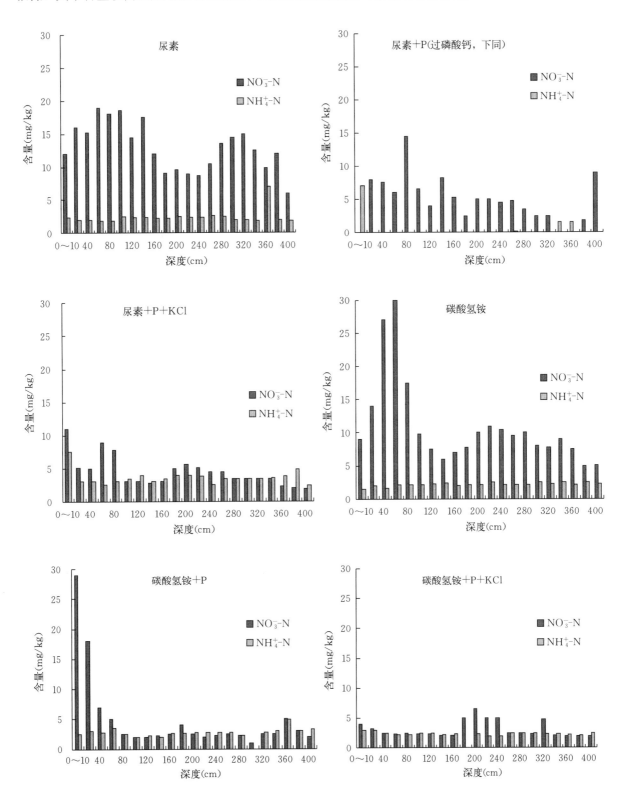

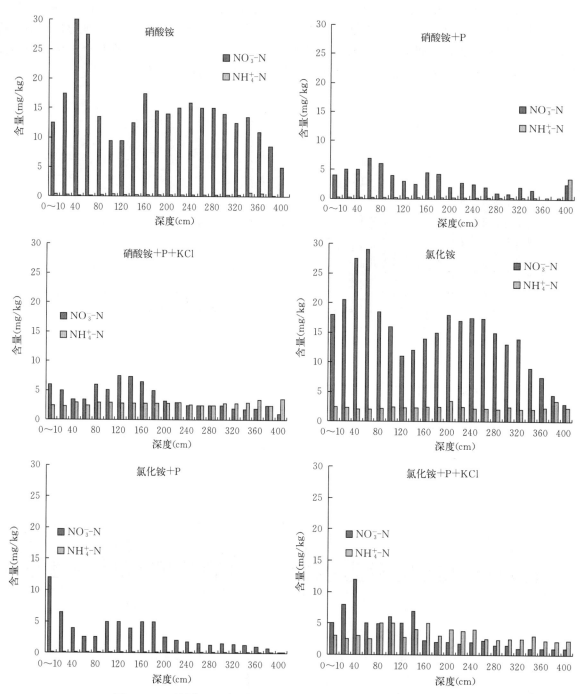

图 3-26　不同化肥配合施用土壤剖面中 $NO_3^- - N$、$NH_4^+ - N$ 含量分布

　　（3）氮肥加磷肥或加磷钾肥对土壤 $NO_3^- - N$ 和 $NH_4^+ - N$ 含量及分布的影响。由图 3-26 显示，在氮肥加磷肥或加磷钾肥以后，土体中 $NO_3^- - N$ 含量显著减少，绝大部分样本 $NO_3^- - N$ 含量都在 5 mg/kg 以内。在氮肥与过磷酸钙配施时，土体中 $NO_3^- - N$ 积累为尿素＞碳酸氢铵＞硝酸铵＞氯化铵；在 100 cm 以上的土层中 $NO_3^- - N$ 含量是碳酸氢铵＝尿素＞硝酸铵＞氯化铵；在 100 cm 以下土层中 $NO_3^- - N$ 累积量为尿素＞硝酸铵＝碳酸氢铵＝氯化铵；4 个处理 $NO_3^- - N$ 含量在 100 cm 土层以下没有出现明显的高峰。在氮、磷配合施用时，除碳酸氢铵加过磷酸钙处理，在整个剖面中有少量 $NH_4^+ - N$ 含量存在外，其余处理都基本上没有 $NH_4^+ - N$ 存在，说明 $NH_4^+ - N$ 除被土壤固定以外，其余被硝化作用转化成 $NO_3^- - N$。

（4）不同氮肥与过磷酸钙或与过磷酸钙加氯化钾配合施用对土壤中 $NO_3^- - N$ 和 $NH_4^+ - N$ 总积累量的影响。$0\sim400\ cm$ 土壤中 $NO_3^- - N$ 总累积量，单施氮明显高于氮＋过磷酸钙和氮＋过磷酸钙＋氯化钾，其中氮＋过磷酸钙＋氯化钾处理含氯化铵、硝酸铵的明显高于氮＋过磷酸钙，含尿素、碳酸氢铵的则明显低于氮＋过磷酸钙。进一步说明，氮与过磷酸钙配合和氮＋过磷酸钙＋氯化钾配合比单施氮能增加作物对 $NO_3^- - N$ 的吸收作用；同时说明，氮＋过磷酸钙＋氯化钾特别是施用氯化铵和硝酸铵则有较高的保氮作用（表 3 - 26）。

表 3 - 26　各处理 0～400 cm 土体内 $NO_3^- - N$ 和 $NH_4^+ - N$ 含量

单位：g/区

处理	N 类	尿素	碳酸氢铵	氯化铵	硝酸铵	对照
N	$NO_3^- - N$	1 206.5	1 040.6	1 422.9	1 367.6	178.2
	$NH_4^+ - N$	175.1	142.4	160.5	42.5	225.1
N＋过磷酸钙	$NO_3^- - N$	594.4	332.7	246.9	276.1	
	$NH_4^+ - N$	17.5	215.4	20.7	24.6	
N＋过磷酸钙＋氯化钾	$NO_3^- - N$	391.9	244.1	299.5	335.7	
	$NH_4^+ - N$	286.8	177.8	320.3	220.6	

从表 3 - 26 看出，$NH_4^+ - N$ 含量与单施氮相比，不同氮肥＋过磷酸钙处理的，除碳酸氢铵＋过磷酸钙的以外，$NH_4^+ - N$ 含量已基本消失；不同氮肥＋过磷酸钙＋氯化钾处理的，$NH_4^+ - N$ 含量则都有明显的增加，尤其是尿素＋过磷酸钙＋氯化钾和氯化铵＋过磷酸钙＋氯化钾处理的，$NH_4^+ - N$ 含量增加尤为突出。说明不同氮肥＋过磷酸钙＋氯化钾，特别是尿素＋过磷酸钙＋氯化钾和氯化铵＋过磷酸钙＋氯化钾，能明显减少 $NH_4^+ - N$ 向 $NO_3^- - N$ 转化。这就进一步说明，增多 Cl^- 能明显抑制硝化作用产生。

（5）氮、磷、钾化肥配合施用对夏玉米产量的影响。由于氮、磷配合和氮、磷、钾配合，以及含氯成分的加入，减少了 $NO_3^- - N$ 的淋失和 $NH_4^+ - N$ 的挥发，促进了作物对 $NO_3^- - N$ 和磷、钾的吸收利用，使作物产量有了大幅度的提高（表 3 - 27）。从平均产量看出，氮、磷配合可使夏玉米比单施氮肥增加 29.14％，氮、磷、钾配合比单施氮增加 35.74％。

表 3 - 27　各处理夏玉米产量

处理	尿素（kg/区）	碳酸氢铵（kg/区）	氯化铵（kg/区）	硝酸铵（kg/区）	平均（kg/区）	增产（％）
N	8.51	7.50	7.88	8.23	8.03	—
N＋过磷酸钙	10.63	9.87	10.17	10.79	10.37	29.14
N＋过磷酸钙＋氯化钾	10.38	11.83	9.97	11.42	10.90	35.74

注：不施肥对照产量为 4.88 kg/区（17.5 m^2）。

（四）不同肥料配合长期定位施用对土壤硝态氮淋失与积累的影响

在陕西娄土长期定位施肥 8 年后，由杨学云测定的结果表明，长期不施肥时整个土壤剖面（0～400 cm）硝态氮含量很低（图 3 - 27）；施氮、氮钾肥的 $NO_3^- - N$ 含量在整个土壤剖面中都很高。由单施氮肥的 $NO_3^- - N$ 剖面分布整体看出，$NO_3^- - N$ 向土壤深层淋移，一直到 400 cm 未见降低；但施氮、钾肥时，$NO_3^- - N$ 上升到 280 cm 后开始下降，到 400 cm 处下降到 10 mg/kg。在 300 cm 以上土层中，施氮、钾肥的整个剖面 $NO_3^- - N$ 含量都大于单施氮肥，施钾肥似乎可以减缓硝酸盐淋移。施氮、磷肥，特别是氮、磷、钾配合可大大减少土壤剖面硝态氮累积，可能是因为施磷和钾能增加玉米对 $NO_3^- - N$ 的吸收。

长期不施肥耕种的土壤（CK）$NO_3^- - N$ 在 140 cm 以下低于施肥土壤，施氮、磷、钾肥的土壤

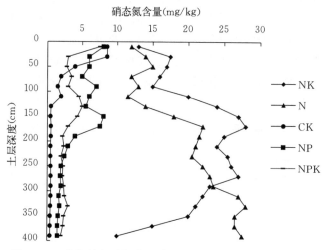

图3-27　长期施氮磷钾化肥娄土剖面硝态氮含量（1998年）

70 cm以下硝态氮含量高于有机无机配施（图3-28）。在120 cm土层以下，氮、磷、钾配施有机物料的土壤$NO_3^- - N$含量均在2 mg/kg内，说明有机
无机肥配合能有效减少硝酸盐的淋失。尽管均衡施
肥（氮磷配合）在一定程度上降低了硝态氮淋移，
但整个土体中施肥土壤的硝态氮含量均大于不施肥，
施肥土壤$NO_3^- - N$已淋失到了作物根系以外深达
400 cm的土层。

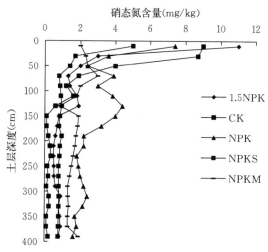

图3-28　长期有机无机配合施用娄土
剖面硝态氮含量（1998年）

长期施氮、氮钾的0～200 cm土层硝态氮累积
量分别占0～400 cm总量的40%和50%，其他各施
肥方式几乎都在70%以上。氮磷配合及其他肥料配
施不仅减少了硝态氮在0～200 cm土体中的积累，
而且减少了淋移到200 cm土层以下的数量，其中氮
磷钾配施有机物料在0～200 cm、200～400 cm积累
的$NO_3^- - N$量已大大降低，仅为34.7～65.2 kg/hm²、
16.7～24.3 kg/hm²，而只施化肥的高达105.7～
577.9 kg/hm²、39.2～583.5 kg/hm²（表3-28），
比氮磷钾配施有机物料的土壤$NO_3^- - N$有更高的积累量。根据$NO_3^- - N$在0～400 cm土层中的积累情
况，每年施入土壤的肥料氮以硝态氮形式累积到土壤中的数量：施氮土壤为129.7 kg/hm²，占施氮
量的37.1%；氮磷为9.4 kg/hm²，占施氮量的2.7%；氮磷钾为6.5 kg/hm²，占施氮量的2%；氮磷
钾配施低量有机肥（NPKM）为负值，已经低于CK。这些数据清楚地显示施肥产生的硝酸盐累积非
常明显，不同施肥配合方式$NO_3^- - N$的累积量为NPKM<NPK<NP<N。

表3-28　不同施肥下娄土剖面不同深度硝态氮的累积量（1998年）

施肥	0～400 cm累积 $NO_3^- - N$（A）(kg/hm²)	0～200 cm累积 $NO_3^- - N$（B）(kg/hm²)	B/A (%)	200～400 cm累积 $NO_3^- - N$（C）(kg/hm²)	C/A (%)	其中1992年 0～400 cm累积量 (kg/hm²)	1992—1998年 平均累积量 (kg/hm²)
CK	87.0	78.0	89.7	8.9	10.3	20.5	—
N	1 070.8	424.1	39.6	646.7	60.4	226.2	129.7
NP	219.4	180.0	82.1	39.2	17.9	96.7	9.4

（续）

施肥	0～400 cm 累积 NO₃⁻-N (A) (kg/hm²)	0～200 cm 累积 NO₃⁻-N (B) (kg/hm²)	B/A (%)	200～400 cm 累积 NO₃⁻-N (C) (kg/hm²)	C/A (%)	其中1992年 0～400 cm 累积量 (kg/hm²)	1992—1998年 平均累积量 (kg/hm²)
NK	1 161.4	577.9	49.8	583.5	50.2	—	—
NPK	152.8	105.7	69.2	47.1	30.8	47.2	6.5
NPKS	51.4	34.7	67.5	16.7	32.6	—	—
NPKM	79.7	55.4	69.5	24.3	30.5	46.1	−5.5
1.5 NPKM	87.9	65.2	74.2	22.7	25.8	—	—

　　单施氮、氮钾的氮表观利用率非常低，只有19％，淋失到200 cm 土层以下的 NO₃⁻-N 占总肥料氮投入量的20％以上（表3-29），虽然0～200 cm 土体中氮的累积达到13％以上，但这部分氮仍然有很高的潜在损失的可能。氮磷、氮磷钾或氮磷钾配施有机物料都可大幅度提高氮肥利用率，表观累计利用率达到42％～55％，淋移到200 cm 土层以下的硝态氮占总投入肥料氮的比例均小于4％；氮磷钾配施有机物料氮的平均表观利用率大于氮磷和氮磷钾，其0～200 cm、200～400 cm 硝态氮占施入氮的百分比小于氮磷、氮磷钾，说明氮磷钾与有机肥配合施用可以大大减少土壤 NO₃⁻-N 的淋失。单施氮和氮钾，40％左右的肥料氮去向不明，而氮磷、氮磷钾和氮磷钾配施有机肥料有近50％的肥料氮未知去向，可能是由于作物根茬残留、微生物固定等不同导致的。实际上去向不明的肥料氮还包含了一部分淋失和挥发损失在内，因为200～400 cm 土层的硝态氮含量是一个动态的值，上层的淋洗到该层或该层中的淋洗到更深层的可能性随时存在。

表3-29　连续施肥8年（1991—1998年）土壤氮素收支及硝态氮累积量

施肥	肥料投入 (A) (kg/hm²)	作物携出 (B) (kg/hm²)	表观利用率 (%) (C)	0～200 cm 硝态氮占氮投入 (%) (E)	0～200 cm 氮回收率 C+E (%)	200～400 cm 硝态氮占氮投入 (%)	未知去向的肥料氮 (%)
CK	0	406.7	—	—	—	—	—
N	2 632.5	906.4	19.0	13.2	32.2	24.2	43.6
NP	2 632.5	1 628.1	46.4	3.9	50.3	1.2	48.6
NK	2 632.5	895.4	18.6	19.0	37.6	21.8	40.6
NPK	2 632.5	1 696.3	49.0	1.1	50.1	1.5	48.5
NPKS	2 632.5	1 869.4	55.6	−1.6	54.0	0.9	45.8
NPKM	2 632.5	1 514.7	42.1	−0.9	41.2	0.6	58.2
1.5 NPKM	3 292.5	2 056.3	50.1	−0.4	49.7	0.4	49.9

第四节　旱地土壤中铵的固定及其有效性的研究

一、研究概况

　　早在1917年就已发现土壤具有固定 NH₄⁺ 的作用（Mcbeth，1917）。在1950年以前，NH₄⁺ 固定作用的研究一直未受到重视。到20世纪50年代以后，固定态铵和铵的固定才受到越来越多的关注和研究。固定态铵广泛存在于各种土壤、层状硅酸盐矿物、沉积岩及火成岩中。固定态铵是土壤氮素的组成部分。经过半个多世纪的研究，已提出了许多关于土壤铵固定方面的报道。

　　1. 固定态铵的含义和存在形态　Schachtschabel（1961）认为，所谓固定态铵就是不能由中性盐所交换的与土壤无机组分结合在一起的 NH₄⁺；Barshad（1951）则建议把固定态铵定义为即使用 K⁺ 盐溶液对土壤进行延长提取并不断淋洗也不被交换出的 NH₄⁺。

土壤中的固定态铵主要以矿物晶层间的平衡离子态存在，故有人称其为晶层铵（interlayer ammonium）。有的学者认为，"固定态"（Fixed）铵的名称并不十分恰当，因为从字面上看它们似乎对植物是无效的，故称之为"非交换性"铵（Mengel et al.，1981；Bartlett、Simpson，1967）。还有学者指出，固定态铵一词易与微生物将分子态氮转化为有机态氮相混淆，建议用"嵌入铵"（intercated NH_4^+）或"夹层铵"（intercalary NH_4^+）作为固持在矿物晶层中非交换性铵的更精确用语（Osborne，1976；文启孝、张晓华，1986）。

2. 土壤固定态铵的含量范围　土壤固定态铵的含量是相当高的。据报道，固定态铵的浓度范围为 0～1 000 mg/kg。在我国一些主要的土壤中，固定态铵的含量最低为 12 mg/kg，最高为 404 mg/kg（文启孝、张晓华，1986）。

陕西黄土母质耕层土壤的固定态铵占全氮的 14.37%～37.36%，平均为 21.78%（樊晓林，1991）。所以，土壤固定态铵在作物供氮资源中是一个十分重要的组成部分。

3. 土壤固 NH_4^+ 机理　一般认为，土壤固定铵的能力与黏土矿物的存在有关。黏土矿物是一些由硅氧四面体片和铝氧八面体片相结合构成的晶质层状硅酸盐。按两种晶片的配合比例，可分为 1:1 和 2:1 两大类型。2:1 型矿物的晶片中，由于同晶置换作用而产生的负电荷，由晶层间和晶片外的各种阳离子，包括 Ca^{2+}、Mg^{2+}、K^+、NH_4^+ 等来中和电性或平衡电性。由于 NH_4^+ 和 K^+ 一样，它的离子大小与上下两层晶片上的 6 个氧围成的复三方网眼的大小相符合，其与晶片上负电荷间的静电引力大于其水合能，因而易脱去水化膜而进入网眼中，从而被固定。如果其他阳离子的离子半径较小，或者由于其水合能较其与晶片上负电荷之间的静电引力大，那就不能被固定（图 3-29）。

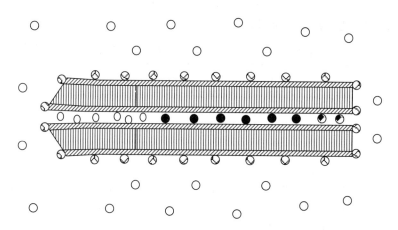

图例：
▥ 硅-氧层　▧ 铝-氧-羟基层　● 晶格结合 K^+　◉ 晶格固定的 NH_4^+
⊗ 黏粒表面吸附土壤溶液中的 NH_4^+　○ 钙、镁、钠、氢离子

图 3-29　铵固定图式

4. NH_4^+-N 在土壤中的平衡图式　过去的研究表明，在土壤溶液 K^+（K_s）、交换性 K^+（K_e）和固定态 K^+（K_f）之间存在着一种动力学平衡（Forth，1984）。一种类似的平衡关系也可在类似的 NH_4^+ 形态之间发生（Kowalenko、Cameron，1976）。其平衡式如下：

$$\text{水溶性 } NH_4^+-N \underset{}{\overset{\text{快}}{\rightleftharpoons}} \text{交换性 } NH_4^+-N \underset{}{\overset{\text{慢}}{\rightleftharpoons}} \text{过渡态 } NH_4^+-N \underset{}{\overset{\text{非常慢}}{\rightleftharpoons}} \text{固定态 } NH_4^+-N$$

式中的过渡态 NH_4^+ 可认为是位于黏土矿物碎片边缘上楔形区域内可以被 H^+ 和 K^+ 交换，但不能被 Ca^{2+}、Mg^{2+} 等水化半径大的离子所交换的特殊吸附的 K^+ 或 NH_4^+。当然，在黏土矿物晶层逐渐裂开以后，它们也会被 Ca^{2+}、Mg^{2+} 等离子交换，但反应速率缓慢。

5. 土壤固铵速率　铵的固定速率主要受离子扩散的控制，在加入 NH_4^+ 后，固定作用以相当快的速率进行，随后缓慢地下降而接近平衡点（Nommik，1965；Dissing-Nielson，1971；Sippola et al.，1973）。Harada 等（1954）的试验表明，头几个小时的固铵量可以占到总固铵量的 60%～90%。

Drury 等（1991）新近的研究指出，最大固铵量的 50％出现在头 6 h，3 d 的固铵量占总固铵量的 90％（樊小林，1992）。

6. 土壤矿物类型及其电荷密度的影响　不同土壤的矿物组成不同，其固定 NH_4^+ 能力也就有较大的差异，这是由于矿物内部发生最大同晶替代的位置是有区别的。蛭石最大有 80％～90％的同晶替代产生在 Si－O 四面体上，伊利石有约 60％，而蒙脱石仅 10％～20％（Nommik，1965）。所以一般来讲，在 2：1 型黏土矿物中，固定能力的强弱次序是蛭石＞伊利石＞蒙脱石（Allison et al.，1953b；蒋梅茵，1982）。1：1 型黏土矿物的高岭石等，因不能进行晶层内吸附，故不能固定 NH_4^+。

Schwertmann（1962）注意到，土壤中的蒙脱石比许多蒙脱石标本的固钾能力要强。其中一个重要原因就是土壤中的蒙脱石具有较高的电荷密度（Sparks、Huang，1985）。庄作权陈鸿基（1991）的研究证明，蒙脱石固铵能力主要受八面体层电荷多少的制约，蛭石的固定能力则受四面体层电荷数量的控制。对于伊利石来说，不单是电荷密度，晶格中 K^+ 的饱和程度也是必须考虑的因素。

7. 土壤水分状况对土壤固 NH_4^+ 的影响　一般来说，土壤中施入 NH_4^+ 后，干燥可促使其固定量的增加。其原因：第一，干燥过程可移去土壤水分，导致土壤溶液中 NH_4^+ 浓度的增加；第二，对蒙脱石和含蒙脱石的土壤来讲，干燥过程是 NH_4^+ 固定的一个必要条件。因为只有干燥使晶层脱水收缩，才能使晶层 NH_4^+ 落入晶穴中而被固定。例如，Blasco 和 Cornfield（1966）报道了对含蒙脱石的黏土分别进行风干、烘干（100 ℃）以及干湿交替循环 5 次，其对 NH_4^+ 的平均固定比率为 1：12：16。Jansson（1958）的试验表明，瑞典南部的一种伊利石型沙壤土，在潮湿条件下约能固定加入 100 mg/kg NH_4^+－N 的 50％，但含水的土壤在 30 ℃单独进行一次干燥后，固定量可增加到 63％，在 3 次干湿交替后则可增加到 77％。

8. 固定态铵对作物的有效性及铵固定的农学意义　Osborne（1976）曾报道，土壤专性固定的 NH_4^+ 对作物有效性范围在 10％～100％，这一估计似乎有些太高了。一般认为，土壤中原有的固定态铵能释放出来的数量很少，其有效性较低（Allison et al.，1953a；Black、Waring，1972）；而施入铵态氮后产生的新固定的固定态铵，由于其相对处于晶层的边缘位置，与原有的相比，向外扩散的途径更短一些，故具有较高的有效性（Mohammed，1979；Nommik，1981；Keerthisinghe et al.，1984）。从固定态铵对作物有效性的角度出发，文启孝、张晓华（1986）提出了临界值的概念。超过临界值的固定态铵部分对作物有效。显然，该临界值随土壤、作物不同而异。该值的确定对研究土壤固定态铵的有效性和估计土壤的供氮能力是很有帮助的。

但近年来大量的研究报道认为，这种固定和暂时的氮素释放推迟，只要以后能不断地从层间向外释放以满足作物吸收需要，对产量的形成就是有利的。因为一方面在高水平施肥情况下，这种暂时的固定可以起到一种缓冲作用；另一方面被固定的铵难以被硝化菌所硝化，可以减少水田中由于反硝化所造成的氮素损失。因此，土壤对铵的固定对于施用无机铵态氮肥和厩肥意义很大（封克，1991）。文启孝、张晓华（1986）认为，土壤黏粒矿物对肥料来源铵的固定有利于改变氮素的供应特点，减少氮素损失。

二、陕西省几种耕作土壤中铵的固定

张金水对陕西省 18 种耕作土壤的固 NH_4^+ 能力及其与土壤特性的关系进行了较系统、深入地研究，取得了很好的结果。编号 1～3 为黄褐土，4～11 为塿土，12～13 为黑垆土，14～18 为黄绵土。

1. 土壤原有固定态铵的含量及其与土壤特性的关系

（1）原有固定态铵含量与氮素形态组成。土壤中原有的固定态铵含量差异较大，范围为 0.430～1.735 cmol/kg（或 60.2～242.9 mg/kg）（表 3－30、图 3－30）。就土壤分布的地理位置而言，从南向北，即由陕南的汉中盆地到陕北的风沙区土壤固定态铵含量呈明显的下降趋势。就土壤类型而言，固定态铵含量以黄褐土最高，为 227.4～239.3 mg/kg，平均 236.5 mg/kg；其次是塿土，为 158.9～216.0 mg/kg，平均 192.5 mg/kg；再次是黑垆土，为 150.8～160.3 mg/kg，平均 155.5 mg/kg；陕北的黄绵土最低，为 60.2～126.7 mg/kg，平均 104.6 mg/kg。

表 3 - 30　土壤原有固定态铵及氮素各组分含量

土样编号	NH₄⁺-N			NO₃⁻-N			固定态 NH₄⁺-N			有机氮		全氮
	cmol/kg	mg/kg	占全氮比例（%）	cmol/kg	mg/kg	占全氮比例（%）	cmol/kg	mg/kg	占全氮比例（%）	mg/kg	占全氮比例（%）	mg/kg
1	0.014	2.0	0.29	0.139	19.5	2.84	1.735	242.9	35.43	421.1	61.43	685.5
2	0.011	1.5	0.24	0.052	7.3	1.17	1.624	227.4	36.58	385.5	62.01	621.7
3	0.023	3.2	0.33	0.142	19.9	2.04	1.709	239.3	24.57	711.6	73.06	974.0
4	0.018	2.5	0.22	0.587	82.2	7.16	1.458	204.1	17.77	859.9	74.86	1 148.7
5	0.026	3.6	0.36	0.188	26.3	2.64	1.430	200.2	20.06	767.8	76.94	997.9
6	0.006	0.8	0.10	0.037	5.2	0.65	1.511	211.5	26.47	581.5	72.78	799.0
7	0.024	3.4	0.35	0.066	9.2	0.96	1.543	216.0	22.44	733.8	76.25	962.4
8	0.014	2.0	0.28	0.299	41.9	5.76	1.404	196.6	27.05	486.4	66.91	726.9
9	0.004	0.6	0.07	0.472	66.1	7.44	1.252	175.3	19.73	646.7	72.77	888.7
10	0.018	2.5	0.39	0.115	16.1	2.54	1.269	177.7	28.02	437.9	69.05	634.2
11	0.010	1.4	0.21	0.088	12.3	1.81	1.135	158.9	23.41	506.1	74.57	678.7
12	0.011	1.5	0.23	0.208	29.1	4.38	1.076	150.8	22.66	483.4	72.74	664.6
13	0.006	0.8	0.10	0.054	7.6	0.92	1.145	160.3	19.40	657.6	79.58	826.3
14	0.014	2.0	0.34	0.130	18.2	3.07	0.905	126.7	21.36	446.3	75.24	593.2
15	0.009	1.3	0.28	0.163	22.8	4.91	0.882	123.5	26.61	316.5	68.20	464.1
16	0.013	1.8	0.68	0.036	5.0	1.88	0.806	112.8	42.44	146.2	55.00	265.8
17	0.013	1.8	0.79	0.059	8.3	3.62	0.713	99.8	43.56	119.2	52.03	229.1
18	0.011	1.5	0.42	0.400	56.0	15.53	0.430	60.2	16.70	242.8	67.35	360.5

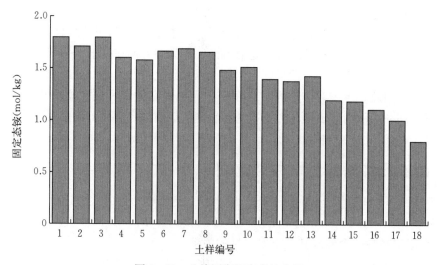

图 3 - 30　土壤原有固定态铵含量

　　根据测定，固定态铵在土壤全氮中占有相当大的份额，达 16.70%～43.56%（表 3 - 30），平均为 26.35%。除陕南汉中的两种黄褐土样本固定态铵占全氮的 35% 左右，陕北米脂的两种黄绵土样本占全氮的份额大于 40% 外，其余样本的固定态铵占全氮的份额为 15%～30%（平均 22.50%）。同时还可看出，有机氮占全氮的份额在 $52.03\%\sim79.58\%$（平均 69.50%），各土样 $NH_4^+ - N$ 差异不大，在 $0.6\sim3.6$ mg/kg，仅占全氮的 $0.07\%\sim0.79\%$。而 $NO_3^- - N$ 含量变异悬殊，最低仅 5.0 mg/kg，最高达82.2 mg/kg，占全氮的份额除黄绵土（绵沙土）样品达 15.53% 外，其余的为 $0.65\%\sim7.16\%$。这些结果表明，随着固定态铵概念逐步被人们接受及施肥制度的变更（即化学氮肥的大量施用），传统的土壤氮素形态组成观念也应更新。

（2）固定态铵与土壤特性的关系。根据土壤理化性状的测定，通过散点图判断，土壤中原有固定态铵含量是随黏粒含量变化呈现较明显的非线性相关关系（图 3 - 31）。用对数曲线拟合，回归方程的决定系数（r^2）达 0.953^{***}，表明固定态铵 95.3% 的变异可以用黏粒含量的变异来说明。固定态铵与其他土壤因子之间未见有明显的非线性关系。图 3 - 32、图 3 - 33 和图 3 - 34 显示了固定态铵随粉粒含量、土壤阳离子交换量（CEC）和有机氮含量增加而增加的线性趋势。

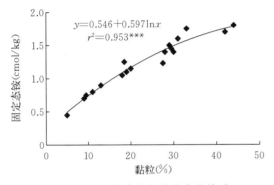

图 3 - 31　固定态铵与黏粒含量关系

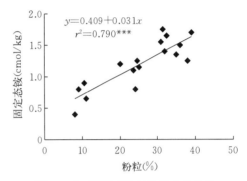

图 3 - 32　固定态铵与粉粒含量关系

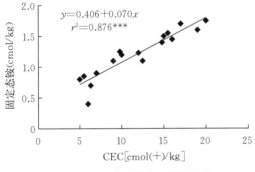

图 3 - 33　固定态铵与 CEC 关系

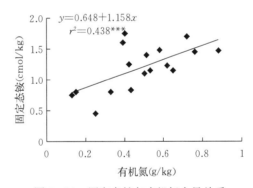

图 3 - 34　固定态铵与有机氮含量关系

（3）固定态铵与固定态钾的关系及其影响因素。土壤中原有固定态铵与固定态钾含量测定结果之间相关性以线性表达时，显著性达 0.1%（$r=0.861^{***}$），而用二次抛物线方程拟合时二次项达显著水平（$F=4.93^{*}$），相关系数（r）为 0.897^{***}。图 3 - 35 略呈抛物线形状。

2. 土壤对施入铵的固定作用及其与土壤特性的关系

（1）土壤对施入铵的相对固定容量。不同土壤固铵能力差异比较大（表 3 - 31），在单施铵盐条件下，固铵量范围为 $0.094\sim1.116$ cmol/kg，

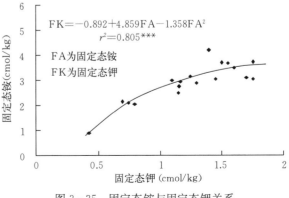

图 3 - 35　固定态铵与固定态钾关系

占施入氮量的 4.7%～55.8%。

表 3-31　陕西不同土壤施入（＋）和不施加（－）钾盐时土壤固铵量及氮素平衡统计

土样编号	处理	NH$_4^+$-N (cmol/kg)	NO$_3^-$-N (cmol/kg)	硝化率 (%)	固定态铵 (cmol/kg)	固铵量 (cmol/kg)	固铵率 (%)	氮挥发量 (cmol/kg)	氮挥发率 (%)	氮回收率 (%)
1	-K	0.415	0.297	7.9	2.851	1.116	55.8	nd	—	83.8
	+K	0.297	0.370	11.6	3.012	1.277	63.9	nd	—	89.6
2	-K	0.357	0.393	17.1	2.718	1.094	54.7	nd	—	89.1
	+K	0.182	0.405	17.1	2.870	1.246	62.3	nd	—	88.5
3	-K	0.290	0.712	28.5	2.790	1.081	54.1	nd	—	95.9
	+K	0.196	0.698	27.7	2.948	1.239	62.0	0.003	0.2	98.4
4	-K	0.102	2.135	77.4	1.552	0.094	4.7	0.006	0.3	86.6
	+K	0.045	2.114	76.4	1.588	0.130	6.5	0.010	0.5	84.7
5	-K	0.280	1.229	52.1	2.069	0.639	32.0	0.003	0.2	96.9
	+K	0.152	1.124	46.8	2.214	0.784	39.2	0.004	0.2	92.6
6	-K	0.594	1.119	54.1	1.848	0.337	16.9	0.009	0.5	100.8
	+K	0.542	1.098	53.1	1.886	0.375	18.8	0.016	0.8	99.4
7	-K	0.627	0.982	45.8	1.990	0.447	22.4	0.006	0.3	98.6
	+K	0.601	0.897	41.6	2.066	0.523	26.2	0.008	0.4	97.0
8	-K	0.424	1.624	66.3	1.535	0.131	6.6	0.015	0.8	94.1
	+K	0.426	1.589	64.5	1.601	0.197	9.9	0.018	0.9	95.9
9	-K	0.050	2.371	95.0	1.357	0.105	5.3	0.008	0.4	102.9
	+K	0.068	2.289	90.9	1.405	0.153	7.7	0.011	0.6	102.3
10	-K	0.647	1.013	44.9	1.855	0.386	19.3	0.018	0.9	96.6
	+K	0.580	0.994	44.0	1.723	0.454	22.7	0.022	1.1	95.9
11	-K	0.121	1.906	90.9	1.373	0.238	11.9	0.008	0.4	108.8
	+K	0.032	1.754	83.3	1.412	0.277	13.9	0.011	0.6	98.8
12	-K	0.559	1.259	52.6	1.454	0.378	18.9	0.010	0.5	99.4
	+K	0.462	1.227	51.0	1.521	0.445	22.3	0.016	0.8	96.6
13	-K	0.344	1.117	53.2	1.675	0.530	26.5	0.018	0.9	97.5
	+K	0.293	1.012	47.9	1.762	0.617	30.9	0.027	1.4	94.5
14	-K	0.795	1.108	48.9	1.171	0.266	13.3	0.031	1.6	102.8
	+K	0.775	0.989	43.0	1.215	0.310	15.5	0.046	2.3	97.2
15	-K	0.541	1.111	47.4	1.085	0.203	10.2	0.030	1.5	97.4
	+K	1.007	1.353	59.5	1.113	0.231	11.6	0.047	2.4	98.2
16	-K	0.831	0.832	79.6	1.000	0.194	9.7	0.050	2.5	101.7
	+K	1.742	0.871	83.5	1.004	0.198	9.9	0.085	4.3	96.8
17	-K	1.774	0.112	26.5	0.944	0.231	11.6	0.043	2.2	102.8
	+K	0.464	0.084	1.3	0.926	0.213	10.7	0.074	3.7	103.7
18	-K	0.451	1.613	60.7	0.637	0.207	10.4	0.050	2.5	96.2
	+K	—	1.560	58.0	0.645	0.215	10.8	0.062	3.1	93.9

　　从土壤类型来看，不施钾盐时黄褐土的固定容量最大，可固定施入氮的 54.1%～55.8%。塿土和黑

垆土可固定施入氮的 4.7%～32.0%；黄绵土的固定容量普遍偏小，可固定施入氮的 9.7%～13.3%。

铵盐和钾盐同时施入时，固铵量为 0.130～1.227 cmol/kg，占施入氮量的 6.5%～63.9%；与单施铵盐比较，除第 16、17 和 18 号黄绵土土样固铵量变化未达显著水平外，其余土样固铵量均有显著或极显著增加（$LSD_{0.05}$＝0.024 cmol/kg，$LSD_{0.01}$＝0.032 cmol/kg）。

表 3-31 还表明，在本试验条件下，施入铵的氨挥发量很小，除黄绵土类的氨挥发率略高外（但未超过 5%），其余土样一般不超过 1%。此外，施入铵的硝化率变异较大，为 1.3%～95.0%。这些结果似乎说明，硝化作用受土壤生物学性质影响很大，而土壤的铵固定和氨挥发则较强地受制于土壤理化因子，且两者呈一定的反相关性（r＝－0.542*）。某几个土样施入氮的回收率偏低（如小于 90%），可能与生物固定作用较强或（和）反硝化作用有关。

（2）铵固定与土壤因子的相关分析。以固铵量对 11 种土壤因子作散点图，没有发现它们之间有明显的非线性关系。相关分析结果（表 3-32）表明，单施铵盐时，固铵量与 pH 和 $CaCO_3$ 呈 0.1% 极显著负相关关系（r 分别为－0.898*** 和－0.692**），与黏粒、CEC 呈 1% 极显著正相关关系（r 分别为 0.701** 和 0.690**），与粉粒呈 5% 显著正相关关系（r＝0.468*），固铵量与原有固定态铵呈极显著正相关关系（r 分别为 0.624** 和 0.692**）。在铵盐与钾盐同时施用条件下，固铵量与这几种土壤因子之间也有类似的相关性质。

表 3-32　铵固定与土壤性质的相关分析

变量	固铵量 1（Z1）	固铵量 2（Z2）
粉粒（X1）	0.468	0.500*
黏粒（X2）	0.701**	0.724**
pH（X3）	－0.898***	－0.902**
CEC（X4）	0.690**	0.712***
有机质（X5）	0.046	0.088
$CaCO_3$（X6）	－0.692**	－0.700**
NH_4^+-N（X7）	0.314	0.337
NO_3^--N（X8）	－0.390	－0.359
有机质（X9）	0.147	0.191
交换性 K（X10）	0.037	0.069
矿物 K（X11）	0.247	0.274
固定态 NH_4^+（Y1）	0.624**	0.650**
固定态 K^+（Y2）	0.250	0.283

注：固铵量 1 和固铵量 2 分别表示单施铵盐和同时施铵盐和钾盐的固铵量。*、**、***分别表示显著水平为 0.05、0.01 和 0.001。

（3）氮钾施入量和氮源对铵固定的影响。3 种土壤的固定态铵均随施氮量的增加而增加（图 3-36）。施入 K_2SO_4 对土壤铵固定的影响因氮源不同而异。K_2SO_4 与尿素混施，铵固定随施钾量的增加而减弱；K_2SO_4 与 $(NH_4)_2SO_4$ 混施，至少在施钾水平较低时，铵固定随施钾量的增加而增强，黄绵土在施钾量较高时，固铵量已趋降低。不施氮处理，施入 K_2SO_4 对土壤固定态铵含量没有产生明显的影响。

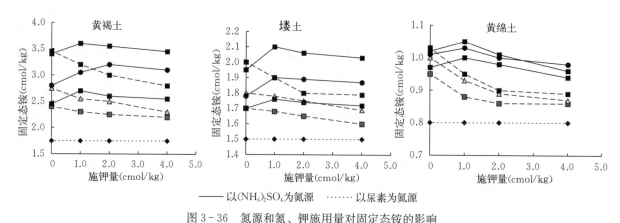

以(NH₄)₂SO₄为氮源 ...... 以尿素为氮源

图 3-36　氮源和氮、钾施用量对固定态铵的影响

注：N_0、N_1、N_2 和 N_4 分别代表施氮量为 0 cmol/kg、1 cmol/kg、2 cmol/kg 和 4 cmol/kg。

（4）几点结论。

① 陕西省 4 类耕作土壤耕层均含有相当数量的固定态铵，范围为 60.2～242.9 mg/kg（占全氮的 16.70%～43.56%）。其中，固定态铵含量呈现出较强的区域分异规律，即由南向北逐渐减少。

② 固定态铵与黏粒、粉粒、CEC、有机质、有机氮、矿物钾均呈极显著正相关关系。此外，固定态铵与 pH 呈极显著负相关关系；固定态铵与固定态钾之间也呈极显著正相关关系。

③ 黏粒含量是固定态铵含量的先决因子，其中对前者的决定程度比后者更大一些。矿物钾对固定态铵都有较明显的正效应，而交换性钾和 $NO_3^- - N$ 对固定态铵含量也有较明显的影响。

④ 黄褐土具有极强的固铵能力，在分别施入（氮肥）2 cmol/kg（NH₄）₂SO₄ 和（钾肥）2 cmol/kg K₂SO₄ 条件下，可固定施入氮的 54.1%～55.8%，塿土和黑垆土也具有较强的固定能力，在同一条件下，可固定施入氮的 4.7%～32.0%。黄绵土的固定能力较小，可固定施入氮的 9.7%～13.3%。在氮、钾施用水平较低的条件下，施入氮的固定率更大。

⑤ 铵固定与 pH 和 $CaCO_3$ 呈显著或极显著负相关关系，而与 CEC、黏粒、粉粒及原有固定态铵呈显著或极显著正相关关系。铵固定和钾固定之间呈极显著正相关关系。

⑥ 固铵量主要受土壤 pH、$NO_3^- - N$、$CaCO_3$、交换性钾等的制约。此外，pH 对铵固定呈负效应。

⑦ 铵固定随施入氮量的增加而增加，并且在施用尿素时，随施入钾量的增加而减少，在施用（NH₄）₂SO₄ 时，至少在施钾水平较低时，随施钾量的增加而增加。

三、固定态铵的释放及其有效性

1. 固定态的 $NH_4^+ - N$ 释放机理　氮肥施入土壤后，一部分 $NH_4^+ - N$ 被土壤黏土矿物晶层所固定，被固定后的 $NH_4^+ - N$ 能否真释放出来被作物吸收利用，是大家关注的问题之一，固定态铵的释放及其存效性具有很大的农学意义。

根据研究，土壤中 $NH_4^+ - N$ 的存在具有多种形态，一般有水溶性态、交换性态、过渡态和固定态。而且，一般都处于动态平衡状态。正因为是动态平衡，因此，该体系的动向在一定条件下既可向水溶态方向发展，又可向固定态方向发展。根据此原理，固定态 $NH_4^+ - N$ 的释放应该是肯定的，但释放的可能性和释放的程度取决于其所存在的条件。根据众多的研究结果，大致有以下 3 种条件可促进固定态 $NH_4^+ - N$ 向水溶性 $NH_4^+ - N$ 转化。

（1）固定态 $NH_4^+ - N$ 释放的物理作用。土壤水是其释放物理作用的主导因子。对于 2∶1 型黏土矿物，土壤含水量越高，矿物膨胀性越大，矿物膨胀后更有利于层间阳离子向外扩散。在干旱条件下，阳离子从晶层向外扩散的途径因晶层而被中断；而在充水膨胀的矿物晶层内部，阳离子的转移几乎在外部溶液中一样自由。Schachtschabel 推论，湿润年份之所以氮的后效性较强，不仅仅是由于湿润条件下有利于有机氮的矿化，更主要的原因是湿润易于固定态 NH_4^+ 的释放。此外，当水多时，土壤中水溶性 NH_4^+ 的浓度低，可使平衡向左移动，促使固定态 NH_4^+ 的释放。

（2）固定态 NH_4^+ 释放的化学作用。根据研究表明，固定态 NH_4^+ 的释放能受 K^+ 的影响。当水溶性或交换态钾含量高的时候，钾可进入矿物晶层使其收缩，妨碍了层间 NH_4^+ 向外扩散。因此，固定态 NH_4^+ 的有效性随施钾量的增加而下降。另外，钾浓度增加会抑制硝化细菌的活动，因而使固定态 NH_4^+ 的微生物释放作用受抑制。Famer 等指出，2：1 型黏土矿物 Al-O 八面体中的 Fe^{2+} 被氧化为 Fe^{3+} 后，由于层间负电荷减少，会促进固定态 NH_4^+ 的释放，反之则加强了固定作用。固定态 NH_4^+ 的释放还会因离子交换而加速。Newman 报道，对于专性吸附的阳离子，其释放也受到土壤中水含氢离子（H_3O^+）浓度的影响，因为 H_3O^+ 能侵入黏土矿物地带，排除那里专性吸附固定的阳离子。

（3）固定态 NH_4^+ 释放的生物作用。固定态 NH_4^+ 释放的生物作用包括高等植物和微生物的作用。高等植物的作用在于作物生长期间不断吸收土壤中的 NH_4^+，使水溶性、交换性 NH_4^+ 的含量降低，从而使固定态 NH_4^+ 释放出来。Scherer 用 ^{15}N 进行试验结果表明，种植条件下新固定的固定态 NH_4^+ 的 97% 可重新被利用，而休闲的仅有 14% 重新释放。

微生物的硝化作用可促进固定态 NH_4^+ 的释放，许多试验证明，硝化微生物越多，硝化作用越强，由 NH_4^+ 转换的 $NO_3^- - N$ 的含量越多，因而能增强固定态 NH_4^+ 的释放。

由上所述，土壤对 NH_4^+ 的固定，实际上是对施入氮的一种保护作用，固定态 NH_4^+ 是土壤供氮的重要来源之一。因此，调节土壤晶层固 NH_4^+、保氮、充分利用固定态 $NH_4^+ - N$，是减少氮素损失、防止过量施氮可能造成环境污染的重要途径之一。

2. 在盆栽条件下固定态铵的有效性　孙艳为了估算固定态铵的有效性，将（NH_4）$_2CO_3$ 浸泡过的风干土壤，用水淋洗，除去过量的铵盐，装盆种植苏丹草（用无氮培养液，保持土壤湿度在 18% 左右）。在苏丹草整个生育期中进行 4 次固定态铵含量的测定，结果见表 3-33。

表 3-33　苏丹草不同生育阶段塿土耕层和母质层中固定态铵的动态变化

单位：mg/100 g 土

土层名称	各土层原有的固定态铵量	播前各土层最大固定态铵量	苏丹草生长健壮时期		生长期明显衰退，黄枯叶渐多期	
			6 月 29 日	7 月 15 日	7 月 31 日	8 月 27 日
耕层	20.54	47.39	34.39	21.08	21.91	22.22
母质层	17.4	54.68	39.64	26.48	21.42	18.54

注：1. 苏丹草播期为 6 月 4 日，收获期为 8 月 27 日。2. 各期测定值为 6 个重复平均区。

由表 3-33 明显看出，由 6 月 4 日到 7 月 15 日，各土层中固定态铵量明显下降，其中耕层至 7 月 15 日下降到最低点。从耕层苏丹草的生长状况来看，不但植株失绿明显，下部还有黄叶出现，表现出氮素严重不足。而母质层中苏丹草仍然生长健壮。此时耕层中固定态铵的含量为 21.08 mg/100 g 土，与该层"原有"的固定态铵量没有差异。此后苏丹草一直生长不良，下层的叶片和一些矮小植株也不断变化，活着的植株进一步变黄、变弱。耕层土壤中固定态铵含量从 7 月 1 日到 8 月 27 日期间，始终保持在 21.08～22.22 mg/100 g 土，即接近"原有"的固定态铵量〔（20.54±1.2）mg/100 g 土〕。

在母质层中，到 7 月 15 日，当其中的固定态铵量尚未消耗到接近于"原有"的固定态铵量时，苏丹草生长依然健壮。到 8 月 27 日，当土壤中固定态铵消耗到 18.54 mg/100 g 土，即接近于"原有"的固定态铵量时（17.4 mg/100 g 土），苏丹草也表现出缺氮的症状。由此可见，该土壤"原有"的固定态铵是完全无效的；固定态铵的有效性耕层为 93.7%，母质层为 96.3%。

苏丹草收获后土壤固定态铵量几乎与"原有"的固定态铵量接近，这说明塿土耕层固定态铵的有效性极限为 20.54 mg/100 g 土，母质层固定态铵的有效性极限为 17.4 mg/100 g 土，可作为该土壤固定态铵含量有效性的临界值，证明文启孝等提出的固定态铵临界值概念是正确的。

3. 田间试验土壤固定态铵的有效性　樊小林（1992）在西北农业大学试验地塿土上进行了田间试验。小区面积 2 m×1.8 m，深翻 20 cm，打碎土块后，以十字交叉法反复深耕，使该区土壤尽量均匀。试验设撒施、条施氮磷两个处理。施肥量根据大田施肥量计算，即年施尿素 225 kg/hm²、过磷酸钙 450 kg/hm²。在小麦不同生育期采取根丛（代表根际）和行间（代表非根际），均取 5 点混合样本测定土样。该试验内容比较丰富，为了说明问题，仅取一部分进行论述。从试验结果看出，小麦分蘖期撒施肥料小区非根际土壤与条施肥料小区根际土壤固定态 NH_4^+ 含量均大于播前的含量。说明施入土壤中的尿素已水解并有部分水解产生的 NH_4^+ 被黏土矿物晶层所固定。分蘖后不论哪个处理，根际与非根际土壤的固定态 NH_4^+ 随着小麦生长至旺盛期不断释放，供小麦吸收利用。分蘖至抽穗期一直不断释放，到抽穗期达到最低点。以后到扬花期后稍有回升。说明固定态 NH_4^+ 的释放主要发生在小麦旺盛生长期。土壤固定态 NH_4^+ 在小麦生长后期回升的可能原因是，此时土壤温度增高，使有机氮的矿化加剧，而小麦吸收氮相对较少，且固定态 NH_4^+ 已降至很低，其再固定 NH_4^+ 的能力远大于生长前期，故此有机氮矿化出的一部分可能被全部固定为 NH_4^+。见表 3-34。

表 3-34　不同处理冬小麦生育期根际和非根际土壤固定态 NH_4^+ 含量动态变化

单位：$\mu g/g$ 土

生育期	撒施		条施	
	根际	非根际	根际	非根际
播前（10 月 4 日）	300	300	300	300
分蘖（11 月 27 日）	293	310	305	297
返青（3 月 10 日）	266	280	272	280
拔节（4 月 3 日）	245	273	252	268
孕穗（4 月 18 日）	237	258	242	257
抽穗（4 月 28 日）	234	250	237	250
扬花（5 月 10 日）	240	260	246	255
灌浆（5 月 21 日）	237	261	245	258
成熟（6 月 9 日）	239	263	245	259

如果把播前与某一生育期土壤固定态 NH_4^+ 含量之差当作固定态 NH_4^+ 净释放量，把释放量占固定态铵量的百分数称为净释放率，固定态 NH_4^+ 含量最低时的净释放量称为最大净释放量，相应的释放率为最大释放率，则计算结果见表 3-35。根际土壤的最大净释放量在撒施、条施处理中分别为 66 $\mu g/g$ 土和 63 $\mu g/g$ 土，最大净释放率分别为 22% 和 21%；非根际土壤的最大净释放量均为 50 $\mu g/g$ 土，相应的最大净释放率均为 16.7%。根际土壤固定态铵的有效性显著大于非根际土壤，说明根际吸收利用土壤氮明显高于非根际的吸收量，因此根际对土壤氮的吸收能促进土壤固定态铵的释放。

表 3-35　小麦生育期固定态 NH_4^+ 的净释放与最大释放

处理		生育期净释放（$\mu g/g$ 土）							平均值	最大释放	
		分蘖	返青	拔节	孕穗	抽穗	扬花	灌浆		$\mu g/g$ 土	%
撒施	根际	7	34	55	63	66	60	63	56.8±11.8	66	22
	非根际	−10	14	27	42	50	40	35	34.7±12.7	50	16.7
条施	根际	−5	28	48	58	63	54	55	51.0±12.3	63	21
	非根际	3	20	22	43	50	45	42	38.7±10.7	50	16.7

第五节　土壤 NH_3 的挥发

一、土壤 NH_3 挥发条件的热力学判断

土壤 NH_3 挥发条件的热力学判断，可用自由能 ΔG^0 的变化为判据，热力学中非常重要的一个函数。在等温等压下不做其他功的条件下，任其自然自发变化，这种变化总是朝向自由能减少的方向进行，直至体系达到平衡。故此函数是判断化学反应能否自动发生的最重要、最可靠的依据。其判据可用式 3-6 表示。

$$\Delta G_{T,P}^0 \leqslant 0 \tag{3-6}$$

当 $\Delta G_{T,P}^0 < 0$ 时，表示化学反应能自动变化；$\Delta G_{T,P}^0 > 0$ 时，表示化学反应不能自发进行。

用 $\Delta G_{T,P}^0$ 可以判别反应的方向，是实际中应用最多的一个函数。ΔG^0 只能反映化学的限度，在一般情况下，即不是标准状态下，不能用 ΔG^0 来判别反应方向的依据，因为 ΔG^0 所指的是反应物和反应产物都是在标准状态下的自由能变化值，只能判定在这个特定条件下的变化方向。而在实际情况下，即非标准状态下，反应物和生成物都未必一定处于标准状态。

根据等温式 3-7：

$$\Delta G = \Delta G^0 + RT\ln Qp \tag{3-7}$$

可知，当 ΔG^0 的绝对值很大时，则 ΔG^0 的正负号基本上可决定 ΔG 的符号，若 ΔG^0 是很大负值，则在一般情况下，ΔG 大致也是负值。要使 ΔG 改变正负号，就必须使 Qp 变得很大，这在实际上是很难办到的。但是即使 $\Delta G^0 > 0$，而 ΔG^0 的正值不是很大的时候，若改变外界条件，就必须能使化学反应向有利于产物生成的方向转化。这样就超越了标准状态条件的限制，这对在条件较复杂的农业土壤系统中的应用带来了方便。当 $\Delta G^0 = 0$、$Kp = 1$ 时，反应自动发生的可能性是存在的。当 $\Delta G^0 < 0$、$Kp > 1$ 时，化学反应自动发生的可能性更大，产生产物的可能性也就越大。

以上规则虽然都是近似的，但在农业上的应用是足够的。

为了计算不同温度下的 ΔG_T^0，可假定把 ΔH^0 和 ΔS^0 看作与温度无关，则可用式 3-8 表示。

$$\Delta G_T^0 = \Delta H_{298}^0 - T\Delta S_{298}^0 \tag{3-8}$$

由此看出，实际上 ΔG^0 与温度呈线性相关关系，即式 3-9。

$$\Delta G^0 = a - bt \tag{3-9}$$

式中，$a = \Delta H_{298}^0$，$b = \Delta S_{298}^0$。因此，当数据不全时，可用 $298K$ 的数据来估算任意温度下的 ΔG_T^0。这就为估算 ΔG_T^0 提供了方便。

当有些化合物的热力学生成函数在物理化学手册上查不到的时候，可以利用式 3-10 进行计算。

$$\Delta G^0 = -RT\ln K \tag{3-10}$$

式中，R 为气体常数，即 $8.32\ \text{J/(mol·K)}$；T 为绝对温度，标准状态时为 $298K$；K 为化学反应平衡常数。根据平衡常数即可计算出 ΔG^0。当知道 ΔG^0 后，就可以计算出平衡常数 K。

为了估计化学反应中的有利温度，可以用 $\Delta G^0 = 0$（此时平衡常数 $K=1$）时的温度来进行近似判断。这个温度称为化学反应开始自动发生的转折温度，也称临界温度，可用式 3-11 表示。

$$T = \frac{\Delta H^0}{\Delta S^0} \tag{3-11}$$

当用 $298K$ 的数据计算时，则得到式 3-12。

$$T = \frac{\Delta H_{298}^0}{\Delta S_{298}^0} \tag{3-12}$$

这就表示根据标准状态时所查得的反应物和生成物的热力学函数，可估算化学反应能开始发生的

临界温度。这对利用温度调控化学反应向有利方向发展提供了条件。当要计算一个化学反应过程中各项反应标准热力学函数时，可用式 3 - 13 计算。

$$\Delta H^0 = \sum H^0_{f生成产物} - \sum H^0_{f反应产物}$$

$$\Delta G^0_r = \sum G^0_{f生成产物} - \sum G^0_{f反应产物}$$

$$\Delta S^0_r = \sum S^0_{f生成产物} - \sum S^0_{f反应产物} \qquad (3-13)$$

式中，r 代表化学反应，f 代表生成函数，其他符号同前。根据以上计算所得的化学反应热力学函数，就可对化学反应在标准状态下能否自动发生进行判断，并可适当改变外界条件使化学反应向着有利的方向发展。

我国北方绝大部分土壤都是石灰性土壤，它含有很多 $CaCO_3$，为 $5\% \sim 20\%$，其对 $NH_4^+ - N$ 的挥发起决定性作用。

$CaCO_3$ 是弱酸强碱性的盐，在土壤溶液中会发生解离反应，见式 3 - 14、式 3 - 15。

$$CaCO_3 \Leftrightarrow Ca^{2+} + CO_3^{2-} \qquad (3-14)$$

$$CO_3^{2-} + H_2O \Leftrightarrow HCO_3^- + OH^- \qquad (3-15)$$

以上两种反应式，加合起来，得式 3 - 16 或式 3 - 17。

$$CaCO_3 + H_2O \Leftrightarrow Ca^{2+} + HCO_3^- + OH^- \qquad (3-16)$$

$$CaCO_3 + H_2O \Leftrightarrow CaHCO_3^+ + OH^- \qquad (3-17)$$

其反应热力学 $\Delta G^0_r = 20.8\ kJ$，虽然 $\Delta G^0_r > 0$，但经计算，其能发生反应的临界转折温度为 29.6 ℃，这在农田条件下是容易达到的。所以，石灰性土壤溶液中含有活性的 $CaHCO_3^+$ 和较高的 OH^- 浓度，这对铵态氮肥的转化方向起着重要作用。

二、防止和减少土壤 NH₃ 挥发损失的主要途径

土壤中 NH_3 的挥发损失是一个普遍性的问题。但比较起来，NH_3 的挥发损失在石灰性土壤中要比酸性土壤和一般中性土壤多。因此，氨的挥发损失对石灰性土壤来说，是氮素损失重要途径之一。

Fenn 等认为，铵态氮肥在石灰性土壤上利用率低与氨的挥发损失有密切关系。Mengel 的报告也指出，在石灰性土壤上施用铵态氮肥，除作物吸收及淋失外，其余大部分都以氨态氮挥发损失掉。马宏瑞（1988）的研究结果发现，氨挥发是墣土氮素损失最主要的途径，约占施氮量的 15%。

从国内外大量的文献资料来看，有关氮肥种类、土壤性质、环境因素和施肥方式等对氨的挥发影响已经比较清楚。在一般情况下，碳酸氢铵的挥发损失最为严重，其次是尿素和硫酸铵，而硝酸铵、氯化铵的挥发损失最小；土壤 pH 高、质地粗、CEC 低、温度高、风速大时，氨的挥发损失量较大；水分含量的影响比较复杂，土壤过干（铵态氮肥难溶解）、过湿（抑制碳酸氢铵的形成），氨的挥发损失都较小，施肥方式对氨的挥发影响很大，混施或深施与表施相比，氨挥发损失要少得多。

但是，对于氨挥发是否为旱地石灰性土壤氮素损失的主要途径问题，也存在着异议。例如，同是墣土，许春霞（1985）研究认为，肥料氮的氨挥发损失量不大，占总损失量的比例不超过 20%。而早期蓝梦九的报告就认为，硫酸铵施于石灰性土壤中，氨挥发量在一般条件下不大，少有超过 5% 者。陈思根（1988）也研究指出，旱地石灰性土壤（墣土）施用硫酸铵的总损失量达 39.6%，而其中氨挥发损失仅占施入氮量的 3.5%，并推测其余部分通过反硝化损失的可能性很大。黄建英等在研究墣土和黄绵土施用碳酸氢铵的氨挥发特点时亦发现，尽管在施肥前期，氨的挥发强烈，但在整个试验期间（70 d），其挥发量仅占施入氮量的 1% 左右。

产生上述不同观点的原因，可归因于各研究者的试验条件和研究手段的不同，以及对影响氨挥发的各种因素缺乏综合的研究分析，但主要还是由于施肥方式方法不同所致。

针对当前土壤 NH_3 的挥发损失情况，笔者对有关问题进行了研究，现简述如下。

1. 土壤碳酸钙含量对 NH_3 挥发损失的影响 在中国北方土壤中一般都有不同含量的碳酸钙存在，特别在西北黄土高原地区，土壤碳酸钙含量一般在 5%～15%，这是控制土壤 pH 和土壤盐基饱和度的主要成分。一般认为，在黄土地区施用铵态氮肥时，NH_3 的挥发损失较多，可能与此有关。因此，笔者对土壤碳酸钙含量与 NH_3 挥发损失的关系进行了研究。

研究方法：取中性土壤黄褐土 40 g（风干土），与不同量的碳酸钙混合后装入密闭室的容器内，加入碳酸钙水溶液 12 mL（含碳酸氢铵 100 mg），在 30 ℃下培养 30 h，重复 3 次，氨态氮测定结果见图 3-37。

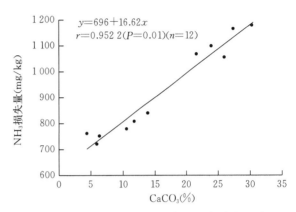

图 3-37 碳酸钙含量对土壤 NH_3 挥发的影响

由图 3-37 看出，NH_3 的挥发损失量是随碳酸钙的增加而增高。两者之间呈线性相关关系，其相关系数 $r=0.9522^{**}$（$n=12$，$r_{0.01}=0.684$），达极显著水平；其回归方程为 $y=696+16.62x$，式中 y 为 NH_3 挥发量（mg/kg）；x 为碳酸钙含量（%）。由此证明，土壤中碳酸钙的大量存在是引起 NH_3 挥发损失的重要原因之一。这就指明，适当控制碳酸钙含量及其活性对减少 NH_3 挥发损失具有重要意义。如增加 SO_4^{2-} 化合物的施用，即可减少活性 Ca^{2+} 的含量，从而减少 NH_3 的挥发损失。

2. 降低土壤 pH 可减少 NH_3 挥发损失 当铵盐氮肥施入土壤以后，土壤溶液中即有 NH_4^+ 存在，其在碱性条件下，即可产生平衡反应，见式 3-18。

$$NH_4^+ \Leftrightarrow NH_3 \uparrow + H^+ \tag{3-18}$$

其平衡常数为：

$$K_a = \frac{[NH_3]}{[NH_4^+]} = 10^{-9.2}$$

$$或 \frac{[NH_3]}{[NH_4^+]} = \frac{10^{-9.2}}{[H^+]}$$

$$或 \frac{[NH_3]}{[NH_4^+]} = \frac{10^{-9.2}}{10^{-pH}}$$

由式 3-18 可知，当 pH=9.2 时，溶液中 NH_4^+ 在任何时刻将会有 50% 转化为 NH_3；还可计算出不同 pH 时 NH_4^+ 转化 NH_3 的百分数，即 NH_3 的转化率。由表 3-36 看出，当土壤 pH 为 7 时，NH_4^+ 即可开始转化为 NH_3，此时转化率不高，仅 0.63%。

表 3-36 不同 pH 下 NH_4^+ 转化为 NH_3 比例

pH	NH_4^+ 转化为 NH_3 比例（%）	pH	NH_4^+ 转化为 NH_3 比例（%）
7	0.63	9.0	38.69
7.5	1.96	9.5	66.61
8.0	5.93	10	86.32
8.5	16.63	11	98.44

在土壤中 NH_3 不断挥发损失的化学反应过程中，为使反应处于平衡，将 NH_4^+ 不断转化为 NH_3，而 NH_3-N 不断挥发损失。由表 3-36 看出，pH 越高，转化率越大，产生 NH_3 的挥发就越多；pH 与 NH_3 的转化率之间呈线性相关，相关系数 $r=0.9656^{**}$（$n=8$，$r_{0.01}=0.798$），其回归方程见式 3-19。

$$Y = -213.03 + 28.64x \qquad\qquad (3-19)$$

式中，Y 为 NH_3 的转化率，x 为 pH。

在西北黄土高原地区，土壤 pH 一般都在 8.0 左右，高的可达 9.5。当 pH 为 9.0 时，即有 38.69% 转化为 NH_3，且连续进行着。由此可见，土壤 pH 的升高，是导致 NH_3 挥发损失的最重要影响因素之一。由此可知，设法降低 pH，是防止 NH_3 挥发损失的重要途径之一。

3. 适当控制土壤含水量可减少土壤 NH_3 挥发损失　试验用密闭室方法进行。土壤含水量（按土壤最大持水量的百分率）分 3 个等级，即 40%、70% 和 100%，供试氮肥为碳酸氢铵，施肥方法分为与土壤混施和表施两种，在设定温度下进行培养，定期测定氨的挥发量。试验结果表明，碳酸氢铵与土壤混施，氨的挥发量很小，试验在 10 d 才可结束；而碳酸氢铵表施的，氨的挥发量大，试验仅在 12 h 即可结束。结果见图 3-38 和图 3-39。

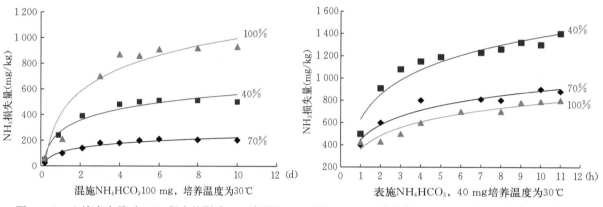

图 3-38　土壤含水量对 NH_3 损失的影响（土壤混施）　　图 3-39　土壤含水量对 NH_3 损失的影响（土壤表施）

从图 3-38 看出，NH_3 挥发损失量的大小次序为土壤最大持水量 100%＞40%＞70%。一般认为在旱作土壤上，土壤 NH_3 挥发损失是随土壤含水量的增加而增加。但笔者的研究结果并未照此规律出现，而是以最大持水量的 40% 居中，70% 为最低。究其原因，可能与土壤对硝化作用有关系。一般认为，土壤硝化作用最适水分含量为最大持水量的 50%～70%。中国科学院南京土壤研究所研究结果指出，土壤水分含量为最大持水量的 65% 时的硝化率大于最大持水量的 30%（朱兆良、文启孝，1990）。笔者的研究结果也发现，土壤含水量为最大持水量的 60% 时，土壤硝化作用最高，而最大持水量为 40% 和 80% 时，土壤硝化作用都较低（张树兰，1996）。说明土壤含水量为最大持水量 70% 左右时，土壤硝化作用最强。由此可知，在此水分条件下，能把施入土壤的 NH_3 很快转化为 $NO_3^- - N$，从而减少 NH_3 的挥发损失。因此，试验结果是最大持水量为 70% 时，NH_3 的挥发损失居于最低位，原因就在于此。但当相对含水量达到 100% 时，混施氮肥 NH_3 的损失量最高，主要机理是在石灰性土壤中存在过多水分时，会形成大量的 $CaHCO_3^+$，使溶液碱性升高，从而促进了 NH_3 的挥发损失。

先把土壤水分加调到供试水平，然后把所需 NH_4HCO_3 表施在土壤表面。结果由图 3-39 所示，相对含水量越低，NH_3 挥发量越大，即相对含水量与 NH_3 挥发量高低次序为 40%＞70%＞100%。主要机理是水分越低，加入同量的氮肥所形成的 NH_4HCO_3 溶液浓度越高，而碱性条件越强，从而导致 NH_3 挥发性越大。由此看出，在干旱地区，特别是干旱的石灰性土壤地区，NH_4HCO_3 绝对不能进行表施或浅施，这是影响 NH_3 挥发损失的重大途径之一。同时当氮肥深施或混施的时候，也要恰当控制含水量，不能过高或过低，最好控制在相对最大持水量的 60%～70%，这有利于减少 NH_3 挥发损失。

4. 深施氮肥可减少 NH_3 挥发损失　试验在室内进行。供试土壤为陕西关中塿土，氮肥为碳酸氢铵，在不同恒温条件下进行培养试验，测定 NH_3 挥发量，结果见表 3-37。

表 3－37　不同温度条件下氮肥 NH₃ 挥发损失量占施用氮的比例

单位:%

施肥方法	20 ℃	30 ℃	40 ℃
先浇水后表施	8.53	13.82	19.49
液肥灌施	2.65	5.85	9.12
先表施后浇水	1.10	2.94	5.44
施入土内 5 cm 后覆土浇水	0.05	0.07	0.17

在不同温度下，NH₃ 的挥发量大小次序都为先浇水后表施＞液肥灌施＞先表施后浇水＞施入土内 5 cm 后再覆土浇水。可以看出，虽然碳酸氢铵是比较容易挥发损失的氮肥，但只要施入土内 5 cm 再浇水，即使是施入土内深度不算大，但其 NH₃ 挥发损失在 40 ℃时也只损失 0.17％，在30 ℃时只有 0.07％，基本上没有 NH₃ 挥发损失。

另外也看出，在不同施肥方法下，NH₃ 的挥发损失均随温度的增加而增加，呈线性相关关系，相关系数分别如下：

先浇水后表施：$Y_1 = -2.435 + 0.545\,5x$，$r = 0.999\,9^{**}$

液肥灌施：$Y_2 = -3.869 + 0.321x$，$r = 0.993\,4^{**}$

先表施后灌水：$Y_3 = -3.35 + 0.217x$，$r = 0.996\,0^{**}$

施入土内 5 cm：$Y_4 = -0.08 + 0.006x$，$r = 0.933\,3$

式中，Y 为 NH₃ 挥发损失量（％），x 为试验温度。结果可知，除施入土内 5 cm 的处理，其 NH₃ 挥发损失量与温度之间相关性未达到显著水平外，其他处理均达到极显著相关性。因此，表施氮肥时，温度对 NH₃ 挥发损失的影响具有重要的作用。但当氮肥被施入土内 5 cm 深处时，即使有微弱的 NH₃ 挥发损失，但温度升高到 40 ℃，也没有引起 NH₃ 的挥发损失的增加。由此可见，氮肥深施对减少 NH₃ 的挥发损失具有十分重要的作用。

为了进一步查明施氮深度对 NH₃ 挥发损失的影响，用密闭室法进行了氮肥施肥深度的试验。供试土壤为陕西关中塿土，氮肥为碳酸氢铵。施肥方法分表施，深施3.3 cm、6.6 cm 和 9.9 cm。表施又分先浇水后施氮、先施氮后浇水两个处理，在不同土壤深度施肥后，都分别浇同量水分，重复 3 次。在 30 ℃下进行培养，定期测定 NH₃ 挥发量，结果见图3－40。

试验进展到第 7 天，NH₃ 挥发已达到高峰；自此以后，直至施肥后 20 d，NH₃ 挥发基本达

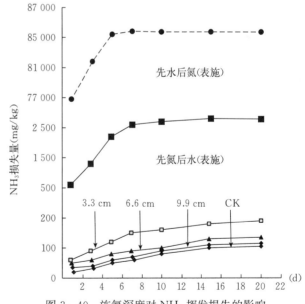

图 3－40　施氮深度对 NH₃ 挥发损失的影响

到稳定。以试验后第 7 天测定的 NH₃ 挥发损失量计算，不同施肥处理的 NH₃ 挥发损失量大小次序为先浇水后施肥（表施）（5.08％）＞先施肥（表施）后浇水（2.83％）＞施入土内 3.3 cm（0.11％）＞施入土内 6.6 cm（0.08％）＞施入土内 9.9 cm（0.07％）。由此说明，在有灌水条件下，只要把碳酸氢铵施入 10 cm 处，就可基本控制 NH₃ 的挥发损失。

5. 增加土壤有机质含量可减少 NH₃ 挥发损失　土壤有机质主要是以腐殖质形态存在于土壤中。由于它含有多种活性功能团，所以能把土壤中 NH₄⁺ 固定或吸持（retention）起来。Matlson 和

Koutlor－Anderson（1943）指出，NH$_3$能与带有2个或多个OH基团的芳香族环进行结合固定。Flaig（1950）提出，在碱性条件下，氨与土壤有机质中的醌可形成无定形物质而被固定。Burge和Boadlent（1961）发现在好气条件下，土壤有机碳含量越高，NH$_3$的固定越多。H. Nommik和K. Vahtras（1982）认为土壤有机质能与NH$_3$产生化学反应，产生能抵抗化学水解和微生物分解的化合物。所以，增加土壤有机质含量有助于减少NH$_3$的挥发损失。

　　赵秀春用不同有机质含量的土壤与NH$_3$挥发损失的关系进行了研究，结果见表3－38。经统计，土壤有机质含量与NH$_3$挥发损失呈线性负相关关系，其相关系数$r=-0.9267^{**}$（$n=6$，$r_{0.01}=0.874$）；其回归方程为：$Y=33.33-17.64x$，式中Y为NH$_3$挥发量（％），x为土壤有机质含量（％）。由此证明，土壤有机质含量越高，肥料NH$_3$的挥发损失越少。所以增加土壤有机质含量，是减少氮肥挥发损失、提高氮肥利用率的重要措施之一。

表3－38　土壤有机质含量与施入硫酸铵的NH$_3$损失

单位：％

有机质含量	55 h NH$_3$ 损失	有机质含量	55 h NH$_3$ 损失
1.47	4.7	0.64	19.6
1.12	17.2	0.57	21.1
0.93	19.1	0.45	26.9

6. 氮肥与田间土壤混施可减少NH$_3$挥发损失　试验在陕北米脂黄绵土上进行，供试氮肥为碳酸氢铵。试验设2个处理，即10 cm土层混施、10 cm土层沟施，2次重复，施肥量设100 kg/hm^2、200 kg/hm^{2}和400 kg/hm^2 3个等级。每小区为0.5 m^2，用密闭抽气法测定土壤NH$_3$挥发损失量，结果见图3－41。

　　由图3－41看出，在不同施氮量条件下，NH$_3$挥发损失的绝对量都是10 cm沟施＞10 cm混施；在不同施肥量情况下，都是400 kg/hm^2＞200 kg/hm^2＞100 kg/hm^2。但从NH$_3$挥发损失的百分数来看，每公顷施氮量100 kg、200 kg、400 kg时，混

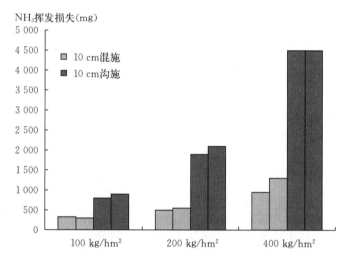

图3－41　碳酸氢铵混施、沟施时对NH$_3$挥发损失的关系

施的NH$_3$挥发损失量分别为5.20％、4.60％和5.36％，都比较接近，差异不大。说明氮肥与土壤混施，因氮肥的稀释作用，虽然挥发损失的绝对量有随施氮量的增加而增加，但NH$_3$挥发损失量的百分数并没有随施氮量的增加而增加。但在沟施的情况下，在施氮量为100 kg/hm^2、200 kg/hm^{2}和400 kg/hm^{2}时，其NH$_3$挥发损失的相对量分别为14.79％、18.98％和21.98％，反映出沟施时，NH$_3$挥发的绝对量和相对量都随施氮量的增加而增加。说明沟施时由于肥料集中，单位面积上的氮量浓度增大，故引起了大量NH$_3$的挥发损失。由此看来，肥力较高的土壤和施氮较多的地方，氮肥不宜沟施，而应采取混施办法。

7. 旱地氮肥提早一次深施可减少NH$_3$挥发损失　试验在关中武功县杨凌镇和渭北永寿县城关镇进行。供试土壤杨凌为塿土，有灌溉条件，永寿为白墡土，无灌溉条件。两地均用^{15}N对碳酸氢铵和尿素进行标记，施入装在无底铁筒的土壤内，铁筒直径30 cm、深100 cm，套在试验地的原状土体外面，每筒施标记氮1.5 g、有效磷1.5 g。碳酸氢铵的^{15}N浓度为11.77％、尿素为23.25％。供试土壤主要农化性质见表3－39。

表 3 - 39　供试土壤主要农化性质

土壤	有机质 （%）	全氮 （%）	全磷 （%）	全钾 （%）	碱解氮 （mg/kg）	有效磷 （mg/kg）	速效钾 （mg/kg）
墣土	1.15	0.081 1	0.180	2.35	44	48	240
白墡土	1.11	0.076 7	0.155	2.01	32	35	224

施肥处理如下：

（1）一次深施。播种时将肥料一次施入土内 15 cm 处（包括氮肥和磷肥）。

（2）二次分施。1/2 氮肥播种时深施 15 cm，返青时 1/2 肥浅施土内 5 cm（磷肥均于播种时一次施入）。

（3）三次分施。1/2 氮肥于播种时深施 15 cm，余下的氮肥 1/2 于分蘖时浅施土内 5 cm，1/2 于返青时浅施土内 5 cm（磷肥均于播种时一次施入）。

在杨凌试验过程中，根据当地灌溉严格进行冬灌和春灌 2 次，永寿县不灌溉，试验结果见表 3 - 40。

表 3 - 40　不同施肥时间与氮肥损失的关系

化肥种类	施肥时间	氮肥损失（%）	
		杨凌墣土	永寿白墡土
尿素	一次深施	—	35.75
	二次分施	—	54.01
	三次分施	—	63.75
碳酸氢铵	一次深施	14.23	45.84
	二次分施	23.22	60.31
	三次分施	38.56	74.43

由表 3 - 40 看出，氮肥损失率大小次序是碳酸氢铵＞尿素；分三次施＞分二次施＞一次深施；永寿旱地＞杨凌灌溉地。碳酸氢铵施入土内虽然容易挥发损失，但进行一次深施，并在适当灌溉时，其损失率可降低到最小，如在杨凌墣土上只达 14.23%。

8. 根据土壤质地施氮可减少氨挥发损失　有大量文献报道，在其他条件性质不变的情况下，施到粗质地的土壤中 NH_4^+ 较施到细质地土壤中有较多的 NH_3 的挥发损失。主要原因是细质地的土壤具有较高的阳离子代换量的缘故。赵振达（1981）研究了 NH_4^+ 肥在不同质地土壤上施用时，铵态氮挥发损失情况，结果见图 3 - 42。

由图 3 - 42 可见，等量 NH_4^+ 施入不同质地的土壤中，其挥发损失量是沙土＞壤土＞黏土，证明与前人研究的结果十分一致。由此可知，为了减少含 NH_4^+ 化肥在沙土和壤土中 NH_3 的挥发损失，可采取含 NH_4^+ 化肥加入一些黏土粉粒，搅拌

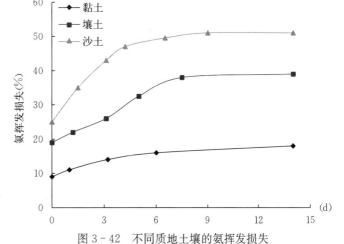

图 3 - 42　不同质地土壤的氨挥发损失

均匀再施入土中，为此即可减少 NH_3 的挥发损失。对此，笔者在陕北黄绵土上做的试验证实了这一点。

防止土壤 NH_3 挥发损失的途径是多方面的，如粒状肥料、包膜肥料、各种缓释/控释肥料等都可减少或防止 NH_3 的挥发损失。

第六节　在 $CaCO_3$ 体系和石灰性土壤中 NH_3 挥发与磷固定之间的关系与调控措施[①]

一、NH_3 挥发与磷固定相互促进作用的理论研究

（一）研究材料与方法

1. 供试肥料和试剂　HCl 为分析纯，配制 0.1 mol 溶液，作为 NH_3 的吸收液；NaOH 为分析纯，配制 0.01 mol 和 1 mol 的溶液，作为试验用；$CaCO_3$ 为分析纯，称 3 g 放入每瓶 300 mL 溶液中，作为试验用；NH_4Cl 为分析纯，配制每瓶 300 mL 中含 900 $\mu g/mL$；$(NH_4)_2HPO_4$ 为分析纯，配制每瓶 300 mL 溶液中含 900 $\mu g/mL$，含 978 mg/kg 磷，作为试验用。

2. 试验装置　试验装置分两部分：第一部分是空气净化，第二部分是试液反应。设吹风与不吹风两个处理，吹风处理的气流量为 1 L/min。不吹风的作为对照，重复两次，见图 3-43。

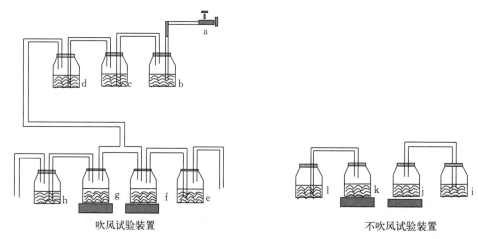

图 3-43　试验装置

注：a. 通风开关；b. 300 mL 0.25 mol H_2SO_4；c. 300 mL 0.5 mol NaOH；d. 300 mL H_2O；e、h. 300 mL 0.1 mol HCl 吸收液；f、g. 吹风液 300 mL；i、l. 300 mL 0.1 mol HCl 吸收液；j、k. 不吹风试液 300 mL。

3. 试验方法　吹风与不吹风试验的瓶底设有一个磁力搅拌器，不断搅拌试液，使其在运动中反应。每隔一定反应时间，停止吹风，从吸收瓶中吸取一定量的吸收液，用蒸馏法（Bremmer）测定挥发出来的 NH_3 中氮含量。同时测定反应液中的水溶性 P（Olsen 法）、$NH_4^+ - N$（电极法）、Ca^{2+}（原子吸收仪测定法）和 pH（电位法）。

4. 化学反应过程中自由能变化的计算方法　为了验证试验体系能否在标准状态下产生化学反应，为试验提供基础，故在试验前计算了化学反应自由能的变化。

由以上方法测定了不同 $CaCO_3$ 体系中 NH_3 的挥发，试液中 Ca^{2+}、P 的浓度和 pH。

（二）$CaCO_3 + NH_4Cl + H_2O$ 体系

这是有 NH_3 挥发、无 P 固定的体系，通过对这一体系的研究，可以验证吹风对体系能否增加

---

① 本节资料是笔者在美国学习时的研究资料。

NH$_3$ 的挥发。

1. 试验前体系的化学反应　一般认为，CaCO$_3$ 在水中将发生反应，见式 3-20

$$CaCO_3 + H_2O \Leftrightarrow Ca^{2+} + HCO_3^- + OH^- \tag{3-20}$$

但这一反应，在标准状态下并不能通过热力学方法得到验证。然而，由于田间条件的复杂性，在田间土壤中，它依然是客观存在的一种反应。通过笔者的试验测定，可发现体系中 Ca^{2+} 和 pH 的变化，也证明该反应是实际存在的。反应式中 HCO$_3^-$ 是弱酸，Ca^{2+} 与 OH$^-$ 均为强碱，NH$_4$Cl 在这种条件下可能产生反应，见式 3-21。

$$2NH_4Cl + 2OH^- \rightarrow 2NH_3 + 2H_2O + 2Cl^- \tag{3-21}$$

由式 3-21 计算得：$\Delta G_r^0 = -48.977$ kJ/mol

证明 NH$_4$Cl 在以上体系中于标准状态下可自动产生 NH$_3$ 挥发。因此，这一体系可作为吹风的试验体系。

2. 试验结果

（1）氮的回收率。试液中 NH$_4^+$-N 的遗留量都随 NH$_3$ 挥发损失量按比例降低。两者相比，回收率达到 97.08%～100.42%，平均值为 98.68%，证明试验测定结果是准确可靠的。

在不吹风的试验体系中，NH$_3$ 的挥发量在反应 24 h、72 h、100 h 和 195 h 分别占加入量的 0.04%、0.07%、0.07% 和 0.07%，可以认为基本没有产生 NH$_3$ 的挥发损失。但在吹风试验的体系中，在以上不同时间内，NH$_3$ 的挥发量分别占加入量的 9.33%、25.47%、31.29% 和 44.92%。证明在无磷固定的体系中，通过吹风可使体系产生大量的 NH$_3$ 挥发损失（表 3-41）。

表 3-41　CaCO$_3$ + NH$_4$Cl + H$_2$O 体系中 NH$_3$ 挥发、pH、Ca^{2+} 测定结果

时间 （h）	处理	测出的 N 分别占加入 N 的比例（%）			pH	Ca^{2+} (mg/kg)	
		NH$_3$	NH$_4^+$-N	合计		实测	计算
24	不吹风	0.04	98.10	98.14	8.12	118.70	119.95
	吹风	9.33	91.25	100.08	7.76		
72	不吹风	0.07	97.01	97.08	7.99	324.00	327.47
	吹风	25.47	72.74	98.21	7.70		
100	不吹风	0.07	97.64	97.71	7.79	403.00	401.18
	吹风	31.29	68.45	99.74	7.61		
195	不吹风	0.07	97.95	98.02	7.75	578.00	577.54
	吹风	44.92	55.50	100.42	7.44		

（2）试液中 pH 的变化。在不同反应时间内，吹风体系的 pH 在每一次测定时间内，都比不吹风体系的要低。说明在吹风过程中，使体系的化学反应加速向 NH$_4^+ \rightarrow$ NH$_3 \uparrow$ + H$^+$ 的方向发展，吹风能在加速 NH$_3$ 挥发的同时，也增加试液中 H$^+$ 的浓度。

（3）试液中 Ca^{2+} 浓度的变化。随着 NH$_4^+$ 的解离和 NH$_3$ 的挥发产生出 H$^+$，能进一步使 CaCO$_3$ 不断溶解出 Ca^{2+}。吹风处理的 Ca^{2+} 浓度，每次测定值都较不吹风处理的高得多。结果表明，不吹风试液中 Ca^{2+} 浓度为 58～73.3 mg/kg，而吹风的 Ca^{2+} 浓度为 165～578 mg/kg。如果有水溶性 P 存在时，就可能会产生 P 的吸附固定。吹风处理试液中 Ca^{2+} 含量与反应时数呈线性相关关系，相关系数 $r = 0.998\,9^{**}$，其相关方程为 $y = 74.363\,7 + 4.170\,2X$，式中，$y$ 为试液中 Ca^{2+}（mg/kg），X 为反应时数。所以，NH$_3$ 挥发损失越多，试液中产生的 H$^+$ 越多，从而使溶解出来的 Ca^{2+} 浓度也就越高。相反，Ca^{2+} 溶得越多，溶液 pH 就越高，从而更能促进体系中 NH$_3$ 挥发的越多。这就是为什么吹风能加强 CaCO$_3$ 体系中 NH$_4$Cl 产生 NH$_3$ 挥发损失的理论机制所在。

（4）Ca^{2+} 溶出量与 NH$_3$ 挥发损失量之间关系。由表 3-41 看出，在吹风条件下，随着 NH$_3$ 挥发的增加，体系中测出的 Ca^{2+} 也随之增加。经统计两者相关系数 $r=0.9848^{**}$ （$n=4$，$r_{0.01}=0.959$），呈如下直线相关关系：

$$y=77.7587+11.7693X$$

式中，y 为体系中测定 Ca^{2+} （mg/kg），X 为体系中 NH_3 挥发（%）。经计算发现，挥发 $2\ mol\ NH_3$，能释放出 $1\ mol\ Ca^{2+}$。

因此，可以根据体系中 NH_3 挥发量计算出 Ca^{2+} 的释放量，结果见图 3-44。试液中 Ca^{2+} 测定值与计算值非常一致。这就证实了以上假说的第一部分，也就是 NH_3 的挥发产生出 H^+ 离子，从而导致溶液中 Ca^{2+} 离子浓度的增加。

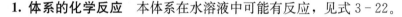

图 3-44 在 $NH_4Cl-CaCO_3$ 体系中根据 NH_3 挥发量所计算的 Ca^{2+} 浓度与实测 Ca^{2+} 浓度比较

（三）$CaCO_3+K_2HPO_4+H_2O$ 体系

这是无 NH_3 挥发有磷吸附固定的体系，设此体系的目的是验证吹风能否直接增加磷的固定。

1. 体系的化学反应 本体系在水溶液中可能有反应，见式 3-22。

$$CaCO_3+K_2HPO_4 \Leftrightarrow K_2CO_3+CaHPO_4 \qquad (3-22)$$

其标准状态下反应自由能为：

$$\Delta G_r^0=-239.987\ kJ$$

证明式 3-22 在标准状态下能正向进行，并能产生磷的吸附固定。因此，可以进行吹风试验。

2. 试验结果 在不同反应时间内，吹风与不吹风体系的 pH、磷吸附固定测定结果见表 3-42。由结果看出，吹风与不吹风体系中 pH 均随反应时间的延长而增高。在不同反应时间内，试液的 pH 均比不吹风的略有增高，但并没有影响到磷的吸附固定率的变化。测定结果表明，吹风与不吹风试液中磷吸附固定率的差异仅为 $-2.31\%\sim0.39\%$，这就有力证明，在无 NH_3 挥发有磷吸附固定的体系中吹风是不能直接影响 P 的吸附固定的。

表 3-42 在无 NH_3 挥发条件下吹风对磷固定的影响

测定时间（h）	处理	试液 pH	平均	试液中磷（mg/kg）	磷固定率（%）	平均（%）	吹风与不吹风的差异（%）
2	吹风1	8.65	8.65	703	28.27	28.17	−0.01
	吹风2	8.65		705	28.06		
	不吹风1	8.37	8.46	708	27.78	28.18	—
	不吹风2	8.55		700	28.57		
4	吹风1	8.53	8.54	710	27.55	28.57	0.39
	吹风2	8.55		690	29.59		
	不吹风1	8.31	8.40	708	27.78	28.18	—
	不吹风2	8.49		700	28.57		
8	吹风1	9.40	9.32	633	35.41	35.50	−0.87
	吹风2	9.23		636	35.58		
	不吹风1	9.19	9.23	623	36.47	36.37	—
	不吹风2	9.26		625	36.27		
24	吹风1	9.59	9.59	505	48.47	48.30	−2.31
	吹风2	9.58		508	48.13		
	不吹风1	9.26	9.27	485	50.51	50.61	—
	不吹风2	9.28		483	50.71		

(四) CaCO₃＋DAP＋不同浓度 NaOH 体系

为了深入研究 DAP 在 $CaCO_3$ 体系中吹风对 NH_3 的挥发与 P 的吸附固定的相互关系，设置了下列 3 种试验体系：

① $CaCO_3$＋$(NH_4)_2HPO_4$＋H_2O 体系；

② $CaCO_3$＋$(NH_4)_2HPO_4$＋0.01 mol NaOH 体系；

③ $CaCO_3$＋$(NH_4)_2HPO_4$＋1 mol NaOH 体系。

可以看出，这 3 种体系实际上是不同 pH 的 $CaCO_3$＋DAP 的体系。后两种体系的化学反应应该基本相同，而前一种则有所区别。它们的化学反应分述如下。

1. 体系的化学反应（式 3 - 23～式 3 - 25）

$$CaCO_3 + (NH_4)_2HPO_4 + 2H_2O \Leftrightarrow CaHPO_4 \cdot 2H_2O \downarrow + (NH_4)_2CO_3 \quad (3-23)$$

$$\Delta G_r^0 = -36.785 \text{ kJ}$$

$$(NH_4)_2CO_3 + 2OH^- \Leftrightarrow 2NH_4OH + CO_3^{2-} \quad (3-24)$$

$$\Delta G_r^0 = -54.261 \text{ kJ}$$

$$NH_4OH \Leftrightarrow NH_3 \uparrow + H_2O \quad (3-25)$$

$$\Delta G_r^0 = 0$$

这就表明，以上反应在标准状态下的自由能均为 $\Delta G_r^0 \leqslant 0$，证明 DAP 在 $CaCO_3$＋H_2O 的体系中能够产生 NH_3 的挥发和磷的固定。

第②、③体系的化学反应见式 3 - 26、式 3 - 27。

$$CaCO_3 + (NH_4)_2HPO_4 + 2NaOH \Leftrightarrow CaHPO_4 + Na_2CO_3 + 2NH_4OH \quad (3-26)$$

$$\Delta G_r^0 = -85.327 \text{ kJ}$$

$$NH_4OH \Leftrightarrow NH_3 \uparrow + H_2O \quad (3-27)$$

$$\Delta G_r^0 = 0$$

由此表明，DAP 在 $CaCO_3$＋NaOH 的两种体系，在标准状态下都能自动产生 NH_3 的挥发和磷的固定。但从 ΔG_r^0 比较来看，后两种体系比前一种体系化学反应的标准自由能为低，说明后两种体系更能向产生 NH_3 挥发和磷固定的方向发展。

根据以上化学反应，笔者提出了如下假说：磷酸氢二铵在 $CaCO_3$ 体系中，随着 NH_3 的挥发，释放出 H^+。一部分 H^+ 中和体系中的 OH^-，一部分则用于溶解 $CaCO_3$，释放出 Ca^{2+}。溶解出的 Ca^{2+} 即与磷酸氢二铵中的 HPO_4^{2-} 作用，产生 $CaHPO_4$ 或 $CaHPO_4 \cdot 2H_2O$，使磷吸附固定。根据质量作用定律，NH_3 的挥发越多，释放出的 H^+ 越多，由此就产生更多的 Ca^{2+}，因有更多产生的 Ca^{2+} 就导致更多磷的吸附固定；反过来，由于更多地产生磷的吸附固定，则能产生更多的 OH^- 促进 NH_3 的挥发。所以在碱性环境中，DAP 中 NH_3 的挥发与磷的吸附固定，存在着相互制约、相互促进的关系。通过以上体系的研究，可证实这一假说。

2. 试验结果

(1) 吹风对不同体系 NH_3 挥发的影响。在 3 种体系中，不吹风处理的 NH_3 挥发量都是很低，基本都接近于零。但吹风处理对体系 NH_3 的挥发都有明显的影响。结果见图 3 - 45。

不同体系在吹风条件下的 NH_3 挥发量是体系③＞体系②＞体系①。可明显看出，这与体系中 NaOH 浓度，即与 OH^- 浓度有关。OH^- 浓度越高，即 pH 越高，NH_3 挥发损失率就越大。

(2) 在吹风条件下，不同体系磷的吸附固定。在吹风条件下，从 3 种体系中磷的吸附固定测定结果看出，磷的吸附固定也是随着体系中 NaOH 浓度的升高而增加，即体系③＞体系②＞体系①（图 3 - 46）。磷吸附固定趋势与 NH_3 挥发趋势十分一致。

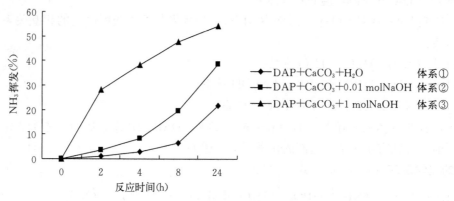

图 3-45　DAP 在不同体系中吹风处理下 NH_3 挥发率

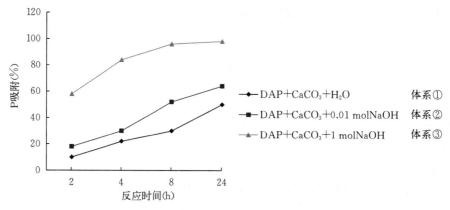

图 3-46　DAP 在不同体系中在吹风条件下磷的吸附固定率

（3）在吹风条件下，不同体系 NH_3 挥发与磷吸附固定的相互关系。在不吹风条件下，3 种体系都没有 NH_3 的挥发，因而也就谈不上不吹风条件下 NH_3 的挥发与磷吸附固定之间的关系。但在吹风条件下，3 种体系中就有大量 NH_3 的产生和挥发，并影响到磷的吸附固定，结果见图 3-47。经统计发现，在 3 种不同体系中，NH_3 挥发与磷吸附固定之间均呈线性相关关系，其相关系数及线性方程计算如下。

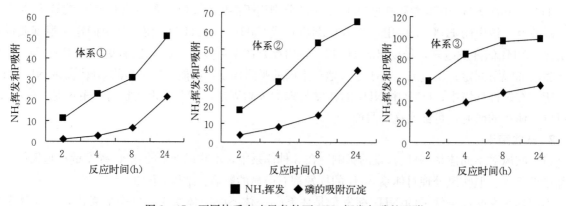

图 3-47　不同体系在吹风条件下 NH_3 挥发与磷的吸附

体系①：$y = 14.868\,0 + 1.704\,1x$，$r = 0.960\,9^{**}$（$n = 4$，$r_{0.01} = 0.959$）

体系②：$y = 4.769\,7 + 1.581\,5x$，$r = 0.995\,1^{**}$（$n = 4$，$r_{0.01} = 0.959$）

体系③：$y = 18.391\,5 + 1.566\,8x$，$r = 0.960^{**}$（$n = 4$，$r_{0.01} = 0.959$）

式中，y 为磷吸附固定（%），x 为 NH_3 挥发（%）。所得相关系数均达到极显著水平。说明 NH_3 挥发与磷吸附之间存在着密切关系。

（4）吹风与不吹风对不同体系中 pH 的变化。根据 $CaCO_3 + NH_4Cl + H_2O$ 体系与本节 $CaCO_3 + DAP + H_2O$ 体系在反应过程中 pH 的测定结果进行比较（图 3 - 48）。

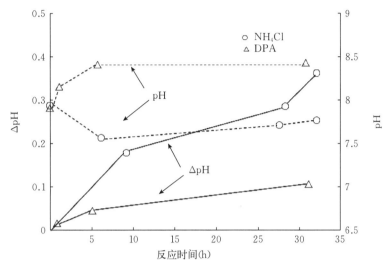

图 3 - 48　吹风与不吹风对不同体系中 pH 的变化

图 3 - 48 表示，NH_3 的挥发对 DAP 及 NH_4Cl 分别与 $CaCO_3 + H_2O$ 体系呈平衡时溶液 pH 的影响。ΔpH 是代表在给定反应时间内，通气与不通气溶液 pH 的差异，而溶液 pH 是代表通气时溶液 pH 测定值。据测定，当时间为 0 时，NH_4Cl 和 DAP 溶液 pH 大致相同（pH 约为 7.9），在 DAP 处理的体系中，通气的溶液 pH 有所增高，而在 NH_4Cl 处理的体系，溶液 pH 则有所降低。对于一定量的 NH_3 挥发，$DAP - CaCO_3$ 体系总是比 $NH_4Cl - CaCO_3$ 体系保持较高的溶液 pH。另外，笔者发现 DAP 处理的体系，ΔpH 比 NH_4Cl 处理的体系要小得多。产生这两种结果的原因，主要是 $CaCO_3$ 吸附磷可以缓冲由 NH_3 挥发所产生的酸。El - Zahabay 等（1982）曾提出，磷酸二铵与 $CaCO_3$ 形成磷沉淀时，能提高溶液 pH，其反应见式 3 - 28。

$$CaCO_3 + HPO_4^{2-} + 3H_2O \Longleftrightarrow CaHPO_4 \cdot 2H_2O + HCO_3^- + OH^- \qquad (3 - 28)$$

因此，通过 NH_3 的挥发，H^+ 从 NH_4^+ 离子释放出来以后，会被磷沉淀过程中所产生的 OH^- 离子中和掉。$DAP - CaCO_3$ 体系中由于不断产生 OH^-，并不断中和体系中所释放出来的 H^+，所以该体系溶液 pH 呈趋向增高。显然，由于这种中和作用，又促进了 NH_3 的挥发，同时又进一步加强磷的沉淀。而在 $NH_4Cl - CaCO_3$ 体系中，由于没有磷的沉淀发生，所以在整个反应过程中，因 NH_3 挥发所产生的 H^+ 没有被中和的可能，这样就能使该体系溶液 pH 逐渐降低。但是，NH_3 的挥发对溶液 pH 的相对影响（ΔpH）却比 DAP 处理的体系要大得多，$NH_4Cl - CaCO_3$ 体系的 ΔpH 为 $0.31 \sim 0.36$，而 $DAP + CaCO_3$ 体系的 ΔpH 仅为 $0.03 \sim 0.09$。

（5）NH_3 的挥发与磷吸附之间的关系。由以上 $NH_4Cl + CaCO_3$ 体系、$(NH_4)_2HPO + CaCO_3$ 体系的试验结果可以证明，NH_3 的挥发能促进磷被 $CaCO_3$ 的吸附。为了进一步证明 NH_3 的挥发与 P 的吸附这两种过程的相互作用，又进行如下 3 种试验体系，即 $DAP - CaCO_3 - H_2O$ 体系（a）、$DAP - CaCO_3 - 0.01mol/L NaOH$ 体系（b）和 $DAP - CaCO_3\ 1\ mol/L\ NaOH$ 体系（c）的试验测定（图 3 - 49）。

根据上述假说，如果在 H^+ 未与 $CaCO_3$ 作用之前，就把 H^+ 消除掉，那么 $CaCO_3$ 吸附磷与通气就无关系了。因此，用水、$0.01\ mol/L\ NaOH$ 和 $1\ mol/L\ NaOH$ 溶液分别加入体系中，即以不同 pH 的溶液溶解 DAP，这样可以期望通气与不通气之间 $CaCO_3$ 吸附磷的差异会随着溶液 pH 的增加而减少，因 H^+ 离子逐渐被 OH^- 离子所中和。这个设想已由图 3 - 49 中磷的吸附数据所证实。在 DAP -

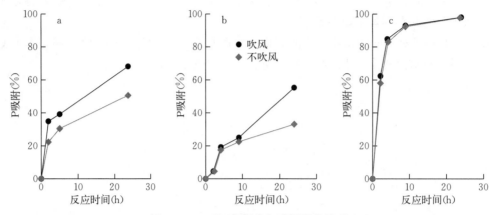

图 3-49　NH_3 的挥发与磷吸附的关系

$CaCO_3 - H_2O$ 体系中（a），由于 OH^- 离子浓度低，因此，从测定开始到最后的整个反应过程中，磷的吸附通气的总量总是比不通气的高。在 $DAP - CaCO_3 - 0.01\ mol/L\ NaOH$ 体系中（b），因 OH^- 离子浓度增高，反应 8 h 之内，通气与不通气之间磷的吸附基本没有差异，只有在反应 8 h 以后，磷的吸附差异才开始表现出来。而在 $DAP - CaCO_3 - 1\ mol/L\ NaOH$ 体系中（c），由于 OH^- 浓度增加更高，因此，在开始测定到最后的整个反应过程，通气与不通气之间磷的吸附几乎没有差异，两条磷吸附曲线几乎重叠在一起；另外看出，磷的吸附量在通气与不通气条件下，均随溶液 pH 的升高而增高。磷的吸附率不通气与通气的在 24 h H_2O 体系分别为 35.43% 和 50.71%，0.01 mol/L NaOH 体系分别为 55.55% 和 64.97%，1 mol/L NaOH 体系分别为 98.67% 和 99.39%。

根据报道，施入石灰性土壤的铵盐肥料，NH_3 的挥发与铵盐中所含阴离子种类有关；当铵盐肥料与 $CaCO_3$ 作用，形成钙沉淀物时，NH_3 的损失量要比铵盐与 $CaCO_3$ 作用形成非钙沉淀物量要高。在研究中，NH_3 的挥发损失量，$DAP - CaCO_3$ 体系要比 $NH_4Cl - CaCO_3$ 体系大，这是因为前者形成了 $Ca - P$ 沉淀物，而后者形成的是 $CaCl_2$ 非沉淀物。故在 24 h 内，NH_3 的挥发量分别为 31% 和 9.3%。

（五）石灰性土壤体系

1. 石灰性土壤主要化学特性　供试土壤是采自陕北黄绵土耕层土，其 pH（水浸）为 7.8、$CaCO_3$ 含量为 12.5%、阳离子交换量 9.45 mg/100 g 土、有机质 0.37%、有效磷 6 mg/kg。

土壤脲酶活性测定：在 25 g 土壤中加入 20 mg 尿素，均匀混合，使含水量接近田间持水量，在 30 ℃ 培养 24 h，然后测定土壤中残留尿素含量。以尿素损失量作为衡量脲酶活性的强弱。供试土壤所测定的脲酶活性很低，每千克每小时仅 1.4 mg 的尿素。

2. 试验方法　尿素在土壤中水解后，NH_3 的挥发用 Stumpe 等（1984）提出的方法测定。即在温室内用充气装置，把无氨空气充入密盖的试验盆内，使试验盆内挥发出来的 NH_3，带入盛有酸液（H_2SO_4）的吸收筒内，气流量保持在 15～20 L/min。见图 3-50。

称 80 g 土放入直径 9 cm 的培养皿内，肥料按氮肥 127 kg/hm² 及磷肥 140 kg/hm² 撒在土壤表面上。试验设以下处理并重复 2 次：①粉状过磷酸钙；②颗粒状尿素；③尿素加过磷酸钙；④粉状磷酸二铵。施肥后，加水至田间持水量的 80%，然后把培养皿放入试验盆内，密盖好后，把试验盆与

图 3-50　NH_3 吹风吸收盆栽装置

充气装置连接起来，即开始研究 NH_3 的挥发。试验过程中，每天加水使土壤保持相同含水量。

从 $1\sim6$ d 的不同间歇时间内，用蒸馏法测定酸吸收的 NH_3。6 d 末，培养皿中的土壤用 80 mL 的水浸提 1 h，用抗坏血酸法测定滤液中磷的浓度。

在不通气的试验中，仅用尿素加过磷酸钙或磷酸二铵处理培养皿中的土壤。在这一组试验中，由于培养皿密封和不通气，所以测不出 NH_3 的挥发。6 d 末，同样用水浸提，测定水溶性磷的含量。

3. 试验结果　用尿素、尿素加过磷酸钙（SSP）、磷酸二铵（DAP）处理的土壤，NH_3 的挥发见表 3-43。6 d 后，施尿素或尿素加过磷酸钙的土壤，NH_3 的挥发量很小；但施磷酸二铵的土壤，NH_3 的挥发量要占施入氮量的 56%。在本试验中，施尿素的土壤，NH_3 的挥发很少，这可能是由于土壤中脲酶活性太低，尿素在土壤中没有充分水解有关。另外，也可能是由于尿素施得太多，因为尿素施得较多会抑制尿素水解。

从表 3-43 可以看出，通气 6 d 后，施磷酸二铵的土壤，水溶性磷的含量低于施尿素加过磷酸钙或单施过磷酸钙的土壤。而未通气则相反。未通气的，即使是纯 $CaCO_3$ 体系，也基本没有发生 NH_3 的挥发。因此，施磷酸二铵的土壤，其水溶性磷由未通气的 58.5 mg/kg 土降低到通气的 7.0 mg/kg 土，这就清楚地证明石灰性土壤上 NH_3 的挥发能加强 $CaCO_3$ 对磷的吸附，减少水溶性磷的含量。这与 $CaCO_3$ 体系所得到的结果是非常一致的。

根据假说，如果没有 NH_3 的挥发，那么即使通气，也不会影响 $CaCO_3$ 对磷的吸附。这由表 3-43 证实了这点。施尿素加过磷酸钙的土壤，通气的水溶性磷与不通气的基本相同。不管通气与不通气，施尿素加过磷酸钙的土壤，也都基本没有 NH_3 的挥发。表 3-43 中另一个有趣的结果是施尿素加过磷酸钙或单施过磷酸钙的土壤在通气条件下，水溶性磷的含量相同，这是因为在通气条件下尿素加过磷酸钙没有产生 NH_3 挥发的结果。

表 3-43　不同肥料表施在石灰性土壤时氨的挥发和水溶性磷含量

肥料	NH_3 挥发（%）				水溶性磷（mg/kg 土）	
	1 d	2 d	3 d	6 d	通气	未通气
SSP	—	—	—	—	11.4b	—
尿素	0.1	0.2	0.3	0.3	0.4d	—
SSP＋尿素	0.1	0.1	0.1	0.1	11.5b	12.7b
DAP	41.1	46.9	51.0	56.1	7.0c	58.0a

注：相同小写字母表示差异不显著，不同小写字母表示差异显著。

由以上磷酸二铵在 $CaCO_3$ 或石灰性土壤体系中 NH_3 挥发与磷固定之间关系的研究结果表明，一方面，进一步验证了 Ei-Zahabay（1980）指出的 $CaCO_3$ 吸附磷酸二铵中磷能加强石灰性体系中 DAP-N 的挥发作用；另一方面，又证实了 NH_3 的挥发也能加强石灰质体系中 $CaCO_3$ 对磷的吸附。因此，可得出这样的结论，DAP 在石灰质体系中，存在着 NH_3 的挥发和磷的吸附两个过程，这两个过程之间存在着相互影响、相互促进的关系。为了减少 NH_3 的挥发和磷的固定，首先应采取措施减少 NH_3 的挥发。

另外，通过以上试验使笔者得到一个重要的启发，就是 DAP 在石灰性土壤上，通过吹风能强烈促进 NH_3 的挥发和磷的固定。众所周知，我国西北地区，特别是黄土高原地区，风多风大是普遍性的一个自然灾害。以陕西为例，在黄土高原地区大风日数每年为 $26\sim35$ d，春夏最多，秋冬较少。春季大风以 4 月最多，持续时间较长；夏季以 6 月最多，常伴有雷暴。大风季节正值作物生长时期，这不但容易引起土壤水分损失，而且也容易产生氮肥挥发损失。所以在黄土高原地区总是感到氮肥肥效不高，氮素损失大，风多风大可能是一个大的因素。过去对氮肥损失已做过大量研究，但对风的影响却研究很少，这是应该引起注意的。本研究结果有力证实了风对 NH_3 的挥发和磷的固定具有极其重要的作用。由此启示，在风多风大的西北地区，如何加强地面管理，减少风对 NH_3 的挥发可能是减少氮肥损失、提高氮肥利用率的重要途径之一。

二、寻找 NH₃ 挥发与磷固定双降的氮、磷肥料配合研究

经研究发现，DAP 施在沙漠石灰性土壤上会发生 NH_3 的挥发，并引起 $CaCO_3$ 对 P 的固定。但研究发现，施尿素和过磷酸钙效果好于 DAP。但从文献报道来看，DAP 与尿素加过磷酸钙（SSP）在石灰性土壤上的肥效比较研究很少，而这在理论上和生产上却非常重要，因此利用先进的技术设备在温室和田间进行研究。主要目的是进一步论证以上所提出的理论观点，并寻找石灰性土壤上减少 NH_3 挥发与磷固定的措施。笔者进行了 DAP 与尿素加过磷酸钙在石灰性土壤上的肥效比较试验，试验结果如下。

1. 温室盆栽试验 NH₃ 的挥发　在温室里用尿素、尿素加过磷酸钙及 DAP 分别施入土壤后，NH_3 从土壤中挥发损失的累积量见表 3-44。在反应期间，NH_3 的挥发趋势是 DAP 大于尿素。但整体说来，在所有处理中，NH_3 的挥发量并不大，还不到加入氮肥的 6%。

在本试验中，从尿素中挥发的 NH_3 之所以较少，可能是由于该试验土壤的尿素酶活性太低。该土壤的尿素酶活性仅为每千克土每小时 4.6 mg 尿素被水解。同时本研究是每日加水，使 NH_4^+ 有所下移。虽然，在温室盆栽试验中，用 DAP 处理的土壤，NH_3 的挥发较低，但当用 DAP 处理的土壤放在培养皿中时，NH_3 的挥发却明显地增加了，试验 6 d 后测定结果，NH_3 的挥发量占施入量达 23.1%。事实上，以单位面积加入的氮肥来说，对试验盆和培养皿都是一样的。这就说明在每日加水的条件下，会促使盆中 NH_4^+ 下移，因而在试验盆中施用 DAP 的土壤 NH_3 的挥发量就自然减少了。同样，尿素也会下移，因而 NH_3 的挥发也会减少。

表 3-44　在温室盆栽土壤上尿素、尿素＋过磷酸钙和 DAP 表施时 NH₃ 挥发累积量

时间（d）	NH₃ 挥发（%）		
	尿素	尿素＋过磷酸钙	DAP
1	0.2	0.1	0.9
2	0.4	0.4	1.7
3	0.8	1.0	2.7
4	2.4	3.3	5.3

在培养皿试验中，6 d 后施尿素的土壤，NH_3 的挥发量仍然低于 2%（表 3-45）。这固然与土壤中尿素酶活性低有关，但在培养皿中因尿素的浓度较高，也会暂时抑制土壤尿素酶的水解作用（Vlek、Carter，1983）。虽然按面积计算，在培养皿中施氮量都是 127 kg/hm²，但其浓度却相当于 1 120 mg/kg 土，比试验盆中氮的浓度要高得多。

在这个试验中，NH_3 的挥发测定仅仅被限制在施肥后的 6 d 内。对这种供试土壤的尿素酶来说，由于尿素酶活化的滞后期相当长（Vlek、Carter，1983），因而这也是 NH_3 从尿素中挥发较少的一个重要原因。例如，温室中关于 N^{15} 平衡的研究表明，在相同的土壤上，小麦播种后至成熟共生长 117 d，Bureshand Vlek（1985）发现，收割后表施的约有 20% 的氮以 NH_3 的形式挥发损失掉了。

表 3-45　尿素＋过磷酸钙、DAP 在培养皿里土壤上表施时 NH₃ 的挥发累积量

时间（d）	NH₃ 挥发（%）	
	尿素＋过磷酸钙	DAP
1	0.5	13.3
2	0.8	17.5
3	1.0	19.8
6	1.5	23.1

2. 盆栽试验生物学效应　试验结果表明，植株干物质产量是随 DAP 和尿素加过磷酸钙中氮、磷用量的增加而显著增长。不施肥的对照产量非常低，每盆仅 2.66 g。植株中氮和磷的含量分别仅为 0.94% 和 0.05%，远远低于玉米正常生长时的氮、磷含量（Barber、Olsen，1968）。

植株产量和氮、磷吸收量的统计分析结果见表 3-46。氮和磷对植株产量的直接影响以及氮、磷与施肥方法之间的交互作用均达显著水平（$P < 0.05$）。如前所述，由于植株同时对氮、磷吸收，因此，不可能把氮效和磷效的程度分别开来。

表 3-46　玉米植株氮吸收和磷吸收量及干物质产量的统计分析

项目	均方			
	d_f	氮吸收量	磷吸收量	植物产量
重复	1	8 270.7**	145.88**	
肥料（F）	2	54 021.8+	3 682.72*	1 242.01**
施肥量（R）	3	602 275.8**	4 959.88**	2 728.98**
F×R	3	9 483.2**	292.02**	36.29**
施肥方法（P）	2	138 679.7**	1 212.81**	569.07**
F×P	2	21 812.6	478.97	50.18**
R×P	6	16 808.4**	280.20**	35.82**
F×R×P	5	9 089.9**	196.26**	27.18**
误差	49	562.7	22.11	8.64
CV		9.9	20.00	12.84

注：*表示显著性在 0.05 水平；**表示显著性在 0.01 水平；+表示显著性在 0.10 水平。

施磷酸二铵肥料的处理，干物质产量与施肥方法有关，其产量大小顺序为混施>深施>表面撒施（图 3-51）。植株对氮、磷的吸收量，表施显著比深施和混施的低（图 3-52、图 3-53）。虽然 DAP 表施会导致 NH_3 挥发，影响对氮的吸收，但表 3-43 数据表明这个机理并不明显。其原因已如前述，因每天向土壤加水，使表施 DAP 的 NH_4^+ 向下移动减少 NH_3 的挥发。但 NH_4^+ 不可能移动到整个根区而促使对氮的最大吸收。同样，DAP 中的 HPO_4^{2-} 在土壤中的移动性较小，因此，DAP 表施时，与混施和深施相比，HPO_4^{2-} 就更难接近整个植株根系。这种解释，可由 DAP 进行表施和深施的土壤处理中，有效磷含量基本相同得到进一步证明（表 3-47）。

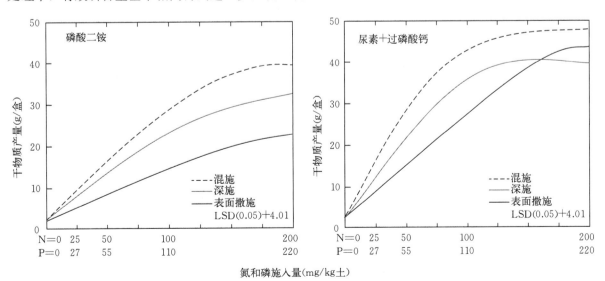

图 3-51　碳酸二铵或尿素＋过磷酸钙作为氮和磷肥源在土壤不同部位施入对干物质产量的影响

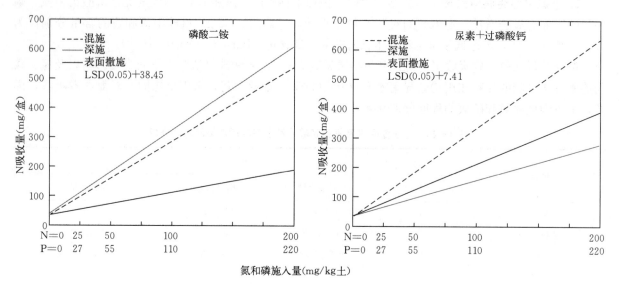

图 3-52 磷酸二铵或尿素＋过磷酸钙作为氮和磷肥源在土壤不同部位施入对植物吸收氮素的影响

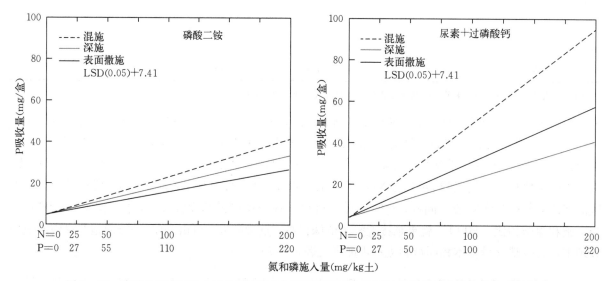

图 3-53 磷酸二铵或尿素＋过磷酸钙作为氮和磷肥源在土壤不同部位施入对植物吸收磷的影响

表 3-47 磷酸二铵、尿素＋过磷酸钙不同施肥方法对土壤有效磷的影响

肥料	施肥方法	施磷量 （mg/kg 土）			
		27	55	110	220
磷酸二铵	表施	9.4b	13.6b	18.4b	32.9b
	混施	5.2b	6.7b	12.3b	27.0b
	深施	6.3b	10.6b	20.8b	33.6b
尿素＋过磷酸钙	表施	22.3b	27.9a	39.8a	63.6a
	混施	8.3b	17.2ab	28.6a	55.3a
	深施	11.3ab	18.9ab	31.6a	70.9a
对照		1.5			

注：不同字母表示在 0.05 水平上差异显著。

DAP混施比深施能得到较高的生物学产量（图3-51），然而，混施和深施对作物吸收氮却基本相似。虽然在混施和深施之间，作物吸收的磷量和土壤测定的有效磷在统计上没有显著差异，但由于混施，肥料所占容积较大，作物吸收磷实际上混施比深施高，这可能就是混施比深施产量较高的原因。

在尿素＋过磷酸钙处理的土壤上，施肥部位对植株产量的影响没有像DAP处理的土壤那样明显（图3-51）。但在氮、磷用量高的时候，尿素＋过磷酸钙表面撒施的产量仍比混施的产量低。从统计结果上看，表面撒施与深施没有显著差异。在肥料用量高时，虽然混施比深施有增产趋势，但根据统计分析，混施和深施的效果却是基本相同。

3. 盆栽施肥的养分吸收　与DAP相似，尿素＋过磷酸钙表面撒施时，植株吸收的氮量和磷量均低于混施和深施的处理。在深施和混施处理中，植株对氮的吸收基本相似（图3-52）。但对磷的吸收深施明显低于混施（图3-53）。这是因为过磷酸钙与土壤混合的时候，使根系营养面积增大了。

研究中发现，尿素＋过磷酸钙表施时，土壤中有效磷含量与深施无显著差异（表3-47）；而植株吸收的磷，表施却显著低于深施，因此可得出这样的结论，当尿素＋过磷酸钙进行表施时，其产量效应较低，可能是由于表施的过磷酸钙比深施和混施的过磷酸钙减少了磷向植物根部移动的量（图3-52）。

许多研究人员认为，当肥料与土壤混合施用的时候，DAP中磷的有效性会等于或高于过磷酸钙或三料过磷酸钙中磷的有效性（Engelstad、Terman，1980）。但在笔者的研究中，肥料混施或深施，植株从尿素＋过磷酸钙中吸收的磷，却高于从DAP中吸收的磷（图3-53）。但从尿素＋过磷酸钙中吸收的氮与从DAP中吸收的氮却大致相同，这就说明两种肥料混施或深施，氮的有效性基本一样。因此可以预料，当这些肥料混施或深施在黏重土壤中时，将不会发生严重的NH_3的挥发。但是，当这些肥料表施在土壤表面时，植株从DAP肥料中吸收的氮明显低于从尿素＋过磷酸钙中吸收的氮。正如前面说过，在试验用的土壤中，尿素酶的活性相当低，因此，肥料表施在土壤表面，经过灌水，尿素可能比磷酸二铵下移到更深的土层。这样尿素可能移动到靠近植物根区，同时又能减少NH_3的挥发，这就可以说明，当这两种肥料表施时，为什么植株能从尿素＋过磷酸钙中比从DAP中吸收更多的氮。

对一定的施肥方法来说，不管施DAP，还是施尿素＋过磷酸钙，植株吸收磷的量与土壤有效磷含量之间的关系是一致的（图3-54）。植株吸收磷是土壤中有效氮和有效磷含量的函数。这个事实说明，DAP中氮和磷的相对肥效与尿素加过磷酸钙的相似。

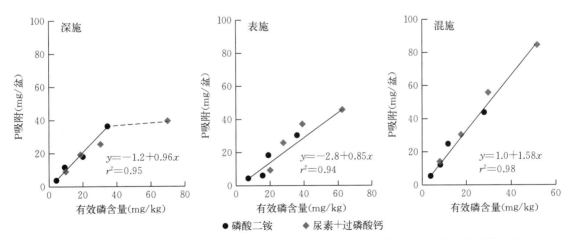

图3-54　DAP和尿素＋过磷酸钙在不同施肥方法条件下，土壤有效磷和植株吸收磷的关系

过磷酸钙和DAP都是水溶性磷肥，但其在石灰性土壤中的反应产物却不相同。经证明，磷酸二钙（$CaHPO_4 \cdot 2H_2O$）是过磷酸钙中磷酸一钙（MCP）的最初反应产物。而磷酸八钙（OCP）

Ca_8H_2（PO_4）$_6 \cdot 3H_2O$ 和羟基磷灰石（HA）Ca_{10}（OH）$_2$（PO_4）$_5$ 是 DAP 的主要反应产物（Lindsay、Taylor，1960），此外也证明，当 DAP 与 $CaCO_3$ 或石灰性土壤作用时，也会产生各种不同的磷酸铵钙。如 Ca（NH_4）$_2$（HPO_4）$_2 \cdot H_2O$ 和 $CaNH_4PO_4 \cdot H_2O$（Lindsay et al.，1964；Belland Black，1970；Frazier et al.，1964）。由于二水磷酸钙不及其他磷酸钙稳定（Frazier et al.，1964），因此，在石灰性土壤中，过磷酸钙的反应产物比磷酸二铵的反应产物更加易于溶解。这就可以解释为什么用尿素＋过磷酸钙处理的土壤，有效磷含量比用 DAP 处理的土壤高。Papadopoulos（1985）也报道，当肥料混施于石灰性土壤中时，用三料过磷酸钙（TSP）处理后，土壤有效磷含量高于用磷酸二铵（DAP）处理混施的土壤。

4. 田间试验生物学效应 由以上盆栽试验结果表明，不同施肥方法均表现出，尿素＋过磷酸钙处理的土壤对玉米的增产作用均高于磷酸二铵处理的土壤。在陕西关中地区石灰性塿土上的田间试验，也得到了相似的结果。结果见表 3-48。

表 3-48　尿素＋过磷酸钙与磷酸二铵田间玉米试验结果

作物	处理	产量（kg/hm²）	比对照增产（%）	尿素＋过磷酸钙比磷酸二铵增产（%）
玉米	CK	2 137	—	—
	DAP	3 578	67.37	—
	U+SSP	3 825	78.95	6.9
	对照	1 830	—	—
	DAP	2 978	62.70	—
	U+SSP	3 353	83.10	12.6
小麦	CK	2 235	—	—
	DAP	2 595	16.17	—
	U+SSP	2 760	23.66	6.54
	对照	1 650	—	—
	DAP	2 490	50.89	—
	U+SSP	2 753	67.05	10.7

由表 3-48 看出，在关中地区石灰性塿土上，不管玉米还是小麦，两种复（混）合肥料与对照相比，均有明显的增产作用。以上两种肥料相互比较，尿素＋过磷酸钙的增产作用均大于磷酸二铵的增产作用。小麦增产 6.5%～10.7%，玉米增产 6.9%～12.6%，这就证明，以上盆栽试验结果和理论分析都是合理的。

5. 小结 本试验在盆栽试验和田间试验条件下，进行了磷酸二铵和尿素＋过磷酸钙在石灰性土壤上的肥效比较，主要结果如下。

（1）当磷酸二铵和尿素＋过磷酸钙表施在石灰性土壤上时，NH_3 的挥发磷酸二铵高于尿素＋过磷酸钙。

（2）当以上两种肥料表施在石灰性土壤上时，尿素＋过磷酸钙处理玉米植株中氮的吸收量明显高于磷酸二铵处理；而当以上两种肥料混施或深施在石灰性土壤中时，玉米植株中氮的吸收量几乎没有差异。

（3）在盆栽试验中，玉米植株中磷的吸收量不同施肥方法均表现出尿素＋过磷酸钙处理要高于磷酸二铵处理；而不同施肥方法对植株磷吸收量的次序是混施＞深施＞表施。

（4）盆栽试验玉米干物质产量和田间试验玉米和小麦籽实产量，尿素＋过磷酸钙处理均高于磷酸二铵处理；且混施＞深施＞表施。

由以上结果看出，在石灰性土壤上尿素＋过磷酸钙，小麦、玉米的增产作用明显，氮、磷吸收量都显著高于磷酸二铵处理的土壤，这就进一步证明磷酸二铵在石灰性土壤中 NH_3 的挥发和磷的固定均大于尿素＋过磷酸钙的结论。故尿素＋过磷酸钙配合在石灰性土壤上施用是解决 DAP 在石灰性土壤上双降 NH_3 挥发和磷固定的一项有效技术措施。

根据以上试验结果，磷酸二铵复合肥料虽然物理性良好，运输、使用、储存方便，应积极发展这种新型肥料，但在石灰性土壤上，肥效不及尿素＋过磷酸钙。因此，在石灰性土壤地区，施用磷酸二铵的时候，应改进施肥方法，不宜表施，应进行深施或混施。

第七节 提高氮肥增产效果的研究

一、在施同量磷、钾肥基础上黄绵土的肥效反应

不同品种氮肥的肥效，可因地区、气候、土壤条件和作物种类等的不同而异。正确评价某一地区不同品种氮肥的肥效，对指导该区化肥生产、引进化肥，以及农民选用化肥，都具有重要意义。为此，笔者在陕北选择有效氮、磷、钾含量都较低的不同品种的氮肥在谷子上进行肥效比较试验。

1. 试验方法 用等量氮、磷、钾的条件下，对不同氮肥品种进行肥效比较试验，施肥量氮、磷、钾除对照外，均各 $112.5 \ kg/hm^2$。磷、钾均以重过磷酸钙和硫酸钾为基础，再施用不同品种的氮肥。处理如下：①对照（不施肥）；②尿素（46-0-0，保加利亚产）；③碳酸氢铵（17.7-0-0，米脂氮肥厂产）；④硝酸铵（34.7-0-0，兴平化肥厂产）；⑤硝酸钙（15.5-0-0，挪威产）；⑥磷酸二铵（18-46-0，美国产）＋尿素（用以调节氮量）；⑦氮磷钾复合肥（15-15-15，法国产）；⑧尿素，不施钾。各施氮处理均用重过磷酸钙（0-46-0，云南磷肥厂产）和硫酸钾（0-0-50，法国产）。每一施肥处理氮、磷、钾用量分别为 $112.5 \ kg/hm^2$、$49.2 \ kg/hm^2$、$92.3 \ kg/hm^2$。

施肥前采土样分析，结果是 $0 \sim 20 \ cm$ 土层有机质含量为 $3.64 \ g/kg$、全氮 $0.32 \ g/kg$、碱解氮 $16.1 \ mg/kg$、有效磷 $2.5 \ mg/kg$、速效钾 $93 \ mg/kg$；小区面积 $12 \ m^2$，重复 4 次，随机区组排列。所有肥料均匀播种前一次均匀撒施于地表，并立即用铁锨翻入土中，深度约 $15 \ cm$。

2. 不同氮肥品种对谷子产量的影响 从表 3-49 看出，在等氮、磷、钾等量条件下，不同氮肥品种处理的谷子产量与对照相比，其增产率为 $12.8\% \sim 30.4\%$。增产效果以碳酸氢铵最好，磷酸铵尿素、氮磷钾复合肥和尿素次之，硝酸铵和硝酸钙最差。方差分析结果表明，各处理间有极显著差异。对各处理的产量平均数进行多重比较，可以看出，在本试验条件下，碳酸氢铵、磷酸铵尿素、氮磷钾复合肥及尿素等多种含氮肥料，对谷子的增产效应都是比较高的，与对照相比，产量差异都达到极显著水平；硝酸铵与硝酸钙对谷子增产效果较差，与对照产量差异，硝酸铵接近显著水平，而硝酸钙未达显著水平。

表 3-49 不同氮肥品种对谷子产量的影响

处理号	处理	区组 I（kg/hm²）	区组 II（kg/hm²）	区组 III（kg/hm²）	区组 IV（kg/hm²）	平均值（kg/hm²）	比对照增产（%）
1	对照（无肥）	1 912	1 984	2 426	1 593	1979c，C	—
2	尿素＋P＋K	2 895	2 137	2 286	2 216	2 384ab，AB	20.5
3	碳酸氢铵＋P＋K	2 971	2 350	2 788	2 216	2 581a，A	30.4
4	硝酸铵＋P＋K	2 332	2 186	2 611	1 912	2 260abc，B	14.2
5	硝酸钙＋P＋K	2 667	1 934	2 428	1 905	2 234bc，B	12.9
6	磷酸铵尿素＋P＋K	2 664	2 504	2 522	1 969	2 415ab，AB	22.0
7	氮磷钾复合肥	2 446	2 609	2 463	2 118	2 409ab，AB	21.7
8	尿素＋P，不施K	2 168	1 925	2 501	1 659	2 063c，C	4.2

另外也看出，处理 8 只施用尿素＋P，不施 K 肥，与尿素＋P＋K 处理（处理 2）相比，处理 2 谷子产量比处理 8 高 15.56%，差异达极显著水平。说明该供试的黄绵土速效钾含量是缺少的，施用钾肥对提高谷子产量是具有重要作用的。

3. 不同品种氮肥对谷子品质的影响 从表 3-50 看出，所有施氮肥处理的谷子品质均较对照有所提高，其中粗蛋白含量比对照提高幅度为 21.26%，最高的硝酸铵，最低的是磷酸铵尿素和碳酸氢铵；粗脂肪含量比对照提高 3.36%～23.98%，最高的是尿素，最低的是碳酸氢铵。其他氮肥处理均处于中间水平。综合考虑粗蛋白和粗脂肪含量两项品质指标，尿素和硝酸铵处理的谷子品质最好，其他品种氮肥处理的则相对较低，尤其是碳酸氢铵处理的品质最差。

表 3-50 谷子品质分析结果

单位：%

品质项目	对照	尿素	碳酸氢铵	硝酸铵	硝酸钙	磷酸铵尿素	氮磷钾复合肥
粗蛋白	10.49	13.11	12.98	13.52	13.23	12.72	13.42
粗脂肪	4.17	5.17	4.31	4.72	4.36	4.68	4.53
粗蛋白＋粗脂肪	14.66	18.28	17.29	18.25	17.59	17.4	17.77

4. 不同品种氮肥对肥料利用率的影响 从表 3-51 可以看出，肥料氮的利用率以碳酸氢铵处理的最高，为 31.23%，氮磷钾复合肥、磷酸铵尿素和尿素处理的次之，硝酸铵和硝酸钙处理的最低，分别为 23.27% 和 21.13%，这与谷子产量结果基本一致；磷的利用率以硝酸铵和尿素处理的最高，均为 11.49% 和 11.16%，碳酸氢铵和氮磷钾复合肥处理的次之，硝酸钙和磷酸铵尿素处理的最低，均为 5.5% 左右。谷子产量变化并不一致，但与谷子籽粒品质变化基本一致；肥料钾的利用率以碳酸氢铵处理的最高，为 42.04%，磷酸铵尿素、氮磷钾复合肥和尿素处理的次之，均为 25% 左右，硝酸铵和硝酸钙处理的最低，分别为 18.82% 和 12.80%，变化趋势与产量结果基本吻合。

表 3-51 不同品种氮肥处理下谷子的肥料利用率

处理号	处理	籽实部分				秸秆部分				养分总吸收量（kg/hm²）			肥料利用率（%）		
		干重 (kg/hm²)	含N量 (%)	含P量 (%)	含K量 (%)	干重 (kg/hm²)	含N量 (%)	含P量 (%)	含K量 (%)	N	P	K	N	P	K
1	对照（无肥）	1979	1.679	0.278	0.417	2 392	0.536	0.089	1.552	46.05	7.63	45.38	—	—	—
2	尿素＋P＋K	2 384	2.097	0.364	0.503	2 367	0.749	0.136	1.71	74.46	13.12	67.86	25.26	11.16	24.36
3	碳酸氢铵＋P＋K	2 581	2.077	0.342	0.407	2 658	0.754	0.084	2.014	81.19	11.9	84.18	31.23	8.68	42.04
4	硝酸铵＋P＋K	2 260	2.163	0.369	0.364	3 150	0.741	0.157	1.731	72.22	13.28	62.75	23.27	11.49	18.82
5	硝酸钙＋P＋K	2 234	2.116	0.31	0.417	2 983	0.756	0.115	1.605	69.82	10.36	57.19	21.13	5.54	12.80
6	磷酸铵尿素＋P＋K	2 415	2.035	0.278	0.428	3 608	0.727	0.1	1.704	75.38	10.32	71.82	26.07	5.47	28.85
7	氮磷钾复合肥	2 409	2.147	0.31	0.417	3 525	0.754	0.121	1.587	78.3	11.73	69.51	28.67	8.34	26.14
8	尿素＋P，不施K	2 063	2.169	0.316	0.439	3 392	0.749	0.121	1.562	70.15	10.62	62.04	21.42	6.08	—

根据以上试验结果，对以下问题进行讨论：

（1）一般认为，氮肥施入土壤后氮素损失的途径主要包括氨的直接挥发、硝态氮的淋失和反硝化作用形成气态氮的逸失等。Fenn 和 Hossner 指出，氮从各个途径损失的程度取决于环境因素。关于旱地石灰性土壤氮肥施用后氮素损失主要途径问题，看法不一，多数学者倾向于氨的挥发。但经研究证明，当氮肥深施或与土壤混施后，以硝态氮形态的损失（包括淋失和反硝化作用）所占比例可能更大一些。本试验是在质地较粗的黄绵土上进行的，降水量又集中在谷子生长季节，相对来说，硝态氮的淋失和反硝化作用（尤其是硝态氮的淋失）可能是比较严重的。根据本试验结果，在相同条件下（即磷、钾肥的形态和数量一致），不同品种氮肥氮素利用率顺序为碳酸氢铵＞尿素＞硝酸铵＞硝酸钙。这说明在本试验条件下，氨挥发损失可能不是肥料氮损失的主要原因，而是以硝态氮淋失和反硝化作用（尤其是硝态氮的淋失）损失氮素的可能性最大。

（2）肥料磷、钾的利用率受不同品种氮肥的影响，其中硝酸钙和硝酸铵对磷、钾利用率的影响最为突出。硝酸钙施入土壤后，增加了土壤 Ca^{2+} 的浓度，一方面增强了磷的固定作用，另一方面游离态 Ca^{2+} 增多可能对 K^+ 的吸收有拮抗作用。因此，在所有氮肥中，硝酸钙处理的磷、钾利用率都是最低的。对硝酸铵而言，在石灰性土壤中，由于下述反应 $2NH_4NO_3 + CaCO_3 \rightarrow Ca(NO_3)_2 + (NH_4)_2CO_3$，"中和"了一部分土壤钙，使磷肥利用率提高；也增加了土壤游离态 Ca^{2+} 的浓度，使肥料钾的利用率降低。

（3）综合考虑各方面因素，旱地黄绵土谷子选用碳酸氢铵、尿素和氮磷钾复合肥作氮肥是比较合适的，硝酸铵也可以考虑，但不宜施用硝酸钙。

二、含氯氮肥的肥效反应

在 20 世纪 90 年代，我国氯化铵生产得到发展，成为世界上生产使用氯化铵最多的国家。随着含氯化肥的增多，施入土壤-植物体系的 Cl^- 也就越来越多。虽然氯已被证实是植物必需的微量元素，但过多使用会影响到作物产量、品质和土壤肥力的降低，这已引起各方面的关注。为了明确氯化铵在陕西主要土壤和主要作物上使用的可能性，于 1986 年秋开始，分别在陕南汉中的水稻土和关中扶风、武功、临潼等县的水稻土和塿土上对水稻、小麦、玉米等作物进行了氯化铵肥料的效应试验。试验设计方案见表 3 - 52。

表 3 - 52　氯化铵复（混）合肥料试验设计方案

处理	水稻土		塿土	
	肥源组合	施肥量（kg/hm²）	肥源组合	施肥量（kg/hm²）
CK	空白	空白	空白	空白
低肥	NH₄Cl＋重钙＋K₂SO₄	N75P75K75	NH₄Cl＋重钙	N75P75
低肥	尿素＋重钙＋K₂SO₄	N75P75K75	尿素＋重钙	N75P75
中肥	NH₄Cl＋重钙＋K₂SO₄	N150P150K150	NH₄Cl＋重钙	N150P150
中肥	尿素＋重钙＋K₂SO₄	N150P150K150	尿素＋重钙	N150P150
高肥	NH₄Cl＋重钙＋K₂SO₄	N225P225K225	NH₄Cl＋重钙	N225P225
高肥	尿素＋重钙＋K₂SO₄	N225P225K225	尿素＋重钙	N225P225

注：表中 P 代表 P_2O_5，K 代表 K_2O，空白代表不施任何肥料。

为了称呼简便，以下把 NH₄Cl＋重钙＋K₂SO₄ 或 NH₄Cl＋重钙称为含氯复肥（简称 Cl. C）；把尿素＋重钙＋K₂SO₄ 或尿素＋重钙称为含尿复肥（简称 U. C）。播种时先把肥料均匀撒在地面，再用铁锨翻入 10 cm 土内。小区面积均为 20 m²，重复 3 次。其他耕作和管理措施均保持一致。

通过连续两料多点田间试验，取得的试验结果如下。

1. 含氯复肥对作物产量的影响

（1）NH₄Cl 对小麦产量的影响。在汉中水稻土和关中塿土上施用含 NH₄Cl 复肥对小麦产量的影响见表 3 - 53、表 3 - 54。由结果看出，在汉中水稻土上的中肥组处理，施 NH₄Cl 比尿素略有增产（2.77%）外，其他处理结果均表现出含氯复肥比含尿复肥都有不同程度的减产，且有随施 Cl^- 量的增多减产增大的趋势，特别是高肥组处理，水稻土和堘土分别减产－9.61％和－7.22％。经 t 测验，汉中水稻土和关中堘土，由低肥和中肥处理的含氯复肥与含尿素复肥小麦产量之间的差异未达显著水平，而高肥处理的两种肥料小麦产量差异均达显著和极显著水平。说明在高氯含量施用时，在这两种土壤上，对小麦产量均有显著的减产趋势。

表 3-53　水稻土施含氯复肥对小麦产量的影响（1987 年田间试验）

处理	编号	产量（kg/hm²）					比对照增产（%）	Cl.C比U.C增减（%）	t 值
		汉中1	汉中2	汉中3	汉中4	平均			
CK	1	3 225.00	3 350.25	2 850.00	3 990.00	3 352.50	—	—	—
低肥	2	4 449.75	5 074.50	4 724.25	4 365.00	4 672.50	39.4	－2.04	1.77
	3	4 524.75	5 249.25	4 749.75	4 560.00	4 770.00	42.3	—	
中肥	4	5 799.75	6 024.50	5 074.50	5 310.00	5 557.50	65.8	2.77	－1.72
	5	5 849.25	5 724.75	4 824.75	5 250.00	5 407.50	61.4	—	
高肥	6	5 574.75	4 924.50	5 049.75	5 040.00	5 122.50	53.5	－9.61	3.30
	7	5 874.75	5 724.75	5 249.25	5 820.00	5 667.00	69.0	—	

注：施肥种类见表 3-52。

表 3-54　堘土施含氯复合肥对小麦产量的影响（1987 年田间试验）

处理	编号	产量（kg/hm²）							比对照增产（%）	Cl.C比U.C增减（%）	t 值
		武功1	武功2	扶风	临潼西泉	临潼新丰	临潼斜口	平均			
CK	1	3 687.75	3 650.25	4 824.75	2 892.00	4 382.25	2 307.00	3 624.00	—	—	—
低肥组	2	4 625.25	4 812.75	5 191.50	3 649.50	6 032.25	3 882.00	4 698.88	29.66	－0.35	0.14
	3	4 437.75	4 537.50	5 433.00	4 099.50	5 932.50	3 849.75	4 715.25	30.11	—	
中肥组	4	5 112,75	4 925.25	5 336.25	4 167.00	6 307.50	3 732.00	4 930.50	38.05	－1.63	1.63
	5	5 175.00	5 062.50	5 600.25	4 292.25	6 291.75	3 649.50	5 012.25	38.31	—	
高肥组	6	4 662.75	5 112.75	5 574.75	3 675.00	6 075.00	3 407.25	4 764.00	31.46	－7.22	4.73
	7	5 262.75	5 537.25	5 433.00	3 982.50	6 807.00	3 782.25	5 134.501	41.68	—	

　　（2）含氯复肥对水稻产量的影响。含氯肥料对第二料作物水稻的肥效影响，结果见表 3-55。由结果可以看出，在低肥和中肥处理下，施含氯复肥的水稻产量比施含尿复肥分别增产 11.49％和 14.28％，而高肥处理下，则减产 5.85％，这说明在少量和适量施氯情况下能提高水稻产量，而在高量施氯条件下，则会引起水稻减产。但经 t 测验结果表明，施含氯复肥与施含尿复肥产量之间的差异并未达显著水平。由水稻考种结果（表 3-56）看出，施用含氯复肥能增加水稻的分蘖数，随施肥量低、中、高，施含氯复肥比含尿复肥的分蘖数依次增加 7.74％、9.25％和 11.80％，经 t 测验，两种肥料的分蘖数达到显著水平。水稻秕谷率不论是施含氯复肥还是施含尿复肥，均随施肥量的增加而增加，但是在低肥处理时，含氯复肥的秕谷率低于含尿复肥；中量施肥时，两者相等；高量施肥时，含氯复肥秕谷率则高于含尿复肥。水稻千粒重施含氯复肥比含尿复肥则随低、中、高施肥量的增加而依次递减 2.11％、3.60％、7.86％。每穗粒重在低、中施肥量时，施含氯复肥比施含尿复肥分别增加 3.4％和 5.76％，但在高量施肥时，却降低了 18.71％。由以上结果说明，不同施用量的含氯复肥虽比含尿复肥能增加分蘖数，但在高量施肥时，含氯复肥却比含尿复肥增加秕谷率，由此降低穗粒重、千粒重和水稻产量。

表 3-55　含氯复肥对第二料水稻产量的影响（1987 年田间试验）

| 土壤 | 处理 | 编号 | 产量小区 | | | | 产量 | 比对照增 | Cl.C 比 U.C | t 值 |
			I	II	III	平均	(kg/hm²)	产（%）	增减（%）	
汉中水稻土	CK	1	12.90	13.40	13.75	13.35	6 675.00	—	—	—
	低肥	2	16.50	18.85	18.30	17.95	8 973.75	34.44	11.49	10.15
		3	15.00	17.25	16.25	16.10	8 049.00	20.58	—	
	中肥	4	16.50	18.05	18.20	17.60	8 799.00	31.82	14.28	-6.10
		5	14.45	14.50	14.65	15.40	7 699.50	16.35	—	
	高肥	6	15.25	15.8	15.01	15.385	7 696.35	15.30	-5.85	11.80
		7	16.19	16.95	16.0	16.35	8 174.25	22.46	—	

注：小区面积为 20 m²。

表 3-56　水稻考种结果

编号	处理	千粒重 (g)	Cl.C 比 U.C 增减（%）	粒重 (g/穗)	Cl.C 比 U.C 增减（%）	分叶数 (个/穴)	Cl.C 比 U.C 增减（%）	秕谷率 (%)	Cl.C 比 U.C 增减（%）
1	CK	29.7		3.17		12.4		12.4	
2	低肥	27.8	-2.11	3.26	3.49	16.7	7.74	16.4.	-19.61
3		28.4	—	3.15	—	15.5	—	20.4	—
4	中肥	26.8	-3.6	3.12	5.76	18.9	9.25	22.4	-2.61
5		27.8	—	2.95	—	17.3	—	23	
6	高肥	25.8	-7.86	2.39	-18.71	19.9	11.80	27.8	15.83
7		28	—	2.94	—	17.8	—	24	—

注：施肥方案见表 3-52。

（3）含氯复肥对第二料玉米产量的影响。由表 3-57 看出，在关中塿土上施用含氯复肥玉米产量比含尿复肥在不同施肥量时都有所增加，按施肥量低、中、高依次增加 2.26%、4.57% 和 5.06%。经 t 测验，在低肥、中肥处理下，两种肥料得出的产量差异，其概率值均未达到 0.05 的水平，表明在低、中肥量时，施用含氯复肥与含尿复肥所得的产量是同等的；而在高量施肥时，含氯复肥与含尿复肥产量之间的差异，t 值-4.02，说明在塿土上对玉米施高量含氯复肥比施高量含尿复肥有显著增产作用，也可说明在以上施肥范围内，氯离子对玉米的生长发育主要起营养作用，并能促进新陈代谢过程。

表 3-57　含氯复肥对玉米产量的影响（1987 年下半年田间试验）

| 土壤 | 处理 | 编号 | 产量（kg/小区） | | | | 产量 (kg/hm²) | 比对照增 产（%） | Cl.C 比 U.C 增减（%） | t 值 | |
			I	II	III	平均					
汉中临潼	CK	1	8.55	8.75	8.45	8.60	4 296.00	—			
	低肥	2	13.55	13.50	13.70	13.60	6 793.50	58.14	2.26	-2.32	0.146 0
		3	13.50	13.00	13.45	13.30	6 643.50	54.64	—		
	中肥	4	13.65	13.75	13.65	13.70	6 843.00	59.29	4.57	-2.45	0.134 2
		5	12.70	13.15	13.50	13.10	6 543.75	53.32	—		
	高肥	6	13.35	13.65	13.55	13.50	6 743.25	56.99	5.06	-4.02	0.056 6
		7	13.75	12.35	12.45	12.85	6 418.50	49.41	—		

2. 含氯复肥对作物养分吸收的影响

（1）含氯复肥对小麦茎秆养分含量的影响。由表3-58看出，在水稻土和塿土这两种土壤上小麦茎秆养分含量的变化趋势基本一致。小麦茎秆含氯量在不同施肥水平下，施含氯复肥的比施含尿复肥的都有明显增加，增加幅度在水稻土上由低肥、中肥和高肥分别依次增加44.22%、66.94%和152.47%，是随土壤含Cl⁻量的增加而增加。在塿土上分别增加96.31%、101.35%和57.30%，在施高Cl⁻时比施低Cl⁻与中Cl⁻有所降低。

表3-58　小麦茎秆养分含量

土类	施肥	编号	全氮(%)	Cl.C比U.C增减(%)	全磷(%)	Cl.C比U.C增减(%)	全钾(%)	Cl.C比U.C增减(%)	全氯(%)	Cl.C比U.C增减(%)
水稻土	CK	1	0.3129		0.0850		0.8269		0.414	
	低肥	2	0.3183	-2.75	0.1196	-1.65	0.9787	11.56	0.636	44.22
		3	0.3273	—	0.1216	—	0.8773	—	0.441	—
	中肥	4	0.3836	-11.61	0.1054	-16.35	1.2453	13.12	0.823	66.94
		5	0.4281		0.1260		1.1009		0.493	
	高肥	6	0.3632	-37.16	0.1081	-22.85	1.1251	21.20	0.818	152.47
		7	0.4979	—	0.1401	—	0.9283	—	0.324	—
塿土	CK	1	0.1499		0.05887				0.765	
	低肥	2	0.2940	-14.93	0.08750	-7.85			1.170	96.31
		3	0.3456	—	0.09495	—			0.596	—
	中肥	4	0.3249	-49.30	0.08540	-10.12			1.192	101.35
		5	0.4851		0.09502				0.592	
	高肥	6	0.3873	-46.85	0.0800	-19.59			1.164	57.30
		7	0.5687		0.1008				0.740	

注：施肥方案见表3-52。

由于植株体内含氯量的增加，对作物氮、磷、钾的吸收产生了一定影响。在水稻土上小麦茎秆含钾量是随着氯量的增加而增加。与施含尿复肥相比，在低肥、中肥、高肥处理下，施含氯复肥的麦秆含钾量分别增加11.56%、13.12%和21.20%，说明施用含氯复肥能促进作物对钾的吸收，两者具有一定的协同作用，经 t 测验，两种肥料对小麦吸钾差异已达到0.0542的显著性。其主要机理是作物吸收带负电的氯离子后，提高了膜电位差梯度，为保持电荷平衡，需吸收带正电的阳离子来平衡，故 K^+ 与 Cl^- 之间有较好的正相关；然而在高氯条件下，Cl^- 能干扰细胞的正常代谢，引起反渗透等，因而当施氯过多的时候，也会导致对钾吸收量的减少。

小麦茎秆中的含磷量施含氯复肥比施含尿复肥有不同程度的降低。在水稻土上按施肥量低、中、高分别降低1.65%、16.35%和22.85%，在塿土上分别降低7.85%、10.12%和19.59%，其含磷量随施氯量的增加而降低，有明显相关性，在水稻土上的相关系数 $r=0.993^{**}$，$y=7.5833+0.8587x$，在塿土上的相关系数 $r=0.9996^{**}$，$y=-0.78+0.9217x$，式中，y 为小麦秸秆含磷量降低百分数，x 为施氯量，均呈线性相关关系。周则芳（1988）研究表明，在水稻营养中 Cl-P 之间存在拮抗作用，因而氯对水稻磷的吸收有抑制作用。但他所得到的并不是呈线性相关关系，而是曲线 $y=x/(a+bx)$ 关系，该函数斜率为 $dy/dx=a(a+bx)^2$，表明 P-Cl 之间的拮抗作用随着含氯量的增加而减少，存在一定极限 $\lim y=1/b$。这说明以上试验，施氯量可能尚未达到某一极限，所以在有限范围内，两者则呈线性相关关系。

小麦茎秆含氮量的变化，与含磷量有相似结果。在水稻土上小麦茎秆含氮量随施 Cl⁻ 量的增加而减少，在低、中、高施肥水平下麦秸含氮量分别降低 2.75%、11.61% 和 37.16%，施 Cl^- 量与麦秸含氮量降低百分数之间的相关系数 $r=0.997^*$，$y=17.2367+0.7706x$；娄土在不同施肥水平下，麦秸含氮量是施含氯复肥比施含尿复肥分别降低 14.93%、49.30% 和 46.85%，施 Cl^- 量与麦秸含氮量降低百分数之间的关系，为 $y=56.76-1.20467x+0.00332x^2$，$r=1.0000$，式中，$y$ 为麦秸含氮量降低百分数，x 为施 Cl^- 量。由此说明，在娄土上对小麦的施 Cl^- 量已经超过了极限范围。用求极值方法，根据上式可求出在娄土上对小麦施 Cl^- 量的极限值为 459.4 kg/hm²。相当于 0～20 cm 土层中 204 mg/kg，超过此极限即会产生对小麦的毒害作用。

（2）含氯复肥对水稻和玉米茎秆养分含量的影响。在前茬小麦试验地上，按原试验方案分别在汉中水稻土和关中娄土上进行玉米试验，收获后进行茎秆养分含量分析，结果见表 3-59。水稻秸秆含 Cl^- 量是施含氯复肥比施含尿复肥明显增加，在不同施肥量下，两种肥料的茎秆含 Cl^- 量差异，接近极显著水平。水稻茎秆中的含钾量，含氯复肥明显高于含尿复肥，两者之间差异均未达到显著水平。水稻茎秆中的含磷量，施含氯复肥与施含尿复肥基本相等，没有统计学上的差异。水稻茎秆中的含氮量，施含氯复肥的低于施含尿复肥，在 3 种施肥水平下，分别减低 5.52%、11.35% 和 9.44%，经 t 测验，两种肥料之间差异接近显著水平。从水稻茎秆养分含量整个情况来看，施用这两种肥料时，除茎秆含磷量几乎相等外，其他养分含量差异变化与小麦变化趋势基本相同，即施含氯复肥能增加水稻对钾吸收，减少水稻对氮的吸收。

表 3-59　水稻、玉米茎秆的养分含量

土类	作物	施肥	处理号	全氮（%）	Cl.C比U.C增减（%）	全磷（%）	Cl.C比U.C增减（%）	氯离子（%）	Cl.C比U.C增减（%）	全钾（%）	Cl.C比U.C增减（%）
汉中水稻土	水稻	低肥	1	0.3916		0.2065		0.425		2.1725	
			2	0.4585	51.64	0.1987	1.01	0.661	37.89	1.9957	4.19
			3	0.4281	—	0.2007	—	0.479	—	1.9155	—
		高肥	4	0.6428	−11.35	0.2928	3.79	0.672	31.51	2.3363	5.75
			5	0.7251		0.2821		0.511		2.2093	
		高肥	6	0.660	−1.44	0.2959	1.75	0.736	53.65	2.6479	13.48
			7	0.7288		0.2908		0.479		2.3349	
关中娄土	玉米	低肥	1	0.7963		0.1631		1.008			
			2	0.7281	−2.73	0.2122	7.83	1.133	46.95		
			3	0.7485	—	0.1968	—	0.771	—		
		高肥	4	0.7231	−0.17	0.2362	23.34	0.686	−12.97		
			5	0.7243	—	0.1915	—	0.775	—		
		高肥	6	0.7611	1.83	0.2537	28.72	0.675	−37.78		
			7	0.7474	—	0.1971	—	0.930	—		

注：施肥方案见表 3-52。

在玉米茎秆的养分含量中，施含氯复合肥的含 Cl^- 量明显高于施含尿复肥，在低、中、高施肥水平下，分别增加 46.95%、−12.97% 和 −37.78%，但经 t 测验结果表明，玉米茎秆中含氯量在两种肥料之间的差异未达显著水平。

玉米茎秆含磷量，与小麦相反；施含氯复肥比施含尿复肥明显增加，且随施 Cl^- 量的增加而增加，这可能是由于玉米需磷量小于小麦需磷量，夏季种植玉米，土壤能释放出更多有效磷，显示出娄土在夏季比小麦秋冬季更富有磷素的供应，土壤 P/Cl 值增大，P 也能抑制 Cl^- 的吸收。故茎秆氯含量在两种肥料间差异达显著水平，可能与此有关。马国瑞试验证明，在富磷土壤上，马铃薯体内含磷并未因增施含氯化肥而减少,而且老叶、茎秆中含磷量随施氯增加而升高,统计分析,二者达到5%的显著水平。说明作物体内磷的含磷量变化既受施 Cl^- 的影响,又与作物生长季节和土壤含磷水平有关。

玉米茎秆中的含氮量,施含氯复肥比施含尿复肥在3种施肥水平下分别降低2.73%、0.17%和增加1.83%,降低量均未达显著水平,即没有什么差异。说明施用含氯复肥对玉米茎秆含氮量无不良影响。

3. 含氯复肥对作物品质的影响

(1) 含氯复肥对小麦籽粒养分含量和品质的影响。在水稻土和关中塿土上种植的小麦,其籽粒中养分含量和品质含量测定结果见表3-60。从表3-60可以看出,在两种土壤上小麦籽粒中的含氯量均为施含氯复肥高于含尿复肥,且随施氯量的增高而增高。在两种复肥的小麦籽粒含氯量之间的差异均达显著水平。由于小麦籽粒中含氯量的增加,对籽粒氮、磷、钾含氯也有一定影响,结果表明,小麦籽粒中的含氮量在水稻土上,施含氯复肥的均高于含尿复肥;而在关中塿土上则相反,施含氯复肥均低于施含尿复肥。但在两种土壤上小麦籽粒中的含磷量却均为施含氯复肥低于施含尿复肥,说明施含氯复肥能抑制小麦籽粒对磷的吸收与合成。但在水稻土上小麦籽粒中的含钾量则是施含氯复肥高于施含尿复肥,说明小麦籽粒中增加对氯的吸收与合成,能促进对钾的吸收与合成。经统计,两种肥料类型所得到的小麦籽粒含氯量差异已达到显著水平,而含氮量和含磷量的差异均未达到显著水平。

施含氯复肥对小麦品质有一定影响,在水稻土上小麦籽粒中的粗蛋白含量是施含氯复肥高于施含尿复肥;而在关中塿土上则相反,是施含氯复肥低于施含尿复肥。在两种土壤上,小麦淀粉、面筋、赖氨酸含量都是施含氯复肥低于施含尿复肥。经统计,施含氯复肥和施含尿复肥处理的小麦粗蛋白、淀粉含量差异均未达到显著水平(P分别为0.083和0.083),而面筋、赖氨酸含量之间差异均达显著水平(P分别为0.036 5和0.033 9)。

(2) 含氯复肥对水稻品质的影响。由表3-61看出,水稻籽粒中含氯量除低量施肥处理的含氯复肥略高于含尿复肥外,其余中量和高量施肥的含氯复肥均低于含尿复肥;但籽粒中含氮量却与其相反,低量施肥的含氯复肥略低于含尿复肥,而中量和高量施肥的含氯复肥均高于含尿复肥;籽粒中的含磷量和含钾量,施不同量的含氯复肥和不同量的含尿复肥之间几乎没有什么差异。从测定结果来看,施含氯复肥对水稻品质影响很小,施肥低的和中等的,对水稻籽粒中粗蛋白含量无不良影响,在高施肥量时,水稻粗蛋白含量施含氯复肥远高于施含尿复肥,其增幅为14.32%;对赖氨酸含量除中量施肥的含氯复肥比含尿复肥略有降低外,低量和高量施含氯复肥反而高于含尿复肥,增幅分别为4.24%和6.85%;施用含氯复肥对水稻籽粒中淀粉含量与含尿复肥相比,虽都有降低趋势,但降幅都是很小,几乎没有不良影响。从整体来看,施含氯复肥对水稻品质未显现不良影响,在合适施用量条件下,施含氯复肥对水稻品质存在一定的较好反应。说明水稻对含氯肥料的忌氯性是很小的。

(3) 含氯复肥对玉米品质的影响。从表3-61看出,在关中塿土上种植的玉米,籽实中含氯量在不同施肥量条件下均为施含氯复肥高于施含尿复肥,增加幅度达16.3%~94.81%。籽实中氮、磷含量却与此相反,施含氯复肥均低于施含尿复肥,两者降低幅度分别为0.38%~3.78%和7.30%~12.53%。说明玉米籽粒中增加氯的吸收量能抑制对氮、磷养分的吸收和合成。同时也看出,玉米籽实中的粗蛋白含量在不同施肥量条件下,施含氯复肥均低于施含尿复肥,降低幅度0.63%~21.08%;籽实中的赖氨酸含量,施含氯复肥比施含尿复肥略有增加,增加幅度为0.03%~2.08%,其增加幅度随施含氯量的增高而降低;籽实中的淀粉含量,施含氯复肥均高于施含尿复肥,但增加幅度是随施氯量的增加而降低。以上结果说明,虽然施含氯复肥对玉米品质有一定影响,但影响程度不是很大,说明玉米对肥料中的氯元素具有较大的忍受力。

表3-60 含氯复肥对小麦籽实养分含量与品质的影响

试验土壤	处理号	粗蛋白(%)	Cl.C比U.C增减(%)	淀粉(%)	Cl.C比U.C增减(%)	面筋(%)	Cl.C比U.C增减(%)	赖氨酸(%)	Cl.C比U.C增减(%)	氯离子(%)	Cl.C比U.C增减(%)	含氮(%)	Cl.C比U.C增减(%)	含磷(%)	Cl.C比U.C增减(%)	含钾(%)	Cl.C比U.C增减(%)
汉中水稻土	1	8.153		61.77		6.543		0.28		0.066		1.3045		0.8383		0.4667	
	2	9.791	27.52	61.56	−4.1	6.501	−7.43	0.28	−3.45	0.078	18.18	1.5665	21.57	0.8444	−5.01	0.531	13.44
	3	7.678	—	64.19	—	7.023	—	0.29	—	0.066	—	1.2285	—	0.8889	—	0.4681	—
	4	9.834	20.53	61.77	−1.95	8.312	−2.84	0.31	−11.43	0.086	9.46	1.5734	17.03	0.8769	−8.37	0.5964	13.17
	5	8.159	—	63	—	8.555	—	0.35	—	0.074	—	1.3055	—	0.957	—	0.527	—
	6	11.377	16.56	59.52	−2.65	9.527	−4.1	0.37	−5.13	0.09	7.8	1.8203	14.20	0.8925	−1.64	0.5961	12.18
	7	9.761	—	61.14	—	9.136	—	0.39	—	0.080	—	1.5618	—	0.9074	—	0.5314	—
武功关中塿土	1	8.425		63.28		7.754		0.31		0.069		1.348		0.7881			
	2	9.055	−12.44	62.84	−2.44	8.972	−3.14	0.31	−8.82	0.073	15.87	1.4488	−12.44	0.682	−1.55		
	3	10.342	—	64.41	—	8.69	—	0.34	—	0.063	—	1.6547	—	0.6927	—		
	4	10.344	−2.32	63.51	−0.72	10.209	−2.08	0.36	−14.29	0.088	20.55	1.663	−1.15	0.7088	−10.34		
	5	10.641	—	63.96	—	9.997	—	0.42	—	0.073	—	1.7025	—	0.7905	—		
	6	10.528	−2.64	62.19	−6.72	9.957	−4	0.33	−13.16	0.104	25.3	1.6845	−3.8	0.5393	−23.31		
	7	10.814	—	63.28	—	10.372	—	0.38	—	0.085	—	1.7303	—	0.7032	—		
t值		3.25		3.2		5.09		5.29		6.05		1.78		1.91			
概率值		0.083		0.083		0.0365		0.0339		0.0263		0.2166		0.1957			

注：施肥方案同表3-52。

表3－61　含氯复肥对水稻玉米籽实养分含量与品质的影响

土类	作物	处理号	粗蛋白(%)	Cl.C比 U.C增减(%)	赖氨酸(%)	Cl.C比 U.C增减(%)	淀粉(%)	Cl.C比 U.C增减(%)	氯离子(%)	Cl.C比 U.C增减(%)	全氮(%)	Cl.C比 U.C增减(%)	全磷(%)	Cl.C比 U.C增减(%)	全钾(%)	Cl.C比 U.C增减(%)
汉中水稻土	水稻	1	5.856 6		0.448		54.38		0.019		0.984 3		0.691 5		0.192 8	
		2	6.398 6	−1.94	0.461	4.24	55.71	2.69	0.029	2.45	1.075 4	−1.94	0.704 4	−0.018	0.193 3	0.78
		3	6.525 4	—	0.422	—	54.25	—	0.023 3	—	1.096 7	—	0.705 7	—	0.191 8	—
		4	7.933 1	0.52	0.466	−3.12	54.38	2.37	0.035	−42.34	1.333	0.50	0.663 6	−9.07	0.193 4	−0.015
		5	7.892 1	—	0.481	—	53.12	—	0.060 7	—	1.326 4	—	0.729 8	—	0.193 7	—
		6	9.686	14.53	0.499	6.85	51.91	−1.37	0.046 6	−16.19	1.627 9	14.32	0.733 9	2.96	0.194 5	0.41
		7	8.472 8	—	0.467	—	52.63	—	0.055 6	—	1.424	—	0.712 8	—	0.193 7	—
关中娄土	玉米	1	9.608 4	—	0.327	—	67.18	—	0.054 2	—	1.601 4	—	0.705 6	—		
		2	9.835 2	−0.63	0.343	2.08	64.34	11.28	0.067 8	16.3	1.639 2	−0.38	0.665 2	−7.30		
		3	9.873	—	0.336	—	57.82	—	0.058 3	—	1.645 5	—	0.717 6	—		
		4	10.869	−21.08	0.37	0.54	60.91	9.87	0.097 6	94.81	1.811 5	−2.59	0.687 4	−12.53		
		5	11.103	—	0.368	—	55.44	—	0.050 1	—	1.850 5	—	0.785 9	—		
		6	10.987 8	−4.11	0.355	0.28	59.79	0.79	0.060 2	20.16	1.831 3	−3.78	0.755	−9.47		
		7	11.416 2	—	0.356	—	59.32	—	0.050 1	—	1.903 7	—	0.834 0	—		

4. 含氯复肥对土壤农化性状的影响　由表 3 - 62 看出，水稻土 0～10 cm 土层中氯含量，施含氯复肥的大大高于施含尿复肥，经 t 测验，两肥料间的差异达到 0.035 9 显著水平。表明施用含氯化肥第一料小麦的水稻土即有明显的氯离子积累。这可能在整个小麦生长期内，土壤含水量较少，土壤本身黏性较大，使耕层氯离子难以向下淋移有关。施用含氯化肥，对土壤 pH 和代换量变化基本没有产生什么影响。在关中武功娄土上，施含氯复肥比施含尿复肥的土层中含氯量有明显增加，在 0～20 cm 土层中含氯量按低、中、高施肥量依次为 14.44 mg/kg、14.44 mg/kg 和 31.25 mg/kg，在 20～40 cm 土层中依次为 34.05 mg/kg、49.56 mg/kg 和 78.01 mg/kg；施含尿复肥的在 0～20 cm 土层中含氯量依次为 1.51 mg/kg、28.23 mg/kg 和 10.77 mg/kg，在 20～40 cm 土层中依次为 32.94 mg/kg、22.63 mg/kg 和 22.63 mg/kg，都明显低于施用含氯复肥的土壤含氯量。可以看出，在关中娄土上，氯的淋移十分明显，20～40 cm 土层含氯量明显高于 0～20 cm 含氯量。这可能是由于娄土耕层土质比汉中水稻土土质较轻有关。但经 t 测验结果看出，娄土含氯量在两种肥料之间的差异在小麦后，尚未达到显著水平。对 pH 和代换量含量的变化也未产生明显影响。

小麦收获后在这两种土壤上，继续分别种植水稻和玉米，作物收获以后，土壤主要农化特性分析结果见表 3 - 62。

表 3 - 62　种二季作物后土壤含氯量的变化

施肥处理	土壤深度（cm）	小麦		水稻、玉米	
		氯离子（mg/kg）	pH	氯离子（mg/kg）	pH
对照	0～20	4.607	6.19	2.981	8.35
	20～40	4.607	6.81	14.905	8.4
低量氯磷铵钾	0～20	10.027	5.99	2.981	8.41
	20～40	1.336	6.85	59.723	8.48
低量尿磷铵钾	0～20	3.523	6.27	2.168	8.49
	20～40	3.252	6.87	14.634	8.54
中量氯磷铵钾	0～20	4.065	6.7	2.168	8.36
	20～40	3.794	6.7	51.63	8.76
中量尿磷铵钾	0～20	2.71	6.18	2.71	8.24
	20～40	3.252	6.67	13.6	8.63
高量氯磷铵钾	0～20	3.794	6.18	1.897	8.37
	20～40	3.523	6.79	45.528	8.5
高量尿磷铵钾	0～20	2.71	6.38	6.865	8.4
	20～40	2.439	6.66	12.737	8.44

在水稻土的试验地里，施含氯复肥的在 0～20 cm 与 20～40 cm 土层中含氯量除低肥量处理的分别为 10.027 mg/kg 和 1.336 mg/kg 差异较大外，其他差异都很小，两个土层的含氯量分别为 3.794～4.065 mg/kg 和 3.523～3.794 mg/kg。施含尿复肥处理的，在 0～20 cm 与 20～40 cm 土层中，土壤含氯量为 2.439～3.523 mg/kg，与施含氯复肥差异不大。说明在水稻生长期内，由于长期水分浸泡土壤，使氯离子大量淋移到土壤下层有关。而在玉米收后的娄土上，施用含氯复肥处理的 0～20 cm 土层中含氯量为 1.897～2.981 mg/kg，在 20～40 cm 土层中含氯量为 45.528～59.723 mg/kg，大大于高 0～20 cm 土层中的含氯量。玉米收后的 20～40 cm 土壤含氯量，在高施肥量时，与小麦高施肥量的同层土壤相比，又明显低于小麦同层土壤含氯量（78.01 mg/kg）。说明在玉米生长期内，由于正是降雨季节，又是大水灌溉，使氯离子由土壤上层更多地淋移到土壤下层。施用含氯复肥使土壤中含氯量有一定的积累，但积累量并不太大，因而对土壤 pH 尚未引起显著的变化。

三、化肥氮与其他肥料配合施用的肥效反应

1. 化肥氮与有机肥配合 一般认为，氮肥与有机肥配合施用，都是正交互效应。原因是：①有机肥含有腐殖质，可减少氮肥损失，提高氮肥利用率；②有机肥可改良土壤结构和提高土壤理化性状，有利于氮素的良性循环；③氮肥可促进土壤微生物活性，有利于有机肥和土壤有机质的转化，提高有机肥的效果。所以，两者配合施用可提高各自的增产效果。试验结果见表3－63。

表3－63 不同有机质和氮肥单独施用和配合施用时的小麦增产效果

肥料种类	单施有机肥或尿素		配合施有机肥＋尿素		交互作用系数	
	干生物量（g/盆）	吸氮量（g/盆）	干生物量（g/盆）	吸氮量（g/盆）	干生物量	吸氮量
泥炭	0.77	0.018 9	1.62	0.089 8	1.12	1.15
褐煤	0.67	0.018 1	1.74	0.085 6	1.42	1.09
风化煤	0.63	0.013 6	1.59	0.081 6	1.29	1.11
风化煤	0.66	0.015 1	1.62	0.081 9	1.39	1.09
泥炭	0.55	0.016 3	1.81	0.092 2	1.86	1.24
尿素	1.36	0.076 6	—	—	—	—
无肥	0.62	0.015 3	—	—	—	—

（1）化肥氮与有机肥配合施用的效应分析。由表3－63看出，不同有机肥和尿素单独施用时，小麦生物学产量和氮素吸收量都比较低，肥效反应较小，但配合施用时，生物学产量和氮素吸收量都有明显提高，干生物量交互作用系数为1.12～1.86，吸氮量交互作用系数为1.09～1.24；都属于正交互效应。特别是经过硝化后的有机质，对提高生物学产量和氮素吸收量更为明显，其中硝化后的泥炭增效作用特别显著。如果把两种肥料单独施用时的增效之和与配合施用时的增效值之间的差异进行 t 测验，结果表明，单独施用与配合施用，生物学产量之间的 t 值为4.42，概率值为0.011 5，达极显著差异；吸氮量之间的 t 值为2.26，概率值为0.031 0，达显著差异。由此表明，有机肥与氮肥配合施用，能显著提高作物产量和氮肥吸收量。

（2）化肥氮与有机肥配合施用的增产效果与交互作用。本试验在陕西关中塿土上进行。由夏玉米的试验结果（表3－64）看出，不同用量N肥和相同用量OM（有机肥，下同）时肥效反应差异很大。不施磷作肥底时，不同用量N＋OM配合施用时，比两肥单独施用时都有显著的增产作用。两种肥料的交互类型均为协同作用（S），N、OM两因素均为李比希限制因素类型，即都是夏玉米获得高产的主要限制因子。

表3－64 氮与有机肥在不同作物上配合施用的增产效果与交互作用

作物	处理		相对产量			A×B	A+B / A×B	交互作用类型	效应（%）				限制因素类型	
	A	B	单独施		配合施				单独施		配合施			
	N (kg/hm²)	OM（万 kg/hm²）	A	B	A+B				A	B	A	B	A	B
玉米	30	9	1.37	1.06	1.63	1.45	1.12	S	37	6	54	19	L	L
	60	9	1.42	1.06	1.93	1.51	1.28	S	42	6	82	36	L	L
	90	9	1.53	1.06	1.94	1.62	1.2	S	53	6	83	27	L	L
	120	9	1.56	1.06	1.94	1.65	1.18	S	56	6	83	24	L	L

（续）

作物	处理		相对产量			A×B	$\dfrac{A+B}{A\times B}$	交互作用类型	效应（%）				限制因素类型	
	A	B	单独施		配合施				单独施		配合施			
	N (kg/hm²)	OM (万 kg/hm²)	A	B	A+B				A	B	A	B	A	B
小麦	30	9	1.89	1.37	2.27	2.59	0.88	LS	89	37	66	20	LS	LS
	60	9	2.02	1.37	2.87	2.77	1.04	SA	102	37	111	43	M	M
	90	9	2.29	1.37	2.75	3.14	0.88	LS	129	37	101	20	LS	LS
	120	9	1.95	1.37	2.97	2.67	1.11	S	95	37	117	52	L	L

注：1. 玉米不施肥（对照）产量为 2 393 kg/hm²，小麦不施肥（对照）产量为 1 125 kg/hm²。

2. 供试有机肥为农家肥料，含有机质为 2.39%、全氮 0.119%、含磷 0.176%、水解氮 27.0 mg/kg、有效磷 6.45 mg/kg。

3. LS 为李比希交互作用，SA 为连乘性交互作用，S 为协同性交互作用，M 为米采利希限制因素，L 为李比希限制因素。

4. OM 为有机肥；相对产量为处理的产量与对照的产量的比值。

从表 3 - 64 中小麦试验结果看出，不同用量 N＋OM9 的不同处理，都有明显的增产效果，但有一定差异。单施 N 小麦增产效果特别明显，增产率为 89%～129%，而单施有机肥增产率为 37%。以交互作用类型来说，不同氮量＋OM9 处理分别为 LS、SA、LS 和 S，都有明显的交互作用效应，其 AB 两因素纯交互作用效应达 28%～54%。在这两种肥料中，N30＋OM9 和 N90＋OM9 两个处理的氮效都处在"MFYP"的 B 段，OM 效处在"MFYP"的 A 段；N60＋OM9 处理的氮效处在"MFYP"的 C 段；N120＋OM9 处理氮效和 OM 效则都处在"MF YP"的 B 段。说明氮肥和有机肥是关中堘土小麦增产的最大限制因子。

（3）化肥氮与有机肥配合施用在黄土地区堘土上的肥效反应。采用的资料是笔者在关中堘土上进行长期定位试验结果（表 3 - 65）。试验开始时堘土的主要理化性状：有机质 0.90 g/kg、全氮 0.83 g/kg、全磷 0.61g/kg、全钾 2.28 g/kg、碱解氮 61.3 mg/kg³、有效磷 9.57 mg/kg、速效钾 191 mg/kg、缓效钾 1 189 mg/kg，pH8.62，容重 1.3 g/cm³，孔隙度 49.6%，质地为重壤。可知堘土肥力是非常低的，有效养分中 P、N 特别短缺，有机质含量也很低。经过长期 N、OM 单种和配合施用，使土壤养分产生了很大的变化。由表 3 - 65 看出，N、OM 单独施用时，OM 肥效在小麦上几乎无效，玉米有一定效果，但肥效很小，仅 7%～9%；氮肥在小麦上虽有一定肥效，但肥效很小，仅 7% 左右；在玉米上效果较好，可达 36%。当 N、OM 配合施用时，肥效显著增高，而肥效表现与单独施用时相反，在小麦上高于在玉米上的肥效反应，在小麦上达 327%～332%。在玉米上达 174%～185%，因此，氮和有机肥配合施用不论是农家肥还是秸秆，在两种作物上都显示出明显的协同作用类型，氮和有机肥都成为小麦玉米增产的李比希限制因素类型。由此证明，在低肥力堘土上，要达到氮、有机肥高的肥效反应，获得作物高产，进行氮与有机肥配合施用是十分有效的途径。

表 3 - 65　氮与有机肥配合施用在黄土地区堘土上的肥效反应

有机肥	作物	相对产量			A×B	$\dfrac{A+B}{A\times B}$	交互作用类型	效应（%）				限制因素类型	
		单独施	配合施					单独施		配合施			
		A	B	A+B				M	N	M	N	M	N
农家肥	小麦	1.02	1.07	4.32	1.09	3.95	S	2	7	308	323	L	L
	玉米	1.09	1.36	2.85	1.49	1.92	S	9	36	110	162	L	L
秸秆	小麦	1.01	1.07	4.27	1.08	3.95	S	1	7	299	323	L	L
	玉米	1.07	1.36	2.74	1.45	1.89	S	7	36	102	156	L	L

注：表中资料是关中堘土长期定位施肥试验结果，产量为 12 年平均产量，空白对照产量：小麦为 1 027.8 kg/hm²、玉米为 2 235.7 kg/hm²。LS 为李比希交互作用，SA 为连乘性交互作用，S 为协同性交互作用，M 为米采利希限制因素，L 为李比希限制因素。

2. 氮磷配合施用的肥效反应　氮磷配合施用是针对单一施氮或单一施磷所出现的诸多问题而进行的一项研究。这是一个比较复杂的问题。对此，笔者进行了大量工作。首先根据黄土高原农业生态条件把陕西黄土高原地区划分为 3 个不同的农业生态区，即黄土高原丘陵沟壑区、渭北旱塬区和关中灌区。在这 3 个区内连续进行氮磷配合施肥的田间试验，根据试验结果分别建立不同地区氮磷肥效反应函数式，求得最大利润时的作物产量和氮磷经济施肥量，分析研究不同氮磷比例对作物养分吸收、生长、产量、品质的影响，现将结果分述如下。

（1）氮磷配合的肥效反应函数式及最大利润时的经济施肥量。根据联合国粮农组织推荐的二因素六区饱和田间设计方案，采用氮、磷两因素在黄土高原不同农业生态区进行了多点连续的田间试验，并应用二元二次多项式对试验资料进行模拟。结果见表 3-66。由表 3-66 看出，根据 362 个氮磷配合试验资料，建立了 9 个氮磷配合肥效反应函数式，所建立的函数式都呈现为 2 次抛物线模型，在函数模型中，在同一地区内的不同地力的常数项均随地力水平的提高而增高，并均由北向南（即由丘陵沟壑区到关中灌溉区）逐渐增高。

表 3-66　不同自然区氮磷肥效反应函数式

自然区	地力水平（kg/亩）	试验数（个）	肥效反应函数式
丘陵沟壑区	<50	7	$Y=29.5+12x_1+8x_2+0.608x_1x_2-0.709x_1^2-0.71x_2^2$
	50~100	6	$Y=77.5+12x_1+7.2x_2+0.5x_1x_2-0.68x_1^2-0.954x_2^2$
	>100	14	$Y=124+10x_1+8.942x_2+0.13x_1x_2-0.3x_1^2-0.55x_2^2$
渭北旱塬区	<100	18	$Y=72.5+15x_1+8x_2+0.2646x_1x_2-0.5x_1^2-0.35x_2^2$
	100~150	19	$Y=120.5+16x_1+9.61x_2+0.18x_1x_2-0.5x_1^2-0.45x_2^2$
	>150	22	$Y=177+14.475x_1+8x_2+0.2x_1x_2-0.6x_1^2-0.554x_2^2$
关中灌溉区	<150	95	$Y=129.5+14.87x_1+17.22x_2+0.175x_1x_2-0.437x_1^2-0.464x_2^2$
	150~200	101	$Y=180.5+17.69x_1+14.36x_2+0.116x_1x_2-0.53x_1^2-0.392x_2^2$
	>200	80	$Y=243.5+14.59x_1+12.76x_2+0.056x_1x_2-0.434x_1^2-0.328x_2^2$

在丘陵沟壑区氮和磷的经济施肥量分别为 4.6~5.6 kg 和 3.5~4.1 kg，氮∶磷为 1∶0.75 左右，每亩可增产小麦 40~60 kg；在渭北旱塬区分别为 6.5~8 kg 和 5.2~6.6 kg，氮∶磷为 1∶0.8 左右，每亩可增产小麦 80~110 kg；在关中灌溉区分别为 7.5~9.1 kg 和 8~9.6 kg，氮∶磷为 1∶1 左右，每亩可增产小麦 125~175 kg（表 3-67）。小麦最大利润时的产量在不同农业生态区内均随地力的增高而显著增加；而经济施肥量则均随地力的增高而降低。由此也说明，加强土壤培肥的重要性。由氮∶磷的需要看出，在 20 世纪 80 年代，在陕西黄土高原地区，由关中灌区到丘陵沟壑区对小麦显示出氮肥的重要性，而由丘陵沟壑区到关中灌溉区应强调磷肥的重要性。

表 3-67　不同地区最大利润时的小麦产量与经济施肥量

自然区	地力水平产量（千克/亩）	最大利润时的产量（千克/亩）	经济施肥量		氮∶磷
			氮（千克/亩）	磷（千克/亩）	
丘陵沟壑区	<50	89	5.55	4.12	1∶0.74
	50~100	122	4.78	3.6	1∶0.75
	>100	164	4.62	3.51	1∶0.76
渭北旱塬区	<100	182	7.95	6.55	1∶0.82
	100~150	225	7.5	6.1	1∶0.81
	>150	257	6.5	5.21	1∶0.86
关中灌溉区	<150	302	9.12	9.56	1∶0.03
	150~200	338	8.32	8.43	1∶1.01
	>200	371	7.45	8.04	1∶1.08

　　(2) 氮磷配合的肥效反应曲线。根据所求得的肥效反应函数方程，以最大利润时产量所需的经济施磷量作为固定值，绘制成不同施氮量时的肥效反应曲线（图 3-55～图 3-57）。

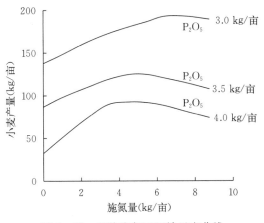

图 3-55　丘陵沟壑区肥效反应曲线

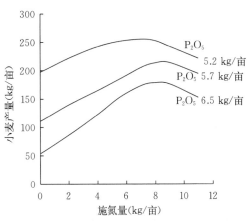

图 3-56　渭北旱塬区肥效反应曲线

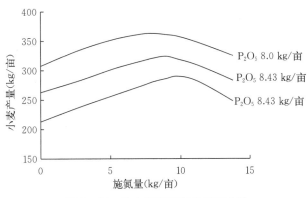

图 3-57　关中灌溉区肥效反应曲线

　　从肥效反应曲线可以看出，在最高利润产量施肥量范围内，产量曲线的陡度都是比较大的，说明在这 3 个地区内氮磷配合施用时增产作用是十分显著的。在同一施磷水平下，小麦产量随施氮量的增加而增加，均呈抛物线；而在同一施氮水平时，氮肥的增产效果，随施磷量的增加而增加，显然氮磷之间有明显协同作用。同时也可看出，在同一地区内，随着地力的增高，产量曲线也就逐渐变为平缓，说明在同一个农业生态区，氮磷的增产效果是随地力的增高而减低。

　　(3) 氮磷配合施用每千克有效养分生产小麦千克数。施用每千克有效养分所生产的小麦千克数在不同的自然区单施和氮磷配合施用有显著的差别（表 3-68），在小麦土壤上氮磷配合施用比氮磷单一施用能显著提高氮或磷的增产效果。每千克氮增产小麦千克数配合施用比单独施用丘陵沟壑区增加 22.22%～157.14%、渭北旱塬区增加 62.79%～97.14%、关中灌区增加 112.5%～171.43%；每千克磷在以上 3 区内氮磷配合施用比单独施用分别依次增产 1.19～5.64 倍、2.46～3.88 倍和 1.14～1.47 倍。说明磷在低肥力土壤上的增产效果大大高于高肥力土壤。在陕北丘陵沟壑区磷增产的倍数较突出，这与该地区土壤有效磷含量较低有关。但从每千克氮或每千克磷生产小麦的千克数来看，都表现出关中灌溉区＞渭北旱塬区＞陕北丘陵沟壑区，这与土壤水分供应状况和土壤肥力水平有关。一般来说，关中灌溉区降水量较高，再加有灌溉条件，土壤水分状况比渭北、陕北要优越得多，渭北地区虽然灌溉条件较差，但降水量比陕北较高，土壤肥力也较陕北较高；陕北地区降水较少，土质较粗，肥力较低。这些条件都会影响到氮肥和磷肥的生产效果。

表 3-68 施用每千克有效养分生产小麦千克数

自然区	地力水平产量（kg/亩）	氮磷配合施肥 kg 小麦/kg 养分		氮磷单一施肥	
		N	P₂O₅	kg 小麦/kg 氮	kg 小麦/kg 磷
陕北丘陵沟壑区	＜50	5.4	7.3	2.1	1.1
	50～100	4.7	6.2	2.9	0.2
	＞100	4.4	5.7	3.6	2.6
渭北旱塬区	＜100	6.9	8.3	3.5	1.7
	100～150	7	9.2	4.3	1.4
	＞150	6.2	7.6	3.3	2.2
关中灌溉区	＜150	9.5	9.3	3.5	4.3
	150～200	9.5	9.4	4.5	3.8
	＞200	8.5	7.9	4	3.7

（4）氮磷配合施用时的氮磷联应效果。在同一农业生态区内，氮磷配合施肥的联应系数均由低肥力土壤高于高肥力土壤。按平均值来说，氮磷联应系数陕北丘陵沟壑区为 1.51、渭北旱塬区为 1.31、关中灌溉区为 1.12。即在黄土高原区内，由北向南逐渐降低，明显反映出氮磷联应效果的农业地带性差异。这对不同农业生态区计划投肥的方向提供了一定依据。过去在计划投肥问题上，重点放在关中，特别是关中灌溉地区，这对投肥增产的效果来说是正确的，但却忽视了陕北的广大低产地区，由于陕北地力瘠薄，适量增施肥料，增产效果也是十分明显的。因此，为了保证地区间的均衡增产，对这些土壤瘠薄地区，也应注意各种肥料的增量供应。

表 3-69 氮磷平衡施肥时的联应系数

自然区	地力水平（kg/亩）	联应系数
陕北丘陵沟壑区	＜50	1.89
	50～100	1.55
	＞100	1.08
	平均	1.51
渭北旱塬区	＜100	1.39
	100～150	1.31
	＞150	1.22
	平均	1.31
关中灌溉区	＜150	1.21
	150～200	1.09
	＞200	1.05
	平均	1.12

注：统计的试验个数同表 3-66。

（5）氮磷配合对作物吸收养分和生长的影响。在不同比例的氮磷配合下测定了田间试验中小麦的养分吸收和生产情况，结果见表 3-70 和表 3-71。由表 3-70 看出，百千克籽实产量所吸收的养分，在不同氮磷比例下，氮为 2.35～2.94 kg，磷为 1.00～1.26 kg，钾 2.29～2.78 kg，均随施氮比例的增大而增加，其平均氮：磷：钾=2.65：1.14：2.52。籽粒和茎秆的比重也随氮磷配比中氮比重的增大而增高，平均籽：秆=1：1.50，但千粒重却有些相反。氮：磷为 0：1 时，为 43.31 g；氮：磷（0.5～1.5）：1 时，为 42.05～42.17 g，到氮：磷为 2.0：1 时，则下降为 40～39 g。说明肥料中氮比重的增加，促进了营养生长，增加了茎秆产量，减弱了生殖生长，最后减低了千粒重和籽实产量。由统计结果看出，在渭北旱塬地区，氮：磷为（1～1.5）：1 是比较合适的，既能促进的养分吸收，又能稳定千粒重，提高产量。

表 3-70　固定磷量与不同氮配合对小麦养分吸收与生产影响

处理		100 kg 籽粒（包含麦秆）养分吸收量（kg）			籽：秆	千粒重 (g)	产量 (kg/hm²)	SSR 测验	
氮：磷	用量 (kg/hm²)	氮	磷	钾				5%	1%
0：1	N0P90	2.35	1.00	2.29	1：1.28	43.31	3 625.5	C	C
0.5：1	N45P90	2.49	1.08	2.44	1：1.42	42.05	4 225.5	b	BC
1.0：1	N90P90	2.63	1.12	2.53	1：1.44	42.06	4 750.5	a	AB
1.5：1	N135P90	2.86	1.22	2.66	1：1.56	42.17	5 001.0	a	A
2.0：1	N180P90	2.94	1.26	2.78	1：1.81	40.39	4 890.0	a	AB

注：产量为 4 次重复平均值。试验在渭北旱塬永寿县进行；P 为 P_2O_5。

表 3-71　固定氮量与不同磷配合对小麦养分吸收与生产影响

处理		100 kg 籽粒（包含麦秆）养分吸收量（kg）			籽：秆	千粒重 (g)	产量 (kg/hm²)	SSR 测验	
氮：磷	用量 (kg/hm²)	氮	磷	钾				5%	1%
1：0	N112.5P0	2.85	1.42	2.85	1：1.80	40.3	3 063	c	B
1：0.333 3	N112.5P37.5	2.51	1.16	2.04	1：1.67	41.48	3 341	b	B
1：0.666 7	N112.5P75.0	2.52	1.08	2.08	1：1.50	43.26	3 827	a	A
1：1	N112.5P112.5	2.53	1.06	2.06	1：1.66	44.65	4 032	a	A
1：1.333 3	N112.5P150.0	2.51	1.52	2.23	1：1.76	42.82	4 038	a	A

在氮：磷=1：1.333 3 时，每百千克产量吸收的氮、磷、钾和籽：秆都较其他氮：磷要高，平均氮：磷：钾=2.58：1.25：2.25，籽：秆=1：1.55。小麦千粒重和产量都随施磷量的增加而增高。但经统计显示，氮：磷由 1：（0.666 7～1.333 3）产量都未达显著差异，但增产量都达到极显著水平；而与 1：0.333 3 和 1：0 相比都有显著差异。说明氮：磷在 1：（0.67～1）都比较合适。

（6）氮磷不同配比对作物产量和品质的影响。

① 不同氮量与定量磷配合对小麦产量和品质的影响。在不同氮量与定量磷配合时，小麦产量是随氮的增加而增高，呈二次曲线相关关系，$r^2=0.993\ 6^{**}$；粗蛋白百分含量、蛋白产量和面筋百分含量均随施氮量的增加而增高，均呈二次曲线相关关系，分别为 $r^2=0.728\ 4^{**}$、$r^2=0.963\ 4^{**}$；$r^2=0.730\ 1^{**}$；而赖氨酸则随施氮量的增加而增高，两者呈线性相关关系，$r^2=0.920\ 5^*$；而淀粉含量则随施氮量的增加而降低，两者呈线性负相关关系，$r^2=0.881\ 3^{**}$，结果见表 3-72。

表 3-72　不同氮磷配比对小麦产量和品质的影响

处理		产量 (kg/hm²)	粗蛋白		赖氨酸 (%)	面筋 (%)	淀粉 (%)
氮：磷	用量（kg/hm²）		(%)	(kg/hm²)			
0：1	N0P90	3 626	10.96	297	0.34	9.15	73.65
0.5：1	N45P90	4 226	11.63	492	0.36	9.46	73.82
1.0：1	N90P90	4 751	11.29	536	0.36	9.65	72.07
1.5：1	N135P90	5 001	12.44	622	0.37	10.13	71.67
2.0：1	N180P90	4 890	12.24	599	0.38	9.53	71.22

说明在施用定量的磷肥条件下，增施氮肥，进行氮磷配合，不仅能增加小麦产量，而且能显著提高小麦粗蛋白、赖氨酸和面筋含量，但对淀粉含量则略有降低。从氮磷配比来看，在施磷肥 90 kg/hm² 条件下，采用氮磷配比为 1：（0.666 7～1）是合适的。

② 不同磷量与定量氮配合对小麦产量和品质的影响。在不同磷量与定量氮配合时，小麦产量随施磷量的增加而增高（表 3 - 73）；粗蛋白含量随施磷量的增加而降低；而粗蛋白产量却随施磷量的增加而增高；赖氨酸和面筋百分含量均随施磷量的增加而降低；淀粉百分含量变化不太明显。另外，也可看出当氮磷比为 1：1.333 3（N112.5P150）时，粗蛋白、赖氨酸、面筋却比氮磷比为 1：1 时有所降低，所以定量氮为 112.5 kg/hm² 时，氮磷最佳比例应是 1：1。

表 3 - 73　不同 P 量与定量氮配合对小麦产量和品质的影响

| 氮：磷 | 施肥量（kg/hm²） | 产量（kg/hm²） | 粗蛋白 | | 赖氨酸（%） | 面筋（%） | 淀粉（%） |
			含量（%）	（kg/hm²）			
1：0	N112.5P0	3 063	12.43	381	0.40	10.68	72.93
1：0.333 3	N112.5P37.5	3 341	11.57	387	0.35	9.78	73.42
1：0.666 7	N112.5P75.0	3 827	11.37	435	0.36	9.36	71.78
1：1	N112.5P112.5	4 032	11.26	455	0.37	9.42	72.57
1：1.333 3	N112.5P150.0	4 038	10.47	423	0.33	8.63	73.14

（7）相同氮磷比不同氮磷用量对作物产量和品质的影响。对某一土壤和某一作物所需氮磷配比确定以后，在其他条件发生变化时，氮磷用量也要随之发生变化，所以对同一种配比不同氮磷用量对作物生长的影响有必要进行研究。在不同土壤不同作物上对这一问题进行的研究结果见表 3 - 74。在不同土壤、不同作物上，籽实产量、粗蛋白、赖氨酸和面筋含量均随氮磷用量同时增加而增高，但淀粉含量则没有明显的变化。对以上 4 种作物产量和品质的需要来看，在氮磷比为 1：1 时，氮磷合适用量应各取 225 kg/hm² 为宜。

表 3 - 74　相同氮磷比例不同氮磷用量对作物产量和品质的影响

土壤	作物	施肥处理（kg/hm²）	产量（kg/hm²）	粗蛋白含量（%）	赖氨酸（%）	淀粉（%）	面筋（%）
水稻土	水稻	N0P0	6 675	5.86	0.448	54.38	—
		N75P75	8 055	6.40	0.461	55.71	
		N150P150	8 805	7.93	0.466	54.38	
		N225P225	8 955	9.69	0.499	51.91	
塿土	玉米	N0P0	4 290	9.61	0.327	67.18	—
		N75P75	6 645	9.84	0.343	64.34	
		N150P150	6 795	10.87	0.37	60.91	
		N225P225	6 840	11.42	0.356	59.79	—
水稻土	小麦	N0P0	3 360	9.05	0.28	61.77	6.543
		N75P75	4 815	9.52	0.29	61.56	7.023
		N150P150	4 770	11.42	0.31	61.77	8.321
		N225P225	5 565	12.79	0.39	59.52	9.527
塿土	小麦	N0P0	3 630	10.26	0.31	63.28	7.754
		N75P75	4 695	11.06	0.34	64.41	8.69
		N150P150	4 860	12.85	0.42	63.96	9.997
		N225P225	4 995	13.06	0.33	63.28	10.372

第八节　旱地氮肥一次深施的肥效反应与理论依据

一、旱地氮肥施肥方法的现状及存在问题

1949 年以前，我国农业施用的肥料主要是各种有机肥料，化肥施用极少，在 1949 年以后，才逐步引进化肥。随着我国化肥工业的发展，化肥用量逐年增加，农业产量随之不断提高，施肥技术也得到不断改进和发展。

最初施用化肥的时候，各种化肥一般都是采用表面撒施或浅施的方法，肥效果很差。随后结合播种进行沟施或部分氮肥与种子混施，肥效有显著提高；但有时由于肥量掌握不当，影响种子出苗或伤苗。以后又改浅施为深施，把部分氮肥结合深翻进行深施，深度 10～15 cm，肥效有较大提高。随着施肥技术的改进和发展，出现了氮肥施用时间和施用量的问题。按照作物生长发育阶段的需要，广泛开展了"先重后轻""先轻后重""先轻中重后轻""前中后相等"等分次施肥方法的研究，在不同条件下得到了不同的试验结果。但总体认为"先重后轻"的增产效果较高于其他分次施肥方法。可是又出现了新的问题，在广大的西北干旱地区，由于春季干旱，作物生长期间进行氮肥追施，由于追施在不到 10 cm 的干旱土层内，肥料不能充分发挥作用，不但不能增产，反而引起减产。

早在 18 世纪末，德国瓦格涅尔针对德国多雨及施用硝石的情况，为防止硝态氮的淋失而提出了分次施肥的理论。到了 20 世纪 30 年代，苏联学者根据作物不同发育阶段与吸收养分的关系，又提出了按照作物不同发育阶段进行分次施肥的学说。以上理论和学说已在苏联学者阿夫多宁的著作中得以阐明。分次施肥理论在世界农业化学界产生深刻的影响，并得到公认和实施，在我国农业化学界也不例外。长期以来，在我国不论是南方还是北方，不论是水地还是旱地，不论是谷类作物还是薯类作物，不论是果树还是蔬菜，都是按照分次施肥的理论进行施肥，甚至不分气候、土壤等条件，千篇一律甚至是生搬硬套地采用分次施肥法，这无疑给农业生产特别给西北干旱地区的农业生产带来了许多难以解决的问题。

1. 按照分次施肥的要求，要把大量肥料施在作物强度营养期　以小麦来说，小麦是西北乃至是中国北方的主要种植作物，小麦的强度营养期是春季拔节期，在这一时期理把大量氮肥施在浅土层内，往往使小麦生长后期产生贪青晚熟，青干倒伏，引起减产。据调查，轻则减产 10%～15%，重则减产 20%～30%。更糟糕的是由于在生长期大量追施氮肥，生育期推迟，这时恰好遇到干热风，形成大量瘪籽，减产更为惨重。

2. 按照分次施肥的要求，必须有一部分氮肥在春季生长期追施　在西北广大地区，春季经常是严重干旱，一般表层土壤十分干旱，据测定，在 0～10 cm 土层中，土壤含水量由上年 11 月的 17% 左右，到次年 3 月降为 7%～9%，在这样的土壤水分条件下，施入的氮肥难以被作物吸收利用，甚至由于水分太少，氮素浓度过高，产生肥害。

3. 按照分次施肥的要求，必然有一部分氮肥于干旱春季追施土内　在小麦旺盛生长期内，难以把氮肥深施到湿土层内。施在很浅的干土层中，不但不能被吸收利用，反而会引起大量 NH_3 的挥发损失，污染环境，降低氮肥利用率。

4. 按照分次施肥的要求　小麦一般都按基肥→越冬肥→返青拔节肥→扬花灌浆肥的程序进行多次施肥，玉米一般都按基肥→苗肥→喇叭口肥→灌浆肥程序施肥。如果条件许可，能保证所施入的肥料充分吸收利用，没有损失，当然对作物生长和产量有益。但在气候干旱条件下，不但不能保证肥料的有效作用，反而可能产生负效应，浪费肥料资源。同时要增加劳动力 3～4 倍，无疑这对农民是很大的负担，特别在我国劳动力紧张的情况下，在农业上占用过多劳动力，势必影响其他事业的发展，影响农民经济收入。以上问题是西北干旱地区乃至整个中国北方干旱地区在施肥方面所存在的主要困难，作为农业科学工作者，应该面对现实，而不应该被传统理论所束缚，回避这些严重的现实问题。

秋季多雨、冬春干旱不仅是我国北方地区存在的比较普遍的问题，有些国家也存在这个类似问

题。如俄罗斯及周边甜菜种植地区，经常是秋季多雨、春季干旱，但甜菜种植的时间却是在春季，按照常规总是要把大量肥料结合播种浅施在干土层中，肥效不高。后来广大科研工作者根据气候条件，把大量肥料提前到秋季，结合深翻土壤一次施入 20 cm 的犁底沟内，并平整好土地，来年春季播种甜菜，大大提高了肥料效果，使甜菜得到大幅度增产。

春季施肥时，是在耙地或中耕时将肥料浅埋，所以，肥料便落到最上面迅速干燥的土层中。如果遇到干旱的春季和夏季，表层的肥料不能被很好利用，有时（在用量很高的情况下）还会显著降低产量。试验表明，秋季翻耕时施肥比春季中耕（或耙地）时施肥具有优越性，试验结果见表 3-75。这为氮肥提早一次深施提供了依据。

表 3-75　不同基肥施用时期和方法的糖用甜菜增产量

单位：kg/hm²

施肥时期和方法	乌克兰德聂伯河东岸的试验（160 个试验平均数）	哈尔科夫试验站（1917—1925 年）	米罗诺夫试验站（1936 年）	苏麦试验站（1936—1937 年）	乌曼试验站（普遍试验）	库尔斯克试验站（1936 年 3 个试验站平均数）
	P	NPK	NPK	P	P	NPK
春季用中耕机施肥	2 800	2 700	2 600	800	1 400	3 700
秋季用犁施肥	4 000	6 500	5 000	3 000	2 200	6 000

针对我国旱农地区施肥上存在的问题，笔者于 1979 年开始，在渭北旱塬地区进行氮肥一次深施问题的研究。在此指出，磷肥和钾肥的施用，特别是磷肥，学者们已认识到于播种时一次深施比分次浅施效果好，在农业生产上已普遍推广应用，不需再进行试验研究，所以只针对氮肥进行一次深施问题的研究。现已发表的一次性深施肥料的论文经抽样查看，绝大多数的试验结果都是肯定的，一次深施肥与分次施肥相比，在作物产量、养分吸收量和利用率以及对土壤水分利用效率、节省肥料用量、减少肥料损失、节省劳动力等方面都有明显的优越性，并在旱农地区成为农业施肥的一种趋势。

二、氮肥一次深施的效果试验

1. 小麦氮肥一次深施的盆栽试验　1980 年，笔者统一制定了试验方法，与不同地区农科所合作，进行小麦盆栽试验。每盆装土 20 kg、过磷酸钙 15 g、碳酸氢铵 15 g 或尿素 6 g，处理如下。

① 对照只施磷，不施氮。

② 碳酸氢铵 15 g，一次施入 15 cm 土层下。

③ 碳酸氢铵分层一次施（10 g 施入 15 cm，5 g 施入 5 cm）。

④ 碳酸氢铵分次施（5 g 播种时施入 15 cm，5 g 返青时施入 5 cm，5 g 拔节时施入 5 cm）。

⑤ 碳酸氢铵分次施（5 g 冬季分蘖施入 5 cm，5 g 返青时施入 5 cm，5 g 拔节时施入 5 cm）。

⑥ 尿素 6 g 一次施入 15 cm 土层下。

⑦ 尿素分层一次施（4 g 播种时施入 15 cm，2 g 施 5 cm）。

⑧ 尿素分次施（2 g 播种时施入 15 cm，2 g 返青时施入 5 cm，2 g 拔节时施入 5 cm）。

⑨ 尿素分次施（2 g 分蘖施入 5 cm，2 g 返青施入 5 cm，2 g 拔节施入 5 cm）。

试验都是在灌溉条件下进行的，供试土壤比较黏重。结果表明，碳酸氢铵和尿素在不同施肥方法所获得的小麦产量都是播种时一次深施＞播种时分层一次施＞播种-返青-拔节各 1/3 分次施＞冬前分蘖-返青-拔节各 1/3 分次施。但播种时一次深施与一次分层施的产量比较接近；两种分次施的产量虽然差异比较大一些，但也未达到显著差异。产量最低的是冬前分蘖-返青-拔节分次施。如果将一次施与分次施比较，碳酸氢铵一次施比分次施增产 13.91%，尿素增产 15.44%。说明氮肥在播种时一次深施具有明显的增产作用。见表 3-76。

表 3-76　不同地区不同土壤小麦氮肥一次深施盆栽试验结果

单位：g/盆

地点与土壤	施肥处理								
	对照	碳酸氢铵一次施		碳酸氢铵分次施		尿素一次施		尿素分次施	
	①	②	③	④	⑤	⑥	⑦	⑧	⑨
安康黄泥巴	19.83	51.20	52.05	47.87	40.70	48.83	47.80	42.76	42.56
商洛黄褐土	17.60	69.05	68.45	64.90	54.41	71.05	72.60	68	59.94
宝鸡红紫土	12.3	28.00	25.10	25.80	23.70	27.80	27.50	24.10	22.50
西安红油土	17.57	34.67	35.67	31.77	30.53	37.61	33.83	30.25	28.93
一次深施或分次施平均产量	16.83	45.73	45.32	42.59	37.34	46.32	45.48	41.28	38.23
相同施肥次数平均产量		45.53		39.97		45.90		39.76	

由 t 测验结果表明，以上两种氮肥两种一次施肥法的小麦产量之间差异和两种分次施肥法的小麦产量之间差异均不显著，而两种一次施肥法的小麦平均产量与两种分次施肥法的小麦平均产量之间差异性都达到显著和极显著水平。

2. 小麦氮肥一次深施的田间试验

（1）陕西黄土高原雨养农业区氮肥一次深施田间试验。1979—1981 年连续 2 年在陕西黄土高原地区选择 14 个县在无灌溉旱作农业区进行了小麦氮肥于播种前结合深耕一次深施试验，结果见表 3-77。由 30 个田间试验结果看出，氮肥一次深施比氮肥分次施增产 1.98%～183.53%，平均增产 17.25%。其中，有 9 个试验分次施肥反而比不施氮肥的对照减产 0.56%～10.43%，平均减产 3.67%。

在干旱地区小麦氮肥一次深施与分次施产量之间差异，由 t 测验表明，$t=6.29$，概率值<0.000 1，差异达极显著水平。

表 3-77　陕西不同旱农地区小麦氮肥一次施与氮肥分次施田间试验结果

试验地区	试验个数	平均产量（kg/hm²）			一次深施比分次施增产（%）
		对照	氮肥一次深施	氮肥分次施	
黄土高原雨养农业区	30	3 193	4 126（29.22%）	3 519（12.09%）	17.25
黄土旱塬补灌农业区	34	4 300	80（32.09%）	5 100（18.60%）	11.37
陕南旱作丘陵区	31	3 786	4 864（28.47%）	4 428（16.96%）	9.85

注：括号内数据是施氮对照（不施肥）增产（%）。

（2）关中黄土旱塬补灌农业区小麦氮肥一次深施田间试验。从表 3-77 看出，在陕西关中黄土高原地区，包括关中平原和渭北旱塬，共选择 17 个县（市），进行了 34 个小麦氮肥一次深施的田间试验。在这些地区小麦生长期间都是比较干旱的，但有些地区也有一定灌溉条件，如井灌、渠灌等，但保证率很低。所以，在实际生产过程中，基本上都处于干旱状态。为了检验氮肥一次深施在这些地区的优越性，特布置了大量田间试验。在 34 个试验中，氮肥一次深施与分次施比较，除有一个试验减产以外，其余都有不同程度的增产。其中，增产<5% 的有 6 个，占总试验数 17.65%；增产 5%～10% 的有 8 个，占试验总数 23.53%；增产 10%～15% 的有 8 个，占试验总数 23.53%；增产>15% 的有 10 个，占试验总数 29.41%；平均增产 11.37%。同时也发现，分次施肥的产量比不施氮肥的对照产量略有减少的有 5 个，减产范围为 0.40%～3.28%，平均减产 1.58%。经氮肥一次深施与分次施产量差异性 t 测验，$t=8.25$，概率值<0.000 1，达极显著水平，证明在黄土旱塬补灌农业区氮肥一次深施比分次施也有显著增产作用。

(3) 陕南旱作丘陵区小麦氮肥一次深施田间试验。陕南属亚热带地区，在主要农业生产区年降水量一般在800 mm左右，但年蒸发量在850 mm以上。虽然年降水量比较多，但季节性分布很不均匀，冬季23～28 mm，占全年降水量3%～3.1%；春季185～203 mm，占全年降水量21%～26%。春旱和冬旱经常发生，这对小麦生产仍是一个很大的灾害。一般在小麦生长期间，丘陵地区墒情很差，土壤干旱十分严重。在这些地区，土壤质地黏重，有农谚说，"干旱硬为钢，下雨泥黄汤"。说明该区土壤透水性很差，但保肥性很强，在这种自然条件下，在种小麦的土壤上进行氮肥一次深施是否比分次施也具有一定的优越性呢？为此，笔者和陕南有关地区农科所和县农业技术推广站合作，安排了31个氮肥一次深施和分次施的田间试验。由统计结果表明，在这些试验中，除两个氮肥一次深施比分次施减产0.17%和4.85%外，其余都有不同程度的增产，增产幅度为0.62%～39.16%，平均增产为9.85%。氮肥一次深施与分次施产量之间的差异性，经t测验，得t=6.98，概率值=0.000 1，达极显著水平。证明在陕南旱作丘陵区小麦氮肥一次深施比分次施同样具有显著的增产作用。

3. 陕西关中埁土地区夏玉米氮肥一次深施的盆栽试验 夏玉米是陕西主要粮食作物之一，在关中灌区一般与小麦倒茬，一年两熟。在生产实践中，农民一般都在玉米拔节或喇叭口期进行追肥。但各种农机具难以使用，只能靠人工开沟追肥，既费工，又不能深施。即使施了氮肥，往往不能及时灌溉，也起不到追肥的效果。因此，尝试在玉米播种前进行氮肥一次深施的盆栽试验。

盆栽试验供试土壤采自陕西杨凌杜家坡渭河三级阶地和卜村渭河二级阶地耕层土壤，土壤养分含量分别为有机质1.485%和1.046%、全氮0.106 3%和0.071 2%、水解氮47.2 mg/kg和38.7 mg/kg、全磷0.173%和0.180%、有效磷18.1 mg/kg和19.6 mg/kg、盐基交换量14.85 cmol/kg和13.27 cmol/kg。三级阶地土壤肥力比二级阶地土壤肥力较高。试验处理如下。

① 对照（只施磷，不施氮）。

② 播种时氮肥一次深施15 cm。

③ 播种-拔节-抽雄分次施，各施氮1/3。

每盆装土8 kg，每盆施碳酸氢铵12 g，磷肥与氮肥于播种时一次施入，4次重复。试验结果见表3-78。结果表明，在两种不同肥力的土壤上，氮肥于播种时一次深施均比分次施有不同程度的增产，增产程度是肥力较低的土壤高于肥力较高的土壤，但绝对产量相反，高肥力土壤高于低肥力土壤。在夏玉米不同生长期播种-拔节-抽雄氮肥分配比例来看，籽实产量在两种土壤上均为播时一次施＞前重＞中轻-后轻＞前轻-中重-后轻＞前轻-中轻-后重。也就是说，施氮在生长前期施得越多，增产越多，全部氮肥放在播种时一次深施，产量便达到最高水平。这为夏玉米氮肥一次深施提供了重要依据。

表3-78 夏玉米在不同土壤上氮肥一次深施的盆栽试验结果（1978年）

施氮处理（g/盆）			渭河三级阶地土壤		渭河二级阶地土壤	
播种	拔节	抽雄	籽实（g/盆）	一次施比分次施增产（%）	籽实（g/盆）	一次施比分次施增产（%）
0	0	0	12.50		0	
100	0	0	102.90	—	74.80	—
20	50	30	94.60	8.77	60.70	23.23
20	30	50	88.20	16.67	60.20	20.25
30	50	20	81.35	10.64	59.40	25.93
30	50	20	89.90	14.46	63.30	18.17
50	20	30	98.23	4.75	67.80	10.32
50	30	20	101.53	1.35	66.60	12.31

4. 关中补灌地区夏玉米氮肥一次深施的田间试验 陕西关中埁土地区在1980年小麦收获后，选择7个县布置11个夏玉米田间试验。每公顷施过磷酸钙450 kg、碳酸氢铵750 kg或尿素300 kg。磷

肥均于播种前一次深施土内。氮肥施肥方法是：一次深施肥处理，将全部氮肥于播前结合深翻深施在20 cm；一次分层施肥处理，将氮肥 75% 深施于 20 cm，25% 施入 10 cm；分次施肥处理，1/3 氮肥结合播种时深耕施入 20 cm，1/3 氮肥于拔节追施 10 cm，1/3 氮肥于抽雄追施 10 cm；一次浅施处理，将全部氮肥于播种前一次施入 10 cm 土层。3 次重复。试验结果见表 3 - 79。

表 3 - 79　夏玉米氮肥一次深施田间试验结果（1980 年）

施肥处理		平均产量（kg/hm²）	一次深施比一次分层施增产（%）	一次深施比一次浅施增产（%）	一次深施比分次施增产（%）
碳酸氢铵（11 个点）	对照	2 761			
	一次深施	4 214	1.94	3.28	7.28
	一次层施	4 134	—		
	一次浅施	4 080		—	
	分次施	3 928			—
尿素（11 个点）	对照	2 757			
	一次深施	4 361	1.21	3.46	7.71
	一次层施	4 309	—		
	一次浅施	4 215		—	
	分次施	4 049			—

由表 3 - 79 看出，碳酸氢铵与尿素在玉米上的增产效果十分接近。一次深施效果最好，分次施效果最差，其增产次序为一次深施＞一次层施＞一次浅施＞分次施。碳酸氢铵和尿素一次深施比分次施分别增产 7.28% 和 7.71%。经 11 个试验资料统计，碳酸氢铵的一次深施与一次层施产量之间差异性，t 值＝0.86，概率值＝0.407 6，不显著；一次浅施与分次施产量之间，t 值＝1.08，概率值＝0.307 6，不显著；一次深施与分次施产量之间，t 值＝2.47，概率值＝0.032 9，达显著水平，施尿素的统计结果与施碳酸氢铵的趋势完全一致。说明，夏玉米氮肥在播种时一次深施，其增产效果是肯定的。但与小麦相比，玉米的增产程度都低于小麦，这可能与玉米生长期间土壤水分条件比小麦生长期间好，有利于氮肥的浅施和分次施肥效的提高。

在大量田间试验过程中，发现在沙性较大土壤上以及雨水较多地区，把全部氮肥在播种前一次施入土内，其增产效果往往不如分次施。这在推广应用"一次施肥法"时应该予以注意。

三、关于旱地氮肥一次深施理论依据的研究

前面大量试验结果证明，在陕西有关地区，特别是在黄土高原干旱地区，播前将氮肥一次深施（即播种前结合深耕把全部肥料一次深施土内，以下同），对冬小麦、玉米等作物比分次施肥都有明显的增产效果。一次深施的理论依据现分述如下。

1. 氮肥一次深施对小麦产量构成因素的影响　根据碳酸氢铵和尿素在旱地和水浇地进行氮肥一次深施的试验，对 25 个田间试验进行了产量构成因素的统计，结果见表 3 - 80。在水浇地上氮肥一次深施与分次施相比，在不同施氮量条件下产量构成因素都有显著增加，每公顷冬季分蘖数增加幅度为 0~49.5 万个，平均增加 29.07 万个；成穗数增加幅度为 37.65 万~65.66 万穗/公顷，平均增加 36.3 万穗/公顷；每穗粒数平均增加 0.79 粒；千粒重平均增加 1.061 7 g。在干旱地区，小麦冬前分蘖平均增加 1.001 3 万个/公顷，成穗数增加 44.25 万/公顷，每穗粒数增加 0.773 3 粒，千粒重增加 0.928 3 g，各种产量构成因素都有不同程度的增加，这就保证了小麦增产的必需条件。由此看出，氮肥一次深施比分次施更能直接提高产量构成因素的数量级，说明在旱农地区氮肥和磷钾肥提早一次深施能在小麦生长早期提供充足养分，满足小麦早期生长发育的养分需要，能达到小麦"胎里富"的生理需求。这是氮肥一次深施的重要机理之一。

表 3 - 80　氮肥一次深施对小麦产量构成因素的影响（1979—1981 年共 25 个试验）

灌溉地

产量构成因素	碳酸氢铵用量及处理									尿素用量及处理								
	450 kg/hm²			750 kg/hm²			1 050 kg/hm²			165 kg/hm²			300 kg/hm²			390 kg/hm²		
	对照	一次施	分次施	对照	一次施	分次施	对照	一次施	分次施	对照	一次施	分次施	对照	一次施	分次施	对照	一次施	分次施
冬前总分蘖（万/hm²）	442.80	743.70	719.85	644.55	719.10	681.60	592.05	864.75	815.25	574.50	739.50	739.50	710.40	714.00	666.15	589.50	768.00	757.50
成穗数（万/hm²）	346.95	416.10	382.50	411.00	493.20	454.05	349.05	481.80	444.15	411.90	465.00	413.40	424.80	538.80	491.25	379.50	530.56	465.00
每穗粒数（粒）	28.31	31.63	31.33	30.57	34.41	34.42	29.53	35.3	34.06	33.75	36.55	55.0	32.29	35.11	34.33	31.1	35.9	34.4
千粒重（g）	39.56	39.77	38.87	37.38	37.60	37.09	38.03	27.72	36.61	42.85	43.25	41.5	37.38	37.98	37.83	43.0	42.85	40.9
理论产量（kg/hm²）	3 886.25	5 184	4 703	4 703	6 381	5 797	3 920	6 416	5 538	5 957	7 350	6 000	512.7	7 191	6 379	5 075	7 651	6 542
一次深施比分次施增加（%）		10.23			10.07			15.85			22.5			12.73			16.95	

旱地

产量构成因素	碳酸氢铵用量及处理									尿素用量及处理								
	450 kg/hm²			675 kg/hm²			2250 kg/hm²			82.5 kg/hm²			165 kg/hm²			390 kg/hm²		
	对照	一次施	分次施	对照	一次施	分次施	对照	一次施	分次施	对照	一次施	分次施	对照	一次施	分次施	对照	一次施	分次施
冬前总分蘖（万/hm²）	655.95	703.05	676.50	655.95	710.55	707.55	655.95	781.50	774.45	1 185.75	1 466.25	1 446.15	1 185.75	1 307.40	1 299.75	1 185.75	1 397.25	1 371.00
每苗穗数（万/hm²）	396.45	432.45	361.05	396.45	450.90	408.45	396.45	422.55	413.40	444.00	527.25	462.75	444.00	525.75	469.50	444.00	501.00	479.25
每穗粒数（粒）	29.4	30.97	30.97	29.4	32.37	31.40	29.4	33.10	31.17	31.3	31.65	31.35	31.3	32.25	32.4	31.3	33.7	32.10
千粒重（g）	34.87	35.77	36.20	34.87	36.1	34.43	34.87	36.7	35.37	34.45	34.95	34.6	34.45	35.95	34.25	34.45	35.25	34.30
理论产量（kg/hm²）	4 064	4 790	4 048	4 064	5 269	4 416	4 064	4 758	4 559	4 787	5 832	5 020	4 787	6 095	5 210	4 787	5 951	5 277
一次深施比分次施增加（%）		18.33			19.32			4.36			16.17			16.98			12.77	

2. 玉米不同生育期缺施等量氮肥时的生产效率　一般认为，各种作物都存在一个营养临界期和施肥最大效率期。如果在这两个时期能及时满足作物对养分的需要，就能使作物产量明显提高。为此，采用"空格法"进行盆栽试验，即每个处理中在玉米某一生育期缺施 2.5 g 硫酸铵，结果见表 3 – 81。可以看出，玉米不同生育期缺施等量缺氮的减产次序是开始抽雄＞播种＞拔节＞灌浆。也就是说玉米的最大需肥期是在抽雄期，这与一般研究结果是一致的。但与"非空格"处理相比，其他不同生育期缺氮处理时，都有明显减产趋势，减产程度为 20.85％～37.15％。作物需肥最大效率期是否就是肥料大量施用期呢？为此进行了另外试验。

表 3 – 81　玉米不同生育期缺施等量氮肥时的生效率（1978 年）

序号	施肥处理（g/盆）				籽实产量（g/盆）	比（1）减产	
	播种	拔节	抽穗	灌浆		g/盆	%
(1)	2.5	2.5	2.5	2.5	57.84	—	—
(2)	0	2.5	2.5	2.5	38.90	−18.94	−32.75
(3)	2.5	0	2.5	2.5	40.12	−17.72	−30.64
(4)	2.5	2.5	0	2.5	36.35	−21.49	−37.15
(5)	2.5	2.5	2.5	0	44.98	−12.06	−20.85

3. 大量肥料在玉米不同生长期一次施入的生产效率　为了明确大量肥料最佳施肥期，进行了盆栽试验和田间试验，结果见表 3 – 82。

表 3 – 82　大量肥料于玉米不同生育期一次施入的生产效率

试验类型		施肥量			产量	每克氮肥增产籽粒克数（g）
		播种	拔节	抽雄		
盆栽试验（1978 年）	高肥地	0	0	0	12.15 g/盆	—
		100 g/盆	0	0	102.90 g/盆	7.56
		0	100 g/盆	0	91.60 g/盆	6.62
		0	0	100 g/盆	84.90 g/盆	6.06
	一般地	0	0	0	0	
		100 g/盆	0	0	74.80 g/盆	6.23
		0	100 g/盆	0	60.40 g/盆	5.03
		0	0	100 g/盆	49.15 g/盆	4.10
田间试验（1978—1979 年）	高肥地	0	0	0	4 922 kg/hm²	—
		100 kg/hm²	0	0	7 217 kg/hm²	4.37
		0	100 kg/hm²	0	6 977 kg/hm²	3.91
		0	0	100 kg/hm²	6 649 kg/hm²	3.29
	一般地	0	0	0	3 225 kg/hm²	—
		100 kg/hm²	0	0	6 113 kg/hm²	5.50
		0	100 kg/hm²	0	5 903 kg/hm²	5.10
		0	0	100 kg/hm²	4 369 kg/hm²	2.18

注：盆栽试验每盆施碳酸氢铵 12 g；田间试验施碳酸氢铵 525 kg/hm²。

由表 3 – 82 可以看出，不管盆栽试验还是田间试验，不管高肥地还是一般地，所得到的产量，最高的是把大量肥料一次施于播种期，而不是施在施肥生产效率最大的抽雄期。相反，把大量肥料一次施在抽雄期，所得到的产量却最低，抽雄期成为施肥生产效率最低的施肥期。所以，在陕西黄土地区玉米最大施肥生产效率期是播种期，在玉米开始生长发育的苗期就应该有充足的养分供给其吸收利用。

在作物生长发育过程中，作物营养存在两个关键时期，一个称为作物营养临界期，即作物对某种养分在绝对数量上要求不多，但在需要的程度上却很迫切，如果此时缺乏这种养分，作物生长发育就会受到抑制。在这以后尽管供给最多的这种养分，也无法恢复或赶上正常生长的作物。玉米的营养临界期一般是出苗后7 d左右。另一个作物营养的关键时期，称为作物营养最大效率期，在这个时期，作物需要养分的绝对量最大，吸收速度也最快。在这个时期能施用相应的肥料，满足作物所需要的养分，其增产效率就高；如果这个时期缺乏所需要的养分，作物产量就会受到严重影响。玉米氮素营养的最大效率期是在喇叭口期至抽雄初期。以上理论都已经过实践证实了。这两个重要的营养时期，仅仅表现作物营养过程的生理特点，并不是法定作物的施肥期，任何施肥方法或施肥期如果能满足作物营养关键时期的营养需要，都是有效和合理的。根据国内外大量试验结果，施肥方法不应千篇一律，用我国农民的话来说，应该"看天、看地、看肥、看庄稼、巧施肥料"，也就是说应根据不同自然条件、不同肥料、不同作物的实际情况有区别地进行科学施肥，保证发挥肥料的最大效率。因此，作物的施肥时期，并不能完全依据作物营养的生理特点，而应该按以上的"四看"原则来确定。

4. 氮肥不同施肥次数对作物养分吸收规律的影响　1979年，田间试验测定结果表明（表3-83），在碳酸氢铵和尿素两种不同氮肥及其不同施肥方法下，玉米吸收氮素最多的时期都是拔节期和喇叭口期，施碳酸氢铵的植株含氮量分别为430 mg/kg和520 mg/kg，施尿素的分别为365 mg/kg和535 mg/kg，自此以后，植株吸氮量骤然降低，说明在这个时期植株生物产量迅速增长，使养分含量大大稀释。这种养分吸收规律，在不同施肥方法下，趋势都是基本一致的，并没有因为施肥方法的不同而有所改变。这充分说明，这种吸肥规律是作物生理特征固有的规律，不因其他条件的改变而改变。氮肥一次深施对玉米大量吸氮期的吸氮量不但没有产生影响，反而能充分满足玉米大量吸氮需要。

表3-83　田间氮肥不同施肥方法玉米吸氮量变化

氮肥种类	施肥方法	植株含氮量（mg/kg）				
		7月18日拔节	7月31日喇叭口	8月19日抽雄	8月28日授粉	9月11日灌浆
碳酸氢铵	对照	23	10	8	8	8
	分次施氮	100	125	20	15	10
	一次施氮	430	520	40	50	20
尿素	对照	25	10	10	10	9
	分次施氮	180	225	30	35	34
	一次施氮	365	533	45	15	15

玉米在营养关键时期拔节期、喇叭口期的吸氮量都是氮肥一次深施＞分次施＞对照。在拔节期和喇叭口期碳酸氢铵一次施的植株含氮量分别为430 mg/kg和520 mg/kg，而分次施的仅分别为100 mg/kg和125 mg/kg；尿素一次施的分别为365 mg/kg和533 mg/kg，而分次施的仅分别为188 mg/kg和225 mg/kg。说明氮肥一次施比分次施肥更能满足玉米不同生育期生理营养的需要。

另外，对冬小麦也进行了类似的田间试验，并测定了不同生长期对养分的吸收状况，见图3-58、图3-59和表3-84。氮肥一次施能否满足小麦不同生长发育阶段的氮需要，是衡量氮肥一次施肥是否合理的一个重要标志。由测定的结果看出，小麦不同生长发育阶段植株中氮和磷的累积量一次施的都明显高于分次施肥的。这就证明，氮肥一次施，不但能满足小麦不同生育期对氮的需要，而且也能促进小麦对磷的吸收。在小麦不同生育期，植株氮、磷累积吸收量都是一次施＞分次施＞单施磷＞空白。且显示出氮、磷吸收高峰期都在拔节至抽穗期，也是小麦养分大量吸收期。由此进一步证明，小麦一次施氮和其他施肥方法一样，在小麦对养分大量吸收的时期，同样能满足小麦对养分大量吸收的需要，满足小麦对养分的生理要求。而且满足的程度一次施肥比分次施肥更大。另外也可看出，小麦植株体中氮、磷累积状况与土壤供氮能力之间存在良好的供需协调性。在20 cm土层内，氮肥一次施的，土壤$NO_3^- - N$含量在小麦分蘖、返青阶段都在40 mg/kg以上，拔节阶段为13.66 mg/kg；而氮肥分次施肥的，小麦分蘖、返青阶段仅为15.75~18.72 mg/kg，拔节阶段为11.53 mg/kg。表明在小麦生长前期氮肥一次施的比分次施氮的供氮能力要强得多，这不仅能满足小麦对氮素大量吸收期的需要，而且也能充分满足小麦返青、拔节强度营养期的需要。抽穗以后，小麦吸氮量显著减少，氮肥一次施的土壤$NO_3^- - N$含量相应地下降为6.78 mg/kg，到扬花期则稳定在5 mg/kg左右，明显低于氮肥分次施肥，这就有效地降低了小麦由于土壤氮素过多而引起的贪青晚熟和后期倒伏的危险。一次施比分次施氮一般能提早成熟1~2 d，原因就在于此。据研究，小麦需肥特点是前期要有充足氮素的供应，保证小麦苗期有较多养分吸收，促进冬前较多分蘖，使植株体内储存充足养分供开春返青生长需要。氮肥一次施正好符合小麦这样的需肥特点，如农民所说的，一次施肥料能满足小麦"胎里富"的要求。

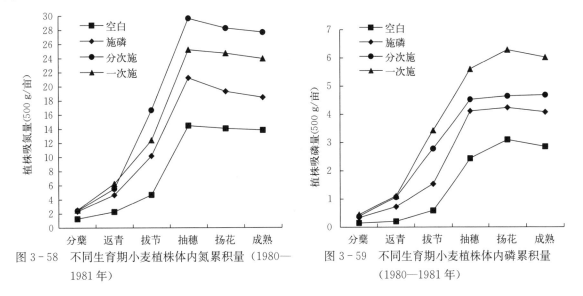

图 3-58 不同生育期小麦植株体内氮累积量（1980—1981 年）

图 3-59 不同生育期小麦植株体内磷累积量（1980—1981 年）

表 3-84 不同施肥方法与小麦不同生育期土壤中 $NO_3^- - N$ 含量

单位：mg/kg

处理	生育期（日/月）					
	分蘖（6/1）	返青（25/2）	拔节（26/3）	抽穗（30/4）	扬花（15/6）	成熟（23/6）
空白	7.84	13.69	8.5	5.66	5.06	5.72
施磷	5.84	11.22	7.84	5.19	4.53	5.75
分次施	15.75	18.72	11.53	12.59	9.53	7.84
一次施	45.59	43.75	13.66	6.78	5.12	5.69

5. 氮肥一次深施对NH_3挥发损失的影响 黄土区土壤碳酸钙含量较高。pH一般在7.5~8.3。土壤pH的大小与铵盐肥料的分解挥发有直接关系，是NH_3挥发的重要条件之一，另外，还取决于NH_3在土壤中所处的部位、土壤性质、土壤含水量、土壤温度和地面风速等。试验结果表明，在土壤温度保持20 ℃、30 ℃、40 ℃的条件下，施用碳酸氢铵后12 h，表施的挥发损失分别为8.53%、13.82%、19.49%；而施入土内5 cm的，分别只有0.05%、0.07%、0.17%。由此可知，只要把氮肥施入土壤一定深度，NH_3的挥发损失可减少到最低限度。关中平原和渭北高原的土壤黏粒含量较高，保水保肥能力较强，当氮肥施入较深部位，即使产生NH_3，在其向上逸失的过程中，也容易被覆盖的土壤胶体所吸附，或重新溶解在土壤水分中，可把一次深施土内的氮肥长期保存在土壤中。笔

者利用 ^{15}N 标记的碳酸氢铵所进行的施肥试验（表 3－85）表明，碳酸氢铵一次深施的，在小麦整个生育期中，NH_3 挥发损失量占施入量的 14.23％，而分次施的竟达 35.56％。因此，氮肥一次深施可大大减少 NH_3 的挥发损失。

表 3－85　小麦^{15}N（碳酸氢铵）不同施肥方法氮素平衡测定结果

试验处理	籽实重		茎秆重		植株吸收的 N（g/区）	植株从肥料中吸收的^{15}N		
	g/区	比分次施增产（%）	g/区	比分次施增产（%）		g/区	占植株中总 N（%）	肥料利用率（%）
分次施	82.84	—	122.00	—	2.125 3	0.675 8	31.011 3	45.05
一次分层施	92.11	11.19	146.67	20.22	2.706 8	0.872 9	32.361 9	58.19
一次深施	106.04	27.99	155.00	27.05	3.039 2	1.010 5	33.298 1	67.37

试验处理	植株从土壤中吸收的^{15}N		根系从肥料中吸收的^{15}N		残留在土壤中的肥料^{15}N		挥发损失的^{15}N	
	g/区	占植株中总氮（%）	g/区	占施入肥料氮（%）	g/区	占施入肥料氮（%）	g/区	占施入肥料氮（%）
分次施	1.539 5	68.99	0.023 8	1.61	0.222 0	14.80	0.758 4	35.56
一次分层施	1.833 9	67.64	0.020 7	1.99	0.258 1	17.20	0.348 3	23.22
一次深施	2.029 0	36.70	0.044 8	2.99	0.231 2	15.41	0.213 5	14.23

注：^{15}N 由中国科学院西北水土保持研究所测定。

6. 氮肥一次深施对土壤 $NO_3^- - N$ 淋移深度和分布特征的影响

（1）淋移深度。为了判断施肥方法对 $NO_3^- - N$ 淋失的影响，在陕西黄土灌溉区进行了田间试验和 ^{15}N 示踪试验。在小麦收获后，测定土壤剖面中 $NO_3^- - N$ 含量，结果见表 3－86。

表 3－86　不同施肥方法^{15}N在不同土层中的残留量

单位：mg/kg

处理	土层深度						
	0～10 cm	10～20 cm	20～40 cm	40～60 cm	60～80 cm	80～110 cm	110～150 cm
分次施	143.82	83.07	6.64	1.96	9.66	14.28	9.70
一次分层施	144.81	96.03	3.69	1.92	5.98	5.80	6.67
一次深施	138.71	125.40	6.17	1.32	1.45	1.00	4.91

由表 3－86 示踪^{15}N测定结果看出，小麦收获以后，施入的肥料氮主要残留在 0～20 cm 土层以内，20 cm 以下则显著减少，到 40～60 cm 便减少到最低限度，然而在 60 cm 以下，则略有增高。这种分布特点表明，不同施肥方法均有 $NO_3^- - N$ 淋移的现象。但相比之下，在 60 cm 以下，^{15}N 含量分次施较一次分层施略高，比一次深施更高，说明一次深施并没有增加 $NO_3^- - N$ 深层淋失。田间试验测定结果，也反映出相似的结果。由图 3－60、图 3－61 看出，小麦收获后，土壤中 $NO_3^- - N$ 主要集中在 0～40 cm。在尿素试验地分次施有明显的淋失现象，而一次深施的，基本未产生 $NO_3^- - N$ 的淋失。在碳酸氢铵试验地分次施的，在 130 cm 以上，除表层外残留 $NO_3^- - N$ 不多，在 130 cm 以下，$NO_3^- - N$ 残存量则显著增多，显然这是由上层淋移而来，证明氮肥分次施有深层淋失的现象；而一次深施的，在 130 cm 以上，$NO_3^- - N$ 残留较多，而在 130 cm 以下，则与对照接近，说明碳酸氢铵一次深施，$NO_3^- - N$ 只是在 130 cm 以内移动，少有深层淋失的现象。为什么一次深施比分次施能减少

NO$_3^-$-N 的深层淋失？这个问题对旱地来说容易理解，但对灌溉地来说，还有待于进一步研究，这与气候条件、土壤 NO$_3^-$-N 的移动特点是分不开的。

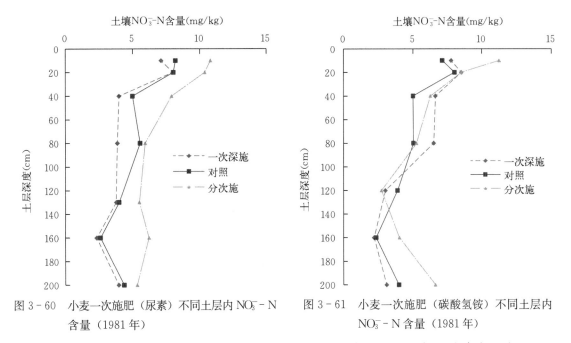

图 3-60　小麦一次施肥（尿素）不同土层内 NO$_3^-$-N　　图 3-61　小麦一次施肥（碳酸氢铵）不同土层内
　　　　含量（1981 年）　　　　　　　　　　　　　　　　　　NO$_3^-$-N 含量（1981 年）

以关中黄土塬武功县为例，在整个小麦生长期 10 月至翌年 6 月，历年平均降水量为 314.7 mm，蒸发量为 625.9 mm，干燥度为 1.99，接近干旱气候类型，因此在小麦生长期内，该区土壤水分是属于无淋失型的。武功县如此，黄土区较北地区则更是如此。所以在小麦整个生长期间，土壤水分运动的总趋势是向上移动的。NO$_3^-$ 是非常活跃的离子，可随水移至土壤下层，又可随水蒸发而被带至土壤上层，因此，NO$_3^-$-N 运动的总趋势是向上移动的。这就不难看出，NO$_3^-$-N 之所以集中在 0～40 cm 土层内，与土壤水分运动的特点有关。但是不同的施肥方法，NO$_3^-$-N 深层淋失的程度却有明显不同。在小麦生长前期，即 11 月至翌年 3 月，虽然一次深施供氮丰富，分次施供氮较差，但自然降水仅 78 mm，干燥度很大，同时这个时期，正好是小麦需氮最多、而降水较少的时期，这就为一次深施减少深层淋失创造了有利条件；在灌溉地区即使进行一次冬灌，灌水量也只有 60 mm 左右，下渗深度至多在 60 cm 左右，也不可能产生深层淋失的危险。在小麦生长后期，即 4～6 月，一次深施则供氮较少，而分次施供氮较多，小麦需氮比前期大大减少，需水比前期大大增多。因此，在这个时期，分次施必然有较多的 NO$_3^-$-N 剩留，而降水量正好大大增加，约 210 mm，灌水量也大大增多，以两次计，约 120 mm，这对分次施氮来说，自然就会产生较多 NO$_3^-$-N 的深层淋失。

为了进一步了解一次施肥与 NO$_3^-$-N 淋移的关系，于 1994—1995 年连续两年在渭北旱塬地区合阳县进行试验测定，结果如下：

NO$_3^-$-N 在旱地土壤中分布模型：1994 年小麦收获后，不同处理 NO$_3^-$-N 含量在土壤剖面中的分布都呈对数曲线模型，即：$y = a - b \cdot \lg x$，y 为 NO$_3^-$-N 含量，x 为土壤深度（图 3-62）。经统计，不同施肥处理的 y 与 x 之间的相关关系都达到极显著水平。这可能是渭北旱塬雨养农业地区土壤 NO$_3^-$-N 分布的一种特征模型。一般来说，在灌溉或多雨地区，土壤 NO$_3^-$-N 含量分布都呈波浪式曲线分布，这是因为每次大水漫灌或降大雨时容易引起对土层中 NO$_3^-$-N 移动的活塞效应。而在渭北旱塬雨养农业地区，雨季每次降水量都不是很大，对 NO$_3^-$-N 移动的活塞作用难以形成，即使有此效应，也难以形成明显的波浪式积累。同时由于土壤水分的蒸发，下移的 NO$_3^-$-N 又能随水上移到土壤上层，即使形成微弱的波浪模型，也容易随着土壤水分的蒸发而消失，因而旱塬地区不易产生 NO$_3^-$-N 的淋失。但从长期的角度来看，黄土地区的 NO$_3^-$-N 淋失也是存在的。

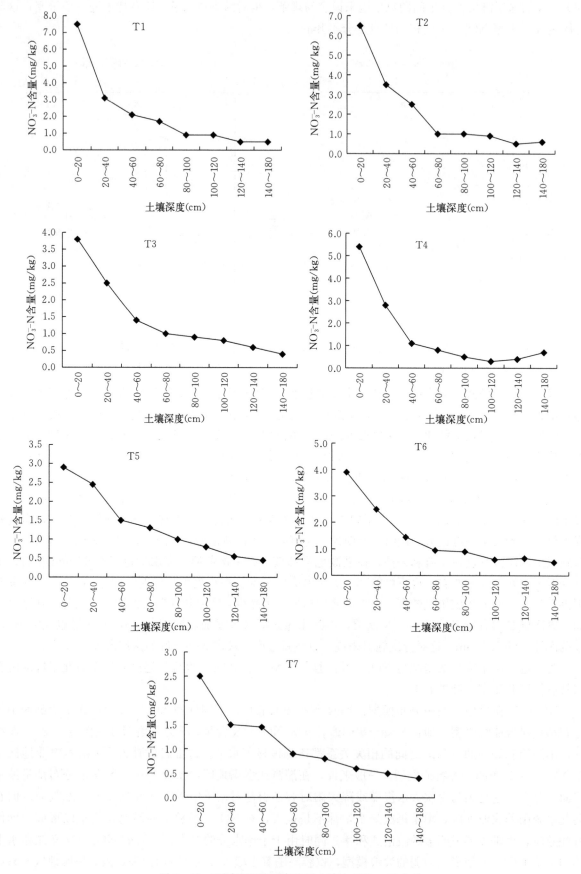

图 3-62 不同施肥处理麦收后土壤中 $NO_3^- - N$ 含量

（2）$NO_3^- - N$ 在旱地土壤中的积累分布特征。不同施肥处理土壤中 $NO_3^- - N$ 含量大部分都积累在 0～60 cm 土层，占 $NO_3^- - N$ 总积累量的 65%～79%，这些养分都可被作物吸收利用。在该层土壤中的养分和水分状况对作物生长具有决定性的意义。

不同施肥处理土壤中 $NO_3^- - N$ 的积累量有明显差异。7 月 15 日、8 月 15 日、9 月 15 日深耕一次深施的 0～160 cm 土层中 $NO_3^- - N$ 的积累量比 9 月 15 日深耕一次浅施的依次增加 42.80%、34.98%、17.37%；比 9 月 15 日深耕二次施的依次增加 46.41%、38.39%、20.54%；比深耕三次施的依次增加 57.68%、49.04% 和 29.60%；比只深耕不施肥的对照增加更多，依次为 98.45%、87.58% 和 63.12%。表明提早深耕一次深施肥料对增加土壤中 $NO_3^- - N$ 的积累具有显著的作用，而且 $NO_3^- - N$ 的积累量有随深耕时间的提早而增加的趋势。究其原因是提早深耕可提早晒垡，促进土壤养分矿化，增加有效养分的积累，以及结合深耕提早施肥，可增加微生物对养分的吸收和同化，增强土壤有机氮的矿化和 $NO_3^- - N$ 的积累。

（3）$NO_3^- - N$ 的淋失状况。一般 $NO_3^- - N$ 移动到根区深处，即 0～40 cm 土层就算有淋失。但许多作物在 40 cm 以下仍有根系，仍能吸收深层土壤的水分和养分。当前国内外都主张以土壤一定深度内的 $NO_3^- - N$ 含量作为推荐施氮量的依据。Smith 提出，在旱农地区一般采用 60～120 cm、多雨和灌溉地区采用 120～180 cm 作为测定 $NO_3^- - N$ 含量的取土深度。根据笔者试验，在渭北旱塬土壤取样深度可定为 100 cm，以 0～100 cm 土层的 $NO_3^- - N$ 含量作为推荐施氮量的依据。由此即可认为，如有 $NO_3^- - N$ 淋移到 100 cm 以下时就算是有 $NO_3^- - N$ 的淋失。结果表明，在不同施肥处理下土壤 $NO_3^- - N$ 含量之间的差异都是在允许误差范围之内。这就可以认为在试验地区内不同施肥处理没有发生 $NO_3^- - N$ 的淋失。以上是对降水较多的 1994 年资料分析统计的结果（表 3 - 87、表 3 - 88）。Alison 认为，在年降水量超过 1 270 mm 的情况下，一般在耕种的中壤质土壤上有效氮淋出根层现象是不会发生的。

表 3 - 87　不同施肥处理下水分利用率和水分储存率（1994 年）

施肥处理	麦收后 0～60 cm 土壤含水量（mm/hm²）	耗水量（mm/hm²）	水分利用率 [kg/(mm·hm²)]	储水率（%）
T1. NPK 于 7 月 15 日结合深耕一次深施	145	245	13.80	33.80
T2. NPK 于 8 月 15 日结合深耕一次深施	135	243	13.20	31.47
T3. NPK 于 9 月 15 日结合深耕一次深施	132	226	12.75	30.77
T4. NPK 于 9 月 15 日结合深耕一次浅施	144	210	11.70	33.57
T5. PK+1/2 N 于 9 月 15 日深耕一次施，1/2 N 返青期追施	137	227	12.30	31.93
T6. PK+1/3 N 于 9 月 15 日深耕一次深施，1/3 N 冬前追施，1/3 N 返青期追施	130	225	12.00	30.33
T7. 9 月 15 日深耕不施肥	218	110	8.25	50.82

注：陕西渭北旱塬小麦都是秋播的，一般在 9 月中旬左右。

表 3 - 88　不同施肥处理 $NO_3^- - N$ 在土壤中的积累情况

单位：kg/hm²

土壤层次（cm）	施肥处理（按表 3 - 87）						
	T1	T2	T3	T4	T5	T6	T7
0～20	16.63	14.66	13.55	11.56	8.73	8.50	5.47
20～40	7.23	8.05	5.45	5.79	5.50	5.51	3.38
40～60	5.30	3.86	2.60	2.65	3.28	3.13	3.28
60～80	3.01	2.41	2.17	1.93	2.70	1.93	1.93
80～100	1.53	2.31	2.07	1.16	1.93	1.74	1.81

（续）

土壤层次 (cm)	施肥处理（按表 3 - 87）						
	T1	T2	T3	T4	T5	T6	T7
100～120	1.45	4.83	1.80	0.72	1.45	0.96	1.25
120～140	0.96	0.96	1.45	0.87	0.96	0.96	0.96
140～160	0.96	0.96	0.77	1.28	0.77	0.78	0.60
总量	37.07	35.04	30.47	25.96	25.32	23.51	18.68
0～60 cm 积累量	29.16	25.57	24.60	20.00	17.51	17.14	12.13
0～60 cm 占总积累量（%）	78.66	72.93	76.42	77.04	69.16	72.91	64.94

关于渭北旱塬地区没有发生 $NO_3^- - N$ 淋失的问题，根据长期的试验和生产实践，笔者认为主要是在整个小麦生长期中，自然降水量很少。从 1994 年和 1995 年的气象资料可以看出，自 10 月至翌年 5 月底，在整个作物生长期内的降水量分别为 286.4 mm 和 118.4 mm，每次降水都是比较少的，最多也不超过 50 mm，即使全部下渗到土壤里也只能渗透到 50 cm 左右。这就决定了 $NO_3^- - N$ 不可能有强烈淋失的危险。而且，土壤水分蒸发量大，一般为降水量的 3 倍以上，决定了当地土壤水分运动的总趋势是在土壤中由下向上运动的。$NO_3^- - N$ 向下移动是暂时的，向上运动是经常的。作物生长越旺盛，根系吸收量就越大，水分和 $NO_3^- - N$ 向上移动的量也就越大，$NO_3^- - N$ 多聚集在根层部分，有利作物的吸收利用。同时，在旱塬地区的红油土剖面中，30～50 cm 土层下存在一个深厚的黏化层，再加上 0～40 cm 土层中分布着密集的根系层，对 $NO_3^- - N$ 的下移产生滞后效应，在一定程度上阻缓 $NO_3^- - N$ 的下移过程。所以结合深耕进行一次深施肥料，不用考虑 $NO_3^- - N$ 的淋失。但需要指出的是，麦收以后，如果土壤遗留大量 $NO_3^- - N$，秋季降水量又偏多时，也可能会引起 $NO_3^- - N$ 的淋失。因此，必须根据作物需要，进行配方施肥，这是一个十分重要和必需严格控制的问题。

7. 氮肥一次深施的氮肥利用率　1980—1981 年所做的大田试验结果表明，一次施肥的氮肥利用率比分次施肥的在旱地提高 10.96%，水地提高 12.13%；由 ^{15}N 标记的田间微区试验结果也表明，一次深施比分次施肥的氮肥利用率提高 22.32%。另外，一次施肥也促进了小麦对土壤氮的吸收，由 ^{15}N 标记试验表明，每小区植株吸收的土壤氮，一次深施的为 2.029 1 g，分次施的为 1.539 5 g，一次深施比分次施增加 31.8%。

1994—1995 年在旱地的同一块土地上连续进行两年试验，并应用差减法计算了不同施肥处理的氮肥利用率。从表 3 - 89 看出，在 1994 年的 7 月 15 日、8 月 15 日、9 月 15 日进行深耕一次深施肥料的氮肥利用率分别为 34.59%、33.99% 和 32.96%；而 9 月 15 日结合深耕一次浅施、分二次施和分三次施的氮肥利用率各为 25.63%、29.94% 和 29.42%，都明显低于深耕一次深施肥料的处理。3 种深耕一次施肥的氮肥利用率依次比 9 月 15 日深耕一次浅施的提高 8.96 个百分点、8.36 个百分点和 7.33 个百分点；比深耕分二次施的提高 4.65 个百分点、4.05 个百分点和 3.02 个百分点；比深耕分 3 次施的提高 5.17 个百分点、4.57 个百分点和 3.54 个百分点。在干旱的 1995 年，提前深耕一次深施肥料比深耕浅施和深耕分次施的氮肥利用率提高更为显著。这些结果证明，旱农地区采用播前结合深耕进行包括氮肥在内的所有肥料一次深施具有良好的优越性。

表 3 - 89　不同施肥处理的氮肥利用率 （%）

处理号（按表 3 - 87）	1994 年	1995 年
T1	34.59	24.43
T2	33.99	24.75
T3	32.96	22.93
T4	25.63	14.01

（续）

处理号（按表 3-87）	1994 年	1995 年
T5	29.94	19.76
T6	29.42	18.58
T7	—	—

8. 提前深耕一次深施肥料的水分利用率和土壤水分储存率　本试验在 1994 年播种前测得 0～160 cm 土层中含水量为 246 mm，小麦生育期中降水量为 183 mm，水分总供应量＝246 mm＋183 mm＝429 mm。麦收后又测定了 0～160 cm 土层含水量。本试验水分利用率按下式计算：

水分利用率 $[kg/(mm \cdot hm^2)]$＝小麦产量（kg）/（水分供应量－收获后土壤含水量）

从表 3-87 看出，7 月 15 日、8 月 15 日、9 月 15 日深耕一次深施肥料的水分利用率分别为 13.80 kg/(mm·hm²)、13.20 kg/(mm·hm²)、12.75 kg/(mm·hm²)，略有随深耕一次施肥时间的越早水分利用率越高的趋势，分别比 9 月 15 日播种时结合深耕一次浅施的水分利用率 [11.70 kg/(mm·hm²)]，增加了 17.95％、12.82％和 8.97％。显然这与把肥料浅施在干土层中，不易被作物吸收，且易遭受挥发损失有关。另外，深耕分二次施肥和分三次施肥的处理，水分利用率分别为 12.30 kg/(mm·hm²) 和 12.00 kg/(mm·hm²)，均高于深耕浅施处理，但均低于深耕一次深施肥料的处理。前 3 种深耕一次深施的水分利用效率比深耕分二次施的均提高；比深耕分三次施的均提高。而深耕分二次施肥比深耕分三次施肥的水分利用率又有所提高。许多研究报道也都反映出深耕一次施肥有提高水分利用率的作用。

麦收后土壤 0～160 cm 的水分储存率在不同施肥处理下也有一定差异。其储存率的大小是深耕一次施肥的时间越早，水分储存率就越高。深耕一次浅施、深耕分二次施、深耕分三次施的水分储存率依次降低，这与产量逐渐增高所消耗的水分越高有关。不同肥料处理的最高水分储存率是不施肥的对照，为 50.82％。这一现象证明，在渭北旱塬土壤中的水分储存率是相当高的，有利于作物的高产、稳产。

9. 旱地氮肥一次深施的新的理论依据　通过许多试验结果已经看出，与氮肥分次施比较，氮肥一次深施能提高作物产量构成因素的数量级，减少氮肥损失和 $NO_3^- - N$ 深层淋失、提高氮肥利用率、提高土壤水分利用率和水分储存率、提高氮肥后效等施肥的优越性，为黄土地区氮肥一次深施提供了充分的理论依据。但随着试验研究的深入发展，笔者通过 1994 年、1995 年在渭北旱塬合阳县所做的试验结果（表 3-90），对在渭北旱塬地区一次深施肥比分次施肥的增产原因进行了深入分析，提出新的理论依据。

表 3-90　不同施肥处理的小麦产量

处理编号 （同表 3-89）	1994 年		1995 年	
	产量（kg/hm²）	相对产量	产量（kg/hm²）	相对产量
T1	3 900	100	3 107	100
T2	3 863	99	3 127	101
T3	3 799	98	3 014	97
T4	3 345**	86	2 460**	79
T5	3 611*	93	2 817*	91
T6	3 579*	92	2 744*	88
T7	1 752**	45	1 590**	51
	LSD₀.₀₅＝374.7		LSD₀.₀₅＝250.5	
	LSD₀.₀₅＝447.0		LSD₀.₀₅＝328.5	

注：施肥处理同表 3-89。

1994 年的小麦产量明显高于 1995 年，这是因为 1994 年小麦生育期中的降水量高于 1995 年。1995 年降水量为 488.2 mm，1~6 月为 180.8 mm，7~12 月为 307.5 mm；而 1995 年降水量为 421.5 mm，1~6月为 70.7 mm，7~12 月为 350.8 mm。这两年小麦产量的变化趋势是基本一致的，都表现出 7 月 15 日深耕一次深施＞8 月 15 日深耕一次深施＞9 月 15 日深耕一次深施；3 种深耕一次深施肥料处理的产量都明显高于播种时深耕一次浅施、深耕分二次施和深耕分三次施的产量。两年中在 7 月 15 日深耕一次深施的产量分别比同年 9 月 15 日深耕一次浅施的产量增加 16.6％和 26.3％；比深耕分二次施的产量增加 8.0％和 10.3％；比深耕分三次施的产量增加 9.0％和 13.2％。说明在渭北旱塬地区提前深耕一次深施肥料有明显的增产作用。

分析在渭北旱塬提前深耕一次深施肥料比播种时深耕一次浅施和分次施有明显增产效果，其原因主要是：①试验中深耕一次浅施和分次施都是根据农民习惯把肥料施在 6 cm 土层下，这在春季干旱条件下，土壤 0~10 cm 表层中含水量很低，有时接近凋萎水平（7％~8％），作物很难吸收土壤中的养分，因而影响小麦生长。分次施肥也是把肥料施在 6 cm 土层下，同样因土壤干旱而不能被作物吸收利用，甚至产生肥害，导致减产。②在渭北旱塬年降水量一般为 500~600 mm，主要集中在 7 月、8 月、9 月这 3 个月，占全年降水量的 55％~60％，而春季降水只有 17％~25％。麦收后，进行提前深耕一次深施肥料，把大量秋雨充分保蓄在土壤中，供来年春季小麦生长期吸收利用，这就可达到"秋雨-冬储-春用"的效果。③麦收后，结合深耕提前把所需肥料深施在20 cm 土层下，可与接纳在土壤中的雨水相融，并通过扩散使养分分布均匀，从而消除养分浓度过高而伤苗的危险，使肥、水处于协调状态。加之渭北旱塬保水保肥性能好，土壤有机、无机胶体含量丰富，生物活性强，使养分储存起来，供翌年小麦生长吸收利用，达到"秋肥-冬储-春用"的效果。这样就把"秋雨-冬储-春用"与"秋肥-冬储-春用"相结合，可达到肥、水协调供应的效果。春季干旱追肥困难、养分浓度过高引起伤苗和生长后期脱肥等问题可基本得到解决。这为旱地合理施肥技术体系的建立提供了新的理论依据。

山西省农业科学院土壤肥料研究所依据半湿润偏旱地区春季易干的气候特点，在褐土上建立了秋季不同施肥和春季不同施肥的长期定位试验。即在秋季雨季结束后结合翻耕整地把下季作物所需肥料一次施入土壤，到来年春季直接进行播种，不再进行翻耕整地，以免跑墒不易出苗；春季施肥即在来年春季结合翻耕整地和播种把作物所需肥料一次施入土壤。秋季施肥和春季施肥各设 5 个施肥处理，试验至第 12 年时，将有关测定数据和总产量进行总结。为了说明作者提出的以上理论观念，仅取其中有关处理的结果进行论证。见表 3-91、表 3-92。

表 3-91　不同施肥时间对玉米苗期生长、生理指标的影响

施肥时期	出苗率（%）	株高 (cm)	鲜重 (g/株)	生理指标				
				叶绿素含量 (mg/g)	伤流量 (g/h)	光合速率 $[\mu molCO_2/(m^2 \cdot s)]$	气孔导度 $[molH_2O/(m^2 \cdot s)]$	蒸腾速率 $[mmolH_2O/(m^2 \cdot s)]$
春施 2	83.8	40.5	14.3	2.43	4.14	10.33	5.05	122.3
春施 5	81.4	40.0	20.3	2.72	2.80	10.28	4.33	98.5
秋施 2	96.7	40.0	21.5	2.74	4.74	12.45	5.55	149.1
秋施 5	83.8	44.0	29.0	3.01	4.81	11.13	4.48	115.3

注：春施 2，施 150 kg/hm² 氮肥（N）和 84 kg/hm² 磷肥（P）；春施 5，施牛粪（湿）45 t/hm²＋春施 2 化肥量。秋施 2，施 150 kg/hm² 氮肥（N）和 84 kg/hm² 磷肥（P）；秋施 5，施牛粪（湿）45 t/hm²＋秋施 2 化肥量。

表 3-92　不同施肥时期对玉米产量的影响

施肥时期	1993—2004 年玉米总产量（t/hm²）	比春季相同施肥量增产（%）
春施 1	56.28	—
春施 2	67.52	—
春施 3	58.22	—
秋施 1	63.38	12.62
秋施 2	75.06	11.17
秋施 3	66.22	13.74

由表 3-91、表 3-92 看出，在相同施肥量条件下，秋季施肥的出苗率、株高、鲜重、叶绿素、伤流量、光合速率、气孔导度与春施相比都有显著降低。这就有利于玉米对土壤养分的吸收、提高土壤水分利用率、增强作物的光合作用、促进作物的生长发育，为作物高产创造了条件。表 3-92 结果表明，在相同施肥量条件下，秋季施肥的玉米比春季施肥的玉米增产 11.17%～13.74%。这就进一步证明了在中国北方旱农地区采用"秋雨-冬储-春用"与"秋肥-冬储-春用"相结合的新的理论依据是可行的。

四、氮肥一次深施增产条件的研究

1. 合适的施肥深度　氮肥一次深施的深度不是越深越好，而是要施到一个合适的深度。从原则上说，最合适的深度应该是把肥料施在比较潮湿的土层上。但这个深度会因土壤不同、气候条件不同而有所差异。为了确定氮肥一次深施比较合适的深度，在渭北旱塬地区、关中补灌地区、陕南湿润地区布置了氮肥施肥深度的试验，现简述如下。

（1）渭北旱塬地区氮肥施肥深度试验。渭北旱塬气候比较干旱，是典型的旱农地区。在这一地区选择了几个具有代表性的县进行了试验。施肥深度设为 5 cm、10 cm、15 cm、20 cm、25 cm，重复 3 次，结果见表 3-93。

表 3-93　渭北旱塬小麦氮肥施肥深度试验结果（田间试验，1979—1980 年）

施肥深度（cm）	产量（kg/hm²）				
	永寿县[1]	永寿县[2]	彬县[1]	凤翔县[1]	平均
5	2 732	2 594	2 280	3 960	2 892
10	2 912	2 813	2 670	4 230	3 156
15	2 919	2 913	2 970	4 302	3 276
20	3 000	3 094	2 820	4 058	3 243
25	2 750	2 831	2 580	4 065	3 057

注：（1）氮肥为碳酸氢铵，（2）氮肥为尿素。

对施肥深度与平均产量进行回归分析，得回归模型为：
$$\hat{y}=2\ 473.20+98.597\ 1x-3.008\ 6x^2,\ R^2=0.999\ 9$$

然后对模型用极值法求得最适深度 $x=17.99$ cm，最高产量为 3 281 kg/hm²。这是一般统计结果，还须注意因地制宜。

（2）关中补灌地区氮肥施肥深度试验。试验地选择在关中补灌地区，都有一定灌溉条件，但保证率不高。不同处理均施用过磷酸钙 525 kg/hm²、碳酸氢铵 525 kg/hm²。越冬前都进行一次冬灌。试验结果见表 3-94。

表 3-94 关中补灌地区小麦氮肥施肥深度试验结果（田间试验，1979—1980 年）

单位：kg/hm²

施肥深度（cm）	产量				平均
	武功县土肥所	扶风县土肥所	临潼土肥所	华县农科所	
对照	3 929	4 554	3 983	3 971	4 109
5	4 899	5 863	6 015	6 184	5 740
10	5 125	5 957	7 545	7 613	6 573
15	5 360	6 220	6 806	6 815	6 310
20	5 430	6 036	6 555	6 795	6 204
25	5 320	5 951	6 364	6 450	6 021

经对施肥深度与平均产量的回归分析，得如下回归模型：

$$\hat{y}=5\ 174.20+164.574\ 3x-5.357\ 1x^2，R^2=0.653\ 0$$

同样用极值法求得最高产量时的施肥深度为 $x=15.36$ cm，最高产量为 6 438 kg/hm²。因有灌溉，适当降低了深施深度。

（3）陕南湿润地区氮肥施肥深度试验。1980—1981 年，笔者和陕南湿润地区有关农科所合作进行小麦田间氮肥施肥深度试验，试验土壤都比较黏重。每公顷施过磷酸钙 450 kg、碳酸氢铵 750 kg。试验结果见表 3-95。

表 3-95 陕南湿润地区碳酸氢铵施肥深度对小麦产量的影响（田间试验，1980—1981 年）

单位：kg/hm²

施肥深度（cm）	产量				平均
	洛南县农科所	商洛地区农科所	商县农科所	洋县农科所	
空白	2 744	4 031	2 935	3 713	3 356
单施磷	3 458	4 217	3 131	4 178	3 746
5	3 733	5 186	3 806	4 515	4 310
10	4 434	5 734	4 043	4 635	4 711
15	4 182	5 439	3 919	5 078	4 655
20	4 038	5 351	3 085	4 935	4 352
25	3 995	4 971	3 068	4 740	4 194

对施肥深度与平均产量进行回归得回归模型：

$$\hat{y}=3\ 939.20+105.18x-3.90x^2，R^2=0.820\ 7^*$$

计算得最高产量时的施肥深度为 $x=13.49$ cm，最高产量为 4 648 kg/hm²。因湿度较大，土质黏重，施肥深度又降低了一点。

由以上不同土壤、不同干湿状况所取得的氮肥施肥深度结果看出，陕南湿润地区为 13.49 cm、关中补灌地区为 15.36 cm、渭北旱塬地区为 17.99 cm，表明越是干旱的地区，施肥深度就越大，越是潮湿的地区施肥深度就越小。由此可知，氮肥施肥深度必须根据气候条件和土壤条件而定。

2. 合适的施肥时间 合适的施肥时间，对提高氮肥一次深施的效果具有重要意义。一般渭北旱塬水分条件西部优于东部，年降水量和干燥度，东部分别为 500～600 mm 和 1.2～1.4，西部分别为 600～650 mm 和 1.1～1.2。在这两种气候条件下对氮肥一次深施的时间应有所区别。为此，分别在渭北旱塬西部和东部进行了田间试验，结果见表 3-96。渭北西部试验前茬是春玉米，是小麦播种前 1 个多月收获；渭北东部前茬是小麦，6 月初收获。施肥时间见表 3-96。从试验结果看出，在渭北西部因当年秋雨较多，早深耕可接纳更多雨水，有利于氮肥被小麦吸收利用，故播前 1 月一次深施的比分次施增产 23.25%，而在 9 月 10 日结合播种深耕施肥的，接纳雨水较少，氮肥吸收利用较少，故小麦产量比分次施肥的仅增产 8.78%；在渭北东部因雨水少于西部，提早深耕施肥增产效果虽不及西部差异那么大，但均随深耕施肥时间的提前比分次施肥的产量依次增高，播前 2 月一次深施的比分次施增产 8.97%，播前 1 月一次深施的比分次施增产 7.93%，播种时一次深施比分次施肥的增产 6.15%。看来在渭北干旱秋雨较多的西部地区，氮肥提前深施是提高氮肥增产效果的有效措施。因此，在这个地区，比较合适的施肥时间是前茬作物收获后，应立即进行提前深耕一次施肥。但在秋雨较少的渭北旱塬东部地区，比小麦播种时提前 2 月和 1 月深耕一次施肥，小麦产量却比播种时深耕一次施肥有所增加。因此，在这一地区认为最好在前茬小麦收获后，雨季开始后，深耕即进行一次深施，不宜迟到播种时才进行深耕一次施肥。

表 3-96　小麦氮肥不同施用时间对小麦产量的影响（田间试验，1994—1995 年）

施肥时间和方法	渭北旱塬西部永寿县籽粒产量（kg/hm²）	一次施比分次施增产（%）	渭北旱塬东部合阳县籽粒产量（kg/hm²）	一次施比分次施增产（%）
播前 2 月一次深施		214	3 900	8.79
播前 1 月一次深施	3 578	23.25	3 863	7.93
播时一次深施	3 158	8.78	3 799	6.15
分三次施	2 903	—	3 579	—

3. 合适的施肥量　合适的施肥量也是肥料一次深施的关键技术之一。如果施肥量太少，则会产生后期脱肥、籽粒不饱、千粒重下降的问题，影响产量和质量；如果施肥量过多，就会在后期产生贪青晚熟，发生病虫害，甚至引起倒伏，导致减产。因此，对某一地区、某种作物的施肥量必须根据一定的田间试验和测土配方予以确定。陕西主要农业土壤缺氮、缺磷，如能满足作物对氮、磷的需要，就可获得很高的产量。为此，在满足磷需求的条件下（磷肥为 90 kg/hm²），设立不同施氮量试验，结果见表 3-97。从结果看出，在渭北旱塬地区、关中补灌地区施氮量应控制在 75~113 kg/hm²、陕南湿润地区应控制在 113 kg/hm² 左右。以上试验结果进行回归模拟分别得施氮量与产量的回归模型为：

$$\hat{y}（渭北旱塬地区）= 2\,707.15 + 28.977\,3x - 0.178\,7x^2, \quad R^2 = 0.993\,8$$

$$\hat{y}（关中补灌地区）= 4\,585.25 + 31.966\,7x - 0.117\,4x^2, \quad R^2 = 0.950\,6$$

$$\hat{y}（陕南湿润地区）= 3\,818.85 + 18.222\,7x - 0.067\,4x^2, \quad R^2 = 0.999\,8$$

计算所得的最高施氮量：渭北旱塬地区为 81.08 kg/hm²、关中补灌地区为 136.54 kg/hm²、陕南湿润地区为 135.18 kg/hm²；相应的最高产量分别为 3 882 kg/hm²、5 760 kg/hm² 和 5 051 kg/hm²。其他地区也需通过田间试验和测土配方求得合适的施氮量。

表 3-97　不同地区小麦施氮量试验结果（1980—1981 年）

单位：kg/hm²

地区试验		施氮量			
		0 kg/hm²	37.5 kg/hm²	75 kg/hm²	112.5 kg/hm²
渭北旱塬地区	彬县 1	2 123	2 753	2 948	3 225
	彬县 2	2 123	2 925	2 948	3 173
	旬邑县 1	3 593	4 470	4 733	4 485
	旬邑县 2	3 443	4 613	5 078	4 320
	旬邑县 3	2 475	2 828	4 808	4 163
	永寿县	2 723	2 963	3 060	3 038
	平均	2 723	3 495	3 923	3 690

（续）

地区试验		施氮量			
		0 kg/hm²	37.5 kg/hm²	75 kg/hm²	112.5 kg/hm²
关中补灌地区	武功县1	5 175	5 993	6 150	6 150
	武功县2	4 335	4 710	5 175	5 168
	岐山县	4 200	4 695	4 950	4 598
	扶风县	5 850	6 600	6 773	6 210
	华县	4 763	6 308	7 958	6 068
	富平县	3 458	3 758	4 358	4 118
	平均	4 630	5 344	5 894	5 385
陕南湿润地区	洋县	3 465	4 380	4 673	5 430
	汉中市	2 325	2 625	3 465	4 080
	洛南县1	3 375	4 163	4 163	3 983
	洛南县2	3 705	4 223	4 478	4 665
	商洛市1	4 973	5 363	5 850	5 888
	商洛市2	5 055	5 430	5 857	6 068
	平均	3 816	4 416	4 798	5 019

4. 合适的氮磷配比　1980—1981 年在陕西省农业科学院实验农场试验结果（表 3-98）看出，单施氮仅比对照增产 7.73%，氮磷比为 1:1.09 时，比对照增产 54.04%，比单施氮增产 44.84%。通过线性回归看出，在等氮基础上小麦产量与施磷量呈线性相关关系，相关系数 $r=0.9891$，达极显著相关（图 3-63）。由于氮、磷配合，也提高了氮肥的利用率，当 $N:P_2O_5=1:1.09$ 时，小麦产量的增加率由单独施氮的 7.73% 提高到 54.04%，氮肥利用率由单独施氮的 6.92% 提高到 50.16%。

表 3-98　氮磷配比对小麦产量的影响（1980—1981 年陕西省农业科学院实验农场）

施肥量 N:P₂O₅（kg/hm²）	N:P₂O₅	产量（kg/hm²）	比对照增产（%）	比单施氮增产（%）	氮肥利用率（%）
对照（空白）	0:0	3 105	—		
104:0	1:0	3 345	7.73	—	6.92
104:36.4	1:0.35	3 848	23.93	15.04	21.40
104:72.8	1:0.70	4 290	38.16	28.25	34.16
104:109.2	1:1.09	4 845	54.04	44.84	50.16

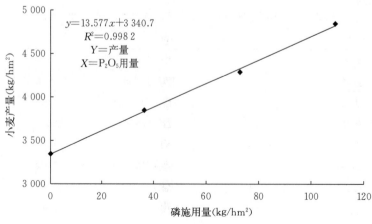

图 3-63　磷施用量与小麦产量关系

由此看出，在黄土地区进行氮磷配合，对提高氮肥生产率和利用率具有重大的作用。所以在中国北方地区，特别是西北地区，进行播前氮肥一次深施的时候，必须正确确定氮磷的合适用量和配比，才能达到氮肥一次深施的应有效果。

随着测土配方施肥技术的推广应用，土壤有效氮、有效磷含量有所提高，但在一般情况下，谷类作物施入的氮：磷仍保持在 1：（0.7～1）。

5. 土壤质地 夏末秋初阴雨较多氮肥一次施入沙性较大土壤内，容易遭受雨水冲刷而淋失，这不但起不到施用氮肥的应有效果，反而会引起环境污染。

1982—1983 年，陕北延安农科所在沙性川旱地上进行试验，结果表明（表 3-99），在延长县、黄龙县、子长县三地所做的氮肥在播种时一次深施试验，平均产量都略低于两次施的试验，虽然不同处理之间的产量差异没有达到显著性水平，但还是要引起注意。

表 3-99　陕北沙性川旱地土壤氮肥一次深施试验结果

试验处理	产量（kg/hm²）			
	延长县	黄龙县	子长县	平均
（1）空白	2 637	2 628	2 164	2 476
（2）单施磷肥	2 691	3 294	2 450	2 812
（3）磷肥＋20％氮肥作种肥、80％氮肥深施 15 cm 作底肥（一次施）	2 682	3 684	2 850	3 072
（4）磷肥＋50％氮肥作种肥、50％氮肥返青肥（分次施）	2 802	3 924	2 677	3 134
（5）磷肥＋50％氮肥深施 15 cm 作底肥、50％氮肥返青肥（分次施）	2 853	3 900	2 670	3 141

注：每公顷施磷肥 144 kg、碳酸氢铵 166.5 kg，小区面积 16.68 m²，重复 3 次。

6. 配施其他肥料 农作物的增产，不是施用单一肥料所能满足的，只有满足作物各种营养元素的需要才能达到增产的目的，所以要强调平衡施肥。根据我国北方旱地农业土壤和作物的情况，氮肥的有效施用必需和磷肥配合，这在前面已经叙述过了。另外，还必须和有机肥配合，特别在沙性土壤上，与有机肥配合施用具有特别重要的意义，因为有机肥可保证氮、磷的稳定性和有效性，提高氮、磷利用率，同时也能改良土壤物理化学特性，有利于作物根系生长和吸收，提高产量。有的地区还必须与钾肥配合，一般在黄土地区土壤不太缺钾，但沙性土壤和高产地区的土壤，或种植果树、蔬菜，特别是种植西瓜、辣椒、烟草、水稻等地区的土壤上，都需要与一定的钾肥配合，才能充分发挥氮肥一次深施的效果。有些地区种植油菜，如陕南地区和陕西关中地区等，经常出现油菜花而不实的情况，因此必需配施硼肥，才能解决这种特殊的生理营养问题，提高肥料增产效益，提高油菜产量和品质。许多果树在生长期中，经常发生缺铁性黄化、缺锌性小叶病等，使果实长不大、质量差，须配施有效铁、锌和钙等微量元素，才能治理这些缺素症，提高果实产量和品质。有些水稻地区，如陕南水稻地区和东北水稻地区，常因缺硅而影响水稻产量，需要配施硅肥。当然，还有其他必需和有益的元素在某些地区和某些作物需要与氮肥进行配合。总之，要提高氮肥一次深施的效果，必须因土壤、因作物与其他各种营养元素进行适当配合，这是提高氮肥一次深施的重要措施。

主要参考文献

陈华，1979. 土壤微生物学 [M]. 上海：上海科学技术出版社.

陈子明，1996. 氮素、产量、环境 [M]. 北京：中国农业科技出版社.

郭兆元，1992. 陕西土壤 [M]. 北京：科学出版社.

樊小林，1992. 塿土铵和固定态铵释放热力学动力学特征及固定铵生物有效性研究 [D]. 杨凌：西北农业大学.

傅献彩，陈瑞华，1979. 物理化学 上册 [M]. 北京：人民教育出版社.

郝玉祥，1982. 土壤微生物 [M]. 北京：科学出版社.

何念祖，孟赐福，1987. 植物营养原理 [M]. 上海：上海科学技术出版社.

吕殿青，高华，方晓，等，2009. 渭北旱塬冬小麦产区提前深耕一次施肥的肥水效应与理论分析 [J]. 植物营养与肥料学报，15 (2)：269 - 275.

吕殿青，李旭辉，谷洁，等，1999. 渭北旱塬结合夏闲地翻耕施肥效应 [J]. 西北农业学报，8 (1)：60 - 63.

吕殿青，刘杏兰，长征，1981. 氮肥一次施肥方法研究 [J]. 陕西农业科学 (2)：6.

马国瑞，1988. 施用氯化肥对薯类植物产量和品质的研究 [J]. 土壤通报 (4)：46 - 158.

毛达如，1987. 近代施肥原理与技术 [M]. 北京：科学出版社.

莫惠栋，1992. 农业试验统计 [M]. 2 版. 上海：上海科学技术出版社.

全国科学技术名词审定委员会，1998. 土壤学名词 [M]. 北京：科学出版社.

文启孝，陈晓华，1986. 我国土壤氮素研究工作现状与展望 [M]. 北京：科学出版社.

奚振邦，2003. 现代化学肥料学 [M]. 北京：中国农业出版社.

于天仁，季国亮，丁昌璞，等，1996. 可变电荷的土壤电化学 [M]. 北京：科学出版社.

张树兰，杨学云，吕殿青，2000. 几种土壤剖面硝化作用及其动力学特征 [J]. 土壤学报，37 (3)：272 - 279.

中国科学院南京土壤研究所，1978. 中国土壤 [M]. 北京：科学出版社.

中国农业科学院，1978. 小麦栽培理论与技术 [M]. 北京：农业出版社.

朱兆良，文启孝，1992. 中国土壤氮素 [M]. 南京：江苏科学技术出版社.

庄作权，陈鸿基，1991. 中国土壤科学的现状与展望 [M]. 南京：江苏科学技术出版社.

马臣，刘艳妮，梁路，等，2018. 有机无机肥配施对旱地冬小麦产量和硝态氮残留淋失的影响 [J]. 应用生态学报，29 (4)：1240 - 1248.

杨慧，谷丰，杜太生，2014. 不同年限日光温室土壤硝态氮和盐分累积特性研究 [J]. 中国农学通报，30 (2)：240 - 247.

陈翠霞，刘占军，陈竹君，等，2019. 陕西省新老草果产区果园土壤硝态氮累积特性研究 [J]. 干旱地区农业研究，37 (5)：171 - 175.

马鹏毅，赵家锐，何威明，等，2019. 黄土高原不同树龄苹果园土壤水分及硝态氮剖面特征 [J]. 水土保持学报，33 (3)：192 - 198，214.

党菊香，郭文龙，郭俊炜，等，2004. 不同种植年限蔬菜大棚土壤盐分累积及硝态氮迁移规律 [J]. 中国农学通报 (6)：189 - 191.

李立娜，2006. 吉林玉米带典型区域地下水硝态氮污染状况调查分析 [D]. 长春：吉林农业大学.

胡锦昇，樊军，付威，等，2019. 保护性耕作措施对旱地春玉米土壤水分和硝态氮淋溶累积的影响 [J]. 应用生态学报，30 (4)：1188 - 1198.

王红光，石玉，王东，等，2011. 耕作方式对麦田土壤水分消耗和硝态氮淋溶的影响 [J]. 水土保持学报，25 (5)：44 - 47，52.

胡立峰，胡春胜，安忠民，等，2005. 不同土壤耕作法对作物产量及土壤硝态氮淋失影响 [J]. 水土保持学报，19 (6)：16 - 18.

杜芳荣，1987. 国外资源污染的研究与控制 [J]. 国外农业环境保护 (1)：1 - 3.

赵达，1997. 提高氮肥利用率的研究，铵态氮在石灰性土壤上氨的挥发损失 [J]. 土壤通报 (1)：16 - 19.

吕殿青，同延安，孙本华，等，1998. 氮肥施用对环境污染影响的研究 [J]. 植物营养与肥料学报，4 (1)：8 - 15.

周德超，1986. 常用氮素化肥施入土壤后的动态变化 [J]. 土壤肥料 (6)：9 - 24.

BARTLETT R J，SIMPSON T. J.，1967. Interaction of ammonium and potassium in a potassium - fixing soil [J]. Soil Sci. Soc. Am. Proc. (31)：219 - 222.

BLACK A S，WARING S. A，1972. Ammonium fixation and availability in some cereal producing soils in Queensland [J]. Aust. J. Soil Res. (10)：197 - 207.

BLSASCO M. L，CORNFIELD A H，1966. Fixation of added ammonium and nitrification of fixed ammonium in soil clays [J]. J. sci. Food Agric. (17)：481 - 484.

CHANG C，ENTZ T，1996. Nitrate leaching losses under repeated cattle feedlot manure applications in Southern Alberta [J]. Journal of environmental quality (25)：145 - 153.

DRURF C F，BEAUCHAMP，EVANS L J，1989. Fixation and immobilization of recently added NH⁺ in selected Ontario and Quebec soils [J]. Can. J. Soil Sci. (69)：391－400.

KEERTHISINGHE G f，MENGE K，DATTA S K，1984. The release of nonexchangable ammonium (N－labelled) in wetland ricc soils [J]. Soil Sci. Soc. Am. J. (48)：291－294.

KOWALENKO C G，CAMERON D，1976. Nitrogen transformations in an incubated soil as affected by combinations of moisture content and adsorption—fixation of ammonium [J]. Can. J. Soil Sci. (56)：63－70.

MEDIAVILLA V，STAUFFER W，SIEGENTHELER A，1995. Influence on N－content of the soil [J]. Agrarforschung，2 (7)：265－268.

MEEK B D，CARTER D L，WESTERMANN D F，et al，1995. Nitrate leaching under furrow irrigation as affected by crop sequence andtillage [J]. Soil Science Society of America Journal，59 (1)：204－210.

MEN GEL K，SCHERER H W，1981. Release of nonexchangeable (fixed) soil ammonium under field conditions during the growing season [J]. Soil Sci. (131)：226－232.

MOHAMMED I H，1979. Fixed ammonium in Libyan soil and its availability to barley seedlings [J]. Plant Soil (53)：1－9.

NOMMILC H，1957. Fixation and der fixation of ammonium in soils [J]. Acta Agric. Scand (7)：395－436.

OWENS L B，EDWARDS W M，SHIPITALO M J，1995. Nitrate leaching through lysimeters in a corn－soybean rotation Soil [J]. Science Society of America Journal，59 (3)：902－907.

RAJU G S N，MUKHOPADHYAY A K，1975. Effect of the sequence of addition of potassium and ammonium and preadsorbed cation on fixation of applied ammonium ions in soil [J]. J. Indian Soc. Sci. (23)：172－176.

SALLADE Y E，SIMS J T，1994. Nitrate leaching in an Atlantic coastal－plain soil amended with poultry manure or urea Ammonium－nitrate－influence of thiosulfate [J]. Water，Air and Soil Pollution，78 (3－4)：307－316.

SMITH S J，NANAY J W，BERG W A，1987. Nitrogen and ground water protection [M]. Chelsea：Lewis Publishers.

STUMPE J M P，lINDSAY L，1984. Ammonia volatilization from urea and urea phosphate in calcareous soil [J]. Soil sci. Soc. Am. J. (48)：921－927.

WALSH L M，MURDOCK J T，1960. Native fixed ammonium and fixation of applied ammonium in several Wisconsin soil [J]. Soil Sci. (89)：183－193.

ZHOU X M，MACKENZIE A F，MADRAMOOTOO C A，et al，1997. Management practices to conserve soil nitrate in maize production systems [J]. Journal of environmental quality，26 (5)：1369－1374.

第四章

旱地土壤磷素状况与磷肥效应

第一节　旱地土壤全磷含量与分布

一、不同地区不同土壤全磷含量状况

在中国北方旱农地区主要农业土壤的全磷含量为 0.38～0.79 g/kg，加权平均为 0.686 7 g/kg；而南方主要农业土壤的全磷含量为 0.41～0.61 g/kg，加权平均为 0.526 4 g/kg，前者比后者高 30.45%。因此，在 20 世纪 50 年代以前，有人认为中国北方土壤不缺磷，并得出施磷无效的结论。实际上，这是一种误解。北方土壤全磷含量虽高，但有效磷含量很低，这对作物生长和产量有重要影响。见表 4-1。

表 4-1　中国北方旱地土壤和南方农业土壤全磷含量与分布比较

地区	土壤类型	分布省份	样本数（个）	全磷平均值（g/kg）
中国北方	黄绵土	陕北、甘、宁、晋	1 876	0.65
	黑垆土	陕北、甘	1 507	0.66
	塿土	陕北	481	0.72
	灰钙土	陕北、甘、宁、青、新	1 423	0.71
	灰漠土	宁、新	3 216	0.66
	棕钙土	青、新、蒙	874	0.64
	灰棕钙土	甘、青	171	0.62
	黑钙土	甘、青、新、蒙、黑	1 346	0.79
	栗钙土	冀、陕北、晋、甘、青、新、蒙、黑	2 512	0.71
	风沙土	新、甘、宁、陕北	486	0.38
中国南方	砖红壤	滇、桂、琼	59	0.61
	红壤	闽、赣、湘、桂、浙	1 518	0.50
	黄壤	川、滇、黔、皖、桂	1 778	0.56
	黄棕壤	鄂、滇、川、陕（南）	1 416	0.61
	黄褐土	皖、鄂、苏、陕（南）	840	0.41
	棕壤	滇、川、鄂、苏	2 371	0.53
	水稻土	川、赣、湘、鄂、粤、皖、苏	1 120	0.52

注：表中南方土壤全磷含量主要用作与北方土壤全磷含量比较。

二、不同土壤全磷含量变化规律

1. 土壤全磷含量与土壤黏土含量的关系　由陕西黄土母质上发育的土壤全磷含量（表 4 - 2）看出，土壤全磷含量依次是风沙土＜淡灰钙土＜淡栗钙土＜黑垆土≈黄绵土＜褐土，这是由北向南形成的土壤，说明土壤全磷含量是由北向南逐渐增加，这与黄土母质颗粒由北向南逐渐变细、耕作施肥水平逐渐提高有关。＜0.002 mm 的黏粒含量与全磷含量之间的相关性 $r=0.929\,6^{**}$（$r_{0.01}=0.834$，$n=6$），呈极显著相关关系。

表 4 - 2　土壤全磷含量与土壤黏粒含量

土壤类型	样本数	平均全磷含量（%）	＜0.002 mm 黏粒含量（%）
风沙土	30	0.048	6.6
淡灰钙土	6	0.074	10.1
淡栗钙土	18	0.084	12.92
黑垆土	573	0.141	13.75
黄绵土	809	0.148	15.20
褐土	481	0.161	15.93

2. 土壤全磷含量与海拔、土壤有机质含量之间的关系　秦岭南坡土壤的全磷含量（表 4 - 3）随着海拔的增加而增加，并随土壤有机质含量的增加而增加。

表 4 - 3　秦岭南坡土壤全磷含量与海拔、有机质含量

土壤类型	全磷含量（%）	海拔（m）	有机质含量（%）
黄褐土	0.129	1 000	1.40
黄棕壤	0.142	1 500	2.80
棕壤	0.159	2 000	5.64
暗棕壤	0.163	2 500	6.93
山地草甸土	0.193	3 000	7.43
亚高山草甸土	0.257	3 500	13.12

经统计，海拔与全磷含量呈正相关关系，相关系数 $r=0.923\,3^{**}$，呈极显著相关水平；有机质含量与全磷含量也呈正相关关系，相关系数 $r=0.971\,5^{**}$，达极显著相关。

3. 土壤全磷含量与人为活动的关系　陕西关中地区是闻名天下的中国农业发源地，已有 5 000 多年的耕作施肥历史。土地被垦殖的时间和范围是随人群的增加而逐渐扩大的，土地一经垦殖，人为活动如种植作物、耕翻土壤、施用肥料等就会给土壤赋予各种各样的影响，影响的时间越长，土壤肥力的变化就会越大。虽然对有些土壤垦殖施肥时间无法确切考证，但从人们繁衍生息的情况来看，其先后次序还是可以大概确定的。土壤全磷含量与人为活动的关系见表 4 - 4。

表 4 - 4　土壤全磷含量与人为活动的关系

土壤类型	全磷含量（P_2O_5，%）	耕作施肥状况
淋溶褐土	0.065 7	山坡地，雨水较多，垦殖和施肥时间很短
石灰性褐土	0.128 0	山坡地，比较干旱，垦殖和施肥时间短

（续）

土壤类型	全磷含量（P_2O_5，%）	耕作施肥状况
褐土性土壤	0.142 0	山地丘陵，侵蚀较强，垦殖和施肥时间长
褐土	0.166 0	关中平原西部及山地阳坡，垦殖和施肥时间很长
塿土	0.177 0	关中平原中东部，垦殖和施肥时间长（5000 年历史）

注：表中数据来自陕西省第二次土壤普查资料。

由表 4-4 看出，土壤全磷含量随着垦殖施肥时间延长而不断增加，由淋溶褐土的 0.065 7% 增加到塿土的 0.177 0%，后者是前者的 2.69 倍。这种现象随处都可发现。例如，以西安市为例，西安古称长安，是历代政治、经济、文化、农业等方面的繁荣中心，对土壤肥力必然也会产生深刻的影响。经测定，全磷含量（P_2O_5）为 0.181%（样本数为 246），而比较偏远一点的宝鸡市和铜川市则分别为 0.154%（样本数为 375）和 0.167%（样本数为 80），西安市分别比宝鸡市和铜川市增加 17.53% 和 8.38%。说明耕作施肥等人为活动对土壤全磷含量有明显的正效应。这为培肥土壤、持续发展农业提供了有效依据。

三、不同土壤全磷含量剖面分布特征

1. 黄土高原地区主要农业土壤全磷含量剖面分布特征　黄土高原地区具有代表性的 5 种土壤及其全磷含量剖面分布情况见图 4-1。

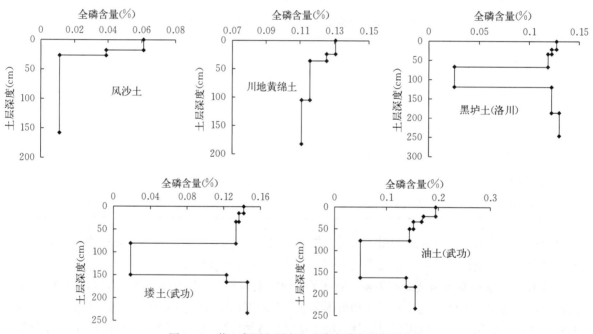

图 4-1　黄土高原主要农业土壤全磷含量剖面分布

2. 初生土全磷含量剖面分布特征　所谓初生土就是在不同成土母质上开始形成的土壤。其全磷含量的剖面分布没有一定的规律性，主要取决于成土母质质地及分布状况，如土壤质地基本一致的坡地黄绵土、黄泥巴等，土壤全磷含量基本一致；冲积性潮土由于不同土层质地差异较大，全磷含量则随母质质地变细而升高，或随母质质地变粗而降低；草甸沼泽土全磷含量在剖面中的分布，不但与有机质含量有关，而且与有机质的来源也有关。一般来说，有机质含量高的层次，全磷含量就高些；原来含磷量高的有机质层全磷含量就比原来含磷量低的有机质层高些。

第二节　土壤有效磷含量与分布

一、不同土壤类型有效磷含量与供磷能力

根据旱农地区主要农业土壤测定，不同土壤的有效磷含量见表 4 - 5。从表 4 - 5 可以看出，土壤有效磷含量是不高的，加权平均含量幅度为 4.24～11.00 mg/kg，绝大部分都属于偏低水平，要获取作物的高产优质，必需补施磷肥。

表 4 - 5　中国北方旱农地区主要土壤的有效磷含量

农业土壤类型	省份	样本数（个）	有效磷加权平均含量（mg/kg）	全磷含量（g/kg）	有效磷占全磷比例（%）
黑钙土	新、甘	547	11.00	0.79	1.39
栗钙土	新、甘、陕	265	10.65	0.71	1.50
灰钙土	新、甘、宁、陕	1 891	7.18	0.71	1.01
棕钙土	新	4 342	8.00	0.64	1.25
灰漠土	新、甘	1 099	7.91	0.66	1.38
灰棕漠土	新、甘	130	5.35	0.62	0.86
黄绵土	甘、宁、陕	1 386	5.80	0.65	0.89
黑垆土	新、甘、宁、陕	5 093	6.72	0.66	1.09
塿土	陕	10 225	6.90	0.72	0.96
风沙土	甘、宁、陕	698	4.24	0.38	1.12

注：资料来自各省全国第二次土壤普查资料。

土壤有效磷含量深受人为耕作施肥活动的影响。通常施肥量大，有效磷含量就高；一般认为，有效磷含量与全磷含量之间并没有必然的相关性。有些土壤全磷含量虽然很高，如酸性土壤，由于 Al、Fe 氧化物含量很高，磷被固定十分严重，故有效磷含量就很低；石灰性土壤全磷含量很高，但由于 $CaCO_3$ 含量很高，磷被固定很多，故有效磷含量也是很低；黏质土壤全磷含量有时也很高，但由于黏土矿物固磷位点很多，有效磷含量也很低；而沙地土壤，全磷含量不是很高，但有效磷含量却很高。所以从总体上来说，有效磷含量与全磷含量之间的关系并没有普遍性规律。但是在土壤质地、土壤化学性质、气候条件等相近的地区，土壤有效磷含量与全磷含量之间也会存在很高的相关性。表 4 - 5 统计结果表明，相关系数 $r=0.801^{**}$（$r_{0.01}=0.765$，$n=10$），其相关方程为 $y=-2.331\,6+14.38x$，y 为有效磷含量，x 为全磷含量。

关于土壤全磷含量与有效磷含量之间存在的相关性在目前虽是个有争论的问题，但仍值得继续研究。黑龙江已经发现，在 10 个土类、33 个亚类土壤全磷含量与有效磷含量之间测定相关系数 $r=0.706$（$r_{0.01}=0.418$，$n=35$），达极显著相关水平。

表 4 - 5 中有效磷占全磷比例，可反映出土壤的供磷能力。结果看出，磷的供应水平都不是很高，变幅为 0.86%～1.50%，平均为 1.15%。比例很低，所以期望全磷满足作物作磷需求是不实际的。

二、土壤有效磷的区域分布

在陕西黄土高原地区，土壤有效磷含量具有明显区域性特点，现简述如下。

1. 长城沿线风沙区　长城沿线风沙区位于鄂尔多斯地区与黄土高原交界处，主要分布在榆林地区，风沙较大，土壤质地较粗。据大量测定结果表明，该区耕地土壤有效磷含量很低，平均为 4.70 mg/kg，小于 5 mg/kg 以下的土地面积占土壤总面积 68.4%，为严重缺磷地区。

2. 黄土高原丘陵沟壑区　主要分布在延安北部和榆林地区的南部诸县，地面破碎，沟壑纵横，水土流失严重。农业土壤大多分布在沟坝、川道、缓坡梁峁、梯田等地方，土壤干旱，产量低而不

稳。土壤有效磷含量很低，平均为 5.2 mg/kg。其中＜5 mg/kg 的土地面积占土壤总面积 47.38%，是严重缺磷地区。

3. 黄土高原沟壑区 主要分布在延安南部的富县、甘泉、洛川、黄陵，咸阳西北部的旬邑、长武等县。高原虽有切割，但地形平坦，土壤保存比较完整。地势比较高，雨水条件较好，土壤受耕作施肥影响也较大。土壤有效磷含量以 5～10 mg/kg 为主，平均为 7.3 mg/kg，属低含量缺磷地区。

4. 渭北旱塬区 该区主要包括渭南、铜川、咸阳等市的一部分地区，该区东部比较干旱，称"旱腰带"，西部较湿润，但石质山地较多，水土流失也较重。人为耕作施肥活动对土壤有较深刻影响。土壤有效磷含量大部地区为 5～10 mg/kg，少数地区为 10～15 mg/kg，平均为 8.2 mg/kg，属缺磷地区。

5. 关中平原地区 该区包括渭南、西安、宝鸡市等地的老灌区和新灌区，属于陕西的高产地区，是历史上有名的农业生产发达地区。受 5 000 多年耕作和施肥的影响，土壤熟化程度和肥力水平都较高。土壤有效磷含量以 10～15 mg/kg 为主，在高产地区为 15～20 mg/kg，平均为 12.2 mg/kg，是陕西黄土高原土壤有效磷含量最高的地区。

6. 陕南秦巴山区 该区包括汉中、安康地区和商洛地区，耕地主要分布在山间盆地和丘陵山地。耕地土壤有效磷含量水田以 15～20 mg/kg 为主，旱地以 5～10 mg/kg 为主，平均为 17.5 mg/kg。以上数值均在耕地土壤上进行测算得出。其含量分布规律与全磷含量分布规律基本相同，在黄土高原地区也是由北往南逐渐增高。但陕南耕作土壤有效磷含量比较高，普遍高于黄土高原。

三、黄土区不同土壤有效磷含量在土壤剖面中的分布特征

陕西黄土高原地区主要耕作土壤是长城沿线的梯田绵沙土、黄土丘陵沟壑区的黄绵土、黄土高原沟壑区的黑垆土、关中平原地区的塿土和秦岭北坡山麓的淋溶褐土等。由于生物气候条件、成土母质、人为耕作施肥活动的不同，使土壤有效磷含量在土壤剖面中的分布产生了明显变异（图 4-2）。

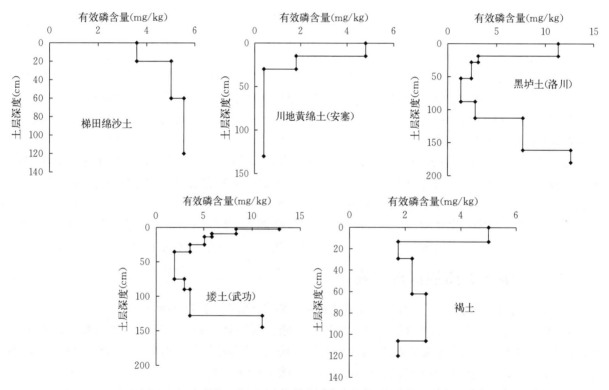

图 4-2 陕西黄土高原区主要耕作土壤有效磷含量剖面分布特征

梯田绵沙土的成土母质为风积型沙黄土，质地较粗，风蚀严重，土体上下质地均匀，通气性好，渗水性强，紧实度上松下紧，土壤有效磷易由上往下淋移，因而在剖面中形成阶梯式递增分布特征。

黄绵土是黄土母质上直接形成的幼年土壤，土壤发育微弱，是耕作熟化和侵蚀生化两种成土过程同时作用下形成的土壤。在平坦地上以耕作熟化成土过程为主，在坡地上以侵蚀生化成土过程为主，安塞川地黄绵土属于耕作熟化成土过程所形成的土壤，土壤有效磷含量受耕作施肥影响较大，故在土壤剖面中由上至下呈阶梯式递减分布特征。

黑垆土和搂土都是分布在黄土高原上的一种土壤，在前面已经讨论过，该土壤受人为耕作施肥活动的影响很大，老耕层已被埋藏在地下，所以土壤有效磷含量的剖面分布特征与全磷含量的剖面分布特征完全一样，也是上部呈阶梯式向下逐渐递减、下部呈阶梯式向下逐渐递增的分布特征。

淋溶褐土分布在秦岭北坡低山、山麓洪积扇顶部。土壤质地上部多为壤黏土，下部为黏壤土，由于耕作施肥影响，土壤有效磷含量剖面分布表现出耕层较高，下层较低，而且下层变化不大。有效磷含量都很低，可能与淋溶有关。

四、不同土壤可吸收磷 "A" 值

土壤有效磷含量一般都用化学浸提法进行测定，测定结果虽然与施肥后的作物增产量有一定的相关性，但由于测出的有效磷含量过低，不能真正反映土壤磷素供应的实际状况。自从同位素示踪方法应用以来，用示踪技术测定土壤有效养分 "A" 值，对反映土壤有效养分的真实性有了很大的提高。其特点是，"A" 值比一般化学测定值大大增高，有的达化学法测定值的几倍，在国外称其为 "可吸收的土壤养分量"；"A" 值与作物生物量和土壤其他营养成分之间的关系更为密切，更能确切地反映土壤养分的供应能力。所以应用同位素示踪技术研究农业化学上的有关问题是一项十分可信、可取的先进技术。

1. "A" 值的测定方法

（1）试验设置技术。供试土壤风干后过 2 mm 孔筛，每盆装土 8 kg，混入 7 g KNO$_3$ 作肥底，再加入 3 g 以 ^{32}P 示踪的过磷酸钙（含磷 14.5%），与土壤养分混合均匀，每盆含 ^{32}P 放射性 220 μCi 和磷 0.435 g。指示作物为甘麦 8 号，4 月 10 日播种，6 月 15 日收割。生长期间土壤湿度保持最大持水量的 60% 左右。小麦收割后，测定土壤示踪磷、植株吸收的总磷量、植株吸收的肥料磷和土壤磷。这些测定数值可用于计算 "A" 值。

（2）"A" 值的计算。"A" 值按 Fried 公式进行计算：$A = B(1-Y)/Y$。式中，A 为土壤中可被作物吸收的有效储藏磷；B 为施入土壤的示踪磷含量；Y 为植物吸收的示踪磷含量占植物体中吸收总磷量的比例。

测定结果见表 4-6。3 种不同类型搂土的 "A" 值在不同土层中有很大的差异，这可能与不同土层中的磷素存在的不同形态有关。耕作层和黄土母质层的 "A" 值均显著高于钙积层和黏化层，所以耕作层和黄土母质层的供磷能力就能大大高于钙积层和黏化层。

表 4-6 土壤 "A" 值与小麦吸磷和生长的关系

项目	土壤	"A" 值（P$_2$O$_5$, mg/100 g 土）	植株干重（g/盆）	植株吸 P$_2$O$_5$ 总量（mg/盆）	植株吸收肥料磷			植株吸收土壤磷	
					P$_2$O$_5$（mg/盆）	占植株总磷（%）	占肥料磷总量（%）	P$_2$O$_5$（mg/盆）	占植株总磷（%）
头道塬红油土	耕作层	5.22	36.73	149	106	71.14	10.44	43	28.86
	黏化层	1.67	32.00	112	99	88.39	9.75	13	11.61
	石灰淀积层	1.90	34.03	112	97	86.61	9.55	15	13.39
	黄土母质层	4.58	36.50	124	86	69.31	8.47	38	30.69

171

（续）

项目	土壤	"A"值（P_2O_5，mg/100 g 土）	植株干重（g/盆）	植株吸 P_2O_5 总量（mg/盆）	植株吸收肥料磷			植株吸收土壤磷	
					P_2O_5（mg/盆）	占植株总磷（%）	占肥料磷总量（%）	P_2O_5（mg/盆）	占植株总磷（%）
二道塬黑油土	耕作层	4.83	36.13	159	115	72.30	11.33	44	27.68
	黏化层	1.18	30.63	107	98	91.58	9.65	9	8.42
	石灰淀积层	1.54	33.57	94	75	79.71	7.38	19	20.29
	黄土母质层	3.79	35.70	124	95	75.61	9.35	29	24.39
三道塬黑油土	耕作层	3.82	36.73	169	130	76.92	12.80	39	23.08
	黏化层	1.06	31.40	117	106	90.59	10.44	11	9.41
	石灰淀积层	—	33.43	—	—	—	—	—	—
	黄土母质层	4.03	37.63	139	105	75.53	10.34	34	24.47
与"A"相关值（r）*		—	0.898**	0.692 3*	0.279 4	0.934 1**	0.336 7	0.972 5**	0.934 1**
相关方程		—	$Y=30.714+317x$	$Y=97.057+10.310x$	$Y=95.090+3.322x$	$Y=94.384-4.774x$	$Y=9.037+0.300\,2x$	$Y=1.328+8.310x$	$Y=5.616+4.774x$

注：*、**表示在 0.05、0.01 水平上差异显著。表中 $r_{0.01}=0.708$，$r_{0.05}=0.576$，$n=12$。

2. "A"值与小麦生长和植株吸磷的关系　由统计结果表明，"A"值与小麦植株干物重、"A"值与小麦植株吸磷总量、"A"值与小麦植株吸收肥料磷占植株吸收总磷量的百分率、"A"值与小麦植株吸收土壤磷、"A"值与小麦植株吸收土壤磷占植株吸收总磷的百分率等之间的相关性 r 值都达到极显著水平。由表 4-6 结果也可看出，"A"值与植株吸收肥料磷关系不密切，因此，与植株吸收肥料磷占施入肥料的百分率之间的关系也不密切，这与肥料磷施入土壤后在不同土层中固定的程度不同有关。由此证明，利用同位素示踪方法测定土壤有效磷"A"值，对土壤磷的供应能力、施磷对作物的生长、作物的吸磷状况、磷肥在土壤中有效性等方面均能反映出更真实的情况。所以利用同位素示踪技术研究农业化学方面有关的问题应该引起关注。

第三节　土壤磷素形态及组成

土壤磷素形态分为有机态磷和无机态磷两大类，无机态磷又可分为磷酸钙、磷酸铝、磷酸铁和闭蓄态磷酸盐，闭蓄态磷酸盐就是被氧化物包裹的磷酸铝和磷酸铁。了解这些磷酸盐在土壤中所存在的含量和比例，对认识不同土壤中磷的有效性及其转化量是十分重要的。

一、陕西省主要耕作土壤磷素形态及组成

土壤有机磷占全磷含量（除黄泡土外）的 5.9%～26.5%，平均为 16.91%，一般耕层有机磷（表层）含量较高；无机磷占全磷含量的 73.3%～94.0%，平均为 82.89%，比有机磷含量平均高 4.9 倍。黄泡土比较特殊，由于其成分为玄武岩的风化物，土壤不含钙，故无机磷占全磷含量较低，仅 28.5%～30.2%；而有机磷含量较高，为 69.7%～71.5%，有机磷占主要成分。

不同土壤表（耕）层有机磷占全磷含量有很大差异，从表 4-7 看出，绵沙土和风沙土有机磷含量较低，分别为 8.7% 和 17.3%，黄绵土、黑垆土、塿土有机磷含量较高，为 19.1%～22.1%，陕南黄泥巴、黄泡土有机磷含量最高，分别为 23.0% 和 71.5%。土壤有机磷含量与土壤有机质含量有密切关系，土壤有机质含量越高，土壤有机磷含量也就越高。

表4-7　陕西主要土壤磷素形态及组成（杰克逊方法）

土壤类型	土层深度（cm）	全磷（mg/kg）	有机磷（%）	无机磷（%）	无机磷组成（%）				
					水溶磷(1)	Al-P(2)	Fe-P(3)	闭蓄态磷(4)	Ca-P(5)
风沙土	0~24	438	17.3	82.6	2.0	1.8	0	15.9	62.8
绵沙土	0~10	560	8.7	91.2	0.8	3.2	0	10.0	77.1
	23~40	480	8.9	91.0	0.4	4.7	0	6.6	79.1
黄绵土	0~12	602	20.0	79.0	1.3	3.8	0	8.3	67.1
	33~71	530	14.1	85.8	0	3.9	0	5.6	76.0
	110以下	519	5.9	94.0	0	5.0	0	6.7	81.0
黑垆土	0~20	515	22.1	77.8	0	5.0	1.7	9.7	61.3
	65~110	420	26.5	73.3	0	0	3.0	15.4	51.7
	200以下	560	11.1	89.3	0	0	1.7	—	—
塿土	0~16	640	19.1	80.9	1.5	5.6	0	12.6	61.2
	76~118	415	17.4	82.6	0	1.6	2.6	30.8	47.6
	340~400	627	10.3	89.6	0	3.1	0	11.4	74.9
黄泥巴	0~17	455	23.0	76.9	0	1.7	8.7	18.6	47.6
	48~105	430	14.1	85.0	0	0	11.1	17.4	57.2
黄泡土	0~10	380	71.5	28.5	0	4.6	13.4	10.5	0
	70~80	215	69.7	30.2	0	0	13.9	16.2	0
西安塿土	0~19	1 280	20.8	79.2	2.6	10.7	0	—	63.9
	0~15	1 287	26.2	73.8	3.3	10.3	0	—	57.8
	0~15	1 162	20.4	79.6	4.7	7.1	0	—	52.9
果园土	0~15	1 012	18.5	81.5	2.2	12.3	0	—	53.2

有机磷占全磷含量在黄土母质层中较低，黏化层较高，显然与有机质含量有关系。

在无机磷的组分中，以 Ca-P 含量最高，在黄土高原地区其含量占全磷含量47.0%～81.9%，平均为64.51%，其在黄土母质层最高，陕西的黄泥巴和黄泡土含量较低，其含量占黄泥巴全磷含量47.6%～57.2%，黄泡土全磷含量为零，因黄泡土不含钙。闭蓄态磷含量次之，占全磷8.3%～30.8%，平均为13.05%，其中塿土黏化层最高，为30.6%。Al-P 含量更次之，仅占全磷的0%～12.3%，平均为4.22%，其中西安塿土和武功县果园土最高，平均为10.10%。Fe-P 含量最低，占全磷含量0%～13.4%，平均为2.81%，其中陕北风沙土、绵沙土、黄绵土、关中西安塿土和武功塿土都未测出 Fe-P，Fe-P 含量最高的是陕南黄泥巴和黄泡土，平均为11.78%，说明陕南土壤含活性 Fe 比关中、陕北黄土地区要高得多，容易产生 Fe-P 的沉淀；水溶磷含量最低，占全磷比例仅为0%～4.7%，平均为0.94%，在陕南的黄泥巴、黄泡土和陕北、关中黄绵土、黑垆土和塿土的下部土层中都未测出水溶磷。所以不同磷素组分含量占全磷含量的大小次序为 Ca-P＞闭蓄态磷＞Al-P＞Fe-P＞水溶磷。

二、塿土各级无机磷与有效磷的相关性

根据李鼎新（1983）和彭林、彭祥林（1989）测定结果（表4-8）表明，塿土中有效磷与 Al-P 和有效磷与 Ca-P 的相关系数分别达到显著和极显著水平，说明这两组磷在石灰性土壤中均可作为作物的磷源；而有效磷与 Fe-P 之间的相关系数则为-0.557 6，并接近极显著负水平，说明这一组磷基本不能作为作物的磷源。

表 4-8　塿土各级无机磷与有效磷的相关性

土号	磷含量（P，mg/kg）			
	有效磷	Al-P	Fe-P	Ca-P
01	6.2	51.8	0	403
02	2.2	7	11.2	211
03	3.5	8	0	470
04	11.2	20.3	0	455
05	8.0	16.2	0	366
06	2.7	5.7	12.0	331
07	3.1	7	0	407
08	17.0	12.0	0	430
09	4.7	19.4	5	385
10	0	4	3.2	170
11	2.2	8	5.0	349
12	16.6	28.7	0	421
01'	9	47.0	4	460
02'	0	0	11	296
03'	1	0	32	167
04'	3	0	3	407
05'	18	27	1	507
08'	6	29	18	347
09'	6	28	18	334
10'	2	27	18	339
相关值（r）		0.453 3	−0.557 6	0.666 8
相关方程		$Y=10.575\ 8+1.331\ 0x$	$Y=11.894\ 0+1.027\ 0x$	$Y=29.427\ 5+11.264\ 4x$

注：$r_{0.01}=0.561$，$r_{0.05}=0.444$（$n=20$），式中 Y 为有效磷，x 为各级无机磷。

三、石灰性土壤中磷酸钙盐含量及其在土壤剖面中分布

石灰性土壤中的磷酸盐主要是钙磷，用 Ca-P 表示。Ca-P 主要包含 Ca_1-P、Ca_2-P、Ca_3-P、磷灰石等，它们有不同的溶解度和有效性。一般认为磷酸一钙、磷酸二钙对作物有效，磷酸三钙对作物微效，磷灰石、矿物磷和有机磷对作物无效。为了了解石灰性土壤中 Ca-P 的组成及其有效性，对其进行分组测定是必要的。在 20 世纪，笔者采用当时苏联契里科夫磷酸钙盐分组测定法对陕西关中塿土 Ca-P 组分进行了测定，结果见表 4-9。

契里科夫对钙盐的测定方法及其有效性简述如下：

P_1 组：磷酸一钙、磷酸二钙，用 1% 的碳酸铵浸提，这组磷包括全部金属和 NH_4^+-N 的磷酸盐，$MgHPO_4$、$CaHPO_4$、Mg_3（PO_4）$_2$ 及部分 Ca_3（PO_4）$_2$，这组磷是植物易吸收的磷。

P_2 组：磷酸三钙，用 0.5 N 醋酸浸提，测定量减去 P_1 组，即为 P_2 组含磷量。这组磷包含 Ca_3（PO_4）$_2$、部分 Ca_x·$3Ca_3$（PO_4）$_2$、部分 $AlPO_4$ 和植酸盐，认为这组磷是植物难以吸收的磷，但也有人将其列为植物可利用的磷源。

表4-9 关中塿土各级磷酸钙盐的含量

土壤	土层	深度(cm)	全磷(P)(mg/kg)	Ca-P P(mg/kg)	Ca-P 占全磷(%)	P₁组 磷酸一钙、磷酸二钙 P(mg/kg)	P₁组 占Ca-P(%)	P₂组 磷酸三钙 P(mg/kg)	P₂组 占Ca-P(%)	P₃组 磷灰石 P(mg/kg)	P₃组 占Ca-P(%)	P₄组 矿物磷及有机磷 P(mg/kg)	P₄组 占Ca-P(%)
头道塬红油塿土	耕层	0~20	888	452.9	51.00	5.2	1.15	45.4	10.02	402.3	88.83	434.99	48.99
	黏化层	75~110	753	273.5	36.32	0.7	0.30	58.6	21.43	214.3	78.35	479.40	63.64
	钙积层	150~180	798	372.2	46.64	1.1	0.30	7.1	1.91	364.0	97.80	425.80	53.39
	母质层	300~345	915	461.8	50.47	6.7	1.45	22.2	4.81	433.0	93.76	452.91	49.50
二道塬黑油塿土	耕层	0~20	888	417.0	46.96	3.7	0.89	33.6	8.06	380.0	91.13	470.85	53.02
	黏化层	130~170	727	264.5	36.38	0.8	0.30	52.3	19.77	211.5	79.96	461.88	63.53
	钙积层	200~230	780	363.2	46.56	1.6	0.44	8.8	2.42	352.8	97.14	417.04	53.47
	母质层	300~340	825	430.6	52.19	2.5	0.58	13.9	3.23	414.2	96.19	394.62	47.83
三道塬黑瓣瓣黑塿土	耕层	0~20	1058	668.1	63.15	1.4	0.21	127.7	19.11	539.0	80.68	390.13	36.87
	黏化层	60~95	673	215.2	31.98	0.3	0.14	73.2	34.02	141.7	65.85	457.40	67.96
	钙积层	132~162	753	390.1	51.81	0.7	0.18	9.0	2.31	380.5	97.54	363.23	48.24
	母质层	285~325	870	493.2	56.69	3.3	0.67	13.9	2.82	476.1	96.53	367.71	42.27
"A"值与不同磷组相关性(r)			0.7673**	0.7197**		0.8371**		0.8707**		0.7892**		-0.3336	
相关方程			$Y=-34.4565+0.0569x$	$Y=-2.6181+0.0407x$		$Y=-0.2647+0.2532x$		$Y=-0.5782+1.9219x$		$Y=34.2409+14.1396x$		—	

175

P_3 组：磷灰石，用 0.5 N 硫酸浸提，测定量减去 P_2 组，即为 P_3 组的含磷量。这组磷包含 $Ca_x\cdot 3Ca_3（PO_4）_2$、$AlPO_4$、$FePO_4$，盐基性的磷酸铁及植酸盐。一般认为这是植物不能利用的磷。

P_4 组：矿物磷和有机磷，以测出的全磷减去以上测定磷就成为 P_4 的磷。按契里科夫的方法，这组磷包括用了 NH_4OH 溶液浸提测出的核素、核蛋白以及磷酸盐和腐殖酸的络合物；用测定的全磷减去上述各种磷酸盐，差值即为不溶于上述溶剂的磷酸盐，包括磷酸钙及杂矿石中未风化的磷酸盐类。笔者把这两组合为一组，即 P_4 组。一般认为这组磷不能被作物吸收利用。

由测定结果看出，关中塿土剖面各层土壤全磷含量都比较高，为 673～1 058 mg/kg，耕层和母质层都高于黏化层和钙积层，除耕层外，母质层＞钙积层＞黏化层。Ca-P 组含磷量在不同土层中差异很大。最低为 215.2 mg/kg，最高为 668.1 mg/kg，一般是母质层＞钙积层＞黏化层，耕层一般与母质层含量差不多，但在水肥条件较好的三道塬黑塿土（即油土）上，耕层 Ca-P 含量最高，为 668.1 mg/kg。Ca-P 含磷量占土壤全磷 31.98％～63.15％，平均为 47.51％。在 Ca-P 组分中，磷灰石占绝大部分，占 Ca-P 含量 65.85％～97.8％，平均为 88.65％；其次是磷酸三钙，占 Ca-P 含量 1.91％～34.02％，平均为 10.83％；磷酸一钙、磷酸二钙含量更低，占 Ca-P 含量 0.14％～1.45％，平均为 0.47％。说明塿土各土层的有效磷含量是很低的。即使把磷酸三钙列入有效磷，其有效磷占 Ca-P 含量也只有 2.05％～35.47％，平均为 10.83％。从不同土层的含量来看，磷酸三钙在黏化层中含量高于钙积层，而磷灰石则在钙积层中含量高于黏化层。所以磷酸三钙主要分布在黏化层，其他各层分布很少；磷灰石主要分布在母质层、钙积层和耕层，在黏化层中分布很少。母质层、钙积层和耕作层通透性较好，pH 较高，有利于磷灰石的形成；黏化层持水性较强，通透性较差，pH 较低，不利于磷灰石的形成。

P_4 组因含有机磷，故不宜将其列入 Ca-P 组内，当然也含有一部分无机磷酸盐，其中也可能含有 Ca-P 的成分。P_4 组的含磷量很高，占全磷含量 36.87％～67.96％，平均为 52.39％。如果据李鼎新资料有机磷占全磷 16％计，则 P_4 组的无机磷约占全磷的 36.39％。由 Ca-P 的含磷量加上 P_4 组中的无机磷含量，即总无机磷含量，约占全磷含量的 83.90％。所以在石灰性土壤中无机磷成分占绝大部分，其中又以 Ca-P 为主要部分。

四、"A"值与各组磷的相关性

"A"值与各组磷相关性统计结果见表 4-9。从结果看出，"A"值与全磷、"A"值与 Ca-P、"A"值与 P_1 组、"A"值与 P_2 组、"A"值与 P_3 组的含磷量之间的相关性都达到极显著水平，说明以上磷组都可作为作物吸收利用的磷源；但是按相关性 r 值大小来衡量各组的有效性高低，它们的有效性似乎可排列成下列次序：P_2 组＞P_1 组＞P_3 组＞全磷＞Ca-P。表中"A"值与 P_4 组相关性不密切，但显示出呈一定程度的负值，说明 P_4 组是不能作为作物吸收利用的磷源。P_4 组磷可能包括两部分，一部分是更难溶的晶形 Fe-P 或晶形磷灰石，这部分磷在石灰性土壤中确实很难转化为作物可吸收的有效磷，除非在酸性环境中或处于根系分泌出 H^+ 的根际环境时，会有一定量的磷释放出来，被作物吸收利用；另一部分是有机磷，包括微生物所吸收固定的磷，主要是核蛋白、核酸、磷脂、磷酸盐与腐殖质络合物，在强碱性条件下有可能被溶解释放出磷素被作物吸收利用。所以"A"值与 P_4 组之间的相关性虽然不密切，但不能认定 P_4 组就绝对不能作为作物的磷源之一。从理论上说，在一定条件下仍然可能转化为作物可吸收的有效磷。因此，只能认为 P_4 组磷的无效性是相对的，而不是绝对的。对于其他组分的磷，就更不能说它们是无效的磷。所有磷组的有效性取决于其所处的环境条件，而不是取决于其本身。

第四节　磷肥在石灰性土壤中的固定与转化

磷肥施入土壤后，作物的利用率一般都比较低，一般为 10％～25％。导致磷肥利用率低的因素较多，但磷在土壤中的固定是重要原因之一。因此，对于磷在土壤中的固定问题已引起很多人的关注。

一、磷肥在石灰性土壤中的吸持与固定速度

李祖荫（1980）对磷在石灰性土壤中的固定进行了大量的研究，取得了很好的结果。由图 4-3 看出，磷肥施入石灰性土壤后，便与土壤产生吸持与固定两个方面的作用。

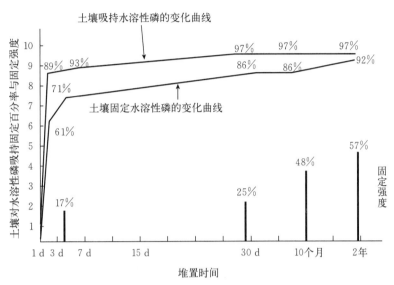

图 4-3　石灰性土壤上磷的固定强度、固定能力与吸持性变化

磷的吸持主要是因土壤颗粒表面物理性吸附，磷的固定主要是因土壤颗粒表面和土壤溶液中的化学性结合或化学沉淀。磷肥施入石灰性土壤 1 d 后有 89% 的磷被吸持，3 d 增加到 93%，以后吸持作用变得非常缓慢，30 d 时吸持磷达 97%，此后即处于平稳。磷的固定作用比吸持作用稍慢一些，施磷 1 d 后，固定的磷达 61%；3 d 后达 71%；30 d 达 86%，此后即处于平稳；10 个月后固定仍稳定在 86%，两年后高达 92%。说明磷在石灰性土壤中的固定速度和固定量是非常大的；反应初期，即在 3 d 时固定速度特别快，以后即趋于缓慢。

李祖荫（1980）提出了石灰性土壤上磷固定强度的问题。在施肥以后不同时间内使用 0.7 mol/L NaHCO$_3$ 浸提出被土壤固定的磷，不能被浸提出来的那部分固定的磷占施入磷的百分率，称之为磷的固定强度。由图 4-3 可知，施磷后 30 d，固磷强度为 25%，10 个月时达到 48%，两年达 57%，说明磷肥施入石灰性土壤后，约有 60% 被牢固地固定在土壤中，成为难释放的磷。

彭琳、彭祥林（1989）研究结果表明，磷肥与土壤接触后立即测定，土壤对磷的固定率为 26.7%～31.3%，平均为 28.7%，2 d 后为 38.9%，7 d 后为 49.4%，20 d 后为 59.7%，60 d 后测定结果与 20 d 相近。说明磷肥施入土壤后，早期固定较快，20 d 后渐趋平稳。以上结果同样说明，磷肥在石灰性土壤中的固定量很高，达 50% 以上，与李祖荫（1983）研究的结果相近。

二、磷肥在石灰性土壤中固定为不同组分的 Ca-P

笔者利用 ^{32}P 对磷肥在石灰性土壤中的固定进行了研究。小麦收获后，测定土壤各组磷的放射性，土壤总放射性是取 0.2 g 土样直接测定（表 4-10）。结果表明，示踪磷肥施入石灰性土壤后，除被小麦吸收外，剩余示踪磷在土壤中转化为各种不同溶解度的磷组。

表 4-10 示踪磷肥在石灰性土壤中的固定情况

土壤	土层	深度(cm)	土壤总放射性[相对脉冲/(100 g 土/min)]	P₁＋P₂组磷的放射性[相对脉冲/(100 g 土/min)]	P₃组磷的放射性[相对脉冲/(100 g 土/min)]	P₄组磷的放射性[相对脉冲/(100 g 土/min)]	各组磷的放射性占土壤总放射性（%）		
							P₁＋P₂	P₃	P₄
头道塬红油土	耕作层	0～20	12 212	3 240	6 800	2 170	26.54	55.68	17.78
	黏化层	75～110	12 302	1 620	6 420	4 262	12.53	52.18	35.29
	石灰淀积层	150～180	12 322	1 860	8 680	1 782	14.96	70.43	14.61
	黄土母质层	300～345	12 478	3 000	8 240	3 938	24.04	66.04	9.92
二道塬黑油土	耕作层	0～20	11 901	2 920	7 120	1 860	24.54	59.82	15.64
	黏化层	130～170	12 317	1 700	4 340	6 277	13.81	34.23	51.96
	石灰淀积层	200～230	12 910	1 960	5 580	5 370	14.09	40.12	41.60
	黄土母质层	300～340	12 332	3 900	5 640	2 792	31.63	45.73	22.64
三道塬斑斑黑油土	耕作层	0～20	11 657	3 900	4 640	3 117	33.45	39.80	26.75
	黏化层	60～95	12 208	2 640	2 880	6 688	21.63	23.59	54.78
	石灰淀积层	132～162	12 666	2 200	7 340	3 126	17.37	57.75	24.68
	黄土母质层	285～325	12 305	2 920	8 120	1 261	23.73	65.98	10.29

注：土壤总放射性是指植物吸收以后剩余在土壤中的放射性总量。

剩余示踪磷转化为 P₁＋P₂ 两组磷，这两组示踪磷的含量在耕作层和黄土母质层中比较多，分别占剩余示踪磷的 24.54%～33.45% 和 23.73%～31.63%，而在黏化层和石灰淀积层中比较少，分别占剩余示踪磷的 12.53%～21.63% 和 14.09%～17.37%。

剩余示踪磷转化为 P₃ 组磷，12 个土层深度的平均占剩余示踪磷的 50.96%。这一组示踪磷的含量，在耕作层中占剩余示踪磷的 51.77%，在其余土层中则依次递增，黏化层、钙积层、黄土母质层中平均分别为 36.66%、56.16% 和 59.25%，说明对剩余示踪磷转化为 P₃ 组磷的能力是黄土母质层＞钙积层＞黏化层。

剩余示踪磷转化为 P₄ 组磷，12 个土层深度的平均占剩余示踪磷的 27.51%。这组示踪磷的含量在耕作层平均为 20.06%；在其余土层中，则依次递减，黏化层、钙积层、黄土母质层平均分别为 47.34%、28.36% 和 14.28%，说明剩余示踪磷转化为 P₄ 组磷的能力是黏化层＞钙积层＞耕作层＞黄土母质层。

剩余示踪磷转化为植物难以利用的 P₃ 和不能利用的 P₄ 两组磷的总量，12 个土层深度的平均达 78.47%，其中最低 66.55%，最高 87.47%。充分说明，石灰性土壤对磷肥的固定力很大，这两组示踪磷的含量，黏化层和钙积层高于耕作层和黄土母质层，说明前两层对剩余示踪磷的固定能力要比后两层大。

三、土壤固磷的基质

（一）土壤碳酸钙含量与磷固定的关系

石灰性土壤全磷含量中 Ca-P 占绝大部分，因各组分的 Ca-P 都与钙有关，所以石灰性土壤中碳酸钙含量必与其有一定的相关性。对垦区土壤分析结果见表 4-11。

表 4-11　新疆主要土类 Ca-P 与碳酸钙含量［耕（表）层］

土壤名称	全磷（g/kg）	Ca-P 含量（g/kg）	占全磷（%）	碳酸钙（g/kg）	pH
旱作淋溶黑钙土	1.32	0.152	11.52	2.60	6.4
栗钙土	0.78	0.270	34.62	45.0	8.1
灌耕栗钙土	0.55	0.333	39.18	63.3	8.3
棕钙土	0.80	0.528	66.00	105.1	8.4
灌耕棕钙土	0.72	0.363	50.42	30.0	8.3
灰钙土	0.89	0.528	59.33	154.6	8.4
灌耕灰钙土	1.05	0.644	61.33	121.5	8.3
灰漠土（盐化）	0.94	0.696	73.94	131.4	8.7
灌耕灰漠土	0.74	0.552	74.73	72.1	8.0
灌耕棕漠土	0.70	0.499	71.29	263.5	8.2
林灌草甸土	0.65	0.547	84.15	210.8	8.5
灌耕林灌草甸土	0.74	0.577	77.97	212.8	8.5
草甸土	1.58	0.589	37.28	80.1	8.3
灌耕草甸土	1.70	0.845	49.71	61.6	7.9
盐土	0.50	0.239	47.80	122.6	8.6
盐土性盐化潮土	0.75	0.465	62.00	160.0	8.4
盐化潮土	0.74	0.236	31.89	132.7	7.0

以碳酸钙含量作自变量（x）、Ca-P 占全磷的比例为因变量（y），进行统计，结果见图 4-4。在一定碳酸钙含量范围内，土壤碳酸钙含量越高，土壤 Ca-P 占全磷百分率就越大。所以石灰性土壤碳酸钙含量是磷在石灰性土壤中主要固定基质之一。

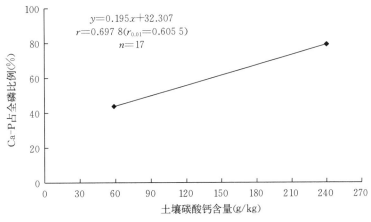

图 4-4　土壤碳酸钙含量与 Ca-P 占全磷比例的相关性

（二）土壤黏粒含量与磷固定的关系

黏土矿物对 PO_4^{3-}（与其他阴离子相比）具有很强的选择性，表明黏土矿物与 PO_4^{3-} 之间存在化学键。在土壤中存在许多破裂的黏土矿物，这些破裂的黏土矿物表面和边角上显露出带电性的 OH^- 基和 O^{2+} 离子，如高岭土（图 4-5）。

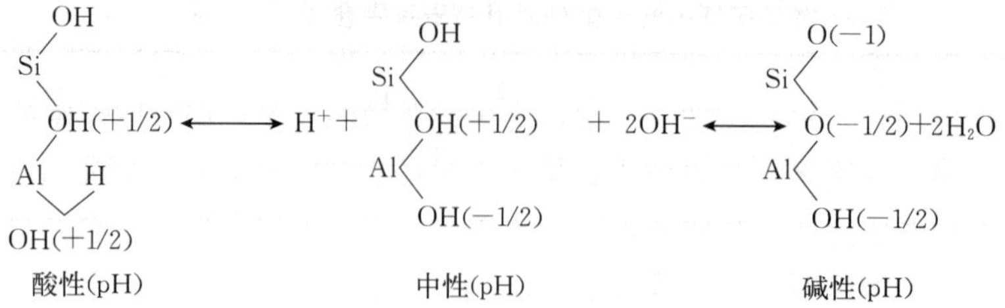

图 4-5　pH 与高岭石破裂边角上的电荷

当磷肥施入土壤后，PO_4^{3-} 即与黏土矿物上的 OH^- 基进行置换，同时被结合在黏土矿物上，见式 4-1。

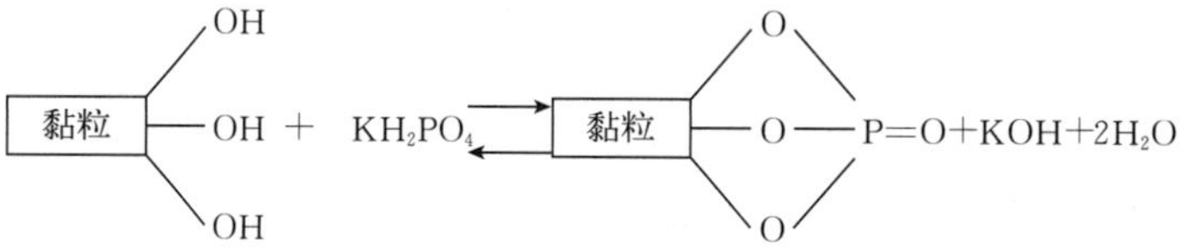

$$黏粒 — \begin{matrix} OH \\ OH \\ OH \end{matrix} + KH_2PO_4 \longrightarrow 黏粒 — \begin{matrix} O \\ O \end{matrix} P{=}O + KOH + 2H_2O \qquad (4-1)$$

此外，黏粒中氧化硅也可被磷酸根置换，磷酸根被固定在黏粒晶格中。黏粒越细，比表面越大，所带电性的 OH^- 越多，固磷量也就越大。所以黏粒含量越高的土壤，磷被固定的量就越大。试验结果见图 4-6。

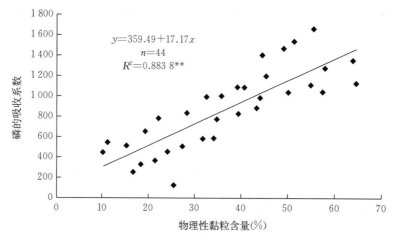

图 4-6　磷的吸收系数与物理性黏粒含量之间的相关性（江苏北部）

由图 4-6 可以看出，土壤黏粒含量是磷肥被土壤固定的重要因素之一。

四、铁铝氧化物与磷固定的关系

在酸性土壤中存在许多铁铝氧化物和氢氧化物，这些矿物性物质是酸性土壤固定磷的主要基质。在土壤酸性溶液中，铁、铝矿物表面能呈现出正电荷，并有正、负电荷同时存在，但正电荷是主要的，它能吸附 $H_2PO_4^-$，即磷离子可与铁、铝氧化物表面的 OH^- 等基团相互作用被吸附在铁、铝氧化物的表面上。如图 4-7 所示。

当 $H_2PO_4^-$ 与 2 个 Al—O 键结合时，能形成稳定的六元环状化合物，这样 $H_2PO_4^-$ 就比较不易被释放出来。同样，与 2 个 Fe—O 键结合时，也可产生比较稳定的 Fe-P，不易释放出 $H_2PO_4^-$。但 $H_2PO_4^-$ 与 1 个 Al—O 键结合时，能形成易解吸的 Al-P。

土壤中交换性 Al^{3+} 浓度对磷的固定有重要影响，所以交换性 Al^{3+} 与磷固定之间存在非常紧密的相关性（图 4-8）。所以在酸性土壤中铁、铝化合物是磷固定的主要基质。

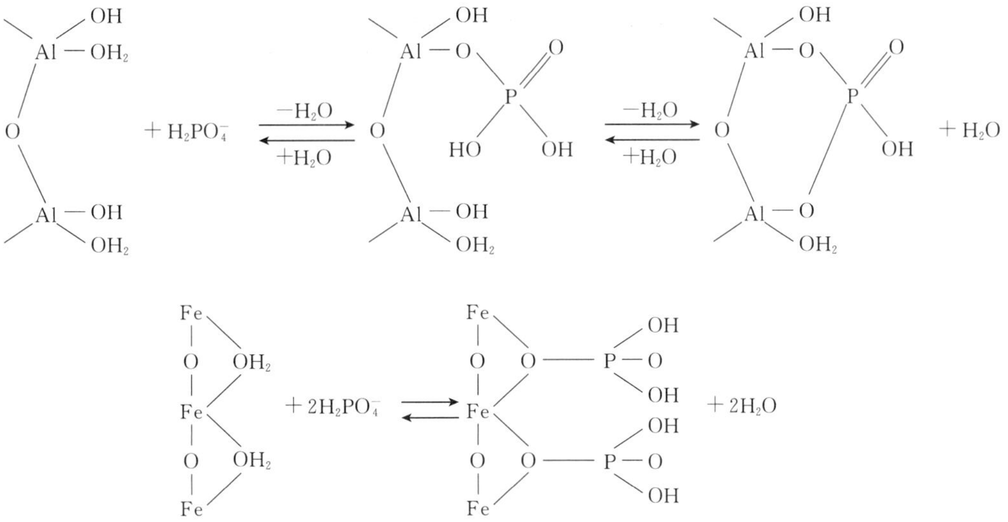

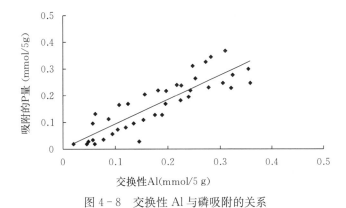

图 4-7　铁铝氧化物表面磷吸附的机制

图 4-8　交换性 Al 与磷吸附的关系

现在已有不少学者提出，有机质对磷具有固定作用。笔者在研究磷固定的过程中，曾做了一些试验，研究方法和结果如下。

供试样本为塿土中分离出来的有机无机复合体，用 H_2O_2 进行氧化，去除所含有机质，洗净后干燥，用于试验。

称取腐殖质含量较高的复合体 1 g 放入小广口瓶中，加入 25 mL 由 ^{32}P 标记的浓度为 0.016 08 mol/L 的 NaH_2PO_4 溶液，经常摇动，2 d 后进行过滤，测定滤液中的放射性。用对比法测定土壤吸附磷，并按式（4-2）计算近似的吸附自由能：

$$\Delta G = \lg (P_1/P_2) \tag{4-2}$$

式中，ΔG 为近似的吸附自由能，P_1 与 P_2 分别为平衡时被吸附磷的摩尔数和溶液中磷的摩尔数，结果见表 4-12。

表 4-12　磷在石灰性土壤复合胶体上氧化前后的吸附自由能

土壤（耕层）	氧化前		氧化后		氧化前后 ΔG 之差/ (J/g 离子)
	腐殖质含量（%）	$\Delta G'$/ (J/g 离子)	腐殖质含量（%）	$\Delta G'$/ (J/g 离子)	
武功黑油土	1.81	3 920	0.29	1 745	2 175
武功红油土	1.71	4 146	0.31	2 033	2 113
天水黄绵土	1.65	4 163	0.29	1 695	2 468
武功黑油土	1.83	4 169	0.31	1 515	2 654

（续）

土壤（耕层）	氧化前		氧化后		氧化前后 ΔG 之差/（J/g 离子）
	腐殖质含量（%）	$\Delta G'$/（J/g 离子）	腐殖质含量（%）	$\Delta G'$/（J/g 离子）	
武功黑油土	1.98	4 134	0.29	1 565	2 569
武功黑油土	1.67	3 979	0.38	2 134	1 845
武功黑油土	1.92	3 998	0.39	1 490	2 508
武功红油土	1.77	4 149	0.30	1 867	2 286
武功油土	1.86	4 216	0.31	2 608	1 608
武功黑油土	1.64	3 625	0.34	1 532	2 097

由表 4-12 看出，10 种石灰性耕层土壤复合胶体经用 H_2O_2 氧化除去部分腐殖质后，$H_2PO_4^-$ 离子近似吸附自由能普遍降低。从平均值来看，腐殖质含量原为 1.78%，吸附自由能为 4 052 J/g 离子，经氧化后，腐殖质含量为 0.32%，吸附自由能则降为 1 805 J/g 离子，比氧化前减少 55.48%。表明腐殖质对磷酸离子也有较强的吸附能力。

为什么腐殖质在土壤中对磷酸离子具有吸附能力？现说明如下。

1. OH^- 与 $H_2PO_4^-$ 进行配位交换 Appelt 等（1925）制备成 $OH^- - Al^{3+}$-腐殖酸络合物，发现能吸附磷，且 Al^{3+}：OH^- 比例越低，吸附磷越多，因此认为 $H_2PO_4^-$ 的吸附是与 OH^- 配位吸附。腐殖质施入土壤，能与黏土矿物中的铝起作用，形成 $OH^- - Al^{3+}$-腐殖酸络合物，由此产生新的表面把磷吸附起来。所以增加土壤有机质含量可增加磷的吸附，而不是争夺磷的吸附点。

2. Fe^{3+}、Al^{3+} 和 Ca^{2+} 的双重作用 有些学者提出了有机质与磷吸附呈正相关关系的报道，反映出有机质能与铁、铝、钙相互结合，而这些被结合的阳离子又能与磷相互结合，产生磷的吸附。

3. 增加吸附点 土壤活性腐殖质能包裹黏土矿物，并在土壤中移动，其表面能暴露出更多的吸附位点，增加磷的吸附。由此说明，笔者用 H_2O_2 处理有机无机复合体，去除所含腐殖质，实际就是减少了磷的吸附点，从而降低了磷在复合体上的结合自由能。当然这种吸附是可上可下的，实际上是把施入土壤中的磷保护起来，适当条件下又可释放出来，被作物吸收利用。

从以上讨论可以看出，石灰性土壤磷的固定基质是以碳酸钙为主，其他基质为辅；中性土壤（为棕壤）是以黏土矿物为主，其他基质为辅；酸性土壤以铁、铝氧化物为主，其他基质为辅。不同土壤磷的固定基质是交叉存在的，不是单一基质所决定。

五、不同磷酸钙盐在石灰性土壤中的转化

盆栽试验条件下，在小麦分蘖、灌浆期分别取样，并测定植株和土壤中各组示踪磷的变化情况，结果见表 4-13。

表 4-13 小麦不同生育期的吸磷情况及土壤中各组示踪磷的变化

土层类型	生育期	植株干物重（g/盆）	植株吸收 P_2O_5 总量（mg/盆）	吸收的示踪磷		吸收的土壤磷		P_1+P_2 两组示踪磷的变化		P_3 组示踪磷的变化		P_4 组示踪磷的变化	
				P_2O_5（mg/盆）	占植株总磷（%）	P_2O_5（mg/盆）	占植株总磷（%）	P_2O_5（mg/盆）	灌浆期比分蘖期增减（mg/盆）	P_2O_5（mg/盆）	灌浆期比分蘖期增减（mg/盆）	P_2O_5（mg/盆）	灌浆期比分蘖期增减（mg/盆）
黏化层	分蘖	5.43	41.87	38.92	92.95	2.95	7.05	186.56	—	495.52	—	293.76	—
	灌浆	24.10	107.00	87.93	82.18	19.07	17.82	153.44	−33.12	418.88	−76.64	355.68	61.92
黄土母质层	分蘖	6.93	40.67	32.05	78.81	8.62	21.19	335.52	—	504.16	—	169.28	—
	灌浆	27.80	101.75	89.29	87.75	12.46	12.25	225.12	−110.40	468.00	−36.16	257.92	+88.64

从结果看出，在黏化层土壤中，小麦灌浆期与分蘖期相比，每盆 P_1+P_2 两组和 P_3 组的示踪磷分别减少 33.12 mg 和 76.64 mg，而 P_4 组则增高 61.92 mg；在黄土母质层土壤中，每盆 P_1+P_2 两组和 P_3 组的示踪磷分别减少 110.40 mg 和 36.16 mg，而 P_4 组则增高 88.64 mg。说明石灰性土壤中各组示踪磷的含量，是随着作物生育期的发展而不断转化。在作物生长初期由于对磷素的吸收较少，磷的生物合成和矿物化的程度较弱，因此在土壤中 P_1+P_2 两组和 P_3 组的示踪磷较多，而矿物磷和有机磷较少；但随着作物的生长，对土壤中磷素的需要量也逐渐增大。作物首先是吸收土壤中易溶性 P_1+P_2 两组的示踪磷，当这两组示踪磷在土壤溶液中的浓度变小后，难溶性的 P_3 组示踪磷便开始转化到土壤溶液中去，成为作物可吸收的状态。因此，到了灌浆期，土壤中 P_1+P_2 两组和 P_3 组的示踪磷含量均比分蘖期大大降低。P_3 组示踪磷是各种类型的磷灰石，它能在作物生长时期转化为可给态，这是一种可喜的现象。P_3 组示踪磷可给态的转化主要取决于土壤中有效磷和碳酸钙的含量，有效磷和碳酸钙含量越高，则 P_3 组示踪磷转化为有效态的量就越低，反之，则越高。在黏化层中有效磷和碳酸钙含量远较黄土母质层低，因此，P_3 组示踪磷转化为有效态的量比在黄土母质层中高出 1 倍以上。

以上磷组所减少的量，一部分被作物吸收利用，一部分参与 P_4 组磷酸盐的形成。P_4 组磷在一般条件下，植物是不能利用的。据前人研究，这组磷的矿物磷只有在酸性土壤中才能被破坏释放出来，因此可以认为 P_4 组的磷酸盐虽然被认为是不能利用的磷，但只要在适宜条件下，仍然可作为植物的磷源之一。

六、各种磷酸盐有效性转化的热力学判别

磷肥施入石灰性土壤后，会与土壤中的 Ca^{2+} 以及可能存在的 Fe^{3+} 和 Al^{3+} 进行作用，随着时间的推移和温度、湿度的变化，形成如下各种磷酸盐：磷酸一钙 $[Ca(H_2PO_4)_2]$、磷酸二钙（CaHPO_4）、二水磷酸二钙（$CaHPO_4 \cdot 2H_2O$）、磷酸三钙 $[Ca_3(PO_4)_2]$、磷酸八钙 $[Ca_4H(PO_4)_3 \cdot 3H_2O]$，还有可能形成磷铝石（$AlPO_4 \cdot 2H_2O$）、羟基磷灰石 $[Ca_5(PO_4)_3(OH)]$、氟磷灰石 $[Ca_5(PO_4)_3F]$ 等。这些磷酸盐具有不同的溶解度和不同的有效性。为了了解这些磷酸盐的溶解度，笔者通过热力学公式进行分析，结果见表 4-14。

表 4-14　各种磷酸盐溶解反应的自由能计算值

类别	不同磷酸盐种类的化学反应	$\Delta G°r$（kJ）
磷酸一钙	$Ca(H_2PO_4)_2 \longleftrightarrow Ca^{2+}+2HPO_4^-$	−9.949
磷酸二钙	$CaHPO_4 \longleftrightarrow Ca^{2+}+HPO_4^{2-}$	31.689
二水磷酸二钙	$CaHPO_4 \cdot 2H_2O \longleftrightarrow Ca^{2+}+HPO_4^{2-}+2H_2O$	52.053
磷酸三钙	$Ca_3(PO_4)_2 \longleftrightarrow 3Ca^{2+}+2PO_4^{3-}$	188.564
磷酸八钙	$Ca_4H(PO_4)_3 \cdot 3H_2O \longleftrightarrow 4Ca^{2+}+3PO_4^{3-}+3H_2O$	267.867
羟基磷灰石	$Ca_5(PO_4)_3(OH) \longleftrightarrow 5Ca^{2+}+3PO_4^{3-}+OH^-$	343.740
氟磷灰石	$Ca_5(PO_4)_3F \longleftrightarrow 5Ca^{2+}+3PO_4^{3-}+F^-$	389.005
磷铝石	$AlPO_4 \cdot 2H_2O \longleftrightarrow Al^{3+}+H_2PO_4^-+2OH^-$	172.295
红磷铁石	$FePO_4 \cdot 2H_2O \longleftrightarrow Fe^{3+}+H_2PO_4^-+2OH^-$	190.988
蓝铁矿	$Fe_3(PO_4)_2 \cdot 8H_2O \longleftrightarrow 3Fe^{2+}+2PO_4^{3-}+4H_2O$	205.569
磷酸锌	$Zn_3(PO_4)_2 \cdot 4H_2O \longleftrightarrow 3Zn^{2+}+2PO_4^{3-}+4H_2O$	209.178

由化学反应过程自由能变化值的概念可知，磷酸一钙 $\Delta G°r<0$，是易溶性的，易被作物吸收利用；磷酸二钙 $\Delta G°r=31.689$ kJ，按理是不能溶解的，但根据傅献彩、陈瑞华的意见，当 $\Delta G°r$ 在 0～

41.84 kJ 时，存在着改变外界条件使平衡向更有利于产物生成的方向转化的可能性，当 $\Delta G°r > 41.84$ kJ 时，可以认为反应是不能进行的，因此磷酸二钙在适当条件下是有可能进行溶解成为作物可吸收的主要磷源之一。二水磷酸二钙 $\Delta G°r = 52.053$ kJ，是一种结晶性的磷酸盐，按上述意见是不能溶解的，属于难溶性的磷酸盐，作物难以利用。磷酸三钙、磷酸八钙、各种磷灰石以及其他磷酸盐的 $\Delta G°r$ 达 188.564~389.005 kJ，即不能溶解成为作物可吸收利用的磷源。但在实际中，有些磷酸盐，如 Al-P、Ca_3-P 等与土壤中有效磷含量和作物吸磷量仍存在一定的正相关关系。说明在复杂多变的土壤条件中，可能存在某些使磷酸盐进行溶解的物质。土壤中诸如以上各种难溶解或不溶解的磷酸盐储量是很大的，如何使它们能变成作物可吸收利用的磷源，是值得研究的一大课题。有一种化学反应叫"反应的耦合"，即 $\Delta G° \geq 0$，这个反应基本上是不能进行的，如果加入一个 $\Delta G°$ 负的反应，这个反应能消耗前一个反应的某些产品，则前一个反应变得可以进行下去，而且使这个新反应的 $\Delta G°$ 变为很大的负值。这就是"反应的耦合"。这个原理对研究解决以上磷酸盐难溶解的问题应该是有启发的。

为了加深对此问题的认识，下面举例说明：

例1 磷酸三钙

(a) $Ca_3(PO_4)_2 \longleftrightarrow 3Ca^{2+} + 2PO_4^{3-}$ $\Delta Gr° = 188.564$ kJ

$\Delta Gr°$ 是很大的正值，以上反应是很难进行的，故很难释放出可被作物吸收的磷酸根。

(b) $(NH_4)_2SO_4 \longleftrightarrow 2NH_4^+ + SO_4^{2-}$ $\Delta Gr° = -0.094$ kJ ≈ 0

$\Delta Gr°$ 接近零，反应能向右进行，放出 SO_4^{2-}。

(c) $Ca_3(PO_4)_2 + 3(NH_4)_2SO_4 \longleftrightarrow 3CaSO_4 \downarrow + 2(NH_4)_3PO_4$ $\Delta Gr° = -68.492$ kJ

$\Delta Gr° < 0$，可使反应向右进行。即由（b）式释放出来的 SO_4^{2-}，夺取（a）式中的 Ca^{2+} 形成 $CaSO_4$ 沉淀，释放出磷酸根，被作物吸收利用。

例2 羟基磷灰石

(a) $Ca_5(PO_4)_3(OH) \longleftrightarrow 5Ca^{2+} + 3PO_4^{3-} + OH^-$ $\Delta Gr° = 343.74$ kJ

$\Delta Gr°$ 是很大的正值，反应不能进行，不能释放出可被作物吸收的磷酸离子。

(b) $H_2SO_4 \longleftrightarrow 2H^+ + SO_4^{2-}$ $\Delta Gr° = -54.59$ kJ

$\Delta Gr°$ 是负值，能向溶解为 H^+ 和 SO_4^{2-} 的方向发生。

(c) $Ca_5(PO_4)_3(OH) + 5H_2SO_4 \longleftrightarrow 5CaSO_4 \downarrow + H_2O + 3H_3PO_4$ $\Delta Gr° = -343.74$ kJ

$\Delta Gr°$ 是很大的负值，反应极易向右进行，产生 $CaSO_4$ 沉淀，释放出磷酸离子，供作物吸收利用。

由上例证明，磷肥在石灰性土壤中被固定的各种难溶解的 Ca-P，在适当的人为或自然条件下，都能被转化为作物可吸收的磷，只是有效程度不同。因此，不能把被土壤所固定的磷，特别被固定后形成磷灰石之类的 Ca-P 都划为无效磷，这是不妥的。实际上这些 Ca-P 在土壤中都有不同程度的溶解、释放或者相反地转化。其溶解的程度取决于根际周围 pH、温度和水分的高低。pH 越低、温度越高，水分越适宜，溶解出的磷就越多，反之越少。

第五节 黄土高原娄土长期定位施肥对土壤磷素积累和淋移的影响

本项研究是在陕西"黄土肥力与肥料效益长期定位监测基地"上进行的。该基地是中国首批七大土壤肥料长期定位监测基地之一，这是中国土壤肥料科学研究上的一件大事。基地位于中国黄土高原南部陕西关中杨凌渭河以北三级阶地的娄土上，占地面积 2.4 hm^2，海拔为 525 m，年均气温 13 ℃，年降水量为 550~600 mm，降水主要集中在 7~9 月。内设灌溉地肥料长期定位试验和旱作地肥料长期定位试验两部分，并建有不同深度的渗漏池试验群、大型盆栽试验网室和自成体系的田间灌溉系统。

灌溉地试验共设 11 个处理：①休闲：耕而不种，不施肥，无植物生长；②摞荒：不耕、不种、不施肥，自然生长植物；③CK：种作物，但不施任何肥料；④N：单施氮肥；⑤PK：磷钾化肥配合；⑥NK：氮钾化肥配合；⑦NP：氮磷化肥配合；⑧NPK：氮磷钾化肥配合；⑨NPKM（N）：常量有机肥与化肥配合；⑩NPKM（H）：高量有机肥与化肥配合；⑪NPKS：化肥与秸秆还田配合（S为秸秆）。

旱作地试验共设 10 个处理，不设 NPKS 处理，其他处理与灌溉地试验处理相同。

种植制度：灌溉地为冬小麦-夏玉米轮作；旱作地为冬小麦-休闲。

灌溉试验：冬小麦年施氮肥 165 kg/hm²、磷肥 57.6 kg/hm²、钾肥 68.5 kg/hm²；夏玉米年施氮肥 187.5 kg/hm²、磷肥 24.6 kg/hm²、钾肥 77.8 kg/hm²。氮肥为尿素，磷肥为过磷酸钙，钾肥为硫酸钾。所有肥料均于播前一次施入。干秸秆用量为 4 500 kg/hm²，NPKM（N）和 NPKM（H）中有机肥（N）与无机肥（N）比例为 7∶3，按含氮量折合施用牛粪。玉米不施有机肥和秸秆，只施化肥。有机肥和秸秆均于秋播小麦时一次施入。小麦、玉米生长期中进行灌溉，每次灌水量为 90 mm 左右，每种作物灌溉2～3次。

旱作地试验：冬小麦年施氮肥 135.0 kg/hm²、磷肥 47.1 kg/hm²、钾肥56.3 kg/hm²。有机肥用量与灌溉地相同。NPKM 处理中 N、P、K 用量与其他处理的相等（有机肥的磷钾量未计入）。肥料品种与灌溉地相同，全程是旱作，不灌溉。

试验前土壤物理化学特性为：耕层土壤有机质含量为 10.92 g/kg、全氮 0.832 g/kg、全磷 0.607 g/kg、全钾 2.289 g/kg、碱解氮 61.3 mg/kg，有效磷 9.57 mg/kg、速效钾 191 mg/kg、缓效钾 1 189 mg/kg、pH 8.62、容重 1.30 g/m³、孔隙度49.63％、田间持水量 21.12％。

一、灌溉与旱作对不同施肥处理的塿土磷素积累与淋移的影响

2002 年 6 月冬小麦收获后，在选定小区内用直径 5 cm 的土钻，在距离小区边界 1.5 m 的范围内，以 20 cm 的土层间隔按对角线取 5 个土壤剖面（0～300 cm）样本，混合均匀，经过风干、研磨，过 2 mm和 0.15 mm 孔筛，所得土壤样本用 Olsen 法测定有效磷，用硝酸-氢氟酸-高氯酸消化，钼锑抗比色法测定全磷。结果如下。

1. 灌溉与旱作对土壤有效磷在剖面中分布和淋移的影响　经过 12 年的定位试验，不同处理对土壤有效磷含量在土壤剖面中的分布见图 4-9。

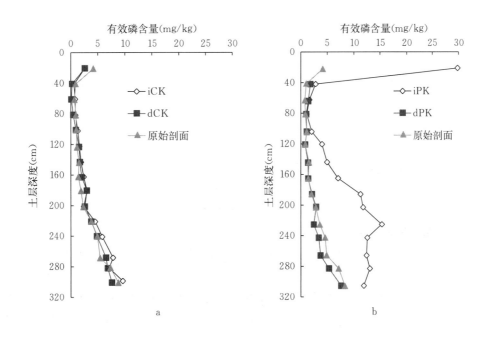

a　　　　　　　　　b

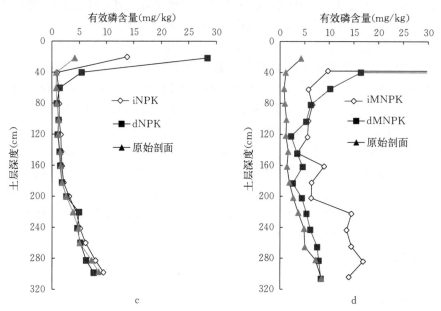

图4-9　灌溉（i）和旱作（d）条件下有效磷在土壤剖面分布的比较

由图4-9a看出，在0～300 cm土壤剖面中有效磷含量分布，灌溉地、旱作地上的对照与原始土壤都基本接近，没有明显的变异。在图4-9b中的PK处理，旱作地有效磷与原始土壤有效磷在0～300 cm土层中的分布没有明显变化，但在灌溉条件下，PK处理的土壤有效磷含量则有显著的增加，特别在0～40 m和100～300 cm土层中增加明显，这充分说明灌溉对土壤有效磷向下淋移的作用是十分明显的。但也看出，在灌溉条件下土壤有效磷含量在40～100 cm中都出现了明显的低谷，与旱作土壤、甚至与原始土壤相同土层中的有效磷接近，表明该层土壤中有效磷的淋移作用明显低于其上下土层，这可能与这一层存在黏化层有关。

图4-9c是NPK的处理，0～20 cm土层中有效磷含量，旱作地为27 mg/kg，灌溉地为14 mg/kg，原始土壤为5 mg/kg。说明在旱作地上，作物产量低，吸磷量少；因此下量移的磷量也少，故剩留在耕层土壤中的有效磷就较多；灌溉地却相反，由于产量高，吸磷量和下移磷量多，故剩留在耕层中的有效磷就明显降低。到达40 cm处，旱作地有效磷仍然较高，灌溉地和原始土壤的有效磷已基本接近；自此深度以下，旱作地、灌溉地土壤有效磷均与原始土壤十分接近，说明灌溉对NPK处理的土壤有效磷在40 cm以下并没有产生明显的淋移作用。

MNPK处理有机肥与无机肥配合施用时，由图4-9d看出，土壤有效磷含量在0～30 cm剖面中的分布有明显的差异。旱作条件下，在0～60 cm有效磷含量明显是旱作＞灌溉＞原始土壤，趋势与NPK处理相似；但从80 cm开始，直至300 cm，有效磷含量却是灌溉＞旱作＞原始土壤，直至300 cm处才都接近原始土壤。由此说明，在旱作条件下，虽然没有补偿水分，但由于自然降水，也能使有机无机肥配合施用的MNPK处理产生有效磷向土壤深层淋移，平均每年约下移25 cm；在灌溉条件下，有效磷向深层淋移的量明显增加。说明灌溉能增强有效磷向土壤下层淋移；在NPK基础上配施有机肥能更加促进有效磷向下淋移的作用。

2. 灌溉和旱作对土壤全磷在剖面中积累和淋移的影响　同样经过12年的定位试验，不同处理对土壤全磷含量在土壤剖面的变化见图4-10。

由图4-10a看出，在不施肥对照土壤剖面中，经过12年的种植，全磷含量在灌溉和旱作土壤上并没有什么区别，基本都与原始土壤接近。

图4-10b是PK处理的结果，可以看出，旱作土壤全磷含量及其在剖面中的分布与原始土壤基本相似，差异没有明显规律；但在灌溉条件下，除土壤全磷含量在0～40 cm内与旱作和原始土壤无

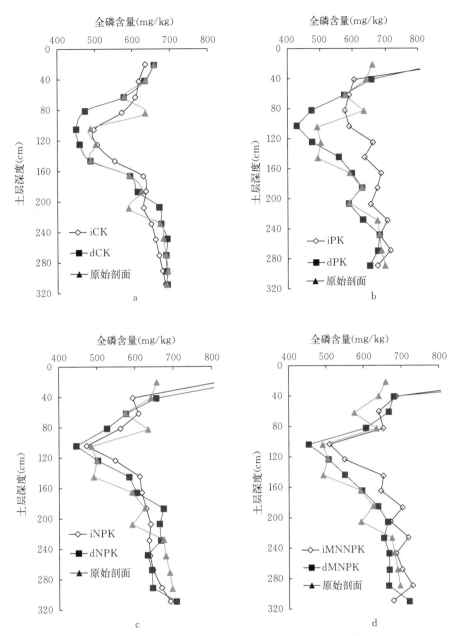

图 4-10　灌溉（i）和旱作（d）条件下全磷在土壤剖面中的分布比较

明显差异外，在100～260 cm 则比旱作土壤有显著增加，到 300 cm 处便与原始土壤接近，说明灌溉对 PK 处理的土壤全磷有明显的淋移，在 12 年内可淋移到 300 cm 处。

　　图 4-10c 是 NPK 的处理结果，在 0～40 cm 土层内，土壤全磷含量在旱作和灌溉条件下都有大量积累，但向下淋移不明显。说明 NPK 配合施肥有利于作物对磷的吸收，阻碍了上层磷的下移。

　　图 4-10 d 的结果则有明显不同。0～80 cm 土层，旱作 MNPK 处理和灌溉 MNPK 处理的土壤全磷含量有明显积累，但从 80 cm 土层开始，旱作土壤全磷含量与原始土壤全磷含量没有明显差异，但灌溉土壤的全磷含量则有大量向下淋移现象，直至淋移达 300 cm 为止。说明灌溉对有机肥与 NPK 配合施用时，其中有机肥对土壤全磷的淋移有明显影响。

二、磷在土壤中的淋移机理

　　2003 年夏收后，在国家黄土肥力与肥料效益长期监测基地水浇地定位试验地外围区内，应用

Fitz Patrick 方法进行试验。试验结果如下。

1. 石膏悬液显示的大孔隙的优先流　Beven（1982）指出，大孔隙流是指溶质或悬浮物沿土体表面由于土壤收缩、膨胀产生的裂隙或动物（主要是蚯蚓）的洞穴或植物根孔快速纵向移动，大孔隙的存在极大地减少了土壤水与土壤活性界面的接触，使微孔与大孔隙空间的扩散交换受到限制。

一般认为土壤大孔隙的直径在 $30\sim3\,000\,\mu m$，具有易产生优先流的性状。土壤大孔隙只占土壤孔隙度的百分之几。

在试验开掘的 7 个土坑中，一个未见明显洞穴，其余 6 个都有 2～3 个孔洞，即每平方米有 8～12 个孔洞。

图 4-11 为含有 KH_2PO_4 的石膏悬液沿作物根孔向下移动到距地表 53 cm 的情形。根孔中白色的石膏悬液非常清晰，说明含磷的石膏悬液在孔内或空穴中具有优先流动的特征。

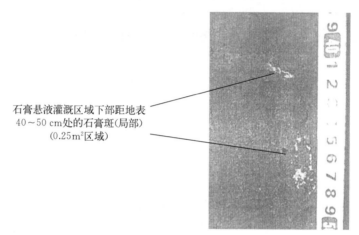

石膏悬液灌溉区域下部距地表 40～50 cm 处的石膏斑（局部）（0.25㎡区域）

图 4-11　石膏悬液沿根表的纵向运动　　　　图 4-12　石膏悬液在土壤剖面中的分布

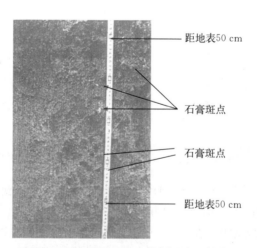

距地表50 cm

石膏斑点

石膏斑点

距地表50 cm

图 4-13　石膏悬液在土壤剖面中的分布

图 4-12、图 4-13 为观察到的土壤剖面中石膏悬液的纵向分布，上部分的石膏较连贯清晰（未显示），下部分虽然能清楚看到石膏，但其含量明显减少。由于技术原因，观察到的石膏向下分布的连续性并不强，含有磷的石膏悬液首先从根孔及其他空穴向土壤下层运移，其次从土体本身通过扩散向土壤纵深运移，最大深度可达 80 cm，与 Hechkrath 在英国洛桑试验站用石膏淋移发现的结果大致相同。

2. 土壤有效磷的剖面分布　土壤剖面中通道土壤有效磷与本土有效磷含量分析结果见图 4-14。

从图 4-14 看出，石膏淋滤区域所取的本土样本（Bulk sample）的有效磷含量除了 40～60 cm 比对照（CK）低外，其他 3 个深度都略高于对照；而沿优先流通道所取得样本（通道样：Channel sample）的有效磷含量比对照与本体土样在 80 cm 土体中都有明显升高。需要说明的是，由于石膏淋滤是在底土上进行的，土壤本身含磷量就非常小，缓冲容量极大。加上所采的通道样本并非完全是优先通道内壁的样本，而是与外壁土壤混合了，所以实际的通道样本有效磷含量可能还要高得多。

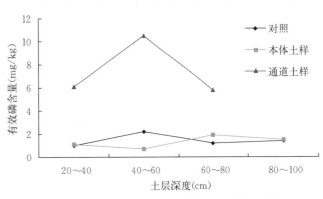

图 4-14 不同深度土壤有效磷含量的剖面分布

本体土样虽然也经过了磷溶液的淋滤，有效磷含量却基本不变，至少表明了磷通过土壤基质的移动受到土壤强大的吸附固定能力的阻止，在短时间内磷向下的移动难以测出。

根据以上结果，可以认为塿土存在优先流。优先流影响深度最低可以达到地面以下约 90 cm；其途径直接可以观察到的有根孔和其他孔洞（可能为蚯蚓洞穴）以及地面裂隙，但裂隙深度可能仅限于表层土壤（0～15 cm）。优先流可能是塿土中磷素淋失的主要途径之一。

三、长期施肥对塿土耕层磷素累积的影响

本项工作是在国家黄土肥力与肥料效益长期监测基地选择 7 个处理进行研究。研究结果如下。

1. 耕层全磷含量的变化 12 年里耕层土壤 CK 处理全磷含量基本保持在 600 mg/kg 左右；施化肥的 PK、NP、NPK 3 个处理耕层土壤全磷已出现明显的累积，全磷含量随施肥时间的延续逐步升高，且都明显高于对照；到 2000 年上升到最高点，但全磷累积 PK>NP>NPK，在 NPK 基础上，施用有机物料的各处理［SNPK、M（N）NPK、M（H）NPK］（图 4-15）全磷含量都随施肥时间的延续而逐步提高且均高于 NPK，其中 SNPK 的全磷含量在测定的各个年份均比 NPK 处理略高，施有机肥的两个处理的全磷量都大大高于 NPK 和 SNPK，而且表现出随有机肥用量增加而大幅度增加的趋势。也就是 M（H）NPK>M（N）PK>SNPK>NPK，说明农家肥料对增加土壤全磷含量的作用非常突出。

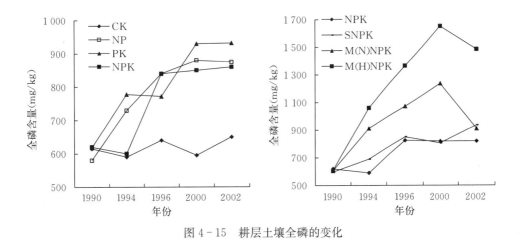

图 4-15 耕层土壤全磷的变化

2. 耕层有效磷的变化 从图 4-16 可以看出，CK 处理有效磷含量基本维持在 5 mg/kg 以下，且随种植年限的增加呈现出下降的趋势。

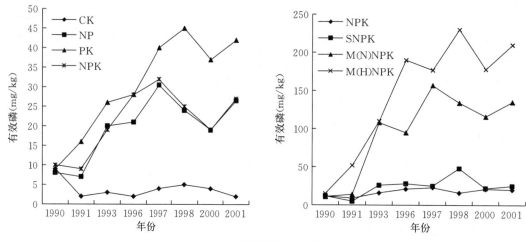

图 4-16　耕层土壤有效磷的变化

在各施肥处理下有效磷都有不同程度的增加。施用化肥的各处理（PK、NP、NPK）有效磷含量各年份都高于 CK，且随种植时间的延续而升高；PK 处理明显高于 NP 和 NPK；但 NP 和 NPK 非常接近。施用化肥配合有机物料的各处理［SNPK、M（N）NPK、M（H）NPK］有效磷的变化趋势与土壤全磷的变化非常相似，都随施肥时间的延续而逐步提高，且均高于 NPK。其中，SNPK 处理的有效磷含量在各个年份均比 NPK 处理略高；施有机肥的两个处理的有效磷含量则大大高于 NPK 和 SNPK，而且也表现出随有机肥用量的增加而大幅度增加的趋势。明显呈现 M（H）NPK＞M（N）NPK＞SNPK＞NPK，反映出农家肥料有增加土壤有效磷含量的重要作用。

3. 耕层有机磷的变化　图 4-17 表明，12 年的定位施肥下，在 PK 和对照处理下，耕层土壤有机磷含量均有所下降，NPK 处理的有机磷含量除了 2000 年以外，均高于对照和 PK 处理。农家肥和 NPK 配合施用的土壤有机磷含量都高于化肥处理，并且有逐年增加的趋势，且 M（H）NPK 高于 M（N）NPK。土壤有机磷累积的基本趋势也是 M（H）NPK＞M（N）NPK＞NPK＞PK≈CK。

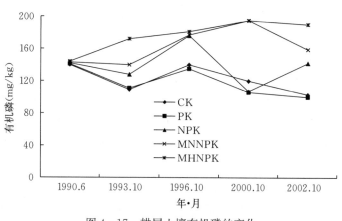

图 4-17　耕层土壤有机磷的变化

一般认为，石灰性土壤有机磷累积低于酸性土壤。Johnston 等认为，重复大量施用农家肥能增加土壤有机质，但并不能大量增加有机磷含量，原因是有机肥中 60%～80% 的磷以无机态存在，在有机质含量高的永久草地上施无机磷肥也不会在很大程度上增加有机磷含量。Sharpley 等的研究表明，在低施肥水平下，随有机肥施用而增加的有机磷也很快恢复到试验前的水平。说明通过施肥增加土壤有机磷含量是比较困难的。本试验施有机肥处理虽然能增加土壤有机磷的含量，但可能是由于有机肥中相对较难矿化的有机磷的累积所致。

四、长期定位施肥条件下塿土微生物生物量的变化及其与土壤生物和化学性质的关系

1. 土壤微生物生物量碳、微生物生物量氮和微生物生物量磷的含量变化　由表 4-15 看出，与对照（CK）相比，PK 处理微生物生物量碳（MBC）含量几乎没有变化；NP、NPK 处理 MBC 有一

定程度的提高，但不超过 15%（NP）。施用有机物料（秸秆，有机肥）的 3 个处理，MBC 增加非常显著，其中 SNPK 较 CK 增加 26.6%，施用有机肥处理的较 CK 增加近 60%。微生物生物量氮（MBN）与 MBC 的趋势十分接近，以 CK 和 PK 最低，NP、NPK 近似，较 CK 增加 20% 左右（NPK），SNPK 比 CK 增加 54.4%，M1NPK 最高，较 CK 增加 84.5%。但和 MBC 类似，有机肥不同用量对 MBN 没有影响。微生物生物量磷（MBP）以 CK 处理最低，施用 PK、NP、NPK，都增加了 MBP 的含量，几乎为 CK 的 2 倍，但在这几个处理之间并没有区别；SNPK 对 MBP 也没有作用，与 NPK 处理近似。但有机肥的施用大幅度提高了 MBP 的含量，而且有机肥用量越高 MBP 含量也越大。以上是初步研究结果，在测定方法上面还存在一定问题，需进一步进行研究。

表 4-15　土壤 MBC、MBN、MBP 的含量与比值

处理	MBC (mg/kg)	MBN (mg/kg)	MBP (mg/kg)	MBC/MBN	MBC/MBP	MBN/MBP
CK	243.0	36.2	8.1	6.7	30.1	4.5
NP	278.3	43.9	15.1	6.3	18.5	2.9
PK	253.2	37.7	18.0	6.7	14.1	2.1
NPK	263.4	43.5	17.8	6.1	14.8	2.4
SNPK	307.7	55.9	18.0	5.5	17.1	3.1
M1NPK	391.2	66.8	44.4	5.9	8.8	1.5
M2PNK	395.6	67.7	66.0	5.8	6.0	1.0
平均值	304.6	50.2	26.8	6.1	15.6	2.5

据测定，有机物料的施用降低了 MBC 与 MBN 的比值，MBC/MBN 变化幅度为 5.5~6.7，平均为 6.1，较为稳定，与 Follett 等人测定的结果（5.0）很接近。也降低了 MBC 与 MBP 以及 MBN 与 MBP 的比率，MBC/MBP 变幅为 6.0~30.1，平均为 15.6，与 Jorgensen 等人在森林土壤上的结论一致，他们测定的 MBC/MBP 变幅为 5.1~26.3，平均为 13.7，认为较大的微生物生物量 C/P 值变幅意味着在这两个参数之间并不是简单的相关关系。笔者研究微生物生物量 C/P 值和 Brookes 等测定的变幅为 10.6~35.9，平均为 14.1（多数为农业土壤）相近。微生物生物量 N/P 为 1.0~4.5，平均为 2.5，也较稳定。

2. 微生物生物量磷与微生物生物量碳、微生物生物量氮及土壤有机碳的关系　图 4-18 展示的是土壤微生物生物量磷与微生物生物量碳、微生物生物量氮及土壤有机碳的关系。可以看出 MBP 与 3 个参数均呈直线正相关关系，MBP 与 MBC 决定系数为 0.853 7，达到 1% 显著性水平（图 4-18a）；MBP 与 MBN 决定系数为 0.761，达到 1% 显著水平（图 4-18b）；MBP 和土壤有机碳的决定系数为 0.847 8，也达极显著水平（图 4-18c）。即使是有机肥料两个处理的 MBP，按照实际测定的回收率计算，所得结果也均呈显著直线相关关系。

3. 微生物生物量磷与其他土壤性质的关系　图 4-19 给出了耕层土壤微生物生物量磷与全磷（图 4-19a）、水溶性磷（图 4-19b）、有机磷（图 4-19c）的关系。MBP 与三者的决定系数分别为 0.757、0.968 9 和 0.984 4，均达到极显著相关关系，以 MBP 与全磷决定系数最低。但有些研究认为 MBP 与土壤有机磷之间有相关关系，另一些报道则认为没有相关关系，原因尚不清楚。微生物生物量磷与有机碳和全磷呈显著相关关系，与 Jorgensen 等（1995）在森林土壤的报道一致。这 3 个参数之间的正相关关系反映了有机质作为磷源的重要性。

4. 结论　根据以上研究，得出以下结论。

（1）施用化肥可以在一定程度上提高微生物生物量 C、N、P 的含量，但提高幅度有限；施用化肥配合秸秆还田提高了微生物生物量 C、N 的含量，但在本试验中未见对微生物生物量磷有任何影响。

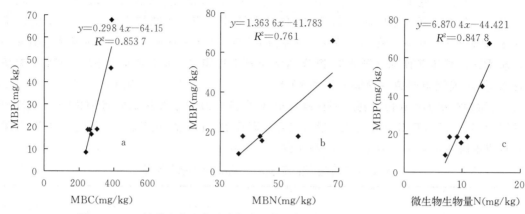

图 4-18　土壤微生物生物量磷与微生物生物量碳、微生物生物量氮的关系

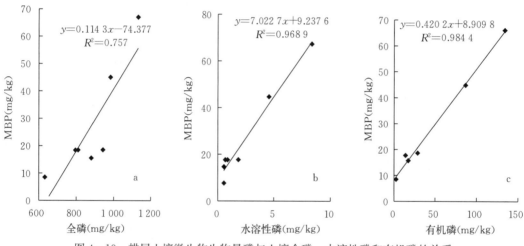

图 4-19　耕层土壤微生物生物量磷与土壤全磷、水溶性磷和有机磷的关系

（2）有机肥配合化肥施用极大地提高了微生物生物量 C、N、P 的含量；但在本试验中没有观察到有机肥不同量对微生物生物量 C、N 的影响。

（3）耕层土壤微生物生物量磷与微生物生物量 C、N 及有机碳呈显著直线正相关关系。

（4）微生物生物量磷与土壤全磷呈显著正相关关系，与土壤水溶性磷、有机磷含量呈极显著正相关关系。

（5）土壤有机磷含量高时会影响微生物生物量磷测定中磷的回收率，原因有待研究。

五、长期施肥条件下土壤磷素平衡

（一）磷素平衡（盈亏）

图 4-20 是本试验各处理 12 年作物携出磷量与磷素累积平衡（盈亏）（b）情况（NP 处理与 NPK 一致，故图 4-20 中未予反映）。PK、NPK 磷投入相同，SNPK 由于秸秆中含有一定的磷，比前两者略高；M（N）NPK 处理的磷投入比前三者都高，但以高量有机肥处理的 M（H）NPK 为最高。但作物携出的磷量与投入并不很一致（图 4-20a），PK 高于对照（CK）处理；NPK、SNPK 非常接近，都大大高于 PK；M（N）NPK 在 1999 年以前与 NPK 和 SNPK 接近，以后稍高；M（H）NPK 较其他处理要高，与其磷的投入相比，幅度不大。M（N）NPK 小麦和玉米总增产率较 SNPK 低，PK 与 CK 相比增产也非常小（3.3%），M（H）NPK 与 SNPK 产量也很接近，说明作物对磷有奢侈吸收。与上述一致，CK 处理作物磷源来自土壤本身，处于亏缺状态（图 4-20b）；其他处理磷

素投入高于作物吸收，均为盈余。其中 NPK、SNPK 的盈余量一致，PK 高于 NPK 和 SNPK；施有机肥处理磷盈余大大高于其他处理。

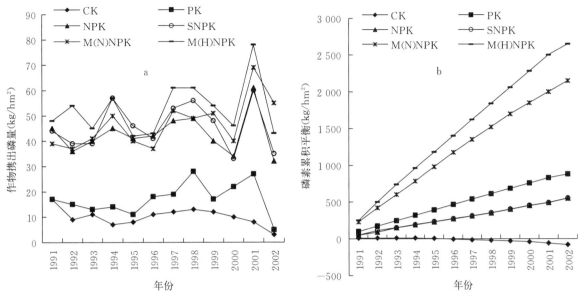

图 4-20　各处理磷素累积平衡状况

（二）不同施肥处理磷素的去向

表 4-16 为试验 12 年后磷素平衡状况，施氮、磷、钾肥处理作物携出磷量为 PK 处理的 2.5（NPK）～3.0 倍 ［M（H）NPK］。NPK 磷盈余最小，SNPK 与 NPK 基本相当，PK 处理磷盈余高于 NPK 和 SNPK 约为 60%，有机肥两个处理分别高于 NPK4.7 倍和 6.5 倍。100 cm 土体累积的磷以有机肥处理为最高，PK 处理次之，NPK 最低。M（H）NPK、M（N）NPK、SNPK、NPK 和 PK 处理分别有 36.8%、34.5%、7.1%、29.5% 和 40% 的磷去向不明，即不能用 100 cm 土体磷累积量说明。James 等报道了美国石灰性土壤固定有机肥磷素的能力极大。这些表明，磷不可能污染地下水。与之相反，Eghball 等的研究表明，施有机肥磷可以淋失到地下水，特别是地下水位浅的地区。英国洛桑试验站（Rothamsted）平衡研究表明，0～69 cm 土壤剖面中对应于 FYM＋N2（有机肥加氮肥）、PK、N4PK 和 N2PK 处理分别有 24%、43%、46% 和 12% 的磷素去向不明。认为可能解释的是磷的损失。

表 4-16　各处理磷素平衡状况

单位：kg/hm²

处理	PK	NPK	SNPK	M（N）NPK	M（H）NPK
磷投入	961.8	961.8	1 015.4	2 685.2	3 548.9
磷携出	207.9	513.9	541.9	559.4	627.0
盈亏	＋753.9	＋447.9	＋473.5	＋2 125.9	＋2 921.9
100 cm 土体净累积的磷	834.5	283.7	521.0	1 318.2	1 735.6
差值	38.5	283.3	71.6	926.9	1 305.4
占投入（%）	4.0	29.5	7.1	34.5	36.8
磷累积表观利用率（%）	9.3	41.1	41.7	16.4	14.3

注：100 cm 土体净累积磷＝各处理 0～100 cm 土体磷累积量－对照 0～100 cm 磷累积量；差值＝磷盈亏量－（100 cm 土体磷＋对照平衡磷量）；磷累积表观利用率%＝（各施磷处理作物携出磷量－对照处理作物携出磷量）/该处理磷投入量×100。

M（H）NPK、M（N）NPK、SNPK、NPK 和 PK 处理种植作物后磷累积表观利用率分别为 14.3%、16.4%、41.7%、41.1%和9.3%，过量施磷（有机肥）磷的累积表观利用率低于17%，不平衡施肥（PK）低于10%，而平衡施肥（NPK、SNPK）则可以达到40%以上。

第六节　磷肥施用效果与养分生理平衡

一、不同磷肥品种的肥效反应

1. 不同磷肥品种在几种作物上的肥效反应　在陕北、关中、陕南等地对几种作物进行了 7 种磷肥品种的肥效试验。7 种磷肥的 P_2O_5 含量：过磷酸钙为 20%、脱氟磷 24.07%、沉淀磷 25%、偏磷酸钙 62.65%、磷酸铵 44%（N14%）、硝酸磷 12%（N19%）、钙镁磷 18%。前后共做 31 个田间试验，结果见表 4－17。

表 4－17　不同磷肥品种在不同作物上的肥效反应

磷肥品种	小麦			玉米			豌豆			黄豆		
	试验数	增幅(%)	平均增产(%)	试验数	增幅(%)	平均增产(%)	试验数	增幅(%)	平均增产(%)	试验数	增幅(%)	平均增产(%)
过磷酸钙	8	5.07～45.0	25.05	4	12.8～90.3	47.23	2	12.4～50.0	31.2	—	—	—
钙镁磷肥	3	18.1～67.7	36.9	2	66.6～90.3	78.5	2	7.6～42.9	25.3	1	91.4	91.4
脱氟磷肥	7	12.7～57.5	32.0	3	19.4～91.9	64.1	1	9.6	9.5	1	37.1	37.1
沉淀磷肥	3	11.0～41.9	26.8	1	52.7	52.7	2	9.5～50	29.8	—	—	—
偏磷酸钙	3	6.1～48.0	32.5	1	60.5	60.5	2	17.9～50.0	34.0	—	—	—
磷酸铵	2	26.8～38.2	32.5	2	16.1～59.6	37.9	1	48.6	48.6	1	88.6	88.6
硝酸磷肥	2	38.2～45.7	42.0	1	65.1	65.1	—	—	—	—	—	—

磷肥品种	荞麦			油菜			豌豆			甘薯		
	试验数	增幅(%)	平均增产(%)	试验数	增幅(%)	平均增产(%)	试验数	增幅(%)	平均增产(%)	试验数	增幅(%)	平均增产(%)
过磷酸钙	3	29.3～266.6	112.8	1	26.37	26.37	—	—	—	—	—	—
钙镁磷肥	2	49.4～52.6	51.0	2	34.8～35.6	35.2	1	37.2	37.2	—	—	—
脱氟磷肥	3	45.2～170	95.9	1	35.6	35.6	—	—	—	1	38.2	38.2
沉淀磷肥	—	—	—	—	—	—	—	—	—	—	—	—
偏磷酸钙	—	—	—	—	—	—	—	—	—	—	—	—
磷酸铵	1	82.9	82.9	—	—	—	—	—	—	1	69.2	69.2
硝酸磷肥	—	—	—	—	—	—	—	—	—	—	—	—

磷肥品种	高粱			土豆			水稻			苕子		
	试验数	增幅(%)	平均增产(%)	试验数	增幅(%)	平均增产(%)	试验数	增幅(%)	平均增产(%)	试验数	增幅(%)	平均增产(%)
过磷酸钙	1	12.2	12.2	1	22.8	22.8	5	15.3～68.2	37.8	1	131.39	131.39
钙镁磷肥	2	10.1～35.9	23.0	—	—	—	5	17.9～55.6	31.8	1	87.7	87.7
脱氟磷肥	2	15.5～37.2	26.4	1	22.8	22.8	—	—	—	—	—	—
沉淀磷肥	—	—	—	—	—	—	—	—	—	—	—	—
偏磷酸钙	—	—	—	—	—	—	—	—	—	—	—	—
磷酸铵	1	46.6	46.6	—	—	—	—	—	—	—	—	—
硝酸磷肥	—	—	—	—	—	—	—	—	—	—	—	—

从表4-17看出，这7种不同磷肥品种在不同地区的石灰性土壤和非石灰性土壤上对各种作物都有明显的增产效果。在粮食作物上，过磷酸钙试验22个，平均增产42.26%，每千克肥料增产粮食0.33~4.8 kg，平均增产粮食1.31 kg；脱氟磷肥试验20个，平均增产45.96%，每千克肥料增产粮食0.5~4.6 kg，平均增产粮食1.68 kg；钙镁磷肥试验14个，平均增产36.78%，每千克肥料增产粮食0.29~4.1 kg，平均增产粮食1.38 kg；沉淀磷肥试验6个，平均增产38.54%，每千克肥料增产粮食0.52~2.03 kg，平均增产粮食1.97 kg；偏磷酸钙试验6个，平均增产37.67%，每千克肥料增产粮食1.29~10.3 kg，平均增产粮食5.54 kg；磷酸铵试验8个，平均增产48.51%，每千克肥料增产粮食2.44~7.21 kg，平均增产粮食4.02 kg；硝酸磷肥试验3个，增产幅度为38.2%~65.1%，平均增产49.7%，每千克肥料增产粮食1.66~2.14 kg，平均为1.98 kg。偏磷酸钙含磷高，磷酸铵既含磷又含氮，且为水溶性磷肥，故增产粮食特别显著。一般认为钙镁磷肥在石灰性土壤上效果不佳，但本次试验在粮食作物上效果不亚于过磷酸钙，说明当时土壤中有效磷含量很低，钙镁磷肥与过磷酸钙一样，同样有显著的增产作用。

另外，从表4-17也看出，过磷酸钙、钙镁磷肥、脱氟磷肥在豆类、油菜和苕子上也有显著的增产作用，特别在苕子上的增产作用更为突出，平均增产100%以上。

2. 不同磷肥品种在 C_3、C_4 作物上的肥效反应　在陕西农业科学院试验农场娄土上进行了不同磷肥品种对 C_3 作物小麦和 C_4 作物玉米的肥效比较试验，试验地无灌溉，结果见表4-18。从作物种类可以看出，7种磷肥品种的肥效反应均是玉米大大高于冬小麦。在夏玉米生长时期，温度较高，降水较多，能提高磷肥活性，有利玉米吸收；而在冬小麦生长时期，温度较低，降水很少，限制磷肥活性，不利冬小麦吸收，这是引起冬小麦、玉米对不同磷肥肥效差异的主要原因。所以难溶性磷肥在中国北方应在夏季作物上施用，易溶性磷肥应在冬季作物上施用。

表4-18　不同磷肥品种在冬小麦、玉米上的肥效反应（1967年）

磷肥品种	用量（kg/hm²）	冬小麦			夏玉米		
		产量（kg/hm²）	增产（%）	kg产量/kg磷肥	产量（kg/hm²）	增产（%）	kg产量/kg磷肥
对照	—	1 904	—	—	2 342	—	—
过磷酸钙	225	2 770	45.5	1.93	3 949	68.6	3.57
沉淀磷肥	180	2 426	27.4	1.45	3 578	52.7	3.43
钙镁磷肥	226	2 248	18.1	0.67	3 902	66.6	3.05
脱氟磷肥	188	2 513	32	1.63	3 699	57.9	3.67
偏磷酸钙	72	2 729	43.4	5.74	3 760	60.5	9.85
磷酸铵	102	2 414	26.8	2.5	3 814	59.6	7.21
硝酸磷肥	357	2 780	45.7	1.23	3 868	65.1	2.14

注：用量均按 P_2O_5 等量施入。

3. 不同磷肥品种在禾本科、十字花科、豆科作物上的肥效反应　笔者采用水溶性磷肥过磷酸钙和难溶性磷肥钙镁磷在以小麦、油菜和苕子为代表的不同种类的作物上进行肥效反应比较试验，在平地水稻土上进行。肥料均以 P_2O_5 等量施入。结果见表4-19。结果显示，不论是易溶性磷肥，还是难溶性磷肥，在不同科类作物上的肥效反应均为豆科苕子＞十字花科油菜＞禾本科小麦。而且钙镁磷肥在油菜和小麦上的肥效远高于过磷酸钙，这在国内其他地区也有类似结果。钙镁磷肥不但有磷，而且还含有多种微量元素，这可能是比过磷酸钙更高产的重要原因之一。

表 4-19　不同磷肥品种在不同科类作物上的肥效反应

施肥处理	小麦		油菜		苕子	
	产量 (kg/hm²)	增产 (%)	产量 (kg/hm²)	增产 (%)	产量 (kg/hm²)	增产 (%)
对照	4 000	—	2 590	—	9 887	—
钙镁磷肥	5 001	25.03	3 491	34.79	18 518	87.7
过磷酸钙	4 800	20.00	3 273	26.38	22 879	131.41

4. 不同磷肥品种在不同有效磷含量黄绵土荞麦上的肥效反应　在陕北志丹县黄绵土荞麦上进行了磷肥品种的肥效反应试验（陕西农业科学院基地，1971），结果见表 4-20。由结果看出，在有效磷含量低的黄绵土，所有供试磷肥品种的荞麦产量均比在有效磷含量高的黄绵土上的高。而且在两种黄绵土上，脱氟磷肥>钙镁磷肥>过磷酸钙。

以上试验结果表明，难溶性磷肥在有效磷含量低的土壤上施用效果更好。脱氟磷肥与钙镁磷肥相似，都含有少量的微量元素，这对增产可能都起到一定作用。

表 4-20　不同磷肥品种在不同有效磷含量的黄绵土上对荞麦的肥效反应

磷肥品种	有效磷含量高的黄绵土（a）		有效磷含量低的黄绵土（b）	
	产量 (kg/hm²)	增产 (%)	产量 (kg/hm²)	增产 (%)
对照	870	—	986	—
过磷酸钙	1 125	29.31	1 406	42.62
钙镁磷肥	1 280	49.40	1 505	52.66
脱氟磷肥	1 502	72.67	1 800	82.37

注：（a）有效磷含量 8 mg/kg；（b）有效磷含量 3 mg/kg。

5. 磷肥在禾本科作物和蓼科作物上的肥效反应比较　利用同位素 ^{32}P 标记 KH_2PO_4 进行盆栽试验，供试作物为燕麦和荞麦，土壤为不同熟化度的生草灰化土和中度淋溶黑钙土，每盆装土 2 kg，含放射性 400 μCi（微居里），施入的示踪磷为 2 mg，氮为 KNO_3，以追肥施入。土壤主要特性见表 4-21。

表 4-21　土壤主要特性

土壤	土壤质地	熟化度	pH	P_2O_5 (mg/100 g)（吉尔萨洛夫法）
生草灰化土 1	粉沙壤土	轻度	4.4	3.7
生草灰化土 2	粉沙壤土	轻度	4.0	3.7
生草灰化土 3	粉沙壤土	中度	4.2	8.4
生草灰化土 4	粉沙壤土	强度	5.4	17.8
中度淋溶黑钙土	重沙壤土	弱度	5.6	2.5

（1）作物产量。作物成熟后，分别收获籽实和茎叶，试验产量结果见表 4-22。在两种土壤上，荞麦产量均高于燕麦产量。土壤熟化度越高，两种作物产量越大，最高产量均由强度熟化的生草灰化土得到，显然土壤熟化度越强，土壤有效磷含量越高。

表 4 - 22　作物产量

单位：g/盆（风干重）

土壤	燕麦		荞麦	
	籽粒	地上总重	籽粒	地上总重
生草灰化土 1	4.29	9.84	6.68	14.10
生草灰化土 2	3.13	12.23	6.49	14.55
生草灰化土 3	6.05	14.25	7.20	15.29
生草灰化土 4	7.41	16.07	8.30	18.43
中度淋溶黑钙土	5.00	12.12	4.45	10.48

（2）两种作物吸磷能力的差异。测定结果表明（表 4 - 23），禾本科作物和蓼科作物的吸磷能力有很大差异。不论是土类之间，还是同一土类不同熟化度之间，蓼科荞麦吸磷量都比禾本科燕麦的吸磷量高，前者比后者增加 13.04%～53.33%，平均增加 27.40%；而且土壤熟化度越高，荞麦和燕麦的吸磷量越大。由此证明，蓼科荞麦是一种喜磷作物。

表 4 - 23　燕麦、荞麦吸磷量比较

土壤	每盆作物吸收磷量（mg/100 g 土）		荞麦比燕麦增加（%）
	燕麦	荞麦	
生草灰化土 1	2.3	2.9	26.09
生草灰化土 2	2.3	2.6	13.04
生草灰化土 3	3.3	4.0	21.21
生草灰化土 4	4.5	6.9	53.33
中度淋溶黑钙土	3.0	3.7	23.33

（3）两种不同科类作物对土壤"A"值磷的利用率。根据收获物中示踪磷和土壤"A"值的测定，得到两种作物对土壤有效储藏磷（"A"值）的利用率。因本试验施入的示踪磷很少，仅每盆 2 kg 土施入 2 mg P_2O_5（即肥料磷），所以作物吸收的磷基本都是吸收的土壤磷，故对吸收的肥料磷可以忽略不计，因此，作物对肥料磷的利用率就没有计算。由表 4 - 24 看出，用同位素 ^{32}P 与土壤 ^{31}P 交换法所测定出的"A"值（即可吸收的储藏有效磷）比用化学法测定的有效磷要高得多。化学法测定的有效磷仅为 25～178 mg/kg，而用同位素交换法测定的有效磷为 96～290 mg/kg，这就更接近土壤供磷能力的实际情况。

表 4 - 24　土壤"A"值与作物吸磷量

土壤	"A"值（mg/kg）		作物吸磷量和占比			
	燕麦	荞麦	燕麦（mg/盆）	占"A"值（%）	荞麦（mg/盆）	占"A"值（%）
生草灰化土 1	121	119	45.5	18.80	58.0	24.37
生草灰化土 2	89	96	46.4	26.07	52.0	27.08
生草灰化土 3	203	187	65.4	16.11	80.0	21.39
生草灰化土 4	281	290	89.6	11.64	138.0	24.56
中度淋溶黑钙土	160	163	59.7	18.66	74.0	23.13

注："A"值本是以（mg/kg）表示，因作物吸收磷是以（P_2O_5 mg/盆）表示，故其占"A"值的百分率，应为吸磷量（mg/盆）/"A"×2×100，因 1 盆土等于 2 kg，故"A"×2。

另外看出，虽然是两种不同科的作物，吸磷能力差异很大，但所测出的土壤"A"值，却都非常接近。经 t 测验，得 t 值＝0.04，P＝0.966 4＞0.05，故燕麦、荞麦所得的两个"A"值之间没有显著差异。由此可知，不同作物都可单独用于测定土壤有效储藏磷"A"值，这对正确估计土壤供磷能力，确定合适的磷肥用量是一个更为可靠的依据。但在测定的时候，前面已经指出，施入的示踪磷用量一定要保持在不影响作物吸收土壤磷的水平时才能得到较好的结果，而且在试验过程中的管理措施必须严格控制一致。由于"A"值明显高于化学法测定的有效磷含量，所以作物吸收的土壤磷占"A"值的百分率并不是很高，两种作物的利用率变幅为 11.64％～27.08％，说明由"A"值表示的有效磷反映出的供磷能力是相当大的，这对克服盲目过量施用磷肥是一个很好的控制条件。

二、土壤肥力因素与施磷效果的关系

1. 不同农化性状的堘土上施磷效果　陶勤南教授在陕西杨凌不同肥力的石灰性土壤上布置了 22 个小麦试验，研究土壤肥力因素对磷肥肥效的影响。土壤分析资料与施磷增产效果见表 4 - 25。

表 4 - 25　石灰性土壤上小麦磷肥试验结果

地点	有机质（%）	CaCO₃（%）	N（%）	P₂O₅（%）	有效磷（mg/kg）	硝化力（mg/kg）	硝化力/有效磷	对照区产量（kg/亩）	施磷比不施磷增减产（%）	施氮磷比施氮增减产（%）
西小寨	1.105	7.983	0.086 1	0.143	8.60	10.4	1.21	99.4	−9.1	6.7
	1.112	8.162	0.083 8	0.142	6.73	13.3	1.98	93.0	5.6	25.6
	1.203	9.290	0.090 1	0.163	3.85	30.4	7.90	58.5	23.1	43.8
	1.151	8.353	0.065	0.147	10.13	16.5	1.63	66.0	20.5	38.0
	1.042	10.958	0.072 8	0.166	8.58	10.2	1.19	102.0	4.4	8.1
	1.060	7.178	0.076 7	0.151	10.70	31.7	2.96	114.7	4.6	19.4
	1.120	9.465	0.081 5	0.159	12.90	19.8	1.53	142.5	1.1	11.5
曹新庄	1.039	9.627	0.073 1	0.143	9.43	32.7	3.47	183.0	6.2	17.2
	1.173	10.23	0.083	0.158	18.80	38.0	2.02	175.9	1.9	2.3
	1.142	9.508	0.076 7	0.147	11.95	22.4	1.87	141.4	22.0	9.4
	1.107	9.782	0.077 3	0.165	40.70	20.4	0.50	207.0	4.2	4.1
	1.103	9.819	0.077 3	0.176	19.08	32.7	1.71	123.0	7.8	−1.3
	1.128	9.056	0.081 7	0.152	13.70	26.8	1.96	96.4	19.4	26.7
姚安	1.227	8.957	0.083 8	0.187	33.80	42.0	1.24	125.2	0.6	−5.1
	1.270	9.012	0.088 5	0.206	69.80	27.4	0.39	116.2	3.9	−2.5
	1.245	9.573	0.088 5	0.196	36.38	40.4	1.11	134.2	2.8	−5.5
	1.558	7.560	0.101 8	0.188	15.35	35.0	2.28	108.7	15.9	−0.6
	1.336	9.861	0.096 5	0.179	6.88	44.4	6.45	93.7	61.6	85.2
李台	1.185	8.069	0.080 1	0.194	18.25	32.4	1.78	106.9	3.2	24.4
	1.158	10.257	0.082 9	0.175	22.78	35.1	1.54	103.1	5.4	10.3
	0.761	9.353	0.065 7	0.164	9.75	23.4	2.40	67.5	41.7	35.2
穆家寨	1.254	4.867	0.089 9	0.168	12.33	36.7	2.98	81.0	6.5	17.2

从表4-25看出，单施磷比不施磷减产1个，增产21个，增产幅度为0.6%～61.6%，平均增产12.50%；在施氮基础上，加施磷肥，则氮磷配施比单施氮肥减产5个，增产17个，增产幅度为2.3%～85.2%，平均增产22.65%。其中施磷减产的地块都是有效磷含量较低、硝化力较高的土壤，说明这几块地的土壤在施肥后仍未达到作物对氮磷平衡的需要，反映出土壤氮磷平衡施肥的重要性。

2. 土壤农化性状与对照区小麦产量关系　将对照区产量与土壤农化性状的相关性进行了统计（表4-26），从表4-26看出，对照区产量与土壤有效磷含量相关性最显著，其次为与全磷和硝化力/有效磷。而与有机质、全氮、硝化力、$CaCO_3$ 相关性都不明显。

表4-26　对照区产量与土壤农化性状的相关系数

有机质	全氮	硝化力	$CaCO_3$	全磷	有效磷	硝化力/有效磷
−0.005 0	0.079 2	0.121 0	0.355 6	0.466 1*	0.607 0**	0.374 3*

注：* $P=5\%$，$r=0.422\,7$；** $P=1\%$，$r=0.536\,8$。

3. 土壤供磷能力有关的土壤农化性状之间的相关性　陶勤南教授为了进一步了解关中娄土地区土壤供磷能力，对试验土壤农化特性之间的相互关系进行了统计（表4-27）。由表4-27看出，有机质与全氮、全磷、硝化力呈极显著相关关系，尤其是有机质与全氮的相关性特别强烈，有机质与全磷相关性次之，有机质与硝化力相关性最低。土壤全氮主要是以有机态氮存在，一般占全氮的90%以上，因此有机质与全氮的相关性之所以如此密切，原因就在于此。土壤全磷中有机磷含量一般占全磷含量的30%以上，有的达50%以上，所以有机质与全磷相关性能达到极显著水平与此有很大关系。土壤硝化力是通过土壤硝化细菌的活动反映出来的，而硝化细菌的活动必须依靠土壤有机质提供能源（C）和营养物质，当然土壤本身也含有丰富的可供硝化细菌繁殖过程的营养需要，故有机质与硝化力之间也应有极显著的相关性，但相关程度比以上稍低。另外看出，有机质与 $CaCO_3$、有效磷、硝化力/有效磷之间则没有显著的相关性。

表4-27　土壤农化特性之间的相关性测定

土壤农化特性	有机质	$CaCO_3$	全氮	全磷	有效磷	硝化力	硝化力/有效磷
有机质	1.000 0						
$CaCO_3$	−0.263 9	1.000 0					
全氮	0.914**	0.022 9	1.000 0				
全磷	0.666 6**	0.465 8*	0.261 5	1.0 000			
有效磷	0.212 0	0.107 5	0.108 0	0.681 6**	1.000 0		
硝化力	0.463 0**	−0.084 2	0.376 1*	0.629 2**	0.641 8**	1.000 0	
硝化力/有效磷	0.108 6	−0.048 9	0.298 6	−0.206 6	−0.517 1**	0.341 2	1.000 0

注：* $P=5\%$，$r=0.422\,7$；** $P=1\%$，$r=0.536\,8$。

石灰性土壤 $CaCO_3$ 含量都是比较高的，在22个土壤样品中其含量变化范围为4.867%～10.958%，变幅不是很大，仅以此与其他农化性状进行统计，表现出 $CaCO_3$ 与全磷之间呈显著相关水平。在石灰性土壤中，土壤全磷除有机磷以外，主要是以 Ca-P 为主存在于土壤中，占全磷50%以上，所以 $CaCO_3$ 与全磷之间呈现显著相关性是完全可以理解的。但 $CaCO_3$ 与有效磷、全氮、硝化力、硝化力/有效磷值均无相关性，故 $CaCO_3$ 对土壤营养型的肥力作用并无太多影响。

土壤硝化作用的物质基础是铵态氮，铵态氮是有机氮经铵化细菌转化而来，所以说硝化作用与全氮有关。统计结果表明，两者之间相关性达显著水平。但全氮与全磷、有效磷、硝化力/有效磷却没有相关性。

前面已经提到，由于土壤对磷固定作用的不同和人为耕作施肥的影响，土壤全磷与有效磷之间并没有相关性。但在一定条件下，如土壤类型、自然条件和耕作施肥基本相同时，全磷与有效磷之间的相关性也是很显著的，表 4 - 27 统计表明，全磷与有效磷的相关系数 $r=0.681\ 6^{**}$，达极显著水平。土壤磷是硝化细菌活动必需的营养物质，所以全磷与硝化力之间的相关性 $r=0.629\ 2^{**}$，达极显著水平。但全磷与硝化力/有效磷之间却没有相关性存在。

有效磷是硝化细菌更易吸收和合成的物质，故有效磷与硝化力之间的相关系数 $r=0.641\ 8^{**}$，与硝化力/有效磷的相关系数 $r=-0.517\ 1^{**}$，均达到极显著水平。硝化力与硝化力/有效磷有一定相关性，但未达到显著水平。

4. 土壤有效磷含量与作物产量及与磷肥效果的相关性

（1）关中西部堘土有效磷含量与小麦产量关系。20 世纪 70 年代，在陕西关中西部堘土地区进行了 48 个田间试验，发现小麦产量与土壤有效磷含量之间呈极显著线性相关关系，见图 4 - 21。相关系数 $r=0.748$（$r_{0.01}=0.380$，$n=48-2=46$），相关方程为：

$$y=132.45+3.27x$$

表示出每增加土壤有效磷 1 mg/kg 即可增产小麦 3.27 kg。

（2）关中东部堘土有效磷含量与磷肥增产的关系。20 世纪 90 年代，笔者在关中东部堘土地区做了大量田间磷肥肥效试验，结果见图 4 - 22。经统计分析，土壤有效磷含量与每千克肥料磷增产小麦千克数之间的相关系数 $R^2=-0.639\ 2$（$r_{0.01}=0.302$，$n=71$），呈极显著负相关关系。说明土壤有效磷含量越高，单位施磷量的增产量越低；反之，则越高。关中东部和西部在不同时间内所做的磷肥肥效试验结果完全一致。因此，土壤有效磷含量水平是施磷效果高低的决定性因素。这是一个普遍规律，是确定施磷用量的决定性依据。

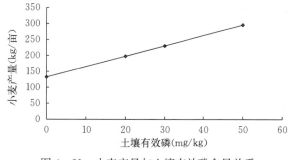

图 4 - 21　小麦产量与土壤有效磷含量关系
（西北农学院资料）

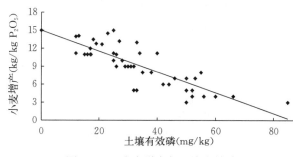

图 4 - 22　小麦增产与土壤有效磷
含量的关系

5. 土壤有效磷含量与作物吸收肥料磷和土壤磷的关系　20 世纪 70 年代，在黄土高原地区采取不同有效磷含量的土壤共 16 种，利用同位素 ^{32}P 标记过磷酸钙进行盆栽试验。供试作物小麦，于 1964 年、1965 年先后完成了整个试验，分析测定了小麦植株吸收肥料磷和土壤磷（图 4 - 23）。从图 4 - 23 看出，小麦吸收肥料磷与土壤磷的比值与土壤有效磷含量之间的关系呈指数曲线相关关系，$\ln x$ 与 $\ln y$ 之间的相关系数 $r=-0.998\ 5$，并得到指数曲线函数方程为：$y=77.89\ x^{-1.064\ 5}$。

由以上曲线图看出，小麦植株吸收肥料磷与土壤磷的比值是随土壤有效磷含量的增高而减低，也就是说植株吸收的肥料磷随土壤有效磷含量的增高而减少，而吸收的土壤磷则随土壤有效磷含量的增高而增多。由曲线形状也可看出，曲线的变化是由高到低，最后成为渐近线，故此函数式不存在极值要求。但曲线降低速度是有阶段性的，大致可分为 4 个阶段。

（1）快速降低阶段。此段曲线降低速度很快，随土壤有效磷的增加而呈线性降低，在此段曲线内，F/S 值范围在 9～14。所对应的土壤有效磷在 6.5 mg/kg 以下，属极缺磷的土壤，小麦基本都吸收肥料磷,极少吸收土壤磷,需增大施磷量。

(2) 缓慢降低阶段。此段曲线下降缓慢,F/S值范围在4～9。所对应的土壤有效磷在6.5～15 mg/kg,属缺磷土壤,小麦大都吸收肥料磷,较少吸收土壤磷,需较多施用磷肥。

(3) 慢速降低阶段。此段曲线下降很慢,F/S值范围在2～4。所对应的土壤有效磷为15～40 mg/kg,属较缺磷土壤,小麦吸收的肥料磷稍大于土壤有效磷,只需少量施用磷肥。

(4) 平稳降低阶段。此段曲线下降很平稳,达到渐近线阶段,而呈线性下降,F/S值

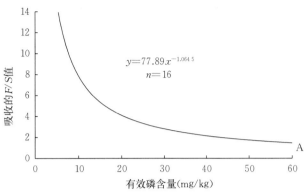

图4-23 小麦吸收肥料磷与土壤磷的比值与土壤有效磷的关系
注:F为肥料磷含量,S为土壤磷含量,A为土壤有效磷含量;
$y=F/S$,$x=A$。

在1.4～2。所对应的土壤有效磷为40～60 mg/kg,属富磷土壤,小麦吸收肥料磷与吸收土壤磷基本相等,可不施用磷肥。

三、施用过磷酸钙对不同种类作物的增产效果

不同作物对磷矿粉的吸磷能力最初进行过很多研究,发现吸磷能力最强的作物为豆科作物、油菜、荞麦等,禾本科作物的吸磷能力次于它们。为了了解不同作物对过磷酸钙的吸磷能力和增产效果,陶勤南等在相同土壤、气候、施肥方法和施磷量条件下进行了27种作物的过磷酸钙肥效试验。为了比较不同作物吸收过磷酸钙能力的差异,试验过程中还选定一块供磷能力中等的土壤进行试验,以便使吸磷能力强的作物能对磷肥表现出肥效,吸磷能力不太强的作物施磷增产不太明显,这样不同作物施磷效果的差异就会自然表现出来。同时对各种作物都不施氮肥,以免各种作物对氮素营养的需要不同而干扰磷肥的效果。试验结果见表4-28。

表4-28 施用过磷酸钙对各种作物的增产效果

单位:g/盆

作物	种子产量			茎叶产量			总和		
	对照	施磷	增减(%)	对照	施磷	增减(%)	对照	施磷	增减(%)
蚕豆	2.66	3.47	30.45	8.60	9.87	14.76	11.26	13.34	18.47
绿豆	24.50	34.10	39.18	36.10	40.70	12.70	60.60	74.80	23.43
黄豆	6.36	11.06	73.90	84.26	137.14	62.76	90.62	148.20	63.54
黑豆	2.29	9.38	309.61	84.20	149.42	77.46	86.49	158.80	83.61
豌豆	3.58	4.57	27.65	6.84	8.23	20.32	10.42	12.80	22.84
香豆子	5.53	7.13	28.93	6.00	7.02	17.00	11.53	14.15	22.72
扁豆	0.94	1.22	29.79	2.62	4.36	66.41	3.56	5.58	56.74
毛苕	—	—	—	7.33	8.28	12.96	—	—	—
花生	24.19	29.93	23.73	29.41	45.40	54.37	53.60	75.33	40.54
苜蓿	—	—	—	6.00	6.38	6.33	—	—	—
草木樨	—	—	—	18.80	36.55	94.41	—	—	—

（续）

作物	种子产量			茎叶产量			总和		
	对照	施磷	增减（%）	对照	施磷	增减（%）	对照	施磷	增减（%）
芝麻	7.46	7.39	−0.94	16.35	16.79	2.69	23.81	24.18	1.55
胡麻	1.36	1.26	−7.35	5.24	5.81	10.88	6.61	7.07	7.12
蔓豆	7.25	7.30	0.69	49.92	45.87	−8.11	50.17	53.17	6.98
油菜	—	—	—	11.02	13.13	19.15	—	—	—
小麦	5.86	5.73	−2.22	7.77	9.08	16.86	13.63	14.81	8.66
黑麦	—	—	—	6.43	10.09	56.92	—	—	—
燕麦	2.90	2.62	−9.66	24.78	25.91	4.56	27.68	28.53	3.07
大麦	—	—	—	4.66	10.60	127.47	—	—	—
马铃薯	35.32	45.73	29.47	11.10	14.25	28.39			
荞麦	6.21	5.09	−18.04	33.33	43.58	30.75	39.64	48.67	23.09
青稞	5.37	4.14	−22.91	7.42	11.06	49.06	12.79	15.20	18.84
糜子	11.59	13.96	20.49	48.96	45.74	−6.58	60.55	59.70	−1.40
谷子	10.10	7.69	−23.86	42.09	37.75	−10.31	52.19	45.44	−12.93
玉米	10.35	15.00	44.93	34.11	51.68	51.51	44.46	66.68	49.98
向日葵	13.68	11.19	−18.20	30.64	55.55	81.30	44.73	66.74	50.59
棉花	20.20	18.94	−6.34	19.05	26.11	37.06	39.25	45.05	14.78

对种子产量，除蔓豆外9种豆科作物都对过磷酸钙肥效反应良好。6种禾本科作物只有玉米和糜子得到增产。以地上部分整个干重来看，12种豆科作物除蔓豆外，仍然一致表现了过磷酸钙有良好的肥效作用，而禾本科作物也只有玉米、青稞两种较好。施过磷酸钙对禾本科作物的幼苗生长效果较突出，谷子出苗10 d左右植株高度比不施磷肥的相差很大，但随着植株生长，差异逐渐缩小，最终产量反而低于不施磷的，这可能是与土壤氮的供应不足有关。豆科作物出苗30 d内，施磷肥的差异很小，但以后作物生长，磷肥肥效就越显著。说明禾本科作物生长初期就应及时供应磷肥，并应同时供应氮肥，以满足作物生长需要。豆科作物需要磷素非常特殊，Oranne指出，施磷能增加豆科作物根瘤的固氮。当禾本科牧草与豆科牧草混种的时候，发现豆科根瘤固氮量与施磷水平的一致性大大高于禾本科牧草本身对施磷水平的一致性。由此可见，笔者的豆科作物施磷试验，30 d内植株本身生长情况与对照无多大差异，以后才出现差异。这可能是由于施用的磷肥首先要满足固氮的需要，当固氮到一定程度时，磷素才能满足豆科作物本身的需要。

四、作物中钙磷和氮磷平衡对施磷效果的影响

在27种作物试验基础上，选择17种有代表性作物进行组织分析，结果见表4-29。

表4-29　17种作物的元素含量与磷肥增产的关系

作物	种子及茎叶总重增减（%）	施磷增加吸收的P₂O₅（%）	施磷增加吸收的N（%）	施磷增加吸收的CaO（%）	植株体内的CaO/P₂O₅	植株体内的N/P₂O₅
黑豆	83.65	117.85	141.41	146.74	7.40	5.01
黄豆	63.56	42.77	90.91	69.30	4.17	4.94

（续）

作物	种子及茎叶总重增减（%）	施磷增加吸收的 P_2O_5（%）	施磷增加吸收的 N（%）	施磷增加吸收的 CaO（%）	植株体内的 CaO/P_2O_5	植株体内的 N/P_2O_5
扁豆	57.08	63.31	64.19	81.79	2.91	3.86
绿豆	23.60	89.49	54.20	30.99	5.40	3.84
豌豆	22.94	35.70	23.30	28.25	4.19	3.58
蚕豆	18.47	56.80	18.91	39.47	3.95	3.93
蔓豆	5.98	10.04	9.03	8.00	6.44	2.43
玉米	49.98	61.61	72.44	75.59	2.11	1.88
青稞	19.71	11.27	2.33	45.59	1.13	3.56
小麦	8.66	4.15	13.48	64.99	0.96	3.45
燕麦	3.47	24.91	−0.68	12.01	1.37	2.14
糜子	0.57	6.92	9.95	−17.13	2.04	1.35
谷子	−12.55	−18.31	4.58	3.04	1.43	1.48
向日葵	51.04	36.21	9.09	66.60	6.61	3.47
荞麦	25.62	42.31	11.06	2.65	5.33	1.38
芝麻	1.55	0.21	−12.22	14.27	4.31	2.89
胡麻	6.98	4.13	−3.22	13.47	2.33	3.84

关于作物吸磷能力与其他营养元素之间的关系已有不少研究报道，特别是 Ca-P、N-P 在作物体内的相互作用方面似乎已得到更多人的关注。根据表 4-29 中的分析资料，计算出 CaO/P_2O_5 和 N/P_2O_5 与施磷增产百分率和增加吸收 P_2O_5 百分率相关性结果，见表 4-30。

表 4-30 17 种作物施磷效应的相关系数

相关的因子	相关系数
施用磷肥后植株体内增加吸收 P_2O_5 百分率与该作物的 CaO/P_2O_5	0.576*
施用磷肥后植株体内增加吸收 P_2O_5 百分率与该作物的 N/P_2O_5	0.750**
施磷增产百分率与 CaO/P_2O_5	0.719**
施磷增产百分率与 N/P_2O_5	0.811**

注：* $P=5\%$，$r=0.5577$；** $P=1\%$，$r=0.6055$。

由表 4-30 看出，施磷后植株体内增加 P_2O_5 吸收百分率和增产百分率均随作物体内 CaO/P_2O_5 和 N/P_2O_5 的增加而增加，相关系数达到显著和极显著水平。说明增加作物对钙、氮的吸收，能促进作物对磷的吸收，从而增加施磷效果。

同时也可明显看出，作物吸磷百分率、增产百分率与 N/P_2O_5 相关系数均明显高于与 CaO/P_2O_5 的相关系数，说明作物体内 N/P_2O_5 相互作用比 CaO/P_2O_5 的相互作用更为密切。由 17 种作物体内 CaO/P_2O_5 与 N/P_2O_5 来划分，施磷效果较好的作物体内 CaO/P_2O_5 值多数大于 2，N/P_2O_5 值多数大于 3。这也可作为喜磷作物的生理指标。

关于作物对磷的吸收与钙的关系已有不少研究。Leggett 等（1965）指出，钙能促进根对磷的吸收；Edwards（1968）和 Hyde（1966）也指出，营养液中钙浓度越高，越能增加对磷的吸收。Eljam 和 Hodges（1968），Hanson 和 Miller（1967）的试验结果表明，在线粒体中能同时积累钙和磷，由此认为钙与磷之间存在着相互依存的关系。而 Bar - yosef（1971）研究认为，在溶液中有较高浓度的钙存在时，也能促进钙进入根内。由此可知，钙、磷有互相促进吸收的作用。所以 CaO/P_2O_5 作为作物吸磷的一种生理指标是有一定道理的。

对于作物体内氮、磷平衡与作物吸磷增产的关系一直是学者们关注的问题。早在 1918 年，Shive 就发现施用 Ca（NO_3）$_2$ 可以明显克服大豆中富磷的毒害，说明作物体内必须保持氮、磷平衡。大部分非豆科作物的产量都能随施氮而增产，但这不只是施氮的单一作用，而是增加了对磷的需求。Bennet 等（1962）、Grunes 等（1958）、Simpson（1961）、Sljanpour（1969）认为，施氮能增加对磷的吸收是由于氮素大量供应使作物体内产生生理刺激作用而增加对磷吸收。Miller 和 Vij（1962）发现，氮与磷一起条施时能大大增加作物根量的生长，并认为这是因增加了作物对磷的吸收；同时发现，NH_4 - N 肥比 NO_3 - N 肥对作物吸磷具有更大的刺激作用。该试验结果进一步证实了笔者的研究结果，故可认为作物体内 N/P 可以作为作物吸磷能力的生理指标和重要影响因素。

从许多研究资料来看，根系阳离子交换量对作物吸磷能力有很密切的关系。一般豆科作物根系阳离子交换量要比禾谷类作物高出 3～4 倍，而豆科作物体内的含氮量比禾谷类作物几乎要高出 1 倍左右，所以从养分平衡的角度来看，豆科作物需要吸收更多的磷才能与其吸收较多的氮进行平衡，这是豆科作物吸磷高于禾谷类作物的原因所在。由此可知，氮、磷平衡问题是影响磷肥增产的重要原因之一。各种作物都有一个共同的特点，就是多吸收磷就会多积累氮。据以上试验，植株体内由于施磷肥而增加的磷百分率和氮百分率之间具有密切的正相关关系，其相关系数高达 0.846**，概率小于 1%。7 种作物施磷肥后增加磷与氮的关系见图 4 - 24。

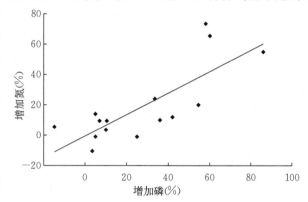

图 4 - 24　7 种作物施磷肥后增加磷与氮的关系

对于一般作物，由于施磷增产而加剧了土壤中氮素的消耗。豆科作物具有固定大气氮素的能力，因此施磷反而有利于土壤中氮素的积累，从而培肥了地力。早在 1956 年，笔者就进行过豌豆施磷的试验，每亩施用 20 kg 过磷酸钙，使豌豆亩产由 95.19 kg 提高到 123.28 kg。第二年在这块土地上继续试验，并且不施其他肥料。1957 年未施磷的地亩产小麦 93.78 kg，施磷肥的达 135.83 kg。第一年增产豌豆 28.09 kg，第二年增产小麦 42.05 kg，两年共增产 70.14 kg。而在第一年种豌豆时未施磷肥，第二年给小麦施等量过磷酸钙的处理，亩产小麦 140.5 kg，比不施磷肥增产 46.72 kg，两者比较将磷肥直接施于豌豆似乎更为有利。当时在武功县河道公社推广豌豆施磷增产技术，使豌豆、小麦获得了双丰收。

当时"以磷增氮"的措施应用在绿肥上也起了很大作用。陕西省土壤肥料工作站 1963—1964 年在关中地区做了 26 个试验，证明磷肥对豆科绿肥草木樨有良好的增产作用，见表 4 - 31。

表 4 - 31　过磷酸钙对草木樨的增产作用

项目	不增产	增产					
		<10%	10%～20%	20%～30%	30%～50%	50%～100%	>100%
占试验总数（%）	7.7	23.1	15.4	19.2	7.7	15.4	11.5
占试验总数（%）	7.7	23.1	19.2	23.1	7.7	3.8	15.4

一般豆科作物的氮素约有 2/3 从空气中固定而来。这样每施 1 kg 过磷酸钙就能增加相当于 1 kg 硫酸铵的氮素。由此证明，"以磷增氮"在豆科绿肥上的效果是十分巨大的。为了培肥地力，降低农业成本，推行豆科轮作，提高"以磷增氮"效果，仍值得关注。

第七节　磷肥施肥方法

一、氮肥、磷肥配合施用

从1963年开始，选定两块土壤进行试验。一块地位于村边，每年都施用土粪5 000 kg以上，地力水平略高于一般农村的中等肥力土壤。另一块地当时已有30多年没有施用过有机肥料，群众反映说这块地大量施用氮肥也不见效。两块地相距300 m左右。土壤的基本农化性状见表4-32。由表4-32看出，两块试验地土壤的代换量、CaCO₃含量基本相似，但各种养分水平相差很大，尤其是有效磷含量差异更为悬殊。

表4-32　两块试验地的土壤农化性状

试验编号	肥力	氮（%）	磷（%）	代换量（me/100 g土）	CaCO₃（%）	有机质（%）	有效磷（mg/kg）	硝化力（mg/kg）	硝化力/有效磷
(1963—1968)-1	低	0.086 1	0.159	10.49	8.202	1.180	1.2	29.45	24.54
(1963—1966)-2	较高	0.097 1	0.143	10.86	9.504	1.299	11.6	40.00	3.48

试验（1963—1968）-1连续进行5年，前4年均是小麦、玉米复种，第5年种棉花。试验（1963—1966）-2只进行3年，均是小麦、玉米复种。试验处理均为氮、磷2个因子，氮肥用量每季作物每亩施纯氮分别为0、2.5 kg、5 kg、7.5 kg、10 kg，磷肥用量每季作物每亩施磷分别为0、2.5 kg、5 kg，共15个处理，重复3次，裂区设计。化肥品种为硫酸铵和过磷酸钙。两个试验的小麦、玉米平均产量结果见表4-33。

表4-33　氮磷配合试验产量结果

单位：kg/亩

作物	用氮量（kg/亩）	试验（1963-1968）-1（4年平均产量）用磷量（kg/亩）			试验（1963-1966）-2（3年平均产量）用磷量（kg/亩）		
		0	2.5	5	0	2.5	5
小麦	0	89.6	119.7	130.6	131.5	137.5	142
	2.5	92.3	156.2	165.3	183	180	187.5
	5	92.2	177.8	196.4	224.5	223	223.5
	7.5	95.1	188.6	212.1	228.5	246	256
	10	87.8	192.3	227.2	240	258.5	267.5
玉米	0	119.3	139.1	148.1	191.1	183.6	180.1
	2.5	174.9	200.5	199.9	232.4	235.6	241.1
	5	185.6	239.6	247.8	290.7	306	292.1
	7.5	194.2	275.2	303.5	321.3	331.8	318.3
	10	175.6	282.1	315.7	315.5	307.7	314.2

试验（1963—1968）-1磷肥效果显著，单施磷肥表现出良好的效果。施用氮肥提高了磷肥的效果，而且随着用氮量逐步提高，磷肥的增产有上升的趋势。试验（1963—1966）-2磷肥效果很低。把两个试验的磷肥增产效果都换算成每千克过磷酸钙（试验用的过磷酸钙含P₂O₅正好为20%）的增产千克数见表4-34。

表 4 - 34　每千克过磷酸钙的增产千克数（根据表 4 - 33 计算）

单位：kg/亩

N 肥处理	试验（1963—1968）- 1				试验（1963—1966）- 2			
	小麦		玉米		小麦		玉米	
	P_2O_5 (2.5 kg/亩)	P_2O_5 (5 kg/亩)	P_2O_5 (2.5 kg/亩)	P_2O_5 (5 kg/亩)	P_2O_5 (2.5 kg/亩)	P_2O_5 (5 kg/亩)	P_2O_5 (2.5 kg/亩)	P_2O_5 (5 kg/亩)
P - CK	2.41	1.04	1.54	1.20	0.47	0.42	-0.6	-0.44
$N_{2.5}P - N_{2.5}$	5.11	2.92	2.37	1.09	-0.23	-0.02	0.26	0.32
$N_5P - N_5$	6.84	4.17	4.78	2.14	-0.11	-0.03	1.26	-0.14
$N_{7.5}P - N_{7.5}$	7.41	1.32	5.88	4.23	1.37	1.18	0.83	-0.12
$N_{10}P - N_{10}$	8.07	5.44	8.34	5.52	1.39	1.09	-0.62	-0.05

　　试验（1963—1968）- 1，4 年平均，单施磷肥时每千克过磷酸钙增产小麦 1.04～2.41 kg、玉米 1.20～1.54 kg。在每亩施用 2.5 kg 纯氮的基础上，同样 1 kg 过磷酸钙的增产千克数，对小麦提高 1 倍以上，达 2.92～5.11 kg。在施氮量较低的情况下，氮肥提高磷肥效果的作用，玉米不如小麦。当用氮量逐步增加到每亩 5～7.5 kg 纯氮时，氮肥提高磷肥肥效的作用，对小麦有逐渐减缓的趋势，对玉米的连应效应则突然增加。因此，氮磷连应曲线［以施氮量为横坐标，（NP - N）-（P - CK）为纵坐标，并以 1 kg 过磷酸钙增产千克数为单位］，小麦为一条上凸的曲线，玉米为一下凹形的曲线（图 4 - 25）。

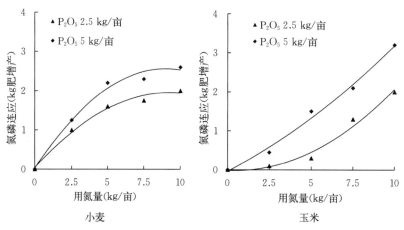

图 4 - 25　氮磷连应曲线

　　这种不同类型曲线的出现，可能和小麦、玉米对氮素需要的特点有关。玉米对氮肥的敏感程度超过小麦，需要更多的氮肥才能使磷肥的效果显著提高，因此用氮量较大时，磷肥效果才出现迅速上升的趋势，氮、磷连应曲线呈现下凹。这两种曲线指示出对不同作物氮、磷配合的适宜比例是有区别的。在肥力较高的土壤上［试验（1963—1966）- 2］，磷肥的效果极不明显。即使提高施氮量到每亩 7.5～10 kg 时，仍不能使磷肥对玉米表现增产作用，对小麦的产量虽略有提高，但仍需进一步检验。

　　这里还要对氮肥的肥效作一附带的说明。在低肥力土壤内［试验（1963—1968）- 1］，对小麦单施氮肥几乎丧失增产效果（表 4 - 33），施氮量以每亩 0、2.5 kg、5 kg、7.5 kg、10 kg 纯氮时，小麦亩产分别为 89.6 kg、92.3 kg、92.25 kg、95.05 kg、87.8 kg。但是，单施氮肥对玉米有一定肥效，上述各种施氮量的亩产分别为 119.3 kg、174.9 kg、185.6 kg、194.2 kg、175.6 kg，然而用氮量较高时，不施磷则氮肥的肥效受到显著的限制。当配合施用磷肥以后，氮肥在这种缺磷土壤上，同样表现出相当显著的效果，可见，这种土壤纯施氮肥未表现增产作用。

二、磷肥、有机肥配合施用

关于有机肥与磷肥配合施用对磷肥效果的问题似乎还存在一些争论，当有机肥与磷肥配合施用时，有的试验得到的施磷效果是负效应，认为有机肥本身含有大量有效磷，影响作物对磷肥的吸收；但也有的试验结果是施磷效果为正效应，认为有机肥本身含有大量腐殖质，能减少磷肥的固定，提高磷肥利用率。针对以上问题，笔者利用同位素^{32}P示踪方法进行了研究，结果如下。

试验在实验室中进行，供试腐殖质从腐熟的马粪中提取。胡敏酸提取液经酸沉淀后，用蒸馏水洗涤多次，然后进行扩散透析，除去多余的阴阳离子。使用时调节pH使其充分分散。

供试土壤为武功头道塬红油土的黏化层和黄土母质层，腐殖质含量分别为0.771%和0.337%，碳酸钙含量分别为2%与12%，黏粒（<0.001 mm）含量分别为35%与25%。

1. 胡敏酸对石灰性土壤固定磷的释放试验　取黏化层和黄土母质层两种土壤各30 g，放入三角瓶内，加入75 mL 0.016 08 mol/L的NaH_2PO_4（^{32}P）溶液，作用24 h后，进行过滤，待其全部滤干后，再分别加入75 mL水或75 mL胡敏酸溶液（含胡敏酸0.395 g），淋洗土壤，并测定滤液中的放射性，结果见表4-35。表4-35结果表明，胡敏酸对土壤磷有明显的释放作用。胡敏酸在黏化层和黄土母质中对磷的释放作用存在明显的差异，它能强烈释放黄土母质中的磷，而对黏化层则释放较少。

表4-35　胡敏酸在石灰性土壤中对磷素的释放作用

土壤	淋洗液	淋洗滤液放射性相对总量（脉冲/min）
黏化层	水 75 mL	3 000
	胡敏酸液 75 mL	5 175
黄土母质	水 75 mL	1 050
	胡敏酸液 75 mL	6 675

腐殖质对以上两种土壤固定磷的释放具有不同的作用，可能与磷的固定基质不同有关。前面已经说过，黄土母质中$CaCO_3$的含量很高，黏粒含量较少，而黏化层中黏粒含量较高，$CaCO_3$含量较少。因此，前者的固磷基质主要是$CaCO_3$，其次是黏粒；后者的固磷基质主要是黏粒，其次是$CaCO_3$。由于$CaCO_3$对磷的活性影响要比黏粒强烈得多。腐殖质与土壤中的Ca^{2+}和碳酸钙中的Ca^{2+}能形成比较稳定的络合物，因此当增加土壤腐殖质时，就能减少磷的固定和促进磷的释放；而腐殖质难以释放被黏土所固定的磷，故在淋洗液中相对放射性比值大大降低。总之，胡敏酸能减少土壤对磷的固定。

2. 腐殖质对提高磷肥利用率的影响　以上试验说明，腐殖质对石灰性土壤中磷的活性影响，这些影响能否反应在生物学效应上，笔者做了以下研究。

（1）厩肥试验。试验在盆栽中进行。土壤取自武功头道塬坡地耕作层（0～20 cm），含氮0.06%、有机质1.3%、CaO 6.1%、有效磷为每100 g土2.57 mg、pH7.8。厩肥为腐熟的猪粪，含氮1.43%、磷2%。每盆装土13 kg，供试作物为小麦。因^{32}P半衰期较短，故试验分两部分进行：一部分将^{32}P标记的过磷酸钙作基肥，播种时混入土壤，另一部分在播种时不施磷肥，至翌年小麦返青时以^{32}P标记的过磷酸钙作追肥施入土壤。在这两部分试验中，每盆施入放射性磷5 000 μCi，均于10月20日播种，作基肥的于来年3月7日收获了植株，作追肥的于6月2日收获了植株和籽粒，测定结果见表4-36、表4-37。

表 4-36　厩肥对小麦吸收基施示踪磷与产量的影响

测定项目	不施厩肥＋$N_5P_5K_2$	厩肥 300 g/盆＋$N_5P_5K_2$	厩肥 600 g/盆＋$N_5P_5K_2$
干物重（g/盆）	4.04	4.93	5.57
植株含磷（mg/盆）	21.00	34.51	44.56
植株放射性［脉冲/(盆·min)］	2 343	3 057	2 729

表 4-37　厩肥对小麦吸收追施示踪磷与产量的影响

处理	籽粒重（g/盆）	茎秆重（g/盆）	籽粒含磷（mg/盆）	籽粒吸收放射性总量		茎秆吸收放射性总量	
				脉冲（盆·min）	比对照增加（%）	脉冲（盆·min）	比对照增加（%）
$N_5P_5K_2$（对照）	9.60	15.70	64	77 664	—	5 652	—
$N_5P_5K_2$＋厩肥 300 g/盆	19.70	29.40	100			7 052	24.7
$N_5P_5K_2$＋厩肥 600 g/盆	20.83	35.71	127	82 695	6.4	9 300	64.5

由表 4-36、表 4-37 结果看出，施用厩肥，不仅提高了作物产量和植株含磷量，而且还大大提高了磷肥利用率。当磷肥作基肥施用时，300 g/盆和 600 g/盆的厩肥处理，小麦苗期干物质比对照增加 32.5% 与 139%，植株吸收的示踪磷比对照分别增加 30.4% 和 16.4%。厩肥对小麦吸收追施磷肥的作用更为显著，且随着厩肥施用量的增加而增加。

（2）风化煤试验。

① 土培。土壤采自武功二道塬生土。每盆装土 12 kg，重复 4 次，每盆加入放射性 430 μCi。磷肥用 KH_2PO_4 配成溶液与放射性 ^{32}P 混合后于播种前拌入土壤。风化煤腐殖质含量 17.88%，腐殖酸铵为自己制造，含氮 3.44%、速效氮 2.3%、腐殖酸铵 25.96%。风化煤与磷肥同时施用，谷子籽实产量比单施磷肥增产 7.4%，籽实中放射性增加 5.5%，风化煤、碳酸氢铵、示踪磷的处理比单施碳酸氢铵、示踪磷的增产籽实 3.6%，籽实中放射性增加 10.5%，而腐殖酸铵＋示踪磷处理比对照增产籽实 8.0%，籽实放射性增加 11.8%。说明风化煤中的腐殖质在土培条件下都能增加籽实中的放射性，从而也相应地增加了产量。但在茎叶中放射性脉冲数比对照有所减少，说明腐殖质能促进植株中磷向籽实中转移（表 4-38）。

表 4-38　风化煤对谷子产量及吸收示踪磷的影响

每盆用量	茎叶干重（g/盆）	籽实干重（g/盆）	籽实比对照增加（%）	籽实放射性相对含量		茎叶放射性相对含量	
				脉冲（盆·min）	比对照增加（%）	脉冲（盆·min）	比对照增加（%）
对照：示踪磷 0.5 g	14.1	12.2	—	12 900	—	3 158	—
风化煤 24 g＋示踪磷 0.5 g	14.3	13.1	7.40	13 674	5.5	2 427	−20.0
对照：碳酸氢铵 6 g＋示踪磷 0.5 g	22.7	21.9	—	34 620	—	8 871	—
风化煤 24 g＋碳酸氢铵 6 g＋示踪磷 0.5 g	22.4	22.2	3.60	38 256	10.5	7 975	−10.1
腐殖酸铵 30 g＋示踪磷 0.5 g	22.8	23.6	8.00	38 726	11.8	6 543	−26.2

② 沙培。共设 4 个处理，重复 5 次，每盆加入示踪磷 0.25 g，结果见表 4-39。从表 4-39 看出，风化煤对小麦苗期生长有良好的作用。对照麦苗瘦黄，施风化煤 6.6 g，麦苗发黑，施 20 g 的麦苗发黑且高；施 33 g 的麦苗深黑，植株矮小，叶片肥厚卷缩，显然是风化煤用量过大而受抑制作用。结果比对照分别增产 56%、121%、99%。植株吸收放射性总量比对照分别增加 83.56%、160.92%、128.32%，这与干物重增加的位次相当吻合。同时单位干物重所吸收的示踪磷也分别比对照高 17.66%、14.71%、14.71%。充分说明，施用风化煤以后，不仅增加了小麦吸收磷素的总量，而且

也加强了小麦吸收磷素的强度。

表 4-39 风化煤不同用量对小麦苗期干物重及对吸收示踪磷的影响

每盆用量	茎叶干重（g/盆）	比对照增加（%）	植株放射性总量		植株每克放射性	
			脉冲（盆·min）	比对照增加（%）	脉冲（盆·min）	比对照增加（%）
对照：示踪磷 0.25 g	1.82	—	14 642	—	8 045	—
风化煤 6.6 g＋示踪磷 0.25 g	2.84	56	26 881	83.56	9 465	17.66
风化煤 20 g＋示踪磷 0.25 g	4.02	121	37 105	160.92	9 230	14.71
风化煤 33 g＋示踪磷 0.25 g	3.62	99	33 451	128.32	9 235	14.71

用 ^{32}P 初步研究了腐殖质对磷在石灰性土壤中的吐纳关系及其有效性。结果表明，土壤腐殖质对磷有强烈的吸附作用，吸附量与腐殖质含量呈正比。腐殖质能减少磷在石灰性土壤中的固定，特别对以 $CaCO_3$ 为基质的黄土母质，腐殖质对减少磷的固定作用比以黏粒为基质的黏化层尤为明显。同时腐殖质对石灰性土壤中磷的释放也比较明显。用厩肥和风化煤检定作物对磷的生物学效应时，也均表现出腐殖质的积极作用，不仅增加作物产量，而且促进了作物对肥料磷的吸收，能显著提高磷肥的利用率。

三、深层混施

磷在土壤中扩散性差，浅施不易被下层根系吸收；施得太深，幼苗根系又不能及时利用，影响作物苗期生长；又因磷肥在土壤中，特别是在石灰性土壤和酸性土壤中，容易固定，以前采用集中施磷或做成粒肥施用，虽然可减少磷的固定，但与根系接触面小，影响根系对磷的大量吸收，故效果也不十分显著。在实际生产中，一般仍采用把磷肥与其他肥料配合后先撒在地面，再翻耕混施土内，称全层混施。这种施肥方法，虽有利幼苗根系吸收，但必然会有大量磷肥留在表土，不能被作物吸收利用。为了探索高效的施磷方法，笔者用同位素 ^{32}P 对此进行了研究。

试验在盆栽中进行，供试土壤仍为黏化层和黄土母质层，分 4 个处理：①7 g 示踪过磷酸钙与 3 kg 土混合，施入盆内土层中间；②7 g 示踪过磷酸钙与 100 g 厩肥混匀，再与 3 kg 土混合，施入盆内土层中间；③7 g 示踪过磷酸钙与全盆土壤混合；④7 g 示踪过磷酸钙与 100 g 厩肥混匀，再与全盆土壤混合。每盆装土 16 kg。前两个处理为集中层施，后两个处理为混施。试验结果见表 4-40。

表 4-40 施肥方法与小麦吸磷和生长的关系

土壤	施肥方法	植株干物重（g/盆）	植株吸收磷总量（mg/盆）	植株吸收示踪磷				植株吸收土壤磷			"A"值磷（mg/100 g）
				磷（mg/盆）	占植株总磷量（%）	占示踪磷（%）	集中施比混施增加吸收磷（%）	磷（mg/盆）	占植株总磷量（%）	集中施比混施增加吸收磷（%）	
红油土黏化层	1	33.0	174.2	150.51	86.4	14.82	25.68	23.49	13.60	43.9	1.99
	2	31.9	136.24	119.75	87.89	11.70	—	16.49	12.11	—	1.75
	3	35.2	248.06	96.46	38.88	9.50	8.10	151.60*	61.12	6.67	19.94
	4	33.1	231.34	89.23	38.57	8.79	—	142.11*	61.43	—	20.21
红油土黄土母质层	1	35.9	128.29	106.6	83.09	10.50	23.09	21.69	16.91	21.06	2.58
	2	31.8	104.52	86.6	82.85	8.53	—	17.92	17.15	—	2.63
	3	37.3	271.74	91.7	33.74	9.03	20.03	180.04*	66.26	19.91	24.92
	4	31.9	227.04	76.37	33.64	7.53	—	150.67*	66.56	—	25.03

注：1 为过磷酸钙集中层施；2 为过磷酸钙与土混施；3 为过磷酸钙加厩肥集中层施；4 为过磷酸钙加厩肥与土混施。

表 4-40 显示，过磷酸钙或过磷酸钙混在厩肥里集中层施都比混施增加了作物吸收土壤磷和肥料磷的数量，也提高了植株的干物重。过磷酸钙集中层施，在两种土壤上，作物吸收肥料磷比混施的分别增加 25.68% 和 23.09%，作物吸收土壤磷比混施的分别增加 43.9% 和 21.06%；同样在这两种土壤上，过磷酸钙加厩肥集中层施的，作物吸收肥料磷比混施的分别增加 8.1% 和 20.03%，作物吸收厩肥磷和土壤磷比混施的分别增加 6.67% 和 19.91%。说明该施肥方法，可使磷肥集中施在根系主要分布区域，既增加了根系与磷肥的接触面和吸收面，又可减少与土壤的接触面和减少磷的固定；与厩肥配合施用，既能促进磷肥的肥效发挥，减少磷的固定，又能增加土壤磷的活化和利用。所以磷肥集中层施或磷肥与厩肥配合集中层施，是提高磷肥肥效的一种较好施肥方法。

供试土壤有效磷含量很低，因此施磷效果很显著。特别是当施用有机肥时，能显著提高植株中磷的含量，而且其中 60% 以上是来自有机肥磷和土壤磷。另外，由于施用有机肥，也大大提高了石灰性土壤的"A"值，比单施磷肥的土壤"A"值增高 9~12 倍。说明在有效磷含量很低的石灰性土壤上施用有机肥能大大提高土壤供磷能力。

四、轮作中把磷肥选施在高效作物上

在关中地区一年两作，即小麦-玉米轮作。如何施磷，每作都施还是只施小麦或只施玉米？为此，陕西省农业科学院刘杏兰研究员进行了长期定位试验，试验设 5 个处理：不施肥、施氮肥（小麦、玉米各年施纯氮 112.5 kg/hm²）、在施氮肥基础上小麦年施磷 75 kg/hm²、在施氮肥基础上玉米年施磷 75 kg/hm²、在施氮肥基础上小麦、玉米年施磷 75 kg/hm²。

随机排列，重复 4 次。磷肥为过磷酸钙，氮肥为尿素。经 11 年定位试验，得到如下结果（表 4-41）。由表 4-41 看出，在一年两作中，磷肥施于小麦的总产高于玉米。在一年两作中给小麦和玉米各施相等磷肥的处理 5，虽磷肥施量比处理 3 多 1 倍，但小麦累积产量仅比处理 3 高出 3.5%；同样，玉米的累积产量与处理 4 很接近。凡磷肥施于小麦的处理 3 和处理 5，其小麦产量与年份间呈正相关关系，相关系数（r）分别为 0.613 和 0.670，达 5% 显著水平。而玉米产量均呈负相关关系，未达到显著水平。上述结果表明，小麦对磷肥的敏感程度高于玉米。

表 4-41　磷肥不同分配方式对 11 年作物产量的影响

单位：t/hm²

处理	小麦				玉米			
	产量	年平均	与处理2比增幅（%）	与处理3比增幅（%）	产量	年平均	与处理2比增幅（%）	与处理3比增幅（%）
1：不施肥	24.81	2.26			42.11	3.83		
2：施氮肥	35.29	3.21**	100		61.82	5.62**	100	
3：小麦施磷	47.6	4.33**	134.9	100	67.85	6.17**	109.8	100
4：玉米施磷	44	4.00**	124.6	92.4	67.67	6.15**	109.4	99.7
5：小麦、玉米施磷	49.31	4.48**	139.6	103.5	67.56	6.14**	109.3	99.5
LSD$_{0.05}$		0.48				0.4		
LSD$_{0.01}$		0.65				0.53		

注：** 为达 0.01 极显著水平。

为了更清楚了解磷肥不同分配方式的增产效果，对表 4-41 结果进行了进一步分析比较，得到表 4-42，结果表明，年施磷 75 kg/hm² 时，施于小麦的增产效果高于施于玉米的。两者相比，磷肥的生产效率提高了 26.1%。但在一年两作（小麦+玉米）上均施等量磷肥时，其肥效随施量的增加而降低，每千克磷肥只平均增产小麦 8.5 kg 和玉米 3.5 kg，比处理 3 减少了 45.9%。相关分析表明，小麦年增量与年份间呈正相关关系（r 分别为 0.710、0.730、0.651），达 5% 显著水平。磷肥施于小麦的处理 3 和处理 5，其玉米年增量与年份间呈正相关关系（r 为 0.690 和 0.655），达 5% 显著水平，与小麦相比，相关程度相对较低。但施磷肥于玉米的相关系数未达到显著水平。这种差异的出现，主要与土壤季节性供磷能力不同有关。因冬小麦生育前期处于低温少雨阶段，土壤磷素释放能力弱。可见，在小麦、玉米两作制农田中，选择在小麦上施磷肥，不仅当季可吸收足量的磷素，而且可使残留在土壤中的磷酸盐在高温多雨的秋季增强活化，以供后作玉米吸收利用。

表 4-42　磷肥不同分配方式的增产效果比较（11 年）

单位：t/hm²

处理	小麦			玉米			小麦＋玉米		
	11年总增量	年均增量	每千克磷肥增量	11年总增量	年均增量	每千克磷肥增量	11年总增量	年均增量	每千克磷肥增量
3	12.30	1.12	14.9	6.03	0.55	7.3	18.33	1.67	22.2
4	8.71	0.79	10.5	5.85	0.53	7.1	14.56	1.32	17.6
5	14.02	1.27	8.5	5.74	0.52	3.5	19.76	1.79	12.0

根据土壤分析，土壤中磷的变化，试验后 4 年全磷含量基本没有变化，一直比较稳定，见表 4-43。

表 4-43　各处理土壤的有效磷含量变化

处理	土层（厘米）	不同年份土壤有效磷（mg/kg）					
		1984 年	1985 年	1986 年	1987 年	1988 年	1990 年
1	0～20	6.3	6.3	6.1	6.3	4.1	5.2
	20～40	3.2	3.5	4.2	3.2	3.0	—
	40～60	5.5	6.4	7.4	8.0	3.5	—
2	0～20	5.4	5.5	5.6	5.5	4.1	5.1
	20～40	3.2	4.2	4.0	6.2	2.2	—
	40～60	4.8	4.7	4.4	4.6	2.7	—
3	0～20	13.7	11.5	10.8	15.9	18.8	16.5
	20～40	5.0	4.2	4.6	5.4	2.1	—
	40～60	4.8	5.8	7.1	9.0	4.2	—
4	0～20	6.6	12.4	9.6	11.0	7.2	11.1
	20～40	4.0	3.7	5.7	7.5	2.4	—
	40～60	5.3	6.9	8.1	7.9	3.4	—
5	0～20	17.4	19.9	19.5	18.3	19.1	20.2
	20～40	4.7	5.5	6.1	5.9	3.3	—
	40～60	6.2	7.0	8.3	7.2	4.3	—

主要参考文献

傅献彩，陈瑞华，1980. 物理化学 [M].3 版 . 北京：人民教育出版社 .

郭兆元，1992. 陕西土壤 [M]. 北京：科学出版社 .

李祖荫，1980. 关于石灰性土壤上磷的固定速度、固定数量与固定强度问题 [J]. 陕西农业科学（6）：1-4．．

刘杏兰，1995. 关中灌区小麦、玉米轮作田磷肥施用定位研究 [J]. 西北农业学报，4（3）：85-88．

鲁如坤，史陶钧，1980. 土壤磷素在利用过程中的消耗与积累 [J]. 土壤通报（5）：6-8.

吕殿青，1980. 石灰性土壤中腐殖质与磷的吐纳关系及其有效性 [J]. 土壤通报（5）：9-11.

彭琳，彭祥林，1989. 黄土地区土壤中磷的含量分布、形态转化与磷肥合理应用 [J]. 土壤学报，26（4）：344-354.

席承藩，1998. 中国土壤 [M]. 北京：中国农业出版社.

BEVEN K，GERMAMMP，1982. Macropores and waterflow in soils [J]. Water Resources Research，18：1311-1325.

EGHBALL B G D，1996. Baltensperger. Phosphorus movement and adsorption in a soil receiving long-term manure and fertilizer application [J]. J. Environ. Qual（25）：1339-1343.

FITZ PATRIC，E A MACKIE，L A MULLINS，1985. The use of plaster of paris in the lludy of soil structure [J]. Soil use and management（1）：70-72.

HECKRATH，G BROOKES，P C POUITON，et al，1995. phosphorus leaching from soils containing different phosphorus concentration in the Broadbaeu eptliment [J]. J. Environ Qual（24）：904-910.

JAMES，D W J，1996. Kotuby-amacher ell. at，phosphorus mobility in calcareous soils under heavy manuring [J]. J. Euviran. Qual（25）：770-775.

JORGENSEN，R G HELGA KUBLER，BRUNK MEYER，et al. 1995. Microbial biomass phosphorus in soil of beech（Fagus sylvatical.）forests [J]. Biol fertil soils（19）：215-219.

第五章

旱地土壤钾素状况与钾肥施用效应

钾是植物三大营养元素之一，过去多数学者认为中国北方土壤不缺钾，作物增产不需施钾。但随着农业生产的不断发展，氮、磷用量的逐年增加，土壤缺钾现象也随之不断出现。现在中国北方许多地区，包括含钾量比较丰富的黄土高原地区和东北黑土地区，在不同作物上施用钾肥都已显现出明显的增产效果。施用钾肥已成为农作物高产优质不可缺少的主要营养元素之一。

根据钾对作物的有效性，土壤中钾可以分为以下 4 类。

1. 水溶性钾 该类钾都是以离子态存在于土壤溶液中，植物可以直接吸收和利用。

2. 交换性钾 该类钾是由土壤胶体表面所带的负电荷吸附的钾离子。交换性钾与水溶性钾经常处于平衡与转化过程中，一般难以分开，较容易被作物吸收利用，故将它们归于速效钾类型。

3. 缓效性钾 该类钾是层状黏土矿物所固定的钾，土壤中黏土矿物水云母和一部分黑云母都含有这类钾。这一部分钾为 1 mol/L 硝酸煮沸 10 min 后提取的钾减去速效钾所得的钾，也称为非交换性钾。因为该类钾都是黏土矿物晶格和矿物键所固定的钾，一般不易被其他阳离子所交换。因此，这类钾一般都较难被作物直接吸收利用，但却经常与土壤速效钾处于动态平衡状态。所以当土壤速效钾大量被作物吸收利用后，为了保持动态平衡，这类钾又能从黏土矿物中释放出来，供作物吸收利用，所以这也是植物重要的钾源之一。

4. 矿物态钾 是土壤全钾含量的主体，占土壤全钾的 90%～98%，主要存在于土壤原生矿物中，如长石和白云石，平常称其为矿物态钾。这类钾需要经过长期风化后才能释放出来。一般不能被作物吸收利用。

不同形态的钾经常处于动态平衡之中，根据 Selim 等（1976）的描述，4 种形态的钾在土壤中将产生以下动态平衡：

可以看出，如果黏土矿物上释钾速率太大，进入土壤溶液后，一方面被植物吸收利用，另一方面多余的钾将会产生淋移，使土壤钾素损失，这就要求少施钾肥；如果吸附或固定速率太大，则会使土壤溶液中的钾含量过低，不能满足植物生长所需，这就要求多施钾肥。

一般来说，缓效钾与交换性钾之间存在着缓慢的可逆平衡，交换性钾与水溶性钾之间存在着快速可逆平衡。所以加强对土壤不同形态钾的动态平衡的研究，对合理施用钾肥具有重要意义。

第一节 土壤全钾含量、分布及影响因素

一、旱地主要土壤的全钾含量

从旱农地区主要农业土壤来看，土壤全钾含量变化幅度为 1.21%～2.36%，大部分土壤全钾含

量都在 2% 左右，低于 1.82% 的只有沼泽土和泥炭土，分别为 1.77% 和 1.21%（表 5-1）。

表 5-1　旱农地区主要农业土壤耕层全钾（K）含量与分布

土壤	分布地区	样本数（个）	加权平均含量（%）
黑钙土	新、甘、宁、黑	248	2.23
栗钙土	甘、陕、新	105	2.11
灰钙土	甘、新、宁	279	1.85
棕钙土	新	54	2.33
灰漠土	新	83	2.36
灰棕漠土	甘、新	66	2.12
黄绵土	甘、宁、陕	539	1.88
黑垆土	甘、宁、陕	998	1.99
塿土	陕	235	2.29
褐土	甘、陕	741	1.90
风沙土	新、甘、陕、宁、黑	67	2.13
潮土	甘、宁	165	1.94
灌淤土	甘、宁	387	1.84
灌漠土	甘	135	2.04
盐土	甘、新、陕、黑	151	2.10
水稻土	甘、陕、黑	313	2.24
沼泽土	甘、陕、新、黑	98	1.77
泥炭土	黑	17	1.21

注：表中数据来自《中国土壤》及有关省份的土壤普查资料。

二、影响土壤全钾含量的因素

1. 成土因素　不同成土母质对土壤全钾含量有重要影响，一般成土母质含钾量高的，所形成的土壤全钾含量也高，如石英、玄武岩因含钾量很低，其所形成的土壤全钾量也低，一般均＜2%，而其他成土母质，如流纹岩、千枚岩、风积黄土、冰积物等所形成的土壤全钾含量都＞2%。如陕西石质土全钾含量仅为 1.7%，而黄土母质形成的塿土却达 2.3%，因为黄土母质含有丰富的含钾矿物，如水云母和蛭石等。

2. 土壤质地　在土壤形成过程中，在一般温度、湿度和酸性条件下，经过原生矿物的蚀变，各种矿物进行转化，如黑云母→水云母→蛭石（绿泥石），长石→水云母→蛭石→蒙脱石→铝蛭石→高岭石。在这些蚀变过程中所产生的碱金属和碱土金属被淋溶，并被吸附在次生的黏土矿物上。土壤质地越细，含钾的黏土矿物就越多，导致土壤质地与土壤全钾含量之间产生密切的相关性。据测定（表 5-2），土壤全钾含量与土壤质地呈线性正相关关系。

表 5-2　土壤质地与土壤全钾含量的相关性（%）

土壤质地	＜0.01 mm 物理性黏粒含量		全钾含量
	范围	中值	
松沙土	0～5	2.5	1.67
紧沙土	3～10	7.5	1.80
沙壤土	10～20	15	1.98

（续）

土壤质地	<0.01 mm 物理性黏粒含量		全钾含量
	范围	中值	
轻壤土	20～30	25	2.141
中壤土	30～45	37.5	2.399
重壤土	45～60	52.5	2.442
轻黏土	60～75	67.5	2.538
中黏土	75～85	80.0	2.58

注：表中数据来自宁夏全国第二次土壤普查相关资料，1990年。

在陕西黄土高原地区。由北向南分布的土壤全钾含量逐渐增多，如风沙土（1.92%）＜黄绵土（2.03%）＜黑垆土（2.20%）＜塿土（2.30%），这与土壤质地由北向南逐渐变细密切相关。

3. 土壤水分状况　经常积水并同时进行水分流动的土壤，全钾含量一般较低。如陕西漂洗性水稻土为1.87%，沼泽土为1.44%～1.72%，沼泽盐土为1.27%，比其他旱地土壤显著降低。土壤水分过多，流动性过强，能促进土壤原生矿物和次生黏土矿物的转化，释放出较多可溶性钾。然而其随着土壤水分的流动而不断淋失，导致土壤全钾含量降低。

三、土壤全钾含量的剖面分布特征

在成土母质基本相同条件下，全钾含量在土壤剖面中的分布一般是由上至下逐渐降低或基本保持一致；在成土母质不同时，土壤全钾含量在剖面中的分布则没有一定规律。而是在土层之间忽高忽低；但成土母质相同，耕作施肥历史悠久的土壤，如陕西黑垆土和塿土，土壤剖面中全钾含量分布却反映出特有的规律性，见图5-1。

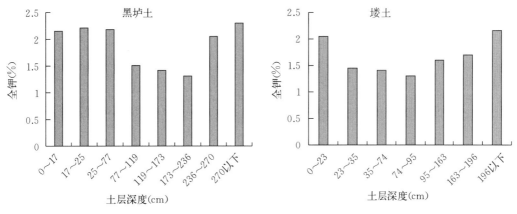

图5-1　土壤全钾含量（%）在剖面中分布特点

由图5-1表明，两种耕作土壤，全钾含量在土壤剖面中都呈现出上下高、中间低的特点，呈凹字形状态。之所以产生这种分布模型，其分布原理与全磷相似。

为进一步说明，现将数据列入表5-3。由表5-3看出，在黑垆土和塿土中土壤全钾含量均呈现出耕作层和母质层最高，当中均以黏化层最低。

表5-3　土壤全钾含量在两种土壤剖面中的分布

黑垆土（陕西洛川县）			塿土（陕西杨凌区）		
土层	土层深度（cm）	全钾（%）	土层	土层深度（cm）	全钾（%）
耕作层	0～17	2.04	耕作层	0～23	2.10
犁底层	17～25	2.13	犁底层	23～35	1.50

（续）

黑垆土（陕西洛川县）			土层	土层深度（cm）	全钾（%）
土层	土层深度（cm）	全钾（%）	塿土（陕西杨凌区）		
古耕层	25~77	2.09	古耕层	35~74	1.45
黏化层	77~173	1.50	黏化层	74~95	1.33
过渡层	173~236	1.39	过渡层	95~163	1.67
钙积层	236~270	1.98	钙积层	163~196	1.76
母质层	270以下	2.22	母质层	196以下	2.18

第二节　土壤速效钾含量、分布及影响因素

一、旱地主要农业土壤速效钾含量

由主要农业土壤耕作层速效钾含量看出（表5-4），速效钾含量在不同土壤之间差异很大，变幅为115~213 mg/kg，除灰钙土、黄绵土、水稻土、风沙土速效钾含量<150 mg/kg以外，其余土壤速效钾含量都>150 mg/kg。土壤速效钾含量在不同地区之间也有很大区别，新疆地区土壤的速效钾含量大大高于其他地区的土壤，高出40%~200%，这与土壤所含的黏土矿物种类和含量有密切关系。据测定，新疆不同农业土壤含有极丰富的水云母，这是决定速效钾含量的物质基础。所以在新疆地区施用钾肥在一般作物上没有什么效果，即使在喜钾作物上（如甜菜）施用钾肥，增产效果也不是十分明显，但与其他肥料配合施用时，增产效果也是比较好的。

表5-4　旱农地区主要农业土壤速效钾含量

土壤	新疆地区		其他地区		
	样本数（个）	速效钾（mg/kg）	省份	样本数（个）	速效钾（mg/kg）
黑钙土	317	425	甘、黑	245	195
栗钙土	1 454	292	甘、陕	516	213
灰钙土	951	147	甘、陕、宁	1 921	129
棕钙土	3 481	232	—	—	—
棕壤	—	—	甘、陕	377	171
灰漠土	585	183	—	—	—
灰棕漠土	42	367	甘	128	193
黄绵土	—	—	甘、陕、宁	1 460	140
黑垆土	—	—	甘、陕、宁	3 061	159
塿土	—	—	陕	5 675	164
褐土	—	—	甘、陕	6 888	161
风沙土	287	194	甘、陕、宁、黑	358	115
潮土	1 444	364	甘、陕、宁	1 430	150
灌淤土	—	—	甘	1 019	201
灌漠土	—	—	甘	698	179
盐土	1 349	473	陕、黑	141	152
水稻土	—	—	甘、陕、黑	1 896	125

资料来源：有关省份全国第二次普查资料。

二、土壤速效钾含量的分布特点

1. 土壤速效钾含量地理分布特点 在陕西黄土高原地区范围内，土壤耕作层速效钾含量的地理分布特点是由北向南逐渐增高，如长城沿线风沙区（平均 116.5 mg/kg）＜黄土丘陵沟壑区（平均 119.7 mg/kg）＜渭北旱塬区（平均 152.7 mg/kg）＜关中平原区平均（163.8 mg/kg）。这与土壤全钾含量的分布特点相一致。主要原因是与土壤质地由北向南逐渐变细和耕层施肥人为活动由北向南逐渐增强有关。

2. 土壤速效钾含量的剖面分布特点 一般在自然形成的土壤上进行耕作的土壤，其速效钾含量在剖面中的分布特点是：由上至下逐渐降低，如甘肃省的淋溶黑钙土、棕钙土和淡棕钙土等，都反映出这一趋势，见表 5-5。

表 5-5 甘肃土壤速效钾剖面分布

淋溶黑钙土		棕钙土		淡棕钙土	
土层深度 （cm）	速效钾 （mg/kg）	土层深度 （cm）	速效钾 （mg/kg）	土层深度 （cm）	速效钾 （mg/kg）
0～7	212	0～4	580	0～5	800
7～26	93	4～32	178	5～17	313
26～50	12	32～43	105	17～26	100
		43～54	93	26～38	77
		54～68	70		

资料来源：甘肃省全国第二次土壤普查资料。

由表 5-5 看出，最上一层与最下一层土壤速效钾含量相差较多。但在耕作施肥历史非常悠久的地区，如陕西关中塿土，其速效钾含量在剖面中的分布则反映出特有的规律，正如全磷、有效磷、全钾一样，均有上下高、中间低的特点（表 5-6）。

表 5-6 黑垆土、塿土速效钾剖面分布

土层	速效钾（mg/kg）	
	黑垆土	塿土
耕作层	196	216
犁底层	198	179
古耕层	135	112
黏化层	136	137
钙积层	146	150
母质层	153	169

由表 5-6 看出，黑垆土速效钾最高含量耕作层为 196 mg/kg，母质层为 153 mg/kg，古耕层为 135 mg/kg；塿土速效钾最高含量耕作层为 216 mg/kg，母质层为 169 mg/kg，古耕层为 112 mg/kg。这种现象明显反映出人为活动和生物吸收对土壤速效钾在剖面中含量变异与分布的影响，因此，可以认为在古耕层以前的农业，主要是以作物吸收土壤养分维持作物生长和生产，没有投入，只有不断消耗土壤养分，故形成速效钾含量由母质层往上至古耕层逐渐降低的趋势；古耕层以后的农业，耕作施肥活动逐渐增强，人们对土壤有所投入，作物同时吸收土壤和肥料的养分，并随着施肥量的增加和耕作历史的发展，使土壤速效钾由古耕层往上至耕作层逐渐增多；特别是发展到现代，由于大量施用化肥，使耕作层土壤速效钾含量积累较多。

三、土壤速效钾含量变化的影响因素

1. 土壤质地　速效钾包括水溶性钾和交换性钾，以交换性钾为主，土壤质地越细，黏粒含量越高，单位黏土的钾离子交换点越多，故交换性钾含量就越高。由表5-7看出，土壤速效钾含量是随质地变细而增加，重壤土的速效钾比沙土增加49.18%，所以同一土壤不同质地对速效钾含量有十分显著的影响。

表5-7　不同土壤质地的速效钾平均含量

土壤质地	样本数（个）	速效钾平均含量（mg/kg）
沙土	4	122
沙壤土	26	132
轻壤土	53	140
中壤土	66	159
重壤土	2	182

资料来源：《宁夏土壤》，1990年。

2. 土壤有机质　在一般旱作土壤上，有机质含量越高，土壤速效钾含量越多（表5-8）。经统计，有机质含量与速效钾含量之间的相关系数 $r=0.945\,5^{**}$（$r_{0.01}=0.834$，$n=8$），达极显著水平。其相关模型为 $y=115.535+22.722\,6x$，y 为速效钾含量（mg/kg），x 为土壤有机质含量（%）。

表5-8　旱地土壤有机质含量与速效钾含量的关系

土壤类型	有机质（%）	速效钾（mg/kg）	样本数（个）
黑土	4.32	222.4	235
草甸土	5.17	215.0	233
白浆土	5.03	204.8	99
黑钙土	3.32	203.7	112
暗棕壤	6.29	274.6	131
栗钙土	2.33	174.0	23
风沙土	1.50	145.0	13
火山灰土	6.94	277.8	21

资料来源：《黑龙江土壤》，1991年。

土壤有机质分解过程中能形成对阳离子吸附性很强的腐殖质。有学者认为，有机质含量高的土壤能更多地固定钾，与钾离子形成弱解离的腐殖酸盐。笔者用膜电位方法，测定了不同有机质含量与钾离子结合能的关系。结果发现，同一土壤不同有机质含量与钾离子结合能之间呈线性相关关系，相关性达显著和极显著水平（表5-9）。

表5-9　土壤微团聚体的不同组分与钾离子结合能

土壤	微团聚体组分	有机质含量（%）	平均结合自由能（kJ/mol）	有机质与钾结合能相关系数（r）
子午岭黑壮土	G_0	3.72	3.11	
	G_1	4.15	3.13	0.991^{**}
	G_2	4.70	3.16	
	G_3	8.00	3.38	

（续）

土壤	微团聚体组分	有机质含量（%）	平均结合自由能（kJ/mol）	有机质与钾结合能相关系数（r）
西峰黑垆土	G0	2.29	3.22	0.998**
	G1	2.65	3.30	
	G2	2.72	3.34	
	G3	4.90	4.41	
绥德黄绵土	G0	1.04	3.23	0.978 6*
	G1	1.12	3.35	
	G2	1.18	3.61	
	G3	1.25	3.89	
武功红油土	G0	1.25	3.40	0.988*
	G1	1.42	3.41	
	G2	1.81	3.68	
	G3	2.79	4.01	

注：**表示差异极显著；*表示差异显著。

为了进一步了解土壤有机质含量对钾离子结合能的影响，笔者将 G3 组微团聚体用 H_2O_2 处理成不同有机质含量等级，测定与钾离子结合能的变化。

由表 5-10 测定结果看出，随着 G3 组有机质含量的不断降低，钾离子结合能也随之不断下降。经统计，两者之间的相关系数 $r=0.944^{**}$（$r_{0.01}=0.874$，$n=7$），达极显著水平。相关方程为 $y=144.099\ 7+120.265\ 8x$，y 为结合能，x 为有机质含量（%）。当无有机质存在时的土壤矿质部分也能与钾有一定结合能，为 0.6 kJ/mol，但与有机质部分所贡献的结合能相比，只占很少的份额。

表 5-10　G3 组微团聚体不同有机质含量与钾离子结合能关系

氧化处理后有机质含量（%）	钾离子结合能（kJ/mol）
8.00	4.05
5.66	1.54
4.38	1.23
2.85	0.84
2.23	0.56
1.71	0.36
1.16	0.27

3. 土壤黏土矿物　不同黏土矿物具有不同的物理化学特性，这对调控土壤速效钾含量起着重要的作用。笔者取 3 种代表性的黏土矿物与钾离子进行相互作用，应用黏土薄膜电极测定黏土与钾离子混合液中 K^+ 活度，结果见图 5-2。从图 5-2 看出，在不同黏土悬液中，钾离子活度曲线有明显差异。钾离子活度由低浓度到高浓度均表现出高岭土＞水云母＞班脱土（蒙脱土），说明不同黏土矿物对 K^+ 具有不同的吸附量。

不同黏土矿物的吸附用结合能来表示则可对两者之间的关系看得更为清楚，见图 5-3。

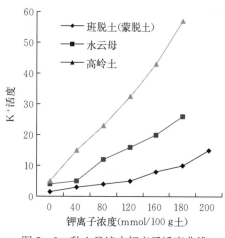

图 5-2　黏土悬液中钾离子活度曲线

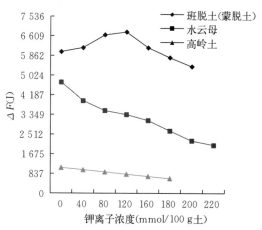

图 5-3　钾离子与黏土之间吸附结合能曲线

　　不同黏土矿物对 K^+ 结合能的变化是高岭土＜水云母＜班脱土。高岭土在整个 K^+ 浓度中，结合能变化比较平稳，在 K^+ 低浓度时，结合钾略高。随着 K^+ 浓度的增高，而逐渐降低，其结合能的数量级仅为 712～1 130 J/mol；水云母对 K^+ 结合能变化十分急剧，由低浓度到高浓度几乎呈直线下降，其结合能数量级为 2 030～4 500 J/mol；班脱土的结合能曲线呈平稳且中间出现平稳的高峰，其结合能数量级为 1 650～1 250 J/mol。明显看出，以上黏土矿物对 K^+ 的结合能及其在 K^+ 溶液中浓度的缓冲能力表现出班脱土＞水云母＞高岭土。

　　为什么不同黏土矿物对 K^+ 具有不同的结合能呢？这主要是与黏土矿物所带负电荷的密度和负电荷分布的位置有关。据报道，1 g 黏土矿物所带负电荷总量，高岭土为 3～15 mmol，伊利土为 10～40 mmol，蒙脱土为 80～150 mmol。据笔者测定，100 g 黏土的阳离子交换量，高岭土为 6.49 mmol，水云母为 41.13 mmol，蒙脱土为 96.58 mmol。这是决定对阳离子吸附量的主要因素。黏土矿物负电荷的分布位置，对吸附阳离子的牢固性具有非常重要的意义。高岭土晶格单位的边缘破裂是进行阳离子交换的主要位置，伊利土次之，而蒙脱土破键对阳离子的交换只占极少份额，约 20%，其余 80% 是在晶格内交换。破键吸附的阳离子很难解离，晶格内吸附的阳离子较易解离。这充分证明，为什么蒙脱土对 K^+ 的结合能大于水云母，水云母又大于高岭土。

　　对 K^+ 吸附能力小的黏土矿物，意味着保钾能力低，容易使 K^+ 从土壤中淋失，导致土壤速效钾含量降低；对 K^+ 吸附能力大的黏土矿物，意味着保钾能力高，不易使 K^+ 从土壤中淋失，可使土壤速效钾含量增高。这种现象在我国是非常突出的，如南方的砖红壤，因含有较多高岭土，土壤速效钾含量很低，有的土壤仅为 30 mg/kg 左右；而北方的农业土壤，因含有丰富的水云母和蛭石，故土壤速效钾含量很高，有的土壤竟高达 800 mg/kg 以上。所以黏土矿物对土壤速效钾含量的高低、积累和淋失具有十分重要的影响。

第三节　土壤缓效钾含量、分布及其影响因素

一、主要农业土壤缓效钾含量及其与速效钾的关系

　　缓效钾是速效钾的补充来源，是属于有效钾的范围，故在研究土壤钾素的供应能力时，缓效钾的含量与作用是不可忽视的。

　　从 1978 年开始，陕西省农业科学院杨鉴昉、范德纯研究员与各地（市）农科所配合，在全省范围采集耕层土样 1 027 个，包括 80 个县（市），其中陕南地区土样 275 个、关中地区土样 554 个、陕北地区土样 198 个，基本概括了全省不同的农业土壤类型。测定结果见表 5-11。结果显示，陕西黄

土地区主要土壤耕层测定的速效钾含量为 84~166 mg/kg，平均为 128 mg/kg；缓效钾含量为 609~1 163 mg/kg，平均为 953 mg/kg；缓效钾与速效钾比例为 6.25~9.53，平均为 6.86。也就是说，速效钾含量仅占缓效钾 10.5%~15.34%，平均占 13.43%。从黄土地区旱区成土系列来看，缓效钾含量是红垆土＞黑垆土＞黑壮土＞黄墡土＞黄绵土＞风沙土。即由北到南逐渐增高，这与土壤质地变细趋势相一致。速效钾与缓效钾通常处于动态平衡之中，随着植物对速效钾的吸收，缓效钾不断释放出速效钾，以满足平衡需要。所以速效钾含量的变动决定于缓效钾的含量和释钾能力，速效钾依赖于缓效钾而存在，缓效钾是速效钾的补充源泉。经统计，两者之间存在密切的线性关系，相关系数 $r=0.813^{**}(r_{0.01}=0.684, n=11)$，达极显著水平，其方程为 $y=12.61+0.122\ 1x$，y 为速效钾含量，x 为缓效钾含量，即每增加 1 mg/kg 的缓效钾，可增加为 0.12 mg/kg 的速效钾。也就是速效钾占缓效钾约 12%。

表 5-11　陕西黄土地区主要农业土壤耕作层有效钾（速效钾与缓效钾）平均含量

土壤	地区	速效钾（mg/kg）	缓效钾（mg/kg）	缓效钾/速效钾	样本数（个）
风沙土	长城沿线风沙区	96	626	6.25	38
	陕北丘陵沟壑区	84	609	7.25	24
新积土	渭北旱塬区	131	993	7.58	25
	关中平原区	99	943	9.53	35
黄绵土	陕北丘陵沟壑区	119	806	6.77	100
黄墡土	黄土高原沟壑区	129	1 077	8.55	49
	渭北旱塬区	114	978	8.58	22
	关中灌区	131	1 048	8.00	30
黑壮土	子午岭	145	919	6.34	29
黑垆土	黄土高原沟壑区	167	1 082	6.48	90
红垆土	关中平原东部灌区	166	1 163	7.01	220
	关中平原旱区	130	1 079	8.30	46
潮土	关中灌区	150	1 062	7.08	45
	平均值	128	953	6.86	

注：陕南地区采取的土壤分析结果未列入此表内。

二、缓效钾与速效钾在土壤剖面中的分布

作物根系除了从耕作层土壤中吸收大量养分外，还能从底层土壤中吸收部分养分，特别是深根作物，能从较深土层中吸取大量养分。因此，研究土壤剖面中有效钾的分布有助于了解土壤供钾能力和施用钾肥时的参考。

杨鉴昉等对陕西安康县 10 个黄泥巴土壤剖面、关中岐山和武功县 21 个垆土和黄墡土剖面土样测定了有效钾含量，并绘制成图（图 5-4~图 5-7）。

从结果看出，土壤剖面中有效钾的分布，一般都是耕作层土壤较高，下层土壤较少。剖面中两种钾素的含量基本均呈对称性分布，即在同一层次中缓效钾高的，速效钾也高；缓效钾低的，速效钾也低，两者之间具有密切的相关性。

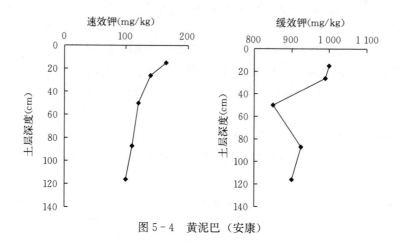

图 5-4　黄泥巴（安康）

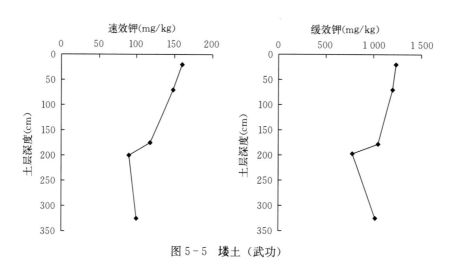

图 5-5　塿土（武功）

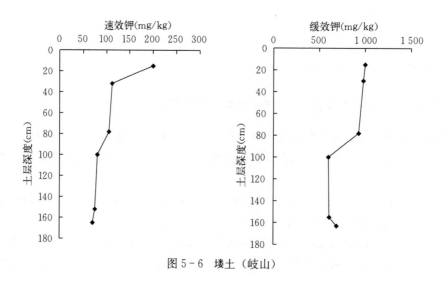

图 5-6　塿土（岐山）

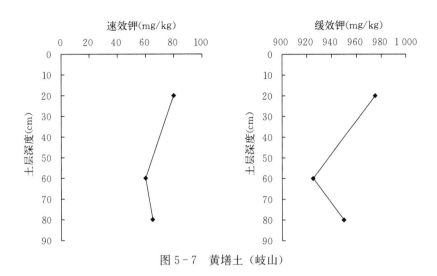

图 5-7　黄墡土（岐山）

三、缓效钾含量变化的影响因素

（一）土壤质地

从表 5-11 看出，缓效钾含量在沙质土壤中较低，在黏质土壤中较高，如风沙土只有 626 mg/kg，而黏性娄土却高达 1 082 mg/kg，表现出土质越细，缓效钾含量越高。

（二）耕作施肥

从图 5-4～图 5-7 看出，陕南、关中几种耕作土壤的缓效钾含量都表现出耕作层高于下面的土层。耕作层土壤易受温度、水分、酸碱度的影响，使黏土矿物遭受演变和断裂，导致交换吸附能力的改变；同时不断施用钾肥，增加黏土矿物对钾离子的吸附固定。所以引起耕作层土壤缓效钾的增加。

（三）土壤水分

土壤溶液中的钾移动性很大，能随水由上至下移动。当土壤水溶性钾含量较高、土壤水分较多的时候，土壤钾会随水向下淋移而流失。土壤中活性钾淋溶越多，缓效钾则会释放更多，以弥补溶液中钾的不足，保持钾的平衡。如此发展，最终导致土壤缓效钾降低。如陕西的墡土，缓效钾含量在黄土高原为 1 124 mg/kg、在关中平原为 1 042 mg/kg、在汉中盆地为 823 mg/kg，水分含量依次增多，而缓效钾则依次降低，由此明显反映出水分对缓效钾含量的影响。

第四节　旱地钾肥的施用效果

一、土壤农化性状与钾肥效果的关系

根据盆栽试验和田间试验产量结果，与土壤农化性状测定数据相对应地进行了回归分析（表 5-12）。第一次盆栽试验的土壤类型多（黄泥土、娄土、黑垆土、沙土、墡土等），土壤农化性状差异较大，除土壤全钾含量外，各项农化性状的变异系数一般为 0.30%～0.36%。第二次 19 个水稻试验，土壤类型单一，都是在冲积母质上发育的水稻土（白墡土和黄墡土）。土壤农化性状差异较小，其变异系数一般为 0.109%～0.207%，只有速效钾的变异系数高达 0.487%。第三次 25 个水稻试验，与第二次相比，由于增加了质地黏重的黄泥巴，土壤的农化性状差异也较第二次增大，变异系数为 0.124%～0.317%。第四次 18 个小麦试验，土壤类型单一，土壤农化性状的变异系数为 0.093%～0.178%，与第二次试验土壤类型相同。第五次 25 个小麦试验，土壤类型与第二、第四次相同，但农化性状差异大，除全钾含量外，其变异系数为 0.370%～0.446%，有效磷的变异系数高达 1.114%。

土壤的全钾含量与钾肥效果在 4 次回归分析中都没有相关关系，只有在第五次分析中才出现 5% 的相关关系。这主要是由于全钾含量中的钾素主要为矿物钾，作物很难利用。

表 5 - 12　土壤农化性状和钾肥效果的相关系数

回归分析次数	第一次	第二次	第三次	第四次	第五次
试验地点及作物	陕西省内各种小麦	汉中盆栽			
		水稻	水稻	小麦	小麦
试验数	21	19	25	18	25
土壤类型	黄泥巴、黄墡土、塿土、黑垆土、黄绵土、沙土	白墡土、黄墡土	白墡土、黄墡土、黄泥巴	白墡土	白墡土、黄墡土
硝酸溶钾	−0.826 3**	−0.642 8**	−0.599 5**	−0.601 2**	0.716 8**
缓效钾	−0.834 4**	−0.639 5**	−0.610 9**	−0.600 9**	0.714 8**
速效钾	−0.681 4**	−0.460 0*	−0.449 5*	−0.383 6	−0.689 6**
有机质	0.264 0	−0.600 5**	−0.481 3*	−0.491 1*	−0.681 7**
钾氮比	—	0.358 5	−0.422 8*	−0.541 4*	−0.654 7**
全氮	−0.339 5	−0.421 1	−0.342 5	−0.453 8	−0.693 2**
全磷	−0.724 9	0.309 1	0.226 0	−0.252 7	−0.631 8**
全钾	−0.398 8	−0.304 2	−0.359 1	0.364 3	−0.398 5*
碱解氮	—	−0.295 9	−0.118 2	−0.202 3	−0.595 0**
有效磷	—	−0.625 9**	0.458 4	−0.386 3	−0.657 2**

注：*表示概率小于 5%；**表示概率小于 1%。

土壤有机质含量与钾肥效果的关系，在第二、第三、第四、第五的 4 次回归分析中均呈负相关关系。只有第一次分析结果没有发现相关性。说明土壤有机质含量越高，对作物供钾能力就越大，故都呈负相关关系。

土壤的速效钾含量和钾肥效果的关系，在 5 次回归分析中有 4 次呈负相关关系，其相关系数达到了显著与极显著标准。用江苏、山东等地几年来累积的资料，分析了速效钾与钾肥效果的关系，也得到了负相关的结果。

土壤缓效钾和硝酸溶钾含量与钾肥效果的关系，在 5 次回归分析中全部呈极显著负相关关系。土壤硝酸溶钾和缓效钾与田间稻麦施钾效果的散点图及相关曲线见图 5-8～图 5-11。缓效钾可以为小麦、水稻利用，是稻麦供钾的主要来源，说明缓效钾和硝酸溶钾都可以作为土壤供钾能力指标。

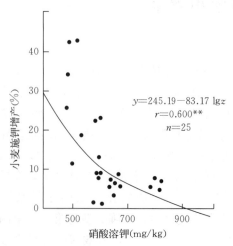

图 5 - 8　土壤硝酸溶钾含量和水稻施钾效果的关系

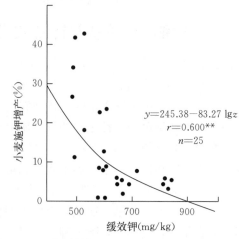

图 5 - 9　土壤缓效钾含量和水稻施钾施钾效果的关系

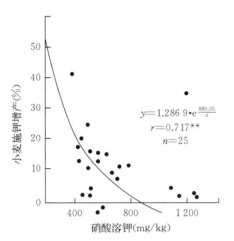

$y=1.286\ 9\cdot e^{\frac{880.05}{x}}$
$r=0.717**$
$n=25$

图5-10　土壤硝酸溶钾含量和小麦施钾效果的关系

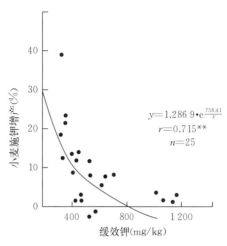

$y=1.286\ 9\cdot e^{\frac{758.41}{x}}$
$r=0.715**$
$n=25$

图5-11　土壤缓效钾含量和小麦施钾效果的关系

综上所述，除全钾外，各项土壤农化性状在一定的条件下都与钾肥效果有一定的关系。但是，土壤有效钾含量是影响钾肥效果的主要因素。在有效钾含量中，又以硝酸溶钾及缓效钾的关系最为密切。由图5-8～图5-11看出，稻、麦施钾效果均随土壤硝酸溶钾及缓效钾含量的增而呈指数曲线下降趋势。

二、土壤钾素的丰缺指标与钾肥效应的预测

欧美各地在测土施钾时，多采用土壤速效钾作指标。我国目前多用土壤速效钾和缓效钾两个因子作指标，也有单独用速效钾作指标的。从上述回归分析可见，速效钾与作物施钾反应的关系不如缓效钾或硝酸溶钾，所以不宜单独作为土壤供钾能力指标。由于缓效钾含量又远比速效钾多，且能为稻、麦所利用，所以硝酸溶钾、缓效钾与钾肥效果的相关系数常常相近。从测定方法看，硝酸溶钾只测定一次，且不受温度条件的影响，而缓效钾含量除了测定硝酸溶钾含量外，还需要测定速效钾，两者相减才能得到缓效钾含量。所以笔者提出用硝酸溶钾作为土壤供钾能力指标，比以速效钾单因子作指标结果准确可靠，比以速效钾和缓效钾双因子作指标简便易行，并可用该指标预测作物的施钾效果（表5-13）。

表5-13　土壤硝酸溶钾分级与稻麦施肥效应

作物种类	硝酸溶钾（mg/kg）	试验数			平均增产		钾肥效应
		总数	有效数	占比（%）	kg/hm²	%	
水稻	<500	4	4	100	1 777.4	28.4	显著
	500～600	10	7	70	1 289.9	14.8	较显著
	600～800	7	4	57	585.0	7.2	不稳定，效果较低
	>800	4	1	25	517.5	5.5	很难见效
小麦	<450	2	2	100	772.5	25.0	显著
	450～600	12	7	58	465.0	15.7	较显著
	600～750	5	1	20	345.0	10.6	不稳定，效果较低
	>750	6	0	0	—	—	很难见效

三、不同土壤施钾效果

1. 小麦在不同土壤上的施钾效果（盆栽试验）　为了探索陕西省不同土壤施钾是否都有效，杨鉴昉、范德纯研究员于1980年开始在全省范围采取不同类型的土样共21种，在陕西省农业科学院内进

行小麦盆栽连作试验，仅设两个处理，即 NP、NPK。前两年在不同土壤上施钾都没有增产效果，到第三年即第三作在小麦上才开始有不同程度的增产作用（表 5-14）。

表 5-14 不同地区土壤小麦施钾效果（盆栽试验）

地区土壤	样本数（个）	小麦增产（%）			钾肥效果
		第三作	第四作	第五作	
白墡土、黄泥巴（汉中）、细沙土（大荔）、滩地沙土（榆林）	4	34.8 (31.1~40.6)	109.1 (40.3~195.1)	184.3 (90.6~335.0)	极显著
死黄泥（汉中）、黄泥巴（洛南）、淤沙土（周至）、黄绵土（绥德）	5	12.5 (4.9~21.9)	49.8 (22.9~115.5)	41.8 (22.3~75.4)	显著
黄泥巴（丹凤）、淤泥土（周至）、黑垆土（铜川）、塿土（兴平、武功）	6	18.1 (7.5~20.0)	27.6 (18.4~54.6)	15.9 (10.6~18.4)	明显
黄褐土（勉县）、淤泥土（户县）、黑垆土（洛川）、塿土（大荔、咸阳）	6	5.1 (1.0~11.7)	4.5 (-3.0~18.8)	5.0 (3.5~8.6)	较差

注：增产项分子为平均值，分母为增产幅度。

施钾效果比较显著的有汉中白墡土、黄泥巴及陕北的黄绵土和沙性土壤，这些都是比较缺钾的土壤；而关中的黑垆土和塿土施钾效果即便到了第五作也未见有明显效果，这些都是比较富钾的土壤。但已经发现，当时在别的地区，在黑垆土和塿土上氮磷肥料施用量较多的情况下，施用钾肥也有一定的增产效果。

2. 水稻在不同土壤上的施钾效果 根据测定，陕南秦巴盆地不同土壤有效钾含量较低，速效钾为 73~133 mg/kg，缓效钾为 490~736 mg/kg，加起来为硝酸溶钾（即有效钾）。水稻是当地主要作物之一，自 1982 年开始，陕西省土肥所在该地区连续多年进行了 25 个田间试验（表 5-15）。从表 5-15 看出，在陕南主要农业土壤对水稻施钾都有不同程度的增产作用。在黄墡土施钾的水稻增产效果最明显，白墡土次之，青岗土再次，黄泥巴最低。在水稻上的施钾效果均随土壤有效钾增高而降低，证明在有效钾含量低的土壤施钾是有效的。

表 5-15 汉中盆地不同土壤有效钾含量与水稻施钾效果

土壤	测定数与田间试验数	有效钾含量（mg/kg）			对照产量（kg/hm²）	施加产量（kg/hm²）	增产（%）
		速效钾	缓效钾	硝酸溶钾			
白墡土	14	75	541	616	8 205	9 255	12.8
黄墡土	5	73	490	563	7 800	9 630	23.5
黄泥巴	3	133	736	869	8 625	9 150	6.1
青岗土	3	85	616	701	8 505	9 150	7.6

3. 辣椒在不同黄土性土壤上的施钾效果 为了了解黄土高原黄土性土壤的施钾效应，1985 年又选取 7 种土壤在蔬菜上进行施钾的盆栽试验，结果见表 5-16。从表 5-16 看出，在陕北黄绵土、关中不同类型的沙质土壤和比较黏重、肥力较高的塿土上，施钾对大辣椒、线辣椒都有明显的增产效果，而且均反映出肥力低的比肥力高的土壤施钾的增产效果更明显。

表 5 - 16　辣椒在不同黄土性土壤的施钾效应

土壤	土壤肥力	产量							
		大辣椒				线辣椒			
		NP (g/盆)	NPK (g/盆)	增减 (g/盆)	增减 (%)	NP (g/盆)	NPK (g/盆)	增减 (g/盆)	增减 (%)
关中塿土	高	170.9	203.5	32.6	19.1	—	—	—	—
	中	131.0	183.3	52.3	39.9	110.5	137.9	27.4	24.8
关中淤土	中	142.2	205.8	63.6	44.7	94.8	110.0	15.2	16.0
关中细沙土	低	112.1	142.3	30.2	26.9	74.3	98.2	23.7	32.2
关中绵沙土	高	64.9	126.7	61.1	95.2	84.8	95.6	10.8	12.7
陕北黄绵土	高	60.3	106.4	46.1	76.5	67.5	78.8	11.3	16.7
	低	25.1	53.4	28.5	113.5	34.6	76.5	41.9	121.1

4. 春玉米在黑垆土上的施钾效果　从 1986 年开始，在黄土高原黑垆土地区对春玉米进行了多点施钾效果试验，结果见表 5 - 17。春玉米在 5 个县的黑垆土上施用钾肥都有不同程度的增产效果，增产幅度为 0.37%～16.78%。增产 8%～16% 的（达显著和极显著水平）试验数 7 个，占总试验数的 41.2%；增产 4%～8% 的有 3 个，占试验数的 17.6%；增产在 4% 以下的 7 个，占试验数的 41.2%。黑垆土有效钾（硝酸溶钾）含量是比较高的，当时氮磷化肥在该地区的施用量尚不算太高，尚未因氮磷施量过多而极度影响到土壤中氮磷钾含量产生失调的地步。但试验结果已显示，黄土高原黑垆土上春玉米施钾有明显增产效果，可作为一项农业增产的有效措施。

表 5 - 17　春玉米在黄土高原沟壑区黑垆土的施钾效果

试验地区	对照产量（kg/hm²）	施钾后产量（kg/hm²）	增产（%）
洛川县	6 450	7 200	11.63
	5 820	6 495	11.60
彬县	8 595	8 950	2.97
	9 000	9 150	1.67
	8 955	9 105	1.68
陇县	8 670	10 125	16.78
	9 120	9 405	3.13
	8 850	9 405	6.27
	6 750	7 485	10.89
	7 620	8 460	11.02
	6 960	7 560	8.62
麟游县	10 425	10 590	1.58
	9 990	10 170	1.80
	10 050	11 025	9.70
	10 155	10 590	4.28
耀县	7 500	7 830	4.40
	8 025	8 055	0.37

注：在其他因素配置适宜比例条件下，施 K_2O 210 kg/hm²。

5. 春玉米在黄绵土上的施钾效果　1988 年，在陕北米脂县、绥德县的黄绵土上做了 7 个春玉米施钾的田间试验，这些试验都分布在川台地上。试验前分别采取 0～20 cm 土样，分析主要农化性状。

试验处理如下：

(1) CK（对照，不施肥）。

(2) NP（N 97.5 kg/hm²、P₂O₅ 97.5 kg/hm²）。

(3) NPK（N 97.5 kg/hm²、P₂O₅ 97.5 kg/hm²、K₂O 150 kg/hm²）。

重复 4 次，随机排列，每小区 12 m²。氮肥用尿素，磷肥用三料过磷酸钙，钾肥用硫酸钾。试验结果见表 5-18。

表 5-18 春玉米在陕北黄绵土的施钾效果

试验编号	土壤速效养分（mg/kg）			试验处理	平均产量（kg/hm²）	增产（%）	施钾增产（%）
	碱解氮	有效磷	速效钾				
8821	17.28	4.85	66.18	CK	2 675	—	
				NP	7 031	162.8	—
				NPK	8 712	225.7	23.9**
8822	30.48	7.49	76.60	CK	5 586	—	
				NP	8 027	43.7	—
				NPK	8 346	49.4	3.8
8823	38.45	8.31	75.84	CK	6 875	—	
				NP	9 720	41.4	—
				NPK	9 942	44.6	2.3
8824	22.13	3.80	71.36	CK	3 663	—	
				NP	7 170	95.7	—
				NPK	8 346	127.9	16.4**
8825	30.09	4.61	92.20	CK	3 296	—	
				NP	8 112	46.1	—
				NPK	8 343	153.1	2.8
8826	35.91	5.13	82.52	CK	5 937	—	
				NP	9 297	56.6	—
				NPK	9 558	61.0	2.8
8827	25.24	11.18	91.00	CK	1 941	—	
				NP	6 591	239.9	—
				NPK	8 387	332.1	27.2**

注：**表示差异极显著。

从表 5-18 看出，黄绵土的氮、磷、钾速效养分含量都很低，其中氮、磷养分特缺，所以施用氮磷肥料后玉米增产幅度高达 41.4%～239.9%，增产效果特别显著。当氮、磷、钾三元素配合施用时，增产幅度为 44.6%～332.1%，反映出春玉米在黄绵土上施钾也有不同程度的增产效果。施钾的增产幅度为 2.8%～27.2%。在 7 个试验中，有 3 个施钾增产达极显著水平，占试验总数的 43%；4 个试验有一定增产作用，但未达显著水平。供试土壤速效钾含量都很低，仅为 66.18～92.20 mg/kg，平均只有 79.33 mg/kg，属于供钾能力低的土壤，这是黄绵土施钾有效的主要依据。从施钾增产效果显著的 3 个土壤来看，水解氮含量只有 17.28～25.24 mg/kg，而施钾增产效果不显著的 4 个土壤水解氮含量则为 30.09～38.45 mg/kg，前者 N/K 为 0.26～0.31，后者 N/K 为 0.33～0.51，反映出 N/K 低的土壤施钾效果高于 N/K 高的土壤，这可能与施氮后促进了对钾的吸收利用有关。

四、不同作物施钾效果

1. 在关中堘土上不同蔬菜施钾效果　堘土是陕西黄土地区耕种历史最为悠久的土壤种类之一，有5 000多年的历史。过去一直认为堘土是含钾最丰富的土壤，不缺钾、施钾无效的概念长期统治着人们的思想。为了揭示堘土的需钾原理，1989年笔者专门在陕西杨凌地区长期种植蔬菜的堘土地上进行12种作物的田间试验，其中包括对钾不敏感作物茄子和次敏感作物甘蓝。试验土壤硝酸溶钾含量为1 519 mg/kg，其中速效钾为191.3 mg/kg，缓效钾1 329 mg/kg，属于富钾类型。试验结果见表5-19。试验结果表明，在供试的12种蔬菜作物中，除秋菜的雪里蕻、甘蓝、白菜施钾效果为2.7%～3.2%以外，其余9种蔬菜施钾的增产幅度均为18.5%～110.0%，增产效果显著，特别是春菜的芹菜、大辣椒、线辣椒和春、秋的番茄施钾的增产效果特别突出。即使对钾不敏感的茄子，在春季播种时施钾也有明显的效果，增产18.5%。不同蔬菜作物施钾后的反应在苗期就可看出，施钾的植株长势，如色泽、高度等都比不施钾明显良好。另外看出，在蔬菜上的施钾效果与季节有关。春季施钾效果高于秋季，如同一种甘蓝，在春季施钾增产31.8%，而在秋季施钾只增产2.7%，这与秋季温度较低有关。

表5-19　关中堘土施钾对不同蔬菜产量的影响

种类	处理	甘蓝	芹菜	番茄	大辣椒	线辣椒	茄子
春菜	NP（kg/hm²）	2 375.9	6 484.2	33 748.3	7 960.1	10 285.0	30 441.0
	NPK（kg/hm²）	3 131.8	13 611.8	44 340.8	12 662.4	14 078.3	36 071.7
	增减（kg/hm²）	755.9	7 127.6	10 592.5	4 702.3	3 793.3	5 630.7
	增减（%）	31.8	110.0	25.9	59.1	36.9	18.5
种类	处理	乌塌菜	雪里蕻	油青菜	甘蓝	白菜	豌豆
秋菜	NP（kg/hm²）	16 950.7	30 991.5	14 726.3	87 460.6	53 247.3	8 762.6
	NPK（kg/hm²）	20 903.0	31 910.9	20 243.0	89 811.0	54 924.3	11 735.4
	增减（kg/hm²）	3 952.3	919.4	5 516.7	2 350.4	1 677.0	2 972.8
	增减（%）	23.3	3.0	37.5	2.7	3.2	33.9

注：豌豆收获青苗，各种蔬菜均为直播。

为了了解土壤钾素的消耗动态，笔者在试验播种前（4月10日）及春菜收获后（8月26日）取对照土样分析缓效钾及速效钾的含量，结果见表5-20。从结果看出，无论是缓效钾还是速效钾在蔬菜生长过程中均有消耗，缓效钾的消耗量大于速效钾。根据过去的研究，缓效钾是当季作物可吸收的形态钾，速效钾在被吸收利用过程中，缓效钾会随之释放补充，不断满足作物的需要，并保持土壤溶液中钾素平衡。所以缓效钾总是随着作物的不断吸收而不断向速效钾转化，因此它的消耗量一般都大于速效钾。由测定结果表明，5种春播蔬菜收获后，土壤缓效钾消耗量达68～127 mg/kg，速效钾消耗量为3～22 mg/kg。由此看来，土壤缓效钾是以上5种蔬菜的主要供钾来源。可以认为，缓效钾是速效钾的储存器。

表5-20　播种前及收获后土壤钾素变化动态

土壤	收获量（kg/hm²）	缓效钾（mg/kg）		速效钾（mg/kg）	
		含量	消耗量	含量	消耗量
播种前土	—	1 328	—	191	—
芹菜茬土	648.0	1 220	−108	176	−15

(续)

土壤	收获量 (kg/hm²)	缓效钾 (mg/kg)		速效钾 (mg/kg)	
		含量	消耗量	含量	消耗量
大辣椒茬土	10 525.0	1 260	—68	169	—22
番茄茬土	43 947.8	1 256	—72	—	—
线辣椒茬土	18 265.0	1 208	—120	188	—3
茄子茬土	42 252.9	1 201	—127	195	—4

2. 各类作物对施钾肥的敏感度

（1）不同作物施钾增产率。在有效钾含量比较低的同一土壤上（605 mg/kg）按 N∶P₂O₅∶K₂O 为 1∶0.5∶1 的比例施用钾肥，以盆栽方式进行 29 种作物施钾试验，结果见表 5 - 21。

在 29 种作物上除个别作物外，施用钾肥都有不同程度的增产效果。最低增产 0.8%，最高增产达 305.1%。试验是在同一条件下进行的，这充分反映出不同作物对施钾的敏感性。

表 5 - 21　施用钾肥对各类作物产量的影响（盆栽试验）

作物	施钾增减 (g)	施钾增减 (%)	作物	施钾增减 (g)	施钾增减 (%)
西瓜	451.9	305.1	糜子	4.7	20.5
芹菜	6.9	75.8	玉米	5.0	12.9
大辣椒	4.9	58.3	大麦	1.8	11.9
小辣椒	8.4	268.8	桎麻	3.6	24.8
番茄	17.4	86.1	毛苕	1.9	21.6
茄子	2.3	9.0	绿豆	0.8	4.0
一串红	8.0	102.6	豌豆	0.4	3.4
芝麻	5.5	21.7	大豆	—1.2	—5.8
荞麦	3.5	18.3	白菜	5.8	39.5
谷子	14.8	83.1	甘蓝	1.8	14.4
小麦	5.9	70.2	油菜	2.1	11.1
水稻	16.0	25.5	向日葵	7.1	17.7
水飞蓟	0.7	5.0	醉蝶花	0.3	0.8
棉花	3.0	7.7	甜高粱	0.2	1.0
红麻	0.2	0.9			

（2）作物对钾敏感度分类。按对钾肥反应敏感度的不同，大致可分为 4 类（表 5 - 22）。

第Ⅰ类，施钾增产幅度在 60% 以上。在中度缺钾土壤上，不施钾的作物一般都表现生长迟缓、发育不良，植株矮小，分蘖少，茎秆细弱，叶色显黄，叶尖干枯，根系发育不良，叶面积扩展受阻，光合功能大大减弱，抗逆性差，极易感染病害。

第Ⅱ类，施钾后增产幅度为 20%～40%。在同样中度缺钾土壤上，尚能保持正常生长，未出现严重缺钾症状，但长势明显较差，干物质积累和叶面积扩展都受到一定影响。其中水稻、白菜、芝麻在不施钾时也易感染病害。

第Ⅲ类，施钾后增产幅度为 $10\%\sim20\%$。在中度缺钾土壤上能保持正常生长，看不出明显缺钾症状。但生长势次于施钾处理。

第Ⅳ类，施钾后增产幅度小于 10%。生长势与施钾处理无明显差异。

表 5-22　作物施钾敏感度分类

类别	敏感度	作物
Ⅰ	高度敏感	西瓜、小辣椒、一串红、谷子、大辣椒、番茄、芹菜、小麦
Ⅱ	敏感	水稻、柽麻、毛苕、糜子、白菜、芝麻
Ⅲ	亚敏感	棉花、甘蓝、油菜、玉米、大麦、向日葵、荞麦
Ⅳ	不敏感	绿豆、豌豆、大豆、高粱、水飞蓟、红麻、醉蝶花、茄子

不同作物对钾的敏感度之所以不同，除了和它们各自的生理代谢特点有密切关系外，也和它们对营养的不同需求有关（表 5-23）。从表 5-23 看出，在不施钾肥的情况下，植株体内含钾越高，说明需钾量越大，增施钾肥，即可促进作物增产，故两者之间呈显著正相关关系；在不施钾肥的情况下，植株体内氮/钾越高，施钾效果越低，呈负相关关系，说明植株体内在氮/钾高的情况下，施用钾肥就难以增进作物更多吸收氮，从而抑制对钾的吸收，影响作物产量的提高。一般来说，增施钾肥以后，能促进植株吸收氮素和钾素，改变作物体内的营养状况，提高与施钾增产的相关性。因此，在钾素不太丰富的土壤上，同时施用氮、磷、钾肥料，对钾敏感作物，能促进对氮、磷、钾的平衡吸收，改善营养状况，提高施钾效果。

表 5-23　29 种作物施钾效应相关性

相关因素	相关系数
不施钾植株体内钾含量（%）与施钾增产	0.429*
不施钾植株体内氮/钾与施钾增产	−0.404 4*
施钾后植株体内吸钾率（%）与施钾增产	0.551 9**
施钾后植株体内吸氮率（%）与施钾增产	0.942 5**

注：*、**表示差异显著、极显著。

第五节　施钾对作物品质的影响

根据大量试验结果表明，施用钾肥不仅能提高作物的产量，而且能大大改善作物的品质。现将在主要农作物上施用钾肥改善作物品质的有关结果分述如下。

一、施钾对改善烟草品质的影响

1986—1988 年，连续在渭北旱塬澄城县娄土上进行烟草配方施肥研究，共做 18 个田间试验，部分试验进行烟草品质分析，结果见表 5-24。1986 年因气候特别干旱，整个生育期未下过透雨，对烟草各项品质指标都有很大的影响，品质明显下降。

烟碱含量高低是影响烟草品质的主要指标之一。因为我国烟草一般烟碱含量较低，还原糖含量过高，导致糖/碱失调，这是影响烟草质量的突出问题。烟草的烟碱含量一般应在 $1.0\%\sim2.5\%$，低于 1.0%，烟草就是劣等，超过 2.5% 才算是优质烟，烟碱含量越高，越受欢迎。由表 5-24 看出，1986 年的试验，不施钾的烟碱为 2.14%，而施钾 $112.5\ kg/hm^2$ 和 $225\ kg/hm^2$ 时，烟碱含量分别为 2.70% 和 3.04%。说明施钾对提高烟碱含量有重要作用。

表 5 - 24　渭北旱塬施钾对烟草品质的影响

年份	施钾处理（kg/hm²）			总糖（%）	蛋白质（%）	还原糖（%）	烟碱（%）	施木克值	上中等烟（%）	上等烟（%）	青烟（%）	总氮（%）	总 K₂O（%）
	N	P₂O₅	K₂O										
1986	97.50	112.50	0	15.97	6.37	11.11	2.14	2.50	92.06	10.88	0.6	1.56	—
	97.50	112.50	112.50	17.12	7.64	20.43	2.70	2.20	95.71	14.48	0.5	1.69	—
	97.50	112.50	225.0	14.50	6.53	13.48	3.04	2.20	96.81	12.56	0.4	1.57	—
1988	0	105.00	0	25.23	5.44	23.75	1.21	4.64	75.95	40.60	—	1.08	1.23
	0	105.00	112.50	26.03	5.56	21.84	1.32	4.68	80.15	43.34	—	1.12	1.62
	97.50	105.00	0	20.21	8.31	18.67	1.96	2.43	66.07	32.31	—	1.67	1.28
	97.50	105.00	112.50	22.35	7.13	19.39	2.65	3.13	68.06	31.25	—	1.60	1.64

　　蛋白质含量高低与烟草品质高低密切相关。一般来说，蛋白质含量越高，烟草品质就越差。因为蛋白质含量高，燃烧性不良，有难闻气味，吸味苦涩、辛辣。但蛋白质过少时，吸用时劲头不足。蛋白质含量在 10%～15%，品质较差；大于 15%，则香气、口味、弹性都不好；一般优质烟蛋白质含量在 8% 以下。试验结果表明，施钾没有明显增加烟草中蛋白质的含量，两年试验基本保持平衡，都维持在 5.44%～8.31%，属优质烟范围。

　　糖类是碳水化合物，也是影响烟草品质的主要因素之一。一般低等烟含糖量在 16% 以下，中等烟含糖量为 16%～20%，上等烟为 20%～24%。含糖量高，可提高香味，改善烟草品质。从表 5 - 24 看出，总糖量在干旱的 1986 年为 14.5%～17.12%。相比之下，施钾量在 112.5 kg/hm² 的总糖量比不施钾高 7.2%，施钾量在 225 kg/hm² 时反而有所降低。所以适量施钾对总糖量的提高有好处；1988 年雨水条件较好，总含糖量为 20.21%～26.03%，居优质烟范围。在不施氮条件下，施磷钾和施磷相比，总糖量分别为 22.35% 和 20.21%，施钾比不施钾增加 10.59%。同时也看出，1988 年磷钾处理相同情况下，总糖含量施氮比不施氮明显降低。说明在土壤含氮量较高的土壤上不宜再增施氮肥，否则就会因氮素供应太多影响施钾对含糖量的增加作用。还原糖含量变化也有与总糖含量变化同样趋势。

　　施木克值一般不能太高，太高时将会影响焦油含量。一般施木克值在 2 左右比较合适，超过 2 就不能以此来衡量烟草品质。从试验来看，施木克值都超过了 2，特别是 1988 年的试验，施钾增加了施木克值，但 1986 年试验，施钾降低了施木克值，这可能与气候变化有关。

　　在干旱的 1986 年，施钾对烟草的上中等烟和上等烟比不施钾都有明显增加。但在雨水较多的 1988 年，施钾对上中等烟增产明显，对上等烟增产不明显。在干旱的 1986 年上中等烟比例大大增加，上等烟比例大大减少；在雨水较多的 1988 年相反，上中等烟大大减少，上等烟大大增加。

　　烟草含氮量两年试验施钾与不施钾都没有显著差异。但含钾量在 1988 年施钾比不施钾有显著增高，增加量为 31.71% 和 28.13%。

　　由以上结果看出，在合适的氮磷配合下，施钾能明显改善烟草品质，提高烟草产值。

二、关中黄墡土上施钾对棉花品质的影响

　　1986—1989 年，笔者与临潼化肥所合作，在临潼黄墡土上布置 23 个田间试验，其中部分试验由西北农业大学棉纤维检验室进行了棉花品质测定，结果见表 5 - 25。

表 5-25　施钾对棉花品质的影响

施肥处理（kg/hm²）			绒长	主体长度	细度	断裂长度	单强
N	P₂O₅	K₂O	(mm)	(mm)	(公支)	(km)	(g)
112.5	112.5	0	33.9	31.5	5 951	20.67	3.47
112.5	112.5	112.5	35.2	33.0	6 169	22.37	3.63
112.5	112.5	225.0	33.8	31.9	6 182	22.21	3.63

供试的棉花品种为西北农业大学选育出来的陆海杂交后代抗 34 中长绒棉。我国轻纺工业除需大量的 27～28 mm 中绒陆地棉外，还需要一部分 31～33 mm 中长绒棉，用以纺 40～60 支纱，制作外销针织品和衬绸等高档纺织品。当前国内主要棉区主要种植陆地棉，产量虽有提高，但品质较差，纤维主体长度只在 29 mm 以下，且对黄枯萎病抗性差，不宜作为化纤混纺材料，这就直接影响到我国轻纺工业在国际市场上的竞争力。由国外引进的海岛长绒棉品种，其纤维细度、长度和单强等虽可达优质标准，但生长期长，衣分低，限制了在我国主要棉区的种植，早熟，棉绒主体长度在 33 mm 左右，但棉绒单强仍在 3.5 g 以下，达不到优质长绒棉标准，因而未能在生产上应用。以此为对象，在优化栽培条件下，调配氮、磷、钾适宜用量和比例，以期提高该棉产量，达到优质中长绒棉标准，并建立相适应的专用肥体系。从结果可以看出，在临潼棉区黄墡土上施用配方肥 N-P-K 为 7.5-7.5-7.5 可使由 N、P₂O₅ 各 7.5 的 3.47 g 单强提高至 3.63 g，其他品质指标也均比不施钾有明显提高，均达到优质中长绒棉各项品质指标。

三、关中塿土和黄墡土上施钾对西瓜品质的影响

在改善西瓜品质方面，传统方法就是多施农家肥料和油渣、饼肥等，但西瓜的产量和品质仍然难以进一步提高。有些瓜农为了增加产量，便大量施氮肥，结果产量虽有增加，但品质明显下降。为了既能增加西瓜产量，又能改善品质，笔者在关中地区进行了多年多点氮磷钾配合试验，结果表明，根据土壤肥力状况，进行氮磷钾合理配合施用，能起到良好效果。

1986 年和 1987 年，笔者在关中临潼塿土和黄墡土上做了 30 个西瓜施钾试验，供试土壤碱解氮 44～65 mg/kg、有效磷（P₂O₅）4～13 mg/kg、速效钾（K₂O）230～260 mg/kg。所有试验都按处理单收、单称重，并进行品质测定，结果见表 5-26。

表 5-26　施钾对西瓜品质影响

施肥处理（kg/hm²）			平均产量	比不施钾增减	含糖量
N	P₂O₅	K₂O	(kg/hm²)	(%)	(%)
112.5	112.5	0	29 163	—	8.0
112.5	112.5	30	30 480	4.51	10.5
112.5	112.5	60	31 170	6.88	11.0
112.5	112.5	90	30 146	3.37	12.0
112.5	112.5	120	28 457	−2.42	11.5
112.5	112.5	150	27 111	−7.04	12.0

由施钾量与含糖量 6 列数据求得相关方程如下：

$$y = 8.114 + 1.211\ 1x - 0.098\ 2x^2$$

式中，y 为西瓜含糖量，x 为 K_2O 施用量。在施用氮磷肥料的基础上，适量增施钾肥是改善西瓜品质的有效途径。

四、施钾对小麦品质的影响

在陕西扶风县城关镇西官村和黄堆乡云塘村两地塿土上进行试验。土壤基础养分为有机质 1.01%、全氮 0.095%、速效氮 70 mg/kg、有效磷 30.84 mg/kg、速效钾 210 mg/kg，属于关中中等肥力水平。试验采用五因素正交组合设计，重复 3 次，小区面积为 20 m²。试验中，对施钾与小麦品质的关系进行了研究。结果见表 5 - 27。

表 5 - 27　关中扶风县塿土上施钾对小麦品质的影响

地点	施肥处理（kg/hm²）			粗蛋白（%）	淀粉（%）	赖氨酸（%）	面筋（%）
	N	P₂O₅	K₂O				
试验 1	54.75	54.75	0	10.50	72.72	0.30	7.82
	54.75	54.75	54.75	10.64	74.53	0.33	7.99
试验 2	112.5	112.5	0	9.95	68.22	0.37	7.14
	112.5	112.5	112.5	10.05	71.55	0.42	7.23

小麦品质的主要指标是粗蛋白、赖氨酸、面筋、淀粉等含量的变化。由表 5 - 27 看出，在塿土上氮磷配合施肥条件下，施用钾肥对小麦品质都有不同程度的改善。

五、施钾对蔬菜品质的影响

辣椒、番茄是我国主要蔬菜作物，其中线辣椒是陕西主要农产品出口之一，其品质好坏会影响到国内外市场竞争力。为改善蔬菜品质，笔者在关中主要蔬菜产区不同土壤上进行了施钾效果试验，结果见表 5 - 28。

表 5 - 28　施钾对辣椒、番茄品质的影响

作物	地点	肥力	维生素 C			粗脂肪		
			NP（μg/g）	NPK（μg/g）	施钾增（%）	NP（%）	NPK（%）	施钾增（%）
大辣椒	关中塿土	高	588.4	745.8	26.8	0.99	1.08	9.09
	关中塿土	中	207.2	796.8	77.4	1.30	1.48	13.85
	关中绵沙土	高	889.4	961.0	8.1	0.93	1.01	8.6
	关中淤土	中	595.6	1 133.1	90.2	1.03	1.37	33.01
线辣椒	关中塿土	高	220.5	336.1	52.4	0.50	0.81	62.00
	关中塿土	中	232.7	260.1	11.8	1.16	2.01	73.28
	关中绵沙土	高	193.2	234.1	21.1	0.98	1.07	9.18
番茄	关中黄绵土	中	106.6	120.2	13.6	3.72	4.23	13.70

注：番茄的粗脂肪（%）为糖分（旋光度）测定值。

从表 5 - 28 看出，在关中几种主要农业土壤上，施用钾肥都能显著提高辣椒和番茄品质，特别是在肥力较低的土壤上施用钾肥对改善蔬菜品质比在高肥力土壤上更为显著。其中维生素 C 增加幅度

大辣椒为8.1%～90.2%，平均为50.63%，线辣椒为11.8%～52.4%，平均为28.43%，番茄为13.6%；粗脂肪增加幅度大辣椒为8.6%～33.01%，平均为16.14%，线辣椒为9.18%～73.28%，平均为48.15%，番茄为13.70%。在蔬菜种植地区，特别是线辣椒出口基地种植地区，在氮磷肥配合基础上合理施用钾肥已成为广大菜农采取的增产增值措施之一。

六、施钾对蔬菜抗病性的影响

在凤翔县线辣椒产区的试验地进行了施钾以后线辣椒发病情况的调查，结果见表5-29。

表5-29　施钾对线辣椒病害情况影响调查结果

施肥处理	调查棵数（共30棵）					发病率（%）
	0级	Ⅰ级	Ⅱ级	Ⅲ级	Ⅳ级	
NPK	20	10	0	0	0	33.33
NP	0	3	12	3	12	100.00

注：发病记载标准，0级：正常。Ⅰ级：病叶数占总叶数25%以下。Ⅱ级：病叶数占总叶数25%～50%。Ⅲ级：病叶数占总叶数50%以上。Ⅳ级：植株死亡。

从表5-29可以看出，不施钾肥的线辣椒几乎没有健康的植株，发病率达到100%，病情十分严重，根基部分发生干枯，茎叶输导组织破坏，严重的导致死亡。而施钾肥处理的，只有轻微发病，仅达33%，且发病部位不蔓延，绝大部分植株是健康的。说明施用钾肥能增强线辣椒的抗病性、提高产量和品质。

施钾不仅能增强作物在田间的抗病性，而且对收获物保存期间的抗病性也有明显增强。笔者在田间收获时选用白菜、甘蓝各5棵进行保存期试验，结果见表5-30。从表5-30看出，保存115d后，不施钾肥的白菜和甘蓝已全部腐烂，而施钾肥处理的，保存下来可供食用的白菜仍有59%，甘蓝仍有49%。

表5-30　白菜、秋甘蓝存放115d的腐烂情况

施肥处理	白菜			甘蓝		
	存放前重量（g）	存放后重量（g）	占保存数（%）	存放前重量（g）	存放后重量（g）	占保存数（%）
NP	1 755	0	0	1 265	0	0
NPK	2 234	1 316	59	1 340	615	49

注：0表示已全部腐烂。表中重量为5棵的平均重量。

在茄子、番茄收获期间各采收5kg，在自然条件下进行保存，结果发现，不施钾肥处理的，两种果蔬均于第4d开始发病腐烂，腐烂率番茄、茄子各为10%和20%，存放12d，两种菜都全部腐烂；而施钾肥处理的，开始7d非常正常，未发病腐烂，到第10d才开始腐烂，腐烂率各10%左右，存放12d番茄腐烂为20%，茄子腐烂为10%左右。

由以上结果说明，蔬菜施钾不仅在田间能增强抗病能力，而且在收获后的保存期间也能增强抗腐能力，延长市场商品期，增加菜农收益。

七、施钾对蔬菜成熟期的影响

许多试验表明，施用钾肥能不同程度地促进作物早熟。从大辣椒盆栽试验中发现，在7种土壤上，施钾肥处理的都提早出苗1～5d，幼苗出土后生长速度较快，其生长发育阶段均早于不施钾肥处理，并且一直持续到结果和成熟。由田间试验再次肯定了塿土施钾肥不仅能提高产量，而且能促进早熟的效果，番茄和线辣椒采果期分别提早6d和8d。结果见图5-12。蔬菜提早上市，能大大提高经济效益。

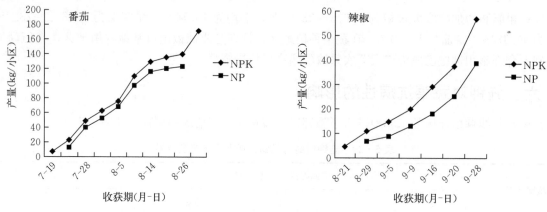

图 5 - 12　提早成熟及产量累计图

主要参考文献

傅积平，张敬森，1963. 石灰性土壤微团聚体的分组分离及及其特性的初步研究 [J]. 土壤学报，12（4）：382 - 394.

吕殿青，1983. 土壤腐殖质对钾在土壤中结合能的影响 [J]. 土壤通报（1）：23 - 26.

杨鉴昉，范德纯，1987. 陕西省农业土壤钾肥肥效及钾素丰缺指标的研究 [J]. 中国农业科学（4）：15 - 19.

R. E. 格里姆，1960. 粘土矿物学 [M]. 许冀泉，译. 北京：地质出版社.

SELIM H M，R S MANSELL，L W ZELAZNY，1976. Modeling reactions ang transport of potassium in soil [J]. soil sci. 122：77 - 84.

第六章

旱地土壤中量元素含量状况与
钙、镁、硫肥合理施用

中量元素是指作物生长过程中需要量次于氮、磷、钾而高于微量元素的营养元素，通常指钙、镁、硫 3 种元素，含有这些元素的肥料称为中量元素肥料。我国 20 世纪 60～70 年代相继开始系统研究植物中的中量元素营养和土壤中中量元素含量分布。植物需要吸收大量的钙，大多数健康植物组织中干物质含钙量为 0.1%～1%（White，2001）。钙是植物必需的营养元素之一，在植物生长发育以及在环境胁迫中处于中心调控位置（Hepler，2005）。植株中干物质含镁量为 0.05%～0.7%，镁在光能吸收及酶促作用中参与光合作用，在蛋白质代谢中也起重要作用（李延等，1995；罗鹏涛等，1992）。硫也是植物必需营养元素之一，在植物体内的含硫量为 0.1%～0.5%，具有非常重要且不可代替的生理代谢和多种化合物的合成功能（朱英华等，2006；王利等，2018）。钙、镁、硫的供应状况直接影响作物的生长发育、产量及品质。全国土壤有效态钙、镁、硫含量，一般北方较南方高，西部较东部高。土壤是作物中量元素的主要来源，随着生态农业的发展，农业生产也不断向着优质高产的方向转变，长期耕作导致土壤中量元素失衡，因此，中量元素在农业生产中的作用越来越受到人们的关注。近年来，作物生产中的钙、镁、硫肥的研究在全国各地开展。中量元素肥料包括钙肥（如石灰、氯化钙）、镁肥（如硫酸镁、无水钾镁矾）和硫肥（如硫黄、石膏）。它们只局限于在某些土壤和作物上施用。如红壤上施用石灰，以矫正土壤酸度，减轻或免除作物受到磷离子、二价铁离子、二价锰离子的毒害；红壤中镁的含量普遍较低，是镁肥的显效地区；硫肥主要用于碱土和风化程度高、淋溶作用强、有机质含量低的缺硫土壤和对缺硫敏感的作物（周健民等，2013）。

第一节　钙、镁、硫的农业化学行为

一、土壤中钙、镁、硫形态及其有效性

土壤中的钙有 4 种存在形态，即有机物中的钙、矿物态钙、交换态钙和水溶态钙（袁可能，1983）。有机物中的钙主要存在于动植物残体中，占全钙的 0.1%～1.0%；矿物态钙占全钙量的 40%～90%，是主要的钙形态，土壤含钙矿物主要是硅酸盐矿物，如方解石（碳酸钙）及石膏（硫酸钙）等，这些矿物易于风化或具有一定的溶解度，并以钙离子形态进入溶液，其中大部分被淋失，一部分被土壤胶体吸附成为代换性钙，因而矿物态钙是土壤钙的主要来源；交换态钙占全钙量的 20%～30%，占盐基总量的大部分；水溶态钙指存在于土壤溶液中的钙，是植物可直接利用的有效态钙（周卫等，1996）。土壤中以碳酸钙和磷酸钙为主的交换态钙和水溶态钙是植物的主要钙源，一般情况下，缺钙不是由土壤钙含量少引起，而与土壤理化性状和土壤中钙存在形态等有关（杨利玲等，2011）。而且，土壤中钙含量和有效性受环境 pH 影响，当土壤呈酸性时钙容易淋失，随土壤 pH 升高，钙含量增加；但 pH＞7 时，锰、铁、锌、硼和铜的有效性降低，钾的溶解度增加，会影响植物对钙的吸收（杨利玲等，2011）。

镁在土壤中的形态分为矿物态镁、非交换态镁、交换态镁、水溶态镁和有机复合态镁 5 种形态。

植物所需的镁主要来自土壤的交换态镁。土壤中交换态镁一般占全镁量的 $1\% \sim 20\%$（Mengel et al.，1982），其含量和分布因成土母质、土壤全镁含量、土壤类型、土壤理化性状等因素的影响表现出较大的差异。我国南方地区由于温度高、风化强度大、降雨较多、淋溶作用强烈等原因，土壤镁淋失严重，土壤交换态镁含量一般为 $7 \sim 267$ mg/kg；北方地区由于成土母质中镁的含量较高，气候干燥寒冷、风化强度弱、淋溶程度低等原因，土壤交换态镁含量一般为 $100 \sim 600$ mg/kg（谢建昌等，1963）。一般认为交换态镁和水溶态镁对植物是有效的，合称为有效镁。有关土壤镁素状况及镁肥效应研究已有大量报道，但北方石灰性土壤镁素相关研究较少。土壤中镁生物有效性不仅与其有效态含量有关，同时还与其他离子间的平衡有紧密联系。如随着石灰性土壤日光温室盐基离子逐年累积，一些蔬菜的诱发性缺镁现象也随之出现（陈竹君等，2013）。

黄土性土壤中全硫含量平均为 220 mg/kg 左右，主要以有机态硫、难溶性无机硫存在，并且其含量与土壤有机质、土壤酸碱度及环境密切相关（袁可能，1983；尉庆丰等，1989）。土壤中硫形态通常按提取剂不同而划分为：水或中性 $CaCl_2$ 溶液浸提的可溶性无机硫酸盐；$Ca(H_2PO_4)_2$ 或 KH_3PO_4 浸提的吸附性硫酸盐；HCl 提取的酸溶性或难溶性无机硫；用 $NaHCO_3$ 提取的有机态硫（曲东等，1995；徐成凯等，2001）。硫主要以 SO_4^{2-} 形态被植物吸收。植物叶片可以吸收和同化其他形态和来源的硫，如大气沉降中的 SO_2（曹志洪，2011）。根系和叶片还能吸收 S^{2-}、SO_3^{2-} 和含硫有机化合物（曹志洪，2011）。植物吸收 SO_4^{2-} 与土壤 pH、温度、土壤溶液中陪伴离子（Jaggi et al.，2005）、土壤类型和植物种类（Vong et al.，2007）、介质中硫的浓度、外源氨基酸等有关。

二、钙、镁、硫在土壤中的转化与迁移

钙在土壤中以多种原生矿物形态存在，主要为含钙硅酸铝矿物，如长石、角闪石、磷酸钙矿物和碳酸钙矿物。尤其是碳酸钙矿物在石灰性土壤中扮演着十分重要的角色，一般情况下以方解石（$CaCO_3$）或白云石 $[CaMg(CO_3)_2]$ 为主（Marschner，1995）。不同土壤中钙元素含量不同，主要取决于土壤母质以及风化淋溶程度。土壤中钙元素的迁移转化主要是在水和生物作用下实现的。影响钙迁移转化的因素很多，主要有水分、pH、土壤 CO_2 分压、有机质、碳酸盐含量、植物根系分布等。对石灰性土壤而言，钙元素主要迁移转化方式为：钙元素在水作用下，随水向下迁移；随着土壤中 CO_2 分压的变化，钙形态在 $CaCO_3$ 和 Ca^{2+} 之间转化，从而实现钙元素在土壤中的迁移；土壤有机质会与钙形成有机-无机复合体，进而影响钙元素迁移转化；植物根系分泌酸性物质，根际 pH 降低，$CaCO_3$ 转变成 Ca^{2+}，在土壤中迁移至根系表面，供植物吸收利用（Marschner，1995）。此外，土壤中其他离子含量也会影响钙元素的转化迁移（Larsen，Widdowson，1968）。

土壤中的镁一般可以划分为非交换态、交换态以及水溶态，其中非交换态所占比例最高，即被原生矿物（如黑云母、橄榄石）、次生矿物（如蛭石、蒙脱石）以及腐殖质所吸附和固定的镁在土壤全镁中所占比例最大。土壤中不同形态的镁之间会发生转化，同时土壤中的镁会发生迁移。影响土壤镁迁移转化的因素有很多，其中最主要的有以下几点：土壤矿物中镁含量、土壤风化速率、淋溶、作物吸收以及随作物收获被携出的量（Marschner，1995）。即土壤镁迁移转化方式有以下几种：与土壤原生、次生矿物结合的镁在土壤风化发育过程中被释放，转化成有效态，供作物利用；土壤中的镁极易发生淋溶损失，导致土壤次表层镁含量升高；植物根系分泌酸性物质，使一些固定态的镁释放（Marschner，1995）。

土壤中的硫主要进行有机硫的矿化和无机硫酸盐固定两个化学过程，且两个过程是同时进行的。许多研究表明，硫酸盐施入土壤后有很大一部分（$20\% \sim 50\%$）会结合到有机硫部分（Goh et al.，1982）。刚开始，无机硫主要结合到微生物组织及残体，成为不稳定的酯键硫形态，之后随着时间推移会很快转化为碳键硫形态，加入有机碳可以增加硫酸盐的固定量（Saggar et al.，1981）。肥料硫进入土壤后可转化为几种形态，即可溶性无机硫、酯键硫、碳键硫和未知态有机硫（胡正义等，2002）。

第二节 土壤钙、镁、硫含量与分布特点

一、土壤钙含量与分布特点

土壤含钙可以从痕量到 4% 以上，其决定于成土母质、风化条件、淋溶强度、耕作利用方式及其他成土因素。淋溶土壤含钙少于 1%，干旱半干旱地区土壤含钙在 1% 以上。有些土壤含游离碳酸钙，这种土壤被称为石灰性土壤（林培，1993）。土壤中钙有 4 种存在形态，即有机物中的钙、矿物态钙、代换态钙和水溶性钙（周卫，1996；白昌华，1989）。有机物中的钙主要存在于动植物残体中，占全钙的 0.1%～1.0%。矿物态钙占全钙量 40%～90%，是主要钙形态。土壤含矿物态钙主要是硅酸盐矿物，如方解石碳酸钙及石膏硫酸钙等，这些矿物易于风化或具有一定的溶解度，并以钙离子形态进入溶液，其中大部分被淋失，一部分被土壤胶体吸附成为代换钙，因而矿物态钙是土壤钙的主要来源。代换钙占全钙量的 20%～30%，占盐基的 80% 以上，对作物有效性好。

郑伟尉等（2005）研究了 5 种不同类型土壤的总钙含量（表 6-1），结果表明，5 种土壤的总钙含量差异极显著，盐碱土含钙量为 35.65 g/kg，是棕壤的 4.61 倍，潮土的含钙量是棕壤的 3.17 倍，砂姜黑土和褐土较低，棕壤最低。交换性钙含量亦以盐碱土最高，为 8.25 g/kg，砂姜黑土次之，潮土略低于褐土而高于棕壤。潮土和盐碱土中的总钙含量极显著高于另 3 种土壤，褐土和砂姜黑土居中，棕壤最低；5 种土壤的 Ca/Mg 差异显著，砂姜黑土最大，盐碱土次之，潮土和褐土居中，棕壤最低；5 种土壤的 N/Ca 变化趋势与 Ca/Mg 相反，以棕壤最大。

表 6-1 不同类型土壤的含钙量（郑伟尉，2005）

土壤类型	交换性钙 (g/kg)	总钙 (g/kg)	CaCO₃ (g/kg)	Ca/Mg	N/Ca (×10⁻³)
棕壤	3.82dD	7.73eE	2.44cC	5.70dD	31.51aA
褐土	5.31cC	9.56dD	3.02bB	6.03dD	18.52bB
潮土	5.23cC	24.53bB	9.64aA	8.72cC	9.57cC
砂姜黑土	6.93bB	13.43cC	2.97bB	16.12aA	9.59cC
盐碱土	8.25aA	35.65aA	9.56aA	11.79bB	5.18dD

注：不同大写、小写字母表示在 0.01、0.05 水平上差异显著。

杨力等（1998）对山东省 1 008 个土壤样本的分析结果统计表明，不同土类间交换性钙含量差异很大，这主要取决于成土母质中含钙原生矿物及其风化淋溶程度。不同土类交换性钙含量依次为潮土＞砂姜黑土＞褐土＞盐土＞粗骨土＞棕壤（表 6-2）。

表 6-2 山东省不同土类土壤交换钙含量（杨力，1998）

土类	样本数（个）	平均值 (g/kg)	95% 置信区间 (g/kg)	最小值 (g/kg)	最大值 (g/kg)	标准差
棕壤	349	3.88	3.38～4.39	0.24	10.36	3.13
褐土	304	5.78	5.23～6.34	1.01	17.78	3.46
潮土	268	12.34	11.32～13.36	8.03	28.84	6.72
砂姜黑土	32	7.32	6.18～8.46	2.88	14.32	3.17
盐土	24	4.55	1.79～7.31	0.38	14.62	4.11
粗骨土	31	4.16	1.45～6.88	0.65	14.58	4.04
全省	1 008	7.72	7.24～8.21	0.24	28.84	5.94

二、土壤镁含量与分布特点

地壳中镁含量平均为 21 g/kg（袁可能，1983；Hossner，1970）。由于含镁矿物风化，镁遭淋失，土壤中镁的含量变幅相当大，为 0.5～40 g/kg，但大多数土壤的含镁量为 3～25 g/kg（Mayland，1989）。中国南方地区含镁量一般为 0.6～19.5 g/kg，平均为 5 g/kg 左右；北方土壤含镁量一般为 5～20 g/kg，平均为 10 g/kg 左右；一般沙土为 0.5 g/kg，黏土为 5 g/kg。土壤含镁量有明显的地区性差别，中国土壤中的含镁量，有随着气候条件变化自北而南、自西向东逐渐降低的趋势。

土壤中镁的存在形式分为有机态和无机态两种。无机形态为主要存在形式，包括矿物态镁、代换态镁和存在于土壤溶液中的镁，不同形态间可以相互转化（Barber，1984）。其中矿物态镁是土壤中镁的主要形态，指包含在原生矿物和次生矿物晶格和层间的镁，可占全镁量的 70%～90%（Mclen，1972；Mokwunye，1973）。代换态镁是被吸附在胶体表面，并能被一般代换剂代换出来的镁，一般占全镁量的 1%～20%，个别可高达 25%，平为 5%（袁可能，1983；Mokwunye，1972）。其含量一般随着土壤深度的增加而增加，耕层含量相对最低（于群英，2002）。土壤溶液中的镁含量一般为 0.003～0.060 g/kg，仅占代换态镁含量的百分之几。有机态镁在土壤中所占比例不高，平均不足 1%，除了结合在有机成分中尚未分解的外，多数以络合或吸附形态存在（袁可能，1983；Barber，1984；Marion，1977）。

土壤中的有效镁主要包括代换态镁和水溶态镁。由于水溶态镁的数量较少，而且水溶态镁经常和代换态镁保持着动态平衡，因此，通常把代换态镁（包括水溶态）作为作物可利用的有效镁的主要形态。代换态镁约占镁总量的 5%，它的含量是衡量土壤中镁的丰缺程度的重要指标。于群英（2002）分析测定了安徽沿淮地区土壤交换性镁含量（表 6-3），结果表明，不同的土壤类型交换性镁含量由高到低排序为石灰土>潮土>黄褐土>紫色土>砂姜黑土>水稻土>黄棕壤，这与不同母质中代换态镁含量分布规律相吻合。一般认为土壤中代换态镁含量若低于 0.05 g/kg，作物就会出现缺镁症状（Barber，1984；杨力等，1998）。酸度是影响有效镁的重要因子，一般认为，强酸性土壤极易缺镁，在 pH 6.5 以上的土壤中一般很少缺镁。

表 6-3　不同土壤类型土壤的镁素状况（于群英，2002）

土壤类型	样本数（个）	代换态镁（mg/kg）	镁饱和度（%）	Ca/Mg
水稻土	24	119.4	6.74	19.4
潮土	8	239.8	12.14	8.6
石灰土	3	482.7	21.74	6.4
黄褐土	16	192	6.21	17.8
黄棕壤	8	78.2	3.61	12.8
紫色土	3	147.2	10.73	13.4
砂姜黑土	6	146.7	5.82	23.8

三、土壤硫含量与分布特点

硫在大气圈、生物圈和土壤圈的循环比较复杂，与氮循环有共同点。土壤中硫的总含量有较大变幅，大致含硫为 0.01%～0.50%（相当于 SO_2 0.02%～1.0%），平均含硫为 0.085%（或 SO_2 0.17%），略高于地壳平均含硫量的 0.06%。影响土壤含硫量的主要因素是成土母质、成土条件、植被、土壤通气条件与雨水中含硫量等。除沿海酸性硫酸盐土，滨海盐土、沼泽土以及内陆的硫酸盐盐土的含硫量可达 0.5%～1% 以外，其余土壤含硫量大都为 0.05%～1%。土壤中硫以有机和无机多种形态存在，呈多种氧化态，主要以硫化物、硫酸盐和有机硫形态存在。对多数土壤，有机态硫可占其含硫总量的95％以上。土壤无机硫包括易溶硫酸盐、吸附态硫酸盐、与碳酸钙共沉淀的难溶硫酸盐和还原态无机硫化合物。土壤中无机态硫的转化主要受土壤溶液 pH 与离子组成的影响，有机态硫则主要在土壤微生物（如硫细菌）的作用下进行多种生物化学转化。土壤黏粒和有机质不吸引易溶硫酸盐，所以它留存于土壤溶液中，并随水运动，很易淋失，这就是表土通常含硫量低的原因。在大多数农业土壤表层中，大部分硫以有机态存在，占土壤全硫的90％以上（曹恭、梁鸣早，2003）。土壤中有效态硫的主要形态是可溶性的 SO_4^{2-}、吸附态的 SO_4^{2-} 和少量有机硫。不同土壤中有效硫的含量为 5～40 mg/kg，用磷酸盐，如 KH_2PO_4 或 $Ca(H_2PO_4)_2$ 提取的土壤有效硫，对不同作物的临界范围在 6～12 mg/kg。据调查统计，我国土壤含硫量较低的西南和长江以南10省（自治区）平均含硫量为 299.2 mg/kg，其中有机硫占89.2％，有效硫含量34.3 mg/kg，以海南、江西、广东和福建较低（刘崇群，1998）。杨力等（1998）对山东省1 008个土壤样本的结果分析统计表明，不同土类有效硫含量的高低依次为潮土＞砂姜黑土＞盐土＞褐土＞棕壤＞粗骨土（表6-4）。不同土类间有效硫含量的差异，源于成土母质中原生矿物和次生矿物中硫的释放和淋溶程度。

表6-4　山东省不同土类土壤有效硫含量（杨力等，1998）

土类	样本数（个）	平均值（mg/kg）	95％置信区间（mg/kg）	最小值（mg/kg）	最大值（mg/kg）	标准差
棕壤	349	24.02	15.22～32.82	2.19	639.22	55.44
褐土	304	35.17	28.02～42.33	2.61	433.38	47.4
潮土	268	69.14	58.36～79.92	5.8	772.2	86.35
砂姜黑土	32	58.36	14.06～102.67	5.64	799	130.94
盐土	24	42.93	17.65～68.20	13.57	106.5	37.63
粗骨土	31	22.55	13.69～31.40	9.74	48.45	13.18
全省	1 008	47.31	41.91～52.71	2.19	799	73.17

高义民等（2004）对陕西省13个主要农业土壤类型、305个土壤样本的全硫和有效硫进行测定。结果表明（表6-5），陕西省土壤全硫变幅为33～769 mg/kg，平均360 mg/kg，高于我国南方10个省的平均值（299.2 mg/kg）（刘崇群等，1997）。陕西省土壤全硫含量高，可能是由于绝大多数土壤属于石灰性土壤，石灰性土壤除了水溶硫、有机硫外，难溶硫也是主要硫形态，其含量高达 50 mg/kg（徐成凯等，2001）。土壤全硫不同地区和土壤类型差异较大。按土类划分，陕北风沙土全硫平均含量最高，达到 705 mg/kg；陕南黄棕壤最低，为 142 mg/kg。从平均值来看，主要类型土壤全硫含量依次为：风沙土＞绵沙土＞黄绵土＞新积土＞黑垆土＞𪣻土＞黄墡土＞褐土＞黄褐土＞棕壤＞潮土＞水稻土＞黄棕壤。可见石灰性土壤全硫含量要高于非石灰性土壤。

表6-5　陕西省主要耕作土壤全硫含量（高义民，2004）

土壤类型	样本数（个）	最小值（mg/kg）	最大值（mg/kg）	平均值（mg/kg）
黄绵土	31	526	746	585
𪣻土	67	123	354	361
黄墡土	51	124	556	310
黑垆土	30	186	517	391
黄棕壤	25	33	260	142

（续）

土壤类型	样本数（个）	最小值（mg/kg）	最大值（mg/kg）	平均值（mg/kg）
水稻土	10	119	264	216
褐土	39	172	549	267
新积土	15	320	728	490
风沙土	9	672	758	705
潮土	15	143	389	230
绵沙土	8	641	769	687
黄褐土	3	237	250	246
棕壤	2	239	243	241
全省	305	33	769	360

表 6 - 6 为陕西省主要类型的耕作土壤有效硫含量。结果显示，全省有效硫含量变幅为 4.6～157.3 mg/kg，平均 29.3 mg/kg，比我国南方 10 个省份平均值（34.3 mg/kg）低（刘崇群，1995）。从土壤类型来看，以新积土和陕南水稻土有效硫平均含量最高，分别达 44.4 mg/kg 和 43.2 mg/kg，黑垆土和绵沙土有效硫含量最低，分别为 18.2 mg/kg 和 18.9 mg/kg，全省主要土类有效硫含量依次为：新积土＞水稻土＞黄棕壤＞黄褐土＞潮土＞黄墡土＞塿土＞褐土＞黄绵土＞风沙土＞棕壤＞绵沙土＞黑垆土。由表 6 - 6 还可以看出，尽管绝大多数土壤类型的有效硫平均含量大于临界值（18.5 mg/kg），但所有土壤类型均存在有效硫含量低于临界值的土壤样本。其中黑垆土、风沙土、潮土、绵沙土和褐土有效硫低于临界值比例的 50%～60%，这些土壤缺硫风险较大。这些土壤有一个共同特点是质地较粗，而一般粗质地土壤易缺硫（胡正义，2002；刘崇群，1998）。

表 6 - 6　陕西省主要耕作土壤有效硫含量（高义民等，2004）

土壤类型	样本数（个）	最小值（mg/kg）	最大值（mg/kg）	平均值（mg/kg）
黄绵土	31	5.2	72.9	26.7
塿土	67	6.6	112.7	27.8
黄墡土	51	5.0	157.3	30.1
黑垆土	30	4.6	39.9	18.2
黄棕壤	25	18.2	110.2	39.7
水稻土	10	14.3	64.9	43.2
褐土	39	6.2	67.8	26.7
新积土	15	10.4	89.9	44.4
风沙土	9	4.6	87.6	26.4
潮土	15	10.1	66.9	31.4
绵沙土	8	10.0	32.8	18.9
黄褐土	3	20.6	47.1	36.5
棕壤	2	16.7	23.5	20.1
全省	305	4.6	157.3	29.3

第三节　钙、镁、硫肥的肥效反应

一、钙肥的肥效反应

在我国南方酸性土壤上施用石灰也成为农业生产中一项基本的措施，施用石灰一方面矫正了过低的土壤 pH，另一方面向作物提供了丰富的钙素营养。除少数盐渍土外，施用石灰普遍表现出改土培肥、增产增收的良好效果。其中大豆、大麦、棉花、紫云英等作物对施用石灰较敏感，肥效好，且表现出对钙的需要量多；小麦、水稻、花生、芝麻等作物次之；油菜反应不敏感，甘薯产生负效应。近年来，部分蔬菜作物因缺钙引起的生理病害在不断增加，然而在华北的石灰性土壤上，施用钙肥对蔬菜作物都表现出增产、改善品质、减轻病害的作用。刘秀玲（1998）在番茄、青帮大白菜上喷施 $0.2\%CaCl_2$ 溶液。结果表明，喷施 $CaCl_2$ 后，番茄产量比对照平均高出 11.2%，脐腐病、裂果病平均发病率显著降低。大白菜喷施 $CaCl_2$ 后，产量比对照平均高出 11.06%，干烧心对照发病率为 16.9%，处理发病率为 0，防病治病效果极为显著。在此基础上在丰南蔬菜产区，据多点调查，施用钙肥，芹菜平均增产 9.8%，青椒平均增产 11.1%，黄瓜平均增产 10.6%，豆角平均增产 8.9%，大白菜平均增产 11.1%，番茄平均增产 11.8%。此外，郭荣发等（2004）在雷州半岛玄武岩发育的砖红壤上的试验结果表明，施用 750 kg/hm² 石灰，对甘蔗有显著增产效应，且增糖率达 8.35%，折合增加产糖达 705.5 kg/hm²，按当时价格估算，分别净增 1 830 元/hm²，经济效益非常显著。马义哲等（2004）在酥梨上的喷钙试验结果表明，施用钙肥可提高梨果抗黑斑病的能力，不同钙肥喷后病果率分别比对照下降 8%～17%，优果率分别比对照提高 28%～49%。耿增超等（2006）对渭北旱塬红富士苹果试验发现，钙肥能有效提高红富士苹果的产量和品质，并能降低果实的发病率和储藏烂果率，尤其以盛果期喷施硝酸钙处理的产量、硬度、含糖量、维生素 C 分别比对照增加 86.50%、9.99%、31.8% 和 47.84%，发病率仅为 6.7%，烂果率也低于对照。

张二全、赵瑜（1995）在豫西汝阳不同钙素水平的土壤上的施钙试验结果（表 6-7）表明，在低钙土壤上，花生施用钙肥增产效果极为显著。在 14 个点次的试验中，每亩施用 CaO 6 kg，平均增产 29.31%，其增产幅度为 8.9%～82.7%，平均 1 kg CaO 增产花生果 12.16 kg；在中钙土壤上，花生施用钙肥增产效果仍比较明显。7 个点次试验，平均增产 10.93%，增产幅度 7.0%～13.7%，1 kg CaO 平均增产花生果为 4.75 kg；在高钙土壤上，花生施用钙肥仍有一定的增产作用，但增产效果明显降低。6 个点次试验，有 1 个点次略为减产，平均增产率 4.75%，1 kg CaO 增产花生果 1.71 kg，仅相当于低钙区产出的 14.1%。同一钙素水平的土壤，施钙量不同，增产效果有一定差异。随施钙量增加，增产率逐渐提高，而肥料投资效益有下降趋势。

表 6-7　不同土壤钙素水平花生施钙效果（张二全、赵瑜，1995）

钙素水平	试验点次	水溶钙含量（mg/kg）		花生果重量/CaO 重量		增产率（%）	
		幅度	均值	幅度	均值	幅度	均值
低钙土壤	14	39～90	63.8	3.62～28.2	12.16	8.9～82.7	29.31
中钙土壤	7	94～117	107	1.75～6.25	4.75	7.0～13.7	10.93
高钙土壤	6	127～162	143.2	−0.75～4.16	1.71	−3.5～9.7	4.81

周录英等（2008）在大田试验条件下研究了钙肥不同用量对花生生理特性及对产量品质的影响（表 6-8）。结果表明，施钙以中等施肥量 300 kg/hm² 时产量最高。从产量构成因素看，施钙增产的原因主要是增加了单株结果数，提高了出仁率，降低了千克果数，从而增加了果重。施用钙肥降低了花生主茎高和侧枝长度，提高了叶片叶绿素含量和光合速率，增加了叶片超氧化物歧化酶（SOD）、过氧化物酶（POD）、过氧化氢酶（CAT）活性和可溶性蛋白含量，降低了丙二醛（MDA）积累量。施钙不仅提高了花生籽仁中脂肪和蛋白质含量，而且可提高脂肪中油酸/亚油酸（O/L）的值，增加

蛋白质组分中含量不足的赖氨酸和蛋氨酸含量，从而延长花生制品寿命，改善花生蛋白质品质。

表 6-8　钙肥不同用量对花生产量构成因素的影响（周录英等，2008）

钙肥用量 （kg/hm²）	产量 （kg/hm²）	籽仁产量 （kg/hm²）	单株结果数 （个）	千克果数 （个）	出仁率（%）
150	4 446.67 aA	3 103.87 bA	11.3 abA	572.05 bcA	69.00 aA
300	4 653.34 aA	3 210.57 aA	11.5 abA	561.81 cA	69.80 aA
450	4 518.32 aA	3 132.54 abA	12.7 aA	592.78 abA	69.33 aA
0	4 016.67 bB	2 693.89 cB	10.3 bA	604.49 aA	67.07 bA

注：表中数据为 2004 年、2005 年两年的平均值。不同大、小写字母表示差异分别达 0.01、0.05 显著水平。

二、镁肥的肥效反应

镁对作物生长有促进作用，尤其是对构成作物产量有关因子的良好影响，为作物的增产增收打下了基础。镁肥肥效的高低主要取决于土壤有效镁供应水平及作物对镁肥的反应程度，同时也受施肥技术、环境条件等因素的影响。20 世纪 60 年代初，在我国南方酸性红壤上施用镁肥使水稻、大豆明显增产。70 年代，海南的大面积橡胶出现缺镁黄叶症状，花生、油菜、马铃薯、甜菜、玉米等作物也相继出现对镁肥的良好反应。80 年代之后，随着复种指数提高、作物产量增加，以及含镁化肥和农家肥使用量比例的降低，镁肥肥效的作物种类和土壤面积扩大，施用镁肥的增产效果也越来越明显。于群英（2002）的研究结果表明，施用镁肥对大豆植株的长势长相有促进作用。李士敏等（1999）连续两年的黄泥土（交换性镁含量为 38.6 mg/kg）和黄沙土（交换性镁含量为 29.3 mg/kg）进行的盆栽试验表明，第一年镁肥的增产效果明显大于第二年，对烤烟施镁的增产效果明显大于玉米。何天春等（1997）在甘蔗上研究发现，施用镁肥均获得较好的增产效果。杜承林等（1995）的研究结果显示，在施用硫酸钾的情况下，增施一定量的镁肥 [K₂O：MgO 为 1：(0.4~0.6)] 可使甘蔗、芝麻、木薯增产 10.5%~20.9%。相比之下，对花生和玉米的增产不足 5%，而对甘薯则很有效。施用硫酸钾镁与 KCl 两者相比的增产效果，这些效果虽为镁、硫的共同作用，但从增产效应与单独施用镁肥的结果相比，未见明显差异，再次表明硫对作物的效果不大，这与桂中地区作物施硫效果很小是一致的，因此，仍可视为镁肥的效果或者为镁肥对几种作物效果的佐证。

孙楠等（2006）于 2002 年 11 月至 2003 年 8 月在中国农业科学院红壤试验站进行了含镁复合肥黄花菜生长影响试验（表 6-9）。

表 6-9　不同处理对黄花菜产量（干重）的影响（孙楠等，2006）

处理	小区产量（kg/18 m²）				黄花菜产量（kg/hm²）	较对照增产率（%）
	Ⅰ	Ⅱ	Ⅲ	平均		
对照（CK）	0.58	0.56	0.76	0.63	351.9 A	
氮磷钾（NPK）	0.7	0.66	0.9	0.75	418.5 AB	18.7
镁肥Ⅰ（MgⅠ）	0.8	0.84	0.98	0.87	485.2 BC	37.4
镁肥Ⅱ（MgⅡ）	0.9	0.98	1.12	1.00	555.6 C	57.4

供试土壤为第四纪红壤旱地，肥力较低。试验用含镁复合肥为中国农业科学院土壤肥料研究所针对红壤地区土壤特性研制并开发的，适合黄花菜生长需要的产品。镁肥Ⅰ中氮、磷、钾和氧化镁的含量分别为 10%、5%、10%、2%；镁肥Ⅱ中氮、磷、钾和氧化镁的含量分别为 10%、5%、10%、10%，两种肥料的主要原料为磷酸铵、尿素、硫酸钾和氧化镁等，并同时添加了不同数量的海泡石和珍珠岩，作为红壤物理性状的改良剂。表 6-9 结果显示，施用镁肥有利于黄花菜生长并获得较高产

量，而不施肥处理（CK）的产量是最低的。4 个处理比较，镁肥Ⅱ达 555.6 kg/hm²，比对照增产 57.4%；镁肥Ⅰ产量次之，为 485.2 kg/hm²，比对照增产 37.4%；对照处理则最低，仅 351.9 kg/hm²。应用方差分析和 LSD 测验法进行多重比较，其结果表明，镁肥Ⅰ与对照差异达到显著水平；镁肥Ⅱ与对照差异达到极显著水平，与氮磷钾处理亦有显著差异；而氮磷钾处理与对照的差异则不显著。这说明，在红壤地区黄花菜上施用含镁肥料，对促进黄花菜生长、提高黄花菜产量等，均具有十分显著的效果。

谭宏伟等（2003）的研究结果，在氮磷钾基础上增施镁肥，玉米增产 401.5 kg/hm²，增产率 8.51%；甘蔗增产 1 451.2 kg/hm²，增产率 11.44%；花生增产 851 kg/hm²，增产率 27.60%；大豆增产 540 kg/hm²，增产率 39.13%；木薯、甘蔗、红麻、菠萝等施镁均有增产效果（表 6-10）。

表 6-10　镁肥对作物产量的影响（谭宏伟等，2003）

作物	处理	产量（kg/hm²）	增产量（kg/hm²）	增产率（%）
玉米	NPK	4 716		
	NPKMg	5 117.5	401.5	8.51
甘蔗	NPK	12 688.2		
	NPKMg	14 139.4	1 451.2	11.44
花生	NPK	3 082.9		
	NPKMg	3 933.9	851	27.6
大豆	NPK	1 380		
	NPKMg	1 920	540	39.13
木薯	NPK	19 270		
	NPKMg	21 206.5	1 936.5	10.05
甘蔗	NPK	85 483.5		
	NPKMg	93 176.3	7 692.8	9
红麻	NPK	2 619.2		
	NPKMg	3 011.9	392.7	14.99
菠萝	NPK	45 162.5		
	NPKMg	52 218.8	7 056.3	15.62

三、硫肥的肥效反应

在 20 世纪 60 年代，报道缺硫的国家共有 36 个，到 80 年代增至 70 多个，而且这种趋势还在继续发展。缺硫面积不断增大的主要原因包括：①复种指数的增加及作物产量的提高，从土壤中移走硫的强度明显增加，而得不到相应的补充；②副成分含硫的肥料用量大幅度减少，如过磷酸钙被其他磷肥所替代，硫酸铵被尿素替代，导致土壤中硫的补给量逐年减少；③大气污染治理；④高含硫农药被替代；⑤秸秆作为燃料，硫不能归还土壤等。在我国已有 2/3 的省份报道缺硫，硫肥的研究已受到重视。施用硫肥增产的作物已有 20 多种，包括粮食作物、油料作物、绿肥、牧草、经济作物等。邵帅等（2010）在辽宁省的试验结果表明，30~90 kg/hm² 的施硫量，能够显著提高丹玉 99 玉米杂交种的产量、经济系数、株高、叶面积、叶绿素和光合速率；在一定的施硫量（小于 120 kg/hm²）范围内，蛋白质、脂肪的含量随着硫肥施用量的增加而提高，淀粉含量则随着硫肥施用量的增加而下降。刘小三等（2006）在第四纪红色黏土发育而成的红壤旱地上的试验结果表明，大豆增施硫肥可增产 8.11%~12.27%，并促进结实率和百粒重的提高；花生增施硫肥可增产 10.00%~13.75%，能促进饱果率、百果重、百仁重和出仁率的提高。

除了应考虑硫肥施用量之外，还要考虑到作物品种、不同地区、各元素间营养平衡等问题。谢迎新等（2009）研究了施硫对 2 个不同穗型的中筋高产小麦品种小麦籽粒产量和加工品质指标的影响。结果表明，施硫均不同程度提高了 2 个品种籽粒产量及其构成因素，豫农 949 施硫增产效果显著优于兰考矮早八，表明施用硫肥应考虑品种间差异。施硫降低了淀粉的直/支，提高了面团的拉伸面积和延伸度等面粉的拉伸参数，从而改善了面团流变学特性。此外，施硫处理还提高了面粉的亮度，改善了面粉的感官指标。高义民等（2004）在陕西省 4 年的硫肥田间试验结果表明，施用硫肥对作物产量的影响与试验地点有关。陕北、陕南地区 50% 试验点硫肥有增产作用，而关中地区硫肥则没有显著效果。陕北玉米增产 9.6%～18.0%，陕南玉米增产率为 12.7%～27.2%，陕南油菜增产率 10.1%～14.0%。谭宏伟等（2003）的研究结果（表 6-11），玉米在氮磷钾基础上施用硫肥均可获得较好的增产效果，同样，大豆硫肥效应增产也较明显。

表 6-11　硫肥对玉米、大豆产量的影响（谭宏伟等，2003）

作物		NPK	NPKS
玉米	产量（kg/hm²）	6 273	6 888
	施硫增产（kg/hm²）		615
	增产率（%）		10.4
大豆	产量（kg/hm²）	2 080.5	2 257.5
	施硫增产（kg/hm²）		177
	增产率（%）		8.5

土壤有效硫含量与作物增产率之间符合一元二次多项式函数关系。用施硫肥增产 10% 的土壤有效硫含量作为土壤硫亏缺临界值，获得陕西省土壤有效硫缺乏的临界值为 18.5 mg/kg。林葆等根据我国北方旱地试验结果表明，确定土壤硫亏缺临界值为 21.1 mg/kg。刘崇群（1998）将土壤有效硫分为五级，低于 10～12 mg/kg 作为土壤硫亏缺临界值。陕西省的结果稍低于林葆等的结果，而显著高于刘崇群的结果，这种差异主要是由于研究区域土壤性质不同所致。因此，为了合理评价土壤硫丰缺，应选择当地田间试验获得土壤硫亏缺临界值。

第四节　钙、镁、硫肥种类及其施用

一、钙肥种类及其施用

1. 种类与性质　钙肥是指以提供之物钙素营养并作为酸性土壤化学调理剂的物料，具有钙（Ca）标明量。含钙肥料种类较多，主要有石灰肥料（生石灰、熟石灰、碳酸石灰）、含钙工业废渣和其他含钙化学肥料，具体见表 6-12。

表 6-12　含钙矿质性肥料成分

种类	名称	CaO 含量（%）	主要成分
石灰物质	生石灰	90～96	CaO
	熟石灰	70	$Ca(OH)_2$
	石灰石粉	55～56	$CaMg(CO_3)$
	白云石化石灰石粉	42～55	$CaMg(CO_3)$
	白垩粉	55	$CaCO_3$

（续）

种类	名称	CaO 含量（%）	主要成分
含钙工业废渣	高炉炉渣	38～40	$CaSiO_3$
	电炉钢渣	34	$CaSiO_3$
	碱性炉渣	40～50	$CaSiO_3 \cdot Ca_4P_2O_9$
	粉煤灰	20	$SiO_2 \cdot Al_2O_5 \cdot Fe_2O_5 \cdot CaO$
	制纸工业废渣	50	CaO
含钙化学物质	硝酸钙	27.1	$Ca(NO_3)_2$
	碳酸钙	49～53.2	$CaCO_3$
	石灰氮	53.8	CaN_2，CaO
	普通过磷酸钙	25.2～29.4	$Ca(H_2PO_4)_2 \cdot H_2O$，$CaSO_4$
	重过磷酸钙	16.8～19.6	$Ca(H_2PO_4)_2$
	沉淀磷酸钙	30.8	$CaHPO_4$
	钙镁磷肥	29.4～33.6	$\alpha-Ca_3(PO_4)_2$，$CaSiO_3$
	钢渣磷肥	35～49	$Ca_4P_2O_9$，$CaSiO_3$
	脱氟磷肥	40～43	$\alpha-Ca_3(PO_4)_2$，$CaSiO_3$
	磷矿粉	28～29	$Ca_{10}(PO_4)_6F_2$
	骨粉	34～36	$Ca_3(PO_4)_2$
	石膏	31.2	$CaSO_4 \cdot 2H_2O$
	草木灰	16.2	$K_2CO_3 \cdot K_2SO_4 \cdot CaSiO_3 \cdot KCl$
	窑灰钾肥	35～39	CaO

（1）生石灰，又称烧石灰。以石灰石、白云石及含碳酸钙丰富的贝壳等为原料，经过煅烧而成。生石灰主要成分 CaO 含量为 96%～99%。以白云石为原料的称为镁石灰，含 CaO 55%～58%，MgO 为 10%～40%，还可提供镁营养。以贝壳为原料的石灰，其品位因种类而异：以螺壳为原料的为螺壳灰，含 CaO 为 85%～95%，以蚌壳为原料的称蚌壳灰，含 CaO 约为 47.0%。生石灰中和酸度的能力很强，还有杀虫、灭草和土壤消毒的作用，但用量不能过多，否则会引起局部土壤碱性过大。生石灰吸水后即转化为熟石灰，若长期暴露在空气中，最后转化为碳酸钙。故长期储存的生石灰，通常是几种石灰质成分的混合物。

（2）熟石灰。由生石灰加水或堆放时吸水而成，主要成分为 $Ca(OH)_2$，含 CaO 为 70% 左右，呈碱性，中和酸度的能力比生石灰弱。

（3）碳酸石灰。由石灰石、白云石或贝壳类直接磨细而成，主要成分是碳酸钙，其溶解度较小，中和土壤酸度的能力较缓，但效果持久，中和酸度的能力随其细度增加而增强。

（4）含石灰质的工业废渣。工业废渣主要是指钢铁工业的废渣，如炼铁高炉的炉渣，主要成分为硅酸钙（$CaSiO_3$），一般含 CaO 为 38%～40%、MgO 为 3%～11%、SiO_2 为 32%～42%。又如生铁炼钢的碱性炉渣，主要成分为硅酸钙（$CaSiO_3$）、磷酸四钙（$Ca_4P_2O_9$），一般含 CaO 为 40%～50%、MgO 为 2%～4%、SiO_2 为 6%～12%，这类废渣的中和值为 60%～70%。施入土壤后，经水解产生 $Ca(OH)_2$ 和 H_3SiO_3，能缓慢中和土壤酸度，并兼有钙肥、硅肥和镁肥的效果。此外，还有电石渣，主要成分为氢氧化钙；糖厂滤泥，含 CaO 为 42% 左右，还含有少量氮、磷、钾养分等。

（5）其他含钙肥料。钙常用作化肥的很多副成分，施用这类肥料的同时也补充了钙素，如窑灰钾肥等，中和土壤酸度的能力与熟石灰相似。磷矿粉等施于酸性土壤上有逐步降低土壤酸度的效果。

2. 钙肥的施用　施用钙肥的作用主要有两方面，一是改良土壤，二是供给植物钙素营养。通常石灰石粉、钙镁磷肥等可基施，石灰、石膏、过磷酸钙、重过磷酸钙、硝酸钙等作基肥、追肥均可，氯化钙、过磷酸钙、硝酸钙、水溶性有机钙肥等水溶液可作叶面喷肥。基肥追肥撒施力求均匀，防止局部土壤碱性过大或未施到位。一般情况下，南方酸性土壤施钙可选用石灰，北方偏碱性土壤补钙建议选用硫酸钙（石膏），酸化土壤补钙可选用石灰。钙肥与有机肥、氮磷镁硼肥配合施用效果更佳，但钙肥不宜过量，钙过量会抑制镁、钾、磷的吸收。此外，当土壤施用钙肥无效时应叶面喷施，一般用 0.3%～0.5%（大白菜用 0.7%）氯化钙、硝酸钙溶液，连喷数次，效果较佳。

植物对钙的吸收和土壤水分有很大关系，施用钙肥时，过干的土壤要灌溉，过湿的土壤要排水防涝。在有水灌溉和多雨的地方可施用过磷酸钙和石灰。石灰不宜连续大量施用，否则会引起土壤有机质分解过速、腐殖质不易积累，致使土壤结构变坏，还可能在表土层下形成碳酸钙和氢氧化钙胶结物的沉淀层。同时过量施用石灰会导致铁、锰、硼、锌、铜等养分有效性下降，甚至诱发营养元素缺乏症，还会减少作物对钾的吸收，反而不利于作物生长。同时应注意石灰肥料不能和铵态氮肥、腐熟的有机肥和水溶性磷肥混合施用，以免引起氮的损失和磷的退化导致肥效降低。石膏作基肥施用以 2 250～3 000 kg/hm² 为宜，施用石膏时要尽可能研细，石膏、石灰施用后有 2～3 年的效果，不要年年施用。

二、镁肥种类及其施用

1. 种类与性质　含镁肥料大多数呈镁的硫酸盐、氯化物、碳酸盐和磷酸盐等单盐或复盐，常见的含镁肥料的成分、含量和性质见表 6-13。

表 6-13　含镁肥料的成分、含量与性质

名称	主要成分	镁含量（%）	主要性质
硫酸镁	$MgSO_4$	13～16	酸性，溶于水
硝酸镁	$Mg(NO_3)_2$	15.7	酸性，溶于水
氯化镁	$MgCl_2$	2.5	酸性，溶于水
含钾硫酸镁	$MgSO_4 \cdot K_2SO_4$	8	酸性，溶于水
镁螯合物		2.5～4	酸性，溶于水
白云石	$CaCO_3 \cdot MgCO_3$	21.7	碱性，微溶于水
蛇纹石	$H_4Mg_3Si_2O_9$	43.3	中性，微溶于水
氧化镁	MgO	58	碱性，微溶于水
氢氧化镁	$Mg(OH)_2$	33	碱性，微溶于水
磷酸镁	$Mg_3(PO_4)_2$	40.6	碱性，微溶于水
磷酸镁铵	$MgNH_4PO_4 \cdot xH_2O$	16.43～25.95	碱性，微溶于水
光卤石	$KCl, MgCl_2 \cdot H_2O$	14.4	中性，微溶于水

镁肥按其溶解度可分为水溶性和微水溶性两类，常用的水溶性镁肥有 $MgCl_2$、$Mg(NO_3)_2$ 及 $MgSO_4$ 等，可用于叶面喷施。石灰材料中的白云质石灰石、钙镁磷肥、钢渣磷肥、硅酸镁和氧化镁等为微水溶性镁肥。此外，各类有机肥料也含有镁，含镁量按干重计，厩肥为 0.1%～0.6%，豆科绿肥为 0.2%～1.2%。

2. 有效施用　镁肥的品种不同，其化学性质也不相同，施用时应注意土壤的酸碱度，接近中性或微碱性，尤其是含硫偏低的土壤以选用硫酸镁和氯化镁为好，而酸性土壤以选用碳酸镁为好，如果土壤是强酸性的，施用白云石、钙镁磷肥等缓效性镁肥做基肥效果好。镁肥可做基肥、追肥和根外追肥。水溶性镁肥宜做追肥，微水溶性则宜做基肥。用镁量为 15～22.5 kg/hm²。在作物生育早期追施效果好。采用 1%～2% 的 $MgSO_4 \cdot 7H_2O$ 溶液叶面喷施矫正缺镁症状见效快，但不持久，应连续喷施多次。为克服苹果病害，可在开始落花前，每隔两周，连续喷 3～5 次 2.0% 硫酸镁溶液。由于镁

素营养临界期在生长前期，镁肥宜做基肥。对于柑橘等水果类作物，喷施效果也较好。施用镁肥需根据土壤和植株缺镁状况来确定，对需镁较多的作物如甘蔗、菠萝、油棕、香蕉以及棉花、烟草、马铃薯、玉米等，以每公顷施硫酸镁 150～225 kg 为宜。

镁肥对作物的效应受到多种因素制约，包括土壤交换性镁水平、交换性阳离子比率（K/Mg、Ca/Mg）、离子间拮抗、作物特性、镁肥种类等。土壤交换性镁的含量能较好地反应土壤供镁状况，对许多植物来说，60 mg/kg 为缺镁临界值。土壤供镁状况还受其他阳离子的影响，当交换性 Ca/Mg 值大于 20 时，易发生缺镁现象。交换性 K/Mg 值，一般要求在 0.4～0.5，故钾肥与石灰施用量过大会诱发作物缺镁。NH_4^+ 对 Mg^{2+} 有拮抗作用，而 NO_3^- 能促进作物对 Mg^{2+} 的吸收，如橡胶树施用硫酸铵后，其镁素含量降低，并加重缺镁症，但镁肥也降低橡胶树的氮含量。因此，施用的氮肥形态影响镁肥的效果，不良影响程度为：硫酸铵＞尿素＞硝酸铵＞硝酸钙。镁肥应首先施用在缺镁的土壤和需镁较多的作物上。土壤交换性镁饱和度也是衡量土壤供镁能力的指标，其数值依作物对镁的需求而异：需镁较多的一些牧草，可能要求在 12%～15%，大多数作物为 6%～10%，豆科作物不小于 6%，一般作物不能低于 4%。镁对多年生牧草、蔬菜、葡萄、烟草、果树及禾谷类作物中的黑麦、小麦等有良好的反应；对甜菜、橡胶、油橄榄、可可等也有效果。各种镁肥的酸碱性不同，对土壤酸度的影响不一，故在红壤上表现的效果不一致，肥效顺序为：碳酸镁＞硝酸镁＞氯化镁＞硫酸镁。除此之外，镁肥配合有机肥料、磷肥或硝态氮肥施用，有利于发挥镁肥的效果。镁肥效应大小也与施用量有关，如橡胶树施用过多镁肥时，会导致叶片和胶乳的含镁量过高，引起胶乳早凝、排胶障碍增大，不利于产胶。同时，胶乳的机械稳定性差，影响浓缩胶乳质量。因此，镁肥用量必须要适量。

三、硫肥种类及其施用

1. 种类与性质 硫肥具有硫（S）标明量，并以提供植物硫素营养和作为碱土化学改良剂的物料。其主要原料有天然的元素硫、硫化物、硫酸盐等矿物和化学工业的硫酸盐产品或副产品。现有硫肥可分为两类：一类为氧化型，如硫酸铵、硫酸钾、硫酸钙等；另一类为还原型，如硫黄、硫包尿素等。最早使用的氮肥之一是硫酸铵，我国 1949 年前和 1949 年初期称之为"肥田粉"，人们将其作为氮肥使用，其实也同时施用了硫肥。再如作为磷肥的过磷酸钙、作为钾肥的硫酸钾、作为碱性土壤改良剂的石膏，即硫酸钙，用量都较大，因而补充了大量的硫。单质硫是一种产酸的肥料，在我国使用不多，当施入土壤后就被土壤微生物氧化为硫酸，因此，它常用作碱性土壤改良剂（曹恭、梁鸣早，2003）。我国常用的硫肥见表 6-14。

表 6-14 常用含硫肥料的成分

名称	主要成分	含硫量（%）
生石膏	$CaSO_4 \cdot 2H_2O$	18.6
硫黄	S	95～99
硫酸铵	$(NH_4)_2SO_4$	24.2
硫酸钾	K_2SO_4	17.6
硫酸镁	$MgSO_4$	13
硫硝酸铵	$(NH_4)_2SO_4 \cdot 2NH_4NO_3$	12.1
普通过磷酸钙	$Ca(H_2PO_4)_2 \cdot H_2O$，$CaSO_4$	13.9
硫酸锌	$ZnSO_4$	17.8
青矾	$FeSO_4 \cdot 7H_2O$	11.5

2. 硫肥的施用 硫肥应施用于缺硫土壤。气温高、雨水多的地区，有机质不易累积，硫酸根离子流失较多，为易缺硫地区；沙质土也容易发生缺硫现象。当土壤中有效硫含量低于 10 mg/kg 时，

蔬菜植株极有可能发生缺硫现象。土壤渍水、通气不良，也可能发生硫元素的毒害现象。

　　硫肥施用方法视作物生长需要而定，需硫较多的有十字花科、豆科作物等，高产田和长期施用不含硫化肥的地块应注意增施含硫肥料（顾清等，2006）。基肥于播种前耕耙时施入，通过耕耙使之与土壤充分混合并达到一定深度，以促进其分解转化。一般施石膏，其可作基肥、追肥和种肥，旱地作基肥每公顷用石膏 225～375 kg，将其粉碎后撒于地表，结合耕作施入土中。花生可在果针入土后15～30 d 施用石膏，每公顷用量为 225～375 kg。有人认为在干旱、半干旱地区，可溶性硫酸盐溶于水喷施土面，比固体肥料撒施的肥效好。石膏、硫黄蘸秧根是经济施硫肥的有效方法，稻田可结合耕作施用或栽秧后撒施、塞秧根，每公顷用量 75～150 kg，对缺硫水稻每公顷用 30～45 kg 蘸秧根，其肥效往往大于每公顷 150～300 kg 撒施的效果。

主要参考文献

曹志洪，2011. 中国农业与环境中的硫 [M]. 北京：科学出版社.

陈竹君，赵文艳，张晓敏，等，2013. 日光温室番茄缺镁与土壤盐分组成及离子活度的关系 [J]. 土壤学报，50（2）：388-395.

杜承林，谭宏伟，何天春，等，1995. 镁肥在桂中地区旱地土壤上的肥效 [J]. 土壤，27（1）：49-53.

高义民，同延安，胡正义，等，2004. 陕西省农田土壤硫含量空间变异特征及亏缺评价 [J]. 土壤学报，41（6）：938-944.

耿增超，方日尧，佘雕，等，2006. 钙肥对渭北旱原苹果产量和品质的影响 [J]. 干旱地区农业研究，24（5）：73-76.

郭荣发，陈爱珠，2004. 砖红壤施用中量、微量元素对甘蔗产量与糖分的效应 [J]. 土壤，36（3）：323-326.

李士敏，朱富强，刘方，等，1999. 贵州黄壤旱地有效镁的含量与镁肥盆栽效果分析 [J]. 贵州农业科学，27（2）：31-33.

李延，泰遂初，1995. 镁对水稻糖、淀粉积累与运转的影响 [J]. 福建农业大学学报，24（1）：54-57.

梁和，马国瑞，石伟勇，等，2000. 钙硼营养与果实生理及耐储性研究进展 [J]. 土壤通报（4）：187-190.

刘小三，叶川，余喜初，等，2006. 硫肥在大豆、花生上施用效果试验 [J]. 江西农业学报，18（4）：44.

曲东，尉庆丰，1995. 黄土性土壤中硫的形态分析 [J]. 干旱地区农业研究（1）：73-77.

邵帅，蒋文春，苏仲，等，2010. 硫肥对玉米生长发育及产量品质的影响 [J]. 江苏农业科学（2）：91-93.

孙楠，曾希柏，高菊生，等，2006. 含镁复合肥对黄花菜生长及土壤养分含量的影响 [J]. 中国农业科学，39（1）：95-101.

王利，高祥照，马文奇，等，2018. 中国农业中硫的消费现状、问题与发展趋势 [J]. 植物营养与肥料学报，14（6）：1219-1226.

尉庆丰，王益权，刘俊良，等，1989. 陕西省土壤中硫素的含量与分布 [J]. 西北农林科技大学学报（自然科学版），17（4）：57-63.

谢建昌，陈际型，朱月珍，等，1963. 红壤区几种主要土壤的镁素供应状况及镁肥肥效的初步研究 [J]. 土壤学报，8（3）：49-51.

谢迎新，朱云集，祝小捷，等，2009. 硫肥对中筋小麦产量和加工品质的调控效应 [J]. 作物学报，35（8）：1532-1538.

徐成凯，胡正义，章钢娅，等，2001. 石灰性土壤中硫形态组分及其影响因素 [J]. 植物营养与肥料学报，7（4）：416-423.

杨力，刘光栋，宋国菡，等，1998. 山东省土壤交换性钙含量及分布 [J]. 山东农业科学（4）：17-21.

杨利玲，刘慧，2011. 北方石灰性土壤番茄缺钙症的发生及防治 [J]. 长江蔬菜（11）：39-40.

于群英，2002. 安徽沿淮地区土壤交换性镁含量及镁对大豆营养的影响 [J]. 安徽农学通报，8（6）：60-62.

袁可能.1983. 植物营养元素的土壤化学 [M]. 北京：科学出版社.

张二全，赵瑜，1995. 土壤钙素水平与花生施钙效果研究初报 [J]. 土壤肥料（3）：39-41.

中国农业科学院土壤肥料研究所，1994. 中国肥料 [M]. 上海：上海科学技术出版社.

周录英，李向东，王丽丽，等，2008. 钙肥不同用量对花生生理特性及产量和品质的影响 [J]. 作物学报，34（5）：879-885.

周卫，林葆，1996. 土壤中钙的化学行为与生物有效性研究进展 [J]. 中国土壤与肥料 (5)：19-22.

朱英华，屠乃美，关广晟，等，2006. 作物硫营养的研究进展 [J]. 作物研究，20 (5)：522-525.

徐成凯，胡正义，章钢娅，2001. 石灰性土壤中硫形态组分及其影响因素 [J]. 植物营养与肥料学报，7 (4)：416-423.

白昌华，田世平，1989. 果树钙营养研究 [J]. 果树科学，6 (2)：121-124.

罗鹏涛，邵岩，1992. 镁对烤烟产量、质量、几个生理指标的影响 [J]. 云南农业大学学报，7 (3)：129-134.

何天春，韦家幸，黄恒掌，1997. 镁肥对甘蔗产量与品质的影响 [J]. 广西农业科学 (4)：175-177.

杨利玲，张桂兰，2006. 土壤中的钙化学与植物的钙营养 [J]. 甘肃农业 (10)：272-273.

周健民，2013. 土壤学大辞典 [M]. 北京：科学出版社.

郑伟尉，李瑞臣，赵素香，等，2005. 不同类型土壤的含钙量与苹果的钙素营养 [J]. 落叶果树 (3)：1-3.

刘崇群，1995. 中国南方土壤硫的状况和对硫肥的需求 [J]. 磷肥与复肥 (3)：14-18.

周卫，林葆，1996. 土壤中钙的化学行为与生物有效性研究进展 [J]. 土壤肥料 (5)：19-22.

马义哲，李迎春，冯立团，等. 2004. 钙肥对酥梨品质及抗逆性影响试验 [J]. 山西果树 (6)：39.

刘秀玲，1998. 蔬菜施用钙肥增产防病效果分析 [J]. 北京农业 (10)：48-49.

顾清，庞海云，丁险峰，等，2006. 中量营养元素在农业生产上的应用 [J]. 现代化农业 (11)：16-18.

杨力，刘光栋，宋国菡，等，1998. 山东省土壤有效硫含量及分布 [J]. 山东农业科学 (2)：3-6，12.

CACCO G，FERRARI G，SACCOMANI M，1980. Pattern of sulfate uptake during root elongation in maize：its correlation with productivity [J]. Plant Physiol (48)：375-378.

DUNLOP J，1973. The Kinetics of Calcium Uptake by Roots [J]. Planta，112 (2)：159-167.

GOH K M，GREGG P，1982. Field studies on the fate of radioactive sulphur fertilizer applied to pastures [J]. Nutrient Cycling in Agroecosystems，3 (4)：337-351.

HEPLER P K，2005. Calcium：A central regulator of plantgrowth and development [J]. Plant Cell，17 (8)：2142-2155.

HOSSNER L R，DOLL E C. 1970. Magnesium fertilization of potatoes related to liming and potassium [J]. Soil Sci. Soc. Am. Proc. (34)：772-774.

JAGGI R C，AULAKH M S，SHARMA R，2005. Impacts of elemental S applied under various temperature and moisture regimes on pH and available P in acidic，neutral and alkaline soils [J]. Biology and Fertility of Soils，41 (1)：52-58.

LARSEN S，WIDDOWSON A E，1968. Chemical composition of soil solution [J]. Journal of the Science of Food and Agriculture，19 (12)：693-695.

LEUSTEK T，MARTIN M N，BICK J A，et al，2000. Pathways and regulation of sulfur metabolism revealed through molecular and genetic studies [J]. Annu Rev Plant Physiol Plant Mol Biol. (51)：141-159.

MARION G M，BABCOCK K L，1977. The solubilities of carbonates and phosphates in calcareous soil suspensions [J]. Soil Sci. Soc. Am. J. (41)：724-728.

MAYLAND H F，WILKINSON S R，1989. Soil factor affecting magnesium availability in plant-animal systems：A review [J]. J Anim Sci，67：3437-3444.

MAYNARD D G，JWB S，BETTANY J R. 1985. The effects of plants on soil sulfur transformations [J]. Soil Biology & Biochemistry，17 (2)：127-134.

MIYASAKA S C，GRUNES D L，1990. Root temperature and calcium level effects on winter wheat forage：II. Nutrient composition and tetany potential. [J]. Agronomy Journal，82 (2)：242-249.

MOKWUNYE A U，MELSTED S W，1973. Interrelationships between soil magnesium forms [J]. Communications in Soil Science and Plant Analysis.，4 (5)：397-405.

MOKWUNYE A U，MELSTED S W，1972. Magnesium forms in selected temperate and tropical soils [J]. Soil Sci. Soc. Am. Proc. (36)：762-764.

SAGGAR S，BETTANY J R，JWB S，1981. Sulfur transformations in relation to carbon and nitrogen in incubated soils [J]. Soil Biology & Biochemistry，13 (6)：499-511.

SUNARPI ANDERSON J W，1996. Distribution and redistribution of sulphur supplied as sulphate to root during vegetative growth of soybean [J]. Plant Physiol，110：1151-1157.

VONG P C，NGUYEN C，GUCKERT A，2007. Fertilizer sulphur uptake and transformations in soil as affected by plant species and soil type [J]. European Journal of Agronomy，27 (1)：35 - 43.

WHITE P J，2001. The pathways of calcium movement to thexylem [J]. J Exp Bot，52 (358)：891 - 899.

ZHAO F J，HAWESFORD M J，WARRILOW H G S，1996. Response of two wheat varieties to sulphur addition and diagnosis of sulphur deficiency [J]. Plant and Soil，181：317 - 327.

第七章

北方旱地土壤微量元素含量状况与微肥施用效应

在农业生产上，微量元素是指土壤中含量在 $n\times10^{-6}\sim n\times10^{-4}$，即百万分之几到万分之几，且植物生长发育需要量又很少的元素。已知植物的必需微量元素有铁、锰、铜、锌、硼、钼、氯7种；而硒、碘、钴、钒等尚未被证实为必需微量元素，但又对植物有益，被称为有益元素。人和动物必需的微量元素除了铁、锰、铜、锌、钼之外，还有氟、碘、硒、钒、铬、钴，可能还有钡和溴。

微量元素与食物生产和人类生存环境息息相关。在植物中微量元素是多种酶与辅酶的组成成分和活化剂，它们还参与酶、维生素和激素的形成与激活作用，调节物质代谢，决定着有机体的生长发育和繁殖机能，以及动物的生产效率及产品质量等过程。当微量元素供应不足时，作物生长会受到抑制，导致产量减少，品质降低。严重时甚至会造成颗粒无收。人和动物缺乏微量元素时，会引起物质代谢紊乱，代谢强度降低，生长发育减慢，生殖能力下降，并引起各种缺乏性的病症。

20世纪70年代以来，我国微肥施用面积迅速扩大。至20世纪90年代，全国每年施用微肥面积达800多万 hm^2，取得了巨大的增产效果和经济效益（中国农业科学院土壤肥料研究所，1994）。我国北方旱作农区在土壤微量元素的地理分布、微肥肥效及施用有效条件、施用技术等试验研究，以及在微肥的推广应用方面，都取得了令人瞩目的进展。

进入21世纪以来，随着我国经济持续快速发展和人民生活水平不断提高，对农产品数量和品质要求均不断提高，这就要求土壤中有足够的微量营养元素予以供应。同时，特色优势农产品的集约化生产，氮磷钾肥料施用量的快速增长，又加重了土壤中微量养分缺乏的程度，以及常量养分和微量养分间的不平衡。因此，迫切需要添加微量元素肥料，以改善植物营养状况，提高农产品的产量和品质，满足人民群众生活和健康的需求。工业废水和废弃物的排放，使局部地区土壤有害元素超标，污染了环境，对农作物和人畜造成危害。即使是有益元素甚至是必需元素，在介质中超过一定数量，也会对生物形成危害。这就需要对微量元素的生理功能和在土壤等介质中的化学行为等机理性问题，以及如何防治植物和动物微量元素缺乏和计量等科学问题进行深入研究。

本章就我国北方旱区土壤微量营养元素的含量分布、丰缺状况、农业化学行为、在农业生态环境中的循环，以及微量营养元素肥料的施用等方面加以论述。

第一节　北方旱作区土壤中微量元素的含量

一、土壤中微量元素的含量状况

综合多种测定资料（中国科学院林业土壤研究所，1980；余存祖等，1991a；刘铮，1996），我国北方旱作区土壤中，铁的含量变幅为 $4.3\sim134.4\ g/kg$，锰的含量变幅为 $63\sim2\ 100\ \mu g/g$，锌的含量变幅为 $12\sim250\ \mu g/g$，铜的含量变幅为 $4\sim72\ \mu g/g$，硼的含量变幅为 $10\sim259\ \mu g/g$，钼的含量变幅为 $0.1\sim6\ \mu g/g$（表7-1）。总体上看，我国北方旱作区土壤铜十分接近全国和世界土壤均值，其余元素与世界、全国土壤相比均属中等偏低，华北和西北区土壤全钼很低，但仍在正常范围之内。

表7-1　我国北方旱区土壤中微量元素含量

微量元素种类	东北	华北	西北	全国土壤	世界土壤
Fe (g/kg)	31.3 (4.3~134.4)	27.1 (6.7~47.2)	28.6 (17.0~46.7)	35.0	38.0
Mn (μg/g)	850 (63~2 100)	569 (150~1 010)	560 (116~1 065)	710.0	850.0
Zn (μg/g)	79 (12~250)	73 (15~194)	70.2 (20~216)		
Cu (μg/g)	22 (4~72)	25.4 (3.7~65)	22.6 (6~51)	22.0	20.0
B (μg/g)	47 (15~92)	50 (10~86)	57 (12~259)	64.0	20.0
Mo (μg/g)	2.30 (0.10~6.00)	0.61 (0.10~3.79)	0.72 (0.21~1.89)	1.7	2.0

注：根据中国科学院林业土壤研究所（1980）、余存祖等（1991）、刘铮（1996）的资料整理。

　　东北地区土壤中锌与锰的分布规律颇为相似，即在沙土区含量最低，毗邻的发育于黄土的暗栗钙土和褐土含量属中等偏低水平。黑土、黑钙土、草甸土、棕壤含量中等。吉林东部白浆土及发育于玄武岩、安山岩上的暗棕壤为锌、锰含量最高区。冲积性土壤（除沙质外）一般也属中上水平。硼在东北大部分土壤中的含量在中等水平以上，沿海地区一些海相沉积物含量可超过 200 μg/g，含硼量最少为沙土及玄武岩风化物分布区的土壤。钼在沙土及黄土分布区含量最低，暗栗土、黑土均为中下水平，白浆土及暗棕壤含钼丰富。铜在沙土中含量最低，相邻的暗栗钙土及部分开垦的棕壤、褐土含量较低。黑土、白浆土、玄武岩风化物上发育的土壤及部分草甸土铜含量丰富。东北土壤中钴的平均含量为 22 μg/g，高于我国土壤钴 11.6 μg/g 的平均水平（徐华君等，1995），而在世界土壤的正常范围（2~40 μg/g）之内，土壤中钴的地理分布规律与锌、锰大体相似（表7-2）。

表7-2　东北及华北旱区主要土壤中微量元素的含量

单位：μg/g

地区	土壤类型	Zn	Mn	B	Mo	Cu	Co
东北区	棕壤	90 (44~170)	770 (340~1 100)	61 (31~92)	2.2 (1~4)	23 (16~33)	26 (14~38)
	褐土	59 (37~90)	730 (550~900)	41 (31~77)	1.4 (0.2~3)	22 (18~32)	22 (15~30)
	白浆土	89 (79~100)	1 400 (850~1 800)	63 (45~69)	4 (1.3~6)	28 (13~35)	31 (23~38)
	黑土	61 (58~76)	900 (590~1 300)	54 (36~79)	1.4 (0.5~3.5)	26 (19~40)	25 (16~30)
	草甸土	87 (51~130)	940 (480~1 300)	54 (32~72)	2.4 (0.2~5)	26 (19~35)	26 (17~34)
	暗栗钙土	57 (20~98)	580 (250~900)	42 (35~57)	0.7 (0.1~2.8)	20 (7~47)	19 (5~22)
	黑钙土	88 (59~153)	840 (730~1 200)	50 (49~64)	2.7 (2~4.2)	20 (16~34)	19 (5~22)
	风沙土	29 (12~41)	140 (63~200)	21 (15~30)	0.3 (0.1~0.7)	6 (4~8)	8 (5~16)
华北区	棕壤	74.6 (33~164)	583 (310~990)	44 (17~90)	1.11 (0.84~2.2)	2.16 (1.4~2.8)	—
	砂姜黑土	84.3 (38~124)	570 (520~590)	43 (21~70)	0.65 (0.1~1.5)	25.5 (9~42)	—
	褐土	73.2 (41~94)	560 (500~690)	50 (23~81)	0.84 (0.40~1.45)	22.2 (11~36)	—
	潮土	76.5 (33~115)	483 (244~632)	46 (10~70)	0.7 (0.2~2.1)	22 (12~35)	—
	盐碱土	64.6 (37~86)	417 (250~532)	50 (40~60)	0.98 (0.70~1.9)	19 (13~25)	—
	风沙土	21.4 (15~32)	240 (150~290)	38 (20~55)	0.21 (0.1~0.23)	8.3 (6~15)	—

注：根据中国科学院林业土壤研究所（1980），方肇伦等（1964），刘铮（1996），徐华君等（1995），吴建明等（1990），贺家媛等（1986），孙祖琰、丁鼎治（1990）的资料整理。

　　从表7-2看出，华北地区主要土壤如潮土、砂姜黑土、盐碱土全锌含量为 65~85 μg/g，山东丘陵棕壤与褐土锌大体亦在这一水平，属中等偏低，风沙土含量最低。多数土壤锰的平均含量在 400~600 μg/g，中等偏低，其中棕壤较高，盐碱土较低，风沙土最低。土壤硼是褐土高于棕壤、砂姜黑土和潮土，盐碱土稍高，风沙土最低。钼的含量除棕壤略高于 1 μg/g，其余土壤都低于 1 μg/g，属低钼土壤，其中风沙土最低。多数土壤铜的含量与全国土壤均值相近，含量属中等水平，风沙土平均含铜仅为 8.3 μg/g，远低于全国土壤均值。

西北黄土高原地区土壤多数微量元素含量分布有明显的从西北向东南逐步增高的趋势。显然是由于黄土在风成过程中，成土颗粒大规模由西北向东南迁移，并按粒径发生分异，越向东南方向，细颗粒含量越高，而细颗粒中富含微量元素之故（余存祖等，1988）。本区土壤锌、锰含量中等偏低，铜中等，这 3 种元素含量顺序均为风沙土＜黄绵土＜灰钙土＜黑垆土＜褐土＜塿土，即由西北向东南逐次增高。本区土壤全硼含量中等，其中灰钙土与灌淤土中的硼高于全国土壤均值。钼的含量很低，除灰钙土钼超过 1 μg/g 外，其余土壤多在 0.81 μg/g 以下，属低钼区（表 7-3）。硼和钼由西北向东南含量增高的趋势不明显。新疆土壤中的锌、锰属中等偏低，铜中等；盐土中全硼丰富，其余土壤中硼属中等；钼的含量高于黄土高原，其中盐土、灰漠土、棕钙土含量在 1 μg/g 以上，其余土壤则低于此值。总体上新疆仍属土壤钼较低区。

表 7-3 西北旱区主要土壤中微量元素的含量

单位：μg/g

地区	土壤类型	Zn	Mn	B	Mo	Cu
黄土高原	塿土	75.7 (48～100)	620 (320～1 065)	62.4 (37～117)	0.64 (0.49～1.10)	26.5 (17～34)
	褐土	74.7 (51～127)	510 (350～650)	55.2 (41～78)	0.70 (0.42～0.95)	22.8 (16～34)
	黑垆土	68.9 (58～99.1)	532 (455～675)	52.9 (22～96)	0.61 (0.41～0.72)	21.4 (14～27)
	灰褐土	78.8 (67～90)	648 (517～875)	54.6 (34～76)	0.53 (0.50～0.58)	23.8 (18～35)
	黄绵土	61.7 (40～101)	491 (330～560)	52.6 (32～83)	0.57 (0.40～0.72)	19.3 (15～24)
	灰钙土	62.5 (34～91)	508 (265～620)	70.1 (48～105)	1.01 (0.48～1.45)	20.6 (14～31)
	栗钙土	58.4 (28～101)	462 (202～710)	51.6 (12～75)	0.75 (0.47～1.30)	18.8 (13～28)
	灌淤土	64.8 (38～214)	572 (225～1 025)	67.8 (33～103)	0.81 (0.45～0.78)	23.7 (13～48)
	风沙土	50.5 (20～70)	362 (116～445)	37.4 (17～71)	0.41 (0.21～0.50)	15.3 (10～22)
新疆	棕钙土	51.9 (24～215)	505 (143～973)	44 (14.7～83.6)	1.05 (0.37～1.67)	19 (6～48)
	灰漠土	58.6 (46～118)	583 (180～940)	48.7 (17.5～83.9)	1.10 (0.47～1.35)	18.9 (9.4～32.7)
	棕漠土	58.5 (26～95)	557 (128～730)	38.9 (16.4～58.7)	0.70 (0.56～1.18)	22.4 (11.3～47.8)
	草甸土	58.9 (43～80)	479 (390～610)	57.3 (39～81)	0.69 (0.51～0.79)	24.1 (16～36)
	绿洲灌耕土	73 (38～216)	580 (400～906)	56.4 (24～83.4)	0.98 (0.34～1.66)	26.1 (19～47)
	盐土	73.2 (58～105)	538 (410～660)	110 (50～259)	1.44 (0.74～1.89)	22.8 (13～37)

注：根据余存祖等（1991a，1982b，1984b，1985a，1987，1988）、李泽岩等（1986）、李文先（1985）、刘铮（1996）的资料整理。

二、土壤中有效态微量元素的供给水平与评价

土壤微量元素全量是该元素在土壤中的总储量，并不代表植物可以吸收的量。植物能利用的只是全量中根系能够吸收的那一部分，即有效态部分。

评价土壤有效态微量元素的水平，一般是依据生物试验结合土壤分析来确定丰缺指标与缺乏临界值。综合大量的研究成果及应用的实际效果（刘铮，1996；王学贵、朱克庄，1986；杜孝甫等，1983；余存祖等，1984b，1985a，1987；周鸣铮，1988；吴建明等，1990；李文先，1985），拟定的北方旱区土壤有效态微量元素含量的分级标准见表 7-4。

表 7-4　北方旱区土壤有效态微量元素含量分级标准

微量元素	分量分级（μg/g）					临界值	提取剂
	很低	低	中等	高	很高		
Zn	<0.3	0.3～0.5	0.5～1.0	1～3	>3.0	0.5	DTPA 溶液（pH7.3）
Mn	<3.0	3～7	7～12	12～20	>20	7.0	DTPA 溶液（pH7.3）
Cu	<0.2	0.2～0.5	0.5～1.0	1～2	>2.0	0.5	DTPA 溶液（pH7.3）
Fe	<2.5	2.5～4.5	4.5～10	10～30	>30	2.5	DTPA 溶液（pH7.3）
B	<0.2	0.2～0.5	0.5～1.0	1～2	>2	0.5	沸水
Mo	<0.05	0.05～0.10	0.10～0.20	0.2～0.3	>0.3	0.1	草酸-草酸铵液（pH7.3）

根据各方面的测定资料，我国北方旱作区主要土壤类型有效态微量元素含量列于表 7-5 和表 7-6。这些元素均用表 7-4 所列的提取剂提取，锌、锰、铜、铁用原子吸收光谱测定，硼用姜黄素比色法、钼用催化极谱法测定。

表 7-5　东北旱区主要土壤中有效态微量元素的含量

单位：μg/g

地区	土壤类型	Zn	Mn	B	Mo	Cu	Fe
东北区	棕壤	0.82 (0.23～2.31)	23.8 (11.0～42.0)	0.44 (0.15～0.80)	0.15 (0.10～0.80)	1.25 (0.80～2.10)	38.0 (23.0～80.0)
	褐土	0.48 (0.21～13.5)	6.9 (3.2～14.7)	0.30 (0.13～0.50)	0.05 (0.02～0.09)	0.91 (0.40～1.4)	3.8 (2.1～7.2)
	白浆土	1.18 (0.09～3.00)	32.0 (3.6～88.0)	0.36 (0.08～0.76)	0.11 (0.06～0.20)	1.73 (0.39～4.10)	39.0 (5.0～98.0)
	黑土	0.76 (0.21～1.48)	18.7 (4.2～46.0)	0.41 (0.20～1.10)	0.13 (0.05～0.36)	1.26 (0.62～2.60)	14.1 (3.0～35.0)
	草甸土	0.74 (0.06～1.90)	9.0 (3.2～41.0)	0.51 (0.02～1.70)	0.18 (0.04～0.40)	1.74 (0.24～4.72)	36.0 (4.0～96.0)
	黑钙土	0.55 (0.10～1.04)	10.3 (3.0～21.7)	0.49 (0.04～1.39)	0.12 (0.05～0.27)	0.98 (0.40～1.60)	10.5 (1.5～23.0)
	盐土	0.49 (0.12～0.77)	5.2 (2.5～10.0)	1.50 (0.90～6.60)	0.10 (0.07～0.23)	1.76 (0.08～2.80)	11.4 (5.0～32.0)
	风沙土	0.33 (0.15～0.97)	3.9 (1.2～6.1)	0.25 (0.04～0.64)	0.04 (0.01～0.08)	0.56 (0.16～1.60)	3.9 (0.6～8.2)
华北区	棕壤	0.54 (0.12～2.00)	11.2 (5.1～25.2)	0.31 (0.11～0.89)	0.08 (0.03～0.40)	1.21 (0.32～2.90)	12.8 (6.0～32.0)
	砂姜黑土	0.41 (0.12～1.22)	9.8 (3.2～32.0)	0.20 (0.01～0.43)	0.04 (0.01～0.10)	1.20 (0.50～2.20)	8.6 (4.4～21.0)
	褐土	0.47 (0.18～1.89)	6.7 (1.8～12.3)	0.32 (0.11～0.64)	0.07 (0.02～0.75)	0.95 (0.24～2.70)	6.4 (3.0～15.0)
	潮土	0.51 (0.20～1.50)	7.2 (2.9～14.8)	0.33 (0.20～1.10)	0.06 (0.02～0.15)	1.16 (0.24～3.50)	10.9 (5.0～40.0)
	盐碱土	0.45 (0.20～1.20)	6.2 (2.5～15.0)	1.01 (0.19～6.70)	0.03 (0.03～0.09)	1.12 (0.32～3.10)	5.8 (3.2～14.0)
	风沙土	0.38 (0.18～0.80)	5.1 (3.0～6.0)	0.20 (0.04～0.41)	0.04 (0.03～0.09)	0.37 (0.13～0.98)	3.6 (2.5～6.6)

注：根据黑龙江省土地管理局、黑龙江省土壤普查办公室（1992），孟庆秋、张树人（1983），贾文锦（1992），邹邦基等（1988），方肇伦等（1964），孙祖琰、丁鼎治（1990），贺家媛等（1986），高贤彪等（1991）的资料整理。

表 7-6　西北旱区主要土壤中有效态微量元素的含量

单位：μg/g

地区	土壤类型	Zn	Mn	B	Mo	Cu	Fe
黄土高原	塿土	0.60 (0.21～2.97)	8.8 (2.0～20.4)	0.34 (0.10～1.98)	0.09 (0.01～0.32)	1.35 (0.41～2.69)	6.8 (2.8～11.4)
	褐土	0.58 (0.21～1.72)	8.2 (3.7～19.8)	0.42 (0.18～1.01)	0.07 (0.01～0.18)	0.95 (0.38～1.58)	5.0 (1.2～26.6)
	黑垆土	0.42 (0.18～1.16)	8.6 (2.2～34.5)	0.42 (0.14～1.09)	0.05 (0.01～0.16)	0.83 (0.28～1.70)	4.8 (2.0～16.0)
	灰褐土	0.67 (0.32～1.68)	15.2 (3.3～25.0)	0.62 (0.22～1.02)	0.03 (0.01～0.14)	1.01 (0.54～1.30)	11.7 (2.3～32.0)
	黄绵土	0.35 (0.04～1.20)	5.8 (1.6～12.0)	0.33 (0.04～0.67)	0.04 (0.01～0.17)	0.63 (0.01～1.01)	3.5 (1.2～9.3)
	灰钙土	0.25 (0.09～0.80)	4.4 (0.9～12.5)	0.82 (0.28～2.29)	0.10 (0.04～0.43)	0.60 (0.11～1.72)	2.8 (1.2～6.2)
	栗钙土	0.52 (0.19～1.08)	6.9 (1.1～13.2)	0.49 (0.15～2.46)	0.04 (0.01～0.11)	0.57 (0.18～1.93)	4.1 (1.6～14.1)
	灌淤土	0.66 (0.18～2.70)	9.2 (1.7～32.4)	1.02 (0.16～2.53)	0.11 (0.01～0.24)	13.4 (0.22～4.20)	11.0 (2.1～19.2)
	风沙土	0.31 (0.06～0.70)	4.1 (1.8～8.0)	0.43 (0.16～1.43)	0.02 (0.01～0.09)	0.25 (0.01～0.80)	3.3 (1.1～6.7)

（续）

地区	土壤类型	Zn	Mn	B	Mo	Cu	Fe
新疆	棕钙土	0.59 (0.14~2.48)	8.9 (1.8~48.7)	1.49 (0.36~3.24)	0.10 (0.02~0.18)	1.57 (0.18~3.60)	10.6 (0.9~25.0)
	灰漠土	0.49 (0.08~0.66)	7.5 (1.9~26.0)	1.99 (0.28~2.89)	0.13 (0.06~0.42)	1.62 (0.10~2.60)	8.6 (0.2~11.6)
	棕漠土	0.43 (0.12~0.90)	4.2 (1.1~8.5)	1.09 (0.34~3.55)	0.15 (0.02~0.32)	1.80 (0.06~2.80)	6.8 (0.3~9.1)
	草甸土	0.54 (0.14~1.10)	9.0 (4.5~15.8)	0.63 (0.29~1.14)	0.05 (0.01~0.09)	1.68 (0.49~2.10)	10.9 (5.2~19.8)
	绿洲灌耕土	0.89 (0.30~4.62)	10.7 (1.6~14.0)	1.76 (0.48~3.01)	0.11 (0.04~0.16)	1.90 (0.48~3.54)	11.2 (1.9~33.0)
	盐土	0.52 (0.16~0.90)	6.5 (2.0~13.2)	3.80 (2.45~14.7)	0.23 (0.06~0.34)	1.35 (0.29~1.92)	8.4 (1.2~19.5)

注：根据余存祖等（1978，1982b，1984b，1985a，1988，1991a）、李泽岩等（1986）、李文先（1985）、刘铮（1996）的资料整理。

　　（1）锌。东北地区土壤有效态锌含量变化在 $0.04\sim4.62\ \mu g/g$，平均含量在临界水平（$0.5\ \mu g/g$）以上，但有相当比例的低锌土壤。如吉林省 332 个土壤样本中，有效锌含量低于 $0.5\ \mu g/g$ 的样本占 33%，含量处于 $0.5\sim1.0\ \mu g/g$ 的占 37%（孟庆秋、张树人，1983）；辽宁省 3 320 个土壤样本中，有效锌含量低于 $0.5\ \mu g/g$ 与含量处于 $0.5\sim1.0\ \mu g/g$ 的样本分别占 47% 和 31.6%（邹邦基等，1988）；黑龙江省也有大面积的低锌土壤（黑龙江省土地管理局，黑龙江省土壤普查办公室，1992）。东北低锌的土壤主要是石灰性黑钙土、碳酸盐草甸土、褐土、盐土和风沙土。华北地区土壤有效锌含量在 $0.12\sim2.00\ \mu g/g$，平均含量与临界值（$0.5\ \mu g/g$）接近，存在着大面积的低锌土壤。据孙祖琰、丁鼎治（1990）对河北省 5 246 个耕层土壤样本的测定，有效锌含量平均为 $0.53\ \mu g/g$，含量低于 $0.5\ \mu g/g$ 的样本占总样本数的 71%，由此估算全省有 78.8% 的耕地面积（606 万 hm^2）有效锌含量在临界值以下，缺锌面积很大；另有 20% 的样本有效锌含量在 $0.5\sim1.0\ \mu g/g$，处于潜在缺乏的范围。吴建明等（1990）对山东省 5 138 个耕层土壤样本测定，有效锌含量平均为 $0.54\ \mu g/g$，含量低于 $0.5\ \mu g/g$ 的样本占 63.5%，估算全省约有 466 万 hm^2 耕地有效锌在临界值以下。河南省 1 165 个耕层土壤样本中，有效锌含量平均为 $0.50\ \mu g/g$，有半数土壤样本含量低于临界值（贺家媛等，1986）。华北低锌土壤主要是砂姜黑土、褐土、盐碱土和风沙土，棕壤稍高，潮土含量中等偏低。

　　黄土高原地区土壤有效锌平均含量为 $0.51\ \mu g/g$，在 1 364 个测定样本中，有 56% 样本含量低于 $0.5\ \mu g/g$，30.3% 样本含量处于边缘值（$0.5\sim1.0\ \mu g/g$），存在着大面积的缺锌地区。低锌土壤主要是黄绵土、灰钙土、栗钙土、黑垆土、风沙土，风沙土含锌量最低，塿土含锌量中等偏低（余存祖等，1991a）。新疆土壤有效锌含量平均为 $1.0\ \mu g/g$，含量低于 $0.5\ \mu g/g$ 与 $0.5\sim1.0\ \mu g/g$ 样本分别占总样本数的 46% 与 38%，低锌土壤主要是栗钙土、棕钙土、灰钙土、灰漠土、棕漠土等地带性土壤，而人为耕种的灌淤土、灌耕土、潮土等含量在中等范围（李文先，1985；李泽岩等，1986）。

　　综上所述，我国北方旱农区土壤缺锌较为普遍，约有半数耕地缺锌（含量低于 $0.5\ \mu g/g$），另有 30% 耕地有效锌含量偏低，在潜在缺锌范围（含量 $0.5\sim1.0\ \mu g/g$），二者合计占旱农区的 80%。缺锌土壤的一般特征是 pH 在 7.5 以上、有机质缺乏、质地粗松、干旱缺水、新平整的生土地及大量施磷的农地。

　　（2）锰。东北地区土壤有效态锰变幅较宽，在 $1.2\sim88\ \mu g/g$ 范围内。棕壤、白浆土、黑土含量较高，一般在 $15\ \mu g/g$ 以上，这些土壤呈中性至微酸性反应，有利于锰的活化。而石灰性的褐土、黑钙土、草甸土含量较低，一般在边缘值（$7\sim9\ \mu g/g$）范围。盐土因 pH 很高，风沙土质地粗松，这两种土壤有效锰含量均在临界值（$7\ \mu g/g$）以下。据孟庆秋、张树人（1983）对吉林省 332 个土壤的测定统计，全省土壤有效锰低于临界值的样本占 22%。邹邦基等（1988）对辽宁省 3 256 个土壤样本的测定，有效锰含量低于 $5\ \mu g/g$ 的样本占 6.6%，含量为 $5\sim10\ \mu g/g$ 的样本占 20.5%，可见东北地区土壤缺锰面积为 20%~25%。

　　华北地区多为石灰性土壤，有效锰含量显著低于东北土壤。据孙祖琰、丁鼎治（1990）的测定，在河北省 5 253 个土壤样本中，有效锰平均含量为 5.8 μg/g，低于 7 μg/g 的样本占 73.7%，占全省耕地面积的 79.8%。山东、河南两省土壤有效锰含量以山地棕壤较高，平均含量在 10 μg/g 以上，黄淮海平原的褐土、潮土含量较低，有效锰含量一般在 7 μg/g 左右，盐碱土及风沙土含量低于 7 μg/g，是华北平原中的低锰区（吴建明等，1990；贺家媛等，1986）。从多数报道资料来看，华北区土壤的缺锰面积占农耕地的 1/3 左右。

西北黄土高原土壤有效锰平均含量为 7.7 μg/g，含量低于 7 μg/g 的样本占 48.3%，含量为 7~9 μg/g 的样本占 23.5%，表明有较大面积的缺锰土地。主要缺锰土壤有风沙土、灰钙土、黄绵土、栗钙土，部分褐土、娄土供锰也不足（余存祖等，1991a）。新疆地区耕地土壤有效锰平均含量为 7 μg/g，东疆、北疆、南疆一半以上耕地有效锰含量低于 7 μg/g（李泽岩等，1986）。

综合以上资料，我国北方旱区土壤有效锰含量，在中性及偏酸性土壤上含量可在中等偏高水平，但石灰性土壤及沙质土壤含量大多偏低或很低。由于石灰性土壤与粗质土壤面积很大，全区有 1/3~1/2 的耕地面积缺乏有效锰，缺锰面积：西北旱作区＞华北旱作区＞东北旱作区。

（3）硼。东北地区土壤总体上属缺硼区。黑龙江省土壤水溶态硼平均含量为 0.38 μg/g，低于临界值 0.5 μg/g 的样本占 75%（黑龙江省土地管理局，黑龙江省土地普查办公室，1992）；吉林省土壤水溶态硼平均含量为 0.51 μg/g，低于临界值的样本占 60%（孟庆秋、张树人，1983）；辽宁省土壤水溶态硼平均含量为 0.5 μg/g 以下，低于临界值（0.5 μg/g）的样本占 86%（邹邦基等，1988）。棕壤、黑土、白浆土、褐土、风沙土、草甸土水溶态硼含量都很低。只有盐土及盐化土壤硼含量丰富，含量一般可在 1 μg/g 以上。华北土壤缺硼也相当普遍，如山东省土壤水溶态硼变幅为 0.04~6.79 μg/g，平均含量为 0.48 μg/g，低于 0.5 μg/g 的样本占 65.1%，全省多数土壤供硼不足（吴建明等，1990）。河南省土壤水溶态硼变幅为 0.01~2.30 μg/g，平均含量为 0.25 μg/g，低于 0.5 μg/g 的样本占 96%（贺家媛等，1986）。西北黄土高原地区土壤水溶态硼变幅为 0.04~14.7 μg/g，平均含量 0.54 μg/g，低于 0.5 μg/g 的样本占 62.7%，主要土壤类型如娄土、褐土、黑垆土、黄绵土、栗钙土都是低硼土壤（戴鸣钧等，1983）。新疆及河西走廊地区气候干燥，蒸发量远大于降水量，土壤表层常含有盐分，由于硼酸盐渍现象，水溶态硼常在 0.8 μg/g 以上，是我国的高硼区（李文先，1985）。我国北方旱农区从东北、华北到西北黄土高原有大面积的缺硼土壤，估计缺硼与可能缺硼的面积占耕地面积的 70% 左右，缺乏面积比例仅次于锌。缺硼的原因是多种多样的，如东北地区发育自玄武岩、花岗岩、沙土的土壤，由于母质含硼量低，这些土壤水溶态硼就很缺乏。华北与黄土高原区母质多为黄土性的，黄土中含硼中等，但含硼矿物质多数为电气石，风化缓慢，基本上不溶于水，也不溶于酸，硼极难释放出来，造成土壤水溶态硼的不足。土壤的酸碱度对硼的有效性影响也很大，在 pH 4.7~6.7 时硼的有效性最高，pH＞7 时硼有效性急剧降低，pH 7~8.1 时土壤水溶态硼与 pH 呈负相关关系。土壤中碳酸钙对硼的吸附，也可使硼的有效性降低。北方旱区土壤 pH 高，富含碳酸钙是造成有效硼不足的重要原因。

（4）钼。东北地区多数土壤有效钼含量较低，如在黑龙江省测定的 45 个样本中，平均含量仅 0.027 μg/g，主要土壤平均含量均在 0.1 μg/g 以下（黑龙江省土地管理局，黑龙江土壤普查办公室，1992）；在吉林省测定的土壤样本中有 56% 含量在 0.1 μg/g 以下（孟庆秋、张树人，1983）；辽宁省的土壤样本除暗棕壤有效钼含量较高，该省中部和西部大部分地区都为缺钼区（邹邦基等，1988）。华北地区土壤有效钼低于东北土壤，主要土壤平均含量都在 0.1 μg/g 以下，其中棕壤和盐土稍高，砂姜黑土、褐土、潮土、风沙土显著偏低，为缺钼土壤（吴建明等，1990；贺家媛等，1986；孙祖琰，丁鼎治，1990）。西北黄土高原地区除灰钙土和灌淤土有效钼含量在 0.1 μg/g 左右，其余主要土壤平均含量均在 0.1 μg/g 以下，属缺钼区。整个黄土高原地区有效钼低于 0.1 μg/g 的样本占 74%（彭琳等，1982a；余存祖等，1991a）。新疆地区土壤有效钼平均含量高于 0.1 μg/g，其中灰钙土、棕壤土接近 0.15 μg/g，草甸土与盐土含量都在 0.3 μg/g 以上，但主要耕种土壤灌耕土有效钼仍属偏低，全区耕地中约有 1/3 的面积属低钼或缺钼（刘铮，1996；李文先，1985）。总之，我国北方旱作区土壤含钼量较低，估计有 60％面积的耕地有效钼供应不足，其中华北与西北黄土高原地区为我国著名的低钼区，估计有 2/3 耕地面积钼的供应不足。土壤钼的有效性与 pH 关系密切，在碱性环境中，钼的有效性增大，pH 每上升一个单位，钼离子的浓度可增大 100 倍。由于黄土母质中全钼含量很低，所以我国北方地区土壤中有效钼供给水平也很低。

（5）铜。东北区和华北区土壤有效铜含量除风沙土低于 1 $\mu g/g$ 外，其余均接近或高于 1 $\mu g/g$，且土类之间含量差别较小，可以认为铜的供应是充足的。黄土高原地区土壤有效铜含量平均含量达 0.93 $\mu g/g$，属缺铜区，主要分布在灰钙土、栗钙土、黄绵土和风沙土区。新疆地区土壤有效铜含量普遍较高。估计我国北方旱作区土壤缺铜面积为 15％～20％。陕西中部和北部一些地区土壤有效铜含量虽然高于临界值，但施铜仍有增产效果（彭琳等，1980b、1982b）。

（6）铁。土壤有效铁的分布规律明显，即随着土壤 pH 的降低而增加，并随着土壤含水量的增加而增加，渍水土壤的有效铁含量明显高于旱作土壤。缺铁土壤的特征是碱性、干旱缺水、质地粗松、有机质缺乏、富含碳酸钙。总的来看，东北土壤一般不缺铁。华北和黄土高原地区土壤含铁量中等，但褐土、黄绵土、灰钙土、栗钙土、风沙土含铁量低或偏低，这些土壤中约有 20％面积含铁量低于 2.5 $\mu g/g$。新疆地区土壤有效铁含量较高，一般在 6 $\mu g/g$ 以上。估计我国北方旱作区土壤缺铁面积在 10％～15％。据钟永安（1980）调查，在我国北方草原广泛分布的黑钙土、栗钙土、棕钙土和灰棕荒漠土区，出现了牧草结实率低且空瘪率高，以及天然植物群落中呈现明显的生理病害等症状，经研究与土壤缺铁有关。其范围包括内蒙古草原、华北平原和黄土丘陵区。余存祖等（1982a）在灰钙土、黄绵土、黑垆土上试验，这些土壤有效铁含量均在 2.5 $\mu g/g$ 以上，而施用铁肥对谷子、小麦、玉米均有增产作用。

第二节　土壤微量元素的农业化学行为

一、土壤微量元素的形态及其有效性

由风化作用从岩石中释放出来的微量元素，多以与土壤不同组分结合的形态存在。不同形态的微量元素，其释放、移动、转化、供应能力和生物有效性有很大差异，因而不论是在植物营养或是在环境效应方面的意义都有很大的不同。土壤微量元素形态一般有两种方式，一种是以一定的提取剂来提取有效态微量元素，目的是测试土壤微量养分的有效供应能力，以利于人工调控；另一种是用不同的化学试剂，将微量元素按不同的结合状态逐级进行区分，目的在于明确微量元素在土壤中的结合状态、吸附和解吸、形态转化、迁移性能及其动力学，以及各形态在植物营养与环境保护中的意义等。

通常微量养分的有效形态包括水溶态、代换态和一部分与有机物、碳酸钙及其他固相组分相结合的形态，而另一部分结合态和矿物态则是难溶和无效的。如土壤中对植物有效的锰可分为水溶态锰、代换态锰和易还原态锰。锰的有效性与它的化合价有关，水溶态锰以二价锰为主，主要以络合态存在；代换态锰是二价锰离子，这两种锰易被植物吸收。易还原态锰主要是三价锰，被还原成二价锰后，才能被植物吸收利用。余存祖等（1981）测定发现，在 pH 较高、富含石灰的黄土区土壤中，锰很少存在于土壤溶液中；代换态锰含量也很低，一般在 3 $\mu g/g$ 以下，它的数量与作物吸收的关系不明显，难以反映土壤的供锰能力。他们还测定了代表西北干旱、半干旱区主要土类的 300 多个土样的易还原态锰，含量变化在 19～254 $\mu g/g$，平均含量为 87 $\mu g/g$。经生物试验验证，土壤易还原态锰与作物吸收锰的量呈极显著正相关关系，证明它的含量可以反映土壤的供锰能力。刘铮（1991）认为，石灰性土壤中易还原态锰是植物锰的主要供应源，并将水溶态锰、代换态锰、易还原态锰三者相加，合称活性锰。但他又认为，活性锰作为有效态锰数值偏高，应有所减少，并提出有效态锰＝代换态锰＋1/20 易还原态锰的计算公式。

　　土壤中的硼有多种形态，通常区分为有机态硼和无机态硼。有机态硼是指有机质所含的硼及其表面上吸附的硼。植物残体中硼的归还是土壤有机态硼的主要来源。有机态硼是硼保存在土壤中的一种重要形态，经微生物分解释放出来可以被植物利用。无机态硼分矿物态硼、吸附态硼和土壤溶液中的硼。后者主要是水溶态硼，它除土壤溶液中的硼外，还包括可溶的硼酸盐，主要有硼酸分子（H_3BO_3）和阴离子（$H_4BO_4^-$）两种形态。硼酸在 pH7 以上易转化为 B $(OH)_4^-$，因此，硼在溶液中主要以阴离子形式存在。水溶态硼与植物吸收有良好的正相关关系，被用来表示植物可以利用的有效态硼。据测定，我国北方干旱半干旱区水溶态硼占全硼的 1%～2%（余存祖等，1991a）。土壤中钼也可分为有机态钼与无机态钼，有机态钼经微生物分解后释放出的钼能够为植物所利用，因而在有机质含量高的土壤上，可溶态钼含量较高。无机态钼分矿物态、代换态和土壤溶液中的钼。矿物态指原生和次生矿物晶格中的钼，属难效态；代换态钼数量不多，它以 MoO_4^{2-} 或 $HMoO_4^-$ 的阴离子形式吸附在胶体上，可为某些阴离子如 PO_4^{3-}、SO_4^{2-}、OH^- 等所代换。这种吸附与 pH 有关，pH 上升，吸附作用减弱。土壤溶液中的钼主要是水溶态的，以 MoO_4^{2-} 或 $HMoO_4^-$ 的阴离子形态为主，数量很少，且随着 pH 的提高而增多。土壤中对植物有效的钼主要是水溶态和代换态钼。对于难溶性钼酸盐矿物的有效程度，视不同植物根系的溶提能力而异。应用的草酸-草酸铵溶液（Tamm 溶液）提取有效钼，是模拟一般植物根系吸收能力而设计的，提取出的钼包括水溶态、代换态，还包含部分铁、铝氧化物吸附的钼。因此，对某些植物而言，它测出的量可能偏高。

　　土壤中对植物有效的铁有溶液中的铁、代换态铁和部分固态的铁。前两部分铁数量较少，但易被作物吸收；固态铁中的氢氧化铁在 pH 较低或还原条件下有部分可被溶解，亦能被植物利用，称为活性铁或游离态铁。在中性和碱性土壤中，代换态铁很少。旱地土壤以高价铁占优势，亚铁仅占可溶态无机铁总量的一小部分，水溶态铁亦很少。因此，干旱半干旱区土壤多缺乏有效态铁。用 DTPA溶液提取的铁，包括土壤溶液中的铁、部分代换态铁和小部分固态铁，统称为有效态铁。土壤中的铜可分为水溶态铜、代换态铜、非代换态铜和难溶性铜。水溶态和代换态铜对植物是有效的，非代换态中一部分也可能有效。难溶态铜包括难溶的铜化合物，原生矿物和次生矿物中的铜，以及被有机物紧密吸附的铜（刘铮，1991；冉勇，1989）。锌的形态划分大体与铜相似，以对植物有效性来衡量，水溶态锌和交换态锌对植物有效，有机结合态的锌需经有机质分解后才能释放为植物利用。次生矿物和原生矿物中的锌对植物无效（朱其清，1991）。

　　关于土壤微量元素的形态分级，一般是用不同的提取剂将处于不同结合状态的元素逐级提取出来（韩凤祥等，1989、1990；蒋廷惠等，1990；Shuman，1985；Teesler，1979；魏孝荣等，2004，2006；陆欣春等，2010a），通常将金属元素的形态区分为 6 级：① 以离子态或有机络合物存在于土壤溶液中（水溶态，Wat -）；② 结合在土壤交换点位上（交换态，Ex -）；③ 与有机质络合或螯合（有机态，Om -）；④ 石灰性土壤上与碳酸盐结合（碳酸盐结合态，Cab -）；⑤ 吸附或闭蓄于铁、铝、锰氧化物和水化物中（铁、锰氧化物结合态，Feox-、Mnox-）；⑥ 陷于原生或次生矿物晶格中（矿物态，Res -）。目前多将铁和锰的氧化物结合态分开，并且将铁又分为无定形铁结合态（AFeox-）和晶形铁结合态（CFeox -），将有机结合态分为松结有机态（Wom -）和紧结有机态（Som-）。水溶态不单独测定而包含于交换态中。这样就产生了 7 级或 8 级分组法。

　　邵煜庭等（1995）对甘肃省 4 种主要农业土壤褐土、黑垆土、黄绵土和灌漠土中锌、锰、铜、铁 4 种元素的化学形态分级及其有效性进行了研究（表 7 - 7）。发现 4 种元素各形态含量依次为：矿物态＞铁、锰氧化物结合态＞有机态＞碳酸盐结合态＞交换态。即土壤中锌、锰、铜、铁以矿物态、铁锰氧化物结合态和有机态为主，碳酸盐结合态也有一定数量，交换态含量则很低。4 种元素中，锰的矿物态所占比例较低，而氧化锰结合态比例较高，铁的矿物态比例最高，其他形态含量都不高。

表 7 - 7　甘肃 4 种农业土壤微量元素各形态含量及其分配（邵煜庭等，1995）

单位：μg/g

微量元素种类	Ex -	Wom -	Som -	Cab -	Mnox -	AFeox -	CFeox -	Res -	合计
Zn	0.05	1.14	1.09	0.33	0.21	2.85	7.90	64.4	77.97
Mn	5.68	12.78	77.92	36.45	90.75	32.67	77.08	248.75	582.08
Cu	0.03	1.16	0.16	0.46	0.07	2.98	4.23	14.2	23.29
Fe	0.08	11.17	3.38	17.37	15.39	830.75	2 652.5	27 620	31 150.64

关于外源微量元素进入土壤中的形态分配，冉勇、彭琳（1993）在用陕西塿土和风沙土研究后指出，加入 Zn（ZnSO₄ 态）于土壤中平衡 24 h 后，以 Cab - Zn 增加最多，其次是 Mnox - Zn 和 AFeox - Zn，而 Ex - Zn 和 Om - Zn 增加很少（表 7 - 8）。

表 7 - 8　施锌平衡 24 h 后土壤锌的形态分布

单位：μg/g

土壤类型	项目	Ex - Zn	Om - Zn	Cab - Zn	Mnox - Zn	AFeox - Zn	CFeox - Zn	Res - Zn
塿土	原土锌含量	0.12	0.95	1.98	0.88	7.46	17.20	51.00
	施锌平衡后 Zn 含量	0.90	4.91	16.40	12.40	16.80	25.10	53.10
	增加量	0.78	3.96	14.42	11.52	9.34	7.90	2.10
风沙土	原土锌含量	0.04	0.29	1.60	0.85	2.72	10.00	34.00
	施锌平衡后 Zn 含量	1.15	2.96	23.70	10.10	10.30	12.40	38.90
	增加量	1.11	2.67	22.10	9.25	7.58	2.40	4.90

随着时间的推移，土壤中 Ex - Zn、Om - Zn、Mnox - Zn、AFeox - Zn 和 Cab - Zn 逐渐下降，至 80 d 后前 4 种形态基本趋于稳定，而 Cab - Zn 则在 240 d 后还在继续下降。表明 Cab - Zn 并不能稳定存在。与此同时，CFeox - Zn 一直趋于上升，尽管上升的曲线逐渐趋于平缓。这一现象可以解释为，施锌后增加了土壤对锌的吸附，尤其是增加了碳酸盐和铁、锰氧化物对锌的吸附，此后逐渐向 CFeox - Zn 转化，降低了锌的有效性，但转化的过程相当缓慢，因此施入的锌肥尚有较长的后效。蒋廷惠等（1990）对江苏省不同 pH 的土壤进行研究后指出，外源可溶性锌在土壤中的形态转化，深受土壤物质组成与 pH 的影响。在弱碱性的石灰性土壤中，锌以进入碳酸盐结合态为主；在近中性富含有机质的土壤中，锌以进入有机态为主；在酸性土壤中以进入交换态为主。基本趋势是随着 pH 的升高，进入交换态的比例降低，而进入铁、锰氧化物结合态的比例相应增加。韩凤祥等（1993）对华北石灰性黄潮土进行研究后认为，土壤各组分对外源锌固定量的顺序为：氧化铁＞有机质＞黏土矿物＞碳酸盐＞氧化锰。对土壤原有锌的固定作用的顺序为：黏土矿物＞氧化铁＞有机质＞氧化锰＞碳酸盐。并认为石灰性土壤锌活性较低的原因，是由于碳酸盐导致土壤 pH 上升，在较高的 pH 条件下，氧化铁对锌的强烈固定，造成专性吸附态的氧化铁结合态锌大量增加及部分碳酸盐结合态锌增加，使交换态锌含量降至很低。同时，在自然石灰性土壤中，松结有机态锌与碳酸盐结合态锌是活性锌的直接给源，外源锌仅为松结有机态锌。概括以上研究结果，可以认为，在石灰性土壤中，对植物有效的微量元素主要应是 Wat -、Ex - 和 Om -（其中主要是 Wom -）形态；碳酸盐虽对微量元素有吸附作用，但它很不稳定，Cab - 仍可成为有效态微量元素的直接给源；在一定的条件下，AFeox - 和 Mnox - 也可转化成有效的形态，成为微量养分的间接给源。

二、土壤对微量元素的吸附与解吸

土壤黏粒、有机质和铁、铝、锰氧化物对微量元素有吸附与解吸作用。吸附性质有两种，一种是锌、铜、锰等阳离子在黏粒、氧化物和有机质等带负电荷的物质表面上发生的吸附反应，硼、钼、硒等的含氧阴离子也会被阴离子交换物质所吸附。这种由于静电引力而发生的吸附反应为交换性可逆吸附，离子间可按当量相互代换。另外，还有通过共价键与黏粒表面上的功能团发生的化学吸附，称之为专性吸附或强选择性吸附（刘铮，1991）。被吸附的微量阳离子是非交换态的。专性吸附的吸附量有时会大于阳离子交换量。由于土壤吸附解吸性能与养分的吸持、保蓄、迁移、流失等作用密切相关，对于微量元素的土壤吸附，已进行了不少研究工作（林玉锁、薛家骅，1987、1989；李鼎新、党廷辉，1991；蒋以超，1993；马义兵等，1993；Shuman，1975）。

冉勇、彭琳（1993）用黄土高原5种主要土壤娄土、黑垆土、灰钙土、黄绵土、风沙土等进行锌吸附的研究，结果是5种土壤对锌的专性吸附都符合 Langmuir 等温吸附方程。该方程用式 7-1 表示。

$$\frac{c}{y} = \frac{1}{KQ_m} + \frac{c}{Q_m} \tag{7-1}$$

式中：c 为达到平衡后溶液中锌离子浓度（$\mu g/g$）；y 为每克土壤所吸附锌离子的量（$\mu g/g$）；Q_m 为最大吸附量（$\mu g/g$）；K 为结合能系数（常数）。

以 c/y 为纵坐标，c 为横坐标，坐标图应得一直线，从直接的斜率和截距，可求得 Q_m 和 K。这5种土壤由 c/y 对 c 求得的回归方程都达到显著相关水平，表明分析结果与方程拟合良好。回归分析表明，5种土壤的最大锌吸附量（Q_m）与黏粒（$r=0.84$）、游离铁（$r=0.79$）、无定形铁（$r=0.73$）、有机物（$r=0.64$）均呈正相关关系，与碳酸钙及 pH 也呈一定的正相关关系，表明这些因素支配着土壤中锌的吸附和解吸。5种土壤中，风沙土的黏粒、有机质、无定形铁、碳酸钙含量都最低，其 Q_m 及 K 也最低。

毕银丽等（1997）研究了陕西安塞黄土丘陵区质地有明显差异的坝系土壤锌的吸附特性（表 7-9）。这几种土壤锌吸附过程均可用 Langmuir 方程表示，土壤中黏粒（<0.001 mm）含量与最大吸附量 Q_m 呈极显著的正相关关系。坝地的黏粒富集层（富黏粒）Q_m 最大，为 5.757 $\mu g/g$，而轻壤层 Q_m 仅为 3.783 $\mu g/g$。Q_m 是土壤锌的容量因子，富黏层 Q_m 大，说明其吸持有较多的锌。反映锌吸持强度的吸持系数 K，也以富黏层最大（0.216），表明富黏层对锌有较强的保蓄能力。$K \times Q_m$（综合反应供锌容量与强度的指标——土壤吸持性）也以富黏层最大（1.243），轻壤层只有 0.375（表 7-9）。就土壤最大锌吸附量（Q_m）与土壤各因子求相关系数，以 Q_m 与黏粒含量正相关最为密切（$r=0.92$，$P<0.01$），与碳酸钙则呈中等程度的正相关关系（$r=0.48$，$P<0.05$）。

表 7-9　坝系不同质地土壤锌吸附的 Langmuir 方程参数（毕银丽等，1997）

土壤	颗粒组成（%）		最大吸附量 Q_m（$\mu g/g$）	吸附能 K	相关系数 r	土壤吸持性 $K \times Q_m$	吸附反应自由能 $\Delta G^0 = -5.706 \times 1\,g\,(K \times 100)$
	<0.01 mm	<0.001 mm					
坝富黏层	64.73	31.20	5.751	0.216	0.982	1.243	-16.12
坡红黏土	60.68	33.85	5.067	0.146	0.985	0.740	-15.15
坝轻壤层	28.64	13.44	3.840	0.098	0.966	0.377	-14.17

吴建明等（1991）对山东棕壤（pH5.54）和褐土（pH9.81）进行锌的吸附解吸试验，加锌 8 $\mu g/g$，1.5 h 后棕壤和褐土锌吸附率（被土壤吸附的锌量占施入锌量的%）分别为 16.7% 和 17.4%，1 d 后分别为 33.9% 和 37.5%，64 d 后分别为 64% 和 67%。在被吸附的锌中，部分可以被解吸出来，且随着时间的延长，解吸率（解吸的锌量占吸附锌量的%）逐渐下降。如加锌后 1.5 h，这两种土壤锌解吸率分别为 95.3% 和 51.2%，1 d 后为 51.6% 和 35.7%，64 d 后为 18.6% 和

17.7%。土壤性质对锌吸附的影响以 pH、黏粒与碳酸钙最为显著。用山东省主要土类的试验表明，pH 由 5.45 提高至 6.35，吸附量明显增大；pH6.35～7.65，吸附量增量较小；pH7.85～8.40，吸附率接近 100%；pH9.05～9.50，吸附量明显下降；pH9.81 吸附量急剧下降（表 7 - 10）。锌的吸附率随土壤黏粒的增加而提高，拟合直线回归方程。随土壤碳酸钙含量增加，开始土壤中锌的吸附量增加较快，碳酸钙含量至 10%，锌的吸附率已趋于稳定。

表 7 - 10　土壤 pH 对锌吸附的影响（吴建明等，1991）

单位：$\mu g/g$

pH	5.45	6.35	7.45	7.65	7.85	8.40	9.05	9.50	9.81
未加锌时土壤含锌量	27.21	26.48	22.50	24.62	25.19	17.90	16.09	8.26	0.48
加锌 8 $\mu g/g$ 后土壤含锌量	29.34	27.86	23.85	25.61	25.19	17.95	16.95	9.45	2.97
吸附量	5.87	6.62	6.65	7.01	8.00	7.95	7.14	6.81	5.51

土壤对锰的吸附过程可以用 Langmuir 等温方程表示。王学贵、朱克庄（1986，1990）用陕西塿土、黄绵土和水稻土对锰的吸附解吸进行了研究，结果表明，3 种土壤的吸附性能均可用 Langmuir 等温方程式表示。3 种土壤最大吸附量的顺序为：塿土（24.3 cmol/kg，占 CEC 的 158.8%）＞黄绵土（10.87 cmol/kg，占 CEC 的 92.1%）＞水稻土（3.64 cmol/kg，占 CEC 的 26.4%）；土壤对锰的解吸量则是：黄绵土（1.202 cmol/kg）＞水稻土（1.107 cmol/kg）＞塿土（0.866 cmol/kg）。表明塿土对锰的吸附量大，吸持力强，即塿土有较大的供锰容量，但供应强度却不大，而水稻土则相反。这一差异是由于土壤性质不同所造成的，塿土 pH 为 8.53、CaCO$_3$ 含量为 77.8 g/kg，水稻土 pH 为 6.1、CaCO$_3$ 仅 1 g/kg。测定的土壤 DTPA - Mn，塿土为 4.0 $\mu g/g$，水稻土为 18.1 $\mu g/g$。在这里，土壤 pH 和 CaCO$_3$ 对锰的吸附和解吸，显示出明显的影响。

土壤对硼的吸附分有机吸附和无机吸附，前者是土壤中有机物通过与硼酸形成脂类或有机络合物，强烈地吸附硼酸；无机吸附是土壤黏粒、次生黏土矿物、氢氧化铁、氢氧化铝、氢氧化镁等对硼的强烈吸附，部分硼进入矿物晶格中而被固定。土壤对硼的吸附和固定对硼的有效性有重大影响，因为被吸附的硼在较低的 pH 条件或在热水浸提下，可以进入土壤溶液，成为植物可以利用的形态，而在 pH 较高的条件下硼被强烈吸附而降低有效性，但亦使之免于淋失，得以保存于土体之中。一般认为，氢氧化铝对硼的最大吸附量在 pH 7，氢氧化铁则在 pH 8～9（刘铮，1991）。

硼是非金属的微量元素，在水中以 BO_3^{3-}、$B_4O_7^{2-}$、BO_2^- 的形态存在，易随水迁移进入土壤。郑泽群等（1999）研究了陕西省主要土类对这 3 种阴离子的吸附与解吸。结果表明，土壤对 3 种阴离子的吸附可拟合 Langmuir 和 Freundlich 等温吸附方程。土壤对 $B_4O_7^{2-}$ 的吸附，前 2 h 平均吸附速度为 22.5 $\mu g/(g \cdot h)$，第二个 2 h 为 1.5 $\mu g/(g \cdot h)$，因而可以认为，土壤对硼的吸附 2 h 即可达到平衡。对 Langmuir 方程式常数进行显著性测验表明，同一种土壤对 3 种硼的阴离子的吸附常数差异不显著。在不同浓度硼溶液中被土壤吸附的 3 种硼的阴离子的解吸有两种类型，即解吸曲线和其相应的吸附曲线相重合的可逆型与不相重合的滞后型。土壤吸附硼的阴离子后的解吸比例，BO_3^{3-}、$B_4O_7^{2-}$ 和 BO_2^- 分别为 80.3%、49.6% 和 26.2%，说明土壤对 BO_3^{3-} 与 $B_4O_7^{2-}$ 的吸持力弱，因而它们的移动性大，易对作物产生毒害；而 BO_2^- 的移动性小，相对毒害较轻。

土壤中钼的吸附和固定大致有 3 种方式，即阴离子代换吸附，为铁铝等氧化物所吸附，或形成难溶的钼酸盐。黏粒矿物、铁、铝、锰、钛的氧化物都能吸附和固定钼，这种吸附与 pH 有关，钼的最高吸附量在 pH 3～6，在 pH 6 以上吸附迅速减弱，pH 8 以上几乎不再被吸附。土壤对钼的吸附可以用 Langmuir 公式或者用 Freundlich 公式来表示。土壤有机和无机部分都能吸附和固定 Cu^{2+}，Cu^{2+} 的吸附能力很强，所以铜常被紧密地吸附和固定，土壤对铜的吸附也可以用 Langmuir 或 Freundlich 公式来表示（刘铮，1991）。

三、土壤微量元素的转化与迁移

土壤中微量元素的迁移主要是由水和生物帮助实施的，前者属水迁移，后者则为生物迁移。影响微量元素迁移转化的因子很多，水分条件、pH、Eh、CEC、温度、土壤 CO_2 分压、有机质、黏粒、碳酸盐以及铁、铝、锰氧化物含量和植物根系等都能影响微量元素的溶解度，从而影响它的移动。如锌的水迁移主要是以络合物（其中主要为有机络合物）、胶体或在矿物组成中的机械悬浮物形式实现的。马义兵等（1993a）报道，土壤溶液中的锌离子大多以无机和有机络离子存在，土壤溶液中40%～80%为 Zn^{2+}。随 pH 升高，Zn^{2+} 易溶性络合物减少，稳定性络合物增加。pH 每增加 1 个单位，土壤溶液中锌浓度下降 4～10 倍。pH 是控制土壤溶液中锌浓度的重要因子。土壤固体组分对锌的吸附、沉淀对溶液中锌浓度也有重大影响。而土壤溶液中的锌最易实现水迁移与生物迁移。

生物迁移是生物体通过土壤、水、食物链把微量元素吸收到有机体组成中，使其参加到物质的生物小循环中来，并把它们保持在生物圈中。生物迁移的强弱一般用生物吸收系数表示，其意义是植物灰分中的微量元素含量与土壤中含量之比。移动性大的元素生物系数大，反之就小。据测定（余存祖，1992），黄土丘陵区主要作物锌、锰、硼、铜、铁的生物吸收系数为 0.42～10.39，各元素生物吸收系数顺序为铜＞锌＞硼＞锰＞铁。表明铜、锌为强吸收积累的金属元素，而锰、铁则较弱。在作物各部位中，锌和铜在种子中生物吸收系数最高，锰和硼在叶片中有较高的生物吸收系数，铁则在根系和叶片中生物系数较低（表 7-11）。植物对微量元素有选择吸收的机制，但在特殊情况下（高背景值区或人工高量施肥）也会被奢侈吸收，严重时引起元素吸收过量致使作物生长受到抑制。水迁移和生物迁移是造成土壤剖面各层次元素淋溶、积累的主要作用因素，也是各土层间元素含量富集与消减的主要原因。

表 7-11　黄土丘陵区主要农作物各部位的生物吸收系数（余存祖，1992）

作物	部位	Zn	Mn	B	Cu	Fe
	根	7.58	5.98	5.06	12.00	1.55
	茎	4.02	1.21	2.83	6.53	0.17
春小麦	叶	4.23	7.50	6.76	8.12	0.63
	种子	17.43	4.32	1.02	16.02	0.15
	平均	8.32	4.75	3.92	10.67	0.63
	根	3.38	1.50	4.46	8.00	0.57
	茎	2.26	0.80	2.70	5.51	0.32
玉米	叶	5.76	3.75	5.46	8.12	0.43
	种子	17.43	1.48	2.45	38.04	0.31
	平均	7.21	1.88	3.77	14.92	0.41
	根	3.71	1.50	2.17	6.50	0.45
	茎	2.83	1.14	3.08	4.01	0.20
谷子	叶	4.23	2.30	4.27	8.13	0.18
	种子	19.67	2.28	2.26	9.00	0.39
	平均	7.61	1.81	2.95	6.91	0.31
	根	5.16	1.42	2.07	8.51	0.40
	茎	2.82	0.74	2.82	4.01	0.23
糜子	叶	5.76	2.81	6.34	3.76	0.45
	种子	23.25	2.12	6.22	13.02	0.34
	平均	9.25	1.77	4.36	7.33	0.36

（续）

作物	部位	Zn	Mn	B	Cu	Fe
	根	3.41	1.51	4.36	6.55	0.39
	茎	2.58	1.84	10.05	6.00	0.32
大豆	叶	6.05	10.26	28.45	10.01	0.50
	种子	18.55	3.86	20.94	26.00	0.36
	平均	7.65	4.37	15.95	12.14	0.39

　　对于外源微量元素在土壤中的移动，刘永菁等（1992）在辽宁省碳酸盐褐土、淋溶褐土和草甸土3种土壤上对锌的移动进行了试验研究。这3种土壤的pH分别为7.8、7.7和7.4，$CaCO_3$含量为74.0 g/kg、25.8 g/kg和18.4 g/kg，有机质含量为12.0 g/kg、19.3 g/kg和43.1 g/kg。3种土壤按每千克土施入锌50 mg，而后按土壤最大持水量的60%加入去离子水，在25 ℃条件下培养10 d。结果是土壤施锌后，锌主要集中在施肥点上，横向和纵向移动量都很小。距施肥点越远，有效锌含量越低。以碳酸盐褐土锌移动最少，距施肥点5 cm处有效锌含量比不施肥对照只增加0.3%，10 cm处增加0.2%；其次是淋溶褐土，5 cm处增加0.5%～0.7%，10 cm处增加0.4%～0.5%；草甸土移动性较强，5 cm处和10 cm处分别增加9%～10%和5.48%（表7-12）。这种移动与土壤性质有关，草甸土的pH较低，$CaCO_3$含量少，且质地较粗，沙粒与粗粉沙粒含量高于两种褐土，所以移动性较强。

表 7 - 12　土壤中锌的移动试验（刘永菁等，1992）

土壤类型	移动方向	有效锌含量（μg/g）		
		施锌点	距施锌点5 cm	距施锌点10 cm
碳酸盐褐土	垂直	229	0.746	0.638
	横向	207	0.674	0.642
淋溶褐土	垂直	208	1.502	1.178
	横向	184	0.930	0.812
草甸土	垂直	221	24.54	6.370
	横向	103	10.28	5.650

　　锰、铁、钼等微量元素的离子，其移动性受原子价位的影响。像与Fe^{2+}等低价离子比较易溶，有较大的移动性；而Mn^{4+}与Fe^{3+}等高价离子则相反。钼与锰、铁不同，Mn^{6+}比Mo^{5+}容易移动，这表明Eh对这些元素的移动与植物有效性有很大影响。pH对锰、铁、铜、钼的移动性有直接影响，在pH<6的环境中，Mn^{2+}、Mn^{3+}、Cu^{2+}、Zn^{2+}、Fe^{2+}移动性显著增高，而在pH>7的环境中，Mo^{6+}、Mo^{5+}、Se^{6+}变得活泼起来。渍水条件下，Mn^{3+}、Mn^{4+}、Fe^{3+}易还原为Mn^{2+}与Fe^{2+}，因而增加了移动性，易被植物所利用。温度增高，促进土壤各组分对吸附微量元素的释放，因而增加锌、锰、铜、铁、硼等的活性。硼的活性与土壤pH有关，在pH 4.7～6.7时，硼的可给性最高，水溶态硼与pH呈正相关关系，pH 7.1～8.1时则呈负相关关系，因而植物缺硼常发生在pH>7的土壤上。硼在水中以BO_3^{3-}、$B_4O_7^{2-}$、BO_2^-等阴离子形态存在，易随水而迁移。在土壤水分充足时，易淋溶、渗滤而移至下层，甚至迁移出土体。但在土壤干燥情况下，硼的有效性降低（柯夫达，1981；刘铮，1991）。

　　微量元素在自然界中的迁移造成环境中元素的贫化与富化。黄河中游地区是我国侵蚀最严重的地区，侵蚀模数多在每年5 000 t/km²以上，每年冲刷表土2～12 mm。流失的表土辗转运动进入黄河成为泥沙，该区每年倾入黄河的泥沙达16亿t。据测定，泥沙中元素含量水平大体接近或略高于黄土丘陵区的黄绵土。按泥沙中平均含量计算，每年倾入黄河的锌、锰、硼、钼、铜、铁6种有效态元素共为 2.2 万 t，折合 10 万 t 微量元素肥料，约为我国 20 世纪 90 年代中期年施用量的 3 倍。侵蚀加重了这一地区土壤微量元素的亏缺，侵蚀越重，土壤缺素越严重（余存祖等，1983）。另外，内蒙古与甘肃河西、宁夏河套地区，气候干燥，蒸发强烈，盐分随地下水上升，由于有硼酸盐浸渍现象，土壤表层硼明显增高，如甘肃玉门盐渍土表层水溶态硼高达 14 μg/g。分布于宁、甘、青干旱半干旱区的灰钙土，随着剖面下层盐分的积聚，有效钼高达 0.8 μg/g，水溶态硼为 24 μg/g，分别是当地土壤背景水平的 15 倍与 50 倍（余存祖等，1988）。宁夏南部同心、固原等干旱区分布有富含多种矿物成分的第三系、白垩系岩层，经大气降水与基岩裂隙水的淋滤、溶解，这些成分迁入河流，由于灌溉而富集于土壤表层。这种水味苦，被称为苦水。苦水中已检出有硼、锂、溴、氟等成分，其中含硼 0.8~5 mg/L，平均 1.5 mg/L，经苦水灌溉的土壤含水溶态硼 2 μg/g 以上，均达到抑制农作物生长的程度（黄义端等，1981）。

四、微量元素在土壤中的残留与残效

土壤中施用较多数量的元素后，往往能在相当长的时间内发挥肥效。据余存祖等（1986b）在陕西塿土上的试验，1981 年 8 月向土壤施锌（ZnSO₄ 态）10 μg/g 和 100 μg/g，3 年后测得土壤中有效锌分别为 4.7 μg/g 和 21.0 μg/g，残留率分别为 35.0% 和 19.5%（表 7-13）。

表 7-13　锌肥在土壤中的残留（余存祖等，1986b）

施锌量 (μg/g)	土壤有效锌残留量（μg/g）				锌在土壤中的残留率（%）
	2 月后	13 个月后	25 个月后	37 个月后	
0	1.25	0.84	1.10	1.20	—
10	5.52	7.80	8.50	4.70	35.0
100	42.6	30.6	19.0	21.0	19.5

注：① 施锌日期为 1981 年 8 月 10 日；② 残留率（%）＝（土壤锌测出量—对照土壤含锌量）/施入锌量。

刘永菁等（1992）在辽宁淋溶褐土上试验，施锌 30 μg/g 和 60 μg/g，1 年后土壤有效锌分别为 10.30 μg/g、25.51 μg/g 和 43.30 μg/g（原土含锌为 6.02 μg/g），残留率分别为 5.1%、48.55% 和 46.59%。其趋势大体与余存祖的试验结果相同。锌在土壤中的残留对作物锌含量与产量也有影响。余存祖等（1986b）在塿土上做盆栽试验，1981 年夏季分别施用锌 0、10 μg/g 和 100 μg/g，每年种植一季玉米，生长 40~102 d。从 1981—1985 年，不论是玉米植株含锌量或是生物学产量，5 年内施锌处理均显著高于对照。如 1985 年，玉米植株含锌量，对照处理为 24.2 μg/g，施 Zn 10 μg/g 和 100 μg/g，分别为 70.6 μg/g 和 109.0 μg/g，玉米生物学产量对照为 28.1 g/盆，施锌的分别为 33.0 g/盆和 34.3 g/盆。据余存祖等（1986b）调查，大田常规量施锌，不论是拌种、土施或喷施，作物种子中均可反映出含锌量有微小的增加，增加幅度为 0.1~3 μg/g（表 7-14）。

表 7-14　大田常规施锌作物种子中含锌量的变化（陕西中部）（余存祖等，1986b）

作物	采样地点	原土中锌含量 (μg/g)	种子中锌含量（μg/g）			施锌方法与剂量 (kg/hm²)
			施锌	对照	增加	
玉米	扶风农场	0.40	26.0	23.0	3.0	拌种 1.5
玉米	长武洪家乡	0.38	13.4	13.3	0.1	土施 15.0
玉米	长武洪家乡	0.38	13.6	13.3	0.3	土施 30.0
小麦	大荔农场	0.57	40.0	39.0	1.0	飞机喷洒 1.5
小麦	大荔农场	0.57	42.0	39.0	3.0	飞机喷洒 2.25
小麦	朝邑农场	0.43	30.0	29.5	0.5	飞机喷洒 2.25

锰在土壤与作物中同样有长期的残留效应。余存祖等（1986a）在陕西娄土上做培养试验，施锰 20 µg/g 和 200 µg/g 处理，在施入的当年、第二年直至第五年，土壤含锰量、玉米植株含锰量和干重都高于对照（表 7-15）。Shepherd 等（1960）报道，在温室试验中给前作玉米施用 112 kg/hm² 锰，后作小麦对残留锰表现出明显的反应。在田间情况下，不容易注意到锰的残效反应，因为大田条件下施锰量很少，且在土壤中分散了，尽管这样，锰的残效确实存在。

表 7-15　锰在土壤与作物中的残留（余存祖等，1986a）

单位：µg/g

施锰量	1981 年			1982 年			1985 年		
	玉米植株干重（g/盆）	植株含锰	土壤含锰	玉米植株干重（g/盆）	植株含锰	土壤含锰	玉米植株干重（g/盆）	植株含锰	土壤含锰
0	28.4	101.5	13.0	15.6	62.5	10.4	62.9	68.3	7.4
20	32.6	140.6	26.0	22.0	78.0	16.2	98.7	72.6	10.8
200	29.8	154.6	32.5	15.8	162.0	25.0	90.5	80.4	27.3

注：锰于 1981 年 5 月 23 日施入，1981 年、1982 年测土时间均在玉米收获后。

作为非金属元素的硼，施入土壤后也有显著的残留效应。戴鸣钧等（1988）在陕西娄土上做盆栽试验，施硼 1 µg/g、10 µg/g 和 50 µg/g（$Na_2B_4O_7$ 态）后，土壤硼含量相应上升，当天测出的土壤水溶态硼为施用硼量的 65%～70%，之后迅速下降，至第七天下降至施用量的 45%～55%，第七天后呈缓慢下降趋势。土壤水溶态硼含量（y，µg/g）与施后天数（x，d）之间，可拟合幂函数方程。该土壤种植油菜一季小麦后，第二年试验结束时，原施硼量为 1 µg/g、10 µg/g、50 µg/g 时，实测土壤水溶态硼含量分别为 0.75 µg/g、1.56 µg/g、11.10 µg/g。土壤硼的残留率分别为 13.4 µg/g、14.6 µg/g 和 52.7 µg/g；小麦籽实含硼浓度分别为 2.7 µg/g、3.5 µg/g、6.0 µg/g 与 22.0 µg/g，显示出硼的残留效应。

钼也有数年的残效。Anderson（1956）指出，一次施钼 143 g/hm²，对于大多数作物可保持数年有效。Mulder（1954）注意到，为了在 3 年内获得最佳的残效反应，花椰菜需施钼 1 800 g/hm²，卷心菜则仅需施钼 444 g/hm²。关于铜，Reith（1 968）指出，施铜的残效在田间条件下至少可保持 8 年。美国的研究者们建议，给对铜反应中等的作物施铜达 22 kg/hm²，或给对铜反应明显的作物施铜 45 kg/hm²，则数年内不需再施铜（余存祖、戴铭钧，2004）。余存祖等（1986a）在陕西黑垆土上试验，1984 年 5 月向土壤中分别施铜 0、1 µg/g、5 µg/g、10 µg/g 和 30 µg/g，种植谷子-小麦。1985 年 7 月小麦收获后，测得土壤中有效铜含量分别为 0.86 µg/g、1.13 µg/g、2.37 µg/g、4.31 µg/g 与 11.59 µg/g，小麦籽实含铜量分别为 3.7 µg/g、3.8 µg/g、5.7 µg/g、7.0 µg/g 与7.5 µg/g，其残留效应相当明显。铁在土壤中残效的资料较少。从理论上推断，控制旱地土壤溶液中铁浓度的主要是氢氧化铁和氢氧化亚铁，这些化合物的溶解度很小，pH 在 6 以上的土壤中，基本上没有水溶性铁，在 Eh 较高的条件下，易溶的低价铁还会氧化成高价铁，而降低其有效性。一般认为，施铁的残效应不会太长，其残留持续时间因土壤 pH、有机质、$CaCO_3$ 等水平而有所不同。

五、过量施用微量元素的毒害效应

微量营养元素在性质上多数具有两重性，它们既有营养元素的功能，在过量时也会对生物体造成一定的危害，尽管它们的毒性很低（杨居荣等，1985）。但这种"毒害"程度是以什么为标准来进行衡量？是以农作物发生了减产？或作物可食用部分元素含量超过一定水平影响了它的营养价值？还是对食用它的人畜健康产生了不利影响？对此，目前尚无统一的标准。一般常以土壤中元素过量，致使农作物减产 10% 作为始毒界限（Chki、Olvich，1977）。根据余存祖等（1986a，1986b，1988）的温室生物试验，这个始毒界限（土壤中有效态元素的含量）为：锌对玉米为 400 µg/g、对小麦为

$100\ \mu g/g$，锰对小麦为 $500\ \mu g/g$，铜对谷子为 $30\ \mu g/g$，硼对小麦为 $10\ \mu g/g$、对油菜为 $10\ \mu g/g$。但当土壤元素到达始毒界限时，小麦（或谷子）种子中锌、硼、铜浓度分别比对照增高 200％、122％、69％（表 7-16）。这样看来，上述土壤锌、锰、硼、铜的始毒界限定得过高，需要把作物食用部分元素浓度这一因素考虑进去。暂以土壤中营养元素有效态含量虽未达到始毒界限，但已超过作物生长所需，足以使农作物可食用部分的该元素浓度超过正常值的 30％作为土壤元素的警戒含量。根据黄土高原地区土培试验与田间调查结果，超过警戒含量则不允许再施用微肥。这是一个经验性指标，由于各地土壤性质与耕作施肥水平不同，数值高低会有所差异，只是作为一种参考性指标。

表 7-16　过量施用锌、硼、铜对作物产量与元素浓度的影响（余存祖等，1986a、1986b、1988）

锌				硼				铜			
施锌量 $(\mu g/g)$	土壤有效锌 $(\mu g/g)$	小麦产量 $(g/盆)$	小麦种子含锌 $(\mu g/g)$	施硼量 $(\mu g/g)$	土壤水溶硼 $(\mu g/g)$	小麦产量 $(g/盆)$	小麦种子含硼 $(\mu g/g)$	施铜量 $(\mu g/g)$	土壤有效铜 $(\mu g/g)$	谷子产量 $(g/盆)$	谷子种子含铜 $(\mu g/g)$
0	1.1	7.7	27.5	0	0.47	11.4	2.7	0	0.57	22.2	4.9
10	4.7	9.3	44.3	0.1	0.65	11.6	3.1	1	0.85	24.2	6.1
100	21.0	6.7	82.5	1	0.83	13.2	3.5	10	3.27	26.2	7.8
1 000	182.0	3.1	94.9	10	2.36	10.2	6.0	30	9.43	19.3	8.3

依据作物中微量元素含量来评判其丰缺，往往比从土壤含量评判更为可靠，因为作物对土壤中元素含量反应敏感，特别是从土壤的高含量中被迫吸收大量的营养元素的情况下更是如此（康玉林等，1992）。因而植物分析常常被用作诊断养分丰缺的重要手段。表 7-17 是根据黄土高原地区有关试验提出的作物体内锌、锰、硼、铜的浓度分级（余存祖等，1986a，1986b；彭琳等，1985；戴鸣钧等，1988；Viet，1954），表中所谓的毒害，是指作物因元素浓度过大而使产量（或生物量）降低 10％以上。

表 7-17　作物体内微量元素浓度的分级

单位：$\mu g/g$

微量元素	作物部位	生育期	微量元素浓度分级			
			缺乏	适量	过量	毒害
锌	玉米茎叶	拔节期	<25	25～80	80～400	>400
	玉米籽粒	成熟期	<20	20～4	40～200	>200
	小麦茎叶	成熟期	<30	30～80	80～400	>400
	小麦籽粒	成熟期	<30	30～50	50～80	>80
锰	玉米茎叶	拔节期	<100	100～200	200～500	>500
	玉米籽粒	成熟期	<10	10～20	20～30	>30
	小麦茎叶	成熟期	<40	40～100	100～200	>200
	小麦籽粒	成熟期	<40	40～50	50～80	>80
硼	油菜茎叶	成熟期	<20	20～30	30～40	>40
	油菜籽粒	成熟期	<14	14～16	16～18	>18
	小麦茎叶	成熟期	<15	15～25	25～30	>30
	小麦籽粒	成熟期	<4	4～5	5～6	>6
铜	谷子籽粒	成熟期	<5	5～7	7～8	>8
	小麦籽粒	成熟期	<4	4～6	6～8	>8

微量营养元素的毒性很小，施用量又很低，生产实践中因过量施用微肥造成作物毒害是很少见的，除非是大剂量连续土施，元素在土壤中积累过量或者是种子处理（拌种、浸种）溶液浓度过大而达到毒害水平。一般来说，锰过多或锰中毒通常出现在强酸性土壤或渍水土壤中，pH 在 7 以上的土壤不会出现锰的毒害；铁施入土壤后迅速转化为难溶性化合物，铁中毒的可能性也很小。连续施用过量的铜会导致植物中毒。据报道，美国佛罗里达州的酸性土壤，由于反复施用波尔多液，一些果园 15 cm 表土含有 300 $\mu g/g$ 以上的铜，使柑橘缺铁失绿（余存祖、戴铭钧，2004）。Sauchelli（1969）报道，澳大利亚西部沙质土壤，只施 11 kg/hm^2 的铜，就引起作物铜中毒；美国东部滨海平原新开垦的泥炭土上，第一次施用硫酸铜 224 kg/hm^2，以后每年施用 55 kg/hm^2，也引起铜的毒害。铜的毒害可能与过量的铜显著地减弱植物对磷的吸收并降低叶和根中铁的浓度有关。作物锌中毒可能在下列情况下出现：① 含锌矿床周围土壤；② 大量施用含锌污泥或施用生活与工业含锌废弃物的土壤；③ 经常用含高锌污水灌溉的土壤。但锌是毒性较小的微量元素，大田情况下由施肥累积而引起作物锌中毒的例子却极为罕见。有学者发现，在大田试验中，种植玉米的酸性土和碱性土分别施用锌多达 358 kg/hm^2 和 1 390 kg/hm^2，作物并没有呈现中毒症状。但是，土壤中积累过多的锌，会造成养分间的不平衡，而影响作物的品质与产量（余存祖、戴铭钧，2004）。

植物对钼有相当高的忍耐性，因而缺少在田间条件下因过量施钼而使植物中毒的例子。大豆在开始结荚时，上部成熟的叶片含钼少于 1 $\mu g/g$ 可视为缺钼，超过 10 $\mu g/g$ 时则属于过量。牧草等植物的钼含量为 10～20 $\mu g/g$ 或更高时，对食草动物有毒害作用（刘铮，1991）。家畜的钼毒症与过量的钼导致缺铜有关，给家畜注射铜的化合物对治疗钼毒症十分有效。试验证实，加拿大西部地区牧草中铜/钼最低值应为 2，英国的报道则认为此值应为 4。对作物来说，土壤中硼的缺乏、过量与中毒的浓度界限是很小的。因此，硼比较容易发生作物毒害，土壤施硼由于施肥不匀或浸种溶液浓度过大，会引起作物发黄发干等硼中毒症状。内陆干旱区盐土经常出现水溶态硼过高而抑制作物生长的情况。Rieke 和 Davis（1964）发现，给豌豆条施 5.0 kg/hm^2 的硼导致其产量下降，使植物体硼的平均浓度高达 136 $\mu g/g$。植物硼的中毒症状会因加施钙或氮而减轻，又会因加施钾而加重。

六、微量元素与其他元素的关系

土壤中各营养元素之间，植物体内各营养元素之间，都存在着一定的化学或生理学上的关系，表现出互相促进、干扰或拮抗。元素与元素之间的关系极其复杂，重要的如锌磷、锌氮、锌铜；锰磷、锰铁；硼钙、硼氮、硼磷；钼氮、钼磷、钼铜、钼锰、钼铁；铜铁、铜磷、铜氮、铜钙；铁氮、铁磷、铁锌等这里仅就研究较多的锌磷关系与锌氮关系进行讨论。

锌、磷均为作物重要的营养元素，对促进作物生长和增产效果是不容置疑的。但问题在于它们的配合施用，是互相促进，还是互相排斥或拮抗，以及锌磷的比例关系何时为宜。

一般认为，大量施用磷肥会引起作物锌的缺乏（Adriano，1986；余存祖、戴铭钧，2004）。但也有与此相反的许多实验结果。彭琳等（1980a）在陕西塿土 4 个发生层进行的试验表明，锌磷配合施用，二者有互相促进吸收的作用。在肥力很低、锌磷俱缺的塿土黏化层、钙积层和母质层中，锌与磷配施的玉米植株干物重较锌、磷分别施用的分别高 65%、28% 和 12%。在这 3 个层次中，锌磷配合施用的玉米植株吸收锌量较锌、磷分别施用的吸锌总量还高 85%～190%。显然，磷促进了作物对锌的吸收（表 7-18）。同样，锌也促进了作物对磷的吸收，施锌的玉米植株摄取磷量较对照高 15.3%。对于肥力较高，锌、磷含量中等的塿土耕作层来说，锌磷交互作用就没有那么明显。因而认为，在锌、磷俱缺的土壤上，单施锌或单施磷并不能明显促进作物生长，只有二者配合施用，才有良好效果。试验中出现玉米植株含锌浓度随土壤施磷量、土壤有效磷含量和植株含磷浓度的增高而下降，并与植株含磷浓度呈负相关关系。但这一现象并非由于土壤中锌离子与磷酸盐形成不溶性磷酸锌而被固定。因为施高磷处理的土壤有效磷含量虽较不施磷处理增加了 26 倍，土壤有效锌含量并未随土壤有效磷增加而显著下降。在玉米生长期内，施高磷处理的植株干物质积累量，较不施磷处理增加了

136%～191%，而同期吸收锌量只增加5%～39%，因而干物质积累量多的高磷处理植株，锌浓度低于不施磷处理，这只是一种"稀释效应"。根据玉米植株干物质与植株 P/Zn 的浓度比的关系，他们提出玉米植株中 P/Zn 大于100，可作为植株缺锌指标；70～84 为不缺锌。比值越大，缺锌越严重。

表7-18　塿土剖面各层的锌磷效应（彭琳等，1980a）

土层	玉米植株干物质（g/盆）					玉米植株吸锌量（μg/盆）				
	Zn	P	Zn+P	ZnP	ZnP/(Zn+P)	Zn	P	Zn+P	ZnP	ZnP/(Zn+P)
耕作层	3.60	5.18	8.78	4.69	0.53	158	138	296	195	0.66
黏化层	0.74	3.26	4.00	6.60	1.65	29	80	99	287	2.90
钙积层	0.69	2.21	2.90	3.71	1.28	35	58	93	208	2.24
母质层	0.98	4.80	5.78	6.48	1.12	52	111	163	301	1.85

注：试验以氮肥 100 μg/g 为底肥，锌肥施用量为 5 μg/g、磷肥施用量为 50 μg/g。

杨金等（1983）在吉林省石灰性土壤上所做的锌磷肥效试验，也出现了玉米的"稀释效应"，即单施磷可大幅度降低玉米植株中锌的浓度，P/Zn 达到 345～985，出现了缺锌症状，但施锌后这一矛盾即可明显缓解。试验中发现，锌有集中在玉米根部的趋势，施磷处理尤甚。他们认为，高的施磷量会抑制锌从根部向地上部转移，这也是造成植株缺锌的原因之一。试验还表明，施锌并不引起土壤中有效磷的减少，但施高磷却引起土壤中有效锌的降低，其原因尚待研究。

王海啸等（1990）在山西省石灰性褐土上对土壤与玉米植株的锌磷关系进行了较为细致的研究，得出了几点结果：①施锌对土壤有效磷影响不显著，但施磷却使土壤有效锌明显增加，说明施磷可促进土壤锌的解吸。②玉米幼苗根部吸收锌、磷均随着土壤施锌、磷的增加而增加，而地上部则不然，在一定的施锌水平下，地上部吸磷量随着施锌量的增加而增加，超过此施锌水平，则吸磷量减少，吸磷曲线呈抛物线形。此水平的土壤施锌量为 4.3 μg/g，施锌后 95 d，土壤有效锌为 1.2 μg/g；施磷对玉米植株吸收锌的影响也呈抛物线形，其转折点的土壤施磷量为 33.8 μg/g，施磷肥后 95 d 土壤有效磷为 15 μg/g。③玉米苗期体内 P/Zn 以 60～80 为宜，此时生物学产量最高。据此，他们认为锌、磷的相互作用不是由于在土壤中形成难溶的磷酸锌沉淀，也不是锌、磷在根际相互拮抗，妨碍了根对锌或磷的吸收，而是这两种营养元素在植物地上部产生的营养平衡作用。当土壤养分比不适合作物营养特性时，作物运用自动调节机制，以维持体内相对良好的养分含量和比例。施锌至一定水平，磷用量过大，会产生一种生理抑制作用，即使将锌吸收进入根内也不能运输到作物地上部，而磷浓度过低也会造成作物某些代谢功能失调，妨碍锌向地上部运输。

以上几位研究者对土壤和作物中锌、磷关系的表现形式和机理的分析不尽一致，甚至出现相互矛盾的实验结果。但有一点是共同的，即锌、磷配合施用可以产生互促效应，改善土壤和作物的养分平衡，能够显著提高养分利用率，促进作物生长并提高产量。至于植株内 P/Zn，彭琳等（1980a）提出70～84 较为适宜，超过 100 为缺锌；王海啸等（1990）认为应以 60～80 为宜；曹秀华等（1983）实验结果，认为此值在 4.34～21.71 时玉米幼苗生物学产量最高。土壤中 P/Zn，彭琳等（1985）认为正常值为 16 左右，大于 30 即为缺锌；王海啸等（1990）认为 9 为正常值。这些数值上的差异，除与各地土壤气候条件有关外，测定时的作物生育期也不一致，而作物在不同生育期营养元素浓度是有变化的。由此看来，要得出土壤、植物适宜的 P/Zn，尚需做更多的试验研究。

彭琳等（1984）在黑垆土表层及底土上用 [15]N 示踪法进行试验，结果表明，施锌促进了作物对氮的摄取，提高了氮肥利用率。如单施氮肥处理，大麦植株干重为 22.4 g/盆，吸氮 305 mg/盆；锌氮配合，植株干重 23.3 g/盆，吸氮 324 mg/盆。植株含氮浓度由单氮处理的 13.6 g/kg，提高到锌氮配施的 13.92 g/kg，氮肥利用率由 33.6% 提高到 36.7%。另一组在底土上试验，由于底土缺锌，施锌促氮效果更为明显，氮肥利用率由 29.0% 提高到 35.8%。锌是作物氮代谢和蛋白质合成的核心，进入植株体内的氮素，常因缺锌而影响氮化物的运输与蛋白质的合成。彭琳等（1983）的试验表明，在有效锌含量低的土壤上，谷子植株体内含氮化合物大部分聚积在叶片中，转运到籽实中只占 1/10。施用锌肥后，植株体内含氮化合物有 1/2 运往籽实，因而籽实饱满，产量增加。尤其是在锌氮俱缺的黄绵土、灰钙土、风沙土及黄绵土底土，锌氮配施的互促作用更为明显。一般以两种肥料配合施用的作物产量，与二者分别施用的作物产量和（均分别减去其对照）其比值为连应值，连应值>1 为正连应，1～2 为中度正连应，>2 为高度正连应。黄土高原主要耕作土壤作物施锌、氮的连应值多在 1 以上（表 7 - 19）。以单施氮与锌氮配合谷子产量相比，黄绵土为 25.50 g/盆与 34.97 g/盆，灰钙土为 22.50 g/盆与 31.37 g/盆，风沙土为 0（无籽）与 23.27 g/盆，黄绵土底土为 2.67 g/盆与 32.67 g/盆。

表 7 - 19　黄土高原主要耕作土壤作物施锌、氮的连应值（彭琳等，1984）

土壤类型	土壤层次	作物		
		谷子	大麦	玉米
塿土	耕作层	1.048	0.808	4.696
黑垆土	耕作层	1.000	1.027	1.352
	垆土层	2.896	1.324	2.344
黄绵土	耕作层	1.256	0.907	1.644
	底土	1.005	1.003	1.464
灰钙土	耕作层	1.168	1.025	2.005
绵沙土	耕作层	1.162	0.928	1.326
风沙土	耕作层	11.524	1.731	4.896

注：① 连应值＝（ZnN－CK）/（Zn－CK＋N－CK）；② 试验以 P 100 $\mu g/g$、K 126 $\mu g/g$ 为肥底，Zn 为施 Zn 5 $\mu g/g$，N 为施 N 100 $\mu g/g$。

褚天铎等（1987、1989）在山东、河北等省进行的多点试验，也表明锌与氮（磷）配施，有正连应，增产作用明显。根据 8 个试验结果综合，小麦单施锌和单施氮比对照分别增产 381 kg/hm² 和 462 kg/hm²，均未达显著水平，锌氮配合比对照增产 852 kg/hm²，增产幅度 23.1%，锌、氮、磷配合效果最好，比对照增产 1 401 kg/hm²，增产幅度 38.0%（表 7 - 20）。

表 7 - 20　锌、氮、磷配施对小麦经济性状及产量的影响（褚天铎等，1987、1989）

处理	穗数（×10⁴/hm²）	穗粒数（粒）	千粒重（g）	产量（kg/hm²）	增产	
					kg/hm²	%
CK	417	29.2	40.2	3 690	—	—
Zn	453	29.3	39.6	4 071	381	10.3
N	474	29.9	38.5	4 152	462	12.5
P	498	30.4	38.9	4 450	760**	20.6
ZnN	504	29.3	39.6	4 542	852**	23.1
ZnP	538	31.1	40.5	4 704	1 014**	27.5
NP	543	33.1	39.3	4 752	1 062**	28.8
ZnNP	577	32.2	40.0	5 091	1 401	38.0

注：**表示差异极显著（$P<0.01$）。

从表 7 - 20 中可见，施锌增产主要是单位面积穗数和每穗粒数的增加。关于土壤与作物植株中的 N/Zn，目前研究较少。据试验，在塿土上，土壤中 N/Zn 以 10～20 为正常值，大于 50 为缺锌临界值；玉米植株（拔节期）中，N/Zn 以 150～200 为正常值，大于 800 为缺锌临界值（彭琳等，1985）。

第三节 农田生态系统中微量元素的循环与平衡

一、微量元素的循环过程

微量元素从岩石中经风化作用释放出来，首先进入土壤圈，部分进入生物圈、水圈和大气圈，最终回归大海，通过沉积和成岩作用，再次进入岩石圈，从而完成它的地质大循环。微量元素在农业生态系统中的循环，实质上是以土壤为中心的生物地球化学循环。系统中微量元素主要来自土壤，其过程是岩石风化物、有机物、肥料及工业与生活废弃物等进入土壤后参与一系列反应过程，转化成难溶性或可溶性微量元素离子（M）。植物吸收利用了这些微量元素，一部分被收获物携走，进入食物链；一部分以植物残体留在土壤中，腐解后释放出微量元素，或与有机物络合而进入土壤溶液。土壤可溶性的微量元素，除被植物吸收外，一部分被次生矿物和有机质等吸附，或为铁锰氧化物吸附而成为难溶态；一部分则被淋失。在上述循环中，微生物参与了分解植物残体和生物氧化等过程（图7-1）。这一循环，对人类生产和生活具有极其重要的意义。

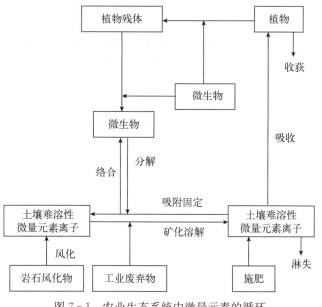

图7-1 农业生态系统中微量元素的循环

农业生产是通过绿色植物将太阳能与人工辅助能转化成化学能的过程，是以物质能量为基础的。农田系统中物质投入产出的规模与效率，决定着农业生产的水平。农田生态系统中养分循环和平衡是系统物质循环的重要组成部分，一直被广泛关注。

二、微量元素在农田生态系统中的平衡状况

余存祖等（1991b、1991c）在陕西安塞、米脂和甘肃定西等黄土丘陵区对农田生态系统中微量元素的循环与平衡，进行了比较系统的田间研究。这一地区主要为黄绵土，土壤瘠薄，养分缺乏，干旱少雨，水土流失严重，物质循环规模小，物质投入产量水平与能量转换效率低，在黄土丘陵区有代表性。

农田系统中微量元素输入项有肥料投入、降水、种子；输出项有作物携走、流失、淋溶渗漏。假设降水输入与淋溶渗漏互相抵消（王继增等，1990）；种子输入项，丘陵区作物播种量较小，小粒种子一般为30 kg/hm²，随种子输入农田中的锌仅为0.9 g、锰0.86 g、硼0.04 g、铜0.26 g、铁2.1 g，故种子一项可忽略不计；肥料中的微量元素项，试验未施用化学微肥，全靠有机肥供给。根据多点测定，该区圈肥中有效态微量元素含量为锌5.52 μg/g、锰40.3 μg/g、硼2.39 μg/g、铜2.8 μg/g、铁44.0 μg/g，把施入有机肥中微量元素的量作为输入量，把流失量、作物地上部携走量作为输出量，根据田间试验获得的生物量与测定的各部位微量元素浓度，计算出每收获100 kg籽实地上部携走的微量元素量（表7-21）。按实际产量获得作物地上部携走的微量元素量；由水土流失损失的量，只计肥料中微量元素的损失，其流失量按当地侵蚀强度的不同，以肥料施入量的3%~15%计算。黄土丘陵区7种作物农田生态系统中微量元素的平衡见表7-22。平衡状况（盈亏值）=有机肥中微量元素输入量-流失量-作物地上部携走量。

表 7 - 21　每收获 100 kg 籽实地上部携走的微量元素（余存祖等，1991）

单位：mg

微量元素	小麦	玉米	谷子	糜子	荞麦	豌豆	大豆
Zn	4 220	3 785	5 145	4 325	4 144	8 281	4 790
Mn	15 402	5 510	11 806	7 297	8 751	19 157	29 645
B	1 406	1 223	1 530	1 342	3 160	7 541	10 408
Cu	1 576	2 414	2 075	1 396	1 072	3 518	2 556
Fe	56 764	59 236	59 965	58 845	78 260	198 996	98 542

表 7 - 22　农田生态系统中微量元素的平衡（余存祖，1991）

单位：g/hm²

项目	微量元素种类	作物籽实产量（kg/hm²）						
		小麦	玉米	谷子	糜子	荞麦	豌豆	大豆
		2 025.0	7 260.0	900.0	550.5	940.5	1 219.5	1 785.0
肥料带入的养分量	Zn	66.15	82.80	66.15	66.15	41.40	66.15	41.40
	Mn	483.00	604.50	483.00	483.00	303.00	483.00	303.00
	B	28.65	35.85	28.65	28.65	18.00	28.65	18.00
	Cu	33.60	42.00	33.60	33.60	21.00	33.60	21.00
	Fe	528.00	660.00	528.00	528.0	330.00	528.00	330.00
作物地上部携出量	Zn	104.10	274.80	46.35	23.85	39.00	100.95	85.50
	Mn	311.85	400.05	106.20	40.20	82.35	233.55	529.50
	B	28.50	88.80	13.80	7.35	29.70	91.95	185.70
	Cu	31.95	175.20	18.75	7.65	10.05	42.90	45.75
	Fe	1 149.45	4 300.50	539.70	324.00	7 360.50	2 426.70	1 758.90

由表 7 - 22 可见，在施用有机肥 7 500～15 000 kg/hm² 的水平下，由有机肥带入的锌为 41.4～82.8 g/hm²、锰 303.0～604.5 g/hm²、硼为 18.0～35.9 g/hm²、铜为 21.0～42.0 g/hm²、铁为 330.0～660.0 g/hm²。流失量为施肥量的 3%～15%，作物地上部携走锌为 23.9～274.8 g/hm²、锰为 40.2～529.5 g/hm²、硼为 7.4～185.7 g/hm²、铜为 7.7～175.2 g/hm²、铁为 324.0～7 360.5 g/hm²。输入输出相抵后，农田中锌、硼、铁多为亏缺，锰除大豆地为亏缺外，其余均有盈余，铜在豆类和玉米地亏缺，其余为盈余。由此，试验区按当前农田的有机肥用量水平（7 500～15 000 kg/hm²），就其微量元素供应量来衡量，大体只能维持 900～1 200 kg/hm² 的产量。根据同一地区的试验，按当地有机肥用量水平，再施用一定量的氮磷化肥的情况下，农田生态系统氮素在小麦地和玉米地为亏缺，其余作物地基本平衡或略有盈余；磷素除豌豆地为亏缺，其余作物地基本平衡或略有盈余；钾素在糜子地为基本平衡，其余地均为亏缺。氮、磷、钾常量元素供应力可维持在 1 875 kg/hm² 的产量，高于农田系统常量元素的供应能力，主要原因是有氮磷化肥的输入（余存祖等，1991b）。从上述试验结果看，在不施用化学微肥情况下，黄土丘陵区欲维持当前粮食生产水平并使地力（微量养分）不致亏

损，有机肥（优质圈肥）用量至少应提高1倍，即由7.5~15 t/hm² 提高到15~30 t/hm²。这与李辉桃等（1995a，1995b）的研究结果相符。他们在塿土上进行8年的田间试验后认为，在塿土农田生态系统中，欲维持土壤中锌、锰、铜、钼的收支平衡，每年应施用优质厩肥37.5 t/hm² 或土粪75 t/hm²。因此，有机肥是当前农田系统中微量养分的主要供应源，但目前生产中有机肥的积攒使用呈萎缩趋势，大幅度增加有机肥用量较难实行。适当补充微量元素肥料，是解决农田生态系统中微量养分不足的必要途径，也是唯一可行的措施。许多地方施用微肥收到了预期的效果，也证明了这一点。

第四节　微量元素肥料的施用效应

一、锌肥的施用效应

（一）作物施锌肥的增产效果

在缺锌土壤中，土壤中锌的生物有效性低是造成植物缺锌的主要原因，喷施锌肥是提高小麦籽粒锌含量及生物有效性的有效措施（Cakmak，2008）。我国自20世纪70年代以来大规模推广使用锌肥，成效显著。20世纪90年代中期，全国微肥年施用面积约1 000万 hm²，其中锌肥占1/3以上，是施用面积最广、经济效益最大的微肥品种（谢振翅、褚天铎，1994）。

施锌可以有效地矫正作物缺锌症状而获得大幅度增产。例如，北方旱地施用锌肥使小麦干物质积累量显著增多，但施锌肥过量，干物质积累量减少。最终以低锌和中锌水平产量显著提高，增产达23.8%，与灌溉条件下产量水平相当，建议锌肥施用量以11.25 kg/hm² 为宜（韩金玲等，2010）；施锌小麦在株高、分蘖数、次生根数、叶面积、穗粒重与千粒重上均优于对照（余存祖、戴鸣钧，2004）。曹玉贤等（2010）在黄褐土上进行田间试验，结果表明，供试土壤条件下，不同施锌方式对小麦产量均无明显影响，但是在一定施锌方式下小麦籽粒锌含量大幅度提高。与对照组相比，土施、喷施及土施＋喷施锌肥提高小麦籽粒锌含量幅度分别为-6.1%、64%和83%，提高小麦籽粒锌携出量幅度分别为-3.6%、69%和83%。此外，单独土施锌肥虽可大幅度提高耕层土壤有效锌含量，但对籽粒锌含量及生物有效性的影响很小。总之，在小麦生长后期喷施锌肥是提高潜在性缺锌土壤上小麦籽粒锌含量和生物有效性较为经济的方式，对改善小麦锌营养品质有较好作用。杨习文等（2010）在陕西杨凌潜在缺锌土壤上进行了连续两季的小麦不同生育期田间喷锌试验。结果表明，喷施锌肥对小麦无显著增产作用；第一季（2007—2008年）和第二季（2008—2009年）中，与不喷锌比较，不同生育期喷锌后除了小麦籽粒的平均锌含量分别提高51.7%和73.5%外，其平均铁含量也提高了12.4%和12.9%；拔节期和扬花期喷锌对小麦籽粒铜含量无明显影响，但灌浆前期和灌浆后期喷锌会降低其铜含量；而籽粒锰含量对喷锌则无明显反应；喷锌后小麦籽粒平均植酸含量则分别降低了11.1%和16.9%。施用氮肥增加了籽粒锌、铁、铜、锰的吸收总量；同时还降低了小麦籽粒植酸含量。总之，在供试土壤上，喷施锌肥可以有效提高小麦籽粒锌、铁含量，锌、铁间存在着互助关系，同时喷锌也增加了其微量元素的吸收总量，降低了籽粒植酸含量，提高了小麦籽粒微量元素的生物有效性。

施锌可使玉米果穗增长，穗粒数和千粒重增加，秃顶减少（余存祖、戴鸣钧，2004）；在大同盆地轻度盐化土壤上施用锌肥时玉米增产显著，其中锌肥基施效果最好，可提早抽雄4 d，早成熟5 d，增产12.5%（张登继等，2006）。棉花果枝、铃数、铃重均有增加，蕾铃脱落减少（余存祖、戴鸣钧，2004）。大豆、花生、豌豆施锌可增产8%~16%，棉花增产10%~20%，黄瓜较对照增产达31.1%（李旭辉等，2009）。对苹果小叶病进行施锌矫治，花芽率、坐果率、单果重均增加，平均增产50%；喷施浓度为1%的锌肥，株产量比对照增加40.2%，维生素C含量提高了20.4%，可溶性糖增加了26.7%，花青苷含量提高了75%（刘汝亮等，2007）。

另据对北方旱作区近1 200个田间试验结果统计，施用锌肥后的增产效果如表7-23、表7-24。不同地区增产的作物和增产幅度有所差异，在有较高的氮磷肥基础以及土壤水分条件较好的地区，如汾渭河谷区、黄淮海平原以及新疆绿洲区施锌效果好于黄土丘陵区及东北辽宁的浅山丘陵区，蔬菜瓜果增产幅度大于粮油作物。另外，施用锌肥对油菜、马铃薯、甘薯、番茄等也有较好的增产效果（张乃凤等，1985）。

表 7-23　锌肥对农作物的增产效果

作物	试验地区	土壤类型	施锌产量 (kg/hm²)	对照产量 (kg/hm²)	增产率 (%)	资料来源
玉米	黑龙江	碳酸盐黑钙土	8 102.1	6 062.4	33.6	黑龙江省土地管理局（1992）
	辽宁	褐土	7 557.0	6 840.0	10.5	贾文绵（1992）
	山东	黄潮土、砂姜黑土	4 398.9	3 879.1	13.4	褚天铎等（1986）
	安徽	砂姜黑土	9 245.9	8 476.9	7.8	谢振翅、褚天铎（1994）
	陕西、甘肃、宁夏、山西	黄绵土、黑垆土、塿土	5 427.8	4 864.8	11.6	彭琳等（1980a）
	新疆	灌耕土	6 022.5	5 292.9	13.8	李文先（1985）
	甘肃	绿洲潮土	7 887.0	7 417.5	6.3	卢满济等（1987）
	吉林	黑土、碳酸盐黑钙土、淡黑钙土	10 320	9 270	11.3	李楠等（2001）
小麦	河北	褐土、潮土	5 602.5	5 145.0	8.9	孙祖琰等（1990，1993）
	山东	黄潮土	5 037.7	4 454.2	13.1	褚天铎等（1987）
	陕西、甘肃、宁夏、山西	塿土、黑垆土、黄绵土	4 442.6	4 058.3	9.5	彭琳等（1984）
	新疆	灌耕土	4 554.0	4 084.5	11.5	李文先（1985）
	山东	壤质黄潮土	6 187.5	5 190	19.2	李允国等（2006）
高粱	辽宁	碳酸盐草甸土	6 262.5	5 706.0	9.8	贾文绵（1992）
	陕西、甘肃、宁夏、山西	黄绵土	2 424.0	2 250.0	7.7	余存祖等（1991a）
大豆	吉林	黑土、白浆土、黑钙土	2 337.9	2 105.9	11.0	刘新保（1986）
	辽宁	碳酸盐草甸土	2 227.5	2 058.0	8.2	贾文绵（1992）
	山东	黄潮土	1 939.5	1 698.0	14.2	谢振翅、褚天铎（1994）
	黑龙江	草甸暗棕壤	2 512	2 397	4.6	张雷（2009）
谷子	辽宁	褐土	3 082.5	2 827.5	9.0	贾文绵（1992）
	陕西、山西	黄绵土	2 632.5	2 355.0	11.8	彭琳等（1984）
水稻	宁夏	灌淤土	7 603.6	6 988.6	8.8	戴治家等（1986）
油菜	陕西、甘肃	褐土	1 593.0	1 462.5	8.9	彭琳等（1983）
	新疆	黑垆土、灌耕土	2 163.0	1 848.0	17.0	李文先（1985）
马铃薯	山东	黄潮土	24 860	21 487	15.7	褚天铎等（1993）
豌豆	陕西、甘肃	褐土	1 720.5	1 519.5	13.2	余存祖等（1982b，1984b）
棉花	新疆	绿洲潮土	1 228.5	1 090.5	12.7	李文先（1985）
甜菜	山西	栗钙土	42 900	40 000	7.3	解金瑞、王爱平（1988）
	新疆	绿洲潮土	27 437	23 894	14.8	李文先（1985）
青稞	青海	灰钙土	3 197.2	2 916.7	9.6	余存祖等（1985a）
紫花苜蓿	北京	石灰性土壤	11 595	9 957	16.5	王克武等（2003）

表 7-24 锌肥对蔬菜和瓜果的增产效果

作物	试验地区	土壤	施锌产量（kg/hm²）	对照产量（kg/hm²）	增产率（%）	资料来源
白菜	山东	黄潮土	82 450	69 696	18.3	韩永兰等（1991）
	新疆	潮土	174 660	143 835	21.4	
小白菜	山西	石灰性褐土	34 978	19 961	66.7	杜新民、党建友（2007c）
甘蓝	山东	褐土	38 263	33 186	15.3	谢连庆、魏德明（1988）
	新疆	灌耕土	49 170	38 500	27.7	
芹菜	山东	褐土	58 828	48 901	20.3	韩永兰等（1991）
	河南	潮土	72 018	65 798	9.5	张泽彦等（1993）
番茄	山东	黄潮土	91 400	80 386	13.7	韩永兰等（1991）
	新疆	灌耕土	41 035	36 250	13.2	
黄瓜	山东	潮土	58 842	52 073	13.0	韩永兰等（1991）
甜椒	山东	褐土	29 664	24 720	20.0	韩永兰等（1991）
西瓜	山西	栗钙土	62 565	57 075	9.6	解金瑞、王爱平（1988）
	新疆	棕漠土	40 935	34 313	19.3	
葡萄	新疆	潮土	12 747	10 406	22.5	余存祖、戴鸣钧（2004）

（二）锌肥的有效施用条件和施用技术

微量元素肥料的专一性很强，但它们在土壤及环境要素中的安全含量与植物的需要量范围都比较窄。为此，应掌握好有效施用条件，才能做到安全高效。这些条件概括起来，就是微肥应首先施在缺素土壤（微量营养元素含量低于临界值的土壤）；施用在对微肥反应敏感的作物上；掌握好适宜的施用时期和施用量，与氮、磷、有机肥等常量元素肥料配合施用。

对锌敏感的植物有玉米、大豆、水稻、高粱、油菜、棉花、苹果、梨、柑橘、桃、葡萄、烟叶、芹菜、菠菜、甘蓝、番茄、甜椒等；中度敏感的植物有马铃薯、甜菜、小麦、谷子、豌豆、三叶草、黄瓜等。农用锌肥主要品种有硫酸锌、氯化锌、氧化锌、碳酸锌、锌螯合物等，其中以硫酸锌施用最为广泛。具体的锌肥施用方法见表 7-25。锌肥在土壤中有残留效应，可隔 1～2 年施用 1 次，不必年年施用。

表 7-25 锌肥施用方法及注意事项

施用方式	施肥方法	具体做法
基肥	土施（穴施和条施）	一般每亩用硫酸锌 1～2 kg，拌细土 10～15 kg，经充分混合后撒于地表，然后耕翻入土，也可条施或穴施。适用于玉米、小麦、棉花、油菜、豆类、花生等作物
种肥	浸种	将种子倒入 0.02%～0.1%硫酸锌溶液中，溶液以淹没种子为度。玉米浸种 6～8 h，小麦浸种 12 h，捞出晾干后播种
	拌种	玉米、小麦每 1 kg 种子用量：用硫酸锌 6～8 g 配成 2%的水溶液喷于种子上，边喷边搅拌，用水量以能拌匀种子为宜，种子阴干后即可播种
追肥	叶面喷施	玉米和小麦用 0.1%～0.2%、棉花用 0.2%、油菜用 0.1%的硫酸锌溶液，于玉米苗期至拔节期、小麦拔节期至孕穗期、棉花苗期至现蕾期、油菜苗期至抽薹期、大豆苗期至开花期连续喷施 2～3 次，每次间隔 7 d，每公顷喷液 700～1 100 L。果树用 0.2%硫酸锌溶液叶面喷施，苹果在蕾期及盛花期和盛花期后 20 d 各喷 1 次

有机肥能提高锌的有效性。首先，有机肥本身含有丰富的锌、锰和硼等微量养分，是作物微量养分的良好供给源。其次，施用有机肥后，土壤有机态锌尤其是松结有机态锌明显增加，并降低了碳酸盐、氧化铁等组分对锌的吸附，从而提高了锌的活性（郭胜利等，1995）。最后，有机物质在分解过程中不仅可以产生酸性物质降低土壤 pH，而且其小分子物质可与锌形成溶解度大的络合物，从而增加锌的有效性。有机肥和无机锌肥配合施用是长期稳定提高土壤供锌水平的有效措施（张国印、孙祖琰，1993；韩晓日等，1993；李辉桃等，1995a、1995b）。

在干旱半干旱地区，适宜的土壤水分是锌肥施用的重要有效条件。土壤干旱缺水降低锌的溶解度，土壤获得了适宜水分就会使锌的活性显著提高（彭玉纯、骆小燕，1986），但渍水易使碱性土壤 CO_2 积累，溶液中 Ca^{2+} 浓度增加，从而增加对锌的吸附而降低锌的活性。研究表明，在土壤表层水分充足时，施锌对玉米植株增长效果较明显，有利于玉米利用土壤水分。缺锌条件下，改善土壤水分并不能显著提高玉米生物量。表层土壤水分对苗期玉米植株锌吸收总量有显著影响，干旱条件下，玉米植株锌吸收总量下降；底层土壤水分供应状况对玉米锌浓度影响不大，但植株中锌向地上部运转增加（汪洪等，2007）。

另外，土壤中大量施用磷肥会导致锌的缺乏，掌握一定的磷、锌配施方法能显著提高作物产量。为了避免磷、锌之间的拮抗作用，磷、锌同时施用时可以采用施磷配合喷锌的措施（王喜枝等，1998）。武际等（2010）采用盆栽试验方法研究了不同磷、锌组合对小麦磷、锌含量，积累和分配的影响。结果表明，低磷水平下施锌促进了小麦对磷的吸收累积，高磷水平下施锌效应则相反。施磷减少了小麦锌的累积量。低磷水平下，适量施锌能够提高小麦的锌积累量，高锌则降低了籽粒锌积累量。高磷水平下，施锌提高了分蘖期和抽穗期的小麦根部和分蘖期小麦茎秆锌积累量，高锌肥用量降低了成熟期小麦根部锌积累量。磷、锌协同作用多发生在小麦生育前期，而磷、锌拮抗作用主要发生在小麦成熟期。杨习文等（2010）通过水培实验表明，小麦、黑麦根部存在明显的磷、锌拮抗作用，但在相同环境中，黑麦根部对锌的摄取能力明显较小麦强。小麦籽粒中植酸含量随着磷供应浓度的增大而增加；过量供磷抑制了小麦和黑麦对锌的吸收，阻碍了锌向小麦籽粒中转运；小麦籽粒中磷的分配率随着磷供应浓度的增加而降低；过量供磷明显抑制了小麦和黑麦的生长，苗期时黑麦根部所受影响较地上部明显，小麦成熟时地上部所受影响较明显，与根部和地上部相比，籽粒所受影响最大（芦满济等，1987）。

二、锰肥的施用效应

（一）锰肥的增产效果

我国自 20 世纪 70 年代开始大面积推广锰肥，施用面积在锌、硼之后，居第三位。施锰区主要是北方石灰性土壤，增产效果显著。根据对北方旱农区各省份有关科研院所、学校及生产单位的 400 多组试验结果统计，锰肥增产概率在 65% 以上，施锰的增产幅度，小麦为 8%～20%、玉米为 6%～12%、大豆为 10%～15%、棉花 15% 左右（表 7-26）。燕麦、大麦、谷子、水稻、马铃薯、豌豆、油菜、花生、甜菜、烟草、苜蓿等施锰均有良好的增产效果；果树中苹果、桃、葡萄需锰较多，施锰效果良好。施锰小麦植株内游离态硝态氮和无机磷有所降低，从而促进了有机物质的合成，增加了小麦总穗数、穗粒数和粒重，并使小麦的蛋白质含量有所增加（余存祖等，1984b）。李旭辉（1998）在陕西黑垆土、黄绵土、黄墡土、娄土上试验，在陕西中部、北部旱塬低锰低锌土壤上锰肥单施可使小麦增产 4%～8%。在一定的氮、磷、钾大量元素供给水平上，配合叶面喷施锰肥，可以促进甘薯的生长发育，有利于植株的干物质积累，增加了薯块数和薯块重（何秋燕，2009）。土壤施锰或叶面喷施锰肥均可显著提高大豆株高、单株荚数、百粒重等产量性状，同时蛋白质含量也有所上升（贾彩霞等，2005；孙淑芝等，2007）。杜新民（2007a）在山西褐土区进行试验，适量锰肥能够使小白菜增产 5.5%～15.1%，维生素 C、还原糖和锌含量提高，硝酸盐含量降低。

表 7-26 锰肥对作物的增产效果（余存祖、戴鸣钧，2004）

作物	试验地区	土壤	施锰产量（kg/hm²）	对照产量（kg/hm²）	增产率（%）	资料来源
小麦	黑龙江	黑钙土	1 781.8	1 459.3	22.1	黑龙江省土地管理局（1992）
	山东	黄潮土	5 065.5	4 580.0	10.6	褚天铎等（1987）
	山西	褐土、黄绵土	4 776.0	4 099.5	16.5	吴俊兰（1980）
小麦	陕西	塿土、黑垆土	3 225.4	2 859.4	12.8	王学贵，朱克庄（1986）
	甘肃	灌漠土	6 569.8	5 956.3	10.3	杜孝甫（1985）
	青海	淡栗钙土	3 680.0	3 200.0	15.0	余存祖等（1985a）
	新疆	灌漠土	4 281.0	3 966.0	7.9	李文先（1985）
	河南	褐土	4 345.7	3 677.4	18.2	张会民等（2004）
玉米	黑龙江	石灰性黑钙土	6 853.7	6 147.4	11.5	黑龙江省土地管理局（1992）
	山西	淡褐土、栗钙土	5 370.0	4 714.5	13.9	余存祖等（1987）
	陕西	塿土、黑垆土	6 909.5	6 500.0	6.3	王学贵，朱克庄（1986）
	新疆	灌漠土	7 335.0	6 847.5	7.1	李文先（1985）
水稻	宁夏	灌淤土	7 411.7	6 888.2	7.6	戴治家等（1986）
大豆	黑龙江	黑钙土	2 162.0	1 880.0	15.0	黑龙江省土地管理局（1992）
	吉林	淡黑钙土	2 033.1	1 835.6	10.8	霍云鹏，汪树明（1988）
	辽宁	褐土	3 566.0	3 233.0	10.3	贾文绵（1992）
	河南	潮土	2 545.0	2 245.0	13.4	贾彩霞等（2005）
豌豆	青海	淡栗钙土	2 071.3	1 903.8	8.8	余存祖等（1985a）
棉花	山西	褐土	2 460.0	2 086.0	17.9	康瑞昌等（1992）
	河南	黄潮土	1 229.2	1 041.7	18.0	褚天铎（1989）
	新疆	灌漠土	1 332.9	1 175.4	13.4	李文先（1985）
马铃薯	青海	灰钙土	13 750.0	12 500.0	10.0	余存祖等（1985a）
油菜	陕西	塿土	2 717.5	2 500.0	8.7	王学贵，朱克庄（1990）
甜菜	新疆	灌漠土	30 635.0	23 063.0	32.8	李文先（1985）
苜蓿	河南	潮土	5 046.3	4 236.8	19.1	化党领等（2009）
孜然芹	新疆	灌漠土	395.9	270.9	46.1	高杰等（2003）
白菜	山西	褐土	33 230	28 876	15.1	杜新民（2007a）

锰肥的增产效益还与水分状况有关。彭令发等（2004）在陕西省黑垆土上进行盆栽实验，正常供水和干旱条件下，施锰均可以明显改善夏玉米生长状况和叶片的叶绿素含量，且干旱条件下玉米株高、地上部和地下部干物质较正常供水条件增加量大，分别比对照增加了12.6%、24.8%和29.5%。魏孝荣等（2004）在陕西省黑垆土上进行盆栽实验，干旱条件下锰肥对夏玉米光合作用的影响尤为显著，可以使玉米叶片气孔导度增加58.11%，光合速率和水分利用率分别增加42.07%和50.00%。

锰肥施入土壤会发生形态变化。魏孝荣等（2006）在黄土高原区黑垆土上试验，采用连续浸提形态分级方法，研究了连续施用锰肥17 a后锰的土壤化学特性变化。结果表明，经过长期连续施用锰肥，土壤全锰和DTPA-Mn含量增加不多。土壤DTPA-Mn含量随试验时间的延长呈增加趋势，施锰土壤有效锰提高不多，土壤DTPA-Mn含量只增加了0.4~1.7 mg/kg。土壤中的锰主要以矿物态存在，占土壤全锰含量的87.3%~91.8%。碳酸盐态、氧化锰态和紧结有机态锰占全锰的比例相当，土壤中各形态锰按含量大致呈矿物态＞碳酸盐态＞氧化锰态＞紧结有机态锰＞松结有机态锰＞交换态的顺序。施入土壤的锰肥有 91.1%～98.6% 进入碳酸盐结合态、氧化锰结合态、紧结有机态和矿物态，只有很少一部分仍留在有效态锰库中。交换态和松结有机态锰对土壤锰的有效性起着主要作用，可以反映土壤锰的供给状况，碳酸盐态和紧结有机态锰不能反映土壤锰的有效性。

（二）锰肥的有效施用条件和施用技术

锰肥的有效施用条件与锌相似，即优先施用在缺锰土壤和对锰敏感的作物上，与氮、磷配合，适期适量施用，与有机肥配合也有良好的交互作用。易缺锰的土壤为沙性、石灰性及碱性土壤。对缺锰高度敏感的植物有小麦、燕麦、烟草、大豆、花生、豌豆、马铃薯、苹果、桃、柑橘、葡萄、黄瓜、菠菜等，中度敏感的植物有玉米、棉花、高粱、油菜、苜蓿、胡萝卜、芹菜、番茄等。

锰肥的施用按时间可分为基肥、种肥和追肥，按施用方式可分为土施、浸种、拌种与叶面喷洒。常用的锰肥有氧化锰、硫酸锰、碳酸锰、氯化锰，也可把锰肥加入氮、磷、钾肥料中制成复配肥料。锰肥的施用方法及注意事项见表 7 - 27。

表 7 - 27　锰肥施用方法及注意事项

施用方式	施肥方法	具体做法	注意事项
基肥	土施（穴施和条施）	用 15～40 kg/hm² 硫酸锰，与一定量的细土或厩肥混匀施入土中，一般用于严重缺锰的田块。缓效性锰肥和工业废渣只适宜作为基肥，可溶性锰肥最好与生理酸性肥料混匀后施入	锰肥在土壤中有残留效应，隔 1～2 年施 1 次即可。酸性土壤及土壤长期多湿情况下易产生锰害。如果发生锰中毒现象，可喷施 0.2%～0.5% 的硫酸亚铁 1～2 次，也可喷施 0.2% 硝酸钙溶液来减轻中毒的症状
种肥	浸种	用 0.1～0.5% 硫酸锰溶液浸种 12～24 h	在土壤墒情特别干旱时应采用拌种，浸种会影响出苗
	拌种	每 1 kg 种子用 4～10 g 硫酸锰，加少量水溶解	
追肥	叶面喷施	每 1 kg 种子用 4～10 g 硫酸锰，加少量水溶解 施用时期：一般在作物生长关键时期喷 2～3 次，每次间隔 7 d 左右 各种作物施用时期：小麦为苗期至孕穗期，玉米在苗期至大喇叭口期，棉花在苗期、初花期、花铃期，油料在苗期至初花期，烟草在苗期至旺长期，果树在花蕾期和盛花期，蔬菜在苗期至初花期，花生在初花期 其他方式：硫酸锰也可掺入酸性农药中一起喷施。发生缺锰时也可用 0.1%～0.2% 的氯化锰液加 0.3% 的生石灰液混合喷施	多菌灵锰锌、乙膦铝锰锌、杀毒矾、高锰酸钾不仅是农药，有时也可作为含锰的微肥，起到双重效果，但在使用次数多的情况下会产生锰害，在作物生长期使用含锰杀菌剂不能超过 3 次

三、铁肥的施用效应

1. 铁肥的增产效果　在我国华北、西北地区，尤其是干旱和半干旱地区常有缺铁现象发生，植物多以果树、蔬菜等受危害最重。我国北方旱作区从内蒙古高原、华北平原向西延伸至兰州、西宁一带，发现有黑豆和一些灌木的缺铁失绿症（钟永安，1980）；新疆地区灰钙土、栗钙土和棕钙土及河北省褐土上的苹果、梨和桃出现缺铁的黄化病（周厚基、仝月澳，1987、1988）。在陕西渭河两岸也发现苹果、桃和梨有缺铁失绿病症，有的果园各种果树缺铁的发病率达 14%～22%，红玉苹果发病率最高，达到 38%（胡定宇，1985）。北方旱作区施铁效果显著，铁肥主要施用于果树和新修梯田及新平整的土地上。秦岭北麓、黄土塬区及新疆河谷地区的苹果、梨、杏、桃等，经喷施或穴施硫酸亚铁后，果树缺铁失绿症迅速得到矫正（胡定宇，1985；李文先，1985）。晋西和陕北丘陵区的农民历来有在新修梯田和极贫瘠土壤上施用硫酸亚铁的习惯，这一措施不仅增加了植物的铁营养，而且可促进土壤熟化，一般可使作物增产 15% 左右，效果十分显著（余存祖等，1992）。彭琳等（1978）在陕北梯田上试验，施铁使玉米增产 390 kg/hm²，增产率 7.1%；谷子增产 158 kg/hm²，增产率 4.5%。吴俊兰（1980）在山西省褐土区试验，铁对小麦、谷子、豆类都有一定的增产作用。左东峰、魏秀梅（1993）在黄淮海区盐渍土喷施 0.8%～1.0% 的硫酸亚铁溶液，小麦增产 744 kg/hm²、玉米增产 745.5 kg/hm²、籽棉增产 486 kg/hm²，并显著地增加了粮食籽实的蛋白质含量和棉花的纤维长度。裴桂英等（2007）在河南省潮土区试验，喷施铁肥 4.5 kg/hm² 时大豆增产效果较好，增产率为 4.14%，同时降低了大豆结荚高度、增加有效分枝、提高大豆百粒重。胡华锋（2009b）在河南省潮土上进行试验，喷施 500 mg/kg 硫酸亚铁时，紫花苜蓿草产量比对照提高了 1 199.17 kg/hm²。

　　关于铁肥及其他肥料对土壤中铁的有效性影响研究，刘文科等（2002a）等通过土培试验的方法，研究了复混铁肥、硫酸亚铁两种肥料在石灰性土壤中的形态转化、对土壤因子的调控作用及在有效性上的差异。结果表明，交换态铁、碳酸盐结合态铁和氧化锰结合态铁是石灰性土壤中有效铁的主要供给形态。土壤 pH、有机质与土壤铁动态密切相关。刘文科等（2002b）在河北省石灰性土壤上试验，牛粪施用能提高土壤铁的有效性，有利于土壤铁有效供给，同时有机肥的合理施用和铁效率差异性植物的轮作或间作是增加、维系土壤铁有效性的重要农艺措施。李丽霞、郝明德（2006）以 1919 年的微肥定位试验为基础，研究了陕西旱作区黏质黑垆土上长期施用微肥条件下冬小麦土壤铁含量的时空变化。结果表明，长期施用锌、锰、硼肥能使耕层土壤有效铁含量增加 18.3%～13.6%，而施用铜肥对土壤有效铁含量的影响不显著。

　　国内外对造成植物缺铁的原因、防治方法及植物利用土壤铁的机理做了大量研究工作。薛进军等（1999）于 1996—1997 年用铁肥对红富士苹果树进行了根系输液、强力高压注射和土壤浸施试验，研究施肥方式对苹果吸收、运输铁的影响。结果表明，铁肥根系输液处理时铁以二价态由根被动吸收、运输，根、茎、叶和主脉内运输部位都是靠近形成层的木质部，绝大部分铁运往地上部，根系分布很少；强力高压注射时铁主要沿中央木质部运输，首先充分向下运往根系，向上运输较向下运输少；环状沟土壤浸施铁肥在不断根的情况下很难被根吸收，断根情况下吸收、运输机制与根系输液相同。赵志军等（2009）在河北省进行不同浓度的柠檬酸铁、螯合铁和邻啡罗啉铁肥对缺铁失绿症的苹果叶绿素、铁含量及光合速率的影响。结果表明，断根输液能在较短时间内提高叶片的叶绿素和铁的含量，提高叶片的光合速率，从而获得较好的复绿效果。邻啡罗啉铁是适合根系输液矫正苹果树缺铁失绿症的铁肥品种。高丽、史衍玺（2003）通过水培试验研究不同铁处理对花生某些生理特性的影响。结果表明，缺铁胁迫下花生根际值降低，新叶过氧化氢酶活性和叶绿素含量下降，铁敏感品种降低幅度远大于抗缺铁品种；抗缺铁品种的根系 Fe^{3+} 还原力高于铁敏感品种。花生根系 Fe^{3+} 还原力和新叶叶绿素含量可作为筛选抗缺铁花生品种的生理生化指标。

　　戴九兰等（2003）在山东省沙质潮土研究包膜缓释铁肥防治花生缺铁黄化的效果。结果表明，与螯合态铁肥相比，包膜缓释铁肥能够促进花生的铁吸收，显著增加花生体内活性铁含量及叶片中叶绿素含量，同时最高可使产量增加 43.1%。赵志军等（2009）在河北省进行适宜苹果断根输液铁肥品种试验。结果表明，邻啡罗啉铁是适合根系输液矫正苹果树缺铁失绿症的铁肥品种，其次柠檬酸铁用于根系输液也能较好地矫正苹果缺铁失绿症。

　　2. 铁肥的有效施用条件和施用技术　土壤 pH、磷含量高均会导致缺铁，过量施氮或其他金属离子会使缺铁加剧（刘发民等，1998）。铁盐在石灰性土壤中会转化为高价的难溶性化合物，因此，直接施入土壤中很不经济（施卫明，1988）。常用的铁肥有硫酸亚铁和硫酸亚铁铵，其次还有一些有机态铁。施用有机态铁（螯合态铁），作物吸收较好，但价格昂贵，难以大面积应用。铁肥的具体施用方法及注意事项见表 7-28。

表 7 - 28　铁肥施用方法及注意事项

施用方式	施用方法	具体措施
基肥	土施	直接土施或与生理酸性肥料混合土施，施铁量一般为 22.5～45 kg/hm²。对于果树等木本植物，可在树木周围挖深 35 cm、宽 50 cm 的环形沟，然后把混有硫酸亚铁盐的有机物肥料（5～10 kg 的硫酸亚铁与 200 kg 有机肥混合均匀）施入环形沟内，并立即覆土 晋西北地区农民给新修梯田施用黑矾（硫酸亚铁），方法是 1 hm² 以有机肥 15 000 kg，混 200～250 kg 黑矾，作为基肥施入播种沟中，增产效果显著
种肥	浸种 拌种	易缺铁作物种子或缺铁土壤上播种，可用 1 g/kg 的硫酸亚铁浸泡 18～24 h 1 kg 种子用 3～5 g 硫酸亚铁拌种
追肥	叶面喷施	0.2%～0.5% 的硫酸亚铁溶液，也可与酸性农药混合或加入尿素和表面活性剂（非离子型洗衣粉），在生长盛期每 10 d 喷 1 次，连续喷 2～3 次
	茎秆钻孔施用	果树等木本植物可采用吊针输液法，将浓度 1% 的硫酸亚铁溶液缓缓注入树干 钻孔置药法，直接将 1～2 g 固体铁肥埋藏于树干中。也可采用树干钉铁钉的方法
	冲施	具有喷灌或灌溉设备的农田，可将铁肥加入灌溉水中，铁肥用量为 0.22～1.12 kg/hm²

四、铜肥的施用效应

1. 铜肥的增产效果　我国对土壤铜和铜肥研究始于 20 世纪 50 年代末期，但与其他微量营养元素相比，对铜的研究资料要少一些。彭琳等（1980b）在陕西塿土和黄绵土上进行的谷子、玉米、油菜等 6 组铜肥试验，除黄绵土玉米一组平产外，其余 5 组均表现增产，增产幅度 11%～22%，平均增产率 16%。施铜谷子的株高、穗长、穗重、粒重，玉米的果穗长、穗粒数、粒重，油菜的有效角果数都比对照组增加。黑龙江省山河农场、兴凯湖农场等黑土上 5 个小麦铜肥试验，施铜全部增产，平均增产量 356.4 kg/hm²，增产率 11.7%（黑龙江省土地管理局，黑龙江省土壤普查办公室，1992）。郝明德等（2003）在陕西黑垆土区进行了长期施用微肥条件下小麦的增产效应试验，施用铜肥年平均增产 188.5 kg/(hm²)，增产率为 7.6%，而且在常态年、干旱年增产率大于丰水年。胡华锋等（2009a）在河南潮土区试验，喷施铜肥增加紫花苜蓿草产量 1 328 kg/hm²，且显著促进了紫花苜蓿对铜、锌和磷的吸收。铜肥在不同地区增产效果不同，表现出铜效果不够稳定的趋势，例如在陕北丘陵区、渭北旱塬和渭河河谷地区，铜肥对禾谷类及油菜、豌豆、甜菜有一定的增产效果，在山西、青海和新疆铜肥效果却不太明显。余存祖等（1991a，1987）统计了 135 组田间试验结果，铜肥增产率为 46.6%，平均增产率 10.3%。其中山西汾河谷地 101 组试验，只有 1/3 表现出增产效应，增产率 8%（余存祖等，1991a，1987）。值得注意的是，有的土壤有效铜低于 0.5 μg/g，施铜并不增产，而有效铜高于 1 μg/g 的，施铜反而有效。这可能是由于土壤中铜和钼、氮、磷、铁的拮抗作用所致。由于土壤中钼、氮、磷、铁等元素的富集或不足，引起铜的相对不足或过剩，其原因尚待进一步研究。目前，对铜肥的肥效及影响其有效性的因素研究较多。

施用有机肥可增加土壤有机态铜的含量及耕层交换性铜含量，因此有机肥的施用可以增加小麦对铜的吸收，覆膜也可增加作物对铜的吸收（崔德杰、张继宏，1998；潘逸、周立祥，2007）。施用铜肥土壤耕层有效铜增加 5.7 倍以上，施用锰肥和锌肥，土壤耕层有效铜含量分别增加 77.2% 和 8.76%，而施用硼肥的耕层土壤有效铜略有降低（李丽霞、郝明德，2006）。邵煜庭等（1995）对玉米进行盆栽试验，玉米幼苗的全铜含量主要与交换态铜和松结有机态铜回归关系最为密切，因此，玉米吸收的铜主要是交换态铜和松结有机态铜，而有机态铜对土壤有效铜的贡献很大。由于铜效果不够稳定和研究资料较少，铜肥未在生产中大面积应用。

2. 铜肥的有效施用条件和施用技术　生产上常用的铜肥有硫酸铜、氧化铜及含铜的矿渣等。施用方式主要包括基肥、种肥和追肥，具体施用方法及注意事项见表 7 - 29。

表7-29　铜肥施用方法及注意事项

施用方式	施用方法	具体做法及注意事项
基肥	土施	一般用 7.5 kg/hm² 硫酸铜与细土混匀，开沟施在播种行两侧，也可与有机肥和氮、磷、钾肥混合基施 蔬菜施用时可采用 1.5～2.25 kg/hm² 硫酸铜，撒施、条施或穴施，撒施时必须耕入土中且用量要多于条施 铜肥有积累效应，后效较长，通常每隔 3～5 年土施 1 次即可
种肥	拌种 浸种	拌种 1 kg 种子用硫酸铜 1～2 g 浸种以 0.01%～0.05% 的硫酸铜溶液浸泡种子 12 h，阴干后播种
追肥	叶面喷施	喷洒用 0.02%～0.05% 硫酸铜溶液。蔬菜叶面喷施硫酸铜采用较高浓度时，应加入 0.15%～0.25% 的熟石灰，以免药害。果园里如喷用波尔多液，则即可防治病虫害，又可提高果树营养的供给

不同作物对铜的敏感程度不同，禾谷类作物如小麦、大麦、燕麦等对铜最为敏感，玉米、高粱属中等敏感作物。经济作物对铜敏感的有柑橘、油菜、豌豆、向日葵、洋葱、莴苣、胡萝卜、棉花、苹果、桃、梨、甜菜、番茄、芹菜、黄瓜等。

五、硼肥的施用效应

（一）硼肥的增产效果

北方旱作区应用硼肥始于 20 世纪 60 年代，首先在矫治油菜的花而不实和东北地区小麦不孕症上取得突破，后来逐步扩展到多种作物。其应用面积之大、效益之高，在微肥中仅次于锌肥。据对北方旱区 560 多组田间试验结果统计（表7-30），施硼增产概率达 87%，平均增产 12.2%。其中 170 组油菜施硼增产概率达 98%，平均增产 15%。

表7-30　硼肥对作物的增产效果（余存祖、戴鸣钧，2004）

作物	试验地区	土壤	施硼产量（kg/hm²）	对照产量（kg/hm²）	增产率（%）	资料来源
油菜	陕西	堘土、黑垆土	2 117.3	1 803.0	17.4	余存祖等（1985a）
	甘肃	黄绵土、灰钙土	2 587.5	2 433.0	6.4	
	青海	灌耕土、灰钙土	2 565.0	2 250.0	14.0	
	新疆	灌漠土	2 157.0	1 978.5	9.0	
甜菜	黑龙江	草甸黑钙土	18 567.9	16 234.0	14.4	黑龙江省土地管理局（1992）
	辽宁	黑土	14 875.3	12 025.3	23.7	贾文锦（1992）
	陕西	黑垆土	41 852.0	35 892.5	16.6	余存祖、戴鸣钧（2004）
	宁夏	灰钙土	43 934.0	39 509.0	11.2	戴鸣钧等（1983）
	新疆	灌漠土	24 727.5	17 662.5	40.0	李文先（1985）
	陕西	堘土、黑垆土	1 116.0	991.5	12.6	余存祖、戴鸣钧（2004）
	新疆	灌耕土	1 179.0	1 062.0	11.0	余存祖、戴鸣钧（2004）
大豆	黑龙江	石灰性黑钙土	2 589.2	2 372.4	9.1	黑龙江省土地管理局（1992）
		草甸暗棕壤	2 579.0	2 397.0	7.6	张雷（2009）

（续）

作物	试验地区	土壤	施硼产量 （kg/hm²）	对照产量 （kg/hm²）	增产率 （%）	资料来源
烟草	陕西	黑垆土	1 806.0	1 435.5	25.8	余存祖、戴鸣钧（2004）
小麦	黑龙江	石灰性黑钙土、草甸土	1 725.0	693.8	148.6	黑龙江省土地管理局（1992）
	山东	棕壤	4 079.6	3 712.1	9.9	张俊海（1985）
	陕西	塿土、黑垆土	3 940.5	3 529.5	11.6	余存祖、戴鸣钧（2004）
	甘肃	黄绵土、灰钙土	5 048.0	4 712.0	7.1	余存祖、戴鸣钧（2004）
	青海	灌耕土、灰钙土	3 114.6	2 732.1	14.0	余存祖、戴鸣钧（2004）
	新疆	灌耕土	4 959.0	4 509.0	10.0	余存祖、戴鸣钧（2004）
水稻	新疆	灌耕土	10 387.5	9 373.5	10.8	余存祖、戴鸣钧（2004）
花生	山东	褐土、潮土	4 417.5	3 979.5	11.0	谢振翅、褚天铎（1994）
蚕豆	新疆	灌漠土	4 815.0	4 488.0	7.3	李文先（1985）
豌豆	青海	灰钙土	2 634.2	2 416.7	9.0	余存祖等（1985a）
胡麻	甘肃	灌漠土	1 992.0	1 747.5	14.0	余存祖、戴鸣钧（2004）
葡萄	新疆	灌漠土	60 675.0	52 852.0	14.8	李文先（1985）
芦笋	山东	沙壤土	12 975	10 845	19.64	范永强等（2002）

张翔等（2003）研究表明，硼对花生具有增产效果，在中氮水平下施硼 7.5 kg/hm² 增产效果最好。常春荣等（2007）研究表明，土壤追施和叶面喷施硼肥均极显著地提高花生的产量，增产幅度为 17.0%～24.7%，两种施肥技术中不同硼水平的增产效果没有差异。硼肥拌种处理不能提高花生的产量，并且高浓度的拌种处理还会减低产量，但可提高花生的百仁重、出仁率，降低秕果率。朱飞翔等（2009）研究表明，在油菜抽薹期喷施硼 900 g/hm² 增产效果较好，与对照相比，施硼各处理增产幅度为 63～696 kg/hm²。熊冠庭等（2009）研究表明，油菜移栽穴内施 15 kg/hm² 硼肥增产幅度最大，增产 487 kg/hm²，增幅 20.1%；蕾薹期喷施硼肥以施硼肥 4 kg/hm² 增产幅度最大，增产 265 kg/hm²，增幅 11.0%；"花而不实"株率、裂茎株率均随施硼量的增加而下降。范永强等（2002）研究表明，芦笋增施硼肥能显著降低弯曲笋率和茎枯病发病率，还能增加茎数、茎高和茎粗，改善芦笋营养状况，从而提高芦笋的产量和质量。王克武等（2003）研究表明，苜蓿的吸氮量受硼、锌、钼肥影响显著，其中硼肥的作用最大，吸钾量也受硼肥的影响显著。

对硼敏感的植物有油菜、棉花、甜菜、谷子、豌豆、小麦、辣椒、苹果、葡萄等，中度敏感的植物有烟草、马铃薯、大豆、花生、番茄、桃、梨等。黑龙江省双河农场草甸土，由于土壤严重缺硼，有 3.3 万 hm² 小麦不结实或结实不饱满，他们在其中的 3 300 hm² 上进行施硼示范，小麦不孕穗率由 88.0%～98.7%降低到 0.5%～9.4%，平均产量达到 1 725 kg/hm²，比对照 693.8 kg/hm² 增加 1 031.2 kg/hm²，增产率达 148.6%。黑龙江省用施硼防治大豆褐斑症，使大豆种子褐斑率由 23.7%降低为 8.2%，施硼使甜菜腐心病减少 70.3%～100%。从而使大豆、甜菜大幅度增产。施硼还使甜菜中糖提高 0.3～1.3°Brix（黑龙江省土地管理局，黑龙江省土壤普查办公室，1992）。施硼使新疆瓜类、葡萄、甜菜等糖分增加 3%～15%（余存祖、戴鸣钧，2004）。

（二）硼肥的有效施用条件和施用技术

施用硼肥的条件大体与锌、锰相似。具体的硼肥施用方法见表 7 - 31。

表 7-31　硼肥施用方法及注意事项

施用方式	施肥方法	具体做法	注意事项
基肥	土施（穴施和条施）	用硼砂（$Na_2B_4O_7 \cdot 10H_2O$）5～7.5 kg/hm² 与细土或有机肥、化肥混匀，开沟条施或穴施	基施一般不宜大面积，只适用于严重缺硼地区（隋金山等，1990）
种肥	浸种	硼砂浸种，一般使用浓度为 0.02%～0.05%，先将肥料溶于 40 ℃的温水中，完全溶解后，再加定量的水，将种子倒入溶液中，浸泡 4～6 h，捞出晾干，即可播种	
追肥	叶面喷施	一般 1 hm² 用 0.1%～0.2%（果树可用 0.1%～0.3%）的硼砂或硼酸溶液 750～1 200 L，于作物苗期至生长旺盛期（初花期、花铃期、花蕾期、抽薹期）喷施 2 次	叶面喷施硼肥的次数以 2 次以上为好，16:00 后进行叶面喷施。溶液用量视苗株大小而定，苗大多喷，苗小少喷

六、钼肥的施用效应

（一）钼肥的增产效果

我国钼肥肥效试验始于 20 世纪 50 年代，主要在大豆、花生、油菜及豆科绿肥上效果良好。对小麦、水稻、谷子等禾谷类作物也有一定效果。20 世纪 60 年代，东北地区推广大豆施钼，黑龙江三江平原地区 3 000 hm² 白浆土和草甸黑土示范大豆施钼，增产 175.5～214.5 kg/hm²，增产率 9.7%～17.9%。大西江农场 500 hm² 大豆用飞机喷洒钼肥，增产 13%，拌种肥 170 hm²，大豆增产 12%。黑龙江省 1981 年在大豆上施钼肥 19.7 万 hm²，占垦区播种面积的 29.7%，增产 8.4%～17.5%（黑龙江省土地管理局，黑龙江省土壤普查办公室，1992）。华北、西北地区钼肥也有良好效果。山东省的棕壤、砂姜黑土、河潮土上 15 个小麦钼肥试验平均增产 369.8 kg/hm²，增产率 9.3%（谢连庆、魏德明，1988）。

据余存祖等（1985a、1991a）对陕、甘、宁、晋的娄土、褐土、黄绵土、栗钙土上 204 组钼肥田间试验结果统计，大豆、油菜、花生施钼增产概率 67%，平均增产率 15.8%；小麦、玉米、谷子增产概率 57%，增产率 9%。青海湟水河谷地区施钼豌豆增产 9.8%，油菜增产 16.4%，马铃薯增产 9.4%。新疆河谷地及盆地施钼增产量为：豆类 180～450 kg/hm²、花生 120～180 kg/hm²、小麦 390～855 kg/hm²、玉米 165～885 kg/hm²（余存祖、戴鸣钧，2004）。李文先（1985）发现，豆科绿肥施钼后，根际土壤全氮增加，茎叶含氮量提高 19.2%，表现出"以钼促氮"的效应。

近几年，钼肥的施用取得了显著的增产效果。孙建华等（2001）试验发现，施钼对豆科植物增产效果极为显著，这与张雷（2005）研究结果一致。周苏玫等（2003）研究发现，在合理施用氮磷钾肥的基础上，增施钼肥，可使花生的根瘤数增加 39.7%，提高固氮能力，花生中粗脂肪含量、蛋白质含量增加。施立善等（2009）研究结发现，利用钼肥拌种明显促进了花生株高的增长，提升了叶面积系数，增加了根瘤数提高了花生产量，增产幅度 4.52%～12.54%，蛋白质含量和粗脂肪含量随着钼肥用量的增加而增加。杨利华等（2002）试验结果表明，适量施钼肥可以促进玉米对氮、磷、钾的吸收，提高氮、磷、钾肥料利用率，增产提质。玉米苗期营养体内全糖、可溶性糖和纤维素含量与施钼水平呈正相关关系，蛋白质及叶片叶绿素含量呈负相关关系。王克武等（2003）试验结果表明，合理施用钼肥的情况下，紫花苜蓿的干草增产量为 29.3%。

（二）钼肥的有效施用条件和施用技术

钼肥应施用于缺钼土壤与对钼敏感的作物上。在我国北方旱农区，钼肥应首先施在有效钼低于 0.1 μg/g 的土壤上。对钼敏感的作物有豆类、豆科牧草和十字花科类作物，莴苣、菠菜、花椰菜对钼也很敏感；对钼中度敏感的植物有燕麦、甜菜、甘蓝、番茄等。钼肥具体的施用方法如表 7-32。

表7-32　钼肥施用方法及注意事项

施用方式	施肥方法	具体措施及注意事项
基肥	土施（穴施和条施）	施用方法：每亩用10~50 g钼酸铵，或相当数量的其他钼肥，与常量元素肥料混合施用或者喷在一些固体肥料的表面，采用条施或穴施 注意事项：钼肥在土壤中有残留效应，土施一般每3~4年施用1次，不必年年施用。由于钼肥价格昂贵，生产上一般很少采用土施 适用作物：豆科、十字花科作物对钼肥比较敏感，施用钼肥效果较明显
种肥	浸种	施用方法：用0.05%~0.1%钼酸铵溶液浸种12 h，肥液用量以淹没种子为度，浸后捞出晾干再播种 注意事项：浸种时应在木制或瓷制容器中进行，不能用铁或铝制容器浸种，以防钼酸铵与铁、铝产生化学反应，使钼肥失效 适用作物：浸种适用于吸收溶液少而慢的种子，如稻谷、棉籽、绿肥种子等
	拌种	施用方法：1 kg种子用2~3 g钼酸铵。拌种时先按拌种量计算出所需钼酸铵量和所需溶液量。例如拌15 kg肥液。先将肥料用少量热水溶解，然后用冷水稀释至所需溶液量，将种子放入容器内搅拌，使种子表面均匀沾上肥液，晾干后即可播种 注意事项：钼肥拌种或浸种后的种子，人、畜不能食用，以免中毒 适用作物：拌种适宜于吸收溶液量大而快的种子，如豆类、花生、苕子等
追肥	叶面喷施	施用方法：常用0.05%~0.1%的钼酸铵溶液，1 hm² 施用溶液750 L左右。在作物苗期至生长旺盛期，喷2~3次，每次间隔5~7 d 注意事项：喷施时期应在无风晴天16：00后进行，每隔7~10 d喷1次，共喷2~3次，每次每亩用肥液量50~75 L 适用作物：叶面喷施主要用于果树、茶叶等多年生植物及叶面积较大的蔬菜

七、微量元素配施效应

微量元素肥料施入土壤或通过根外施肥供给植物后，植物对其吸收和同化受多种因素的影响。除了植物自身吸收微量元素能力差异及土壤的一些限制因子外，微量元素肥料或微量元素肥料与大量元素肥料之间都存在着拮抗或协同效应。

由于不同地区微量元素缺乏状况及不同作物对不同微量元素的敏感程度不同，因此施肥时需要考虑地区差异及作物的差异进行合理配施。我国土壤微量元素含量分布及丰缺总的趋势为东南部土壤有效硼含量不足，北部石灰性土壤有效锌、锰、铁不足。

1. 配施的增产效果

（1）微量元素与大量元素配施增产效果。锰肥与氮、钾肥合理配施能够提高旱地冬小麦叶绿素含量、光合速率，能够增加小麦籽粒中各种氨基酸、蛋白质和湿面筋含量，提高小麦沉淀值和稳定时间，从而改善小麦的营养品质。锰肥与氮、钾配施也可以提高小麦灌浆速率和籽粒千粒重，从而达到增产的目的（孙清斌等，2010；王文亮等，2007；张会民等，2004；刘红霞等，2005）。张会民等（2004）在河南省进行了钾锰配施效应试验。结果表明，钾锰配施对小麦有极好的增产效应，增产幅度为12.0%~25.5%。

微量元素与大量元素合理配施对蔬菜也有很好的增产效果。张永清、杜慧玲（2005）在山西省石灰性褐土上进行了钾、锰、锌肥配施对青椒产量和品质影响的田间试验。结果表明，在氮、磷为底肥的基础上，钾肥与锰肥、锌肥配施不仅能够使产量达到当地的高产水平67 500 kg/hm²，而且有利于产品品质的改善。杜慧玲等（2000a）在山西省石灰性褐土上进行试验，适量的钾锌锰配施能提高甜椒中糖、维生素C和锌的含量。李华等（2006）在山西省进行了钾锌锰肥配施对马铃薯产量和品质的影响实验。结果表明，这 3 种肥料合理配施能够显著提高马铃薯产量，降低块茎中硝态氮的含量，增加淀粉和粗蛋白的含量。

肖艳等（2003）在山东省潮土区试验，0.05%黄腐酸铁与 0.5%尿素结合进行叶面喷施可以提高铁肥利用效果，减轻缺铁黄化症，提高花生产量，增产率达 22.5%。

刘文科等（2002a）通过土培试验的方法，研究了含有多种营养成分并辅以酸性物质、有机酸、酸性有机物料及有机添加物的复混铁肥、硫酸亚铁两种肥料在石灰性土壤中的形态转化、对土壤因子的调控作用及在有效性上的差异。结果表明，与硫酸亚铁相比，复混铁肥具有更强的调控土壤因子的能力，显著增加了有效铁的供给。

（2）微量元素与微量元素配施增产效果。王克武等（2003）在京郊褐土或潮土上试验，苜蓿单独施用锌、硼或钼能够增加苜蓿的株丛数、结瘤率、单株根瘤数及株高等，锌、硼和钼配合施用的效果更加明显，同时适当施用锌、硼、钼可以提高苜蓿粗蛋白含量。

胡华锋等（2007）针对河南省土壤特点及牧草生产利用中存在的问题，在氮、磷、钾等大量元素肥料足量供应的条件下，通过对铁、锰、铜、锌、硼、钼、钴等几种微肥配施，研究了微肥对紫花苜蓿产量和品质的影响。结果显示，适当配施微肥能显著提高紫花苜蓿产草量和粗蛋白、粗脂肪、磷、钙的含量。

杜新民等（2007b）在山西省石灰性褐土上试验，在氮、磷、钾配方施肥的基础上，适量的锌、锰配施能显著提高小白菜的产量和品质，且表现出明显的互作效应，与不施锌、锰肥的对照相比，小白菜增产 16.5%～64.4%，维生素 C、还原糖和锌含量分别提高 58.8%～116.8%、29.1%～65.3% 和 120.9%～300%。

丛惠芳等（2008）在山东省黏壤土上进行试验，在合理施用氮、磷、钾肥的基础上，适量配合施用硼、锌微肥可以明显促进花生的生长发育，增加花生第一对侧枝长、单株根瘤、叶片和荚果数等，显著提高花生产量，其中增施硼肥 7.5 kg/hm² 和 11.25 kg/hm² 的处理比较对照分别增产 6.87% 和 8.19%，增施锌肥 7.5 kg/hm² 和 11.25 kg/hm² 的处理比较对照分别增产 7.17% 和 5.20%。

杜欣谊等（2008）采用盆栽试验方法，研究表明，施硼、钼能够提高大豆的产量和蛋白质的含量。从硼、钼的作用效果看，施钼处理高于施硼处理，硼、钼同施有互促作用。贾彩霞等（2005）在河南潮土上试验，锌、锰、铁肥均能显著降低大豆新叶失绿率，增加株高，提高产量，其中以锌、铁、锰肥配施效果最佳，株高和单株粒数分别增加 8.1%、14.6%，增产 28.1%。

此外，配施的效应还与作物品种及栽培模式有关。陆欣春等（2010b）在陕西省石灰性土壤上试验，研究了氮、锌配施对不同小麦品种生长及锌营养的影响。结果表明，在石灰性土壤上单施锌肥和氮锌配施对小麦产量、籽粒锌含量的影响因品种而异。单施锌肥及氮锌配施处理可显著增加土壤有效锌含量，但单施锌肥处理仅增加"西杂 1 号""武农 148""郑麦 9023"籽粒锌含量，氮锌配施增加除"小偃 22"外其余 9 种供试小麦品种籽粒锌含量，增幅为 7.3%～54.7%。氮锌配施可显著增加小麦地上部锌累积量，两季分别增加 6.5%、29.8%。单施氮肥可显著增加小麦锌吸收。在石灰性土壤上，单施锌肥虽显著增加了土壤有效锌含量，但对小麦产量及籽粒锌含量增加有限，氮锌肥配施可取得较好效果。

（3）施用微肥对土壤中微量元素有效性的影响。李丽霞、郝明德（2006）以 1919 年的微肥定位试验为基础，研究了陕西旱作区黏质黑垆土上长期施用微肥条件下冬小麦土壤铁、铜、锌和锰含量的时空变化。结果表明，长期施用锌、锰、硼肥能使耕层土壤有效铁含量增加 18.3%～13.6%，而施用铜肥对土壤有效铁含量的影响不显著。施用铜肥土壤耕层有效铜增加 5.7 倍以上，施用锰肥和锌肥土壤耕层有效铜含量分别增加 77.2% 和 8.76%，而施用硼肥的耕层土壤有效铜略有降低。

魏孝荣等（2004）基于黄土高原旱地施用 17 年微量元素肥料的定位试验，研究了长期施用微量元素肥料对土壤微量元素含量的影响。结果表明，长期施用微量元素肥料，增强了作物对土壤剖面水分和养分的吸收利用，增加了土壤中相应微量元素的含量，促进了作物对其他元素的吸收利用，导致其他元素有效态含量有所降低。在土壤剖面中，有效锌含量为：施锌＞施硼＞施铜＞CK＞施铬，有效铜含量为：施铬＞CK＞施硼＞施锌。各处理土壤有效铁、锰含量均有所降低，有效铁含量为：CK＞施铜＞施铬、硼、锌。

　　李峰等（2006）在陕西塿土上采用田间试验方法研究了栽培模式、播种密度和施氮量与小麦籽粒中锌、铁、锰、铜含量与携出量的关系。结果表明，补灌栽培能显著提高籽粒铜含量，施用氮肥条件下，籽粒锌、铜含量均显著高于不施氮肥，覆膜栽培下铁、锰携出量高于其他栽培模式，施用氮肥显著提高了小麦籽粒中锌、铁、锰、铜携出量。此外，不同栽培模式、播种密度和施氮量下土壤中有效态锌含量的变异幅度极小。

　　2. 微量元素及微量元素与大量元素配施技术　　生产上也较多采用不同微量元素混合施用或微量元素与大量元素配合施用的施肥方式，而且配施的效益往往大于单施。微量元素或微量元素与大量元素在一些作物中合理配施的方案及配施方法见表7-33。

表 7-33　微量元素或微量元素与大量元素合理配施方案

作物	地区	合理配施方案（kg/hm²）	施用方法	参考文献
白菜	山西	尿素∶过磷酸钙∶硫酸钾＝400∶200∶200 硫酸锰∶硫酸锌＝75∶（75～120）	尿素2/3作追肥，其余肥料皆用作基肥	杜新民等（2007b）
小麦	陕西	氮肥∶磷肥＝120∶60 锰肥∶锌肥＝15∶15	氮肥和磷肥用作基肥，锌肥和锰肥土施	李旭辉（1998）
苜蓿	河北	硫酸锌∶硫酸锰∶硫酸铜∶硼砂∶钼酸＝10∶2∶2.5∶0.5∶0.075	将微肥分别粉碎至粉末，按养分比例混合均匀，割除前茬牧草后土施	伊霞等（2009）
玉米	河北	硫酸锌∶硫酸锰∶硫酸铜∶硼砂∶钼酸＝28.75∶10∶30∶5∶0.93	将微肥分别粉碎至粉末，然后按比例混合均匀，于播种前基施	张兰兰等（2009）
青椒	山西	尿素∶过磷酸钙＝667∶667 氯化钾∶硫酸锌∶硫酸锰＝（564～705）∶（81.6～116.7）∶（90.4～123.6）	尿素1/3作基肥，2/3作追肥，其他肥料均作基肥	张永清、杜慧玲（2005）
马铃薯	山西	尿素∶过磷酸钙＝150∶525 氯化钾∶硫酸锌∶硫酸锰＝（297.9～396.0）∶（69.7～109.1）∶（92.5～126.3）	尿素2/3作基肥，1/3作追肥，其他肥料均作基肥	李华等（2006）
甜椒	山西	尿素∶过磷酸钙＝750∶750 氯化钾∶硫酸锌∶硫酸锰＝（69.9～90.0）∶（12.9～14.5）∶（10.8～13.8） 氯化钾∶硫酸锌∶硫酸锰＝（570.0～711.8）∶（81.6～119.4）∶（105.9～133.7）	尿素2/3作追肥，剩余的尿素和过磷酸钙作底肥一次施入。钾、锌、锰与干细土混匀，作基肥一次撒施于地表，再用铁锹翻入土壤	杜慧玲等（2000a，2000b）
小麦	河南	氮肥∶过磷酸钙＝（33.6～42.3）∶937.5 钾肥∶硫酸锰＝（259.3～276.6）∶（163.8～164.6）	氮肥2/3作基施，1/3作拔节期追肥。过磷酸钙，钾、锰肥全部作基肥	孙清斌等（2010）
小麦	河南	氮∶磷∶钾＝123.8∶94.5∶75 硫酸锰溶液1500（0.2%～0.3%）	氮肥、磷肥、钾肥作基肥，锰肥全部根外喷施（分拔节期和灌浆期2次施，每次喷施液为750 kg/hm²）	张会民等（2003）

（续）

作物	地区	合理配施方案（kg/hm²）	施用方法	参考文献
小麦	河南	氮：磷：钾＝（105.7～194.1）：150：（155.6～222.9） 硫酸锰＝60.6～82.7	尿素2/3作基施，1/3拔节期追施，过磷酸钙、硫酸钾和硫酸锰全部作基肥	王文亮等（2007）
花生	山东	氮：磷：钾＝84.7：172.5：162 硼酸：硫酸锌＝11.3：7.5	磷酸二铵和氯化钾作基肥，尿素作种肥，微肥随尿素于覆膜前与之混合，开沟施入	丛惠芳等（2008）

主要参考文献

曹玉贤，田霄鸿，杨习文，等，2010. 土施和喷施锌肥对冬小麦籽粒锌含量及生物有效性的影响 [J]. 植物营养与肥料学报，16（6）：1394-1401.

常春荣，廖基兴，阮云泽，2007. 砖红壤施硼肥对花生产量和食用品质的影响研究 [J]. 土壤学报，77（6）：1147-1151.

褚天铎，杨清，刘新保，等，1993. 微量元素肥料的作用与应用 [M]. 成都：四川科学技术出版社.

丛惠芳，孙治军，张梅，等，2008. 不同量B、Zn肥对花生生长和产量的影响 [J]. 山东农业大学学报（自然科学版），39（2）：171-174.

崔德杰，张继宏，1998. 长期施肥及覆膜栽培对土壤锌、铜、锰的形态及有效性影响的研究 [J]. 土壤学报，35（2）：260-264.

崔美香，薛进军，王秀茹，等，2005. 树干高压注射铁肥矫正苹果失绿症及其机理 [J]. 植物营养与肥料学报，11（1）：133-136.

戴九兰，史衍玺，毕于沛，等，2003. 包膜缓释铁肥防治花生缺铁黄化的效果研究 [J]. 土壤通报，34（4）：315-318.

杜慧玲，冀华，吴俊兰，2000b. 钾锌锰肥配施对甜椒产量的影响 [J]. 山西农业科学，28（3）：46-49.

杜慧玲，王建锁，姚永平，等，2000a. 钾锌锰配施对甜椒品质的影响 [J]. 中国农学通报，16（5）：32-33.

杜孝甫，1985. 河西走廊酒泉地区石灰性土壤锰对春小麦的增产效果 [J]. 土壤肥料（4）：27-30.

杜欣谊，王春宏，姜佰文，等，2008. 硼、钼对不同基因型大豆产量和品质的影响 [J]. 东北农业大学学报，39（8）：6-9.

杜新民，刘建辉，裴雪霞，2007. 锌锰配施对小白菜产量和品质的影响 [J]. 西北农林科技大学学报，35（4）：159-162.

范永强，王丽华，芮文利，2002. 芦笋施用硼肥增产效应初报 [J]. 土壤肥料（5）：42-43.

高杰，刘立强，高翔，等，2003. 锰肥对孜然芹产量的影响 [J]. 新疆农业大学学报，26（4）：74-75.

高丽，史衍玺，2003. 铁胁迫对花生某些生理特性的影响 [J]. 中国油料作物学报，25（3）：51-54.

高贤彪，高弼模，杨果，等，1991. 山东省不同土类有效铁含量分布及影响因子 [J]. 土壤通报，22（4）：162-164.

韩凤祥，胡霭堂，秦怀英，等，1993. 石灰性土壤环境中缺锌机理的探讨 [J]. 环境化学，12（1）：36-41.

韩金玲，杨晴，周印富，等，2010. 旱地施用锌肥对冬小麦干物质积累和产量的影响 [J]. 麦类作物学报，30（2）：357-361.

郝明德，魏孝荣，党廷辉，2003. 黄土区旱地长期施用微肥对小麦产量的影响 [J]. 水土保持研究，10（1）：25-29.

何秋燕，2009. 叶面喷施锰肥对甘薯产量和品质的影响 [J]. 安徽农学通报，15（17）：60-61.

贺家媛，郑文麒，邓留珍，1986. 河南省土壤微量元素含量分布及其在农业上的应用 [J]. 土壤学报，23（2）：132-141.

黑龙江省土地管理局，黑龙江省土壤普查办公室，1992. 黑龙江省土壤 [M]. 北京：农业出版社.

胡华锋，介晓磊，刘世亮，等，2007. 微肥配施对紫花苜蓿生产效应的研究 [J]. 甘肃农业大学学报，42（3）：85-90.

化党领，杨秋云，刘世亮，等，2009. 锰与硼喷施对紫花苜蓿产量和矿质元素含量的影响 [J]. 中国土壤与肥料（5）：

57 - 60.

贾彩霞，贾英霞，李淑敏，2005. 黄淮区域夏大豆锌锰铁肥效研究［J］. 大豆通报（2）：13 - 14.

贾文锦，1992. 辽宁土壤［M］. 沈阳：辽宁科学技术出版社.

蒋廷惠，胡霭堂，秦怀英，1990. 土壤锌、铜、铁、锰形态区分方法的选择［J］. 环境科学学报，10（3）：280 - 285.

介晓磊，郭孝，李建平，等，2006. 锌锰微肥对苜蓿生产的效应研究［J］. 土壤肥料学，22（6）：252 - 254.

康瑞昌，郑家烷，胡省平，等，1992. 山西省土壤微量元素含量及应用区划［J］. 土壤肥料（3）：7 - 11.

康玉林，黄新江，刘更另，1992. 玉米 Zn 中毒可能性的研究［J］. 中国农业科学，25（1）：57 - 67.

李鼎新，党廷辉，1991. 在 MAP 和 DAP 体系中土壤锌吸附的初步研究［J］. 土壤学报，28（4）：24 - 31.

李峰，田霄鸿，陈玲，等，2006. 栽培模式、施氮量和播种密度对小麦籽粒中锌、铁、锰、铜含量和携出量的影响［J］. 土壤肥料（2）：42 - 46.

李华，毕如田，程芳琴，等，2006. 钾、锌、锰配合施用对马铃薯产量和品质的影响［J］. 中国土壤与肥料（4）：46 - 50.

李丽霞，郝明德，2006. 黄土高原地区长期施用微肥土壤 Cu、Zn、Mn、Fe 含量的时空变化［J］. 植物营养与肥料学报，12（1）：44 - 48.

李楠，刘淑霞，刘伟，等，2001. 黑土、黑钙土锌肥的有效施用及其与玉米产量的关系［J］. 吉林农业大学学报，23（2）：67 - 72.

李文先，1985. 从新疆耕地土壤微量元素含量展望微肥的应用［J］. 干旱区研究，2（2）：7 - 15.

李旭辉，李立科，何绪生，2009. 微肥对番茄及黄瓜作用效果的研究［J］. 北方园艺（9）：23 - 25.

李旭辉，1998. 黄土区小麦施用锰锌肥的试验研究［J］. 干旱地区农业研究，16（1）：76 - 79.

李允国，宋金锋，周海涛，等，2006. 黄潮土小麦施锌效果及应用技术研究［J］. 河南农业科学（5）：70 - 71.

李泽岩，谢玉英，田秀芬，1986. 新疆土壤微量元素的含量分布［J］. 土壤学报，23（4）：330 - 334.

林玉锁，薛家骅，1989. 锌在石灰性土壤中的吸附动力学初步研究［J］. 环境科学学报，9（2）：144 - 148.

刘发民，王辉珠，孟文学，1998. 草坪科学与研究［M］. 兰州：甘肃科学技术出版社.

刘红霞，张会民，周文利，等，2005. 钾锰配施对旱地冬小麦后期生长及籽粒灌浆的影响［J］. 河北农业大学学报，28（1）：5 - 8.

刘鹏，2000. 钼、硼对大豆产量和品质影响的营养生理机理的研究［D］. 杭州：浙江大学.

刘汝亮，同延安，樊红柱，等，2007. 喷施锌肥对渭北旱塬苹果生长及产量品质的影响［J］. 干旱地区农业研究，25（3）：62 - 72.

刘文科，杜连凤，刘东臣，2002a. 石灰性土壤中铁肥的形态转化及其供铁机理研究［J］. 植物营养与肥料学报，8（3）：344 - 348.

刘文科，杜连凤，刘东臣，2002b. 有机肥与植物种类对铁肥形态转化及其有效性的影响［J］. 土壤与环境，11（3）：286 - 289.

刘铮，1991. 微量元素的农业化学［M］. 北京：科学出版社.

刘铮，1996. 中国土壤微量元素［M］. 南京：江苏科学技术出版社.

彭琳，彭祥林，余存祖，等，1983. 黄土地区土壤中锌的含量分布、锌肥肥效及其有效施用条件［J］. 土壤学报，20（4）：361 - 372.

彭令发，郝明德，邱莉萍，等，2004. 干旱条件下锰肥对玉米生长及光合色素含量的影响［J］. 干旱地区农业研究，22（3）：35 - 37.

秦俊法，1999. 硼的生物必需性及人体健康效应［J］. 广东微量元素科学，6（9）：1 - 16.

冉勇，彭琳，1993. 黄土性土壤中锌的化学形态分布及有效性研究［J］. 土壤通报，24（4）：172 - 174.

冉勇，1989. 黄土区土壤铜的形态及其可给性初步研究［J］. 土壤通报，20（5）：232 - 234.

邵煜庭，甄清香，刘世锋，1995. 甘肃主要农业土壤中 Cu、Zn、Mn、Fe 形态及其有效性研究［J］. 土壤学报，32（4）：423 - 429.

施立善，盛丹丹，任艳，2009. 钼肥拌种对花生产量及品质的影响［J］. 安徽农学通报，15（11）：114.

施卫明，1988. 缺 Fe 胁迫下植物根外介质 pH 的变化及其影响因素［J］. 植物生理通讯（6）：27 - 31.

隋金山，杜文瑞，王福毅，1990. 几种作物 B 肥施用效果和使用技术研究［J］. 土壤肥料（3）：22 - 25.

孙建华，童依平，刘全友，等，2001. 钼肥对农牧交错带豆科作物增产的重要意义［J］. 中国生态农业学报，9（4）：

73 - 75.

孙清斌，尹春芹，杨建堂，等，2010. 锰与氮钾配施对冬小麦籽粒蛋白质含量及蛋白质产量的影响 [J]. 麦类作物学报，30 (4)：715 - 720.

孙淑芝，马庶晗，胡心庆，等，2007. 叶面喷施锰肥对大豆产量及品质的影响 [J]. 大豆通报 (5)：31 - 33.

汪洪，周卫，金继运，2007. 分层供水和表层施锌对玉米植株生长和锌吸收的影响 [J]. 中国土壤与肥料 (4)：63 - 67.

王海啸，吴俊兰，张铁金，等，1990. 山西石灰性褐土的磷锌关系及其对玉米幼苗生长的影响 [J]. 土壤学报，27 (3)：241 - 249.

王克武，陈清，李晓林，2003. 施用硼、锌、钼肥对紫花苜蓿生长及品质的影响 [J]. 土壤肥料 (3)：24 - 28.

王文亮，薛高峰，孙清斌，等，2007. Mn 与 N、K 配施对冬小麦籽粒中氨基酸含量的影响 [J]. 植物营养与肥料学报，13 (3)：373 - 380.

王学贵，朱克庄，1990. 陕西省锰肥应用分布的研究 [J]. 土壤学报，27 (2)：202 - 206.

魏孝荣，郝明德，邵明安，2006. 黄土高原旱地连续施用锰肥的土壤效应研究 [J]. 土壤学报，43 (5)：800 - 806.

魏孝荣，郝明德，张春霞，2002. 长期施用微量元素肥料对土壤微量元素含量的影响 [J]. 干旱地区农业研究，20 (3)：25 - 22.

吴建明，高贤彪，高弼模，等，1991. 山东省土壤供锌状况及对锌的吸附 [J]. 土壤学报，28 (4)：452 - 456.

吴建明，高贤彪，高弼模，1990. 山东省土壤微量元素含量与分布 [J]. 土壤学报，27 (1)：87 - 93.

吴茂江，2006. 钼与人体健康 [J]. 微量元素与健康研究，23 (5)：66 - 67.

武际，尹恩，郭熙盛，2010. 不同磷锌组合对小麦磷锌含量、积累与分配的影响 [J]. 土壤通报，41 (6)：1444 - 1448.

肖艳，李燕婷，曹一平，2003. 不同铁制剂与施用方法对矫正花生缺铁黄化症的效果 [J]. 土壤肥料 (5)：21 - 25.

熊冠庭，陈新，徐德明，2009. 施硼对油菜新品种秦优 7 号的增产效果研究 [J]. 安徽农学通报，15 (13)：94.

熊双莲，吴礼树，王运华，2001. 黄瓜缺硼症状与激素变化关系的研究 [J]. 植物营养与肥料学报，7 (2)：194 - 198.

薛进军，余德才，田自武，等，1999. 施肥方式对苹果吸收、运输铁的影响 [J]. 果树科学，16 (1)：1 - 7.

杨利华，郭丽敏，傅万鑫，等，2002. 钼对玉米吸收氮磷钾、籽粒产量和品质及苗期生化指标的影响 [J]. 玉米科学，10 (2)：87 - 89.

杨习文，田霄鸿，陆欣春，等，2010. 喷施锌肥对小麦籽粒锌铁铜锰营养的影响 [J]. 干旱地区农业研究，28 (6)：95 - 102.

杨习文，田霄鸿，武绍飞，等，2007. 不同基因型冬小麦对氮肥与锌铁肥配施的反应 [J]. 干旱地区农业研究，25 (3)：17 - 22.

余存祖，彭琳，戴鸣钧，等，1991a. 黄土区土壤微量元素含量分布与微肥效应 [J]. 土壤学报，28 (3)：317 - 326.

余存祖，彭琳，刘耀宏，等，1986. 黄河中游土壤背景值与八个城市土壤元素富集的研究 [J]. 环境科学，7 (2)：69 - 72.

余存祖，彭琳，彭祥林，等，1981. 黄土区土壤锰的含量与锰肥肥效 [J]. 土壤通报，12 (6)：16 - 20.

余存祖，彭琳，彭祥林，等，1982a. 黄土区土壤铁的含量及其有效性 [J]. 陕西农业科学 (6)：26 - 28.

余存祖，彭琳，彭祥琳，等，1983. 黄河中游土壤微量养分的流失及其控制 [J]. 中国水土保持 (4)：20 - 23.

张登继，杨新莲，庞明奇，等，2006. 大同盆地轻度盐化土壤玉米锌肥施用方法试验 [J]. 中国土壤与肥料 (3)：57 - 58.

张会民，刘红霞，苗艳芳，等，2003. 钾锰配施对旱地冬小麦的增产效应 [J]. 西北农林科技大学学报，31 (1)：73 - 76.

张会民，刘红霞，王留好，等，2004. 钾锰配施对旱地冬小麦植株养分含量及产量和品质的影响 [J]. 西北农林科技大学学报，32 (11)：109 - 113.

张兰兰，李运起，李秋凤，等，2009. 微肥配施对青贮玉米产量的影响 [J]. 河北农业大学学报，32 (2)：7 - 10.

张雷，2009. 大豆施用钴及硼、锌肥的增产效果 [J]. 中国土壤与肥料 (1)：40 - 41.

张雷，2005. 大豆施用镁、钼、锰肥的增产效果 [J]. 中国土壤与肥料 (6)：50 - 51.

张翔，焦有，孙春河，等，2003. 不同施肥结构对花生产量和品质的影响 [J]. 土壤肥料 (2)：30 - 32.

张永清，杜慧玲，2005. 石灰性褐土上钾、锌、锰肥配施对青椒产量和品质的影响 [J]. 山西师范大学学报，19（1）：79-83.

赵志军，高彦魁，薛进军，2009. 不同铁肥品种对苹果叶片叶绿素、铁含量及光合速率的影响 [J]. 山西果树（4）：3-5.

郑泽群，李隆，冯武焕，1999. 土壤对三种硼阴离子的吸附与解吸 [J]. 土壤与环境，2（1）：25-34.

中国农业科学院土壤肥料研究所，1994. 中国肥料 [M]. 上海：上海科学技术出版社.

周鸣铮，1988. 土壤肥力测定与测土施肥 [M]. 北京：农业出版社.

周苏玫，樊骅，郭俊红，等，2003. 有机肥及锌硼钼微肥对花生产量和品质的影响 [J]. 河南农业大学学报，37（4）：335-338.

朱飞翔，傅志强，沈建凯，等，2009. 施用硼肥对油菜产量的影响 [J]. 作物研究，23（4）：252-253.

左东峰，魏秀梅，1993. 铁肥对黄淮海平原盐渍土主要农作物的增产效果 [J]. 土壤肥料（5）：17-20.

SHUMAN L M，1985. Fraction method for soil microelements [J]. Soils Sci，140（1）：11-22.

SHUMAN L M，1979. Zinc manganese and copper in soil fractions [J]. Soil Sci，127（1）：210-217.

TEESLER A P，1979. Sequential extraction procedure for the speciation of particular trace metals [J]. Anal Chern，51（7）：844-851.

第八章

旱地土壤水分与肥效反应

第一节　土壤水的性质与生理功能

水是植物的"先天"环境条件之一，植物的一切正常生命活动，只有在一定的细胞水分含量的状况下才能进行，否则，植物的正常生命活动就会受阻，甚至停止。因此，没有水就没有生命，水是生命之源。在农业生产中，水是农业的命脉，水是决定作物收成有无的关键因素。农谚说："有收无收在于水，收多收少在于肥"，这就说明了水肥功能的重要性。

一、水的类型

水的形态大致可分为六大类，它们的主要特点和功能简述如下。

1. 结晶水　通过偶极健的作用，水分子能与固体实质的分子相结合，变成固体实质的组成部分。组成中含有水的实质很多，称为结晶水化合物，其中所含的水称为结晶水。结晶水是十分稳定的，在一般温度下不易脱失，因此，不能被植物利用。

2. 固态水（冰）　水在 $0\,℃$ 以下凝固，并且具有结晶构造，根据水的晶块凝聚的程度可分为雪、霜、雹和冰。固体状态水的比重比液体水少 8%（冰的比重为 0.92），因此冰能浮在水面上。冰不能被植物直接利用。但冰表面的水分子与冰表面空气中气体水分子失去平衡，冰的水分子也会蒸发到大气中去，形成气态水分子。

3. 气态水　这种水是以水汽的形态存在于土壤空气中。其运行方式为①由绝对水汽压较高的地方主动向较低的地方以气态运动；②随着气流被动运动，在适当的条件下可变为液态。在湿度超过最大吸湿量的土壤中，土壤空气中气态水的含量极接近于饱和水汽的空气中气态水含量，这部分水可被植物吸收利用。

4. 紧束缚水　这种水的水分子牢固地被土粒所固有的吸附力所保持，这种水在土粒表面形成一层膜，其厚度只有几个水分子的直径。由于它接近固体，因此密度很大。在形成紧束缚水时，会放出湿润热。紧束缚水很难移动，只有当其成为气态水时才能移动，很难被植物吸收利用。

5. 松束缚水　这种水的水分子主要特征是其分子的定向排列，这可能是由紧束缚水的分子定向排列的作用或由于（在较小程度上）代换性阳离子的作用（渗透水）引起的。松束缚水在土粒周围形成薄膜。其厚度可达几十个、几百个乃至几千个水分子的直径。其密度不超过普通凝态水的密度。薄膜的内层具有固体原有的特点，但它没有放出湿润热的性能。这种水在吸力的影响下能在土粒间移动。这类水在一定程度上可被植物吸收利用。

6. 自由水　这种水在接近土粒周围时没有定向性，但它在溶液中离子的周围可能有定向排列。触点水、吸着禁闭自由水、毛管悬着水、渗透重力水、支持重力水、径流支持重力水、停滞支持重力水，毛管上升水等都属于这类自由水，都可被植物吸收利用。

二、水的生理功能

1. 水分子在植物中的含量 不同的植物含水量不同，水生植物含水量可达鲜重的 90% 以上；草本植物含水量在 70%～85%；木本植物含水量稍低于草本植物。

同一种植物生长在不同的环境中，含水量也有差异。生长在隐蔽、潮湿环境中的植物，其含水量比生长在向阳、干燥环境中的植物就要高一些。

在同一植株中，不同器官和不同组织的含水量差异也甚大。如根尖、嫩梢、幼苗和绿叶的含水量更高。由此可见，凡是生命活动较旺盛的部分，水分含量就比较高。

2. 植物体内水分子存在的状态 水分在植物体内的作用，不但与其含量多少有关，而且也与它存在的状态有关。水分在植物体内通常以束缚水和自由水两种状态存在，它们与细胞质状态也有密切的关系。

细胞质主要是由蛋白质组成，占总干重的 60% 以上。蛋白质分子很大，其水溶液具有胶体的性质，因此，细胞质是一个胶体系统。蛋白质分子的疏水基（如烷烃基、苯基等）在分子内部，而亲水基则在分子的表面。这些亲水基对水有很大的亲和力，容易引起水合作用。所以细胞质胶体微粒具有显著亲水性，其表面吸附很多水分子，形成一层很厚的水层。水分子距离胶粒越近，吸附力越强；相反，则吸附力越弱。靠近胶粒面而被胶粒吸附束缚不易自由流动的水分，称束缚水；距离胶粒较远而可自由活动的水分，称为自由水。事实上，这两种状态水分划分是相对的，它们之间并没有明显的界限。

自由水能参与植物各种代谢作用，它的含量制约着植物的代谢强度。自由水占总含水量百分比越大，植物代谢作用越旺盛。束缚水不参与植物的代谢作用，但当植物要求低代谢强度时可有利植物适应不良的外界环境条件，因此，束缚水含量与植物抗性大小有密切的关系。

由于自由水含量多少不同，所以细胞质亲水胶体有两种不同的状态：一种是含水量较多的溶胶，另一种是含水量较少的凝胶。除了休眠种子的细胞质是凝胶状态外，在大多数情况下，细胞质多呈溶胶状态，这点可以由细胞质运动的事实得到证实。当生长的植物中细胞质出现凝胶状态时，植物就会凋萎，而致死亡。

3. 水分在植物生命活动中的作用 水分在植物生命中的作用，主要表现在以下几个方面：①水分是植物细胞质的主要成分，细胞质的含水量一般在 70%～90%，使细胞质是溶胶状态，保证了旺盛的代谢作用正常进行，如根尖、茎尖。如果含水量减少，细胞质就变成凝胶状态，生命活力就大大减弱。②水分是代谢作用过程的反应物质，在光合作用、呼吸作用、有机物质的合成和分解过程中，都需要有水分参与。③水分是植物对物质吸收和运输的溶剂。通常，植物不能直接吸收固体的有机物质和无机物质，这些物质只能溶解在水中后才能被植物吸收。同样，各种物质在植物体内的运输，也要溶解在水中才能进行。④水分能保持植物的固有姿态。由于细胞含有大量水分，可维持细胞的紧张度（即膨胀）使植物枝叶挺立，便于充分接受光照和交换气体；同时，也使花朵张开，有利于传粉结实。

第二节 土壤水分对作物养分吸收、生长和产量的影响

一、不同含水量对小麦吸收养分、生长和产量的影响

水分和养分是作物生长最为重要的环境因素。对作物的高产来说，缺一不可，在旱农地区，水分的丰缺对农业生产尤为重要。因此，在旱农地区对水分作用的研究已引起广泛的注意。1986—1990 年，笔者进行了一系列室内和室外的研究。现将有关结果分述如下。

1. 水分对小麦吸收养分的影响 小麦收获时测定了小麦产量，植株对氮、磷吸收量和土壤中有效氮、磷的遗留量。在施肥量相同条件下，小麦对氮、磷吸收量均随土壤含水量增加而增加，且均呈线性正相关关系。结果见图 8-1、图 8-2。

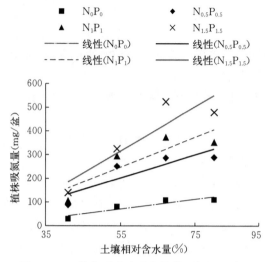

图 8-1　土壤相对含水量与植株吸氮量的关系

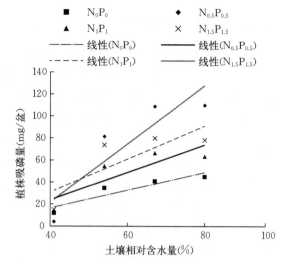

图 8-2　土壤相对含水量与植株吸磷量的关系

图 8-1 中相对含水量（w）与植株吸氮的关系表达式见表 8-1。

表 8-1　相对含水量（w）与植株吸氮量（N_s）的关系表达式（$r_{0.05}=0.95$，$r_{0.01}=0.99$）

施肥量	函数表达式	r 值
N_0P_0	$N_S=41.52+2.086\,9w$	$r=0.916\,6$
$N_{0.5}P_{0.5}$	$N_S=-122.64+5.969\,3w$	$r=0.918\,5$
N_1P_1	$N_S=-297.36+10.266\,6w$	$r=0.992\,5^{**}$
$N_{1.5}P_{1.5}$	$N_S=-238.19+9.626\,6w$	$r=0.984\,1^{*}$

图 8-2 中相对含水量与植株吸磷量的关系表达式见表 8-2。

表 8-2　相对含水量与植株吸磷量（P_s）的关系表达式（$r_{0.05}=0.95$，$r_{0.01}=0.99$）

施肥量	函数表达式	r 值
N_0P_0	$P_S=-17.016\,9+0.557\,9w$	$r=0.981\,2^{*}$
$N_{0.5}P_{0.5}$	$P_S=-51.961\,7+1.581\,9w$	$r=0.918\,5$
N_1P_1	$P_S=-50.831\,1+1.692\,5w$	$r=0.978\,9^{*}$
$N_{1.5}P_{1.5}$	$P_S=-46.499\,4+1.600\,7w$	$r=0.986\,1^{*}$

由以上结果看出，在不同施肥量条件下，土壤相对含水量与植株吸氮量和植株吸磷量之间的线性相关系数均达到显著和极显著水平，说明土壤相对含水量对作物吸收养分具有重要的作用。

2. 水分对土壤氮、磷遗留量的影响　由于水分的增加，促进了植株对土壤养分的吸收，因而导致土壤氮、磷养分的降低，测定结果见图 8-3、图 8-4。

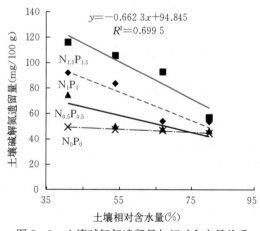

图 8-3　土壤碱解氮遗留量与相对含水量关系

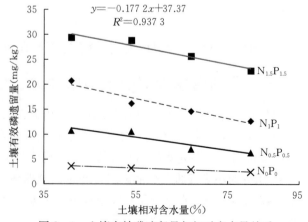

图 8-4　土壤有效磷遗留量与相对含水量关系

图 8-3 中，土壤相对含水量与土壤碱解氮遗留量关系式见表 8-3。图 8-4 中，土壤相对含水量与土壤有效磷遗留量关系式见表 8-4。可以看出，土壤遗留的碱解氮和有效磷都随着氮、磷施用量的增加而增加，但也都随着土壤相对含水量的增加而降低。相关系数都接近和达到显著水平。

表 8-3　土壤相对含水量（w）与土壤碱解氮遗留量（N）关系式（$r_{0.05}=0.95$，$r_{0.01}=0.99$）

施肥量	函数表达式	r 值
N_0P_0	$N=53.9023-0.1162w$	$r=-0.9385$
$N_{0.5}P_{0.5}$	$N=94.8446-0.6623w$	$r=-0.9380$
N_1P_1	$N=138.2238-1.1169w$	$r=0.9380$
$N_{1.5}P_{1.5}$	$N=181.1946-1.4623w$	$r=0.9527$

表 8-4　土壤相对含水量（w）与土壤有效磷遗留量（P）关系式（$r_{0.05}=0.95$，$r_{0.01}=0.99$）

施肥量	函数表达式	r 值
N_0P_0	$P=4.7612-0.0286w$	$r=-0.9862$
$N_{0.5}P_{0.5}$	$P=16.5271-0.1295w$	$r=-0.9340$
N_1P_1	$P=27.9066-0.1963w$	$r=-0.9667$
$N_{1.5}P_{1.5}$	$P=37.3703-0.1772w$	$r=-0.968$

3. 水分对小麦生长的影响

（1）水分对小麦株高的影响。小麦株高是由节间长度决定的。节间的伸长与环境条件十分有关，如温度、光照、肥、水和体内有机营养等，都会影响到小麦茎秆的长短和粗细。水分对节间伸长的影响特别明显，水分多则节间长，如果水分太多，则节间伸得很长，但容易导致细瘦现象，产生倒状。所以在控制水分条件时，也要注意养分的配合，在节间伸长的同时，也能使节间变得粗壮，由此才能得到高产优质的结果。调查结果见表 8-5。

表 8-5　小麦拔节期、成熟期株高调查结果

单位：cm

相对含水量	拔节期				成熟期			
（％）	N_0P_0	$N_{0.5}P_{0.5}$	N_1P_1	$N_{1.5}P_{1.5}$	N_0P_0	$N_{0.5}P_{0.5}$	N_1P_1	$N_{1.5}P_{1.5}$
41	9.49	12.28	12.69	12.62	32.6	36.5	36.4	33.3
54	9.92	14.32	13.35	13.92	47.4	48.7	46.5	47.16
67	10.37	16.19	16.19	15.95	53.7	52.5	52.5	50.3
80	11.36	16.85	18.23	17.14	56	52.6	58.2	55.1

从表 8-5 看出，在给定养分条件下，植株高度与相对含水量呈线性相关关系。在拔节期其关系表达式见表 8-6。

表 8-6　拔节期植株高度（L）与相对含水量（w）关系式（$r_{0.05}=0.95$，$r_{0.01}=0.99$）

施肥量	函数表达式	r 值
N_0P_0	$L=7.4648+0.0466w$	$r=0.9759$
$N_{0.5}P_{0.5}$	$L=7.6665+0.1198w$	$r=0.9787$
N_1P_1	$L=6.0428+0.1501w$	$r=0.9769$
$N_{1.5}P_{1.5}$	$L=7.6500+0.1200w$	$r=0.9446$

在成熟期，土壤相对含水量和植株高度的函数关系见表 8-7。

表 8-7　成熟期植株高度与相对含水量关系式 （$r_{0.05}=0.95$，$r_{0.01}=0.99$）

施肥量	函数表达式	r 值
N_0P_0	$L=11.823+0.588\ 5w$	$r=0.937\ 8$
$N_{0.5}P_{0.5}$	$L=11.866\ 9+0.631\ 5w$	$r=0.982\ 8$
N_1P_1	$L=15.171\ 5+0.549\ 2w$	$r=0.989\ 3$
$N_{1.5}P_{1.5}$	$L=14.567\ 5+0.527\ 2w$	$r=0.944\ 9$

在小麦不同生育期，在试验水分含量范围内，在一定养分条件下，土壤相对含水量与植株高度之间的线性相关系数达显著与极显著水平。

（2）水分对小麦分蘖的影响。小麦的分蘖数及其成穗数是小麦产量主要构成因素之一。小麦分蘖数目很多时，不一定都能成为有效分蘖，所以一般有效分蘖数目都少于总分蘖数，这主要决定于水肥和其他环境条件是否有利。因此可根据水肥和环境条件来控制小麦有效分蘖数来达到生产的目标产量，对此笔者调查了水肥对小麦分蘖的影响。结果见表 8-8。

表 8-8　小麦冬、春分蘖数在不同施肥量与土壤含水量条件下的变化

相对含水量（%）	12月22日（冬）				2月26日（春）			
	N_0P_0	$N_{0.5}P_{0.5}$	$N_{1.0}P_{1.0}$	$N_{1.5}P_{1.5}$	N_0P_0	$N_{0.5}P_{0.5}$	$N_{1.0}P_{1.0}$	$N_{1.5}P_{1.5}$
41	13.8	19.8	20.5	21.5	28.3	45.8	46.3	50.5
54	12.5	20.3	21.0	20.0	29.3	47.5	50.3	55.0
67	13.0	20.5	20.5	20.0	34.3	54.3	55.5	59.3
80	13.8	20.3	21.0	21.0	33.3	56.5	58.5	64.5
分蘖相关系数 r	0.100 9	0.774 6	0.447 2	0.258 2	0.877 1	0.969 9	0.996 3	0.999 2

从表 8-8 看出，冬季土壤相对含水量在 41%～80%，相对含水量与小麦分蘖数之间相关系数都是很低的，均未达到显著性水平。而春季在同样相对含水量水平范围内，在不同养分水平下，含水量与分蘖数之间的相关性除不施肥外，都达到显著和极显著水平，且随着养分含量的增加，相关系数有不断增大的趋势。说明小麦在春季里已进入返青拔节阶段，开始了旺盛生长阶段，不但需要有充足的水分供给，而且也要有充足的养分供给，才能保证分蘖和有效分蘖的发展。如果在这个季节里，缺少水分或缺少养分，都不可能使分蘖芽发育成健壮的分蘖。例如，在春季时，在 41% 的相对含水量和 N_0P_0 的肥水条件下，分蘖数 28.3 个，而在 80% 的相对含水量和 $N_{1.5}P_{1.5}$ 的水肥条件下，分蘖数则达到 64.5 个，所以水肥是保证有效分蘖极为重要的条件。

（3）含水量对小麦产量的影响。该试验在不同相对含水量和不同养分条件下，所得小麦籽粒产量和统计分析见表 8-9。

表 8-9　不同施肥量和相对含水量对小麦籽粒产量的影响

项目	施肥量（g/盆）															
	N_0P_0				$N_{0.5}P_{0.5}$				N_1P_1				$P_{1.5}P_{1.5}$			
相对含水量（%）	41	54	67	80	41	54	67	80	41	54	67	80	41	54	67	80
籽粒产量（g/盆）	1.65	6.18	7.15	7.75	4.43	12.4	16.18	20.55	4.53	13.43	17.73	21.2	4.53	12.9	16.08	19.6
回归方程	$Y=-3.285\ 5+0.148\ 2w$				$Y=-10.989\ 8+0.403\ 4w$				$Y=-11.052\ 5+0.417\ 8w$				$Y=-92\ 428+0.372\ 2w$			
相关系数 r	0.899 7				0.984 0				0.973 7				0.969 8			

在表 8-9 方程中，Y 为小麦籽粒产量，w 为相对含水量。除不施氮磷肥所得到的水分与产量回归方程未达到显著水平（$r_{0.05}=0.950$）外，其余都达到显著相关水平。也就是说，在试验水分条件下，小麦籽粒产量随相对含水量的增加而增加。与氮磷肥适量配合时，水分与产量之间都呈线性相关关系，增产更为显著。

二、田间土壤底墒对小麦产量的影响

在旱农地区，作物产量除受作物生长期降水量影响外，主要是受土壤底墒高低的影响。农谚说"麦收隔年墒"，证明在前年休闲期间降雨蓄墒对次年小麦产量具有决定性影响。因此，土壤底墒与作物生长和产量之间关系是值得研究的一个重要项目。在"八五"期间，笔者在陕西渭北旱塬合阳县进行了土壤底墒与小麦产量关系的研究，结果见图 8-5。

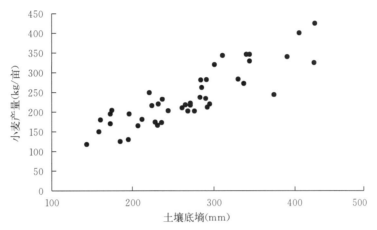

图 8-5　土壤底墒与小麦产量的关系

由 SAS 统计得出，土壤底墒与小麦产量之间的决定性相关系数 $R^2=0.7548^{**}$（即 $r=0.8688^{**}$，$r_{0.01}=0.393$，$n=42$）达极显著水平。两者之间的相关方程为 $Y=5.8777+0.8646X$。式中，Y 为小麦产量（kg/亩），X 为土壤底墒（$0\sim2$ m，mm），在黄土高原渭北旱塬地区，每增加 1 mm 底墒，即可增加小麦 0.864 6 kg/亩，增产效果十分显著。高绪科等在山西的研究结果表明，由 13 个点的资料统计得出土壤底墒与小麦产量之间的相关系数 $r=0.8551$，也达极显著水平。并由相关模型得知，每增加 1 mm 底墒可增产小麦 1.207 kg/亩，增产效果更为突出。由此可知，如何将休闲期间的降水充分保留在土壤中，是旱塬地区提高作物产量的一项极其重要的措施。

三、不同底墒对施肥效应的影响

为了确定渭北旱塬地区土壤不同底墒含量与施肥效应和小麦产量的关系，笔者在合阳县甘井乡进行了田间试验。

1. 试验条件和试验设计　供试土壤为红垆土，试验地前茬为冬小麦，土壤有机质含量为 0.93%、碱解氮 56 mg/kg、有效磷 17 mg/kg、速效钾 98 mg/kg。根据试验前当地 28 年气象资料分析，干旱年降水量平均为 460.8 mm，平水年为 553.0 mm，丰水年为 680.5 mm。试验开始前 $0\sim2$ m 土层的土壤底墒为 120.9 mm。为了确定不同底墒含量，在当时底墒基础上根据回归试验设计要求，在播种前加入水，以调节试验所需不同底墒含量的要求。试验共设 3 个因素，即氮（X_1）、磷（X_2）、底墒添加量（X_3），具体试验方案见表 8-10。

为了防止加水处理小区的水分扩散渗透，将不加水小区和加水小区分别安排在一起，并在加水小区之间深埋 1 m 深的双层塑料膜隔开。每处理重复两次，另外增设不施肥不补水和不施肥补水（为 100 mm）2 个处理，以观测地力与水分效应。

表 8-10　三因素二次通用旋转设计处理及产量结构矩阵

处理	组合方案			处理组合			陕 229 产量 (kg/亩)
	X_1	X_2	X_3	N (kg/亩)	P_2O_5 (kg/亩)	补充底墒量 (mm)	
1	1	1	1	14.96	11.97	159.7	306.7
2	1	1	−1	14.96	11.97	40.6	191.2
3	1	−1	1	14.96	4.8	159.7	271.1
4	1	−1	−1	14.96	4.8	40.6	209.8
5	−1	1	1	6.04	11.97	159.7	297.8
6	−1	1	−1	6.04	11.97	40.6	212.6
7	−1	−1	1	6.04	4.8	159.7	299.6
8	−1	−1	−1	6.04	4.8	40.6	258.2
9	1.682	0	0	18	8.4	100	284.0
10	−1.682	0	0	3	8.4	100	259.4
11	0	1.682	0	10.5	14.4	100	300.1
12	0	−1.682	0	10.5	2.4	100	257.7
13	0	0	1.682	10.5	8.4	200	326.0
14	0	0	−1.682	10.5	8.4	0	157.0
15	0	0	0	10.5	8.4	100	276.1
16	0	0	0	10.5	8.4	100	269.4
17	0	0	0	10.5	8.4	100	322.7
18	0	0	0	10.5	8.4	100	317.4
19	0	0	0	10.5	8.4	100	292.7
20	0	0	0	10.5	8.4	100	304.0
CK1	−1.682	−1.682	−1.682	0	0	0	171.0
CK2	−1.682	−1.682	0	0	0	100	228.0

2. 肥墒效应方程　由试验结果（表 8-11）用 SAS 进行回归分析得出，小麦的肥墒效应方程（码值）为：$Y = 297.09 - 3.516X_1 + 2.996X_2 + 43.032X_3 + 8.05X_1X_2 + 6.275X_1X_3 + 12.25X_2X_3 - 10.163X_1^2 - 7.618X_2^2 - 20.839X_3^2$。对模型进行残差分析，得 F_1 值未达 5% 显著水平，表明未知因素对试验结果影响很小；对总模型检验，得 $F_2 = 7.8$，达到极显著水平，说明模型与实测值拟合度很高，各因素对产量的效应是可信的。

表 8-11　底墒对肥效的影响

施肥（kg/亩）	底墒（mm）	小麦产量（kg/亩）	肥效（kg 粮/kg 养分）
$N_{15}P_{12}$	259.5	306.7	5.03
$N_{15}P_{12}$	142.9	191.3	0.75
$N_{10.5}P_{8.4}$	204.9	296.3	6.63
$N_{10.5}P_{8.4}$	120.9	157	−0.74
$N_{10.5}P_{8.4}$	274.9	326	8.2
不施肥	120.9	171	—

对方程中某 2 个因素取值零水平，即得出其他每个因素的子模型：$Y_N = 297.09 - 3.516X_1 -$

$10.163X_1^2$；$Y_P=297.09+2.996X_2-7.718X_2^2$；$Y_墒=297.09+43.01X_3-20.839X_3^2$。从每个子模型的一次项系数可以看出，施氮肥效应较低，这可能与土壤碱解氮含量较高有关；施磷肥效应较好，但不太显著；底墒增产效果非常突出。3个因素增产的大小次序为底墒＞磷＞氮。说明在渭北旱塬地区小麦生产的最主要限制因素是土壤水分，其次是肥料。由各因素子模型计算结果绘制的主效应曲线图（图8-6）可以看出，3个因素在小麦上的增产效应均呈抛物线形状，坡度最大的是底墒，其次是磷，最小的是氮。说明小麦增产的高低次序是底墒＞磷肥＞氮肥。

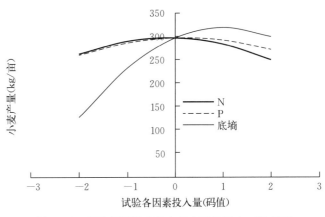

图8-6　实验各因素对冬小麦产量的影响（陕229）

对3个因素的子模型求极值，得到各自最高产量时的用量为氮肥（N）=9.74 kg/亩、磷肥（P_2O_5）=12.67 kg/亩，添加底墒=161 mm，加上原底墒120.9 mm，总底墒为281.9 mm，将以上3个极值代入原方程，即可达到亩产325 kg的水平，比当地一般小麦亩产150～200 kg增产116.7%～62.5%，说明增储土壤底墒含量是渭北旱塬提高小麦产量的一项极重要的农业措施。

3. 底墒对肥效的影响　由于底墒能促进小麦产量的提高，必然使小麦生长期能更多地吸收利用肥料的养分，提高产量。因此，底墒可提高肥效，提高肥料的生产率（表8-11）。

由表8-11看出，施入每千克养分增产小麦千克数是随底墒的增加而增加，两者之间的相关系数$R=0.9064^{**}$，达极显著水平。当底墒达到274.9 mm时，以氮肥10.5 kg/亩、磷肥8.4 kg/亩处理的，施入的每千克养分可增产小麦8.2 kg，而在同样的施肥条件下，当底墒降为120.9 mm时，则小麦产量与不施肥的基本接近，甚至还低于不施肥的产量，这就是因为土壤含水量过低而导致施肥条件下土壤养分溶液浓度过大，从而发生肥害。当高施肥为氮肥15 kg/亩、磷肥12 kg/亩和底墒为259.5 mm处理时，每千克养分增产小麦5.03 kg，而在同样施肥条件下，底墒降为142.9 mm时，每千克养分只产出小麦0.75 kg，同样也可能是因施肥过多，土壤含水量过低，引起肥害有关。所以在旱农地区，根据土壤墒情确定合适施肥量是一项非常重要的施肥技术。

4. 肥墒对小麦根系的影响　由测定结果（表8-12）看出，60%～65%的根系集中在0～20 cm土层中，80%～85%的根系集中在0～40 cm土层中，仅有10%～15%的根系分布在土壤深层。从不同处理的根量看，施肥处理的冬小麦根系明显多于不施肥的处理。特别是增施磷肥的根系几乎每层比不施磷肥的都要多，而且可以明显看出，增施磷肥不仅增加土壤中根系数量，而且可促进根系向深层土壤伸扎，提高小麦对深层土壤水分的吸收利用。所以增施磷肥能提高作物抗旱能力。另外还可看出，底墒含量多的处理能明显增加小麦根系生长量。

表8-12　氮、磷和底墒不同处理下冬小麦收获时不同土层的根量测定值

单位：mg/cm³

氮肥（kg/亩）	18	3	10.5	10.5	10.5	10.5	10.5	0	0
磷肥（kg/亩）	8.4	8.4	14.4	2.4	8.4	8.4	8.4	0	0
底墒（mm）	204.9	204.9	204.9	204.9	274.9	120.9	204.9	120.9	204.9
0～20 cm	14.43	12.38	15.53	12.88	14.43	10.47	14.88	9.83	12.1
21～40 cm	4.384	3.89	4.39	4.05	4.68	3.82	4.68	4.03	4.24
41～60 cm	1.7	1.45	1.59	1.59	1.698	1.56	1.62	1.48	1.56
61～80 cm	1.59	1.45	1.66	1.56	1.52	1.34	1.52	1.48	1.52
81～120 cm	0.849	0.778	0.88	0.79	0.78	0.71	0.84	0.71	0.81

在不施肥处理下，根量在 0～20 cm 土层中，底墒为 204.9 mm 处理的为 12.1 mg/cm³，而底墒为 120.9 mm 的仅为 9.83 mg/cm³。前者比后者增多 23.1%；在施肥量均为氮肥 10.5 kg/亩、磷肥 8.4 kg/亩时，底墒 204.9 mm 处理的根量为 14.88 mg/cm³，而底墒为 120.9 mm 的根量仅为 10.47 mg/cm³；前者比后者增加 42.12%。说明肥、墒配合恰当能更多增加小麦的根量，提高吸水抗旱能力。

5. 不同小麦产量所需的肥、墒组配 根据休闲期降水及其储水率资料，在 0～1 m 土层中，一般情况下旱年底墒为 134.2 mm，一般降水年底墒为 192.4 mm，丰水年底墒为 220.6 mm。加上旱年冬小麦生育期降水 192.4 mm，一般年份降水 232.3 mm，丰水年降水 312.8 mm，完全可以满足旱年冬小麦亩产 200～250 kg，一般年份亩产 250～300 kg，丰水年亩产 300～350 kg 对水分的需要。若配合采用较好的栽培技术措施，一般年份和丰水年份旱地小麦亩产可达 400～500 kg。

应用试验所得的回归方程进行小麦产量模拟，可能确定在旱年、平水年，丰水年的小麦产量指标及其对氮、磷、底墒所需要的用量组配（表 8-13）。由此看出，在旱农地区小麦产量指标必须根据土壤墒情来确定，然后再根据产量确定施肥量，即"以水定产"和"以产定肥"这才是旱地农业科学施肥的理论依据。

表 8-13 渭北旱塬冬小麦不同产量水平下氮、磷和底墒的组配

产量范围（kg/亩）	氮肥（kg/亩）	磷肥（kg/亩）	底墒（mm）	年型
200～250	3.00	2.40	142.9	干旱年
250～300	6.04	4.80	204.9	平水年
300～350	12.80	12.00	259.4	丰水年

注：小麦品种为陕 229。

第三节　肥水交互效应

我国许多农业科研工作者对土壤水分运动规律、利用率和施肥效应、施肥技术等方面已进行了长期有效的研究工作，并取得了丰富成果。但在 20 世纪 70 年代以前，一般都只偏重于水分和肥料各自有关问题的研究，对于肥水相互之间的关系，特别是肥水之间的交互作用研究很少，对作物生长来说，肥和水是一对互相促进、互相制约的不可分割的重要因素。为此，笔者在 20 世纪 80 年代后期开始对此问题进行了研究，90 年代初参与全国肥水效应与耦合模型的项目研究，先后通过盆栽试验、田间旱棚试验和田间大田试验，对肥水交互效应和耦合模型进行了比较详细的研究。

一、肥水交互效应对作物生长、产量的影响

（一）木盆栽培肥水交互作用对小麦根系的影响

1. 试验设计与结果 试验木盆深 1 m，长宽各 0.3 m，面积为 0.09 m²，内壁贴衬塑料薄膜。试验在渭北合阳县田间旱棚内进行。供试土壤为红垆土。将原土层次装入木盆内，保持原土壤容量。试验设 3 个含水量：13%、17% 和 21%，每种含水量设 4 个肥料用量：N_0P_0、N_0P_2、N_2P_0、N_2P_2，重复 3 次，试验结果见表 8-14。

表 8-14 不同土壤水分条件下施肥对小麦根系和产量的影响（木盆试验）

土壤含水量（%）	肥料（g/盆）	根量（g/盆）	增加（%）	籽粒（g/盆）	增加（%）
	N_2P_2	20.9	125	8.7	61
13	N_0P_2	19.1	105	7.5	39
	N_2P_0	11.2	20	6.5	20
	N_0P_0	9.3	—	5.4	—

（续）

土壤含水量（%）	肥料（g/盆）	根量（g/盆）	增加（%）	籽粒（g/盆）	增加（%）
17	N_2P_2	35.1	126	12.2	68
	N_0P_2	31.9	106	11.2	49
	N_2P_0	18.2	17	9.2	23
	N_0P_0	15.5	—	7.3	—
21	N_2P_2	54.7	164	16.2	76
	N_0P_2	51.1	147	15	63
	N_2P_0	23.6	14	11.8	28
	N_0P_0	20.7	—	9.2	—

注：表中 P 为 P_2O_5。

从表 8-14 看出，在土壤含水量 13%、17% 和 21% 情况下，小麦籽粒产量均随根量的增加而增加。其根量与粒籽产量之间的相关系数 r 分别为 0.954、0.960、0.960，都达到显著水平。在不同施肥处理下，小麦根量均随土壤含水量的增加而增加。小麦根量施磷的明显高于施氮的，而氮磷配合施用的又明显高于氮磷单独施用的，这与前面田间试验结果非常一致。这就说明，在旱塬地区保证土壤对小麦有充足的磷素供应，特别是具有充足的氮磷配合供应是小麦高产稳产的重要条件之一。

2. 氮磷交互作用对小麦根量的影响　根据试验结果，对氮磷交互效应和肥水交互效应进行了分析，结果见表 8-15。在不同含水量条件下，氮磷交互作用均为李比希协同作用类型，但氮磷对根量增长的效应，氮为拮抗类型，即对根量的增长作用很小，而磷则为李比希协同作用类型，且随水分的增加而增加，由低水到高水依次增效为 88%、94% 和 132%，说明磷是根量增长最为重要的因素。

表 8-15　氮磷交互作用对小麦根量的影响

土壤含水量（%）	处理 N（g/盆）	处理 P（g/盆）	根量（g/盆）	相对根量	连乘根量	相对根量/连乘根量	交互作用类型	因素效应（%）N	因素效应（%）P	限制因素类型 N	限制因素类型 P	氮磷交互效应（%）
13	0	0	9.3	1.00	—							
	2	0	11.2	1.20	—			20				
	0	2	19.1	2.05	—				105			
	2	2	20.9	2.25	2.46	0.92	李比希协同作用	10	88	李比希协同作用	李比希协同作用	27
17	0	0	15.5	1.00	—							
	2	0	18.2	1.17	—			17				
	0	2	31.9	2.06	—				106			
	2	2	35.1	2.27	2.41	0.94	李比希协同作用	10	94	李比希协同作用	李比希协同作用	23
21	0	0	20.7	1.00	—							
	2	0	23.6	1.14	—			14				
	0	2	51.1	2.47	—				147			
	2	2	54.7	2.64	2.82	0.94	李比希协同作用	7	132	李比希协同作用	李比希协同作用	27

3. 肥水交互作用对小麦根量的影响　由肥水交互效应看出（表 8-16），水 1 与氮，水 1 与氮磷的交互作用都为连乘作用，说明以上交互因素都处于良好配合状态，都可使小麦根量显著地增长。因此，当有水分配合投入时，水、氮、磷、氮磷 4 种因素都可成为米采利希限制因素类型，对根量的增

长都能起到显著的作用。水2与氮配合投入时，交互作用变为李比希协同作用类型，水2与氮都成为李比希限制因素；水2与磷、水2与氮磷配合投入时，交互作用都变为协同作用类型，水2、磷、氮磷3因素都成为李比希限制因素，即成为促进小麦根系增长的最有效因素。各个肥料因素对根量增长的效应是氮为13%、磷为145%、氮磷为164%，而水2的增效是水2与氮配合时为112%、水2与氮磷配合时为161%、水2与磷配合时为171%，水2与各种肥料配合的增效作用都显著高于水1与各种肥料配合时的增效作用。充分说明在旱塬地区进行土壤蓄水保墒、增施磷肥对增强小麦根系的生长发育具有极其重要的作用。

表 8-16　肥水交互作用对小麦根量影响

编号	处理				根量（g/盆）	相对根量	连乘根量	相对含量/连乘根量	交互作用类型	因素效应（%）				限制因素			
	水	N	P	NP						水	N	P	NP	水	N	P	NP
1	0	0	0	0	9.3	1.00	—	—									
2	1	0	0	0	15.5	1.67	—	—		67							
3	0	+	0	0	11.2	1.20	—	—	1		20						
4	1	+	0	0	18.2	1.96	2.00	0.98	SA	63	17		—	M	M		
5	0	0	+	0	19.1	2.05	—	—				105					
6	0	0	0	+	20.9	2.25	—	—					125				
7	1	0	+	0	31.9	3.43	3.42	1.00	SA	67		105	—	M		M	
8	1	0	0	+	35.1	3.77	3.76	1.00	SA	68		—	126	M			M
9	2	0	0	+	54.7	5.88	5.06	1.16	S	161		—	164	L			L
10	2	+	0	0	23.6	2.54	2.7	0.94	LS	112	13		—	LS	LS		
11	2	0	+	0	51.1	5.50	4.61	1.2	S	171		145	—	L		L	
12	2	0	0	0	20.7	2.23	—	—		123							

注：表中 P 为 P_2O_5，水 0 代表含水量 13%，作为对照，水 1 代表含水量为 17%，水 2 代表含水量 21%，M 为米采利希限制因素，S 为协同性交互作用，SA 连乘性交互作用，LS 为李比希交互作用，L 为李比希限制因素，N_0 表示不施 N，N+ 表示施 N；P_0 表示不施 P，P+ 表示施 P；NP 表示 N 与 P 组合因素。

（二）盆栽试验下肥水交互效应与作物产量的关系

不同土壤含水量和氮磷不同施肥量条件下，盆栽试验小麦产量结果见表 8-17。

表 8-17　小麦产量结果

单位：g/盆

肥料	相对含水量（%）			
	41	54	67	80
N_0P_0	1.65	6.18	7.15	7.75
$N_{0.5}P_{0.5}$	4.43	12.4	16.18	20.62
N_1P_1	4.53	13.43	17.73	21.2
$N_{1.6}P_{1.6}$	4.53	12.9	16.08	19.6

由分析结果看出（表 8-18），3 种成对因素的交互作用均为李比希类型协同作用（LS）类型，水、肥两因子均成为李比希型限制因子类型。水单独施用时，其增产效应均高于水肥配合施用时水的增产效应；而氮磷组合因子单独施用时，其增产效应都在水分不同用量投入时基本相似，处于稳定状态。但在水、肥两因子配合施用情况下，对其他未知因子的增产效应却均大大高于水、肥因子本身的增产效应。水、肥配合施用，不仅是旱农地区小麦的重要增产因子，而且是对其他未知因子发挥重大增产作用的促进。

表 8-18 肥水交互作用与小麦产量关系

| 处理 | | 产量 | 相对产量 | 连乘产量 | 相对产量/ | 交互作用 | 因素效应（%） | | 限制因素类型 | | 环境对水、NP 的 |
水	NP	（g/盆）			连乘产量	类型	水	NP	水	NP	交互效应（%）
水 0	0	1.65	1.00	—	—	—	—	—	—	—	—
水 0	$N_{0.5}P_{0.5}$	4.43	2.78	—	—	—	—	178	—	—	—
水 1	0	6.18	3.75	—	—	—	275	—	—	—	—
水 1	$N_{0.5}P_{0.5}$	12.4	7.52	10.43	0.72	LS	171	101	LS	LS	380
水 0	$N_{1.0}P_{1.0}$	4.53	2.75	—	—	—	—	175	—	—	—
水 2	0	7.15	4.33	—	—	—	333	—	—	—	—
水 2	$N_{1.0}P_{1.0}$	17.73	10.75	11.91	0.9	LS	291	148	LS	LS	536
水 0	$N_{1.5}P_{1.5}$	4.53	2.75	—	—	—	—	175	—	—	—
水 3	0	7.75	4.7	—	—	—	370	—	—	—	—
水 3	$N_{1.5}P_{1.5}$	19.6	11.88	12.93	0.92	LS	339	153	LS	LS	603

注：水 0 表示水分对照，即相对含水量为 41%；水 1 代表相对含水量 54%，水 2 代表相对含水量 67%；水 3 代表相对含水量 80%。NP 代表 1 个组合因素。P 为 P_2O_5。右下角数的单位为 g/盆。LS 为李比希交互作用，M 为米采利希限制因素，L 为李比希限制因素。

二、田间条件下肥水交互作用对作物产量的影响

（一）在旱棚微区试验条件下肥水交互效应对作物产量的影响

根据旱棚微区试验结果计算了肥水交互作用，结果见表 8-19。很明显看出肥水配合时，各自的增产效应都明显大于肥水单独投入时的增产效应。特别是丰水年的肥水配合增产效应大大超过了平水年的增产效应。在平水年和丰水年两个降水年型里，氮磷肥料和降水量都是小麦产量的最大限制因素，即李比希限制因素。从肥水两个因素的增产效应比较来看，在平水年和丰水年都是肥料效应高于水分效应，由此可见，在渭北旱塬地区，即使降水条件较好的年型里，肥料的增产作用都居首位，故在该地区首先要重视肥料的施用。从肥水交互作用分析结果看出，在平水年和丰水年肥水两因素的交互作用均为协同作用类型，两因素均属于李比希限制因素。在平水年，肥水配合施用时，各因素的增产效应分别比两因素单独施用时增产效应高 59% 和 46%；在丰水年，分别高 112% 和 93%。说明多因素配合，充分发挥因素之间的交互作用是农业革命的一项重要措施。

表 8-19 人为配置不同降水年型与氮磷肥之间的交互作用

| NP 肥料 | 降水年型 | 产量 | 相对产量 | 连乘产量 | 相对产量/ | 交互作用 | 因素效应（%） | | 限制因素类型 | |
A	B	（kg/亩）			连乘产量	类型	A	B	A	B
○	●	95	1.00	—	—	—	—	—	—	—
NP	●	149	1.57	—	—	—	57	—	—	—
○	平水年	117	1.23	—	—	—	23	—	—	—
NP	平水年	253	2.66	1.93	1.38	S	116	69	L	L
○	●	95	1.00	—	—	—	—	—	—	—
NP	●	149	1.57	—	—	—	57	—	—	—
○	丰水年	124	1.31	—	—	—	31	—	—	—
NP	丰水年	334	3.52	2.06	1.71	S	169	124	L	L

注：●表示旱年，作为降水的对照，○表示不施肥料。A 代表 NP 组合因素，B 代表降水年型。

（二）甘肃平凉黑垆土地区不同自然降水年型下的肥水效应

1. 不同降水年型下肥料与肥料之间的交互作用 根据试验结果对有机肥（M）、NP 两个因素在不同降水年型下的交互作用，结果见表 8-33。在干旱年、平水年、丰水年中 M 与 NP 的相对产量/

连乘产量分别为 0.37、0.49、0.39，从表面上看似为拮抗交互作用，但从这两个因素单独投入时的增产效应来看，M 分别为对照的 3.60、2.49 和 2.90 倍，NP 分别为对照的 3.78、2.84 和 3.03 倍，分别高于两个因素配合时的单个因素的增产效应 NP 与 M 两因素在不同降水年型下，实际上都是李比希限制因素类型。

从表 8-20 可以看出，在不同降水年型下，M 与 NP 两个因素配合施用时，对其他未知因素所促进的增产效应在干旱年份为对照的 330%、平水年份为对照的 184%、丰水年份为对照的 216%，说明交互作用是突出的。

表 8-20 不同降水年型下氮磷与有机肥（M）的肥效反映与交互作用

降水年型	处理		相对产量	连乘产量	相对产量/连乘产量	交互作用类型	因素效应（%）		限制因素类型		环境对 AB 的交互效应（%）
	A	B					A	B	A	B	
干旱年	—	—	1.00	—	—	—	—	—	—	—	—
	M	—	3.60	—	—	—	260	—	—	—	—
	—	NP	3.78	—	—	—	—	278	—	—	—
	M	NP	5.02	13.61	0.37	LS	33	39	LS	LS	330
平水年	—	—	1.00	—	—	—	—	—	—	—	—
	M	—	2.49	—	—	—	149	—	—	—	—
	—	NP	2.84	—	—	—	—	184	—	—	—
	M	NP	3.45	7.07	0.49	LS	22	39	LS	LS	184
丰水年	—	—	1.00	—	—	—	—	—	—	—	—
	M	—	2.90	—	—	—	190	—	—	—	—
	—	NP	3.03	—	—	—	—	203	—	—	—
	M	NP	3.55	8.79	0.39	LS	17	22	LS	LS	216

注：干旱年份、平水年份、丰水年份的对照产量分别为 0.60 t/hm²、1.39 t/hm² 和 1.75 t/hm²。

2. 不同降水年型下肥水之间的交互作用 以干旱年份和不施肥分别作为对照，以平水年份和丰水年份以及不同施肥作为试验处理，依据小麦产量结果进行分析和计算，得到肥水效应和肥水交互作用的结果，见表 8-21。

表 8-21 不同降水年型的肥水交互作用

处理 A 降水年型	处理 B			产量（t/hm²）	相对产量	连乘产量	相对产量/连乘产量	交互作用类型	因素效应（%）		限制因素类型		环境对 AB 交互效应（%）
	N	P	M						A	B	A	B	
干	—	—	—	0.60	1.00	—	—	—	—	—	—	—	—
干	+	—	—	0.86	1.43	—	—	—	—	43	—	—	—
平	—	—	—	1.39	2.32	—	—	—	132	—	—	—	—
平	+	—	—	2.18	3.63	3.32	1.09	S	154	57	L	L	52
干	+	—	—	0.86	1.43	—	—	—	—	43	—	—	—
丰	—	—	—	1.75	2.92	—	—	—	192	—	—	—	—
丰	+	—	—	4.22	7.03	4.18	1.68	S	392	141	L	L	70
干	—	—	+	2.16	3.6	—	—	—	—	260	—	—	—
平	—	—	—	1.39	2.32	—	—	—	132	—	—	—	—
平	—	—	+	3.46	5.77	8.35	0.69	LS	60	149	LS	LS	208
干	—	—	+	2.16	3.6	—	—	—	—	260	—	—	—
丰	—	—	—	1.75	2.92	—	—	—	192	—	—	—	—
丰	—	—	+	5.08	8.47	10.51	0.81	LS	135	190	LS	LS	422
干	+	+	—	2.27	3.78	—	—	—	—	278	—	—	—

（续）

处理 A	处理 B			产量	相对	连乘	相对产量/	交互作	因素效应（%）		限制因素类型		环境对 AB 交
降水年型	N	P	M	(t/hm²)	产量	产量	连乘产量	用类型	A	B	A	B	互效应（%）
平	—	—	—	1.39	2.32	—	—		132	—	—	—	—
平	+	+	—	3.95	6.58	8.77	0.75	LS	74	184	LS	LS	300
干	+	+	—	2.27	3.78	—	—		—	278	—	—	—
丰	—	—	—	1.75	2.92	—	—		192	—	—	—	—
丰	+	+	—	5.3	8.83	10.95	0.81	LS	131	202	LS	LS	450
干	+	+	+	3.01	5.02	—	—		—	402	—	—	—
平	—	—	—	1.39	2.32	—	—		132	—	—	—	—
平	+	+	+	4.8	8.00	11.65	0.69	LS	59	245	LS	LS	396
干	+	+	+	3.01	5.02	—	—		—	402	—	—	—
丰	—	—	—	1.75	2.92	—	—		192	—	—	—	—
丰	+	+	+	6.22	10.37	14.66	0.71	LS	107	255	LS	LS	575

注：表中＋表示施用某种肥料，一表示不施某种肥料；干为干旱年，用此作为对照，平、丰表示平水年和丰水年作为水处理；A、B 作为实验因素类型的符号，即分别代表水分和肥料。

（1）降水年型与氮肥交互作用。以平水年水分、丰水年水分与氮肥配合投入时，交互作用均为协同作用类型（S）。平水年水分与氮肥配合投入时的单个因素增产效应分别为 154% 和 57%；丰水年水分与氮配合施的单个因素增产效应分别为 392% 和 141%，即水效高于肥效。配合施用的单个因素增产效应显著高于单个因子单独施用的增产效应，故这两个因素在平水年和丰水年都是李比希限制因素，都是小麦所不可缺少的增产因素。另外，在平水年和丰水年水、氮两因素与未知因素的交互效应分别达 52% 和 70%。

（2）降水年型与 M、NP、NPM 交互作用。由表 8-21 看出，降水年型与 M（有机肥）、降水年型与 NP、降水年型与 NPM 之间的交互作用都是李比希协同作用（LS），不同年型的水分因素和不同组合的肥料因素都是李比希限制因素，都是旱地小麦不可缺少的增产因素。由数据看出，各因素的交互效应都是丰水年大于平水年，水、肥两因素的交互效应在 LS 条件下，都是肥效大于水效。另外，在不同降水年型下，表 8-21 中 6 对水与肥配合施用时（LS），对未知因素的交互效应非常显著，效应都在 208%～575%，其中丰水年高于平水年，一般高 35%～57%。这种特殊的交互效应，以前从未发现过。说明在农业不断增产过程中，采用最大因子律，因子间的交互作用可能就是这一定律的核心功能。

3. 不同降水年型下肥水交互作用效应的变化　由图 8-7 看出，成对因素交互效应是丰水年＋

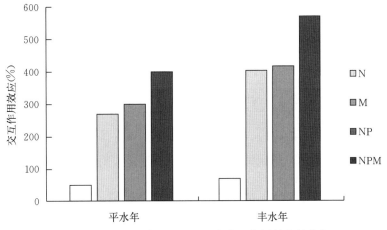

图 8-7　不同肥水处理下的肥水交互作用效应的变化

NPM>丰水年+NP>丰水年+M>丰水年+N，平水年+NPM>平水年+NP>平水年+M>平水年+N，不同成对因素投入的交互效应都是丰水年>平水年。这一现象说明，在干旱地区要提高肥水交互作用效应，首先要调控好土壤水分状况，使水分能满足作物生长需要；其次要根据土壤限制因素种类和类型进行因素之间的合理匹配，适时投入，这样才能最大限度地提高肥水投入增产的效果和交互作用。

（三）小麦不同灌溉条件下肥水交互效应

在小麦生产地区，灌溉是增产的重要条件。根据农民经验，灌溉分冬灌、春灌、扬花期灌等。根据试验结果，笔者分析了施肥与不同灌溉时期的肥水效应与交互作用，结果见表8-22。从表8-22看出，施肥与冬灌、施肥与春灌、施肥与花灌、施肥与（冬灌+春灌）、施肥与（冬灌+花灌）、施肥与（春灌+花灌）等不同成对配合的相对产量为1.42~1.64，而连乘性产量为1.37~1.64，连乘产量/相对产量均接近于1.00，因此，各对因素的交互作用类型都是连乘性类型，即都是米采利希类型。以上各个单因素或者两个组合（为冬灌+春灌等）因素都是小麦生产的米采利希（M）限制因素类型。但当施肥与（冬灌+春灌+花灌）配合投入时，所得相对产量为1.71，大大高于以上各对因素所得到的相对产量，其连乘产量/相对产量为1.18，明显高过了1.00，因此，其交互作用成为协同作用类型，施肥与（冬灌、春灌、扬花期灌）这两个配对因素都变为小麦生产的李比希（L）限制因素类型，也就是说，这两个配对因素是当地小麦增产的最为重要的投入因素。小麦增产效应次序为施肥与冬灌+春灌+扬花期灌>施肥与冬灌+春灌>施肥与冬灌+扬花期灌>施肥与冬灌>施肥与春灌>施肥与扬花期灌。

表8-22　小麦不同灌溉条件下肥水间交互效应分析

施肥A	冬灌	春灌	扬花期灌	产量(kg/亩)	相对产量	连乘产量	相对产量/连乘产量	交互作用类型	效应(%)施肥	效应(%)灌溉	限制因素类型施肥	限制因素类型灌溉
—	—	—	—	275.6	1.00	—	—	—	—	—	—	—
—	+	—	—	332.8	1.21	—	—	—	—	21	—	—
+	—	—	—	352.5	1.28	—	—	—	28	—	—	—
+	+	—	—	419.7	1.52	1.55	0.98	SA	26	19	M	M
—	—	—	—	275.6	1.00	—	—	—	—	—	—	—
—	—	+	—	320.6	1.16	—	—	—	—	16	—	—
+	—	—	—	352.5	1.28	—	—	—	28	—	—	—
+	—	+	—	409	1.48	1.48	1	SA	28	16	M	M
—	—	—	—	275.6	1.00	—	—	—	—	—	—	—
—	—	—	+	295.2	1.07	—	—	—	—	7	—	—
+	—	—	—	352.5	1.28	—	—	—	28	—	—	—
+	—	—	+	394.1	1.43	1.37	1.04	SA	34	12	SL(M)	SL(M)
—	—	—	—	275.6	1.00	—	—	—	—	—	—	—
—	+	+	—	352.4	1.28	—	—	—	—	28	—	—
+	—	—	—	352.5	1.28	—	—	—	28	—	—	—
+	+	+	—	451.3	1.64	1.64	1	SA	28	28	M	M
—	—	—	—	275.6	1.00	—	—	—	—	—	—	—
—	+	—	+	337.5	1.23	—	—	—	—	23	—	—
+	—	—	—	352.5	1.28	—	—	—	28	—	—	—
+	+	—	+	425.9	1.55	1.57	0.99	SA	26	21	M	M
—	—	—	—	275.6	1.00	—	—	—	—	—	—	—
—	—	+	+	314.3	1.14	—	—	—	—	14	—	—

（续）

处理				产量	相对	连乘	相对产量/	交互作	效应（%）		限制因素类型	
施肥 A	灌溉 B			（kg/亩）	产量	产量	连乘产量	用类型	施肥	灌溉	施肥	灌溉
	冬灌	春灌	扬花期灌									
＋	－	－	－	352.5	1.28	—	—	—	28	—	—	—
＋	－	＋	＋	391.2	1.42	1.46	0.97	SA	26	11	M	M
－	－	－	－	275.6	1.00	—	—	—	—	—	—	—
－	＋	＋	－	310.7	1.13	—	—	—	—	13	—	—
＋	－	－	－	352.5	1.28	—	—	—	28	—	—	—
＋	＋	＋	＋	470.9	1.71	1.45	1.18	S	51	34	L	L

注：＋表示投入，－表示无投入。SL（M）表示较弱的李比希交互作用，M 为米采利希限制因素，L 为李比希限制因素，S 为协同性交互作用。

第四节　肥水效应耦合模型

20 世纪 90 年代，全国进行了肥水交互效应与耦合模型的攻关研究，笔者参与了该项目的研究。Painter 和 Leamer 指出，在较高施氮量时，最高产量的获得是受惠于土壤较高的含水量。Mathers 等的研究表明，在一定范围内土壤水分越高，高粱的产量越大，对有效氮的利用也就越多。Kissel 认为，在作物生长季节之间降水量的储存能影响下料作物的产量和施氮的效果；他还指出，在施肥前测定土壤有效水含量，对制定氮肥推荐施肥量是行之有效的办法，这在干旱地区尤为适用。Hiler 和 Clark 对旱农地区干旱对作物的胁迫作用提出了"胁迫日指数"的概念，用以阐明土壤水分缺乏对作物产量的影响，并以"胁迫日指数"确定土壤水分缺乏对作物产量定量化影响的程度，即在作物生长季节，作物受到土壤水分缺乏而引起的干旱程度由胁迫日指数来表达。这一方法无疑是一种新的进展，但却没有考虑到不同土壤肥力和土壤水分缺乏的耦合效应（Combined effect）。

一、温室盆栽条件下肥水效应耦合的模型研究

1. 试验方法和结果　供试土壤为塿土耕层土壤，取自杨凌，有机质 1.02%、全氮 0.081%、碱解氮 57 mg/kg、有效磷 11 mg/kg、速效钾 134 mg/kg。试验设 4 个土壤水分含量和 4 个施肥水平。每处理重复 4 次，随机排列和更换位置。装土前盆底铺碎玻片 0.25 kg 和净沙 0.7 kg，上插一玻璃管用于灌溉。将肥料和土壤混匀后装入盆内，稍加压实，然后灌水、播种。出苗前通过喷水保证所有处理的种子能萌发出苗。每盆定苗 7 株。生长期间按每盆失重通过玻璃管灌水，控制土壤含水量。小麦收获后进行考种，分析植株氮磷含量和土壤碱解氮与有效磷含量。试验方案与试验结果见表 8 - 23。

表 8 - 23　不同施肥量与不同土壤相对含水量条件下小麦产量

单位：g/盆

肥料	土壤相对含水量（%）			
	41	54	67	80
N_0P_0	1.65	6.18	7.15	7.75
$N_{0.5}P_{0.5}$	4.43	12.4	16.18	20.65
N_1P_1	4.53	13.43	17.73	21.2
$N_{1.5}P_{1.5}$	4.53	12.9	16.08	19.6

注：产量为 4 次重复产量的平均值，P 为 P_2O_5，N、P 右下脚数字表示施肥量（g/盆）。

2. 建立新肥水效应耦合模型的依据　根据试验结果可统计分析各种投入因素与产量之间的关系。结果如下：

不同施肥条件下，土壤水分（W）与产量（Y）的关系，得到模型（1）：

$$\begin{cases} Y_1=3.285+14.823W \\ Y_2=-10\,989+40.338W \\ Y_3=-11.053+41.777W \\ Y_4=-9.242+37.223W \end{cases}$$ 模型（1）

式中，Y_1 是 N_0P_0 水平、Y_2 是 $N_{0.5}P_{0.5}$ 水平、Y_3 是 N_1P_1 水平、Y_4 是 $N_{1.5}P_{1.5}$ 水平。$r_1=0.90^*$、$r_2=0.99^*$、$r_3=0.97^{**}$、$r_4=0.97^{**}$（$r_{0.05}=0.878$，$r_{0.01}=0.959$）。

不同土壤相对含水量条件下施肥量（X）与产量（Y）的关系见模型（2）：

$$\begin{cases} Y_5=1.209+7.178X-3.38X^2 \\ Y_6=6.382+14.336X-6.75X^2 \\ Y_7=7.314+21.688X-10.68X^2 \\ Y_8=8.17+28.19X-13.9X^2 \end{cases}$$ 模型（2）

式中，Y_5 是土壤相对含水量在 41% 水平、Y_6 是土壤相对含水量在 54% 水平、Y_7 是土壤相对含水量在 67% 水平、Y_8 是土壤相对含水量在 80% 水平。$r_1=0.972^{**}$、$r_2=0.988^{**}$、$r_3=0.994^{**}$、$r_4=0.985^{**}$（$r_{0.05}=0.878$、$r_{0.01}=0.959$）。通过以上相关性分析，证明水、肥、产量三者之间存在密切的相关关系，这为建立肥、水与产量之间的耦合模型提供了依据。

3. 直接肥水效应耦合模型的建立　盆栽试验结果由计算机进行直接回归，得到模型（3）：

$$Y=-29.990\,4+8.940\,7X_1+100.223\,5X_2+14.364\,6X_1X_2-8.562\,5X_1^2-63.794\,4X_2^2$$

模型（3）

式中，Y 为小麦产量；X_1 为 NP 用量，分别以 0、0.50、1.00、1.50 表示；X_2 为土壤相对含水量，分别以 0.41、0.54、0.67、0.8 表示。经检验，模式 $R^2=0.954\,0$，F 值$=41.48$，概率值 $P<0.000\,1$，说明该模型的拟合性是很高的。模型中线性项 $P<0.000\,1$，二次项 $P=0.000\,9$，达极显著水平，交互项 $P=0.021\,9$，达显著水平。回归系数 t 概率测定结果是 $t_0=0.009\,2$，$t_1=0.058\,5$，$t_2=0.009\,3$，$t_3=0.021\,9$，$t_4=0.000\,6$、$t_5=0.031\,2$，除 t_1 接近显著水平外，其余 t 都达到显著和极显著水平。说明以上模型能反映产量在不同施肥量和不同土壤相对含水量条件下的变化过程。模型（3）是根据试验结果直接回归而得的，故称其为肥水效应直接耦合模型，该模型是在肥水控制条件下直接建立起来的，准确性较好。但在田间条件下，由于降水量的变化和土壤含水量难以控制，故在田间条件下直接建立肥水耦合模型是比较困难的，因此，需要另找出路。

二、田间旱棚条件下肥水效应耦合的模型研究

1. 研究方法和结果　试验是在合阳县甘井乡旱棚控制条件下进行的。供试土壤为红垆土，$<0.01\,mm$ 黏粒含量为 43.3%，质地为中壤；$0\sim20\,cm$ 土壤有机质含量为 11.9 g/kg、全氮 0.909 g/kg、碱解氮 52 mg/kg、全磷 2.95 g/kg、速效磷 16 mg/kg、有效钾 192 mg/kg，在 $0\sim200\,cm$ 土层中，容重为 $1.34\sim1.37\,g/cm^3$、孔隙度 48.7%$\sim$49.3%、凋萎湿度为 7.2%$\sim$8.0%、充气孔隙 23.0%$\sim$24.1%。

旱棚由钢架组成，伞形结构，顶高 2.5 m，下雨前用篷布盖上，天晴时揭开。试验小区间均用深 2 m 的 4 层厚膜隔开。小区宽 1.2 m、长 3 m。

根据合阳县 30 年的降水资料，设立 5 个降水水平。针对渭北地区普遍缺氮缺磷的情况，选用氮、磷两种肥料。采用"3.11"回归设计，每处理重复 3 次（少数处理 4 次）。

肥料均于播种时一次施入。根据 5 水平年降水量的分布，分别按需模拟浇水。供试小麦品种为陕

229。试验方案和结果见表 8-24。

表 8-24　合阳旱棚氮、磷、水田间微区实验方案与产量

处理编号	因素编码值			实际用量（kg/亩）			产量（kg/亩）
	X_1（N）	X_2（P_2O_5）	X_3（水）	X_1（N）	X_2（P_2O_5）	X_3（水）	
1	0	0	2	7.5	7.5	880	187
2	0	0	-2	7.5	7.5	350	138
3	-1.414	-1.414	1	2	2	747	119
4	1.414	1.414	1	12	2	747	157
5	-1.414	-1.414	1	2	12	747	134
6	1.414	1.414	1	12	12	747	196
7	2	0	-1	15	7.5	481	135
8	-2	0	-1	0	7.5	481	117
9	0	2	-1	7.5	15	481	133
10	0	-2	-1	7.5	0	481	119
11	0	0	0	7.5	7.5	614	168
12	-2	-2	0	0	0	614	114

2. 在旱棚条件下肥水效应耦合模型　根据表 8-24 结果进行回归模拟，得到小麦产量 Y 与 N（X_1）、P_2O_5（X_2）、水（X_3）三因素直接回归为模型（4）：

$$Y = 168.0 + 11.090\,2X_1 + 6.523X_2 + 12.497\,9X_3 - 6.969\,3X_1^2 - 6.969\,9X_2^2 - 1.375X_3^2 +$$
$$3.000\,9X_1X_2 + 6.590\,2X_1X_3 + 3.023\,7X_2X_3 \qquad\qquad 模型（4）$$

经检验，模型（4）的 $F = 88.529$（$F_{0.05} = 241$，$F_{0.01} = 602$），$R = 0.999\,9$。说明模型的回归关系达到极显著水平，能准确反映氮、磷、水对小麦产量的变化过程，故可作为预测预报的依据。

三、陕西黄土高原地区肥水效应转换模型的建立和应用

1. 田间试验　从 20 世纪 80 年代起，笔者在关中地区、渭北地区、陕北地区以及陕南地区多点布置了肥料效应试验。根据当时黄土高原地区土壤氮、磷俱缺和含钾丰富的特点，研究的主要目标是确定氮、磷肥料最佳用量和配比，建立适用的肥效反应模型。试验方案采用"饱和 D 最优设计"（表 8-25）。

表 8-25　不同地区氮、磷肥效试验方案

处理号	编码		实际施肥量（kg/亩）					
			陕北地区		关中旱塬区		关中灌区	
	N（X_1）	P_2O_5（X_2）	N（X_1）	P_2O_5（X_2）	N（X_1）	P_2O_5（X_2）	N（X_1）	P_2O_5（X_2）
1	-1	-1	0	0	0	0	0	0
2	1	-1	12.5	0	12.5	0	15	0
3	-1	1	0	12.5	0	12.5	0	15
4	-0.131 5	-0.131 5	5.43	5.43	5.43	5.43	6.51	6.51
5	1	0.394 4	12.5	8.72	12.5	8.72	15	10.46
6	0.394 4	1	8.72	12.5	8.72	12.5	10.46	15

因本试验方案是采用饱和 D 最优设计，故存在无剩余自由度和失拟自由度为零，无法估计回归方程的模型误差，无法评价回归数学模型等优劣，在试验时都设置了重复 2~3 次，并在同一农业生

态区内进行多点试验。如在重点地区内，每种作物如小麦、玉米、棉花每料分别要做田间试验 90～100 个，且连续 2～3 年，这样就克服了试验设计本身所带来的缺陷。在试验过程中，均采用统一管理方法，保证试验条件的一致性。

2. 不同地区肥料效应模型 根据陕西境内的自然条件和农业情况，划分为陕北丘陵沟壑区、渭北旱塬区和关中灌区 3 个较大的农业生态区，每个农业生态区又根据土壤肥力和生产水平划分为 3～4 个辅区。在统一的田间试验过程中，共收到试验结果 1 000 多个，按农业生态区进行归类，通过计算机进行统计分析和聚类，在每个副区中建立了具有代表性的肥料效应模型（5）。

$$
\begin{cases}
\text{丘陵沟壑区} \begin{cases} I_1 & Y=68+3.99N+4.94P+0.009NP-0.08N^2-0.169P^2 \\ I_2 & Y=106+5.1N+6.08P+0.012NP-0.121N^2-0.201P^2 \\ I_3 & Y=90+4.62N+5.58P+0.003NP-0.106N^2-0.183P^2 \end{cases} \\
\text{旱塬区} \begin{cases} II_1 & Y=179+7.23N+8.26P+0.052NP-0.187N^2-0.24P^2 \\ II_2 & Y=219+8.36N+9.45P+0.073NP-0.223N^2-0.276P^2 \\ II_3 & Y=225+8.58N+9.65P+0.077NP-0.229N^2-0.273P^2 \end{cases} \\
\text{灌溉区} \begin{cases} III_1 & Y=331+11.6N+12.82P+0.135NP-0.325N^2-0.343P^2 \\ III_2 & Y=343+12.0N+13.17P+0.141NP-0.336N^2-0.351P^2 \\ III_3 & Y=387+13.31N+14.51P+0.165NP-0.376N^2-0.381P^2 \end{cases}
\end{cases}
$$
模型（5）

肥料效应函数式可以用模型（6）表达：

$$Y=b_0+b_1X_1+b_2X_2+b_3X_1X_2-X_1^2-X_2^2$$
模型（6）

3. 黄土高原不同地区肥水转换模型的建立 在田间肥效试验开始之前，对选定的试验地首先要测定 0～200 cm 土层中有效水含量（有效含水量＝测定的土壤含水量－土壤凋萎湿度），并取土测定 0～20 cm 和 20～40 cm 土壤碱解氮和 0～20 cm 土壤有效磷含量，各区平均结果见表 8-41。在用模型计算时，土壤有效含水量均用 mm 表示，碱解氮以 0～40 cm 土壤 500g/亩表示，有效磷以 0～20 cm 土壤 500g/亩表示。

依照前面所述的肥效模型中的 b_i 回归系数与土壤有效含水量转换方法，把回归系数分别转换为模型（7）。

$$
\begin{cases}
b_0=-177.29+1.778\,6W & r_0=0.994\,3^{**} \\
b_1=-3.151\,8+0.151\,78W & r_1=0.993\,9^{**} \\
b_2=-0.423\,26+0.053\,337W & r_2=0.994\,2^{**} \\
b_3=-0.130\,766+0.000\,925W & r_3=0.994\,6^{**} \\
b_4=-0.140\,7+0.001\,631W & r_4=0.994\,6^{**} \\
b_5=-0.01+0.001\,68W & r_5=0.993\,4^{**}
\end{cases}
$$
模型（7）

模型（7）表明，b_i 与 W 的每一转换均达到极显著的线性相关关系。将以上 b_i 的转换式代入肥效模型的代表式模型（7）中，便得到陕西黄土高原不同地区肥水效应转换耦合模型通式模型（8）。

$$Y=-177.29+1.778\,6W+(-3.151\,8+0.151\,78W)X_1+(-0.423\,26+0.053\,337\,W)X_2+$$
$$(-0.130\,766+0.000\,925\,W)X_1X_2-(-0.140\,7+0.001\,631W)X_1^2-(-0.01+$$
$$0.001\,68W)\,X_2^2$$
模型（8）

式中，W 为播前 0～200 cm 土层中有效水含量。用此作为 b_i 的转换因素，因为本章前面已经证实，隔年墒与次年产量具有高度相关关系。当然如果知道作物生育期中降水量和灌水量，只要与地墒相加，形成供水之和，同样也可与 b_i 建立转换模型。

4. 黄土高原地区土肥水转换模型的建立 土、肥、水转换模型是指土壤碱解氮、土壤有效磷 (P_2O_5)、土壤有效水含量与肥效反应模型中回归系数 b_i 的转换关系。在前面已经提出，b_i 是作为各种生长环境条件的函数，其中有些生长环境条件如光、温等在较大范围内基本相同，变异较小，而有些条件如土壤水分、土壤养分变异较大，故在较大范围内建立模型应该把土壤水分和土壤有效养分考虑进去，故称其为土、肥、水转换模型。在田间条件下，要建立土、肥、水直接模型非常困难。肥效模型中的 b_i 与土、肥、水建立相关模型，即转换模型，这对模型的实用性和准确性就更高了。b_i 的转换模型为模型（9）。

$$
\begin{cases}
b_0 = -176.857\,4 + 1.76\,054Ws + 0.13\,525Ns + 0.80\,273Ps \\
b_1 = -3.18\,353 + 0.0\,501Ws + 0.02\,148Ns + 0.06\,097Ps \\
b_2 = 0.14\,127 - 0.00\,162Ws - 0.00\,049Ns + 0.00\,085Ps \\
b_3 = -2.4\,267 + 0.05\,254Ws + 0.00\,977Ns + 0.026Ps \\
b_4 = -0.00\,653 - 0.00\,115Ws - 0.00\,133Ns + 0.00\,371Ps \\
b_5 = -0.12\,954 + 0.00\,089Ws - 0.00\,033Ns + 0.00\,415P
\end{cases}
\qquad 模型（9）
$$

进行显著性检验 $F_0 = 129\,990^{**}$　　$r_0 = 0.999\,9^{**}$；$F_1 = 74\,149^{**}$　　$r_1 = 0.999\,9^{**}$；$F_2 = 4\,836^{**}$　　$r_2 = 0.999\,9^{**}$；$F_3 = 75\,290^{**}$　　$r_3 = 0.999\,9^{**}$；$F_4 = 1\,209^{**}$　　$r_4 = 0.999\,2^{**}$；$F_5 = 288^{**}$　　$r_5 = 0.996\,5^{**}$。由回归系数的转换式可以看出，回归系数与土壤有效含水量、土壤碱解和土壤有效磷之间都存在密切的线性相关关系，F 值和 r 值均达到显著水平。

将以上 b_i 的转换式分别代入肥料效应函数式，即得土、肥、水效应耦合模型（10）。

$Y = (-176.857\,4 + 1.760\,5Ws + 0.135\,3Ns + 0.802\,7Ps) + (-3.183\,5 + 0.050\,1Ws + 0.021\,5Ns + 0.061\,07Ps)\,X_1 + (0.141\,3 - 0.001\,62Ws - 0.000\,49Ns + 0.000\,85Ps)\,X_1^2 + (-2.426\,7 + 0.052\,54Ws + 0.009\,77Ns + 0.026Ps)\,X_2 + (-0.006\,53 - 0.011\,5Ws - 0.001\,33Ns + 0.003\,71Ps)\,X_2^2 + (-0.129\,54 + 0.000\,89Ws - 0.000\,33Ns + 0.004\,15Ps)\,X_1X_2$　模型（10）

5. 不同转换模型的田间应用　以上不同转换模型的校验结果是在相同试验资料下建立和相互比较的。在田间实际情况下能否运用还需进行实际检验。

为此，1997—1998 年笔者在陕西关中扶风县进行了多点示范试验。每个点在试验前测定 0～200 cm 土壤有效含水量、0～40 cm 土壤碱解氮和 0～20 cm 土壤有效磷（P_2O_5）含量。根据测试结果计算计划产量和施肥量。收获后，应用模型（10）进行计算产量与实际产量比较，结果见表 8 - 26。经 42 对试验结果 t 测验，得 t 值 1.58，$Pr = 0.121\,9$。因概率值 $0.121\,9 > 0.05$，故实际产量与土、肥、水模型计算产量之间无差异。说明土、肥、水效应转换模型在陕西黄土地区有较好的实用性。

表 8 - 26　土肥水转换耦合模型在扶风县检验结果（1997—1998 年，小麦）

地块号	土壤有效水 + 灌水量（mm）	土壤碱解氮 (0～40 cm)（kg/亩）	土壤有效磷 (0～20 cm)（kg/亩）	实际施肥量（kg/亩）		计算产量 (kg/亩)	实际产量 (kg/亩)
				N	P_2O_5		
X_1	339	14.73	6.6	3.5	2.8	376	370
X_2	321	12.66	6.99	7.5	6.0	374	337
X_3	324	12.99	7.05	7.5	6.0	380	406
X_4	321	14.63	5.67	9.3	6.0	395	406
X_5	314	10.82	5.46	7.76	4.8	324	379
X_6	340	12.86	6.06	8.82	9.41	390	386
X_{11}	313	11.09	5.93	4.72	3.78	330	362
X_{25}	367	14.4	11.2	6.67	5.33	420	440
X_{22}	300	14.06	4.69	7.5	6.0	312	323
X_{26}	350	12.75	8.63	8.68	6.95	446	404
X_7	304	14.52	5.67	7.5	6.0	334	391
X_8	326	12.12	6.06	7.86	6.29	367	374

（续）

地块号	土壤有效水+灌水量（mm）	土壤碱解氮（0～40 cm）（kg/亩）	土壤有效磷（0～20 cm）（kg/亩）	实际施肥量（kg/亩）		计算产量（kg/亩）	实际产量（kg/亩）
				N	P$_2$O$_5$		
X$_{16}$	328	12.2	7.34	4.31	6.9	371	362
X$_{12}$	328	12.93	2.73	8.0	10.0	315	320
X$_{24}$	353	12.8	8.99	5.0	7.33	440	408
X$_{18}$	340	12.63	5.87	8.62	9.2	383	450
X$_{14}$	331	12.26	6.27	8.24	5.16	378	310
X$_{20}$	322	13.74	3.66	8.5	6.0	326	344
X$_{21}$	332	14.15	7.9	6.67	12.88	406	379
X$_{10}$	334	14.81	4.14	7.86	6.29	351	359
X$_9$	311	12.68	3.68	7.8	6.3	309	342
X$_{19}$	337	10.77	3.03	6.67	5.33	326	363
X$_{17}$	324	12.87	4.47	6.0	10.8	334	371
X$_{15}$	332	12.74	7.53	5.81	4.65	393	362
X$_{13}$	329	13.07	4.65	5.99	7.2	344	376
X$_{23}$	350	15.29	7.31	6.0	7.16	425	384
A$_{4-1}$	308	12.09	3.93	8.5	6.0	309	332
A$_{3-1}$	305	11.55	6.06	14.82	9.33	316	290
A$_{1-1}$	274	10.23	2.6	7.5	6.0	242	235
A$_{2-2}$	233	10.01	4.29	7.5	6.2	210	235
A$_{5-1}$	245	9.74	4.34	15.2	13.4	213	236
B$_{6-1}$	201	9.5	3.63	11.09	6.0	163	196
B$_{7-1}$	230	12.02	2.88	10.63	8.2	189	193
A$_{5-1}$	222	14.22	4.88	7.5	6.0	206	214
A$_{6-1}$	240	9.05	3.27	14.49	6.0	196	224
A$_{7-1}$	202	13.34	5.69	10.0	6.0	189	216
A$_{8-1}$	234	10.22	4.62	10.18	6.0	218	208
A$_{9-1}$	202	9.89	6.5	9.42	6.0	192	196
B$_{1-1}$	183	11.81	4.47	12.1	6.0	149	161
B$_{2-1}$	222	12.86	2.57	10.31	6.0	180	201
B$_{3-1}$	236	14.13	4.8	9.8	6.0	227	212
B$_{4-1}$	245	11.42	4.85	12.1	6.0	227	238

注：因土、肥、水模型是按 500 g/亩计算建立的，故在表中的数据均由有关测定值先计算 500 g，代入模型计算小麦产量，再除以 2，成为单位面积千克产量。

从表 8-26 也可看出，所测定的土壤含水量和土壤养分含量各不相同，差异很大，因而产量也有很大差异。反映出既有高肥力土壤，也有低肥力土壤，既有旱地，也有灌溉地，但经土、肥、水效应转换模型进行计算所得到的产量，从总体上看与实际产量没有显著差异。说明笔者所研究的土、肥、水效应模型在黄土地区的拟合性是相当高的，可以作为黄土旱农地区由土、肥、水三结合的测土配方施肥的一种新模型和新方法。

主要参考文献

华天懋，李昌纬，赵伯善，等，1999. 不同肥料结构对旱地小麦土壤水分生产效率的影响［J］. 西北农业学报，1（4）：57 - 62.

李生秀，1999. 土壤-植物营养研究问题［M］. 西安：陕西科学技术出版社.

吕殿青，刘军，李瑛，等，1995. 旱地水肥交互效应与耦合模型研究［J］. 西北农业学报，4（3）：72 - 76.

吕殿青，张文孝，谷洁，等，1994. 渭北东部旱塬氮磷水三因素交互作用研究［J］. 西北农业学报，3（3）：72 - 76.

汪德水，1995. 旱地农田肥水关系原理与调控技术［M］. 北京：中国农业科学技术出版社.

王同朝，2000. 甘肃定西地区水磷配合在春小麦上的肥效研究［J］. 农业工程学报，16（1）：53 - 55.

徐明岗，梁国庆，张夫道，等. 2006. 中国土壤肥力演变［M］. 北京：中国农业科学技术出版社.

杨文治，于存祖. 1992. 黄土高原区域治理与评价［M］. 北京：科学出版社.

第九章

土壤物理因素与肥效关系

土壤物理特性是指土壤中固体、液体、气体三项的状况和性质，其中包括土壤的质地、结构、容重、孔隙度、水分、气体和热量等。土壤物理特性的好坏对植物根系和植株生长发育以及对肥效反应等都有很大的影响。因此，在研究测土配方施肥的过程中，只注重土壤养分的变化是远远不够的，还必须注意土壤物理因素的研究和应用，这是当前测土配方施肥中普遍被忽视的一个问题。本章主要根据笔者对土壤质地、土壤容重以及与其有关的土壤物理性状进行研讨。

第一节　土壤质地

一、旱地土壤质地类型与分布

土壤质地是指土壤中不同大小矿物质颗粒的相对比例或粗细状况。土壤质地是土壤一个稳定的自然属性，它决定着土壤的物理、化学和生物特性，是影响土壤水、肥、气、热状况和耕性的一个最重要的因素，因此，了解土壤的质地状况，对于土壤种植、因土施肥、因土耕作都有重要的意义。

（一）土壤质地类型的划分

目前世界上对于土壤质地分类，各国尚不一致。常用的有国际制、美国制、苏联制等。为了有利于比较，采用国际制，见表 9-1。

表 9-1　国际制土壤质地分类

质地分类		各土壤粒级含量（%）		
类别	质地名称	黏粒（<0.002 mm）	粉沙粒（0.002~0.02 mm）	沙粒（0.02~2 mm）
沙土	沙土及壤质沙土	0~15	0~15	85~100
壤土	沙质壤土	0~15	0~45	55~85
	壤土	0~15	30~45	40~55
	粉沙质壤土	0~15	45~100	0~55
黏壤	沙质黏壤土	15~25	0~30	55~85
	黏壤土	15~25	20~45	30~55
	粉沙质黏壤土	15~25	45~85	0~40
黏土	沙质黏壤土	25~45	0~20	55~75
	壤质黏土	25~45	0~45	10~55
	粉沙质黏土	25~45	45~75	0~30
	黏土	45~65	0~55	0~55
	重黏土	65~100	0~35	0~35

国际制是将 0.02～2 mm 的土壤颗粒称为沙粒，0.002～0.02 mm 称为粉沙粒，小于 0.002 mm 称为黏粒。按照以上 3 种粒级含量的百分数把土壤质地划分为沙土（沙土及壤质沙土）、壤土（沙壤土、壤土、粉沙壤土）、黏壤土（沙质黏壤土、黏壤土、粉沙黏壤土）、黏土（沙质黏土、壤质黏土、粉沙质黏土、黏土、重黏土）4 类 12 级。

（二）土壤质地在我国的区域分布

1. 黄土区的土壤质地 黄土区系指西北黄土高原及其延伸部分所包括的地区，主要分布在陕、甘、宁、晋等地。土层深厚，质地均一。颗粒组成一般是由西北向东南逐渐变细，而沙粒含量逐渐减少，黏粒含量逐渐增加（表 9 - 2）。

表 9 - 2 黄土颗粒组成的变化

| 方向 | 地点 | 粒级含量（%） | | | 质地 |
		0.02～2 mm	0.002～0.02 mm	<0.002 mm	
北	榆林	78.45	15.86	5.69	沙质壤土
	安塞	64.58	23.69	11.73	沙质壤土
↓	延安	58.83	27.96	13.21	沙质壤土
南	洛川	42.54	42.48	15.18	粉沙质壤土

西北黄土地区主要土壤有黄绵土、黑垆土、塿土和粟褐土，土壤剖面中颗粒组成见表 9 - 3。

表 9 - 3 黄土区土壤的颗粒组成

| 土壤 | 地点 | 深度（cm） | 颗粒组成（%） | | | 质地 |
			0.02～0.2 mm	0.002～0.02 mm	<0.002 mm	
黑垆土	陕西定边	0～21	41.00	39.00	20.00	黏壤土
		21～42	41.00	38.00	21.00	黏壤土
		42～102	35.00	38.00	26.30	壤质黏土
		102～147	36.00	39.00	25.00	黏壤土
塿土	陕西杨凌	0～23	26.71	40.84	32.45	壤质黏土
		23～35	24.38	42.77	32.07	壤质黏土
		35～74	24.11	44.75	32.03	壤质黏土
		74～95	22.65	38.85	38.50	壤质黏土
		95～163	21.30	38.60	40.05	壤质黏土
		163～196	22.56	38.60	38.84	壤质黏土
黄绵土	宁夏固原	0～17	60.00	28.00	12.00	沙质壤土
		17～38	68.00	28.00	14.00	沙质壤土
		38～71	64.00	25.50	10.50	沙质壤土
		71～95	67.00	23.00	10.00	沙质壤土
		95～130	71.00	19.00	10.00	沙质壤土
粟褐土	山西柳林	0～20	60.80	24.86	14.34	沙质黏壤土
		20～31	58.65	24.89	16.46	沙质黏壤土
		31～62	55.42	26.95	17.63	沙质黏壤土
		62～101	38.42	46.70	14.88	粉沙质壤土
		101～150	44.15	40.30	15.55	粉沙质壤土

黄绵土主要分布在黄土高原北部丘陵沟壑地区，土壤侵蚀严重，土壤无明显发生层次，全剖面保留黄土母质特性。土壤颗粒以粉沙粒为主。剖面上下土质一致。

黑垆土主要分布在甘肃东部和陕西渭北高原比较平坦的地区。由于土壤侵蚀较轻，土壤剖面基本保持原来形态，有明显的耕作层、黑垆土层和黄土母质层，与黄绵土比较，颗粒组成中粉沙粒和黏粒含量略高。土壤质地为粉沙质壤土和黏壤土。但黑垆土层的黏粒含量比覆盖层和母质层均较高，南部比北部更为明显，表明黑垆土也有较轻微的黏化特征。

塿土主要分布在陕西关中和汾、渭河各级阶地。一般上层覆 40～60 cm 厚的熟化土层，下层为较黏质的褐土层（垆土层），厚达 1 m 左右。塿土俗称"蒙金土"。塿土的质地属壤质黏土，埋藏的褐土层较黏质，黏粒含量明显高于上层和母质层。证明原来的褐土层有较强的黏化过程。黄土母质层仍保持一般黄土特性，为黏壤土或粉沙质壤土。

2. 华北平原区的土壤质地 华北平原主要由黄河沉积物形成，由于黄河多次决口和改道，漫流于平原中形成厚层的粉沙壤土沉积。在蝶形洼地中则形成厚层黏土沉积。形成的土壤主要是潮土，其质地变化见表 9-4。

表 9-4 华北平原潮土区不同质地的颗粒组成（河北）

地形	质地	颗粒组成（%）				
		>2 mm	0.2～2 mm	0.02～0.2 mm	0.002～0.02 mm	<0.002 mm
近河床	沙壤土	0	<5	>60	>30	<15
↓	壤土	0	<1	>40	>30	<15
	黏壤土	0	<1	>30	>20	>20
远河床平原	壤黏土	0	<1	>10	>20	>20

从表 9-4 看出，离河床越近，质地越轻，沙粒越多，黏粒越少；离河床越远，质地越重，沙粒越少，黏粒越多。

3. 东北冲积平原土壤质地 东北冲积平原主要由河相、河湖相和部分风积形成，沉积物质质地一般都比较黏重，为黏质壤土和壤质黏土，集中分布在松花江和嫩江平原地区。形成的土壤多为草甸土类型。不同土壤的质地情况大致如下。

草甸土分布在平原的中部，成土母质为次生黄土状沉积物，黏质含量较高，质地较黏重，多为均质型质地剖面。

石灰性草甸土主要分布在吉林省西部平原，成土母质也是次生黄土状沉积物。质地较黏重；但发育在风积物上，质地较轻。

草甸盐土和草甸碱土因成土母质多为河相和风积相沉积物，一般质地较轻，细沙和细粉沙含量可高达 70%～80%，黏粒含量多在 15% 以下。质地多为壤质沙土和沙质壤土。该区土壤毛管孔隙发达，干旱季节盐水随水向上运动通畅，产生盐碱性土壤。

草甸黑土、草甸黑钙土和草甸白浆土等，土壤质地通体剖面多为壤质黏土，主要分布在黑龙江和吉林两省的普通黑土、黑钙土和白浆土。土壤质地都比较黏重，耕性较差。

4. 干旱地区的土壤质地 干旱地区以新疆为代表，土壤质地与其他地区大为不同。在干旱地区的成土作用是以物理风化为主，化学作用比较薄弱，故影响次生矿物的形成，土壤黏粒含量较低。另外，由于风蚀严重，导致土壤粗颗粒较多，并由风积物形成大面积风沙土。主要土壤的颗粒组成和质地类型见表 9-5。

由表 9-5 可知，新疆地区大面积的土壤质地是以沙质、沙壤质和重砾质为主，这对农业的发展是一个很大的障碍。

表 9-5 新疆主要土壤质地类型和颗粒组成

质地	地点	深度（厘米）	颗粒组成（%）					质地
			>2 mm	0.2～2 mm	0.02～0.2 mm	0.002～0.02 mm	<0.002 mm	
沙质地	莫索湾	0～6	0	0.43	90.87	2.61	6.09	壤质沙土
		6～36	0	0.34	94	0.51	5.15	壤质沙土
		55～100	0	0.26	95.16	0.3	4.28	壤质沙土
壤质土	新和县	0～18	0	1.91	43.77	35	19.32	黏壤土
		35～58	0	0.23	41.61	39.57	18.59	黏壤土
		73～105	0	0.89	47.6	37.52	13.99	沙质壤土
黏质土	塔城	0～7	0	5.72	19.16	25.97	49.15	黏土
		27～65	0	7.88	31.49	13.67	46.96	黏土
		84～110	0	10.07	13.7	25.06	51.17	黏土

注：表中资料引自《新疆土壤》第四册。

二、土壤质地与土壤水分特性的关系

笔者对陕西 3 种典型土壤的土壤质地与土壤水分物理特性进行了测试，结果见表 9-6。土壤质地的黏重程度是黄褐土＞𪩘土＞黄绵土，特别是黄绵土的土壤质地要比前两种土壤轻得多。由于土壤质地不同，3 种土壤的水分物理特性有很大区别。饱和持水量是黄褐土＞𪩘土＞黄绵土。田间持水量和永久凋萎湿度是黄褐土＞𪩘土＞黄绵土，但田间持水量的有效水含量却为𪩘土＞黄褐土＞黄绵土。说明壤土型𪩘土在保水性能方面是较好的一种土壤。

表 9-6 不同土壤质地对土壤水分物理特性的影响

测定项目		陕北黄绵土（壤质沙土）		关中𪩘土（黏壤土）		陕南黄褐土（粉沙质黏壤土）	
		范围	平均	范围	平均	范围	平均
土壤颗粒组成（%）	>0.02 mm	85.61～91.96	89.24	24.28～39.38	32.89	11.70～44.40	33.67
	0.002～0.02 mm	2.42～10.64	6.07	38.00～49.56	43.47	41.60～66.40	53.67
	<0.002 mm	2.76～8.60	4.64	18.54～35.26	23.64	10.70～23.16	17.76
土壤质地							
总孔隙度（%）		37.43	42.40	51.25～54.90	53.10	47.62～68.14	54.06
饱和持水量（%）	容积	34.30～51.00	42.58	48.47～56.30	50.62	45.57～64.57	50.82
	重量	22.31～33.41	27.77	31.68～43.70	37.12	28.41～51.24	39.04
田间持水量（%）	容积	6.83～15.67	10.12	28.29～40.08	33.90	34.23～52.63	41.45
	重量	4.58～10.31	6.59	23.41～26.70	24.96	22.18～41.77	27.00
永久凋萎湿度（%）	容积	4.40～8.22	5.14	10.35～16.83	13.27	17.18～24.17	21.88
	重量	3.00～4.98	3.12	8.91～11.06	9.74	12.72～16.01	14.13
田间持水量下有效含水量（%）	容积	1.98～10.89	4.98	17.94～23.91	20.93	12.24～32.46	18.64
	重量	0.07～7.12	3.08	14.60～16.64	15.24	7.70～25.76	12.89

注：1. 饱和持水量为水柱高等于 0 时的测定值。2. 田间持水量为水柱高等于 330 cm 时的测定值。3. 永久凋萎湿度为水柱高等于 15 000 cm 时的测定值。4. 田间持水量下的有效水含量为田间持水量减去永久凋萎湿度。5. 总孔隙度（%）为水柱高等于 0 时的土壤含水量除以钢环容积 192.423 cm³。6. 表中平均值是指 0～400 cm 土层每 20 cm 测定结果的总平均值。

三、土壤质地与土壤肥力的关系

以黄土地区土壤质地为例，土壤颗粒的粗细能直接影响土壤养分含量。土粒越细，二氧化硅含量越低，钙、镁、磷、钾、铁等养分含量越高。土粒的表面积越大，吸附力越强，代换量越高，保持的养分越多，肥效缓慢持久，同时土壤的热容量大，增温散热慢，昼夜温差小，发老苗，有后劲，作物籽实饱满，产量较高。沙质土壤则相反，养分含量较低，代换能力较低，保持养分能力较弱，土壤热容量小，增温散热快，昼夜温差大，肥效迅速而短暂，发小苗，无后劲，作物产量较低。壤质土壤的性状则居于黏土与沙土之间，土壤代换能力中等，土质肥沃，肥效迅速而持久，既发小苗，又发老苗，利于作物生长。据统计土壤黏粒含量与代换量、有机质、全氮、碱解氮、有效磷等均有密切关系，黏粒含量除与有效磷相关性为 0.05 显著水平外，其余均达 0.01 显著水平（表 9 - 7），黏粒含量与速效钾含量之间未呈线性相关关系，可能与黏粒矿物种类有关。

表 9 - 7　土壤黏粒与养分含量的关系

土壤类型	黏粒（%）（<0.002 mm）	离子交换量（mmol/100 g 土）	有机质（%）	全氮（%）	碱解氮（mg/kg）	有效磷（mg/kg）	速效钾（mg/kg）
风沙土	6.60	4.287	0.569 (482)	0.031 (243)	29.4 (261)	4.1 (594)	115.8 (285)
灰钙土	10.10		0.623 (56)	0.036 (24)	32.2 (24)	3.1 (59)	120.3 (27)
淡栗钙土	12.92	9.271	0.791 (36)	0.040 (15)	34.6 (19)	6.8 (37)	136.6 (14)
黑垆土	13.75	8.726	0.866 (493)	0.057 (259)	43.8 (281)	5.0 (498)	133.2 (270)
黏化黑垆土	17.06	11.105	0.999 (2 791)	0.073 (2 091)	44.2 (3 391)	6.2 (2 760)	154. (1 820)
塿土	15.98	13.145	1.043 (10 263)	0.074 (6 447)	51.5 (9 778)	6.9 (225)	164. (5 635)
红黏土	19.00	14.699	0.920	0.067	43.7	5.7	143.5
黄褐土	37.24	25.313	1.249 (1 387)	0.093 (899)	63.4 (772)	7.9 (1 341)	136.8 (27)

注：括号内为分析样本数。

四、土壤质地与肥效的关系

1. 土壤质地对作物生长和产量的影响（盆栽）　试验是在盆栽中进行。供试土壤为河滩地纯沙土与黄土层纯红黏土为基质，配成不同比例以示土壤质地类型。每盆土 15 kg，施氮肥（N）2.5 g、磷肥（P_2O_5）2.5 g、钾肥（K）2.5 g，重复 6 次。生育期中按最大持水量的 60% 灌溉。供试作物为玉米和小麦。结果见表 9 - 8、表 9 - 9。

表 9 - 8　不同土壤质地对玉米产量的影响（1992 年）

单位：g/盆

质地	7 月 23 日	8 月 27 日
沙土	2.23	20.08
1/4 沙土＋3/4 黏土（重壤）	2.42	23.25
2/4 沙土＋2/4 黏土（中壤）	2.60	25.37
3/4 沙土＋1/4 黏土（沙壤）	2.19	20.76
黏土	1.86	16.82

表 9-9　土壤质地对小麦产量的影响（1993 年）

处理	干物重量（g/盆）
沙土	29.8
4/5 沙土＋1/5 黏土	35.8
3/5 沙土＋2/5 黏土	46.1
2/5 沙土＋3/5 黏土	49.4
1/5 沙土＋4/5 黏土	45.4
黏土	41.8

结果表明，在相同施肥量条件下，不同沙黏配比对作物生长和产量有明显影响。在玉米生长期中两次生物学产量测定结果都是以 2/4 沙土＋2/4 黏土最高。根据小麦试验结果，经统计得到小麦产量与黏土量之间为一元二次曲线关系。

$$Y=28.543+0.601X-0.004\,7X^2 \quad (F=24.89^*,\ R=0.971\,165^{**})$$

取极值，得 $X=47.8$，表明红黏土在 47.8% 时，即中壤质土壤时能获得小麦最高产量。

2. 土壤质地对田间玉米产量的影响（田间试验）　在不施肥的空白试验区土壤黏粒含量与夏玉米产量之间的关系是二次抛物线关系（图 9-1）。经统计分析，黏粒含量效应模型为：

$$Y=3\,526.18+179.16X-2.03X^2 \quad (F=8.93,\ Pr>F=0.022\,4,\ R^2=0.781\,3)$$

黏粒最佳含量的极值点为 44.24。黏粒含量在 44.24% 以下时，夏玉米产量随黏粒含量增加而增加；黏粒含量在 44.24% 以上时，玉米产量则随黏粒含量的增加而降低。说明黏粒含量在 44.24% 时，土壤含水量和空隙性都处于最佳状态，对作物供水、供肥、供气最为适合。黏粒含量小于或大于极值点都对玉米生长不利。这进一步证明，黏粒含量对作物生长有直接的影响，是作物高产高效的主要因素之一。

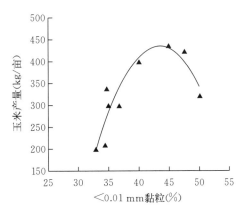

图 9-1　空白区土壤黏粒含量与玉米
产量相关关系

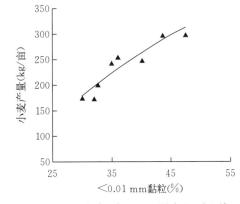

图 9-2　只施磷、钾肥，不施氮肥时土壤
黏粒含量与小麦产量关系

在只施用磷、钾肥，不施用氮肥的处理区，土壤黏粒含量与小麦产量之间的关系见图 9-2。经统计分析，其模式为：

$$Y=13\,138+7\,118.68\,(\ln X)-944.16\,(\ln X)^2 \quad (F=4.57,\ Pr>F=0.074\,3,\ R^2=0.646\,6^{**})$$

求极值时的 $X=43.33\%$。说明黏粒含量达 43.33% 时，在无氮肥情况下，小麦产量即开始下降。可以看出，小麦与玉米在最高产量时的极值点其对应的黏粒含量为 43%～44%。此时的土壤质地状况可认为是最佳状态。

3. 土壤质地对不同施肥量下的肥效影响（盆栽） 用相同盆栽对小麦进行试验，供试土壤仍用纯沙土和纯红黏土进行匹配。每盆装土 7 kg，设立 N、P_2O_5 比例相同而用量不同的处理，重复 4 次。生长期中按最大持水量的 60％进行灌溉。试验结果见表 9-10。

表 9-10　不同土壤质地对施肥效应的影响

施肥量（g/盆）	产量（g/盆）		
	沙土	中壤	黏土
0	5.00	9.90	12.20
0.5	6.30	12.70	14.00
1.0	6.90	13.20	14.40
1.5	4.50	9.80	12.20

注：1. 沙土即纯沙土，中壤为纯沙与红黏土各半，黏土为纯红黏土。2. 施肥量 0.5，即每盆施氮肥和磷肥各 0.5 g，其他施肥量类推。

为清晰起见，现以图 9-3 示之。

经 SAS 统计分析，不同土壤质地与施肥效应可用一元二次回归方程表示：

沙土与施肥量：$Y=4.8850+5.370X-3.70X^2$（$R^2=0.9290$，$F=6.55$，$Pr>F=0.2664$）

中壤与施肥量：$Y=9.826+9.340X-6.20X^2$（$R^2=0.9869$，$F=37.55$，$Pr>F=0.1146$）

黏土与施肥量：$Y=12.140+6.08X-4.00X^2$（$R^2=0.9824$，$F=27.83$，$Pr>F=0.1328$）

式中，Y 为产量，X 为施肥量。可以看出，小麦产量是黏土＞中壤土＞沙土。同一土壤质地上，开始

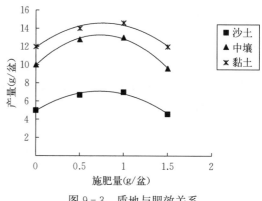

图 9-3　质地与肥效关系

阶段产量是随施肥量增加而增加，但当施肥达 1.0 时产量即开始逐渐下降，与一元二次抛物线模型相吻合。

对方程求极值，得到不同质地土壤的施肥量极值点为：沙土为 0.7257（g/盆）、中壤为 0.7532（g/盆）、黏土为 0.7600（g/盆）。在质地试验范围内，质地越重，施肥量越高。说明红黏土对肥料吸附固定能力较强。施肥量随红黏土含量增加而增高可能与此有关。

4. 黏土含量与有效钾、氮含量的关系及其对钾肥、氮肥肥效的影响（田间试验） 黄德明等（1995）进行了田间土壤质地调查和肥效试验，取得了很好的结果。

（1）黏粒含量与土壤碱解氮和有效钾含量的关系。根据田间土壤测定结果，经统计分析得图 9-4和图 9-5。土壤黏粒含量与碱解氮含量和土壤黏粒含量与有效钾含量都呈线性相关关系，相关系数 r分别为 0.825** 和 0.5423*，达极显著和显著水平，相关方程式分别为：

$$Y=2.703X-4.4759 \quad （Y 为土壤碱解氮含量，X 为黏粒含量）$$

$$Y=3.1181X-26.669 \quad （Y 为土壤有效钾含量，X 为黏粒含量）$$

（2）黏粒含量与钾肥、氮肥在夏玉米上施用效果的关系。由于土壤有效钾和碱解氮都随土壤黏粒含量的增加而增加，因此，对相应的肥料用量也产生了相应的负相关关系（图 9-6、图 9-7）。

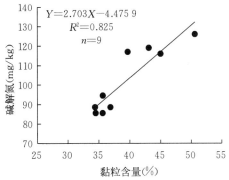

图9-4　土壤黏粒含量与土壤碱解氮含量的相关关系

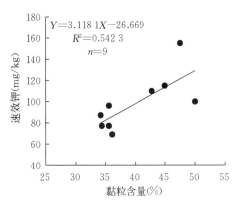

图9-5　土壤黏粒含量与土壤速效钾含量的相关关系

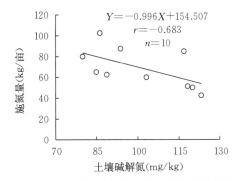

图9-6　土壤碱解氮含量与夏玉米施氮量的关系

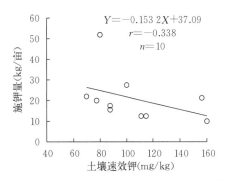

图9-7　土壤速效钾含量与夏玉米施钾量的关系

但夏玉米施钾和施氮量与黏粒含量却呈倒抛物线的一元二次模型（图9-8、图9-9）。经统计，其相关系数分别为$R_K^2=0.789\,2$，$R_N^2=0.654\,7$。相应模型为：

$$Y_K=665.708\,9-30.653\,0X+0.357\,1X^2 \quad (F=13.10，Pr>F=0.004\,3)$$

$$Y_N=1\,295.338\,6-57.977\,2X+0.664\,7X^2 \quad (F=4.74，Pr>F=0.070)$$

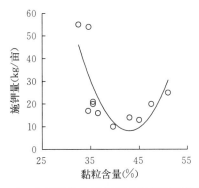

图9-8　土壤黏粒含量与夏玉米施钾量的关系

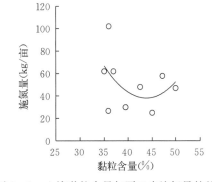

图9-9　土壤黏粒含量与夏玉米施氮量的关系

从图9-8、图9-9看出，黏粒很低、沙粒很高的时候，氮、钾施用量是随黏粒含量的增加而降低的，对施钾来说，当达极值点黏粒含量42.92%时，则施钾是随黏粒含量的增加而增高。说明在极值点以前，由于土壤太沙，钾素流失太多，当黏粒逐渐增加到达极值点时，钾素流失变小，存留在土壤中的钾素较多，故施钾量就降低；而当黏粒含量继续增高，由于黏粒对钾离子的大量吸附和固定，故施钾量就需随黏粒含量的增加而增高。施氮量也因同样原因而产生相似的二次曲线模型，其黏粒含量的极值点为43.61％，与施钾量极值点相应的黏粒含量极为相近。两者的极值点均处于沙质黏土质地级内。由此可见，在沙质黏土质地的土壤，当土壤沙质含量增大，或黏质含量增大时，都应注意适当增加氮、钾的施用量，才能满足作物生长的需要。这对测土配方施肥极为重要。

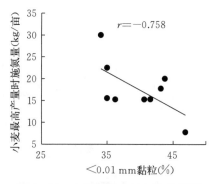

图9-10　土壤黏粒含量与小麦最高产量时施氮量

（3）黏粒含量与小麦高产量时的施氮量关系。为了进一步了解不同黏粒含量与小麦最大施氮量的关系，进一步测定了9种田间土壤<0.01 mm黏粒含量与小麦最高产量时的施氮量，结果见图9-10。

经统计分析，土壤黏粒含量与小麦最高产量时施氮量的回归方程为：

$$Y=58.440\,5-0.970\,9X \quad F=27.61, \; Pr>F=0.003\,3,$$
$$R^2=0.846\,7^{**} \; (r=0.920\,2, \; n=9, \; r_{0.01}=0.798)$$

在黏粒含量的测定范围内，小麦最高产量时的施氮量与土壤黏粒含量呈负线性相关关系。说明小麦最高产量时的施氮量是黏粒含量的函数，故应以黏粒含量作为最高产量时施氮量的依据之一。

五、土壤质地与水稻生长、产量、品质的关系

方学良（1979）从陕西地区采取0～40 cm的沙土、青泥土和黄泥巴3种不同质地的土壤，进行水稻盆栽试验。试验做得很认真，取得的结果也很有说服力。

（一）供试土壤性质

供试土壤的基本性质见表9-11。黄泥巴、青泥土、沙土<0.005 mm的黏粒含量分别为39.7％、18.9％和2.9％，这就更能体现不同质地土壤对作物的生理生态效应。

表9-11　供试土壤的基本性质

土壤名称	质地	各粒级含量（%）				pH（水）	营养成分						代换容量（mmol/100 g 土）
		>2 mm	0.05～2 mm	0.005～0.05 mm	<0.005 mm		有机质（%）	全氮（%）	全磷（%）	速效养分（mg/kg）			
										氮	磷	钾	
黄泥巴	黏土	<5	11.5	48.8	39.7	6.12	0.463	0.049	0.022	8	4.5	32	20.5
青泥土	壤土	<5	45.0	36.1	18.9	6.4	0.779	0.048	0.042	16	4.0	19	9.3
沙土	沙壤土	<5	81.0	16.1	2.9	7.1	0.335	0.022	0.044	17	4.0	4	5.2

（二）不同质地对土壤理化性状的影响

1. 质地对土壤温度的影响　在水稻拔节至盈穗期间，选择一个晴天天气，进行每隔2 h不同土层的温度测定，并同时测定当时气温的高低，以便观察气温对不同质地土壤的温度影响，结果见表9-12。从结果可以看出，大约在8:00以前，3种土壤由地表开始往下层逐步升温时；在地表处8:00时10 cm处、10:00时20 cm处时，由此各往前2 h看所出现的日最低土温均是沙土低于黄泥巴。此外，大概在16:00以前，3种土壤由地表开始往下层逐步降温时，同在14:00，沙土表层出现的日最高土温显著高于黄泥巴表层。此外，沙土10 cm深度处出现的日最高土温的时间比黄泥巴要早2 h。另外，从3种土壤的土温日变幅来看，沙土上下层土温的垂直梯度明显大于黄泥巴。而青泥土的土温日变化及垂直梯度，基本是沙土与黄泥巴间的一个过渡类型。

表 9-12　不同质地类型土壤土温的时变化（℃）（盆栽试验，1979 年 8 月 8 日）

土壤类型	深度(cm)	时间（h）													平均值(h)	日较差(h)
		0	2	4	6	8	10	12	14	16	18	20	22	24		
黄泥巴	0	27.7	26.5	25.3	25.0	25.8	32.9	36.4	41.4	40.7	35.0	31.7	29.4	28.2	31.2	16.4
	10	31.4	30.4	29.3	28.5	27.8	28.1	29.7	33.2	35.8	36.5	35.3	33.4	32.1	31.7	8.7
	20	32.1	31.4	30.7	30.0	29.5	29.2	29.3	30.3	31.9	33.2	33.7	33.4	32.8	31.3	4.5
青泥土	0	27.9	26.7	25.5	25.0	26.4	33.5	37.9	42.4	41.4	36.2	31.9	29.6	28.4	31.8	17.4
	10	31.3	30.2	29.1	28.2	27.6	28.2	30.5	34.1	36.6	36.9	35.2	33.2	31.9	31.8	9.3
	20	32.1	31.3	30.5	29.8	29.2	29.0	29.3	30.8	32.5	33.7	34.0	33.4	32.7	31.4	5.0
沙土	0	27.8	26.6	25.5	24.8	27.1	34.0	38.4	43.4	42.7	36.9	31.7	29.3	28.2	32.0	19.2
	10	30.9	29.9	28.9	28.1	27.5	28.9	31.4	35.1	36.8	36.3	34.6	32.7	31.4	31.7	9.3
	20	32.0	31.3	30.5	29.8	29.2	28.9	29.4	31.0	32.7	33.7	33.9	33.3	32.5	31.4	5.0
时气温		27.2	25.6	24.7	23.6	27.2	35.3	38.8	41.2	42.0	38.8	31.8	28.7	27.4	31.7	20.7

土壤表层及土壤下层间温度之差，决定着热量进入或逸出土壤的运动。白天在同样的日照下（吸收同样的热量），黏性土壤黄泥巴，由于它的比热大，导热度小，土壤升温、降温过程均较慢。因此，它表现的缓冲性、抗逆性强，在高温下具有降温作用，在低温时具有保温的效果等特点。而沙性土壤温度的变化情况则相反。由此可见，生长在沙土上的水稻很有可能受到冷热等不良影响。总之，不同质地类型的土壤，对水稻生产不同程度的影响。

2. 质地对土壤水分的影响　在水稻进入成熟时期，对黄泥巴、青泥土、沙土进行了土壤水分自然蒸发速率的测定。

在相同条件下，不同质地对土壤水分蒸发有显著的影响。蒸发前，黄泥巴、青泥土、沙土土壤水分含量为 40.8%、34.6%、25.6%，经过 30 d 蒸发后，3 种土壤水分损失量（占开始时各土水分的百分比）分别为：76.5%、82.1%、92.2%。质地轻松的沙土水分蒸发始终比质地黏重的黄泥巴要快得多，而质地中等的青泥土水分蒸发损失速率，正好处于黄泥巴、沙土土壤之间。说明黏重土壤保水性能大大高于沙质土壤。

3. 质地对有机肥中氮素释放速度与保存能力的影响　室内培养试验表明，施在沙性土壤里的菜籽饼肥中氮素释放速度，以及沙土对其速效氮的保存能力，与黏性土壤黄泥巴相比有着明显的不同。当加入占土重 2% 的菜籽饼肥后，在水分饱和、30 ℃恒温条件下进行腐解，定期测定土壤中速效氮含量变化，结果见图 9-11。

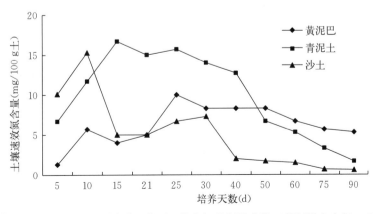

图 9-11　菜籽饼肥在不同质地类型土壤中氮素释放曲线（菜籽饼含全氮 3.74%）

从图 9-11 看出，试验后 5 d，土壤中分解出来的速效氮量为沙土＞青泥土＞黄泥巴，土质越沙，释放的氮越多；速效氮含量出现的高峰期沙土为 10 d，青泥土为 15 d，黄泥巴为 25 d，黏性越大，速效氮释放的高峰期越晚；高峰期持续时间沙土为 10～30 d、青泥土为 15～40 d、黄泥巴为 25～50 d，土质越黏，碱解氮持续期越长，在高峰持续时间内，土壤速效氮含量是青泥土＞黄泥巴＞沙土；速效氮含量的高峰持续期过后，即开始下降，然后趋于平衡，达到基本平衡的时间沙土为 40 d、青泥土为 50 d、黄泥巴为 60 d。在平衡阶段，碱解氮含量是黄泥巴＞青泥土＞沙土。以上结果说明，有机肥在不同质地土壤中的分解速度是沙土＞青泥土＞黄泥巴；前期供氮能力是青泥土＞沙土＞黄泥巴，后期是黄泥巴＞青泥土＞沙土。总的来看，供氮总量是青泥土＞黄泥巴＞沙土，但供氮平衡性是黄泥巴＞青泥土＞沙土；保氮性是黄泥巴＞青泥土＞沙土，这对作物生长各有利弊，所以需要因土施肥。

（三）不同质地土壤与水稻生育期、产量及品质的关系

1. 土壤质地对作物生育期的影响　由于沙性土壤较黏性土壤土温高、供肥快，所以，生长在沙土地上的水稻要比黄泥巴上的返青早、发棵早，最后到成熟期，见表 9-13。从播种到成熟所需的天数是黄泥巴为 154 d，青泥土为 142 d，沙土为 137 d。因此，在选择水稻品种时，应以土壤质地作为一个重要依据。

表 9-13　不同质地类型土壤水稻主要生育期出现的时间（盆栽试验，1979 年）

土壤类型	日期（日/月）					到成熟所需天数（d）
	返青期	分蘖盛期	抽穗始期	始花期	成熟期	
黄泥巴	28/6	20/7	31/8	2/9	24/10	154
青泥土	26/6	13/7	22/8	23/8	12/10	142
沙土	25/6	10/7	17/8	18/8	7/10	137

2. 土壤质地对水稻产量和品质的影响　试验结果表明（表 9-14），水稻植株高度、穗粒数、千粒重、谷粒产量、实粒数均为黄泥巴＞青泥土＞沙土，而每盆穗数秕粒度、空粒度均是沙土＞青泥土＞黄泥巴。说明水稻生产的经济性能是黏性土高于沙性土，表明黏土上的水稻产量和品质大大高于沙土。

表 9-14　不同质地类型土壤与水稻生育期、产量结构及品质的关系（盆栽试验，1979 年）

不同处理	株高（cm）	穗数/盆	粒数/穗	千粒重（g）		谷粒产量		籽实成熟度（%）			出糙米率（%）	糙米含氮量（%）
				1	2	g/盆	%	实粒	秕粒	空粒		
黄泥巴	83.6	44	89.9	19.0	22.0	75.3	133.9	71.6	5.2	23.2	84.5	2.493
青泥土	81.0	47	85.5	15.7	20.3	63.1	112.2	59.5	14.5	26.0	85.1	2.516
沙土	71.1	50	69.9	14.9	19.8	52.0	92.5	49.0	14.6	36.4	85.1	2.718
CK（黄泥巴）	77.5	37	88.6	16.8	20.5	56.2	100	62.6	11.7	25.7	84.2	2.142

注：千粒重 1：包含空秕粒；千粒重 2：除去空秕粒。

根据调查，沙质土壤上的稻谷，谷壳薄、硬度小、谷粒小、分量轻，加工时碎米多，出米率低、米粒白、无光泽、久糯性、不耐藏。而在黏土上的稻谷，谷粒大、分量重、硬度大、谷壳厚，加工时碎米少，出米率高、米色暗、有光泽、富糯性、耐储藏。农谚道："宁可高价买筋麦，不可低价买沙麦"，说明黏土对作物生产品质有特殊功能。另外看出，糙米的含氮量是沙土＞青泥土＞黄泥巴，这与沙土供氮能力高于黏土有关。但黏质土壤的产量远远高于沙质土壤，所以，水稻吸收的总氮量是黏土大大高于沙土。由对照处理的产量来看，在黄泥巴土壤上只施用施肥量的一半，而产量均高于沙

土，这就充分说明，黏土上的施肥量可比沙土施肥量少一半左右。也进一步表明土壤质地在测土配方施肥上的重要性。

　　不同作物对土壤质地有明显的选择性，农谚道"沙土棉花，胶土瓜，石子地里种芝麻"。一般来说，薯类、花生、西瓜、棉花、杏等比较适宜在沙土地种植，小麦、水稻、高粱、苹果等比较适宜在黏质土壤上生长，玉米、辣椒、猕猴桃等比较适宜在壤质土壤上生长。因此，因土种植才能充分发挥不同质地土壤的生产潜力和肥料的增产作用。

第二节　土壤容重与施肥效应

　　土壤容重是指在自然状态下，单位容积的干土重，通常以 g/cm^3 表示。

　　土壤容重的大小受土壤质地、结构状况、有机质含量和耕作、灌溉、施肥等农业措施的影响。一般质地越粗、土粒排列紧密的土壤，容重越大；质地越细、土粒排列疏松的土壤，容重越小。

　　土壤容重可以反映土壤的松紧程度，是土壤松紧度的一个指标。此外，土壤容重还可作为计算土壤孔隙度、单位体积的土壤含量、土壤水分绝对含量的依据。所以研究土壤容重对土壤改良、合理施肥和作物生长是十分重要的。

一、旱地土壤容重概况

　　由于不同地区成土条件和耕作条件的不同，使土壤容重产生很大的差异，见表 9-15。

表 9-15　旱地主要耕地土壤的容重

单位：g/cm^3

土壤类型	地区	耕层范围	犁底层范围
黑土	黑龙江	1.12～1.15	—
	甘肃	1.20～1.28	—
黑钙土	黑龙江	1.21～1.27	—
	甘肃	1.28～1.36	—
	河北	1.15～1.55	1.25～1.65
栗钙土	新疆	—	—
	甘肃	1.08～1.20	—
	河北	1.00～1.45	1.10～1.55
棕壤	甘肃	1.12～1.22	—
	甘肃	—	—
棕钙土	新疆	—	—
黄棕壤	甘肃	1.03～1.25	—
	甘肃	—	—
	新疆	—	—
灰钙土	甘肃	1.09～1.29	—
灰漠土	新疆	—	—
黄褐土	陕西	1.26～1.56	1.46～1.71
灌淤土	宁夏	1.12～1.22	1.47～1.54
灌漠土	甘肃	—	—

(续)

土壤类型	地区	耕层范围	犁底层范围
黑垆土	甘肃	1.22～1.25	—
	甘肃	—	—
	陕西	1.16～1.46	1.18～1.47
褐土	河北	1.30～1.45	1.40～1.60
	甘肃	1.26～1.36	—
	甘肃	—	—
	陕西	0.79～1.48	1.01～1.61
黄绵土	甘肃	1.18～1.24	—
	宁夏	—	—
	甘肃	—	—
	陕西	1.10～1.35	1.16～1.50
风沙土	黑龙江	1.34～1.47	—
	甘肃	1.38～1.42	—
	甘肃	—	—
	陕西	1.19～1.59	1.23～1.61
潮土	河北	1.25～1.60	1.35～1.65
	甘肃	—	—
	陕西	1.19～1.51	1.26～1.63

表 9-16 所列数据虽然不很全面，但概括了华北、东北和西北主要农业耕作土壤类型，基本代表了旱地主要农业土壤容重概况。从表 9-16 看出，所列土壤的耕层土壤容重变幅为 0.79～1.60 g/cm³，平均为 1.28 g/cm³；而犁底层的土壤容重变幅为 1.01～1.71 g/cm³，平均为 1.40 g/cm³，犁底层比耕层增高 0.12 g/cm³。犁底层土壤容重之所以增高，主要是由于连年耕作，机具挤压造成的。犁底层的不同厚度和紧实度对作物生长会产生很大的影响，应予以充分重视和控制。

二、影响土壤容重的主要因素

1. 有机质　土壤中的有机质包括未分解和分解后形成的腐殖质两部分。未分解部分容积大、疏松，有利土壤容重变小；腐殖质是有机胶体，能把土壤颗粒胶联起来，形成团粒，故也能使土壤孔隙度变大，容重变小。所以土壤有机质含量的高低，对土壤容重的大小有密切关系。《黑龙江土壤》中记载，有机质含量与土壤容重呈极显著负相关关系（图 9-12）。

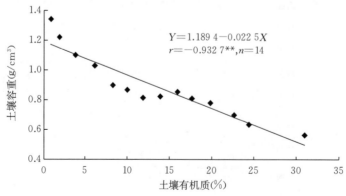

图 9-12　土壤有机质与土壤容重的关系

2. 土壤质地　陕西黄土高原的土壤质地一般是由北到南逐渐变细（表 9 - 16）。但由榆林到汉中，土壤颗粒出现明显的地段性变化。具体说，可分为三大地段：第一段是由榆林、靖边到绥德的风沙区，沙粒由北向南逐渐变小；第二段是由绥德到洛川为粗粉沙粒增多地段；第三段是由洛川到扶风、汉中，为黏粒不断增多地段。由于土壤质地呈现地带性的变化，土壤容重也发生了相应的变化，土壤容重由榆林到绥德逐渐变小，即由 1.68 g/cm³ 逐渐降到 1.34 g/cm³；从绥德到洛川土壤容重出现最低地段，即 1.25～1.29 g/cm³；然后由洛川到扶风、关中，土壤容重则又逐渐变高，即由 1.37 g/cm³ 增高为 1.53 g/cm³，可以看出，土壤质地与容重变化十分密切。由于土壤容重的变化，也引起土壤孔隙度的相应变化，说明土壤容重是土壤孔隙度的决定因素。

表 9 - 16　陕西黄土高原土壤质地与土壤容重的关系

地点	土壤类型	土壤质地	密度	容重 (g/cm³)	孔隙度（%）		
					总孔隙度	毛管孔隙度	非毛管孔隙度
榆林	风沙土	紧沙土	2.66	1.68	36.8	35.5	1.3
靖边	风沙土	松沙土	2.68	1.55	42.2	39.6	2.6
靖边	轻黑垆土	沙壤土	2.70	1.42	47.0	42.3	4.7
横山	绵沙土	沙壤土	2.71	1.34	50.6	48.8	1.8
绥德	黄绵土	轻壤土	2.72	1.25	54.0	52.2	1.8
洛川	黏黑垆土	中壤土	2.72	1.29	56.4	49.5	6.9
扶风	𪸩土	重壤土	2.73	1.37	49.8	45.2	4.6
汉中	黄褐土	黏土	2.76	1.53	45.0	39.5	5.5

土壤质地和有机质对土壤容重的高低具有决定性作用，但影响土壤容重的因素还有很多，如机耕挤压、雨滴打击、干旱分裂、水多浸渍等，故耕层土壤容重是一个很不稳定的数值。不仅不同土类各不相同，即使同一土种的不同地块，甚至同一地块不同地点，土壤容重也会发生不同的变化。但从目前情况来看，犁底层的容重过大，是农业生产上一个比较突出的问题。因此，必须采取深耕技术，并结合科学施肥，快速改良土壤容重状况，是促进农业生产、提高作物产量的当务之急。

三、潮土土壤容重对大麦生物学产量和吸收养分的影响

1. 土壤容重对大麦生物学产量的影响　黄德明等（1995）利用北京地区潮土进行的盆栽试验，结果见表 9 - 17。

表 9 - 17　土壤容重和施肥对大麦生物学产量的影响

施肥量（g/盆）	容重（g/cm³）	生物学产量（以干重计，g/盆）	
		地上部分	根
0	1.0	6.5	0.63
0	1.2	7.7	0.73
0	1.4	5.0	0.50
1.5	1.0	7.0	0.70
1.5	1.2	14.5	0.93
1.5	1.4	12.0	0.77
3.0	1.0	11.0	0.70
3.0	1.2	13.5	0.73
3.0	1.4	13.0	0.67

由表9-17看出，大麦地上部分干重均以容重1.2 g/cm³为最高，说明对大麦来说，潮土的土壤容重以1.2 g/cm³最佳。但在不同施肥条件下，不同容重的地上部分干物重则有明显变化，在不施肥条件下，地上部分干重的变化是容重1.0～1.2 g/cm³增产，但变幅较小，1.2～1.4 g/cm³则降低，变幅较小；当施肥1.5 g/盆时，地上干重变化是容重1.0～1.2 g/cm³增产，但增幅较大，1.2～1.4 g/cm³则降低，变幅较小；当施肥为3.0 g/盆时，容重1.0～1.2 g/cm³时，干重增加，增加幅度较小，容重1.2～1.4 g/cm³时，干重处于稳定，几乎无变化。根重变化趋势与地上部分干重基本相似。说明在北京地区的潮土，容重在1.2 g/cm³时对大麦生长最为合适。容重太小，可能保水保肥性能不良，影响产量；容重太大，土壤过于紧密，不利根系深扎，阻碍根系生长发育，导致根系变粗，韧皮部变厚，不利于水分和养分的吸收，影响作物生长。但当适量增施肥料，如施肥1.5 g/盆时，作物生长由于容重太大或太小而受到的影响得到补偿，所以施肥后不适容重对作物产量亏缺的补偿效应，在测土配方施肥中应该引起注意。

在不同土壤容重条件下，补偿施肥是因土壤容重的不同而不同的。当土壤容重为1.0 g/cm³、施肥量达3.0 g/盆时，才能使干物产量达最高值；而容重为1.2～1.4 g/cm³时、施肥量达1.5 g/盆时，才能使干重产量达到最高值。由此看出，容重可能有一个最适点，小于或者大于这个最适点，适当增加肥料，就可达到最大产量。

2. 土壤容重对大麦养分吸收的影响

（1）土壤容重对大麦吸收氮的影响。在不施肥的条件下，植株（包括地上部分和根）吸氮量，土壤容重1.2 g/cm³>1.0 g/cm³>1.4 g/cm³，表现吸氮量是由容重1.0～1.2 g/cm³时呈升高趋势，容重1.2～1.4 g/cm³呈下降趋势。植株所吸收的氮全由土壤供给。在不同土壤容重条件下，土壤供氮状况将会产生不同的变化，在容重1.0 g/cm³时，显然土壤孔隙度和饱和导水率都很大，因而水分大量下渗，大孔隙中充满空气，更能增强土壤矿化和氧化作用，释放出有效养分，但因供水不足便减弱了靠质流吸收氮素的能力。因此，土壤容重在1.0 g/cm³时，大麦吸氮量是明显低于1.2 g/cm³容重的。土壤容重为1.2 g/cm³时，土壤紧实度比较适中，使土壤保水能力加强，非饱和导水率也加大，所以增加了质流和扩散的作用，会使更多的养分包括氮素在内，运输到根系表面。因此，容重在1.2 g/cm³时，根系生长量最大，大麦吸收的氮素也就居于最高位。但当土壤容重增至到1.4 g/cm³时，土壤紧实度则大大增大，使根系生长受阻，与容重1.2 g/cm³相比，根量显著降低。由于土壤容重的增大，土壤质流严重减小，因而导致大麦吸氮量显著减低。与容重1.2 g/cm³相比，吸氮量降低54%，甚至比容重1.0 g/cm³的土壤还减低5.6%。故土壤容重过小或过大，都会使土壤质流变弱，最后影响到作物因质流而减少养分的吸收（表9-18）。

表9-18　大麦植株氮素吸收量

施肥量（g/盆）	容重（g/cm³）	氮素吸收量					
		地上部分（mg/盆）	占比（%）	根（mg/盆）	占比（%）	全株（mg/盆）	占比（%）
0	1.0	64.4	63.4	2.7	36.5	67.1	61.6
0	1.2	101.8	100	7.4	100	109.0	100
0	1.4	47.5	46.8	2.6	35.1	50.1	46.0
1.5	1.0	66.5	28.3	6.3	69.2	72.9	166.3
1.5	1.2	234.9	100	9.1	100	244.0	100
1.5	1.4	183.6	78.2	4.2	46.2	187.8	77.0
3.0	1.0	145.2	69.4	8.1	79.4	153.3	69.8
3.0	1.2	209.3	100	10.2	100	219.5	100
3.0	1.4	165.1	78.9	5.4	52.9	170.5	77.7

为了补偿土壤容重变化而导致吸氮量的降低，增施肥料是一种有效的办法。每盆施肥 1.5 g 和 3.0 g 时，氮的吸收量都是容重 1.2 g/cm³＞1.4 g/cm³＞1.0 g/cm³，而且不同土壤容重的氮素绝对吸收量（除施肥是 1.5 g/盆、容重为 1.0 g/cm³ 以外）都是施肥 1.5 g/盆高于 3.0 g/盆。说明潮土施肥量达 1.5 g/盆时，即可满足大麦对氮素吸收的补偿要求。施肥量超过 1.5 g/盆，反而使吸氮量降低，因而也降低了生物学产量。

（2）土壤容重对大麦吸收磷素的影响。作物从土壤中吸收磷素主要是依靠土壤中磷素的扩散作用迁移到根表面而被吸收。在不施肥的条件下，大麦只能吸收土壤中的有效磷。由表 9 - 19 看出，在不同施肥条件下，植株吸磷量为容重 1.2 g/cm³＞1.0 g/cm³＞1.4 g/cm³，说明容重在 1.2 g/cm³ 时，有利于土壤中磷素的释放和扩散，增强根系对磷素的吸收。容重 1.0 g/cm³ 和 1.4 g/cm³ 相比较，大麦根系生长情况可有一定差异，在容重 1.0 g/cm³ 时，孔隙度较大，土壤水分通过大孔隙而流向下层，根系生长随之深扎，根茎变细，但增加了根系与土壤的接触面，从而增加了根系对土壤中磷的吸收机会；但当容重为 1.4 g/cm³ 时，土壤紧密度较大，阻碍大麦根系向下伸展，根茎变粗、变短，减少土壤与根系接触面，因而减少根系对磷素吸收的机会。所以产生植株吸磷量为土壤容重 1.0 g/cm³＞1.4 g/cm³ 的结果。

表 9 - 19　大麦植株磷素吸收量

施肥量 (g/盆)	容重 (g/cm³)	磷素吸收量					
		地上部分 (mg/盆)	占比 (%)	根 (mg/盆)	占比 (%)	全株 (mg/盆)	占比 (%)
0	1.0	11.7	66.1	0.95	96.9	12.65	67.9
0	1.2	17.7	100	0.98	100	18.68	100
0	1.4	8.0	45.2	0.65	66.3	8.65	46.5
1.5	1.0	13.3	48.2	1.26	90.0	14.56	67.6
1.5	1.2	27.6	100	1.40	100	29.0	100
1.5	1.4	19.2	69.6	1.85	132.1	21.05	72.8
3.0	1.0	22.0	90.5	1.12	101.8	23.12	90.9
3.0	1.2	24.9	100	1.10	100	26	100
3.0	1.4	20.2	83.1	1.34	121.8	21.54	84.6

但当施肥量为 1.5 g/盆时，不同容重下的大麦植株吸磷量显著高于不施肥的吸磷量，其容重间吸磷量的大小为 1.2 g/cm³＞1.4 g/cm³＞1.0 g/cm³，吸磷量之间差异悬殊，说明施肥量为 1.5 g/盆尚不能满足因容重不同而导致吸磷量亏缺的补偿需要。施肥量为 1.5 g/盆时，大麦吸磷量容重 1.4 g/cm³＞1.0 g/cm³，而不施肥时，大麦吸磷量为容重 1.0 g/cm³＞1.4 g/cm³，产生相反结果。说明土壤容重过大时，必需增施磷肥，才能达到磷亏的补偿作用。

当施肥量为 3.0 g/盆时，容重 1.2 g/cm³ 的大麦吸磷量比施 1.5 g/盆的有所降低，即由 29 mg/盆降为 26 mg/盆；容重 1.4 g/cm³ 的吸磷量，施肥 1.5 g/盆和 3.0 g/盆的基本相等，处于稳定，说明容重 1.4 g/cm³ 的潮土施肥量为 1.5 g/盆即可满足大麦对磷肥的需要。

（3）土壤容重对大麦吸钾量的影响。作物对土壤钾素的吸收也是靠扩散作用进行的。在不施肥的条件下，大麦只能吸收土壤中的有效钾。不施肥时不同容重的大麦植株吸钾量均很低，见表 9 - 20。说明潮土供钾量不高。不同容重时的大麦吸钾量，仍是容重为 1.2 g/cm³ 时的最高、1.0 g/cm³ 次之、1.4 g/cm³ 最低。说明容重为 1.4 g/cm³ 时，大麦根系生长严重受阻，变粗、变短，减少对钾的吸收量；容重为 1.0 g/cm³ 时，可能根系生长细长，与土粒接触面较大，使大麦吸钾量增大，故吸钾量高于容重 1.4 g/cm³ 的水平。

表 9 - 20　大麦植株钾素吸收量

施肥量 (g/盆)	容重 (g/cm³)	钾素吸收量					
		地上部分（mg/盆）	占比（%）	根（mg/盆）	占比（%）	全株（mg/盆）	占比（%）
0	1.0	120.3	67.9	3.8	69.1	124.1	68.0
0	1.2	177.1	100	5.5	100	182.6	100
0	1.4	92.5	52.2	2.3	41.8	94.8	51.0
1.5	1.0	140.0	44.9	4.6	90.2	144.6	45.6
1.5	1.2	311.8	100	5.1	100	316.9	100
1.5	1.4	234.0	75.0	3.5	68.8	237.5	74.9
3.0	1.0	253.0	91.4	4.1	102.5	257.1	91.6
3.0	1.2	276.8	100	4.0	100	280.8	100
3.0	1.4	227.5	82.2	3.7	92.5	231.2	82.3

施肥对于不同土壤容重导致吸钾量降低的补偿作用十分明显。当施肥量为 1.5 g/盆时，土壤容重 1.2 g/cm³ 的大麦吸钾量比不施肥的增加 73.6%，容重为 1.4 g/cm³ 的增加 150.5%，容重为 1.0 g/cm³ 的增加 16.5%，说明施肥时土壤容重为 1.4 g/cm³ 时对大麦吸钾量的补偿作用特别明显。

但当施肥量增至 3.0 g/盆时，虽然大麦吸收钾量仍是土壤容重 1.2 g/cm³ 最高，但容重为 1.0 g/cm³ 时大麦的吸钾量大幅增加，比施肥量为 1.5 g/盆的增加 77.8%；而容重为 1.2 g/cm³ 时的吸钾量却比施肥量为 1.5 g/盆的减低 12.9%；土壤容重 1.4 g/cm³，施肥量为 3.0 g/盆和 1.5 g/盆，吸钾量差异并不大，基本相等，说明土壤容重为 1.0 g/cm³ 时，施肥量增至 3.0 g/盆，土壤容重为 1.2 g/cm³ 和 1.4 g/cm³ 时，施肥量达 1.5 g/盆时，即可满足养分的补偿作用。

四、东北黑土地区土壤容重对玉米生长、产量和吸收养分的影响

东北黑土地区土壤有机质含量较高，对土壤容重有很大的影响。张宽等（1995）采用黑土盆栽试验，在配制不同土壤容重的条件下，研究玉米生长、产量和氮、磷、钾养分吸收的变化，取得了很好的试验结果。

（一）土壤容重对玉米生长和产量的影响

试验结果见表 9 - 21。在不同土壤容重条件下，玉米各部位的干物重基本上都随着土壤容重的增大而降低。土壤容重与玉米各部位干物重之间均为负相关。

容重与根：$r = -0.967^*$（$r_{0.05} = 0.950$）

容重与茎叶：$r = -0.977^*$（$r_{0.05} = 0.950$）

容重与籽粒：$r = -0.873$

容重与根＋茎叶＋籽粒：$r = -0.937$

表 9 - 21　不同土壤容重对玉米各部位干物重量的影响

单位：g/盆

土壤容重（g/cm³）	根	茎叶	籽粒	根＋茎＋籽粒
1.0	62.3	178.5	124.5	365.3
1.15	47.5	160.8	119.3	327.6
1.30	45.5	135.2	99.4	280.1
1.45	30.2	89.2	1.0	120.4

注：表中干物重量均为 3 次重复的平均值。

由表9-21看出，在黑土上的玉米生物学产量和籽粒产量，都以土壤容重为1.0 g/cm³和1.15 g/cm³时最高和最稳定，而当容重升至1.3 g/cm³的时候，就开始显著减低，直至升至1.45 g/cm³时，玉米几乎不能生长，甚至不能获得籽实产量。

（二）土壤容重对玉米吸收养分的影响

1. 土壤容重对玉米吸收氮素的影响　由表9-22看出，玉米各部位吸氮量，根部容重为1.0 g/cm³＞1.15 g/cm³＞1.30 g/cm³＞1.45 g/cm³，茎叶、籽粒、根＋茎叶＋籽粒容重为1.15 g/cm³＞1.0 g/cm³＞1.30 g/cm³＞1.45 g/cm³。各部位的吸氮量，容重为1.0 g/cm³和1.15 g/cm³都显著高于容重为1.30 g/cm³和1.45 g/cm³的，而容重为1.30 g/cm³的各部位吸氮量又显著高于容重为1.45 g/cm³的吸氮量（图9-13）。如以根＋茎叶＋籽粒为例，以容重为1.15 g/cm³的吸氮量为100%，而容重为1.0 g/cm³的吸氮量则为容重1.15的92.3%、1.30 g/cm³的为70.7%、1.45 g/cm³的为33.0%；而容重为1.45 g/cm³的则为容重1.30 g/cm³的46.9%。似乎可把土壤容重对玉米吸氮的影响分为3个台阶，土壤容重为1.0 g/cm³和1.15 g/cm³为一个台阶，容重为1.30 g/cm³为第二个台阶，容重为1.45 g/cm³为第三个台阶。土壤容重在1.00~1.15 g/cm³时，对玉米的吸氮十分有利，此时，土壤的水、肥、气、热状况可能处于比较协调的状态，即可增强土壤氮的矿化和硝化作用，提高供氮容量，又可强化质流运动，促进矿质氮向根表移动，增加植株的吸氮量。所以在黑土区，把土壤容重调控在1.00~1.15 g/cm³，对发挥土壤供氮能力，提高氮肥利用率有十分重要的意义。但当土壤容重升高到1.30 g/cm³时，吸氮量显著减低，表明在这个时候，土壤的物理、化学、生物条件已对土壤氮素供应产生不利的影响；但当土壤容重升至1.45 g/cm³时，土壤紧实度剧烈增高，根系难以向下伸展，土壤处于嫌气状态，土壤氮的矿化和硝化作用严重减弱，严重影响土壤中氮的质流运动，供氮、吸氮能力极度减弱，结果导致植株吸氮量显著减少。由此说明，在黑土地区如何采用合理耕作，降低土壤容重和紧实度是提高土壤质量、改善环境、提高产量十分有效的途径。

表9-22　不同处理玉米各部位吸氮量

单位：g/盆

试验处理	根			茎叶			籽粒			根＋茎＋籽粒		
	Ⅰ	Ⅱ	Ⅲ	Ⅰ	Ⅱ	Ⅲ	Ⅰ	Ⅱ	Ⅲ	Ⅰ	Ⅱ	Ⅲ
1	0.33	0.25	0.48	0.97	0.80	1.24	2.12	1.21	1.55	3.42	2.26	3.28
2	0.42	0.25	0.24	1.23	1.15	1.05	1.65	1.83	1.90	3.30	3.24	3.19
3	0.51	0.12	0.13	1.08	0.75	0.77	0.98	1.20	1.32	2.56	2.08	2.23
4	0.33	0.28	0.24	0.79	0.83	0.66	0.06	0	0	1.18	1.11	0.91
检验	$LSD_{0.05}$	$LSD_{0.01}$		$LSD_{0.05}$	$LSD_{0.01}$		$LSD_{0.05}$	$LSD_{0.01}$		$LSD_{0.05}$	$LSD_{0.01}$	
	0.34	0.36		0.33	0.50		0.56	0.85		0.62	0.94	

注：处理1为容重1.0 g/cm³，处理2为容重1.15 g/cm³，处理3为容重1.3 g/cm³，处理4为容重1.45 g/cm³。

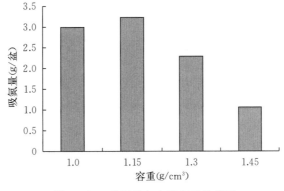

图9-13　吸氮量与土壤容重的关系

2. 土壤容重对玉米吸收磷素的影响 由表9-23看出,玉米在不同容重的黑土上对磷的吸收量基本趋势与氮相似。同样是以土壤容重为$1.15~\mathrm{g/cm^3}$时吸收磷量最高,其吸磷量的次序是土壤容重为$1.15~\mathrm{g/cm^3} > 1.00~\mathrm{g/cm^3} > 1.30~\mathrm{g/cm^3} > 1.45~\mathrm{g/cm^3}$。但土壤容重在$1.15~\mathrm{g/cm^3}$时,对玉米吸磷量的提高显得比氮更为突出,见图9-14。

表9-23 不同处理玉米各部位吸磷量(P_2O_5)

单位:g/盆

试验处理	根			茎叶			籽粒			根+茎+籽粒		
	I	II	III	I	II	III	I	II	III	I	II	III
1	0.22	0.26	0.49	0.53	0.56	0.79	0.90	0.58	0.60	1.66	1.40	1.88
2	0.31	0.16	0.19	0.99	1.01	0.79	0.78	1.15	0.81	2.06	2.33	1.78
3	0.60	0.13	0.13	0.90	0.37	0.37	0.37	0.37	0.15	1.88	0.86	0.65
4	0.38	0.29	0.24	0.43	0.45	0.31	0.02	0	0	0.83	0.74	0.54
检验	$LSD_{0.05}$	$LSD_{0.01}$		$LSD_{0.05}$	$LSD_{0.01}$		$LSD_{0.05}$	$LSD_{0.01}$		$LSD_{0.05}$	$LSD_{0.01}$	
	0.32	0.49		0.39	0.58		0.31	0.46		0.75	1.13	

注:处理1为容重$1.0~\mathrm{g/cm^3}$,处理2为容重$1.15~\mathrm{g/cm^3}$,处理3为容重$1.3~\mathrm{g/cm^3}$,处理4为容重$1.45~\mathrm{g/cm^3}$。

作物对磷是靠扩散吸收的,扩散速度决定于浓度梯度。当容重为$1.0~\mathrm{g/cm^3}$时,大孔隙中水多流至深层,通气虽好,但根系吸收磷素主要靠根系与土壤颗粒相接触部分,通过毛管中磷的扩散而吸收,数量较小,故所吸收的磷量明显低于容重为$1.15~\mathrm{g/cm^3}$时的吸收量。当土壤容重为$1.15~\mathrm{g/cm^3}$时,由于土壤水分状况适合,不仅增强了质流作用,而且也增强了扩散作用,使玉米根系增大了对磷吸收的面积和容量,故吸磷量特别突出。但当土壤容重升至$1.30~\mathrm{g/cm^3}$时,土壤紧实度明显增大,大孔隙的孔壁受到较大的压缩,毛管部分也受到较多

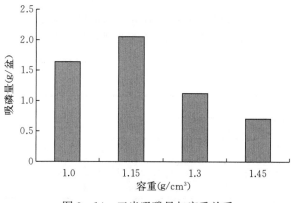

图9-14 玉米吸磷量与容重关系

的弯曲,因此根系与含营养液孔壁表面和毛细管内的营养液接触的面积和容量明显减低,致使玉米对磷的吸收量显著下降。而当容重升到$1.45~\mathrm{g/cm^3}$时,水、肥状态就变得更为恶劣,不仅紧实度大大增大,而且使得大孔隙进一步压缩变小,毛细管断裂堵塞,这样使玉米根系与肥水接触的机会更少,因而使玉米对磷素的吸收量变得更低。说明在黑土区,土壤容重变大,土壤紧实度加大,对磷的吸收是不利的。

3. 土壤容重对玉米吸收钾素的影响 由表9-24看出,玉米各部位的吸钾量均随土壤容重的增大而降低,相互之间存在密切的相关性,它们的相关系数如下。

容重与根吸钾量:$r = -0.986^*$

容重与茎叶吸钾量:$r = -0.936$

容重与籽粒吸钾量:$r = -0.913$

容重与根+茎叶+籽粒吸钾量:$r = -0.961^*$

表 9 - 24　不同处理玉米各部位吸钾量

单位：g/盆

试验处理	根			茎叶			籽粒			根＋茎＋籽粒		
	Ⅰ	Ⅱ	Ⅲ	Ⅰ	Ⅱ	Ⅲ	Ⅰ	Ⅱ	Ⅲ	Ⅰ	Ⅱ	Ⅲ
1	0.61	0.56	1.05	3.97	2.57	2.34	0.64	0.41	0.43	5.22	3.54	3.82
2	0.72	0.46	0.54	1.29	2.70	2.38	0.52	0.62	0.51	2.53	3.77	3.43
3	1.50	0.43	0.48	2.17	2.37	2.15	0.24	0.30	0.16	3.91	3.10	2.79
4	0.51	0.32	0.31	0.88	0.86	0.69	0.02	0	0	1.40	1.18	1.00
检验	$LSD_{0.05}$	$LSD_{0.01}$		$LSD_{0.05}$	$LSD_{0.01}$		$LSD_{0.05}$	$LSD_{0.01}$		$LSD_{0.05}$	$LSD_{0.01}$	
	0.64	0.97		1.31	1.98		0.16	0.24		1.33	2.01	

注：处理 1 为容重 1.0 g/cm³，处理 2 为容重 1.15 g/cm³，处理 3 为容重 1.3 g/cm³，处理 4 为容重 1.45 g/cm³。

现以根＋茎叶＋籽粒吸钾量与土壤容重之间关系见图 9 - 15。作物吸钾与磷相同，也是通过钾素的扩散作用而吸收的。但从离子的活性看出，钾离子的活性大大高于磷酸根离子，故钾离子在土壤中的移动性很高。虽然也能与土壤负性颗粒相结合，但结合能力比较弱。一般来说，土壤中活性钾的含量显著高于氮、磷离子，当其含量较多时，大部分处于溶解性状态，可连续供作物吸收利用。另外，黑土的结构特征与其他土壤不同，因有机质和腐殖质含量较高，形成的水稳性团粒较多，特别是微团聚体

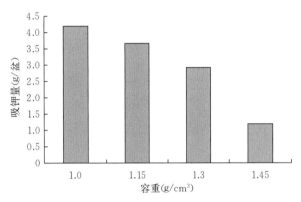

图 9 - 15　土壤容重与玉米吸收钾量关系

含量大大高于其他土壤，这为保水保肥提供了良好的条件。因此，当土壤容重为 1.0 g/cm³ 时，即使存有较大的孔隙，但整个水、肥、气、热比较协调，有利于钾离子的扩散和作物的吸收，所以，在容重为 1.0 g/cm³ 时，玉米吸钾量大大高于其他容重时。但随着容重的增大、紧实度的提高，大孔隙则变为小孔隙，小孔隙由直变曲、由长变短，或被堵塞，因而影响钾离子迁移和吸收，所以玉米吸收钾量便自然地随容重的增大而变小。当容重升至 1.45 g/cm³ 时，玉米吸钾量每盆只有 1.19 g，是容重为 1.0 g/cm³ 时的 4.19 g/盆的 28%。因而严重影响玉米的正常生长，甚至颗粒无收，只生长少量茎叶而已。

五、陕西堘土不同容重对作物生长和产量的影响

（一）容重对夏玉米生长和产量的影响（盆栽试验）

由表 9 - 25 看出，不同土壤容重对夏玉米的生长有显著影响。

表 9 - 25　土壤容重与夏玉米生长与产量的关系（盆栽试验，1991 年）

土壤容重（g/cm³）	高度（mm）	相对高度	根重（g/盆）	相对根量	生物产量（g/盆）	相对产量	籽实产量（g/盆）	相对产量
1.135	215.00	100	28.60	100	150.35	100	72.13	100
1.365	204.50	95.12	16.55	57.87	140.08	93.17	62.60	86.79
1.490	171.25	79.65	11.95	41.78	85.28	56.72	31.78	42.30

在土壤容重为 $1.135\sim1.490\,g/cm^3$ 时，玉米高度、根量、生物产量和籽实产量都随土壤容重的增加而降低，尤其是根量和籽实产量降低的幅度特别大；当土壤容重增加到 $1.49\,g/cm^3$ 时，根量和籽实产量由容重为 $1.135\,g/cm^3$ 时的 100% 降低到接近 40%。由此得出，土壤容重的增大，使根量显著减少，引起籽实产量的降低，两者关系非常密切。玉米是浅根作物，当土壤容重稍有增大，根系对其敏感性很强，玉米气生根会立即生长。但由于土壤紧实，供水、供肥功能严重受阻，所以即使气生根生长也无济于事，最终阻碍作物生长和籽实产量。所以改良土壤容重在陕西关中地区对提高玉米产量有极其重要的作用。

为了进一步验证土壤容重的变化对玉米生长和产量的影响，1992 年又将土壤容重变化幅度减小，由 1991 年的 3 个梯度增加到 5 个梯度，重复 5 次。结果见表 9-26。由表 9-26 看出，在不同土壤容重条件下，玉米的茎叶产量和籽实产量均以容重为 $1.4\,g/cm^3$ 时最高，即玉米产量由容重 $1.2\sim1.4\,g/cm^3$ 逐渐升高，然后由容重 $1.4\,g/cm^3$ 开始，各种产量便逐渐下降，形成抛物线模型。

表 9-26　不同土壤容重对夏玉米产量的影响（盆栽试验，1992 年）

土壤容重（g/cm³）	茎叶干重（g/盆）	相对干重	籽粒产量（g/盆）	相对产量
1.2	40	88.9	17.7	65.31
1.3	43	95.6	23.4	86.35
1.4	45	100	27.1	100
1.5	39	86.7	24.9	91.88
1.6	36	80	24.3	89.67

由表 9-25、表 9-26 还可看出，1992 年的容重效应似与 1991 年有所不同，1991 年土壤容重为 $1.135\,g/cm^3$ 的效果最高，然后随着容重的增加而降低；而 1992 年的试验结果，同样是玉米和盆栽试验，但容重效应最高时容重为 $1.4\,g/cm^3$，往前往后都是逐渐下降。究其原因，在 1991 年土壤含水量采用的是最大持水量的 75%，而 1992 年则降为 60%。由于含水量的不同，大大影响了土壤容重对玉米的生产效应。夏玉米是需水较多的作物，同时也是需氮较多的作物。在水分含量较高情况下，土壤容重较小的土壤，如容重为 $1.2\,g/cm^3$ 时，大孔隙和小孔隙都会保持较充足的水分，同时在温度较高的情况下，土壤氮的矿化和随水运到根表的势力更大，有利玉米对水分和氮及其他养分的吸收；而当土壤容重增大时，由于土壤紧实度的增加，通气条件恶化，可能引起反硝化作用，导致气态氮的损失，也不利根系的发展，这样就直接影响到玉米生长发育和养分的吸收，最终降低产量。所以在供水较多的情况下，塿土的土壤容重越轻，越有利于夏玉米的生长发育，提高夏玉米产量。但在供水较低情况下，土壤容重较轻的土壤，如容重为 $1.2\,g/cm^3$ 时，土壤容易干旱，首先大孔隙缺水，然后是毛管水分的损失，这对玉米吸收水分和养分是个致命的障碍；当容重升至 $1.4\,g/cm^3$ 左右时，由于土壤持水能力的增大，干旱进度减缓，水肥处于比较协调的状态，有利于夏玉米对水分和养分的吸收，因而能促进玉米的生长发育，提高玉米产量；但当容重继续增大，达到 $1.6\,g/cm^3$ 时，土壤的大孔隙几无存在，毛管大量弯曲、断裂和堵塞，严重影响根系生长发育和对水分、养分的吸收利用，最后必然导致玉米减产。所以在供水较少的条件下，塿土容重适当增大似乎更有利于夏玉米的生长和产量的提高。

（二）塿土不同容重对小麦生长和产量的影响

小麦盆栽试验与玉米试验一样，一定容重的土壤是用含水量 8% 左右的塿土按盆子容积的大小采用压实法装盆的，容重设 $1.2\,g/cm^3$、$1.3\,g/cm^3$、$1.4\,g/cm^3$、$1.5\,g/cm^3$、$1.6\,g/cm^3$ 5 个等级，每盆施氮肥 1.5 g、磷肥 1.5 g，肥料与盆中上半部土壤充分混合后装盆，下部土壤不施肥。装土体积为高 21 cm、直径为 20.5 cm。试验过程中土壤水分保持最大持水量的 60%。于 1992 年 10 月 3 日播种，每盆播种小麦 20 粒，最后留苗 15 株。每处理重复 5 次。试验结果简述如下。

1. 土壤容重对小麦分蘖的影响　试验过程中，在返青前测定了不同容重对小麦分蘖的影响，结果见表 9 - 27。

表 9 - 27　土壤容重与小麦分蘖的关系（1993 年）

土壤容重（g/cm³）	容重等级				
	1	2	3	4	5
1.2	45	43	50	48	49
1.3	52	59	52	49	48
1.4	60	57	54	54	56
1.5	51	48	54	46	46
1.6	51	42	51	43	42

从表 9 - 27 看出，小麦分蘖数在土壤容重为 1.4 g/cm³ 时最高，容重为 1.2～1.4 g/cm³ 分蘖数逐渐增加，而容重为 1.4～1.6 g/cm³ 则逐渐减少，呈抛物线模型。容重之间分蘖数均达到显著性差异。经统计分析，土壤容重与小麦分蘖之间见式 9 - 1。

$$Y = \frac{x}{0.202\,97 - 0.276\,7x + 0.107\,45x^2}$$

$$r = 0.983\,6^{**} \qquad F = 29.746^* \qquad\qquad (9-1)$$

式中，Y 为小麦分蘖数，x 为土壤容重。

由以上结果可知，当土壤容重在 1.4 g/cm³ 以下时，容重越小，土壤越易干旱，且不易保暖，因而影响小麦对水分和养分的吸收，结果影响小麦分蘖；当容重为 1.4 g/cm³ 时，肥、水保持和供应较好，土温也较高，因而有利于小麦对水分和养分的吸收，故能促进小麦分蘖；但容重从 1.4 g/cm³ 往上升高时，土壤变得更为紧实，通气减弱，不利于根系生长发育，不能充分吸收水分和养分，因而导致分蘖减少。这一现象与前面夏玉米试验结果十分相似。

2. 垆土容重对小麦产量的影响　土壤容重对小麦产量的影响见表 9 - 28。得到的结果与小麦分蘖类似。

表 9 - 28　土壤容重对小麦产量影响（1993 年）

土壤容重（g/cm³）	容重等级					
	1	2	3	4	5	平均
1.2	49.7	44.4	46.6	48.1	49.5	47.7
1.3	57.5	52.8	49.7	52.8	47.0	52.0
1.4	49.5	60.6	53.7	56.8	52.1	54.5
1.5	51.4	58.7	52.0	42.9	53.4	51.7
1.6	46.6	51.9	52.5	50.5	45.1	49.3

小麦产量也是以土壤容重为 1.4 g/cm³ 时最高，由此上下则逐渐降低。但方差分析表明，小麦产量在土壤容重之间的差异除容重为 1.4 g/cm³ 与 1.2 g/cm³ 达显著水平外，1.4 g/cm³ 与其他容重均无明显差异。说明小麦耐紧实土壤的能力是比较强的。根据统计分析，土壤容重与小麦产量仍有明显关系，两者关系见式 9-2。

$$Y = \frac{x}{0.137\,85 - 0.178\,22x + 0.070\,28x^2}$$

$$r = 0.996\,1^{**} \qquad F = 128.672^{**} \tag{9-2}$$

式中，Y 为小麦分蘖数，x 为土壤容重。

小麦产量与小麦分蘖是密切相关的，一般产量的高低主要决定于有效分蘖和成穗数的多少。而有效分蘖与成穗数又决定于土壤肥力状况。根据经验，土壤肥力越高，有效分蘖数就越多，产量也就越高。土壤肥力因素除养分、水分外，还包括通气和温度等。小麦分蘖节在土壤中的位置和条件是十分重要的，如果分蘖节露出土面，则在春季易受冻害，不利分蘖，土壤缺少水分和养分，也不利小麦分蘖，土壤缺氧也不利小麦分蘖，故分蘖对土壤条件的要求是比较高的。根据北方的耕作经验表明，小麦必须施足底肥，土壤必须紧实，但不能过于紧实或过于疏松。土壤过于疏松，则通气太强，根系容易受冻，影响分蘖；过于紧实，则土壤缺少氧气，阻碍根系呼吸和分蘖。所以根据北方经验，土壤过于疏松，小麦拔节前必须镇压，使土壤紧实；土壤过于紧实，则必须疏松土壤，增施有机肥料，也就是要有适宜的土壤容重和紧实度。试验结果表明，对小麦来说，垆土的容重应控制在 1.3~1.4 g/cm³ 才比较有利于小麦高产。

（三）土壤容重、施肥对小麦产量的影响

以上试验证明，土壤容重的变化对作物生长和产量有很大影响，因此对养分吸收和施肥效应也必然带来相应的影响。为了验证土壤容重对施肥效应的直接影响，1994 年，笔者利用大盆进行了盆栽试验，在不同土壤容重基础上，每盆施氮肥、磷肥各 0、0.5 g、1.0 g、1.5 g，土壤含水量控制在 75%。试验的小麦产量结果见表 9-29。

表 9-29 不同土壤容重、不同施肥量对小麦籽粒产量的影响

单位：g/盆

土壤容重 (g/cm³)	每盆各施氮肥、磷肥量			
	0	0.5 g/盆	1.0 g/盆	1.5 g/盆
1.2	5.6	14.1	17.2	14.1
1.4	5.2	13.4	16.0	13.1
1.6	4.4	9.8	12.0	12.8

为了便于了解试验结果，再以图示之（图 9-16）。由表 9-29 和图 9-16 看出，在含水量保持 75% 的条件下，不同施肥量下小麦籽粒产量都为土壤容重 1.2 g/cm³ ＞ 1.4 g/cm³ ＞ 1.6 g/cm³，而在不同土壤容重条件下，最高产量时的施肥量（氮肥、磷肥）均为 1 g/盆，相当于每亩施氮肥和磷肥各 20 kg。超过此施肥量，肥效即显著下降，下降的幅度，容重为 1.2 g/cm³ 和 1.4 g/cm³ 明显高于 1.6 g/cm³，说明容重增加到相当高时，则能增强小麦的耐肥性，如容重为 1.6 g/cm³ 时，施肥量每盆 1 g 和 1.5 g 时，产量并未因施肥量的增高而降低，而是保持在相等状态。在此又显示出为什么小麦产量随土壤容重的增大而降低，主要原因是由于本试验过程中使土壤含水量保持在最大持水量的 75%，使土壤含有充足的水分。如果土壤含水量较低，如为最大持水量 60% 时，则容重为 1.2 g/cm³

的土壤，容易产生干旱，影响小麦根系对水分和养分的吸收，特别会影响氮素的吸收。当土壤水分保持在 75%，则容重为 1.2 g/cm³ 的土壤，不论其大孔隙，还是小孔隙，都含有较充足的水分，并使水肥处于协调状态，有利于小麦根系生长发育，吸收水分和养分，故能提高小麦产量。但当土壤含水量为 75%时，则容重增大的土壤，便会产生通气不良，土壤养分释放受阻，且易发生氮的反硝化作用而损失，故会影响小麦根系生长，影响对水分和养分吸收，导致产量减低。所以在北方干旱地区，在较低土壤容重时，可适当增加土壤含水量；在土壤容重增大时，要适当控制土壤水量，才有利于小麦生长和产量提高。

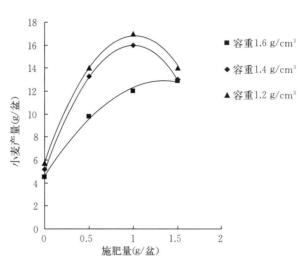

图 9-16　不同容重条件下施肥量与小麦产量的关系

第三节　土壤物理综合因素与肥效关系

土壤物理综合因素与肥料间的关系截至目前很少有人研究，但从现代农业科学的发展情况来看，这在植物营养和肥料学中却具有十分重要的意义。

本节研究的物理综合因素包括土壤质地、土壤容重、土壤水分，研究的肥料包含氮肥、磷肥和钾肥。在控制条件下，采用六因素五水平最优组合设计，进行玉米盆栽综合因素试验。

一、试验设计和结果

（一）因素编码和用量

各因素编码和用量见表 9-30。

表 9-30　试验因素编码值与实际用量（1992 年）

项目	编码				
	-2	-1	0	1	2
质地	4/4 沙土 0/4 黏土	3/4 沙土＋1/4 黏土	2/4 沙土＋2/4 黏土	1/4 沙土＋3/4 黏土	0/4 沙土＋0/4 黏土
容重（g/cm³）	1.1	1.2	1.3	1.4	1.5
N（g/盆）	0	0.75	1.5	2.25	3
P_2O_5（g/盆）	0	0.75	1.50	2.25	3
K_2O（g/盆）	0	0.75	1.50	2.25	3
编码值水分相对含水量		$-2/\sqrt{3}$（-1.155） （40%）	0 （58%）	$-1/\sqrt{3}$（0.577） （67%）	$3/\sqrt{3}$（1.732） （85%）

（二）试验结果

试验共设 28 个处理，饱和型设计，共 4 次重复，结果见表 9-31。

表 9-31 试验处理与试验因子实际用量 (1992 年)

处理号	编码值						对应指标						重复产量 (g/盆)				平均产量 (g/盆)
	X_1 (N)	X_2 (P₂O₅)	X_3 (K₂O)	X_4 (质地)	X_5 (容重)	X_6 (相对水量)	X_1 (N,%)	X_2 (P₂O₅,%)	X_3 (K₂O,%)	X_4 (沙) 黏质地,%	X_5 (容重, g/cm³)	X_6 (转换为相对含水量,%)	Y_1	Y_2	Y_3	Y_4	$\bar{Y}$
1	0	0	0	0	0	$3/\sqrt{3}$	1.5	1.5	1.5	沙50	1.3	85	98	93	98	100	97
2	-1	-1	-1	-1	-1	$1/\sqrt{3}$	0.75	0.75	0.75	沙75	1.2	67	76	72	74	71	74
3	1	1	-1	-1	-1	$1/\sqrt{3}$	2.25	2.25	0.75	沙75	1.2	67	92	85	90	87	88.5
4	1	-1	1	-1	-1	$1/\sqrt{3}$	2.25	0.75	2.25	沙75	1.2	67	84	80	90	90	86
5	-1	1	1	-1	-1	$1/\sqrt{3}$	0.75	2.25	2.25	沙75	1.2	67	76	80	79	79	78.5
6	1	-1	-1	1	-1	$1/\sqrt{3}$	2.25	0.75	0.75	沙25	1.2	67	81	83	81	80	81.2
7	-1	1	-1	1	-1	$1/\sqrt{3}$	0.75	2.25	0.75	沙25	1.2	67	78	68	90	68	76
8	-1	-1	1	1	-1	$1/\sqrt{3}$	0.75	0.75	2.25	沙25	1.2	67	82	81	79	90	83
9	1	1	1	1	-1	$1/\sqrt{3}$	2.25	2.25	2.25	沙25	1.2	67	100	99	95	97	97.7
10	1	-1	1	-1	1	$1/\sqrt{3}$	2.25	0.75	2.25	沙75	1.4	67	85	80	85	82	83
11	-1	1	1	-1	1	$1/\sqrt{3}$	0.75	2.25	2.25	沙75	1.4	67	75	57	60	64	64
12	-1	-1	-1	-1	1	$1/\sqrt{3}$	0.75	0.75	0.75	沙75	1.4	67	63	62	71	66	65.5
13	1	1	-1	-1	1	$1/\sqrt{3}$	2.25	2.25	0.75	沙75	1.4	67	55	75	75	60	75
14	-1	1	-1	1	1	$1/\sqrt{3}$	0.75	2.25	0.75	沙25	1.4	67	75	83	85	81	81
15	1	-1	-1	1	1	$1/\sqrt{3}$	2.25	0.75	0.75	沙25	1.4	67	88	93	91	100	93
16	1	1	1	1	1	$1/\sqrt{3}$	2.25	2.25	2.25	沙25	1.4	67	96	91	130	103	105
17	-1	-1	1	1	1	$1/\sqrt{3}$	0.75	0.75	2.25	沙25	1.4	67	115	93	110	89	103
18	2	0	0	0	0	$-2/\sqrt{3}$	3.0	1.5	1.5	沙50	1.3	40	127	103	125	113	117
19	-2	0	0	0	0	$-2/\sqrt{3}$	0	1.5	1.5	沙50	1.3	40	35	40	27	27	32
20	0	2	0	0	0	$-2/\sqrt{3}$	1.5	3.0	1.5	沙50	1.3	40	78	82	88	75	80.7
21	0	-2	0	0	0	$-2/\sqrt{3}$	1.5	0	1.5	沙50	1.3	40	77	74	60	70	70
22	0	0	2	0	0	$-2/\sqrt{3}$	1.5	1.5	3.0	沙50	1.3	40	86	86	82	75	82
23	0	0	-2	0	0	$-2/\sqrt{3}$	1.5	1.5	0	沙50	1.3	40	69	55	62	68	63.5
24	0	0	0	2	0	$-2/\sqrt{3}$	1.5	1.5	1.5	沙0	1.3	40	62	60	55	64	60.2
25	0	0	0	-2	0	$-2/\sqrt{3}$	1.5	1.5	1.5	沙100	1.3	40	80	82	89	85	84
26	0	0	0	0	2	$-2/\sqrt{3}$	1.5	1.5	1.5	沙50	1.5	40	100	80	111	92	95.8
27	0	0	0	0	-2	$-2/\sqrt{3}$	1.5	1.5	1.5	沙50	1.1	40	100	103	105	110	104.5
28	0	0	0	0	0	0	1.5	1.5	1.5	沙50	1.3	58	120	113	98	110	110.2

二、统计分析

1. 试验结果的回归模型　试验产量结果经计算机统计分析，得到玉米产量与 N、P、K、土壤质地、容重和水分之间的回归模型为：

$$\overline{Y} = 110.2 + 10.630\,78X_1 + 1.603\,11X_2 + 3.752\,53X_3 + 2.384\,17X_4 - 0.538\,08X_5 + 3.470\,63X_6$$
$$-1.187\,50X_1X_2 - 1.062\,5X_1X_3 - 1.037\,5X_1X_4 - 0.05X_1X_5 - 9.234\,11X_1X_6 + 0.775X_2X_3$$
$$+1.375X_2X_4 - 1.0X_2X_5 - 0.932\,08X_2X_6 + 3.875X_3X_4 + 0.125X_3X_5 - 0.758\,67X_3X_6$$
$$-5.225X_4X_5 + 7.247\,11X_4X_6 + 1.423\,41X_5X_6 - 6.612\,58X_1{}^2 - 6.400\,08X_2{}^2 - 7.650\,08X_3{}^2$$
$$-7.212\,5X_4{}^2 - 0.200\,08X_5{}^2 - 3.976\,16X_6{}^2$$

式中，$\overline{Y}$ 为 4 次重复的平均产量值，X_1 为 N，X_2 为 P_2O_5，X_3 为 K_2O，X_4 为质地，X_5 为容重，X_6 为水分。复相关系数 $r = 0.999\,96$，$R^2 = 0.999\,93$，$F = 14\,566.29$，$P = 0.006\,5$，说明以上模型的回归关系达到极显著水平。

回归系数经 t 检验，除 $X_5{}^2$、X_3X_5 两项外，其余各项系数都达到 3‰ 以上显著水平。说明 N、P、K、质地、容重和水分对夏玉米产量都有显著的影响；6 种因素主效应分析结果表明，各 F 值都达到极显著水平；回归方程的一次项、二次项、叉积项都达到极显著水平。说明以上所建立的回归方程是可成立的。

在计算过程中，由于采用的是无量纲线性编码代换，所求得的偏回归系数已是标准化，其绝对值大小即可直接反映各变量对产量的影响程度。由一次项偏回归系数和 t 检验，对产量大小的影响顺序为 N>K>水>质地>P>容重。从物理因素看，对玉米来说，水的贡献最大，其次为质地，然后是容重。

2. 参试因素的主效应分析　将原方程中其他因素固定为零水平，可得各因素对产量贡献的一元二次模型：

$$Y_N = 110.2 + 10.630\,78X_1 - 6.612\,58X_1{}^2$$
$$Y_P = 110.2 + 1.603\,11X_2 - 6.400\,08X_2{}^2$$
$$Y_K = 110.2 + 3.752\,53X_3 - 7.650\,08X_3{}^2$$
$$Y_{质} = 110.2 + 2.384\,17X_4 - 7.212\,58X_4{}^2$$
$$Y_{容} = 110.2 - 0.538\,08X_5 - 0.200\,08X_5{}^2$$
$$Y_{水} = 110.2 + 3.470\,63X_6 - 3.976\,16X_6{}^2$$

将各因素的不同水平编码值代入以上模型，即得各因素在不同水平下的产量预测值，以此可绘制曲线图，见图 9-17。由图 9-17 看出，除容重以外，其他因素的增产效应都呈抛物线形状，均能符合增产效应的规律。养分因素对玉米的生产效应都非常明显，由增产效应比较，养分效应是 N>K>P。土壤物理因素效应也非常明显，其效应大小是质地>水分>容重。在容重处理范围内，产量是随着容重的增大而降低，但影响不太显著。

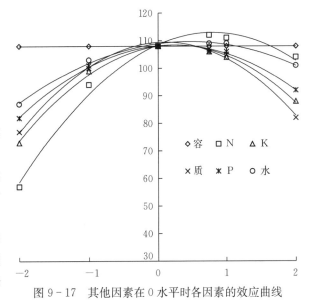

图 9-17　其他因素在 0 水平时各因素的效应曲线

3. 土壤物理因素与养分间的交互效应

将总效应方程进行降维，得出以下双因素联立方程：

$$Y_{N质} = 110.2 + 10.630\,78X_1 + 2.384\,17X_4 - 1.037\,5X_1X_4 - 6.612\,58X_1{}^2 - 7.212\,5X_4{}^2$$

$$Y_{P质}=110.2+1.603\,11X_2+2.384\,17X_4+1.375X_2X_4-6.400\,08X_2^2-7.212\,5X_4^2$$

$$Y_{K质}=110.2+3.752\,53X_3+2.384\,17X_4+3.875X_3X_4-7.650\,08X_3^2-7.212\,5X_4^2$$

$$Y_{容N}=110.2+10.650\,8X_1-0.638\,1X_5-0.05X_1X_5-6.612\,6X_1^2-0.200\,1X_5^2$$

$$Y_{容P}=110.2+1.603\,7X_2-0.538\,1X_5-1.0X_2X_5-6.400\,1X_2^2-0.200\,1X_5^2$$

$$Y_{容K}=110.2+3.752\,5X_3-0.538\,1X_5+0.125X_3X_5-7.650\,1X_3^2-0.200\,1X_5^2$$

$$Y_{N水}=110.2+10.630\,78X_1+3.470\,63X_6-9.234\,1X_1X_6-6.612\,58X_1^2-3.976\,16X_6^2$$

$$Y_{P水}=110.2+1.603\,11X_2+3.470\,63X_6-0.932\,08X_2X_6-6.400\,08X_2^2-3.976\,16X_6^2$$

$$Y_{K水}=110.2+3.752\,5X_3+3.470\,63X_6-0.758\,67X_3X_6-7.650\,08X_3^2-3.976\,16X_6^2$$

$$Y_{质水}=110.2+2.384\,17X_4+3.470\,63X_6+7.247\,11X_4X_6-7.215\,8X_4^2-3.976\,16X_6^2$$

$$Y_{容水}=110.2-0.538\,08X_5+3.470\,63X_6+1.423\,41X_5X_6-0.200\,08X_5^2-3.976\,16X_6^2$$

$$Y_{容质}=110.2+2.384\,17X_4-0.538\,08X_5-5.225X_4X_5-7.213X_4^2-0.2X_5^2$$

根据以上双因素联立方程，将不同试验编码值分别代入相应因素，即可求出不同编码值配对后的产量，然后绘制成不同双因素交互作用曲面图。由这些曲面图可以看出，不同双因素之间都具有不同的效应特点，现分析如下：

（1）质地与氮（N）的交互效应。图9-18表明，不同施氮量的玉米产量在不同质地水平下都呈抛物线形状，而且均以壤质土壤的N效最高。交互作用具有李比希协同作用，说明N、质地都是玉米高产的最大限制因子。

（2）质地与磷（P）交互效应。由图9-19显示，当施P_2O_5为"2"、质地较轻时，玉米产量增高，而质地增重时，玉米产量则降低，表现出拮抗作用的交互效应；其他不同施P_2O_5量，玉米产量与不施P相比，不同质地的玉米产量均有相同幅度的增高，也显示出李比希协同作用的交互效应，也都是玉米生长的限制因素。

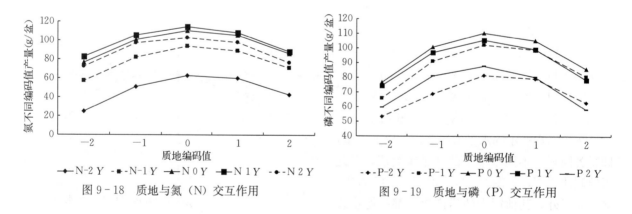

图9-18　质地与氮（N）交互作用　　　　　　图9-19　质地与磷（P）交互作用

（3）质地与钾（K）的交互效应。由图9-20看出，除质地最轻（"-2"）时，施K最高（"2"）的产量低于不施K的-2以外，其他不同施K量的产量均比不同质地而又施K的产量有大幅度增高，说明质地与钾肥之间有李比希协同作用交互效应，都是李比希限制因素。

（4）水分与氮（N）交互效应。由图9-21显示，在不施N时，玉米产量随土壤水分的增高而增高；而不同施N量在低含水量时，产量都有大幅度提高，且施N量越高，玉米产量也越高；但随水分含量的增高，不同施N量的增产幅度逐渐降低，且随施N量的增高，产量降低的幅度越大，产量曲线与不施N产量进行相交，施N量越多，相交越早，显示出明显的拮抗作用；但各施N量的增产量与对照（水"2"与N"-2"）相比，仍有大幅度的提高，这又显示出李比希协同作用的交互效应特点。

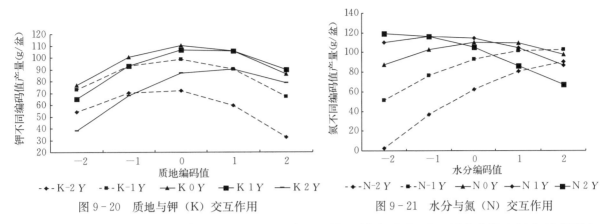

图 9-20　质地与钾（K）交互作用　　　　图 9-21　水分与氮（N）交互作用

（5）水分与磷（P）交互效应。由图 9-22 表示，施 P 量为"2"时，低水分的产量有显著提高，但随着水分含量的不断增加，增产幅度则逐渐降低，最后与无 P 产量曲线相交，显示出低水分时的李比希协同作用效应，高水分时则呈拮抗作用效应；而其他不同施 P 量，产量水平与不施 P 相比，均随含水量的增高以相等增产幅度而增加，显示出李比希协同作用的交互效应。

（6）水分与钾（K）的交互效应。由图 9-23 显示，在不同含水量条件下，不同施 K 量的产量与不施 K 相比，基本上均以相等增产幅度而提高，鲜明显示出水分与 K 之间具有李比希协同作用效应。但当施 K 量过高时，玉米产量便显著下降，这可能与肥害有关。在不同施钾量条件下，钾肥增效均在水分编码值"0"（即相对含水量 58%）时最高。

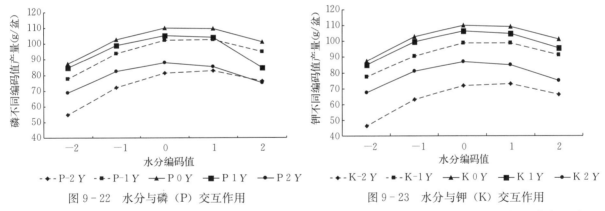

图 9-22　水分与磷（P）交互作用　　　　图 9-23　水分与钾（K）交互作用

（7）容重与氮（N）的交互效应。由图 9-24 看出，不同施氮量时的产量，由低氮到高氮，与无氮时的不同容重产量相比，都是以等量增产幅度而提高，所有产量线基本都是平行线，说明容重与氮肥之间存在良好的连乘性交互效应。也就是米采利希限制因素。

（8）容重与磷（P）交互效应。由图 9-25 看出，在无 P 投入时的玉米产量是随容重的增大而略

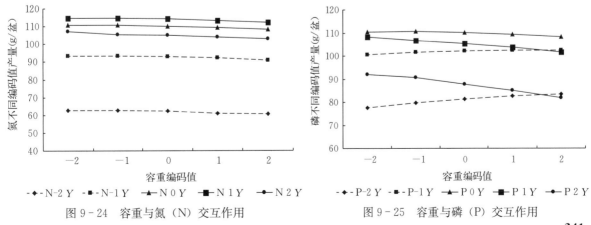

图 9-24　容重与氮（N）交互作用　　　　图 9-25　容重与磷（P）交互作用

有增加，但在有不同 P 量投入时，产量却都随容重的增大而略有不同程度的下降，特别是施 P 量高的时候，产量下降程度则显著增大，这就表明，容重与施 P 之间存有明显的拮抗效应。

(9) 容重与钾（K）的交互效应。由图 9-26 表明，容重与施 K 之间，交互效应与容重和施 N 之间的交互效应基本相同，即显示出米采利希连乘性交互效应。

(10) 质地与水分交互效应。由图 9-27 看出，在质地较轻的时候，水分含量越高，产量越低；但当质地较重的时候，水分含量越高，产量也就越高，且增产幅度随质地增重而增大。这就显示出典型的协同性交互效应。

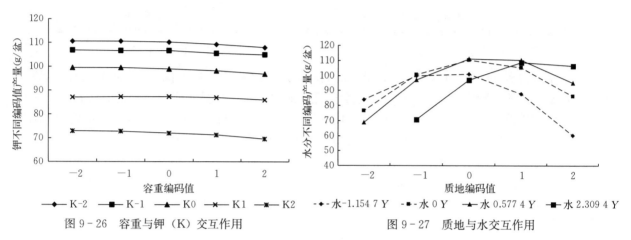

图 9-26 容重与钾（K）交互作用　　　　　图 9-27 质地与水交互作用

4. 物理因素对养分因素的校正模型　根据以上所确定的两两因素之间的交互作用区，就可通过相互之间的互补效应，对各个因素的实际用量进行互相调节和校正。为此，可对以上两两因素效应模型中的每个因素求偏导，并令其等于零，然后解得两两因素的交互校正模型为：

质 N：$X_N = 0.677\,212 + 1.098\,447\,X_质$

质 P：$X_P = -0.550\,96 + 1.114\,637\,X_质$

质 K：$X_K = 0.071\,36 + 0.975\,228\,X_质$

容 N：$X_N = 0.847\,7 + 0.026\,6X_容$

容 P：$X_P = 2.143\,2 - 0.599\,8X_容$

容 K：$X_K = 0.278\,2 + 0.034X_容$

水 N：$X_N = 1.795\,6 - 0.428\,69X_水$

水 P：$X_P = -0.157\,357 + 0.591\,523\,X_水$

水 K：$X_K = 0.193\,86 + 0.150\,851\,X_水$

水质：$X_水 = 0.671\,48 + 1.426\,284\,X_质$

水容：$X_水 = 0.427\,562 + 0.194\,498\,X_容$

在推荐施肥时，可根据对土壤测定的质地、容重、含水量，应用以上校正模型对推荐施肥量进行校正，校正结果见表 9-32。

表 9-32　土壤物理因素对养分校正值计算结果

物理因素与养分的校正类型	质地处理实用值	养分处理编码值	养分处理实用值（g/盆）	养分处理校正值（g/盆）
质地对 N 校正	-2	-2	0	0.38
	-1	-1	0.75	1.19
	0	0	1.5	2.01
	1	1	2.25	2.83
	2	2	3.0	3.65
	-2	-2	0	-0.21

（续）

物理因素与 养分的校正类型	质地处理 实用值	养分处理 编码值	养分处理 实用值（g/盆）	养分处理校正值 （g/盆）
质地对 P_2O_5 校正	−1	−1	0.75	0.62
	0	0	1.50	1.46
	1	1	2.25	2.30
	2	2	3.0	3.13
	−2	−2	0	0.09
质地对 K_2O 校正	−1	−1	0.75	0.82
	0	0	1.50	1.55
	1	1	2.25	2.29
	2	2	3.0	3.02
容重对 N 校正	−2	−2	0	2.10
	−1	−1	0.75	2.12
	0	0	1.50	2.14
	1	1	2.25	2.16
	2	2	3.0	2.18
容重对 P_2O_5 校正	−2	−2	0	3.63
	−1	−1	0.75	3.56
	0	0	1.50	3.11
	1	1	2.25	2.66
	2	2	3.0	2.21
容重对 K_2O 校正	−2	−2	0	1.66
	−1	−1	0.75	1.68
	0	0	1.50	1.17
	1	1	2.25	1.73
	2	2	3.0	1.75
水分对 N 校正	—	—	—	—
	−1.154 7	−1	0.75	1.78
	0	0	1.50	2.85
	0.577 4	1	2.25	2.71
	2.309 4	2	3.0	2.29
水分对 P_2O_5 校正	—	—	—	—
	−1.154 7	−1	0.75	1.19
	0	0	1.50	1.38
	0.577 4	1	2.25	1.53
	2.309 4	2	3.0	1.96
水分对 K_2O 校正	—	—	—	—
	−1.154 7	−1	0.75	1.09
	0	0	1.5	1.52
	0.577 4	1	2.25	1.81
	2.309 4	2	3.0	2.37

从表 9 - 32 看出，各项物理因素对各种养分的校验值都有不同程度的差异，有的差异还相当大，说明土壤物理因素的不同，对不同养分推荐施肥量具有重要的影响。这就进一步说明，在测土配方施肥中，测定土壤物理因素并对推荐施肥量进行校正是一个必要的步骤。

主要参考文献

朱显谟，1989. 黄土高原土壤与农业 [M]. 北京：农业出版社 .

第十章

施 肥 与 环 境

化肥在现代农业生产中的作用是举世公认的，联合国粮农组织（FAO）的统计结果也肯定了这一点，称化肥对粮食的贡献率为 40%～60%，由此可见，化肥的施用对我国粮食增产意义重大。科学合理施肥，不仅能增加农产品的产量，改善农产品的品质，提高农产品的商品价值，而且还能够改良与培肥土壤。然而近年来随着化肥的大量投入，施肥过量及比例失调等不合理施肥现象在部分地区已十分普遍。施肥不当不仅会影响肥料施用的经济效益，降低农产品的品质，还会对农业环境中的多种生态因子产生负面影响，造成农业生态环境的污染。因此，本章将从我国施肥的现状、施肥与土壤及地下水硝酸盐污染、施肥与温室气体减排、施肥与土壤重金属等方面入手，希望就施肥与环境的关系作一简单阐述，旨在加强人们对农业措施两面性的认识，以促进肥料的科学合理使用。

第一节　陕西省作物施肥情况

一、粮食作物施肥现状

粮食安全问题是近年来众多学者普遍关注的热点问题，在粮食生产中，施肥措施起着举足轻重的作用，然而目前我国过量施肥的现象是比较普遍和严重的。大量化肥的使用使我国耕地土壤环境质量堪忧，据报道，中国土壤污染已对土地资源可持续利用与农产品生态安全构成威胁。那么，如何保证国家粮食安全，提高耕地产出率和农田可持续利用能力，最大限度减少施肥对环境的不良影响、提高肥料利用率、减少肥料损失量则是我国农业生产对施肥技术的具体要求。

（一）陕西省小麦

小麦是陕西省主要粮食作物，广泛分布在渭北旱塬和关中平原。2017 年，陕西省小麦的播种面积为 106.313 万 hm²，小麦产量为 448.60 万 t，小麦单产为 4 219.6 kg/hm²（陕西统计年鉴，2018）。农户普遍感到"地馋了，化肥不灵了"，进而形成了"要高产就必须要多施肥"的施肥习惯，因此，小麦在生产过程中过量施肥现象普遍存在。作为我国西北重要的耕地资源，也是全国粮食产量提高潜力最大的区域之一，陕西省过量施用氮肥的现象较为突出（刘芬等，2013），其中仅渭北旱塬地区超过 60% 农户施氮偏高，施氮合理的仅占 29.7%（赵护兵等，2016）。忽视土壤养分平衡而过量施用氮肥不仅不能提高小麦产量，还会造成土壤硝态氮大量残留，农业温室气体排放增加，农田生态环境遭到破坏等一系列问题。因此，必须重视旱地农田养分平衡和合理施肥。

1. 陕西省冬小麦推荐施肥量　表 10-1～表 10-3 分别为渭北旱塬、关中地区、陕南地区小麦地土壤氮、磷、钾素分级及不同目标产量下的氮肥、磷肥和钾肥的推荐用量，这是在已有试验研究、调查结果及专家建议基础上制定的陕西省不同区域小麦的合理施肥量。

表 10-1 渭北旱塬小麦田土壤氮、磷、钾素分级及不同目标产量下的氮、磷、钾肥推荐用量

单位：kg/hm²

化肥种类	肥力等级	土壤养分分级（mg/kg）		目标产量（kg/hm²）		
				<4 500	4 500~6 000	>6 000
氮肥	低/极低		<60	105~165	165~210	210~270
	中等	碱解氮	60~80	90~135	135~180	180~225
	高/极高		>80	75~120	120~150	150~195
磷肥	极低		<10	90~120	120~150	150~180
	低		10~15	60~90	90~120	120~150
	中等	有效磷	15~25	45~60	60~75	75~90
	高		25~35	30~45	45~60	60~75
	极高		>35	0	0	0
钾肥	极低		<50	60~90	90~120	120~150
	低		50~100	45~60	60~90	90~120
	中等	速效钾	100~150	30~45	45~60	60~75
	高		150~180	15~30	30~45	45~60
	极高		>180	0	0	0

表 10-2 关中地区小麦田土壤氮、磷、钾素分级及不同目标产量下的氮、磷、钾肥推荐用量

单位：kg/hm²

化肥种类	肥力等级	土壤养分分级（mg/kg）		目标产量（kg/hm²）		
				4 500~6 000	6 000~7 500	7 500~9 000
氮肥	—		—	120~150	150~195	195~225
磷肥	极低		<10	150~180	135~180	210~240
	低		10~20	105~135	135~150	150~180
	中等	有效磷	20~30	75~90	90~105	105~120
	高		30~40	45~60	60~75	75~90
	极高		>40	0	0	0
钾肥	极低		<50	60~90	90~120	120~150
	低		50~100	45~60	60~90	90~105
	中等	速效钾	100~150	30~45	45~60	60~75
	高		150~200	0	30~45	45~60
	极高		>200	0	0	0

表 10-3 陕南地区小麦田土壤氮、磷、钾素分级及不同目标产量下的氮、磷、钾肥推荐用量

单位：kg/hm²

化肥种类	肥力等级	土壤养分分级（mg/kg）		目标产量（kg/hm²）		
				4 500~6 000	6 000~7 500	7 500~9 000
氮肥	—		—	120~150	150~195	195~225
磷肥	极低		<10	90~120	120~180	180~210
	低		10~20	60~90	90~210	135~150
	中等	有效磷	20~30	45~60	60~90	90~105
	高		30~35	30~45	45~60	60~75
	极高		>35	0	0	0

（续）

化肥种类	肥力等级	土壤养分分级（mg/kg）	目标产量（kg/hm²）		
			4 500~6 000	6 000~7 500	7 500~9 000
钾肥	极低	<50	90~120	120~150	150~180
	低	50~80	60~90	90~120	120~150
	中等	速效钾 80~120	45~60	60~75	75~90
	高	120~150	30~45	45~60	60~75
	极高	>150	0	0	0

由于陕西省不同区域（渭北旱塬、关中地区、陕南地区）气候条件、土壤质地、栽培措施、品种特性等条件不同，小麦对养分的吸收能力不同，产量不同，对氮、磷、钾的吸收总量和每形成 100 kg 籽粒所需养分的数量、比例也不相同，因而不同目标产量所需要的化肥投入量略有不同。因此，在不同地区，应因地制宜的根据当地条件合理施肥，以避免或减少因不合理施肥导致的各种农田生态环境问题。

2. 陕西省小麦肥料投入状况 2017 年，陕西省化肥氮（N）、磷（P_2O_5）和钾（K_2O）投入量分别为 183 kg/hm²、110 kg/hm² 和 21 kg/hm²。渭北旱塬、关中灌区和陕南秦巴山区化学氮肥投入量分别为 185 kg/hm²、195 kg/hm² 和 137 kg/hm²；化学磷肥投入量分别为 112 kg/hm²、115 kg/hm² 和 84 kg/hm²；化学钾肥投入量分别为 23 kg/hm²、22 kg/hm² 和 11 kg/hm²。全省有机肥提供的氮、磷和钾平均分别为 24 kg/hm²、13 kg/hm² 和 21 kg/hm²，且有机肥提供的氮、磷和钾在各区域间差异明显。渭北旱塬有机肥提供的氮、磷和钾分别为 41 kg/hm²、23 kg/hm² 和 29 kg/hm²，明显高于其他两区（表 10-4）。

表 10-4 2017 年陕西省小麦肥料投入量

单位：kg/hm²

区域	肥料种类	氮（N）		磷（P_2O_5）		钾（K_2O）	
		平均值	标准差	平均值	标准差	平均值	标准差
渭北旱塬	化肥	185	83	112	55	23	34
	有机肥	41	217	23	99	29	111
关中灌区	化肥	195	67	115	69	22	33
	有机肥	18	42	9	25	20	41
陕南秦巴山区	化肥	137	56	84	46	11	22
	有机肥	7	37	4	22	5	28

陕西省有机肥提供氮、磷和钾的比例是磷肥<氮肥<钾肥，渭北旱塬和关中灌区的规律与全省一致，但陕南秦巴山区是氮肥<磷肥<钾肥。整体上有机肥提供的钾比例最高，全省平均 16.7%。另外，由北向南有机肥提供的氮、磷、钾（$N+P_2O_5+K_2O$）占肥料总养分的比例逐渐下降，3 个区域分别为 9.4%、8.4% 和 3.4%。这说明全省及各区域小麦养分主要由化肥提供（表 10-5）。

表 10-5 陕西省小麦有机肥提供养分比例

单位：%

肥料种类	渭北旱塬	关中灌区	陕南秦巴山区
N	8.1	6.4	2.9
P_2O_5	8.0	5.9	3.7
K_2O	15.8	19.9	6.5
$N+P_2O_5+K_2O$	9.4	8.4	3.4

3. 陕西省小麦施肥状况评价　图 10-1 为陕西省小麦氮（N）、磷（P₂O₅）、钾（K₂O）肥投入比例分布图。从图 10-1 可以看出，渭北旱塬、关中灌区和陕南秦巴山区小麦氮肥投入合理比例均不足 40.0%，分别为 7.9%、39.8% 和 17.4%，全省平均 26.0%；过量比例较高，分别为 89.4%、56.0% 和 64.4%，全省平均 68.4%，说明小麦氮肥投入过量现象非常严重。磷肥投入合理比例均不足 30.0%，分别为 13.2%、26.9% 和 17.0%，全省平均 20.9%；过量和不足并存，其中过量比例分别为 74.8%、21.7% 和 31.6%，全省平均 41.0%，不足比例分别为 12.1%、51.3% 和 51.4%，全省平均 38.1%。化学钾肥投入量为零的农户比例占 61.9%，投入合理比例均不足 15.0%，分别为 13.7%、5.6% 和 12.1%，全省平均 9.2%；不足比例较高，分别为 75.9%、76.8% 和 86.3%，全省平均 77.5%，说明小麦钾肥投入严重不足。这说明陕西省小麦地施肥不合理现状普遍存在。

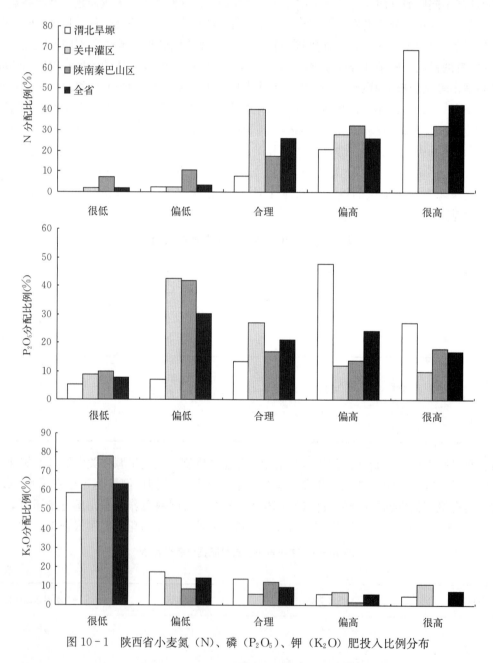

图 10-1　陕西省小麦氮（N）、磷（P₂O₅）、钾（K₂O）肥投入比例分布

各区域化肥氮、磷、钾单位面积过量投入量减去合理施肥量的上限，乘以小麦种植面积（陕西统计年鉴，2010），然后再乘以过量投入比例，可得出过量投入总量，同理也可计算出投入不足总量

（表10-6）。表10-6显示，各区域及全省化学氮肥和磷肥投入过量较多，钾肥则表现为不足投入量较大。其中，渭北旱塬和关中灌区氮肥过量投入量较大，分别为2.65万t和2.15万t，全省氮肥过量投入量高达5.37万t；磷肥也是渭北旱塬和关中灌区过量投入量较大，分别为0.98万t和0.99万t，全省磷肥过量投入量为2.17万t；全省磷肥投入不足量为1.12万t，钾肥投入不足量达3.30万t。

表10-6 陕西省小麦氮、磷和钾肥投入的过量和不足

区域	养分种类	过量比例（%）	过量投入量（万t）	不足比例（%）	不足投入量（万t）
渭北旱塬	N	89.4	2.65	2.7	0.01
	P_2O_5	74.8	0.98	12.1	0.08
	K_2O	10.4	0.09	75.9	0.95
关中灌区	N	56.0	2.15	4.2	0.12
	P_2O_5	21.7	0.99	51.3	0.86
	K_2O	17.7	0.27	76.8	1.69
陕南秦巴山区	N	64.4	0.56	18.1	0.11
	P_2O_5	31.6	0.20	51.4	0.17
	K_2O	1.6	0	86.3	0.66
全省	N	68.4	5.37	5.6	0.24
	P_2O_5	41.0	2.17	38.1	1.12
	K_2O	13.0	0.36	77.5	3.30

（二）陕西省玉米

玉米是陕西省重要的粮食作物（高飞等，2014），陕西省玉米生产的稳定性对于保障全国粮食安全具有重要的意义（段敏，2010）。据统计，至2017年，陕西省玉米的播种面积为114.831万hm^2，玉米总产量为528.78万t，单产约4 605 kg/hm^2，低于全国平均水平（6 090.8 kg hm^2）。合理施用化肥是玉米高产稳产的重要保证之一（边秀芝等，2010）。刘芬等（2014）研究表明，氮、磷、钾肥对玉米产量的贡献率分别为23.0%、12.6%、7.0%。但过量的化肥投入不但不增产反而有可能减产（刘芬等，2013、2014）。段敏（2010）研究表明，关中平原夏玉米施氮量合适的农户仅占13.8%。因此，必须重视旱地玉米养分平衡和合理施肥。

1. 陕西省夏玉米推荐施肥量 表10-7～表10-9分别为渭北旱塬、关中地区、陕南秦巴区玉米地土壤氮、磷、钾素分级及不同目标产量下的氮肥、磷肥和钾肥的推荐用量，这是在已有试验研究、调查结果以及专家建议基础上制定的陕西省不同区域夏玉米的合理施肥量。

表10-7 渭北旱塬夏玉米田土壤氮、磷、钾素分级及不同目标产量下的氮、磷、钾肥推荐用量

单位：kg/hm^2

化肥种类	肥力等级	土壤养分分级（mg/kg）	目标产量（kg/hm^2）			
			<7 500	7 500～9 000	9 000～10 500	>10 500
氮肥	低/极低	<60	180～225	225～270	270～330	330～375
	中等	碱解氮 60～80	165～195	195～240	240～270	270～300
	高/极高	>80	135～165	165～195	195～225	225～270

（续）

化肥种类	肥力等级	土壤养分分级（mg/kg）		目标产量（kg/hm²）			
				<7 500	7 500～9 000	9 000～10 500	>10 500
磷肥	极低		<10	120～150	150～180	180～210	210～240
	低		10～15	90～105	105～135	135～150	150～180
	中等	有效磷	15～25	60～75	75～90	90～105	105～120
	高		25～30	45～60	60～75	75～90	90～105
	极高		>30	0	0	0	0
钾肥	极低		<10	120～150	150～180	180～210	210～240
	低		10～15	90～105	105～135	135～150	150～180
	中等	速效钾	15～25	60～75	75～90	90～105	105～120
	高		25～30	45～60	60～75	75～90	90～105
	极高		>30	0	0	0	0

表 10-8　关中地区夏玉米田土壤氮、磷、钾素分级及不同目标产量下的氮、磷、钾肥推荐用量

单位：kg/hm²

化肥种类	肥力等级	土壤养分分级（mg/kg）		目标产量（kg/hm²）			
				<7 500	7 500～9 000	9 000～10 500	>10 500
氮肥	—		—	105～135	135～165	165～195	195～225
磷肥	极低		<10	45～60	60～90	90～120	120～150
	低		10～15	30～45	45～60	60～90	90～105
	中等	有效磷	15～25	15～30	30～45	45～60	60～75
	高		25～35	0	15～30	30～45	45～60
	极高		>35	0	0	0	0
钾肥	极低		<80	60～120	120～180	—	—
	低		80～130	45～90	90～135	135～180	180～225
	中等	速效钾	130～180	30～60	60～90	90～120	120～150
	高		180～220	0	0	45～60	60～75
	极高		>220	0	0	0	0

表 10-9　陕南秦巴山区夏玉米田土壤氮、磷、钾素分级及不同目标产量下的氮、磷、钾肥推荐用量

单位：kg/hm²

化肥种类	肥力等级	土壤养分分级（mg/kg）		目标产量（kg/hm²）			
				<7 500	7 500～9 000	9 000～10 500	>10 500
氮肥	—		—	105～135	135～165	165～195	195～225
磷肥	极低		<10	60～90	90～120	120～150	150～180
	低		10～15	45～60	60～75	90～105	105～135
	中等	有效磷	15～25	30～45	45～60	60～75	75～90
	高		25～30	15～30	30～45	45～60	60～75
	极高		>30	0	0	0	0

（续）

化肥种类	肥力等级	土壤养分分级（mg/kg）		目标产量（kg/hm²）			
				<7 500	7 500～9 000	9 000～10 500	>10 500
钾肥	极低		<60	90～120	120～150	150～180	—
	低		60～100	60～90	90～120	120～150	150～180
	中等	速效钾	100～140	45～60	60～75	75～90	90～105
	高		140～180	30～45	45～60	60～75	75～90
	极高		>180	0	0	0	0

与陕西省不同区域小麦推荐施肥量一致的是，由于陕西省不同区域（渭北旱塬、关中地区、陕南秦巴山区）气候条件、土壤质地、栽培措施、品种特性等条件不同，夏玉米对养分的吸收能力不同，产量不同，对氮、磷、钾的吸收总量和每形成 100 kg 籽粒所需养分的数量、比例也不相同，因而不同目标产量所需要的化肥投入量略有不同。因此，在不同区域，应因地制宜根据当地条件合理施肥，以避免或减少因不合理施肥导致的各种农田生态环境问题。

2. 陕西省玉米肥料投入状况　陕西省化肥氮（N）、磷（P_2O_5）和钾（K_2O）投入量分别为 230 kg/hm²、63 kg/hm² 和 20 kg/hm²。陕北高原、渭北旱塬、关中灌区和陕南秦巴山区化学氮肥投入量分别为 237 kg/hm²、223 kg/hm²、244 kg/hm² 和 197 kg/hm²；化学磷肥投入量分别为 96 kg/hm²、88 kg/hm²、48 kg/hm² 和 31 kg/hm²；化学钾肥投入量分别为 12 kg/hm²、35 kg/hm²、19 kg/hm² 和 10 kg/hm²。全省有机肥提供的氮、磷和钾分别为 33 kg/hm²、19 kg/hm² 和 31 kg/hm²，且有机肥提供的氮、磷和钾在各区域间差异明显。陕北高原有机肥提供的氮、磷和钾分别为 94 kg/hm²、54 kg/hm² 和 70 kg/hm²，明显高于其他区域（表 10-10）。

表 10-10　陕西省玉米肥料投入量

单位：kg/hm²

区域	肥料种类	氮（N）		磷（P_2O_5）		钾（K_2O）	
		平均值	标准差	平均值	标准差	平均值	标准差
陕北高原	化肥	237	109	96	80	12	25
	有机肥	94	78	54	54	70	67
渭北旱塬	化肥	223	91	88	51	35	39
	有机肥	44	185	28	82	43	149
关中灌区	化肥	244	79	48	53	19	31
	有机肥	4	17	2	9	14	26
陕南秦巴山区	化肥	197	73	31	40	10	24
	有机肥	21	80	11	47	10	42
全省	化肥	230	89	63	62	20	32
	有机肥	33	105	19	53	31	83

陕西省有机肥提供氮、磷和钾的比例是氮肥<磷肥<钾肥，各区域规律与全省一致。整体上有机肥提供的钾比例最高，陕北高原高达 89.8%。另外，由北向南有机肥提供的氮磷钾（$N+P_2O_5+K_2O$）占肥料总养分的比例逐渐下降，4 个区域分别为 35.8%、10.1%、4.6% 和 7.2%。说明除陕北高原钾肥之外，全省及各区域玉米养分主要由化肥提供（表 10-11）。

表 10 - 11　陕西省玉米有机肥提供养分比例

单位：%

肥料种类	陕北高原	渭北旱塬	关中灌区	陕南秦巴山区
N	27.7	7.2	1.5	5.6
P_2O_5	37.7	10.7	5.0	11.1
K_2O	89.8	18.6	16.5	13.2
$N+P_2O_5+K_2O$	35.8	10.1	4.6	7.2

3. 陕西省玉米施肥状况评价　由图 10 - 2 可以看出，氮肥投入合理比例各区域均不足 35%，氮

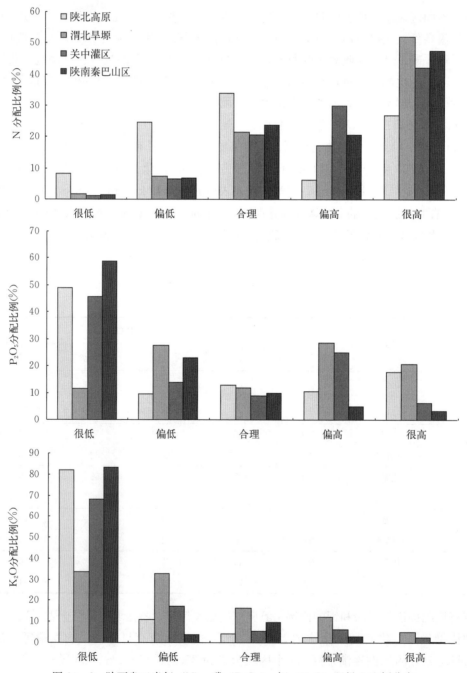

图 10 - 2　陕西省玉米氮（N）、磷（P_2O_5）、钾（K_2O）肥投入比例分布

肥投入过量比例在陕北高原、渭北旱塬、关中灌区和陕南秦巴山区分别为 33.2%、69.3%、72.01% 和 68.2%，全省平均 63.2%，说明全省玉米氮肥投入过量现象非常严重。磷肥投入合理比例各区域均不足 15%；磷肥投入过量在渭北旱塬较高，为 49.1%，其他 3 个区域过量均较少，全省平均 30.8%，而磷肥投入不足比例在各区域都比较高，分别为 58.8%、39.1%、59.7% 和 82.0%，全省平均 58.8%。钾肥投入合理比例各区域都很低，均不足 20%。钾肥投入不足比例在陕北高原、渭北旱塬、关中灌区和陕南秦巴山区分别高达 92.9%、66.7%、85.3% 和 86.9%，全省平均 83.0%。说明增加钾肥投入显得非常重要。

各区域化肥氮、磷、钾单位面积过量投入量减去合理施肥量的上限，乘以玉米种植面积（陕西统计年鉴，2010），然后再乘以过量投入比例，可得出过量投入总量，同理也可计算出投入不足总量（表 10 - 12）。

表 10 - 12　陕西省玉米化肥氮、磷和钾投入的过量和不足

区域	养分种类	过量比例（%）	过量投入量（万 t）	不足比例（%）	不足投入量（万 t）
陕北高原	N	33.2	0.68	32.8	0.16
	P_2O_5	28.4	0.33	58.8	0.39
	K_2O	2.7	0.01	92.9	0.77
渭北旱塬	N	69.3	1.71	9.1	0.06
	P_2O_5	49.1	0.47	39.1	0.22
	K_2O	17.0	0.11	66.7	0.55
关中灌区	N	72.01	2.87	7.46	0.12
	P_2O_5	31.39	0.34	59.75	1.54
	K_2O	9.15	0.10	85.34	1.87
陕南秦巴山区	N	68.2	1.33	8.1	0.03
	P_2O_5	8.0	0.06	82.0	0.92
	K_2O	3.3	0.01	86.9	0.90
全省	N	63.2	6.59	12.9	0.37
	P_2O_5	30.8	1.20	58.8	3.08
	K_2O	8.6	0.23	83.0	4.08

从表 10 - 12 看出，各区域及陕西省化学氮肥投入过量较多，磷钾肥则表现为不足量较大。其中，渭北旱塬和关中灌区氮肥投入过量较大，分别为 1.71 万 t 和 2.87 万 t，全省氮肥过量投入量高达 6.59 万 t。磷肥和钾肥全省过量投入分别为 1.20 万 t 和 0.23 万 t，同时投入不足分别为 3.08 万 t 和 4.08 万 t。

二、经济作物的施肥现状

近年来，经济作物作为农业供给侧结构性改革的要素之一，已成为农业政策关注的焦点。与此同时，随着我国经济的快速发展和人民生活水平的不断提高，对于优质经济作物的需求更加迫切。然而，目前人们片面追求经济效益，使经济作物施肥不合理现象日趋严重，不仅导致肥料利用率低，而且造成产量、品质下降，病害加重（徐洋等，2017）。因此，经济作物科学施肥工作越来越受到人们的重视。开展经济作物科学施肥研究，对于提高经济作物科学施肥水平、转变农业发展方式具有重要意义。

（一）油菜

1. 油菜推荐施肥量　表 10 - 13 为陕西省油菜地在土壤养分分级及不同目标产量下的氮、磷、钾

肥推荐用量。提倡基肥以化肥和有机肥配合施用，若基肥施用了有机肥，化肥用量则酌情减少。肥料分配：有机肥总用量中，70%作基肥，10%作种肥，其余20%作腊肥，还田稻草全部用于越冬覆盖。化肥总用量中，用氮肥60%、磷肥80%和全部钾肥作基肥，磷肥20%作种肥、10%氮肥作苗肥，30%氮肥作薹肥和花肥分别追施。

表10-13　油菜田土壤氮、磷、钾素分级及不同目标产量下的氮、磷、钾肥推荐用量

化肥种类	肥力等级	土壤养分分级（mg/kg）		目标产量（kg/亩）		
				100~200	200~300	300~400
氮肥	—			6~12	12~17	17~23
磷肥	极低	有效磷	<10	8~10	10~12	12~14
	低		10~15	6~8	8~10	10~12
	中		15~25	4~6	6~8	8~10
	高		25~35	2~4	4~6	6~8
	极高		>35	0	2~4	4~6
钾肥	极低	速效钾	<80	12~16	16~20	20~24
	低		80~100	8~12	12~16	16~20
	中		100~120	4~8	8~12	12~16
	高		120~150	0	4~8	8~12
	极高		>150	0	0	4~8

　　硼对油菜的根系发育以及开花、授粉、结实等影响极大，苗期、薹期、花期是油菜需硼的关键时期。当土壤中有效硼含量适宜时，个别高产或超高产地区需要补充少量硼肥，一般不需要施用硼肥，若植株有缺硼现状，可在薹期和初花期喷施浓度为0.2%的硼砂，以保证油菜高产稳产，进而提升品质。

　　2. 油菜肥料投入状况及评价　陕南秦巴山区油菜肥料施用量调查结果为，氮肥（N）用量平均为179 kg/hm²，其中化肥提供的氮占总氮肥用量的81.01%；有机肥提供的氮占18.99%。磷肥（P_2O_5）用量平均为80 kg/hm²，其中化肥提供的磷占77.5%；有机肥提供的磷占22.5%（表10-14）。钾肥（K_2O）用量平均为54 kg/hm²，其中化肥提供的钾占62.96%；有机肥提供的钾占37.04%。根据统计结果计算，有机肥提供农田总养分、氮、磷、钾肥分别是17.18%、15.10%、17.29%和25.19%。另外，陕南秦巴山区氮、磷、钾肥养分总投入量中，N：P_2O_5：K_2O的平均比例为1：0.45：0.30；化肥投入量中，N：P_2O_5：K_2O的平均比例为1：0.43：0.23。与当前油菜生产中氮磷钾肥推荐施用比例为1：（0.3~0.5）：（0.6~0.8）（徐华丽等，2010）相比，陕南秦巴山区钾肥所占比例偏低。

表10-14　陕南秦巴山区油菜肥料投入量

单位：kg/hm²

指标	总用量			化肥用量			有机肥用量		
	N	P_2O_5	K_2O	N	P_2O_5	K_2O	N	P_2O_5	K_2O
最大值	549	261	522	434	225	251	251	168	260
最小值	27	0	0	10	0	0	0	0	0
平均值	179	80	54	145	62	34	34	18	20
标准差	60	38	50	40	28	36	50	26	31

　　根据表10-15的化肥养分投入分级，对陕南秦巴山区油菜养分投入进行总体评价（表10-16）。由表10-16可知，农户氮、磷、钾肥投入的合理比例分别为38.55%、27.60%和25.89%，过量比

例分别为 15.22%、26.24% 和 10.33%，不足比例分别为 46.24%、46.15% 和 63.79%。说明油菜氮
肥和磷肥投入过量与不足并存，且不足比例相对较高，钾肥投入则表现为严重不足。

表 10-15 陕南秦巴山区油菜施肥量分级

单位：kg/hm²

肥料种类	很低	偏低	合理	偏高	很高
N	<90	90~135	135~180	180~225	>225
P₂O₅	<30	30~60	60~90	90~120	>120
K₂O	<30	30~50	50~75	75~95	>95

表 10-16 陕南秦巴山区化肥不同投入水平比例

单位：%

分级	N	P₂O₅	K₂O
很低	7.38	11.76	50.16
偏低	38.86	34.39	13.63
合理	38.55	27.60	25.89
偏高	12.81	25.04	7.22
很高	2.41	1.20	3.11

陕南秦巴山区化肥氮、磷、钾单位面积过量投入量减去合理施肥量的上限，乘以油菜栽培面积
（陕西省统计局，2010），然后再乘以过量投入比例，得到过量投入总量，同理得到投入不足总量
（表 10-17）。由表 10-17 可知，陕南秦巴山区化肥氮、磷、钾肥过量投入量较少，分别为 0.04 万 t、
0.01 万 t 和 0.03 万 t，而不足投入量相对较高，分别为 0.12 万 t、0.13 万 t 和 0.31 万 t。这说明陕
西省秦巴山区油菜地肥料投入不均衡现象较普遍。

表 10-17 陕南秦巴山区化肥氮磷钾投入的过量和不足

单位：%

养分种类	过量比例（%）	过量投入量（万 t）	不足比例（%）	不足投入量（万 t）
N	15.22	0.04	46.23	0.12
P₂O₅	26.24	0.01	46.16	0.13
K₂O	10.33	0.03	63.78	0.31

（二）棉花

棉田施肥土壤氮、磷、钾丰缺指标如下。

1. 氮 土壤碱解氮<50 mg/kg 为严重缺氮临界值，一般均需要施氮。

2. 磷 土壤有效磷含量<10 mg/kg 时肥效极显著；10~20 mg/kg 时肥效显著；20~30 mg/kg
施磷增产或无明显增产；>30 mg/kg 一般无效。

3. 钾 土壤速效钾含量<80 mg/kg 钾肥效极显著；80~120 mg/kg 钾肥效显著；120~150 mg/kg
施钾增产；>150 mg/kg 一般无效。

不同皮棉生产水平对应的施肥量不尽相同，可以按照表 10-18 施肥，在中低等肥力土壤上可采
用上限，而在高肥力土壤条件下可采用下限。提倡有机无机肥配合施用，若施入有机肥，化肥用量可
适当减少。氮肥施肥次数 2~3 次，保肥供肥能力强的中上等棉田，基肥 40%、花铃肥 60%；肥力
差、质地偏沙的土壤分 3 次施用，基施 30%、盛蕾期追肥 20%、开花结铃盛期追施 50%。磷肥施用

作基肥一次开沟施入。钾肥分 3 次施入，1/3 作基肥、1/3 在蕾期追施、1/3 在盛铃期追施。基肥和追肥比例可以根据当地土壤肥力情况进行微调，并且与 P、K、B、Zn 配合施用。轻度缺磷、缺钾地块可采用叶面追施的方式补充。

表 10 - 18　不同皮棉生产水平对应的施肥量

单位：kg/hm²

皮棉产量	氮肥	磷肥	钾肥
750	150~180	75~90	90~120
1 500	195~300	95~195	120~180

（三）甘薯

由于种植业结构调整及先进技术的推广，陕西省关中、陕北的甘薯面积不断上升，主要分布在陕南和关中地区。

表 10 - 19 为甘薯地在土壤养分分级及不同目标产量下的氮、磷、钾肥推荐用量。甘薯施肥应以有机肥和无机肥相配合、磷钾肥和有机肥全部作基肥施用。氮肥应集中在前期作追肥施用，追肥应在苗期轻施、中期重施、后期补施。施肥应根据甘薯长势、气候特点、肥效丰缺情况进行。

表 10 - 19　甘薯田土壤氮、磷、钾素分级及不同目标产量下的氮、磷、钾肥推荐用量

化肥种类	肥力等级	土壤养分分级（mg/kg）	目标产量（kg/hm²）		
			1 500~2 000	2 000~2 500	2 500~3 000
氮肥	—	—	6~8	8~10	10~12
磷肥	低	<15	4~6	5~7	6~8
	中	有效磷 15~25	3~4	4~5	5~6
	高	>25	2~3	3~4	4~5
钾肥	低	<100	11~14	14~17	17~21
	中	速效钾 100~150	9~11	11~14	14~17
	高	>150	6~9	8~11	9~14

在甘薯生长后期，根部的吸收能力减弱，可采用根外追肥，以弥补矿物质营养吸收不足。在 7 月下旬至 8 月中旬，用 2%~5%的过磷酸钙溶液，或 1%硫酸钾溶液，或 0.3%磷酸二氢钾溶液喷施，每隔 15 d 喷 1 次，一般喷 2~3 次，以保证甘薯后期养分充足。

三、蔬菜作物的施肥现状

徐福利等（2003）通过对杨凌示范区 124 户种植户生产状况分析，发现日光温室蔬菜施肥中，20%的种植户氮肥施用过量，磷肥施用也相对过多，有过量趋势，77%农户黄瓜磷肥施用过量。陕西省土壤肥料工作站在 2009 年对陕西全省 6 个蔬菜品种施肥状况进行了调查结果发现，在调查的 6 个主要蔬菜品种（番茄、黄瓜、辣椒、大白菜、芹菜、茄子）中，20.1%的农户过量施氮，22.9%的农户过量施磷，90%以上的农户化肥施肥比例不协调。谢宏伟等（2009）对陕西千阳县蔬菜施肥状况调查结果显示，与合理施肥量〔氮肥（N）182.7 kg/hm²、磷肥（P₂O₅）302.7 kg/hm²、钾肥（K₂O）300.6 kg/hm²〕相比，新菜地氮肥用量偏高，磷、钾肥用量不足，而老菜地氮肥施用量严重偏高，磷、钾肥施用量不足。因此，在过量施肥的问题中，蔬菜（尤其是设施蔬菜）化肥的过量施用现象尤为突出。

（一）番茄

1. 番茄推荐施肥量

（1）化肥推荐用量。表 10-20 是番茄地在土壤养分分级及不同目标产量水平下的氮、磷、钾肥推荐用量。番茄化肥施用量是基于土壤养分丰缺指标的恒量监控技术，即在定植前测定 0～30 cm 土壤硝态氮、有效磷、速效钾含量，并结合测定值与目标产量来确定氮、磷、钾用量。

表 10-20　番茄田土壤氮、磷、钾素分级及不同目标产量下的氮、磷、钾肥推荐用量

单位：kg/hm²

化肥种类	肥力等级	土壤养分分级（mg/kg）		目标产量（t/hm²）				
			<50	50～80	80～120	120～160	160～200
氮肥	极低	<60	140	190～250	240～300	340～400	440～500
	低	60～100	100～140	150～190	200～240	300～340	400～440
	中	碱解氮 100～140	60～100	110～150	160～200	260～300	360～400
	高	140～180	20～60	70～100	120～160	220～260	320～360
	极高	>180	—	0～70	0～120	0～220	0～320
磷肥	极低	<30	75～100	120～160	180～240	240～320	300～400
	低	30～60	50～75	80～120	120～180	160～240	200～300
	中	有效磷 60～100	40～50	60～80	100～120	110～160	160～200
	高	100～150	25～40	40～60	60～100	80～110	100～160
	极高	>150	15～25	25～40	40～60	50～80	60～100
钾肥	极低	<80	240～300	380～480	550～650	650～750	—
	低	80～100	200～240	320～380	480～550	550～640	750～800
	中	速效钾 100～150	160～200	250～320	400～480	500～550	640～750
	高	150～200	100～160	160～250	240～400	320～500	400～640
	极高	>200	60～100	100～160	150～240	200～320	240～400

氮肥需要特别注意在几个关键期的追施，如冬春季（2 月初移栽）的番茄，施肥主要集中于 3 月下旬至 4 月下旬，在此期间根据天气状况每隔 7～10 d 进行 1 次追肥，氮肥用量以 60～70 kg/hm² 最佳；越冬长茬（10 月初移栽）番茄的关键施肥时期为 11 月中上旬至次年 2 月，在此期间根据天气状况每隔 15～20 d 追肥 1 次，氮肥每次追肥量为 60～75 kg/hm² 最佳。磷肥全部作基施。钾肥基肥追肥相结合，一般 50% 作基肥，50% 在第一至第二穗果以后分次施用。氮、磷、钾基肥和追肥比例可以根据当地土壤肥力状况以及有机肥投入量进行微调。

（2）有机肥推荐用量。表 10-21 是不同产量水平下设施番茄有机肥推荐用量。有机肥是培肥土壤的关键，但并非有机肥施用量越多越好，原则上有机肥的最高用量按照其所带入的氮素养分来换算，不应超过 300 kg/hm²。

表 10-21　不同产量水平下设施番茄有机肥推荐用量

单位：t/hm²

茬口	目标产量（t/hm²）					
	<50	50～80	80～120	120～160	160～200	>200
冬春茬	12	12～15	15～18	—	—	—
秋冬茬、越冬长茬	12～15	15～18	18～20	20～22	22～25	25～28

注：表中数据以畜禽有机肥（风干基）计算。

对于大棚蔬菜而言，棚龄不同，有机肥施肥种类也不同。新菜田应以畜禽有机肥为主，而老菜田则应以高 C/N 的堆肥或秸秆有机肥为主。另外，有机肥会带入一定量的磷元素，所以有机肥施用同时也要结合当地磷含量水平及磷肥施用量来调节。

2. 番茄肥料投入状况及评价 李茹等（2018）于 2013—2014 年对陕西省 6 个县（区）设施番茄施肥情况进行调查，结果见表 10-22。番茄化肥氮、磷、钾投入量分别是 402 kg/hm²、397 kg/hm²、370 kg/hm²，有机肥投入量分别是 322 kg/hm²、136 kg/hm²、218 kg/hm²。有机肥提供的氮、磷、钾占总施氮、磷、钾量的比例为 44.4%、25.5%、37.1%。同时，在肥料总养分投入量中，番茄的 $N:P_2O_5:K_2O$ 为 1.00:0.74:0.81，其中番茄化肥投入量的 $N:P_2O_5:K_2O$ 比例为 1.00:0.99:0.92，与番茄的养分吸收比例 1.00:0.37:1.46 相比，番茄氮、磷、钾养分投入比例均失衡，磷投入比例过高，钾投入比例不足。

表 10-22 陕西省设施番茄肥料投入量

单位：kg/hm²

蔬菜种类	肥料种类	氮（N）		磷（P_2O_5）		钾（K_2O）	
		平均值	标准差	平均值	标准差	平均值	标准差
番茄	化肥	402	135	397	242	370	167
	有机肥	322	443	136	184	218	298

2009 年，陕西省土壤肥料工作站对陕西全省的番茄（露地番茄和大棚番茄）施肥状况进行了调查。调查结果表明，对于露地番茄来说，氮肥（N）24.8% 的农户用量不足，7.1% 的农户用量偏高，67.2% 的农户用量合理或较合理。磷肥（P_2O_5）3.5% 的农户不施磷，17.7% 的农户用量不足，6.2% 的农户用量偏高，72.6% 的农户用量合理或较合理。对于大棚番茄来说，施氮过量占 22.7%，施磷过量占 39.1%（表 10-23）。

表 10-23 番茄亩用化肥分级标准及施用情况（陕西省土壤肥料工作站，2009）

分级标准（kg/亩）		N				分级标准（kg/亩）		P_2O_5			
		露地番茄		大棚番茄				露地番茄		大棚番茄	
		户数	比例（%）	户数	比例（%）			户数	比例（%）	户数	比例（%）
过量	>50	8	7.1	29	22.7	>40		7	6.2	50	39.1
高量	35~50	16	14.1	29	22.7	30~40		7	6.2	3	2.3
适量	20~35	60	53.1	33	25.7	10~30		75	66.4	40	31.3
不足	<20	28	24.8	34	26.6	<10		20	17.7	29	22.6
不施	0	1	0.9	3	2.3	0		4	3.5	6	4.7

另外，周建斌等（2006）调查了西安市灞桥区新合镇、未央汉城街道办事处和长安区高桥乡 100 余个日光温室栽培番茄的施肥现状。约有 1/3 的日光温室存在过量施用氮肥问题，2/3 的日光温室存在过量施用磷肥问题，有些日光温室磷肥施用量甚至超过 1 500 kg/hm²，养分投入量不均衡问题突出。

（二）黄瓜

1. 黄瓜推荐施肥量

（1）有机肥推荐施肥量。表 10-24 是不同目标产量设施黄瓜有机肥推荐用量。有机肥可提高土壤中微生物的种类及数量，促进土壤中有机质的分解、养分的转化，降低土壤容重，增加土壤孔隙度，增强土壤的供肥强度和供肥容量，进而提高农产品产量，改善农产品品质。

表 10-24 不同目标产量设施黄瓜有机肥推荐用量

单位：t/hm²

肥料种类	目标产量					
	<40 t/hm²	40~80 t/hm²	80~120 t/hm²	120~160 t/hm²	160~200 t/hm²	>200 t/hm²
畜禽粪类（鲜基）	18~20	20~22	22~25	25~28	28~30	30~32
畜禽粪类（风干基）	10~12	12~18	18~20	20~22	22~25	25~28

原则上有机肥的最高用量按照其所带入的氮素养分来换算，氮肥用量不应超过 300 kg/hm²。新菜田应以畜禽有机肥为主，而老菜田则应以高 C/N 的堆肥或秸秆有机肥为主。

（2）化肥推荐施用量。表 10-25 是黄瓜地在土壤养分分级及不同目标产量水平下的氮、磷、钾肥推荐用量。黄瓜化肥施用量是基于土壤养分丰缺指标的恒量监控技术，即在定植前测定 0~30 cm 土壤碱解氮、有效磷、速效钾含量，并结合测定值与目标产量来确定氮、磷、钾肥用量。

表 10-25 黄瓜田土壤氮、磷、钾素分级及不同目标产量下的氮、磷、钾肥推荐用量

单位：kg/hm²

化肥种类	肥力等级	土壤养分分级（mg/kg）	目标产量（t/hm²）					
			<40	40~80	80~120	120~160	160~200	>200
氮肥	极低	<60	150~200	200~250	350~400	450~500	550~600	700~750
	低	60~100	100~150	150~200	300~350	350~400	500~550	650~700
	中	碱解氮 100~140	50~100	100~150	250~300	300~350	450~500	600~650
	高	140~180	0~50	50~100	200~250	250~300	350~400	550~600
	极高	>180	—	0~50	150	200	300	450
磷肥	极低	<30	120~150	120~160	200~240	250~320	—	—
	低	30~60	90~120	100~120	150~200	200~250	—	—
	中	有效磷 60~90	60~90	60~100	100~150	150~200	200~250	250~300
	高	90~130	30~60	40~60	60~90	100~150	150~200	200~250
	极高	>130	—	—	—	60~100	100~150	150~200
钾肥	极低	<120	120~210	200~270	435~660	550~700	—	—
	低	120~160	45~120	120~200	300~435	510~550	650~800	—
	中	速效钾 160~200	—	45~120	210~300	390~450	510~650	600~700
	高	200~240	—	—	120~210	260~350	480~510	420~600
	极高	>240	—	—	50	60	100	150

总的施肥原则是：有机肥为主，基追肥相结合，微量元素因缺补缺，提高蔬菜品质，施肥与灌溉紧密配合进行，减少养分损失，提高养分利用率。黄瓜施肥前期以控为主，保证后期生长。有机肥和磷肥全部作为基肥施用，氮肥的 10%~20%、钾肥的 20%~30% 作为底肥，其余的氮、磷、钾肥在初花期和结瓜期按养分需求分次追肥。一般结合灌溉和采摘每 7~10 d 追肥 1 次。

不同土壤质地/黄瓜生育期氮肥追施推荐次数见表 10-26。氮、磷、钾基肥和追肥比例可以根据当地土壤肥力状况、土壤质地类型及有机肥投入量进行微调。

表 10-26 不同土壤质地黄瓜生育期氮肥追施推荐次数

单位：次

土壤质地	黄瓜生育期			
	1～2个月	2～3个月	3～6个月	10个月
黏土、黏壤土	1～2	1～2	2～4	6～8
壤土	1～2	2～4	6～10	10～12
沙壤土	2	3～5	8～12	12～14
沙土	2～4	8～12	12～20	14～16

2. 黄瓜肥料投入状况及评价 李茹等（2018）于 2013—2014 年对陕西省 6 个县（区）设施黄瓜施肥情况进行调查。调查结果为，黄瓜氮、磷、钾肥投入量分别是 575 kg/hm²、582 kg/hm²、424 kg/hm²，有机肥投入量分别是 339 kg/hm²、116 kg/hm²、199 kg/hm²（表 10-27）。

表 10-27 陕西省主栽设施黄瓜肥料投入量

单位：kg/hm²

蔬菜种类	肥料种类	氮（N）		磷（P₂O₅）		钾（K₂O）	
		平均值	标准差	平均值	标准差	平均值	标准差
黄瓜	化肥	575	197	582	508	424	362
	有机肥	339	485	116	174	199	307

有机肥提供的氮、磷、钾占总施氮、磷、钾量分别为 37.1%、16.6%、31.9%。同时，在肥料总养分投入量中，黄瓜的 N：P₂O₅：K₂O 为 1.00：0.76：0.68，其中黄瓜化肥投入量的 N：P₂O₅：K₂O 为 1.00：0.99：0.92，与黄瓜的养分吸收比例 1.00：0.25：0.82 相比，黄瓜氮、磷、钾养分投入比例均失衡，磷投入比例过高，钾投入比例略偏高。

四、果树的施肥现状

王圣瑞等（2004）对陕西省苹果园施肥现象调查研究显示，施氮量在渭北旱塬除 1999 年缺 0.02 万 t 外，其他各年度均为过量，平均每年过量 1.08 万 t；在关中灌区各年度均为过量，平均每年过量 3.61 万 t。以渭北旱塬和关中灌区代表全省，则陕西省施氮量各年度均为过量，平均每年过量 4.69 万 t，相当于平均每年全部施氮量的 29%，化学氮肥施用量的 36%，氮肥过量较为严重。君广斌等（2009）对陕西长武富士苹果园施肥现状调查结果显示，盲目施肥现象普遍存在。一些果农主要靠习惯和经验施肥，随意性很大，缺乏科学性。为了追求高产量，盲目大量施用化肥，91% 以上果园氮肥使用量大于适用量。

1. 苹果树推荐施肥量 若不考虑土壤养分供应量，假定果树吸收养分全部来自肥料，氮肥利用率为 35%、磷肥利用率为 25%、钾肥利用率为 45%，则计算出相应的目标产量下推荐施肥量（表 10-28）。在中低等肥力土壤上可采用上限，而在高肥力土壤条件下可采用下限。

表 10-28 盛果期苹果树不同目标产量下推荐施肥量

单位：kg/亩

类别	目标产量（kg/亩）			
	1 000～2 000	2 000～3 000	3 000～4 000	4 000～5 000
N	11～23	23～34	34～46	46～57
P₂O₅	9～18	18～27	27～37	37～46
K₂O	5～11	11～16	16～21	21～27

结合关中灌区与渭北旱塬苹果园推荐施肥并汇总有关专家建议，确定的渭北旱塬地区苹果园合理施肥量见表 10-29。在中低等肥力土壤上可采用上限，而在高肥力土壤条件下可采用下限。苹果园施肥应坚持以农家肥为主、配合各种化学肥料的原则。

表 10-29　渭北旱塬苹果园建议肥料用量

单位：kg/hm²

产量水平	N	P₂O₅	K₂O	有机肥
25～45（t/hm²）	240～360	220～340	160～240	40 000～60 000

2. 猕猴桃园推荐施肥量　根据不同土壤养分状况，制订出陕西省猕猴桃园不同土壤肥力及不同目标产量下所需氮、磷、钾推荐用量（表 10-30）。

表 10-30　陕西省猕猴桃园土壤氮、磷、钾素分级及不同目标产量下的氮、磷、钾肥推荐用量

单位：kg/亩

化肥种类	肥力等级	土壤养分分级（mg/kg）		目标产量（kg/亩）			
				1 000～2 000	2 000～3 000	3 000～4 000	4 000～5 000
氮肥	极低/低	碱解氮	<60	25～30	30～35	35～40	40～45
	中		60～80	20～25	25～30	30～35	35～40
	极高/高		>80	15～20	20～25	25～30	30～35
磷肥	极低	有效磷	<10	8～10	10～12	12～14	14～16
	低		10～20	6～8	8～10	10～12	12～14
	中		10～30	4～6	6～8	8～10	10～12
	高		30～40	2～4	4～6	6～8	8～10
	极高		>40	0～2	2～4	4～6	6～8
钾肥	极低	速效钾	<100	12～16	16～20	20～24	24～28
	低		100～150	8～12	12～16	16～20	20～24
	中		150～200	4～8	8～12	12～16	16～20
	高		200～250	2～4	4～8	8～12	12～16
	极高		>250	0～4	0～4	4～8	8～12

3. 陕西果园肥料投入状况及评价　表 10-31 为西北农林科技大学资源环境学院对陕西省果园施肥情况的调查数据。从中可以看到，对于果树而言，陕西省各种果树的施肥均过量，这应引起重视。

表 10-31　陕西省果园施肥情况

果树类型	种植面积（万 hm²）	单位面积肥料用量（kg/hm²）			过量施肥量（万 t）		
		N	P₂O₅	K₂O	N	P₂O₅	K₂O
苹果	53.09	772.4	372.6	293.0	21.89	1.73	2.81
梨	5.22	772.4	372.6	293.0	2.15	0.17	0.28
桃	2.81	772.4	372.6	293.0	1.16	0.09	0.15
猕猴桃	2.77	1 416.0	881.7	538.5	2.77	2.18	1.03
柑橘	2.57	772.4	372.6	293.0	1.06	0.08	0.14
葡萄	1.77	635.2	308.6	216.0	0.71	0.33	—

注：资料来自西北农林科技大学资源环境学院调查数据。

基于本章内容，从各地调查研究结果来看，我国西北旱地农业地区不管是粮食作物、经济作物、蔬菜还是果树都存在过量施肥现象，而且有的地方还较为严重。过量施肥首先是降低了肥料的利用率，增加了农业投入，从而也减少了广大农民的收入。同时，过量的肥料投入还会带来一系列的环境问题。

第二节 施肥与水体富营养化

一、水体富营养化概述

（一）基本概念

水体富营养化是指生物所需的氮、磷等营养物质大量进入湖泊、河口、海湾等缓流水体，引起藻类及其他浮游生物迅速繁殖，水体溶解氧量下降，水质恶化，鱼类及其他生物大量死亡的现象。发生在淡水中，称之为水华，其水体一般呈现蓝色或绿色；发生在海洋生态系统中，一般称为赤潮，水体多呈红色。通常，水体富营养化可分为天然富营养化和人为富营养化。在自然条件下，湖泊也会从贫营养状态过渡到富营养状态，不过这种自然过程非常缓慢。而人为排放的工业废水、生活污水和农业面源污染所引起的水体富营养化则可以在短时间内出现，并且危害较前者更大。表 10 - 32 给出了湖泊水库特定项目标准值。

表 10 - 32 湖泊水库特定项目标准值（郭培章，2002）

分类项目标准值	I 类 极贫营养	II 类 贫中营养	III 类 中营养	IV 类 富营养	V 类 重营养
总磷（以 P 计）(mg/L)	≤0.002	≤0.01	≤0.025	≤0.06	≤0.12
总氮（mg/L）	≤0.04	≤0.15	≤0.3	≤0.7	≤1.2
叶绿素 a（mg/L）	≤0.001	≤0.004	≤0.01	≤0.03	≤0.065
透明度（m）	≥15	≥4	≥2.5	≥1.5	≥0.5

（二）现状及危害

1. 现状 我国水体富营养化问题十分严峻，近海海域和内陆湖泊都有标志富营养化的赤潮、绿潮、水华等现象出现，大致表现为以下两个方面。

（1）富营养化的普遍性。湖泊、水库等封闭型水体的富营养化是一个全球性的水环境污染问题。据统计，全球有 75％以上的封闭型水体存在富营养化问题（庄一廷，2005）。我国也同样普遍存在着水体富营养化问题，如我国的滇池、太湖、巢湖、天津港南部海区、汾河水系以及唐山南湖等，以及许多中小型天然湖泊、水库也都不同程度存在富营养化问题。刘利花、吕家珑（2006）对渭河（杨凌段）水体的营养水平（主要以磷为主）进行了调查研究，其结果表明，渭河水体总磷（TP）浓度为 0.18～1.47 mg/kg，均为 0.63 mg/kg，说明渭河水体 TP 已经开始富集了。据 2000 年对我国 131 个主要湖泊进行富总磷营养化评价表明，其中贫营养型湖泊 10 个，占调查湖泊总数的 7.63％，占调查湖泊总面积的 14.69％；中营养型湖泊 54 个，占调查湖泊总数的 41.22％，占调查湖泊总面积的 43.05％；富营养型湖泊 67 个，占调查湖泊总数的 51.15％，占调查湖泊总面积的 42.26％。也就是说，我国目前有一半以上的湖泊受到不同程度富营养化污染的危害，其中部分湖泊达到重富营养化程度（袁旭音，2000），见图 10 - 3。

（2）富营养化的地域性。有资料显示，在所调查的我国 20 个具有代表性的湖泊和水库中，处于富营养化状态的 13 个湖泊和水库水体，大部分都位于我国东部平原地区，特别是长江中、下游密集型农业地区（崔玉婷，1999）。城郊湖泊的富营养化更为突出，在对我国 31 个城市湖泊评价时发现，营养程度均呈富营养水平，其中有 11 个湖泊达重富营养水平。如目前杭州西湖，武汉东湖，南京玄武湖，长春南湖，济南大明湖，广州流花湖，麓湖，福州西湖等，均呈富营养化状态（王苏明等，1998）。

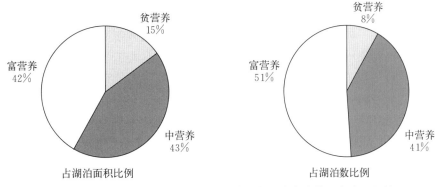

图 10-3 我国 131 个典型湖泊不同营养程度所占湖泊数和湖泊面积情况

在我国北方地区，水体富营养化问题也应引起人们的关注，张志红、刘海芳（2007）等在太原市引黄供水体系水体富营养化调查中发现，万家寨引黄供水体系的富营养化已成严重之势，其具体指标测定值如表 10-33。又如曹佳莲、刘贤斌（2007）在对天津港南部海区水体富营养化评价时，运用三种富营养化评价方法分析得出天津港南部海域营养盐污染也显得较为严重。

表 10-33 太原市万家寨引黄供水体系水体富营养化指标

采样点	总氮（mg/L）	总磷（mg/L）	叶绿素 a（mg/L）
万家寨水库	3.921	0.145	0.002 4
呼延水厂入场水	1.952	0.129	0
呼延水厂出场水	1.826	0.015	0
管网末梢	3.191	0.050	0

2. 危害

（1）水体变腥发臭。富营养水体中藻类数量庞大，其中有些能散发腥臭味，这种腥臭物向水体四周扩散，降低水体质量同时影响了附近人们的生活。

（2）水体透明度变差。富营养水体中以蓝藻和绿藻为优势种，大量水藻漂浮于水表，形成"绿色浮渣"，使水质变浑，透明度降低，极大地影响了水体的观赏价值。

（3）深层水体溶解氧下降。水体溶解氧下降，厌氧微生物大量繁殖，水质恶化直接导致大量鱼虾窒息死亡，使得湖区水产养殖业蒙受毁灭性的经济损失。一般认为，深水层的溶解氧的降低源于两方面，一方面是由于深层水体溶解氧的来源较表层水体少；另一方面是由于沉于湖底死藻的分解过程需消耗大量的溶解氧。相比之下，表层溶解氧则较充足，因为活藻常处于水表，光照和二氧化碳充足，光合作用产生了较多的氧气。

（4）有毒物质的释放。某些藻类，如蓝藻中的丝状藻类-微囊藻属、鱼腥藻属和束丝藻属能分泌、释放有毒物质，这些有毒物质进入水体后，将严重威胁人和牲畜的饮水安全；另外，沉积于水底的大量生物和有机物残体，在缺氧情况下会被一些微生物分解，产生甲烷、硫化氢等有害气体。再者，富营养化的水体中还存在能使人畜中毒的亚硝酸盐和硝酸盐物质。

总之，富营养化不仅破坏了水体生态系统的稳定性，而且对湖区水产养殖业造成了巨大的经济损失。另外，对人类与其他生物的饮水安全也构成了严重威胁。

二、水体富营养化的成因

湖泊富营养化最根本的原因是过量的氮、磷营养盐向封闭和滞留性水体的迁移，其来源不外乎工业废水、生活污水、农田径流和水产养殖投入的饵料以及干、湿沉降等。大致可分为以下 4 个方面。

（一）工业污染源的影响

近年来，随着湖区经济的迅速发展，直接和间接排入湖泊的工业废水不断增加，是我国富营养化进程加快的重要原因之一。如我国云南滇池流域内的工矿企业大多涉及化工、制药、造纸、纸坊、冶金印染等行业，这些高污染型工厂每天产生大量的工业废水，这些工业废水大多不经处理或未达标处理后进入水体，这无疑加快了富营养化的进程。然而，不同研究人员对工业排污给水体造成的影响程度有一定出入，这可能与湖区、河流的地理位置以及其附近的工农业类型及分布格局有关。如在研究无锡太湖富营养化问题时，大致认为工业排污的总氮量占整个氮排放量的 15%～22%，总磷约占 10%（白由路、卢艳丽，2008）。而金鑫、宋颖（1999）对汾河水系污染源进行分析时发现，化工和造纸 2 个行业造成的危害最大，两行业的污染负荷占主要排污口的 92.3%，占汾河水系的 75.6%。

（二）城镇生活污染源的影响

近年来，由于人口的增长、经济的发展以及城市化速度的加快，城镇生活的污染对富营养化的影响也日益增大，特别是对城郊湖泊的影响尤为突出，其危害已超过工业污染源（郭培章，2002）。生活污水中含有大量的营养盐类，而且还有很多有机质，其中洗涤剂被环境科学家认为是导致水体富营养化的四大原因之一，洗涤剂中的磷占磷总排入量的 20% 左右（王玲玲，2007）。表 10-34 为我国部分湖泊生活污水带入的氮、磷量的调查情况。

表 10-34　我国部分湖泊生活废水输入的氮、磷量（2007 年）

湖泊	总氮		总磷	
	生活废水输入量（t/年）	占输入总量比例（%）	生活废水输入量（t/年）	占输入总量比例（%）
巢湖	3 522.3	15.6	176.1	22.6
南四湖	168.7	6.0	128.2	1.2
滇池	2 735.0	55.8	234.7	49.7
玄武湖	293.9	75.0	34.5	70.8
洱海	21.2	2.2	4.8	3.3
蘑菇湖	293.3	46.5	56.1	46.4

（三）农业面源污染与水体富营养化

过去认为，工矿业排放的废水和城镇居民的生活污水，是造成水体富营养化的主要原因。而近年来的研究证明，农业非点源物质的排放，是水污染尤其是水质富营养化的重要原因之一（崔玉婷，1999）。非点源主要是指入湖污染物数量较为分散的污染源。例如，湖区农田土地径流，湖面降水降尘，养殖投饵以及湖泊内源等污染物的排放或释放（马丽珊等，1997）。因此，目前世界上不少国家和地区已经把控制农业非点源污染作为水质管理的必要组成部分。表 10-35 是我国部分湖泊非点源输入的氮、磷量及其占输入总量的比例。

表 10-35　部分湖泊非点源输入的氮、磷量及其占输入总量的比例

湖泊	总氮		总磷	
	非点源输入量（t/年）	占输入总量比例（%）	非点源输入量（t/年）	占输入总量比例（%）
巢湖	15 383.3	68.2	12 218.3	89.2
淀山湖	4 092.6	95.7	348.1	97.6
滇池	953.0	19.4	147.1	31.2
磁湖	151.0	5.8	15.3	14.8
墨水湖	14.5	1.2	3.67	8.0
蘑菇湖	45.4	7.2	10.89	9.0

由表 10-35 可知，农业面源污染对水体富营养化的贡献率变化很大，这可能与湖区附近土地利用状况、农业结构布局以及施肥措施等有关。

（四）其他因素的影响

湖面降水降尘、湖区养殖业投饵以及湖底内源负荷污染都会对富营养化产生影响。

三、过量施肥与水体富营养化

我国未来面临着严重的粮食危机已是不争的事实，所以提高粮食产量来保障足够粮食储备就显得尤为重要，而化肥的施用对于增产无疑是一条重要的途径。1949 年，我国亩产仅 69 kg，以后随着化肥的投入，产量随之上升，尤其是 20 世纪 70 年代以来，化肥使用量迅速增加，产量提高幅度也加快，到 1987 年，单产已达 241 kg，是 1949 年的 3.5 倍。据联合国粮农组织（FAO）统计，化肥在对农作物增产的总份额中占 40%～60%，可见化肥的施用对粮食增产意义重大。但是近年来，随着化肥投入的逐年增加，中国农田单位面积氮、磷化肥用量在国际上处于较高水平（如表 10-36）。

表 10-36　一些国家和地区人均耕地和氮、磷肥用量比较（张维理，2004）

项目	时期	国家和地区					
		中国	美国	欧洲	德国	荷兰	东南亚
人均耕地	20 世纪 60 年代初	0.154	—	—	0.167	0.085	—
	2000 年以来	0.097	—	—	0.144	0.57	—
氮用量 (kg/hm²)	20 世纪 60 年代初	8	20	36	80	285	9
	20 世纪 80 年代初	110	55	113	184	600	37
	2000 年以来	190	58	48	120	391	86
磷用量 (kg/hm²)	20 世纪 60 年代初	21	06	71	108	105	13
	2000 年以来	71	03	16	34	67	28

研究发现，蔬菜集约化生产中氮素投入过量现象非常普遍且十分严重（马文奇等，2000）。如山东寿光黄瓜和番茄的养分投入分别为 N 2 063.9 kg/hm²、P_2O_5 2 532.6 kg/hm² 和 K_2O 1 585.3 kg/hm²，通过有机肥投入的养分分别为 N 1 006.0 kg/hm²、P_2O_5 898.7 kg/hm² 和 K_2O 807.1 kg/hm²，养分投入蔬菜需要量的 2～6 倍（朱兆良，2006）。过量的氮、磷则很容易随地表径流、水土流失以及渗漏等途径进入江河湖泊造成水体富营养化。虽然我国不同区域的湖泊来自农田的氮磷负荷占总负荷的百分比各不相同，但对富营养化的贡献却不可忽视。表 10-37 为农田径流输入湖泊的氮、磷占其总负荷的比例（崔玉婷，1999）。

表 10-37　农田径流输入湖泊的氮、磷占其总负荷的比例

湖泊	全氮（t/年）	占总负荷的比例（%）	全磷（t/年）	占总负荷的比例（%）
南四湖（山东）	12 761.04	35.22	9 326.9	68.04
滇池（云南）	788.93	16.78	127.41	28.75
洱海（云南）	96.10	9.70	22.4	15.50
淀山湖（上海）	53.27	7.00	3.27	14.00

四、水体富营养化的治理措施

导致水体富营养化的氮、磷营养物质来源的不确定性给控制污染源带来了巨大的困难，加之

营养物质去除难度高，至今还没有任何单一的生物、化学或物理措施能够彻底去除废水中的氮、磷物质。

在造成水体富营养化的两大因素中，点源污染源由于具有排放相对集中、便于管理等特点，可采用关、停污染严重的工业，强制污水、污物、废弃物妥善处理等措施，预防治理相对面源污染实施起来更为方便。

在农业非点源（面源）污染中，化肥的不合理施用，尤其是湖区附近氮、磷肥的过量投入，对水体富营养化的贡献率较大。当然，这也并非是绝对的，由于采用研究方法的不同，不同学者得出的结论相差很大，如对太湖的研究中表明，纯农业种植（只考虑施肥）对太湖污染的影响总氮为 $7.46\%\sim49.52\%$、总磷为 $2.9\%\sim25.56\%$（白由路等，2008），数据差别如此之大显然给决策带来很大困难，应规范研究方法，确定各污染源的准确数量。另外，有机肥和化肥比例失调也是导致我国各湖区农田径流中氮、磷含量普遍较高的原因之一。

毫无疑问，由不合理施肥特别是过量施肥引起的富营养化问题已成为部分湖区水环境治理的首要考虑对象。由此可见，在湖区附近通过调整土地利用布局、合理施肥等措施控制富营养化显得十分重要。为此，应大力推广生态农业，研制推广新型复合肥、农药，以控制氮、磷肥的使用量，从而使农业的面源污染得到有效控制。然而，近年来不少研究发现，盲目的减少化肥用量不仅不会显著降低富营养化程度，而且还有导致湖区粮食产量下降的潜在危险。那么如何在保障粮食产量的前提下，通过合理施肥等措施将富营养化程度降到最低程度将是摆在众多科研人员面前的又一难题。通过加强土壤养分指标研究，规范肥料用量来解决好这一矛盾对于我国湖泊富营养化的治理具有重大意义。

第三节　施肥对温室气体排放的影响

温室气体排放造成的全球变暖是人类面临的重要生态环境问题之一。农业生产是人类最重要的生产活动，也是温室气体的重要来源，其对温室气体总排放量的贡献率达 20%。施肥是提高作物产量的重要途径之一，随着农业经济的发展，肥料用量逐年增加，也引发了一系列环境问题，其对大气环境的影响也日趋严重（汤勇华等，2013）。

一、施肥对 CO_2 排放的影响

CO_2 对全球气候变暖的贡献率高达 50% 左右，大气 CO_2 的平均浓度已从 1000—1750 年的 280 mg/kg，上升到 2000 年的 368 mg/kg，再到 2005 年的 379 mg/kg。土壤是陆地生态系统的核心，连接着大气圈、水圈、生物圈和岩石圈，土壤碳库是陆地生态系统最大的碳库，是全球碳循环的重要组成部分，在全球碳收支中占主导地位，因此与温室效应及气候变化有着密切的联系，影响着 CO_2 的排放与吸收。除干旱、半干旱地区钙质土壤碳酸盐中的碳外，大量的碳以有机质的形式存留在土壤中。全球土壤有机碳（SOC）储量约为 1 550 Pg。与自然土壤相比，农田土壤在全球碳库中最活跃，在自然因素和农业管理措施（如耕作、施肥和灌溉等）的作用下，农田土壤碳库在不断地变化。

（一）CO_2 排放机理

土壤 CO_2 排放实际是土壤中生物代谢和生物化学过程等所有因素的综合产物。农田生态系统 CO_2 的排放来源于土壤呼吸，包括 3 个生物学过程即植物活根呼吸、土壤微生物呼吸、土壤动物呼吸和一个非生物学过程即含碳物质化学氧化作用。土壤呼吸强度主要取决于土壤中有机质的数量及矿化速率、土壤微生物类群的数量及活性、土壤动植物的呼吸作用等。从土壤自身角度看，土壤呼吸是促进土壤有机碳矿化分解，释放无机养分的重要生物化学过程。有机肥和化肥的施用能显著增加土壤呼吸释放的 $CO_2 - C$ 的累积量，提高土壤中潜在矿化的有机碳含量及其占土壤有机质的比例，促进土壤有机质中无机养分的释放。

（二）施肥对 CO_2 排放的影响

与农业和施肥有关的 CO_2 的排放有肥料生产过程中化石燃料的燃烧，肥料运输和机械施肥所用机械的燃油消耗，秸秆等农业废弃物的焚烧，堆肥发酵过程 CO_2 的释放，土壤耕作增加的有机质氧化等。从施肥及土壤管理看，施肥改善了植物营养，增强了植物的光合作用，因此可以调节大气中 O_2 和 CO_2 的平衡。

通过施肥能够影响作物的籽粒产量、秸秆量、根茬量、土壤中有机质的含量以及微生物数量与活性等，进而影响农田 CO_2 排放。有研究表明，使用氮肥能够促进森林树木的生长，也能增加森林对 CO_2 的吸收，有利于大气中 CO_2 浓度的下降。因此，施肥增加农作物产量的同时可增加对 CO_2 的固定。然而，董玉红等（2007）通过长期定位试验研究施肥对小麦-玉米轮作农田土壤 CO_2 排放的影响，指出不同肥料处理对农田土壤 CO_2 排放的影响从大到小依次为：$NPK>NP>PK>NK>CK$，表明氮、磷、钾肥配合施用对土壤 CO_2 排放促进作用最大。这与谢军飞等（2002）研究结果一致，施用有机肥与化肥能够显著提高土壤呼吸速率，增加 CO_2 排放，且培肥土壤能够提升土壤 CO_2 排放水平。任凤玲（2018）收集了大量文献，系统分析施用有机肥对农田 CO_2 排放特征的影响。结果显示，在总氮输入量相同的情况下，施用有机肥相比施用化肥处理的旱地土壤 CO_2 排放量增加 26％。然而，按照主要农作物的种类分别计算农作物单位面积和单位产量的温室气体排放量结果表明，施用有机肥之后降低了农田小麦、玉米单位产量 CO_2 排放量（任凤玲，2018）。因此，施肥是否直接导致大气中 CO_2 浓度的增加，取决于施肥对土壤呼吸作用的影响与对作物生物量影响之间的平衡。

二、施肥对 CH_4 排放的影响

CH_4 对全球气候变暖的贡献率达到 20％，所以对 CH_4 的源汇及甲烷的全球循环特征的研究一直是环境科学关注的课题之一。虽然大气中 CH_4 的质量浓度仅为 $1.7~\mu L/L$，但 CH_4 吸收长波辐射的能力是等摩尔量 CO_2 的 32 倍。CH_4 在空气中的存在时间较短，一般只有 12 年，其浓度变化比较敏感而且速度快，比 CO_2 快 7.5 倍。与工业革命前的质量浓度 $0.6\sim0.7~\mu L/L$ 相比，大气中 CH_4 的浓度在不到 150 年的时间内增加了 2 倍多，这表明大气中 CH_4 浓度的升高及全球 CH_4 的平衡与世界人口的增长及人类活动密切相关。

（一） CH_4 排放机理

朱玫等（1996）研究指出，CH_4 是产 CH_4 菌利用土壤中碳水化合物代谢过程中的产物产生的。CH_4 菌存活在厌氧条件下，要求氧化还原电位低于 $-200~mV$，pH 在 $6\sim8$。适宜的下位层和温度是 CH_4 产生的两个最重要的调节器。根系分泌的有机物、根系自溶产物等也可以作为产 CH_4 的前体物质。此外，部分死亡根系在长期淹水条件下被分解为低碳有机物，也是产 CH_4 的良好中间体。

然而，在好气条件下，土壤能够通过硝化细菌和 CH_4 菌吸收 CH_4，但硝化细菌对 CH_4 的氧化速率不到 CH_4 氧化菌的 1/5（Bender et al.，1993）。每年大气中约有 10％ 的 CH_4 是被 CH_4 菌氧化（Zhou et al.，2007），但 CH_4 氧化只有在氧气浓度大于 2％ 时才能发生（王明星等，1998）。

（二）有机肥对 CH_4 排放的影响

Sommer 等（1996）研究指出，有机肥施用后，CH_4 排放最初来自溶液中 CH_4 的挥发，随后挥发性短链脂肪酸经细菌降解产生 CH_4。旱地施用有机肥能够减少 CH_4 吸收量，但旱地施用有机肥料对 CH_4 通量的影响较化学肥料小（Hütsch et al.，1993）。厌氧环境对 CH_4 生成十分重要，将有机肥施入土体较施于土表更能促进 CH_4 的排放（Flessa et al.，2000）。任凤玲（2018）收集筛选出 1990—2017 年已发表的 195 篇目标文献，并建立施用有机肥后温室气体排放数据库，运用整合分析（Meta‐analysis）的方法，系统分析施用有机肥对农田土壤温室气体排放特征的影响及主控因子。结果显示，在总氮输入量相同的情况下，施用有机肥相比施用化肥处理的旱地土壤 CH_4 排放量降低 12％。按照主要农作物的种类分别计算农作物单位面积和单位产量的温室气体排放量，施用有机肥之后小麦和玉米田上的 CH_4 单位面积排放量降低。综合分析，施用有机肥之后小麦和玉米田上温室气

体增温潜势要小于施用化肥处理。

（三）化肥对 CH_4 排放的影响

施肥使 CH_4 氧化菌的活性降低，从而降低了土壤对 CH_4 的吸收能力。施肥土壤日平均 CH_4 吸收率比对照土壤低 5～20 倍，干旱草地土壤 CH_4 的吸收量降低了 52%。Ojima 等（1993）在美国北部温带森林增施氮肥后，CH_4 氧化能力降低了 30%～60%。Hutsch 等（1993）长期使用无机氮肥，发现施肥量越大，CH_4 氧化率越低。Mosier 等（1997）在天然草地施氮肥后，CH_4 吸收率降低了 35%。无机肥处理的小区，随着氮周转率的提高，CH_4 氧化能力的抑制作用增加，CH_4 氧化能力与土壤中无机氮的含量无关。因此，连续几年使用无机氮肥（至少 7 年），使土壤失去对 CH_4 氧化能力，造成以后连续几十年大气中 CH_4 浓度增长。

无机氮肥对 CH_4 氧化的抑制作用可能是因为：①土壤中 CH_4 含量低，不能激活 CH_4 单氧酶的活性；②NH_4^+ 离子抑制 CH_4 氧化；③铵态氮肥抑制了 CH_4 氧化菌的活性；④施肥破坏了 CH_4 菌要求的稳定土壤结构。

三、施肥对 N_2O 排放的影响

N_2O 是排在 CO_2 和 CH_4 之后的第三大温室气体，对全球变暖的贡献率约为 4%，它具有较稳定的化学性质，是作物不能利用的氮素形态。全球每年排放的 NO_x 达 4 800 万 t 左右，其中 65% 是人为原因造成的。其中北美占 25%，欧、俄、非洲、亚洲各占 10%。全球每年有质量分数为 30% 的 CO_2、70% 的 CH_4、90% 的 N_2O 的排放来自土壤和土地利用。近年来，由于全球化学氮肥的投入增加，农田 N_2O 排放量也随之增加。化肥氮的大气迁移不仅是农业中氮素营养的损失，它对环境的影响也不可忽视。

（一）N_2O 排放机理

土壤 N_2O 的产生要经历一个复杂的物理、化学和生物学过程，主要是在微生物的参与下，通过硝化和反硝化作用完成的。在透气条件下，氨或铵盐通过微生物的作用被氧化成亚硝酸盐和硝酸盐，这一过程称为硝化作用。反硝化是在嫌气条件下，多种微生物将硝态氮还原成氮气（N_2）和氧化氮（N_2O、NO）的过程，造成土壤中氮元素以 N_2、N_2O 和 NO 的形态向大气逸失。

从地表到 16 km 高空的同温层，N_2O 形成一个由低到高的浓度梯度。N_2O 浓度的增加对 O_3 层的保护是不利的。O_3 层是使地球上的生物免遭紫外线辐射的保护者，对人和生物的安全有至关重要的作用。

（二）氮肥对 N_2O 排放的影响

目前，我国化学氮肥的使用量已占世界化学氮肥的 1/4 以上。而研究表明，N_2O 的排放量与化学氮肥的施用量紧密相关。常用的氮肥如尿素、硫酸铵、氯化铵和硫酸氢铵等铵态氮肥，在施用于农田的过程中，会发生铵的气态挥发，施用后直接从土壤表面挥发成氨气、氮氧化物气体进入大气中；很大一部分有机、无机氮形态的硝酸盐进入土壤后，在土壤微生物反硝化细菌的作用下被还原为亚硝酸盐，同时转化成氧化氮进入大气。在化肥的储运过程中，分解和风蚀也会造成污染物进入大气。与 SO_2 一样，NO_x 也能形成酸雨，对水生生态系统和陆生生态系统造成危害。

侯爱新等（1998）指出，氮肥的施用对农田土壤 N_2O 的排放有明显的促进作用，化肥氮转化为 N_2O 的比例为 0.1%～1.4%，其转化率受环境因素和其他管理措施的影响。徐杰等（2008）研究不同氮肥形态对土壤 N_2O 释放量的影响结果表明，硝化作用是土壤 N_2O 排放的主要来源，在 45% 和 65% 田间持水量下，施用铵态氮肥土壤的 N_2O 释放量大于硝态氮肥，100% 田间持水量时反之。Xing 等（1997）发现，不同肥料品种和施肥量引起 N_2O 形成与排放量也存在差异，$NH_4^+ - N$ 肥、$NO_3^- - N$ 肥和尿素 N_2O 排放损失率分别为 0.01%～0.94%、0.04%～0.18% 和 0.15%～1.98%。另外，在不同土壤类型及其他各种条件影响下，结果也有较大差异。N_2O 的释放速率不完全取决于土壤的含氨水平，也与植物对氮的利用率有关。

（三）有机肥对 N_2O 排放的影响

吴家梅等（2018）在稻田研究发现，施用猪粪、鸡粪、稻草处理的 N_2O 排放分别比化肥处理减少23.6%（$P<0.05$）、31.7%（$P<0.05$）和30.9%（$P<0.05$）。而陈晨等（2017）研究发现，与单施化肥氮处理相比，化肥氮＋生物炭处理显著降低了培养期间 N_2O 累积排放量，降幅为58.1%，而化肥氮＋有机肥处理对 N_2O 排放的影响不显著。蒋静艳等（2003）研究表明，与单独施用化肥相比，施用菜饼＋化肥促进 N_2O 的排放，其季节排放总量增加了22%；而施用小麦秸秆＋化肥、牛厩肥＋化肥、猪厩肥＋化肥均可明显减少 N_2O 排放，分别减少18%、21%、18%。对 N_2O 排放的综合温室效应分析表明，菜饼和秸秆处理的全球增湿潜势约为化肥处理的2.5倍，牛厩肥和化肥处理基本持平，但施用猪厩肥可减少10%～15%。郑循华等（1997）对烤田期稻田 N_2O 排放的观测表明，堆肥＋尿素处理田块的 N_2O 排放量比碳酸氢铵处理田块少30%左右。张聪颖（2011）研究发现，有机无机配施产生的温室效应小于单施化肥，其中有机氮的替代程度为30%，可以实现的温室效应减排程度为28.4%。王树会（2019）以华北平原旱地冬小麦-夏玉米轮作系统为研究对象，结果显示，与单施化肥相比，有机肥配施化肥显著降低土壤 N_2O 排放量。从长期来看，华北平原旱地应在施用化肥的基础上配施有机肥，并采取有机肥替代50%，更有利于减少温室气体排放。

四、温室气体减排技术

保护性耕作是为了弥补传统耕作弊端而发展起来的，逐渐在北方干旱、半干旱地带被广泛运用的一项农业耕作措施，在能源节约和农田作物产量方面具有重要作用（Lal R.，2004）。常见的保护性耕作有少耕、免耕，以及秸秆还田、铺地膜等。

1. 少耕、免耕　与常规翻耕相比，少耕、免耕不仅可以在一定程度上减少对土壤的扰动，增加地表覆盖面，还可以通过影响土壤中有机质的矿化速率来增加土壤中的有机质含量，从而使温室气体排放量减少（Lal R.，2004；金峰，2000）。刘博（2009）对甘肃陇中黄土高原半干旱春小麦休闲田进行保护性耕作试验得出以下结论： CO_2 排放通量为免耕不覆盖＜免耕秸秆覆盖＜传统耕作不覆盖＜传统耕作秸秆覆盖； N_2O 排放通量为免耕不覆盖＜传统耕作不覆盖＜免耕秸秆覆盖＜传统耕作秸秆覆盖。此试验结果表明，免耕相对于其他保护性耕作方式排放较少的温室气体。同样，汪婧等（2011）对甘肃中部偏南温带半干旱地区进行保护性耕作，在春小麦与豌豆生长期也得出与上述同样的结果，即免耕或免耕不覆盖不仅具有降低 CO_2 和 N_2O 通气作用，还有利于对大气 CH_4 的吸收。干旱地区土壤 CH_4 排放量较低，大部分研究认为免耕降低 CH_4 排放量或者对 CH_4 排放量没有显著影响。原因可能为免耕土壤更稳定，通透性好，增加 CH_4 氧化菌活性有利于 CH_4 氧化，使 CH_4 吸收量增加。

2. 秸秆还田　秸秆还田可以显著影响土壤呼吸强度，且呼吸强度随秸秆还田量的增加而增强（张庆忠等，2005；叶文培等，2008），这是因为秸秆还田使土壤中的微生物群落和数量受到影响，从而改变土壤理化性状，增强呼吸强度来排放更多的 CO_2 。李虎等（2012）认为，秸秆还田提高了土壤的C/N值，引起微生物对氮源的充分利用，同时也减少了硝化、反硝化过程的中间产物 N_2O 的排出。而叶丽丽等（2010）认为，秸秆还田不仅可以改变土壤特性，还可以通过刺激土壤微生物活性来增加土壤微生物量（强学彩等，2004），从而促进反硝化作用，增加 N_2O 排放量（邹国元等，2001）。此外，王淑平等（2004）、李成芳等（2011）均在相关研究中证实了此观点，秸秆还田对增加土壤 N_2O 排放具有显著影响。干旱地带属于好氧型农田，可促进土壤中 CH_4 氧化菌的生长和繁殖，有利于氧化和吸收大气中的 CH_4 ，是大气 CH_4 汇（汪婧等，2011；蔡祖聪，1993）。秸秆还田对土壤 CH_4 排放量的影响不多且主要集中在水稻田，而对干旱地带研究较少。已有的研究结果均表明，玉米、小麦等旱地农田系统中秸秆还田后 CH_4 的吸收通量会降低（裴淑玮等，2012；田慎重等，2010），这可能是因为秸秆还田使土壤中的氧化还原电位降低，抑制了土壤对 CH_4 的氧化。

以上种种研究结果显示，秸秆还田对温室气体的排放量的增减说法不一。但是，如果秸秆没有还田，那必然是以其他方式进行了处理，或作燃料或作饲料或田间焚烧，与此相比，无论是作为燃料燃烧直接排放还是作为饲料间接排放，会产生更多的温室气体。从生态环境的角度分析，秸秆还田以后部分秸秆碳以气体形式释放进入大气，增加了农田 CO_2、CH_4 排放，但秸秆还田相对其他用途毕竟固定了一部分有机碳，减少了总的温室气体排放量。此外，增加土壤覆盖秸秆还田方式能显著降低土壤侵蚀、提高土壤固碳能力、增加土壤有机质、改善养分循环，进而增加作物产量。

3. 地膜　刘建粲等（2018）研究发现，在不同施氮量下，地膜覆盖处理的温室气体排放强度为 $213\sim358\,kg/t$，无覆膜处理的温室气体排放强度为 $204\sim520\,kg/t$，表明对于旱作春玉米农田系统，地膜覆盖可以有效降低温室气体排放强度。李欣（2013）在对半干旱黄土高原旱作覆膜玉米农田土壤 CH_4 通量进行研究中发现，CH_4 排放通量为负值，说明其土壤-玉米系统对大气 CH_4 具有一定的吸收作用，与不覆膜处理相比较而言，覆膜处理增加了土壤对大气 CH_4 的吸收作用。罗晓琦（2019）研究发现，覆膜通过降低施肥后引起的 N_2O 排放峰从而显著降低季节排放总量。另有部分学者得出了不同研究结果。白红英等（2009）在地膜的水热效应与麦田土壤 N_2O 排放研究结果表明，在小麦生长期内，覆膜可以增加土壤 N_2O 排放通量。此外，韩建刚等（2002）研究了陕西关中地区地膜覆盖对冬小麦田土壤 N_2O 排放通量的影响，也得出同样结果，即地膜覆盖可显著性改变土壤温度、土壤水分以及土壤硝态氮含量，致使在冬小麦不同生长期内地膜覆盖使土壤 N_2O 排放通量显著增加。说明地区不同、作物不同、土壤质地不同、季节不同、温度不同、土壤水分条件不同等，覆膜措施对农田温室气体排放的影响也不同。鉴于此，通过农田制度管理达到减少温室气体的排放，应在选择方式之前对实施地区土壤气象等条件进行实地分析和优化选择。

第四节　施肥与重金属污染

我国因重金属污染而引起的粮食和食品安全问题屡见不鲜（韦朝阳等，2001）。土壤环境中的重金属的来源如污灌和污泥滥用、农药和化肥的过度施用以及化石类燃料的不完全燃烧等（Begum et al.，2012）。研究表明，土壤内部结构的恶化及功能衰减，某地区土地生产力下降，以及土壤动物的生存状况恶化等现象都与重金属污染息息相关，土壤的重金属污染还导致土壤中一些常见的昆虫数量和种植的作物产量都大受影响（孙晋伟等，2008）。重金属在土壤中的形态影响其活性和生物有效性，易通过食物链在植物、动物和人体内累积，对生态环境和人体健康构成严重威胁（翟丽梅等，2008；樊霆等，2013）。

一、施肥与重金属污染类型

对于旱地农田来说，施肥造成的重金属污染主要是对土壤的污染。由于化肥的增产效应明显，促使农民大量施用化肥。氮肥的大量施用会导致土壤酸化，增加重金属的生物有效性，一定范围内可提高作物对有益微量元素的吸收利用，但当土壤重金属含量过高时，就会造成毒害。磷肥在生产过程和制成品中都会带来重金属污染的隐患，生产磷肥的主要原料是磷矿石，其中含有多种有害重金属，这些重金属大多残留在磷肥中，过量施用则可能造成重金属污染。而有机肥中，由于在畜禽养殖中广泛使用的饲料添加剂中常含有铜、锌、砷等微量元素，而畜禽对这些微量重金属元素吸收利用率低，大部分积累在畜禽粪便中，若以这些畜禽粪便及以此为原料制成的商品有机肥料作为有机肥施入土壤中后，就会增加有机肥料施用的环境风险。有学者通过对长期肥料试验条件下土壤中重金属含量的检测结果分析发现，随着年限的增长，土壤中的砷、汞、镉、铅不论在何种施肥处理下都呈现出逐年富集的趋势，说明施肥与重金属污染关系密切。

（一）施用化肥造成的重金属污染

研究表明，无论是酸性土壤、微酸性土壤还是石灰性土壤，长期施用化肥都会造成土壤中重金属元素的富集。土壤中镉含量与镉施用量的关系可见表 10-38（崔玉亭，2001），随着进入土壤中镉的增加，土壤中有效镉含量增加，镉总累积量也会增加。

表 10 - 38　连续 17 年施用过磷酸盐引起的土壤中镉的积累

施用量 [kg/(hm² · 年)]	施入镉量 [g/(hm² · 年)]	镉总累积量 [g/(hm² · 年)]	表土有效镉（mg/kg）
0	0	0	9.3
15	1.65	28	933
30	3.3	56	967
45	4.95	84	1 000

此外，Eriksson（1990）发现，氮肥促进植物吸收镉，增加土壤镉活性，这可能就会增加镉污染风险。在未使用含汞的农药情况下，磷肥处理的土壤中汞的富集量比其他处理高很多，这也是由于生产磷肥用的磷矿中含汞的原因。长期施用硝酸铵、磷酸铵、复合肥，可使土壤中砷的含量达 $50\sim60$ mg/kg。

（二）施用有机肥造成的重金属污染

理论上，施用有机肥可以固定重金属，有机质对重金属表现出强烈的吸附固定能力，与重金属发生强烈的螯合，阻碍植物吸收，使重金属的植物活性降低。但随着畜禽饲料中重金属添加剂的大量使用，且动物对重金属利用率较低，大量重金属都富集在粪便中，因此，长期过量施用以这些粪便制作的有机肥，势必造成土壤重金属含量升高，引发重金属污染。

施用猪粪的菜心中铜、锌和砷含量明显提高，并有随猪粪用量增加而升高的趋势；第二茬菜心的铜、锌、砷含量明显高于第一茬，且增幅随猪粪施用量的增加而提高。在不同处理中，N^+ 有机肥处理土壤有效铜质量分数最高，比基础值增加了 9.1 mg/kg；N^+ 有机肥处理土壤有效锌质量分数最高，是试验基础值 0.88 mg/kg 的 4.66 倍，这就可能增加作物受重金属毒害的风险。

二、施肥导致重金属污染的机理

适当的施用化肥和有机肥可以促进作物生长，从而增加作物对必需微量重金属的吸收，但若过量施肥则会导致作物遭受重金属毒害。施肥造成土壤和作物重金属污染的方式主要有：①增加土壤中重金属离子种类及数量；②影响土壤 pH 和 E_h；③提供与重金属发生沉淀、络合的因子；④影响作物某些生理代谢过程而影响重金属元素的吸收。

（一）增加土壤中重金属离子种类及数量

重金属元素是肥料中报道最多的污染物质，一般认为氮、钾肥料中重金属含量较低，磷肥中含有较多的有害重金属。我国目前施用的化肥中，磷肥约占 20%，各地使用的磷肥或磷矿粉中都含有各种重金属，磷肥主要的重金属为镉，其次还有铬、砷、钴、铅等。我国磷肥中含镉相对较低，美国的磷肥中镉含量较高，过磷酸钙含镉 $86\sim114$ mg/kg，磷酸铵含镉 $7.5\sim156$ mg/kg。除了磷肥外，其他肥料也能带入重金属，硝酸铵、磷酸铵、复合肥中砷可达 $50\sim60$ mg/kg。

表 10 - 39 显示（肖军等，2005），在抽查的这些进口化肥中，未发现钾肥和尿素中砷、镉、铅、铬含量超过标准限量。但在复合（混）肥料中发现镉、铅、铬超过限量的样品，在磷酸二铵中发现镉和铬超过限量的样品。尤其是磷酸二铵中镉含量超过限量的比例较高，为 27.7%，应引起高度关注。

表 10 - 39　进口化肥中砷、镉、铅、铬含量不合格情况

肥料品种	品种	检测数（个）	最大值（mg/kg）	超标数（个）	超标比例（%）
复合（混）肥	As	191	44.4	—	—
	Cd	191	22.0	4	2.1
	Pb	191	248	1	0.5
	Cr	191	2 332	1	0.5

（续）

肥料品种	品种	检测数（个）	最大值（mg/kg）	超标数（个）	超标比例（%）
磷酸二铵	As	130	27.3	—	—
	Cd	130	41.6	36	27.7
	Pb	130	33.5	—	—
	Cr	124	2 106	7	5.6
钾肥	As	58	3.0	0	0
	Cd	54	2.4	0	0
	Pb	49	17.0	0	0
	Cr	50	8.0	0	0
尿素	As	17	0.13	0	0
	Cd	17	0.75	0	0
	Pb	17	4.1	0	0
	Cr	17	5.5	0	0

（二）影响土壤 pH 和 E_h

长期施用氮肥可使土壤 pH 下降，导致土壤酸化，增加重金属活性。土壤镉的活化率与土壤 pH 呈显著的负相关关系，在酸化严重的土壤上活化率达 95.7%。施用氮肥导致土壤酸化的主要原因：一是氮肥中主要是铵态氮肥在土壤中进行硝化作用所产生的酸。对土壤酸化的程度因氮肥品种的不同而变化，如使土壤变酸的氮肥其作用强度顺序 $(NH_4)_2SO_4 > $ 尿素 $> NH_4NO_3 > Ca(NO_3)_2$；二是一些生理酸性肥料，比如过磷酸钙、硫酸铵、氯化铵在植物吸收肥料中的养分离子后土壤中 H^+ 增多。许多耕地土壤的酸化和生理性肥料长期施用有关。土壤的 pH 显著影响重金属的迁移。一般规律为低 pH 时吸附量较小；pH 为 5～7 时，吸附作用突然增强；pH 继续增加时，重金属的化学沉淀占了优势，土壤施用石灰等碱性物质后，重金属化合物可与钙、镁、铝、铁等生成共沉淀。pH>6 时，由于重金属阳离子可生成氢氧化物沉淀，因此迁移能力强的主要是以阴离子形式存在的重金属。

土壤 E_h 是影响重金属转化迁移的重要因素。在 E_h 大的土壤中，金属常以高价形态存在，高价金属化合物一般比相应的低价化合物容易沉淀，因此较难迁移，危害也轻，如铁、锰、锡、钴、铅、汞等；在 E_h 很小的土壤里，如土壤处于淹水的还原条件下，铜、锌、镉、铬等也能形成难溶化合物而固定在土壤中，迁移变困难，危害减轻，因为在淹水条件下，SO_4^{2-} 还原为 S^{2-}，后者与上述重金属离子会形成硫化物而沉淀。

（三）提供与重金属发生沉淀、络合的因子

土壤中的重金属可被划分为 5 种形态：交换态（包括水溶态）、碳酸盐结合态（包括专性结合态）、铁锰氧化物结合态、有机物-硫化物结合态（简称有机结合态）、残留态（即硅酸盐态），且生物有效性依次递减。

1. 氮肥的影响　氮肥进入土壤后，可能会发生硝化作用，产生 NH_3，可与土壤汞发生络合反应，使土壤溶液中水溶态汞增加，提高土壤中汞的植物有效性。氮肥中存在的陪伴离子如 NH_4Cl 中的 Cl^- 与土壤汞强烈络合，促进水溶态汞的增加，增强其植物有效性。

2. 磷肥的影响　磷肥对土壤重金属的吸附与解吸以及形态的影响还存在争议。一部分学者认为施入磷肥后，对重金属的解吸量减少，增大土壤对重金属的吸附强度（吕家珑等，1997），并产生沉淀效应，使土壤溶液中的重金属离子发生沉淀，降低植物的吸收。曹仁林（1993）研究证明，钙镁磷肥可使交换态降低，碳酸盐结合态和铁锰氧化结合态增加。另一部分学者认为，磷肥的施入，可活化土壤重金属（熊礼明等，1992），磷肥可带入 Ca^{2+}、Mg^{2+} 等从而产生与重金属离子的竞争吸附，抑制土壤对重金属的吸附，并且 KH_2PO_4 可明显减低中性及微酸性土壤中锌、铜、镉的有机结合态，

氧化锰交换态，水溶态的量。

3. 有机肥的影响　腐殖质中的胡敏酸和胡敏素可与重金属离子形成稳定且不易被植物吸收的络合产物，但富里酸部分却能与土壤重金属形成易溶物。所以，腐殖质的性质对土壤重金属形态影响较大。

(四) 影响植物的某些生理过程从而导致重金属的吸收发生改变

过度施肥不仅能使重金属在作物体内过度积累，造成毒害，有时还会抑制必需微量重金属的吸收，使作物出现缺素症状。Reuss 等 (1978) 的研究表明，施用重过磷酸钙能够增加生菜、豌豆和萝卜对镉的富集。还有一些研究指出，施用氮肥能促进小麦籽粒对镉的吸收 (Perilli P et al.，2010)。植物体内磷与重金属元素间的交互作用较为复杂，大多数情况下表现为拮抗，土壤中施入较多的磷肥可抑制植物对微量元素的吸收，如在低锌土壤上施入磷肥可导致植物缺锌，影响作物品质。

铅在辣椒各部位的含量由大到小的顺序为：根＞茎叶＞果实，辣椒根系吸收铅后，一部分滞留在根部，一部分转运到地上部。由于土壤中的铅大部分为难溶性化合物，且土壤吸附铅以专性吸附为主，能和配位基结合形成稳定的金属配合物和螯合物，较难往地上部转运，故地上各部位铅含量远远小于根系铅含量。在对辣椒施用 K_2SO_4 后，辣椒根系和果实对铅的吸收增强，而茎叶对铅的吸收减弱；果实铅含量随着 KCl 施用量的增加而增加。化肥对农作物重金属富集的影响与多种因素相关。Singh 等 (1990) 的研究表明，壤土上施用磷肥对作物富集 Cd 的影响大于沙土；Grant 等 (2002) 的研究表明，大麦体内镉含量升高与磷肥中镉含量无关，而与土壤 pH 的降低、离子强度升高以及土壤溶液中锌含量的降低有关。因此，土壤类型、肥料种类、土壤 pH、有机质、离子强度及土壤离子之间的相互作用等均可能对作物重金属富集产生影响。

三、日光温室土壤重金属污染现状

日光温室是一种高度集约化的农业生产模式，与传统农业相比，温室大棚在一定程度上打破了季节和地域的限制 (Critten Bailey，2002；李天来，2005)，具有较高的产量和经济效益，在我国蔬菜生产中占有重要地位 (李德成等，2003)。由于日光温室面积小，而且具有一定的封闭性和独立性，因此，人为的耕作施肥活动是改变其中微环境的主要因素 (陈永等，2013)。然而，由于肥料、农药、污水的过量使用以及农用地膜残留 (Atafar et al.，2010；Cheraghi et al.，2013；郑喜坤等，2002)使得日光温室土壤重金属积累、pH 下降，从而增强了重金属的生物有效性 (Yang et al.，2014)，这也是导致土壤质量退化和农产品重金属污染的主要原因之一 (Zhang et al.，2011)。因此，应该关注及重视日光温室土壤重金属污染情况。

方勇 (2012) 在浙江采集不同棚龄的温室大棚土壤测定其中铬、铅、铜、镉等重金属元素含量，发现不同棚龄的大棚均比当年新建大棚的土壤重金属含量有显著增加，棚龄 8 年的温室大棚土壤均达到或超过污染警戒浓度，其中 25％的大棚土壤达轻度污染水平 (表 10 - 40)。北京 (Zhang et al.，2011)、山东 (Liu et al.，2011)、兰州 (李瑞琴等，2010) 等地区也有研究表明，温室大棚土壤均存在不同程度的重金属污染情况 (表 10 - 40)。

表 10 - 40　我国部分地区日光温室蔬菜土壤重金属含量

单位：mg/kg

地区	参数	重金属含量				数据来源
		Cd	Cr	Cu	Pb	
北京	测定值	0.20～0.32	—	38～50	—	Zhang et al.，2011
	背景值	0.074	68.1	23.6	25.4	
金华	测定值	0.10～0.22	20.87～52.11	44.91～91.30	42.43～60.94	方勇，2012
	背景值	0.070	52.9	17.6	23.7	

（续）

地区	参数	重金属含量				数据来源
		Cd	Cr	Cu	Pb	
合肥	测定值	0～0.88	25.2～68.2	11.36～45.3	25.3～36.8	蒋光月等，2008
	背景值	0.097	66.5	20.4	26.6	
山东	测定值	0.03～0.99	7.27～74.98	1.20～159.78	8.97～26.19	Liu et al.，2011
	背景值	0.084	66.0	24.0	25.8	
兰州	测定值	0.19～0.21	39.46～48.18	—	18.87～21.31	李瑞琴等，2010
	背景值	0.116	70.2	24.1	18.8	
陕西	测定值	0.63～3.17	21.08～42.17	—	13.58～29.38	柳玲，2010
	背景值	0.094	62.500	21.400	21.400	

注："—"表示数据缺失。各地区土壤重金属含量背景值数据来源于《中国土壤元素背景值》。

（一）关中平原日光温室土壤重金属含量

关中平原作为陕西省经济发展较快的地区，分布着众多不同类型的工矿企业，同时，其温室大棚数量多、规模大，成为陕西省蔬菜种植集中的地区，关于该地区温室大棚土壤重金属污染情况也不容乐观。表 10-41 为关中平原日光温室土壤重金属含量汇总表。从表 10-41 可以看出，关中平原日光温室土壤的镉、铜含量均高于相应的陕西省土壤背景值（以下简称背景值），范围分别为 0.12～1.10 mg/kg 和 25.36～62.37 mg/kg，镉含量最高值达到背景值的 11 倍，有 50% 的土壤样品镉含量超过《温室蔬菜产地环境质量评价标准》（以下简称"标准"），镉含量的最高值接近背景值的 3 倍，但未超过标准限值；土壤铅含量为 11.62～36.93 mg/kg，有 1/3 的采样点土壤铅含量超过土壤背景值；而所有采样点的土壤铬含量为 17.09～42.06 mg/kg，均低于陕西省土壤背景值。

表 10-41 日光温室土壤重金属含量

单位：mg/kg

采样点编号	重金属含量			
	Cd	Cr	Cu	Pb
1	0.12	30.24	25.57	11.62
2	0.24	35.04	32.88	14.46
3	0.64	42.06	36.29	17.62
4	0.34	38.40	62.37	18.35
5	0.43	41.10	30.96	15.45
6	0.48	36.08	30.97	15.70
7	0.47	37.64	28.40	13.88
8	0.42	30.32	34.85	15.55
9	1.10	25.48	36.42	23.20
10	0.38	24.06	34.11	32.24
11	0.22	17.09	29.50	36.93
12	0.32	25.60	25.36	23.38
陕西省土壤背景值	0.094	62.500	21.400	21.400
温室蔬菜产地环境质量评价标准	0.4	250	100	50

（二）关中平原露地大田土壤重金属含量

表 10-55 是关中平原日光温室临近的露地大田土壤重金属含量汇总表。从表 10-42 看出，关中平原日光温室临近的露地农田土壤的镉含量均高于陕西省土壤背景值，范围为 0.15～0.61 mg/kg，最高超出背景值 5 倍，其中有 16.7％的土壤超过国家土壤环境质量二级标准；土壤铜含量范围为 21.42～34.71 mg/kg，均超过陕西省土壤背景值，但均未超过标准限值；土壤铅含量为 14.03～46.42 mg/kg，有 1/3 的采样点土壤铅含量超过背景值，但均未超过标准限值；而所有采样点的土壤铬含量范围为 13.80～46.76 mg/kg，均低于陕西省土壤背景值。

表 10-42　露地农田土壤重金属含量

单位：mg/kg

采样点编号	重金属含量			
	Cd	Cr	Cu	Pb
1'	0.15	36.09	21.42	17.19
2'	0.28	33.25	26.88	15.88
3'	0.61	46.76	33.00	20.38
4'	0.29	20.38	29.80	17.96
5'	0.41	38.99	29.78	14.03
6'	0.48	39.27	31.88	16.68
7'	0.44	34.33	34.54	16.88
8'	0.37	38.29	26.61	16.82
9'	0.59	22.96	31.49	28.85
10'	0.32	31.62	34.71	46.22
11'	0.15	13.80	29.20	46.42
12'	0.44	35.50	33.88	32.15
陕西省土壤背景值	0.094	62.500	21.400	21.400
土壤环境质量二级标准（pH>7.5）	0.6	250	200	350

日光温室蔬菜生产系统中引起土壤毒性的主要来源是肥料中的重金属，其对土壤潜在毒性贡献率为 93.39％（王效琴等，2014）。其中，化学肥料中磷肥含有的重金属较多（陈宝玉等，2010），如镉、铬、砷等；日光温室普遍施用的鸡粪、猪粪等有机肥不仅能够提升土壤质量，也可以减少化肥用量，但由于畜禽饲养过程中饲料添加剂的使用，导致以畜禽粪便为原料的有机肥中也含有一定量的铜、锌等重金属（李书田等，2009），再加上蔬菜种植过程中的有机肥施用量大，极易造成土壤重金属累积。

四、污灌农田土壤-作物体系重金属污染评价

在水资源紧缺情况下，城市污水已经成为我国水量稳定、供给可靠的一种潜在资源。合理灌溉不但为污水处置提供了途径，缓解了水资源供需之间的矛盾，还可提高土壤肥力，改善土壤理化性状，增加作物产量（张增强，2011；Lado Hur，2009）。然而，由于我国城市污水处理系统普遍不完善，生活污水常常与工业污水混合排放，长期采用不符合灌溉标准的污水灌溉，农田土壤中的有机污染物、重金属及固体悬浮物含量超过了土壤吸持和作物吸收能力必然造成土壤污染（Zhang et al.，2008；Rattan et al.，2005）。当污灌区有毒有害物质积累量超过土壤的环境容量时，会通过食物链进入人体，对人类健康造成潜在威胁（Yang et al.，2009）。

西安市污灌区土壤重金属含量见表 10-43。从表 10-43 看出，土壤重金属平均含量 Zn>Cr>Pb>Cu>Cd，镉、铅含量分别高于西安市土壤背景值 299.33％和 8.63％，其他元素含量低于该背景

值；镉、铜、铅和锌含量分别高于陕西省土壤背景值 536.79%、21.05%、49.73% 和 18.42%，而铬平均含量低于该背景值；除镉平均含量接近《国家土壤环境质量标准》二级限值（pH>7.5）以外，其他元素平均含量均远低于此标准。总体来看，污灌区土壤中镉、铅含量较高，相比 1982 年的镉 0.38 mg/kg 和铅 26.9 mg/kg 均有增加，这可能是由于灌溉水中重金属含量增加引起，有数据显示（范小杉等，2013），2010 年陕西省工业废水中镉排放量接近 2003 年的 2 倍，铅排放量也大幅增加。另外，土壤镉变异系数较大，说明镉离散程度较高，这可能是采样点间污灌年限、污灌类型、灌水量等差异造成。

表 10-43　土壤重金属背景值与测定值比较

参数	重金属				
	Cd	Cr	Cu	Pb	Zn
范围（mg/kg）	0.05～1.14	30.40～76.20	14.46～45.42	24.45～37.55	40.08～114.05
平均值（mg/kg）	0.60±0.29	51.97±10.57	25.91±7.80	32.04±3.11	82.18±22.25
变异系数（%）	49.12	20.332	30.10	9.69	27.08
陕西背景值（mg/kg）	0.094	62.5	21.4	21.4	69.4
西安背景值（mg/kg）	0.15	62.8	32	29.5	87
标准限值（mg/kg）	0.6	250	200	350	300

五、农田重金属污染防治措施

土壤重金属污染主要治理方法有客土法、化学冲洗法、使用改良剂和生物修复等。然而，对于农田土壤来说，客土法、化学冲洗法等纯物理化学方法工程量大、成本较高，不宜大范围应用。生物修复技术主要是植物修复和微生物修复，依靠筛选超高累积重金属的植物和微生物，降低土壤中重金属含量，但是这种超高累积重金属的植物和微生物种类发现的较少。目前，多采用合理施肥和使用土壤改良剂等农艺措施对农田重金属污染进行防治。

（一）选用恰当性质和形态的化肥及有机肥

对已被汞污染的农田，最好不要种蔬菜和水稻，适当多施有机肥。小麦水培试验表明，施硅提高了小麦叶绿素含量，促进光合作用，降低了细胞膜透性，加强了根系活力，因而有效提高了镉毒害的抗逆性。李永涛（2004）等研究表明，能降低作物体内镉浓度的化肥形态是，氮肥：$Ca(NO_3)_2$>NH_4HCO_3>$CO(NH_2)_2$>$(NH_4)_2SO_4$；磷肥：钙镁磷肥>$Ca(H_2PO_4)_2$；钾肥：K_2SO_4>KCl。另外，鉴于磷肥中重金属种类复杂，重金属含量也有较大差异，因此，在施用磷肥时，应特别注意磷肥种类。

（二）使用改良剂，调节土壤 pH

结合改良剂，施用不同种类的肥料配施石灰能提高土壤 pH，在被镉污染的土壤上，钙镁磷肥配施石灰，可增强钙镁磷肥沉淀镉的能力，使沉淀的镉稳定性较单施钙镁磷肥好。其原因是大大降低了土壤水溶态镉。另外，施用磷肥时，还可配合使用具有可变电荷的黏粒矿物或腐殖质，促进土壤的专性吸附。研究表明，黏土矿物和有机物料可以有效钝化重金属离子。

（三）调节土壤氧化还原电位

水肥管理亦可造成氧化还原电位和 pH 的差异，从而影响植物对重金属毒害的抗性。因此，可通过控制土壤含水量来调节其氧化还原电位，达到降低重金属危害的目的。李瑞美（2002）等认为，施加有机肥后，随时间的延长，土壤的氧化还原状态及微生物活性变化会导致土壤中有效镉含量有所下降，进而降低作物遭受重金属毒害的风险。

（四）施用土壤重金属钝化剂

施入土壤中的钝化剂可以通过吸附、沉淀、络合、离子交换和氧化还原等过程，使得可交换态重金属转化为其他形态，如有机物结合态和残渣态等，从而降低重金属污染物的生物有效性和可迁移性，以达到修复目的的方法（Lombi et al.，2003；曹心德等，2011）。钝化剂对土壤重金属可交换态的影响与生物有效性和重金属形态有相关性，会随形态的不同而产生变化，最容易被生物利用的重金属形态就是可交换态。Lombi（2003）采用石灰处理污染土壤后，发现土壤中可交换态的锌和镉显著降低。根据国外相关学者的研究表明，土壤施用了石灰石等碱性物质之后土壤中的 pH 升高，土壤颗粒的表面负电荷离子随之增加，对铅、铜、锌、镉和汞等重金属离子吸附增强；重金属离子形成氢氧化物或碳酸盐结合态沉淀与 pH 的关系相当密切（Singh et al.，1999）。刘霞等（2006）的试验也证明了这一点，即碳酸盐结合态重金属与有机质含量呈负相关。由此可以看出，钝化剂对农田土壤重金属碳酸盐结合态的作用受土壤的 pH 影响较明显。

主要参考文献

边秀芝，郭金瑞，阎孝贡，等，2010. 吉林西部半干旱区玉米高产氮磷钾肥适宜用量研究 [J]. 中国土壤与肥料（2）：63-65.

曹心德，魏晓欣，代革联，等，2011. 土壤重金属复合污染及其化学钝化修复技术研究进展 [J]. 环境工程学报，5（7）：1441-1453.

陈宝玉，王洪君，曹铁华，等，2010. 不同磷肥浓度下土壤-水稻系统重金属的时空累积特征 [J]. 农业环境科学学报，29（12）：2274-2280.

陈翠霞，刘占军，陈竹君，等，2019. 陕西省新老苹果产区果园土壤硝态氮累积特性研究 [J]. 干旱地区农业研究，37（5）：171-175.

陈永，黄标，胡文友，等，2013. 温室蔬菜生产系统重金属积累特征及生态效应 [J]. 土壤学报，50（4）：693-702.

翟丽梅，陈同斌，廖晓勇，等，2008. 广西环江铅锌矿尾砂坝坍塌对农田土壤的污染及其特征 [J]. 环境科学学报，28（6）：1206-1211.

段敏，2010. 陕西关中地区小麦玉米养分资源管理及其高产探索研究 [D]. 杨凌：西北农林科技大学.

樊霆，叶文玲，陈海燕，等，2013. 农田土壤重金属污染状况及修复技术研究 [J]. 生态环境学报，22（10）：1727-1736.

范小杉，罗宏，2013. 工业废水重金属排放区域及行业分布格局 [J]. 中国环境科学，33（4）：655-662.

高飞，王弘，施艳春，等，2014. 陕西省玉米品种布局的现状及分析 [J]. 中国种业（7）：11-15.

胡锦昇，樊军，付威，等，2019. 保护性耕作措施对旱地春玉米土壤水分和硝态氮淋溶累积的影响 [J]. 应用生态学报，30（4）：1188-1198.

胡腾，2014. 黄土高原南部冬小麦-夏休闲种植体系温室气体排放与减排措施研究 [D]. 杨凌：西北农林科技大学.

蒋光月，郭熙盛，朱宏斌，等，2008. 合肥地区大棚土壤 7 种重金属相关环境质量评价 [J]. 土壤通报（5）：1230-1232.

李成芳，寇志奎，张枝生，等，2011. 秸秆还田对免耕稻田温室气体排放及土壤有机碳固定的影响 [J]. 农业环境科学学报，30（11）：2362-2367.

李虎，邱建军，王立刚，等，2012. 中国农田主要温室气体排放特征与控制技术 [J]. 生态环境学报，21（1）：159-165.

李立娜，2006. 吉林玉米带典型区域地下水硝态氮污染状况调查分析 [D]. 长春：吉林农业大学.

李茹，胡凡，李水利，等，2018. 陕西省设施蔬菜施肥现状评价 [J]. 现代农业科技（16）：53-55、59.

李瑞琴，于安芬，车宗贤，等，2010. 河西走廊日光温室不同建棚年限土壤养分及重金属残留研究 [J]. 土壤通报，41（5）：1165-1169.

李欣，2013. 半干旱黄土高原旱作覆膜玉米农田土壤甲烷通量特诊 [D]. 兰州：兰州大学.

刘芬，同延安，王小英，等，2014. 渭北旱塬春玉米施肥效果及肥料利用效率研究 [J]. 植物营养与肥料学报，20（1）：48-55.

刘建粲，王泽林，岳善超，等，2018. 地膜覆盖和施氮量对旱作春玉米农田净温室效应的影响 [J]. 应用生态学报，29（4）：1197-1204.

刘丽琼，魏世强，江韬，2011. 三峡库区消落带土壤重金属分布特征及潜在风险评价 [J]. 中国环境科学，31（7）：1204-1211.

吕殿青，杨学云，张航，等，1996. 陕西塿土中硝态氮运移特点及影响因素 [J]. 植物营养与肥料学报（4）：

289 -296.

吕殿青，1998. 氮肥施用对环境污染影响的研究 [J]. 植物营养与肥料学报，4 (1)：8 - 15.

马鹏毅，赵家锐，何威明，等，2019. 黄土高原不同树龄苹果园土壤水分及硝态氮剖面特征 [J]. 水土保持学报，33 (3)：192 - 198 - 214.

裴淑玮，张圆圆，刘俊锋，2012. 施肥及秸秆还田处理下玉米季温室气体的排放 [J]. 环境化学，31 (4)：113 - 118.

汤勇华，张栋梁，2013. 施肥对农田温室气体排放的影响 [J]. 上海农业科技 (6)：24 - 25.

田慎重，宁堂原，李增嘉，等，2010. 不同耕作措施对华北地区麦田 CH_4 吸收通量的影响 [J]. 生态学报，30 (2)：541 - 548.

王红光，石玉，王东，等，2011. 耕作方式对麦田土壤水分消耗和硝态氮淋溶的影响 [J]. 水土保持学报，25 (5)：44 - 47、52.

王效琴，吴庆强，周建斌，等，2014. 设施番茄生产系统的环境影响生命周期评价 [J]. 环境科学学报，34 (11)：2940 - 2947.

夏梦洁，马乐乐，师倩云，等，2018. 黄土高原旱地夏季休闲期土壤硝态氮淋溶与降水年型间的关系 [J]. 中国农业科学，51 (8)：1537 - 1546.

徐华丽，鲁剑巍，李小坤，等，2010. 湖北省油菜施肥现状调查 [J]. 中国油料作物学报，32 (3)：418 - 423.

徐洋，辛景树，2017. 经济作物科学施肥发展现状与对策建议 [J]. 中国农技推广，33 (5)：9 - 13.

杨慧，谷丰，杜太生，2014. 不同年限日光温室土壤硝态氮和盐分累积特性研究 [J]. 中国农学通报，30 (2)：240 -247.

张增强，2011. 污水处理厂污泥堆肥化处理研究 [J]. 农业机械学报，42 (7)：148 - 154.

赵护兵，王朝辉，高亚军，等，2016. 陕西省农户小麦施肥调研评价 [J]. 植物营养与肥料学报，22 (1)：245 - 253.

赵护兵，王朝辉，高亚军，等，2013. 西北典型区域旱地冬小麦农户施肥调查分析 [J]. 植物营养与肥料学报，19 (4)：840 - 848.

BEGUM Z A，RAHMAN I M M，TATE Y，et al，2012. Remediation of toxicmetal contaminated soil by washing with biode gradableaminopoly - carboxylatecgelants [J]. Chemosphere，87 (10)：1161 - 1170.

CHERAGHI M，LORESTANI B，MERRIKHPOUR H，et al，2013. Heavy metal risk assessment for potatoes grown in overused phosphate - fertilized soils [J]. Environmental Monitoring and Assessment，185 (2)：1825 - 1831.

LIU P，ZHAO H J，WANG L L，et al，2011. Analysis of heavy metal sources for vegetable soils from shandong province，China [J]. Agricultural Sciences in China，10 (1)：109 - 119.

SINGH B R，OSTE L，2001. In - situ immoboilization of metals incontaminated or naturally metal - rich soils [J]. Environmental Review，9 (2)：81 - 97.

第十一章

植 物 营 养 概 述

第一节　植物需要的营养元素及其主要生理功能

一、植物的矿质营养及生理功能

植物生长、发育和繁殖需要的营养元素在植物体中呈化合物形态存在。健全的植物体内含有几十种元素，但作为植物必需的营养元素是少数的，必需的营养元素是指植物正常生长发育所必需、不能用其他元素代替、对植物起直接营养作用的营养元素。植物需要的营养元素主要有 17 种，它们是碳（C）、氢（H）、氧（O）、氮（N）、磷（P）、钾（K）、钙（Ca）、镁（Mg）、硫（S）、铁（Fe）、铜（Cu）、锰（Mn）、钼（Mo）、锌（Zn）、硼（B）、氯（Cl）、镍（Ni）。其中，除氢、碳、氧一般不看作矿质营养元素外，对氮、磷、钾、钙、镁、硫 6 种元素，植物所需的量比较大，称为大量和中量元素。氯、硼、铁、锰、锌、铜、钼、镍元素植物需要的量比较小，称为微量元素。另外 4 种元素钠、钴、钒、硅不是所有植物都必需的，但对某些植物是必需的，因此，称之为有益元素。

植物主要从水、空气、土壤和肥料中获取各种营养元素。一方面它们可以作为植物组织的构成成分或直接参与新陈代谢而起作用；另一方面还影响着植物的生长方式、形态的改变以及解剖学特性和生物化学特性的改变，从而增强或减弱对病害的抵抗力，进而影响植物的生长和产量（马斯纳，1991）。虽然植物对各种营养元素的需求量不一样，但各种营养元素在植物的生命代谢中都有各自独特的生理功能，相互间是同等重要和不可代替的。因此，了解各种元素的生理功能，对于科学施肥、实现优质高产具有重要的意义（刘忠新、刘莉梅，2007）。

（一）大、中量元素

1. 碳（C）、**氢**（H）、**氧**（O）　碳、氢、氧是植物有机体的主要组分，它们占植物干物质重量的90％以上，是植物中含量最多的几种元素。它们在植物中所起的作用往往是不能分割的。碳是构成有机物的基本骨架。碳与氢、氧可形成多种多样的碳水化合物，如木质素、纤维素、半纤维素和果胶质等，这些物质是细胞壁的重要组分。碳、氢、氧还可构成植物体内各种生物活性物质，如某些维生素和植物激素等，它们都是体内进行正常代谢活动所必需的。此外，它们也是糖、脂肪、酚类化合物的组成成分，其中以糖最为重要，糖类可以合成植物体内许多重要的有机化合物，如蛋白质和核酸等基本物质。植物生命活动需要的能量也必须是通过碳水化合物在代谢过程中转化而来的，碳水化合物不仅构成植物永久的骨架，而且也是植物临时储藏的食物，或是积极参与体内的物质代谢活动（包括各种无机盐类的吸收、合成、分解和运输等），并在相互转化中，形成种类繁多的物质。由此可见，碳水化合物是植物营养的核心物质（陆景陵，1994）。此外，氢和氧对植物体内生物氧化还原过程的进行也起到很重要的作用。由于碳、氢、氧主要来自空气中的 CO_2 和水，因此，一般不考虑肥料的施用问题。而塑料大棚和温室要考虑施用 CO_2 肥，但需注意 CO_2 的浓度应控制在 0.1％以下为好（刘忠新，2007）。

2. 氮（N） 在植物需要的多种营养元素中，氮元素尤为重要。从世界范围看，在所有必需营养元素中，氮是限制作物生长和形成产量的首要因素。同时它对改善产品品质也有明显作用（陆景陵，1994）。氮是蛋白质、叶绿素、核酸以及多种维生素的主要成分（张善彬等，2001），而蛋白质、核酸等又是原生质、细胞核和生物膜的重要组成部分，它们在生命活动中占有特殊地位。

氮是构成蛋白质的重要成分，而蛋白质的重要性在于它是生物体生命存在的形式。一切动物、植物的生命都处于蛋白质不断合成和分解的过程之中，正是在其不断合成和不断分解动态变化过程中才有生命的存在。在作物生长发育过程中，细胞的增长和分裂，以及新细胞的形成都必须有蛋白质参与。缺氮会使新细胞形成受阻，而导致植物生长发育缓慢，甚至出现生长停滞现象（孙羲等，1991）。

氮是构成叶绿素的重要成分，与光合作用有密切关系。众所周知，绿色植物有赖于叶绿素进行光合作用，而叶绿素 a 和叶绿素 b 中都含有氮素。叶绿素是植物进行光合作用的场所，叶绿素的含量往往直接影响光合作用的速率和光合产物的形成（陆景陵，1994）。植物缺氮时，体内叶绿素含量减少，叶片光合作用就会减弱（孙羲，1991），碳水化合物含量降低，新陈代谢也不能正常进行（张善彬，2001）。因此，在绿色植物的生长和发育过程中，没有氮素参与是不可想象的。

氮是构成核酸的重要成分。作物体内所有的活细胞中均含有核酸，无论是核糖核酸（RNA）还是脱氧核糖核酸（DNA）中都含有氮素（陆景陵，1994），而它们多是合成蛋白质和决定生物遗传性的物质基础。同时蛋白质与核酸的合成，与作物的生长发育和遗传变异有着密切关系（谢德体等，2004）。

此外，酶以及许多辅酶和辅基如 NAD^+、$NADP^+$、FAD 等的构成也都有氮参与，因而氮可通过酶而间接影响植物体内的各种代谢过程（孙羲，1991）。同时，氮还是某些维生素（如维生素 B_1、维生素 B_2、维生素 B_6、维生素 B_3 等）的成分，而某些生物碱（如烟碱、茶碱、胆碱等）和植物激素（如细胞分裂素、赤霉素等）也都含有氮。这些含氮化合物，在植物体内含量虽不多，但对于调节某些生理过程却很重要，它们对生命活动起重要的调节作用。

总之，氮对植物的生命活动以及作物产量和品质均有极其重要的影响。植物吸收利用的氮素主要是铵态氮和硝态氮（孙羲，1991）。在作物生长期间，供应充足而适量的氮素能促进植株生长发育，并获得高产，过量施氮或缺氮都会对作物正常生长造成生理障碍，导致减产。因此，随着高产、优质工程的进行，更应注意氮肥的施用（刘忠新，2007）。目前常用的氮肥有人粪尿、尿素、硝酸铵、硫酸铵、碳酸氢铵等，主要是为作物正常生长供给氮素营养。

3. 磷（P） 磷是核酸、核蛋白和磷脂的主要成分，同时还以多种方式参与植物体内的各种代谢过程，与蛋白质合成、细胞分裂、细胞生长有着密切的关系（张善彬，2001），在植物的生长发育中起着重要作用。

磷是构成植物体内多种化合物的重要成分。首先，磷是核酸的重要组成元素，而核酸是核蛋白的重要组分，核蛋白又是细胞核和原生质的主要成分，它们都含有磷。其中核酸是植物生长发育、繁殖和遗传变异中极为重要的物质，同时核酸和核蛋白又是保持细胞结构稳定，进行正常分裂、能量代谢和遗传所必需的物质，在植物个体生长、发育、繁殖、遗传和变异等生命过程中均起着极为重要的作用（刘忠新，2007）。因此，磷和每一个生物体都有密切关系。磷的正常供应，有利于细胞分裂、增殖，促进根系伸展和地上部的生长发育（陆景陵，1994）。其次，磷是磷脂的重要组成元素。作物体内含有多种磷脂，如二磷脂酰甘油、磷脂酰胆碱、磷脂酰肌醇、磷脂酰丝氨酸、磷脂酰乙醇胺等。这些磷脂和糖脂、胆固醇等膜脂物质与蛋白质一起构成了生物膜（孙羲，1991）。此外，磷对植物与外界介质进行物质、能量和信息交流有控制和调节的作用。同时，磷还是构成植素的重要成分。植素是植物体内磷的储藏形态，在作物幼苗生长期间，胚需要多种矿质养分，其中磷是合成生物膜和核酸所必需的（陆景陵，1994）。当种子萌发时，植素在植素酶的作用下，使磷酸形成游离态，参与糖的酵解，供发芽和幼苗生长的需要（谢德体等，2004）。最后，磷还是其他重要磷化合物的组成成分，如辅酶 NAD^+、$NADP^+$、三磷酸腺苷（ATP），及各种脱氢酶、氨基转移酶等。

磷还积极参与光合作用和碳水化合物的代谢。光合作用通过光合磷酸化作用，将光能转化为化学能，而此必须有磷的参加，把光能储存在 ATP 的高能键中来实现，并且光合产物的运输也离不开磷。它不仅为形成己糖提供能源，而且也为合成蔗糖、淀粉、纤维素等双糖、多糖提供能源（孙羲，1991）。而在碳水化合物代谢中，许多物质也都必须首先进行磷酸化作用。

磷能够促进氮素代谢，缺磷将使氮素代谢明显受阻（陆景陵，1994）。磷是作物体内氮素代谢过程中酶的重要组成成分之一。如氨基转移酶其活性基为磷酸吡哆醛素，在它的影响下，促进了氨基化作用、脱氨基作用和氨基转移作用等的进行。同时，磷能加强有氧呼吸作用中糖类的转化，有利于各种有机酸和 ATP 的形成。另外，磷能促进植物利用更多的硝态氮，也是生物固氮所必需的。在氮素代谢过程中，无论是能源还是氨的受体都与磷有关。

另外，磷能促进脂肪代谢。由于植物体内的油脂是从碳水化合物转化而来的，在糖转化为甘油和脂肪酸的过程中，以及两者合成脂肪时都需要有磷的参加。同时，磷具有提高植物的抗逆性如抗旱、抗寒、抗病等能力和适应外界环境条件的能力（刘忠新，2007）。

作物主要吸收正磷酸盐，也能吸收偏磷酸盐和焦磷酸盐。后两种形态的磷酸盐在作物体内能很快被水解成正磷酸盐而被作物利用。因此，正磷酸盐是作物吸收的主要形态（孙羲，1991），以 $H_2PO_4^-$ 或 HPO_4^{2-} 的形式被植物吸收。另外，作物对磷的吸收受根系特性、土壤条件等因素影响。由于磷参与多种代谢过程，而且在生命活动最旺盛的分生组织中含量很高，因此施磷对分蘖、分枝以及根系生长都有良好作用。此外，由于磷与氮效果密切，所以只有氮磷配合施用，才能充分发挥磷肥效果（罗淑华等，1997）。

4. 钾（K）　钾也是作物所需要的大量元素之一，对作物产量及品质影响很大。许多植物需钾量都很大，在植物体内含量仅次于氮。钾不仅在生物物理和生物化学方面有重要作用，而且对体内同化产物的运输，及能量转变也有促进作用（陆景陵，1994）。由于钾具有提高产品品质和适应外界不良环境的能力，因此它有品质元素和抗逆元素之称。

钾是植物体中许多酶的催化剂。植物体中有 60 多种酶需要 K^+ 作为活化剂。这些酶包括合成酶、氧化还原酶和转移酶三大类，它们参与糖代谢、蛋白质代谢和核酸代谢等主要生物化学过程，对作物生长发育起着独特的生理功效。另外，由于钾是许多酶的活化剂，所以供钾水平明显影响植物体内碳、氮的代谢（陈德扬，2001）。

钾可以促进光能的利用，增强光合作用，提高 CO_2 的同化率。钾在光合作用中起着重要的作用。首先，钾能促进叶绿素的合成，K^+ 能保持叶绿素体内类囊体膜的正常结构，缺钾时类囊体膜结构疏松，影响光合作用的正常进行。其次，钾能稳定叶绿体的结构，缺钾时，叶绿体的结构易出现片层松弛，进而影响电子的传递以及 CO_2 的同化（陆景陵，1994）。另外，钾能促进叶绿体中 ATP 的形成，从而为 CO_2 的同化提供能量。最后，钾能调节气孔的运动，调节 CO_2 透入叶片和水分蒸腾的速率（孙羲，1991），有利于经济作物用水。

钾能促进植物体内物质的合成与转化。首先，钾可以促进植物体内碳水化合物的合成与转运，当钾不足时，植株内糖、淀粉水解成单糖，从而影响产量。反之，钾充足时，活化了淀粉合成酶，提高了单糖合成蔗糖、淀粉的量（谢德体，2004）。其次，钾能促进蛋白质和核蛋白的合成，促进有机酸的代谢，通过对酶的活化作用等多方面对氮素代谢产生影响，提高作物对氮的吸收（陆景陵，1994）。此外，蛋白质和核蛋白的合成均需钾催化，当供钾不足时，植物体内蛋白质的合成减少，可溶性氨基酸含量明显增加，植物组织中原有的蛋白质也会分解，这些含氮化合物对植物有毒害作用。

钾在植物体内呈 K^+ 状态存在，它主要是以可溶性无机盐形式存在于细胞中，或以 K^+ 形态吸附在原生质胶体表面。植物体内的钾流动性很强，易于转移至地上部分，且有随着植物生长中心转移而转移的特点。因此，钾能被植物多次反复利用。

5. 钙（Ca）　钙是植物需要的中量营养元素之一，不同植物种类、部位和器官的含钙量变幅很大，多数作物对钙的需求量都较大。

钙的生理功能与其构成的组织有关，它是植物结构的组成元素。此外，在液泡中含有大量的有机酸钙，如草酸钙、柠檬酸钙、苹果酸钙等（曹恭、梁鸣早，2003）。

钙是构成植物细胞壁的重要成分并具有稳固细胞壁的功能。这是由于钙存在于相邻两个细胞壁之间的胞间层以及细胞壁和细胞质之间的交界处，这两个区域中的钙与果胶质形成果胶酸钙（史瑞和，1989）。一方面，果胶酸钙可增强细胞壁结构与细胞间的黏结作用；另一方面，果胶酸钙对膜的通透性和有关的生理变化过程也有调节作用。钙可稳定生物膜的结构和调节膜的渗透性。其作用机理主要是依靠它把生物膜表面的磷酸盐、磷酸酯与蛋白质的羧基桥接起来。钙有利于生物膜选择性地吸收离子，能够增强植物对环境胁迫的抗逆能力，如抗旱、抗寒、抗盐、抗虫害等（刘忠新，2007），钙还可以防止作物的早衰，提高作物的品质。Ca^{2+} 可以通过对细胞膜透性的调节作用减弱乙烯的生物合成作用，延缓衰老。在果实发育过程中，供应充足的钙有利于干物质的积累，还可以有效防止成熟果实腐烂，延长储存期和保质期。

钙还可以促进细胞伸长和根系伸长。Ca^{2+} 能降低原生胶体的分散度，调节原生质的胶体状态，使细胞充水度、黏滞性、弹性以及渗透性等适合正常作物生长（曹恭、梁鸣早，2003）。在缺钙的介质中，根系的伸长在数小时内就会停止，这是由于缺钙破坏了细胞壁的黏结联系，抑制细胞壁的形成，而且使已有的细胞壁解体。

除此以外，钙还具有渗透调节的作用，液泡中的 Ca^{2+} 对阴阳离子的平衡有调节作用。Ca^{2+} 具有酶促作用，Ca^{2+} 能提高一些酶如淀粉酶和磷脂酶等酶的活性，还能抑制蛋白激酶和丙酮酸激酶的活性。钙可促进硝态氮吸收，与氮代谢有关。它有助于减少植物中的硝酸盐，中和植物中的有机酸，对代谢过程中产生的有机酸有解毒作用（曹恭、梁鸣早，2003）。钙能调节养分离子的生理平衡，消除某些离子的毒害作用。钙与铵离子的拮抗作用，不会使过量的铵危害作物，而且还能加速铵离子的转化，以减少铵离子在作物体内的积累。同时，钙与氢、铝、钠离子也有拮抗作用，可以避免这些离子的不利影响。

作物体以 Ca^{2+} 的形式吸收钙素营养。钙在植物体内流动性很差，而且只有幼嫩根尖能吸收钙。所以，大多数植物所需的大量钙，要通过质流运到根表面再随着植物体内蒸腾水流从根部上升到叶片。钙被吸收入根后，基本上是通过木质部向上运输，其速度在很大程度上受蒸腾强度的影响。

6. 镁（Mg） 镁是作物所需的中量元素之一，不同植物含镁量各不相同。在植物器官和组织中的含镁量不仅受植物种类和品种影响，而且受植物生育时期和许多生态条件的影响。作物体内镁的浓度一般以种子含量最高，茎叶次之，根最少（谢德体，2004）。

镁是叶绿素的主要成分，在光合作用中的地位十分重要。叶绿素分子只有和镁原子结合后，才具备吸收光量子的必要结构，并能有效地吸收光量子进行光合碳同化反应（史瑞和，1989）。每个叶绿素分子含一个镁原子，即叶绿素分子量的 2.7% 是镁，在植株体内约 10% 的镁存在于叶绿体中。因此，镁对光合作用来说是必不可少的。镁也参与叶绿体中 CO_2 的同化作用。此外，镁对叶绿体中的光合磷酸化和羧化反应都有影响（陆景陵，1994）。

镁是核糖体的结构成分，有利于蛋白质的合成。作为核糖体亚单位联结的桥接元素，它能够稳定核糖体颗粒在蛋白质合成中所需的构型，为蛋白质合成提供场所。因此，镁是稳定核糖体颗粒，特别是多核糖体所必需的。另外，镁还可激活氨基酸生成多肽链，进而合成蛋白质。

镁可以活化和调节酶促反应。植物体中一系列的酶促反应都需要镁或依赖于镁进行调节。几乎所有的磷酸化酶、激酶和某些脱氢酶、烯醇酶都需要 Mg^{2+} 来活化。镁是多种酶的辅助因子，这些酶在 CO_2 同化中起作用，若供镁不足会影响 CO_2 同化，继而影响光合作用，因此，镁提高了酶与 CO_2 的亲和性（曹恭、梁鸣早，2003）。Mg^{2+} 在 ATP 或 ADP 与酶分子之间，形成一个桥，这样有利于键的断裂，使 ATP 或 ADP 水解，释放出磷酸，促进磷酸化作用（孙羲，1991）。因此，镁在光合作用、糖酵解和三羧酸循环等几乎所有磷酸化过程的酶促反应中都起辅助作用。

镁是活动性元素，在植株中移动性很好，植物组织中全镁量的 70% 是可移动的，并与无机阴离子和苹果酸盐、柠檬酸盐等有机阴离子相结合。镁以二价离子的形式被根尖吸收，土壤中的二价镁离子随质流向植物根系移动，细胞膜对镁离子的透过性较小，作物根系吸收镁的速率很低，吸收能力弱。因此在作物生长初期镁大多存在于叶片中，后期则转入种子或果实内。植物体镁离子在木质部中随蒸腾流很快向上移动，能从老叶转移到幼叶和顶部，因此，镁的再利用程度较高（曹恭、梁鸣早，2003）。

7. 硫（S） 硫是植物需要的中量元素之一，植物的含硫量明显受植物种类、品种、器官和生育期的影响。

硫是合成蛋白质的必需成分，一般蛋白质含硫 $0.3\%\sim2.2\%$。蛋白质中有 3 种含硫氨基酸，即胱氨酸、半胱氨酸和蛋氨酸。作物缺硫时，不含硫的氨基酸和酰胺（如天门冬酰胺、谷氨酰胺和精氨酸等）积累增多，而蛋白质含量降低，同时，植株中的硝态氮会增多。由此可见，硫与蛋白质合成密切相关（孙羲，1991）。

硫是许多酶的组成成分，并参与一些酶的活化。例如，丙酮酸脱氢酶、磷酸甘油醛脱氢酶、脂肪酶、氨基转移酶、脲酶及木瓜蛋白酶等都含有硫。这些酶与呼吸作用、脂肪代谢以及碳水化合物代谢有关（谢德体，2004）。硫还参与一些酶的活化，如半胱氨酰-SH 基在维持许多酶的催化活性中是极其重要的。约有 40% 的酶需要游离的半胱氨酰-SH 基发生催化活性作用，特别是某些蛋白水解酶如番木瓜蛋白酶和脲酶、APS 磺基转移酶等，均以-SH 基作为酶反应中的功能团。另外，硫对硝酸还原酶的活性也有影响。

硫有助于合成其他生物活性物质。某些维生素（生物素、硫胺素、维生素 B_1）、谷胱甘肽、铁氧还蛋白、辅酶 A 等都含有硫。维生素是构成许多辅酶的重要成分，谷胱甘肽、半胱氨酰基和甘氨酸结构中都含有-SH 基（谢德体，2004）。另外，铁氧还蛋白是一种重要的含硫基化合物（非血红素铁、硫蛋白质），它参与亚硝酸还原、硫酸盐还原、分子态氮的固定、氨的同化以及光合作用等过程。并且在无机养分转化为有机物的过程中也都有铁氧还蛋白参与（曹恭、梁鸣早，2003）。

除此以外，硫虽然不是叶绿素的成分，但影响叶绿素的合成，这可能是叶绿体内的蛋白质含硫所致。严重缺硫时，作物甚至可能出现叶绿素的分解。此外，硫还是许多挥发性化合物的结构成分，这些成分使洋葱、大蒜、大葱和芥菜等植物具有特殊的气味（陆景陵，1994）。

（二）微量元素

植物生长发育除需要氮、磷、钾、钙、镁、硫等大量和中量元素以外，铁、锰、锌、铜、硼、钼、氯、镍等微量元素也是必不可少的。这些元素在植物体内虽然含量很少，但它们对植物的生长发育起着至关重要的作用。当作物缺乏任何一种微量元素的时候，生长发育都会受到抑制，进而导致减产和品质下降（刘桂兰，2003）。

1. 铁（Fe） 铁是形成叶绿素的必要条件，但不是叶绿素的组成成分，在叶绿素的生物合成过程中，需要含铁的酶进行催化。铁与光合作用密切相关，它不仅影响光合作用中的氧化还原系统，还参与光合磷酸化作用，并且直接参与 CO_2 还原过程。铁在影响叶绿素合成的同时，还影响所有能捕获光能的器官和物质，包括叶绿体、叶绿素蛋白复合物、类胡萝卜素等。

铁是一些酶的组分，如细胞色素氧化酶、过氧化氢酶、过氧化物酶等，因而铁参与了作物体内所有氧化还原过程，并在呼吸过程中占有重要位置。

铁是钼-铁蛋白和铁蛋白的组分，固氮酶缺铁就没有固氮活性，固氮酶在固氮微生物中处于氮固定过程的中心。铁缺乏还将对其他代谢过程产生影响，如降低糖含量，特别是还原糖、有机酸（如苹果酸和柠檬酸）以及维生素 B_2 等的含量。这说明铁还与碳水化合物、有机酸和维生素的合成有关。铁离子在作物体内是最为固定的元素之一，流动性很小，是不能被再度利用的营养元素。

2. 锰（Mn） 锰在植物体内一般以两种形态存在：一种以 Mn^{2+} 的形态进行运输；另一种以结合态，即锰与蛋白质结合，存在于酶及生物膜上。

锰是维持叶绿体结构所必需的元素，在叶绿体中锰与蛋白质结合形成酶蛋白，它是光合作用中不可缺少的参与者。缺锰时，膜结构遭破坏而导致叶绿体解体，叶绿素含量下降（陆景陵，1994）。此外，叶绿体中的锰以结合态直接参与水的光解反应（谢德体，2004）。

锰是植物体内许多酶的组分和活化剂，能促进碳水化合物和氮的代谢，参与无机酸的代谢、CO_2的同化、碳水化合物的分解及胡萝卜素、核黄素、维生素 C 的合成等。缺锰时，硝酸还原酶活性下降，作物体内硝态氮的还原作用受阻，硝酸盐不能正常转变为铵态氮，造成体内硝酸盐积累，导致蛋白质形成和氮素代谢受到阻碍。锰还是核糖核酸聚合酶、二肽酶、精氨酸酶的活化剂，它可促进氨基酸合成为肽，有利于蛋白质合成；也能促进肽水解生成氨基酸，并运往新生的组织和器官中，在这些组织中再合成蛋白质。

此外，锰对胚芽鞘的伸长有刺激作用，可以促进种子的萌发和幼苗生长，可以加快种子内淀粉和蛋白质的水解过程，促使单糖和氨基酸能及时供幼苗利用。供锰充足还能加速花粉管伸展，提高结实率，对幼龄果树提早结果有良好的作用。锰还有利于根系的生长，对维生素 C 的生成及加强茎的机械组织也都有一定的作用。

锰的转运主要是以二价锰离子形态而不是有机络合态。锰元素在植物体内移动性差，优先转运到分生组织，因此，植物幼嫩器官通常富含锰。植物吸收的锰大部分积累在叶片中。

3. 锌（Zn）　锌是植物体中许多酶的组成成分和活化剂。锌是碳酸酐酶、谷氨酸脱氢酶、磷脂酶、羧基肽酶和黄素酶的组分，对作物体内的水解、氧化还原，以及蛋白质合成等过程均有重要作用。锌也是许多酶的活化刘，在生长素形成中，锌与色氨酸酶的活性有密切关系。在糖酵解过程中，锌是磷酸甘油醛脱氢酶、乙醇脱氢酶和乳酸脱氢酶的活化剂，这些都表明锌参与呼吸作用及多种物质代谢过程。

锌在植物体内还参与生长素（吲哚乙酸）的合成和代谢。缺锌时，作物体内吲哚乙酸的合成锐减，尤其是在芽和茎中的含量明显减少，使作物生长发育出现停滞状态，其典型表现是叶片变小，节间缩短等，通常称为"小叶病"。

锌还与蛋白质代谢及碳水化合物的转化有关，锌不足可使植物体内的蛋白质合成数量下降，酰胺化合物的数量增加，氮的代谢受到严重影响。锌在供水不足和高温条件下，能增强光合作用，提高光合作用效率（陆景陵，1994）。锌对植物繁殖器官的形成和发育具有重要的作用，同时，它还可以增强植物对不良环境的抵抗力，既能增强植物的抗旱性，又能提高植物的抗热性。

4. 铜（Cu）　铜离子形成稳定性螯合物的能力很强，它能和氨基酸、肽、蛋白质及其他有机物质形成配合物，如各种含铜的酶和多种含铜的蛋白质。它们是植物体内行使各项功能的主要形态。

铜在电子传递和酶促反应中起作用，参与植物体内氧化还原反应。铜是植物体内很多酶的组成成分，如细胞色素氧化酶、多酚氧化酶、抗坏血酸氧化酶、吲哚乙酸氧化酶等。铜以酶的方式积极参与作物体内的氧化还原反应，从而促进碳水化合物和蛋白质的代谢与合成，使植物抗寒、抗旱能力增强，并对植物的呼吸作用有明显的影响（刘桂兰，2003）。

铜对叶绿素有稳定作用，可避免叶绿素过早地遭受破坏，有利于叶片更好地进行光合作用。叶片中的铜大部分结合在细胞器中，尤其在叶绿体中含量较高。铜与色素可形成配合物，对叶绿素和其他色素有稳定作用，特别是在不良环境中能防止色素被破坏（陆景陵，1994）。铜参与酪氨酸酶、虫漆酶和抗坏血酸氧化酶系统，在细胞色素氧化酶的末端起氧化作用，参与质体蓝素介导的光合电子传递，对形成根瘤有间接影响。铜供应不足时，叶绿体中的铜含量显著下降，使植物对 CO_2 的吸收降低，光合作用减弱，因此，铜不仅和呼吸作用有关，而且对光合作用也很重要。

此外，铜是超氧化物歧化酶（SOD）的重要组分，这种酶是所有好氧有机体所必需的。铜锌超氧化物歧化酶具有催化超氧自由基歧化的作用，以保护叶绿体免遭超氧自由基的伤害。缺铜时，植株中超氧化物歧化酶的活性降低。铜还参加蛋白质和糖类的代谢作用，对植物正常开花及豆科作物根瘤的形成和生物固氮效果均有重要作用（Trolldenier G，1976）。

5. 硼（B）　硼在植物所需的微量元素中是非金属元素。硼并不是植物体的组成物质，在植物体内多呈不溶状态存在，对植物的某些重要生理过程有特殊作用。

硼可促进体内碳水化合物的运输和代谢，主要有两个功能：细胞壁物质合成和糖运输。硼不仅和细胞壁成分紧密结合，而且是细胞壁结构完整性所必需。硼有增强作物输导组织的作用，因此，能促进碳水化合物的正常运转，影响酶促过程和生长调节剂、细胞分裂、细胞成熟、核酸代谢、酚酸的生物合成以及细胞壁形成等（Trolldenier G，1976）。

硼有利于促进生殖器官的建成和发育。硼可刺激作物花粉的尽快萌发，可使花粉管伸长迅速进入子房，有利于受精和种子的形成。植物缺硼抑制了细胞壁的形成，使细胞伸长不规则，花粉母细胞不能进行四分体分化，从而导致花粉粒发育不正常（陆景陵，1994），粉管形成困难，妨碍受精作用，易出现"花而不实"或"穗而不孕"，形成不结实或籽粒不饱满、缩果畸形等现象。

此外，硼能与酚类化合物结合，克服酚类化合物对吲哚乙酸氧化酶的抑制作用。在木质素形成和木质部导管分化过程中，硼对羟基化酶和酚类化合物酶的活性起控制作用（曹恭、梁鸣早，2003）。硼还有利于蛋白质合成，提高豆科作物根瘤菌的固氮活性，增加固氮量。如果瓜类缺硼，其含糖量就会降低，影响品质（刘桂兰，2003）。除此之外，硼能增强细胞壁对水分的控制，从而增强作物抗寒和抗旱等抗逆能力。

6. 钼（Mo） 钼是植物必需元素中需要量最少的营养元素，在植物生活中的作用却同等重要。

钼是硝酸还原酶的组成成分，参与硝酸态氮还原成亚硝酸的过程。植物中大多数钼都集中在硝酸还原酶中，这是一种水溶性钼黄蛋白，存在于叶绿体被膜中。钼能提高硝酸还原酶的活性，缺钼时钼黄蛋白不能合成，导致硝酸盐积累，影响同化过程的顺利进行（曹恭、梁鸣早，2003）。柑橘黄斑病就是因硝酸盐积累过多而引起的。

钼是固氮酶的结构组分，参与豆科作物根瘤固氮菌、一些藻类、放线菌、自生固氮生物的固氮作用。固氮酶由钼铁氧化还原蛋白和铁氧化还原蛋白组成，这两种蛋白单独存在时都不能固氮，只有两者结合才有固氮能力（陆景陵，1994）。钼不仅直接影响根瘤菌的固氮作用，也影响根瘤的形成和发育。缺钼时，豆科作物的根瘤发育不良，固氮能力下降，引起豆科作物缺氮。

钼能促进过氧化氢酶、过氧化物酶和多酚氧化酶的活性，还和植物的磷代谢相关，有利于无机磷向有机磷的转化，促进磷的吸收和增强水解各种磷酸酯的磷酸酶活性，增加植物体内维生素 C 的含量。钼在光合作用和呼吸作用中也参与碳水化合物的代谢过程，钼在植物的繁殖器官中含量也很高，在受精和胚胎发育中具有特殊的作用（Trolldenier G，1976）。

7. 氯（Cl） 氯是植物必需微量元素中的非金属元素，它普遍存在于自然界。在 7 种必需的微量元素中，植物对氯的需求最多。

氯有利于植物光合作用的进行。在光合作用中，氯作为锰的辅助因子参与水的光解反应。同时，氯在叶绿体中优先积累，对叶绿素的稳定起保护作用。在细胞遭破坏、正常的叶绿体光合作用受到影响时，氯能使叶绿体的光合反应活化。适量的氯还能促进氮代谢中谷氨酰胺的转化并且有利于碳水化合物的合成与转化（曹恭、梁鸣早，2003）。

氯对于维持植物细胞的膨压及电荷平衡方面有重要作用。氯维持细胞液的缓冲性以及液泡的渗透调节，氯能激活质子泵 ATP 酶，使原生质与液泡之间保持 pH 梯度，有利于液泡渗透压的维持与细胞伸长生长。氯在植物体内有多种生理作用，主要可能是少部分氯参与生化反应，大部分氯以离子状态维持各种生理平衡。

此外，氯作为钾的伴随离子，参与调节叶片上气孔的开闭，影响到光合作用与水分蒸腾（刘忠新，2007）。氯使大多数铵态氮不能被转化，而迫使作物吸收更多的铵态氮；在作物吸收铵态氮肥的同时，根系释放出 H^+，使根际酸度增加。

8. 镍（Ni） 植物体内镍的含量一般为 $0.05\sim5.0\ \mu g/g$。根据植物对镍的累积程度不同，可分为两类：第一类为镍超累积型，主要是野生植物，其镍含量超过 1 000 mg/kg；第二类为镍累积型，其中包括野生和栽培的植物，如紫草科、十字花科、豆科和石竹科植物等。植物主要吸收离子态镍，其次吸收络合态镍。

植物体内镍的运输较为迅速。在木质部中镍可与有机酸或多种肽形成螯合物。镍累积型植物根系吸收的镍主要积累在地上部，而非累积型植物根系中镍含量高于地上部。

镍有利于种子的发芽和幼苗生长。镍是脲酶的金属辅基，脲酶是催化尿素水解为氨和 CO_2 的酶。植物体内存在着生成尿素的各种途径，包括老组织中含氮化合物的降解和生殖生长期中含氮降解产物的重新分配等。镍参与催化尿素降解，具有普遍的生理生化意义。

低浓度的镍可促进紫花苜蓿叶片中过氧化物酶和抗坏血酸氧化酶的活性，促进有害微生物分泌毒素降解，从而增强作物的抗病能力。豆科植物和葫芦科植物对镍的需求明显，这些植物在氮代谢中都有脲酶参加。过量的镍对植物也有毒，且症状多变，如生长迟缓、叶片失绿、变形、果实变小、着色早等。

二、植物的有机营养及生理功能

有些小分子有机成分可被植物根系直接吸收利用。大分子有机营养具有改善土壤理化性状，促进作物增产，改善作物品质，提高作物抗逆性等作用，并且对人畜无害，不会污染环境，具有广阔的应用前景。几种常见的有机营养包括腐殖酸、氨基酸、核酸及其降解物。

1. 腐殖酸类　腐殖酸是一种天然物质，是各种植物经过微生物分解及合成的产物，经过再聚合而形成的一种高分子有机化合物（李美云、于明礼，2007）。根据腐殖酸分子质量的大小和溶解性能，分为黄腐酸、棕腐酸和黑腐酸。黄腐酸以其分子质量较小，酸性基因多，能溶于酸、碱和水，易被植物吸收的特性，广泛应用在农业生产中。

腐殖酸具有增产效果。辣椒的株高、收获个数、单果鲜重、果实产量和维生素 C 含量随着配施腐殖酸盐而明显提高（张竹青、鲁剑巍，2003）。增加腐殖酸盐用量对辣椒产量的提高和品质改善均有明显的作用。

腐殖酸能增强作物抗逆性、抗旱性。在干旱气候条件下，喷施腐殖酸钠（HA）、黄腐殖酸钠（FA）可降低土壤水分损耗，提高小麦叶片持水能力，明显提高叶片细胞超氧化物歧化酶（SOD）、过氧化氢酶（CAT）活性，降低丙二醛（MAD）含量和电解质渗出率，减缓叶绿素降解，增强光合速率和光合产物积累，延缓植株衰老，增强小麦抗旱性，增加千粒重。在干旱瘠薄的白沙土、红黏土地中，施用腐殖酸能够使土壤容重明显下降，土壤总孔隙度和土壤持水量相应增加，有助于提高土壤保水、保肥能力，从而改善作物的生态环境。此外，腐殖酸还具有抗低温性。低温胁迫下，腐殖酸可提高水稻脯氨酸含量、多酚氧化酶比活力、脱落酸含量，并降低水稻的质膜透性及丙二醛含量。试验证明，腐殖酸可提高水稻的抗冷性、抗病性。

腐殖酸能够提高品质。周崇峻（2003）研究发现，与等养分化肥处理相比，腐殖酸复合肥料处理区的成熟期白菜中的维生素 C 含量提高 81.0%、硝酸盐含量降低 11.7%。

2. 氨基酸类　氨基酸是一组分子质量大小不等、含有氨基和羧基并具有一个短碳链的有机化合物，是合成蛋白质的基本单位，也是人类医药、保健品和多种动物饲料添加剂的重要原料。

不同氨基酸以及氨基酸的混合物对植物生长的影响不同。一些含氨基酸的废水可以在一定程度上促进旱坡地紫色土某些生态因子的改善，主要表现在该废水可以增加土壤氮素和有机质含量，改善土壤水分状况，降低土壤失水速率。复合氨基酸微量元素中，稀土元素螯合物具有用量少、成本低、回报率高的特点，不但能提高农作物的产量，改善品质，还能有效地起到灭菌、杀虫、除草、降低农药残留量的作用，是较有发展前途的新型肥料。4 年的大田试验示范结果表明，在棉花初花期喷施氨基酸螯合多元微肥，可显著提高棉花坐桃率，从而提高棉花产量，增产幅度为 14.2%～34.6%（李潮海等，1996）。氨基酸多元微肥对金针菇具有促进菌丝生长、缩短出菇期、提高产量和品质的效果（乔德生等，1996）。喷施氨基酸复合微肥能促进西瓜植株的生长发育，提高坐瓜率，增加产量，改善品质，并对西瓜枯萎病有一定的抵御作用（倪淑君，1997）。大豆氨基酸微肥拌种和喷施均可显著促进大豆早熟，提高作物产量，增加大豆的抗逆能力（任海祥，1997）。

3. 核酸类　核苷酸有机营养剂可以增加柑橘的单果重（姜小文等，2001）。核苷酸及其组合物处理，能明显提高冬瓜老、嫩瓜产量和总产量（陈日远等，2000）。核酸有机肥与氮磷钾配合施用对水稻生长发育具有明显的促进作用，可增加分蘖和千粒重（贲洪东等，2003）。喷施植物核酸营养素可促进葡萄黄叶转绿、叶片增厚、枝条成熟和果实品质提高。同对照相比，平均单粒重增加 19.1％，可溶性固性物含量提高 2.1 个百分点，产量提高 18.3％，产值提高 25.7％（张国海、李学强，2000）。在棉花的不同生长期使用不同浓度的脱氧核糖核酸（DNA）溶液喷施叶面，结果发现，在棉花的盛花期，叶面喷施浓度为 0.1％的 DNA 溶液，能明显促进其生长发育和产量的提高（王俊云等，2002）。

第二节　营养元素不适宜症状

营养元素过多或过少或营养元素间不平衡，将对植物生长发育造成损害。必需营养元素缺乏时出现的症状称为缺素症，是营养元素不足引起的代谢紊乱现象。任何必需元素的缺乏都影响植物的生理活动，并明显地影响植物正常生长。患缺素症的植物虚弱、矮小，叶片小而变形，而且往往缺绿。然而在养分供给的过程中，也应该注意施用量的控制，过多的养分投入也会对植物的生长发育产生毒害，反而影响作物的产量和品质。因此，根据植株不同部位产生的不适宜症状，可以鉴定所缺或过剩营养元素的种类。

一、大量和中量元素

1. 碳（C）、**氢**（H）、**氧**（O）　碳、氢、氧 3 种元素在植物体内含量多，占植物干重的 90％以上，是植物有机体的主要组成。由于碳、氢、氧主要来自空气中的 CO_2 和水，因此，一般不考虑肥料的施用问题。但在温室和塑料大棚栽培中，增施 CO_2 肥料是不可忽视的一项增产技术，要考虑施用 CO_2 肥，但需注意 CO_2 的浓度应控制在 0.1％以下为好。

2. 氮（N）　缺氮时，蛋白质、核酸、磷脂等物质的合成受阻，使光合作用和呼吸作用等一系列生理活动遭到破坏，植物生长矮小，细弱，分枝、分蘖很少，叶片小而薄，花果少且易脱落；缺氮还会影响叶绿素的合成，使枝叶变黄，叶片早衰甚至干枯，果树不结实或结少量无味早熟果，从而导致产量降低（陈德扬，2001）。因为植物体内氮的移动性大，老叶中的氮化物分解后可运到幼嫩组织中去重复利用，所以缺氮时叶片发黄，由下部叶片开始逐渐向上，这是缺氮症状的显著特点。玉米缺氮时，苗期生长缓慢，矮瘦，抽雄推迟，上部叶黄绿，老叶从叶尖沿着叶中脉向叶片茎部黄枯，黄枯部呈 V 形，严重时全株黄化，下部叶尖枯死但叶边缘仍保持黄绿色而略卷曲。小麦缺氮时，植株矮小，叶片直立，呈纺锤状，叶面积小，分蘖少，叶黄绿色，茎呈紫绿色，茎短而细，成熟期提早，穗短小（陈继侠、任艳华，2008）。作物缺氮不仅影响产量，而且使产品品质明显下降。供氮不足致使作物产品中的蛋白质含量减少，维生素和必需氨基酸的含量也相应减少。

在植物生长期间，供应充足而适量的氮素能促进植株生长发育，并获得高产。但是，氮过多时，叶片大而深绿，柔软披散，植株徒长，推迟开花结实。在某些无霜期短的地区，作物常因氮素过多造成生长期延长，而遭受早霜的严重危害。另外，氮素过多时，植株体内含糖量相对不足，茎秆中的机械组织不发达，细胞壁厚度和强度降低，作物徒长、组织柔软，易造成作物倒伏，易受机械损伤和病菌侵袭，进而降低作物的抗病能力（Trolldenier G，1976）。

3. 磷（P）　缺磷使体内能量和细胞的代谢受抑制，各方代谢活动受破坏，阻碍蛋白质合成及细胞分裂，使分蘖、分枝减少，幼芽、幼叶生长停滞，茎、根纤细，植株矮小，花果脱落，成熟延迟；缺磷时，蛋白质合成下降，糖的运输受阻，从而使营养器官中糖的含量相对提高，这有利于花青素的形成，故缺磷时叶子呈现不正常的暗绿色或紫红色，这是缺磷的病症。磷在体内易移动，也能重复利用，缺磷时老叶中的磷能大部分转移到正在生长的幼嫩组织中去。因此，缺磷的症状首先在下部老叶出现，并逐渐向上发展（Trolldenier G，1976）。玉米缺磷时，苗期敏感，植株矮化，叶尖、叶缘失绿呈紫红色即紫苗，根系不发达，雌穗授粉受阻，籽粒不充实，果穗秃尖。

磷肥过多时，植物呼吸作用过强，消耗大量糖分和能量，也会因此产生不良影响。繁殖器官常因磷肥过量而加速成熟进程，并由此导致营养体小，茎叶生长受抑制，产量降低。施磷过多还表现为植株地上部分与根系生长比例失调，在地上部生长受抑制的同时，根系非常发达，根量极多而粗短。此外，还会出现叶用蔬菜的纤维素含量增加、烟草的燃烧性差等品质下降情况。磷过多还会阻碍植物对硅的吸收，易招致水稻感病。水溶性磷酸盐还可与土壤中的锌结合，减少锌的有效性，故磷过多易引起缺锌病。

4. 钾（K）　缺钾时，植物体内盐与水分的平衡失调，细胞代谢及酶活动受影响。作物缺钾通常是老叶和叶缘发黄，进而变焦枯似灼烧状，叶片上出现褐色斑点或斑块，但叶中部、叶脉和近叶脉处仍为绿色。随着缺钾程度的加剧，整个叶片变为红棕色或干枯状，坏死脱落。根系短而少，易早衰，严重时腐烂，易倒伏。新叶变小呈暗绿色，根生长不良易腐烂，果实肥大虚弱，外观差，产量和品质下降。植株茎秆柔弱易倒伏，抗旱性和抗寒性均差。小麦缺钾时，植株呈蓝绿色，叶软弱下披，上、中、下部叶片的叶尖及边缘枯黄，老叶焦枯。茎秆细弱、早衰、易倒伏。玉米缺钾时，下部叶片的叶尖、叶缘呈黄色或赤褐色焦枯，后期植株易倒伏、果穗小、顶部发育不良（陈继侠、任艳华，2008）。

施用过量钾肥也会由于破坏了养分平衡而造成作物品质下降。如苹果的果肉变绵不脆，耐储性下降；由于细胞含水率偏高而使枝条不充实，耐寒性下降等。有资料报道，湖北某果园，因施钾过多，造成柑橘果皮过厚、粗糙，糖分和果汁减少，纤维素含量增加，着色晚，品质下降，几乎不能食用。此外，钾肥过量会造成作物奢侈吸收，还会引起作物镁、锰、钙的缺乏症状。

5. 钙（Ca）　缺钙时，碳水化合物和氮代谢受破坏，无机盐和有机盐向根际水中释放，新叶叶尖、叶缘黄化，窄小畸形成粘连状，展开受阻，叶脉皱褶，叶肉组织残缺不全并伴有焦边；植株矮、节间短，顶芽侧芽和根尖易坏死，新生组织柔软，幼叶先端白化、卷曲畸形，叶脉间失绿黄化坏死，根变粗短。表皮木栓化，根尖坏死，根系细弱，根毛发育停滞，伸展不良；果实发育不良，幼果易生脐腐病、顶腐病（陈德扬，2001）。玉米缺钙时，植株生长矮小，生长点和幼根即停止生长，玉米新叶叶缘出现白色斑纹和锯齿状不规则横向开裂。新叶分泌透明胶质，相邻幼叶的叶尖相互黏连在一起，使得新叶抽出困难，不能正常伸展。严重时老叶尖端也出现棕色焦枯。根尖坏死，和正常植物的根系相比根系量小，新根极少，老根发褐，整个根系明显变小。多种蔬菜因缺钙发生腐烂病，如番茄脐腐病，最初果顶脐部附近果肉出现水渍状坏死，但果皮完好；以后病部组织崩溃，继而黑化、干缩、下陷，一般不落果，无病部分仍继续发育，并可着色；此病常在幼果膨大期发生，越过此期一般不再发生。甜椒也有类似症状（曹恭、梁鸣早，2003）。

钙过剩时，土壤易呈中性或碱性，引起微量元素的不足（铁、锰、锌），叶肉颜色变淡，叶尖红色斑点或条纹斑出现。汪仁新研究结果显示，当花生施钙 3.2 g/kg 以上时，花生植株生长缓慢，表现株矮、叶小、叶色黄绿；施钙达到 6.4 g/kg 时，花生出苗后 15 d 左右出现受害症状，植株下部叶片呈烧焦状，根系不发达，比正常植株矮 10 cm 左右，结荚少，荚果产量低。

6. 镁（Mg）　镁是活性元素，在植株中移动性很好。植物组织中全镁量的 70％ 是可移动的，并与无机阴离子和苹果酸盐、柠檬酸盐等有机阴离子相结合（曹恭、梁鸣早，2003）。缺镁时叶绿素、碳水化合物和蛋白质代谢受影响，症状首先出现在低位衰老叶片上，共同症状是下位叶叶肉为黄色、青铜色或红色，但叶脉仍呈绿色。进一步由下而上逐渐扩展，整个叶片组织全部淡黄色，然后变褐色直至最终坏死（陈德扬，2001）。缺镁植株一般变矮小，生长呈现缓慢的状态。缺镁双子叶植物叶脉间失绿，并逐渐由淡绿色转变为黄绿色或白色，还会出现大小不一的褐色或紫红色斑点或条纹；严重缺镁时，整个叶片出现坏死现象。禾本科植物如小麦缺镁时，早期叶片脉间褪绿出现黄绿相间的条纹花叶，严重时呈淡黄色或黄白色，中下位叶脉间失绿，残留绿斑相连成串，呈念珠状。

蔬菜作物缺镁时，一般为下部叶片出现黄化。莴苣、甜菜、萝卜等通常都在脉间出现显著黄斑，并呈不均匀分布，但叶脉组织仍保持绿色。芹菜首先在叶缘或叶尖出现黄斑，进一步坏死。番茄下位叶脉间出现失绿黄斑，叶缘变为橙、赤、紫等各种色彩，色素和缺绿在叶中呈不均匀分布，果实亦由红色褪成淡橙色，果肉黏性减弱。缺镁症状多发生在生育中后期，尤其以种子形成后多见。

作物镁过剩症状一般不常见，但若发生则会阻碍作物生长，出现叶尖萎凋、叶片失绿、叶尖色淡等症状。

7. 硫（S） 缺硫使蛋白质合成受阻，导致失绿症，其外观症状与缺氮很相似，但发生部位有所不同。缺硫症状往往先出现于幼叶，这是因为植物体内硫的移动性较小，不易被再利用；而缺氮症状则先出现于老叶。缺硫植物生长受阻，植株矮小，分枝、分蘖减少，全株体色褪淡，呈浅绿色或黄绿色（陈德扬，2001）；叶片失绿或黄化，褪绿均匀，幼叶较老叶明显，叶小而薄，向上卷曲，变硬，易碎，脱落提早；茎生长受阻，株矮、僵直。生长期延迟。不同作物缺硫症状有所差异（曹恭、梁鸣早，2003）。缺硫时，禾谷类作物植株直立，分蘖少，茎瘦，幼叶淡绿色或黄绿色。大麦幼叶失绿较老叶明显，严重时叶片出现褐色斑点。与硫供应充足的玉米相比，缺硫玉米的硝酸还原酶活性很低（史瑞和，1989）。卷心菜、油菜等作物缺硫时最初会在叶片背面出现淡红色。卷心菜随着缺硫加剧，叶片正反面都发红发紫、杯状叶反折过来，叶片正面凹凸不平。油菜幼叶淡绿色，逐渐出现紫红色斑块，叶缘向上卷曲呈杯状，茎秆细矮并趋向木质化，花、荚色淡，角果尖端干瘪。

硫过量主要是 SO_2 对植物的毒害作用，作物叶色首先变为暗黄色或暗红色，继而叶片中部或叶缘受害，在叶片产生水渍区，最后发展成白色的坏死斑点。菜豆、甜菜和四季萝卜在一定生长阶段，对含硫气体非常敏感，凡受工业 SO_2 影响的地区，其一年生作物的产量可降低 $11\%\sim13\%$。

二、微量元素

1. 铁（Fe） 作物的缺铁症状首先出现在植物幼叶上。缺铁植物叶片失绿黄白化，心叶常白化，称失绿症。初期脉间褪色而叶脉仍绿，叶脉颜色深于叶肉，色界清晰，严重时叶片变黄，甚至变白。双子叶植物形成网纹花叶，单子叶植物形成黄绿相间条纹花叶。麦类及玉米缺铁时，叶片脉间失绿，呈条纹花叶，越近心叶症状越重。严重时心叶不出，植株生长不良、矮缩，生育延迟，有的甚至不能抽穗。果菜类及叶菜类蔬菜缺铁，顶芽及新叶黄白化，仅沿叶脉残留绿色，叶片变薄，一般无褐变、坏死现象。番茄缺铁时，叶片基部出现灰黄色斑点（曹恭、梁鸣早，2003）。

实际生产中，作物铁中毒的现象并不常见。铁中毒常与缺钾及其他还原性物质的危害有关。铁中毒的症状表现为地上部分生长受阻，叶色深暗，老叶上有褐色斑点，根部呈灰黑色，易腐烂等。旱作土壤一般不发生铁中毒（陆景陵，1994）。

2. 锰（Mn） 锰为较不活动元素。缺锰植物首先表现为新生叶片叶脉间绿色褪淡发黄，但叶脉仍保持绿色，脉纹较清晰，严重缺锰时有灰白色或褐色斑点出现，但程度通常较浅，黄、绿色界不够清晰，对光观察时才比较明显。严重时病斑枯死，称为"黄斑病"或"灰斑病"，并可能穿孔。有时叶片发皱、卷曲甚至凋萎。不同作物表现症状有差异（曹恭、梁鸣早，2003）。小麦缺锰初期表现为脉间失绿黄化，并出现黄白色的细小斑点，以后逐渐扩大连成黄褐色条斑，靠近叶的尖端有一条清晰的组织变弱的横线（褶痕），因而叶片上端弯曲下垂，并且根系发育差、须根小、细而短，有的呈黑褐色而死亡。植株生长缓慢，无分蘖或很少分蘖。豌豆缺锰时会出现豌豆"杂斑病"，并在成熟时，种子出现坏死，子叶表面出现凹陷。果树缺锰时，一般也是叶脉间失绿黄化（如柑橘）。缺锰有时会影响植物的化学组成，如缺锰的植株中往往有硝酸盐积累，向日葵缺锰时体内有氨基酸积累。

植物含锰量超过 $600\,mg/kg$ 时，就可能发生毒害作用，但各种作物又有区别。过量锰会阻碍作物对钼和铁的吸收，往往使植物出现缺钼症状。锰中毒会诱发双子叶植物如棉花、菜豆等缺钙（皱叶病）。根一般表现颜色变褐、根尖损伤、新根少。叶片出现褐色斑点，叶缘白化或变成紫色，幼叶卷曲等。

3. 锌（Zn） 锌在植物中不能迁移，因此缺锌症状首先出现在幼嫩叶片上和其他幼嫩植物器官上。缺锌症状主要表现为植物叶片褪绿黄白化，叶片失绿，脉间变黄，出现黄斑花叶，叶显著变小，常发生小叶丛生，称为小叶病、簇叶病等，生长缓慢，茎节间缩短，甚至节间生长完全停止（曹恭、梁鸣早，2003）。玉米缺锌时苗期会出现白苗，成长后称为花叶条纹病，抽穗后，果穗发育不良，形成缺粒不满尖的玉米棒。小麦缺锌节间短，抽穗扬花迟而不齐，叶片沿主脉两侧出现白绿条斑或条带。叶菜类蔬菜缺锌新叶出生异常，有不规则的失绿，呈黄色斑点。番茄、青椒等果菜类缺锌呈小叶丛生状，新叶发生黄斑，黄斑渐向全叶扩展，还易感染病毒病。果树缺锌，既影响叶片生长，又影响枝条生长伸长，使节间变得很短。例如，苹果树缺锌时表现为叶片狭窄，丛生呈簇状，芽苞形成减少，树皮显得粗糙易碎。出现上述缺锌症状与植物体内生长素合成受阻有关。

与其他微量元素相比，锌的毒性较小，作物的耐锌能力较强，但长期过量施锌肥，也会对作物造成毒害。多数情况下，锌中毒症状为植株幼嫩叶片或顶端表现失绿，黄化；茎、叶柄、叶片下表皮出现红紫色或赤褐色斑点。小麦锌过剩时，叶片出现褐色条斑，叶尖及叶缘色泽较淡随后坏疽，叶尖有水渍状小点。

4. 铜（Cu） 植物缺铜一般表现为顶端枯萎，节间缩短，叶尖发白，叶片变窄变薄、扭曲，繁殖器官发育受阻、裂果。不同作物往往出现不同症状。麦类作物病株上位叶黄化，剑叶尤为明显，前端黄白化、质薄，扭曲披垂，坏死，严重时穗发育不全、畸形，芒退化，并出现发育程度不同、大小不一的麦穗，有的甚至不能伸出叶鞘而枯萎死亡（曹恭、梁鸣早，2004）。缺铜时，蔬菜中的叶菜类也易发生顶端黄化病。果树缺铜，顶梢上的叶片呈叶簇状，叶和果实均褪色，严重时顶梢枯死，并逐渐向下扩展。同禾本科作物类似，果树在开花结果的生殖生长阶段对缺铜更加敏感。

缺铜还有一个明显特征，即某些作物花的颜色发生褪色现象，如蚕豆缺铜时，花的颜色由原来的深红褐色变为白色。各种植物对缺铜的敏感程度不同。单子叶植物如大麦、小麦、燕麦、玉米等对铜比较敏感，而双子叶植物对铜的敏感程度较差。不过某些双子叶植物，如烟草、花生、甜菜、胡萝卜、柑橘等，施用铜肥也常有良好的效果。实践证明，燕麦和小麦对铜极为敏感，它们是判断土壤是否缺铜最理想的指示作物。

铜中毒症状是新叶失绿，老叶坏死，叶柄和叶背面出现紫红色；新根生长受抑制，伸长受阻而畸形，支根量减少，严重时根尖枯死。麦类作物根系变褐，盘曲不展，生长停滞，常发生萎缩症状，叶片前端扭曲、黄化。从外部特征看，铜中毒很像缺铁。植物对铜的忍耐能力有限，铜过量很容易引起毒害。例如，玉米虽是对铜敏感的作物，但铜过多时，也易发生中毒现象。此外，莱豆、苜蓿、柑橘等对大量铜的忍耐力都较弱。铜对植物的毒害首先表现在根部，因为植物体内过多的铜主要集中在根部，具体表现为主根的伸长受阻，侧根变短。许多研究者认为，过量铜对质膜结构有损害，从而导致根外大量物质外溢。

5. 硼（B） 硼不易从衰老组织向活跃生长组织移动，最先出现缺硼的部位是顶芽，表现为停止生长。缺硼植物受影响最大的是代谢旺盛的细胞和组织。硼不足时根端、茎端生长停止，严重时生长点坏死，侧芽、侧根萌发生长，枝叶丛生；叶片增厚变脆、皱缩歪扭、褪绿萎蔫，叶柄及枝条增粗变短、开裂、木栓化，或出现水渍状斑点或环节状突起，茎基膨大。肉质根内部出现褐色坏死、开裂。花粉畸形，花、蕾易脱落，受精不正常，果实种子不充实（曹恭、梁鸣早，2003）。对硼比较敏感的作物常会出现许多典型症状，如甜菜"腐心病"、油菜的"花儿不实"、棉花的"蕾而不花"、花椰菜的"褐心病"、小麦的"穗而不实"、芹菜的"茎折病"、苹果的"缩果病"等。总之，缺硼不仅影响产量，而且明显影响品质。

硼过量会阻碍植物生长，大多数耕作土壤的含硼量一般达不到毒害程度，但干旱地区可能会自然产生硼毒害。高浓度硼积累的部位出现失绿、焦枯坏死症状。叶缘最易积累，所以硼中毒最常见的症状之一是作物叶缘出现规则黄边，称"金边菜"。老叶中硼积累比新叶多，症状更重。当植物幼苗含硼过多时，可通过吐水方式向体外排出部分硼。

6. 钼（Mo） 植物缺钼会造成氮代谢失调，叶片脉间失绿，甚至变黄，易出现斑点，新叶出现症状较迟；或者叶片瘦长畸形、叶片变厚，甚至焦枯（曹恭、梁鸣早，2003）。一般叶片出现黄色或橙黄色大小不一的斑点，叶缘向上卷曲呈杯状。叶肉脱落残缺或发育不全。豆科作物根系减少，根瘤固氮减少（张善彬等，2001）。禾本科作物严重缺钼时表现为叶片失绿，叶尖和叶缘呈灰色，开花成熟延迟，籽粒皱缩，颖壳生长不正常。蔬菜类缺钼时，叶片脉间出现黄色斑点，逐渐向全叶扩展，叶缘呈水渍状，老叶深绿至蓝绿色，严重时也显示"鞭尾病"症状。

钼中毒不易显现症状。茄科植物较敏感，症状表现为叶片失绿。番茄和马铃薯小枝呈红黄色或金黄色。豆科作物对钼的吸收积累量比非豆科作物大得多。

7. 氯（Cl）　植物缺氯时表现为生长不良，根细短，侧根少，尖端凋萎，叶片失绿，叶面积减少，严重时组织坏死，由局部遍及全叶，不能正常结实。幼叶失绿和全株萎蔫是缺氯的两个最常见症状（曹恭、梁鸣早，2003）。大麦缺氯叶片呈卷筒形，与缺铜症状相似。玉米缺氯易感染茎腐病，病株易倒伏，影响产量和品质。蔬菜类缺氯时，叶片萎蔫，侧根粗短呈棒状，幼叶叶缘上卷呈杯状，失绿，尖端进一步坏死。番茄缺氯时，首先是叶片尖端出现凋萎，而后叶片失绿，进而呈青铜色，逐渐由局部遍及全叶而坏死，根系生长不正常。甜菜缺氯时，叶细胞的增殖速率降低，叶片生长明显缓慢，叶面积变小，并且叶脉间失绿。

氯过量对某些作物是有害的，常常出现中毒症。高氯含量对植物的影响为：① 降低叶绿体含量和光合强度；② 氨基酸增加而有机酸减少；③ 脂肪饱和度下降；④ 角质层加厚；⑤ 生长和开花延迟。植物受氯毒害的症状为叶尖呈灼烧状，叶缘焦枯，叶子发黄并提前脱落。氯过量会增加渗透势，减少水分的吸收；当浓度很高时，根尖会死亡，生长受到严重抑制。氯素过剩时小麦籽粒蛋白质含量下降。

8. 镍（Ni）　有关作物缺镍的报道不多，但在营养液培养或土培、田间条件下，也获得一些结果。缺镍时主要表现为：叶片脲酶活性下降，根瘤氢化酶活性降低，叶片出现坏死斑、茎坏死、种子活力下降等。Brown（1987）报道，缺镍大麦植株比镍充足植株叶片小、色淡、直立性差，最初脉间失绿，然后中脉前半段白化，并继续向下发展，同时叶尖和叶缘也发白。

迄今为止的研究表明，镍对植物的有益作用是有条件的，只在浓度很低的条件下表现，而且限于某些植物品种和以尿素为唯一的氮源时。另外，镍对人畜健康的威胁，近年来也引起了人们的重视。过量的镍对植物有毒，而且症状多变，表现为生长迟缓，叶片失绿和变形，有斑点、条纹，果实变小，着色早等。对镍比较敏感的植物中毒临界浓度$>10\ \mu g/g$，对镍中等敏感植物的临界浓度$>50\ \mu g/g$。植物镍中毒表现的失绿症可能是由诱发缺铁和缺锌所致。

第三节　植物吸收营养物质的基本原理

一、根系对养分的吸收

根系是植物体吸收养分和水分的主要器官，也是养分和水分在植物体内运输的重要部位。植物体与环境之间的物质交换，在很大程度上是通过根系来完成的。根系能保证植物正常生长，并能作为养分的储藏库。在有些植物根细胞内还进行着许多复杂的生物化学过程，如还原大量的NO_3^-和SO_4^{2-}，或是合成某些植物激素和生物碱等。根系也有抵御外来损伤（如化学物质毒害等）的功能。因而，植物根系的粗壮发达、耐肥耐水是植物丰产的基础。

1. 根吸收养分的部位　大多数陆生植物都有庞大的根系。据离体根研究，根吸收养分最活跃的部位是根尖以上的分生组织区，大致离根尖1 cm，这是因为在营养结构上，内皮层的凯氏带尚未分化出来，韧皮部和木质部都开始了分化，初具输送养分和水分能力；在生理活性上，也是根部细胞生长最快、呼吸作用旺盛，而质膜正急骤增加的地方。就一条根而言，幼嫩根吸收能力比衰老根强，同一时期越靠近基部吸收能力越弱。

根毛因其数量多、吸收面积大、有黏性、易与土壤颗粒紧贴而使根系养分吸收的速度与数量呈十倍、百倍甚至千倍地增加。根毛主要分布在根系的成熟区，因此根吸收养分最多的部位大约在离根尖10 cm 以内，越靠近根尖的地方吸收能力越强。

根系吸肥的特点决定了在施肥实践中应注意肥料施用的位置及深度。一般来讲，种肥（除与种子混播的肥料外）施用深度应距种子一定距离和播种在相适应的地方，而基肥则应将肥料施到根系分布最稠密的耕层之中（20 cm 左右）。在植物生长期间进行追肥时，也应根据肥料的性质和种植状况，把它施到近根的地方。这样可以使溶解度小的肥料（如磷肥）提高其溶解度，减少铵态氮的挥发和硝态氮的流失所造成的损失。

2. 土壤养分向根部迁移的方式 研究表明，土壤中离子态养分向根部迁移的方式有 3 种，即截获、扩散和质流。

（1）截获。截获指植物根在土壤中伸长并与其紧密接触，使根释放出的 H^+ 和 HCO_3^- 与土壤胶体上的阴离子和阳离子直接交换而被根系吸收的过程。这种吸取养分的方式具有两个特点：一是土壤固相上交换性离子可以与根系表面离子养分直接进行交换，而不一定通过土壤溶液达到根表面。二是根系在土体中所占的空间对整个土体来说是很小的，况且并非所有根的表面都对周围土壤中交换性离子能进行截获，所以仅仅靠根系生长时直接获得的养分也是有限的，一般只占植物吸收总量的 0.2%～10%，远远不能满足植物的生长需要。

（2）扩散。扩散是由于根系吸收养分而使根圈附近和离根较远处的离子浓度存在浓度梯度而引起土壤中养分的移动。土壤中养分扩散是养分迁移的主要方式之一，因为植物不断从根部土壤中吸收养分，使根表土壤溶液中的养分浓度相对降低，或者施肥都会造成根表土壤和土体之间的养分浓度差异，使土体中养分浓度高于根表土壤的养分浓度，因此就引起了养分由高浓度区向低浓度区的扩散作用。一般来讲，只要出现养分的浓度梯度，就会发生养分从高浓度区向低浓度区的扩散作用。

（3）质流。质流是因植物蒸腾、根系吸水而引起水流中所携带的溶质由土壤向根部流动的过程。其作用过程是植物蒸腾作用消耗了根际土壤中大量水分以后，造成根际土壤水分亏缺，而植物根系为了维持植物蒸腾作用，必需不断地从根周围环境中吸取水分，土壤中含有的多种水溶性养分也就随着水分的流动带到根的表面，为植物获得更多的养分提供了有利条件。在植物生育期内由于蒸腾量比较大，因此，通过质流方式运输到根表的养分数量也比较多。某种养分通过质流到达根部的数量，取决于植物的蒸腾率和土壤溶液中该养分的浓度。就植物蒸腾率而言，不同植物种类间由于叶面积和气孔数不同，蒸腾率有明显差异；同一种植物不同生育期的蒸腾率也有所不同。

在植物养分吸收量中，通过根系截获的数量很少，尤其是大量元素更是如此。因此，在大多数情况下，扩散和质流是使土体养分移至根表经常起作用的迁移方式。但在不同的情况下，它们所起的作用却不完全相同。一般认为，在长距离时，质流是补充养分的主要形式，而在短距离内，扩散作用则更为重要。如果从养分在土壤中的移动性来讲，硝酸态氮素移动性较大，质流可提供大量的氮素，但磷和钾较少。氮素通过扩散作用输送的距离比磷和钾要远得多，磷的扩散远远低于钾。

扩散作用受土壤中水分含量、离子浓度以及根的活力等条件的影响。一般来讲，土壤含水量的高低直接影响离子的扩散。据试验，当土壤含水量从 4% 提高到 30% 时，钾离子的扩散率就可以从40% 提高到 95%。土壤溶液中离子浓度越高，则根细胞内外离子的浓度差就越大，扩散速度也就越快。反之，浓度差小，扩散速度就慢，养分运输的距离就短。植物根的活性也影响扩散作用，因为根的活性大时，需要的养分就多，养分扩散的速度就快，数量也多。而质流则和植物蒸腾率有关，蒸腾率大时，质流作用就加强。值得说明的是，虽然土壤中的养分可以迁移，但其迁移的距离较短。在田间通常的土壤含水量范围内，土壤水运动的距离不过几厘米，养分迁移的距离就可想而知，因此，施肥的空间位置是相当重要的。

3. 根部对无机养分的吸收 迁移至根表的养分，还要经过一系列十分复杂的过程才能进入植物体内，养分种类不同，进入细胞的部位不同，其机制也不同。目前较一致的看法是，离子进入根细胞可划分为被动吸收和主动吸收两种形式。

（1）被动吸收。被动吸收又称非代谢吸收，是一种顺电化学势梯度的吸收过程。不需要消耗能量，属于物理的或物理化学的作用。

① 养分通过扩散、质流等形式进入根细胞；截获也可以使养分进入根细胞内。CO_2、O_2 和 H_2O 可以从高浓度向低浓度扩散，也可由于空气流动，通过质流而进入植物体的根细胞内。离子态养分也可通过离子的扩散或质流而进入根细胞内。不同离子在土壤中的扩散速率不同，其进入根细胞内的数量也就有差异。一般阴离子如 NO_3^- 和 Cl^- 在土壤中扩散速率较阳离子快，进入细胞的就多。当土壤中离子态养分较多、气温较高、植物蒸腾作用较大时，通过质流而进入根细胞的就多。总之，离子态养分无论是通过截获、扩散或质流都能进入根细胞。但一般不进入细胞膜，对整个组织来说，一般不能通过内皮层。

② 离子交换。试验表明，植物吸收离子态养分，还可以通过离子交换的方式进入植物体内。一种是根系表面与土壤溶液之间的离子交换，植物根的细胞壁带有较多的羧基，根部呼吸作用放出的 CO_2 形成的碳酸，都能解离出 H^+，其可以和土壤溶液中的阳离子进行交换。当然，根系分泌出的碳酸，解离后可以和土壤胶体上吸附性的离子进行交换。另一种是根系表面与土壤黏粒之间的离子交换，也称为接触交换。植物根和黏粒是紧密接触在一起的，土壤黏粒与根系表面两者的扩散层水膜也是相重叠的，也就是说，由于离子在各自的位置上不断地运动着，在振动容积相重叠的情况下，离子间可以不通过溶液面直接进行交换，这就是接触交换。一般情况是根细胞外的 H^+ 和黏粒扩散层交换性阳离子进行交换。不论哪一种离子交换形式都有一个共同的特点，它们都属于养分由高浓度向低浓度扩散或是离子间的交换，其推动力是物理化学的，与植物的代谢作用关系较小，同时这种吸收交换反应是可逆的。因此被动吸收是植物吸收养分的简单形式。

（2）主动吸收。主动吸收又称为代谢吸收，是一个逆电化学势梯度且消耗能量的吸收过程，且有选择性。之所以提出植物吸收养分还有主动吸收的机制，是因为有很多现象用被动吸收难以或不能解释。首先，植物体内离子态养分的浓度常比土壤溶液的浓度高出很多倍，有时竟高达十倍至数百倍，而且植物根系仍能不断地吸收这种养分，并不见养分有外溢现象；其次，植物吸收养分有高度选择性，而不是外界环境中有什么养分，就吸收什么养分；最后，植物对养分的吸收强度与其代谢作用密切相关，并不决定于外界土壤溶液中养分的浓度。常表现出植物生长旺盛，吸收强度就大；生长衰弱，吸收强度就小。

4. 根部对有机养分的吸收　植物根系不仅能吸收无机态养分，也能吸收有机态养分，吸收的有机态养分主要是限于那些分子量质小、结构比较简单的有机物，同时也与被吸收的有机物性质有关。如大麦能吸收赖氨酸，玉米能吸收甘氨酸，大麦、小麦和菜豆能吸收磷酸甘油酸，水稻幼苗能直接吸收各种氨基酸和核苷酸以及核酸等。近年来，使用微量放射自显影的研究指出，以 ^{14}C 标记的腐殖酸分子能完整地被植物根所吸收，并可输送到茎叶中。

二、根外器官对养分的吸收

植物通过地上部分器官吸收养分和进行代谢的过程，称为根外营养，根外营养是植物营养的一种辅助方式。生产上把肥料配成一定浓度的溶液，喷洒在植物叶、茎等地上器官上，称为根外追肥。

1. 根外营养的机制　根外营养的主要器官是茎和叶，其中叶的比例更大，因而，人们研究根外营养机制时多从叶片研究开始。一般认为，叶部吸收养分是从叶片角质层和气孔进入，最后通过质膜而进入细胞内。最近的研究认为，根外营养的机制可能是通过角质层上的裂缝和从表层细胞延伸到角质层的外质连丝，使喷洒于植物叶部的养分进入叶细胞内，参与代谢过程。

2. 根外营养的特点　植物的根外营养和根部营养比较起来一般具有以下特点。

（1）直接供给植物养分，防止养分在土壤中的固定和转化。根外追肥能避免某些易被土壤固定的营养元素被土壤固定，如磷、锰、铁、锌等。此外，某些生理活性物质，如赤霉素等，施入土壤易于转化，采用根外喷施就能克服这种缺点。

（2）养分吸收转化比根部快，能及时满足植物需要。例如，在棉花上的试验结果显示，用^{32}P涂于叶部，5 min 后各器官已有相当数量的^{32}P。而根部施用 15 d 后^{32}P 的分布和强度仅接近于叶部施用 5 min 后叶片的情况；再如一般尿素施入土壤，4～5 d 后才见效果。但叶部施用只需 1～2 d 就可显出效果。由于根外追肥的养分吸收和转移的速度快，因此，这一技术可作为及时防治某些缺素症或植物因遭受自然灾害，而需要迅速补充营养或解决植物生长后期根系吸收养分能力弱的有效措施。

（3）促进根部营养，强株健体。据研究，根外追肥可提高光合作用和呼吸作用的强度，显著地促进酶活性，从而直接影响植物体内一系列重要的生理生化过程；同时也可改善植物对根部有机养分的供应，增强根系吸收水分和养分的能力。

（4）节省肥料，经济效益高。根外喷施磷、钾肥和微量元素肥料，用量只相当于土壤施用量的 10%～20%。肥料用量大幅度减少，成本降低，因而经济效益就高，特别是对微量元素肥料，采用根外追肥不仅可以节省肥料，还能避免因土壤施肥不匀和施用量过大所产生的毒害。

3. 影响根外营养效果的因素

（1）溶液的组成。溶液组成决定于根外追肥的目的，小麦苗期由于土壤缺磷，致使根系发育不良，形成弱苗，及时喷施磷肥，可以促进根系发育，使麦苗由弱变壮正常生长。棉花苗期因受低温的影响，根系吸收能力弱，喷施尿素可增大叶面积，加强光合作用。为了促使禾谷类作物早熟可以在后期喷施磷钾，喷铁可防治果树黄叶病，喷锌可以防治苹果小叶病，喷硼对防治棉花、油菜的蕾而不花、花而不实均有良好的作用。

（2）溶液的浓度及反应。在一定浓度范围内，营养物质进入叶片的速度和数量随浓度的增加而增加。一般在叶片不受肥害的情况下，适当提高浓度，可提高根外营养的效果，尿素透过的速度与浓度无关，并比其他离子快 10 倍，甚至 20 倍；尿素与其他盐类混合，还可提高盐类中其他离子的通透速度。同时还要注意某些微量元素的有效性与毒害的浓度差别很小，更应严格掌握，以免植物受害，溶液的 pH 随供给的养分离子形态不同而有所不同，如主要供给阳离子时，溶液调至微碱性，反之供给阴离子时，溶液应调至弱酸性。

（3）溶液湿润叶片的时间。溶液湿润叶片时间的长短同样影响着根外追肥的效果。研究表明，保持叶片湿润的时间在 30～60 min 时吸收的速度快、吸收量大；要使养分能在叶茎上保持较长时间，一般喷施最好在傍晚无风的天气下进行，可防止叶面很快变干。同时使用"湿润剂"来降低溶液的表面张力，增大溶液与叶片的接触面积，对提高喷施效果也有良好作用。

（4）叶片与养分吸收。像棉花、油菜、豆类、薯类等双子叶植物，因叶面积大，角质层较薄，溶液中的养分易被吸收；而稻、麦、谷子等单子叶植物，叶面积小，角质层较厚，溶液中养分的吸收比较困难，在这类植物上进行根外追肥要加大浓度。从叶片结构上看，叶子表面的表皮组织下是栅状组织，比较致密；叶背面是海绵组织，比较疏松、细胞间隙较大，孔道细胞也多，故喷施叶片背面养分吸收更快些。

（5）喷施次数及部位。不同养分在叶细胞内的移动是不同的。一般认为，移动性很强的营养元素为氮、钾、钠，其中氮>钾>钠；能移动的营养元素为磷、氯、硫，其中磷>氯>硫；部分移动的营养元素为锌、铜、钼、锰、铁等微量元素，其中锌>铜>锰>铁>钼；不移动的营养元素有硼、钙等。在喷施比较不易移动的营养元素时，必须增加喷施的次数，同时必须注意喷施部位，如铁肥，只有喷施在新叶上效果较好。每隔一定时期连续喷洒的效果，比一次喷洒的效果好。但是喷洒次数过多，必然会增加成本，因此，生产实践中应掌握在 2～3 次为宜。

第四节　植物营养物质吸收与环境条件

一、影响植物吸收养分的条件

植物吸收养分是一种复杂的生理现象，植物生长的许多内外因素共同对养分吸收起着制约作用，其内在因素就是植物的遗传特性，而外部因素是气候和土壤条件。

（一）植物吸收养分的基因型差异

在许多栽培植物不能正常生长甚至死亡的地方，野生植物却能蓬勃生长。如在海滨偶尔受到海潮侵袭的地方，海蓬子能连片生长，一般植物却不能忍受这样高的含盐量；在 pH 4.0 左右的红黄壤土上，许多植物不能正常生长，而杜鹃和白茅却能正常绵延后代。同一种作物的不同品种或品系，由于产量不同，尽管植株中养分浓度相差不大，但从土壤中带走的养分却相差很大。杂交种和其他高产品种需肥量都高于常规品种，如果施肥量不足就不能发挥高产优势。一个品种的适应性广，往往需肥量低，产量低；反之，适应性差，对养分供应要求严格，往往产量较高。这些都是由植物营养基因的不同所决定的。

对植物营养基因的研究目前正处于方兴未艾的时刻。威斯（1943）研究了两大品种，它们对铁的吸收有不同的速率，这是由一个基因控制的。目前，关于一个基因控制某种元素的吸收、运输和利用的研究已被植物营养学者和植物遗传学者所关注，成为世界研究热点之一。由不同植物营养基因型决定的不同植物器官及生理差异决定着植物对不同养分的吸收、运输与利用状况。

（二）植物形态特征对吸收养分的影响

1. 根 根系有支撑植物、吸收水分和养分、合成植物激素和其他有机物的作用，就吸收养分能力大小而言，根表面积和根密度与根的形态有关，包括根的长度、侧根数量、根毛多少和根尖数。单子叶植物的根和双子叶植物的根在形态上有很大的不同，因而在对养分的利用上也有差别。如禾本科牧草的根可以吸收黏土矿物层间的非交换性钾，而豆科牧草这种能力较弱。根系吸收养分的潜力远远超过植物对养分的需要。所以，只要一小部分根系所吸收的养分就能满足整株植物正常生长的需要。从理论上来说，即使土壤溶液中养分浓度较低时，根系吸收的养分也能充分满足植物正常生长的需要。问题在于田间并不是所有根系都与土壤密切接触，因为根系穿过土壤时必然会遇到许多孔隙。因此，只有一部分根系在吸收水分和养分。

应该注意的是，养分的多少影响根的形态和分布，进而又影响养分的吸收利用效率。在养分供应良好的地方根系密度大；养分缺乏，根系生长受影响，如缺氮、缺镁或缺锰时，根系细而长，缺钾时根系不能发育。氮磷营养对根系生长有促进作用，但由于氮磷营养促进地上部的生长比促进根系生长快，因而在良好的氮磷营养下，植物的根/冠相对较小。钙和硼对植物根系的生长有直接的影响，在整个根系中，一部分根若缺钙，则这部分根就死亡；缺硼时，根虽不致死亡，但停止生长。

2. 叶和茎 植物叶、茎不仅本身由于形态大小、酸度、位置不同而对养分的吸收能力不同，而且由于光合作用能力的不同，所消耗的能量也不同。

（三）植物生理生化特性对吸收养分的影响

1. 根系离子交换量 植物根系具有较高的阳离子交换特性，甚至还有较低的阴离子交换特性。据研究表明，根系的阳离子交换 70%～90% 是由细胞壁上的自由羧基引起的，其余部分是由蛋白质或者细胞原生质产生的。这些都是由基因所控制的，不同的植物或同一植物不同品种因基因不同，则阳离子交换量也就不同。根系的离子交换点位于质外体上。由于交换点与质外体上溶液的离子浓度保持平衡，因而这些交换点可影响离子通过质外体向质膜的运动。所以，根系的离子交换量与植物吸收养分有关。如 Ca^{2+} 和 Mg^{2+}，随着根系阳离子交换量的增大，植物对它们的吸收也增加。

2. 酶活性 植物吸收养分是个能动的过程，是根据体内代谢活动的需要而进行的选择性吸收，因而与植物体内的酶活性有一定的相关性。植物体内硝酸还原酶的活性强烈影响着植物对硝酸盐的吸收与利用，传统的水稻作物研究都显示水稻前期不能利用硝态氮，但晚期旱育秧及水稻旱作的研究结果表明，水稻苗期体内也存在着较强的硝酸还原酶活性，因此，旱作条件下水稻一生均能很好地吸收和利用硝态氮。

3. 植物激素和植物毒素 植物激素（如生长素、激动素和脱落酸）和植物毒素在植物体内含量较少，但对代谢活动起重要作用。许多研究表明，植物激素和植物毒素起着调节养分吸收和输送的作用，而它们的活性大小受控于相应的基因，所以同样影响着植物对养分的吸收。

（四）植物生育特点对吸收养分的影响

1. 不同植物种类对元素吸收的选择性　植物种类不同，体内所含的养分也不同，这是由于植物选择性吸收所造成的。例如，烟草体内含钾多，叶用蔬菜含氮多。某些植物对于有益元素的必需性很强烈。如水稻是硅的蓄积植物，水稻需要用硅来构成茎秆和叶片表皮细胞的细胞壁，以增强它的抗性和耐肥性。许多植物对元素的形态也有一定的选择性。如水稻生长前期是典型的喜铵植物。一些喜酸植物，例如酸模，在代谢过程中能形成有机酸的铵盐来消除氨的毒害，因而可以吸收较多的铵盐而不会中毒。

2. 植物不同生育阶段对元素吸收的选择性　植物的生育阶段是体内代谢活动阶段性在形态上的反应，在各生育阶段植物对营养元素的种类、数量和比例都有不同的要求。一般植物生长初期吸收养分的数量少，吸收强度低，随着时间的推移，对营养元素的吸收逐渐增加，往往在雌性器官分化期达到吸收高峰；到了成熟阶段，对营养元素的吸收又渐趋减少，但从单位根长来说养分吸收速率总是幼龄期较高。

在整个生育期中，根据反应强弱和敏感性可以把植物对养分的反应分为营养临界期和肥料最大效率期。所谓营养临界期是指植物对养分供应不足或过多显示非常敏感的时期，不同植物对于不同营养元素的临界期不同。大多数植物磷的营养临界期在幼苗期，如冬小麦在幼苗始期、棉花和油菜在幼苗期、玉米在三叶期。氮的营养临界期，对于水稻来说为三叶期和幼穗分化期；棉花在现蕾初期；小麦、玉米为分蘖期和幼穗分化期。水稻对钾的营养临界期在分蘖期和幼穗形成期。

在植物的生育阶段中，施肥能获得作物生产最大效益的时期，叫肥料最大效率期。这一时期，作物生长迅速，吸收养分能力特别强，如能及时满足作物对养分的需要，产量提高的效果将非常显著。据试验表明，玉米的氮素最大效率期在喇叭口期至抽雄期；油菜为花薹期；棉花的氮、磷最大效率期均在花铃期；对于甘薯，块根膨大期是磷钾肥料的最大效率期。

植物吸收养分有年变化、阶段性变化，还有日变化，甚至还有从几小时至数秒钟的脉冲式变化。这种周期性变化是植物内在基因的外在表现。如果环境条件符合上述基因性变化，将大大促进植物生长。改变外在环境条件，适应这种基因性变化可以获得高产。

3. 植物不同的生长速率对元素吸收的选择性　植物的生长速率不同，对养分吸收的多少也不同，生长速度小的植物，即使在肥力较低的土壤中，也能正常生长，施用肥料的增产效果较差；相反，生长速度大的植物，如果处在贫瘠的土壤上，生长受到阻碍，产量也受影响，施用肥料能收到较好的增产效果。

二、环境因素对植物吸收养分的影响

植物生长发育在自然条件下，每时每刻受到土壤和气候条件的影响，它的一切生命活动包括对养分的吸收一直受到气候条件的控制，因此，光照、温度、通气、酸碱度、水分、养分浓度和养分离子间的相互作用都直接影响植物对养分的吸收速度和强度。

1. 光照　植物吸收养分是一个耗能的过程，根系养分吸收的数量和强度受地上部往地下部供应的能量所左右。光照对植物吸收养分一般没有直接影响，但可以通过影响植物叶片的光合强度而对某些酶的活性、气孔的开闭和蒸腾强度等产生间接影响，最终影响植物对养分的吸收。当光照充足时，光合作用强度大，吸收的能量多，产生的生物能也多，养分吸收也就多。反之，光照不足，由光合作用产生的生物能也就少，养分吸收的数量和强度就少。光照与气孔的开闭关系密切，而气孔的开闭与蒸腾强度又紧密相关。在光照条件下，植物的蒸腾强度大，养分随蒸腾流的运输速度快。所以光照是植物养分吸收与同化的原动力。

当然，光合作用也需要营养元素的参与，因此，光照与营养元素是光合作用的重要条件。有些营养元素还可以弥补光照的不足，例如，钾肥就有补偿光照不足的作用。光由于影响到蒸腾作用，因而也间接地影响到靠蒸腾作用而吸收的养分离子。

2. 温度　由于植物根系对养分的吸收主要依赖根系呼吸作用所提供的能量，而呼吸作用过程中一系列的酶促反应对温度又非常敏感，所以，温度对植物养分的吸收也有很大影响。研究表明，大多数植物根系吸收养分要求的适宜土壤温度为 15～25 ℃。在 0～30 ℃，随着温度的升高，根系吸收养分加快，吸收的数量也增加。在低温时，植物的呼吸作用减弱，养分吸收的数量也随之减少，当温度低于 2 ℃时，植物只有被动吸收，因为在此低温下，植物不能进行呼吸作用。当土温超过 30 ℃时，养分吸收也显著减少，若土温超过 40 ℃，吸收养分急剧减少，因为温度过高，根系迅速老化，体内酶变性，吸收养分也趋于停止，严重时细胞死亡。细胞膜在高温下透性增加，养分常有外渗现象。

有试验表明，低温影响阴离子吸收比阳离子明显，这可能是由于阴离子的吸收是以主动吸收为主。低温影响植物对磷、钾的吸收比氮明显，所以植物越冬时常需施磷肥，以补偿低温吸收阴离子不足的影响。钾可增强植物的抗寒性，所以，越冬植物要多施钾肥。不同植物吸收养分对温度的反应也不同。

各种植物所需要的温度不同，就水稻而言，其适宜水温为 30～32 ℃。温度过高过低，均会影响对养分的吸收。其中影响较显著的有硅、钾、磷和 NH_4^+，而钙、镁则影响较少。大麦根际土温以 18 ℃较好。如温度过低，对钾、磷的吸收影响最为明显，对钙、镁影响则较小。氮的吸收因形态而有差别，低温影响硝态氮的吸收远远大于铵态氮。其他植物最适根际土温：棉花为 28～30 ℃、马铃薯为 20 ℃、玉米为 25～30 ℃、烟草为 22 ℃、番茄为 25 ℃。

3. 通气　大多数植物吸收养分是一个耗氧过程，土壤通气良好，有利于植物的有氧呼吸，也有利于养分的吸收。通气良好的环境能改善根部供氧状况，并能促使根系呼吸所产生的 CO_2 从根际散失，这一过程对根系正常发育、根的有氧代谢以及离子的吸收都具有十分重要的意义。在淹水情况下，植物叶色发黄，持续淹水，植株窒息死亡，就是由于缺氧不能进行有氧呼吸而嫌气微生物大量滋生，它们所形成的终极产物包括乙烯、甲烷、硫化物、氰化物、丁酸和其他脂肪酸大量积累，抑制呼吸作用导致死亡。某些植物如水稻、芦苇等，在淹水条件下，仍能正常生长，是因为它们的叶部和茎秆有特殊的构造能进入氧气，并向根部运输供植物利用。

4. 酸碱度　土壤溶液中的酸碱度常影响植物对养分离子形态的吸收和土壤中养分的有效性。研究表明，在酸性反应中，植物吸收阴离子多于阳离子；而在碱性反应中，吸收阳离子多于阴离子。番茄吸收 NH_4^+ - N 和 NO_3^- - N 的培养试验，在 pH 为 4.0～7.0 时，培养液的 pH 越低，则阴离子 NO_3^- - N 的吸收增加；反之则阳离子 NH_4^+ - N 的吸收增加。pH 对离子吸收的影响主要是通过根表面，特别是细胞壁上的电荷变化及其与 K^+、Ca^{2+}、Mg^{2+} 等阳离子的竞争作用表现出来的。在石灰性土壤上，土壤 pH 在 7.5 以上，施入的过磷酸钙中的 $H_2PO_4^-$ 常受土壤中钙、镁、铁等离子的影响，而形成难溶性磷化合物，使磷的有效性降低。在石灰性土壤上，铁的有效性降低，使植物常常出现缺铁现象。在盐碱地上施用石膏，不仅降低了土壤中 Na^+ 的浓度，同时，Ca^{2+} 的存在还可消除 Na^+ 等单一盐类对植物的危害。总之，由于土壤溶液 pH 的不同，其中一些离子的形态也发生了变化，这样养分的有效性也就产生了差异，最后必然反映在植物对养分的吸收上。

各种植物对土壤溶液的酸碱度敏感性不一样。据中国科学院南京土壤研究所在江西甘家山红壤试验结果，大麦对酸度最敏感，小麦、大豆、豌豆次之，花生、小米又次之，芝麻、黑麦、荞麦、萝卜、油菜都比较耐酸，而以马铃薯最耐酸。茶树只适合在酸性红壤中生长。植物对土壤碱性的敏感性也有类似情况。田菁耐碱性较强，大麦次之，马铃薯不耐碱，而荞麦无论酸、碱都能适应。

5. 水分　水是植物生长发育的必要条件之一，土壤中养分的释放、迁移和植物吸收养分等都和土壤水分有密切关系。土壤水分适宜时，养分释放及其迁移速率都高，从而能够提高养分的有效性和肥料中养分的利用率。据西北水土保持研究所对陕西红油土和黄绵土不同含水量 ^{32}P 扩散移动的研究证明，土壤水分含量与磷的扩散系数呈正相关关系。应用示踪原子研究表明，在生草灰化土上，冬小麦对硝酸钾和硫酸铵中氮的利用率表现为湿润年份为 43%～50%、干旱年份为 34%；当土壤含水量低时，无机态养分的浓度相对提高，直接影响植物根对养分的吸收与利用；反之当土壤含水量过高时，一方面稀释土壤中养分的浓度，加速养分的流失；另一方面会使土壤下层的氧不足，不利于根系吸收深层空间的水分和养分，同时还有可能出现局部缺氧而导致有害物质的产生进而影响植物的正常生长，甚至死亡。施肥的增产效果在很大程度上与土壤含水量有很密切的关系，呈现出明显的水肥耦合关系。研究发现，当土壤水势为 2.0 bar 时，每公顷施氮肥 100 kg，玉米产量有所增加，再施氮肥，仍有少量增加，以后反而减产；水势为 1.6 bar 时，相同施氮量的产量均比 2.0 bar 时高，施氮 200 kg/hm^2 是该水分含量时的最高值；当水势为 1.0 bar 时，施氮量至 300 kg/hm^2 后才不再增产；当水势为 0.5 bar 或 0.2 bar 时，在同样氮量施用下，玉米产量不断增加，但增产幅度不断减少。土壤含水量在 0.2～0.5 bar 时，氮肥的增产效果比较显著。从以上结果可以看出，同一施氮量、不同含水量，产量结果不一样，含水量越高，产量越高；适宜的含水量和施氮量能获得最高产量，这一组合就是最适水肥耦合。

6. 养分浓度 Van den Honert（1937）首先提出了甘蔗在外界供磷浓度较低时，其吸收率随外界供磷浓度提高而增加的吸收模型。这一模型适用于描述在介质中养分浓度较低时浓度与吸收率的关系。在以后的研究中，许多学者，特别是 Epstein 等，利用浓度效应曲线（即吸收等温曲线）研究了养分吸收过程的实质。研究表明，在低浓度范围内，离子的吸收速率随介质中养分浓度的提高而上升，但上升速度较慢，在高浓度范围内（如 >1 mmol/L），离子吸收的选择性较低，对代谢抑制剂不很敏感，而陪伴离子及蒸腾对离子的吸收速率则影响较大。

7. 离子间的相互作用 土壤是一个复杂的多相体系，不仅养分浓度影响植物的吸收，而且各种离子之间的相互关系也影响着植物对它们的吸收，从已有的研究结果可知，离子间的相互关系中影响植物吸收养分的主要有离子拮抗作用和离子协同作用。这些作用都是对一定的植物和一定的离子浓度而言的，是相对的而不是绝对的。如果浓度超过一定的范围，离子协同作用反而会变成离子拮抗作用。

离子拮抗作用是指介质中某种离子的存在能抑制植物对另一种离子吸收或转运的作用，这种作用主要表现在阳离子与阳离子之间或阴离子与阴离子之间。据试验，K^+、Cs^+ 和 Rb^+ 彼此之间都有拮抗作用；NH_4^+ 对 Cs^+ 也有这种作用，但不及 K^+、Rb^+、Cs^+ 明显。二价离子之间同样有此作用，用大麦和玉米为材料的试验表明，Ca^{2+} 对 Mg^{2+} 有抑制作用，如果同时存在 Ca^{2+}、K^+，则大豆对 Mg^{2+} 的吸收所受的抑制作用就显著增加。一价离子和二价离子之间也有拮抗作用，如水稻吸收 K^+ 能减少对 Fe^{2+} 的吸收。一般来讲，一价离子的吸收比二价离子快，而二价离子与一价离子之间的拮抗作用，比一价离子与一价离子之间所表现的要复杂得多。此外，阴离子如 Cl^- 与 Br^- 之间，$H_2PO_4^-$、NO_3^- 和 Cl^- 之间，都存在不同程度的拮抗作用。

离子协同作用是指介质中某种离子的存在能促进植物对另一种离子吸收或转运的作用，这种作用主要表现在阴离子与阳离子之间或阳离子与阳离子之间。阴离子 $H_2PO_4^-$、NO_3^- 和 SO_4^{2-} 均能促进阳离子的吸收，这是由于这些阴离子被吸收后，促进了植物的代谢作用，形成各种有机化合物，如有机酸，故能促使大量阳离子 K^+、Ca^{2+}、Mg^{2+} 等的吸收。阳离子之间的协同作用最典型的是维茨效应，据维茨（Viets）研究，溶液中 Ca^{2+}、Mg^{2+}、Al^{3+} 等二价及三价离子，特别是 Ca^{2+}，能促进 K^+、Rb^+ 以及 Br^- 的吸收。值得注意的是，吸收到根内的 Ca^{2+} 并无此促进作用。试验证明，Ca^{2+} 不但能促进 K^+ 的吸收，而且能减少根中阳离子的外渗。氮常能促进磷的吸收，生产上氮磷配合施用，其增产效果常超过单独作用正是由氮磷常有正交互效果所致。

第五节 营养物质的吸收与作物抗性关系

一、氮

氮素是与作物病害最为密切的元素之一。一方面，氮是作物体内蛋白质、核酸、叶绿素和许多酶类等重要物质的组成成分；另一方面，氮素代谢与碳等代谢有密不可分的联系，这些均与作物的抗病性有关。氮肥是目前施用量最高的肥料，因此其对作物病害发生的影响引人关注。

氮素对作物病害影响的原因有两个：一是氮素影响植物的生长发育，从而减轻或加剧病原物的侵染。当氮素供应过量时，就会破坏植株体内的氮碳代谢平衡，消耗大量碳水化合物，抑制细胞结构物质（如木质素、纤维素等）的合成。这样一方面为病原物提供了丰富的营养物——含氮的小分子化合物；另一方面也降低了植株抵抗病原物入侵的能力。Brown. P H 等水培试验表明，培养液中硝态氮含量增加，降低了小麦幼苗木质素含量。增施氮肥还降低了小麦体内酚类化合物含量，据报道，酚类化合物含量与植株抗病性呈正相关。田间条件下，氮肥施用过量，造成植株群体增大，相互荫蔽，环境湿度增大，使病原物易于侵染，也是病害加剧的原因之一。二是施用的氮肥对病原物还会产生直接的影响。刘庆城等研究表明，液氨施入土壤对土壤真菌类微生物有显著抑制作用，施氨中心为无菌或近于无菌状态。

氮素对植物生长发育的影响十分明显。当氮素充足时，植物可合成较多的蛋白质，促进细胞的分裂和增长，因此植物叶面积增长快，能有更多的叶面积用来进行光合作用。在苗期，一般植物缺氮往往表现为生长缓慢，植株矮小，叶片薄而小，叶色缺绿发黄。禾本科作物则表现为分蘖少。生长后期严重缺氮时，则表现为穗短小，籽粒不饱满。在增施氮肥以后，对促进植物生长健壮有明显的作用。往往施用氮肥后，叶色很快转绿，生长量增加。但是氮肥用量不宜过多，过量施用氮素时作物生育期延长、贪青晚熟，这会使某些无霜期短的作物易遭受早霜的危害。此外，对一些块根、块茎作物，如糖用甜菜，氮素过多时，有时表现为叶子的生长量显著增加，但具有经济价值的块根产量却减少，甜菜块根产糖率也会下降。

二、磷

磷是植物生长发育不可缺少的营养元素之一，它既是植物体内许多重要有机化合物的组分，同时又以多种方式参与植物体内各种代谢过程。磷对作物高产及保持品种的优良特性有明显作用。此外，磷能够提高作物抗逆性和适应能力。

1. 抗旱性　磷能提高原生质胶体的水合度和细胞结构的充水度，使其维持胶体状态，并能增加原生质的黏度和弹性，因而增强了原生质抵抗脱水的能力。应该指出的是，以往的教科书中曾强调过磷有促进根系生长的作用，因而有"磷能促进根系下扎，吸收深层水分，有助于提高作物的抗旱能力"的提法。

2. 抗寒性　磷能提高作物体内可溶性糖和磷脂的含量。越冬作物增施磷肥，可减轻冻害，安全越冬。

3. 缓冲性　施用磷肥能提高植物体内无机态磷酸盐的含量，有时其数量可达到含磷总量的一半。这些磷酸盐主要是以磷酸二氢根（$H_2PO_4^-$）和磷酸氢根（HPO_4^{2-}）的形式存在。它们常形成缓冲系统，使细胞内原生质具有抗酸碱变化的缓冲性。磷酸二氢钾遇碱能形成磷酸氢二钾，从而减缓了碱的干扰；而磷酸氢二钾遇酸能形成磷酸二氢钾，减轻酸的干扰。

当外界环境发生酸碱变化时，原生质由于有缓冲作用仍能保持在比较平稳的范围内，这有利于作物的正常生长发育。这一缓冲体系在 pH 为 6～8 时缓冲能力最大，因此，在盐碱地上施用磷肥可以提高作物抗盐碱的能力。

三、钾

钾的重要生理作用之一是增强细胞对环境条件的调节作用。钾有多方面的抗逆功能，它能增强作物的抗旱、抗高温、抗寒、抗病、抗盐、抗倒伏等的能力，从而提高其抵御外界恶劣环境的忍耐能力。这对作物稳产、高产有明显作用。

1. 抗旱　增加细胞中钾离子的浓度可提高细胞的渗透势，防止细胞或植物组织脱水。同时钾还能提高胶体对水的束缚能力，使原生质胶体充水膨胀而保持一定的充水度、分散度和黏滞性。因此，钾能增强细胞膜的持水能力，使细胞膜保持稳定的透性。渗透势和透性的增强，将有利于细胞从外界吸收水分。此外，供钾充足时，气孔的开闭可随植物生理的需要而调节自如，使作物减少水分蒸腾，经济用水。所以钾有助于提高作物抗旱能力。此外，钾还可促进根系生长，提高根/冠值，从而增强作物吸水的能力。

2. 抗高温 缺钾植物在高温条件下，易失去水分平衡，引起萎蔫。棉花、丝瓜和南瓜等叶面积较大的植物尤为明显。在炎热的夏天，缺钾植物的叶片常出现萎蔫，影响光合作用的进行。短期高温会引起呼吸强度增加，同化物过度消耗以及蛋白质分解，从而形成并积累过多的氨，造成氨中毒（Engelbrecht、Mothes，1964）。高温条件下，还会引起膜结构的改变和光合电子传递受阻，而使植物生长急剧下降。K$^+$有渗透调节功能，供钾水平高的植物，在高温条件下能保持较高的水势和膨压，以保证植物能正常进行代谢。通过施用钾肥可促进植物的光合作用，加速蛋白质和淀粉的合成，也可补偿高温下有机物的过度消耗。钾还通过气孔运动及渗透调节来提高作物对高温的忍耐能力。

3. 抗寒 钾对植物抗寒性的改善，与根的形态和植物体内的代谢产物有关。钾不仅能促进植物形成强健的根系和粗壮的木质部导管，而且能提高细胞和组织中淀粉、糖分、可溶性蛋白质以及各种阳离子的含量。组织中上述物质的增加，既能提高细胞的渗透势，增强抗旱能力，又能使冰点下降，减少霜冻危害，提高抗寒性。此外，充足的钾有利于降低呼吸速率和水分损失，保护细胞膜的水化层，从而增强植物对低温的抗性。应该指出的是，钾对抗寒性的改善受其他养分供应状况的影响。一般来讲，施用氮肥会加重冻害，施用磷肥在一定程度上可减轻冻害，而氮肥、磷肥与钾肥配合施用，则能进一步提高作物的抗寒能力。

4. 抗盐 据报道，供钾不足时，质膜中蛋白质分子上的巯基（-SH）易氧化成双硫基，从而使蛋白质变性，还有一些类脂中的不饱和脂肪酸也因脱水而易被氧化。因此，质膜可能失去原有的选择透性而受盐害。又有资料报道，在盐胁迫环境下，K$^+$对渗透势的贡献最大。良好的钾营养可减轻水分及离子的不平衡状态，加速代谢进程，使膜蛋白产生适应性的变化。总之，增施钾肥有利于提高作物的抗盐能力。

5. 抗病 钾对增加作物抗病性也有明显作用。在许多情况下，病害的发生是由于养分缺乏或不平衡造成的。Fuchs和Grossmann（1972）曾总结了钾与抗病性、抗虫性的关系。他们认为，氮与钾对作物的抗病性影响很大，氮过多往往会增加植物对病虫的敏感性，而钾的作用则相反，增施钾肥能提高作物的抗病性。作物的抗性，特别是对真菌和细菌病害的抗性常依赖于氮钾比。钾能使细胞壁增厚提高细胞木质化程度，因此，能阻止或减少病原菌的入侵和害虫的危害。另外，钾能促进植物体内低分子化合物（如游离氨基酸、单糖等）转变为高分子化合物（如蛋白质、纤维素、淀粉等）。可溶性养分减少后，有抑制病菌滋生的作用。有资料报道，适量供钾的植株，能在其感病点的周围积累植物抗毒素、酚类及生长素，所以能阻止病害部位扩大，而且易于形成愈伤组织。许多资料表明，供钾充足可减轻水稻叶斑病、稻瘟病、赤枯病、纹枯病，玉米茎枯病（表11-1）、黑粉病，麦类赤霉病、白粉病，棉花红叶茎枯病以及烟草花叶病等的发病和危害。

表11-1 施钾对玉米产量及茎枯病发病率的影响

施K$_2$O量（kg/hm^2）	籽粒产量（t/hm^2）	茎枯病发病率（%）
0	4.48	35
300	6.91	19
600	8.73	8

6. 抗倒伏 钾还能促进作物茎秆维管束的发育，使茎壁增厚，髓腔变小，机械组织内细胞排列

整齐，因而增强了抗倒伏的能力。

除此之外，钾还能抗 Fe^{2+}、Mn^{2+} 以及 H_2S 等还原性物质的危害。缺钾时，植株体内低分子化合物不能转化为高分子化合物，大量低分子化合物就有可能通过根系排出体外。低分子化合物在根际的出现，为微生物提供了大量营养物质，使微生物大量繁殖，造成缺氧环境，从而使根际各种还原性物质数量增加，危害作物根系，尤其是水稻，常出现禾苗发红、根系发黑、土壤呈灰蓝色等中毒现象。如果供钾充足，则可在作物根系周围形成氧化圈，从而消除上述还原性物质的危害。

四、钙

钙能稳定生物膜结构，保持细胞的完整性。其作用机理主要是依靠它把生物膜表面的磷酸盐、磷酸酯与蛋白质的羧基桥接起来。其他阳离子虽然能从这一结合位点上取代钙，但却不能代替钙在稳定细胞膜结构方面的作用。钙与细胞膜表面磷脂和蛋白质的负电荷相结合，提高了细胞膜的稳定性和疏水性，并能增加细胞膜对 K^+、Na^+ 和 Mg^{2+} 等离子吸收的选择性。钙对植物的抗逆性等方面有着重要的作用。

钙能增强植物对环境胁迫的抗逆能力，如果原生质膜上的 Ca^{2+} 被重金属离子或质子所取代，就会发生细胞质外渗，选择性吸收能力下降的现象。增加介质的 Ca^{2+} 浓度可提高离子吸收的选择性，并减少溶质外渗。因此，施钙可以减轻重金属或酸性对植物造成的毒害作用。应用光学和电子显微镜进行植物组织观察发现，缺钙使苹果的细胞壁和中胶层变软，随后使细胞壁解体并出现粉斑症、细胞破裂出现水心病和腐心病；缺钙降低了细胞壁的硬度，从而降低了细胞对真菌侵染的抵抗力，导致裂果。

低温胁迫使植物体内产生大量自由基，引起膜系统损伤，造成低温伤害。钙在低温胁迫下能减缓超氧化物歧化酶（SOD）、过氧化物酶（POD）和过氧化氢酶（CAT）在植物体内的降低速度，这 3 种酶是植物体内的重要保护酶，在清除自由基中起重要作用，与植物的抗逆性密切相关。因此，钙能有效地提高植物的抗寒性。此外，施钙还可增强植物对盐害、寒害、干旱、热害和病虫害等胁迫的抗性。

在果实发育过程中，供应充足的钙有利于干物质的积累；成熟果实中的含钙量较高时，可有效地防止采收后储藏过程中出现的腐烂现象，延长储藏期，增加水果保藏品质。

五、硫

植物体内的硫有无机硫酸盐（SO_4^{2-}）和有机硫化合物两种形态。前者主要储藏在液泡中，后者主要是以含硫氨基酸如胱氨酸、半胱氨酸和蛋氨酸，及其化合物如谷胱甘肽等存在于植物体各器官中。有机态的硫是组成蛋白质的必需成分。研究蛋白质分子中二硫键的形成机理及其影响因素，对寻求细胞防脱水的途径，提高作物对干旱、热害和霜害等的抵御能力有重要意义。

六、锌

锌可增强植物对不良环境的抵抗力。它既能提高植物的抗旱性，又能提高植物的抗热性。如在 $40\sim45\ ℃$ 时，施锌比不施锌的叶片组织坏死率降低 $1.6\%\sim2.2\%$，在 $55\sim60\ ℃$ 时，降低 $9.5\%\sim10.6\%$，还可以增强棉花抗黄、枯萎病的能力。锌能增强高温下叶片蛋白质构象的柔性。锌在供水不足和高温条件下，能增强光合作用强度，提高光合作用率。此外，锌还能提高植物抗低温或霜冻的能力，因而有助于冬小麦抵御霜冻侵害，安全越冬。锌能增强作物的根茎抗病能力，现已发现锌对很多植物的分生组织（根和茎）的健壮生长有决定性的作用。施锌肥可以促进根部健壮，避免作物感染各种根部病害，特别是药材的线虫病、棉花的立枯病、西瓜的枯萎病和烟叶的花叶病等土壤病害，施锌肥后土壤发病率明显降低。

七、氯

施用含氯肥料对抑制病害的发生有明显作用。据报道，目前至少有 10 种作物的 15 个品种，其叶、根病害可通过增施含氯肥料而明显减轻。如冬小麦的全蚀病、条锈病，春小麦的叶锈病、枯斑病，大麦的根腐病，玉米的茎枯病，马铃薯的空心病、褐心病等。根据研究者的推论，氯能抑制土壤中铵态氮的硝化作用。当施入铵态氮肥时，氯使大多数铵态氮不能被转化，而迫使作物吸收更多的铵态氮；在作物吸收铵态氮肥的同时，根系释放出 H^+，使根际酸度增加。许多土壤微生物由于适合在酸度较大的环境中大量繁衍，从而抑制了病菌的滋生，如小麦因施用含氯肥料而减轻了全蚀病的发生。还有一些研究者从 Cl^- 和 NO_3^- 存在吸收上的竞争性来解释。施含氯肥料可降低作物体内 NO_3^- 的浓度，一般认为 NO_3^- 含量低的作物很少发生严重的根腐病。

在许多阴离子中，Cl^- 是生物化学性质最稳定的离子，它能与阳离子保持电荷平衡，维持细胞内的渗透压。植物体内氯的流动性很强，输送速度较快，能迅速进入细胞内，提高细胞的渗透压和膨压。渗透压的提高可增强细胞吸水，并提高植物细胞和组织束缚水分的能力。这就有利于促进植物从外界吸收更多的水分。在干旱条件下，也能减少植物丢失水分。提高膨压后可使叶片直立，延长功能期。作物缺氯时，叶片往往失去膨压而萎蔫。氯对细胞液缓冲体系也有一定的影响。氯在离子平衡方面的作用，可能有特殊的意义。

八、硼

硼促进碳水化合物在植物体内的运输，缺硼叶中的碳水化合物因不能外运而累积。植株缺硼时根尖与茎尖分生组织坏死，生长发育受破坏。硼为花器官和花粉粒的形成所必需，又能促进花粉萌发和花粉管的生长。此外，硼还与核酸代谢有密切关系。

缺硼时，由于酚类化合物的积累，多酚氧化酶（PPO）的活性提高，导致细胞壁中醌（如咖啡醌）的浓度增加。这些物质对原生质膜透性以及膜结合的酶有损害作用。硼对由多酚氧化酶活化的氧化系统有一定的调节作用。缺硼时，氧化系统失调，多酚氧化酶活性提高。当酚氧化成醌以后，产生黑色的醌类聚合物而使作物出现病症。如甜菜的腐心病和萝卜的褐腐病等都是醌类聚合物积累所引起的。

第六节 营养物质吸收与作物增产和改善品质的关系及机理

一、营养不平衡与作物产量的影响

1. 矿质养分供应与生长效应曲线（产量曲线） 矿质养分供应状况对植物的生长发育和产量形成有重要的调节作用。这种作用可用养分效应曲线来做一般性描述（图 11-1）。在第一区段内，养分供应不足，生长率随养分供应的增加而上升，称为养分缺乏区。在第二区段内，养分供应充足，生长率最大，再增加养分供应对植物生长率并无影响，称为养分适宜区。在第三区段内，养分供应过剩，生长率随养分供应量的增加而明显下降，称为养分中毒区。

在达到最高产量之前，随着矿质养分供应量的增加，作物的生长率和产量以报酬递

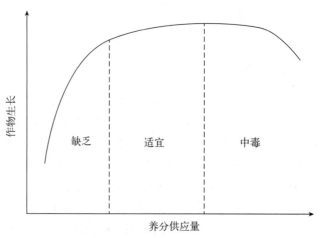

图 11-1 养分供应量与作物生长的关系

减的形式增加。Mitscherlich 最早在燕麦磷肥沙培试验中发现，增加养分供应量会相应地提高作物产量；养分施用量越大，单位养分的增产量却越小。他用数学公式表达了产量与矿质营养供应量之间的这种关系，并提出了著名的 Mitscherlich 学说。根据这一学说，单一矿质养分的效应曲线为渐近线，当一种矿质养分的供应量增加到超过植物生长的最大需要量时，其他矿质养分就可能变成限制因子。

2. 影响养分效应的因素　很多因素影响养分效应的高低，在相同的土壤类型、水分管理及其他栽培措施条件下，养分的平衡状况对养分效应的高低有明显作用。当一种养分供应过量时，可能会造成其他养分的缺乏或毒害，进而导致减产。例如，单纯大量偏施氮肥会破坏植物体内激素的平衡，使植物的生长受到严重抑制，配合施用磷、钾肥则使植物生长得到改善。因此，在养分缺乏的土壤中要想提高作物产量，不能只考虑一种养分的供应情况，而应考虑各种养分的平衡供应。对多数作物来说，产品的数量和质量同等重要。最好的品质和最好的产量所要求的最适养分供应量不一定同步。

二、矿质营养与作物产量的关系

1. 氮　氮素是一切有机体不可缺少的元素，所以它被称为生命元素。合理施用氮肥是当今世界作物生产中获得较高目标产量的关键措施。黄土高原地区是典型旱作雨养农业区，是我国小麦主要产区之一，干旱胁迫和土壤贫瘠是限制该区农业发展的主要因素，施肥是当前提高该区粮食产量的主要措施之一，化肥的增产作用占农作物产量的 50% 左右。而盲目地偏施氮肥，造成施肥效益下降，农田生态环境受到破坏，这在一定程度上也导致了土壤肥力失衡和生态环境安全问题。

基于此，国内不少学者提出了兼顾产量、经济和生态效益的安全合理施氮量或生态适宜施氮量的概念。关于氮肥用量与作物产量的关系，国内外学者普遍认为，作物产量与氮肥用量符合报酬递减规律，并基本符合二次抛物线、线性＋平台和二次式＋平台等变化趋势。众多学者研究发现合理施用氮肥可以提高小麦籽粒产量，但当施氮量达到一定水平后，继续增施氮肥无助于小麦籽粒产量的提高，反而有下降的趋势，李强等也研究发现，盲目高量、过量施氮不仅不能增产，还可能导致减产。

禾谷类作物的产量形成主要取决于每公顷穗数、每穗粒数和千粒重。单位面积的穗数决定于种植密度和氮肥用量，在作物生长前期，充足的氮素营养对有效穗数有重要影响。研究结果表明，小麦生长前期施用氮肥，可提早小穗分化期，并能提高分化强度，从而使每穗小穗数增多，穗长、穗粒数均比不施氮肥时高。抽穗后，如叶片中能保持一定的氮素水平，即可延长光合作用的时间，有利于后期光合产物向籽粒中转运并积累，使粒重增加。

总之氮对植物生命活动及作物产量的形成均有重要的作用，合理施氮是获得农作物高产、优质的有效措施。

2. 磷　磷是植物生长发育不可缺少的营养元素之一，它既是植物体内许多重要有机化合物的组分，同时又以多种方式参与植物体内各种代谢过程。磷对作物高产及保持品种的优良特性有明显作用。此外，由于磷是植物体内代谢的调节者，参与作物体内碳水化合物、蛋白质和脂肪的代谢。因此，磷素营养的丰缺对各种作物产量的形成起重要作用。小麦的产量由有效穗数、穗粒数和千粒重构成。小麦生长前期磷素供应不足，增施磷肥能促进有效分蘖，施磷肥与不施磷肥相比，通常可提高有效穗数 30%～50%，小麦生长前期磷素营养充足，不但促进分蘖、增加穗数，而且对穗粒数的增加也有促进作用（表 11-2）。干物质积累增多，总干物重增加，有利于碳水化合物向穗部输送，以促进籽粒饱满，粒重增加。

表 11-2　磷对小麦产量构成的影响

处理	穗数（万/hm²）	每穗粒数	穗粒重（g）	千粒重（g）	产量（kg/hm²）
N	496.5	28.9	0.89	32.4	4 545
NP	607.5	30.9	0.95	31.4	5 730

3. 钾 钾是植物生长发育所必需的营养元素。许多植物需钾量都很大，它在植物体内的含量仅次于氮。钾对提高农作物产量和改善农产品品质均有明显的作用。

钾有高速透过生物膜，且与酶促反应关系密切的特点。钾不仅在生物物理和生物化学方面有用，而且对体内同化产物的运输和能量转变也有促进作用。良好的营养和生殖生长是农作物获得优质高产的物质基础。钾素营养充足，有利于作物不同生育阶段各器官的生长，提高叶片的光合强度和同化产物的运输速率，使更多的同化产物输入结实器官，从而提高作物的产量。碳示踪技术表明，小麦籽粒干物质的89%来自旗叶的光合产物，在缺钾的红沙土上增施钾肥，可使小麦千粒重平均增加1.6 g，每穗粒数平均多4.3粒，增产612 kg/hm²。又如棉花，施用钾肥能明显改善棉花生长状况，最终增加结铃数、单铃重，并能改善纤维的品质。增施钾肥也可使鲜茶叶的产量提高10%～13%。

Header和Beringer（1981）在研究钾对冬小麦产量影响时发现，钾有防止早衰、延长籽粒灌浆时间和增加千粒重的作用。防止作物早衰可推迟其成熟期，这意味着能使作物有更多的时间把光合产物运送到"库"中。究其实质，主要是施用钾肥后小麦籽粒中脱落酸的含量降低，且使其含量高峰期时间后移。这是延长冬小麦灌浆天数、增加千粒重的重要原因（表11-3）。在冬小麦灌浆期间，充足的钾还能延缓叶绿素的破坏，延长功能叶的功能期。

表11-3 钾对冬小麦产量构成的影响

项目	施钾（K）量（mg/kg）		
	0	60	120
从开花到成熟的天数（d）	46	68	75
每盆穗数	58.8	65.2	61.3
每穗粒数	36.3	37.6	42.6
千粒重（g）	17.4	33.0	34.4
每盆产量（g）	37.2	81.0	89.9

三、矿质营养与作物品质的关系

1. 氮肥与品质的关系 植物体内与品质有关的含氮化合物有蛋白质、必需氨基酸、酰胺和环氮化合物等。

蛋白质是农产品的重要质量指标。增施氮肥能提高农产品中蛋白质的含量，籽粒中蛋白质的积累主要是营养器官中氮化物再利用的结果，但后期根外追施尿素或NH₄NO₃对籽粒蛋白质含量有明显的促进作用，而且尿素的作用优于NH₄NO₃。因为尿素既能为植物正常生长供给氮素，又是一种生理活性物质，根外追施尿素可以促进光合作用，提高蛋白酶的活性，有利于促进叶片蛋白的分解和含氮物质向穗部转移。研究表明，小麦后期叶面追施尿素可促进谷蛋白的合成，从而提高面包的烘烤质量。

人体必需的氨基酸有缬氨酸、苏氨酸、苯丙氨酸、亮氨酸、蛋氨酸、色氨酸、异亮氨酸和赖氨酸，其含量也是农产品的主要品质指标。这些氨基酸是人和动物体自身无法合成的，只能由植物产品提供。适当供氮能明显提高产品中必需氨基酸的含量，而过量施氮时，必需氨基酸的含量却反而会减少。人和动物如果缺乏必需氨基酸，就会产生一系列代谢障碍，并导致疾病。

施氮也能改变植株的有些营养成分。例如，当供氮从不足到适量时，植株中胡萝卜素和叶绿素含量随施氮量的增加而提高；供氮稍过量时，谷粒中B族维生素含量增加，而维生素C含量却会减少。氮肥还会影响植物油的品质。例如，向日葵油一般含有10%的饱和脂肪酸（棕榈酸和硬脂酸）、20%的油酸、70%的必需亚油酸。随着氮肥用量的增大，向日葵油中的油酸含量增加，而亚油酸含量减少。在油菜中，施氮不仅能提高籽粒产量和粒重，同时也能提高含油量（表 11-4）。

表 11-4　氮肥用量对油菜籽含油量的影响

每盆施氮量（g）	每盆籽粒产量（g）	粒重（mg）	含油量（%）
0.2	6.6	1.8	21.2
0.4	7.7	2.2	21.5
0.8	5.6	3.3	41.8

氮素营养状况对甜菜品质的影响至关重要。在块根生长初期，供应充足的氮是获得高产的保证，而后期供氮多则会导致叶片徒长、块根中氨基化合物和无机盐类含量增高、糖分含量大幅度下降。此外，植物产品中的 NO_3^- 和 NO_2^- 含量是近年来引人注意的重要品质指标之一。NO_3^- 在人体内可还原成 NO_2^-，这种物质过量会导致人体高铁血红蛋白症，引起血液输氧能力下降。NO_2^- 盐还可与次级胺结合，转化形成一类具有致癌作用的亚硝胺类化合物。氮肥施用量过多是造成叶菜类植物体硝酸盐含量大幅度增加的主要原因。

2. 磷肥与品质的关系　与植物产品品质有关的磷化物有无机磷酸盐、磷酸酯、植酸、磷蛋白和核蛋白等。适量的磷肥对作物品质有如下作用。

（1）提高产品中的总磷量。

（2）增加作物绿色部分的粗蛋白质含量。磷能促进叶片中蛋白质的合成，抑制叶片中含氮化合物向穗部的输送。磷还能促进植物生长，提高产量，从而对氮产生稀释效应。因此，只有氮、磷比例恰当，才可提高籽粒中蛋白质的含量。

（3）促进蔗糖、淀粉和脂肪的合成。磷能提高蛋白质合成速率，而提高蔗糖和淀粉合成速率的作用更大；作物缺磷时，淀粉和蔗糖含量相对降低，但谷类作物后期施磷过量，对淀粉合成不利。

（4）使蔬菜商品性、耐储运性、风味等都有所改善。充足的磷肥可获得较大的马铃薯块茎；磷肥供应不足时，则形成较小的块茎；磷太多时又易形成裂口或畸形块茎。磷肥还能提高果菜类的含糖量，改善其酸度，使上市的果菜类更鲜美、漂亮，提高商品档次。

3. 钾肥与品质的关系

（1）改善禾谷类作物产品的品质。钾不仅可增加禾谷类作物籽粒中蛋白质的含量，还可提高大麦籽粒中的蛋氨酸和色氨酸等人体必需氨基酸的含量。

（2）促进豆科作物根系生长，使根瘤数增多，固氮作用增强，从而提高籽粒中蛋白质含量。

（3）有利于蔗糖、淀粉和脂肪的积累。在甜菜上施用钾肥可提高含糖量、减少杂质含量；在大麦上施钾可提高籽粒中淀粉和可溶性糖的含量。

（4）提高棉花产量，促进棉绒成熟，减少空壳率，增加纤维长度，还能提高棉籽的含油量。

（5）改善烟叶的颜色、光洁度、弹性、味道和燃烧性能和减少烟草中尼古丁和草酸的含量。

4. 钙、镁、硫与品质的关系

（1）钙。钙既是细胞膜的组分，又是果胶质的组分。因此，缺钙不仅会增加细胞膜的透性，也会使细胞壁交联解体，还会使番茄、辣椒、西瓜等出现脐腐病，苹果出现苦痘病和水心病等，极大地影响农产品品质。施钙可增加牧草的含钙量，提高其对牲畜的营养价值，还可增加农产品的可储性。此外，施钙对提高作物产品的含钙量、促进人体健康也极其重要。

（2）镁。镁的含量也是农产品的一个重要品质标准。饲用牧草镁含量不足时可导致饲养动物缺镁症，引起动物痉挛病；人类饮食中镁不足则会导致缺镁综合征，出现过敏、困乏、疲劳、脚冷、全身疼痛等病症。施镁肥可提高植物产品的含镁量，还能提高叶绿素、胡萝卜素和碳水化合物的含量，防治人畜缺镁症。

（3）硫。硫是合成含硫氨基酸如胱氨酸、半胱氨酸和甲硫氨酸所必需的元素。缺硫会降低蛋白质的生物学价值和食用价值。禾谷类作物籽粒中半胱氨酸含量低时，会降低面粉的烘烤质量。某些植物（如洋葱和十字花科植物）体内次生物质（如芥子油、葱油）的合成也需要硫，因此，施硫可增加这些植物产品的香味，改善其品质。

5. 微量元素与品质的关系 许多微量元素是植物、人和动物体都必需的，农产品中微量元素的含量也是重要的产品品质指标。微量元素影响着植物体内许多重要的代谢过程，但它同时又是易于对植物产生毒害等不良影响的元素，因此，微量元素的供应必需适度。

（1）铁。绿色叶片（如菠菜）和粮食中的铁是人体中铁的重要来源。缺铁可引起贫血、脑神经系统疾病、感染性疾病和骨骼异常等现象。

（2）锰。食物和饲料中的含锰量也是重要的品质标准。施用锰肥有提高维生素（如维生素C）含量和防止裂籽以及提高种子含油量等作用，缺锰会引起动物生长停滞、骨骼畸形、生殖机能障碍等病症。

（3）铜。铜对于提高植物产品蛋白质含量、改善品质、增加与蛋白质有关物质的含量都有积极的作用。

（4）锌。缺锌能使植物成熟期推迟，从而影响农产品品质。食物中含锌量低常常会引起儿童食欲不振、生长发育受阻等。施锌能增加植物产品含锌量和产量，防治人畜缺锌病。

（5）硼。硼对植物体内碳水化合物运输有重要影响，因此，适量增施硼肥可提高蔗糖产量。施硼还可防止因缺硼造成的"茎裂"，提高蔬菜品质。

（6）钼。在缺钼土壤上施钼肥可增加种子的含钼量，提高农产品的蛋白质含量，改善其品质。

主要参考文献

贲洪东，魏颖，矫振勇，2003. 核酸有机肥对水稻产量及品质的影响初报 [J]. 黑龙江农业科学（4）：32-33.

曹恭，梁鸣早，2003a. 硫——平衡栽培体系中植物必需的微量元素 [J]. 土壤肥料（1）：50-52.

曹恭，梁鸣早，2003b. 钙——平衡栽培体系中植物必需的中量元素 [J]. 土壤肥料（2）：48-49.

曹恭，梁鸣早，2003c. 镁——平衡栽培体系中植物必需的中量元素 [J]. 土壤肥料（3）：1-4.

曹恭，梁鸣早，2003d. 铁——平衡栽培体系中植物必需的微量元素 [J]. 土壤肥料（4）：46-47.

曹恭，梁鸣早，2003e. 硼——平衡栽培体系中植物必需的微量元素 [J]. 土壤肥料（5）：1-4.

曹恭，梁鸣早，2003f. 锌——平衡栽培体系中植物必需的微量元素 [J]. 土壤肥料（6）：1-4.

曹恭，梁鸣早，2004a. 锰——平衡栽培体系中植物必需的微量元素 [J]. 土壤肥料（1）：1-2.

曹恭，梁鸣早，2004b. 铜——平衡栽培体系中植物必需的微量元素 [J]. 土壤肥料（2）：50-52.

陈日远，关佩聪，刘厚诚，等，2000. 核苷酸及其组合物对冬瓜产量形成及其生理效应的研究 [J]. 华南农业大学学报，21 (30)：9-12.

陈新平，张福锁，1996. 北京地区蔬菜施肥问题与对策 [J]. 中国农业大学学报，1 (5)：63-65.

黄显淦，王勤，赵天才，2000. 钾素在我国果树优质增产中的作用 [J]. 果树科学，17 (4)：310-311.

黄显淦，钟泽，傅纯茹，等，1992. 葡萄施用氯化钾及与氮磷配施效果试验 [J]. 中国果树（2）：7-10.

季兰，冯文斯，1994. 增施钾肥能有效地降低果树腐烂病的发生 [J]. 农业科技通讯（9）：24-26.

姜东，于振文，李永庚，等，2002, 施氮水平对高产小麦蔗糖含量和光合产物分配及籽粒淀粉积累的影响 [J]. 中国农业科学，35 (2)：157-162.

姜小文，张秋明，王灿辉，等，2001. 喷施核营酸有机营养剂改进柑橘果实品质的效果 [J]. 中国南方果树，30 (3)：12-13.

李会合，王正银，2001. 施肥对叶菜类蔬菜硝酸盐含量的影响 [J]. 磷肥与复肥，16 (3)：66-67.

李金洪，李伯航，1995. 矿质营养对玉米籽粒营养品质的影响 [J]. 玉米科学，3 (3)：54-58.

林志刚，赵仪华，薛耀英，1993. 叶菜类蔬菜的硝酸盐累积规律及其控制方法研究 [J]. 土壤通报，24 (6)：253-255.

刘开昌，胡昌浩，董树亭，等，2001. 高油玉米需磷特性及磷素对籽粒营养品质的影响 [J]. 作物学报，27 (2)：267-272.

陆景陵，1994. 植物营养学 [M]. 北京：中国农业大学出版社.

王月福，姜冬，于振文，等，2003. 氮素水平对小麦籽粒产量及蛋白质含量影响及生理基础 [J]. 中国农业科学，36 (5)：513 - 520.

王月福，于振文，李尚霞，等，2002. 施氮量对小麦籽粒蛋白质组成含量及加工品质的影响 [J]. 中国农业科学，35 (9)：1071 - 1078.

吴建繁，王运华，2000. 无公害蔬菜营养与施肥研究进展 [J]. 植物学通报，17 (6)：492 - 503.

谢德体，屈明，2004，土壤肥料学 [M]. 北京：中国林业出版社.

杨恩琼，黄建国，何腾兵，等，2009. 氮肥用量对普通玉米产量和营养品质的影响 [J]. 植物营养与肥料学报，15 (3)：509 - 513.

张宏伟，龙明杰，曾繁森，2001. 腐殖酸接枝共聚物对赤红壤改良的研究 [J]. 水土保持研究，8 (2)：115 - 118.

周崇峻，2003. 腐殖酸复合肥与不同施肥处理对微区白菜产量和品质的影响研究 [J]. 辽宁农业科学 (4)：17 - 19.

周梅素，郭东龙，等，2001. 太原市市售蔬菜硝酸盐含量及其对健康影响评价 [J]. 山西大学学报（自然科学版），24 (4)：362 - 364.

朱锦懋，陈由强，郑毅，等，2001，啤酒废酵母核酸降解物在龙眼生产上应用的研究 [J]. 用与环境生物学报，7 (3)：232 - 235.

AGGELIDES S，IOANNIC A，PETROS K，et al, 1999. Effect of soil water potential on the nitrate content and the yield of lettuce [J] J Soil Sci Plant Anal，30 (1)：235 - 243.

ANURADHA M，NARAYANAN A，1997. Root elongation of plants grown in phosphorus deficient soil and vermiculite [J]. Indian Journal of Plant Physiology，2 (1)：65 - 67.

DAANE K M，JOHNSON R S，1995. Excess nitrogen raises nectarine susceptibility to disease and insects [J]. California Agriculture，49 (4)：13 - 18.

REDDY R V，RAO M S，1992. Quality of sweet orange grown on three different soil orders [J]. Journal of the Indian Society of Soil Science，40 (1)：111 - 113.

第十二章

交互作用概念、类型与应用

第一节　交互作用的概念

交互作用一般是指成对因素之间的相互作用，现在已发展到一个因素与一组因素、一组因素与另一组因素之间的交互作用以及许多因素之间的交互作用，也就是简单交互作用和整个系统的复合交互作用。这种相互作用包括互相促进、互相抑制或互相不交的作用。这是交互作用的基本概念。

一、交互作用的普遍性

在社会和自然界，都存在各种各样的交互作用。每件事情在社会发展中都有它自己独有的作用，并与世界上其他事情都有互相促进和互相抑制的作用，故社会上到处都存在着交互作用。如生产关系与生产力之间的关系，当生产关系改善后适合生产力的发展时，就会促进生产力的发展；反过来，当生产力得到很好发展时，又能促进生产关系的改善和发展，使两者不断得到改善和提高，从而促进了社会的不断发展。

在农业生产中也是这样，同样存在各种对作物生产的限制因素，在这些限制因素之间也存在各种各样的交互作用。如在某种低肥力土壤上，单独施用氮肥或磷肥，可使作物都有一定增产作用，但增产作用不显著；当土壤极度缺氮、缺磷时，单独施用氮肥或磷肥时，不但没有增产作用，甚至反而引起减产。但当氮肥和磷肥配合施用时，作物产量便有惊人的提高，比氮和磷单独施用时的增产之和要高出几倍，这就是氮磷交互作用的结果。20世纪70年代、80年代在黄土高原地区的田间试验有不少地块都出现过这种现象。氮磷增产的交互作用十分普遍且非常突出，故交互作用是普遍存在的，是促进社会和农业生产发展的一个普遍动力。

二、农业中交互作用产生的机理

为什么作物生产中限制因素能产生交互作用？根据目前科学研究结果，大致有以下几个方面的原因。

（一）作物生长过程需要各种生长因素足量和平衡供应

作物生长过程是生命活动的过程，它的显著特点就是活细胞能从周围环境中吸收营养物质并利用这些营养物质建造自己的躯体和生长发育的能源。作物生长和新陈代谢的必需元素的供应和吸收称为营养。将吸收的营养元素转变为细胞物质或用作能源的机制称新陈代谢。新陈代谢是指活细胞中为了维持生命和生长所进行的各种反应。因此，营养和新陈代谢是紧密相关的。而且不同营养元素在新陈代谢过程中起着不同的作用，互相之间进行有机协配，才能完成作物的生命过程。

作物生长所必需的营养元素有20种，另外还有12种是作物的有益营养元素。根据标准规定，植物的必需元素必须表现出以下作用：①必须是细胞结构组成的成分及其代谢活性化合物的组成成分；

②必须是维护细胞的正常代谢活性所需；③能作用于植物体内能量的转移；④能促进酶活性所必需。这些作用是相互影响的，是植物生命活动和发展的必需条件，是产生交互作用的基础所在。

这些必需元素不管其在植物体内含量多少，但其对植物的生命活动都具有同等重要性，每一个必需元素在植物体内都有其自身独特作用，缺一不可。如果缺乏某一种必需元素，植物就不可能完成其生命过程，并影响其他必需元素功能的正常发挥。只有这些必需营养元素同时供应、吸收和同化时，元素之间才能产生各种各样有效的交互作用，才能促进作物正常的生命活动和生长发育。

（二）交互作用的生理生化基础

在植物生命过程中，经常会出现因素之间不同的交互作用现象，这与植物体内生理生化条件有关。

1. 离子间的相互关系　以作物来说，为了自身的生长发育，它要从土壤中不断吸收养分和水分，在吸收过程中不仅与养分浓度有关，而且与离子间的相互作用有关。离子间的相互作用主要有以下几种。

（1）协同作用。离子的协同作用是指某一离子的吸收，能够促进植物对另一离子的吸收。一般来说，植物细胞都是带负电的，但电位差相当小，细胞和组织总的阴离子当量和总的阳离子当量基本相等。因此，当植物吸收 NO_3^-、$H_2PO_4^-$、SO_4^{2-} 等阴离子后，细胞即有了多余负电荷，因而就会增加吸收阳离子的作用，以维持电性平衡。即阴离子的吸收，促进了阳离子的吸收，这就是协同作用。

（2）拮抗作用。离子之间的拮抗作用是相当普遍的。Ca^{2+} 浓度高的土壤，作物往往出现铁、镁、锌等元素的缺乏，这是因为 Ca^{2+} 可以减少细胞膜的透性，水合半径或离子半径较大的离子就不易透入；K^+、NH_4^+ 等半径较小，其吸收就不受影响。

重金属元素之间的拮抗作用，主要与其配位性能有关，配位性越大，其拮抗作用也就越大。对铁元素来说，各种离子与其拮抗的能力为：$Ca^{2+} > Ni^{2+} > Co^{2+} > Mn^{2+}$。

阴离子之间的拮抗作用也是相当普遍的，当 NO_3^- 吸收减少时，植物对 Cl^-、SO_4^{2-} 和 $H_2PO_4^-$ 的吸收作用就很强。一般以 NO_3^- 与 Cl^- 之间的拮抗作用最为普遍。

（3）补偿离子的效应。指土壤胶粒表面吸附一种离子时对所吸附的另一种离子从胶粒表面释放的影响，这种作用也会影响植物对养分吸收，称其为补偿效应。如土壤胶粒对二价离子的吸持力大于一价离子，因而土壤中往往会出现 Ca^{2+} 或 Mg^{2+} 缺乏的现象。特别是当大量施用 NH_4^+、K^+ 时，更易引起作物 Ca^{2+}、Mg^{2+} 的缺乏。这种土壤胶体对不同价数离子吸附的选择性，其本身就是一种土壤吸附离子拮抗作用的表现。

（4）盐的生理效应。用作肥料的盐类在水解时可以产生酸性、碱性或者是中性的成分。作物吸收养分是根据需要选择性地吸收，对组成盐类各部分的吸收，有多少和快慢之分，而留在介质溶液中的各种离子也有多少的问题。因此会产生盐的生理效应，就会影响到作物生理生化过程。

对于离子之间在植物营养上的相互关系应与植物的代谢活动联系起来进行研究，而不能孤立地看待这个问题。如磷可以促进根系发育，从而增强对氮和其他养料的吸收；在代谢过程中，磷和氮是密切配合、缺一不可的。反过来，植物增加氮的吸收，叶面积扩大，制造的养料增加，促进根系发育，因此，又可促进磷和其他养料的吸收。

2. 养分的代谢过程　养分的代谢过程是离子间交互作用的生物化学基础。以氮、磷为例，其在植物体内的代谢过程都是互相分不开的，是互相联系互相促进的。

（三）由肥效反应的基本定律看养分之间交互作用的基本原理

1. 李比希最小养分律　由李比希提出的最小养分律，其含义是"当一种必需的养分短缺或不足时，其他养分含量虽多，植物也不能良好生长"。其他养分供应都很充足，由于这个养分短缺，就会阻碍其他养分作用的发挥，其就是拮抗作用。但当这个短缺养分通过施肥得到满足后，使整个养分处于平衡状态，其他养分即可充分发挥作用，使作物产量大幅度提高，在一定范围内，能随着该养分施肥量的增加而增加，这就出现了协同性交互作用或李比希协同性交互作用。

2. 米采利希定律　该定律表达为："改善限制因子的第一次投资是最有效的，以后对连续的每次投资收效逐渐减少"。这就是著名的米采利希报酬递减律。这一定律是在其他作物生长条件不变、只有某一因素变化的情况下建立起来的。因此，某一因素与其他不变因素之间就会产生拮抗性交互作用。但由于许多事实证明，当其他生长因素都发生变化时，使所有因素都于协调和平衡状态，某一因素与其他因素之间的交互作用就会变成协同性交互作用，使产量随某一因素投入量的增加而增加。

3. 综合因素作用律 综合因素作用律也叫最大因素作用律。其含义是：对作物生长发育所需要的各种因素都能适时适量地满足的话，作物即可得到最大生产潜力的产量水平。在此所指的综合因素包括光、热、水分、养分、土壤、植保、作物品种、播种时间、播种密度等因素，这些因素都处于相对平衡的时候，因素之间将可出现协同性交互作用和连乘性（或叠加性，后同）交互作用，作物最大生产潜力即可实现。如果某些因素投入量过大或过小，则会出现因素间的失调，产生拮抗作用，不但不能增产，反而会发生减产。所以要使综合因素作用律发挥最大作用，必须确定各种限制因素和控制各种限制因素的投入量，使之整体因素处于平衡状态，才能形成因素之间的连乘性交互作用和协同性交互作用。

以上各种肥效反应的重要学说，都与因素之间的交互作用有关。因此，人们对肥效反应的认识，首先须对肥料等因素之间交互作用的认识。只有对因素之间交互作用的深入认识，才能有效调控和运用以上各种基本的施肥原理，实现作物最高生产潜势的产量目标。

第二节 交互作用的类型与分类指标

一、交互作用主要类型

在讨论交互作用种类和类型之前，先了解一下多因素组合条件下所制定的多组分产量图（MFYP）（图 12 - 1）是很有必要的。

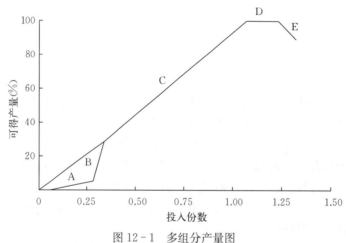

图 12 - 1 多组分产量图

图 12 - 1 中 A - B 区是代表李比希因素产量反应区。在 A 区内，投入某一因素所得的产量效应是很小的，甚至没有什么效应，且也可能出现减产，如果投入的因素是李比希最大限制因素时，情况就不会是以上这样的。举例来说，当氮肥单独施用时，其增产效应为 16%，但与磷肥配合施用时，氮的增产效应则为 93%，此磷即便是李比希限制因素，氮磷的交互作用就成为协同性交互作用，就是图中的 B 区，磷便是最大限制因素。反过来说，当磷肥单独施用时，磷的增产效应只有 73%，但与氮肥配合施用时，磷的增产效应则提高为 188%，磷氮的交互作用也是协同性交互作用，而氮则成为最大限制因素，正如图中 B 区所表示的那样。

当李比希限制因素完全被消除以后，剩下的就是米采利希最小养分限制因素。比较起来，米采利希限制因素的限制程度比李比希限制因素的限制程度要小些，投入因素的增产效应比李比希的增产效应也要低些，其交互作用被称为连乘性的交互作用，其效应曲线表现在 C 区。该交互作用举例说明如下。

在玉米上的相对产量：单独灌溉＝1.84

单独施氮肥＝1.33

两因素同时施用＝2.43

两因素同时施用的预测效应＝1.84×1.33＝2.45

所以在 C 区范围内，两因素的交互作用预测值实际上就是两种因素单独施用时各个增产效应的连乘之积，即 2.43≈2.45。

D 区代表所有限制因素组合在一起，代表值为 1.00 时的相对产量最大区，也就是作物产量的潜势值。要使 C 线继续上升，就应改良新的品种。平行线代表投入量已超过组合因素的最大值，平行线的长短表示土壤的缓冲性和作物的忍耐性大小。

E 区代表过量投入，引起减产。

农业中交互作用类型一般有以下几种：

1. 协同性交互作用（也称协助作用、激进作用） 设有两种肥料，一种为 A，一种为 B。以土壤不施肥的产量作为相对产量 1.00（对照），所得产量作图（图 12-2）。

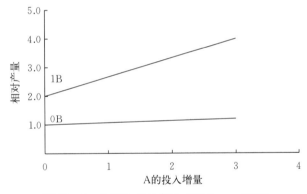

图 12-2 协同性交互作用（Wallace，1990）

图 12-2 中横坐标是投入因素 A 的增量，纵坐标为相对产量。0B（即无 B 肥投入）产量线实际是 A 增量时的相对产量线，各点产量都很低，在 A 增量零水平时，其相对产量为 1.0，即不施肥的对照产量，当 A 增量达 3 个水平时，相对产量也只有 1.20，即增产 20%，即单独施 A 肥 3 的产量。而当 B 因素投入 1 时（即 1B），其相对产量在 A0 时为 2.0，即单独施 B 肥 1 的产量，在 A 增量为 3 时，B 的相对产量为 4.0，为单独 A3 时的 3.33 倍（即 4/1.2）。大大提高了 1B 在 A3 时的产量。投入 B1 份的效应是随 A 因素投入量的增加而增加。由此看出，如只是 A 或只是 B 单独投入时，两者的增产量都是很低的，相对产量 A3 为 1.2、1B 为 2，两者连乘相对产量为 1.2×2＝2.4。但当 A 与 B 同时投入，A3 时的 B1 相对产量达到 4，4/2.4＝1.67，比值大大超过，故大大提高了A、B 两因素的增产效果。因此称 A 与 B 这两个因素是李比希限制因素类型。A、B 是土壤最小的两种养分，是作物生长严重的限制因素。两条线的开口度很宽，且随施肥量的增加开口度越来越宽。

2. 连乘性交互作用 假如有两种投入因素，一种是 A，另一种是 B。当 A 单独投入时所得相对产量为 1～1.5，B 单独投入时所得的相对产量也是为 1～1.5，两因素连乘相对产量为 1.5×1.5＝2.25。而当 A 与 B 两因素同时投入时，其所得产量相当于 1.50×1.50＝2.25，两因素同时投入时的相对产量 A+B-2.25，A、B 单独投入时的相对产量 A×B＝2.25，其 $\frac{A+B}{A\times B}=\frac{2.25}{2.25}=1.0$，故这两因素的交互作用就是连乘性交互作用（SA）。见图 12 - 3。

3. 拮抗性交互作用　假如有两种投入因素，A 因素和 B 因素，当 A 因素单独投入时，所得产量为无投入对照产量的 1.50 倍，B 因素单独投入时所得产量也为对照产量的 1.50 倍，但当 A 因素与 B 因素同时投入时所得产量却小于 1.50×1.50＝2.25 的连乘性产量，如其所得的相对产量为 1.75，即 1.75/2.25＝0.78<1，这就是拮抗作用的主要指标。这种拮抗作用不是 A 抑制了 B 的作用，就是 B 抑制了 A 的作用，或 A 与 B 互相抑制。这种拮抗作用可以由图 12 - 4 所示。

从图 12 - 4 看出，0B 线为无 B 投入时的 A 增量的增产线，1B 线是为投入 B 1 份时与 A 共同投入时的增产线，而 B 素增产效应（％）是随 A 素投入量的增加而递降。0B 线随 A 增量的增加而增高，而 1B 线则随 A 增量的增加而递减，最终两条线将会相交一点，这就是两因素拮抗交互作用的特点。说明这两个因素的交互作用是拮抗作用类型，对作物产量是拮抗因素。

4. 李比希协同作用　按一般原理，当（A＋B）/A×B<1 时，A 与 B 的交互作用便是拮抗类型。但有时虽然此比例<1，甚至此比例≪1，表观上是拮抗性交互作用，但实际上不是，而是李比希交互作用（图 12 - 5）。

因为这两个因素在单独投入时，一个投入所得的相对产量比对照产量高得多，另一个因素投入时所得相对产量比对照产量高更多，都接近或处在"多组分产量图"的 A 段或 B 段上；两因素单独投入或同时投入的产量比拮抗作用相应因素的相对产量都要高得多，几乎是连乘性交互作用产量的结果，故图 12 - 5 中的两条线处于平行状态，但 $\frac{(A＋B)}{A×B}$ 的比例却≪1，这可能是受到其他阻碍因素的抑制。所以这种交互作用为李比希交互作用类型。两个因素均属于李比希限制因素类型。因此，协同作用不仅包含两个因素，同时也包含单个因素的增产作用。

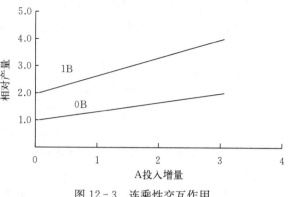

图 12 - 3　连乘性交互作用

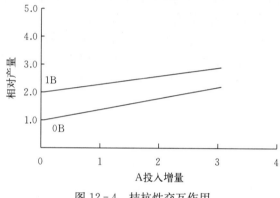

图 12 - 4　拮抗性交互作用

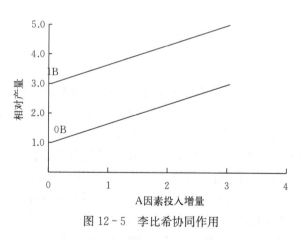

图 12 - 5　李比希协同作用

以上协同性交互作用、连乘性交互作用、拮抗性交互作用、李比希协同性交互作用基本上概括了植物营养中整个交互作用类型。此外，还可能有保护性交互作用、竞争性交互作用和中性交互作用等，对此今后还须做进一步研究。

二、交互作用划分的原则

过去我们一般认为交互作用可分为三大类，即正交互作用、无交互作用和拮抗交互作用。随着农业科学技术的发展，根据科学施肥的原理，可把交互作用细分为更多种类，并以新的名词加以说明。目前交互作用分类的原则是：

(1) $\dfrac{A+B}{A\times B}>1$，为协同性交互作用类型，因素被称为李比希限制因素类型。

(2) $\dfrac{A+B}{A\times B}=1$，为连乘性交互作用类型，因素被称为米采利希限制因素类型。

(3) $\dfrac{A+B}{A\times B}<1$，为拮抗性交互作用类型，因素被称为拮抗限制因素类型。

(4) $\dfrac{A+B}{A\times B}<1$，为李比希协同作用类型，但 A 或 B 分别处于多组分产量图的 A 段或 B 段上，或 A 与 B 都处于多组分产量图的 B 段上，增产效果都很高，故称此两因素为李比希协同作用限制因素。

以上 4 种交互作用在植物营养中是最常见的类型，基本概括了农业中所发生的交互作用类型。当然还有其他不同类型的交互作用，如保护性交互作用、竞争性交互作用、中性交互作用、负协同性交互作用等。为了更清楚了解以上 4 种交互作用的具体指标，现编制表 12-1，以供参考。

表 12-1　交互作用分类的指标

交互作用编号	投入因素相对产量			$A\times B$	$\dfrac{A+B}{A\times B}$	交互作用类型	效应（%）				限制因素类型	
	单独		共同				单独		共同			
	A	B	A+B				A	B	A	B	A	B
-1	1.2	1.2	4	1.44	2.78	S	20	20	233	233	L	L
-2	1.33	2	2.66	2.66	1	SA	33	100	33	100	M	M
-3	1.66	2	2.4	3.33	0.72	Ant	66	100	20	45	Ant	Ant
-4	2.33	3	4.33	7	0.62	LS	133	200	44	85	LS	LS

注：A、B 为投入的两种因素，S 为协同性交互作用，SA 为连乘性交互作用（或叠加性交互作用），Ant 为拮抗性交互作用，LS 为李比希交互作用。L 为李比希限制因素，M 为米采利希限制因素。

第三节　交互作用的可变性

作物生产限制因素之间交互作用的类型是在一定条件下形成的，在某一固定条件下两种投入因素的交互作用可能是拮抗作用，但如果这一固定条件发生了变化，这两种因素之间的交互作用可能也会发生变化，可能转变为其他类型的交互作用，这种情况是经常发生的。表 12-2 为交互作用可变性实例分析。

表 12-2　交互作用可变性实例分析

投入因素			相对产量	SA	比例	交互作用类型	效应（%）试验因素		限制因素类型		备注
A	B	C					A	B	A	B	
播期	—	—	1.03	—	—	—	3	—	—	—	
—	密度	—	1.13	—	—	—	—	13	—	—	
播期	密度	—	0.85	1.16	0.73	Ant	-25	-17	Ant	Ant	陕北川道地春玉米播期密度试验
播期	—	NPM	1.81	—	—	—	81	—	—	—	
—	密度	NPM	1.61	—	—	—	—	61	—	—	
播期	密度	NPM	1.91	2.91	0.66	LS	19	6	LS	LS	

（续）

投入因素			相对产量	SA	比例	交互作用类型	效应（%）试验因素		限制因素类型		备注
A	B	C					A	B	A	B	
N_{10}	—	—	1.71	—	—	—	71	—	—	—	
—	P_5	—	1.05	—	—	—	—	5	—	—	
N_{10}	P_5	—	1.70	1.80	0.94	LS（或Ant）	62	−1	LS	Ant	陕西长武小麦 NP 不同用量试验
N_{15}	—	—	1.74	—	—	—	74	—	—	—	
—	P_{10}	—	1.08	—	—	—	—	8	—	—	
N_{15}	P_{10}	—	1.95	1.88	1.04	SA	81	12	M	M	
N_{10}	—	—	0.98	—	—	—	−2	—	—	—	低肥力土壤小麦 NP 肥效试验
—	P_{10}	—	1.46	—	—	—	—	46	—	—	
N_{20}	P_{10}	—	2.54	1.43	1.78	S	74	159	L	L	
N_{20}	—	—	1.83	—	—	—	83	—	—	—	高肥力土壤小麦 NP 肥效试验
—	P_{10}	—	1.08	—	—	—	—	8	—	—	
N_{20}	P_{10}	—	2.03	1.98	1.03	SA	88	11	M	M	
郑8329	—	—	1.10	—	—	—	10	—	—	—	陕西关中土壤上不同小麦品种在施高肥量条件下的肥效试验
—	高肥	—	1.77	—	—	—	—	77	—	—	
郑8329	高肥	—	1.88	1.95	0.96	SA	6	71	M	M	
超大穗	—	—	0.99	—	—	—	−1	—	—	—	
—	高肥	—	1.77	—	—	—	—	77	—	—	
超大穗	高肥	—	2.46	1.75	1.41	S	39	149	L	L	

注：A、B、C 为投入因素，SA 为连乘性交互作用，Ant 为拮抗性交互作用，LS 为李比希交互作用，L 为李比希限制因素，M 为米采利希限制因素，N、P 右下角数字代表施肥量（kg/亩），郑8329、超大穗为小麦品种。

第一，在陕北川道地同一块地上种植玉米，在不施肥处理下，设有播期和密植两个处理，结果这两个因素的交互作用为拮抗作用，但当施用氮、磷和有机肥后，这两个因素的交互作用即转变为协同性交互作用类型，播期和密度这两个因素都转变成李比希限制因素类型，即变成玉米增产作用的重要限制因素。

第二，在陕西长武县有一块小麦地，做氮肥（N）和磷肥（P）的肥效试验，N：P 用量分别为 10：5，15：10，N_{10}：P_5 的交互作用为李比希交互作用或拮抗作用，氮、磷都成为小麦增产的限制因素和拮抗因素；但施 N_{15}：P_{10} 时，交互作用却转变为连乘性作用，氮磷都变成米采利希限制因素类型。说明投入因素用量和比例不同都能影响到两因素交互作用类型的转变。

第三，在陕西关中黄土塬地，选择肥力低和肥力高的两块土地，做小麦氮磷肥效试验，在低肥力土壤上和高肥力土壤上都施用 $N_{20}P_{10}$，结果在低肥力土壤上的氮磷交互作用为协同性作用（S），两因素都是李比希限制因素类型；而在高肥力土壤上氮磷交互作用却转变为连乘性交互作用，两因素却变成米采利希限制因素类型，这反映出不同土壤肥力对投入相同肥料和相同用量肥料的交互作用有显著的变化，这就提示测土施肥和培肥土壤的重要性。

第四，在同一块土地上，施高肥水平与小麦品种郑8329的交互作用为连乘性交互作用，两因素为米采利希限制因素类型；但施高肥水平与超大穗小麦品种的交互作用则为协同性作用，两因素均为李比希限制因素类型；说明同一种肥料用量与不同品种也都会产生交互作用类型的显著变化。

农业生产上限制因素之间的交互作用是普遍存在的，但当条件发生变化时，各种交互作用类型也会随之发生转变，有的自拮抗转变为协同，有的则由协同转变为拮抗。这就提出了一个十分重要的启示，即为了达到农业生产的预期目标，人们可以有针对性地预测作物生长的各种限制因素，并进行科学的匹配各种限制因素的种类和用量，避免不利于作物生长的交互作用类型的产生，促进有利于作物生长的交互作用类型的发展，最大限度地实现作物生长潜势的产量目标。笔者认为作物生长限制因素交互作用的可变性和可调控性，就是近代农业科学上提出的综合因素作用律（即最大因子律）的理论基础，这是当前农业生产大幅度高产的重要理论和关键措施，是当前农业生产的又一次新的革命。

第四节　二因素与多因素的交互作用

作物生产的限制因素很多。以养分来说，作物生长的必需元素和有益元素共32种；气象条件有光、热、降水等；耕作栽培有深耕、中耕、品种、播期、播种密度、轮作间作、灌溉、地面覆盖、植保、杂草等；土壤本身有土壤质地、土壤容重、土壤结构、土体结构、土壤pH、土壤微生物等。以上各种因素都对作物生长发育既有各自的独特作用，又有与其他因素之间的交互作用。长期以来，人们对以上各种因素对作物生长发育的独特作用，以及与其他相关因素之间的交互作用都已研究积累了丰富资料，但并没有把这些极其宝贵的资料进行系统归类与分析、科学地应用于农业生产。本节内容主要是作者根据二因素与多因素研究资料进行交互作用的分析和研究。

一、二因素交互作用

(一) N×P交互作用

氮肥和磷肥是农业生产上最普遍施用的两种肥料，其交互作用是人们最为关注的问题之一，因为N×P交互作用的大小将直接影响到氮磷利用率，氮磷损失、生态环境和作物产量等效应。根据试验研究得知，N×P交互作用是随土壤、气候、施肥量、灌溉等条件的变化而变化。

1. 不同土壤肥力下的N×P交互作用　依据大量试验资料对氮磷效应和交互作用进行了分析统计，结果见表12-3。

表12-3　不同地力水平下N×P交互作用及其限制因素类型

地区	地力水平 (kg/hm²)	肥料		产量 (kg/hm²)	相对产量	SA	比例	交互作用类型	效应（%）		限制因素类型		NP交互效应（%）
		N	P						N	P	N	P	
陕北丘陵沟壑区	<50 (7)	—	—	29.5	1.00	—	—	—	—	—	—	—	
		5.55	—	74.3	2.52	—	—	—	152	—	—	—	
		—	4.12	50.4	1.71	—	—	—	—	71	—	—	
		5.55	4.12	109.1	3.70	4.31	0.86	LS	116	47	LS	LS	107
	50~100 (6)	—	—	77.5	1.00	—	—	—	—	—	—	—	
		4.78	—	119.3	1.54	—	—	—	54	—	—	—	
		—	3.60	91.1	1.18	—	—	—	—	18	—	—	
		4.78	3.60	141.5	1.83	1.82	1.01	SA	55	19	M	M	9
	>100 (14)	—	—	124	1.00	—	—	—	—	—	—	—	
		4.62	—	163.8	1.32	—	—	—	32	—	—	—	
		—	3.51	148.6	1.20	—	—	—	—	20	—	—	
		4.62	3.51	190.5	1.54	1.58	0.98	SA	28	17	M	M	9

（续）

地区	地力水平 (kg/hm²)	肥料		产量 (kg/hm²)	相对产量	SA	比例	交互作用类型	效应（%）		限制因素类型		NP交互效应（%）
		N	P						N	P	N	P	
渭北旱塬区	<100 (18)	—	—	72.5	1.00	—	—	—	—	—	—	—	—
		7.95	—	160.2	2.21	—	—	—	121	—	—	—	—
		—	6.55	109.9	1.52	—	—	—	—	52	—	—	—
		7.95	6.55	211.2	2.91	3.36	0.87	LS	92	32	LS	LS	67
	100~150 (19)	—	—	120.5	1.00	—	—	—	—	—	—	—	—
		7.50	—	212.4	1.76	—	—	—	76	—	—	—	—
		—	5.70	160.7	1.33	—	—	—	—	33	—	—	—
		7.50	5.70	260.2	2.16	2.34	0.92	LS	62	23	LS	LS	31
	>150 (22)	—	—	177	1.00	—	—	—	—	—	—	—	—
		6.50	—	245.7	1.39	—	—	—	39	—	—	—	—
		—	5.21	209.2	1.18	—	—	—	—	18	—	—	—
		6.50	5.21	284.7	1.61	1.64	0.98	SA	36	16	M	M	9
关中灌区	<150 (95)	—	—	129.5	1.00	—	—	—	—	—	—	—	—
		9.12	—	229.4	1.77	—	—	—	77	—	—	—	—
		—	9.36	250	1.93	—	—	—	—	93	—	—	—
		9.12	9.36	364.2	2.81	3.42	0.72	LS	46	59	LS	LS	76
	150~200 (101)	—	—	180.5	1.00	—	—	—	—	—	—	—	—
		8.32	—	292.2	1.62	—	—	—	62	—	—	—	—
		—	8.43	273.4	1.52	—	—	—	—	52	—	—	—
		8.32	8.43	393.3	2.18	2.46	0.89	LS	43	35	LS	LS	40
	>200 (80)	—	—	243.5	1.00	—	—	—	—	—	—	—	—
		7.45	—	328.1	1.35	—	—	—	35	—	—	—	—
		—	8.04	325.1	1.34	—	—	—	—	34	—	—	—
		7.45	8.04	443.0	1.82	1.81	1.91	SA	35	36	M	M	11

注：表中括号内的数字表示试验个数。LS为李比希交互作用和李比希限制因素，SA为连乘性交互作用，M为米采利希限制因素。NP独立的交互作用，来自NP整体与土壤其他因素所产生的交互作用。

（1）小麦产量是关中灌区>渭北旱塬>陕北丘陵沟壑区，这是自然因素不同所产生的一个必然规律，因为水分条件、土壤肥力条件和栽培管理水平都是关中灌区优于渭北旱塬，而渭北旱塬优于陕北丘陵沟壑区。

（2）3个不同农业生态区不同土壤肥力水平的氮磷肥料效应，不论氮磷单独施用也好，还是氮磷配合施用也好，都是肥力低的土壤高于肥力高的土壤，这也是一种自然规律。这就充分说明，在低肥力的土壤上，应重视增施氮、磷肥料，特别要重视氮、磷平衡施肥。

（3）在3个不同的农业生态区，氮磷交互效应均是低肥力土壤和中肥力土壤为李比希协同作用类型，氮磷在小麦生产中的限制因素类型都属于李比希协同作用限制因素类型。而在不同农业生态区的高肥力土壤上，N×P交互作用却都变成连乘性类型，其限制作用都变成米采利希限制因素类型。说明3种不同农业生态条件下的高肥力土壤，其养分水平，特别是氮、磷养分已达到较高的平衡水平。

2. 不同土壤含水量条件下的 N×P 交互作用　根据合阳县试验基地进行不同土壤含水量下的氮、磷效应试验，其 N×P 交互作用分析结果（表 12-4）。在土壤含水量为13%时（相当于相对持水量60%），氮、磷两因素在小麦生产上为连乘性交互作用，但土壤含水量为17%和21%时，均为拮抗性交互作用，这可能因水分过多，与氮素淋失和氮、磷稀释有关。

表 12-4 不同土壤含水量下 N×P 交互作用及其限制因素类型（小麦）

土壤含水量（%）	肥料		相对产量	SA	比例	交互作用类型	效应（%）		限制因素类型	
	N	P					N	P	N	P
13	0	0	1.00	—	—	—	—	—	—	—
	N₂	P₀	1.20	—	—	—	20	—	—	—
	N₀	P₂	1.39	—	—	—	—	39	—	—
	N₂	P₂	1.61	1.67	0.96	SA	16	34	M	M
17	0	0	1.00	—	—	—	—	—	—	—
	N₂	P₀	1.23	—	—	—	23	—	—	—
	N₀	P₂	1.49	—	—	—	—	49	—	—
	N₂	P₂	1.63	1.83	0.89	Ant	9	33	Ant	Ant
21	0	0	1.00	—	—	—	—	—	—	—
	N₂	P₀	1.28	—	—	—	28	—	—	—
	N₀	P₂	1.52	—	—	—	—	52	—	—
	N₂	P₂	1.76	1.95	0.90	Ant	11	38	Ant	Ant

注：Ant 为拮抗性交互作用，M 为米采利希限制因素，SA 为连乘性交互作用，P 为 P_2O_5，N、P 右下角数字代表施肥量（kg/亩）。对照小麦产量为 5.4 g/木桶。

3. 不同降水年型下 N×P 在谷子上的交互作用 根据中国科学院水土保持研究所 1983—1989 年在安塞做的肥料长期定位试验结果，把谷子生长期中降水量分为贫水年、平水年和丰水年 3 个等级，作者采用了他们部分基础资料，对不同降水年型下的氮磷增产效应和 N×P 交互作用进行了分析，结果见表 12-5。

表 12-5 不同降水年型下谷子 N×P 交互效应及其限制因素类型分析（谷子）

生长期降水量（mm）	肥料		相对产量	SA	比例	交互作用类型	效应（%）		限制因素类型	
	N	P					N	P	N	P
308.6 贫水年	—	—	1.00	—	—	—	—	—	—	—
	+	—	1.05	—	—	—	5	—	—	—
	—	+	1.20	—	—	—	—	20	—	—
	+	+	1.59	1.25	1.26	S	35	51	L	L
457.2 平水年	—	—	1.00	—	—	—	—	—	—	—
	+	—	1.11	—	—	—	14	—	—	—
	—	+	1.42	—	—	—	—	42	—	—
	+	+	1.84	1.57	1.17	S	30	61	L	L
608.1 丰水年	—	—	1.00	—	—	—	—	—	—	—
	+	—	1.24	—	—	—	24	—	—	—
	—	+	1.18	—	—	—	—	18	—	—
	+	+	1.45	1.46	0.99	SA	23	17	M	M

注：对照产量贫水年为 1 282.50 kg/hm²、平水年为 2 055 kg/hm²、丰水年为 3 135 kg/hm²，S 为协同性交互作用，SA 为连乘性交互作用，M 为米采利希限制因素，L 为李比希限制因素。

从表 12-5 可以看出以下结果：

（1）在不施肥的情况下，即对照处理，谷子产量随生长期中降水量的增加而增加。

（2）N×P 交互作用类型在贫水年和平水年均为协同作用，氮磷均为李比希限制因素类型，即限制谷子产量最严重的因子。

（3）在丰水年时，N×P 交互作用便转变为连乘性类型，而氮磷在谷子生长中变为米采利希限制因素，说明丰水年时水分在谷子增产中的作用表现得更为突出；土壤中其他营养元素的作用发挥得更加充分；磷肥在谷子增产的作用受到限制，因为水分较多，冲淡了土壤中磷素浓度，降低了根系周围磷素的浓度差，从而影响到作物对磷素扩散吸收的作用。

（4）单独施氮时，谷子的增产作用是随降水量的增加而增加。如在贫水年、平水年和丰水年的氮肥效应分别为 5％、14％ 和 24％；而氮磷配合使用时，氮肥效应却分别变为 35％、30％ 和 23％，随降水量的增加而降低，这与氮素的淋失和有效氮的稀释有关；而磷肥的增产作用，由于作物对磷扩散吸收，按理是水分越少，增产效应越大，但该试验却表现出不论是磷单独使用还是与氮配合使用，其磷肥的增产效率均是平水年＞贫水年＞丰水年。这也许给我们提出了一个信息，就是影响磷效的水分最低量有一个限度，低于这个限度就会因浓度过大而抑制磷的吸收，平水年的降水量可能就是影响磷效的最适限度。

（二）N×K 交互作用

1. 氮钾对烟草产量的交互作用　1987 年在渭北旱塬进行的烟草施氮钾试验，结果见表 12-6。

表 12-6　NK、NP 交互作用对烟草叶产量的影响

相对烟叶产量			A×B	$\frac{A+B}{A\times B}$	交互作用类型	效应（％）				限制因素类型	
单独施用		配合施用				单独施用		配合范围			
A	B	A+B				A	B	A	B	A	B
N	K_2O	$N+K_2O$									
1.04	1.21	1.32	1.26	105	S	4	21	9	27	L	L
N	P	$N+P_2O_5$									
1.28	1.19	1.40	1.52	0.92	Ant	28	19	18	9	Ant	Ant

注：不施 N、K 对照产量为 1 694.9 kg/hm²，不施 N、P 对照产量为 2 429.9 kg/hm²，S 为协同性交互作用，Ant 为拮抗性交互作用，L 为李比希限制因素。

从表 12-6 看出，氮钾交互作用为协同性类型（S），两因素均属于李比希限制因素（L），但 N×P 交互作用则为拮抗类型（Ant），自然这两因素均为烟叶产量的拮抗因素。氮钾、氮磷分别是 1987 年和 1988 年在同一块土壤上进行的试验，虽氮磷的增产比氮钾的高，但氮磷试验处理中钾肥少于氮钾试验，而磷肥用量却大大高于氮钾试验，导致氮、磷、钾失去平衡，N×P 交互作用呈拮抗类型可能与此有关。

2. 氮钾对渭北旱塬春玉米产量的交互作用　根据多因素回归设计试验，得到氮钾两种肥料在春玉米上的肥效反应模式见式 12-1。

$$Y=627.7+76.804N+29.929K+19.856NK-27.569\,8N^2-8.544\,9K^2 \quad (12-1)$$

以不同 N、K 施肥量代入以上方程式，解得系列氮肥（N）用量和系列钾肥（K）用量时的春玉米产量，结果见图 12-6、图 12-7。

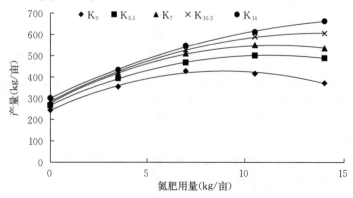

图 12-6　不同钾肥对氮肥肥效反应的影响

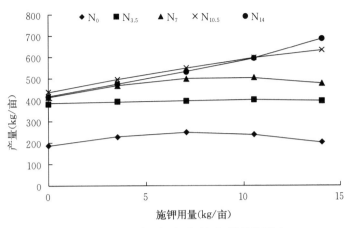

图 12 - 7　不同施氮水平对钾肥效果的影响

由图 12 - 6 看出，在不施钾的时候，施氮也有一定增产效果，但当施用钾肥时，施氮效果则非常显著，说明施用钾肥能促进氮肥的增效作用。而且施氮效果是随施钾量的增加而增高。同时也反映出，施氮量大于 105 kg/hm² 时，施钾的增产效果便随施钾量的增加而增加，表现出明显的氮钾交互效应，均呈协同性交互作用类型。但从图 12 - 7 看出，施氮量小于 105 kg/hm² 时（每亩 7 kg），不同氮肥用量均有一定增产效果；但没有随施钾量的增加而是线形呈平行状态，表现出连续交互作用。但当施氮量达 150～210 kg/hm² 时，说明在渭北旱塬春玉米的施氮量大于 105 kg/hm² 施钾才有更大的增产效果。这时施氮水平越高，施钾的效果也就越大。

二、氮磷钾三因素交互作用

本项分析资料是笔者于 2000 年在甘肃定西所做的马铃薯氮磷钾肥效试验结果。各处理重复 3 次，所得资料进行交互作用分析，结果见表 12 - 7。从表 12 - 7 看出，N_{12} 与 P_{20} 配合施用，交互作用为连乘性类型，氮与磷为米采利希限制因素类型。说明在该土壤上，得到马铃薯较高产量，所施氮磷量已达到平衡要求。但氮与钾、磷与钾、氮磷与钾、氮钾与磷、磷钾与氮配合施用时，交互作用都是李比希协同作用类型，各成对因素都是李比希协同作用限制因素类型，还达不到马铃薯最高产量平衡施肥的要求，若再加其他因素的配合，即可达到连乘性肥效反应的高产水平。当氮、磷、钾三因素配合施用时，相对产量已达到 2.81，相当于亩产为 2 383 kg，比当地一般亩产 1 100 kg 高出 1 倍以上。

三、NPKM 四因素交互作用

本项资料取自徐明岗（2006）《中国土壤肥力演变》一书的 329 页，为 3 年一个轮作周期的第 8 个周期的小麦、大豆、玉米总产量，交互作用分析结果见表 12 - 8。四因素单独施用时，其效应（％）M 为 25％、N 为 14％、P 为 11％、K_2O 为 -4％。平均产量为 11 871 kg/hm² 比对照增产 11.5％，四因素联合投入时产量为 18 270 kg/hm²，比对照增产 72％，比单施增产 54％，这是交互作用所产生的结果。以 2 个因素双双配合施用时，如 NP、NK 和 PK 分别配合施用，交互作用都为协同作用类型，N、P、K 三因素都为李比希限制因素类型。KM 配合施用时，交互作用为连乘性类型，两因素均为米采利希限制因素类型；但当 PM 配合施用时，其交互作用为拮抗类型，两因素都成为拮抗性限制因素类型，这与一般的试验结果是一致的。以 3 个因素配合施用时，如 N、P、K 三因素配合施用，交互作用均为协同作用类型，三因素都为李比希限制因素类型；NPM 配合施用时，其交互作用为连乘性类型，三因素均为米采利希限制因素类型；PKM 配合施用时，交互作用为拮抗性类型，三因素则变为拮抗性限制因素类型；而当 NPKM 四因素配合施用时，其交互作用又转变为协同作用类型，其中，NPKM 四因素都变为李比希限制因素类型，4 个因素的增产作用都有显著的提高。说明所有限制因素只要合理匹配综合投入时，都可得到较高的交互作用增产效果。

表 12-7　甘肃定西马铃薯 NPK 试验结果的交互作用分析

肥料 (kg/亩)			相对产量 (1)	两种因素相对产量的乘积 (2)	(1)/(2)	交互作用类型	效应 (%)						限制因素类型					
N	P	K					N	P	K	NP	NK	PK	N	P	K	NP	NK	PK
0	0	0	1.00	—	—	—	—	—	—	—	—	—	—	—	—	—	—	—
12	0	0	1.58	—	—	—	58	—	—	—	—	—	—	—	—	—	—	—
0	20	0	1.71	—	—	—	—	71	—	—	—	—	—	—	—	—	—	—
0	0	11.4	1.62	—	—	—	—	—	62	—	—	—	—	—	—	—	—	—
12	20	0	2.64	2.70	0.98	SA	54	67	—	164	—	—	M	M	—	—	—	—
12	0	11.4	1.91	2.56	0.74	LS	18	—	21	—	91	—	LS	—	LS	—	—	—
0	20	11.4	2.18	2.77	0.79	LS	—	35	27	—	—	118	—	LS	LS	—	—	—
12	20	11.4	2.81	4.28	0.66	LS	—	—	6	73	—	—	—	—	LS	LS	—	—
12	20	11.4	2.81	3.27	0.86	LS	—	47	—	—	64	—	—	LS	—	—	LS	—
12	20	11.4	2.81	3.44	0.82	LS	29	—	—	—	—	77	LS	—	—	—	—	LS

注：施肥量下划横线的表示两种肥料作为一个组合因子，与其他未划横线的肥料进行交互作用。如 12、20 作为 NP 一个组合因子，与 $K_{11.4}$ 成对发生交互作用。P 代表 P_2O_5，K 代表 K_2O。N_0、P_0、K_0 为对照，对照亩产量为 850 kg。

表 12－8　NPKM 四因素交互作用分析

投入因子 N	P	K	M	实际产量 (kg/hm²)	相对产量	连乘性产量 (SA)	相对产量/连乘产量	交互作用类型	效应 (%) N	P	K	M	限制因素类型 N	P	K	M
−	−	−	−	10 644	1.00	—	—	—	—	—	—	—	—	—	—	—
+	−	−	−	12 164	1.14	—	—	—	14	—	—	—	—	—	—	—
−	+	−	−	11 802	1.11	—	—	—	—	11	—	—	—	—	—	—
−	−	+	−	10 251	0.96	—	—	—	—	—	−4	—	—	—	—	—
−	−	−	+	13 268	1.25	—	—	—	—	—	—	25	—	—	—	—
+	+	−	−	16 620	1.56	1.27	1.23	S	41	37	—	—	L	L	—	—
+	−	+	−	15 045	1.41	1.09	1.29	S	47	—	24	—	L	—	L	—
+	−	−	+	15 480	1.45	1.43	1.01	SA	16	—	—	27	M	—	—	M
−	+	+	−	12 880	1.21	1.07	1.13	S	—	26	9	—	—	L	L	—
−	+	−	+	13 016	1.22	1.39	0.88	Ant	—	−2	—	10	—	Ant	—	Ant
−	−	+	+	12 348	1.16	1.20	0.97	SA	—	—	−7	21	—	—	M	M
+	+	+	−	16 725	1.57	1.22	1.29	S	47	44	24	—	L	L	L	—
+	+	−	+	16 590	1.56	1.58	0.99	SA	12	9	—	23	M	M	—	M
+	−	+	+	16 050	1.51	1.37	1.10	S	26	—	6	39	L	—	L	L
−	+	+	+	12 750	1.20	1.33	0.90	Ant	—	0	−14	12	—	Ant	Ant	Ant
+	+	+	+	18 270	1.72	1.52	1.13	S	29	26	17	41	L	L	L	L
(PKM)+N	+	+	+	18 270	1.72	1.37	1.26	S	43	—	—	—	L	—	—	—
(KMN)+P	+	+	+	18 270	1.72	1.68	1.02	SA	—	14	—	—	—	M	—	—
(MNP)+K	+	+	+	18 270	1.72	1.50	1.15	S	—	—	10	—	—	—	L	—
(NPK)+M	+	+	+	18 270	1.72	1.96	0.88	LS	—	—	—	10	—	—	—	LS

注：(1) ++++的 SA 值=1.14×1.11×0.96×1.25=1.52。++++代表 N、P、K、M 分别单独施用效应的连乘之积。

(2) −+++的 SA 值=1.11×0.96×1.25=1.39。−+++代表 P、K、M 分别单独施用效应的连乘之积。

(3) +++的各因子效应（%）计算：$\dfrac{+++\text{相对产量}-（−+++）\text{的 SA 值}}{（−+++）\text{的 SA 值}}=\dfrac{1.72-1.33}{1.33}=29$。++++代表 N、P、K、M 4 个因素同时投入，−+++代表 PKM 3 因素同时投入。

(4) (PKM)+N 的 N 效应（%）计算：$\dfrac{++++\text{相对产量}-（−+++）\text{的相对产量}}{（−+++）\text{的相对产量}}=\dfrac{1.72-1.20}{1.20}=43$。P、K、M 单因素效应依此类推计算。

(5) M 为有机肥，P 为 P_2O_5，K 为 K_2O。

如果用另一方式来计算，则分析结果又有一些变化。如 PKM、KMN、MNP、NPK 都分别作为一个组合因素，分别与 N、P、K、M 配合施用，则各成对因素的交互作用分别为 S、SA、S 和 LS，而 N、P、K、M 4 个因素则分别为 L、M、L 和 LS，说明几个因素组合后的综合因素与另外单个因素成对时的交互作用和限制因素类型与单独因素逐个成对时的交互作用和限制因素类型是不同的，这对平衡施肥的优化组合有一定意义。

四、五因素交互作用

本项资料是 1987—1989 年在陕北米脂县川旱地玉米进行五因素回归设计试验的结果。5 个因素是 X_1＝播期，X_2＝密度，X_3＝氮肥，X_4＝磷肥，X_5＝有机肥。试验设两次重复。根据试验结果进行因素间交互作用和限制因素类型分析，结果见表 12-9。

当因素单独投入时，对春玉米的增产效应播期为 3%，密度为 13%，氮肥为 -15%，磷肥为 32%，有机肥为 3%，除磷肥以外，其他增产效应都很低。

当 X_1 与 X_2、X_1 与 X_5、X_4 与 X_5 等成对因素同时投入时，其交互作用均为拮抗性类型，各对单个因素都成为拮抗性限制因素类型，单个因素增产效应均小于对应的单独因素投入时的增产效应。

当 X_1 与 X_3、X_2 与 $\times X_3$、X_3 与 X_4、X_3 与 X_5 等两两因素同时投入时，交互作用均为协同类型，各对单个因素都转变为李比希限制因素类型，成对的单个因素增产效应比对应的单独因素投入时的增产效应高 1.5~8 倍。

二因素组合与单因素的交互作用分析表明，如 X_1X_2 与 X_3、X_1X_2 与 X_4、X_1X_2 与 X_5 的交互作用均为协同作用类型，组合因素与单独因素均为李比希限制因素类型；而 X_4X_5 与 X_2 的交互作用则变为连乘性类型，组合因素与单因素则为米采利希限制因素类型，即成为高产、稳产的增产因素。

三因素组合与单因素的交互作用，如 $X_1X_2X_3$ 与 X_4、$X_3X_4X_5$ 与 X_1、$X_3X_4X_5$ 与 X_2 的交互作用均为协同类型，各组合因素和单独因素都为李比希限制因素类型；而 $X_2X_4X_5$ 与 X_2 的交互作用则转变为连乘性类型，其组合因素和单独因素皆是米采利希限制因素类型。说明同一地区不同投入因素选择适当组合与适当的单因素同时投入则能明显提高投入因素的增产效应。

当四因素组合与单因素配合成对时，如 $X_1X_2X_3X_4$ 与 X_5、$X_1X_2X_3X_5$ 与 X_4、$X_1X_2X_4X_5$ 与 X_3 的交互作用都是协同类型，X_5、X_4、X_3 三因素均为李比希限制因素类型；$X_2X_3X_4X_5$ 与 X_1 的交互作用则为连乘性类型，X_1 为米采利希限制因素类型；但 $X_1X_3X_4X_5$ 与 X_2 的交互作用却为拮抗性类型，X_2 却成为拮抗性限制因素类型。

当五因素共同投入时，各因素效应则又发生新的变化，播期、密度、氮肥、磷肥、有机肥的增产效应分别为 46%、60%、21%、87% 和 46%，总增产效应达 260%，比五因素单独投入时的增产总效应 36% 增加 7 倍多。综合因素的交互作用为协同类型，每个因素都变成李比希限制因素类型。其中播期、密度、磷肥和有机肥都由拮抗和米采利希限制因素转变为李比希限制因素类型，大大提高了它们的增产效果。由此 5 个因素优化配合使用，得到的玉米产量为 9 180 kg/hm²，比当地一般高产（4 000 kg/hm²）增产 129.5%。这就充分说明，在农业生产上进行多种限制因素的综合配合使用，能有效克服某些因素在农业生产上的限制作用，提高各种限制因素的增产作用和交互作用。

五、六因素交互作用

1987 年在陕西米脂县川道地灌溉春玉米上进行了六因素最优回归设计试验，试验因素是：X_1＝氮肥（N），X_2＝磷肥（P），X_3＝钾肥（K），X_4＝有机肥（M），X_5＝密度，X_6＝播期。根据试验结果，建立了六因素编码值的效应方程。通过优化筛选，得到 6 个因素最高产量时的投入量。获得的最高产量为 10 470 kg/hm²，比对照产量（2 940 kg/hm²）增产 256%。六因素编码值的最佳投入量分别为 X_1＝0（N，105 kg/hm²），X_2＝0（P₂O₅，105 kg/hm²），X_3＝0（K₂O，105 kg/hm²），X_4＝0（M₁，36 000 kg/hm²），X_5＝0（密度，42 000 株/hm²），X_6＝0.577 4（播期，4 月 27 日）。以单一因素、两因素、

表 12-9　陕北丘陵沟壑区川旱地玉米五种生长因素交互作用效应（%）与限制作用类型

处理号	投入因素（编码值）					相对产量	SA	比例	交互作用类型	效应（%）					限制因素类型				
	X_1	X_2	X_3	X_4	X_5					X_1	X_2	X_3	X_4	X_5	X_1	X_2	X_3	X_4	X_5
1	-2	-2	-2	-2	-2	1.00	—	—	—	—	—	—	—	—	—	—	—	—	—
2	0	-2	-2	-2	-2	1.03	—	—	—	—	—	—	—	—	—	—	—	—	—
3	-2	0	-2	-2	-2	1.13	—	—	—	3	—	—	—	—	—	—	—	—	—
4	-2	-2	0	-2	-2	0.85	—	—	—	—	—	(-15)	—	—	—	—	—	—	—
5	-2	-2	-2	0	-2	1.32	—	—	—	—	—	—	32	—	—	—	—	—	—
6	-2	-2	-2	-2	0	1.03	—	—	—	—	—	—	—	3	—	—	—	—	—
7	0	0	-2	-2	-2	0.85	1.16	0.73	Ant	-25	-17	—	—	—	Ant	Ant	—	—	—
8	0	-2	0	-2	-2	1.06	0.88	1.20	S	25	—	3	—	—	L	—	L	—	—
9	0	-2	-2	0	-2	1.34	1.36	0.99	SA	2	—	—	30	—	M	—	—	M	—
10	0	-2	-2	-2	0	0.91	1.06	0.86	Ant	(-12)	—	—	—	(-12)	Ant	—	—	—	Ant
11	-2	0	0	-2	-2	1.10	0.96	1.15	S	—	29	3	—	—	—	L	L	—	—
12	-2	0	-2	0	-2	1.43	1.49	0.96	SA	—	8	—	27	—	—	M	—	M	—
13	-2	0	-2	-2	0	1.20	1.16	1.03	SA	—	17	—	—	6	—	M	—	—	M
14	-2	-2	0	0	-2	1.44	1.12	1.29	S	—	—	9	69	—	—	—	L	L	—
15	-2	-2	0	-2	0	0.99	0.88	1.16	S	—	—	(-4)	—	17	—	—	L	—	L
16	-2	-2	-2	0	0	1.22	1.36	0.90	Ant	—	—	—	18	(-18)	—	—	—	Ant	Ant
17	0	0	0	-2	-2	1.16	0.72	1.61	S	36	36	36	—	—	—	—	L	—	—
18	0	0	-2	0	-2	1.56	1.12	1.39	S	18	18	—	84	—	—	—	—	L	—
19	0	0	-2	-2	0	1.18	0.88	1.34	S	16	16	—	—	39	—	—	—	—	L
20	-2	0	-2	0	0	1.35	1.38	0.98	SA	—	11	—	—	—	—	M	—	—	—

单因素效应

二因素交互作用

二因素组合与单素交互作用

（续）

处理号	投入因素（编码值）					相对产量	SA	比例	交互作用类型	效应（%）					限制因素类型				
	X_1	X_2	X_3	X_4	X_5					X_1	X_2	X_3	X_4	X_5	X_1	X_2	X_3	X_4	X_5
21	0	0	0	0	-2	1.75	1.30	1.35	S	—	—	—	51	—	—	—	—	L	—
22	0	0	0	-2	0	1.32	1.02	1.29	S	—	—	—	—	14	—	—	—	—	—
三因素组合与单素交互作用																			
23	0	0	-2	0	0	1.60	1.58	1.01	SA	19	—	—	—	—	L	—	—	—	—
24	0	-2	0	0	0	1.81	1.19	1.52	S	34	—	—	—	—	L	—	—	—	—
25	-2	0	0	0	0	1.61	1.52	1.06	S	19	—	—	—	—	—	SL	—	—	—
	0	0	0	0	0	1.91	1.80	1.06	S	—	—	—	—	9	—	—	—	—	L
	0	0	0	0	0	1.91	1.74	1.10	S	—	—	—	45	—	—	—	—	L	—
四因素组合与单素交互作用																			
	0	0	0	0	0	1.91	2.05	0.93	Ant	—	6	—	—	—	—	Ant	—	—	—
	0	0	0	0	0	1.91	1.97	0.97	SA	17	—	—	—	—	L	—	—	—	—
	0	0	0	0	0	1.91	1.35	1.41	S	—	—	42	—	—	—	—	L	—	—
五因素综合交互作用	0	0	0	0	0	1.91	1.35	1.42	S	19	6	19	45	9	L	Ant	L	L	L

注：X_1为播期，X_2为密度，X_3为氮肥，X_4为磷肥，X_5为有机肥。SA为连乘相对产量，比例为（相对产量/SA），投入因素中-2表示没有施入肥料，而X_1、X_2的-2表示当时农民采用的不合理量，X_3、X_4、X_5的-2表示有施入肥料，投入因素中0作为单一因素与单一因素进行交互作用。对照产量为4 807 kg/hm²（320 kg/亩）。投入因素0下划横线的均为同一组合，与不划横线的组合因素的组合方法。S为协同性交互作用，SA为连乘性交互作用，Ant为拮抗性交互作用，LS为李比希交互作用，L为李比希限制因素，M为米采利希限制因素，SL为弱李比希限制因素。五因素共同投入时每一因素的交互效应计算方法。表中0当作最适量的投入因素。表中投入因素的-2，0均为码值。

六因素分别代入效应公式，求得相应的产量和相对产量，然后进行交互作用分析。结果见表 12 - 10。

从表 12 - 10 分析资料可得到以下结果。

1. 单一因素投入时的增产效应　当单一因素投入时，得到的六因素增产效应分别是氮肥 114%、磷肥 -9%、钾肥 -40%、有机肥 53%、密度 3% 和播期 63%。其中，明显增产的因素是氮肥、有机肥和播期，磷肥、钾肥均减产，密度是平产。单独因素投入时的增产效应很不平衡，因为这仅仅是单独因素本身所起的作用，并没有其他投入因素的交互效应。各因素增产效应之和为 183%。

2. 二因素投入时的增产效应　共有 15 对二因素分别投入生产，产生协同性交互作用的有 5 对，李比希协同交互作用类型有 3 对，连乘性交互作用有 5 对，拮抗性交互作用 2 对。这 5 对协同性交互作用就是 NP、PK、NK、P 密度、K 播期。NP 配合投入时，N 增产 145%，比单独投入时的 N 增产效应 114% 提高 31%，P 的增产效应比单独时的 -9% 提高到 4%，即增加 13%。NK 同时投入时，N 的增产效应由原来单独投入时的 114% 提高到 252%，K 由原来单独投入时的 -40% 提高到 1%，即增加 41%。PK 配合时，P 的效应由单独投入时的 -9% 提高到 72%，即增加 81%，K 由原来单独投入时的 -40% 提高到 13%，即增产 53%。P 密度配合时，P 的效应由原来的 -9% 提高到 3%，即增产 12%，密度由原来的 3% 提高到 17%。K 播期配合时，K 的效应由 -40% 提高 -29%，增加 11%，播期效应由原来的 63% 提高到 93%。这些结果说明，在农业生产限制因素中，进行配合投入，由于交互作用的功能，不但能克服原来单一因素投入时的减产或低产效应，提高增产功能，而且能促进其他因素投入的增产效应，如 N、播期，并使得这些减产、低产、高产因素都变成高产和更高产的李比希限制因素类型。

3. 六因素投入时的增产效应　以最高产量时的最佳因素投入量代入效应方程，得到最高产量为 10 470 kg/hm²，比当地一般玉米产量（4 500～6 000 kg/hm²）增产 75%～133%。根据 6 对由五因素组合与单个因素的交互作用分析都得到了意想不到的结果，即 6 对因素交互作用都成为协同作用类型。从交互作用分析结果看出，因素配合投入时，各个因素都比单独投入时的增产效应 N 由 114% 提高到 154%，增加 40%；P 由 -9% 提高到 8%，增加 17%；K 由 -40% 提高到 -29%，增加 11%；M 由 53% 提高到 82%，增加 29%；密度由 3% 提高到 22%，增加 19%，播期由 63% 提高到 94%，增加 31%。六因素的交互作用为协同类型（S），每个因素都成为李比希限制因素类型，即都成为玉米高产所必须投入的增产因素。由此也看出，原来单因素投入时，P、K 为减产因素，密度为平产因素；在六因素配合投入后，却都变成玉米的高产因素，N、M、播期由单独投入时的增产因素，却都变成玉米的更高增产因素。说明以上 6 个因素都是当地玉米高产的限制因素，在适量配合和交互作用的影响下，就可达到玉米高产目标。

第五节　利用元素间拮抗性交互作用降低土壤重金属污染及其危害

一、防治土壤重金属污染的迫切性

随着长期施用含有多种重金属的化肥，使我国农业土壤、特别是设施蔬菜土壤都产生了不同程度的重金属污染。主要污染源是过磷酸钙和其他含磷化肥，因为过磷酸钙和其他含磷化肥都是由磷矿石提取出来的，磷矿石含镉量较高，一般为 0.52～174 mg/kg，平均为 26.86 mg/kg。我国制成的磷肥含镉量一般为 0.1～0.9 mg/kg，平均为 0.61 mg/kg。虽然磷肥中含镉量不高，但长期大量施用磷肥，土壤中必然会积累大量重金属，整个土壤将变成作物危害之源。崔玉亭（2000）叙述了瑞典某地，6 次重复，连续 17 年施用过磷酸盐引起了土壤镉积累十分明显（表 12 - 11）。虽然还没有报道已产生土壤镉的污染，但如果再继续长期将磷肥施用下去，土壤的污染危害肯定会出现。污染的土壤种植作物以后，不但能毒害作物，限制作物生长发育，减低产量，而且许多重金属被作物吸收，聚集在

表 12-10　陕北旱川地春玉米六因素交互作用

处理号	投入因素 N	P	K	M	密度	播期	产量 (kg/亩)	相对产量	SA	相对产量/SA	交互类型	效应(%) N	P	K	M	D	S	限制因素类型 N	P	K	M	D	S
1	-2	-2	-2	-2	-1	-1	196	1.00	—	—	—	—	—	—	—	—	—	—	—	—	—	—	—
2	0	—	—	—	—	—	419	2.14	—	—	—	114	—	—	—	—	—	—	—	—	—	—	—
3	—	0	—	—	—	—	179	0.91	—	—	—	—	-9	—	—	—	—	—	—	—	—	—	—
4	—	—	0	—	—	—	117	0.60	—	—	—	—	—	-40	—	—	—	—	—	—	—	—	—
5	—	—	—	0	—	—	299	1.53	—	—	—	—	—	—	53	—	—	—	—	—	—	—	—
6	—	—	—	—	0	—	202	1.03	—	—	—	—	—	—	—	3	—	—	—	—	—	—	—
7	—	—	—	—	—	0	319	1.63	—	—	—	—	—	—	—	—	63	—	—	—	—	—	—
8	0	0	—	—	—	—	436	2.23	1.95	1.14	S	145	4	—	—	—	—	L	L	—	—	—	—
9	—	0	0	—	—	—	202	1.03	0.55	1.87	S	—	72	13	—	—	—	—	L	L	—	—	—
10	—	—	0	0	—	—	184	0.94	0.92	1.02	SA	—	—	-39	57	—	—	—	—	M	M	—	—
11	—	—	—	0	0	—	320	1.63	1.58	1.03	SA	—	—	—	58	7	—	—	—	—	M	M	—
12	—	—	—	—	0	0	327	1.67	1.68	0.99	SA	—	—	—	—	3	62	—	—	—	—	M	M
13	0	—	0	—	—	—	413	2.11	1.28	1.65	S	252	—	-1	—	—	—	—	—	L	—	—	—
14	0	—	—	0	—	—	610	3.11	3.27	0.95	LS	103	—	—	45	—	—	LS	—	—	LS	—	—
15	0	—	—	—	0	—	426	2.17	2.00	0.99	SA	111	—	—	—	1	—	M	—	—	—	M	—
16	0	—	—	—	—	0	545	2.78	3.49	0.80	LS	71	—	—	—	—	30	LS	—	—	—	—	LS
17	—	0	—	0	—	—	224	1.14	1.39	0.82	Ant	—	-26	—	25	—	—	—	Ant	—	Ant	—	—
18	—	0	—	—	0	—	208	1.06	0.94	1.13	S	—	3	—	—	17	—	—	L	—	—	L	—
19	—	0	—	—	—	0	251	1.28	1.48	0.87	Ant	—	-22	—	—	—	41	—	Ant	—	—	—	Ant
20	—	—	0	—	0	—	117	0.60	0.62	0.97	SA	—	—	-42	—	0	—	—	—	M	—	M	—
21	—	—	0	—	—	0	228	1.16	0.92	1.26	S	—	—	-29	—	—	93	—	—	L	—	—	L
22	—	—	—	0	—	0	384	1.96	2.49	0.79	LS	—	—	—	20	—	28	—	—	—	LS	—	LS
23	0	0	0	0	0	0	698	3.56	2.97	1.20	S	154	8	-29	82	22	94	L	L	L	L	L	L

注：投入因素栏中的 0 是编码 0 时的投入量，是投入量的符号，并非实际投入量，—表示中等或较适合的投入量；M 为有机肥；D 表示密度，S 表示播期；其他符号同表 10-9。

作物可食部分，人、畜食用以后，将引起各种疾病，严重危害人、畜健康。因此必须合理使用肥料，严格控制重金属含量，降低和消除重金属对人类和动物的危害。这是持续高效发展农业，保证人类社会安全的迫切任务。降低土壤重金属危害的方法有多种多样，以下是笔者利用拮抗性交互作用降低重金属污染危害程度的研究。

表 12-11 瑞典连续 17 年施用过磷酸盐引起土壤镉积累

处理	施肥量 [kg/(hm²·年)]	施入镉量 [kg/(hm²·年)]	镉总积累量 [kg/(hm²·年)]	表土有效镉 (mg/kg)	镉增加量 (g/hm²)
A	0	0	0	9.30	0
B	15	1.65	28	933	+20
C	30	3.3	56	967	+54
D	45	4.95	84	1 600	+87

二、利用元素间的拮抗性交互作用降低重金属对农作物的危害

1. Cr、As 交互作用对黑麦幼苗吸收 As 元素的影响 易秀，谷晓静等（2008）对 Cr、As 交互作用在黑麦幼苗吸收 As 元素的影响进行了研究，他们将两因素施入量 Cr 设为 0 mg/kg、20 mg/kg、50 mg/kg、70 mg/kg、100 mg/kg，As 设为 0 mg/kg、30 mg/kg、50 mg/kg、70 mg/kg，分别进行单独施入和相互配合施入土壤。播种两周后，收获幼苗，阴干，测定有关项目。笔者取其发表的论文中有关资料进行 Cr、As 交互作用量化分析，结果见表 12-12。

表 12-12 Cr、As 交互作用对黑麦幼苗中含 As 量的影响

施入量（mg/kg 土）Cr	As	植样中 As 相对含量 (1)	As 连乘含量 (2)	(1)/(2)	交互作用类型	相对效应 施 Cr 植样中 As	相对效应 施 As 植样中 As	限制因素类型 Cr	限制因素类型 As	Cr×As 交互作用
0	0	1								
0	10	3.63					263			
0	30	6.5					550			
0	50	32.88					3 188			
0	70	102.5					10 150			
20	0	1.5				50				
50	0	1.25				25				
70	0	1.25				25				
100	0	2.38				138				
20	10	12.63	5.45	2.32	S	248	742	L	L	173
50	10	3.88	4.54	0.86	Ant	7	210	Ant	Ant	71
70	10	3.5	4.54	0.77	Ant	—4	180	Ant	Ant	74
100	10	4.38	8.64	0.51	Ant	21	84	Ant	Ant	233
20	30	12.88	9.75	1.32	S	98	759	L	L	331
50	30	3.63	8.15	0.45	Ant	—44	190	Ant	Ant	117
70	30	9.25	8.13	1.14	S	42	640	L	L	143
100	30	9.38	15.47	0.61	Ant	44	294	Ant	Ant	500
20	50	41.38	49.32	0.84	Ant	26	2 659	Ant	Ant	1 353
50	50	20.25	41.1	0.49	Ant	—38	1 520	Ant	Ant	443
70	50	19.75	41.1	0.48	Ant	—40	1 262	Ant	Ant	658

（续）

施入量（mg/kg 土）		植样中 As 相对含量（1）	As 连乘 含量（2）	(1)/(2)	交互作用 类型	相对效应		限制因素类型		Cr×As 交互作用
Cr	As					施 Cr 植样中 As	施 As 植样中 As	Cr	As	
100	50	22.13	78.25	0.28	Ant	−33	830	Ant	Ant	1 316
20	70	110.38	153.75	0.72	Ant	8	7 259	Ant	Ant	3 671
50	70	96.75	128.13	0.76	Ant	−6	6 572	Ant	Ant	3 007
70	70	85	128.13	0.66	Ant	−17	5 762	Ant	Ant	2 956
100	70	80.38	243.95	0.33	Ant	−22	3 277	Ant	Ant	4 633

注：对照植样中含 As 量为 0.08 mg/kg，S 为协同性交互作用，Ant 为拮抗性交互作用，L 为李比希限制因素（易秀、谷晓静等，2008 年 4 月）。

2. 水 Al 交互作用和水 Ca 交互作用对大麦生长的影响 本试验是 Wallace（1990）利用两个大麦品种做的盆栽试验，在两个大麦品种中一个是对 Al 有敏感性的台东大麦品种，另一个是对 Al 毒有忍耐性的卡纳大麦品种。在填有聚乙烯薄膜的涂蜡质的硬纸桶内，装有 1 kg 酸性的、有 Al 毒的土壤，使其具有高酸（pH=4.7）和低酸（pH=6）的 Al 毒胁迫。将大麦播种在这样的土壤中，出苗后共生长 4 个星期，在最后两个星期内经受低（2~40 kPa）和高（−60~−80 kPa）的水分胁迫。对该试验资料进行了交互作用的量化分析，结果见表 12-13。

表 12-13　水、Al 单独施用和联合施用对两种大麦生物学产量（地上部分与根，mg/株）的影响

处理	台东大麦			卡纳大麦		
	相对产量	效应（%）		相对产量	效应（%）	
		水胁迫	Al 胁迫		水胁迫	Al 胁迫
对照	1.00			1.00		
水胁迫	0.70	−30		0.82	−18	
Al 胁迫	0.70		−30	0.70		−30
水+Al	0.50	−29	−29	0.41	−41	−50
水×Al	0.49			0.59		
（水+Al）/（水×Al）	1.20			0.72		
交互作用		连乘性交互作用			负协同性交互作用	
组分胁迫		M	M			
交互作用胁迫		无			L	
耐 Al 性		敏感的			耐 Al 的	
对照产量（mg/株）	789			687		

注：M 为米采利希限制因素，L 为李比希限制因素。

由表 12-13 看出，水胁迫和 Al 胁迫单独施用时分别使台东大麦相对产量减少 30%，两种因素配合施用时相对产量为 0.50，减少 50%。其中每一因素各减少 29%，两者单独施用和配合施用减产水平基本相等，分别为 30% 与 29%。实际相对产量与预测相对产量之比为 1:1.2，据此判断其交互作用为连乘性交互作用，两因素都是米采利希限制因素类型。由于没有其他胁迫因素的存在，台东大麦品种可被归类为对 Al 敏感的品种。

供试的卡纳大麦品种，在单独水胁迫下相对产量减少 18%，单独 Al 胁迫下相对产量减少 30%。两因素联合施用时相对产量减少 59%，其单独因素胁迫效应，Al 胁迫减少 50%，水胁迫减少 41%。因 50% 大于 30%，41% 大于 18%，两因素配合的实际相对产量为 0.41，而两因素的预测相对产量为 0.59，二者之比为 0.72。根据以上效应特点，其交互作用类型可确认为负协同性交互作用，但这种交互作用也可能是李比希限制因素。对此也可以进一步评价，即把处理倒转一下，以原来联合的水和

Al 胁迫因素当作对照处理，将水和石灰作为投入因素处理，用以修正对 Al 的胁迫作用（表 12 - 14）。在水、Al 胁迫因素对卡纳大麦品种的处理结果表明，卡纳品种是耐 Al 性的。

从表 12 - 14 中的研究结果明显看出，对大麦两个品种，不管是水、Al 单独施用还是两因素配合施用，都对大麦生长有明显的胁迫作用。

表 12 - 14　在水＋Al 联合施用作对照再单独和联合施用水、石灰处理的效应

处理	台东大麦			卡纳大麦		
	相对产量	效应（%）		相对产量	效应（%）	
		水	石灰		水	石灰
对照	1			1		
石灰	1.44		44	2.02		102
水	1.44	44		1.73	73	
石灰＋水	2	40	40	2.46	22	42
石灰×水	2.07			3.49		
（石灰＋水）/（石灰×水）	0.98			0.7		
交互作用		连乘性交互作用			无交互作用	
类型						
组分胁迫						
类型		M	M		L^2	L^2
交互作用						
胁迫类型		M			L	
对照实产（mg/株）	395			279		

注：M 为米采利希限制因素，L 为李比希限制因素。

为了降低水、Al 胁迫作用，对以上大麦两个品种在以水、Al 施用过的土壤作对照，以水、石灰两因素作投入因素，进行盆栽试验，并以此试验结果进行交互作用效应分析。由表 12 - 14 结果看出，在台东大麦品种上单独施用石灰使大麦增产 44%，单独施用水也增产 44%，石灰与水联合施用时，大麦相对产量为 2.00，其单独因素效应石灰增产 40%、水增产 40%。两因素配合施用与两因素单独施用增产量都非常接近；两因素配合的预测相对产量为 2.07，与两因素实际相对产量的比值（2.00/2.07）为 0.98，接近 1.00，故交互类型应为连乘性交互作用，其交互作用胁迫类型和组分胁迫类型都是米采利希限制因素，已达到多因素产量图（MFYP）的 C 段。对大麦卡纳品种来说，单独施用石灰比对照增产 102%，单独施用水增产 73%，增产量都非常高。但当石灰、水两因素配合施用时，其相对产量为 2.46，其单独因素水增产为 22%，石灰增长为 42%，均显著低于单独施用的增产效应，两因素配合的预测相对产量为 2.02×1.73＝3.49，高于两因素配合的相对产量，其比值为 0.70，这就表示两因素之间是无交互作用。

试验最有趣的是，两个胁迫因素之间的交互作用，在种植卡纳大麦品种的相对产量中（表 12 - 13），Al 和水胁迫因素之间的交互作用为负协同性交互作用，但在石灰和水胁迫因素之间的交互作用下却变为李比希限制因素，这可能是试验中石灰与 Al 两因素间所产生拮抗作用的结果。

第六节　交互作用的应用

由以上不同因素之间交互作用的研究和分析，可使我们认识到交互作用能迅速推动农业生产的发展，其主要应用有以下几个方面。

一、通过正交互作用促进最高产量的实现

前面已经提出，玉米的最高潜势产量可达 $31\sim37$ t/hm²，Plannery（1982）通过试验已经达到 21.2 t/hm²。说明只要不断研究应用多学科、多因素配套技术系统和综合管理系统，任何作物的最高潜势产量都是可能达到的。经试验发现，两个六因素实验结果最高产量（玉米），分别为 751 kg/亩和 812 kg/亩，比对照分别增产 130%和 149%，交互作用产量之和分别为 604 kg/亩和 633 kg/亩，分别占总产量 80.4%和 78%，说明多因素投入的总产量绝大部分是由于因素间交互作用所贡献的，其贡献率约 80%。所以为了农业生产快速达到最高潜势产量和最佳品质，农业科学家和其相关的科学家都应努力寻找限制农业高产的各种新的限制因素，使其与现有限制因素组成系统配套的技术体系和管理体系，并通过交互作用的试验研究，尽快达到各种作物的最高潜势产量，使我国农业快速大幅度地发展起来，这是一场新的农业革命。

二、确定作物生产中限制因素的种类、类型和用量

确定作物生产中限制因素的种类、类型和用量是配置作物高产栽培技术的首要条件。如果我们不知道某一地区、某一作物在生产中存在什么限制因素及其在农业生产中的限制类型或程度，那就无法有针对性地进行投入，获得更高的产量。也就是说，只能盲目地进行农业生产。在这种情况下，可能对李比希限制因素不予投入，相反对拮抗性因素给予投入，这就会导致农业生产衰退和投入资源的浪费。为了准确、更多了解农业生产限制因素的种类和类型，就应该在不同地区、不同作物上进行影响作物生产的多种单因素、二因素、三因素、四因素、五因素、六因素等田间试验研究，而且试验的点数要多，试验的条件要严格。在取得精确试验数据的基础上，通过交互作用分析，得到准确可靠的限制因素种类、类型和用量，才能以此作为投入的依据，获得高效的投入回报，达到低投入、高效益、有利环境的农业生产目标。

三、建立高产的综合因素体系

通过农业生产中限制因素之间交互作用的研究确定不同地区、不同作物的限制因素种类、类型和用量以后，就可将这些限制因素进行优选。对作物增产明显的因素筛选出来，对作物增产起拮抗作用的因素排除出去，并对有效限制因素进行优化匹配，形成作物高产综合配套的技术系统。这样就能使作物高产向理性化、规范化的方向发展，才能使农业生产大幅度提高。许多试验研究和农业生产实践已经证明，凡是采用以上步骤建立起来的农业生产综合技术系统，投入农业生产，作物产量可比习惯的、落后的农业生产系统提高 $1\sim3$ 倍，而且成本可以降低 30%～50%。因此，通过交互作用研究，准确确定限制因素类型，建立作物综合技术生产体系，促进农业生产高产、更高产，这是当今农业生产中的一种新的革命。

四、克服"报酬递减"现象的产生

农业中"报酬递减"现象，都是在其他因素固定不变、某一种因素用量递增的情况下产生的。如果当一种情况进行变化，其他因素也随着合理需要而进行配合变化，则某种因素的变化就可能不会有"报酬递减"现象的产生，甚至会产生报酬递增现象。这是由于综合因素之间交互效应的结果，这已被许多试验事实所证实。如果能真正消除"报酬递减"现象的产生，那么高产、更高产的目标就完全可以得到实现。

五、增强对农业限制因素的不断发现和克服

限制作物正常生长的因素很多。在不断研究和应用综合因素技术体系过程中，通过总结分析，会不断发现新的限制因素，在实践中再不断克服这些新的限制因素，使综合因素技术体系不断充实和完

善，不断增大新的有效的交互作用，使作物产量不断提高。在克服各种新的限制因素过程中，自然也能促进各种技术、设备、设施等技术系统工程的发展，使整个农业科学得到发展和完善，为作物高产、更高产创造更加优越的条件。

六、促进生物技术快速有效的发展

在农业技术中，生物技术是居首位的。没有良好的作物品种就谈不上有作物高产和更高产的可能。但有了良好的作物品种，没有良好的其他各种技术的配合，品种再好也难以得到高产的结果。反过来说，即使其他各种农业技术再好，在没有良好的作物品种的条件下，也不能使各种良好的农业技术发挥作用，两者是相辅相成的。一般说，不同作物品种的生产潜力是一定的，其他配套技术措施再好，也不可能使某种作物品种无限制的提高产量。所以要对作物品种不断改善、不断创新，农业生产才能步步升高，这是一个循环过程。当一个新品种的最高生产潜势充分实现时，它的高产循环过程就该结束。接着就要有更新、更高产的品种来代替，推行创新、组合更加完善、高效的综合配套技术系统，推动新品种高产更高产的农业生产新循环过程。如此不断更新、不断循环，使我国农业始终处于不断的发展过程中，保证人们生活和生存的需要。

七、促进高产土壤的培养

经过田间交互作用试验发现，在低肥力土壤上施用 N、P 的交互作用一般都是协同性交互作用，各因素增产效果十分显著。但在高肥力土壤上 N、P 交互作用有些是连乘性交互作用，有些是拮抗性交互作用。连乘性交互作用说明这种土壤肥力水平是比较高的，而且肥力因素之间分布都比较均衡，在这种土壤上施用的各种养分量与产量之间是呈正比的。笔者认为，必须快速培养不断高产稳产的高肥力土壤，才能适应现代社会农业高速度发展的需要。

八、利用拮抗性交互作用降低重金属对土壤和作物的污染

我国的农业土壤经过长期大量施用有机肥，特别是长期大量施用过磷酸钙（磷肥），使我国不少地区的土壤、特别是设施蔬菜土壤都已遭受不同程度的重金属污染，种植的作物特别是种植的蔬菜，将会把土壤中的重金属吸收到可食部分，人、畜食用以后将会受到不同程度的危害，这是应该十分关注的问题。为了减轻重金属对土壤、植物的污染程度，人们曾采取不同的方法进行治理，如对城乡有机废物进行重金属脱除，利用化学方法将土壤中的重金属进行化学固定，控制化学肥料限量施用等都是行之有效的办法。现在有不少人利用拮抗性交互作用降低重金属对土壤和作物的污染和危害，如提高土壤 pH，对酸性土壤施用石灰等与土壤中的 Al 产生拮抗性交互作用，可以有效降低土壤中 Al、As、Cd 等有害重金属的污染和危害，保证土壤的安全生产。

主要参考文献

刘世亮，刘忠珍，介晓磊，等，2005. 施磷肥对铬污染土壤中油麦菜生长及吸收重金属的影响 [J]. 河南农业大学学报，39（1）：30 - 34.

吕殿青，张立新，等，1994. 渭北东部旱塬氮磷水三因素交互作用与耦合模型研究 [J]. 西北农业学报，3（3）：27 - 32.

徐明岗，2006. 中国土壤肥力演变 [M]. 北京：中国农业科学技术出版社.

易秀，谷晓静等，2008. 铬、砷及其交互作用对土壤-植物系统的影响 [J]. 水土保持学报，22（2）：62 - 65.

第十三章

不同田间肥料试验的设计方案、统计分析与肥效模型建立

田间肥料试验和统计分析是测土配方施肥技术体系的重要组成部分,是制订施肥计划的主要决策依据之一。

第一节　提高田间肥料试验的精确度和正确性

一、田间肥料试验的优缺点

(一) 田间肥料试验的主要优点

1. 适宜性广　田间肥料试验一般不受地区、土壤和作物限制,也就是说,在不同地区、不同土壤类型、不同作物上都可进行。所以田间肥料试验的适宜性非常广泛。

2. 直观性强　将不同养分种类和不同养分数量施入土壤,能使作物生长发育产生显著的差异,直至影响到产量的高低。通过组织农民现场观摩,就可广泛推广应用。

3. 实用性强　由于田间肥料试验生物学效应明显,并能直接与作物产量挂钩,试验成果可被农民直接应用于生产,应用于与试验相似的地区、土壤和作物。

4. 效益高　田间肥料试验所取得的最后结果,能否应用于生产实际,一般有一个衡量的标准,即产/投。据联合国粮农组织规定,新型施肥技术能否被采用,取决于产/投的高低,其产/投在 2 以上时,该项技术就可被称之新技术,能被应用。一般来说,只要田间肥料试验所选择的因素针对性强、目标明确,其产/投一般都在 2 以上。所以田间肥料试验的效益相当高,不仅能增产,而且能增效。

(二) 田间肥料试验的主要缺点

1. 试验方法简单粗糙　目前国内田间肥料试验,一般是在试验设计方案做好以后,根据选好的试验地块,经整地后,绘制出试验小区分布图,然后按区由人工修筑试验小区边埂,有的还修筑灌溉渠道,再由人工在小区内进行开沟施肥或把肥料撒在地面翻入土内,并手工进行播种。这是进行田间肥料试验的一般过程。看起来合理,但实际上很不合理。主要原因是:修筑小区边埂和灌溉渠道没有严格的标准;肥料施入不均匀;开沟深浅不一致;多人多手操作不一致等,由此必定会产生各种误差。所以当前田间肥料试验方法仍属于较简陋的阶段,缺乏严格一致的、可以调控的机械化操作设备,这是造成误差和成功率不高的主要原因之一。

2. 试验本身派生出来的问题尚缺乏补救的措施　试验布置以后,管理是一个重要环节。据观察,当前在田间肥料试验过程中,在管理方面还存在许多严重且被忽视的问题。

(1) 不同肥料处理派生出土壤水分供应的差异。肥料试验主要是研究养分种类和数量配比与作物生长关系的问题,其他一切外界条件应该保持一致。但由于肥料处理的不同,导致不同处理下的作物生长出现明显差异,因而影响到土壤水分吸收利用的差异,形成土壤不同干湿度。最后出现不仅肥料处理对作物产生影响,而且不同干湿度也明显对作物产生影响。在作物生长早期,施肥量配比合理的

处理，作物生长明显占据优势；而在作物生长后期，由于生长期土壤水分消耗较多，土壤湿度严重降低，结果作物较早枯黄、籽粒不饱，得不到应有的高产，即所谓增长不增收。这种现象在旱农地区经常发生。因此，对肥料试验来说，就难以得到正确的结果。这是旱地肥料试验管理上的一个很大漏洞，通常被忽视了，应引起注意和研究。

（2）不同施肥处理派生出病虫危害程度的差异。不同的肥料处理使作物生长发育状况产生差异，施氮多的处理植株生长较快，枝叶嫩绿，容易受到病虫侵害，且易受到干旱和冻害，最后影响作物正常生长发育和高产优质。

（3）不同施肥处理派生出土壤某些营养元素供应丰缺的差异。在不同施肥处理中，有的处理因供试的养分种类和数量比较平衡，不但能促进作物对供试养分的吸收，而且能增加对土壤其他营养元素的吸收，结果导致供试养分与土壤其他养分之间的失调，出现土壤某些营养元素的缺素症，从而影响到供试养分功能的发挥，不能真正反映出供试养分对作物生长和产量的增效作用。因此，在做肥料试验的时候，应该预先调查清楚供试土壤有关其他营养元素含量和供应状况，应该配施某些可能供应不足的营养元素，以保证试验过程中供试养分功能的正常发挥。

为了解决因试验本身派生出来的各种问题，必须进行必要的基础研究和辅助试验。如可通过室内化学试验、温室缺素诊断等辅助试验，就可以大大提高田间肥料试验的精度和效果，提高试验成功率。

二、选用良好的试验设计方案

选择和使用良好的试验设计方案是提高试验精确度和试验效果的重要途径。20世纪70年代以前，我国田间肥料试验多数是采用传统常规的设计方案，很少采用回归设计方案，特别是多因素回归设计方案。自20世纪80年代初，伴随全国第二次土壤普查的开展，测土配方施肥技术全面推行，各种各样转型的试验方案都纷纷被广泛采用，推动了测土配方施肥的发展。因为配方施肥涉及多种养分的施用，应用传统的试验方法很难进行多因素试验。利用组合回归设计方案，处理数可大大减少，且可得到丰富的信息。即使超过三因素、甚至到六因素，试验仍可进行，这对推动测土配方施肥、提高作物产量是非常有用的方法。

第二节 二因素饱和D-最优设计试验

一、"2.6"饱和D-最优设计方案（"2.6"方案）的由来与特点

1. "2.6"方案由来 在配方施肥初始阶段，西北地区土壤普遍缺氮、缺磷，成为农业增产的主要障碍因素。因此，笔者对氮、磷肥料进行了大量的研究。

为加速推进测土配方施肥，首先采用了"2.6"饱和D-最优设计方案（表13-1），这是由Box等于1971—1972年提出来的。茆诗松等（1981）对饱和D-最优设计从数学角度进行了详细的论述，并在全国推广和应用。

表13-1 二次饱和D-最优设计方案（编码）

试验号	$P=2.6$点试验	
	X_1	X_2
1	-1	-1
2	1	-1
3	-1	1
4	$-\delta$	δ

（续）

试验号	$P=2.6$ 点试验	
	X_1	X_2
5	1	3δ
6	3δ	1

注：$\delta=0.131\,5$。

2. "2.6"方案的优点 "2.6"方案的最大特点是，其信息矩阵 A 的行列式｜A｜最大或逆矩阵 A^{-1} 的行列式｜A^{-1}｜最小，因而回归系数与待估参数之间具有最大的拟合性。故"2.6"方案具有很高的试验效率。

另外，"2.6"方案，二因素四水平只需做 6 个处理，而按常规法就要做 $4^2=16$ 个处理，因此，可节省大量人力和物力，能增加试验点数，扩大试验范围，对大规模进行田间肥料试验提供极大方便。在正确、完善和严格的试验和管理条件下，根据试验结果可以建立有效的回归模型，提供丰富的科研信息，对提高科学施肥水平起到积极作用。

3. 方案缺点

（1）固定的编码值，间距不均匀。方案中的编码值代表施肥量，因编码值是固定值不能灵活变动，故施肥量之间的间距就无法调整。

（2）无法评价回归方程数学模式是否合适。因"2.6"方案的处理数为 $N=6$，试验因素 $P=2$，其失拟自由度为：

$$d_{f_{\text{失}}}=N-\frac{(P+1)\,(P+2)}{2}=0$$

所以饱和设计是否设有重复，都无法评价所建立的回归方程数学模型是否合适；试验结果是好的或者是差的，所得回归方程都是最优的，这就容易得出错误结果。为了评价试验结果的优劣，需要通过其他途径进行改进。

二、"2.6"方案设有不同重复试验结果的统计分析

1. "2.6"方案 3 次重复的试验结果 笔者在延安黄土高原上进行了马铃薯氮、磷两因素"2.6"方案的田间试验，每个处理重复 3 次。小区面积为 $5\,\text{m}\times6\,\text{m}=30\,\text{m}^2$，对地力局部控制条件下随机排列。试验操作和田间管理严格要求一致。试验方案和试验结果见表 13 - 2。

表 13 - 2 "2.6"方案马铃薯试验结果

处理号	码值		施肥量（kg/亩）		产量（kg/亩）		
	X_1（N）	X_2（P_2O_5）	N	P_2O_5	y_1	y_2	y_3
1	-1	-1	0	0	725	874	674
2	1	-1	10	0	972	951	920
3	-1	1	0	10	1 072	1 098	1 123
4	-0.131 5	0.131 5	4.342 5	5.657 5	1 287	1 147	1 176
5	1	0.394 4	10	6.972	1 318	1 236	1 289
6	0.394 4	1	6.972	10	1 474	1 501	1 387

2. "2.6"方案无重复试验结果的回归分析 从每个无重复试验的回归分析结果（表 13 - 3）看出，所得复相关系数 R^2 均为 1.000 0，表明氮、磷施肥量与马铃薯产量之间存在高度相关性，但这仅是一种可能。因为剩余自由度等于零势必导致 R^2 值的增大，所以对回归方程确认的 F 值和显著性就

无法检验，也就难以判断所建回归方程的适合性。这就是"2.6"方案的问题所在。

表 13 - 3　"2.6"方案无重复回归分析结果

试验号	回归方程	剩余平方和	$df_{剩余}$	回归平方和	$df_{回}$	R^2	F	$Pr>F$
1	$y_1 = 1\,334.83 + 138.23X_1 + 188.23X_2$ $+ 14.73X_1X_2 - 223.48X_1^2 - 74.6X_2^2$	0	0	369 911	5	1.000 0	—	—
2	$y_2 = 1\,186.07 + 110.685\,7X_1 + 184.185\,6X_2$ $+ 72.185\,6X_1X_2 - 175.26X_1^2 - 85.874\,6X_2^2$	0	0	247 646	5	1.000 0	—	—
3	$y_3 = 1\,224.106 + 118.21X_1 + 219.71X_2$ $- 4.787\,7X_1X_2 - 125.34X_1^2 - 82.058X_2^2$	0	0	338 111	5	1.000 0	—	—

3. "2.6"方案设 3 次重复试验结果的回归分析　现将以上 3 次试验结果看作 3 次重复，进行回归分析，得到码值回归方程（式 13 - 1）。

$$y_总 = 1\,248.34 + 122.377\,9X_1 + 197.377\,9X_2 + 27.377\,9X_1X_2 - 174.686\,5X_1^2 - 80.84X_2^2$$

$$(13 - 1)$$

此回归方程的各项回归系数实际上都是以上 3 个方程各项相应回归系数的平均值。说明有重复试验的回归方程更具有代表性。

4. "2.6"方案 3 次重复试验结果的方差分析　因试验设有 3 次重复，故可进行方差分析。结果见表 13 - 4。

表 13 - 4　"2.6"方案三次重复试验的方差分析结果

变异来源	平方和	自由度	均方	F	$Pr>F$
回归	917 485.777 8	5	183 497.155 6	48.13	<0.000 1
剩余	45 746.666 7	12	3 812.222 2		
总数	963 232.444 4	17			

查表得 $F_{0.05} = 3.11$，$F_{0.01} = 5.06$，$F > F_{0.01}$，故回归方程达极显著水平，说明氮、磷施肥量与马铃薯产量之间确实存在极显著的回归关系。另外，经复相关检验，R 为：

$$R = \sqrt{\frac{SS_{面}}{SS_{总}}} = \sqrt{\frac{917\,485.777\,8}{963\,232.444\,4}} = 0.975\,964$$

查表得 $R_{0.05}$（3.15）$= 0.567$，$R_{0.01}$（3.15）$= 0.776$，实测值 R 大于临界值 $R_{0.01}$。表明氮、磷施肥量与马铃薯产量之间有高度相关性。

5. $y_总$ 回归方程的结构方差检验　在用 SAS 对试验结果进行统计分析过程中，同时对回归方程结构的显著性也进行了检验，结果见表 13 - 5。

表 13 - 5　三次重复试验回归方程结构的方差分析

回归	自由度	平方和	R^2	F	$Pr>F$
线性项	2	790 063	0.820 2	103.62	<0.000 1
平方项	2	121 007	0.125 6	15.87	0.000 4
交互项	1	6 415.593 027	0.006 7	1.68	0.218 9
总回归	5	917 480	0.952 5	48.13	<0.000 1

6. 回归方程的回归系数 t 检验 回归系数是否显著，对检验回归方程的适合性和有效性是十分重要的。因此，必须对回归系数进行 t 检验，结果见表 13 - 6。

表 13 - 6　三次重复试验回归系数 t 检验

参数	自由度	估计值	标准值	t	$Pr>\lvert t\rvert$
截距	1	1 248.336 7	34.98	35.68	<0.000 1
X_1	1	122.377 9	18.73	6.53	<0.000 1
X_2	1	197.377 9	18.73	10.54	<0.000 1
X_1^2	1	−174.686 5	38.50	−4.53	0.000 7
X_1X_2	1	27.377 9	21.10	1.30	0.218 9
X_2^2	1	−23.605 7	38.57	−0.61	0.552 0

查表得 $t_{0.05}$ (6) ＝2.45，$t_{0.01}$ (6) ＝3.71，故回归系数除 X_2^2 不显著外，X_1X_2 达 0.218 9 显著水平，X_1、X_2、X_1^2 都达到极显著水平，说明方程是有效和适合的。

表 13 - 6 表明，除交互项达 0.218 9 显著水平外（但可保留应用），线性项、平方项及总回归均达到极显著水平，这就证明所建立的回归方程在数学模型上是合理的。

7. 回归方程的因素分析 因素分析就是对试验中每一因素独立形成的回归系统显著性检验，这是十分重要的检验过程。通过该检验，就可判断整个回归方程的适合性和有效性。经检验所得结果见表 13 - 7。从结果看出，氮、磷肥料与马铃薯产量之间存在极显著的相关性，是马铃薯增产极重要的限制因素，是马铃薯增产必需增施的肥料。

表 13 - 7　方差检验

因素	自由度	平方和	均方	F	$Pr>F$
N	3	244 780	81 593	21.40	<0.000 1
P	3	427 065	142 355	37.34	<0.000 1

由方程 y 对不同施肥量与所得产量进行预测结果表明，当施入 X_1 ＝0.287 7（即氮肥＝6.44 kg/亩），X_2 ＝0.957 7（即磷肥＝9.79 kg/亩）时，可得马铃薯产量 1 444 kg/亩，比对照亩产 758 kg 增产 91%，产/投为 11.27。说明由 3 次重复试验所建立的回归方程，其预测效果是非常高的，有很高的实用价值。

根据以上施肥量与马铃薯产量之间回归关系的分析，证明试验结果的方差分析、方程结构的方差分析、回归系数的方差分析、氮磷养分的因素分析等，都达到了极显著的水平，因此，可以认为以上所建立的回归方程是成立的，且具有很高的预测效果。虽然剩余自由度为零，无法检验回归方程数学模型是否合适，但只要各种方差分析得以通过，并在生产上真正具有实用性，失拟性检验可不必进行，关键是要有重复试验或以多点代替重复就可解决问题。

三、氮磷常规设计试验与氮磷 "2.6" 设计方案试验结果比较

一般认为，全因素试验所得结果比较可靠。为了验证 "2.6" 方案所得试验结果的可靠性，笔者在永寿县旱地相同土壤上进行氮磷 "2.6" 方案试验的同时也进行了氮磷全因素试验。

氮磷全因素常规和 "2.6" 饱和设计试验结果见表 13 - 8。对此采用二元二次模型进行拟合，以 SAS 进行统计分析，分别得到两个二元二次回归方程。

表 13-8　小麦氮磷常规试验设计与"2.6"方案试验结果

常规试验因素施用量（kg/亩）		产量（kg/亩）			"2.6"方案因素码值		产量（kg/亩）		
N（X_1）	P_2O_5（X_2）	I	II	III	X_1（N）	X_2（P）	1	2	3
0	0	145	156	141	−1	−1	165	166	166
5	0	207	200	182	1	−1	210	192	195
10	0	219	211	218	−1	1	219	201	199
0	4	200	189	189	−0.131 5	0.131 5	246	219	209
5	4	233	222	225	1	0.394 5	261	244	255
10	4	256	248	244	0.394 5	1	244	286	222
0	8	178	174	168					
5	8	263	248	222					
10	8	241	215	200					

由表 13-9 统计分析，得出常规施肥的回归方程（式 13-2）。

$$y=144.65+16.61\,X_1+16.43\,X_2-0.291\,7\,X_1X_2-0.915\,6\,X_1^2-1.477\,2\,X_2^2 \quad (13-2)$$

对 X_1、X_2 求偏导和极值，得到最高施肥量 $X_1=8.29$ kg/亩、$X_2=4.92$ kg/亩，代入以上方程得小麦亩产 255.06 kg。

得出"2.6"方案码值回归方程（式 13-3）。

$$y=224.56+22.704\,6\,X_1+26.371\,3\,X_2+6.037\,9\,X_1X_2-5.035\,48\,X_1^2-10.823\,0\,X_2^2$$

$$(13-3)$$

根据变量"y"最大响应点估计，得 $X_1=0.753\,1$、$X_2=0.657\,9$，代入码值方程，得小麦亩产 255.13 kg，与常规施肥试验产量完全一致。说明二因素饱和 D-最优设计是非常合理和可用的。

四、"2.6"饱和 D-最优设计方案的实际应用与评价

根据在临潼对小麦进行的氮、磷"2.6"方案所做的试验，以相同土壤肥力的多点试验代替重复进行统计分析，建立了不同乡镇灌溉地常量回归方程，结果如下：

地点 1：$y=347.6+21.707N+7.422P+0.026NP-0.554N^2-0.255P^2$ 　　（8 个点）

地点 2：$y=331.2+21.332N+12.529P+0.187NP-0.693N^2-0.333P^2$ 　（11 个点）

地点 3：$y=350.899+23.253N+18.157P+0.153NP-0.74N^2-0.558P^2$ 　（10 个点）

地点 4：$y=333.601+16.919N+15.381P+0.091NP-0.464N^2-0.459P^2$ 　（17 个点）

地点 5：$y=337.8+15.552N+12.179P+0.244NP-0.571N^2-0.344P^2$ 　（12 个点）

地点 6：$y=339.4+18.029N+16.881P+0.047NP-0.551N^2-0.5P^2$ 　　（15 个点）

地点 7：$y=363.899+16.837N+24.506P+0.157NP-0.54N^2-0.602P^2$ 　（11 个点）

根据这些方程，计算出作物的经济施肥量和最佳产量，并在这些乡镇类似土壤上对小麦进行校验试验，结果见表 13-9。根据回归方程计算的产量和由回归方程计算的施肥量所获得的实际产量，进行 t 检验，结果为 t 值 $=-0.10$，$pr>|t|=0.922\,5$，表明两种产量差异之间极不显著，即两种产量十分接近。小麦平均亩产由回归方程计算值为 324 kg，校验试验的实际产量为 323.1 kg，平均亩产需施氮肥 6.9 kg、磷肥 7.4 kg，$N:P_2O_5=1:1.06$。由回归方程提出的推荐施肥量所获得的小麦产量比当地农民习惯施肥所获得的小麦产量平均增产 35.7%。由"2.6"方案建立的回归方程，确定的推荐施肥量，产/投为 2.36～3.67，平均为 2.86，超过联合国粮农组织的规定。产/投超过 2 以上时，该项技术就可适合农业应用。由此说明，由"2.6"方案所建立的回归模型很有实用价值。

表13-9 "2.6"方案的常量回归方程计算经济施肥量与最佳产量在小麦上的校验试验结果

乡镇名	施肥方式	试验点数	施肥量(kg/亩) N	施肥量(kg/亩) P$_2$O$_5$	N:P$_2$O$_5$	实际产量(kg/亩)	增产(kg/亩)	增产率(%)	亩投资(元)	kg粮/kg肥	kg肥效益(元)	亩纯增收(元)	方程计算的预测产量(kg/亩)	产/投
行者	习惯	3	5.1	3.3	1:0.65	259.5	—	—	10.13	30.89	14.22	—	—	—
	经济	11	5.2	7.5	1:1.46	318.8	59.3	22.8	15.82	25.2	11.60	21.57	343.5	2.36
雨金	习惯	3	8.1	1.9	1:0.23	183.8	—	—	11.65	18.33	8.44	—	—	—
	经济	8	8.0	7.5	1:0.94	304.2	120.5	65.6	18.95	19.69	9.06	48.11	304.2	3.54
另口	习惯	6	7.7	3.6	1:0.41	265.7	—	—	14.45	21.78	10.02	—	—	—
	经济	12	6.6	7.5	1:1.14	328.0	62.3	23.5	17.39	23.34	10.74	25.72	295.7	2.48
新市	习惯	7	7.7	2.1	1:0.24	206.2	—	—	12.5	19.2	8.82	—	—	—
	经济	11	7.4	7.2	1:0.97	321.5	115.4	56	17.87	22.2	10.16	47.69	328.9	3.67
代王	习惯	8	8.0	1.9	1:0.23	247.4	—	—	11.44	25.1	11.56	—	—	—
	经济	15	7.0	7.1	1:1.02	311.4	64.1	25.9	17.29	22.1	10.20	23.61	315.7	2.37
北屯	习惯	4	12.3	1.3	1:0.1	236.2	—	—	15.4	17.5	8.06	—	—	—
	经济	10	7.5	7.5	1:1	326.1	89.6	38	18.45	21.74	10.00	38.28	357.2	3.08
关山	习惯	5	9.9	2.0	1:0.2	267.6	—	—	13.77	22.48	10.34	—	—	—
	经济	17	8.5	6.6	1:0.78	351.4	83.9	31.3	18.37	23.27	10.70	33.97	322.7	2.85
合平	习惯	36	8.8	2.3	1:0.28	239.7	—	—	12.8	22.1	10.16	—	—	—
	经济	84	6.9	7.4	1:1.06	325.2	85.5	35.7	17.7	22.67	10.40	32.97	324.0	2.86

说明：每千克氮1.12元，磷1.34元，小麦0.46元/kg，有机肥以利用率25%计算氮、磷量。

经过对"2.6"方案的广泛试验和应用认为，只要采用重复试验，或以多点试验（按地力水平归类）代替重复试验，并在试验过程中严格按照试验操作需求进行管理，这样所建立的回归方程，就能反映出肥料用量与作物产量之间具有高度拟合性，方程的预测产量与实际产量之间具有高度的一致性；方程的结构、回归系数和试验因素与产量之间都表现出显著的相关性，特别是由方程提出的施肥量与目标产量和实际产量之间具有高度的一致性。足以证明"2.6"方案是合理的、可靠的、适用的。

第三节　三因素试验

在农业生产实践中，三因素试验是经常要做的。如果用常规设计方法进行三因素试验，在不同试验水平和不同重复条件下，需要做很多次试验。如 3 水平、4 水平、5 水平，各重复 3 次，则分别要做 81 个、192 个、375 个试验，一般说这是很难实现的。为了提高试验效率，进行三因素试验时，选用回归设计方案是比较理想的。关于三因素回归设计已有多种方案，在测土配方施肥中选用最多的是"310"饱和 D-最优设计、"311 - A"设计之 X 方案和"3414"等方案，对这几种设计方案笔者都进行过试验和应用。

一、"310"饱和 D-最优设计方案

1. 试验方案和结果　这种设计方案包括 3 个因素，每个因素设 4 个水平，共 10 个处理，每个处理提供 1 个参数，正好处理数等于回归方程的 10 个参数，因此它属于饱和 D-最优设计方案。针对陕西黄土地区土壤普遍缺氮、缺磷、缺乏有机质的情况，笔者确定这 3 个因素在黄土地区不同作物上进行田间试验。在洛川旱地春玉米上做了 3 个试验，方案和结果见表 13 - 10。

表 13 - 10　三因素饱和 D-最优设计方案与试验结果

处理号	因素编码值			实际施肥量（kg/亩）			玉米产量（kg/亩）		
	X_1（N）	X_2（P$_2$O$_5$）	X_3（M）	N	P$_2$O$_5$	有机肥	Ⅰ	Ⅱ	Ⅲ
1	−1	−1	−1	0	0	0	315	308	323
2	1	−1	−1	15	0	0	334	328	338
3	−1	1	−1	0	15	0	318	320	326
4	−1	−1	1	0	0	3 000	366	370	360
5	−1	0.192 5	0.192 5	0	8.95	1 789	365	367	69
6	0.192 5	−1	0.192 5	8.95	0	1 789	378	371	383
7	0.192 5	0.192 5	−1	8.95	8.95	0	383	380	386
8	−0.192 5	1	1	5.32	15	3 000	399	392	405
9	1	−0.192 5	1	15	5.32	3 000	379	387	395
10	1	1	−0.192 5	15	15	1 063	384	379	389

2. "310"方案无重复试验的统计分析　对每个无重复试验分别用 SAS 进行了统计分析。由 3 个一次试验的回归系数估测结果（表 13 - 11）看出，各因素的主效应都是比较明显的，二次项都为负效应，说明施用量与玉米产量是抛物线关系，符合施肥原理；交互项有正有负。由此表明，虽然是无重复的试验结果，但回归系数的大小似能反映试验处理的实际情况。但对剩余方差的测定结果表明（表 13 - 12），失拟性自由度都为零，故无法测出 F 值和失拟性程度。虽然所求得的 $R^2 = 1.00$，但不能证明所得到的回归方程是合适的，所求得各项参数都是无意义的。

表 13-11　无重复试验的回归系数估计值

参数	试点 1		试点 2		试点 3	
	D_f	估计值	D_f	估计值	D_f	估计值
截距	1	400.26	1	396.41	1	405.95
X_1	1	10.64	1	10.50	1	13.30
X_2	1	9.51	1	9.27	1	10.16
X_3	1	16.24	1	18.72	1	17.48
X_1^2	1	−28.49	1	−23.20	1	−27.09
X_1X_2	1	9.45	1	8.02	1	7.74
X_2^2	1	−14.75	1	−19.91	1	−15.76
X_1X_3	1	−7.82	1	−7.53	1	−1.94
X_2X_3	1	−0.94	1	−4.76	1	0.92
X_3^2	1	−5.34	1	−2.57	1	−5.89

表 13-12　无重复试验的剩余方差分析

误差来源	试点 1					试点 2					试点 3				
	D_f	SS	MS	F	$Pr>F$	D_f	SS	MS	F	$Pr>F$	D_f	SS	MS	F	$Pr>F$
失拟性	0	0	—	—		0	0	—	—		0	0	—	—	
误差	0	0	—	—		0	0	—	—		0	0	—	—	
总误差	0	0	—	—		0	0	—	—		0	0	—	—	

3. 三次重复试验的统计分析

（1）两种回归方程的建立与预测值比较。用编码值及产量之间的回归关系通过 SAS 进行统计分析，得出码值方程（式 13-4）。

$$y_{3R}=400.876\ 6+11.477\ 1X_1+9.644\ 2X_2+17.478\ 7X_3+8.404\ 6X_1X_2-5.760\ 9X_1X_3$$
$$-1.593\ 8X_2X_3-26.259\ 6X_1^2-16.805\ 1X_2^2-4.595\ 2X_3^2 \qquad (13-4)$$

由码值方程求得因素编码值 $X_1=0.052\ 1$、$X_2=0.213\ 2$、$X_3=1.827\ 6$，将此代入码值方程，得出旱地春玉米产量（$\hat{y}$）为：

$$\hat{y}=418.22\ \text{kg/亩}$$

用实际施肥量及产量通过 SAS 直接统计分析，得到常量回归方程（式 13-5）。

$$\hat{y}=315.666\ 7+8.178\ 9X_1+4.857\ 4X_2+0.022\ 7X_3+0.149\ 4X_1X_2-0.000\ 5X_1X_3$$
$$-0.000\ 14X_2X_3-0.466\ 7X_1^2-0.298\ 6X_2^2-0.000\ 002\ 047X_3^2 \qquad (13-5)$$

经计算得实际施肥量为 X_1（N）＝7.890 9 kg/亩、X_2（P_2O_5）＝9.098 9 kg/亩、X_3（有机肥）＝4 241.35 kg/亩，代入常量公式得出产量（$\hat{y}$）为：

$$\hat{y}=418.167\ 5\ \text{kg/亩}$$

与码值公式计算所得的产量完全一致，说明由码值与常量所建立的回归方程所得的产量是一样的。所得产量比当地当时一般亩产 250 kg 左右增产 65％以上。

两种回归方程虽然回归系数有差异，但各项方差分析的变化趋势基本一致。因此，只对码值方程的各项参数进行显著性检验，就可确定回归方程的适宜性和实用性。

（2）剩余方差分析。含有 3 次重复试验的剩余方差分析结果（表 13-13）表明，因为是饱和设计，失拟自由度仍为零，故无法测验 F 值和失拟的显著性程度，因此也就失去回归方程可靠性的检验功能。但可测出误差的自由度和均方值，这对进行试验结果的方差分析提供了条件。

表 13-13 三次重复试验剩余方差分析

误差来源	D_f	SS	均方	F	Pr>F
失拟	0	0	—	—	—
误差	20	610	30.5		
总误差	20	610	30.5		

（3）试验结果的方差分析。由方差分析结果看出（表 13-14），测得的 F 值为 84.95，Pr>F=<0.000 1，达极显著水平。证明氮、磷、有机肥用量与玉米产量之间存在极显著的回归关系，复相关系数（R）为：

$$R=\sqrt{\frac{23\ 316}{23\ 926}}=0.9\ 872^{***}$$

查表得 $R_{0.01}$（4.29）＝0.565。说明 3 种肥料的施肥量与玉米产量之间存在高度相关性，所建立的回归方程是成立的。

表 13-14 三次重复试验结果的方差分析

误差来源	D_f	平方和	均方	F	Pr>F
$SS_回$	9	23 316	2 591	84.95	<0.000 1
$SS_剩$	20	610	30.5		
$SS_总$	29	23 926			

（4）回归方程组成结构的显著性检验。由回归方程结构的显著性检验（表 13-15）看出，方程结构中的线性项、二次项、交互项和总模型的显著性都达到极显著水平，这不仅说明回归方程的拟合性很高，而且也证明数学模型的适合性也是很高的。

表 13-15 三次重复试验的回归方程结构显著性检验

方程结构	D_f	SS	R^2	F	Pr>F
线性项	3	16 736	0.699 5	182.91	<0.000 1
二次项	3	5 115	0.213 8	55.90	<0.000 1
交互项	3	1 464	0.061 2	16.00	<0.000 1
总模型	9	23 316	0.974 5	84.94	<0.000 1

（5）回归方程系数的显著性检验。经检验，在回归系数中，X_2X_3 达 0.305 8 显著水平（表 13-16），可以留用；X_3^2 接近显著水平；其余各项回归系数均达到极显著水平。这进一步证明，回归方程的精度是很高的。

表 13-16 三次重复试验的回归系数显著性检验

参数	D_f	系数	标准误	t	Pr>｜t｜
截距	1	400.88	2.97	134.92	<0.000 1
X_1	1	11.477 1	1.28	9.00	<0.000 1
X_2	1	9.644 2	1.28	7.57	<0.000 1
X_3	1	17.478 7	1.28	13.71	<0.000 1
X_1^2	1	−26.259 6	2.46	−10.68	<0.000 1

（续）

参数	D_f	系数	标准误	t	$Pr>\mid t\mid$
X_1X_2	1	8.409 6	1.52	5.54	<0.000 1
X_2^2	1	−16.805 1	2.46	−6.84	<0.000 1
X_1X_3	1	−5.760 9	1.52	−3.80	0.001 1
X_2X_3	1	−1.593 8	1.52	−1.05	0.305 8
X_3^2	1	−4.595 2	2.46	−1.85	0.076 3

（6）试验因素的显著性检验。试验因素氮、磷、有机肥与玉米产量之间的关系都达到极显著水平（表13-17）。表明"310"方案所建立的回归方程能反映不同肥效的实际情况，同时也证明氮、磷、有机肥在洛川旱塬地区对春玉米产量具有重要的增产作用，是玉米生产中重要的限制因素。

表 13-17　三次重复试验的试验因素显著性检验

因素	D_f	SS	MS	F	$Pr>F$
X_1	4	7 641	1 910	62.62	<0.000 1
X_2	4	3 879	970	31.80	<0.000 1
X_3	4	7 582	1 896	62.15	<0.000 1

由以上各项方差分析证明，在有试验重复的条件下，"310"方案所建立的回归方程是成立的，模型功能是良好的，能客观反映3种肥料施用量与作物产量之间的回归关系，故回归方程是可靠和适用的。

（7）"310"方程的主效应分析。用降维法建立一元二次回归方程，以不同施肥量代入方程，求得不同施肥量的不同产量，以此绘制因素主效应图，见图13-1。

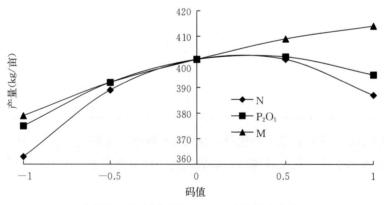

图 13-1　洛川玉米 N、P、M 主效应曲线

从洛川玉米氮（N）、磷（P）、有机肥（M）主效应看出，施肥量在码值0水平以下时，肥效反应是有机肥>磷肥>氮肥，但在码值0水平以上时，则氮肥>磷肥>有机肥。说明在洛川旱塬地区，玉米生产必须首先要增施氮肥，其次是磷肥和有机肥。这与当地农民的生产实际经验是非常吻合的。

（8）因素间的交互效应。在洛川玉米"310"方程中，取2个因素作自变量，第3个因素在"0"水平，得出成对因素回归方程（式13-6～式13-8）。

$$y=401.379\ 4+11.604\ 9X_1+9.693\ 6X_2+8.009\ 1X_1X_2-26.528\ 7X_1^2-5.231\ 4X_2^2$$

$$(13-6)$$

$$y=401.379\ 4+11.604\ 9X_1+17.115\ 6X_3-5.070\ 9X_1X_3-26.528\ 7X_1^2-5.231\ 4X_3^2$$
$$(13-7)$$
$$y=401.379\ 4+9.693\ 6X_2+17.115\ 6X_3-0.980\ 1X_2X_3-16.494\ 6X_2^2-5.231\ 4X_3^2$$
$$(13-8)$$

　　将不同码值施肥量代入方程中的相应试验因素，即得成对因素不同用量时的作物产量，然后分别绘制成成对因素的交互作用曲线图，图 13-2～图 13-4。由图 13-2～图 13-4 看出，氮、磷为协调性交互作用；氮、有机肥为无交互作用到负交互作用；磷、有机肥基本没有交互作用。

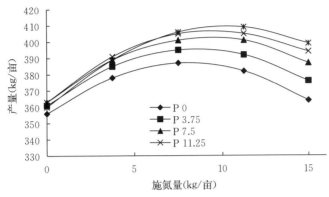

图 13-2　氮（N）、磷（P）交互作用

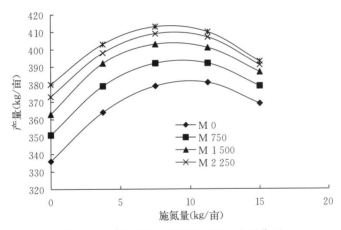

图 13-3　氮（N）、有机肥（M）交互作用

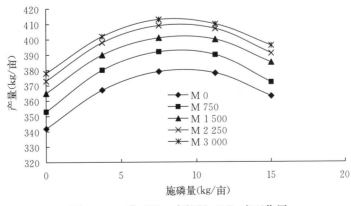

图 13-4　磷（P）、有机肥（M）交互作用

二、"311 - A"设计之 X 方案

"311 - A"设计之 X 方案是根据最优设计原理和组合设计思想提出来的,它接近正交设计、旋转设计和饱和设计,故称为最优混合设计。这一设计方案首先在渭北旱塬合阳县进行试验,主要研究氮、磷、水三大因素,这是旱农地区农业上最大的限制因素。在合阳田间旱棚条件下连续进行了 3 年试验(1994—1997 年),以后在全国肥水攻关项目研究中也采用了这一设计方案,都取得了良好结果。

1. "311 - A"设计之 X 方案与试验结果 试验在田间用旱棚控制自然降水条件下进行的,灌水量根据当地 40 年降水量确定。试验重复 3 次,小区间均用塑料薄膜隔离,防止水分渗漏。试验具体方案和试验结果见表 13 - 18。

表 13 - 18　"311 - A"设计之 X 方案与试验结果

单位:kg/亩,mm/亩

处理号	因素编码值			因素实用值			小麦产量		
	X_1 (N)	X_2 (P_2O_5)	X_3 (W)	X_1 (N)	X_2 (P_2O_5)	X_3 (W)	Y_1	Y_2	Y_3
1	0	0	2	7.5	7.5	630	187	180	189
2	0	0	−2	7.5	7.5	250	138	135	142
3	−1.414	−1.414	1	2.0	2.0	535	119	114	121
4	1.414	−1.414	1	12.0	2.0	535	157	154	162
5	−1.414	1.414	1	2.0	12.0	535	134	138	138
6	1.414	1.414	1	12.0	12.0	535	196	199	205
7	2	0	−1	12.0	7.5	345	135	135	137
8	−2	0	−1	0.0	7.5	345	117	115	113
9	0	2	−1	7.5	15.0	345	133	139	135
10	0	−2	−1	7.5	0.0	345	119	114	121
11	0	0	0	7.5	7.5	440	168	168	172
12 *	−2	−2	0	0.0	0.0	440	104	100	108

注:* 指另加处理,作为对照,不统计。因旱棚用帆布覆盖,光照不足,故产量较低。

因"311 - A"设计之 X 方案比"310"饱和 D-最优设计方案只多一个处理,故是接近饱和设计的一种方案,这在回归关系分析中究竟有什么差异,笔者进行了一些分析。

2. "311 - A"设计之 X 方案一次重复试验结果的统计分析

(1) 一次重复的方差分析。本试验共设 3 次重复,取其中任何一个重复试验结果进行回归分析,其结果特征可代表每一次重复试验的回归关系。下面将取重复 Y_1 进行统计分析。由 SAS 所求得的回归方程为式 13 - 9。

$$Y_1 = 168.00 + 11.09X_1 + 6.523\,7X_2 + 14.497\,9X_3 + 3.000\,9X_1X_2 + 6.590\,2X_1X_3$$
$$+ 3.023\,7X_2X_3 - 6.968\,9X_1^2 - 6.969\,8X_2^2 - 1.375\,1X_3^2 \qquad (13 - 9)$$

方程中的常数项、一次项、交互项都是正,二次项都是负,表面上看是一种很正常的回归方程。但是否能成立,尚需由各种方差分析来论证。

首先需要进行一次重复试验的方差分析,这是明确回归方程的总依据。分析结果见表 13 - 19。

表 13 - 19　"311 - A"设计之 X 方案一次重复试验结果的方差分析

误差来源	D_f	SS	均方	F	$Pr > F$
$SS_回$	9	7 581.198 6	842.355 4	856.75	0.026 5
$SS_剩$	1	0.983 2	0.983 2		
$SS_总$	10	7 582.181 8			

一次重复试验结果的方差分析表明，因 $F=856.75$，$Pr>F=0.026\,5$，说明氮、磷、水不同用量与小麦产量之间有显著的回归关系。同时求得复相关系数（R）：

$$R=\sqrt{\frac{7\,581.198\,6}{7\,582.181\,8}}=0.999\,9$$

进一步说明，氮、磷、水用量与作物产量之间有很高的相关性。由此证明，以上回归方程应该是成立的。

（2）"311 - A"设计之 X 方案一次重复试验的剩余方差分析。由剩余方差分析结果（表 13 - 20）看出，"311 - A"设计之 X 方案有 11 个处理，故失拟自由度为 1，均方为 0.983 2，但误差自由度为零，故无均方数值，因此，也就无法求得 F 值和失拟性的显著程度，按理这就无法进一步检验以上回归方程的适合性。但经过剩余方差分析，却求得总误差值，这对试验结果的方差分析提供了条件。这是与"310"饱和 D-最优设计方案所存在的差别之处。

表 13 - 20　"311 - A"设计之 X 方案一次重复试验的剩余方差分析

剩余误差来源	D_f	SS	均方	F	$Pr>F$
失拟	1	0.983 2	0.983 2	—	—
误差	0	0			
总误差	1	0.983 2	0.983 2		

（3）"311 - A"设计之 X 方案一次重复试验的回归方程结构组成的方差分析。回归方程结构方差分析结果（表 13 - 21）表明，方程的各项结构都达到不同程度的显著水平。说明回归方程中的各项结构组成都是可靠、有效的，也进一步证明回归方程所取的数学模型是适合和可靠的。

表 13 - 21　"311 - A"设计之 X 方案一次重复试验的回归方程结构方差分析

结构误差来源	D_f	SS	R^2	F	$Pr>F$
线性项	3	5 147.958 3	0.679 0	1 745.25	0.017 6
二次项	3	1 448.198 6	0.191 0	490.97	0.033 2
交互项	3	985.041 7	0.129 9	333.95	0.040 2
总模型	9	7 581.198 6	0.999 9	856.72	0.026 5

（4）"311 - A"设计之 X 方案一次重复试验回归系数的方差分析。从回归方程的各项系数 t 检验结果（表 13 - 22）看出，除 X_3^2 的系数达 0.138 3 显著水平外，其他各项系数都达到显著与极显著水平。

表 13 - 22　"311 - A"设计之 X 方案无重复试验的回归系数方差分析

回归系数	t	$Pr>|t|$
截距	169.43	0.003 8
X_1	44.73	0.014 2
X_2	26.31	0.024 2
X_3	50.42	0.012 6
X_1^2	28.56	0.022 3
X_1X_2	12.10	0.052 5
X_2^2	28.56	0.022 3
X_1X_3	26.58	0.023 9
X_2X_3	12.20	0.052 1
X_3^2	4.53	0.138 3

（5）"311 - A" 设计之 X 方案一次重复试验的因素分析。由试验因素方差分析结果（表 13 - 23）看出，3 个参试因素都达到不同程度的显著水平。说明所试验的氮、磷、水 3 种因素在回归方程的任何一种结构组成中对小麦生产都具有显著的增产效应。这与实际生产状况非常符合。

表 13 - 23　"311 - A" 因素效应方差分析

主因素	D_f	SS	均方	F	$Pr > F$
X_1	4	3 608.155 6	902.038 9	917.42	0.024 8
X_2	4	1 773.155 6	443.288 9	450.85	0.035 3
X_3	4	3 360.437 0	840.199 3	854.44	0.025 7

由以上各种方差分析，可以证明以上所建立的回归方程不但可以成立，而且所用的数学模型也是适合的。笔者认为只要能通过以上各项分析检验，即使剩余方差的失拟程度无法检验，而所建立的回归方程应该是成立和适用的。

3. "311 - A" 设计之 X 方案二次重复试验的方差分析　任意挑选了两个重复，Y_2 和 Y_3 进行各种方差分析，结果如下：

用 SAS 求得的回归方程（实际用量）（式 13 - 10）。

$$Y_{2+3} = 68.073\ 2 + 1.321\ 5X_1 + 3.844\ 5X_2 + 0.150\ 7X_3 - 0.499\ 9X_1^2 + 0.239\ 4X_1X_2$$
$$- 0.473\ 2X_2^2 + 0.017\ 2X_1X_3 + 0.007\ 9X_2X_3 - 0.000\ 223\ X_3^2 \qquad (13 - 10)$$

剩余方差分析结果见表 13 - 24。结果表明，$F = 3.26$，$Pr > F = 0.098\ 6$，失拟程度不显著。这就为方程显著性检验提供了条件。

表 13 - 24　剩余方差分析

误差来源	D_f	SS	MS	F	$Pr > F$
失拟	1	55.507 7	55.507 7	3.26	0.098 6
误差	11	187.500 0	17.045 5		
总误差	12	243.007 7	20.250 6		

从实验结果的方差分析（表 13 - 25）看出，"311 - A" 设计之 X 方案二次重复试验的 $F = 90.12$，达 $< 0.000\ 1$ 显著水平，说明 3 因素不同用量与小麦产量之间有显著回归关系。求得的复相关系数（R）为：

$$R = \sqrt{\frac{16\ 424}{16\ 667.007\ 7}} = 0.992\ 7$$

试验因素不同用量与小麦产量之间存在高度相关性。

表 13 - 25　"311 - A" 设计之 X 方案二次重复试验结果方差分析

误差来源	D_f	SS	MS	F	$Pr > F$
$SS_{回}$	9	16 424	1 824.89	90.12	$< 0.000\ 1$
$SS_{剩}$	12	243.007 7	20.25		
$SS_{总}$	21	16 667.007 7			

另外，回归方程结构的方差分析表明，其线性项、二次项和交互项的显著性都达到 $P < 0.000\ 1$ 水平；回归方程的回归系数、除 X_1 未达显著水平外，其余都达到显著和极显著水平；回归方程中的主因素效应 X_1、X_2、X_3 都达到 $P < 0.000\ 1$ 显著水平。由此证明，"311 - A" 设计之 X 方案二次重复所建立的回归方程是成立的，回归方程的数学模型是适合的，回归方程和数学模型的功能是有效

的。另外也可看出，"311 - A"设计之 X 方案在严格操作的条件下，设有两次重复的试验结果，用 SAS 进行统计分析，可满足各项回归关系的检验要求。

4. "311 - A"设计之 X 方案三次重复试验的方差分析

以 3 次重复试验结果进行统计分析，得回归方程（实际用量）（式 13 - 11）。

$$y_{3R} = 78.53 + 0.460\,8X_1 + 3.967\,7X_2 + 0.119\,7X_3 + 0.246\,3X_1X_2 + 0.183\,4X_1X_3$$
$$+ 0.007\,6X_2X_3 - 0.486\,8X_1^2 - 0.483\,9X_2^2 - 0.000\,21X_3^2 \qquad (13 - 11)$$

从剩余方差分析结果（表 13 - 26）看出，$F = 3.24$，$Pr > F = 0.085\,5$，表明失拟程度不显著，即未控因素对试验误差的影响不显著。故可直接对方程进行 F 值检验，结果见表 13 - 27。检验结果得 $F = 214.055\,5$，$Pr > F = <0.000\,1$，回归方程达极显著水平，说明试验因素不同用量与小麦产量之间具有密切的回归关系；同时也求得复相关系数（R）为：

$$R = \sqrt{\frac{23\,705}{23\,988.008\,1}} = 0.994\,1^{***}$$

表 13 - 26 "311 - A"设计之 X 方案三次重复试验结果剩余方差分析

误差来源	D_f	SS	MS	F	$Pr > F$
失拟	1	36.341 4	36.341 4	3.24	0.085 5
纯误	22	246.666 7	11.212 1		
总误差	23	283.008 1	12.304 7		

表 13 - 27 "311 - A"设计之 X 方案三次重复试验结果的方差分析

变异因素	D_f	SS	MS	F	$Pr > F$
回归	9	23 705	2 633.888 9	214.055 5	<0.000 1
剩余	23	283.008 1	12.304 7		
总变异	32	23 988.008 1			

说明不同用量的试验因素与小麦产量之间存在高度相关性。由此可以认为，以上所建立的回归方程是成立的。

由回归方程结构方差分析结果表明，线性项、二次项和交互项的 F 值分别为 452.40、122.87、66.90，$Pr > F$ 分别为 <0.000 1、<0.000 1、<0.000 1，都达到极显著水平。

从回归方程的回归系数显著性测定看出，除 X_1 未达显著水平外，其余都达到极显著水平。X_1、X_2、X_3 三因素在不同匹配中的效应检验，都达到 <0.000 1 水平。

这就充分表明，"311 - A"设计之 X 方案三次重复试验所建立的回归方程，其各项回归关系、肥效表现都是比较理想、可靠和实用的。

由以上不同重复次数的实验结果方差分析表明，"311 - A"设计之 X 方案在严格实施的条件下，进行两次重复即可得到满意的回归方程，当然在有条件时，进行 3 次重复，效果更好。

三、"3414"方案

1. "3414"方案的主要特点 "3414"方案就是 3 个因素 4 个水平 14 个处理的肥料试验设计方案。从形式上看，这一方案具有以下优点。

（1）该方案含有 3 种试验因素，故可做氮、磷、钾三因素肥料试验，这就涉及作物最基本的营养元素，能满足施肥决策的专业要求。

（2）每个因素设有 4 个水平，能满足肥效反应曲线的基本要求，且水平间距分布均匀，更能体现肥效反应规律。

447

（3）处理少，效率高，具有回归最优设计的优点。

（4）既可建立三元二次肥效方程，又可建立二元二次、一元二次肥效方程，便于相互校验，增加信息量。

2."3414"方案的试验结果与统计分析

（1）试验结果的成功率。在20世纪90年代初，陕西省农业科学院土肥所和陕西省土壤肥料工作站先后在陕西关中地区采用"3414"方案在不同作物上进行田间试验，实际上收到的试验结果，小麦47个、油菜30个、玉米5个，共计82个，真正通过F值检验的为30个，占试验总数的37%，成功率是相当低的。"3414"方案试验成功率较低似乎是一个普遍现象，陈新平根据试验资料提供三元二次肥效方程拟合成功率为56%，同延安根据70多个试验的统计分析，成功率也只有56%。这就意味着有一半左右的试验结果失去了实用价值，这是一个值得注意的问题。

（2）"3414"方案试验成功率低的原因。

一是试验缺乏严格性。不同处理间的产量结果差异不大，这在一般情况下是不符合肥效反应规律的，无疑这与试验地的选择、肥料用量、管理措施等不严格把关有关系。

二是试验缺乏重复性。有不少试验只有一次重复，没有多次重复，这在严格操作条件下，虽然也可获得通过F值检验的回归方程，但因没有重复，剩余方差分析不能求得失拟程度是否显著，这就无法验证回归方程的适合情况。且在一般情况下，不设重复的试验，回归方程是难以通过F值检验的。

三是设计方案缺乏针对性。任何设计方案的使用，采用的因素必须是农业上的限制因素，如不是限制因素把它列入试验方案，则会影响到限制因素作用的正常发挥，从而导致肥效方程的有效性或转变成无效性。

本方案包含三大营养元素，即氮、磷、钾。在目前大量施用化肥的情况下，许多地方三大养分的使用并不是想象的那样平衡，有的土壤养分，如磷，可能不缺，即不成为作物生长的限制因素，因此就不需列入试验设计。如果不考虑土壤养分状况而是在全国范围内千篇一律地推广应用"3414"方案，肯定是会出现这样、那样问题的。所以，使用"3414"方案以前，应该首先测定土壤养分状况，确定养分的限制因素。如三因素都成为限制因素，则可使用"3414"方案，如果只是氮、磷为限制因素，就不能勉强使用"3414"方案，而应采取其他试验设计方案，这可大大提高"3414"方案的成功率，节省人力、物力和财力。

（3）提高"3414"方案试验成功率和回归方程质量的途径。要提高田间试验的成功率，必需严格执行设立重复、随机排列和局部控制三大原则；另外，在试验过程中的一切操作和管理也都要严格遵守一致和准确。这样才能使随机误差和未控因素的影响减到最小。

如果耕地面积小，难以进行多次重复试验，但又想得到较多的试验资料，于是便可不设重复，而采用多点试验。以多点试验代替重复试验，进行统计分析，这是提高试验成功率的有效途径之一。

第四节 四因素试验

一、"4517"正交组合设计方案（"4517"方案）概述与试验结果

在田间肥效试验中，采用四因素进行综合因素肥效试验并不多，因为四因素常规试验所设处理相当多，按理至少要设计为$n=2^4+2\times4=24$处理，如再加上$m_0=1$的话，就至少要设计25个处理，再加重复那就更多了，这就很难实施。为了减少处理，提高试验效率，采用四因素二次回归正交组合设计在渭北旱塬地区进行试验，试验重复2次，取得了相当好的结果。这一试验设计方案的主要特点是试验效率高，因为对m_c是采用1/2实施，且令$m_0=1$，所以四因素五水平二次回归只需17个处理，比完全实施方案要少得多。这就有利于田间实施。试验方案和试验结果见表13-28。

表 13 - 28 渭北旱塬小麦四因素回归正交组合设计方案和产量结果

试验号	码值方案				实施方案（kg/亩）				产量（kg/亩）	
	X_1	X_2	X_3	X_4	X_1（N）	X_2（P_2O_5）	X_3（有机肥）	X_4（播量）	重复1	重复2
1	−1	−1	−1	1	1.63	1.63	1.305	11.95	222.2	239.3
2	−1	−1	1	−1	1.63	1.63	8.695	6.0	233.4	243.4
3	−1	1	−1	−1	1.63	10.87	1.305	6.0	266.7	260.3
4	−1	1	1	1	1.63	10.87	8.695	11.95	300.0	293.1
5	1	−1	−1	−1	10.87	1.63	1.305	6.0	277.8	278.1
6	1	−1	1	1	10.87	1.63	8.695	11.95	311.1	307.9
7	1	1	−1	1	10.87	10.87	1.305	11.95	355.6	350.6
8	1	1	1	−1	10.87	10.87	8.695	6.0	377.8	357.4
9	−1.353	0	0	0	0	6.25	5.0	9.0	277.8	261.0
10	+1.353	0	0	0	12.5	6.25	5.0	9.0	344.5	353.6
11	0	−1.353	0	0	6.25	0	5.0	9.0	333.4	314.7
12	0	+1.353	0	0	6.25	12.5	5.0	9.0	377.8	387.3
13	0	0	−1.353	0	6.25	6.25	0	9.0	322.2	314.0
14	0	0	+1.353	0	6.25	6.25	10.0	9.0	344.5	344.3
15	0	0	0	−1.353	6.25	6.25	5.0	5.0	355.6	351.9
16	0	0	0	+1.353	6.25	6.25	5.0	13.0	366.7	361.4
17	0	0	0	0	6.25	6.25	5.0	9.0	355.6	371.3

二、试验结果的统计分析与回归方程建立

根据试验结果，挑选试验 2 为一次重复，试验 1+2 为二次重复，分别用 SAS 进行统计分析。验证不同因素投入量与产量之间回归关系、回归方程的适宜性和实用性。

1. 不同重复试验所建立的码值回归方程 一次重复的码值回归方程（式 13 - 12）：

$$y_2 = 372.949 + 32.86 X_1 + 24.947\,16 X_2 + 9.818\,52 X_3 + 5.535\,74 X_4$$
$$- 36.068\,91 X_1^2 + 6.412\,5 X_1 X_2 - 12.200\,45 X_2^2 - 0.037\,5 X_1 X_3$$
$$+ 0.712\,5 X_2 X_3 - 24.132\,99 X_3^2 - 9.110\,67 X_4^2 \tag{13-12}$$

二次重复的码值回归方程（式 13 - 13）：

$$y_{1+2} = 372.39 + 33.162\,61 X_1 + 26.009\,33 X_2 + 10.490\,66 X_3 + 4.835\,34 X_4$$
$$- 35.630\,6 X_1^2 + 5.293\,75 X_1 X_2 - 11.553\,91 X_2^2 + 0.668\,75 X_1 X_3$$
$$+ 1.043\,75 X_2 X_3 - 23.599\,08 X_3^2 - 8.494\,82 X_4^2 \tag{13-13}$$

基于编码数据的响应面典型分析，得到最高产量时各因子的临界值和平稳点预测值，见表 13 - 29。由表 13 - 29 看出，"4517"方案的一次重复和二次重复各因子的相应临界都比较接近，两类不同重复所得回归方程的预测产量也基本相同。以 4 个因子的最低水平代入二次重复的码值方程，求得的产量为 139 kg/亩，作为对照产量，而以 SAS 求得的各因子码值水平，如二次重复的回归方程，$X_1 = 0.561\,8$，$X_2 = 1.265\,9$，$X_3 = 0.258\,2$，$X_4 = 0.284\,6$，代入原码值方程，得到渭北旱塬小麦亩产为 400.211\,7 kg，比对照增产 188%，比当地当时一般小麦亩产 250 kg 左右增产 60% 以上。说明利用"4517"方案，将四因子配合投入后增产效果十分显著。

449

表 13-29　各因子的临界值和平稳点预测值

因子	y_2 的临界值		y_{1+2} 的临界值		标签
	已编码	未编码	已编码	未编码	
X_1	0.413 849	0.559 937	0.415 249	0.561 832	N
X_2	0.869 848	1.175 970	0.935 652	1.265 937	P
X_3	0.162 86	0.220 350	0.190 853	0.258 224	M（有机肥）
X_4	0.224 542	0.303 805	0.210 351	0.284 605	BL（播量）
平稳点预测值	398.739 9		400.211 729		产量（kg/亩）

2. 由码值方程转换为常量方程　由二次重复的码值回归方程转换为常量的译码方程时，其4个因子上水平、下水平、0水平及变化间距见表13-30。

表 13-30　因子上水平、下水平、0水平及变化间距

单位：kg/亩

水平	因子			
	Z_1（N）	Z_2（P_2O_5）	Z_3（有机肥）	Z_4（播量）
Z_{2j}	12.5	12.5	10 000	13
Z_{1j}	0	0	0	5
Z_{0j}	6.25	6.25	5 000	9
Δ_j	3.125	3.125	2 500	2

3. 渭北旱塬小麦不同亩产的四因素配方

由分析结果可以求得不同小麦亩产的四因素配方，结果见表13-31（供参考）。

表 13-31　渭北旱塬小麦不同亩产的四因素配方

单位：kg/亩

产量	X_1（N）	X_2（P_2O_5）	X_3（有机肥）	X_4（播量）
250	2.15	5.43	4 510	8.87
300	3.45	5.46	4 600	8.89
350	5.14	5.71	4 780	8.93
400	7.86	9.53	5 620	9.0

三、试验结果与回归方程可靠性检验

1. 不同重复试验的剩余方差分析　由剩余方差分析看出，一次重复的试验纯误差自由度为零，故不能求得失拟的显著性程度，因此，也就无法判断回归方程的适宜性。设二次重复试验的纯误差自由度为17，故能求得 $F=1.99$，$Pr>F=0.131\ 2$，失拟性不显著，故试验误差主要来自随机误差，说明由试验结果所建立的回归方程是适宜的。分析结果见表13-32。

表 13-32　剩余方差分析

剩余变量	一次重复				二次重复			
	D_f	MS	F	$Pr>F$	D_f	MS	F	$Pr>F$
失拟	5	12.971 6	—	—	5	122.755 8	1.99	0.131 2
纯误差	0	—			17	61.559 1		
总误差	5	12.971 6			22	75.467 5		

2. 不同重复试验的回归方程结构组成显著性检验　由不同重复试验所建立的两种回归方程结构组成方差分析结果（表 13-33）看出，回归中的叉积一次重复达 0.020 6 显著水平，二次重复达 0.130 8 显著水平，线性项、二次项、总模型不同重复试验都达到极显著水平，说明一次重复和二次重复的回归方程，其数学模型都是适宜的，试验的精度都是很高的。

表 13-33　回归方程结构性组成方差分析

回归	一次重复					二次重复				
	D_f	平方和	R^2	F	$Pr>F$	D_f	平方和	R^2	F	$Pr>F$
线性	4	31 329	0.593 9	411.08	<0.000 1	4	44 538	0.602 5	147.54	<0.000 1
二次	4	14 185	0.395 0	373.39	<0.000 1	4	27 251	0.368 6	90.27	<0.000 1
叉积	3	333.033 7	0.009 3	8.56	0.020 6	3	472.966 8	0.005 4	2.09	0.130 8
总模型	11	35 848	0.998 2	251.23	<0.000 1	11	72 263	0.977 5	87.05	<0.000 1

3. 回归系数的显著性检验　由不同重复试验的回归方程中回归系数显著性检验结果见表 13-34。表 13-34 表明，在交互项中，X_1X_4、X_2X_4、X_3X_4 回归系数为零，即无交互作用；X_1X_3、X_2X_3 交互作用也远未达到显著水平；其他各项回归系数都达到极显著水平。这就证明了各个因子的投入效应和不同因子间交互作用的真实情况。

表 13-34　回归系数显著性检验

参数	一次重复			二次重复		
	D_f	t	$Pr>\lvert t\rvert$	D_f	t	$Pr>\lvert t\rvert$
截距	1	177.74	<0.000 1	1	104.05	<0.000 1
X_1	1	31.16	<0.000 1	1	18.44	<0.000 1
X_2	1	23.65	<0.000 1	1	14.46	<0.000 1
X_3	1	9.31	0.000 2	1	5.83	<0.000 1
X_4	1	5.25	0.003 3	1	2.69	0.013 4
X_1^2	1	−25.93	<0.000 1	1	−15.02	<0.000 1
X_1X_2	1	5.04	0.004 0	1	2.44	0.023 3
X_2^2	1	−8.77	0.000 3	1	−4.87	<0.000 1
X_1X_3	1	−0.03	0.977 6	1	0.31	0.761 0
X_2X_3	1	0.56	0.599 9	1	0.48	0.635 6
X_3^2	1	−17.35	<0.000 1	1	−9.95	<0.000 1
X_1X_4	0	0	—	0	0	—
X_2X_4	0	0	—	0	0	—
X_3X_4	0	0	—	0	0	—
X_4^2	1	−6.55	0.001 2	1	−358	0.001 7

4. 因子分析结果　用降维法得到 4 个独立因子形成的回归系统，一次重复与二次重复的 F 值都达到极显著水平（表 13-35）。这进一步说明，不但 4 个独立因子的回归方程都可成立，而且一次重复和二次重复的回归方程的数学模型也都是适宜的。

表 13 - 35 因子分析

主因子	一次重复			二次重复			标签
	D_f	F	$Pr>F$	D_f	F	$Pr>F$	
X_1	4	417.09	<0.000 1	4	142.86	<0.000 1	N
X_2	4	165.53	<0.000 1	4	59.74	<0.000 1	P
X_3	4	96.98	<0.000 1	4	33.32	<0.000 1	M（有机肥）
X_4	2	35.22	0.001 1	2	10.02	<0.000 8	BL（播量）

5. 因子间的交互作用 由二次重复回归方程看出，NP、NM、PM 都有交互作用，而 N、P、M 与播量都没有交互作用。这可能有其他因素所阻碍，如干旱等。现按降维原理将交互作用进行量比分析，结果见表 13 - 36。由表 13 - 36 看出，NP 交互作用是连乘性的，说明 NP 已处于小麦高产阶段的平衡状态，属于米采利希限制因子。NM 交互作用是李比希协同作用类型，而有机肥（M）的肥效则处于 MFYP 图的 A 段，都属于李比希限制因子类型。PM 交互作用也是李比希协同作用类型，单独因子施用和两因子配合施用，增产效应差异并不大，都是李比希限制因子类型。4 个因子中的播量与其他因子都未发生交互作用，经统计适量播种比最低量播种增产 17%，也是限制因子之一。

表 13 - 36 交互作用分析结果

试验因子				产量 (kg/亩)	相对产量	连乘产量	比例	交互作用类型	效应（%）			限制因子类型		
X_1 (N)	X_2 (P)	X_3(有机肥)	X_4(播量)						N	P	M	N	P	M
-1.353	-1.353	0	0	216	1.00	—		—						
0.561 8	-1.353	0	0	324	1.50	—		—	50					
-1.353	1.265 9	0	0	268	1.24	—		—		24				
0.561 8	1.265 9	0	0	390	1.80	1.86	0.98	SA	45	20	—	M	M	
-1.353	0	-1.353	0	206	1.00	—		—						
0.561 8	0	-1.353	0	322	1.56	—		—	56					
-1.353	0	0.258 2	0	263	1.28	—		—			28			
0.561 8	0	0.258 2	0	380	1.84	2.00	0.92	LS	44	—	18	LS	—	LS
0	-1.353	-1.353	0	260	1.00	—		—						
0	1.265 9	-1.353	0	328	1.26	—		—		26				
0	-1.353	0.258 2	0	319	1.23	—		—			27			
0	1.265 9	0.258 2	0	388	1.49	1.55	0.96	LS	—	17	18	—	LS	LS

总之，"4517"方案所得结果，回归方程能反映出不同投入量与产量之间的回归关系，能提高田间试验效率和试验效果，具有高度的实用性。

第五节　五因素试验

一、"5527（36）"二次正交旋转设计方案概述与试验结果

1. 概述 在田间进行五因素综合效应试验是很少见的，主要原因是试验处理太多，难以实施。但随着农业生产和科学研究的发展，要求田间试验必须向多个综合因素方向进行。在农业高产条件下，出现的限制因素不仅包括土壤养分，同时也包括各种农艺措施。根据地区特点，对氮、磷、有机肥、播期和播种密度五因素进行田间试验。为了减少试验次数，提高试验效率，采用五元二次正交旋转组合设计方案，对 m_c 采用 1/2 实施，即 16 个处理；$m_r=2\times5=10$ 个处理；$m_0=1$ 或 $m_0=10$，一

个试验共 27 个处理或 36 个处理。笔者以此设计方案在陕西关中、陕北等地区进行了不同作物的田间试验。

2. 设 $m_0 = 1$ 的"5527"方案和 $m_0 = 10$ 的"5536"方案在陕北谷子上的试验结果 按照以上设计思路，确定的试验方案和所得的试验结果见表 13-37 和表 13-38，试验未设重复。

表 13-37 谷子试验因素及水平编码

试验因素	变化距离	变量设计水平				
		-2	-1	0	1	2
X_1（播期）	6（d）	0（5 月 18 日）	6（5 月 24 日）	12（5 月 30 日）	18（6 月 5 日）	24（6 月 11 日）
X_2（密度）	0.5（万株/亩）	1.0	1.5	2.0	2.5	3.0
X_3（氮肥）	3（kg/亩）	0	3	6	9	12
X_4（磷肥）	3（kg/亩）	0	3	6	9	12
X_5（有机肥）	1.25（kg/亩）	0	1 250	2 500	3 750	5 000

表 13-38 试验方案及谷子产量

试验号	X_1	X_2	X_3	X_4	X_5	y（kg/亩）
1	-1	-1	-1	-1	1	284
2	1	-1	-1	-1	-1	159
3	-1	1	-1	-1	-1	138
4	1	1	-1	-1	1	189
5	-1	-1	1	-1	-1	184
6	1	-1	1	-1	1	266
7	-1	1	1	-1	1	283
8	1	1	1	-1	-1	233
9	-1	-1	-1	1	-1	128
10	1	-1	-1	1	1	242
11	-1	1	-1	1	1	192
12	1	1	-1	1	-1	259
13	-1	-1	1	1	1	198
14	1	-1	1	1	-1	233
15	-1	1	1	1	-1	255
16	1	1	1	1	1	280
17	-2	0	0	0	0	116
18	2	0	0	0	0	173
19	0	-2	0	0	0	203
20	0	2	0	0	0	237
21	0	0	-2	0	0	156
22	0	0	2	0	0	270
23	0	0	0	-2	0	220
24	0	0	0	2	0	257
25	0	0	0	0	-2	234

（续）

试验号	X_1	X_2	X_3	X_4	X_5	y（kg/亩）
26	0	0	0	0	2	313
27	0	0	0	0	0	220
28	0	0	0	0	0	234
29	0	0	0	0	0	226
30	0	0	0	0	0	216
31	0	0	0	0	0	224
32	0	0	0	0	0	222
33	0	0	0	0	0	217
34	0	0	0	0	0	225
35	0	0	0	0	0	227
36	0	0	0	0	0	234

二、"5527"方案与"5536"方案谷子试验结果的统计分析

为了对两种设计方案的可靠性进行比较，分别对两种设计方案进行统计分析，一种是"5527"方案，即 $1/2m_c + m_r + m_0$ （1）；另一种是"5536"方案，即 $1/2m_c + m_r + m_0$ （10），前一种中心点 $m_0=1$，后一种 $m_0=10$。根据统计分析结果，检验两种回归方程的拟合性和精确度有何区别。

1. 不同设计方案的回归方程　根据"5527"方案及其试验结果，用 SAS 进行统计分析，得到码值回归方程式 13-14。

$$\hat{y}=217.5+13.04 X_1+8.46 X_2+23.71 X_3+5.21 X_4+20.96 X_5-17.44 X_1^2$$
$$-0.81 X_1X_2+0.94 X_2^2-0.94 X_1X_3+12.81 X_2X_3-0.81 X_3^2$$
$$+17.69 X_1X_4+14.69 X_2X_4-3.19 X_3X_4+5.56 X_4^2-9.94 X_1X_5$$
$$-14.19 X_2X_5-6.31 X_3X_5-16.94 X_4X_5+14.31 X_5^2 \qquad (13-14)$$

根据"5536"方案及其试验结果进行回归分析，得到码值回归方程式 13-15。

$$\hat{y}=224.06+13.04 X_1+8.46 X_2+23.71 X_3+5.21 X_4+20.96 X_5-19.34 X_1^2$$
$$-0.81 X_1X_2-0.47 X_2^2-0.94 X_1X_3+12.81 X_2X_3-2.22 X_3^2$$
$$+17.69 X_1X_4+14.69 X_2X_4-3.19 X_3X_4+4.16 X_4^2-9.94 X_1X_5$$
$$-14.19 X_2X_5-6.31 X_3X_5-16.94 X_4X_5+12.91 X_5^2 \qquad (13-15)$$

2. 不同设计方案的剩余方差分析　由剩余方差分析结果看出，因"5527"方案试验只设中心点 $m_0=1$，故剩余误差自由度等于零，无法求得失拟的显著性程度，从而也就无法对回归方程进行可靠性判断。而"5536"方案试验因设有中心点 $m_0=10$，故剩余误差自由度等于9，失拟的 F 值=2.51，$Pr>F=0.1042$，说明失拟不显著，影响试验误差主要原因不是未控因素，而是随机误差（表13-39）。

表 13-39　剩余方差分析

剩余变异	"5527"方案				"5536"方案			
	D_f	MS	F	$Pr>F$	D_f	MS	F	$Pr>F$
失拟	6	89.12	—	—	6	95.92	2.51	0.1042
纯误差	0	0			9	38.27		
总误差	6	89.12			15	61.33		

3. 不同设计方案回归方程结构组成显著性检验　由两种设计方案试验结果所建立的两种回归方

程，其结构组成的方差分析表明，线性项、二次项、交互项和总模型都达到极显著水平，说明两种回归方程的数学模型都是适宜的（表 13-40）。

表 13-40　回归方程结构组成显著性检验

回归结构	"5527"方案					"5536"方案				
	D_f	SS	R^2	F	$Pr>F$	D_f	SS	R^2	F	$Pr>F$
线性项	5	30 482	0.434 3	70.11	<0.000 1	5	30 482	0.431 0	99.40	<0.000 1
二次项	5	17 886	0.254 8	41.14	0.000 2	5	18 021	0.254 8	58.78	<0.000 1
交互项	10	21 299	0.303 5	24.49	0.000 4	10	21 299	0.301 2	34.73	<0.000 1
总模型	20	69 667	0.992 6	40.06	<0.000 1	20	69 803	0.987 0	56.90	<0.000 1

4. 不同设计方案回归系数显著性检验　由回归系数 t 检验结果看出，当 $m_0=1$ 时，在回归方程 21 个回归系数中，除 X_1X_2、X_2^2、X_1X_3、X_3^2、X_3X_4 5 个系数未达显著水平外，其余 16 个系数均达到显著和极显著水平外，说明"5527"方案所得到的回归方程，其质量也是较高的。但"5536"方案的回归系数显著性都比"5527"方案的更高一些，说明 $m_0=10$ 的试验方案可以显著提高回归方程的精度（表 13-41）。

表 13-41　回归系数显著性检验

参数	"5527"方案			"5536"方案		
	D_f	t	$Pr>\|t\|$	D_f	t	$Pr>\|t\|$
截距	1	26.16	<0.000 1	1	91.76	<0.000 1
X_1	1	6.85	0.000 5	1	8.16	<0.000 1
X_2	1	4.44	0.004 4	1	5.29	<0.000 1
X_3	1	12.46	<0.000 1	1	14.83	<0.000 1
X_4	1	2.74	0.033 9	1	3.26	0.005 3
X_5	1	11.01	<0.000 1	1	13.11	<0.000 1
X_1^2	1	−7.48	0.000 3	1	−13.97	<0.000 1
X_1X_2	1	−0.35	0.739 3	1	−0.41	0.684 0
X_2^2	1	0.62	0.560 1	1	−0.34	0.739 6
X_1X_3	1	0.40	0.701 5	1	−0.48	0.639 0
X_2X_3	1	5.50	0.001 5	1	6.54	<0.000 1
X_3^2	1	0.13	0.897 7	1	−1.60	0.129 9
X_1X_4	1	7.59	0.000 3	1	9.03	<0.000 1
X_2X_4	1	6.30	0.000 7	1	7.50	<0.000 1
X_3X_4	1	1.37	0.220 5	1	−1.63	0.124 3
X_4^2	1	2.60	0.040 6	1	3.00	0.008 9
X_1X_5	1	−4.26	0.005 3	1	−5.08	0.000 1
X_2X_5	1	−6.09	0.000 9	1	−7.25	<0.000 1
X_3X_5	1	−2.71	0.035 2	1	−3.22	0.005 7
X_4X_5	1	−7.27	0.000 3	1	−8.65	<0.000 1
X_5^2	1	6.35	0.000 7	1	9.32	<0.000 1

5. 不同设计方案的因素分析　从因素分析结果看出，5 个独立因素形成的回归方程系统，两种方

案的 F 值都达到极显著水平，说明两种方案各个因素的回归方程都可成立，也进一步证明两种方案建立的回归方程所采用的数学模型是适合的。但"5536"方案各因素的 F 值显著性都大大高于"5527"方案，所以在设计方案中设 $m_0=10$ 是提高回归方程质量的重要途径，见表 13-42。

表 13-42　因素分析结果

主因素	"5527"方案				"5536"方案			
	D_f	MS	F	Pr>F	D_f	MS	F	Pr>F
X_1	6	2 592.89	29.82	0.000 3	6	3 777.68	61.59	<0.000 1
X_2	6	1 843.23	21.20	0.000 9	6	1 838.89	29.98	<0.000 1
X_3	6	2 822.06	32.45	0.000 3	6	2 848.05	46.44	<0.000 1
X_4	6	2 408.14	27.69	0.000 4	6	2 402.26	39.17	<0.000 1
X_5	6	4 013.48	46.76	<0.000 1	6	4 316.76	70.38	<0.000 1

6. 两种设计方案所得回归方程　由以上两种设计方案所获得的回归方程，计算得出相同产量时不同因素投入量见表 13-43。从结果看出，两种不同设计方案所建立的回归方程，在不同水平的预计产量下所计算得出的各因素投入量都十分接近，这就充分表明，两种设计方案所获得的回归方程都有相同的预测预报功能，两种回归方程都可成立。它们之间唯一的区别是"5527"方案的回归方程不能得到失拟性检验，方程的可靠性要通过各种回归关系的方差分析进行验证。如果能通过这些回归关系的精细验证，回归方程及其数学模型即可成立；而"5536"方案的回归方程因设 $m_0=10$，故能得到失拟性检验，同时也能得到各种回归关系的方差分析，进一步验证回归方程及其数学模型的可靠性和适合性，并能提高回归方程的精度。所以在进行五因素五水平回归正交旋转设计试验的时候，为了取得试验结果的置信度，最好设立 $m_0=10$ 的中心点处理。

表 13-43　两种设计方案试验因素投入量与预测产量比较

回归方程	不同因素投入量					预测产量 (kg/亩)
	X_1（播期）（日/月）	X_2（密度）（株/亩）	X_3（氮肥）（kg/亩）	X_4（磷肥）（kg/亩）	X_5（有机肥）（kg/亩）	
"5527"方案的回归方程	28/5	17 000	5.25	5.88	2 250	200
	30/5	17 000	6.93	5.16	3 638	256
	29/5	14 875	6.60	3.81	4 463	318
"5536"方案的回归方程	27/5	16 875	5.01	5.91	2 150	200
	30/5	17 563	6.99	5.55	3 388	253
	29/5	14 875	6.57	3.81	4 463	321

三、"5536"方案试验结果所建立的码值回归方程和自然值回归方程对产量的预测比较

用 5 个试验因素编码值的试验结果进行统计分析，得到"5536"方案码值回归方程。以 X_j 的编码值 $X_1=-0.170\ 308$、$X_2=-0.420\ 152$、$X_3=0.196\ 16$、$X_4=-72.880\ 9$、$X_5=1.569\ 97$，代入以上方程得陕北旱地谷子亩产 320.85 kg。

以 5 个因素自然值投入试验，经统计分析，得到"5536"方案自然值回归方程式 13-16。

$$\hat{y}=60.395\ 833+13.340\ 278X_1-25.583\ 333X_2+0.736\ 111X_3-21.763\ 889X_4+73.966\ 67X_5$$
$$-0.537\ 326X_1^2-0.270\ 833X_1X_2-1.875X_2^2-0.052\ 083X_1X_3+8.541\ 667X_2X_3$$
$$-0.246\ 53X_3^2+0.982\ 639X_1X_4+9.791\ 667X_2X_4-0.354\ 167X_3X_4+0.461\ 806X_4^2$$

$$-1.325 X_1 X_5 - 22.70 X_2 X_5 - 1.683\,333 X_3 X_5 - 4.516\,67 X_4 X_5 + 8.26 X_5^2 \qquad (13-16)$$

对自然值数学模型进行了各项方差分析，分析结果与码值数学模型分析结果基本一样，都达到了显著和极显著的拟合水平，特别是失拟性程度未达到显著水平，说明试验误差未受到未控因素的影响。

通过分析，求得各因素的自然值为 $X_1 = 10.978\,2\,\mathrm{d} \approx 11\,\mathrm{d}$，即 5 月 29 日，$X_2 = 1.749\,16$ 万株/亩、$X_3 = 6.501\,61\,\mathrm{kg}/$亩（N）、$X_4 = 3.490\,91\,\mathrm{kg}/$亩（$P_2O_5$）、$X_5 = 4\,463\,\mathrm{kg}/$亩（有机肥），以此代入上式自然值方程，得陕北旱地谷子每亩产量 $320.85\,\mathrm{kg}$，与码值方程所得的产量完全一致。说明以上两种建模方法都可适用。为了验证这两种方法的共性和实用性，由 SAS 对产量分析获得两种回归方程在不同因素、不同投入量时的预测产量完全相同（表 13-44）。实际上这对陕北谷子不同产量水平下的 5 种因素的科学配方提供了方案。证明"5536"设计方案所得的回归方程非常适宜和实用。

谷子是陕北主要粮食作物，但产量很低，在做试验时，当地产量一般只有 $150\,\mathrm{kg}/$亩左右。采取适期播种、合理密植、增施氮肥和有机肥，适量施用磷肥，可使谷子产量比当时一般产量增加 113% 以上。这就说明采用综合因素是提高当地谷子产量的有效途径。

表 13-44　五因素编码值与自然值试验方案与产量

序号	编码值						自然值					
	X_1	X_2	X_3	X_4	X_5	y	X_1	X_2	X_3	X_4	X_5	y
1	−1	−1	−1	−1	1	284	6	1.5	3	3	3.75	284
2	1	−1	−1	−1	−1	159	18	1.5	3	3	1.25	159
3	−1	1	−1	−1	−1	138	6	2.5	3	3	1.25	138
4	1	1	−1	−1	1	189	18	2.5	3	3	3.75	189
5	−1	−1	1	−1	−1	184	6	1.5	9	3	1.25	184
6	1	−1	1	−1	1	266	18	1.5	9	3	3.75	266
7	−1	1	1	−1	1	283	6	2.5	9	3	3.75	283
8	1	1	1	−1	−1	233	18	2.5	9	3	3.75	233
9	−1	−1	−1	1	−1	128	63	1.5	3	9	1.25	128
10	1	−1	−1	1	1	242	18	1.5	3	9	3.75	242
11	−1	1	−1	1	1	192	6	2.5	3	9	3.75	192
12	1	1	−1	1	−1	259	18	2.5	3	9	1.25	259
13	−1	−1	1	1	1	198	6	1.5	9	9	3.75	198
14	1	−1	1	1	−1	233	18	1.5	9	9	1.25	233
15	−1	1	1	1	−1	255	6	2.5	9	9	1.25	255
16	1	1	1	1	1	280	18	2.5	9	9	3.75	280
17	0	0	0	0	0	220	12	2.0	6	6	2.50	220
18	0	0	0	0	0	234	12	2.0	6	6	2.50	234
19	0	0	0	0	0	226	12	2.0	6	6	2.50	226
20	0	0	0	0	0	216	12	2.0	6	6	2.50	216
21	0	0	0	0	0	224	12	2.0	6	6	2.50	224
22	0	0	0	0	0	222	12	2.0	6	6	2.50	222
23	−2	0	0	0	0	116		2.0	6	6	2.50	116

（续）

序号	编码值						自然值					
	X_1	X_2	X_3	X_4	X_5	y	X_1	X_2	X_3	X_4	X_5	y
24	2	0	0	0	0	173	24	2.0	6	6	2.50	173
25	0	−2	0	0	0	203	12	1.0	6	6	2.50	203
26	0	2	0	0	0	237	12	3.0	6	6	2.50	237
27	0	0	−2	0	0	156	12	2.0	0	6	2.50	156
28	0	0	2	0	0	270	12	2.0	12	6	2.50	270
29	0	0	0	−2	0	220	12	2.0	6	0	2.50	220
30	0	0	0	2	0	257	12	2.0	6	12	2.50	257
31	0	0	0	0	−2	234	12	2.0	6	6	0.00	234
32	0	0	0	0	2	313	12	2.0	6	6	5.00	313
33	0	0	0	0	0	217	12	2.0	6	6	2.50	217
34	0	0	0	0	0	225	12	2.0	6	6	2.50	225
35	0	0	0	0	0	227	12	2.0	6	6	2.50	227
36	0	0	0	0	0	234	12	2.0	6	6	2.50	234

四、不同目标产量的五因素配方

由编码值方程和自然值方程估算不同目标谷子产量和五因素科学配方，结果见表 13 - 45。

表 13 - 45　陕北旱地谷子目标产量和五因素科学配方

预测产量（kg/亩）	X_1（播期）	X_2（密度）	X_3（N）	X_4（P$_2$O$_5$）	X_5（有机肥）
			编码值		
200	−0.398 82	−0.104 35	−0.333 89	−0.027 8	−0.278 91
253	0.031 1	0.005 2	0.329 6	−0.154 2	0.711 75
303	−0.131 98	−0.337 89	0.225	−0.619 96	1.411 89
340	−0.208 2	−0.501 67	0.167 2	−0.836 36	1.725 55
			自然值		
200	9.607 1（5 月 28 日）	1.947 82	4.998 33	5.916 33	2.151 36
253	12.186 6（5 月 30 日）	2.002 6	6.988 79	5.537 4	3.389 69
303	11.208 1（5 月 29 日）	1.831 05	6.675 01	4.140 13	4.264 87
340	10.750 8（5 月 29 日）	1.749 16	6.501 61	3.490 91	4.656 93

注：自然值因子单位，播期为 d，密度为万株/亩，N、P$_2$O$_5$为 kg/亩，有机肥为×10^3 kg/亩。

第六节　六因素试验

为了试探六因素综合效应田间试验的新路子，笔者对氮、磷、钾、有机肥、密度、播期六因素在不同地区、不同作物上进行了多点试验，取得了较好结果。

一、"6528"方案概述

为了减少试验处理数，采用"6528"方案，也就是 6 个因素、28 个处理，是一种近似最优设计方案。按二次多项式模型，6 个因素的回归方程参数数目为：

$$Q=\frac{(P+1)(P+2)}{2}=\frac{(6+1)(6+2)}{2}=28$$

也就是说"6528"方案每个处理能提供一个参数，因此，这是一个饱和设计。每个处理由 4 个部分组成：①第六个因素的 $1/\sqrt{3}$ 水平与前 5 个因素所构成的二水平正交表 L_{16} (2^{15})，构成第 2~17 个处理；②第六个因素的 $-2/\sqrt{3}$ 水平与前 5 个因素的轴点，即 2P 部分构成第 18~27 个处理；③第 1 个处理是由第六个因素的 $4/\sqrt{3}$ 水平与前 5 个因素的中心点 m_0 所构成；④第 28 个处理是 6 个因素的中心点水平构成全中心点处理。

前 5 个因素均为五水平，其编码值为 2、1、0、-1、-2，其水平间隔相等。第六个因素只有 4 个水平，其编码值为 $4/\sqrt{3}$、$1/\sqrt{3}$、0、$-2/\sqrt{3}$。按当地春玉米播种时期，对应实际数值定为 4 月 12 日、4 月 22 日、4 月 27 日、5 月 7 日。变量设计水平与线性编码见表 13-46。

表 13-46 变量设计水平与线性编码

变量名称	变化区间	变量设计水平（r=2）				
		-2	-1	0	1	2
氮肥（X_1）	3.5 kg/亩	0	3.5	7	10.5	14
磷肥（X_2）	3.5 kg/亩	0	3.5	7	10.5	14
钾肥（X_3）	3.5 kg/亩	0	3.5	7	10.5	14
有机肥（X_4）	600 kg/亩	0	600	1 200	1 800	2 400
密度（X_5）	500 株/亩	2 000	2 500	3 000	3 500	4 000
		码值与变量水平				
播期（X_6）	6.25 d	$-2/\sqrt{3}$ (-1.154 7)	0	$1/\sqrt{3}$ (0.577 4)	$4/\sqrt{3}$	
		0无（4月12日）	10 d（4月22日）	15 d（4月27日）	5月7日	

二、"6528"方案和试验结果

在麟游县所做的 3 个点的春玉米"6528"方案和试验结果见表 13-47。

表 13-47 "6528"设计方案与试验产量

序号	编码值								
	X_1	X_2	X_3	X_4	X_5	X_6	y_1 (kg/亩)	y_2 (kg/亩)	y_3 (kg/亩)
1	0	0	0	0	0	1.732 0	491	502	545
2	-1	-1	-1	-1	-1	0.577 4	492	420	522
3	1	1	-1	-1	-1	0.577 4	539	449	473
4	-1	-1	1	-1	-1	0.577 4	486	418	450
5	-1	1	1	1	-1	0.577 4	482	482	509
6	1	-1	-1	1	-1	0.577 4	651	659	678

（续）

序号	编码值								
	X_1	X_2	X_3	X_4	X_5	X_6	y_1 (kg/亩)	y_2 (kg/亩)	y_3 (kg/亩)
7	−1	1	−1	1	−1	0.577 4	492	458	485
8	−1	−1	1	1	−1	0.577 4	461	426	475
9	1	1	1	1	−1	0.577 4	532	475	514
10	1	−1	−1	−1	1	0.577 4	624	602	635
11	−1	1	−1	−1	1	0.577 4	641	634	676
12	−1	−1	1	−1	1	0.577 4	639	594	612
13	1	1	1	−1	1	0.577 4	634	587	628
14	−1	−1	−1	1	1	0.577 4	639	599	649
15	1	1	−1	1	1	0.577 4	630	606	657
16	1	−1	1	1	1	0.577 4	632	609	651
17	−1	1	1	1	1	0.577 4	606	625	663
18	2	0	0	0	0	−1.154 7	663	678	682
19	−2	0	0	0	0	−1.154 7	467	476	521
20	0	2	0	0	0	−1.154 7	623	598	624
21	0	−2	0	0	0	−1.154 7	647	604	632
22	0	0	2	0	0	−1.154 7	706	678	735
23	0	0	−2	0	0	−1.154 7	695	666	671
24	0	0	0	2	0	−1.154 7	729	699	747
25	0	0	0	−2	0	−1.154 7	699	677	693
26	0	0	0	0	2	−1.154 7	719	681	728
27	0	0	0	0	−2	−1.154 7	464	407	489
28	0	0	0	0	0	0	700	710	719

注：y_1为试验点 1 产量，y_2为试验点 2 产量，y_3为试验点 3 产量。

从试验结果看出，在不同处理下，3 个点试验的产量高低趋势基本相似，说明每一点试验结果都是有效的。

三、无重复试验的统计分析

1. 回归方程的建立和应用　取试点 1 的试验方案和试验结果作为无重复试验，并用 SAS 进行统计分析，得到码值回归方程（式 13 - 17）。

$$y_{1a} = 700 + 30.626\ 6\ X_1 - 7.626\ 02\ X_2 - 11.708\ 98\ X_3 + 4.124\ 03\ X_4 + 56.374\ 15\ X_5 - 53.691\ 42\ X_6$$
$$- 36.359\ 02\ X_1^2 + 1.189\ 09\ X_1 X_2 - 18.859\ 02\ X_2^2 - 1.060\ 9\ X_1 X_3 + 4.560\ 92\ X_2 X_3$$
$$- 2.484\ 02\ X_3^2 + 17.814\ 09\ X_1 X_4 - 15.314\ 1\ X_2 X_4 - 12.064\ 09\ X_3 X_4 + 0.890\ 98\ X_4^2$$
$$- 13.685\ 9\ X_1 X_5 - 2.814\ 09\ X_2 X_5 + 7.685\ 9\ X_3 X_5 - 14.689\ 09\ X_4 X_5 - 29.734\ 02\ X_5^2$$
$$- 15.911\ 84\ X_1 X_6 - 1.408\ 17\ X_2 X_6 - 12.521\ 85\ X_3 X_6 - 2.923\ 67\ X_4 X_6 - 6.387\ 68\ X_5 X_6$$
$$- 38.671\ 09\ X_6^2 \tag{13 - 17}$$

根据编码数据响应曲面的典型分析，得到各因素的码值临界值为 X_1（N）= 0.509 383、

X_2 （P_2O_5）＝－0.265 353、X_3 （K_2O）＝0.548 619、X_4 （有机肥）＝0.273 11、X_5 （密度）＝ 0.951 44、X_6 （播期）＝－0.971 873。代入 y_1 方程，得到春玉米产量为 y_1＝759.063 8 kg/亩 （表 13-48）。

表 13-48　"6528" 常量设计方案与产量结果

序号	自然值						
	X_1	X_2	X_3	X_4	X_5	X_6	y_1 （kg/亩）
1	7.0	7.0	7.0	1.2	3.0	25	491
2	3.5	3.5	3.5	0.6	2.5	15	492
3	10.5	10.5	3.5	0.6	2.5	15	539
4	10.5	3.5	10.5	0.6	2.5	15	486
5	3.5	10.5	10.5	0.6	2.5	15	482
6	10.5	3.5	3.5	1.8	2.5	15	651
7	3.5	10.5	3.5	1.8	2.5	15	492
8	3.5	3.5	10.5	1.8	2.5	15	461
9	10.5	10.5	10.5	1.8	2.5	15	532
10	10.5	3.5	3.5	0.6	3.5	15	624
11	3.5	10.5	3.5	0.6	3.5	15	641
12	3.5	3.5	10.5	0.6	3.5	15	639
13	10.5	10.5	10.5	0.6	3.5	15	634
14	3.5	3.5	3.5	1.8	3.5	15	639
15	10.5	10.5	3.5	1.8	3.5	15	630
16	10.5	3.5	10.5	1.8	3.5	15	632
17	3.5	10.5	10.5	1.8	3.5	15	606
18	14.0	7.0	7.0	1.2	3.0	0	663
19	0.0	7.0	7.0	1.2	3.0	0	467
20	7.0	14.0	7.0	1.2	3.0	0	623
21	7.0	0.0	7.0	1.2	3.0	0	647
22	7.0	7.0	14.0	1.2	3.0	0	706
23	7.0	7.0	0	1.2	3.0	0	695
24	7.0	7.0	7.0	2.4	3.0	0	729
25	7.0	7.0	7.0	0.0	3.0	0	699
26	7.0	7.0	7.0	1.2	4.0	0	719
27	7.0	7.0	7.0	1.2	2.0	0	464
28	7.0	7.0	7.0	1.2	3.0	10	700

　　为了验证码值方程与常量方程的相同性，将试验点 1 的六因素实际投入量所得试验结果 （表 13-48）进行统计分析，得到常量回归方程 （式 13-18）。

$$y_{1b}=-1\,242.620\,69+82.300\,493\,X_1+19.729\,064\,X_2-15.056\,65\,X_3+124.669\,54\,X_4$$
$$+884.310\,35\,X_5+13.716\,09\,X_6-2.909\,219\,X_1^2-0.244\,898\,X_1X_2-1.480\,647\,X_2^2$$
$$-0.428\,57\,X_1X_3+0.714\,286\,X_2X_3-0.143\,913\,X_3^2+6.488\,095\,X_1X_4-5.297\,619\,X_2X_4$$
$$-3.75\,X_3X_4+4.477\,969\,X_4^2-10.214\,286\,X_1X_5+0.785\,714\,X_2X_5+6.785\,714\,X_3X_5$$
$$-35.0\,X_4X_5-116.051\,72\,X_5^2-0.604\,762\,X_1X_6+0.033\,33\,X_2X_6-0.333\,33\,X_3X_6$$
$$-0.097\,222\,X_4X_6-0.916\,667\,X_5X_6-0.527\,126\,X_6^2 \tag{13-18}$$

根据常量数据响应曲面的典型分析，得到各因素常量临界值为：X_1（N）＝8.590 929 kg/亩、X_2（P_2O_5）＝6.454 992 kg/亩、X_3（K_2O）＝10.146 833 kg/亩、X_4（有机肥）＝1 617.686 kg/亩、X_5（密度）＝3 499 株/亩、X_6（播期）＝1.886 449 d（即4月14日）。将这些常量临界值代入以上常量回归方程，得到春玉米产量 y_{1b}＝759.075 1 kg/亩。

由以上结果看出，编码值回归方程和常量值回归方程所预测的产量完全一致。说明由两种方法建立回归方程都可适用，而且常量回归方程更可预测边际效应和经济施肥量。

2. 无重复试验各项参数的检验 由于"6528"方案是饱和设计，两种方法所建立的回归方程，均表现出所得 $R^2=1$。显示六因素不同投入量与产量之间都有极显著的回归关系。但通过检验却无法证实这点。经过各种参数检验，为两种回归方程的结构性组成，主因素效应的显著性，各种回归系数的 t 值显著性、失拟性、显著性等，都不能求得各项 F 值。因此，也就无法证实以上回归方程、各种因素的需投量和预测产量等是否真实和可靠。

四、三点代替三次重复试验的统计分析和应用

1. 码值回归方程的建立和应用 根据表13-47的3个试验点作为3次重复，通过SAS进行统计分析，得到码值方程（式13-19）。

$$y_{3a}=709.666\,7+24.375\,6\,X_1-1.680\,6\,X_2-9.124\,5\,X_3+10.486\,1\,X_4+62.204\,8\,X_5$$
$$-49.793\,8\,X_6-34.192\,1\,X_1^2-10.354\,2\,X_1X_2-24.150\,5\,X_2^2-11.562\,5\,X_1X_3$$
$$+12.812\,5\,X_2X_3-6.775\,5\,X_3^2+16.562\,5\,X_1X_4-15.145\,8\,X_2X_4-5.187\,5\,X_3X_4$$
$$-2.650\,5\,X_4^2-16.687\,5\,X_1X_5+5.187\,5\,X_2X_5+12.395\,8\,X_3X_5-8.812\,5\,X_4X_5$$
$$-34.150\,5\,X_5^2-19.232\,4\,X_1X_6+1.287\,0\,X_2X_6-13.747\,8\,X_3X_6+1.431\,3\,X_4X_6$$
$$-1.551\,6\,X_5X_6-36.921\,2\,X_6^2 \tag{13-19}$$

基于编码数据响应曲面的典型分析，得到不同因素的临界值为：X_1（N）＝0.337 936、X_2（P_2O_5）＝0.052、X_3（K_2O）＝0.734 476、X_4（有机肥）＝0.358 043、X_5（密度）＝0.939 979、X_6（播期）＝－0.910 987。代入以上码值方程，得到春玉米产量 y_{3a}＝764.186 1 kg/亩。

2. 常量回归方程的建立和应用 "6528"3次重复的常量设计方案和试验结果（表13-48）。经过SAS统计分析，得到常量回归方程（式13-20）。

$$y_{3b}=-1\,434.086\,2+79.775\,9\,X_1+20.704\,4\,X_2-6.676\,5\,X_3+149.804\,X_4+989.293\,X_5$$
$$+11.155\,9\,X_6-2.824\,1\,X_1^2-1.011\,9\,X_1X_2-2.004\,3\,X_2^2-0.770\,4\,X_1X_3+1.216\,X_2X_3$$
$$-0.565\,6\,X_3^2+8.878\,9\,X_1X_4-6.200\,4\,X_2X_4-3.442\,5\,X_3X_4-8.483\,X_4^2-8.369\,X_1X_5$$
$$+4.154\,8\,X_2X_5+5.892\,9\,X_3X_5-36.468\,3\,X_4X_5-138.215\,5\,X_5^2-0.673\,4\,X_1X_6$$
$$+0.002\,8\,X_2X_6-0.423\,4\,X_3X_6+0.511\,6\,X_4X_6-0.080\,6\,X_5X_6-0.485\,8\,X_6^2$$
$$\tag{13-20}$$

根据表13-49，经计算得得平稳点产量的各因素常量值为：X_1（N）＝8.388 9 kg/亩、X_2（P_2O_5）＝7.250 8 kg/亩、X_3（K_2O）＝9.119 7 kg/亩、X_4（有机肥）＝1 380.5 kg/亩、X_5（密度）＝3 445.5 株/亩、X_6（播期）＝2 d（即4月14日）。代入上列常量回归方程，得到春玉米产量 $\hat{y}$＝764.886 kg/亩。

表 13-49 陕西麟游县春玉米六因素常量试验方案与试验结果

序号	六因素						y（kg/亩）		
	X_1（N）	X_2（P）	X_3（K）	X_4（有机肥）	X_5（密度）	X_6（播期）	试点 1	试点 2	试点 3
1	7.0	7.0	7.0	1.2	3.0	25	491	502	545
2	3.5	3.5	3.5	0.6	2.5	15	492	420	522
3	10.5	10.5	3.5	0.6	2.5	15	539	449	473
4	10.5	3.5	10.5	0.6	2.5	15	486	418	450
5	3.5	10.5	10.5	0.6	2.5	15	482	482	509
6	10.5	3.5	3.5	1.8	2.5	15	651	659	678
7	3.5	10.5	3.5	1.8	2.5	15	492	458	485
8	3.5	3.5	10.5	1.8	2.5	15	461	426	475
9	10.5	10.5	10.5	1.8	2.5	15	532	476	514
10	10.5	3.5	3.5	0.6	3.5	15	624	602	635
11	3.5	10.5	3.5	0.6	3.5	15	641	634	676
12	3.5	3.5	10.5	0.6	3.5	15	639	594	612
13	10.5	10.5	10.5	0.6	3.5	15	634	587	628
14	3.5	3.5	3.5	1.8	3.5	15	639	599	649
15	10.5	10.5	3.5	1.8	3.5	15	630	606	657
16	10.5	3.5	10.5	1.8	3.5	15	632	609	651
17	3.5	10.5	10.5	1.8	3.5	15	606	625	663
18	14.0	7.0	7.0	1.2	3.0	0	663	678	682
19	0.0	7.0	7.0	1.2	3.0	0	467	476	521
20	7.0	14.0	7.0	1.2	3.0	0	623	598	624
21	7.0	0.0	7.0	1.2	3.0	0	647	604	632
22	7.0	7.0	14.0	1.2	3.0	0	706	678	735
23	7.0	7.0	0.0	1.2	3.0	0	695	666	671
24	7.0	7.0	7.0	2.4	3.0	0	729	699	747
25	7.0	7.0	7.0	0.0	3.0	0	699	677	693
26	7.0	7.0	7.0	1.2	4.0	0	719	681	728
27	7.0	7.0	7.0	1.2	2.0	0	464	407	489
28	7.0	7.0	7.0	1.2	3.0	10	700	710	719

　　以上两种方程所得产量完全相等，说明这两种方程对"6528"方案都可适用，并证明六因素设计方案进行田间试验是可行的。

3. "6528"方案 3 次重复试验所得参数的显著性检验

　　（1）两种回归方程结构性组成显著性检验。由回归分析结果（表 13-50）看出，两种方程结构性组成都达到了同样的极显著水平，总模型 R^2 分别达到了 0.9465 和 0.9462，都达到了极显著水平。说明两种方程都有相同的功能，两种回归方程都能反映六大因素的变化与作物产量变化之间的密切关系。证明所建立的回归方程模型是适宜的。虽然在三次重复条件下仍未得到残差的 F 检验，但这就无关紧要了。

表 13－50　方程结构性组成检验

	码值方程						常量方程				
回归	自由度	I 型平方和	R^2	F	$Pr>F$	回归	自由度	I 型平方和	R^2	F	$Pr>F$
线性	6	480 369	0.635 9	110.88	<0.000 1	线性	6	457 698	0.629 2	109.11	<0.000 1
二次	6	130 625	0.172 9	30.15	<0.000 1	二次	6	129 029	0.177 4	30.76	<0.000 1
叉积	15	104 018	0.137 7	9.60	<0.000 1	叉积	15	1 011 566	0.139 6	9.69	<0.000 1
总模型	27	715 012	0.946 5	36.67	<0.000 1	总模型	27	688 293	0.946 2	36.46	<0.000 1

4. 不同产量时的六因素配方　经过分析，由常量方程可以求得麟游县旱塬地春玉米不同产量时的六因素配方，结果见表 13－51。

由表 13－51 看出，在渭北旱塬西部地区，适当提早播种，适当增加密度、增施氮肥和有机肥料，保持一定磷、钾施用量，是提高春玉米产量的有效途径。

表 13－51　陕西麟游县春玉米不同产量的六因素配方

产量 （kg/亩）	X_1（N） （kg/亩）	X_2（P_2O_5） （kg/亩）	X_3（K_2O） （kg/亩）	X_4（有机肥） （kg/亩）	X_5（密度） （株/亩）	X_6（播期）
380	4.76	7.08	7.96	1 094	2 115	4 月 28 日
470	5.42	7.10	7.81	1 104	2 299	4 月 28 日
570	6.18	7.09	7.53	1 130	2 577	4 月 27 日
650	6.71	7.04	7.20	1 176	2 841	4 月 26 日
750	7.94	6.67	6.63	1 381	3 261	4 月 20 日

第七节　结　　论

（1）明确了田间肥料试验的优缺点，提出了提高田间肥料试验的精确度和正确性的具体方法。

（2）根据土壤养分和作物栽培的限制因素，在陕西不同农业生态区进行二因素、三因素、四因素、五因素和六因素的回归设计试验，建立了不同作物的回归试验肥效方程或肥效与作物栽培综合效应方程，为不同作物推荐施肥或高效施肥和高产栽培提供了技术依据。

（3）为了提高田间肥料试验的可靠性和有效性，不管采取何种试验设计方案，对较少试验处理的试验方案，必需设立重复试验，重复次数一般以 3 次以上为宜，土壤肥力差异较大的地区，重复次数应更多一些。对试验处理较多的回归设计方案，难以多做重复的条件下，必须按设计要求，设立足量的中心点，以便消除失拟程度的显著性。另外，在地力水平相似地区，不能设立重复试验时，可进行多点试验代替重复试验，使试验结果能达到理想的精确度和可靠性，这样可不必进行试验结果失拟程度的检验，只要能通过方差分析，所建立的回归方程就可成立和应用。

（4）在同一大区内，按地力水平不同（即基础产量不同），将田间试验结果进行归类，即把同一地力水平下的多点试验归为一类，成为不同地力水平下的不同试验结果类型，通过统计分析，建立回归方程。所建立的回归方程，必须采用以下步骤进行方程检验。

① 对归类的试验结果进行方差分析，确定回归方程能否成立。

② 进行剩余方差分析，检验失拟性程度是否显著；在饱和设计条件下，又无重复试验时，可以

多点代替重复，进行方差分析。方差分析结果达到显著水平时，不用进行失拟性检验。

③ 进行回归方程结构组成的方差分析，检验各组成的显著性和有效性。

④ 进行回归方程系数的 t 检验，验证回归系数的可靠性和有效性。

⑤ 进行试验"因素"的方差分析，验证各个试验"因素"所形成独立回归方程系数的显著性和有效性。

⑥ 进行试验因素的主效应和因素间交互作用的量化分析，确定试验因素是否是作物生长的限制因素。

主要参考文献

李仁岗，1987. 肥料效应函数 [M]. 北京：农业出版社 .

茆诗松，丁元，周纪芗，1981. 回归分析及其试验设计 [M]. 上海：华东师范大学出版社 .

陶勤南，1994. 肥料试验与统计分析 [M]. 北京：中国农业出版社 .

王兴仁，张福锁，1996. 现代肥料试验设计 [M]. 北京：中国农业出版社 .

图书在版编目（CIP）数据

旱地土壤施肥理论与实践 . 上 / 吕殿青等编著 . ——
北京：中国农业出版社，2023.6
ISBN 978 - 7 - 109 - 30826 - 8

Ⅰ . ①旱… Ⅱ . ①吕… Ⅲ . ①旱地－土壤肥力－研究
Ⅳ . ①S158

中国国家版本馆 CIP 数据核字（2023）第 115647 号

————————————————————

中国农业出版社出版
地址：北京市朝阳区麦子店街 18 号楼
邮编：100125
责任编辑：廖 宁 杨桂华
版式设计：王 晨 责任校对：周丽芳
印刷：北京通州皇家印刷厂
版次：2023 年 6 月第 1 版
印次：2023 年 6 月北京第 1 次印刷
发行：新华书店北京发行所
开本：889mm×1194mm 1/16
印张：30.5
字数：925 千字
定价：298.00 元

————————————————————